U0267667

DESIGN AND CONSTRUCTION OF CURTAIN WALLS

建筑幕墙设计与施工

The Second Edition
第二版

罗 忆　黄 圻　刘忠伟　主编

化学工业出版社
·北京·

本书内容全面、新颖，不仅包括各类建筑幕墙和采光顶的结构设计和节点设计，同时还包括建筑幕墙和采光顶的节能设计，介绍了不同类型建筑幕墙和采光顶的设计原理、造型构造、结构计算、制作技术和安装技术，所选用的工程实例具有代表性，参考性强。特别是对光电幕墙和双层幕墙做了前瞻性的介绍，对建筑幕墙节能设计做了重点介绍。本书系第二版修订，在第一版的基础上，结合这几年建筑幕墙的最新发展，对全书进行了补充、修改和润色。特别是对石材幕墙的设计施工新技术、光电幕墙和光电屋顶、建筑幕墙性能检测、建筑门窗的设计与安装等内容进行了全面的更新和完善。

本书可供从事建筑幕墙和采光顶设计、施工、预算、监理、检测等的工程技术人员及大专院校有关专业师生阅读、参考。

图书在版编目（CIP）数据

建筑幕墙设计与施工/罗忆，黄圻，刘忠伟主编. —2版.
北京：化学工业出版社，2011.11（2022.2重印）
ISBN 978-7-122-12633-7

Ⅰ. 建…　Ⅱ. ①罗…②黄…③刘…　Ⅲ. ①幕墙-建筑设计②幕墙-工程施工　Ⅳ. TU227

中国版本图书馆CIP数据核字（2011）第215062号

责任编辑：窦　臻　　文字编辑：荣世芳
责任校对：洪雅姝　　装帧设计：王晓宇

出版发行：化学工业出版社（北京市东城区青年湖南街13号　邮政编码100011）
印　　装：北京虎彩文化传播有限公司
787mm×1092mm　1/16　印张32¾　字数877千字　2022年2月北京第2版第10次印刷

购书咨询：010-64518888　　售后服务：010-64518899
网　　址：http://www.cip.com.cn
凡购买本书，如有缺损质量问题，本社销售中心负责调换。

定　　价：89.00元

编　委　会

主　　任：黄　圻
委　　员：黄　圻　罗　忆　郑金峰　刘忠伟

编写人员

主　　编：罗　忆　黄　圻　刘忠伟
编写人员（按姓氏笔画为序）

马启元　中国建筑金属结构协会铝门窗幕墙委员会专家组专家，教授级高级工程师

王洪涛　中国建筑科学研究院建筑环境与节能研究院门窗研究室主任，国家建筑工程质量监督检验中心幕墙门窗质检部主任，高级工程师，建设部新型建材制品应用技术委员会委员

王福英　中国建筑金属结构协会铝门窗幕墙委员会专家组专家，高级工程师

王德勤　高级工程师，中国建筑装饰协会专家工作委员会专家，中国建筑金属结构协会幕墙委员会专家组专家

龙文志　建设部幕墙门窗标准化委员会专家组组长，教授级高级工程师

刘万奇　中国建筑金属结构协会铝门窗幕墙委员会专家组专家，高级工程师

刘忠伟　北京中新方建筑科技研究中心主任，工学博士，教授级高级工程师，中国建筑金属结构协会铝门窗幕墙委员会专家组专家

江　勇　工学博士，毕业于上海同济大学结构工程专业，现在中国建筑科学研究院建筑环境与节能研究院门窗研究室从事建筑幕墙门窗相关技术研究

杜万明　东莞市坚朗五金制品有限公司门窗五金事业部副总经理，高级工程师，中国建筑金属结构协会门窗配套件委员会专家组专家

杨仕超　广东省建筑科学研究院副院长，教授级高级工程师，中国建筑金属结构协会铝门窗幕墙委员会专家组副组长

罗　忆　珠海晶艺特种玻璃工程集团董事长，机械工程师，中国建筑金属结构协会铝门窗幕墙委员会专家组专家，清华大学建筑玻璃与金属结构研究所学术委员会副主任

周小丽　珠海晶艺特种玻璃工程集团高级工程师

郑金峰　中国建筑金属结构协会铝门窗幕墙委员会专家组副组长，教授级高级工程师

黄　圻　中国建筑金属结构协会副秘书长，铝门窗幕墙委员会主任，专家组组长，高级工程师

第二版前言

建筑幕墙是建筑业中充满活力的分支，其技术发展之快、技术集成之高是其他分支不可比拟的。建筑幕墙由三十年前的舶来品，到今天幕墙技术由我们领导发明、创造，这中间经历了不断的探索和学习，技术专著在其中起到了重要作用。如今，可以自豪地说，全世界最高的幕墙建筑在中国、最先进的幕墙技术在中国、最复杂的幕墙在中国。

本书自第一版出版后，受到了读者的欢迎。近几年建筑幕墙在我国建筑领域的应用更加广泛，伴随着建筑幕墙技术的发展，其性能更加优异、功能性更强，新材料、新技术不断得到推广应用，国家行业的标准、规范日益完善更新。鉴于此，我们在本书第一版的基础上，结合这几年建筑幕墙的最新发展，对全书进行了补充、修改和润色。特别是对石材幕墙的设计施工新技术、光电幕墙和光电屋顶、建筑幕墙性能检测、建筑门窗的设计与安装等内容进行了全面的更新和完善。相信呈现在读者面前的第二版，会是一本质量更高的专业技术图书。

黄　圻

2011年11月8日于北京

第一版前言

建筑是一个国家技术经济发展水平的重要标志。我国正处于技术经济飞速发展的时期，可以说，有多少世界级的建筑大师在为中国的建筑设计着现在和未来。而最能体现建筑现代化、建筑特色和建筑艺术性的就是建筑幕墙，因此有人将建筑幕墙称为建筑的外衣。

我国建筑幕墙行业起步较晚，但起点较高，发展速度较快，几十年来，行业始终坚持走技术创新的发展道路。通过技术创新，通过引进国外先进技术，不断开发新产品，形成了优化产业结构、可持续发展的技术创新机制。针对工程中出现的关键技术，组织科研试验和技术攻关，运用国际同行业最新的前沿技术，建成了一批在国内外同行业中有影响的大型建筑工程，取得了一系列重大成果。

目前铝门窗幕墙行业，已经形成了以200多家大型企业为主体，以50多家年产值过亿元的骨干企业为代表的技术创新体系。完成了国家重点工程、大中城市形象工程、城市标志性建筑等大型建筑幕墙工程，为全行业树立了良好的市场形象，成为全行业技术创新、品牌创优、市场开拓的主力军。在世界范围内，中国是建筑门窗、建筑幕墙第一生产和使用大国，有着巨大的市场潜力和发展机遇。

进入二十一世纪，中国已经是全世界建筑行业的热点，我国已经能够独立开发出具有自己知识产权的产品，在重大幕墙工程招标中已显露出企业独特的设计思路，在施工组织方案设计中则更加体现了企业管理和企业文化。近几年，国家大剧院、中央电视台、奥运场馆等一大批令世界建筑行业瞩目的大型幕墙工程正在实施。行业蓄势待发、蓬勃发展，我们迎来了中国建筑幕墙行业的辉煌时代。

未来五年，我国铝门窗及建筑幕墙产品还将继续保持持续稳步增长的态势，建筑幕墙产品仍将是公共建筑中外围护结构的主导。2008年的北京奥运会工程将是全世界建筑幕墙行业的亮点。奥运主体建筑幕墙工程将是世界顶级幕墙公司展示自己实力和最新技术的舞台，也是国内外幕墙公司拼技术、拼创新的战场。其建筑幕墙技术将以体现建筑主体风格、通透、节能环保、舒适为特点。幕墙结构设计等关键前沿技术将有所突破，2010年我国建筑幕墙行业的主要技术将达到国际先进水平。

值此我国建筑幕墙飞速发展的关键时期，我们组织幕墙行业的多名专家撰写本书。本书内容广泛、全面，既有理论设计、计算，又有施工和检测技术。在撰写本书的指导思想上，我们力求使本书的深度和广度在我国建筑幕墙领域内达到较高的学术水平和实用价值，努力为建筑幕墙工作者提供丰富的建筑幕墙科学技术方面的专业知识、信息和设计施工方法，从而使广大读者更好地了解我国建筑幕墙的发展方向。拙作如能达此目的，我们则深感欣慰。

本书由罗忆、黄圻和刘忠伟共同主编。第一章由黄圻编写，第二章由刘忠伟和郑金峰编写，第三章由王德勤编写，第四章、第七章由龙文志编写，第五章由罗忆和周小丽编写，第六章由王福英编写，第八章由罗忆和刘忠伟编写，第九章、第十一章由杨仕超编写，第十章由刘万奇编写，第十二章由王洪涛和江勇编写，第十三章由杜万明编写，第十四章由马启元编写。

由于笔者理论水平和工程实际经验有限，本书不足之处在所难免，望读者批评指正。我们期待本书的出版发行，为推动我国建筑幕墙行业的发展进程做出应有的贡献。

黄圻

2007年8月

目　录

第一章 我国玻璃幕墙的发展和未来

第一节 我国铝门窗建筑幕墙行业回顾

回顾我国铝合金门窗的发展，经历了几个跳跃性的发展时期。几千年来中国的秦砖汉瓦建筑，建筑门窗都是以木材为主，经过了五千年的森林砍伐，到了我们这一代，木材资源已经消耗殆尽，唯有个别偏远地区还保留了少部分可用森林。新中国成立后，一场大跃进运动对我国的资源造成了极大破坏。到 20 世纪 70 年代初，国家迫不得已提出了建筑门窗以钢代木的政策，全面发展钢门窗产品代替木质门窗。

19 世纪初钢门窗传入中国，最早使用在上海的外滩和租界区的洋房上，到 1925 年中国已经开始自己生产钢窗了。20 世纪 70 年代初，国家下大决心抓“以钢代木”，32 实腹钢窗、25 空腹钢窗、沪 68 空腹钢窗在全国范围内全面推广使用，就连当时北京最高档的北京饭店新楼建设，也都使用了北京钢窗厂制造的空腹钢窗。

20 世纪 70 年代，随着中国改革开放，铝合金门窗逐步进入了中国，首先使用在外国驻华使馆和少数涉外工程，开始中国企业只负责安装。80 年代初中国迈出了改革开放的步伐，在大城市的涉外宾馆，沿海城市与港、澳工程中，中国开始使用外表漂亮、性能良好又极具时代风采的铝合金门窗。最开始生产铝门窗用的铝型材全部是进口。80 年代中期部分企业开始尝试生产铝型材。改革开放带来了我国国民经济的飞速发展，铝合金门窗在中国大地的快速发展真的可以用“迅雷不及掩耳”这句成语来形容了，新建的铝门窗厂如雨后春笋，美式门窗、欧式门窗、日式门窗不分好坏地统统进入中国。多数铝门窗产品是很好的，有个别企业开始投机取巧，铝门窗型材开始越做越薄，有的铝型材壁厚仅零点几毫米，也有的企业把国外的内室门当作外门窗使用。一时间，铝合金门窗质量的声誉一落千丈。1986 年，广东一场台风登陆，吹醒了铝合金门窗行业。大家开始真正意识到产品质量的重要性，意识到信誉的重要性。失去信誉容易，找回信誉难，铝合金门窗行业痛定思痛，为找回市场，花费了 5～10 年的时间。

20 世纪 80 年代，据统计全国共有建筑铝型材生产企业 214 家，进口建筑铝型材生产线 390 多条，综合配套生产能力达到 22 万吨。全国铝门窗加工企业 1500 多家，其中引进国外成套设备 400 多套，形成 1600 万平方米的生产能力。十年中，铝合金门窗和建筑幕墙行业初具规模，铝门窗国产化率已从 1979 年的不足 10%，达到 1989 年的 65%。建立了一批能够达到国外同期先进水平的大型骨干企业，培养了一支专业科技队伍。用十年时间走过了国外半个世纪的发展道路。

但是，20 世纪 80 年代增量式的大发展，出现了生产能力增长过快、发展势头过猛与国内铝金属原材料供应不足的矛盾。1989 年 3 月国务院“关于当前产业政策要点的决定”文件，把铝门窗产品列为国内紧缺原材料生产的高消费产品，暂时限制生产，要求严格限制此类项目的基本建设和扩大生产能力，铝窗市场一度出现了徘徊不前的局面。80 年代末，铝合金门窗和铝合金玻璃幕墙的发展由热变冷，进入以治理整顿为主要内容的结构调整期。

1989～1991 年，我国国民经济进行了深入的治理整顿，并取得了显著成效。随着经济形势的好转，国家及时调整了产业政策。1991 年 11 月原国家计委、建设部、物资部、中国有色金属总公司联合发出“关于部分放开铝门窗使用范围的通知”，国家明确了有计划、有选择地逐步发展铝门窗和铝合金玻璃幕墙的产业政策。从1992之后的十年，是我国铝门窗和建筑幕墙的第二个高速发展期。

所以，改革开放初期的二十多年，我国铝门窗经历了三个发展阶段：1978～1988的十年是以“接纳和增量”为主要标志的起步和发展阶段；1989～1991的三年是以“治理整顿”为主要标志的产品结构调整期；1992～2001的十年是以“产业结构优化和技术创新”为主要标志的第二个跨越式高速发展期。

改革开放初期，我国铝门窗开始起步，1981年全国铝门窗产量仅有15万平方米。当时深圳经济特区以及广东、北京、上海等地“三资”工程建设，以及对外开放城市建设和旅游宾馆项目采用的铝合金门窗和玻璃幕墙工程，主要是从日本、德国、荷兰以及中国的香港、台湾等地采购的产品。

“七五”末期（1990年），全国铝门窗产量达到820万平方米，约占建筑门窗市场总需求量的11%。“九五”末期（2000年），铝窗产量达到1.0亿平方米。二十年中铝合金门窗产量增长了452倍，年平均增长22倍，实现了跨越式超常高速发展。1998年我国铝门窗生产规模超过了钢门窗，2000年铝合金门窗市场占有率达到60%以上，建筑幕墙市场占有率达到90%以上，在建筑门窗多元化的产品体系中，是名副其实的龙头老大，是技术领先的支柱产品。20多年来，我国铝合金门窗产品品种，从4个品种、8个系列，发展到40多个品种、200多个系列。已经建成了产品品种齐全、型谱系列完整、产品性能分级成组、功能配套适用、工艺技术先进、可持续发展的较为发达的生产体系。

1983年，原北京钢窗厂与比利时企业合作完成的北京长城饭店的玻璃幕墙施工，是我国第一个大型的玻璃幕墙工程，从此中国拉开了建筑幕墙设计施工的序幕，同时，上海红光公司与日本不二公司合作完成了上海希尔顿大厦幕墙工程，这些都成为我国较早的建筑幕墙工程。此后，沈阳黎明公司完成的武汉百货大厦玻璃幕墙工程、深圳市的上海宾馆幕墙工程、西安飞机工业公司完成的成都百货公司大型波状玻璃幕墙工程等是主要依靠我国技术建造的第一批较大的玻璃幕墙工程。

铝合金玻璃幕墙的出现，把建筑门窗工程拓展到建筑外围护结构工程的综合建造领域，把单体的门窗产品拓展到建筑物外立面装饰工程结构体系，把门窗产品技术拓展到围护结构技术、采光屋面结构技术。从门窗到幕墙，建筑文化、建筑艺术、建筑科学内涵发生了质的变化，优化了产品结构，市场空间发生了重大突破。工程设计、制造、安装技术跨入当代先进水平，这是建筑门窗行业前所未有的大飞跃。

近几年，我国建筑业的发展大大推动了铝行业的共同发展，特别是铝型材挤出行业形势喜人。我国电解铝产量逐年递增，年均增长14.7%，2003年电解铝产量达到541.9万吨，占世界产量的24.7%，到2010年我国的铝产量接近1690万吨，2011年预计原铝产量可以达到1960万吨。我国的挤出铝材产量世界领先，2009年铝挤出材料达到890万吨，其中建筑用铝型材占70%左右，约620万吨。2010年我国的铝挤出材料达到1100万吨，2011年预计挤出铝型材产量可以达到1360万吨，挤出铝合金型材的大量使用，突显出我国建筑业发展的贡献。近几年我国大力推广建筑节能门窗，新型节能门窗的普及对整个铝合金门窗的改造是一种促进。现在从房地产开发商到建筑设计院，乃至普通老百姓都逐步懂得了买房要选择具有好的节能门窗的房屋。从图1-2来看，我国在2008～2009年铝合金门窗有了一个较大的发展，这与建设部广泛推广铝合金节能门窗有着极大的关系。

由于受次贷危机引发的全球经济危机的影响，主要经济体国家电解铝产量自2008年峰值回落。尤其是2008年底至2009年初的阶段，铝冶炼产能关停较多，造成2009年全球原铝产量下降到2340万吨，较2008年减少8.79%。中国应对金融危机，显现出社会主义的优势力量逆势而上，特别是我国政府敢于投入2000亿资金拉动内需，我国的铝业市场产量不但没有下降反而上升，铝冶炼产能有所增长。冶炼产商过剩压力不断增加，但是，业者投资兴趣依然较高。2010年第一季度，中国铝冶炼（包括电解铝和氧化铝）完成固定资产投资54.93亿元，同比增长80.83%，占有色金属冶炼行业完成固定资产投资额的31.49%。新铝厂项目的投资为62.91亿元，同比增长104.13%。特别是应我国建筑业市场的需求，我国的铝合金门窗年产量逐年递增，在北京、上海、广州、深圳等大中城市铝合金门窗的使用比例更是稳中有增，形势喜人。近年来我国电解铝的产量见图1-1。

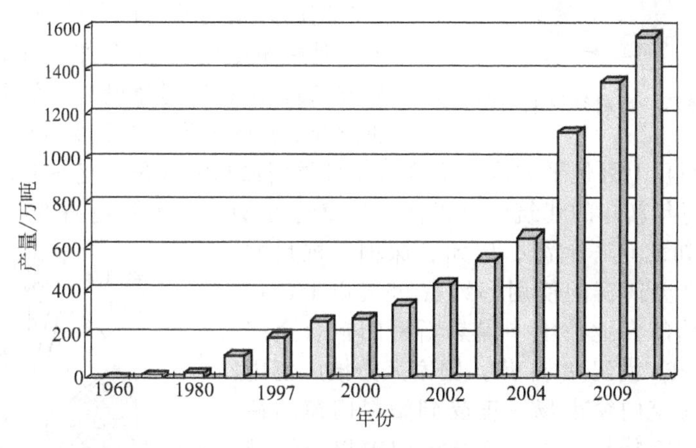

图1-1　我国电解铝的产量

由此图可以看出，我国近些年来电解铝的生产是呈稳步上升的趋势。

近年来我国挤出用铝型材产量见图1-2。

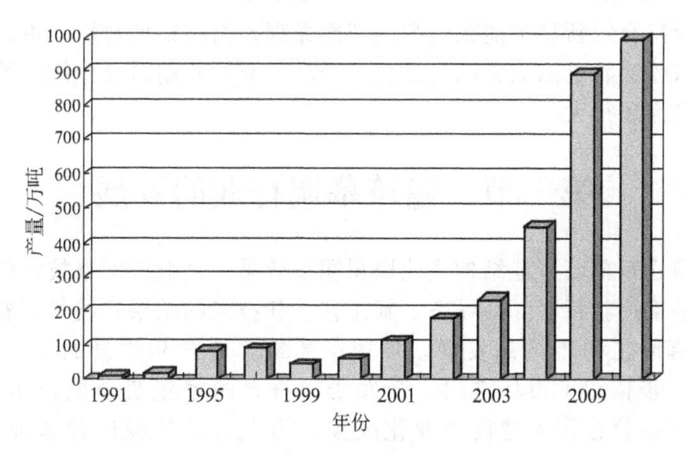

图1-2　我国挤出用铝型材产量

由此图可以看出，我国近些年来挤出铝型材的生产由于国家政策的导向和干预，出现了大幅度的变化，1999～2001年，由于国家大量推广使用塑料门窗，限制铝合金门窗的生产，造成了建筑用铝合金型材产量的急剧下滑。由于国家政策上的干预，铝合金门窗行业受到了较大的影响。

2003年中国铝挤压、型材管材的消费结构见图1-3。

由此图可以看出，我国挤出铝型材的生产绝大部分是用在了建筑业上，主要用于建筑幕墙和铝合金门窗的制作，这与发达国家正好相反，在日本，挤出铝合金型材仅有14%用在建筑业的门窗和幕墙上，汽车、桥梁业是挤出铝合金型材的主要使用范围。

近年来随着铝合金门窗相关法规及标准的制定，门窗的生产及施工质量年年有所提高，

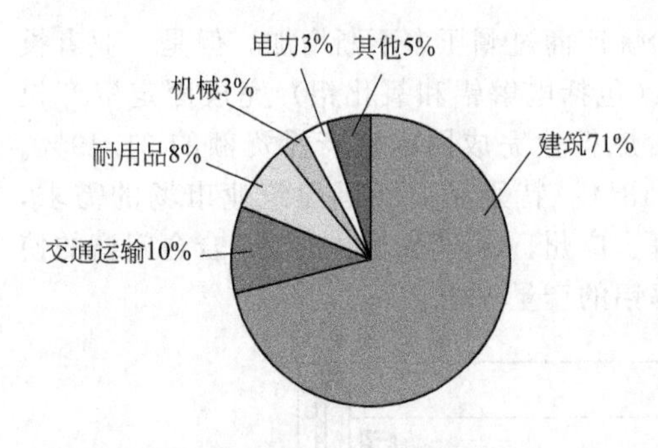

图 1-3 中国铝挤压、型材管材的消费结构

特别是随着建筑需求水平的提高，新型高档门窗、铝合金节能门窗已经广泛被人们所认识。未来几年中高档铝合金门窗普及率还会增加，前景喜人。

近几年，中国建筑业总产值每年递增都在8%以上，随着农村城镇化建设进程加快，给建筑门窗行业发展带来了新机遇和大发展空间。“十五”期间，全国城乡住宅计划竣工面积57亿平方米（其中城镇住宅27亿平方米，农村住宅30亿平方米），工业厂房建设约9亿平方米，公用设施建设约5亿平方米，合计共71亿平方米，再加上翻新改造总建筑面积上百亿平方米，平均每年各类门窗总需求量4亿～5亿平方米。

目前，我国每年新建的建筑中，铝合金门窗约占51%、塑料窗占35%左右，见图1-4。其中部分地区，如北京、上海、广州、深圳、杭州的新建建筑中，铝合金门窗的使用率约占95%以上，在公共建筑和较高档的商业住宅中隔热断桥的铝合金门窗使用十分普遍。20世纪90年代，国家大力推广使用塑料建材产品，建筑门窗市场一度受到塑料门窗的冲击，一时间塑料门窗蜂拥而上，铝合金门窗以及铝型材的生产都受到了较大的影响。

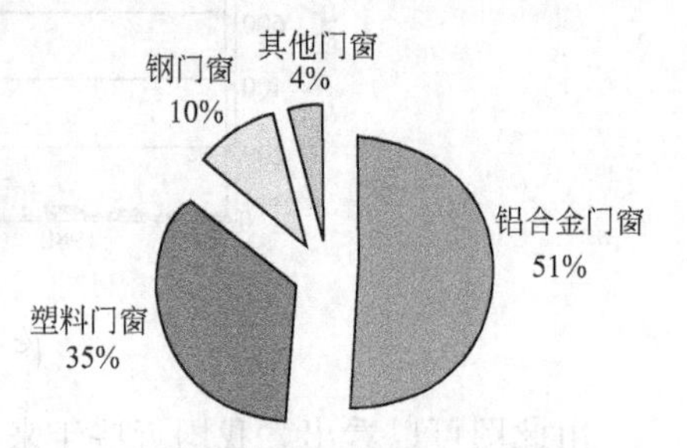

图 1-4 新建建筑中各类门窗比例分布

行业及时组织专家分析形势，研究课题，组织企业生产新型的断热铝合金门窗，组织专家到全国各地向企业、建筑设计院介绍新型节能铝门窗的节能原理，组织铝型材厂引进国外的新设备，生产氟碳喷涂、粉末喷涂、电泳涂漆的先进技术产品。开发研制符合中国国情的系列断热型铝门窗产品，市场潜力还很大。

第二节 建筑幕墙行业的发展

近几年，我国建筑幕墙行业结构优化取得明显效果。是响应国家技术创新、提高产品科技含量的结果，是采用新材料、新设备、新工艺、新技术的结果，技术创新和科技进步大大推动了我国建筑幕墙工程市场的发展，加速了建筑幕墙产品质量的升级，新型适销对路产品的开发，进一步拓宽了市场空间。开发研制符合国家建筑节能技术政策的新型幕墙产品，这些节能产品符合国家建设产业化政策，为今后几年我国建筑业的可持续发展奠定了基本条件。

我国铝门窗及建筑幕墙产品还将继续保持稳步增长的态势。建筑幕墙仍将是公共建筑中外维护结构的主导，北京奥运会工程、广州亚运会工程、上海世博会工程都是世界建筑幕墙行业的亮点。这些建筑幕墙工程是世界顶级幕墙公司展示自已实力和最新技术的舞台，也是国内外幕墙公司拼实力、拼价格的战场。其建筑幕墙技术将以体现建筑主体风格、通透、节能环保、舒适为特点，幕墙的索结构设计、玻璃结构设计等关键的前沿技术将有所突破。2020年我国建筑幕墙行业的主要技术领域将达到国际先进水平。

一、回顾与分析

我国建筑幕墙行业虽然起步较晚，但起点较高。30年来，始终坚持走先进技术改造传统产业的发展道路。通过技术创新开拓市场，通过引进国外先进技术，不断开发新产品，形成了优化产业结构可持续发展的技术创新机制，针对工程建设的关键技术，组织科研试验和技术攻关，运用国际同行业最新的前沿技术，建成了一批在国内外同行业中有影响的大型建筑工程，取得了一系列重大成果，受到国内外同业人士的重视和好评。

30年来，一大批国内知名的航空、军工、建材、机械行业、大型企业投入到铝门窗和建筑幕墙行业，以其雄厚的资本、较强的技术力量和先进的管理，为壮大行业队伍、提高行业素质发挥了重要作用，成为开拓市场和技术创新的骨干力量。20世纪90年代以后，又有一大批中外合资企业、外商独资企业和股份制民营企业集团加盟铝合金门窗与建筑幕墙行业，以其良好的管理机制、先进的专业技术、现代的市场运作模式，为推动行业与国际市场接轨发挥了良好的示范作用。目前铝门窗幕墙行业，已经形成了以200多家大型企业为主体，以50多家产值过亿元的骨干企业为代表的技术创新体系。这批大型骨干企业完成的工业产值约占全行业工业总产值的60%以上，完成了国家重点工程、大中城市形象工程、城市标志性建筑等大型建筑幕墙工程，为全行业树立了良好的市场形象，成为全行业技术创新、品牌创优、市场开拓的主力军。

在国家改革开放政策的推动下，我国铝门窗建筑幕墙行业借鉴国外先进技术，逐步缩小与国际先进水平的差距。20世纪80年代，引进了一批铝门窗专用加工设备和生产技术，解决了从无到有，行业以增量发展为主题。90年代，以引进建筑幕墙的先进生产技术和新型成套设备为主，相应地引进了国外最新的工程材料及国内的工艺技术，逐步缩小了与国际先进水平的差距，掌握了国外前沿技术，这时的行业是以学习国外先进技术、独立开发中国特色产品的动态发展为主题。进入21世纪，中国还将是全世界建筑幕墙行业的热点，中国已经能够独立开发具有自己知识产权的产品，在重大幕墙工程招标中已显露出企业独特的设计思路，在施工组织方案设计中则更加体现了企业管理和企业文化。近几年，实施了国家大剧院、中央电视台、上海环球金融中心、奥运场馆、上海世博会场馆等一大批令世界建筑行业瞩目的大型幕墙工程。这个时期是行业积蓄待发、蓬勃发展的时期，也将是中国建筑幕墙行业的辉煌日期。

中国目前是全世界第一的建筑门窗、建筑幕墙生产大国和使用大国，巨大的市场潜力和发展机遇，吸引着国际上知名的企业和跨国集团纷纷来华投资办厂，加盟工程建设。中国的建筑幕墙行业紧随国际市场，令世界同业人士刮目相看。

二、新技术、新型材料的应用

1. 玻璃产品及结构

随着建筑功能性的要求，各类满足现代技术要求的建筑玻璃应运而生，如具有节能要求的“LOW-E玻璃”、满足防火性能的“防火玻璃”、具有自动清洁功能的“自洁玻璃”、使用在夏热冬暖地区的“反射型LOW-E玻璃”等，玻璃原来仅仅是门窗产品中的一部分，采光是其最主要的功能，随着幕墙技术的发展，玻璃已经远远超过了门窗产品部件的功能，成为建筑玻璃幕墙结构中的一部分，承接幕墙结构受力。玻璃这种晶莹剔透的脆性材料的内在潜力在建筑幕墙中发挥得淋漓尽致。

点支式全玻幕墙的使用，带动了围护结构、轻钢空间结构技术及其设计、制造和安装技术的创新，提高了建筑玻璃工程技术的科技含量，推进了不锈钢结构体系和空间拉索结构体系等新技术在玻璃幕墙工程中的运用，把建筑的三维空间带入了新的发展领域。

点支式全玻幕墙体现了建筑物内外空间的通透和融合，形成人、环境、空间和谐统一的美感，它突出点驳接结构新颖的韵律美和玻璃支撑空间结构体系造型的现代感，充分发挥玻璃、点驳接、支撑系统空间形体的工艺魅力，构成轻盈、秀美的景观效果，成为现代建筑艺术的标志之一。点支式全玻幕墙在大中城市公共建筑、空港、商务中心等标志性工程中得到应用，空间玻璃结构已经成为建筑领域的亮点。

现代建筑中屋顶和幕墙的结构已经是密不可分了，国家大剧院、杭州大剧院等一大批新型建筑都采用了这种过渡结构设计。屋面设计系统及其应用在我国已经逐步开始，但还很不完整，近几年还有待进一步开发并形成一整套完整的理论体系。

2. 夏热冬暖地区节能与遮阳

我国地域广阔，从北方严寒的东三省到南国炎热的海南岛，从干燥的西北内陆到潮湿的东南沿海，气候环境差别巨大。只有根据各地建筑气候特点与设计要求，才能正确地进行建筑外窗的选择和节能工作的开展。

广泛开展对夏热冬暖地区建筑门窗的改造，这一地区雨量充沛，是我国降水最多的地区，多热带风暴和台风袭击，易有大风暴雨天气；太阳高度角大，太阳辐射强烈。建筑门窗幕墙产品必须充分满足防风雨、隔热、遮阳的要求，同时还要考虑到传统的生活习惯，门窗要通风。

提高夏热冬暖地区的节能应考虑尽可能利用自然条件，在获得适宜的室内热环境的前提下，得到最大的节能降耗效果，利用适宜的室内温度和自然空气调节、采用门窗的内外遮阳系统、推广采用隔热的节能玻璃、提高门窗的气密性能、讲究门窗的科学设计合理、利用门窗的空气流动。

3. 新型建筑材料的应用

我国铝门窗和建筑幕墙行业科技进步和技术创新，改变了行业面貌，提高了产业科技含量，新型建筑材料的应用开拓了市场空间，千丝板、埃特板、微晶玻璃、陶瓷挂板等一大批新型建材在建筑幕墙上的使用加速了幕墙技术的发展，建立了新世纪可持续发展的技术基础。

第三节　近年来我国铝合金门窗、建筑幕墙的行业统计

随着我国改革开放的不断深入和社会主义市场经济体制的逐步完善，以及全球经济一体化进程的加快，建筑市场的竞争已经日趋激烈。面对激烈的市场竞争环境，了解行业的经济状况和发展趋势已成为铝合金门窗、建筑幕墙企业谋求生存发展的切入点及制定中长远规划及发展战略目标的科学依据。然而，我国铝合金门窗有近40的生产历史，建筑幕墙作为建筑物的新型外围护结构在中国使用近30年，但始终没有统计数据。因此，行业统计工作是业内人士普遍关心的问题，必须建立起铝合金门窗、建筑幕墙的行业统计管理模式，摸清行业近期的经济指标与指标的对比分析，为企业及行业宏观控制服务。

一、铝合金门窗、建筑幕墙行业统计工作的重要性

行业的经济指标数据和资料是企业领导层决策的依据，了解行业的发展趋势及业内产品结构的变化，明确企业在行业内所处的位置，使企业有的放矢地控制人、财、物的投入，并在企业管理模式、经营方式、运营机制方面不断随着市场的需要改革创新，保持企业持续、快速、健康发展。

二、铝合金门窗、建筑幕墙行业统计工作的原则

本次调查掌握了以下原则。

以法规为原则：依据《中华人民共和国统计法》科学地、有效地组织行业内的统计调查、统计分析及行业内统计资料的提供工作。

以统计制度规定的抽样调查方法为原则：主要对建筑幕墙施工资质一级、二级企业，生产许可证的取证企业，协会会员单位，钢、铝、塑门窗生产企业，门窗、幕墙配套的铝型

材、建筑用胶配套件、玻璃等生产企业，采用了普遍抽样调查的方法进行数据采样，发出统计调查表1920份。

以统计模型进行统计分析与预测的原则：为使本次调查分析的数据更具有科学性和相对的准确性，对调查的诸多数据进行了排列组合，利用各种统计技术综合分析研究，为企业尽量提供较准确的经济指标参考依据。

三、铝合金门窗、建筑幕墙行业统计数据的基本依据

截止到2010年，全国建筑幕墙一级施工资质企业365家，二级施工资质企业1072家，全国有建筑门窗生产许可证的企业9200家，其中塑料门窗企业3118家，铝合金门窗企业953家，彩板门窗企业29家，铝、塑门窗企业3162家，铝、塑、彩板门窗企业28家，塑、彩板门窗企业16家，铝、彩板门窗企业20家，其地区分布见表1-1。

表1-1　全国建筑外窗生产许可证取证企业一览表

序号	省份	企业总数	序号	省份	企业总数
1	江苏	1280	16	吉林	161
2	山东	941	17	天津	131
3	浙江	603	18	湖北	116
4	河北	498	19	山西	103
5	黑龙江	450	20	广东	74
6	上海	413	21	青海	52
7	辽宁	396	22	广西	62
8	内蒙	324	23	云南	51
9	北京	315	24	湖南	47
10	甘肃	276	25	重庆	37
11	安徽	273	26	宁夏	35
12	河南	256	27	福建	24
13	新疆	200	28	贵州	18
14	四川	193	29	海南	10
15	陕西	165	30	其他	1924

四、铝合金门窗、建筑幕墙行业初始统计的基本情况

1. 2003/2004/2005/2007/2008年中国铝窗、幕墙行业总产值

2003年，72237400000元；2004年，100842260000元；2005年，145062440000元；2007年，149330940000元；2008年，162509950000元。

2. 2003/2004/2005/2007/2008年建筑幕墙竣工建筑面积

2003年，30386200平方米；2004年，40641900平方米；2005年，52989500平方米；2007年，66769000平方米；2008年，75839000平方米。

3. 2003/2004/2005/2007/2008年铝合金门窗竣工建筑面积

2003年，166804800平方米；2004年，240931600平方米；2005年，315414400平方米；2007年，320740000平方米；2008年，328360000平方米。

五、2003/2004/2005年行业经济指标对比分析

1. 2003/2004/2005年一级资质幕墙企业经济分析对比

一级资质幕墙企业产品分类分析见表1-2。

表 1-2　2003/2004/2005 年一级幕墙企业产品的分类分析

项　目	幕墙产值 /(万元)	铝门窗产值 /(万元)	其他门窗产值 /(万元)	总产值 /(万元)
2003 年	2424875	422741	119609	2967225
2004 年	3926611	408072	126582	4461265
2005 年	4575754	652176	31556	5259486
2004 年比 2003 年增长	61.9%	负 3.5%	5.8%	50.4%
2005 年比 2004 年增长	16.5%	60.0%	负 75%	17.9%

2. 2003/2004/2005 年二级资质幕墙企业经济分析对比

二级资质幕墙企业产品分类分析见表 1-3。

表 1-3　二级资质幕墙企业产品分类分析

项目	幕墙产值 /(万元)	铝门窗产值 /(万元)	其他门窗产值 /(万元)	总产值 /(万元)
2003 年	1221464	462225	172638	1856327
2004 年	950422	870214	335493	2156129
2005 年	2087864	1445151	270015	3803030
2004 年比 2003 年增长	负 22.2%	88.2%	94.3%	16.2%
2005 年比 2004 年增长	119.6%	66.0%	负 19.5%	76.4%

2005 年竣工幕墙按结构分类对比见图 1-5。

2005 年竣工幕墙按饰面材料分类对比见图 1-6。

自 1990 年鲁班奖（国优）增加建筑装饰企业参建奖以来，到 2004 年，仅三家企业就获得 39 项幕墙鲁班奖。

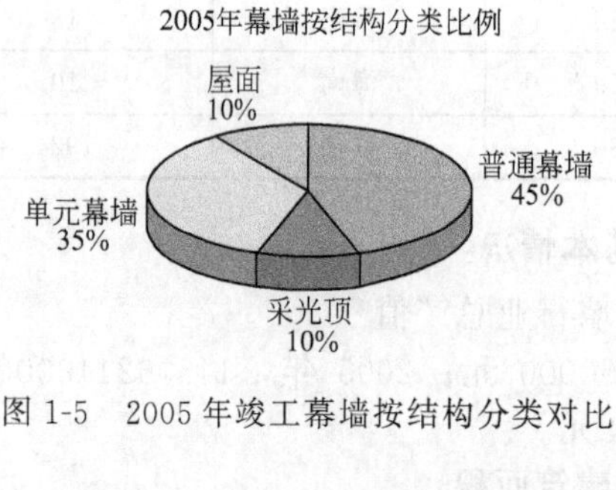

图 1-5　2005 年竣工幕墙按结构分类对比

2005年幕墙按面材分类比例

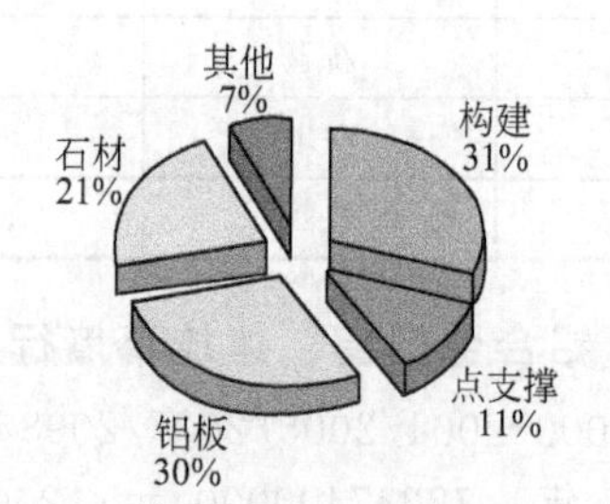

图 1-6　2005 年竣工幕墙按饰面材料分类对比

第四节　门窗幕墙行业发展新技术特点和存在问题

1. 铝合金门窗、建筑幕墙新技术特点

① 中国已经是全世界最大的铝合金门窗、建筑幕墙生产国，2008 年建筑幕墙竣工面积已经达到了 7583 万平方米。

② 点驳接幕墙施工应用技术走在了世界前列；北京新保利大厦、中关村文化商厦建筑幕墙工程的网索点驳接幕墙建筑面积、幕墙最大跨度、幕墙的施工难度在世界上都是具有领先地位的。

③ 节能铝合金门窗产品经过几年的开发，已经初步建立了具有中国特点的节能门窗技术体系，形成了一定的节能门窗设计、生产、施工能力，可以初步满足当前建筑节能门窗的基本要求。

④ 单元式幕墙技术在我国开始普及，这种加工工艺精确、施工方便的幕墙板块设计施工技术已经被国内大型幕墙企业所掌握，十年前仅仅用于少数国外设计的大型工程中，现在北京、上海、深圳等大型的幕墙工程中已广泛应用。

⑤ 多种新型幕墙饰面材料在建筑幕墙工程中的应用，促进了新型幕墙的发展，增加了幕墙产品的多样化，也极大地调动了建筑师们对各种新型幕墙饰面材料的兴趣。大理石幕墙、陶土板幕墙、瓷板幕墙、树脂木纤维板幕墙、纤维增强水泥板幕墙等新型幕墙材料技术的应用大大充实了建筑幕墙的内涵，前景广大。

⑥ 双层幕墙设计技术理论在逐步形成，许多大型幕墙工程已经设计了内循环、外循环系统。企业和行业科技人员已经着手建立双层幕墙实验体系，逐步积累、收集各种技术数据。大型建筑幕墙遮阳系统也已经受到建筑师们的关注，大型翼板式幕墙遮阳系统的应用也随着“夏热冬暖”地区建筑节能的需要越来越广泛。

⑦ 我国铝合金门窗、建筑幕墙的标准体系已经初步建立，从产品的设计、生产加工、施工安装、工程检验及验收等各个环节都有了国家标准和规范，从而保障了门窗幕墙的产品工程质量。

2. 存在问题和今后行业工作展望

我国铝合金门窗与建筑幕墙产品经过三十年的发展已经取得了可喜的成绩，技术得到了发展，造就了一大批专业人才，形成了具有中国特色的产品结构体系。但是，行业的发展是不平衡的，东西部之间、企业之间、产品之间都存在着明显差距。市场秩序和市场行为不够规范，压价竞争、无序竞争、部分伪劣铝型材和伪劣铝门窗的问题尚未得到根治。部分企业研制开发能力和创新能力仍然比较低，企业研发机制仍很脆弱，产品质量不够稳定，技术储备少，后劲不足，新型材料开发滞后，专用机电一体化的先进工艺设备以及部分特殊原材料仍是空白，距国际先进水平尚有一定差距。

加快建设节约型社会是我国经济发展的一项重要战略决策。2008 年 7 月，国务院发出《关于做好建设节约型社会近期重点工作的通知》，要求贯彻实施《关于发展节能省地型住宅和公共建筑的指导意见》和《公共建筑节能设计标准》。国家发改委要求认真落实国务院建设节约型社会的通知精神，在机关新建、扩建和维修改造的办公与业务用房及其他建筑中，要在节减经费的原则下，严格执行现行建筑节能设计标准。因此建筑门窗幕墙的节能已经是行业当前最为重要的工作。但是我国的建筑门窗大部分还不属于建筑节能产品，有些门窗产品距离国务院提出的要求还有不小的差距，距离建筑幕墙的节能指标差距就更大了，标准需要修订，监测需要加强，技术需要更新。

过去三十年，我国铝门窗幕墙行业在上规模、上品种、上档次上有了突飞猛进的发展，成就了辉煌。进入 21 世纪，行业的主要目标是：从门窗幕墙大国跨入门窗幕墙强国，实现产业现代化，建设技术先进、产品创新、科学管理、市场兴旺、人才济济、实现产业化的新行业。目前，国内企业在市场上已经占有绝对的优势，部分优秀幕墙企业已经开始踏入国际市场，在国际市场强手如林的同行业竞争中占有一席之地，中国的幕墙企业终究要走向世界。

第五节　新时期门窗幕墙行业的特点与问题

1. 门窗系统公司的出现

在 2009 年北京国际门窗幕墙博览会上我们高兴地看到了有国产的贝克洛门窗幕墙系统、

正典门窗系统、澳普利等门窗系统产品的出现。欧洲门窗系统公司大家都比较熟悉了，有德国旭格公司、意大利的阿鲁克公司等，因为中国门窗产业的特殊性，一直没有自己的系统公司。近几年随着行业的发展需要，有些企业开始成立系统公司，一些较有经济、技术实力的企业投入一定资金，研发企业自己的门窗系列产品，同时联合部分中小门窗企业，组成门窗系统公司。这是中国门窗行业发展的一个好现象，体现了行业发展和进步。把门窗、幕墙的研发、生产、销售、施工等环节有机地联合起来，是行业发展的方向。优化门窗产品，减少铝型材的品种和数量，减少铝型材开模和库存积压，优化门窗五金配件，对铝型材厂、五金配件厂、中小门窗企业都有利，值得铝门窗行业进行探讨和发扬。

2008 年 12 月份铝门窗幕墙委员会组织了部分国内门窗企业和铝型材企业去新西兰进行了门窗系统公司的调研和访问，学到了不少有益的东西。应该说，目前中国的门窗系统公司还仅仅是一种雏形，距离研发完整的系列门窗、幕墙产品还有一定的差距；对于系统公司的整体运营、销售推广、技术培训、工程质量监督和验收，尚未形成一个较好的、较完善的制度，还需要几年的培育和发展。我们相信在今后几年中，具有中国特色的门窗系统公司一定会发展起来的。

2. 五金配件正在逐步跟上节能门窗步伐

几年来门窗行业为了满足建筑节能工作需要，设计研发了一批新型节能门窗，同时铝合金型材、建筑玻璃等行业也都推出与之配套的节能产品，但是，我国门窗五金配件的发展一直相对滞后，大部分优质门窗配件仍然依靠进口。近两年一批国产门窗五金配件厂在产品研发和销售推广方面取得了显著的进步，一些国产五金件企业不仅仅提高了产品质量，还对研发门窗系统、优化门窗产品设计做出了积极配合，新产品更加适合中国的门窗特点。

3. 铝型材行业的整体技术水平明显提升

我国的铝型材挤压行业中建筑铝材占了绝大部分的份额，这得益于中国建筑行业的蓬勃发展，才为中国的有色金属行业带来了商机。铝型材厂已不满足于单独挤压铝型材，还积极配合门窗企业进行门窗系统研发工作以及门窗幕墙五金件和门窗耐久性的研发工作。部分国产铝型材厂为配合国家建筑节能工作，与委员会、有色金属研究院、大沥铝型材协会、德国泰诺风公司等单位为编制国家及行业标准、研究隔热铝型材的寿命做了大量的试验室工作，积累了几万个有用的技术数据。

由此可以看出，铝型材企业已经摆脱了单单是为了挤出铝材满足门窗幕墙企业的加工，而是把门窗幕墙产品的研发当作大家共同的事业来做。

4. 铝合金门窗、建筑幕墙出口

随着我国建筑幕墙行业技术水平的提高，中国的幕墙公司开始逐步进入国际市场。近几年走出中国进入世界的幕墙工程企业有很多，如沈阳远大铝业工程公司、北京江河幕墙公司等一批企业，部分企业已经逐步进入主流行业的竞争中，在欧洲、中东等地区与欧美国家一线企业共同分割世界高层建筑的幕墙工程，设计施工能力已经与世界大型幕墙企业并驾齐驱，成绩显著。

今天的世界，中国的国际地位越来越突出，金融危机以来，世界平均 GDT 增长仅为 2.7％，而中国 GDP 增长始终保持在 8％以上，在这样的背景下，我们更要清晰地了解国际市场，为平稳进入国际市场赢得良好空间。

第二章　建筑幕墙分类

现代化建筑，特别是现代化高层建筑与传统建筑相比较有许多区别，其外围护结构一般不再采用传统的砖墙和砌块墙，而是采用建筑幕墙。建筑幕墙包括玻璃幕墙、石材幕墙、铝板幕墙、陶瓷板幕墙、陶土板幕墙、金属板幕墙、彩色混凝土挂板幕墙和其他板材幕墙。建筑幕墙在其构造和功能方面有如下特点。

① 具有完整的结构体系。建筑幕墙通常是由支承结构和面板组成，支承结构可以是钢桁架、单索、平面网索、自平衡拉索（拉杆）体系、鱼腹式拉索（拉杆）体系、玻璃肋、立柱、横梁等，面板可以是玻璃板、石材板、铝板、陶瓷板、陶土板、金属板、彩色混凝土板等。整个建筑幕墙体系通过连接件如预埋件或化学锚栓挂在建筑主体结构上。

② 建筑幕墙自身应能承受风荷载、地震荷载和温差作用，并将它们传递到主体结构上。

③ 建筑幕墙应能承受较大的自身平面外和平面内的变形，并具有相对于主体结构较大的变位能力。

④ 建筑幕墙不分担主体结构所承受的荷载和作用。

⑤ 抵抗温差作用能力强。当外界温度变化时，建筑结构将随着环境温度的变化发生热胀冷缩。如果不采取措施，在炎热的夏天，空气的温度非常高，建筑物大量吸收环境热量，建筑结构会因此伸长，而建筑物的自重压迫建筑结构，使得建筑结构无法自由伸长，结果会把建筑结构挤弯、压碎；在寒冷的冬天，空气的温度非常低，建筑结构会发生收缩，由于建筑物结构之间的束缚，使得建筑结构无法自由收缩，结果会把建筑结构拉裂、拉断。所以长的建筑物要用膨胀缝把建筑物分成几段，以此来满足温度变化给建筑结构带来的热胀冷缩。长的建筑可以设立竖向膨胀缝，将建筑物分成数段；可是高的建筑物不可能用水平膨胀缝将建筑物切成几段，因为水平分缝后的楼层无法连接起来。

由于不能采用水平分段的办法解决高楼大厦结构热胀冷缩问题，只能采用建筑幕墙将整个建筑结构包围起来，使建筑结构不暴露于室外空气中，因此建筑结构由于一年四季季节变化引起的热胀冷缩非常小，不会对建筑结构产生损害，保证建筑主体结构在温差作用下的安全。

⑥ 抵抗地震灾害能力强。砌体填充墙抵抗地震灾害的能力是很差的，在平面内产生1/1000位移时开裂，1/300位移时破坏，一般在小地震下就会产生破损，中震下会破坏严重。其主要原因是被填充在主体结构内，与主体结构不能有相对位移，在自身平面内变形能力很差，与主体结构一起振动，最终导致破坏。建筑幕墙的支承结构一般采用铰连接，面板之间留有宽缝，使得建筑幕墙能够承受1/100～1/60的大位移、大变形。尽管主体结构在地震波作用下摇晃，但建筑幕墙一般都安然无恙。

⑦ 节省基础和主体结构的费用。玻璃幕墙的重量只相当于传统砖墙的1/10，相当于混凝土墙板的1/7，铝单板幕墙更轻，370mm砖墙760kg/m^2，200mm空心砖墙250kg/m^2，而玻璃幕墙只有35～40kg/m^2，铝单板幕墙只有20～25kg/m^2。极大地减少了主体结构的材料用量，也减轻了基础的荷载，节约了基础和主体结构的造价。

⑧ 可用于旧建筑的更新改造。由于建筑幕墙是挂在主体结构外侧，因此可用于旧建筑的更新改造，在不改动主体结构的前提下，通过外挂幕墙，内部重新装修，则可比较简便地完成旧建筑的改造更新。改造后的建筑如同新建筑一样，充满着现代化气息，光彩照人，不留任何陈旧的痕迹。

⑨ 安装速度快，施工周期短。幕墙由钢型材、铝型材、钢拉索和各种面板材料构成，

这些型材和板材都能工业化生产，安装方法简便，特别是单元式幕墙，其主要的制作安装工作都是在工厂完成的，现场施工安装工作工序非常少，因此安装速度快，施工周期短。

⑩ 维修更换方便。建筑幕墙构造规格统一，面板材料单一、轻质，安装工艺简便，因此维修更换十分方便。特别是对那些可独立更换单元板块和单元幕墙的构造，维修更换更是简单易行。

⑪ 建筑效果好。建筑幕墙依据不同的面板材料可以产生实体墙无法达到的建筑效果，如色彩艳丽、多变，充满动感；建筑造型轻巧、灵活；虚实结合，内外交融，具有现代化建筑的特征。

第一节 玻璃幕墙

玻璃幕墙又分为明框玻璃幕墙、全隐框玻璃幕墙、半隐框玻璃幕墙、全玻玻璃幕墙和点支式玻璃幕墙。

一、明框玻璃幕墙

明框玻璃幕墙属于元件式幕墙，将玻璃板用铝框镶嵌，形成四边有铝框的幕墙元件，将幕墙元件镶嵌在横梁上，幕墙成为四边铝框明显，横梁和立柱均在室内外可见的幕墙。明框玻璃幕墙不仅应用量大面广、性能稳定可靠、应用最早，还因为明框玻璃幕墙在形式上脱胎于玻璃窗，易于被人们接受，施工简单，形式传统，所以明框玻璃幕墙至今仍被人们所钟爱。见图 2-1。

图 2-1 明框玻璃幕墙

由图 2-1 可见，不仅玻璃参与室内外传热，铝合金框也参与室内外传热，在一个幕墙单元中，玻璃面积远超过铝合金框的面积，因此玻璃的热工性能在明框玻璃幕墙中占主导地位。

二、全隐框玻璃幕墙

隐框玻璃幕墙的玻璃是采用硅酮[1]结构密封胶粘接在铝框上，一般情况下，不需再加金属连接件。铝框全部被玻璃遮挡，形成大面积全玻璃墙面。在有些工程上，为增加隐框玻璃幕墙的安全性，在垂直玻璃幕墙上采用金属连接件固定玻璃，如北京的希尔顿饭店。结构胶是连接玻璃与铝框的关键所在，两者全靠结构胶连接。因此在隐框玻璃幕墙应用的初期，有许多专家学者认为，隐框玻璃幕墙是悬在人们头上的定时炸弹。其实只要结构胶满足相容性，即结构胶必须有效地黏结与之接触的所有材料，如玻璃、铝框、垫块等之间的粘接，因此进行相容性试验是应用结构胶的前提，（图 2-2 和图 2-3）。

由图 2-2 和图 2-3 可见，只有玻璃参与室内外传热，铝合金框位于玻璃板的后面，不参与室内外传热，因此玻璃的热工性能决定全隐框玻璃幕墙的热工性能。

---

[1] 即“聚硅氧烷”。为照顾行业习惯本书仍使用“硅酮”这一称谓。

图 2-2 隐框玻璃幕墙

图 2-3 带金属扣件的隐框玻璃幕墙

三、半隐框玻璃幕墙

相对于明框玻璃幕墙来说，幕墙元件的玻璃板两对边镶嵌在铝框内，另外两对边采用结构胶直接粘接在铝框上，构成半隐框玻璃幕墙。立柱隐蔽、横梁外露的玻璃幕墙称为竖隐横明玻璃幕墙；横梁隐蔽、立柱外露的玻璃幕墙称为横隐竖明玻璃幕墙（图 2-4 和图 2-5）。

图 2-4 竖隐横明玻璃幕墙

图 2-5 横隐竖明玻璃幕墙

由图 2-4 和图 2-5 可见，半隐框玻璃幕墙介于明框玻璃幕墙和全隐框玻璃幕墙之间，不仅玻璃参与室内外传热，外露铝合金框也参与室内外传热，在一个幕墙单元中，玻璃面积远超过铝合金框的面积，因此玻璃的热工性能在半隐框玻璃幕墙中占主导地位。

四、全玻玻璃幕墙

在建筑物首层大堂、顶层和旋转餐厅，为增加玻璃幕墙的通透性，不仅玻璃板，包括支承结构都采用玻璃肋，这类幕墙称为全玻玻璃幕墙，见图 2-6。

由图 2-6 可见，只有玻璃参与室内外传热，因此玻璃的热工性能决定了全玻玻璃幕墙的热工性能。

图 2-6　全玻玻璃幕墙

图 2-7　点支式玻璃幕墙

五、点支式玻璃幕墙

由玻璃面板、点支承装置和支承结构构成的玻璃幕墙称为点支式玻璃幕墙，见图2-7。

由图 2-7 可见，不仅玻璃参与室内外传热，金属爪件也参与室内外传热，在一个幕墙单元中，玻璃面积远超过金属爪件的面积，因此玻璃的热工性能在点支式玻璃幕墙中占主导地位。

图 2-8　真空玻璃幕墙

六、真空玻璃幕墙

真空玻璃幕墙是一个新名词，所谓真空玻璃幕墙就是玻璃面板采用真空玻璃的幕墙。由于真空玻璃在热工性能、隔声性能和抗风压性能方面有特殊性，特别是真空玻璃幕墙极佳的保温性能，在强调建筑节能的今天，真空玻璃幕墙已越来越受到人们的瞩目，目前在国内已有通体真空玻璃幕墙问世，见图 2-8。

第二节　石材幕墙

石材幕墙不是石材贴面墙，石材贴面墙是将石材通过拌有黏结剂的水泥砂浆直接贴在墙面上，石材面板与实墙面形成一体，两者之间没有间隙和任何相对运动或位移。而石材幕墙是独立于实墙之外的围护结构体系，对于框架结构式的主体结构，应在主体结构上设计安装专门的独立金属骨架结构体系，该金属骨架结构体系悬挂在主体结构上，然后采用金属挂件将石材面板挂在金属骨架结构体系上。石材幕墙应能承受自身的重力荷载、风荷载、地震荷载和温差作用，不承受主体结构所受的荷载，与主体结构可产生适当的相对位移，以适应主体结构的变形。石材幕墙应具有保温、隔热、隔声、防水、防火和防腐蚀等作用。

图 2-9　石材幕墙

根据石材幕墙面板材料可将石材幕墙分为天然石材幕墙（如花岗岩石材幕墙和洞石幕墙等）、人造石材幕墙（如微晶玻璃幕墙、瓷板幕墙和陶土板幕墙）。按石材金属挂件形式可分为背拴式、背槽式、L 型挂件式、T 型挂件式等，由于 T 型挂件不能实现石材板块的独立更换，因此目前应用较少。按石材幕墙板块之间是否打胶可分为封闭式和开缝式两种，封闭式又分为浅打胶和深打胶两种（图2-9）。

第三节　金属幕墙

金属幕墙也是通过承重骨架悬挂在主体结构上的，只是板块是金属面板（图 2-10）。金属幕墙按面板材料可分为铝单板幕墙、铝塑板幕墙、铝瓦楞板幕墙、铜板幕墙、彩钢板幕墙、钛板幕墙、钛锌板幕墙等，按是否打胶分为封闭式金属幕墙和开放式金属幕墙。金属幕墙具有重量轻、强度高、板面平滑、富有金属光泽、质感丰富等特点，同时金属幕墙还具有加工工艺简单、加工质量好、生产周期短、可工厂化生产、装配精度高和防火性能优良等特点，因此被广泛地应用于各种建筑中。

图 2-10　金属幕墙

第四节　几种新型幕墙

一、双层通道幕墙

双层通道幕墙是双层结构的新型幕墙，外层幕墙通常采用点支式玻璃幕墙、明框玻璃幕墙或隐框玻璃幕墙，内层幕墙通常采用明框玻璃幕墙、隐框玻璃幕墙或铝合金门窗。为增加幕墙的通透性，也有内外层幕墙都采用点支式玻璃幕墙结构的。在内外层幕墙之间，有一个宽度通常为几百毫米的通道，在通道的上下部位分别有出气口和进气口，空气可从下部的进气口进入通道，从上部的出气口排出通道，形成空气在通道内自下而上的流动，同时将通道内的热量带出通道，所以双层通道幕墙也称为热通道幕墙，见图 2-11。依据通道内气体的循环方式，将双层通道幕墙分为内循环通道幕墙、外循环通道幕墙和开放式通道幕墙。

图 2-11　双层通道幕墙

1. 内循环通道幕墙

内循环通道幕墙一般在严寒地区和寒冷地区使用，其外层原则上是完全封闭的，一般由断热型材与中空玻璃等热工性能优良的型材和面板组成，其内层一般为单层玻璃组成的玻璃幕墙或可开启窗，以便对通道进行清洗和内层幕墙的换气，两层幕墙之间的通风换气层一般为 100～500mm。通风换气层与吊顶部位设置的暖通系统抽风管相连，形成自下而上的强制性空气循环，室内空气通过内层玻璃下部的通风口进入换气层，使通道内的空气温度达到或接近室内温度，达到节能效果。在通道内设置可调控的百叶窗或垂帘，可有效地调节日照遮阳，为室内创造更加舒适的环境，见图 2-12。

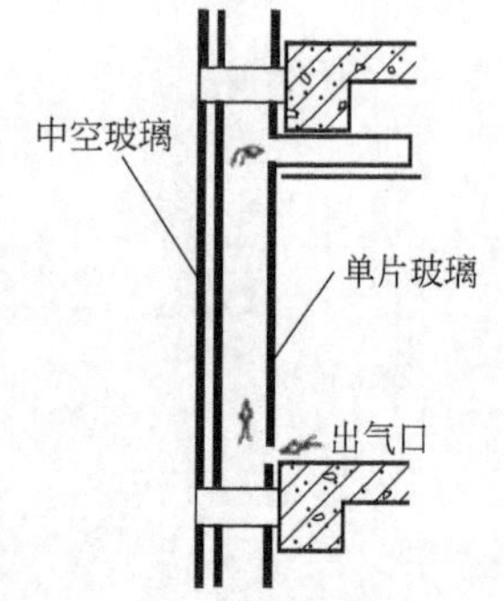

图 2-12　内循环通道幕墙

2. 外循环通道幕墙

外循环通道幕墙与“封闭式通道幕墙”相反，其外层是单层玻璃与非断热型材组成的玻璃幕墙，内层是由中空玻璃与断热型材组成的幕墙。内外两层幕墙形成通风换气层，在通道的上下两端装有进风口和出风口，通道内也可设置百叶等遮阳装置。在冬季，关闭通道上下两端的进风口和出风口，通道中的空气在太阳光的照射下温度升高，形成一个温室，有效地提高了通道内空气的温度，减少了建筑物的采暖费用。在夏季，打开通道上下两端的进风口和出风口，在太阳光的照射下，通道内空气温度升高自然上浮，形成自下而上的空气流，即形成烟囱效应。由于烟囱效应带走通道内的热量，降低通道内空气的温度，减少制冷费用。同时通过对进风口和出风口位置的控制以及对内层幕墙结构的设计，达到由通道自发向室内输送新鲜空气的目的，从而优化建筑通风质量，见图 2-13。

3. 开放式通道幕墙

开放式通道幕墙一般在夏热冬冷地区和夏热冬暖地区使用，寒冷地区也有使用的。其外层原则上是不能封闭的，一般由单层玻璃和通风百叶组成，其内层一般为断热型材和中空玻璃等热工性能优良的型材和面板组成，或由实体墙和可开启窗组成，两层幕墙之间的通风换气层一般为100～500mm，其主要功能是改变建筑立面效果和室内换气方式。在通道内设置可调控的百叶窗或垂帘，可有效地调节日照遮阳，为室内创造更加舒适的环境，见图2-14。

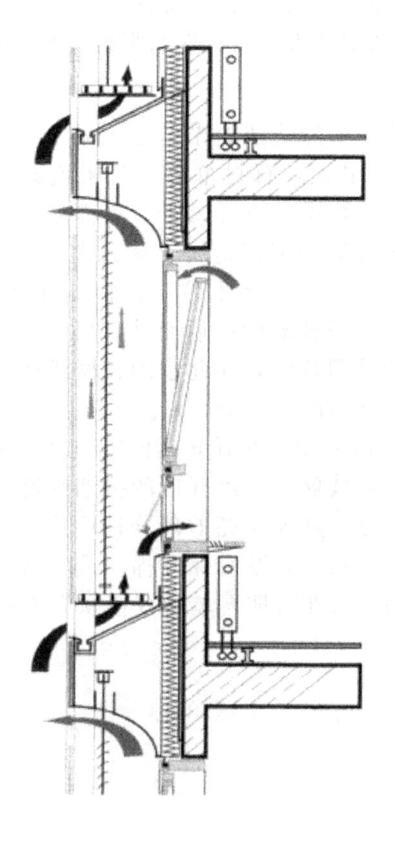

图2-13　外循环通道幕墙

图2-14　开放式通道幕墙

二、光电幕墙

所谓光电幕墙，即用特殊的树脂将太阳能电池粘在玻璃上，镶嵌于两片玻璃之间，通过电池可将太阳能转化成电能。除发电这项主要功能外，光电幕墙还具有明显的隔热、隔声、安全、装饰等功能，特别是太阳能电池发电不会排放二氧化碳或产生有温室效应的气体，也无噪声，是一种净能源，与环境有很好的相容性。但因价格比较昂贵，光电幕墙现主要用于标志性建筑的屋顶和外墙。随着节能和环保的需要，我国正在逐渐接受这种光电幕墙，见图2-15。

图2-15　光电幕墙

三、透明幕墙

在我国幕墙界，透明幕墙是个全新概念，第一次出现是在《公共建筑节能设计标准》(GB 50189)中。显然透明幕墙一定是玻璃幕墙，但玻璃幕墙不一定透明。过去我们也是这样做的，将玻璃幕墙做成透明和不透明两种，只是没有这样称谓，如普通的玻璃幕墙即是透明玻璃幕墙，但在窗槛墙和楼板部位的玻璃幕墙即是不透明玻璃幕墙，因为为了遮盖窗槛墙和楼板，在这些部位的幕墙玻璃往往选择阳光控制镀膜玻璃，在其后面再贴上保温棉或保温板，因此这些部位不再透明。透明幕墙看起来不一定透明，如许多阳光控制镀膜玻璃幕墙从室外向室内看就不透明，但从室内向室外看却是透明的，显然这是透明玻璃幕墙。如何定义透明幕墙？我们从以下几方面来定义：①透明幕墙一定是玻璃幕墙；②在玻璃板后面没有贴保温棉或保温板；③与人的视觉效果无关；④可见光透射率大于零；⑤遮阳系数大于零。

四、非透明幕墙

非透明幕墙和透明幕墙一样，也是第一次出现在《公共建筑节能设计标准》（GB 50189）中。显然，石材幕墙、金属板幕墙和上述提到的位于窗榄墙和楼板处、后面贴有保温棉或保温板的玻璃幕墙都是属于非透明幕墙。还有一类玻璃幕墙，虽然并不位于窗榄墙和楼板处，但是其结构也是玻璃面板后面贴有保温棉，因此也是属于非透明幕墙，如北京的长城饭店和京广中心就是这样做的，见图 2-16。

图 2-16　北京长城饭店

由图 2-16 可见，玻璃幕墙的暗色部分是阳光控制镀膜中空玻璃，是可开启的幕墙窗部分，是透明幕墙部分，其他发亮的部分是单片阳光控制镀膜玻璃，在其后面贴有保温棉，是不透明幕墙部分。如何定义非透明幕墙？我们从以下两方面来定义：①可见光透射率等于零；②遮阳系数等于零。

第三章　点支式玻璃幕墙

点式驳接玻璃幕墙是由玻璃面板、点支承装置和支承结构构成的建筑幕墙。

随着玻璃制造技术的不断改进，玻璃的质量得到大幅度提高，种类不断增多，玻璃的承重能力等力学性能和物理性能都大大提高。在设计上，一方面应用和发展现有的结构体系，结合玻璃和钢的材料特性，创造新的结构形式，并通过新的节点构造，使之与玻璃结成一体；另一方面，引进机械设计原理作为设计的主要依据，更加精密地设计节点的位移和旋转，让节点、结构和玻璃之间的连接更精密，也更容易。所有这些努力都促成了一种全新玻璃建筑设计概念的诞生，即点支式玻璃技术。其在世界上发展的过程按驳接点的形式来分主要有以下三个阶段。

20 世纪 50～60 年代主要是通过两块金属夹板用固紧螺栓将钢化玻璃夹紧在支承体上。其外形的美观、玻璃板面的大小及支承连接形式都受到限制。

20 世纪 80 年代，将 60 年代的金属夹板改为锥形驳接头，将玻璃在平面上钻锥形孔使驳接头的平面与玻璃的平面一致，增加了幕墙的美观效果。1986 年法国建筑师安德良在纪念法国大革命 200 周年的十大建筑物之一拉维莱特公园科学馆的立面设计中，应用了扣件点支式技术，为全世界的建筑师所瞩目。1993 年贝聿铭在卢浮宫改建工程地下广场的中心部位采用了单拉互连点式技术，设计了一个金字塔形的玻璃结构，把建筑、结构、机械技术相结合，成为建筑精品，获得世人的赞赏。

20 世纪 90 年代至今（1986 年开始使用），原驳接系统的驳接头（金属与玻璃连接的部分）是通过螺栓直接连接的，在玻璃受到风压等外力的情况下，玻璃孔周边应力集中，限制了单片玻璃板面的尺寸，经改进将驳接头与主体连接部分增加了球形连接机构，在玻璃受外力情况下可以自由弯曲，使其受力均匀。1986 年，巴黎拉维莱特公园科学馆的冬季花园应用拉索结构来设计点式玻璃幕墙。它首先采用铰接式爪件，将荷载在拉索、爪件和玻璃之间产生的弯矩降低到最小，并且方便了施工的进行。这种爪件成为此后点式玻璃设计中必不可少的一种标准构件。由 Volkwinmazg 设计并于 1996 年完工的德国莱比锡展览中心是目前世界上最大的用点式玻璃作为围护结构的建筑物，点式技术开始走向成熟。

采用驳接系统进行玻璃与结构连接的代表作有：1993 年建成的法国巴黎卢浮宫的“倒置金字塔”，法国史特拉斯堡的“现代艺术美术馆”，日本东京“国际会议中心”，1996 年建成的中国“上海大剧院”等。

1996 年在中国上海大剧院建成后此项技术震惊了国人，从 1996 年国内开始引进和研究点支式玻璃幕墙。1996 年兴建的深圳康佳产品展销馆，作为我国首例自行设计、制作和安装的点支式玻璃幕墙工程，翻开了我国玻璃幕墙建筑史的新篇章。

第一节　点支式玻璃幕墙的分类

点支式玻璃幕墙可有多种分类方法，可以按玻璃面板材料分类，如钢化玻璃点支式玻璃幕墙、夹层安全玻璃点支式玻璃幕墙、中空玻璃点支式玻璃幕墙、双层玻璃点支式玻璃幕墙、彩釉玻璃点支式玻璃幕墙、光电玻璃点支式玻璃幕墙等，由于点支式玻璃幕墙的玻璃连接固定、方式灵活，有多样性，可以将任何有功能的玻璃面板固定连接并形成大面积的墙体，所以可随着玻璃品种类型的增多用玻璃品种的名称来命名点支式玻璃幕墙。除此之外，还可以按照玻璃的形状来命名，如异形点支式玻璃幕墙、曲面点支式玻璃幕墙、双曲面点支式玻璃幕墙等，同时，还可以结合支承结构形式和功能等命名。这里将面板材料、结构、支承方式、幕墙功能都反映出来，这也是一种分类形式。在多种分类中常规的分类是按支承结构和玻璃面板支承形式分类。

1. 按支承结构分类

①主体结构点支承玻璃幕墙；②刚性钢结构点支承玻璃幕墙；③钢拉索结构点支承玻璃幕墙；④钢拉杆结构点支承玻璃幕墙；⑤自平衡索桁架点支承玻璃幕墙；⑥玻璃肋支承点支承玻璃幕墙。

2. 按玻璃面板支承形式分类

①四点支承点支承玻璃幕墙；②六点支承点支承玻璃幕墙；③多点支承点支承玻璃幕墙；④托板支承点支承玻璃幕墙；⑤夹板支承点支承玻璃幕墙。

点支式玻璃幕墙的支承结构部分是保证幕墙性能的最关键部分，它是幕墙的骨架，其稳定性、变形量、刚度、强度、耐久性等都直接决定幕墙的性能。其形式和选材可以是多种多样的，原则上讲只要能够牢固地支承玻璃驳接系统及玻璃，达到支承结构性能就可以作为点支式玻璃幕墙的支承结构。为充分体现建筑物的神韵，建筑师们在支承结构的选材、结构造型等方面下了很大的工夫，从建筑的结构墙体支承到索网结构支承，随着建筑材料的发展而不断发展。

近年来在国内外工程范围中点支式玻璃幕墙的支承结构形式十分丰富，常见的形式主要有以下几种。

一、建筑主体支承

驳接系统由建筑结构主体来支承，是将支承杆与预埋板直接焊接实现的。

这种支承形式简洁稳固，易施工。常规支承应是支承在梁柱上，由于梁柱的施工误差值较大，所以连接座的可调性十分重要。我们在实践中总结出如下几种既简便又行之有效的连接底座的形式（图 3-1）。

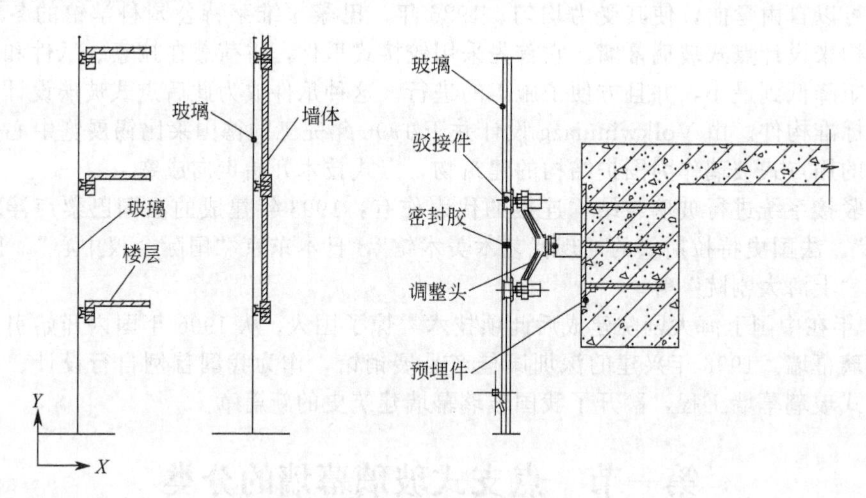

图 3-1 建筑主体支承剖视图

二、单柱支承点支式驳接玻璃幕墙

单柱支承点支式玻璃幕墙的特点，是将驳接系统支承在单根立柱或横梁上，一般适用在层间较低的层间幕墙，或上下有稳固的支承体系、单柱的细长比在规定范围内的幕墙，其结构简单、视觉效果良好，施工简便（图 3-2～图 3-4）。

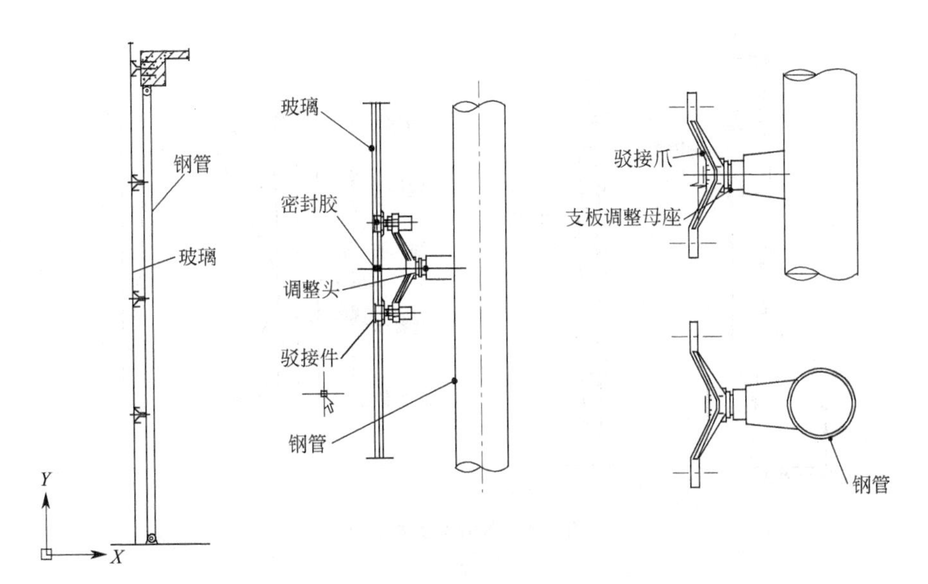

图 3-2　单柱支承视图

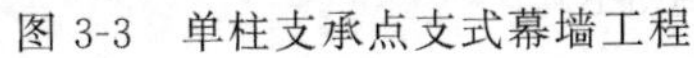

图 3-3　单柱支承点支式幕墙工程

图 3-4　异形单柱支承点支式幕墙工程

三、钢桁架结构支承点支式玻璃幕墙

该类幕墙的荷载是通过各种形式的钢桁架传递到建筑主体支承结构上的（图 3-5、图 3-6)。幕墙与桁架形成一个单独的受力支承体系，有效地将钢结构的古典雄浑构造美与现代玻璃的“清”、“透”完美地结合起来，使整个建筑充满时代艺术气息。由于钢结构在建筑中的适用性很强，近年来这种幕墙被大量使用。

四、玻璃肋板支承点支式玻璃幕墙

该类幕墙是以玻璃作为受力支承结构的全玻玻璃幕墙（图 3-7)，其肋板玻璃与面玻璃通过点驳接系统和玻璃结构胶形成一个完整的受力体系。

由于使用场所不同或面玻璃的分割不同，肋驳接的形式也有一些变化，在整条肋上驳接面玻璃，常用 K 型爪直接在肋板上连接。肋玻璃与面玻璃同时连接常用图 3-7(b) 的形式，层间玻璃肋驳接形式见图 3-7(c)。

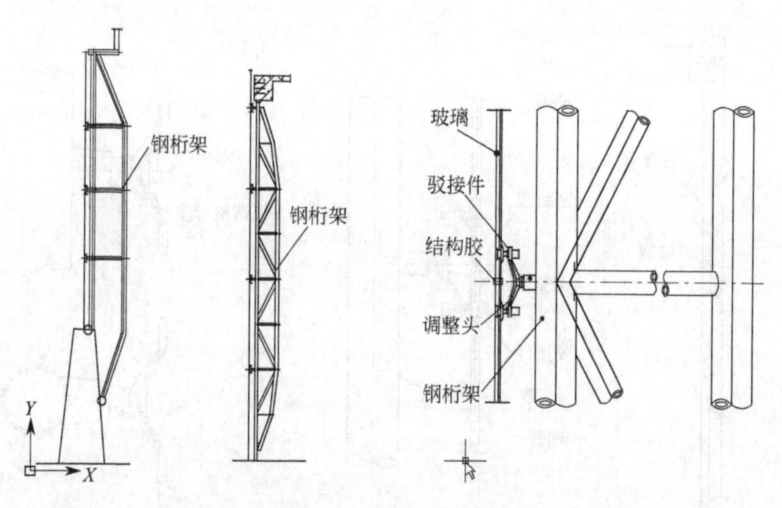

图 3-5　钢桁架支承视图

图 3-6　钢桁架支承点支式幕墙工程

在大跨度、较高的空间和用肋驳接爪形式时为增加支承强度和安全性可以增加横向玻璃肋。这种幕墙最好构造简单，且无锈蚀问题，适用于大堂、共享空间和有层间结构的部位，极易展示出玻璃的晶莹剔透、富丽堂皇的个性（图 3-8）。

五、球形网架结构点支式玻璃幕墙

是以球形网架作为点支式玻璃幕墙的支承结构（图 3-9），幕墙的外形可以随着球形网架外形的变化而变化，适用性强。大多用在采光顶、球形屋面及网架造型的外部。它能充分展示球形网架的空间体态。

六、预应力拉杆结构支承点支式玻璃幕墙

该幕墙的受力支承系统是由受拉杆件经合理组合，并施加一定的预应力所形成的。拉杆桁架所构成的支承桁架的体态简洁轻盈，特别是用不锈钢材料作为拉杆的主材时，经过精心抛光处理或亚光处理后，更能展示出现代金属结构所具备的高雅气质，使建筑整体极富现代感（图 3-10、图 3-11）。

七、预应力拉索桁架结构点支式玻璃幕墙

该类玻璃幕墙是目前点支式玻璃幕墙的最新型，是近几年才在国际上流行的幕墙形式，

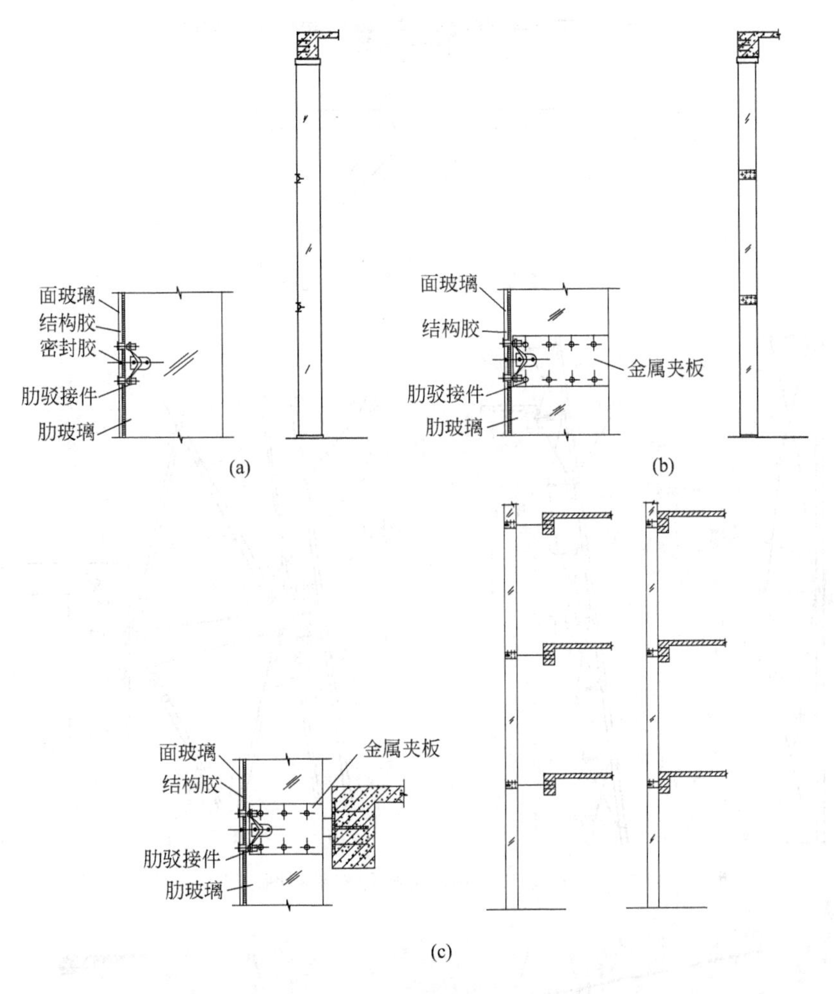

图 3-7　玻璃肋板支承视图、节点图

图 3-8　玻璃肋板支承点支式玻璃幕墙工程

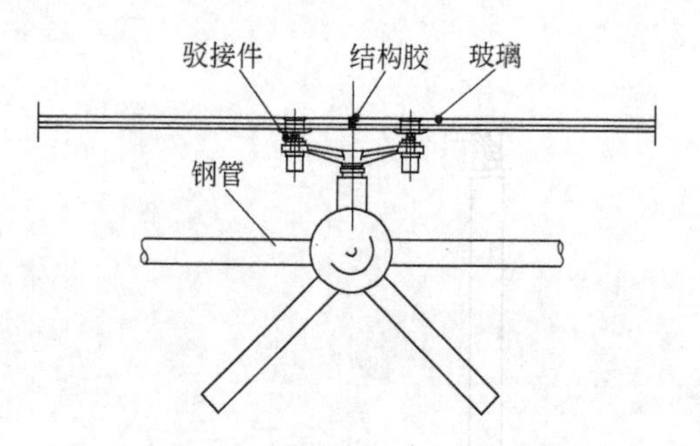

图 3-9 球形网架支承视图

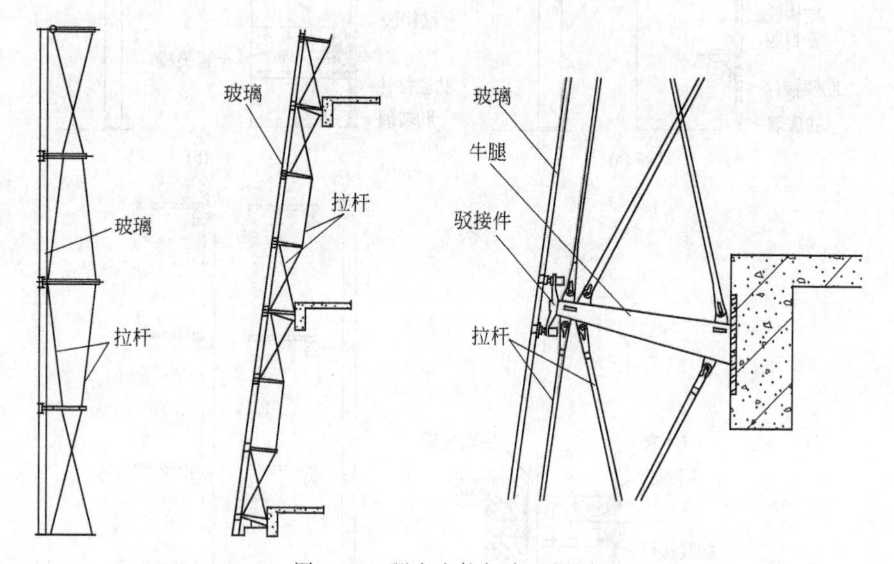

图 3-10 预应力拉杆支承视图

图 3-11 拉杆结构支承点支式玻璃幕墙工程

其科技含量很高，设计、施工难度很大，但同时也是最有现代感及最富生命力的一种玻璃幕墙形式。其支承结构是钢丝索通过合理布设，经过施加预拉力后所形成的预应力拉索结构，又称索桁架。

这种幕墙的支承系统为预应力双层拉索体系，其承载能力强，轻盈美观，通透性好，结构简单，形式多样，视觉效果极佳（图 3-12）。

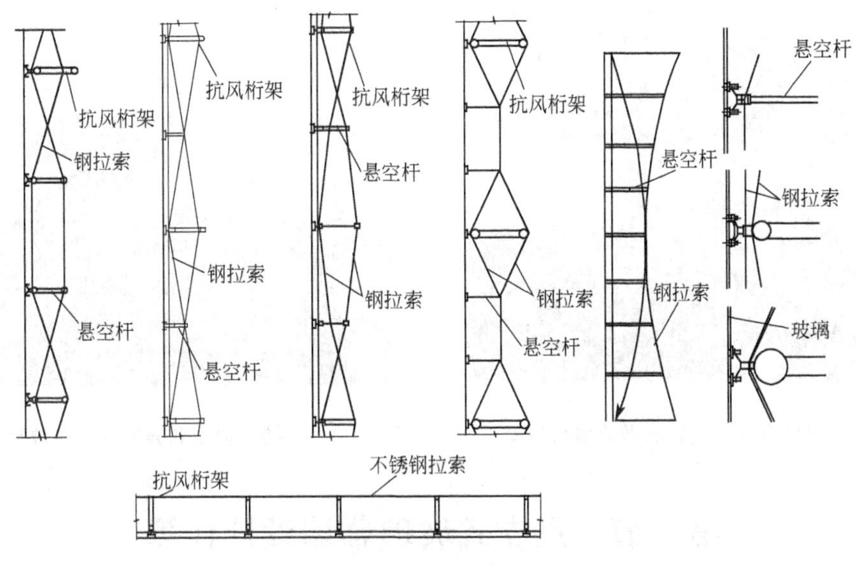

图 3-12　预应力拉索结构支承结构形式

第二节　点支式玻璃幕墙建筑学特色

点支式玻璃幕墙的设计是一个综合性极强的设计整合，是将建筑设计、结构设计、机械设计、功能设计等融为一体的设计过程。在建筑设计中建筑师对其所设计的建筑物的立面效果、结构布局、建筑空间、周边环境、使用功能等结合建筑美学观念进行整体的策划，并由各专业设计师来实现，建筑师可以充分用点支式玻璃幕墙的形式来实现其艺术效果。

点支式玻璃幕墙的设计除了由建筑师对于整个建筑造型的设计外，由于玻璃的通透性，结构设计成为建筑空间的重要造型手段。根据建筑师的需要，可以设计出不同材料、不同类型的结构，来满足建筑造型上的需要，使每幢建筑都具有自己独特的风格。

即使是相同的建筑造型，如果采用不同的结构形式，也会产生不同的建筑空间效果。例如，支承结构既可与建筑结构相连，也可以独立于建筑主体结构。如果点支式玻璃支承结构是同建筑结构分离的，支承结构将建筑室内分成主体室内空间、支承结构和玻璃之间的空间以及各个支承结构单元之间的一系列灰空间。如果点支式玻璃和建筑主体共用结构，可以节省建筑结构的占地面积，而将室内空间的使用面积最大化。又比如，同样是柱式支承结构，既可以直接在柱子之上连接点支式构件，也可以通过柱上伸出的悬臂连接点式玻璃构件，从而形成不同的建筑立面效果。

把玻璃的支承结构设在建筑室内或室外，也可以形成不同的建筑造型和室内外空间效果。支承结构设在室外，将在建筑立面上增加钢与玻璃的对比，增强建筑的现代感。而当支承结构设在室内时，建筑立面上将只有大面积的玻璃。这时，还可以根据建筑设计的需要和周围环境的限制，选用透明性高或反射性极高的玻璃，进一步加强建筑轻灵通透的效果。

利用结构造型和异形点支式玻璃组合能给人们以强烈的视觉冲击。图 3-13 和图 3-14 中的建筑造型就能充分地反映点支式玻璃和结构相接的灵活性，充分实现建筑师的艺术构思。

图 3-13 用异形点支式玻璃做成墙角造型

图 3-14 用结构造型和异形点支式玻璃组合造型

第三节 点支式玻璃幕墙设计计算

一、玻璃

① 点支承幕墙一般情况下四边形玻璃面板可采用四点支承，有依据时也可采用六点支承，三角形玻璃面板可采用三点支承。点支承幕墙一般情况下采用四点支承，相邻两块四点支承板改为一块六点支承板后，最大弯矩由四点支承板的跨中转移至六点支承板的支座且数值相近，承载力没有显著提高，但跨中挠度可大大减小，所以，一般情况下可采用单块四点支承玻璃。当挠度够大时，可将相邻两块四点支承板改为一块六点支承板。

点支承幕墙面板采用开孔支承装置时，玻璃板在孔边会产生较高的应力集中，为防止破坏，孔洞距板边不宜太近，此距离应视面板尺寸、板厚和荷载大小而定，一般情况下孔边到板边的距离有两种限制方法：一种孔边距不小于 70mm；另一种是按板厚的倍数规定，当板厚不大于 12mm 时，取 6 倍板厚，当板厚不小于 15mm 时，取 4 倍板厚，这两种方法的限值是大致相当的。孔边距为 70mm 时可以采用爪长较小的 200 系列钢爪支承装置。

② 采用浮头式连接件的幕墙玻璃厚度不应小于 6mm；采用沉头式连接件的幕墙玻璃厚度不应小于 8mm。点支承幕墙采用四点支承装置，玻璃在支承部位应力集中明显，受力复杂，因此，点支承玻璃的厚度应具有比普通幕墙更严格的基本要求。安装连接件的夹层玻璃和中空玻璃，其单片厚度也应符合上述要求。

③ 玻璃之间的空隙宽度不应小于 10mm，且应采用硅酮建筑密封胶嵌缝。玻璃之间的缝宽要满足幕墙在温度变化和主体结构侧移时玻璃互不相碰的要求；同时，在胶缝受拉时，其自身拉伸变形也要满足温度变化和主体结构侧向位移使胶缝变宽的要求，因此胶缝宽度不宜过小。有气密和水密要求的点支承幕墙的板缝，应采用硅酮建筑密封胶。

④ 点支承玻璃支承孔周边应进行可靠的密封。当支承玻璃为中空玻璃时，其支承孔周边应采取多道密封措施。为便于装配和安装时调整位置，玻璃板开孔的直径稍大于穿孔而过的金属轴，除轴上加封尼龙套管外，还应采用密封胶将空隙密封。

二、支承装置

① 支承装置应符合《点支式玻璃幕墙支承装置》(JG 138) 的规定，JG 138 给出了钢爪式支承装置的技术条件，但点支承玻璃幕墙并不局限于采用钢爪式支承装置，还可以采用夹板式或其他形式的支承装置。

② 支承头应能适应玻璃面板在支承点的转动变形，支承面板变弯后，板的角部产生移动，如果转动被约束，则会在支承处产生较大的弯矩，因此支承装置应能适应板角部的转动变形，当面板尺寸较小、荷载较小、角部转动较小时，可以采用夹板式和固定式支承装置；当面板尺寸大、荷载大、面板转动变形较大时，则宜采用带转动球铰的活动式支承装置。

③ 支承头的钢材与玻璃之间宜设置弹性材料的衬垫或衬套，衬垫和衬套的厚度不应小于1mm。

④ 除承受玻璃面板所传递的荷载或作用外，支承装置不应兼作他用。点支承幕墙的支承装置只用来支承幕墙玻璃和玻璃承受的风荷载或地震作用，不应在支承装置上附加其他设备和重物。

三、支承结构

(1) 点支承玻璃幕墙的支承结构宜单独进行计算，玻璃面板不宜兼做支承结构的一部分。复杂的支承结构宜采用有限元方法进行计算分析。点支承幕墙的支承结构可由玻璃肋和各种钢结构面板承受直接作用于其上的荷载作用，并通过支承装置传递给支承结构。幕墙设计时，支承结构单独进行结构分析。

(2) 玻璃肋可按JGJ 102—2003规范第7.3节的规定进行设计。

(3) 支承钢结构的设计应符合现行国家标准《钢结构设计规范》(GB 50017)的有关规定。

(4) 单根型钢或钢管作为支承结构时，应符合下列规定。

① 端部与主体结构的连接构造应能适应主体结构的位移；

② 竖向构件宜按偏心受压构件或偏心受拉构件设计；水平构件宜按双向受弯构件设计，有扭矩作用时，应考虑扭矩的不利影响；

③ 受压杆件的长细比λ不大于150；

④ 在风荷载标准值作用下，挠度限值d_{flim}宜取其跨度的1/250。计算时，悬臂结构的跨度可取其悬挑长度的2倍。

单根型钢或钢管作为竖向支承结构时，是偏心受拉或偏心受压杆件，上、下端宜铰支承于主体结构上，当屋盖或楼盖有较大位移时，支承构造应能与之相适应，如采用长圆孔、设置双铰摆臂连接机构等。

构件的长细比λ可按下式计算：

$$\lambda = l/i$$
$$i = (I/A)^{1/2}$$

式中　l——支承点之间的距离，mm；

i——截面回转半径，mm；

I——截面惯性矩，mm^4；

A——截面面积，mm^2。

(5) 桁架或空腹桁架设计应符合下列规定。

① 可采用型钢或钢管作为杆件。采用钢管时宜在节点处直接焊接，主管不宜开孔，支管不应穿入主管内。

② 钢管外直径不宜大于壁厚的50倍，支管外直径不宜小于主管外直径的0.3倍。钢管壁厚不宜小于4mm，主管壁厚不应小于支管壁厚。

③ 桁架杆件不宜偏心连接。弦杆与腹杆、腹杆与腹杆之间的夹角不宜小于30°。

④ 焊接钢管桁架宜按刚连接体系计算，焊接钢管空腹桁架应按刚连接体系计算。

⑤ 轴心受压或偏心受压的桁架杆件长细比不应大于150；轴心受拉或偏心受拉的桁架杆件长细比不宜大于350。

⑥ 当桁架或空腹桁架平面外的不动支承点相距远时，应设置正交方向上的稳定支承结构；在风荷载标准值作用下，其挠度限值 d_{flim} 宜取其跨度的 1/250。

(6) 张拉索杆体系设计应符合下列规定。

① 应在正、反两个方向上形成承受风荷载或地震作用的稳定结构体系。在主要受力方向的正交方向，必要时应设置稳定性拉杆、拉索或桁架。

② 连接件、受压杆和拉杆宜采用不锈钢材料，拉杆直径不宜小于 10mm；自平衡体系的受压杆件可采用碳素结构钢。拉索宜采用不锈钢绞线、高强度钢绞线，可采用铝包钢绞线。采用高强度钢绞线时，其表面应作防腐涂层。

③ 结构力学分析时宜考虑几何非线性的影响。

④ 与主体结构的连接部位应能适应主体结构的位移，主体结构应能承受拉杆体系或拉索体系的预拉力和荷载作用。

⑤ 自平衡体系、索杆体系的受压杆件的长细比 λ 不应大于 150。

⑥ 拉杆不宜采用焊接，拉索可采用冷挤压锚具连接，不应采用焊接。

⑦ 在风荷载标准值作用下，其挠度限值 d_{flim} 宜取其支承点距离的 1/200。

张拉索杆体系的拉杆和拉索只承受拉力，不承受压力，而风荷载和地震作用是正反两个不同方向的。所以，张拉索杆系统应在两个正交方向都形成稳定的结构体系，除主要受力方向外，其正交方向亦应布置平衡或稳定拉索或拉杆，或者采用双向受力体系。

钢绞线是由若干根直径较大的光圆钢丝绞捻而成的螺旋钢丝束，通常由 7 根、19 根或 37 根直径大于 2mm 的钢丝绞成。

拉索常常采用不锈钢绞线，不必另行防腐处理，也比较美观。当拉索受力较大时，往往需要采用强度更高的高强度钢绞线，高强度钢丝不具备自身防腐能力，必须采取防腐措施，铝包钢绞线是在高强度钢丝外层被覆 0.2mm 厚的铝层，兼有高强和防腐双重功能，工程应用效果良好。

张拉索杆体系所用的拉索和拉杆截面较小、内力较大，结构的位移较大，在采用计算机软件进行内力位移分析时，考虑其几何非线性的影响。

张拉索杆体系只有施加预应力后，才能形成形状不变的受力体系。因此，一般张拉索杆体系都会使主体结构承受附加的作用力，在主体结构设计时必须加以考虑。索杆体系与主体结构的屋盖和楼盖连接时，既要保证索杆体系承受的荷载能可靠地传递到主体结构上，也要考虑主体结构变形时不会使幕墙产生破损。因而幕墙支承结构的上部支承点要视主体结构的位移方向和变形量，设置单向（通常为竖向）或多向（竖向和一个或两个水平方向）的可动铰支座。

拉索和拉杆都通过端部螺纹连接件与节点相连，螺纹连接件也用于施加预拉力。螺纹连接件通常在拉杆端部直接制作，或通过冷挤压锚具与钢绞线拉索连接。

实际工程和三性试验表明，张拉索杆体系即使到 1/80 的位移量，也可以做到玻璃和支承结构完好，抗雨水渗漏和空气渗透性能正常，不妨碍安全和使用，因此，张拉索杆体系的位移控制值为跨度的 1/200 是留有余地的。

(7) 张拉索杆体系预拉力最小值，应使拉杆或拉索在风荷载设计值作用下保持一定的预拉力储备。

用于幕墙的索杆体系常常对称布置，施加预拉力主要是为了形成稳定不变的结构体系，预拉力大小对减少挠度的作用不大。所以，预拉力不必过大，只要保证在荷载、地震、温度作用下索杆还存在一定的拉力，不至于松弛即可。

(8) 点支承玻璃幕墙的安装施工组织设计尚应包括以下内容：

① 支承钢结构的运输、现场拼装和吊装方案；

② 拉杆、拉索体系预拉力的施加、测量、调整方案以及索杆的定位、固定方法；

③ 玻璃的运输、就位、调整和固定方法；

④ 胶缝的充填及质量保证措施等。

第四节　点支式玻璃幕墙的构造

节点设计的目的是通过若干金属连接件和紧固件以及结构胶、密封胶等辅助材料将支承结构与玻璃、支承结构与建筑主体结构安全可靠地进行连接。连接中的金属连接件和紧固件是节点设计的关键所在。

一、支承装置和连接机构的加工

(1) 支承装置和连接机构的加工必须符合现行国家标准和产品标准的要求，精铸件的加工精度应满足《铸件尺寸公差》(GB 6416) 的要求，五金件应符合《紧固件机械性能　不锈钢螺栓、螺钉、螺柱和螺母》(GB/T 3098.6) 和《紧固件机械性能　螺母》(GB/T 3098.2) 的规定。

(2) 加工件的切割、钻孔、攻丝、焊接应按规定进行，加工精度、尺寸应符合设计要求，铸件表面应平整、无毛刺，不得有任何影响强度的缺陷，抛光件的表面应统一，不应有明显的加工痕迹。

(3) 支承爪件的设计与加工应按《点支式玻璃幕墙支承装置》(JG 138—2001) 中有关规定执行。

① 支承爪件主要几何尺寸允许偏差应满足表 3-1 要求。

表 3-1　爪件几何尺寸允许偏差　　单位：mm

序　号	项　　目	允许偏差	
		孔距≤224	224<孔距≤250
1	爪孔相对中心孔位置偏差	±1.0	±1.5
2	爪孔孔径偏差	±0.5	±0.6
3	两爪孔之间中心距偏差	±1.0	±1.5
4	爪各点的平面度	2.0	2.5
5	单爪平面度	0.5	1
6	爪件基底面平面度	0.5	1
7	爪件基底面与其他平面不平行度	2	2

② 在支承爪件的四个安装孔中应有高度定位孔和二维可调孔（图 3-15）。

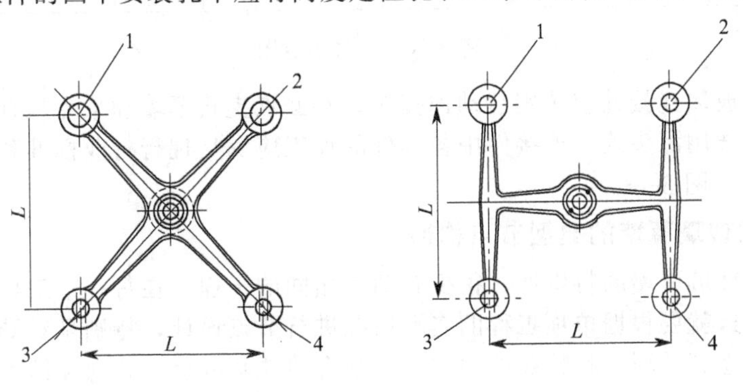

图 3-15　支承钢爪示意图

1，2—可调孔；3，4—高度定位孔

③ 由于爪件在幕墙上使用的位置不同，其爪的固定孔数有所变化，可分为四孔爪、三孔爪、二孔爪、单孔爪，见图 3-16、图 3-19。

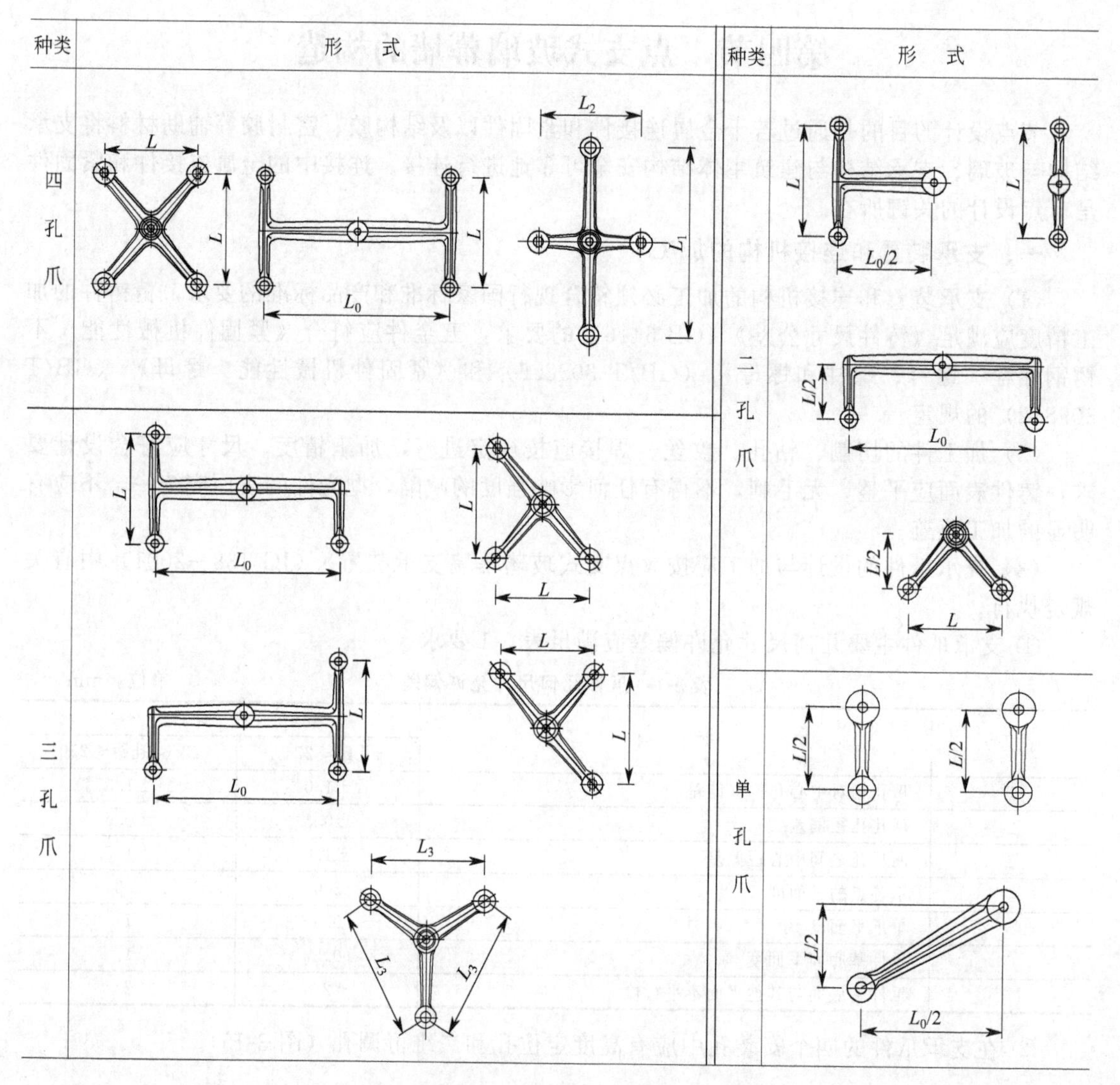

图 3-16　爪件示意图

(4) 爪件与玻璃连接处应选用活动连接头，斜面点支式幕墙和采光顶宜采用浮头式，其他点支式幕墙可选用沉头式。连接件中各零件的加工应满足现行行业标准和相关产品标准的要求，见图 3-17、图 3-18。

二、点支式玻璃幕墙的典型节点构造

由于点支式玻璃幕墙的特殊性，很少有两个相同的工程，在每一个工程中都有节点设计的特殊性要求，这就要根据单项工程的实际情况进行节点设计，特别是对受力、传力节点的设计一定要在考虑到单项工程特殊性的同时，结合建筑师的美学观念和结构受力合理性、安全性进行节点设计。

下面介绍的是一些已使用在实际工程上的节点实例。

1. 索桁架腹杆的设计

在采用索桁架作为点支式玻璃幕墙支承体系时，腹杆的设计是决定支承体系是否安全的

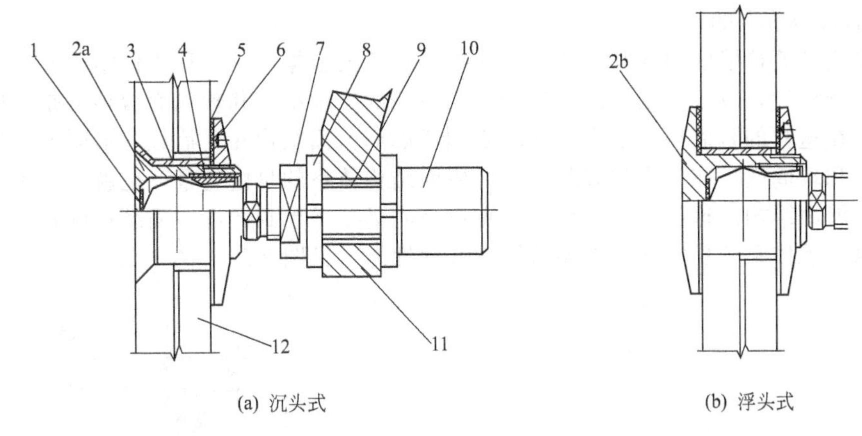

(a) 沉头式　　(b) 浮头式

图 3-17　连接件示意图

1—弹性垫；2a—沉头压紧头；2b—浮头压紧头；3—铝衬套；4—定位环；5—垫圈；6—锁紧环；7—锁紧螺母；8—定位环；9—球头连杆；10—圆锁紧帽；11—支承钢爪；12—夹胶玻璃

图 3-18　连接件实体图片

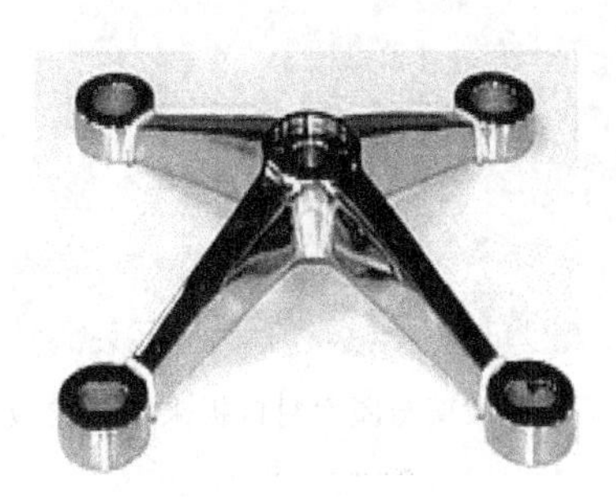

图 3-19　爪件实体图片

重要环节。因为腹杆的长短决定着索桁架的矢高，同时也就决定了索体内力的大小；腹杆前、后端的连接节点是否合理决定着索桁架在工作状态时是否稳定，见图 3-20。

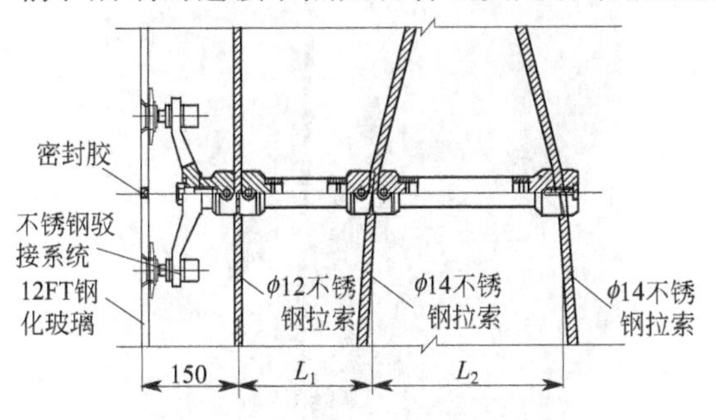

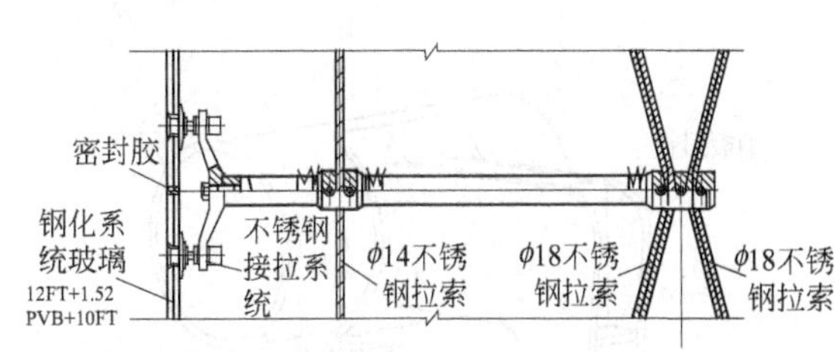

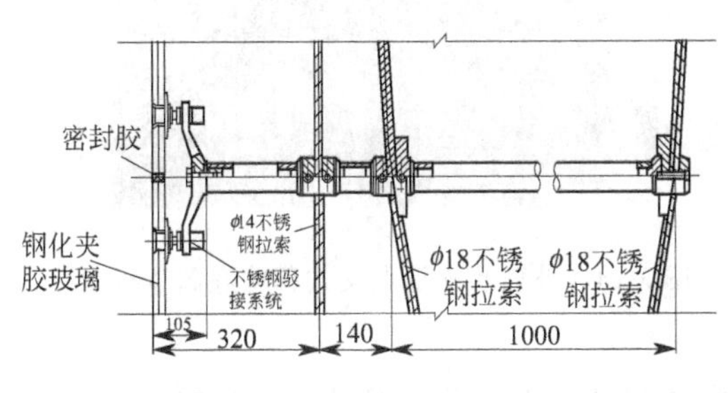

图 3-20　索桁架腹杆的设计节点图

2. 顶部收口节点的设计

在点支式玻璃幕墙的顶部与主体结构连接处一定要根据单项工程主体结构对玻璃面板的特殊要求进行设计，有很多工程的点支式玻璃幕墙的支承结构和玻璃面板顶部是与屋面结构相连接的，在这样的幕墙顶部节点设计时必须考虑到屋面结构在受荷载变形时的变量。幕墙的支承结构和玻璃面板在工作状态时要允许屋面结构体系的自由变量，也就是说不能将竖向荷载传递给屋面结构。这就要求在顶部节点设计时既要考虑到允许屋面结构的自由变量，又要确保幕墙支承体系的稳定性和玻璃幕墙的各项性能，见图 3-21～图 3-23。

图 3-21 立面玻璃与屋面封口板采用风琴板连接照片

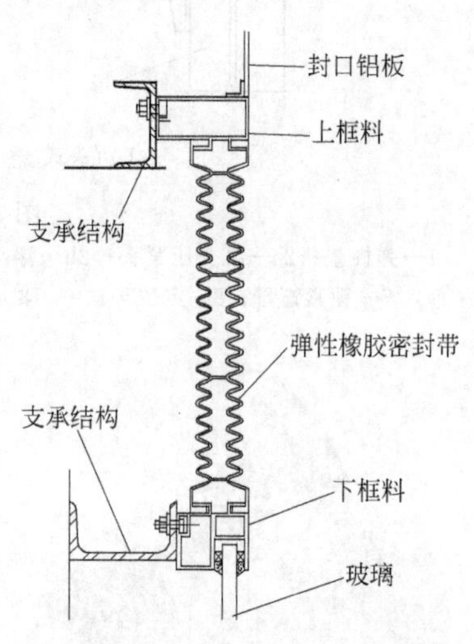

图 3-22 收口板采用风琴板剖面图

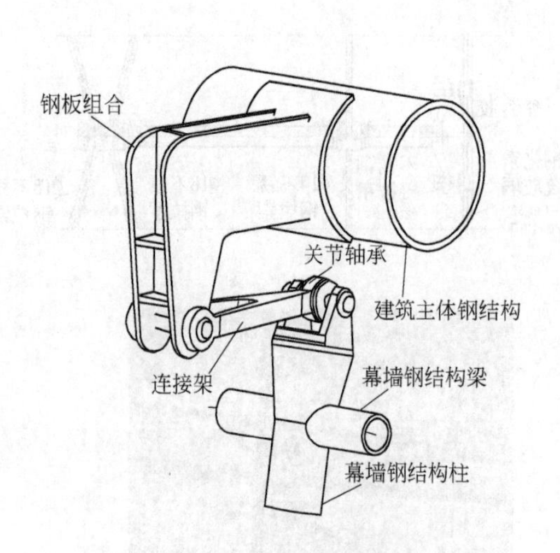

图 3-23 幕墙顶部支承结构可浮动节点

图 3-24 玻璃肋支承点支式幕墙底部节点图

3. 底部收口节点的设计

点支式玻璃幕墙的玻璃面板底部往往位于室内与室外地面的分界线处，设计时除要考虑到玻璃要有可靠的支承，还要考虑地面材料与玻璃的接口处理，同时要考虑到视觉的美观性，因大多底部节点是在可视范围内的，见图 3-24～图 3-26。

4. 边部节点的设计

点支式玻璃幕墙的边部节点设计比较复杂，几乎是每一项工程都有它的特殊性，有的是与主体相连接的，有的是与转角玻璃相连接的，相连接的面材和节点有很多种形式，一定要根据实际情况处理边部节点，确保幕墙在使用过程中的各项性能，见图 3-27～图 3-30。

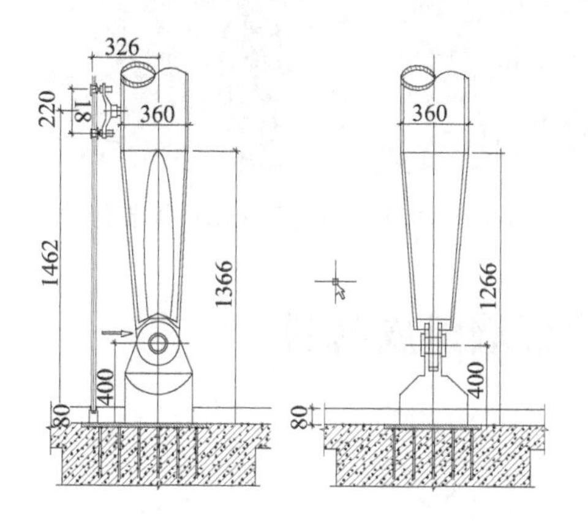

图 3-25　钢结构支承点支式幕墙底部节点图（单位：mm）

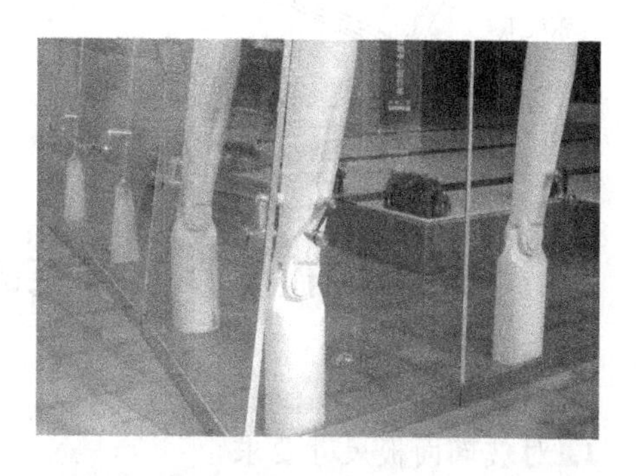

图 3-26　钢结构支承幕墙底部节点照片

图 3-27　转角玻璃肋支承节点照片

图 3-28　转角玻璃连接节点照片（一）

图 3-29　异形转角玻璃连接节点照片

图 3-30　转角玻璃连接节点照片（二）

外墙玻璃转角处单索连接的方案，从楼层顶部到底部安装一根钢索，将角部的连接爪件与钢索连接，使玻璃自重传递到顶部支点上，转角两片玻璃之间起到了互为支承肋的作用，见图 3-31、图 3-32。

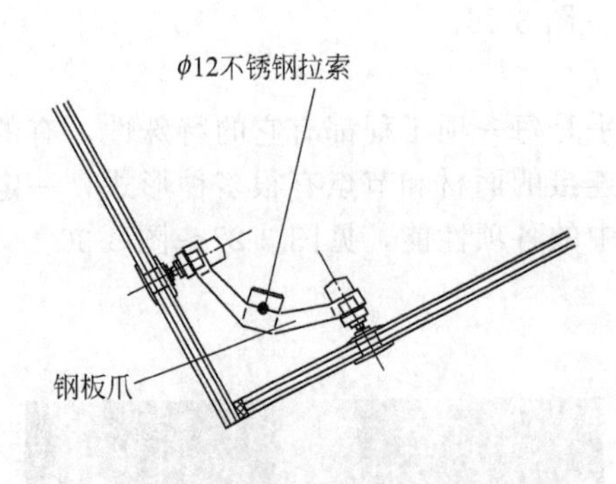

图 3-31 单索结构转角玻璃连接节点

图 3-32 单索结构转角玻璃连接节点照片

第五节 点支式玻璃幕墙组成材料

一、玻璃

1. 对玻璃面板尺寸要求

① 幕墙采用的玻璃质量和性能应符合国家标准的规定。

② 全玻幕墙的面板玻璃的厚度不宜小于 10mm；夹层玻璃单片厚度不宜小于 8mm；玻璃肋的截面厚度不应小于 12mm，截面的高度不应小于 100mm。

③ 点支承玻璃幕墙采用浮头式连接件的玻璃厚度不应小于 6mm；采用沉头式连接件的玻璃厚度不应小于 8mm。点支承玻璃幕墙所采用的玻璃应是钢化玻璃；玻璃肋支承的点支承玻璃幕墙，其玻璃肋宜采用钢化夹层玻璃。设计应符合现行国家标准的规定。

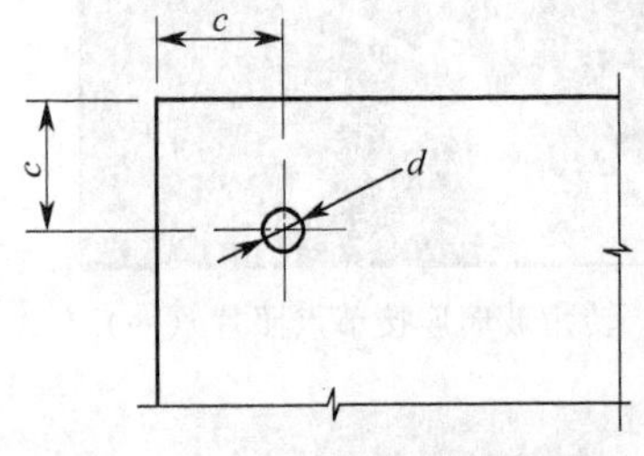

图 3-33 开孔至玻璃边缘的距离

④ 玻璃面板孔洞的边缘和板的边缘都应磨边及倒棱，磨边宜用细磨，倒棱宽度宜不小于 1mm。

⑤ 玻璃边缘至孔中心的距离 c 不应小于 $2.5d$（d 为玻璃孔径），孔边与板边的距离不宜小于 70mm；玻璃钻孔周边应进行可靠的密封处理，中空玻璃钻孔周边应采取多道密封措施。玻璃边缘应进行磨边、倒棱、倒角处理，精度应符合设计要求（图 3-33）。

⑥ 玻璃钻孔的允许偏差为：直孔直径 0～＋0.5mm，锥孔直径 0～＋0.5 mm，夹层玻璃两孔同轴度为 2.5mm。

⑦ 玻璃钻孔前应采取电脑定位，单层玻璃钻孔位置偏差不应大于 1.0mm。

⑧ 玻璃厚度的允许偏差应符合表 3-2 的规定。

⑨ 单片玻璃边长允许偏差应符合表 3-3 规定。

⑩ 中空玻璃的边长允许偏差应符合表 3-4 规定。

⑪ 夹层玻璃的边长允许偏差应符合表 3-5 规定。

2. 玻璃面板设计

① 点支承幕墙的面板自重，可由钢爪或夹板承受。

② 玻璃面板应采用钢化玻璃或钢化夹层玻璃，玻璃板块形状以方形受力最合理，但面积不宜大于 $4m^2$。

③ 点支承幕墙的任何一片玻璃应可以单独更换。

表 3-2　玻璃厚度允许偏差　　单位：mm

玻璃厚度	允许偏差		
	单片玻璃	中空玻璃	夹层玻璃
5	±0.2	δ=18～22 时，±1.5；δ>22 时，±2.0	厚度偏差不大于玻璃原片允许偏差和中间层允许偏差之和。中间层总厚度小于 2mm 时，允许偏差±0mm；中间层总厚度大于或等于 2mm 时，允许偏差±0.2mm
6			
8	±0.3		
10			
12	±0.4		
15	±0.6		
19	±1.0		

注：δ 是中空玻璃的公称厚度，表示两片玻璃厚度与间隔厚度之和。

表 3-3　单片玻璃的边长允许偏差　　单位：mm

玻璃厚度	允许偏差		
	$L\leqslant 1000$	$1000<L\leqslant 2000$	$2000<L\leqslant 3000$
6	±1	+1，−2	+1，−3
8，10，12	+1，−2	+1，−3	+2，−4

表 3-4　中空玻璃的边长允许偏差　　单位：mm

长度	允许偏差
<1000	+1.0，−2.0
1000～2000	+1.0，−2.5
2000～2500	+1.5，−3.0

表 3-5　夹层玻璃的边长允许偏差　　单位：mm

总厚度 D	允许偏差		总厚度 D	允许偏差	
	$L\leqslant 1200$	$1200<L\leqslant 2400$		$L\leqslant 1200$	$1200<L\leqslant 2400$
$6\leqslant D<11$	±1	—	$11\leqslant D<17$	±2	±2
		±1	$17\leqslant D<24$	±3	±3

④ 玻璃面板宜采用四点支承。

⑤ 采用浮头式支承的玻璃，厚度不应小于 6mm；采用沉头式支承的玻璃，厚度不应小于 8mm。夹层玻璃和中空玻璃的支承面板，厚度宜符合上述要求。

⑥ 玻璃之间的间隙宽度不宜小于 10mm，宜采用硅酮耐候胶嵌缝，单索支承部位宜采用大变位硅酮耐候胶嵌缝。

⑦ 点支承中空玻璃应采取多道密封措施防止玻璃孔洞处漏气。

⑧ 玻璃面板在荷载组合作用下的最大应力应满足下列条件：

$$\sigma\leqslant f_g$$

式中　σ——荷载和作用产生的截面最大应力设计值；

f_g——玻璃强度设计值，见表 3-6。

⑨ 最大应力标准值和最大挠度可按几何非线性的有限元方法计算，也可按下列公式计算：

$$\sigma_{w_k}=\frac{6m w_k b^2}{t^2}\eta$$

$$\sigma_{E_k}=\frac{6mq_{E_k}b^2}{t^2}\eta$$

表 3-6　玻璃强度设计值 f_g

类　型	厚度/mm	强度设计值/(N/mm²)	
		大面上的强度 f_{gc}	边缘小面的强度 f_{gb}
浮法玻璃	5～12	28.0	19.5
	15～19	20.0	14.0
半钢化玻璃	5～12	56.0	39.0
钢化玻璃	5～12	84.0	58.8
	15～19	59.0	41.3

注：夹层玻璃的强度按所用的玻璃类型采用。

$$d_f=\frac{\mu w_k b^4}{D}\eta$$

$$\theta=\frac{w_k b^4}{Et^4} \text{或} \theta=\frac{(w_k+0.5q_{E_k})b^4}{Et^4}$$

式中　θ——参数；

σ_{w_k}、σ_{E_k}——分别为风荷载、地震作用下玻璃截面的最大应力标准值，N/mm²；

d_f——在风荷载标准值作用下挠度最大值，mm；

w_k、q_{E_k}——分别为垂直玻璃幕墙平面的风荷载、地震作用标准值，N/mm²；

b——支承点间玻璃面板长边边长，mm；

t——玻璃的厚度，mm；

m——弯矩系数，可由支承点间玻璃板短边与长边边长之比 a/b 按表 3-8 采用；

μ——挠度系数，可由支承点间玻璃板短边与长边边长之比 a/b 按表 3-9 采用；

η——折减系数，可由参数 θ 按表 3-7 采用；

D——玻璃面板的刚度，N/mm。

四点支承和四点夹板支承的玻璃分别见图 3-34 和图 3-35。

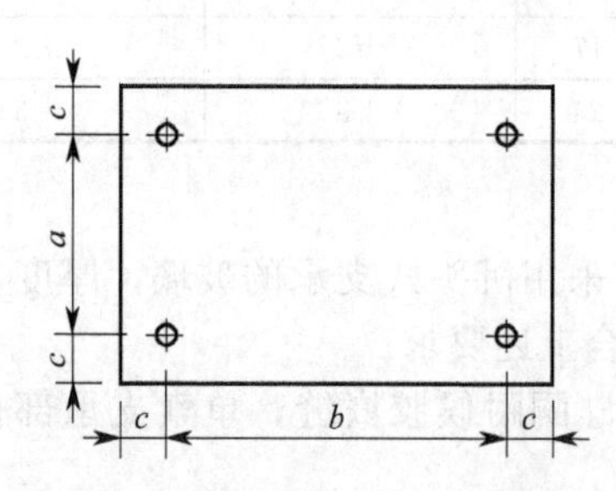

图 3-34　四点支承的玻璃（$a\leqslant b$）

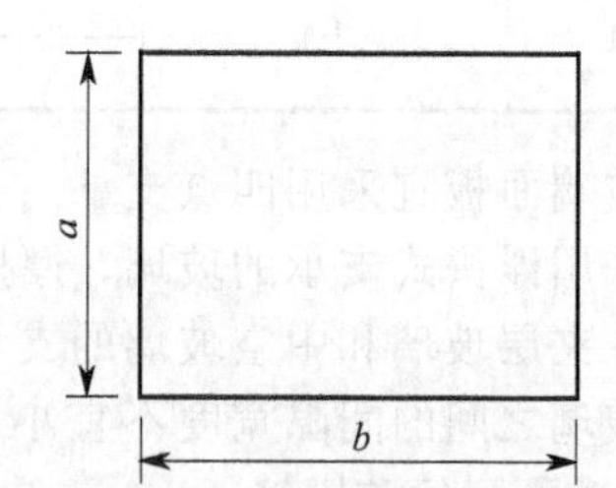

图 3-35　四点夹板支承的玻璃

表 3-7　四点支承玻璃板的折减系数

θ	≤5	10	20	40	60	80	100	120	150	200	250	300	350	≥400
η	1.0	0.96	0.92	0.84	0.78	0.73	0.68	0.65	0.61	0.57	0.54	0.52	0.51	0.5

表 3-8　四点支承玻璃板的弯矩系数

a/b	0.00	0.20	0.30	0.40	0.50	0.55	0.60	0.65
m	0.125	0.126	0.127	0.129	0.130	0.132	0.134	0.136

a/b	0.70	0.75	0.80	0.85	0.90	0.95	1.00
m	0.138	0.140	0.142	0.145	0.148	0.151	0.154

注：a 为支承点之间的短边边长。

表 3-9 四点支承玻璃板的挠度系数

a/b	0.00	0.20	0.30	0.40	0.50	0.55	0.60	0.65
μ	0.01302	0.01317	0.01335	0.01367	0.01417	0.01451	0.01496	0.01555

a/b	0.70	0.75	0.80	0.85	0.90	0.95	1.00
μ	0.01630	0.01725	0.01842	0.01984	0.02157	0.02363	0.02603

注：a 为支承点之间的短边边长。

⑩ 斜玻璃幕墙计算承载力时，应计入恒荷载、雪荷载、雨水荷载等重力以及施工荷载在垂直于玻璃平面方向所产生的弯曲应力。施工荷载应根据施工情况，但不应小于每块玻璃面板上 2.0kN 的集中荷载，其作用点按最不利位置考虑。

⑪ 玻璃面板在风荷载作用下的最大挠度应满足下列条件：

$$u \leqslant [u]$$

式中 $[u]$——应取支承点间长边边长的 1/60。

⑫ 夹层玻璃的等效厚度 t_e 可按下列规定计算：

$$t_e = \sqrt[3]{t_1^3 + t_2^3}$$

式中 t_1、t_2——分别为两片玻璃的厚度。

⑬ 玻璃面板在垂直于玻璃平面的荷载作用下点连接节点的承载力可按以下规定计算。

a. 承载力 F 可按下式计算

四点支承：
$$F = 0.3ql_xl_y$$

式中 F——单个连接点上的荷载和作用设计值，kN；

q——均布荷载设计值，kN/m^2；

l_x、l_y——单块玻璃的长边和短边边长，m。

b. 承载力应符合下列要求

$$F \leqslant R_g$$

式中 R_g——玻璃点连接处节点承载力设计值，kN，取玻璃侧面强度。

3. 玻璃加工要求

点驳接玻璃幕墙上使用的玻璃在深加工的过程中要求严格，其尺寸误差和加工精度好坏都会对幕墙的使用性能有很大的影响。

① 玻璃的切角、钻孔等必须在钢化前进行，钻孔直径要大于玻璃板厚，玻璃边长尺寸偏差±1.0mm，对角线尺寸允许偏差±2.0mm，钻孔孔位允许偏差±0.8mm，孔距允许偏差±1.0mm，孔轴与玻璃平面垂直度允许偏差 0.2°，孔洞边缘距板边间距大于板厚度的 4 倍以上，玻璃的边缘和孔洞边缘的精加工至少用 200 目以上的细磨轮。

② PVB 夹胶玻璃内层玻璃厚 6～12mm，外层玻璃厚 8～15mm，且外层夹胶玻璃厚度最小为 8mm（当风力很小而且幕墙高度较低时酌情使用），夹胶玻璃最大单片尺寸不宜超过 2m×3m，如经特殊处理或有特殊要求，在采取相应安全措施后可以适当放宽。

③ 中空玻璃打孔后，为防止惰性气体外泄，在玻璃开孔周围垫入一环状垫圈，并在垫圈与玻璃交接处用聚异丁烯橡胶片保证密封，见图 3-36。

④ 玻璃钻孔要求。玻璃的钻孔尺寸精度和加工精度对幕墙安装性能和使用性能影响极大，玻璃孔位的确定，应用电脑自动定位，确保孔位精度。采用锥度钻孔时必须随时检查钻头的磨损情况，如有磨损必须及时更换，确保孔斜边的直线度和斜孔深度尺寸公差如图3-37 所示。

在锥孔上 ϕ_1 的公差带为+0.2mm、−0.1mm，ϕ_2 公差带为+0.4mm、+0mm，n 深度的公差带为±0.2mm，h 斜边的直线度为 0.08mm，在直孔 ϕ_2 与锥孔的过渡处不得出现凸

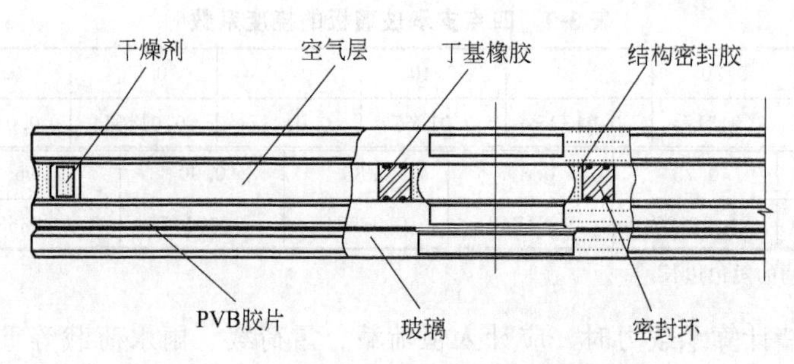

图 3-36 中空玻璃开孔处采取多道密封措施

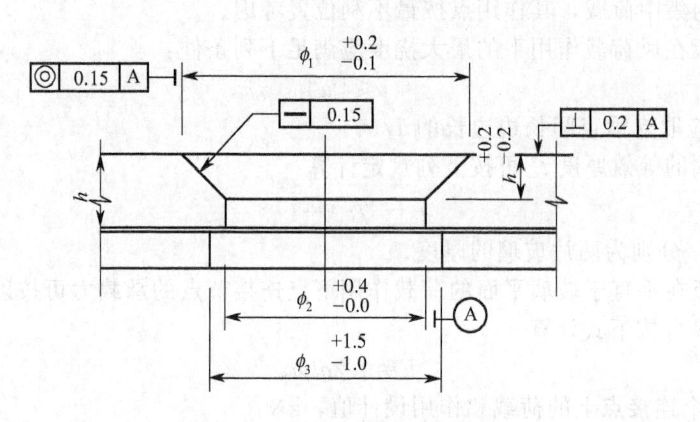

图 3-37 玻璃的钻孔尺寸公差图

台接头和尖锐线，应自然过渡。

⑤ 钢化玻璃的均质处理（引爆处理）。点支式玻璃幕墙对玻璃的要求高，玻璃必须进行钢化处理，为降低钢化玻璃的自爆，国际上针对该问题做了大量的研究工作，并成功研制了热冲击测试炉，将钢化玻璃加工为均质玻璃。

浮法玻璃在生产过程中，由于矿物原料中含有微量的 Ni 和微量 S，在高温下发生反应产生 NiS 晶体，在浮法玻璃生产过程中 α-NiS（高温）在冷却过程中转化为 β-NiS（低温），故在浮法玻璃生产过程中不产生“自爆”的问题，当玻璃钢化加热时，玻璃由 β-NiS 转化为 α-NiS，但由于钢化的生产工艺只将玻璃加热到软化点左右淬冷，以获得表面压应力而形成钢化玻璃，而 α-NiS 由于冷却速度过快，不能转变为 β-NiS，以不稳定的高温体存在于低温下，且由于其晶体转变时，体积发生膨胀，当 NiS 晶体在张应力层时，极易由于 NiS 的存在使其应力超过玻璃的强度发生破碎，即“自爆”。

均质玻璃的生产即将钢化玻璃放进热冲击测试炉中，通过快速升温伪造成一个比使用环境更为恶劣的环境，产生热冲击力，首先使由于应力不均匀、结石、微裂纹等产生自爆的玻璃提前破碎，然后再将温度控制在 280～295℃，促使其 α-NiS 向 β-NiS 转变，从而达到消除“自爆”的效果。通过热冲击测试炉生产出的钢化玻璃即成为均质玻璃。

4. 玻璃的受力分析

作用于点支式幕墙上的荷载主要如下。平面内：竖向重力荷载、温度作用、平面内地震作用。平面外：风荷载、水平地震荷载。对于点支式玻璃幕墙，起控制作用的是：平面内为重力荷载，平面外为风荷载。玻璃的重量可以由驳接系统承受，也可以由专门承受重力的弹簧悬挂点来承受。

穿孔连接式点支承玻璃的面板自重是吊挂在上部支承点上的。玻璃上部爪件在安装时爪件的下部应为两个水平长孔，由水平长孔和连接件固定玻璃，使玻璃吊挂在上部支点上；玻璃下部的爪件在安装时应为两个大圆孔，通过连接件紧固后只约束玻璃平面外的位置变形，不约束玻璃面板平面内的尺寸变量。当面板玻璃受到风荷载等水平荷载的冲击时，由于驳接头的球铰构造允许玻璃平面处自由弯曲，不易在孔边部产生过大的应力，见图 3-38。

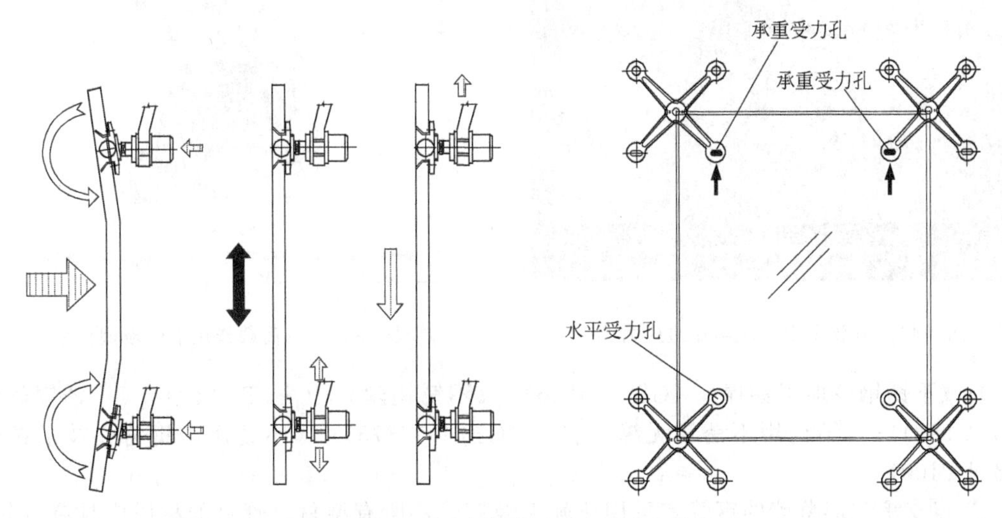

图 3-38　穿孔连接式点支承玻璃的受力分析图

夹板连接式点支承玻璃的面板自重是坐落在玻璃底部夹板支承槽内的，而玻璃顶部夹板只约束玻璃平面外变形，不约束玻璃平面内的尺寸变量，见图 3-39。

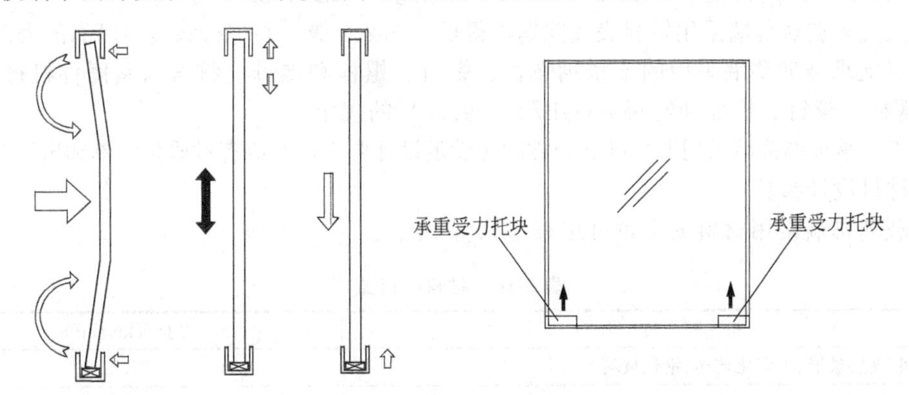

图 3-39　夹板连接式点支承玻璃的受力分析图

点支承幕墙玻璃为多点支承，玻璃在风力作用下出现弯曲，支承点玻璃应力值与支承点结构有关，也与玻璃孔洞加工工艺有关。孔洞加工工艺高，研磨仔细，残留微缺陷（如崩边、V 型缺口等）少，则应力集中程度低，应力较均匀，反之，应力集中程度高，容易局部开裂。此外，板弯曲后边缘翘曲，板面转动，如果支承头可以随之转动，则板受约束少，应力集中程度小，反之，如果支承头固定不动，则板边转角受限，板的应力迅速增高。

如果采用固定支承头，则孔洞边缘最大应力高达 141N/mm^2，远大于其强度标准值。球铰支承头的板面应力稍大（因角部约束减少），但仍在玻璃强度标准值以内，见图 3-40、图 3-41。

二、钢材

1. 材料设计依据

① 点支承玻璃幕墙采用不锈钢材料时，应采用奥氏体不锈钢材，不锈钢机械零件、拉杆及其连接件应采用不锈钢 316 或 304，并应符合下列现行国家标准：《不锈钢棒》（GB/T

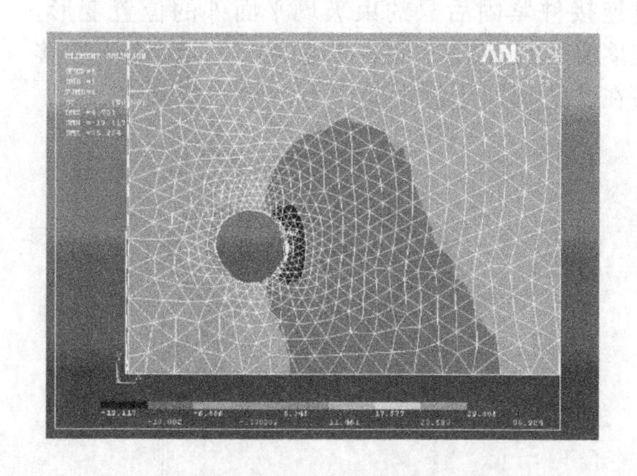

图 3-40　荷载作用下玻璃孔边应力图

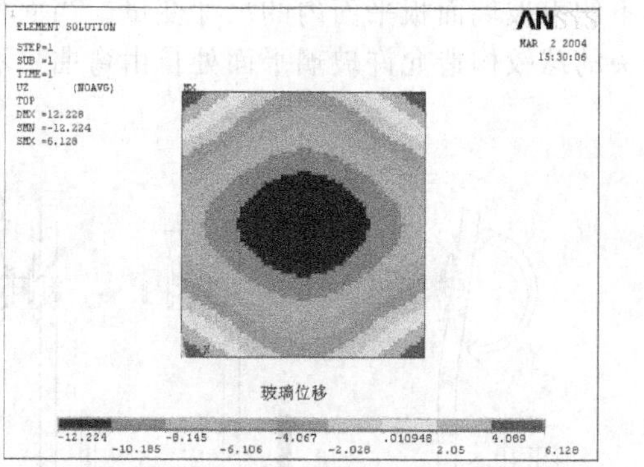

图 3-41　风荷载作用下的玻璃位移

1220)；《不锈钢冷加工钢棒》(GB/T 4226)；《不锈钢丝》(GB/T 4240)；《不锈钢丝绳》(GB/T 9944)；《结构用不锈钢无缝钢管》(GB/T 14975)；《不锈耐酸钢铸件技术条件》(GB/T 2100)。

② 点支承玻璃幕墙的钢管宜采用热轧无缝钢管，所有型材、管材的材质应具有抗拉强度、伸长率、屈服强度、弯曲试验的合格保证，并应符合下列现行国家标准：《碳素结构钢》(GB/T 700)；《优质碳素结构钢技术条件》(GB/T 699)；《低合金高强度结构钢》(GB/T 1591)；《高耐候性结构钢》(GB/T 4171)；《钢丝绳》(GB/T 8918)。

③ 点支承玻璃幕墙采用钢材表面除锈不得低于 Sa2.5 级，并进行涂装等可靠的表面处理。

④ 点支承玻璃幕墙采用的不锈钢螺栓、螺钉、螺栓和螺母应符合《紧固件机械性能 不锈钢螺栓、螺钉、螺栓和螺母》(GB/T 3098.6) 的规定。

⑤ 点支承玻璃幕墙采用非标准五金件时应满足设计要求，并应有材质化验单和出厂合格证。

2. 材料设计参数

① 玻璃幕墙常用材料的自重可按表 3-10 取用。

表 3-10　材料的自重

材　料　名　称	自重/(kN/m^3)
浮法玻璃、夹层玻璃、半钢化玻璃、钢化玻璃	25.6
钢材	78.5
铝合金	27.0

② 常用材料的弹性模量可按表 3-11 取用。

表 3-11　材料的弹性模量 E

材　料	弹性模量/(N/mm^2)	材　料	弹性模量/(N/mm^2)
玻璃	0.72×10^5	钢材	2.1×10^5
铝合金	0.70×10^5	不锈钢	2.1×10^5
钢绞线	$(1.25\sim1.5)\times10^5$		

注：1. 当不锈钢弹性模量的试验值低于表中数值时，应取用试验值。

2. 当钢绞线弹性模量的试验值低于表中数值时，应取用试验值。

③ 常用材料的线膨胀系数可按表 3-12 取用。

④ 玻璃强度设计值可按表 3-13 取用。

表 3-12　材料的线膨胀系数 α

材　料	α/℃$^{-1}$	材　料	α/℃$^{-1}$
混凝土	1.0×10^{-5}	铝合金	2.35×10^{-5}
钢材	1.2×10^{-5}	玻璃	1.0×10^{-5}

表 3-13　玻璃强度设计值 f_g

类　型	厚度/mm	强度设计值/(N/mm^2)	
		大面上的强度 f_{gc}	边缘小面的强度 f_{gb}
浮法玻璃	5～12	28.0	19.5
	15～19	20.0	14.0
半钢化玻璃	5～12	56.0	39.0
钢化玻璃	5～12	84.0	58.8
	15～19	59.0	41.3

注：夹层玻璃的强度按所用的玻璃类型采用。

⑤ 钢材的强度设计值可按表 3-14 取用。

表 3-14　钢材的强度设计值　　单位：MPa

牌　号	厚度或直径/mm	抗拉、抗弯和抗压 f	抗剪 f_v	端面承压 f_{ce}(刨平顶紧)
Q235	≤16	215	125	320
	17～40	205	120	320
Q345	≤16	315	185	410
	17～35	300	175	410
Q390	≤16	350	205	415
	17～35	335	195	415

⑥ 焊缝的强度设计值可按表 3-15 取用。

表 3-15　焊缝的强度设计值　　单位：N/mm^2

焊接方法和焊条型号	钢　材		对　接　焊　缝			角　焊　接	
	牌号	厚度或直径/mm	抗压 f_{cw}	抗拉、抗弯 f_{tw}		抗剪 f_{vw}	抗拉、抗压、抗剪
				一级、二级	三级		
自动焊、半自动焊和 E43 型焊条的手工焊	Q235	≤16	215	215	185	125	160
		17～40	205	205	178	120	160
自动焊、半自动焊和 E50 型焊条的手工焊	Q345	≤16	315	315	270	185	200
		17～35	300	300	255	175	200
自动焊、半自动焊和 E55 型焊条的手工焊	Q390	≤16	350	350	300	205	220
		17～35	335	335	285	195	220

注：自动焊和半自动焊所采用的焊丝和焊剂，应保证其熔敷金属抗拉强度不低于相应手工焊焊条的数值。

⑦ 螺栓连接强度设计值可按表 3-16 取用。

三、钢绞线材料的选用

1. 材料的选用

(1) 所谓钢绞线是指由一定数量一层或多层的钢丝经捻制成螺旋状而形成的钢丝束。玻璃

表 3-16 螺栓连接的强度设计值　　单位：N/mm²

螺栓的牌号(或性能等级)和构件的牌号		普通螺栓						锚栓	承压型高强度螺栓	
		C级螺栓			A级、B级螺栓					
		抗拉	抗剪	承压	抗拉	抗剪(Ⅰ类孔)	承压(Ⅰ类孔)	抗拉	抗剪	承压
普通螺栓	4.6级	170	130							
	8.8级				380	250				
锚栓	Q235							140		
	Q345							180		
承压型高强度螺栓	8.8级								250	
	10.9级								310	
与螺栓连接的构件	Q235			305			400			465
	Q345			385			510			590
	Q390			400			530			615

注：Ⅰ类孔的要求见现行钢结构设计规范 GBJ 17。

幕墙工程结构用钢绞线对柔性要求并不高。钢绞线是采用钢丝捻制而成，钢丝则由直径小于12mm 的热轧盘钢或热轧钢棒冷拉而成。钢丝成品的状态分为三种，即软态、轻拉及冷拉三种状态，玻璃幕墙工程中使用的钢丝基本上是冷拉状态的钢丝，在冷拉过程中，可根据材料的不同及对钢丝抗拉强度取值的要求不同进行相应的热处理（图 3-42）。

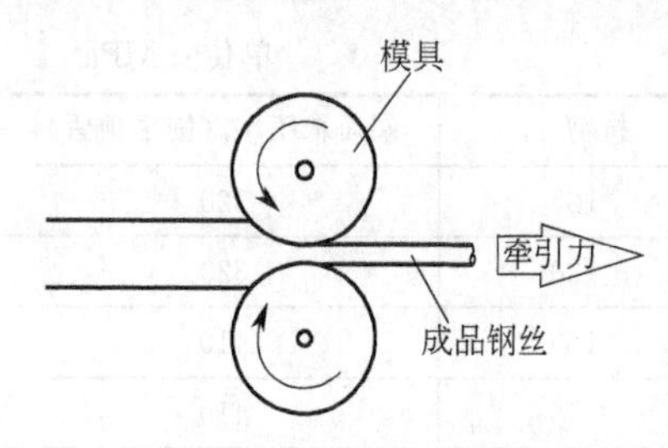

图 3-42　拉制钢丝示意图

（2）奥氏体不锈钢丝　此材料是索结构点支式玻璃幕墙中索结构大量广泛使用的材料，所谓奥氏体不锈钢是指材料的金相组织为奥氏体相（图 3-43）。

不锈钢丝的制作可根据原材料（热轧盘圆）原始尺寸及工程对钢丝抗拉强度 σ_b 的取值来确定拉制过程中是否需要进行固溶处理，生产工艺流程如下：热轧盘圆→固溶处理→碱浸→冲洗→酸洗→中和→涂层→拉丝→去涂层→检验包装。

奥氏体-铁素体不锈钢丝及部分耐蚀合金丝材，因组织、成分与奥氏体不锈钢丝有相似之处，可按此工艺流程生产，广州新白云机场用不锈钢拉索选用的即是超低碳奥氏体-铁素体不锈钢丝。其材料中 C 百分含量小于等于 0.07，σ_b＝1450MPa。

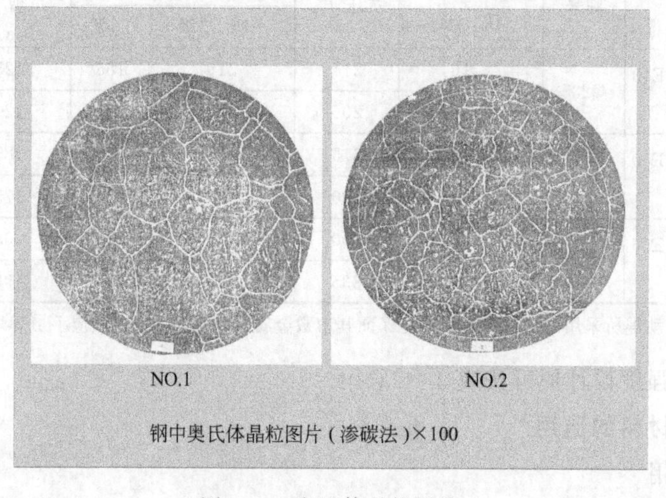

图 3-43　奥氏体晶粒图片

目前国家标准 GB 4240 对奥氏体冷拉不锈钢丝强度规定为：ϕ0.50～1.00mm，σ_b＝1180～1520MPa；ϕ1.00～3.00mm，σ_b＝1130～1470MPa；ϕ3.00～6.00mm，σ_b＝1080～1420MPa。美国 ASTM A 580/A 580M—1995a《不锈钢丝》冷拉（304）单丝强度为1210～1750MPa；日本国家标准 JISG 4309—1994，与中国国家标准强度指标及技术要求基本相同。

（3）铝包钢丝作为一种新型复合金属材料，是由高碳钢丝外面包覆一层高纯度铝，再经拉拔和绞制而成（图 3-44）。即在牵引力的作用下，优质淬火钢丝通过一个热的挤压模腔中，同时高纯度 EC 级铝被高压挤入模中，在低于熔点的温度向模腔出口方向流动，紧紧地包覆住钢芯，在模腔中钢芯与铝产生高度摩擦，使铝与钢之间获得理想的结合，其工艺流程大致为下：盘条→酸洗→磷化→拉拔→铅淬火→除锈→盘条→酸洗→磷化→拉拔。

外包纯铝
高碳钢丝

图 3-44　铝包钢绞线钢丝断面示意图

铝包钢绞线的优点如下。

① 抗拉强度高。铝包钢丝中间是优质高碳钢丝，具有较高的强度。

② 耐腐蚀。铝包钢丝表面为高纯度铝，无电化腐蚀现象，铝表面的钝化膜提供了优良的耐腐蚀性。

③ 铝钢间的结合强度高。

④ 密度小，拉力和单重的比值大。

⑤ 设计灵活，铝钢比可以任意组合。

⑥ 表面美观（图 3-45）。

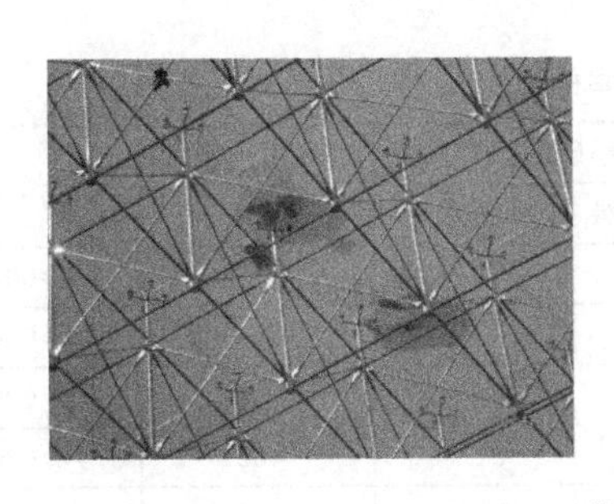

图 3-45　铝包钢绞线工程

⑦ 成本低。

铝包钢丝执行标准：IEC 61232—1993 、ASTM 415—98。其结构和规格：铝包钢单丝 ϕ1.55～5.5mm；铝包钢绞线 1X3、1X7、1X9、1X37、1X61。

（4）其他钢丝材料　国外已经应用金属真空镀膜工艺生产出复合钢丝材料，其生产原理是将被镀材料（钢芯）作为阴极，钢芯材料仍采用高碳钢丝以保证其强度；表面金属作为阳极材料，通过物理真空镀膜方法获得新的复合钢丝，其表面金属可任意选用金属铝、铬或其他金属材料。其特点是既保持了碳素钢丝的高强度，又获得了理想的外观色彩与品质，缺点是由于其生产工艺的原因价格较铝包钢丝和不锈钢丝均要贵很多，从经济的角度考虑不太适宜大量采用。但如有特殊要求，即既对强度要求非常高，外观又需非常美观时，此产品则是较为合适的选择。

2. 钢绞线的绞制

（1）绞制方向　同心绞合的每一层线的绞合方向应相反（图 3-46），其原因是多层线都绞合成圆形，当绞线受到拉力时各层产生的转动力矩互相抵消，防止各层单线向一个方向转动而松脱。也能使绞线产生转动力矩的分力，避免绞线在未拉紧时即有打卷现象产生。

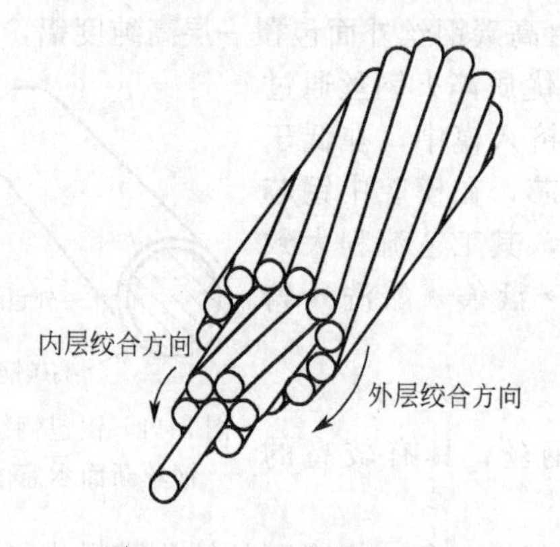

图 3-46　1X19 钢绞线每层绞合方向示意图

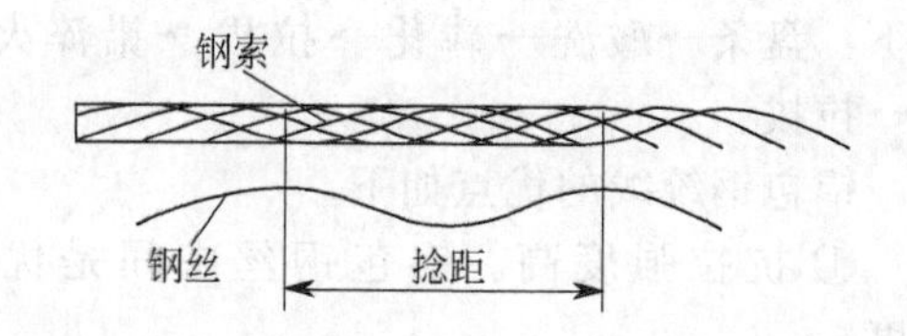

图 3-47　钢索捻距示意图

（2）绞合节径比（捻距）　绞合方式可以以线材围绕索芯绞合缠绕一周的长度来定量描述（图 3-47）。

缠绕长度越长的索（绞合节径比大），抗拉强度和弹性模量值越接近索的值，反之亦然。但从美观的角度考虑正好相反，绞合节径比越小越漂亮，因此，一般绞合索的缠绕节径比为 9～12 倍，点支式玻璃幕墙用索绞合节径比一般选 9.5 倍左右。索尺寸越小，缠绕长度可以越大，从而弹性模量和抗拉强度就越大。对于大尺寸或多层线股索，为缠绕的紧密性和高质量必然缩短缠绕长度（绞合节径比），从而降低了弹性模量和抗拉强度。

（3）钢绞线的结构和性能参数　见表 3-17。

表 3-17　钢绞线的结构和性能参数

钢绞线公称直径/mm	结构参数	公称金属横截面积/mm²	钢丝公称直径/mm	钢绞线最小破断拉力/kN		每米理论质量/g	交货长度/m
				1300MPa 级	1000MPa 级		
6.0	1×7	22.0	2.00	28.6	22.0	173	≥600
7.0		30.4	2.35	39.5	30.4	240	≥600
8.0		38.6	2.65	50.2	38.6	303	≥600
10.0		61.7	3.35	80.2	61.7	482	≥600
6.0	1×19	21.5	1.20	28.0	21.5	170	≥500
8.0		38.2	1.60	49.7	38.2	302	≥500
10.0		59.7	2.00	77.6	59.7	472	≥500
12.0		86.0	2.40	112	86.0	680	≥500
14.0		117	2.80	152	117	925	≥500
16.0		153	3.20	199	153	1210	≥500
18.0	1×37	196	2.60	255	196	1564	≥400
20.0		236	2.85	307	236	1879	≥400
22.0		288	3.15	374	288	2291	≥400
24.0		336	3.40	437	336	2673	≥400

续表

钢绞线公称直径/mm	结构参数	公称金属横截面积/mm^2	钢丝公称直径/mm	钢绞线最小破断拉力/kN		每米理论质量/g	交货长度/m
				1300MPa 级	1000MPa 级		
22.0	1×61	286	2.44	372	286	2293	≥300
24.0		341	2.67	443	341	2734	≥300
26.0		403	2.90	524	403	3231	≥300
28.0		460	3.10	598	460	3688	≥300
30.0		538	3.35	699	538	4314	≥300
32.0		604	3.55	785	604	4843	≥300
34.0		692	3.80	900	692	5549	≥300
36.0		767	4.00	997	767	6150	≥300
30.0	1×91	531	2.73	691	531	4291	≥200
32.0		604	2.91	786	604	4881	≥200
34.0	1×91	683	3.09	887	683	5519	≥200
36.0		766	3.27	995	766	6190	≥300

3. 索的应力-应变关系特性判定

承重索会呈现出非线性受力变形或拉伸变形，即使是相同的质量和直径的索，也要先将它们置于同一受力状态下，然后才可以比较其长度。延伸率是对预应力索而言。

因此，索要进行预应力处理（预张拉），其长度要在预承重状态下测量。在钢索生产厂制作的时候，所需的几何与预承重均已考虑进去了。

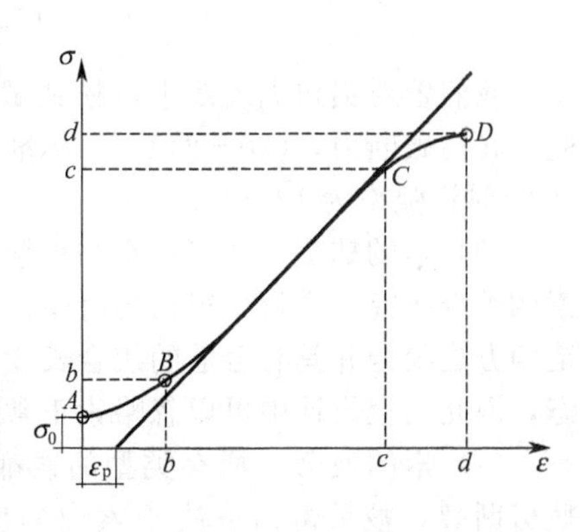

图 3-48　松弛新索应力-应变图

（1）松弛新索　对于面积为 A、长度为 L 的松弛新索，在拉力 N 作用下伸长 ΔL，如果定义应力 $\sigma=N/A$，应变 $\varepsilon=\Delta L/L$，则应力-应变关系如图 3-48 所示。应力-应变关系中的三个特征段是 A-B、B-C、C-D。在第一特征段 A-B，随着应力从 σ_0 到 σ_B 的增加中，应变从 $\varepsilon_A=0$ 迅速增加到 ε_B，其中大部分是永久应变；在第二阶段 B-C 内，应力应变变化相对均匀，这一分阶段的 σ 及 ε 近似认为是常数，永久应变 ε_p 变化不大；第三阶段 C-D 是以永久应变的迅速增加为特征的，应力缓慢增加至索的破坏强度（与 D 点对应）。索弹性模量被定义为 B-C 曲线切线模量的平均值。

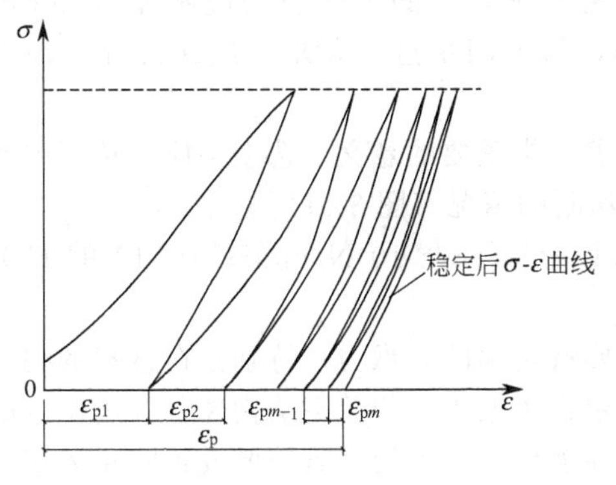

图 3-49　松弛新索反复张拉残余变形图

（2）索的反复加载效应——张紧索和部分张紧索　将松弛新索均匀张拉至选定的拉力 $N=N_1$ 后，再均匀卸载至 $N\rightarrow0$，这时索的残余永久变形是 ε_{p1}。在以后 2～n 次加卸载后，每次残余永久变形为 $\varepsilon_{p2}\cdots\varepsilon_{p6}$。随着加卸载次数的增加，$\sigma$-$\varepsilon$ 曲线将趋于直线（图 3-49）。

索的残余永久应变 $\varepsilon_p=\sum\varepsilon_{pi}$。

如果一根索在反复加卸载若干次后已消除了大部分残余应变，再次加载并卸载后只有较小的残余应变。例如，$\varepsilon_p<0.1$mm/m，这样的索可称

为张紧索。张紧索在一定的加载范围内可视为线弹性的，其弹性模量一般比松弛新索高20%～30%，实验表明，一般松弛新索经10次循环加卸载后就可消除大部分残余应变。

如果一根索在反复加卸载若干次后只能消除部分残余应变，这样的索称为部分张紧索。

当索被用于工程结构后，未消除的残余应变将会因材料蠕变效应慢慢得到消除，但这将使索产生松弛。

对于索在实际生产过程中的预张拉，其工艺目前大致有以下两种方法。

工艺1：在索的最大破断力40%～60%之间反复张拉5次，然后持续10min，见图3-50(a)。

工艺2：在索的最大破断力的50%～55%，持续张拉2h（美国资料：钢丝绳取55%，钢绞线取50%，维持0.5～2h；前苏联取最大破断力的65%，历时0.5h)，见图3-50(b)。

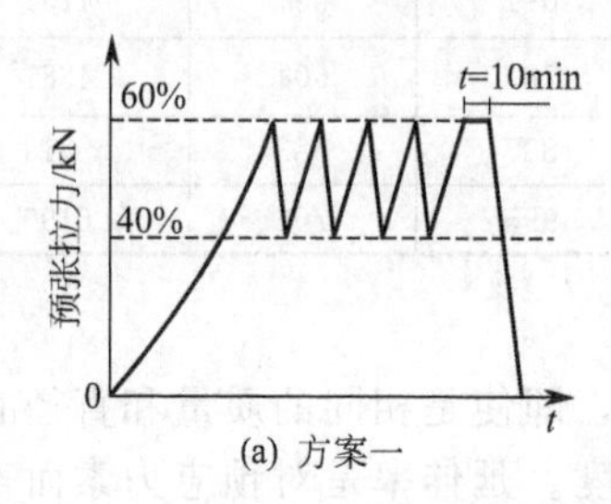

(a) 方案一

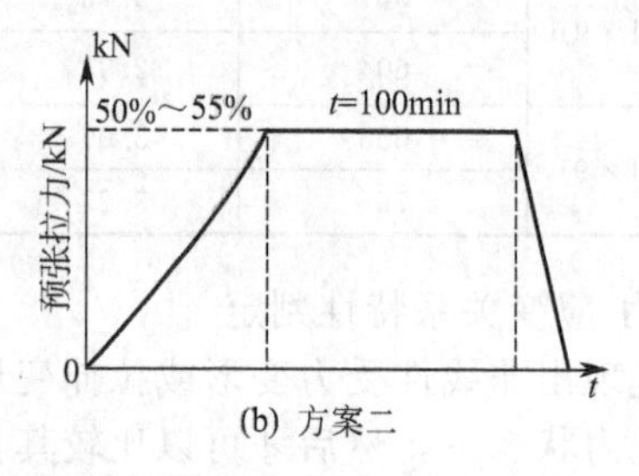

(b) 方案二

图3-50 钢索预张拉曲线图

我们曾对铝包钢绞线进行松弛试验，试验索为非张紧索，按ASTM A 416标准进行试验［40%破断力，(20±2)℃］，标准试验时间1000h，其松弛率为2.952%，此结果推算至50年时松弛率为12.54%。

(3) 索的蠕变 任何材料在长期荷载效应作用下都会产生蠕变，索也不例外，虽然关于索的蠕变研究已进行了很长的时间，但至今仍很难确定索蠕变的程度，如果线材是以正规规范的方法绞合并具有合适的绞合长度，而索是施加过预拉力的，考虑到钢丝同时处于冷拉状态，因此工程设计中可以忽略索正常工作寿命内的蠕变效应。

(4) 索的疲劳 所有类型的索都有其疲劳寿命，超过疲劳寿命后索内线材将全部开始疲劳断裂，疲劳寿命取决于索内的应力幅度值和工作条件。对绕轴卷动弯曲的索，其疲劳是由拉伸应力和弯曲应力组合作用引起的。而工程结构中的索，主要承受拉伸应力，只有脉动风效应会使索中产生幅度应力。目前对绕轴卷动弯曲索的研究较多，并有相应的疲劳曲线，但对工程结构用索的疲劳研究极少，只有德国做过这方面的实验研究，研究表明，为了确保具有不少于200万次循环的疲劳寿命，索的工作应力应不超过200～250N/mm^2。这个应力很低，相当于安全系数为5，为了满足这一要求，应在设计中注意避免索受附加的变化弯曲应力。

(5) 索型的选定 索的选型对索桁架的确定有着非常重要的意义。选型中应该选择弹性模量较大的索型，同时还要考虑外形美观、不易单丝断的情况（图3-51)。

钢索的弹性模量如下：6×7、6×36的E为（1.0～1.3)×10^{5}N/mm^2；1×19的E为(1.2～1.7)×10^{5}N/mm^2。

连接杆（悬空杆）在设计时需要考虑的因素是要有足够的支承力，特别是在钢索的夹紧和穿透部位，要有足够的强度和刚度。连接杆是固定索桁架体形的关键结构件，其定位点的尺寸精度要高，同时要考虑外形美观，有装饰性。在连接杆与索的夹紧处要设置防止滑移机构，确保在使用过程中，不松动、不变位，保证使用性能。

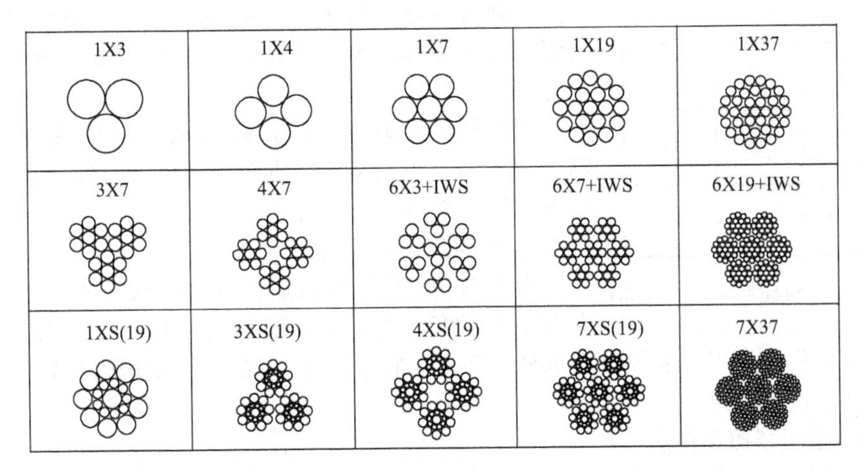

图 3-51　钢索断面简图

第六节　点支式玻璃幕墙施工工艺与单层悬索结构玻璃幕墙

一、点式驳接悬索幕墙施工工艺

1. 施工工艺概述

① 钢结构安装到位后对钢结构的基准进行测量，同时详细记录每榀钢结构的变位情况。根据变位量确定驳接头的点位和拉索耳板的焊接位置，然后进行受力索的安装。经调整后再进行承重索和稳定索的安装，校正后确定受力索、承重索及稳定索竖向桁架上的驳接座的位置并进行焊接。

② 拉索结构与驳接座安装结束之后要进行配重测试，配重的重量按驳接座承受玻璃重量的 1.1～1.2 倍设置。配重的位置取幕墙中部 1～5 个控制单元进行。

③ 驳接系统的安装是在全部结构校正结束后经报验合格进行安装。先按驳接爪分部图安装定位驳接爪，之后再次复核每个控制单元和每块玻璃的定位尺寸，根据测量结果校正驳接爪定位尺寸。驳接头的安装是与玻璃安装同时进行的，在玻璃安装前先将驳接头安装在玻璃孔上并锁紧定位，然后将玻璃提升到安装位置与驳接爪连接固定。玻璃安装是从上到下，先中间后两侧。

④ 玻璃安装结束，经调整报验后进行打胶处理。

⑤ 施工顺序：测量放线→预埋件校准→桁架的安装、焊接→校准检验→连接受力拉索→施加预应力→校准检验→连接竖向承重拉索→施加预应力→整体调整→校准检验→施加配重物→报监理核准→安装驳接系统→安装玻璃→调整检验→打胶→修补检验→玻璃清洗→清理现场→交检验收。

2. 施工工艺

① 测量放线。测量放线是确保施工质量的最关键的工序。必须严格按施工工艺进行，为保证测量精度，按施工图纸采用激光经纬仪、激光指向仪、水平仪、铅垂仪、光电测距仪、电子计算机等仪器设备进行测量放线。

② 主控点的确定。为了测量准确、方便、直观，根据点支式玻璃幕墙在建筑图中的平面分布情况确定尺寸精度及主控点的位置，应在主控点位置设立标志牌，以便再次测量时基准点不变。

③ 施工精度单元控制法。为减少安装尺寸误差积累，有利于安装精度的控制与检测，

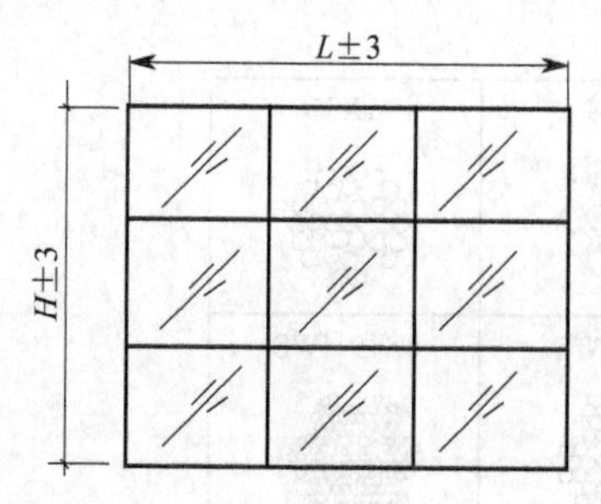

图 3-52　尺寸控制单元（单位：mm）

可人为地将幕墙分成多个控制单元，每个单元可根据实际工程面玻璃分割的情况来确定，一般可按九分格的形式来确定（图 3-52）。

当控制单元确定之后，就应从测量放线到结构安装、钢丝索安装、玻璃安装，每次测量、核对、调整都以同一个单元尺寸来控制安装精度。

3. 空间工装定位法

由于钢丝索桁架在施加预应力之前其体形是不确定的，没有支承刚度，为确保安装精度，在有必要的情况下可采取工装空间定位。采用支承架、支承杆等辅助，将索桁架主要支承点在施加预应力前定位，并以此为基准进行张拉。

4. 钢丝索无摩擦张拉法

在索桁架中钢丝索的布置一般是采取多点折线来实现垂度体形的，一般索桁架与索桁架之间应有固定支承点，特别是采用水平索桁架支承时更为明显（图 3-53）。

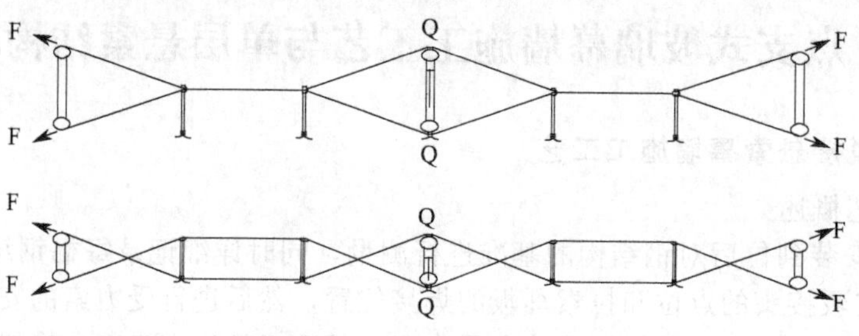

图 3-53　水平索桁架布置图

所谓无摩擦也就是要求在钢丝索通过支承桁架或支承体时，索张拉的过程中不得有因摩擦力的阻挡而使索内力产生不均匀现象。

5. 悬索的预应力的实现与检测

用于固定悬空杆的横向和竖向拉索在安装和调整过程中必须提前设置合理的内应力值，才能保证在玻璃安装后受自重荷载的作用其结构变形在允许的范围内。

① 横向受力拉索内应力值的设定主要考虑如下几个方面：一是玻璃与驳接系统的自重；二是拉索调整器的螺纹的粗糙度与摩擦阻力；三是连接拉索、锁头、销钉调整杆所允许承受拉力的范围；四是支承结构所允许承受的拉力范围以及在施工安装时的温度等。

② 竖向拉索内应力值的设定主要考虑如下几个方面：一是校准横向索偏位所需的力；二是校准水平桁架偏差所需的力；三是螺纹粗糙度与摩擦阻力；四是拉索、锁头、销钉、耳板所允许承受的拉力；五是支承结构所允许承受的力；六是玻璃与支承杆的自重及施工安装时的温度应力。

③ 拉索的内力设置是采用扭矩通过螺纹产生力，用设置扭矩来控制拉杆内应力的大小(图 3-54)。

④ 在安装调整拉索结束后用扭力扳手进行扭力设定和检测，通过对扭力表的读数来校核扭矩值，最后使用“索内力测定仪”来检查内力值的大小。

⑤ 拉索在施加预应力时宜采用分级多次张拉方案，根据索形和内力值的大小，在张拉前确定分级指标，根据分级指标进行逐级张拉，必要时应进行张拉过程各阶段拉力值和结构形状参数的计算以指导施工和质量控制。

⑥ 在拉索张拉过程中必须按张拉力、拉索理论伸长量、油缸伸出量、液压缸压力表值

或扭力扳手的力矩值进行张拉力复核，控制张拉速度。

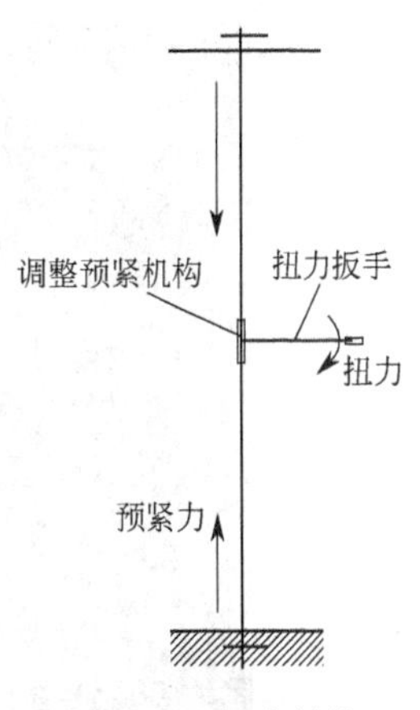
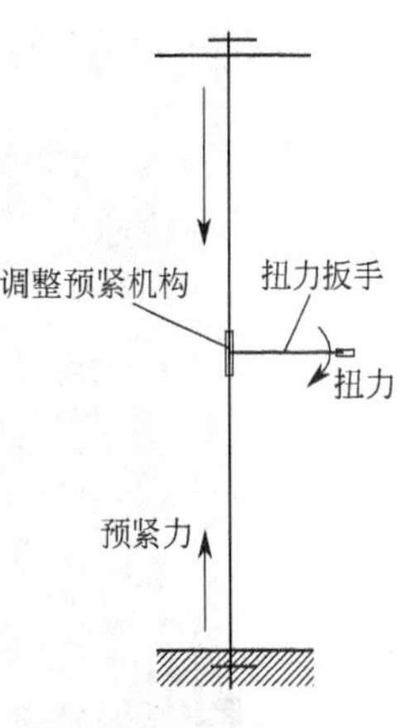

图 3-54　扭力转换内力简图

⑦ 在施加预应力的过程中应随时检查索体及连接部位的状态，并对拉力值作施工过程记录。

⑧ 在张拉前应作好“预应力值与合拢温度对应表”，按每 10℃对应一个预应力值，当拉索直径大于 28mm 时宜采用每 5℃对应一个预应力值。在施工时根据气候状况、环境、温度，按对应表确定拉力值施工，并作好记录。

⑨ 拉索安装时所使用的张拉器具可根据索的直径和预拉力的大小及边部节点的设计方案进行选用。张拉器具不得对索体、接头、连接件、紧固件及边缘支座产生损坏。当采用液压器具时必须施工前进行标定，测量器具使用时应按温度、精度进行修正，落实安装及验收的测量精度。

⑩ 拉索张拉时应作详细的施工记录，对重要部位的拉索宜进行索内力和位移的双控。

⑪ 在预应力施工完成后应对索系中各节点进行全面检查，对索桁架或索网体系的中部连接节点和边部锚固节点的固定度及形状进行检测、调整达到设计要求。

⑫ 拉索施工完成后应采取保护措施，防止对拉索产生损坏。在拉索的周边严禁进行焊接、切割等热工作业。

6. 配重检测法

由于幕墙玻璃的自重荷载和所承受的其他荷载都是通过悬空杆结构传递到主支承结构上的，为确保结构安装后在玻璃安装时拉杆系统的变形在允许范围内，必须对悬空点进行配重检测（图 3-55）。

① 配重检测应按控制单元设置，配重的重量为玻璃在悬空杆上所产生重力荷载的 1.1 倍以上，$G_{配重}=G_{玻璃}\times(1.1\sim1.2)$，配重后结构的变形量应小于 2mm。

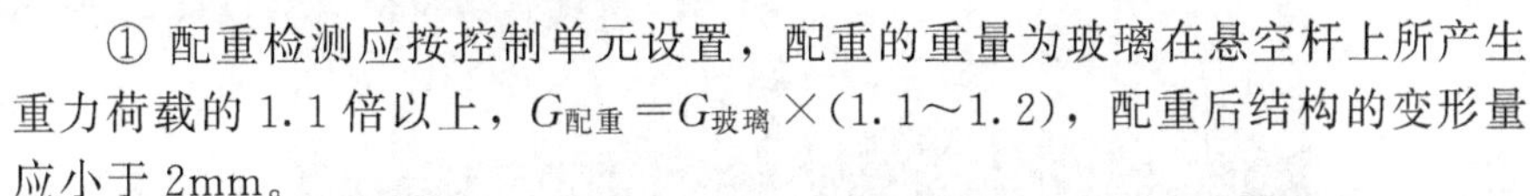

② 配重检测的记录。配重物的施加应逐级进行，每加一级要对悬空杆的变形量进行一次检测，一直到全部配重物施加在悬空杆上测量出其变形情况，并在配重物卸载后测量变形复位情况并详细记录。

图 3-55　配重简图

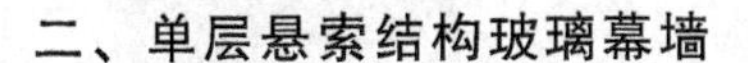

二、单层悬索结构玻璃幕墙

玻璃幕墙作为现代建筑“外表皮”，在一定程度上是现代建筑的重要符号。有些建筑理论家将当前建筑的趋势总结为“光、薄、透”，现代建筑师们在进行建筑设计过程中把与人自然的交流和人们的视觉效果已经放到了一个非常重要的位置。建筑师们给玻璃幕墙的设计和制作者们提出了一个又一个新的课题，使玻璃幕墙越来越向着大空间、大通透、高性能的方向发展，玻璃幕墙发展到今天已有几十种形式。从有框到无框，从吊挂式到点支承，各种支承结构形式的玻璃幕墙供建筑师们选择，而最能体现大空间、大通透的玻璃幕墙应属近年来在幕墙业兴起的索杆结构点驳接玻璃幕墙，他利用双层预应力索杆支承体系来抵抗风荷载，使支承结构的体态轻盈、造型美观。

单层悬索结构体系点支式玻璃幕墙是一种全新的幕墙支承结构体系，它的受力索工作状态是双向受力，与双层索杆体系的单向受力相比，构造简单，索的工作效率大大提高，幕墙的体形更加薄、透、轻盈（图 3-56～图 3-61）。

1. 单索结构幕墙的概念与工作原理

（1）概念　单索结构玻璃幕墙是悬索结构点支式玻璃幕墙中的一种类型，其幕墙玻璃的

图 3-56　德国慕尼黑机场酒店单索结构幕墙

图 3-57　哈尔滨国际会议展览体育中心单索结构幕墙

图 3-58　德国柏林 SONY 中心单索结构幕墙

图 3-59 德国外交部大楼单索结构幕墙

图 3-60 国家计算机网络与信息管理中心单索结构玻璃幕墙

图 3-61 北京联想融科单索结构玻璃幕墙

支承结构为单层平面索网结构，它可以是由一个单索网结构单元组成的，也可以是由多个单索网结构组成的（图 3-62），大大节省了支承结构所用的空间，对于玻璃幕墙支承结构来说，是一种全新的受力体系。

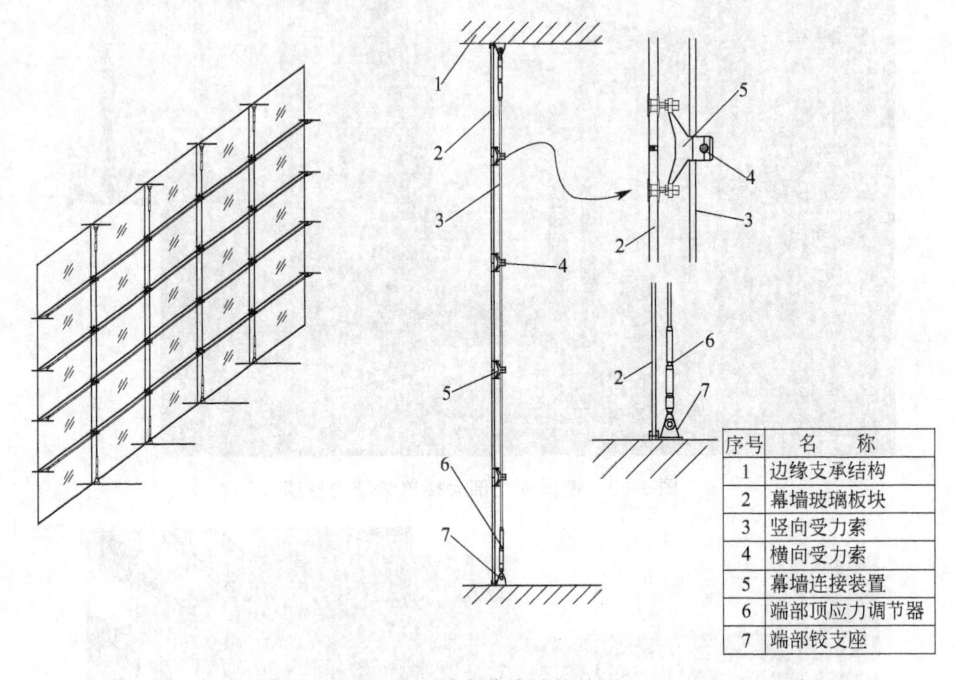

序号	名　称
1	边缘支承结构
2	幕墙玻璃板块
3	竖向受力索
4	横向受力索
5	幕墙连接装置
6	端部顶应力调节器
7	端部铰支座

图 3-62　单索幕墙结构简图

（2）单索网结构的工作原理　分析单索支承结构的工作原理，也就是要了解单索网平面抵抗风荷载作用时的工作状态，了解单索网结构作为玻璃幕墙的支承结构使索网的变形与预应力的关系、索内应力的大小、索网平面在抵抗风荷载时各节点的适应能力。

见图 3-63，在玻璃幕墙平面受外部荷载后通过玻璃的连接机构将外部荷载转化成节点荷载 P，节点荷载 P 作用在索网结构上，只要在索网中有足够的预应力 N_0 和挠度 F，就可以满足力学的平衡条件。当 P 为某一确定值时，挠度 F 和预应力 N_0 成反比，即预应力 N_0 值越大，挠度 F 就越小（$F=P/N_0$）。因此，挠度 F 和预应力 N_0 是单层平面索网的两个关键参数，必须经过试验和计算分析后才能确定。

（3）挠度 F 值的确定　玻璃幕墙的受力变形是幕墙性能的一个重要指标，对其确定得是否合理，对幕墙的使用性能有很大的影响。为确保玻璃幕墙的使用性能，我们根据力学原理用 ANSYS 计算软件进行了大量的力学计算，同时按哈尔滨国际会展体育中心的单索幕墙单元进行了多项 1∶1 实体受力试验，分析玻璃节点适应变形的能力、结构支座反力对节点的影响以及预应力对边缘支承结构的要求（图 3-64、图 3-65）。

参照国外的工程实例，确定在幕墙受最大荷载时的变形按 $L/45$ 计算较为合理。同时，试验证明，单索幕墙的玻璃板面尺寸对预应力索变形时的应力有影响。玻璃与索网共同工作时能提高索网的刚度，减小挠度变形。

2. 单索结构玻璃幕墙重要节点的设计

由于单索的索网结构是靠跨中弯曲变形来支承风荷载的，所以对钢索的要求和节点的适应变形能力要求极高。理论上只要有风，钢索就要产生变形，每个索上节点就必须承担相应的工作来达到整体幕墙的性能。

（1）中部节点　即在一个单索幕墙单元中部起固定支承和连接作用的节点，见图3-66，

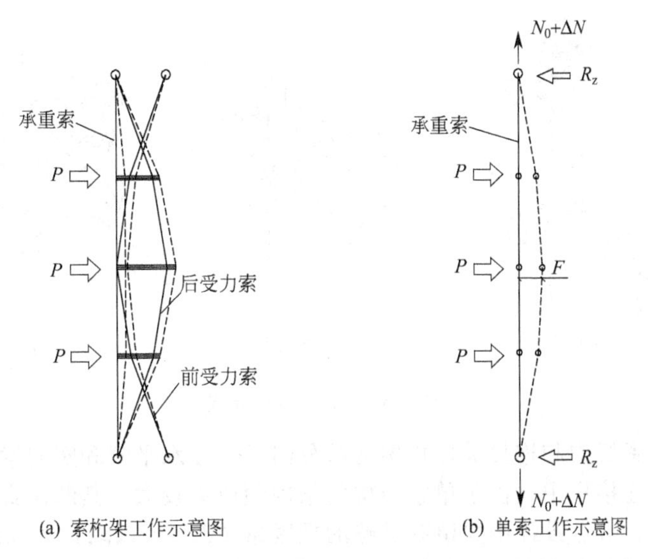

图 3-63　索结构受力变形简图

图 3-64　单索结构静力加载试验

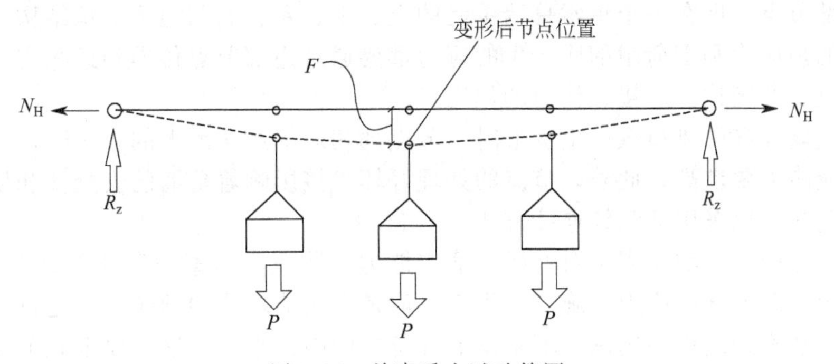

图 3-65　单索受力试验简图

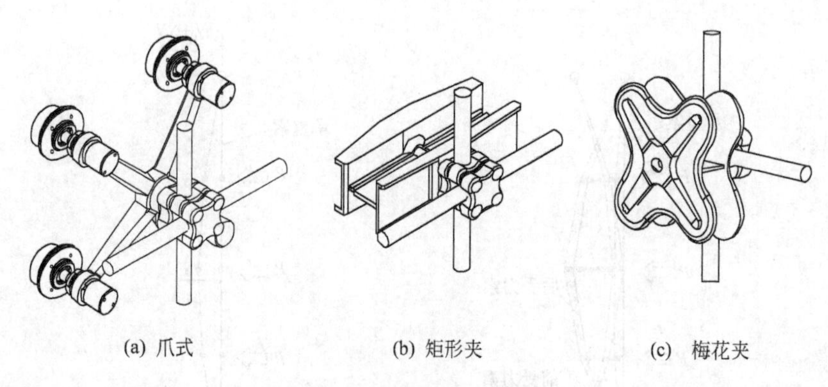
(a) 爪式　(b) 矩形夹　(c) 梅花夹

图 3-66　中部节点样式

中部节点主要由锁紧机构和连接玻璃机构两部分组成。在水平索和竖向索的交叉处设置锁紧机构，起锁紧定位连接作用。由于单索结构的索内预应力较大，其断面直径在受力过程中会有一定程度的减少。节点设计中要留有足够的预紧量 ΔT（可以取1～2.5mm），防止索在受力时产生滑移。为减小在索受力变形过程中夹紧仓两端出现过大的压应力宜设置导向角 α（可以取 1°～30°），避免钢索外径在受力变形过程中被压伤（图 3-67）。

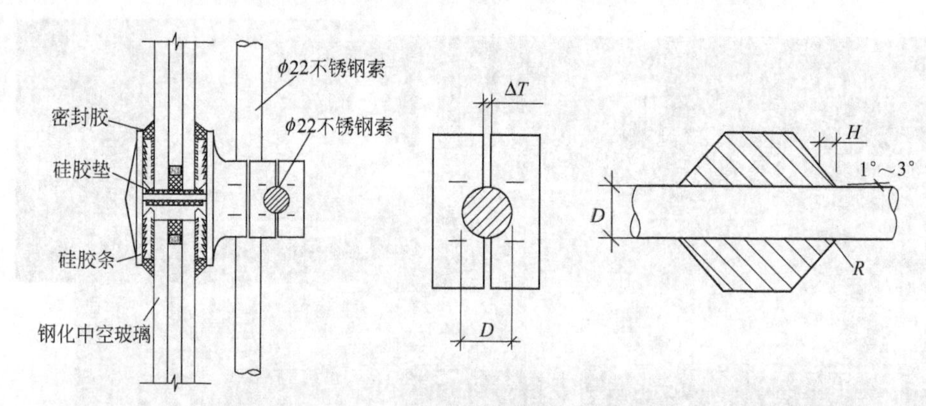

图 3-67　中部节点设计简图

玻璃连接机构是保证单索幕墙使用性能的关键点，其形状和连接方式有多种，但都必须达到以下条件：①有足够的强度支承玻璃自重和受荷载产生的压力；②要有足够的适应变形能力，不至于在玻璃受荷载变形时产生过大的应力点或面；③直接有效地将玻璃板面上的荷载转递到支承结构上。

（2）边部节点　即在一个单索幕墙单元的上、下、左、右与边缘支承结构连接的节点。

钢索内的预应力和受荷载的所产生的应力都要通过边部节点传递到边缘支承结构上，边部节点起着重要的定位、连接、传力的作用。

幕墙的玻璃面在受风荷载产生变形时，节点部相对变形角度大的在边部，所以对边部节点的变形适应能力要求高，此外，节点的处理好坏直接影响着幕墙的安全性和使用性能。

边部固定端可以采用活动铰连接方法（图 3-68）。

设计时应考虑调节轴端固定对变形的适应能力，防止在钢索与索压头结合处产生弯曲，调节端的作用是调节索内应力。施工过程中一般是在调节端施加预应力，进行索内应力的调整，在使用维修维护过程中用调节端来调节各条索的内力平衡，这就要求此节点不但在安装过程中可调整索内应力，使用过程中也必须可调整，才能满足幕墙的使用性能。

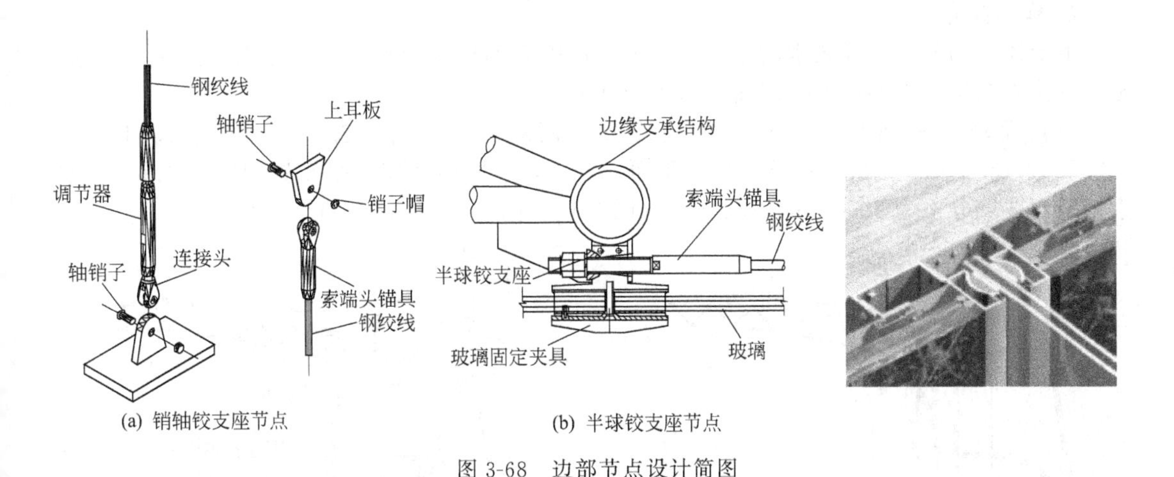

(a) 销轴铰支座节点　　(b) 半球铰支座节点

图 3-68　边部节点设计简图

第七节　工 程 实 例

一、南京国际展览中心索网点支式幕墙设计与施工

1. 工程概况

南京国际展览中心位于南京市区东北部，东接紫金山，西靠玄武湖，是集展览、交易、会议功能为一体的南京市政府大型会议中心（图 3-69～图 3-71），该馆长约 250m，宽约 159m，高约 46m，总建筑面积 89000m^2，共有 6 个展厅，2068 个标准（3m×3m）展位。

图 3-69　南京国际展览中心立面

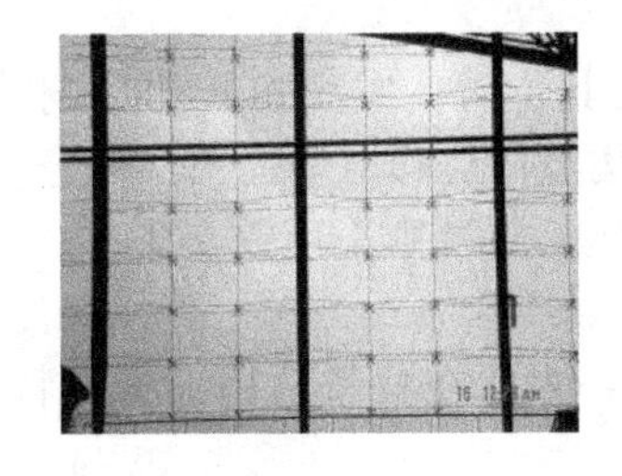

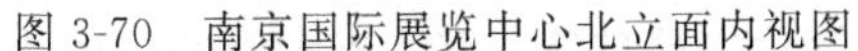

图 3-70　南京国际展览中心北立面内视图

图 3-71　南京国际展览中心东立面内视图

一层三个展厅高度 6～8m，二层三个展厅构成宽 75m、长 245m 的无柱大空间，屋盖为大跨度弧形钢桁架支承的金属板屋面。一层、二层及其夹层配有观众服务区域、洽谈室、新闻中心等设施，三层有 3000m^2 的多功能厅、商务用房和贵宾厅、大小餐厅。

2. 幕墙简介

由于建筑功能和建筑艺术的要求，整个展览中心四周墙面均要求采用点支式玻璃幕墙，不锈钢拉索桁架支承的玻璃幕墙面积达 12000m^2。

东立面玻璃幕墙长 252.4m，沿高度分为两块，下层由 －2.0～＋6.95m，上层由＋8.7～＋18.30m。鱼腹式钢管桁架间距为 6.75m，竖向桁架间水平布置间距为 1.6m 的拉索桁架，玻璃分格为 2250mm×1600mm（图 3-72、图 3-75、图 3-76）。

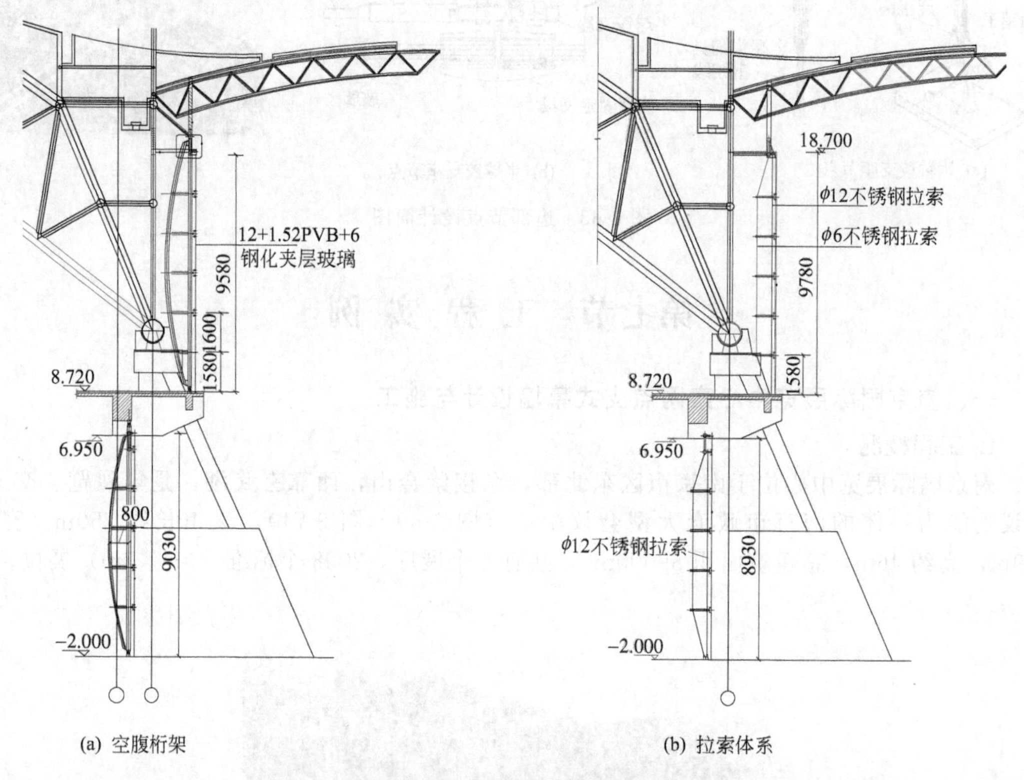

图 3-72 东侧支承结构

北立面二层凸出部分为索桁架点支式幕墙，尺寸为 31.5m×12.7m，玻璃分格为 2083mm×1600mm、2250mm×1600mm，采用水平拉索桁架支承（图 3-73）。南北侧二层为大面积点支式幕墙，长约 79m，底标高为 8.7m，顶标高自东向西由 20.275m 弧形上升至 42.500m。每隔 6.25m 布置一榀竖向钢管桁架（图 3-74），中间再布置水平拉索桁架［图 3-75(a)］，玻璃划分大约为 2083mm×1600mm。

幕墙角部交汇处设方形空间桁架，并用加强杆固定其位置，减少扭转的影响［图 3-76(c)］。考虑到屋面和楼面会有竖向位移，为防止主体结构竖向位移对竖向桁架和竖向拉索桁架产生附加内力，在上端均采用三角传力架和活动铰支座，下端则采用铰支座。

3. 材料选用

该工程幕墙形式新颖，建筑功能和建筑艺术要求高，因此在材料选用上予以特别考虑，确保幕墙性能达到设计要求。

（1）面板　面板采用 12mm＋1.52mmPVB＋6mm 钢化夹层玻璃。沉头支承头的锥形孔要求面板玻璃至少厚 10mm，玻璃紫外线隔阻率 99.9%，可见光透光度 88%，阳光透光率 74%。

（2）钢管桁架　钢管桁架采用 Q235 钢管，直接对接式钢管接头。钢管桁架外侧喷涂聚氨酯涂料。

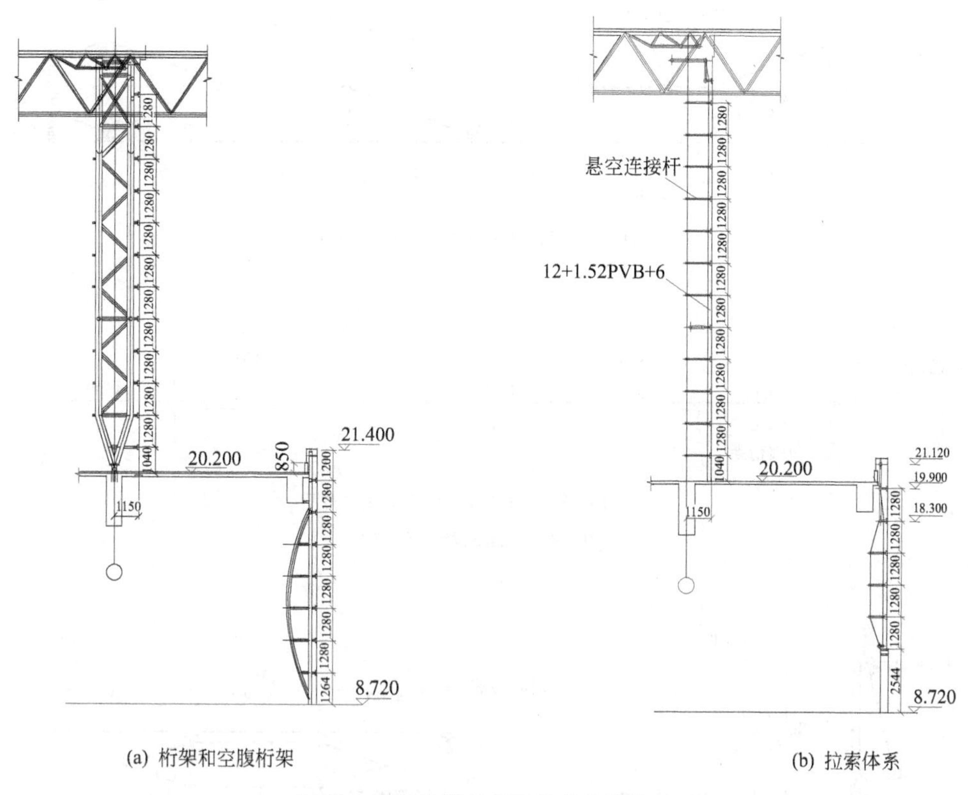

(a) 桁架和空腹桁架　　(b) 拉索体系

图 3-73　北侧突出部分支承结构

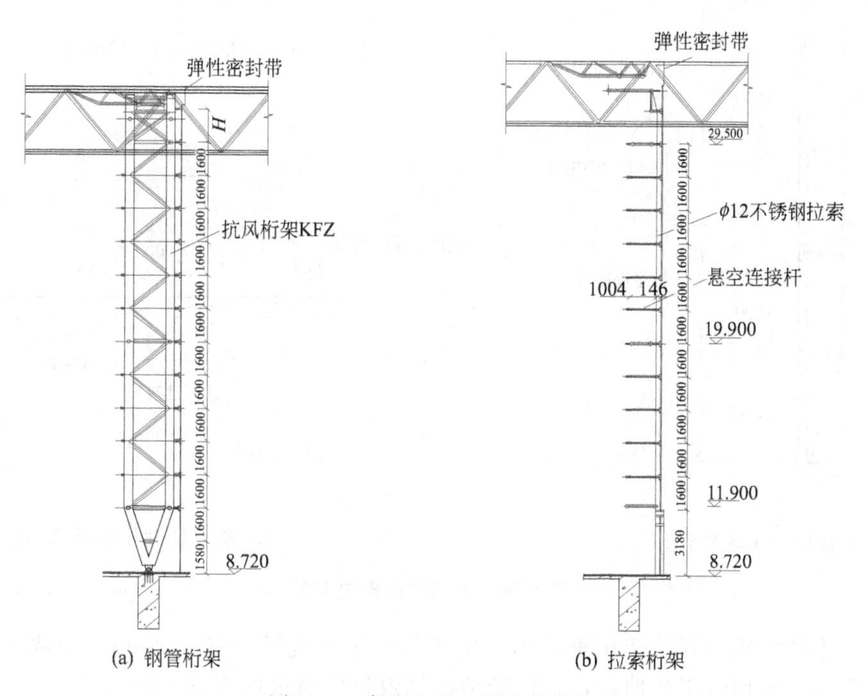

(a) 钢管桁架　　(b) 拉索桁架

图 3-74　南北立面二层支承结构

(3) 拉索桁架　拉索桁架全部采用不锈钢，材质为 1Cr18Ni9 。钢索的选用施工前作了较多的考虑，采用不锈钢索强度低于高强度钢索，但不腐蚀，无须表面喷涂，美观而且长期

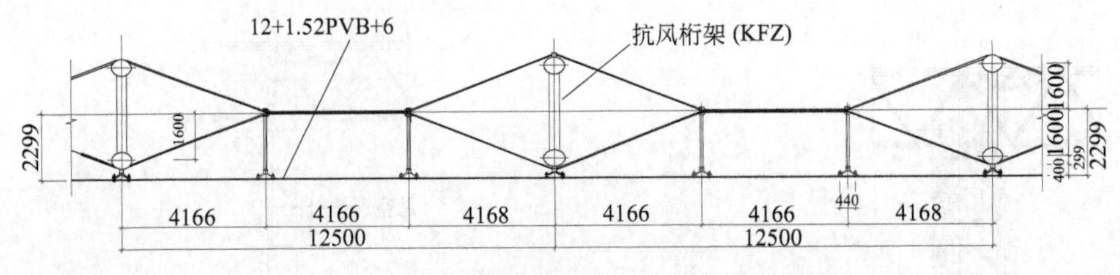

(a) 南北立面标准单元水平拉索(SHS-1)布置图

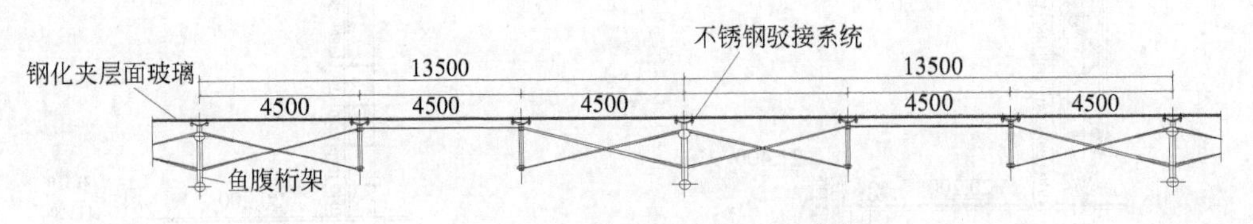

(b) 东立面标准单元水平拉索布置图

图 3-75　基本拉索体系

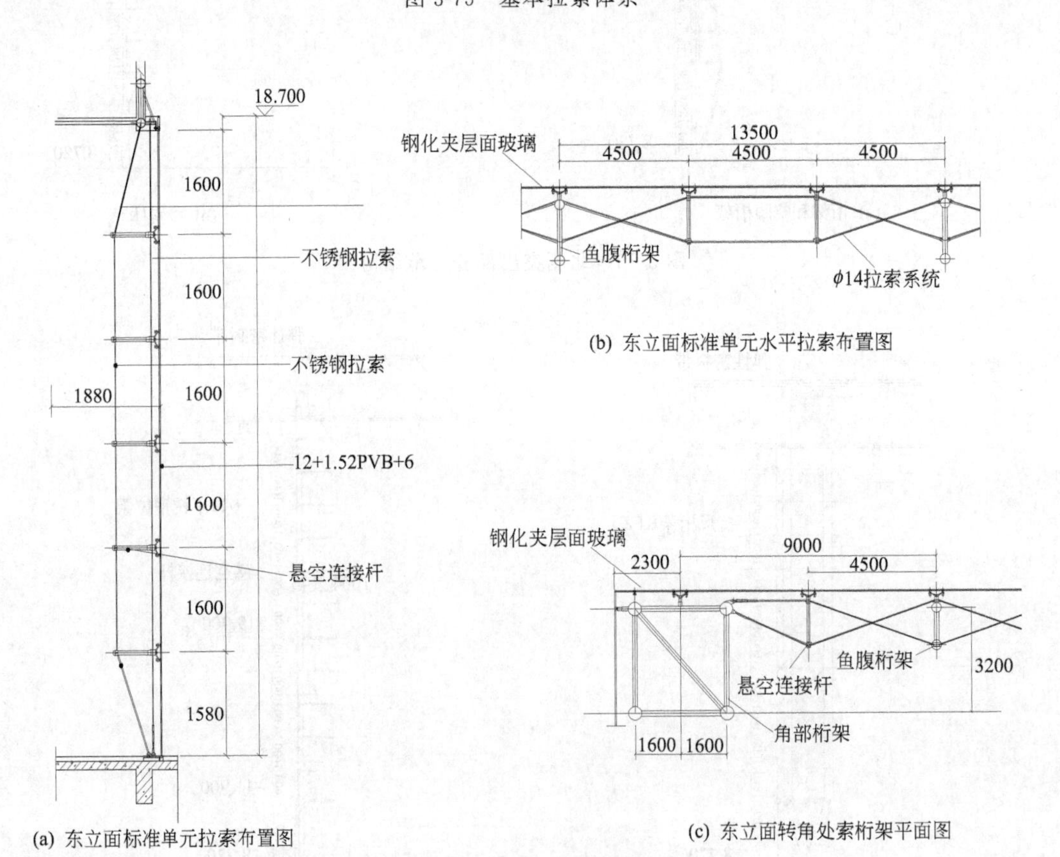

(a) 东立面标准单元拉索布置图

(b) 东立面标准单元水平拉索布置图

(c) 东立面转角处索桁架平面图

图 3-76　东侧拉索桁架布置

维护方便。不锈钢索一开始选用钢丝绳，由于每根钢丝直径只有 0.2mm，根数极多，绞合之后空隙率高，拉伸时明显伸长，直径变细，等效弹性模量低至（0.8～1.0）$\times 10^5$ N/mm^2，而且钢丝受力不均匀，容易断丝，性能不能满足拉索桁架的受力要求。而后选用 ϕ14mm 的 19 股钢绞线，钢丝直径为 2.8mm，伸长率低，等效弹性模量可达 1.20$\times 10^5$ N/mm^2，桁架变形小，容易满足要求。

(4) I型和X型支承钢爪　不锈钢支承钢爪由铸钢件经精密加工、装配而成。支承头带有转动球铰以适应玻璃受力后的变形。

4. 设计

点支式玻璃幕墙，特别是拉索桁架点支式玻璃幕墙目前尚无专门的国家标准，因此设计中参照《玻璃幕墙工程技术规范》(JGJ 102—96) 的有关规定。

(1) 荷载和地震作用　南京基本风压 $W_0=0.35\text{kN/m}^2$，考虑100年一遇最大风压，设计时取 $W_0=0.42\text{kN/m}^2$。雪荷载0.4kPa，地震7度设防。

东立面最大风压标准值为1.95kPa，南北立面最大风压标准值为2.21kPa。

(2) 主要构件计算方法

① 玻璃：按四点支承板计算其最大弯曲应力。

② 空腹桁架：外荷载作为集中力施加于节点，采用截面法计算杆件内力。

③ 普通桁架：外荷载作为集中力施加于节点，按铰接桁架计算。

④ 拉索桁架：考虑几何非线性，按受拉杆件采用计算机软件计算。

(3) 预应力值考虑　拉索桁架采用的钢索是柔性的，必须施加预应力张紧才有支承能力。试验和分析表明，索的预应力合力对外荷载起的抵抗作用不大，一般不超过5%，而95%的作用是由索伸长后产生拉力的合力来平衡。初始预应力主要是将索拉直，有一个初始的刚度，保持桁架的正确形状，以承受外荷载，因此初始预应力值不必过大，一般可取为索的破断拉力的15%～20%。

该工程采用 ϕ14mm 19股钢绞线，破断拉力140kN，有效预应力选定为17kN，由于钢索施加预应力时会有锚头滑动、温度变化、曲线张拉摩擦和钢丝应力松弛产生的预应力损失，所以实际张拉的预应力应高于有效预应力的数值。

5. 拉索桁架试验

拉索桁架是该工程的关键性结构，过去积累的经验很少，因此在施工前进行了实体构件的实验，以确定设计的可靠性，取24m长的水平拉索桁架，钢管桁架间距6m，拉索桁架间距为2m，矢高为0.8m (图3-77)。

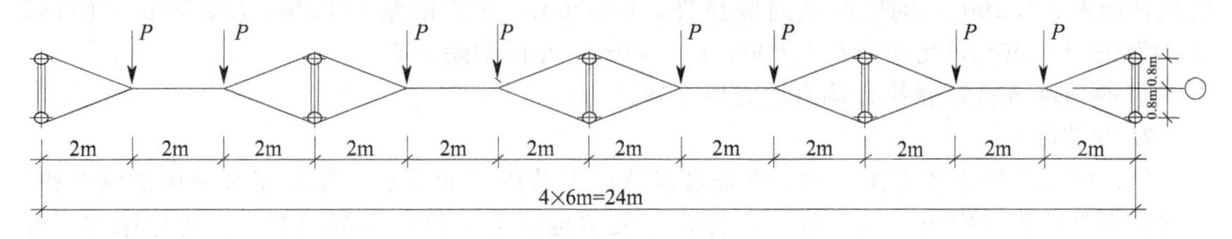

图3-77　试验加荷点

拉索由19股 ϕ2.8不锈钢钢丝组成，$\sigma_b=1470\text{MPa}$，截面积 $A=117\text{mm}^2$，极限拉力 $N_p=0.86A\sigma_b=147.9\text{kN}$，试验弹性模量 $E=1.18\times10^5\text{N/mm}^2$。钢索预应力 $N_0=17\text{kN}$，为极限拉力的12%。

风荷载以集中力形式加到钢索上，每节点风力标准值 $W_k=5.57\text{kN}$，设计值为 $1.4W_k=7.8\text{kN}$。由于千斤顶油表读数受限制，实际加载 $P=10\text{kN}$，在 $P=10\text{kN}$ 加载下的实测挠度见表3-18。

表3-18　实测挠度

挠　度	第一次加到 $P=10\text{kN}$	第二次加到 $P=10\text{kN}$
u_b	4.40mm	4.55mm
u_c	5.15mm	6.98mm

由计算分析，P=10kN下挠度值为5.9mm，与实测值相符。同时由计算可知，预应力加上荷载产生的内力，在两种作用下拉索中的最大内力为37kN，与实测值接近。

在超出荷载设计值的情况下，P=10kN时的挠度为跨度的1/1000，完全满足拉索桁架挠度不大于L/300的要求；且最大轴向拉力N_{max}=37kN，远小于钢索极限拉力147.9kN，所以完全符合设计要求。

6. 幕墙构件的加工制作

(1) 玻璃的制作及施工技术要求

① 玻璃的切角、钻孔等必须在钢化前进行，钻孔直径要大于玻璃板厚，玻璃边长尺寸偏差±1.0mm，对角线尺寸允许偏差±2.0mm，钻孔孔位允许偏差±0.8mm，孔距允许偏差±1.0mm，孔轴与玻璃平面垂直度允许偏差±0.2°，孔洞边缘距板边间距大于或等于板厚度的2倍。

② PVB夹胶玻璃内层玻璃厚6mm，外层玻璃厚12mm，由于均为钢化玻璃，所以夹层厚度取为15.2mm，在该工程的风力作用下，夹胶玻璃最大分格尺寸不宜超过2m×3m，如经特殊处理或有特殊要求，在采取相应安全措施后可以适当放宽。

③ 单片玻璃的磨边垂直度偏差不宜超过玻璃厚度的20%。

④ 在施工现场中，玻璃应存放在无雨、无雾、无震荡冲击和避免光照的地方，以避免玻璃破损或玻璃表面出现彩虹，特别要注意玻璃固定孔不能作为搬动玻璃的把手，起吊玻璃在玻璃重量允许前提下最好使用真空吸盘。

(2) 钢结构制作及施工技术要求

① 钢结构组合构件应尽可能在工厂完成合理的划分拼接运输，根据施工现场实际情况选用合理的现场施工组织方案。

② 钢结构拼接单元节点偏差不得大于±2mm。

③ 钢结构长度允许偏差不得超过1/2000。

④ 钢结构垂直度允许偏差1/1200，绝对误差不大于5mm。

⑤ 驳接件水平间距允许偏差±1.5mm，水平高度允许偏差±1.5mm，相邻驳接件水平度允许偏差±1.5mm，同层高度内驳接件，$L\leqslant$20m，允许偏差1/1000；$L\leqslant$35m，允许偏差1/700；$L\leqslant$50m，允许偏差1/600；$L\leqslant$100m，允许偏差1/500。

⑥ 钢索事先要超张拉，调直后方可下料。

7. 安装施工

(1) 施工前的准备工作　为了保证玻璃幕墙安装施工的质量，要求安装幕墙的钢结构、拉索结构及砖混结构的主体工程，应符合有关结构施工及验收规范的要求。主体结构因施工、层间位移、沉降等因素造成建筑物的实际尺寸与设计尺寸不符，因此，在幕墙制作安装前应对建筑物进行测量，安装测量时，应将坐标、轴线同建筑物相结合，玻璃幕墙的施工测量应与主体工程施工测量轴线配合，测量误差应及时调整不得积累，使其符合幕墙的构造要求，幕墙的施工应单独编制施工组织计划方案，施工前，还应与甲方明确甲乙双方在施工当中的责任。

(2) 钢结构的安装施工

① 安装前，应根据甲方提供的基础验收资料复核各项数据，并标注在检测资料上。预埋件、支座面和地脚螺栓的位置、标高的尺寸偏差应符合相关的技术规定及验收规范，钢柱脚下的支承预埋件应符合设计要求，需填垫钢板时，每叠不得多于3块。

② 钢结构在装卸、运输、堆放的过程中，均不得损坏构件并要防止变形，钢结构运送到安装地点的顺序，应满足安装程序的需要。

③ 施工单位要保证施工脚手架的承载能力，要满足施工堆载的需要，还要考虑到以下

几点：

a. 幕墙面、作业面与轴线之间的距离；

b. 对照参考面找出控制点的间距与位置，注意通视性；

c. 垂直度间距（对竖向梁的外表面而言），或者水平度间距（对横向梁的外表面而言）；

d. 对照参考面找出安装角的间距（当幕墙倾斜时，要注意垂直角的调整量）；

e. 水平差（与控制标高之间的误差）。

④ 钢结构的复核定位应使用轴线控制点和测量的标高的基准点，保证幕墙主要竖向构件及主要横向构件的尺寸允许偏差符合有关规范及行业标准。

⑤ 构件安装应按现场实际情况及结构形式采用扩大拼装法和综合安装的方法施工。采用扩大拼装时，对容易变形的构件应作强度和稳定性验算，必要时应采取加固措施，采用综合安装方法时，要保证结构能划分成若干个独立单元，安装后，均应具有足够的强度和刚度。

⑥ 确定几何位置的主要构件，如柱、桁架等应吊装在设计位置上，在松开吊挂设备后应作初步校正，构件的连接接头必须经过检查合格后，方可紧固和焊接。

⑦ 对焊缝要进行打磨，消除棱角和夹角，达到光滑过渡。钢结构表面应根据设计要求喷涂防锈、防火漆。

⑧ 对于拉杆驳接结构体系，应保证驳接件位置的准确，一般允许偏差在±1mm内，紧固拉杆或调整尺寸偏差时，宜采用先左后右、由上至下的顺序，逐步固定驳接件位置，以单元控制的方法调整校核，消除尺寸偏差，避免误差积累。

⑨ 驳接爪安装。驳接爪安装时，要保证安装位置公差在±1mm内，在玻璃重量作用下驳接系统会有位移，可用以下两种方法进行调整。

a. 如果位移量较小，可以通过驳接件自行适应，则要考虑驳接件有一个适当的位移能力。

b. 如果位移量大，可在结构上加上等同于玻璃重量的预加荷载，待钢结构位移后再逐渐安装玻璃。无论在安装时，还是在偶然事故时，都要防止在玻璃重量下驳接爪安装点发生位移，所以驳接爪必须能通过高抗张力螺栓、销钉、楔销固定不掉，驳接件固定孔、点和驳接爪间的连接方式不能阻碍两板件之间的自由移动。

（3）玻璃的安装施工

① 玻璃安装的准备工作

a. 玻璃安装前应检查校对钢结构主支承的垂直度、标高、横梁的高度和水平度等是否符合设计要求，特别要注意安装孔位的复查。

b. 装前必须用钢刷局部清洁钢槽表面及槽底泥土、灰尘等杂物，驳接玻璃底部U型槽应装入氯丁橡胶垫块，在位于玻璃支承边部左右1/4处各放置垫块。

c. 安装前，应清洁玻璃及吸盘上的灰尘，根据玻璃重量及吸盘规格确定吸盘个数。

d. 安装前，应先检查驳接爪的安装位置是否准确，确保无误后，方可安装玻璃。

② 现场安装玻璃时，应先将驳接头与玻璃在安装平台上装配好，然后再与驳接爪进行安装。为确保驳接头处的气密性和水密性，必须使用扭矩扳手，根据驳接系统的具体规格尺寸来确定扭矩大小，按标准安装玻璃时，应始终保持悬挂在上部的两个驳接头上。

③ 现场粗装后，应调整上下左右的位置，保证玻璃水平偏差在允许范围内。

④ 玻璃全部调整好后，应进行整体立面平整度的检查，确认无误后，才能进行打胶。

⑤ 玻璃打胶

a. 打胶前应用“二甲苯”或工业乙醇和干净的毛巾擦净玻璃及钢槽打胶的部位。

b. 驳接玻璃底部与钢槽的缝隙用泡沫胶条塞紧，保证平直，并预留净高8～12mm的打胶厚度。

c. 打胶前，在需打胶的部分粘贴保护胶纸，注意胶纸与胶缝要平直。

d. 打胶时要持续均匀，操作顺序一般是：先打横向缝后打竖向缝；竖向缝宜自上而下进行，胶注满后，应检查里面是否有气泡、空心、断缝、夹杂，若有应及时处理。

e. 隔日打胶时，胶缝连接处应清理打好的胶头，切除前次打胶的胶尾，以保证两次打胶的连接紧密。

二、深圳少年宫索桁架点支式弧形玻璃幕墙

深圳少年宫位于深圳市福田中心区，建筑面积5.29万平方米，工程由少年山、科学山和水晶石大厅组成。水晶石大厅在整个建筑中部，为直径50m、高30m、玻璃展开面积为2850m^{2}的圆柱形玻璃体，玻璃体表面是由610片10FT＋2.28PVB＋10FT圆弧形曲面钢化夹胶玻璃组成。其主要支承结构是由ϕ18mm不锈钢绞线经预张拉形成的悬索桁架，圆柱顶部由412片异形钢化夹胶玻璃和32扇钢化夹胶玻璃排烟窗组成，投影面积为1486m^2（图3-78、图3-79）。

图3-78　深圳少年宫立面图

1. 工程特点与难点

① 预应力悬索桁架属柔性结构，其支承刚度是通过预应力的施加而形成的，在索桁架形状确定后，其支承刚度的大小和每榀索桁架的刚度是否一致都取决于施加的预应力值和预应力是否均衡。悬索桁架的空间定位和均衡施加预应力是保证玻璃安装精度和受力平衡的关键工序，是该工程的施工难点。

图3-79　深圳少年宫局部图

② 水晶石大厅的圆柱形玻璃幕墙，由多片曲面玻璃组成，这就要求每个支承点有极高的尺寸精度，每片玻璃的形状和尺寸误差要控制在很小的范围内，施工中尺度精度能否达到设计要求是整个施工成败的关键。

2. 主材的选用

钢索直径的选定除考虑到能承受50年一遇的最大荷载，同时考虑到视觉及心理因素，该工程的主受力索（前受力索和后受力索）和承重索都选用1×37ϕ18不锈钢绞线，其最小破断力为191kN，弹性模量$E=1.45\times10^5$N/mm^2，悬空杆和撑杆及铰接系统均选用1Cr18Ni9奥氏体不锈钢件。玻璃采用尺寸为2442mm×1988mm、拱高为30mm的10FT＋2.28PVB＋10FT透明圆弧形曲面钢化夹胶玻璃。

3. 主要施工工艺

（1）工艺流程　测量放线空间定位→尺寸精度控制单元的确定→连接耳板固定撑杆安装→前后受力索安装调整→承重索安装调整→索内力检测调整定位→水平索安装定位→驳接系统安装→玻璃安装→调整打胶收口→交验。

（2）预应力索桁架的安装检测

① 空间尺寸定位。由于该工程是曲面点驳接幕墙，玻璃是靠边缘的四个孔通过驳接系统与索桁架连接，这就对预应力索桁架的安装尺寸精度有着极高的要求，按可调整度确定索桁架上的每个支承定位点，误差必须控制在±1.5mm以内，因此采用了三维空间坐标定位的方法。对每一个支承点进行尺寸精度控制，同时设定尺寸控制单元和观测点，防止误差积累，对整体圆弧面进行几何尺寸控制（图3-80）。每一个尺寸控制单元水平和竖向误差控制在±3mm以内，对角线误差控制在±5mm以内。

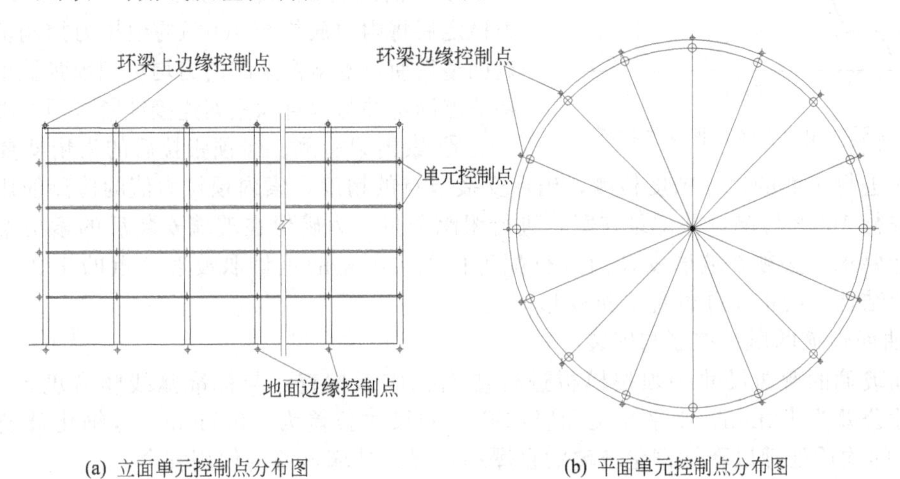

(a) 立面单元控制点分布图　　(b) 平面单元控制点分布图

图3-80　单元控制点分布图

② 索桁架预应力值的确定。索桁架预应力值的设定和预应力平衡的施工方案决定着该工程的成败。水晶石大厅的索桁架支承体系，是由90条ϕ18mm的竖向前后受力索、63条ϕ18mm的垂直承重索和756条ϕ10mm的水平稳定索组成，最大高度为27900mm。竖向前后受力索的预应力值设定考虑的因素有：受最大荷载作用时反向索内力大于零的应力、温度变化应力、保持索桁架刚度的应力（剩余张力）、保持索桁架刚度（50年）松弛应力。经SAP8450和ANSYS5.4计算软件作平面和空间整体计算确定：合拢温度在20℃～25℃时，前后受力索的预拉力P_1＝29kN，垂直承重索的预拉力P_2＝33kN，见图3-81。

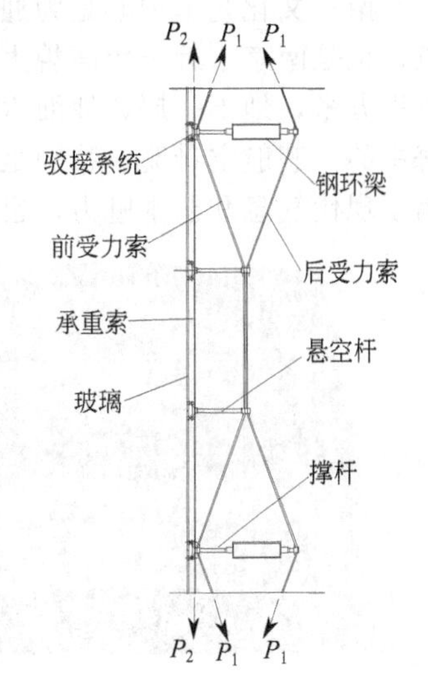

图3-81　索桁架预拉力分布简图

③ 施加预应力

a. 在每榀索桁架内，前受力索和后受力索的预应力值误差要控制在1.5kN以内。各榀索桁架中钢索预应力值误差控制在2.5kN以内。

b. 用超张拉法达到内力平衡。竖向受力索桁架是采用整条索通过固定支点形成的多榀索桁架。在预拉力施加时只能在一端进行，当预拉力通过固定支点时，因摩擦阻力等因素造成内力损失，经试验证明每通过一个固定支点其内力损失在10%左右，会出现内力不平衡的现象，为消除此现象，我们采用了超张拉的方法。

在施加预应力时根据单根索所通过的固定支点的数量，按损失的内力值来确定超张拉力。经12h持荷后将超张拉值松弛到设定的预拉力值后达到内力平衡。

c. 预应力张拉步骤。首先安装垂直承重索并将预应力值一次施加到位，然后安装受力索。前后受力索必须同时在一端张拉，分四步进行：在索布设结束后先进行第一级张拉，按总预拉力值的20%控制拉力；经调整达到内力基本平衡，空间定位基本到位后进行第二级张拉，按总预拉力值的80%控制拉力，当拉力到位后粗调悬空杆的位置并保持拉力48h，再进行定位尺寸调整；当内力稳定后测量每榀索桁架的内力损失情况，确定超张拉值进行超张拉，并持荷12h；当超张拉内力稳定后将内力放松至100%的预拉力控制值，经测量调整后使每榀索桁架的内力均达到预张拉值，然后将节点固定并与垂直承重索连接锁紧（图3-82）。

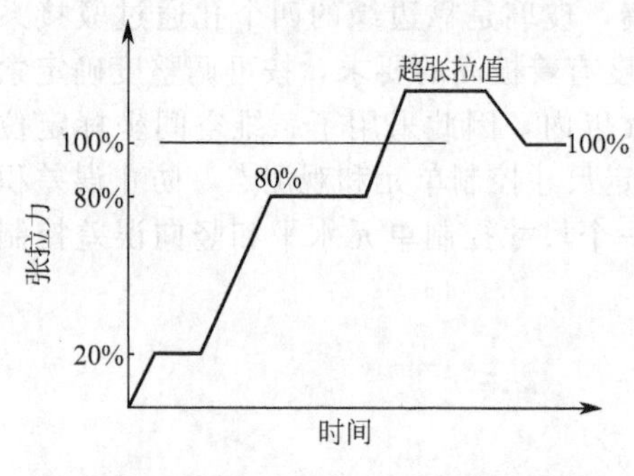

图3-82　预应力张拉梯度坐标图

④ 索桁架检测。经预张拉后的索桁架要按尺寸控制单元进行全面的尺寸精度检测，确保安装节点的精度。索内预拉力值的检测使用索内力测定仪进行100%检测，并记录在案，进行跟踪测量。为确保在玻璃安装后的索桁架变形量达到设计要求，必须在玻璃安装前进行配重检测。配重的重量取玻璃自重的1.2～1.5倍，观察支承结构系统的工作性能和抗变形能力。

4. 曲面玻璃的质量控制与安装

曲面玻璃的弯曲尺寸必须按模板进行弯钢化成形检查，与标准弧线吻合度±2.5mm，弦长尺寸公差为±2mm，水平孔位和竖向孔位的尺寸公差为±0.5mm。弯钢化玻璃必须进行100%的均质处理以降低钢化玻璃的自爆率，保证玻璃幕墙的使用安全。

玻璃安装的原则是先上后下、先中部后边缘，采取边安装边调整的办法，待全部玻璃安装后进行整体调整，达到设计要求后进行打胶收口处理。

三、南京文化艺术中心圆锥形点支式玻璃幕墙

1. 工程概况

南京文化艺术中心是为迎接第六届中国艺术节在江苏南京召开而建造的一个主要场馆建筑，也是南京市近三年面貌大变的标志性建筑之一。整个建筑占地7000m^2，建筑面积2.7万平方米，地下一层，地面六层，其东、西两面圆弧型的造型使整个建筑犹如航行在浩瀚大海中的一艘航空母舰。特别是东立面的椭圆锥形的全玻玻璃幕墙，使这座规模宏大的建筑充满了现代气息和艺术魅力，也是该建筑的最亮丽的风景线（图3-83、图3-84）。

图3-83　南京文化艺术中心东立面

图3-84　南京文化艺术中心内视图

2. 玻璃幕墙方案的特点

特殊的建筑造型，给该工程的玻璃幕墙设计和施工带来很大的难度，在众多的设计方案中，经专家认真评选，最终采用了全通透点支式玻璃幕墙方案。外形为四心圆锥形，承重结构是由水平、垂直全不锈钢连接杆及拉杆组成的支承结构体系，玻璃则为圆锥形弯弧钢化玻璃，其特点如下。

用不锈钢拉杆系统作为整个幕墙的受力结构体系，该体系全由不锈钢连接杆和拉杆组成，所有荷载通过竖向拉杆最后传递给固定在层间预埋件上的固定式连接杆，整个拉杆系统均用亚光不锈钢材质，在满足强度要求的基础上，满足了玻璃幕墙整体的通透性能，也达到了装饰美观的要求。

由爪件和驳接头组成的驳接系统将玻璃与承重结构相连，其独特的设计使玻璃幕墙在风荷载作用下可以自由弯曲，从而使整个幕墙具有较柔顺的表面，同时对玻璃与承重结构件（不锈钢）因材质不同而引起的变形不一所产生的偏差进行补偿。

玻璃采用进口超白玻璃，经弯钢化处理而拼接成圆锥台形，使整个幕墙立面造型远优于平玻璃拼接的曲面幕墙。

3. 主要施工工艺

（1）施工工艺程序　预埋件预埋→测量放线→不锈钢牛腿定位、焊接→校准、检验→不锈钢拉杆连接、安装→安装玻璃→不锈钢驳接系统安装→校准、检验→整体调整→调整、检验→打胶→修补、检验→清洗、淋水、试验→交工验收。

（2）预埋件预埋　预埋件位置的偏差是直接影响施工质量和进度的关键。在主体施工阶段，安装单位就开始派施工人员进场，与土建单位一道参与预埋件的预埋工作。主要工作是以土建单位提供的水平基准、轴向基准点、垂直预留孔来确定每层的控制点，采用经纬仪、水准仪为每块预埋板定位，并加以固定，以防浇筑混凝土时发生位移，确保预埋件位置的准确。

① 测量放线与定位。为了对幕墙进行整体控制与细部检测定位，设置了楼内控制网点、楼内主控点、曲梁控制点、单元控制点。水平控制点布设方案见图 3-85。

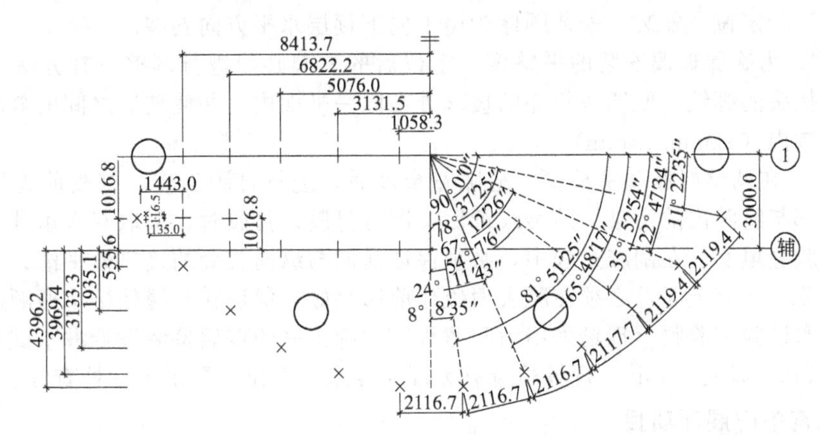

图 3-85　水平控制点布设方案图

该工程的形状复杂，精度要求较高。在确定单元控制点的基础上，以三层和六层为基准用经纬仪指出铅垂线方向，以控制纵向垂直度，连接两层间的辅助支承杆确定倾斜视准线（图 3-86），并用细钢丝实际进行放线，并以此作为基准，对预埋件位置进行校核，凡偏差过大者进行结构补强处理。在完成上述工作的基础上，对不锈钢牛腿进行定位，与预埋件（不锈钢件）进行焊接。

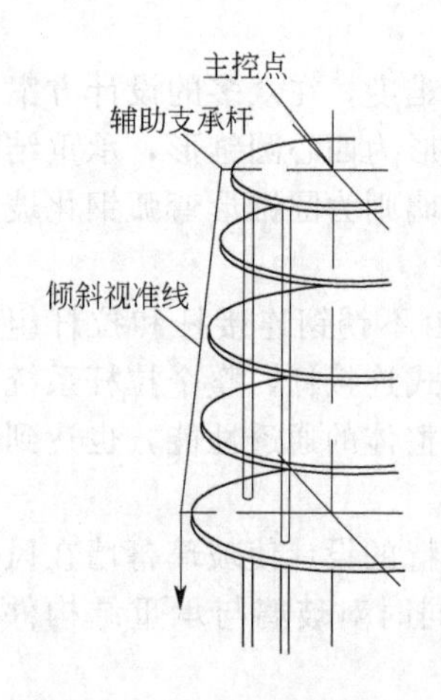

图 3-86 纵向垂直度控制图

② 焊接。不锈钢牛腿与预埋件，材质同为不锈钢（1Cr18Ni9），由于不锈钢牛腿为悬挑件，其一端（根部）与预埋件的焊接为满焊，如不注意施焊顺序和速度，将会引起焊接变形，即另一端偏离倾斜视准线，造成驳接爪无法安装玻璃。另外，不锈钢牛腿与预埋件的焊缝严格按照 JGJ 81—91 标准，除了对焊接表面质量进行检查外，施工单位还针对不锈钢角焊的特殊工艺制定了超声波探伤检测方案，并对焊缝进行了100%的检测。

(3) 悬空式连接杆、拉杆的安装　安装顺序：由上至下先安排纵向拉杆、连接杆，再安装横向拉杆、连接杆。安装定位：严格按倾斜视准线确定的空间定位点进行安装调整，通过悬空连接杆和拉杆两端的螺纹（正反螺纹），调节每一根杆件的松紧度，确保悬空连接杆与幕墙平面垂直，并使承重连接杆（不锈钢牛腿）顶端中心点指向空间定位点。

(4) 配重的设置　由于幕墙的支承结构为拉杆连接机构，玻璃安装之后，由于玻璃的自重必然会使拉杆支承系统产生少量变形，为了使这种变形能掌握在预期控制的范围内，在拉杆支承系统安装之后、玻璃未装之前，对其预加一个配重，其重量与玻璃自重基本相等，以观察系统的变形情况，玻璃开始安装时，此配重撤除。

(5) 驳接系统的固定与安装　不锈钢驳接系统是将支承结构系统与玻璃连接成整体的机构，由驳接爪和驳接头组成。安装顺序：驳接爪按施工图的要求，通过螺纹与承重连接杆（不锈钢牛腿）连接，并通过螺纹来调节驳节爪与玻璃安装面的距离大小，使其在一个安装面上，确保玻璃安装的平整度。在玻璃安装前，固紧件在玻璃安装孔内。为确保玻璃的受力部分为面接触，驳接头安装中必须将驳接头内的衬垫垫齐并打胶，使之与玻璃隔离，并将锁紧环锁紧密封，锁紧扭矩为 5N·m。

(6) 玻璃安装与打胶

① 安装顺序。在现场脚手架上方搭设一电动葫芦，提升玻璃至安装高度，再由人工运至安装点，进行定位、安装。安装顺序为由上向下逐层水平方向安装。

② 调整。为确保玻璃安装的平整度，定位后的玻璃必须进行调整。其方法主要是调整驳接爪、驳接头的螺纹，使四块相邻的玻璃处在同一平面内，并使玻璃之间的缝隙一致，控制在设计范围内（14mm±4mm）。

③ 打胶。在调整好玻璃平整度、缝隙宽窄度后，进行打胶工作。打胶前先用二甲苯清洗好玻璃边部与缝隙内的污染、贴美纹纸后，即可打胶。打胶时，采取双人里外同步对打的方法，保证胶缝填实。在刮胶过程中，必须保证横向与纵向胶缝的接口处平滑，不得有外溢和毛刺等现象。如有突起，必须在胶表面硫化前修整好，保证在胶缝处排水通顺。

(7) 淋水试验和验收　现场采用消防龙头，对施工完的玻璃幕墙进行淋水试验，淋水量不小于 4L/min，时间 10min。现场检查有无漏、渗水的部位，要求无一处有渗、漏水现象。

四、故宫午门展厅项目

故宫博物院位于北京市中心、天安门广场北 1km。此次的一期工程为午门正殿展厅及相应配套工程，位于午门正殿内，整个展厅呈长方体，为钢框架玻璃围护结构。展厅立面为工字钢结构柱，中心柱距 6.4m，柱顶标高 8.246m，顶面为不锈钢拉索和工字钢梁组成的自平衡体系，内表面采用超白钢化玻璃，用不锈钢爪件和不锈钢连接件将玻璃与钢结构连接，形成一个透明的保护内墙，跨度 16.496m。展厅四周设吸声板，门厅两侧有防火卷帘门，局部有钛合金板隔墙（图 3-87、图 3-88）。

图 3-87　故宫午门正殿内玻璃围护图片

图 3-88　故宫午门正殿内玻璃围护局部图片

展厅及空调设备用房位于午门正殿内，正殿使用面积约 $1085m^2$。在东西耳房（使用面积各约 $113m^2$）分别是消防监控中心和贵宾休息室。正殿展厅主体与正殿相分离，四周留疏散通道，正殿中间部位为展厅，两侧为设备用房。午门展厅可独立管理运营，一期参观人流从西门进出，预计展厅同时可容纳 300 人，故宫午门将建设成为国际一流的多功能展厅。

五、北京联想融科单索点支式幕墙

北京联想融科工程地处北京黄金地段，面积约 $2000m^2$。作为大厦的入口，整个结构为超大跨度悬索式单索点支式幕墙，设计难度大，科技含量高。白天玻璃晶莹通透，晚上在灯光衬托下金碧辉煌，成为整座建筑的亮点所在。

六、温州世纪广场城市雕塑——世纪之光

温州世纪广场大型城市雕塑——世纪之光工程，是一个以“世纪之光”为主题，以含蓄的建筑语言、抽象的表现手法、丰富的隐喻内涵、多重的象征寓意、高科技的建筑科技手段构筑而成的介乎建筑与雕塑之间的大型城市构筑物。该雕塑高 66m，钢构拉索支承，点支式双筒玻璃体，建筑创作与设计、施工均由 KGE 完成，是温州新世纪城市精神的象征（图 3-89、图 3-90）。

图 3-89　温州世纪广场城市雕塑——世纪之光内仰视图片

图3-90　温州世纪广场城市雕塑——世纪之光外立面

七、北京植物园温室

晶艺公司作为北京香山植物园温室钢结构及玻璃幕墙环境气候一体化总承包体，建成了这座全点支式智能化植物展览温室，在行业内树立了生态建筑的典范。该温室可自动控制、调节温、湿度，自动控制太阳光照射和紫外线补光，自动喷淋灌溉，满足了各种植物的生存需要。由8000多片尺寸、形状各异的中空钢化玻璃和钢结构巧妙地组成“根茎”交织的三维曲面和流动的造型，体现了“绿叶对根的回忆”的设计构想。该项目标志着幕墙行业生态智能化系统的诞生（图3-91、图3-92）。

图3-91　北京香山植物园外立面

图3-92　北京香山植物园内视图片

八、清华大学游泳馆

在清华大学90周年校庆之际落成的游泳馆是21届世界大学生运动会和2008年奥运会的指定场馆，为了表现建筑的时代特征，门厅及采光顶部分设计了三维曲面全拉杆的点支式玻璃幕墙，在这个玻璃幕墙的上、下两端用两条不同曲率、不共面的曲线组成了一幅自由流淌的三维曲面。高科技的建筑新技术使新颖优美的建筑造型得以实现(图3-93)。

图3-93　清华大学游泳馆内视图片

九、深圳机场新航站楼

深圳机场新航站楼是中国最早一个点支式玻璃幕墙面积超过1万平方米的大型公共建筑。点支式玻璃幕墙技术所特有的通透性和工艺感，使得本来就亮丽的航站楼，平添了几分宏大的气势和时代气息。主体建筑采用曲线钢屋架，透明夹胶钢化玻璃采用点式连接技术固定在结构柱上，整体造型像一只展翅的大鹏，气势十分宏伟。新航站楼经受了1999年两次12级台风的考验，该工程的点支式玻璃幕墙没有一片玻璃破碎或渗漏，充分显示了点支式玻璃幕墙技术良好的安全性和抗震性，以及工程高质量的安装水平（图3-94)。

十、深圳康佳产品展销馆

1996年兴建的深圳康佳产品展销馆，作为我国首例自行设计、制作和安装的点支式玻璃幕墙工程，翻开了我国玻璃幕墙建筑史的新篇章。加工精美的不锈钢支承装置将晶莹的大片玻璃固定在坚实挺拔的弓形钢柱上，同时对鱼腹形钢架的弦杆曲线进行了优化设计，使整个幕墙挺拔秀丽、新颖出众，产生了崭新的、令人震撼的建筑艺术效果（图3-95)。

图 3-94　深圳机场新航站楼外立面

图 3-95　深圳康佳产品展销馆外立面

十一、杭州大剧院

杭州大剧院项目位于钱塘江新城，是杭州市的标志性建筑物之一。建筑设计是由加拿大建筑师卡洛斯和杭州市建筑设计院合作完成的。建筑总高度为 46.0m，总平面布置为一个椭圆，建筑面积为 55000m^2，由一个双曲壳和一个倒圆锥壳相交而成，充分体现新千年精神和杭州文化中心的特点。其总体造型就像一个被切开的蚌体——“蚌核”部分是一个倒置的圆锥体，其结构为拉索点支式玻璃幕墙；大斜面部分采用钢管桁架、索桁架及拉索结合的点支式玻璃幕墙，即“蚌体”的切面；后屋盖主要为金属幕墙，即“蚌壳”（图 3-96、图3-97）。

图 3-96　杭州大剧院外立面

图 3-97　杭州大剧院内视图片

图 3-98　绍兴市民活动中心外立面

图 3-99　绍兴市民活动中心局部内视图片

十二、绍兴市民活动中心

绍兴市民广场的标志性建筑——市民活动中心，与大善古塔对应，两者一方一圆，阴阳互置，方圆对位，一虚一实，古今交融，充分传达了越文化的信息。建筑中心四面环水，建筑物由钢管架构和玻璃盒子垒叠而成，形如古塔，经过巧妙的设计，没有一根直接落地的支柱。全部采用 Low-E 钢化中空夹胶玻璃，在太阳光照射下，晶莹剔透，美轮美奂。入夜后，在精心设计的灯光衍射下，犹如水晶宫一般，美妙的水中倒影令人产生梦幻般的感觉（图 3-98～图 3-100）。

图 3-100　绍兴市民活动中心局部外视图片

第四章 玻璃采光顶

第一节 概 述

一、玻璃采光顶结构分类

玻璃采光顶主要分为以下几类。

① 钢结构玻璃采光顶。

② 点支承结构玻璃采光顶。

③ 铝结构玻璃采光顶。

④ 预应力结构玻璃采光顶。

⑤ 索结构玻璃采光顶。

⑥ 玻璃结构玻璃采光顶。

⑦ 其他支承结构玻璃采光顶。

二、玻璃采光顶结构要求和特点

构造设计应满足使用功能的要求和某些特殊需要，正确解决防水、保温、承重这三个方面的问题。构造方案必须保证结构安全。保证采光顶不发生由于构件破坏或过大的变形而妨碍建筑物的正常使用（玻璃破裂、屋面漏水），确保结构及其连接和构造的强度和刚度，并充分发挥材料的作用。构造设计必须体现建筑工业化的需要。大力推广先进技术，选用各种新型材料，采用标准设计，为制品生产工厂化、现场施工机械化创造条件。构造设计应从我国实际情况出发，做到因地制宜，经济适用。构造应美观、朴素、大方、轻巧、精致。热工性能（隔热、保温）要好，既要节能，又要有良好的通风。

总之，在构造设计中，要求美观舒适、安全适用、技术先进、功能优良、经济合理、确保质量。同时，要结合我国的实际情况充分考虑建筑物的功能要求、自然条件、材料供应、施工条件等因素，进行综合分析，以创造最佳的构造方案。

三、采光顶的排水

玻璃采光顶在建筑物的上面，因此玻璃顶的防水问题就特别突出。玻璃采光顶的防水和排水是靠玻璃和构件经过构造处理而形成的，防水性能的好坏与构造组织的好坏有很大关系。屋面防水基本方法，归纳起来只有两种：“导”，即利用玻璃采光顶的坡度，将顶面雨水因势利导地迅速排除，使渗漏的可能性缩到最小范围；“堵”，即利用防水材料，堵塞玻璃与杆件间的缝隙，要求无缝、无孔，以防止雨水渗漏。导与堵二者，导是主要方面，防水效果好，省工、省料，因此综合处理玻璃采光顶防水时，应以导为主，以堵为辅，导堵结合。不管什么形式的玻璃采光顶，排水都是十分重要的，因为如果玻璃采光顶排水系统设计紊乱或排水的细部处理不当，造成排水不畅或积水，都是产生渗漏的因素，长期积水会使密封胶老化，所以对玻璃采光顶的排水问题应给予足够的重视。良好的设计应该是堵和导相结合，既堵也导。无论是内部或外部，以最大限度避免密封处与水的接触，同时确保渗漏水或冷凝水有组织地排出。

值得注意的是一些用于幕墙上的做法在采光顶上并不见效。首先，根据达西定律，由于重力或其他压力进入缝隙的水，在缝隙内压力的影响已微乎其微，内部渗漏水只和水头有关。因此将雨幕等压腔设计套用于采光顶通常是失败的。其次，幕墙上常用的外部排水孔设计，在采光顶中水通过压条的外表面和外扣盖向外排出时，会被截留在各种内部接头处。截留住的水要么通过一个孔排出，要么就一直积存下来侵蚀密封胶，直到这里形成一个漏洞让水排出为止。由于重力方向的原因，水很难“溢出”。

等压设计在垂直的幕墙系统中起到不同程度的作用，在幕墙系统内保持防漏气隔离层仍然是极其重要的，如果没有这道屏障将内外分开，建筑外围护系统将是不完整的，会造成一个空气和水通过外围护进入室内的通道。冬季冷空气的渗透会使内部结构的表面温度下降到露点温度，从而出现冷凝水。建筑内部管道冻结，人感到不舒服，以及外界污染物刮进楼内，都可能是空气未受控制渗漏进建筑物内的结果。等压设计实际上是形成一个空气隔离层，由于分隔空气达到防漏气的作用。在采光顶的倾斜系统中，只有系统中水平构件的底部呈水平面，而且与外界形成能够外倾的水流通道时等压原理才能实现排水，而做到这一点在技术和经济上并不现实。

玻璃采光顶排水构造设计主要解决以下两个问题。

1. 决定适宜的排水坡度

为了排除雨水，玻璃采光顶就需要一定的排水坡度，坡度越大，排水就越畅快。但当坡度相当大时，会给施工和结构布置造成不利，因此根据具体要求确定一个合适的坡度是很重要的。

玻璃采光顶的坡度是由多方面因素决定的，其中地区降水量、玻璃采光顶的体形、尺寸和结构构造形式对玻璃采光顶坡度影响最大，玻璃采光顶内侧冷凝水的排泄和玻璃采光顶的自净和清洁也是必须考虑的重要因素，一般来说，玻璃采光顶坡度以不小于3%为宜。

2. 合理组织排水系统

合理组织排水系统，主要是确定玻璃采光顶的排水方向和檐口排水方式。为了使雨水迅速排除，玻璃采光顶的排水方向应该直接明确，减少转折。

檐口处的排水方式通常分为无组织排水和有组织排水两种。

(1) 无组织排水　玻璃伸出主支承体系形成挑檐使雨水从挑檐自由下落。这种做法使玻璃采光顶檐口没有非玻璃的檐沟，外观体现出全玻璃气派，而且构造简单，造价经济，但落水时，影响行人通过，更重要的是檐口挂冰，往往会破坏玻璃。

(2) 有组织排水　把落到玻璃采光顶上的雨雪水排到檐沟（天沟）内，通过雨水管排泄到地面或水沟中。有组织排水又分为外排水和内排水。外排水是将雨水排入设在室外的水落管排泄系统，内排水是将雨水排入设在室内的水落管排泄系统。前者常见于单体玻璃采光顶，后者常见于群体玻璃采光顶。外排水系统的檐沟使玻璃采光顶的檐口部分有一笨重的构造与玻璃屋面不相配，影响玻璃采光顶的美学造型。

玻璃采光顶的防水主要是使用硅酮密封胶将玻璃与玻璃的接缝处、玻璃与构件的接缝处密封起来，相连接材料间的接缝宽度和厚度、胶的质量和打胶工艺固然很重要，如果接缝设计不能满足温度变形和结构变形的要求，接缝就会被撕裂，引起渗漏。应采用高变位高性能的硅酮密封胶。

第二节　钢结构玻璃采光顶

一、梁系

包括单梁、主次梁、交叉梁等。是采光顶常用支承结构，受力明确，计算方便，加工制造及施工安装比较简单，应用于玻璃雨篷和中小跨度玻璃屋顶。钢结构应执行《钢结构设计规范》(GB 50017—2003)，设计钢结构时，应从工程实际情况出发，合理选用材料、结构方案和构造措施，满足结构构件在运输、安装和使用过程中的强度、稳定性和刚度要求，并符合防火、防腐蚀要求（图 4-1、图 4-2）。在钢结构设计文件中，应注明建筑结构使用年限、钢材牌号、连接材料型号（或钢号）和对钢材所要求的力学性能、化学成分及其他的附加保证项目。此外，还应注明所要求的焊缝形式、焊缝质量等级、端面刨平顶紧部位及对施工的要求。

图 4-1 慕尼黑环线

图 4-2 北京植物园

二、拱和组合拱

拱的结构形式按组成和支承方式分为三铰拱、两铰拱和无铰拱三种，见图 4-3。

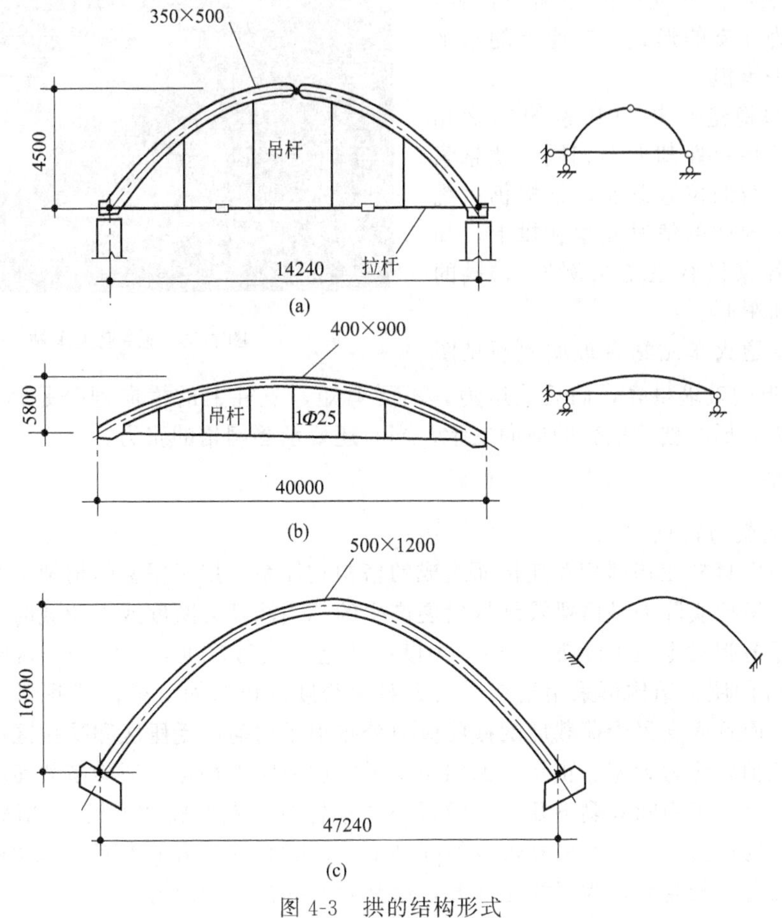

图 4-3 拱的结构形式

（a）三铰拱；（b）两铰拱；（c）无铰拱

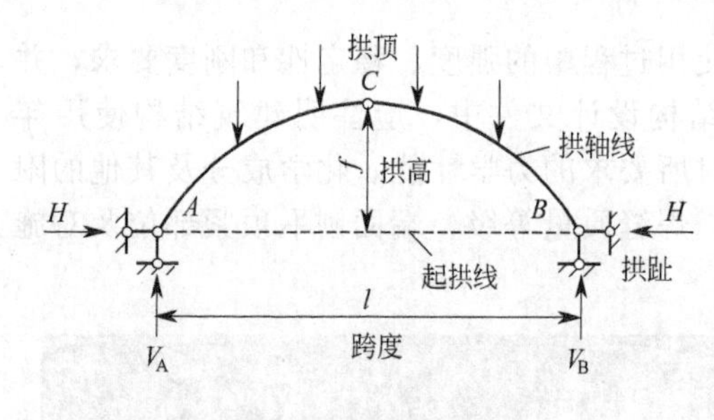

图 4-4 拱趾示意图

(1) 三铰拱　三铰拱是静定结构，当不均匀沉降时，对结构不引起附加内力。但用得不广泛，主要是由于跨中存在拱铰，造成拱本身及屋盖构造比较复杂。

(2) 无铰拱　无铰拱是超静定结构，跨中弯矩分布最有利，但需要强大的支座，总体不一定经济，温度应力也较大，建筑玻璃采光顶中无铰拱应用较少。

(3) 两铰拱　两铰拱应用较多，优点是安装制造比较方便，用料较经济，支座比无铰拱要简单，温度变化时由于铰可转动，降低温度应力影响，但毕竟为一次超静定结构，对支座沉降差、温度差等也较敏感，必须考虑不均匀沉降和温度变化对结构内力的影响。

(4) 拱趾　见图 4-4，拱的两端支座处称为拱趾，两拱趾间的水平距离称为拱的跨度，拱轴上距起拱线最远处称拱顶，拱顶至起拱线之间的竖直距离称为拱高，拱高与跨度之比称为高跨比，是受力的重要参数。拱的基本特点是在竖向荷载作用下会产生水平推力 H，水平推力的存在与否是区别拱与梁的主要标志。由于水平推力的存在，对拱趾处基础的要求高。在屋架中，为消除水平推力对墙或柱的影响，在两支座间增加一拉杆，把两支座改为简支的形式，支座上的水平推力由拉杆来承担。

图 4-5　施潘道火车站

(5) 拱的稳定　拱与悬索的形状相似，但它们的稳定性却大不相同。就悬索而言，就算荷载的位置改变，结构仍可维持稳定性，但同样的情况发生在拱上，却可能产生破坏（只有三角拱例外），拱的形状因此有所限制。

德国施潘道火车站站台玻璃屋顶见图 4-5。采用筒形的玻璃拱壳，筒只受压力，不受弯矩，支柱上的横向划分是钢制拱形构件，它不仅是作为筒形的玻璃拱壳的横向支承，同时还要承受网格的张力。

三、桁架

1. 桁架的受力特点

桁架是指由直杆在端部相互连接而组成的格构式体系，用于屋盖的桁架又名屋架。从受力特点来看，桁架实际上是由梁式结构发展产生的，当涉及大跨度或大荷载时，若采用梁式结构，即便是薄腹梁也很不经济，《钢结构设计规范》(GB 500017—2003) 规定，对于跨度大于等于 60m 的屋盖结构可采用桁架。因为对大跨度的单跨简支梁，其截面尺寸和结构自重急剧增大，而且简支梁受荷载后的截面应力分布很不均匀，受压区和受拉区应力分布均为三角形，中性轴处应力为零。正是考虑到简支梁的这一应力特点，把梁横截面和纵截面的中间部分挖空，以至于中间只剩下几根截面很小的连杆时，就形成“桁架”。桁架工作的基本原理是将材料的抵抗力集中在最外边缘的纤维上，此时它的应力最大而且力臂也最大。

实际桁架受力较复杂，为了简化计算，通常对实际桁架的内力计算采用下列的假设：

① 桁架的结点都是光滑的铰结点；

② 桁架各杆轴线都是直线并通过铰的中心；

③ 荷载和支座反力都作用在结点上。

根据以上假设，桁架的各杆为二力杆，只承受轴向力。屋盖及各杆的重量化为集中荷载作用在结点上。实际桁架与上述假定并不完全相同。首先，在各杆的连接处，不同的材料有不同的连接方式。钢桁架采用焊接或铆接，钢筋混凝土采用整体浇筑，因而各杆轴线不一定准确交于结点上。其次，桁架荷载也不是只承受结点荷载作用。但工程实践证明，以上因素都是次要的，它们产生的内力为次内力，在竖向节点荷载作用下，上弦受压，下弦受拉，主要抵抗弯矩，腹杆则主要抵抗剪力。

图 4-6　桁架屋顶

2. 桁架的类型

按外形来分类，可分为三角形桁架、梯形桁架、拱形桁架、平行弦桁架等；按受力来分类，可分为平面桁架、空腹桁架、空间桁架等。

图 4-7　新加坡玻璃塔

空腹桁架形似无斜腹杆的桁架，主要为了便于在桁架高度开天窗，当空腹桁架用于单层建筑的屋顶，其形式可以做成短形、梯形、梭形等形状。空腹桁架具有杆件少，构造简单，施工方便等优点（图 4-6）。但由于它的诸杆之间的连接必须是刚节点，因而和我们前述的桁架的含义相去甚远，各杆承受轴向力、弯矩和剪力，用于采光顶时必须慎重。新加坡玻璃塔见图 4-7。

四、张弦结构

1. 张弦结构简介

张弦结构（beam string structure，BSS）是近十余年来快速发展和应用的一种新型大跨度空间结构形式。结构由刚度较大的抗弯构件（又称刚性构件，通常为梁、拱或桁架）和高强度的弦（又称柔性构件，通常为索）以及连接两者的撑杆组成；通过对柔性构件施加拉力，使相互连接的构件成为具有整体刚度的结构（图 4-8）。由于综合了刚性构件抗弯刚度高和柔性构件抗拉强度高的优点，张弦梁结构可以做到结构自重相对较轻，体系的刚度和形状稳定性相对较大，因而可以跨越很大的空间。一般来说，尽管张弦梁的梁、拱和桁架截面可为空间形状，但结构的整体仍表现为平面受力结构。

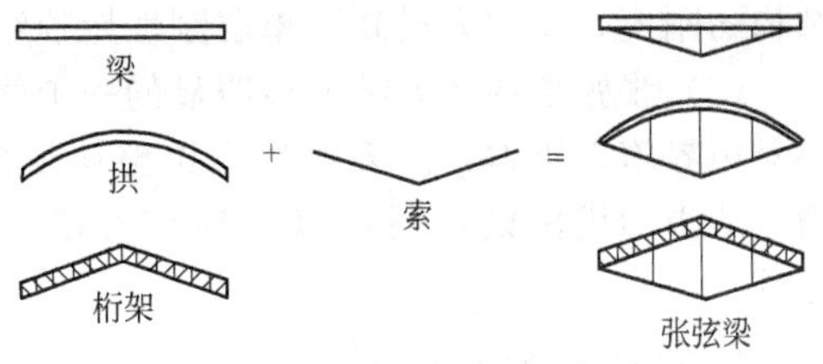

图 4-8　张弦梁结构的基本组成

张弦结构是由刚性构件上弦、柔性拉索下弦和中间以刚性撑杆相连的结构体系，可分为张弦梁、张弦桁架、张弦穹顶、组合张弦结构，见图 4-9。

张弦结构是在刚性屋顶结构与柔性屋顶结

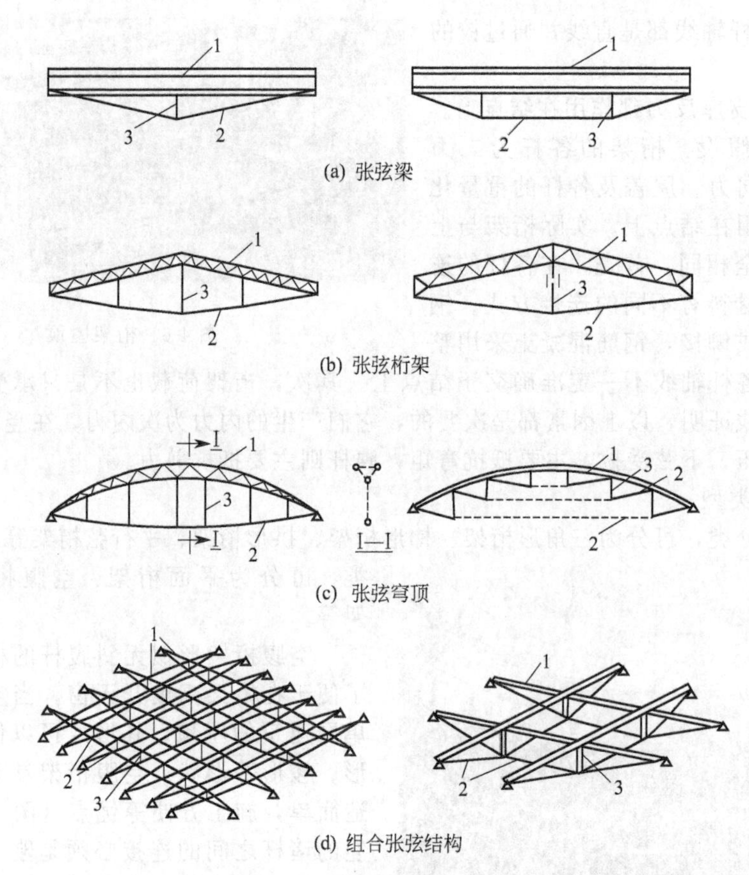

(a) 张弦梁

(b) 张弦桁架

(c) 张弦穹顶

(d) 组合张弦结构

图 4-9　张弦结构形式图

1—刚性构件上弦；2—柔性拉索下弦；3—刚性撑杆

构之间，利用张拉整体的概念产生的一种更高效的结构体系。对张弦结构可以有两种理解：一是来自于柔性屋顶结构，即用刚性的上弦层取代柔性屋顶结构中柔性的上弦层而得到；二是用张拉整体的概念来加强单层刚性屋顶结构，以提高单层刚性屋顶结构的稳定性及结构刚度。

2. 张弦结构优点

（1）从柔性屋顶结构角度出发，虽然柔性屋顶结构的效能比较高，但其施工却有一定难度，包括佐治亚穹顶（Geogia come）在内的一些索穹顶工程建设中都发生过人员伤亡事故，主要因为结构在施加预应力前后刚度的巨大变化。因此，用刚性的上弦层取代柔性的上弦层，不仅使施工大为简化，而且使屋面材料（尤其是玻璃是刚性材料）更容易与刚性材料相匹配。

（2）从张拉整体强化单层刚性屋顶结构的角度出发，张拉整体结构部分不仅增强了总体结构的刚度，还大大提高了单层刚性屋顶结构部分的稳定性，因此，跨度可以做得较大。

（3）张弦结构在力学上最明显的一个优势是结构对边界约束要求的降低。因为刚性上弦层对边界施以压力，而柔性的张拉整体下部对边界产生拉力，组合起来后二者可以相互抵消。适当的优化设计还可以达到在长期荷载作用下，屋顶结构对边界施加的水平反力接近零。

3. 张弦梁的结构特征

张弦梁结构的整体刚度贡献来自抗弯构件截面和与拉索构成的几何形体两个方面，是一种介于刚性结构和柔性结构之间的半刚性结构，这种结构具有以下特征。

（1）承载能力高　张弦梁结构中索内施加的预应力可以控制刚性构件的弯矩大小和分布。例如，当刚性构件为梁时，在梁跨中设一撑杆，撑杆下端与梁的两端均与索连接，见图 4-10(a)。在均布荷载作用下，单纯梁内弯矩见图 4-10(b)；在索内施加预应力后，通过支座和撑杆，索拉力将在梁内引起负弯矩，见图 4-10(c)。当预应力使梁的跨中弯矩也达到设计要求时，张弦梁结构中梁的最大弯矩最终只有单纯梁时最大弯矩的 1/4，见图 4-10(d)。同时，调整撑杆沿跨度方向的布置，还可以控制梁沿跨度方向内力的变化，使各个截面受力趋于均匀。而且由于刚性构件与绷紧的索连在一起，限制了整体失稳，构件强度可得到充分利用。

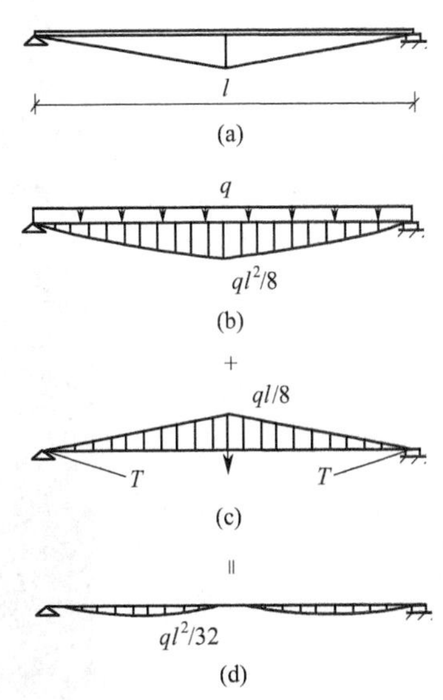

图 4-10　梁的内力变化

（2）结构变形小　张弦梁结构中的刚性构件与索形成整体刚度后，这一空间受力结构的刚度就远远大于单纯刚性构件的刚度，在同样的使用荷载作用下，张弦梁结构的变形比单纯刚性构件小得多。

（3）自平衡功能　当刚性构件为拱时，将在支座处产生很大的水平推力。索的引入可以平衡侧向力，从而减少对下部结构侧向位移的要求，并使支座受力明确，易于设计与制作。

（4）结构稳定性强　张弦梁结构在保证充分发挥索的抗拉性能的同时，由于引进了具有抗压和抗弯能力的刚性构件而使体系的刚度和稳定性大为增强。同时，若适当调整索、撑杆和刚性构件的相对位置，可保证张弦梁结构整体稳定性。

（5）建筑造型适应性强　张弦梁结构中刚性构件的外形可以根据建筑功能和美观要求进行自由选择，而结构的受力特性不会受到影响。例如，浦东国际机场屋盖上弦是由焊接钢管组成的截面，结构外形如振翅欲飞的鲲鹏；广州国际会展中心屋盖上弦是空间桁架，结构外形如游弋的鱼。张弦梁结构的建筑造型和结构布置能够完美结合，使之适用于各种功能的大跨度空间结构。

（6）制作、运输、施工方便　与网壳、网架等空间结构相比，张弦梁结构的构件和节点的种类、数量大大减少，这将极大地方便该类结构的制作、运输和施工。此外，通过控制钢索的张拉力还可以消除部分施工误差，提高施工质量。张弦结构简单高效，结构形式多样，受力直接明确，适用范围广泛，充分发挥刚、柔两种材料的优势，制造、运输、施工简捷方便，发展前景良好，尤其是在玻璃屋顶中值得大力推广应用。典型的工程有柏林德意志银行中庭和德国外交部大楼，见图 4-11 和图 4-12。柏林德意志银行中庭的玻璃屋顶，上拱为 0.6m 受压的杆件网系，下拱为 1.4m 受拉的钢索网系，杆件上直接覆盖四边形的隔热玻璃，钢索在对角线方向每隔一个网格相交。玻璃面板起到了稳定索桁架的作用，同时与支承结构共同工作。

图 4-11　德意志银行中庭

图 4-12　德国柏林外交部大楼

第三节　铝结构玻璃采光顶

一、铝合金明框玻璃采光顶

铝合金玻璃采光顶的构造设计包括构件构造、杆件与杆件连接构造、玻璃与玻璃连接构造、玻璃与杆件连接构造以及玻璃采光顶与建筑物连接构造等几个方面，现分析如下。

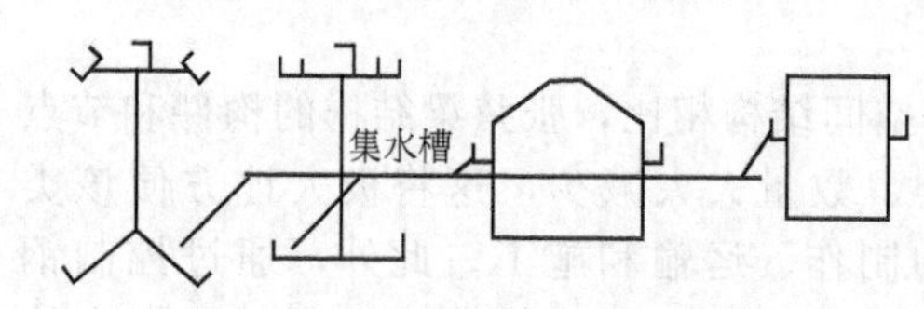

图 4-13　采光顶集水槽

(1) 铝合金玻璃采光顶用杆件（含明框、隐框两种）除与幕墙用杆件一样要进行截面力学性能与固定玻璃（玻璃框）构造设计外，它的最大特点是在杆件底（中）部带有集水槽，见图 4-13。这是使凝聚在玻璃表面（内侧）的结露汇集后排出的最重要的措施。如果不设集水槽，玻璃上的结露沿玻璃底面下泄时，碰到杆件（特别是横杆）受阻聚集，就会沿杆件侧面下落，这样室内就有很多个滴水点，有了集水槽，下泄到杆件侧边的集水槽中，有组织外排。

(2) 单坡玻璃采光顶脊部构造和节点见图 4-14～图 4-19。

(3) 双坡玻璃采光顶构造节点见图 4-20、图 4-21。中部节点与檐口节点与单坡相同。

(4) 锥体玻璃采光顶，顶部构造要解决的问题比双坡复杂，因为在顶部结点相交的不止两根杆，而是三根（三角锥）、四根（四角锥）、五根（五角锥）等，因此不能采用杆与杆直接连接，而必须采用专用连接件连接。比较典型的做法是用一个实体（空心）专用连接件，将一根根斜杆与专用连接件连接，形成锥体，在防水构造上要设置专用泛水。顶部构造及连接等见图 4-22～图 4-26。

(5) 半圆采光顶，一般横向分格杆沿圆周方向弯曲成形，小型的中间不断，大型的由等

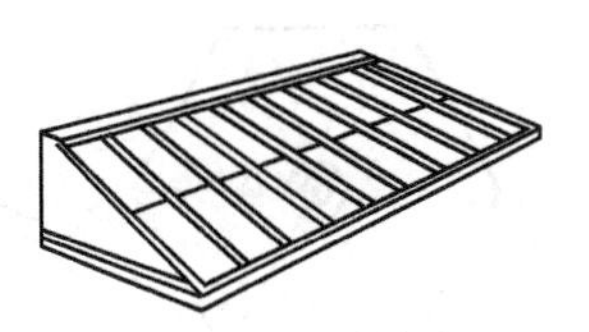

(a) 独立单坡式

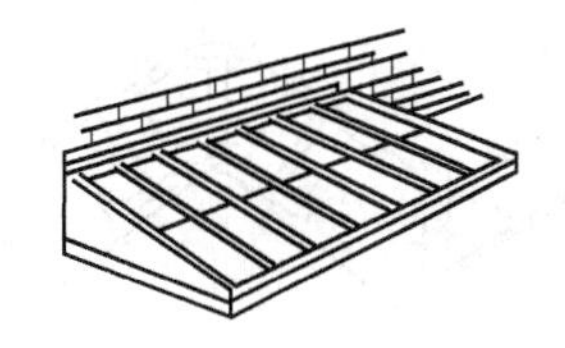

(b) 附墙面坡式

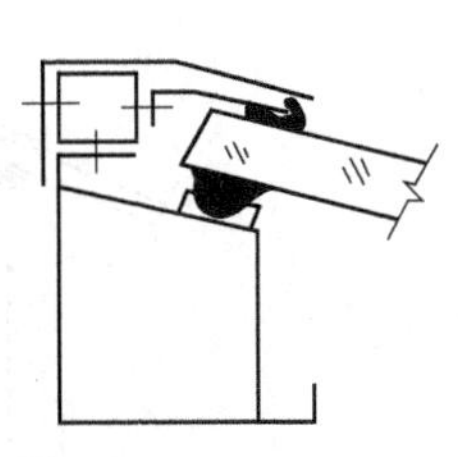

(c) 剖面

图 4-14　单坡采光顶剖面图

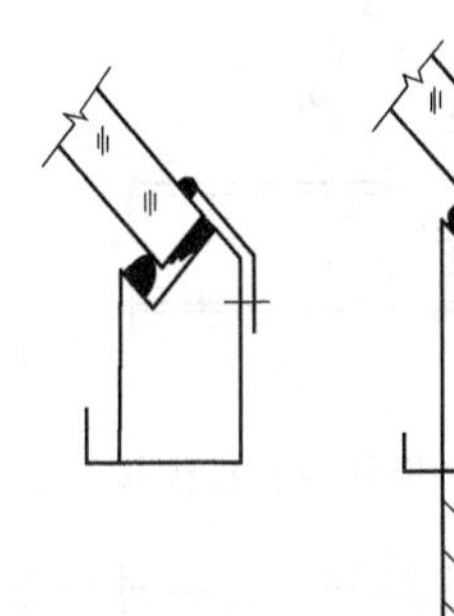

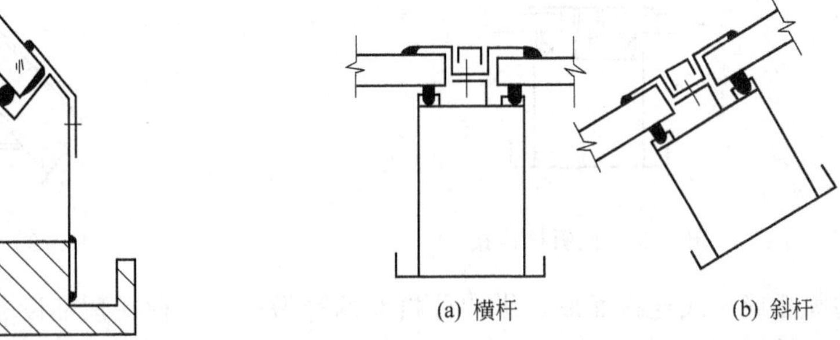

图 4-15　檐口构造

(a) 横杆　　(b) 斜杆

图 4-16　中间节点构造

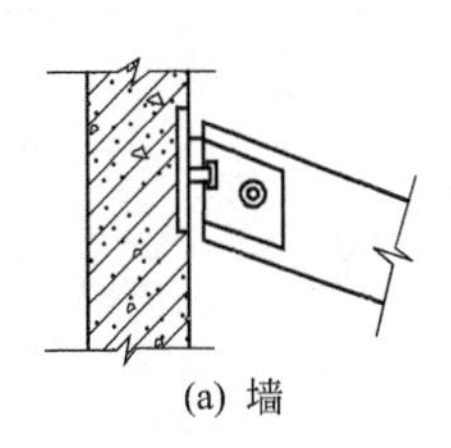

(a) 墙

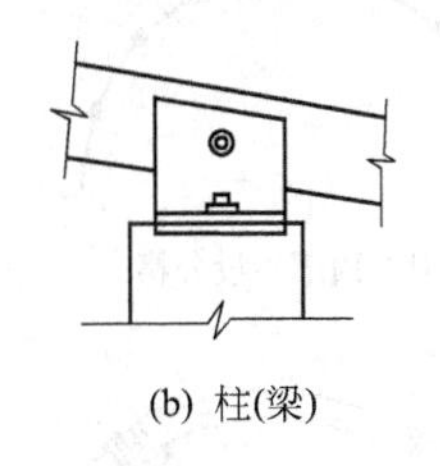

(b) 柱(梁)

图 4-17　脊部主杆与主支承系统连接构造

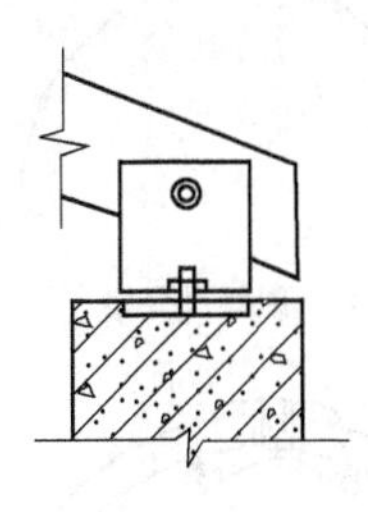

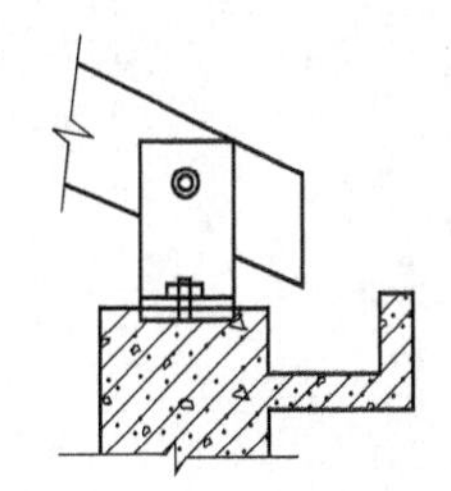

图 4-18　檐口主杆与主支承系统连接构造

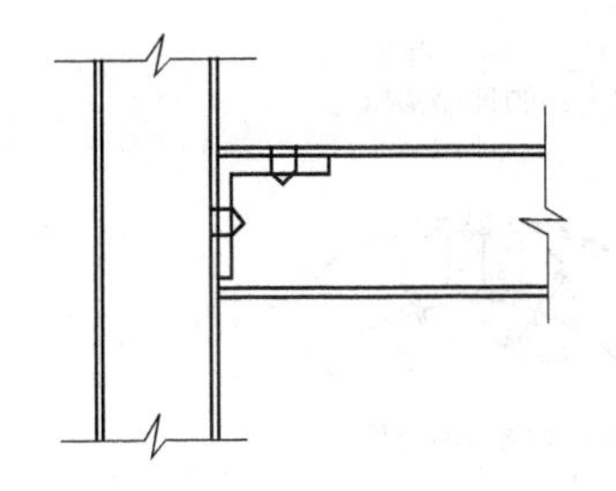

图 4-19　横杆与斜杆连接构造

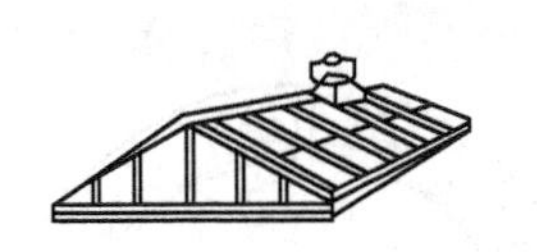

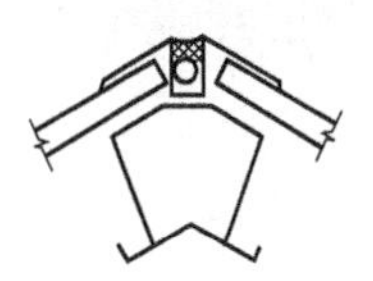

图 4-20　脊部构造（一）

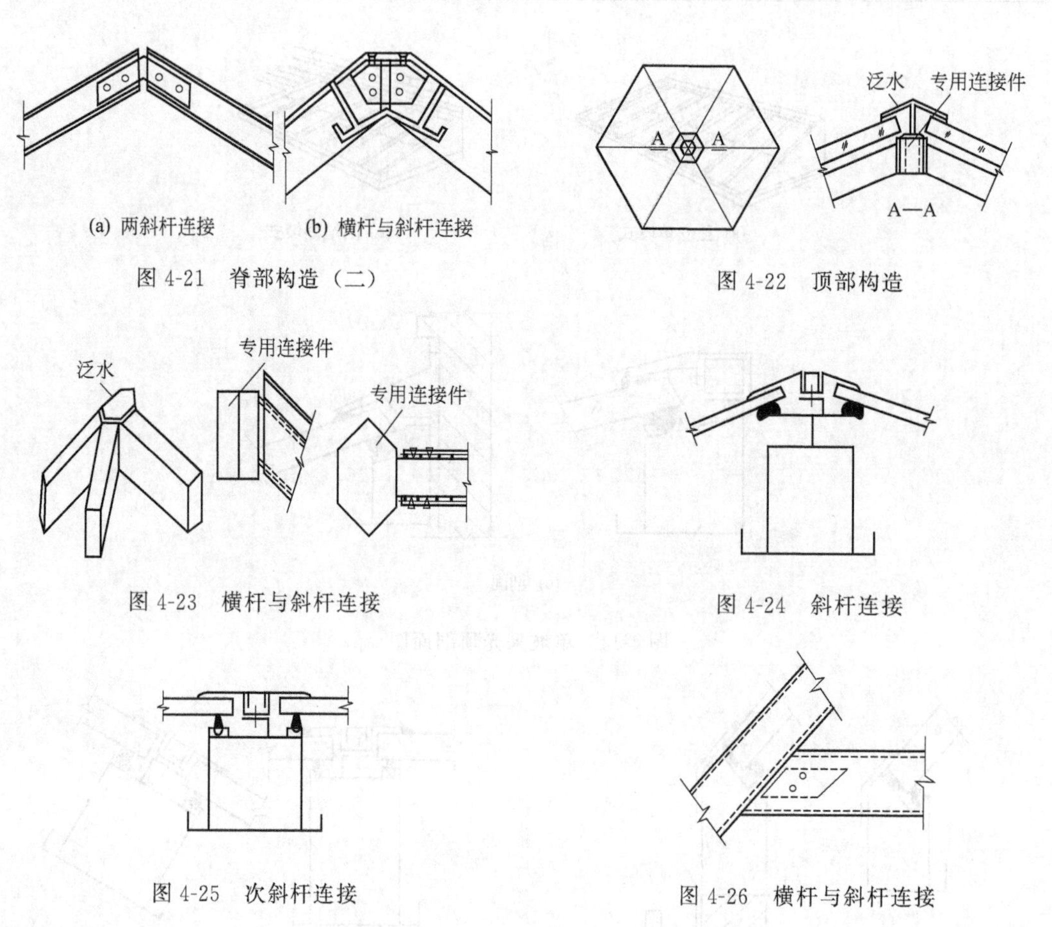

(a) 两斜杆连接　(b) 横杆与斜杆连接

图 4-21　脊部构造（二）

图 4-22　顶部构造

图 4-23　横杆与斜杆连接

图 4-24　斜杆连接

图 4-25　次斜杆连接

图 4-26　横杆与斜杆连接

分的圆弧或折线连接而成。纵向分格有两种做法：一种在顶部设分格杆；另一种顶部不设分格杆，见图 4-27。

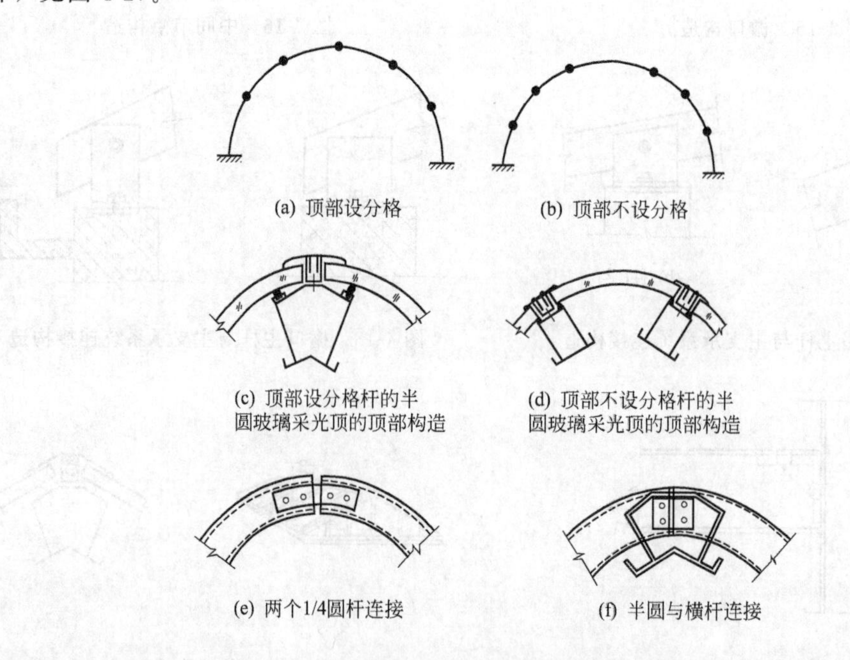

(a) 顶部设分格　(b) 顶部不设分格

(c) 顶部设分格杆的半圆玻璃采光顶的顶部构造　(d) 顶部不设分格杆的半圆玻璃采光顶的顶部构造

(e) 两个1/4圆杆连接　(f) 半圆与横杆连接

图 4-27　半圆采光顶

二、铝合金隐框玻璃采光顶

铝合金隐框玻璃采光顶分单元式和构件式两类。构件式是指将玻璃直接粘接在框架杆件的玻璃采光顶；单元式是指将玻璃粘接在玻璃副框上，而后再将玻璃副框固定在主框杆件上的玻璃采光顶。

（1）构件式玻璃采光顶的节点构造见图 4-28。

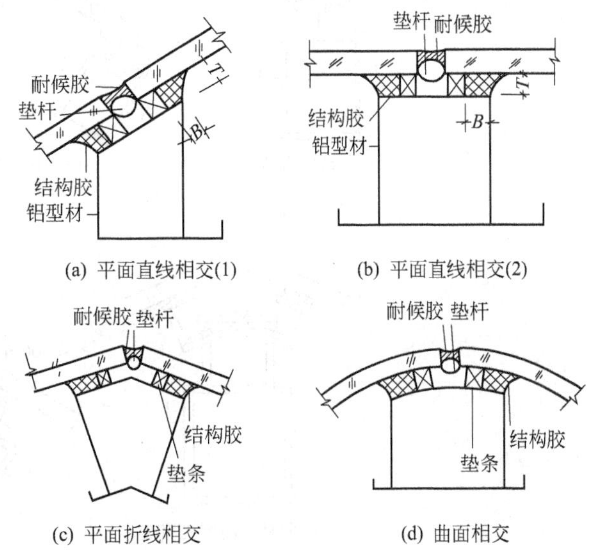

图 4-28　构件式玻璃采光顶的节点构造

（2）单元式是玻璃与框架分离，即玻璃不是直接胶接在框架杆件上，而是将玻璃胶接在玻璃附框上，制作成单元板块，再用固定片将单元板块固定在框架杆件上。随玻璃框固定在框架上的固定方法不同而分为内嵌式、外挂内装固定式和外挂外装固定式。内嵌式是玻璃单元板块直接嵌入框架格内，用螺栓将玻璃框直接固定在框架上。外挂内装固定式是将玻璃单元板块的上框挂在框架横梁上，竖框及下框用固定片固定在框架立杆及横梁上，固定片在内侧安装固定。外挂外装固定式是将玻璃单元板块的下框放在框架横梁上，上框卡在横梁上，竖框用固定片在外侧安装固定在框架斜杆上。这时只有玻璃采用结构玻璃装配方法安装在玻璃框上，而玻璃框是用机械固定方法固定在框架杆件上。其典型节点见图 4-29～图 4-31，典型工程案例见图 4-32、图 4-33。

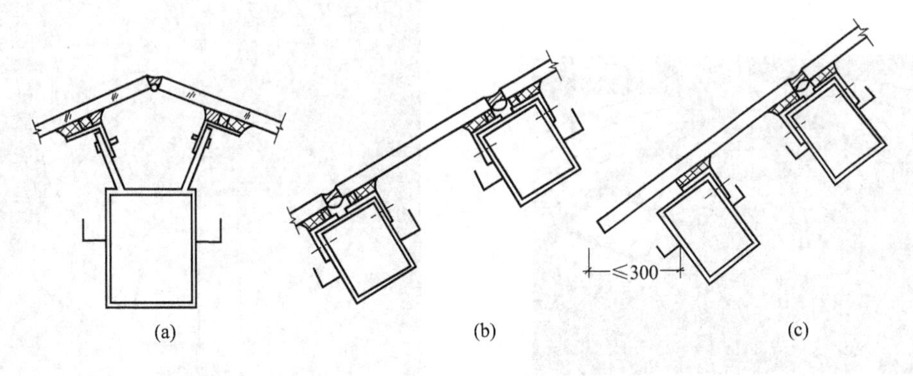

图 4-29　内嵌式玻璃采光顶节点

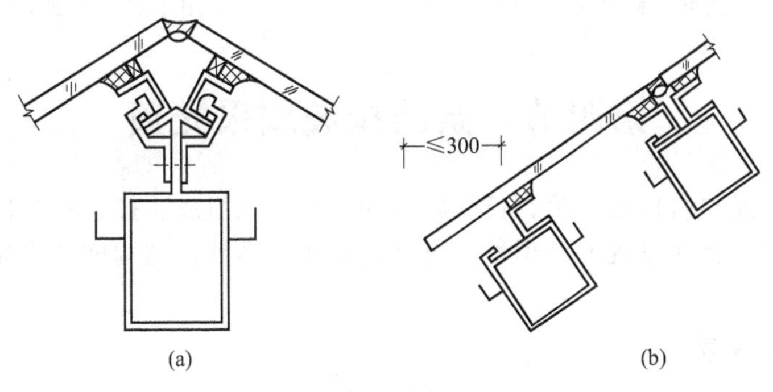

图 4-30　外挂内装固定式节点

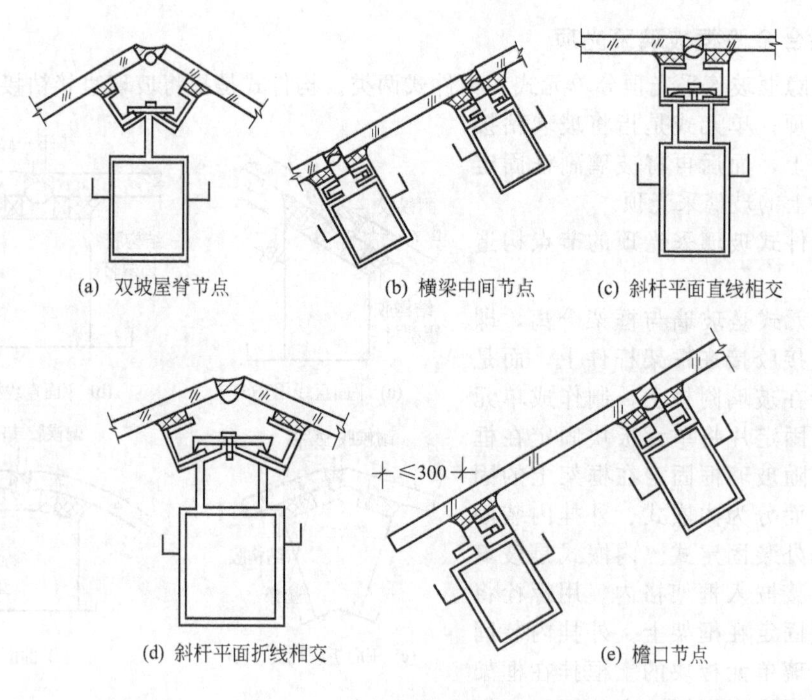

图 4-31 外挂外装固定式节点

图 4-32 典型工程之一

图 4-33 典型工程之二

第四节 索结构玻璃采光顶

索结构玻璃采光顶由拉索系统、玻璃屋面和支承系统组成。拉索系统传来的荷载由支承系统传给主体结构，支承系统的合理性、可靠性直接关系到索结构玻璃采光顶的经济性和安全性。

一、索屋盖的分类

索结构具有造型自由的优点，各个建筑的个性强烈，给分类工作造成一定困难，只用一种方法进行概括说明和分类是很困难的，但可以从多种多样的角度进行分类。

1. 按照荷载形式分类

（1）单向索屋盖又可分为单向单层和单向双层两种（图 4-34）。

① 单向单层索屋盖由一群平行走向的承重索组成［图 4-34(a)］。

② 单向双层索屋盖由一层平行走向的承重索（负高斯曲率）和一层稳定索（正高斯曲率）组成。如图 4-34(b) 所示的承重索（1）和稳定索（5）是分别设在两根柱上的；如图 4-34(c)、(d) 所示的结构称索桁架；如图 4-34(e) 所示的结构称索梁，它的承重索与稳定索均设于同一柱顶或分别设在两根柱上。

（2）双向索屋盖又可分为双向单层和双向双层两种。

① 双向单层索屋盖（又称索网结构）根据边缘构件不同，有刚性边缘构件［图 4-34(f)、(g)，其中图 4-34(g) 称碟形索结构］和柔性边缘构件（称主索）［图 4-34(i)］两种。

② 双向双层索屋盖见图 4-34(h)。

（3）辐射状索屋盖又可分为单层辐射状和双层辐射状两种。

① 单层辐射状索屋盖（也称碟形索结构）见图 4-34(j)。

② 双层辐射状索屋盖根据中央环受力特点，有拉力环［图 4-34(k)］和压力环（承重索与稳定索均通过环上下面）两种。

2. 按索的功能分类（图 4-35）

① 仅使用索建造屋顶、立面，单方向吊装屋顶、单索、索网等。

② 索和膜的组合：悬挂膜结构（脊索、谷索），充气索膜，索穹顶（索桁架＋膜）。

③ 索支承架构：固定荷载支承型（悬吊式楼板、悬吊式屋顶、平衡索、拱形拉杆），附加荷载支承型（斜撑、拉索支承、拱形增强）等。

④ 主梁（扁平拱）的组合：斜拉式、吊挂拱屋顶，悬拱，张拉弦梁，PS 桁架梁等。

二、索屋盖的特点

索屋盖结构是用拉力构件强力拉紧而成的屋面系统。为了获得稳定的屋面，必须施加相当大的拉力才能绷紧，跨度越大所需的拉力就越大。为此，就需要有相当大的承受反力的支承结构来维持平衡，这种反力一般是屋面总垂直荷载的 2～3 倍。索结构不像传统结构（例如梁、板、框架等）那样，构件除承受拉力外，还要受压、受弯和受扭等，由于有稳定问题的存在，构件就不能完全按强度来设计。索结构在外荷载作用下，索内只产生拉应力，或者说不必考虑弯曲等问题，可以选用高强度钢材，以充分发挥其力学性能，因此就显得很经济，其耗钢量仅及普通钢结构的 1/7～1/5。索结构自重轻、强度高，更适合建造大跨度结构。但仅看屋面的耗钢量是不够的，支承结构的设计是第二个重要问题。关键在于如何巧妙地处理好这巨大的水平反力问题，如果处理不好，屋面上节约下来的材料就会被支承结构抵消。

三、索结构的力学特性

① 该结构属大变位、小应变问题，其几何方程以致整个结构的控制方程是非线性的。因此，常规结构分析中的叠加原理将失效，计算变得复杂，特别是动力问题到目前为止还没有一个高效的求解方法。

② 索屋盖对局部荷载很敏感，在局部荷载作用下，在荷载作用的位置将产生很大的变形，这就要求覆盖层具有足够的变形能力与其适应。玻璃覆盖层的刚度较大，如采用，它们将不可避免地要参与索系的工作，成为索系的分布结构。这对索系来讲可能并不重要，但对覆盖层而言，就可能由于附加内力而提前破坏。

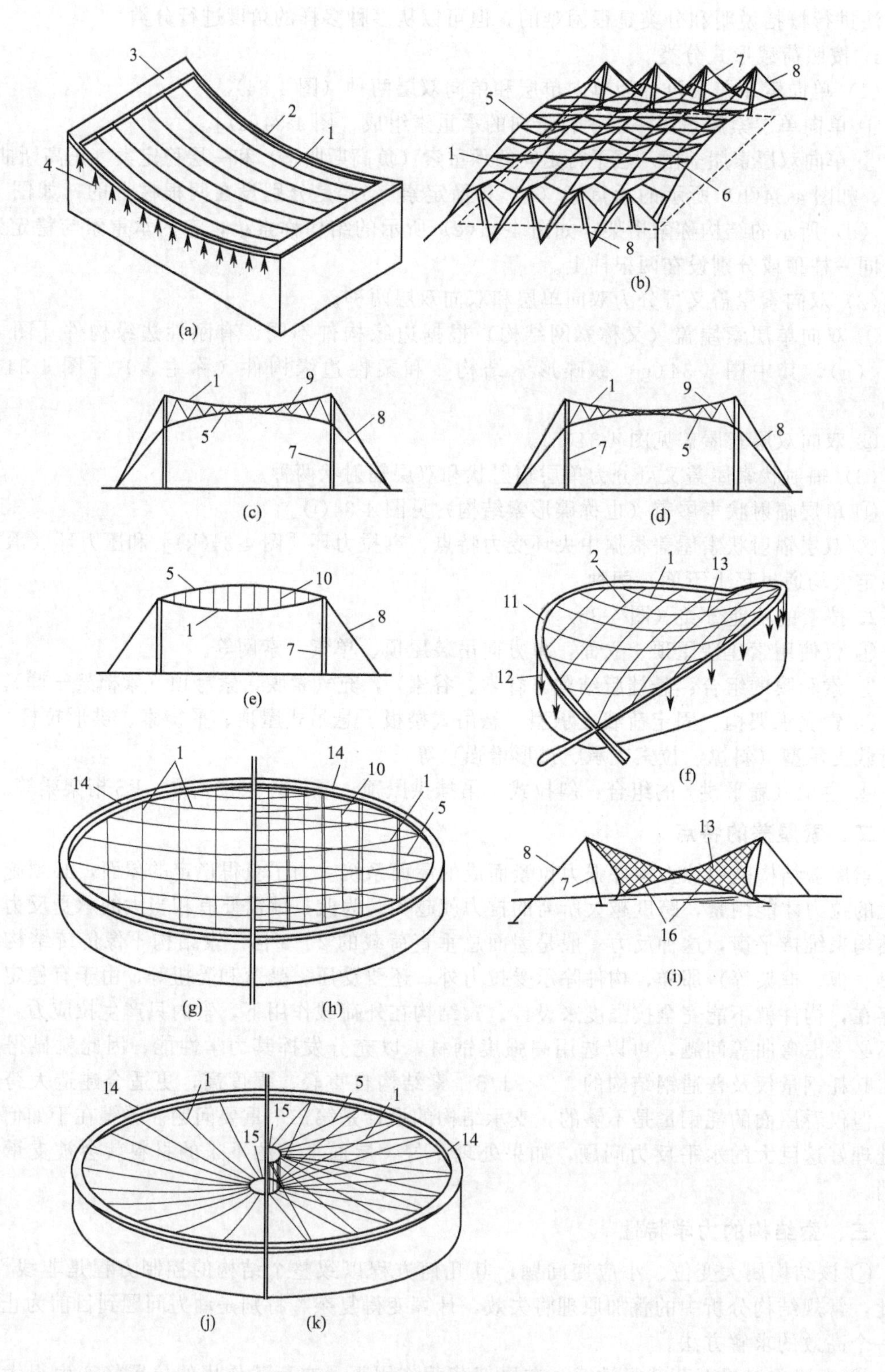

图 4-34　按荷载形式分类图

1—承重索；2—压杆；3—水平梁；4—柱顶附加压力（由弯曲压杆引起）；
5—稳定索；6—联系桁架；7—柱；8—锚索；9—拉索腹杆；10—竖杆；11—拱；
12—垂直分力（由承重索引起）；13—索网；14—外环；15—内环；16—主索

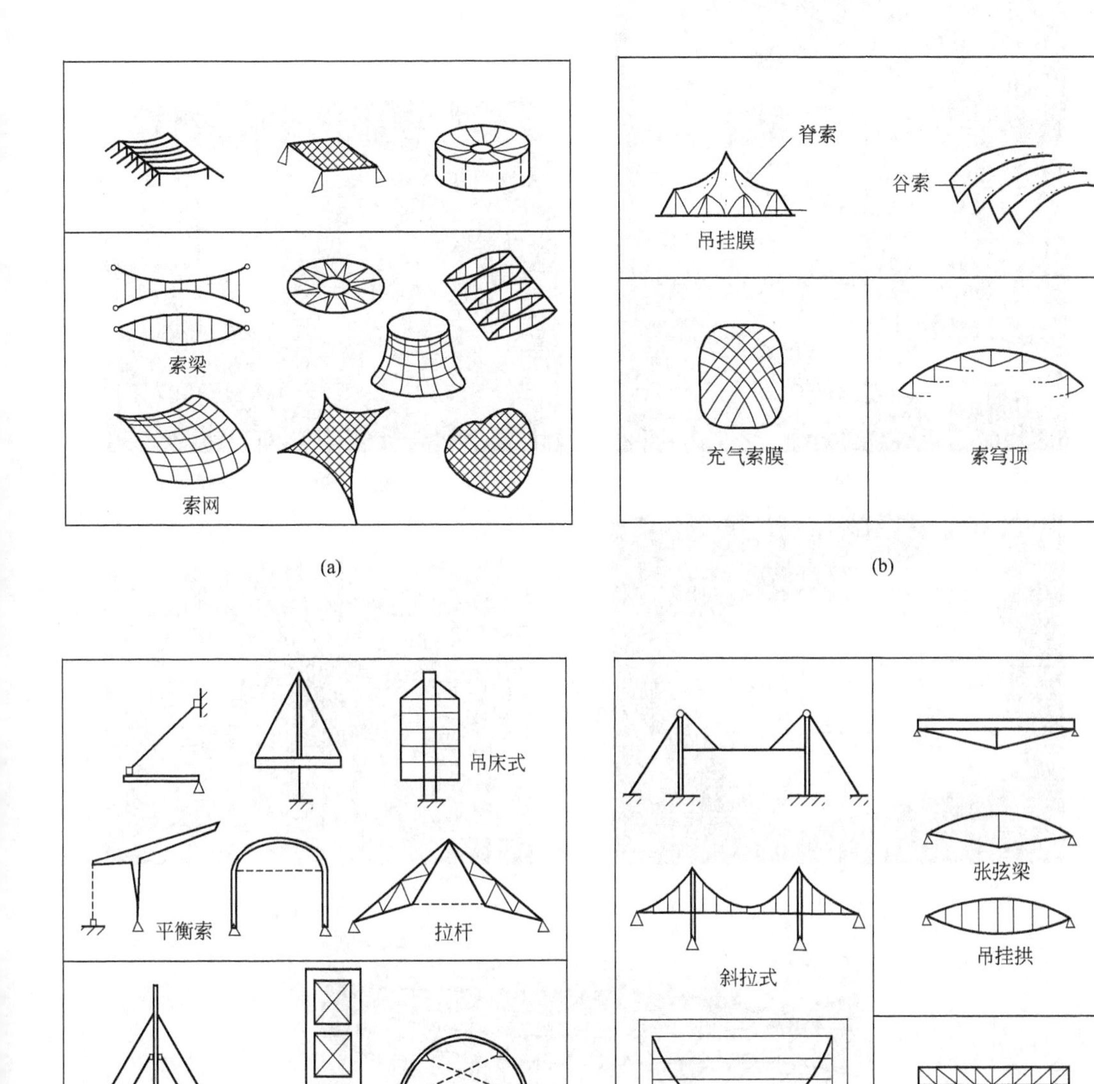

图 4-35　按索功能分类图

(a) 仅由缆索构成的屋面（墙面）；(b) 缆索和膜的组合；
(c) 由缆索支承的架构；(d) 缆索和梁（拱）

③ 索屋盖的水平力处理复杂。

四、索屋盖的优点

① 自重轻、节约钢材。

② 屋盖造型活泼新颖，更能发挥建筑师、结构工程师的才能。

③ 运输及施工方便，不需要大型起重设备，也不需要大量脚手架。

索结构屋顶典型工程案例见图 4-36。

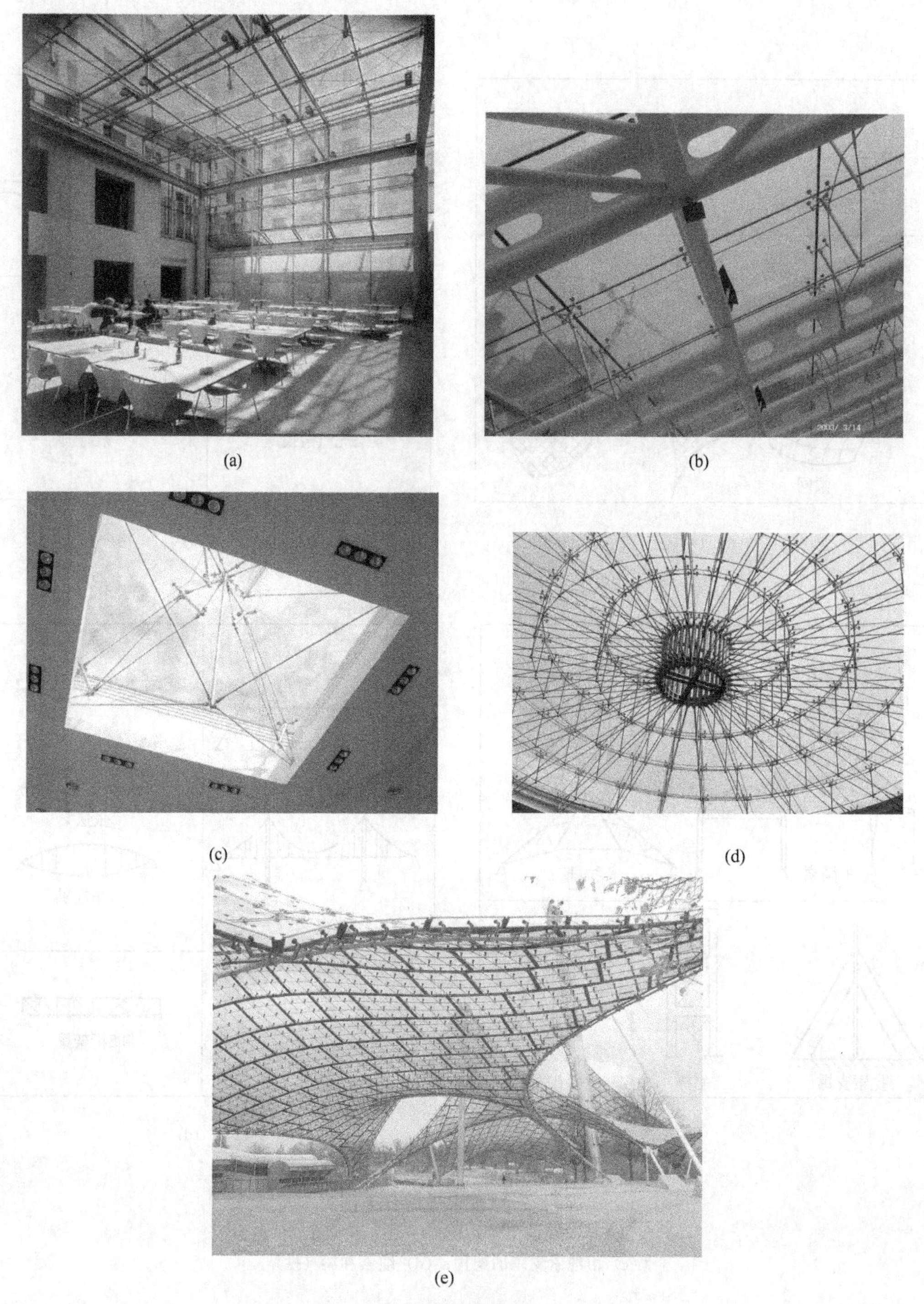

(a) (b) (c) (d) (e)

图 4-36 索结构屋顶典型工程

第五节 索穹顶结构玻璃采光顶

一、索穹顶结构

索穹顶结构起源于美国人富勒提出的张拉整体体系，但它又不同于传统意义上不需要周边杆件的锚固就可自成为一个整体的张拉整体结构。富勒曾在1962年的专利中描述过他的结构思想，即在结构中尽可能地减少受压状态而使结构处于连续的张拉状态，从而实现他的“压杆的孤岛存在于拉杆的海洋之中”的设想。此后，艾墨里驰与汉纳分别提出了“自应力结构”和“张拉整体结构”的定义。前者强调了压杆的不连续、自应力和自支承的特点；后者特别指出在索中施加预应力对压杆的依赖性。由此可以看出，所谓的张拉整体结构就是由一些连续的拉杆系和不连续的压杆群组合而成的自应力、自支承的网状杆件结构。其关键是：刚度由张拉的索与压杆之间处于自应力平衡状态而获得。在连续张拉作用下形成的统一整体，即连续张拉＋统一整体＝张拉整体，这类结构定义为张拉整体结构。索穹顶结构定义为：以连续拉索与分散压杆构成的整体张拉穹顶结构。穹顶为穹形屋顶，即像天空那样中间隆起而四周下垂的屋顶，以连续的拉索与分散的压杆构成整体结构。索穹顶一般由中心受拉（钢）环梁、径向脊索、环向拉索、受压立杆、斜向对角索及外侧受压环梁组成。

二、索穹顶结构的特点

基于张拉整体思想，在工程实践中切实可行的索穹结构兼有穹顶和索结构的工作机理和特点。其结构特点如下。

（1）处于全张力状态　索穹顶结构处于连续的张力状态，从而使压力成为张力海洋中的孤岛。

（2）与形状关系密切　它与任何柔性的索系结构一样，索穹顶的工作机理和能力依赖于自身的形状，所以，索穹顶的分析和设计主要基于形态分析理论。所谓形态分析应是形状、拓扑和状态的分析，只有找到结构的合理形态才能有良好的工作性能。

（3）预应力为其提供刚度　与索结构一样，索穹顶的刚度主要靠预应力（初始力）提供，结构几乎不存在自然刚度。因此，结构的形状、刚度与预应力分布、预应力力度密切相关。

（4）是一种自支承体系　索穹顶结构可分解为功能不同的三部分：索系、立柱及环梁。索穹顶结构只有依赖环梁这个边界才能成为一个完整结构。索系支承于受压立柱之上，索系和立柱互锁。

（5）是一种自平衡体系　它在结构成形过程中不断自平衡。在荷载态，立柱下端的环索和支承结构中的环梁或环形立体钢构架均是自平衡构件。

（6）索穹顶的成形过程就是施工过程　结构在安装过程中同时完成了施加预应力及结构成形。如果施工方法和过程与理论分析时的假定和算法不符，则形成的结构可能与设计完全不同。

（7）是一种非保守结构体系　这种结构加载后，特别在非对称荷载作用下，结构产生变形，同时其刚度也发生了变化。当卸载后，结构的形状、位置、刚度均不能完全恢复原状。

三、索穹顶结构的现状

索穹顶结构源于张拉整体结构。其概念形成虽可追溯至20世纪20年代，而付诸工程实践的系统研究却是近20年的事情。目前国外虽已建成一些索穹顶结构，由于涉及专利权等原因，介绍的资料极少，迄今尚未见其分析设计理论、方法、算法和技术的详细论述。为攻克此领域，国内已开展了研究，在索穹顶的几何构造分析、受力分析等力学性能方面做了大量研究工作，并已有多篇关于两种体系圆形平面索穹顶的模型实验文章发表，应该说已建立起一定的理论储备。同时，还有包括索穹顶在内的索杆张力结构设计软件相继研制成功。深圳三鑫公司设计施工的重庆北部新区高新园火星医疗器械产业大厦玻璃索穹顶，是目前内地索穹顶的首项实践工程。

四、索穹顶结构的分类

按网格组成索穹顶结构大致分为三种体系。

（1）盖格体系索穹顶　盖格体系又称肋环型网格索穹顶。它是美国工程师盖格于1986年提出的，其代表建筑为1988年汉城奥运会体育馆和击剑馆。这种结构由连续拉索和不连续的受压立柱构成，并由预应力提供刚度且与外环梁一起组成自平衡结构。荷载均从中央的张力环通过一系列的脊索、张力索和斜索传递至周边的压力环。该体系具有结构简单、施工难度低且对施工误差不敏感等优点。但由于其几何形状类似平面桁架，体系平面刚度较利维体系小，且该体系内部存在机构，当荷载达到一定程度时，结构会出现分枝点失稳。所以盖格体系索穹顶结构一般适用于在均布荷载作用下的圆形平面屋盖结构，见图4-37。

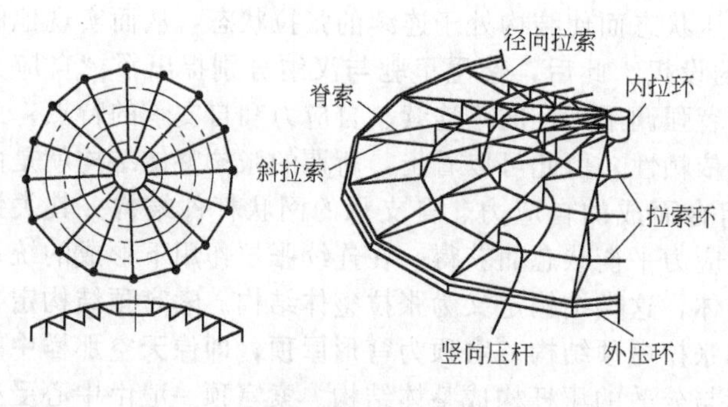

图4-37　盖格体系索穹顶结构示意图

（2）利维体系索穹顶　利维体系又称三角化型网格索穹顶结构（图4-38），它是美国工程师利维和井先生设计提出的。其代表建筑为1996年亚特兰大奥运会的佐治亚穹顶，该体系对盖格体系索穹顶进行了三角划分，消除了结构存在的机构，提高了结构的几何稳定性和空间协同工作能力，较好地解决了穹顶上部薄膜的铺设和屋面自由外排水等问题，同时，也使索穹顶结构能够适用于更多的平面形状。除了已建成的圆形和椭圆形（接近正方形或矩形）外，还可建成中间大开口的形状。利维体系可用于大跨度屋盖结构。

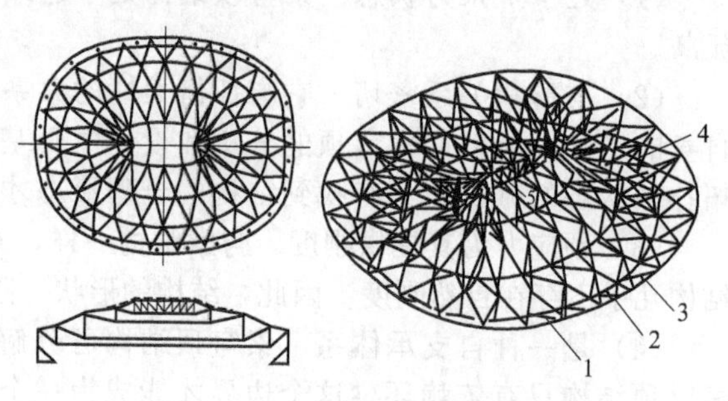

图4-38　利维体系索穹顶结构示意图

1—受压外环梁；2—环拉索；3—斜拉索；4—立柱；5—中央桁架

盖格体系和利维体系的主要区别在于脊索和斜索的布索不同。盖格体系的脊索、斜索和立柱均在同一平面内，每个节点上仅一根斜索相连，脊索沿径向布置，斜索、立柱与其相应的脊索构成一竖向平面内的三角形；而利维体系的脊索、斜索和立柱不在同一平面内，而是构成立体桁架。每个立柱顶的节点上有两根斜索与相邻内环立柱底节点相连，每个节点有四根脊索，脊索网的平面投影为四边形或三角形。

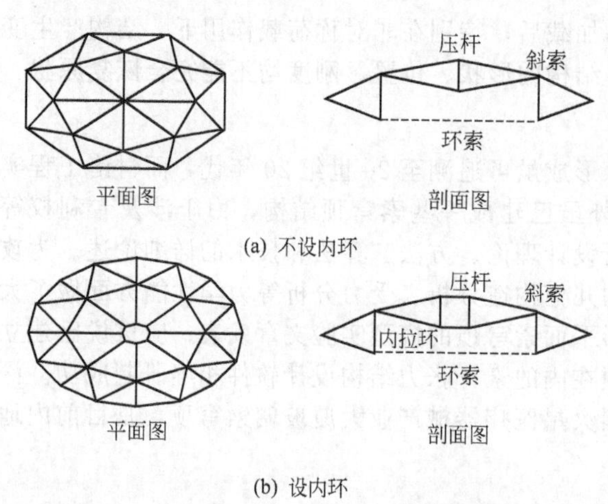

图4-39　凯威特体系索穹顶结构示意图

（3）凯威特体系索穹顶　凯威特体系又称扇形三向型网格索穹顶结构。它改善了肋环斜杆型和联方型（葵花形三向网格型球面穹顶）中网格大小不均匀的缺点，综合了旋转式划分法与均分三角形划分法的优点。因此，它不但网格大小匀称，而且刚度分布均匀，可望以较低的预应力水平，实现较大的结构刚度，技术上更容易得到保证。这是一种索穹顶新型结构布置形式，见图4-39。

第六节　玻璃结构采光顶

一、玻璃力学特点

玻璃易碎，在力学上有一定的局限性，但如果对其设计合理，扬长避短，用于建筑玻璃采光顶却会取得意想不到的效果。透明或半透明是玻璃最显著的特征，因此玻璃结构一般明亮华丽，从采光这个角度说，是一种节能结构。玻璃在力学性能上有点像混凝土，是一种脆性材料，抗压性能好、抗拉性能差，应力-应变关系表现为线性，弹性模量在 70～73GPa 之间，约为钢材弹性模量的 1/3。一般浮法玻璃的抗弯强度为 50MPa，经过热处理后玻璃的性能可显著改善，钢化玻璃的抗弯强度高于 70MPa，淬火玻璃的抗弯强度则可超过 120MPa，甚至可达到 200MPa，而玻璃的自重为 2500kg/m^3，所以玻璃的强重比要优于钢材，玻璃结构能给人一种轻巧的感觉。玻璃的热膨胀系数与钢材相近，这使得钢材和玻璃能够用于同一结构，发挥各自特长。玻璃的耐腐蚀性能强，可抵抗强酸的侵蚀，玻璃结构的防腐费用较低。因此，越来越多的建筑师和结构工程师在设计中利用玻璃来实现建筑物更亮、更轻、更美的高科技效果，增强城市的现代化气息。

玻璃主要类型有：退火玻璃、夹丝玻璃、钢化玻璃以及淬火玻璃等。通过对这几种玻璃的再次加工得到一些特殊用途的玻璃，如夹层玻璃及隔热、隔声玻璃等。

由于力学上的局限性，玻璃在结构中一般与钢、铝等抗拉材料共同工作，因此玻璃结构设计的关键是通过一定的结构及构造形式来发挥不同材料各自的受力特长，以求得合理的设计结果。最简单也是最常用的方案是采用钢或铝合金框架镶嵌玻璃，这样做可通过金属框架分割整个玻璃，使得每块玻璃面积不致太大，从而保证玻璃的面外刚度。显然，玻璃因为不透明的金属框分割而变得不连续，影响了建筑效果。玻璃结构发展的最新技术就是去掉这些金属框架，保持玻璃采光顶的连续性，但是玻璃的力学特性没有变，耐压不宜折，对平面外的变形非常敏感，因此尽管取消了金属框架，仍要保证结构中的玻璃处于受压状态。这使人想到了张拉整体体系，张拉整体中的杆件就是纯受压的。这样，在张拉整体思想的基础上，产生了张拉整体无框架玻璃采光顶结构，这种结构用玻璃板代替了张拉整体体系中的压杆，为增强整个结构的刚度，减小结构的变形，用有一定刚度的杆件代替拉索。整个采光顶仍然是由若干块玻璃拼成，只是玻璃之间不再通过金属框架连接，而是由位于平面处的专用连接件直接对接，连接件与玻璃之间可以拴接也可以粘接。

二、玻璃框架玻璃采光顶

玻璃框架玻璃采光顶的构造设计，一要保证荷载从大片玻璃传递到主支承结构体系，二要保证采光顶的整体稳定性，即采光顶必须牢固，能维持自己的形状和位置，因此，要求按照全玻璃采光顶这种新型采光顶的特点来进行构造设计。

玻璃框架玻璃采光顶（双坡、锥体、半圆、圆穹）要在屋顶到檐口水平线的垂直距离上，距屋顶 1/6～1/5 处设水平拉结玻璃，见图 4-40，以加强采光顶的稳定性，它是安装工艺不可或缺的辅助设施。水平拉结玻璃应与大片玻璃等厚，水平拉结玻璃与大片玻璃之间用结构密封胶粘接（密封），其胶缝厚度

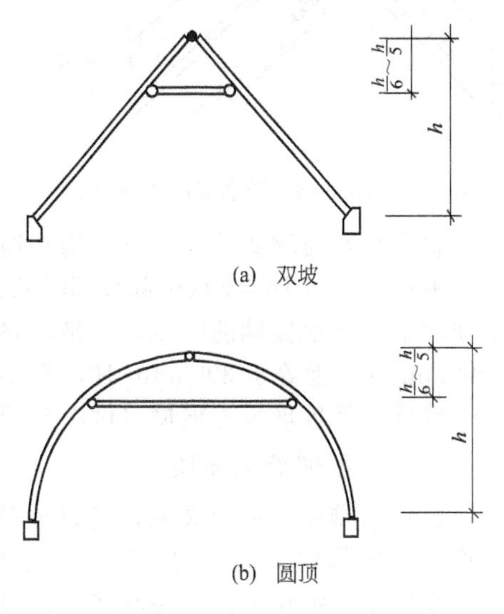

图 4-40　玻璃框架玻璃采光顶

与拉结玻璃等厚，胶缝宽度不大于厚度的 2 倍，也不能小于厚度，见图 4-41(a)。

采光顶屋脊处，两片玻璃连接胶缝当为直线相交时，底部宽应不小于 $\delta\cos\alpha$，不大于 $2\delta\cos\alpha$ [图 4-41(b)]；当为曲线相交时，不小于 δ，不大于 2δ，见图 4-41(c)。

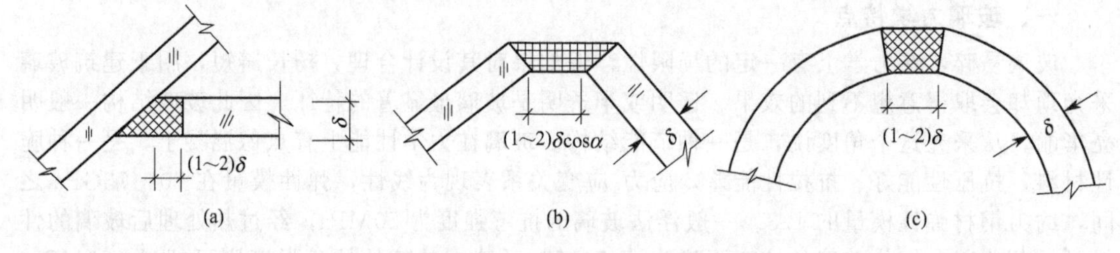

图 4-41　胶缝宽度示意图

玻璃翼与大片玻璃的连接可采取上置式、平齐式，还有三面交接上置式（骑缝式）。上置式属于对接胶缝，平齐式属错接胶缝，它们的构造见图 4-42。

玻璃翼间要加支承，其部位为屋脊和檐口各一道，当玻璃翼长度超过 2m 时，每 2m 增加一道，见图 4-43。

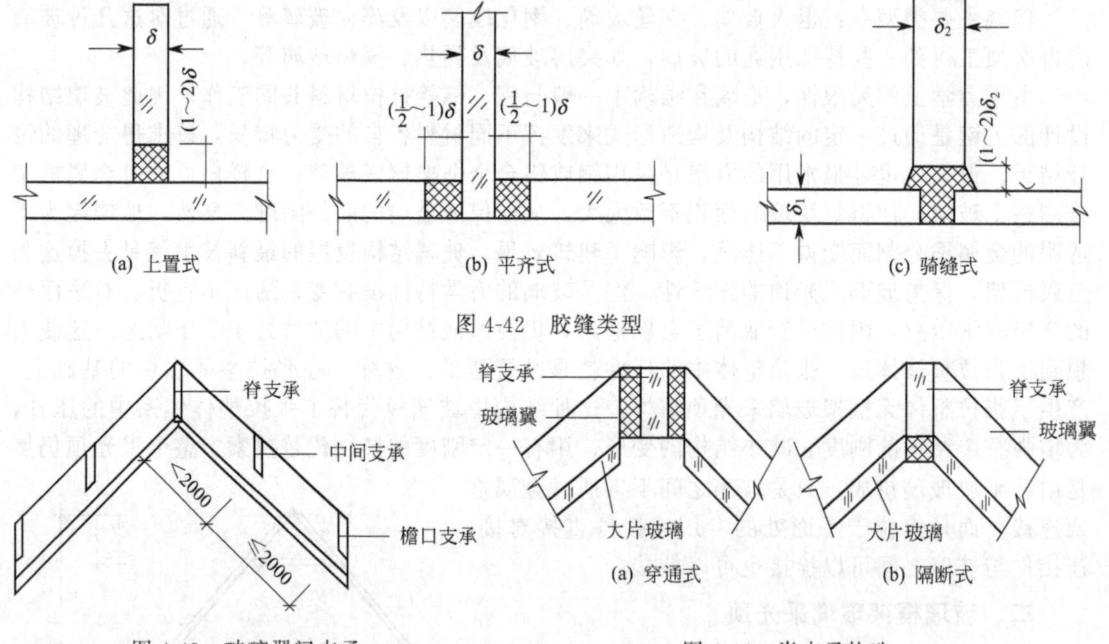

图 4-42　胶缝类型

图 4-43　玻璃翼间支承

图 4-44　脊支承构造

脊支承与玻璃翼等高，可采用穿通式，也可采用隔断式，见图 4-44。

檐口支承与中间支承全部采用隔断式，支承玻璃高出大片玻璃平面 10～20mm（图 4-45），以便泄水。支承玻璃的厚度，当玻璃翼间距小于等于 2000mm 时，不小于 8mm；间距大于 2000mm 且小于等于 3000mm 时，不小于 10mm。

玻璃框架玻璃采光顶檐口做法有两种：明框式和隐框式，见图 4-46。

三、U 型玻璃采光顶

U 型玻璃亦称槽形玻璃，是以玻璃配合料的连续熔化、压延、成形、退火为主要工艺生产的截面形状如英文的“U”字或槽形的玻璃制品，是一种新颖的建筑玻璃型材，并可进一步加工成钢化玻璃、夹丝玻璃，能够比较方便地制成玻璃采光顶。

U 型玻璃的问世是建筑玻璃由板材到型材的一种变化，为玻璃采光顶提供了新的建材。

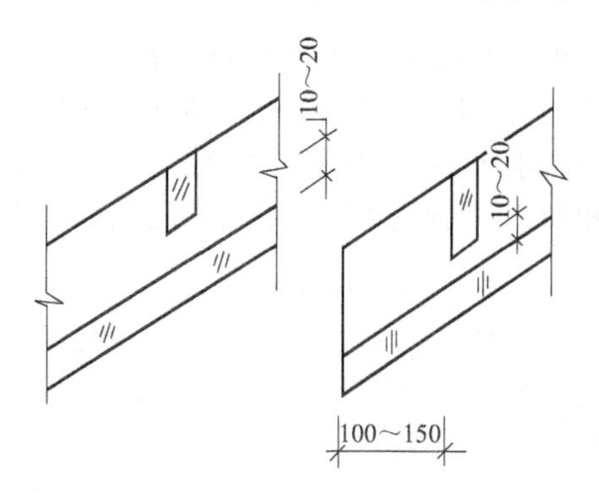

图 4-45　支承玻璃高出大片玻璃平面

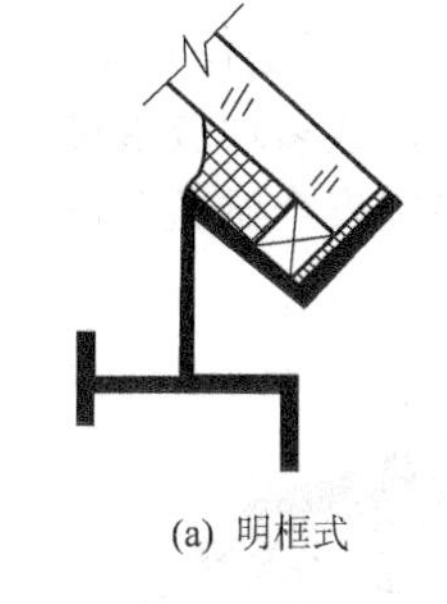

(a) 明框式

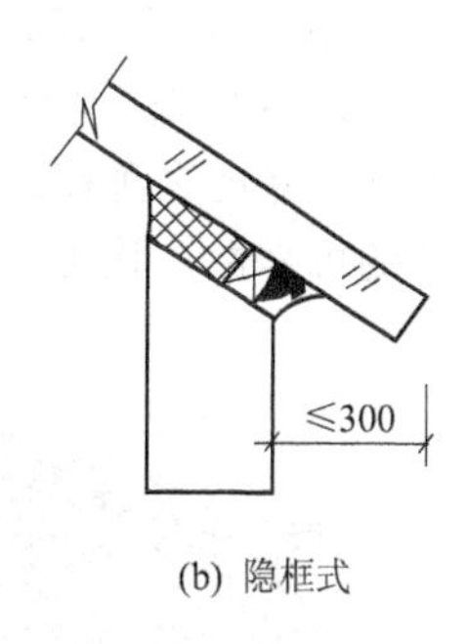

(b) 隐框式

图 4-46　檐口构造

四、全玻璃结构的玻璃采光顶

1. 玻璃采光顶安全设计

玻璃采光顶安全设计采用了两种方法，即允许应力法和多系数法。这两种方法的设计概念是根据全部结构无条件保证安全这一要求而产生的，即结构系统中任一部件或零件失去安全则整个系统也随之失去安全，称之为“安全寿命概念”。由于玻璃的强度离散度大，脆性断裂前没有征兆，因而玻璃结构发生的事故是突发的和偶然的，要求玻璃结构所有部件都绝对安全是不现实的。有效的措施是：采用失效-安全设计理念，增加剩余强度设计，必要时进行剩余强度试验。

2. 失效-安全、剩余强度概念

“失效-安全”、“剩余强度”的概念有三层意思。一是对整个结构而言，当组成该结构的一个或数个部件发生破坏时，尽管整个结构没有原来设计的最大承载能力，但不会发生结构的整体破坏，整体结构仍然具有可以接受的最低安全水平。二是最低安全水平维持的时间，要能够满足恢复整体结构达到正常安全水平的要求。图 4-47 是德国的头顶玻璃剩余强度的试验照片，记录夹胶玻璃冲击破碎弯曲后直至完全坠落掉下的间隔时间，这个时间能够足以更换和维修，恢复整体结构达到正常安全水平的要求。三是结构承受疲劳荷载的情况下，裂纹扩展后的剩余强度能否承受规定的使用荷载。

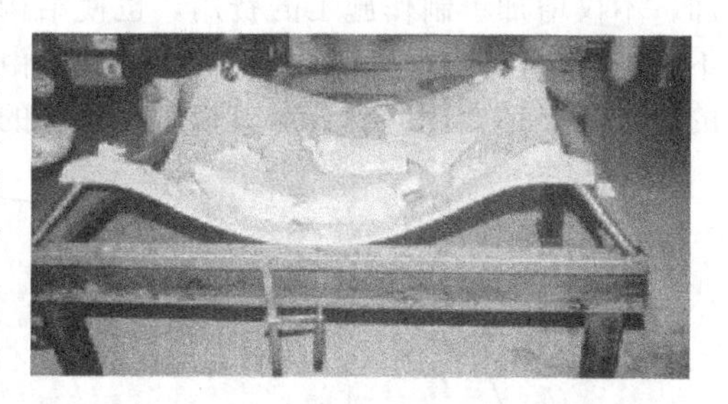

图 4-47　夹胶玻璃剩余强度试验

图 4-48　马克西姆博物馆玻璃屋顶

在疲劳荷载的作用下，构件的裂纹会逐渐扩展，当裂纹尺寸小于临界长度时，其断裂强度因子小于材料的断裂韧度，裂纹的扩展速度是缓慢的，称为“亚临界扩展”；当裂纹的尺寸扩展到临界长度时，其断裂强度的因子等于材料的断裂韧度，裂纹的扩展速度很快（近似于声音的速度），构件突然发生断裂，称为“失稳扩展”。现实裂纹的尺寸扩展到临界尺寸所需的时间为“剩余强度”时间，正常情况下要满足构件的寿命要求。

在飞机结构设计中，比较早地采用了“失效-安全”、“剩余强度”的设计概念，有效地减少了飞行的灾难性事故，又降低了飞行器的重量和成本，实践和理论都证明这是一个符合实际的、科学的设计概念，推荐在玻璃采光顶中采用这种设计概念。现举下例说明。

图 4-48 为德国奥格斯堡市（Augsburg）马克西姆（Maxim）博物馆的玻璃屋顶，是在原有的古建筑上加建的。为了保证工程安全性，采用了破损安全设计理念，进行了剩余强度设计，保证多种荷载工况下一块或多块玻璃破碎后，结构仍能保持稳定和安全，为验证剩余设计的可靠性，该工程进行了破损安全试验。图 4-49 和图 4-50 分别为屋顶结构轴测图和剖面图。

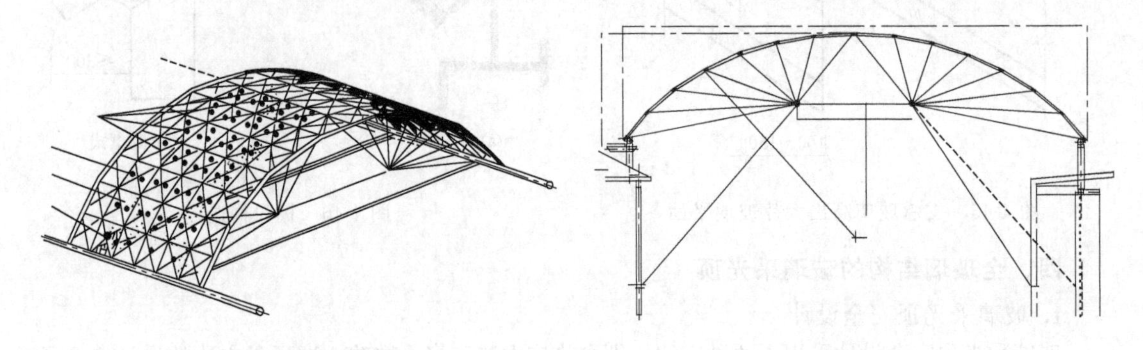

图 4-49 玻璃屋顶结构轴测图　　图 4-50 玻璃屋顶结构剖面图

屋顶为柱面壳体，结构长 37m，跨度 14m，矢高 4.5m，玻璃总面积为 $560m^2$，每块玻璃 1.16m×0.95m，为（12mm＋12mm）的半钢化夹胶玻璃。由于玻璃的抗压强度非常大，因此将玻璃用于拱形屋面，使其所受主要应力为压应力，这正是发挥了玻璃的力学性能。拱形屋面的每一条拱带是由 14 块玻璃组成，相邻的玻璃板在其角部由夹板连接，形成刚节点传递其间的压力。组成拱带的玻璃板数目是由计算优化的，因为数目过多，会使节点数增加，不仅增加了制作施工的费用，也使结构显得零乱，降低了通透性；而数目过少，则曲面不够光滑，建筑外形不够美观，力学上则由于玻璃板受压力方向与板面角度加大，使板跨中的附加弯矩增大，同时节点夹板对玻璃板的约束弯矩也将加大，见图 4-51(a)。

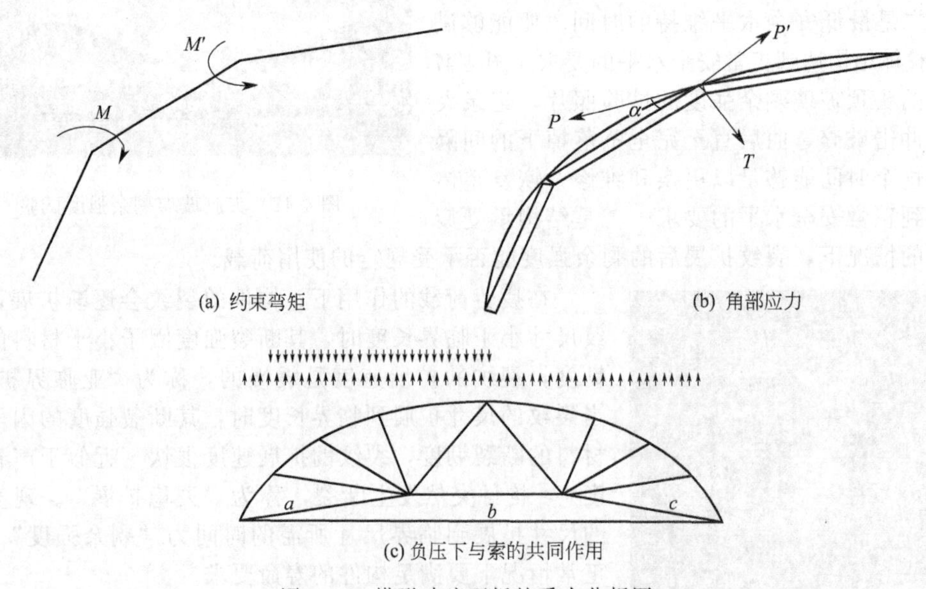

图 4-51 拱形玻璃面板的受力分析图

沿结构的纵向，玻璃的连接完全一样，同时屋顶整体的四边均由钢管与原有建筑形成封闭的支承体系，故每条玻璃拱带的侧向稳定是有保障的。组成结构的还有不可缺少的预应力钢索体系。

该体系分成两组，第一组为在结构竖直面内沿轴线设置的放射线索，索的纵向间距为

3.85m，间隔 4 块玻璃，中间联系索为 ϕ12mm，其余为 ϕ10mm。放射线索的作用有以下几点。

① 因为玻璃板面组成的整体并非弧线，而是折线，故折线交点应有作用于节点的约束弯矩 M 才使节点平衡，而放射线索提供了节点处的法向力 T，从而减小以致消除了约束弯矩，减少了玻璃角部的应力集中［图 4-51(b)］。

② 玻璃拱带安装完毕后，将放射线索张紧，相当于沿拱线施加法向荷载，将玻璃间空隙压实，增加了结构的初始刚度。

③ 在负风压作用下，由索的张紧抵抗风吸力，以减少对玻璃拱带整体的拉力效应。

④ 在对称及不对称荷载下，由于索的张紧，加强了结构的稳定性（图 4-52）。同时在以上两种情形下，索会产生松弛现象，初始预应力值大小的确定应使索一直处于受拉状态为准。

⑤ 减小以致消除对边界的推力。

第二组钢索体系为在玻璃板平面内对角交叉设置的预应力钢索。这组钢索保证了当一块或多块玻璃破碎后，结构仍能保持稳定，同时与第一组钢索一起加强结构整体性。若有玻璃偶然破碎，刚破碎的玻璃所处的拱带将变得不连续，此拱带上荷载通过节点传递到相邻的拱带。

为验证剩余设计的可靠性，该工程进行了破损安全试验，模拟了一块或多块玻璃的破碎，而整个玻璃屋顶仍然安全。

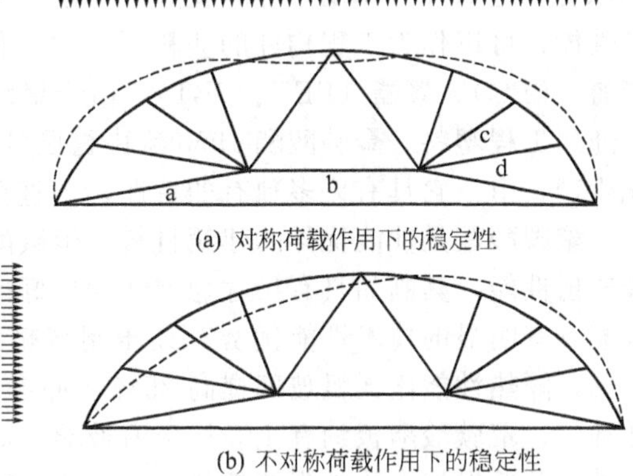

(a) 对称荷载作用下的稳定性

(b) 不对称荷载作用下的稳定性

图 4-52　拱形玻璃面板的稳定分析图

第五章　聚碳酸酯板材屋面

第一节　聚碳酸酯板材概述

聚碳酸酯又称 PC（polycarbonate），是我们常说的五大工程塑料的一种。工程塑料是指能承受一定的外力作用，并有良好的力学性能和尺寸稳定性，在高温、低温下仍能保持其优良性能，可以作为工程构件的塑料。五大工程塑料还包括尼龙（PA）、聚甲醛（POM）、聚苯醚（PPO）、聚酯（PET、PBT）。由于聚碳酸酯结构上的特殊性，现已成为其中增长最快的通用工程塑料。聚碳酸酯 1953 年由德国拜耳公司首先研究成功，并于 1958 年实现了工业化生产，由于它具有许多独有的特性，一直在各行业有着广泛的应用。

聚碳酸酯是性能优异的建筑材料。聚碳酸酯板材具有良好的透光性、抗冲击性及耐紫外线辐射性能，其制品具有尺寸稳定性和良好的成形加工性能，使其比建筑业传统使用的无机玻璃具有明显的技术性能优势。经压制或挤出方法制得的聚碳酸酯板材重量是无机玻璃的 50%，隔热性能比无机玻璃提高 25%，冲击强度是普通玻璃的 250 倍，在世界建筑业占主导地位，聚碳酸酯板约有 1/3 用于窗玻璃、商业橱窗等。另外，由聚碳酸酯制成的具有大理石外观及低发泡木质外观的板材也将在建筑行业和家具行业中大显身手。

此外，聚碳酸酯还广泛应用于汽车制造、医疗器械、交通运输、电子电器、包装、光学等领域。

我们常见的广告牌、汽车挡风玻璃、机车防护等都是聚碳酸酯塑料应用的实例。图 5-1 分别展示了聚碳酸酯塑料在广告牌、温室大棚、屋面天窗及机器防护上的应用。

聚碳酸酯塑料板材在建筑行业的广泛应用起始于 20 世纪 60 年代，温室大棚、汽车坡道

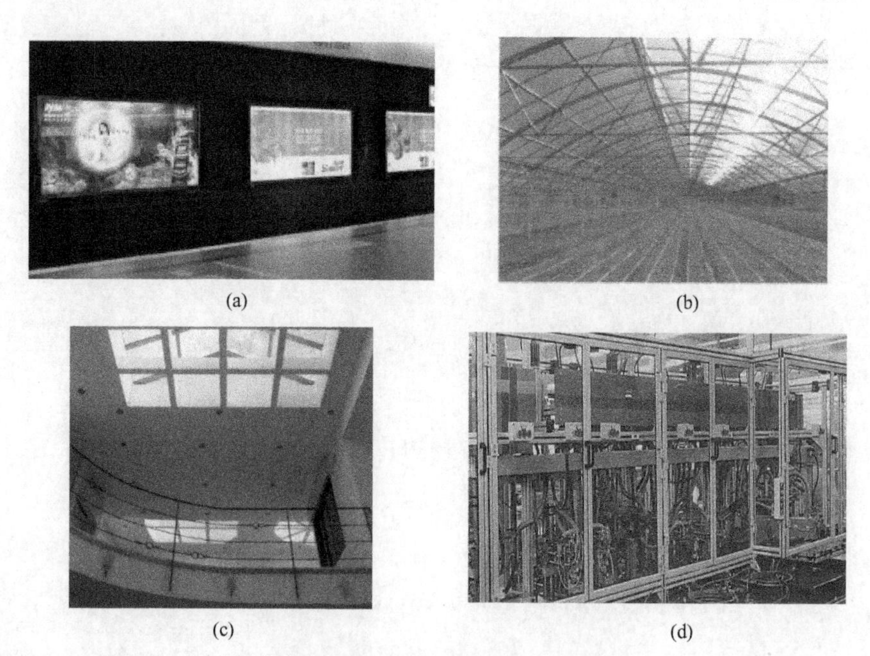

(a)　(b)　(c)　(d)

图 5-1　聚碳酸酯塑料的广泛应用

采光顶、屋面天窗是我们所熟悉的利用聚碳酸酯板材的实例。在建筑领域的悠久历史证明了聚碳酸酯板材是一种性能出色的屋面采光材料。迄今为止，世界上最早应用聚碳酸酯板材的大型建筑项目是建成于1979年的克罗地亚斯普里特足球场（图5-2），采光总面积2万平方米，应用4mm厚实心聚碳酸酯板材，目前仍在正常使用中。

图5-2　克罗地亚斯普里特足球场

目前，随着我国城市建设的发展，对聚碳酸酯板材的需求迅速增长，我国已发展成为聚碳酸酯的应用大国，但国内的生产能力尚处于起步发展阶段。世界聚碳酸酯工业生产主要集中在一些像德国拜耳公司、美国GE化学公司等大型的跨国公司，这几大公司控制着世界聚碳酸酯的生产与市场。与国外公司相比，国内的几家公司不仅规模小，而且技术相对落后，远远不能满足国内需求。近年来随着亚洲经济逐步恢复，中国、印度经济的持续稳定发展，对工程塑料的需求越来越强劲，世界著名聚碳酸酯生产商纷纷来亚洲投资建厂，聚碳酸酯的国际跨国公司也纷纷在华投资，国内的聚碳酸酯板材生产也必将会呈现稳步发展的局面。

第二节　聚碳酸酯板材的分类及特点

一、分类及特点

聚碳酸酯板材按其结构形式可分为两大类，聚碳酸酯实心板材（俗称耐力板）和聚碳酸酯中空板材（俗称阳光板），聚碳酸酯中空板材按产品结构可以分为双层板、三层板、多层板、飞翼板、锁扣板等；按是否含防紫外线共挤层分为含UV共挤层防紫外线型（UV型）中空板、不含UV共挤层普通型中空板。

按照板材各种不同的特殊用途及特殊加工工艺，可以分为易洁板、防滴板、条纹隔热系列板、耐磨系列板、防弹板、晶亮板等。

随着应用越来越广泛，生产工艺不断发展，聚碳酸酯板材已经发展成一个庞大的家族，不断衍生出不同功能和品种的板材，如太阳能控制板材、各种浮雕效果板材、不同颜色效果的板材等。

聚碳酸酯板材主要应用于安全防护、遮风、避雨、隔声、保温、采光、遮阳、阳光控制等领域，它具有以下共同特征。

① 轻质。节省运输、搬卸、安装、支承框架的成本。聚碳酸酯板材的密度为1200kg/m^3，不到玻璃的二分之一（玻璃的密度为2500kg/m^3）

② 高抗冲击。近乎不碎，安全可靠。聚碳酸酯板材具有“不碎玻璃”的称谓，它的抗冲击力可以达到同等厚度玻璃的250倍，达到同等厚度亚克力板（PMMA）的30倍。聚碳酸酯板材具有很好的韧性，使其在运输、安装及使用中不易被破坏。

③ 难燃。提供防火安全，达到GB 8624标准B1防火级别。在高温下，聚碳酸酯材料会熔化，但火焰不会蔓延。燃烧温度580℃，燃烧时不释放毒气，撤离火源后自行熄灭。

④ 优异的耐候性。适用的温差范围为−40～120℃。

⑤ 可弯曲。灵活的设计方案，简单的现场安装。实心板材的弯曲半径最小可以达到其厚度的100倍，6mm以下厚度的实心板材既可以冷弯又可以热成形，8mm以上厚度的实心板材需要热弯。中空板材的最小弯曲半径可以达到其厚度的175倍，只可以冷弯，不能热弯。

⑥ 环保性能。环保节能，无污染。使用聚碳酸酯板材可以减少矿物燃料的使用，无污

染，100%可循环利用。此外其特殊的中空结构，能有效地降低建筑物的调温能耗。

⑦ 高透光率。3mm实心板材的透光率可以达到86%，非常接近玻璃。

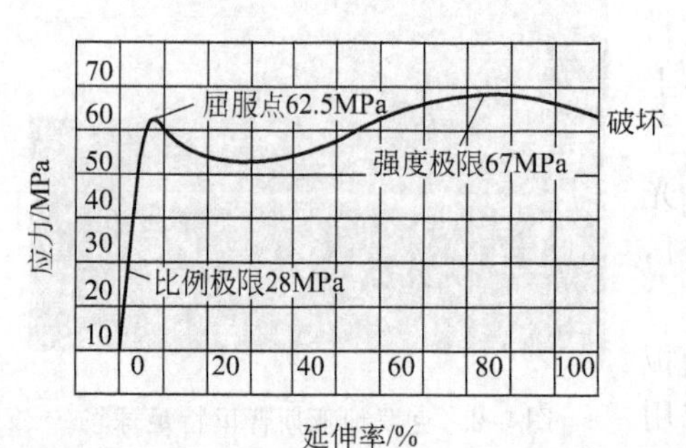

图5-3 聚碳酸酯材料应力-延伸率曲线

聚碳酸酯材料具有优良的力学性能，聚碳酸酯材料应力-延伸率曲线见图5-3。

中空板材和聚碳酸酯实心板材由于其板材断面结构的不同或使用不同的特殊工艺从而具有各自的特性，以满足不同的市场需求。

1. 聚碳酸酯实心板材（polycarbonate solid sheet）

目前市场可以提供0.75～12.7mm的实心板材，也可以生产更薄的薄膜产品，主要应用于工业领域。生产长度根据设计要求可以达到12m以上，考虑运输和安装问题一般在6m左右，最长11.98m，没添加色母料的聚碳酸酯实心板材是完全透明的、透光率堪与玻璃媲美但重量更轻的产品。根据建筑设计要求还可以在板材中加入不同的色母料或添加剂以生产出不同颜色、不同透光率、红外线控制的板材，而对于耐磨划要求较高的环境，还提供不同耐磨划级别的实心板材。

材料的隔声特征主要由其硬度、密度和物理结构决定，实心板材比中空板材具有更佳的保温性能。不同厚度的实心板材的最大隔声级别见表5-1。由于其杰出的隔声性能及不易碎的特点，聚碳酸酯实心板材是隔声屏障，尤其是透明隔声屏障的理想材料，图5-4为聚碳酸酯实心板材应用于隔声屏障的实例。

表5-1 不同厚度聚碳酸酯板材声音降低值

实心板材厚度/mm	4	5	6	8	9.5	12
声音降低值/dB	27	28	29	31	32	34
中空板材厚度/mm	4	4.5	6	8	10	16
声音降低值/dB	15	16	18	18	19	21
中空板材厚度/mm	20	25	32			
声音降低值/dB	22	23	23			

图5-4 聚碳酸酯实心板材应用于隔声屏障

因为聚碳酸酯实心板材的轻质和易加工安装性，它也广泛地应用于屋面采光。同时因为可以进行冷弯和热成形，它为建筑师提供了相当大的设计自由度。

2. 聚碳酸酯中空板材（polycarbonate multi wall sheet）

中华人民共和国建筑工业行业标准《聚碳酸酯（PC）中空板》（JG/T 116—1999）规定了聚碳酸酯中空板材的分类、试验方法、检验规则、标志、包装、运输及储存。

标准中规定的聚碳酸酯中空板材是指以聚碳酸酯树脂为主要原料，添加各种助剂，经挤出成形的聚碳酸酯中空板材。

标准中规定中空板材的规格尺寸、结构尺寸、单位重量及偏差见表 5-2。

表 5-2　中空板材规格尺寸、结构尺寸、单位重量及偏差

<table>
<tr><th colspan="2">板厚/mm</th><th rowspan="2">层数</th><th colspan="2">板长/mm</th><th colspan="2">板宽/mm</th><th rowspan="2">外层厚/mm</th><th rowspan="2">中层厚/mm</th><th rowspan="2">立筋厚/mm</th><th colspan="2">每平方米质量/(kg/m²)</th></tr>
<tr><th>基本尺寸</th><th>偏差</th><th>基本尺寸</th><th>偏差</th><th>基本尺寸</th><th>偏差</th><th>公称质量</th><th>偏差</th></tr>
<tr><td>4</td><td rowspan="5">±0.5</td><td rowspan="4">双层</td><td rowspan="5">5800</td><td rowspan="5">+10
0</td><td rowspan="5">2100</td><td rowspan="5">+5
0</td><td>≥0.35</td><td rowspan="4"></td><td rowspan="5">≥0.35</td><td>1.0</td><td rowspan="5">≥-5%</td></tr>
<tr><td>6</td><td rowspan="2">≥0.40</td><td>1.3</td></tr>
<tr><td>8</td><td>1.5</td></tr>
<tr><td>10</td><td rowspan="2">≥0.45</td><td>1.7</td></tr>
<tr><td>10</td><td>三层</td><td>≥0.1</td><td>2.0</td></tr>
</table>

注：其他规格尺寸、结构尺寸的中空板材可按用户要求确定。

中空板材的颜色一般为无色透明，其他颜色由供需双方商定。

标准中规定的中空板材的物理机械性能见表 5-3。

表 5-3　中空板材的物理机械性能

序号	项　目			指　标
1	拉伸屈服强度/MPa			≥60
2	弯曲强度/MPa			≥80
3	邵氏硬度(HA)			≥80
4	热变形温度/℃			≥125
5	线膨胀系数/℃$^{-1}$			≤6.5×10^{-5}
6	落锤冲击(破坏个数)/个			1/10
7	燃烧性能/级			B1
8	传热系数/[W/(m²·K)]	板厚/mm	4(双层)	≤3.8
			6(双层)	≤3.5
			8(双层)	≤3.3
			10(双层)	≤3.0
			10(三层)	≤2.8
9	透光率/%	双层无色透明		≥75
		三层无色透明		≥70
10	紫外线透射比(UV 型)			0

注：1～5 项按国标规定做注塑样件进行测试。

随着市场的不断发展，各种不同截面形式、不同规格以及使用了各种新的发展工艺的中空板材相继被生产和使用，目前市场上可以提供厚度 4～40mm、2～6 层的包括矩形和 X 形断面结构的中空板材。此外还有各个厂家开发了的不同品种、体系的锁扣板、飞翼板等。图 5-5 就是中空板材截面形式的几种典型结构。

对于没有相关标准规定的新型截面及新规格的板材，在实际应用过程中应参照现有标准，按照设计要求，必要时通过相关试验进行有关参数的确定。由于各个厂家的工艺有所区别，所以生产出的聚碳酸酯产品的性能也会有所不同，为了保证工程质量，满足设计要求，必要时也需要通过试验对材料指标进行检测，获得可靠数据。

中空板材与实心板材相比较具有以下优越性能。

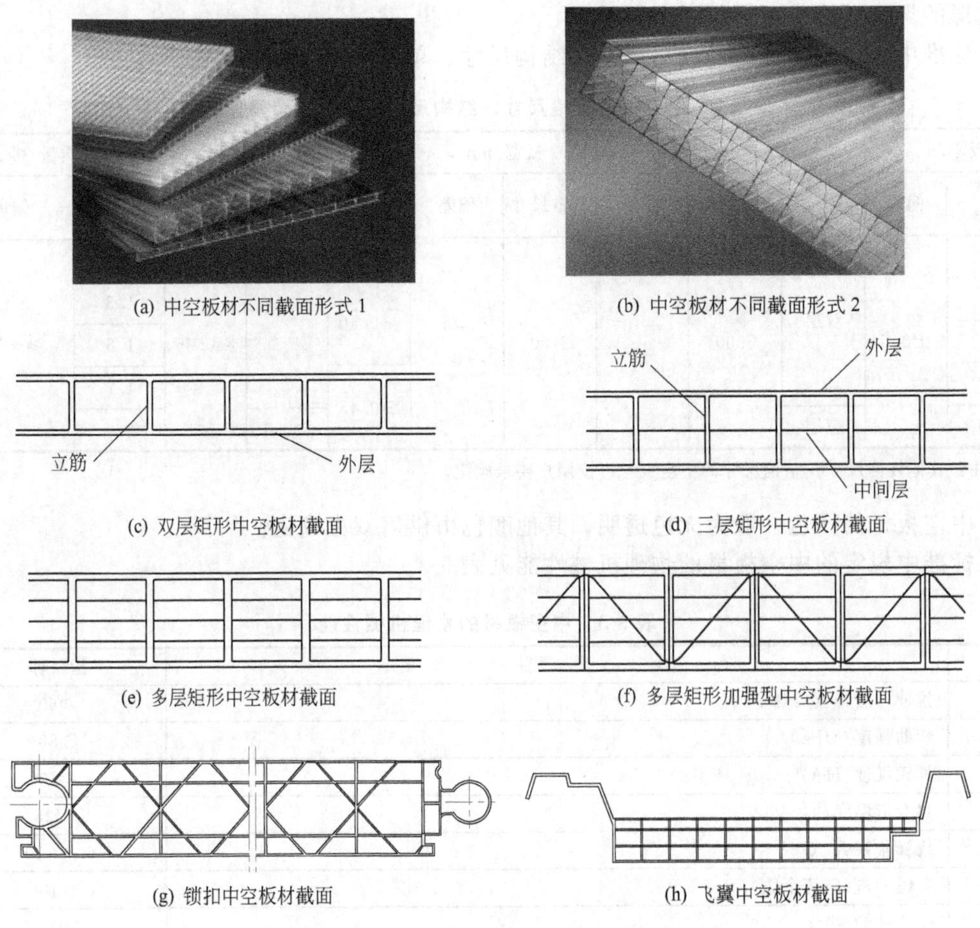

(a) 中空板材不同截面形式 1

(b) 中空板材不同截面形式 2

(c) 双层矩形中空板材截面

(d) 三层矩形中空板材截面

(e) 多层矩形中空板材截面

(f) 多层矩形加强型中空板材截面

(g) 锁扣中空板材截面

(h) 飞翼中空板材截面

图 5-5　中空板材截面的几种典型结构

① 截面形式的多样性。中空板材由于采用模具挤出成形的方法加工，故可以根据建筑设计要求灵活设计出不同的断面形式，满足不同的光学特性和力学性能要求。

② 良好的保温性能。中空板材的板肋将空气封闭在板的空腔内，使中空板材与实心板材相比具有杰出的保温性能，中空板材的保温性能也优于玻璃。我们用 K 值表示热损失，K 值即是指每平方米透明材料两侧温差为1℃时，单位时间内通过单位面积的热量，单位为 $W/(m^2 \cdot K)$。聚碳酸酯中空板材的 K 值最小可以达到 $1.4W/(m^2 \cdot K)$（表 5-4）。

表 5-4　不同厚度聚碳酸酯板材的 K 值比较

玻璃厚度	4mm	5mm	6mm	8mm	9.5mm	12mm
K 值/[$W/(m^2 \cdot K)$]	5.82	5.8	5.77	5.71	5.68	5.58
实心板材厚度	4mm	5mm	6mm	8mm	9.5mm	12mm
K 值/[$W/(m^2 \cdot K)$]	5.33	5.21	5.09	4.84	4.69	4.35
中空板材厚度	6mm	8mm	10mm	16mm	20mm	25mm
K 值/[$W/(m^2 \cdot K)$]	3.5	3.3	3	2.4	1.8	1.5

③ 重量更轻。中空板材特殊的断面形式，使其重量更轻，大部分产品都在 $4.0kg/m^2$ 以内。

3. 特殊工艺板材

（1）抗 UV 技术　到达地球的太阳光波长范围在 295～2140nm，一般将它们分成以下几个波段：中紫外区 UV-B，280～315nm；近紫外区 UV-A，315～380nm；可见区，380～780nm；近红外区，780～1400nm；中红外区，1400～3000nm。

其中太阳光中紫外线 UV-A 及 UV-B 辐射成为人类健康的一大隐患，长时间紫外线辐射被公认为是导致皮肤癌越来越显著的因素。在过去十年里有档案记录紫外线辐射还会损害眼睛，尤其是眼角膜。通过抗 UV 技术，在板材表面混入抗 UV 材料，可以保护板材，防止其内部变黄及其他形式的紫外线破坏。另外，采用抗 UV 技术的板材，户外耐候性好，长期使用仍能保持良好的光学特性和力学性能。

目前，市场上存在的抗 UV 技术生产工艺有两种：共挤法和化学镀层处理法。

① 共挤法。用多层共挤吹塑方法来生产，在板材的上层，混入高浓度的抗 UV 材料[图 5-6(a)]。

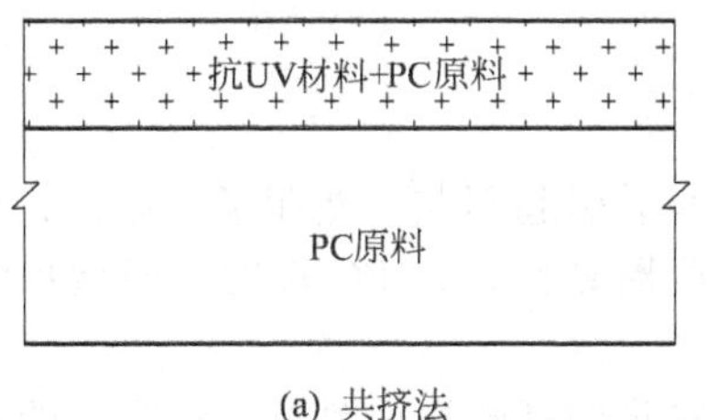

(a) 共挤法

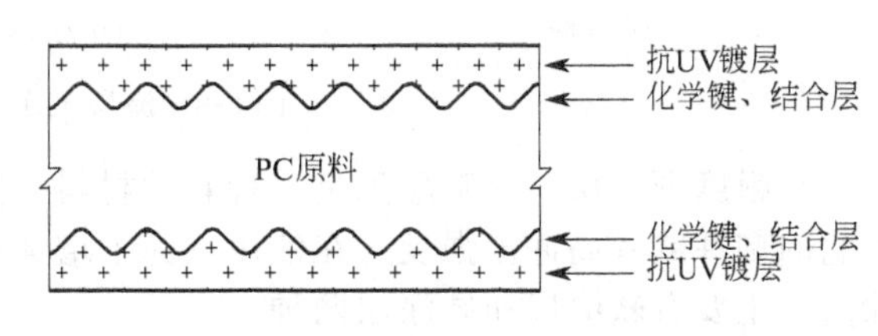

(b) 化学镀层处理法

图 5-6 板材截面图

采用这种工艺方法的板材上层比纯 PC 材料更有抗 UV 的功能，但未能完全抗 UV；部分 PC 材料仍然直接受到太阳光的照射，而受 UV 的破坏，产生变黄；另外含有抗 UV 材料的板材上层有一定厚度，会在一定程度上影响 PC 板的物理性质，如抗冲击力、弯曲半径等。

② 化学镀层处理法。PC 板材生产后，马上加热至高温，镀上抗 UV 材料，完全覆盖在板材的表面，然后进行固化工序，固化后，抗 UV 材料和纯 PC 材料产生化学键，紧密地结合在一起［图 5-6(b)］。这种工艺保证只有抗 UV 镀层受到太阳光照射，杜绝 UV 对 PC 材料的破坏，此外抗 UV 镀层很薄，保护 PC 板的物理性质不会因抗 UV 镀层而改变。

化学镀层处理方法目前只应用于部分中空板材的生产上，实心板材仍然采用共挤工艺。

产品表面含有防紫外线共挤层或镀层的聚碳酸酯板材，对可见光的透光率最高。虽然其对可见光有极好的透光率，但是几乎不能使紫外线和远红外线透过，这种防护特性非常有用，可以用在工厂仓库、博物馆或购物中心，能够防止在其下面的敏感材料如纺织品或其他有机材料褪色，同时对这些场所的人的健康起到了保护作用。图 5-7 为经过抗 UV 技术处理的 3mm 实心聚碳酸酯板材的光线穿透光谱。

(2) 易洁涂层　在标准聚碳酸酯板材表面加上特殊涂层，用于增加板材和液体的接触角［标准的板材接触角为 66°，而易洁板的接触角为 101°，见图 5-8(b)］，从而降低水的表面张力。结果是在加有涂层的板面形成更大的水滴而冲走灰尘，从而使易洁板几乎没有污点。易洁板可以通过水的冲洗达到清洁的目的，每次降雨就是自清洁过程。

(3) 防滴落涂层　当大气中的湿气接触到一个表面，这个表面的温度低于周围空气的“露点”时，湿气就会变成水珠。

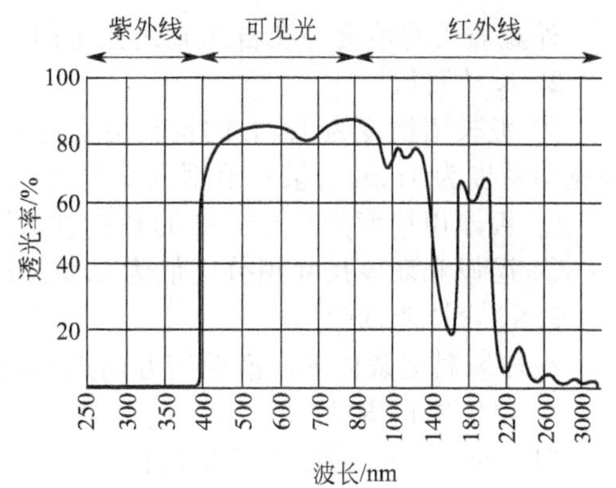

图 5-7 3mm 厚实心聚碳酸酯板材的光线穿透光谱

透明材料表面的水滴会降低板材透光率。并且，水滴的滴落会破坏下面的植物或敏感性商品和设备。防滴板则是在标准PC板的表面加上特殊涂层，用于减小板材和液体的接触角度，以增加水的表面张力，水滴在板材表面只形成薄薄的一层水膜，从而使水滴不容易滴落[图5-8(c)]。如果采用合适的安装系统，这一薄层水膜会沿着板材表面流入排水系统，不会落到地面，也不会影响透光率。

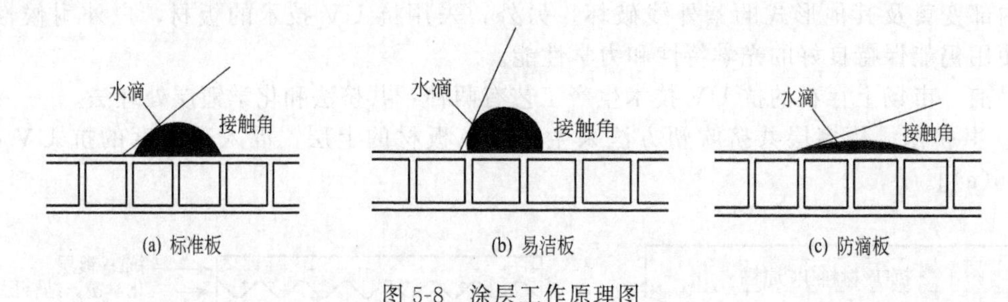

图5-8 涂层工作原理图

(4) 耐磨划涂层 聚碳酸酯是一种软性材料，因此容易引起刮花，然而正是这种软性提供了它的韧性或者高冲击强度。在使用中为了增加板的耐磨划性，在PC板的表面增加耐磨划涂层，主要有软涂层和硬涂层两种。

软涂层的涂层材料采用三聚氰胺，它由于具有可被穿透的高弹性而具有自动恢复的能力从而提供磨划保护，使用软涂层的优点在于板仍然可以弯曲成形，但耐磨划性能与硬涂层相比较差；硬涂层的涂层材料采用有机硅涂层，它由于具有超级硬度的涂层表面从而防止由穿透引起的磨划，它具有优良的耐磨划性能，但使用硬涂层的板不可以弯曲成形。

(5) 其他 聚碳酸酯板材还发展抗氨气、抗静电、防尘、防雾等功能。在板材挤出过程中在聚碳酸酯塑料原材料中加入色母料或其他添加剂，可以生产出各种颜色的金属效果板材、晶亮板材、红外线控制板材等以满足体育场、火车站、飞机场、购物中心、游泳馆、温室等不同的应用要求。

二、性能检测

聚碳酸酯的各项性能均应满足生产标准及设计要求，如应按规定程序批准的图样和技术文件制造；表面应光滑平整，不允许有气泡、裂纹和明显的痕纹、变形、凹陷和色差等影响使用的缺陷；中空板材的立筋应间距匀称，无明显倾斜；按最小弯曲半径弯曲后，板面不得有裂纹等。目前，国内工程使用的聚碳酸酯板材很大一部分需要进口，部分进口板材仍需在国内相关机构做性能测试，以检验其是否满足要求。聚碳酸酯性能实验方法有以下几种。

1. 外观检测

外观质量的检测是在自然光线充足的室内，距产品300～400mm处，用目测法检查。

2. 尺寸测量

① 板长用精度为1mm的量具沿立筋方向测量，测量部位距两端100mm以内任取三处。板宽用精度为1mm的量具沿垂直立筋方向测量，测量部位距两端100mm以内任取三处。

② 板厚用精度为0.02mm的量具进行测量，测量部位为两筋中间，共测五处。

③ 层厚和筋厚尺寸用分度值为0.01mm的千分尺进行测量，各取三处。

3. 冷弯性能试验

在环境温度条件下，沿顺筋方向进行冷弯，板面不得有裂纹。

4. 单位面积质量

取不小于1m^{2}的中空板材进行测量，并计算单位面积的质量。

5. 物理机械性能试验

拉伸屈服强度的测定按GB/T 1040的规定进行试验；弯曲强度的测定按GB/T 9341的

规定进行试验；邵氏硬度的测定按 GB/T 2411 的规定进行试验；热变形温度的测定按 GB/T 1634 的规定进行试验；线膨胀系数的测定按 GB/T 1036 的规定进行试验；落锤冲击试验按 GB/T 14153 规定的方法进行；燃烧性能的测定按 GB 8624 的规定进行试验；传热系数的测定按 GB/T 8484 的规定进行试验；透光率和雾度的测定按 GB/T 2410 的规定进行试验；紫外线透射比的测定按 GB/T 2680 的规定进行试验。

第三节　聚碳酸酯板在屋面上的应用

参照玻璃屋面的定义，聚碳酸酯板屋面指屋面板为聚碳酸酯板的屋盖。根据《建筑结构设计术语和符号标准》(GB/T 50083)，屋盖指在房屋顶部，用以承受各种屋面作用的屋面板、屋面梁及支承系统组成的部件或以拱、网架、薄壳和悬索等大跨度空间构件与支承边缘构件所组成的部件的总称。屋面板指直接承受屋面荷载的面板。

若以面板对地面的倾角来区分，幕墙是指对地面倾角在 75°～105°（90°±15°）范围内的墙体；竖直的为一般幕墙，其他为斜幕墙（内倾为 75°～90°，外倾为 90°～105°）。在 90°±15°范围外均为屋盖。

聚碳酸酯雨篷或通廊是敞开式(非封闭式）聚碳酸酯板屋面，聚碳酸酯屋顶是封闭式的聚碳酸酯板屋面。

随着科学技术的不断发展，聚碳酸酯板这种新型透光材料日益被广泛采用在屋面上，并在许多情况下作为玻璃的替代材料。聚碳酸酯板最早应用于一些小型建筑及温室大棚，由于其产品不断发展，一些大型屋面项目如公共火车站、体育场、公共廊道均大面积采用。

一、聚碳酸酯板屋面的特点及结构形式

与玻璃相比较，尤其应用于屋面材料上，聚碳酸酯板最显著的优点就是不易碎、抗冲击，克服了玻璃易碎的特点，使其坠落伤人的可能性大大降低。此外聚碳酸酯板屋面与玻璃屋面相比还有以下特点：①聚碳酸酯板的设计强度是玻璃的 1.16 倍，这使聚碳酸酯板屋面具有能够承受足够的风荷载、雪荷载及其他荷载的能力，它也是采光顶具备其他一切性能的保障；②由于聚碳酸酯板质量很小，可有效降低支承龙骨及主体结构的质量，减小支承结构的截面尺寸，节约建设成本；③聚碳酸酯板可以冷弯成形，切割简单，更适合于复杂形体的屋面构造；④聚碳酸酯板比玻璃具有更优的保温性能，一般聚碳酸酯板的传热系数比玻璃小 4%～25%。保温透明聚碳酸酯板的保温性能高出普通玻璃的 40%，在相同条件下，聚碳酸酯板屋面与玻璃屋面相比较，能有效节约 40%的能源消耗；⑤聚碳酸酯板屋面与玻璃屋面相比能产生更多的光学效果。聚碳酸酯板不仅具有玻璃的透射、折射、反射性能，而且具有无眩光的特点，它不仅可以制作成高透光率的透明色，还可以有半透明、乳白、浅绿、青铜、青蓝等多种颜色供选择。

需要注意的是：①由于聚碳酸酯板热膨胀系数（$\alpha=6.75\times10^{-5}℃^{-1}$）较大，约是普通玻璃的 7 倍，设计时必须考虑温度变化引起板长度的变化，确保设计连接节点时，板长与连接构件之间的连接具有一定的塑性，以消减温差作用、地震作用以及瞬时风压作用引起的变形；②聚碳酸酯的弹性模量相对较小（$E=2.3\times10^{3}$MPa），如果产生裂纹容易扩散，引起漏水，安装和运输中要注意对板材的保护；③板表面不耐磨划，在保养清洗时，不应使用磨划性质的材料。

屋面的发展从最初的金属屋面发展到局部使用钠钙玻璃的玻璃天窗、玻璃中庭的局部透明屋面，再到大面积的玻璃采光顶、聚碳酸酯板屋面，从不透明到透明，从封闭到开放。建筑师把人们的视线从封闭的室内空间引到了生动的外界景观，引到了宽广的大自然，使人们既能享

受自然光又能观望晴空，由此使人们感到舒适、心境开阔。聚碳酸酯板屋面摒弃了金属屋面厚重的工业化效果，实现了屋面的透光、轻盈。屋面的功能也从最初基本的防止风雨侵袭、抵抗冰雹、保温隔热，发展成一种集功能性与装饰性于一体的系统工程。屋面的设计除需考虑其基本功能外，还需要考虑隔声、防雷、防火、采光、通风、遮阳等配套功能，考虑如何实现它的艺术美感。有时屋面不仅仅是作为一个建筑的围护结构在使用，更多的是作为一件艺术品，作为一个城市的雕塑，它的构造反映的是建筑师的艺术构思，是一个地域的文化内涵，而聚碳酸酯板屋面为建筑师开拓了更广阔的创作空间，使更多的建筑构思变为可能（图 5-9～图 5-16）。

图 5-9　广州体育馆

图 5-10　多点式采光顶

图 5-11　穹顶室内效果

图 5-12　游泳场馆

图 5-9 为广州体育馆，屋面采用双层 10mm 厚的聚碳酸酯板，三片叶子造型的建筑物置于若隐若现和充满诗情画意的自然之中，与毗邻的优美的白云山生态环境融为一体。

聚碳酸酯板屋面按支承形式可分为结构支承式和自支承式两大类。结构支承式即通过与主体钢结构相连接的主龙骨和次龙骨的支承来固定板面，以承受荷载及其效应的组合作用；其支承结构形式可以与玻璃采光顶相同。可以是钢梁、拱和组合拱、穹顶、平面桁架、空间桁架、网架、网壳，可以是钢拉杆、钢拉索或其组合的索杆结构，可以是双层网索、单层网

图 5-13　开放的廊道

图 5-14　城市通道

图 5-15　开放的廊道采用双色板材明暗相间

图 5-16　雨篷

索、单网索的索网结构，也可以是明框、半隐框、隐框、框架、半单元、全单元的铝结构，或者张弦梁、张弦桁架、张弦穹顶、预应力网架、预应力网壳等的预应力结构。自支承式即通过聚碳酸酯板自身的强度，通过一定的附属构件来达到承受外界荷载及其组合效应的连接形式，这种形式大多应用于跨度不大的弓形屋面（图 5-17～图 5-20）。

图 5-17　调光聚碳酸酯板应用于屋面天窗

图 5-18　澳门体育场馆

二、聚碳酸酯板屋面的设计原则

作为集使用功能与美学效果于一体的聚碳酸酯板屋面，在设计时为了达到预期的完美效果，以下几个原则是必须要遵循的。

图 5-19　南京奥林匹克体育中心

图 5-20　自支承弓形采光顶

1. 安全性

聚碳酸酯板屋面是建筑物的外围护结构，必然受到外力、自然条件以及人为因素的影响。其中外力的影响可以分为直接作用和间接作用。直接作用即构件所受的荷载如构件自重等永久荷载，风荷载、雪荷载等可变荷载，还有地震荷载等偶然荷载；间接作用如主体结构变形、温度变化引起的位移等。连接件应保证在这些荷载作用及变形位移及其组合作用下，屋面板内部不会产生过大内力，保证其安全性。聚碳酸酯板的线膨胀系数较大，在进行连接形式的设计时，必须考虑足够的变形温度范围，给予面板热胀冷缩空间，防止产生漏水等缺陷，同时必须考虑板的维修、更换等问题的解决方法。自然条件如气候因素，日晒、雨淋、风雪、冰冻、冰雹等往往对屋面造成重大影响，其程度随所在地区的气候条件而异。因此屋面各部分构造都应考虑当地的气象条件。我国幅员辽阔，各地区气候有很大差别，北方地区要注意保温，南方地区要防止太阳辐射影响，而有的地方温度变化很大，就要特别注意温差缝的设置，在雷击地区，还要考虑避雷的要求。人为的影响如火灾直接危害人民的生命财产安全并可使建筑物彻底毁坏，因此要积极预防火灾的发生，在进行屋面构造处理时应采取有效的防火、排烟措施。

聚碳酸酯板作为一种工程塑料材料，必须考虑其与连接件之间的相容性。例如，连接件中不允许使用 PVC 材质的垫圈，因为从 PVC 中析出的添加剂会对板材造成化学腐蚀，导致板材出现裂纹，甚至破裂。

实现聚碳酸酯板屋面的安全设计就要求对结构计算模型和聚碳酸酯板的本身受力特点有充分的了解，任何一个连接点的设计都离不开结构计算模型的受力基础和聚碳酸酯板本身的受力特点基础，在这些基础上对连接件进行必要的力学计算是安全设计的前提，同时还要对材料性能、加工工艺、加工精度、安装装配工艺进行考虑。连接件的传力路径要求简捷、直接。

2. 规范性

屋面的构造设计必须符合现行的相关国家标准和行业标准以及设计要求的规定，中华人民共和国工业行业标准对聚碳酸酯中空板材的分类、要求、试验方法、检验规则、标志、包装、运输及储存等方面都作了一些规定，相关国家标准对聚碳酸酯塑料的物理性能及力学性能的检测标准作了规定，在操作过程中要遵守。对于封闭的有保温要求的公共建筑屋面系统，还必须遵守《公共建筑节能设计标准》(GB 50189) 的规定。气密性、水密性、保温性能、隔声性能的要求必须按照国家关于此类的分级标准的要求设计。对于新型的、初次采用的屋面系统，在工程验收时若没有相关的国家验收标准，可以参照《屋面工程质量验收规范》(GB 50207) 及其相关规范制定针对工程的施工质量验收标准并经专家组讨论通过，报相关部门备案后执行。

3. 经济性

效益是一个企业发展和前进的动力所在，聚碳酸酯板屋面高的经济性要求从设计、生产、施工及管理等各个环节入手，合理利用原材料，对板材及龙骨进行合理套裁，减少损耗。选择装配关系时要考虑构件的制作安装是否方便，现场施工困难与否，减小施工难度。在日常工作中，加强管理，对常用的经过实践检验的装配方式进行分类和标准化整理，促进图纸的标准化，提高设计效率。同时注意造价指标，从实际情况出发，做到尽量因地制宜，就地取材，节省运输费用。

4. 艺术性

屋面构造设计的艺术性即能体现屋面设计的美感。从通常的工业化金属屋面发展到现今的各种透光屋面，从平面造型发展到曲面甚至双曲面及各种不规格造型，很大程度上提高了屋面设计的艺术美感。通常它通过选择不同截面形式及颜色的屋面板，通过屋面板布置的不同分格形式、屋面龙骨的形式及屋面板的连接方式，形成不同的力学及光学效果，实现建筑师的各种美学构思，形成或幽静或斑斓或华丽的一座座艺术殿堂。

5. 创造性

聚碳酸酯板屋面根据不同建筑的使用要求、不同地区的自然条件和不同时期的经济和施工水平，都有不同的做法，所以屋面的构造设计又是实践性很强的技术。由于聚碳酸酯板屋面在设计时有很大的灵活性，且材料性能及规格不同的生产厂家可能会有所差别，所以在进行聚碳酸酯板屋面的系统设计时，要充分发挥创造性，利用各种材料的独特的优点，避开其劣势，设计合理的连接形式，不断实现技术创新和发展。

总之，在构造设计中，要求达到美学处理适当，结构安全可靠，技术先进，经济合理。同时结合本地的实际情况充分考虑建筑物的功能要求、自然条件、材料供应、施工条件等因素，进行综合分析，以创造最佳的构造方案。

三、聚碳酸酯板屋面的构造设计

1. 屋面板类型的选取

敞开式和封闭式的屋面，由于它们的使用功能要求不一样，选用聚碳酸酯板时考虑的因素也有所不同。不论何种屋面，强度、刚度、稳定性计算是必须要考虑的问题，对封闭型屋面还有气密性能、水密性能、保温性能、隔声性能的要求。

聚碳酸酯中空板材由于其含空气层的中空断面结构，板材自重非常轻，通常在4.0kg/m^2以下；而且其保温性能特别好，最低K值可以达到1.4W/(m^2·K)。因此聚碳酸酯中空板材在对节能要求较高的屋面采光中应用广泛，比如封闭的体育馆、火车站、飞机场、购物中心、温室等。另外，相对于玻璃或者实心板材而言，聚碳酸酯中空板材的透光率较低，并能提供一定的遮阳效果，而且重量更轻，可以减轻对主体结构的负担，所以聚碳酸酯中空板材在许多开放的体育场中也有广泛的应用。

聚碳酸酯实心板材可以提供与玻璃相似的采光效果，但是其重量只有玻璃的一半左右，而且由于其高度的安全性能和易加工性能（冷弯或热成形），聚碳酸酯实心板材广泛应用于对透光率要求较高的屋面或采光顶，一些有特殊建筑表现要求的采光顶也将采用聚碳酸酯实心板材。

还有一些特殊截面设计、颜色和光学效果的板材，根据建筑效果可以进行相应的选择，或者进行专门针对工程的设计。

2. 聚碳酸酯板屋面的防水设计

屋面防水设计应遵循“合理设防、防排结合、因地制宜、综合治理”的原则。聚碳酸酯板屋面的防水设计体现和隐藏在屋面的结构节点设计中，同时与建筑主体结构结合部位也是防水设计的重要环节。

聚碳酸酯板屋面的防水有防雨雪水、防室内冷凝水两个方面的含义。防水的基本方法可以概括为两大类：疏导，截流。

疏导即引导，通过设置合理的构造体系，引导水流到预期的区域，在可能的情况下，将水流进行二次利用。实现水流的疏导，要设置足够的屋面排水坡度，将顶面的雨水因势利导地迅速排除，使渗漏的可能性缩小到最小范围。疏导排水又分为有组织排水和无组织排水，无组织排水即水流顺着屋面坡度方向沿檐口排出，有组织排水即在屋面的排水区间设置排水天沟等设施，在排水天沟内设置漏水斗，屋面上的雨雪水通过漏水斗引向排水管道，排到指定区域。

截流即通过在板与板之间、板与连接件之间加橡胶条、密封胶、结构密封胶等形式，将水流截止在室外，使其不产生渗漏。

防室内冷凝水，主要采用防止冷凝水的聚碳酸酯板，中空板材由于存在密闭的空气腔，使室内产生冷凝水的概率减小，但要设计合理的构造使板空气腔内形成的冷凝水便于排出。对于实心板材，则要采取防止产生冷凝水的特殊涂层或通过合理构造防止产生冷凝水的措施。无论采用何种排水方式，都需要使排水方向明确、直接，减少转折。在有组织排水中，对天沟及排水管汇水面积应进行验算。

要使天沟里的水不会满沟而溢出，需满足式(5-1)。

$$Q_g > Q_r \tag{5-1}$$

式中 Q_g——天沟雨水流量，m^3/s；

Q_r——天沟承担排水任务的屋面雨水流量，m^3/s。

$$Q_r = AI \tag{5-2}$$

式中 A——屋面面积，m^2；

I——降雨强度，根据屋面设计的防水等级，以及建筑物所在地区的重现期降雨强度取值，m/s。

$$Q_g = A_g V_g \tag{5-3}$$

式中 A_g——天沟的断面面积，m^2；

V_g——天沟的水流速度，m/s。

由曼宁公式计算获得：

$$V_g = \frac{1}{n} R_H^{\frac{2}{3}} S^{\frac{1}{2}}$$

$$R_H = \frac{A}{P}$$

式中 n——天沟的粗糙度，与天沟材质有关。对于彩钢板、不锈钢板可取0.0125；对于光滑钢管取0.012；

R_H——水力半径，m；

A——天沟断面面积，m^2；

P——天沟周长，m；

S——天沟坡度。

考虑天沟的排水量，即考虑天沟在暴雨、大暴雨时的缓冲作用，也就是在暴雨、大暴雨时，落水管不能立即将水排完，而暂时将水汇集到天沟里。

落水管的排水量需满足式(5-4)：

$$Q_d > Q_r \tag{5-4}$$

$$Q_d = mCA_d(2gh)^{\frac{1}{2}} \tag{5-5}$$

式中 m——落水管数量；

Q_d——落水管的排水量，m^3/s；

C——流量系数，可取0.6；

A_d——落水管的有效截面面积，m^2；

g——重力加速度，$9.8m/s^2$；

h——天沟的积水深度，m。

考虑所有落水管的排水量与天沟排水量的总和，在标准降雨强度时排水量应大于屋面及出屋面高墙的降雨量的和，综合其他因素，即可确定天沟大小、落水管直径及数量。

【例5-1】 已知：某工程所在地降雨强度 $I=183mm/h$；屋面宽度 $B=12.0m$；屋面长度 $L=7.0m$；设计不锈钢天沟宽度为 $W=0.120m$；设计天沟最大水深 $H_w=0.250m$；天沟泄水坡度 $S=0.003$；落水管内径 $d=0.070m$，整个屋面设置一个落水管，校核天沟及落水管的管径是否设计合理。

【解】 屋面雨水流量：$Q_r=A\times I=B\times L\times I=12.0\times 7.0\times \frac{183\times 10^{-3}}{3600}=0.00427m^3/s$；

① 天沟校核

天沟断面面积：$A_g=W\times H_w=0.120\times 0.250=0.030m^2$；

水力半径：$R_H=\frac{A}{P}=\frac{A_g}{W+2H_w}=\frac{0.030}{0.120+2\times 0.250}=0.048m$；

天沟水流速度：$V_g=\frac{1}{n}R_H^{\frac{2}{3}}(S)^{\frac{1}{2}}=\frac{1}{0.0125}\times 0.048^{\frac{2}{3}}0.003^{\frac{1}{2}}=0.579m/s$；

天沟雨水流量：$Q_g=A_gV_g=0.030\times 0.579=0.0174m^3/s$；

由以上计算可得：$Q_g>Q_r$，故天沟断面满足要求。

② 落水管管径校核

落水管的排水量：$Q_d=mCA_d(2gh)^{\frac{1}{2}}$；

落水管数量 m 取1：$A_d=\frac{\pi d^2}{4}=\frac{3.14\times 0.070^2}{4}=0.0038m^2$；

故：　　$Q_d=1\times 0.6\times 0.0038\times (2\times 9.8\times 0.25)^{\frac{1}{2}}=0.005m^3/s$；

由以上计算可得：$Q_d>Q_r$，故落水管设计满足要求。

3. 聚碳酸酯板屋面的防雷设计

屋面一般位于建筑物的顶部，其防雷设计至关重要，防雷设计必须满足《建筑物防雷设计规范》(GB 50057) 的要求。可以利用屋面金属连接件或构件，形成避雷网或避雷带与主体结构的避雷系统相导通。

4. 聚碳酸酯板屋面的节点连接形式

聚碳酸酯板屋面的节点连接形式可以分为干法和湿法两种。

(1) 干法　板面与龙骨之间通过弹性密封材料而非打密封胶或结构胶的形式连接。因为有时候板在温度变化范围内的膨胀或收缩会超出密封胶等密封剂的弹性伸缩范围。另外，从美观的角度考虑，干法安装屋面系统若能设计合理，实现100%防水、防漏，且能同时满足其他设计要求，它是一种理想的屋面解决方案。

在干法安装中，最常用的弹性密封材料是氯丁橡胶或三元乙丙橡胶密封垫或密封条，其嵌入金属型材或框架内通过机械压紧力而实现与板材的密封（图5-21）。在防水要求较高的屋面设计中，支承型材或框架通常带有排水功能，将由于机械压紧力不均匀而导致的少量渗漏水排到室外。

(2) 湿法　湿法安装是在板材与龙骨之间采用中性硅硐胶等密封剂进行粘接，来实现密封的目的（图5-22）。

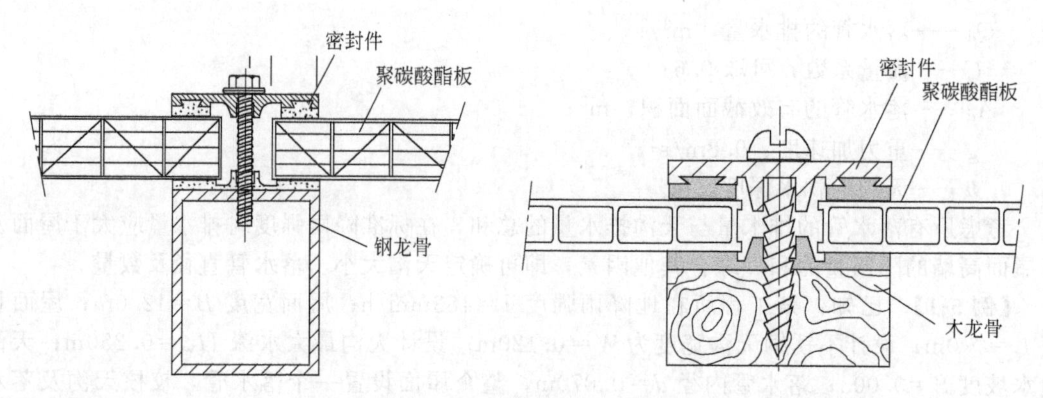

图 5-21 干法安装典型节点

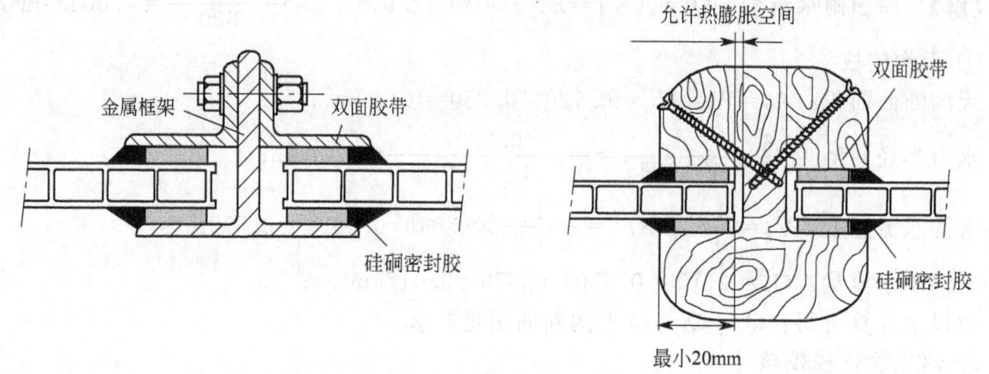

图 5-22 湿法安装典型节点

湿法安装主要用于小型家庭、仓库、停车场、温室等其他替代玻璃的地方，用标准金属型材或木质部件和压条配件，可以组合成很多不同的构型。设计此类连接点时，密封系统要既能容许一定程度的热膨胀移动，又需不至于失去板对骨架的黏附力。

聚碳酸酯板的密封不要使用含胺或苯酰胺的硅硐密封胶，它们会腐蚀板材，引起板材开裂，尤其是存在应力的地方。

目前，还有一种屋面聚碳酸酯板的辅助连接方法，即防负压固定法（图 5-23、图 5-24），用于较宽的板材，板材沿宽度方向附加螺丝固定在支承结构上以抵抗负压。螺丝位置必须预钻

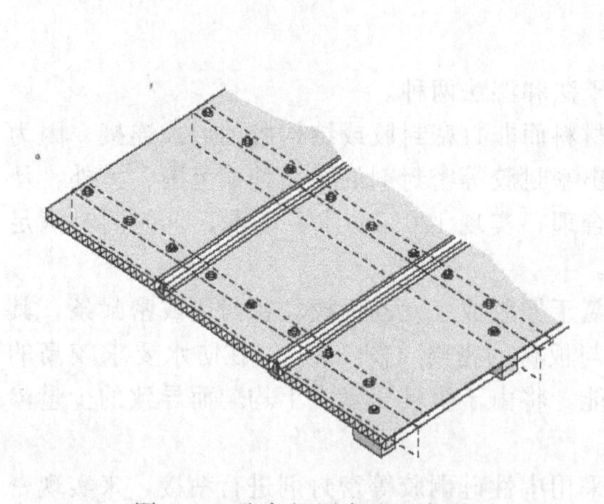

图 5-23 防负压固定法示意图

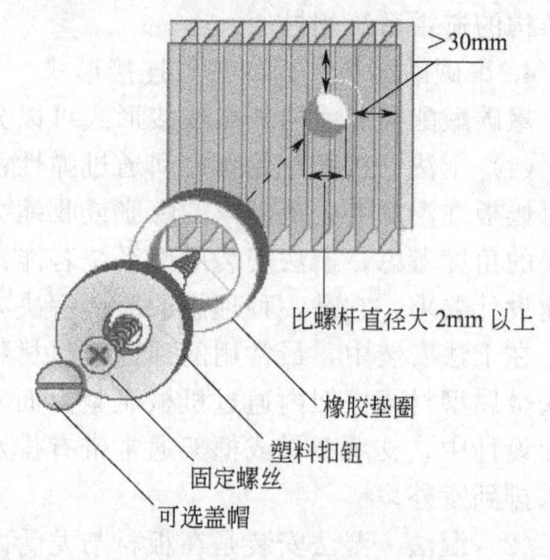

图 5-24 防负压固定法紧固螺丝连接示意图

孔，孔直径需大于螺丝直径，具体值根据螺丝间距确定，不小于 2mm，以满足热胀冷缩要求。

在使用防负压固定法时，应该使用带限位装置的电钻来紧固螺丝，以避免过度拧紧而导致的内应力，该内应力会造成板材提前失效和翘曲，打钉时要垂直于板面，倾斜会导致板材破坏或渗漏。螺丝应该抗腐蚀，并配有抗腐蚀的钢或铝垫片和特制的橡胶垫片，同时应将板孔处密封，防止水和灰尘渗透到板内。

5. 不同工作环境的密封技术

安装聚碳酸酯板时，为助于冷凝水的排出，防止冷凝水在槽内沉积形成绿色杂质，肋的方向应该向下，即板的加强筋总是斜向下的，板宽方向和筋垂直，长度方向和筋平行。为了避免槽内湿气积聚和灰尘及昆虫的污染，尤其是中空板材内部的空腔，可以使用耐候性良好的聚碳酸酯板专用密封胶带密封，长期使用它的黏附力和机械强度不会下降。胶带有无孔的完全密封防水带和有孔过滤带两种，有孔过滤带有透气性，但可以防止灰尘和昆虫。

通常板的顶部用无孔密封防水带粘接，可以完全密封，底部粘贴有孔过滤带。在密封带和防水带的外边，可以用 U 型的铝型材包住，这样可以最大限度地减少灰尘进入，同时又便于冷凝水的排出，槽孔可以通风以防止过多的冷凝形成(图 5-25)。在圆弧形拱顶的安装中，板材两端均应用有孔过滤带封边，且用合适的型材便于冷凝水的排出。在极度污染的环境、低温和干燥环境以及内外温差小的条件下，板材两端均可用无孔防水带密封。

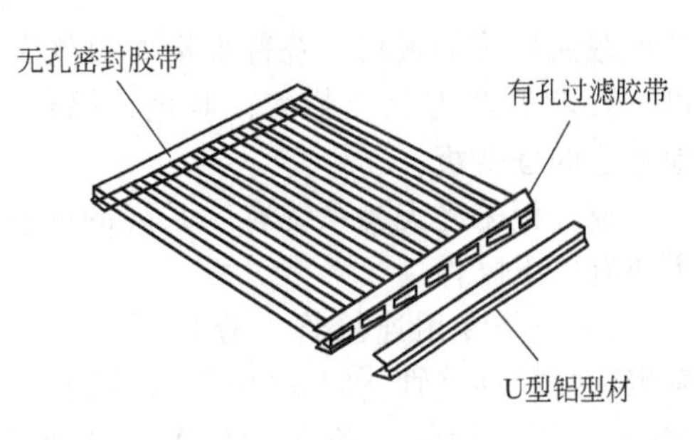

图 5-25 板材密封

为了达到更好的密封效果，使密封胶带很好地与板黏合，使用时要做到以下几点：①封边前确保所有的边光滑、无毛刺；②封边前要吹干净槽内的灰尘和切割时可能留下的碎屑；③封边胶带要被型材完全遮盖；④最后安装时，要换掉所有损坏的封边胶带。

6. 收边节点

图 5-26 为屋面上部收边节点，图 5-27 为屋面底部收边节点。

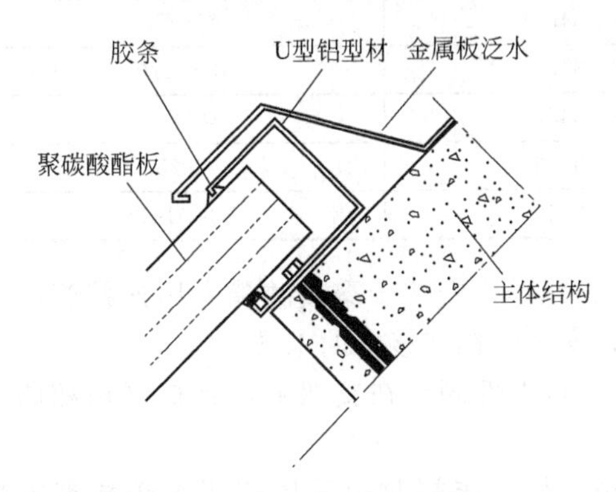

图 5-26 屋面上部收边节点

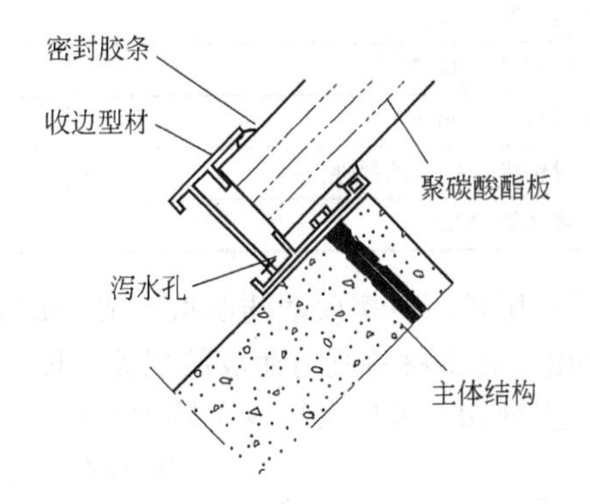

图 5-27 屋面底部收边节点

四、典型屋面构造及节点形式

一些公司提供标准化、单元式的屋面构造产品及安装、维修服务，为形状比较规则的透光屋面系统的使用提供便利。

1. 登普采光天幕系统

登普采光天幕系统是一种平顶或拱形采光天幕系统，采用由拜耳聚碳酸酯挤压成形的方

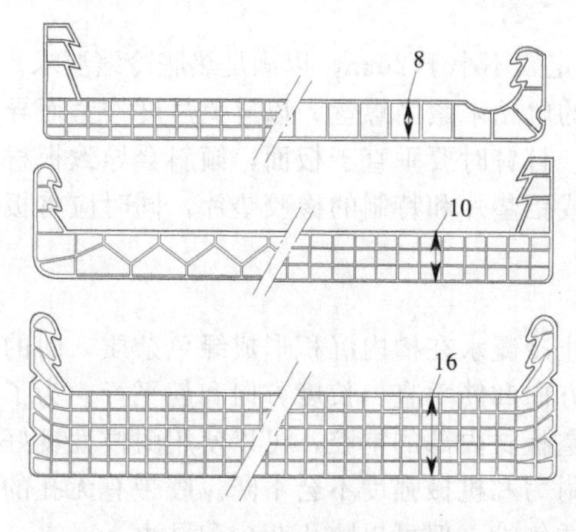

图 5-28 登普板的截面形式

格板材，板材侧边带锯齿状的竖立构件。适用于倾斜面大于或等于 5°的平顶天幕系统或拱形天幕系统，可以固定在混凝土、木、钢或铝框架上，在考虑拱形天幕系统的最小倾斜角度时，需要参照较低端部的最小倾斜角度。

登普板厚度有 8mm、10mm、16mm 三种，宽度为 600mm，其中 10mm 厚板材宽度还有 1040mm。考虑运输原因，登普板长度最长为 11.98m。8mm 登普板为矩形结构双层或四层板壁板材；10mm 登普板为三角形结构三层板壁或矩形结构四层板壁板材；16mm 登普板为矩形结构六层板壁板材（图 5-28），根据工程需要，还可以定制其他截面形式的板材。登普板标准颜色为透明，在满足最小订量和色样实验可行的情况下，可按要求生产雪色、茶色、蓝色、绿色、铝材灰色或其他颜色的登普板。

登普板采光天幕系统有一系列的配件供使用时选择，主要有以下配件。

① 登普专用连接管　登普板连接采用专用连接管，有聚碳酸酯连接管［图 5-29(a)］，宽度×高度为 24mm×30mm；铝连接管［图 5-29(b)］，表面氧化或喷粉，宽度×高度为 32mm×54mm。

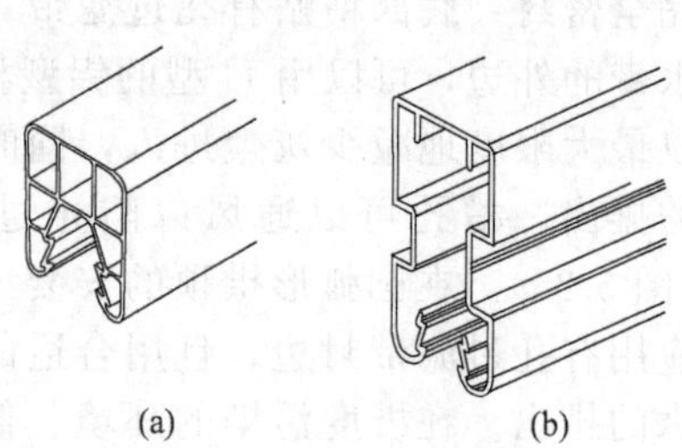

图 5-29 登普专用连接管

登普板及其专用连接管的原材料特性见表 5-5。登普板在挤压时采用共挤法添加防紫外线涂层在板材的外表层，可以防止板材氧化和紫外线辐射。

表 5-5 登普板及其专用连接管的原材料特性

项　　目	测试方法	数　值
密度/(kg/m³)	ISO R483	1.2
拉伸力/(N/mm²)	DIN 53455	65～70
23℃时的延伸率/%	DIN 53455	80～120
弹性系数/(N/mm²)	DIN 53457	>2300
23℃时锯齿连接管的弹性/(kJ/m²)	DIN 53453	>25
线膨胀系数/℃⁻¹	DIN 53752	7.0×10^{-5}

② 尾盖。由聚碳酸酯制造而成的尾盖［图 5-30(a)］，安装于聚碳酸酯专用连接管的末端；由铝合金材料制造而成的尾盖［图 5-30(b)］，安装于铝连接管的末端。

③ 钢扣。采用奥氏体不锈钢材料制成，用自攻紧固件固定在支架上，有直钢扣和曲钢扣两种（图 5-31）。

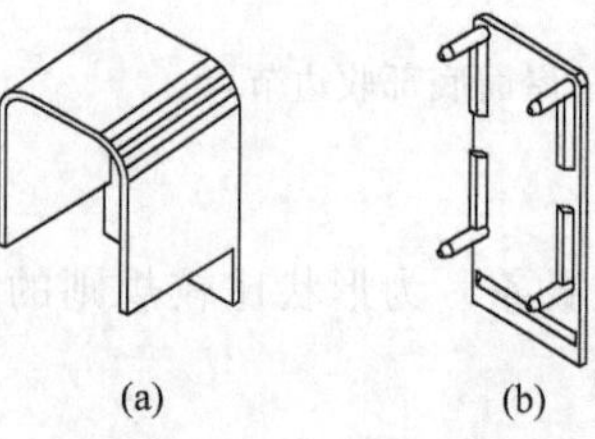

图 5-30 尾盖

④ 板材末端收边。板材末端收边采用透明聚碳酸酯收边［图 5-32(a)］和铝收边［图 5-32(b)］两种方式，在相同条件下，推荐使用铝收边，可以有效地避免污水对板材的污染；如果板材的尾端不外露，还需要使用专用封边胶带或同类产品对板材中空断面进行密封。

另外，登普连接系统还有其他一系列如密封泡沫、EPDM 胶条和各种紧固件等配件。图 5-33～图 5-35 为典型登普连接示意，安装时，钢扣一边扣住板材，一边用自攻螺丝或不锈钢钉固定在檩条上，再将另一块相邻板材扣住钢扣，将连接管压入。钢扣配件通过固定预留空间使登普板自由膨胀。

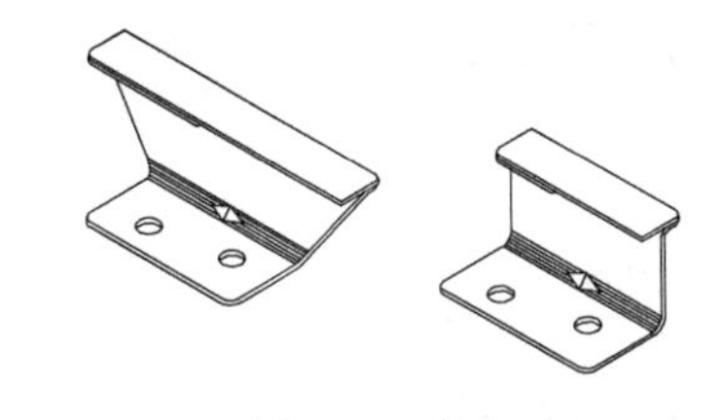

图 5-31　钢扣

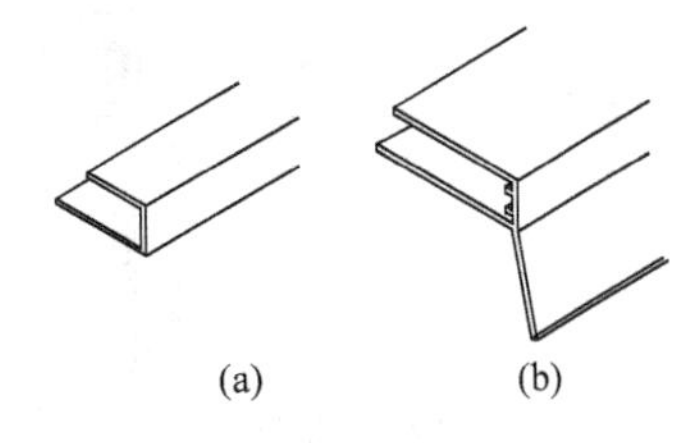

图 5-32　板材末端收边

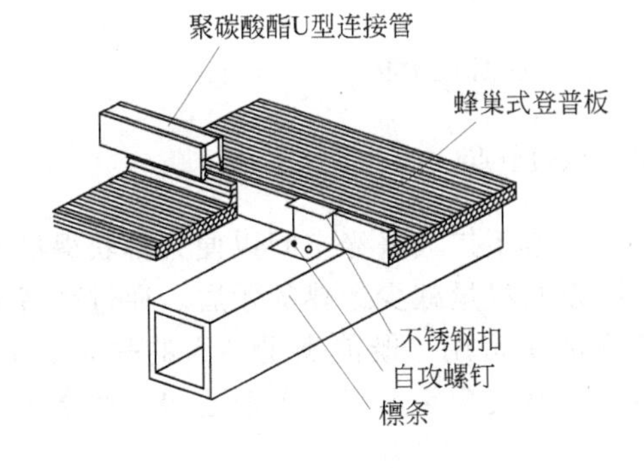

图 5-33　登普板连接原理图

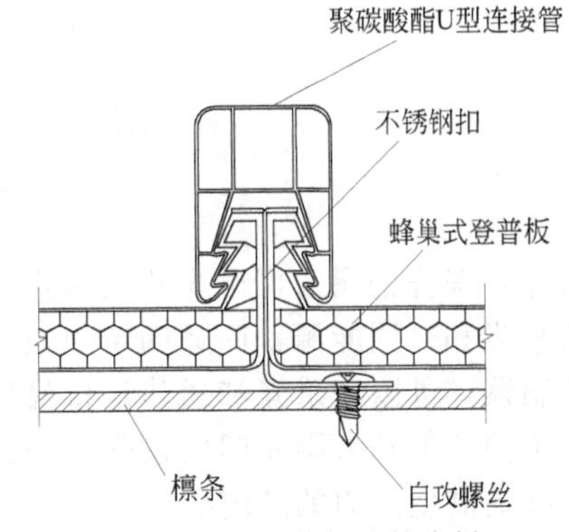

图 5-34　登普板连接大样

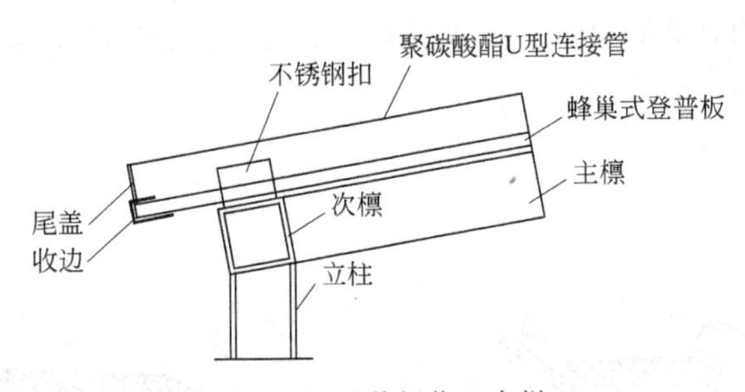

图 5-35　登普板收口大样

登普板的这种侧边锯齿状的结构使应用双层登普板的设计也变得更为方便。图 5-36～图 5-38 为双层登普板结构示意。

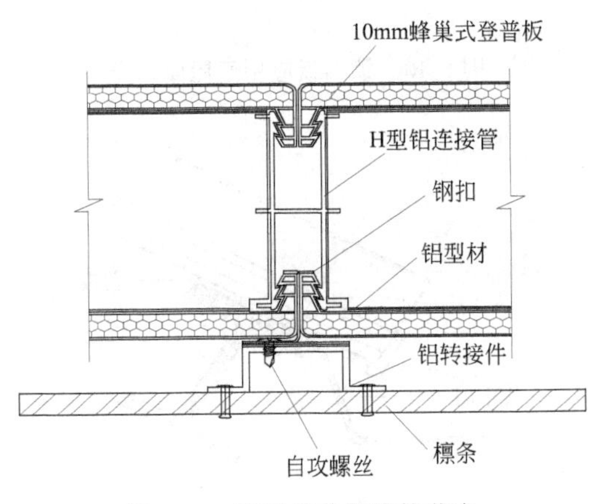

图 5-36　双层登普板连接节点

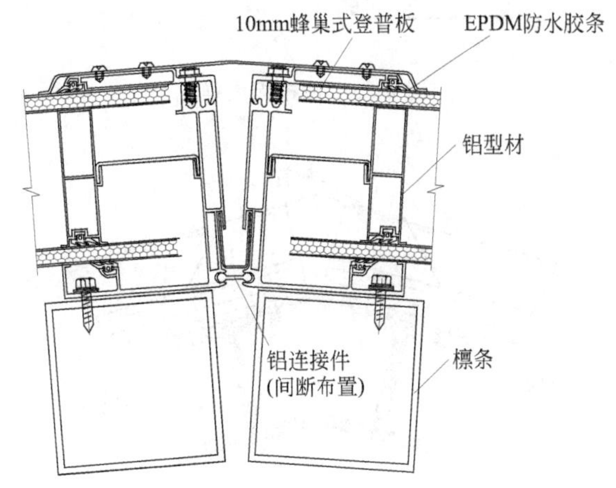

图 5-37　双层登普板屋脊处连接节点

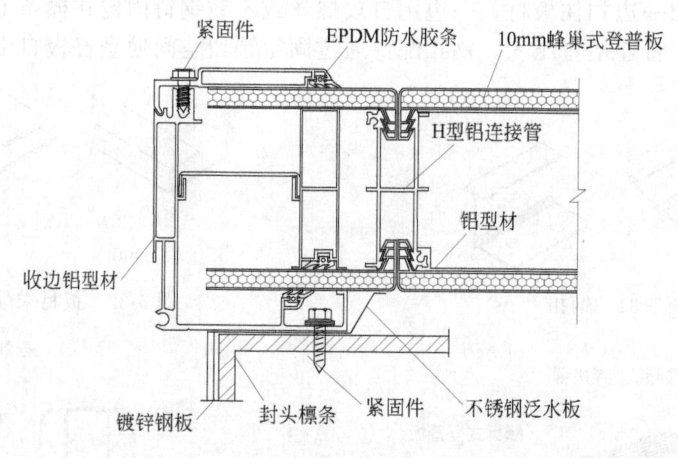

图 5-38　双层登普板檐口收边节点

另外，登普公司的可调光式天幕系统解决了设计师希望扩大采光空间以便天幕获得最大限度的采光和空调能源，而顾问希望减少天幕的范围以便尽量减少透热的矛盾。通过高智能感光控制器，可以令采光和透热保持最佳平衡，节省能源费用。既能满足冬天的采光要求，又不至于使夏天及太阳光照射最强时的透热量过多，能够使全年保持一个舒适的、适合居住的和能够提高生产力的环境。

2. GE 锁扣板

GE 公司生产的 LTP30A/4RS4000 锁扣板，具有自连接功能，安装方便，具有很好的防水功能（图 5-39～图 5-43）。

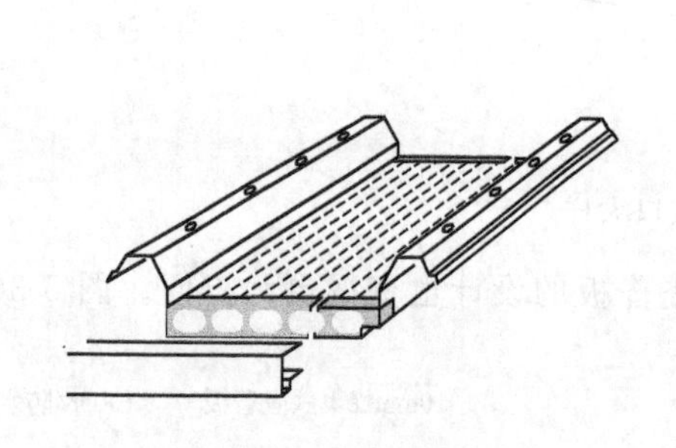

图 5-39　锁扣板大样

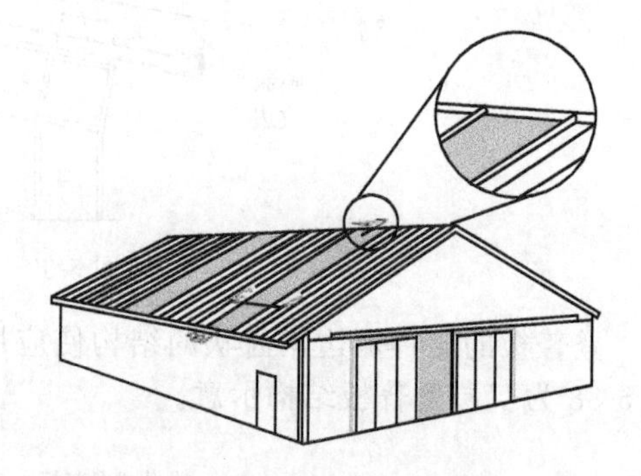

图 5-40　锁扣板应用于屋面采光

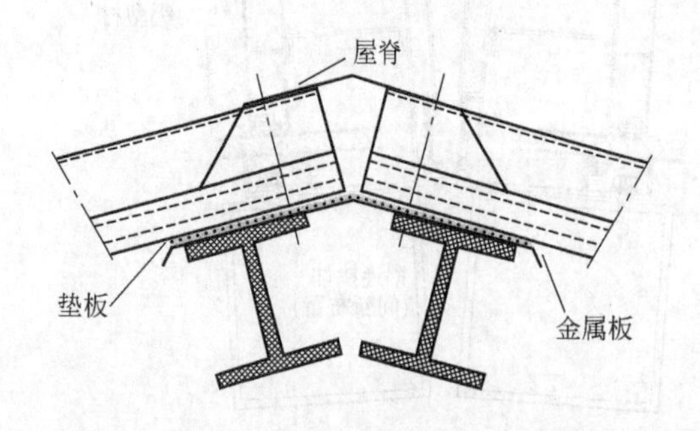

图 5-41　锁扣板屋脊处连接节点

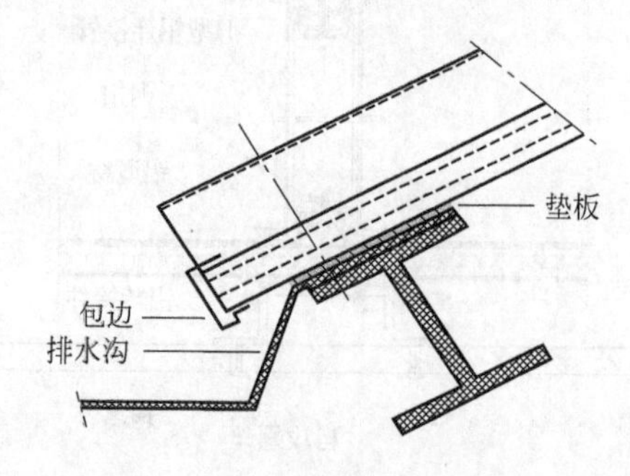

图 5-42　锁扣板檐口收边节点

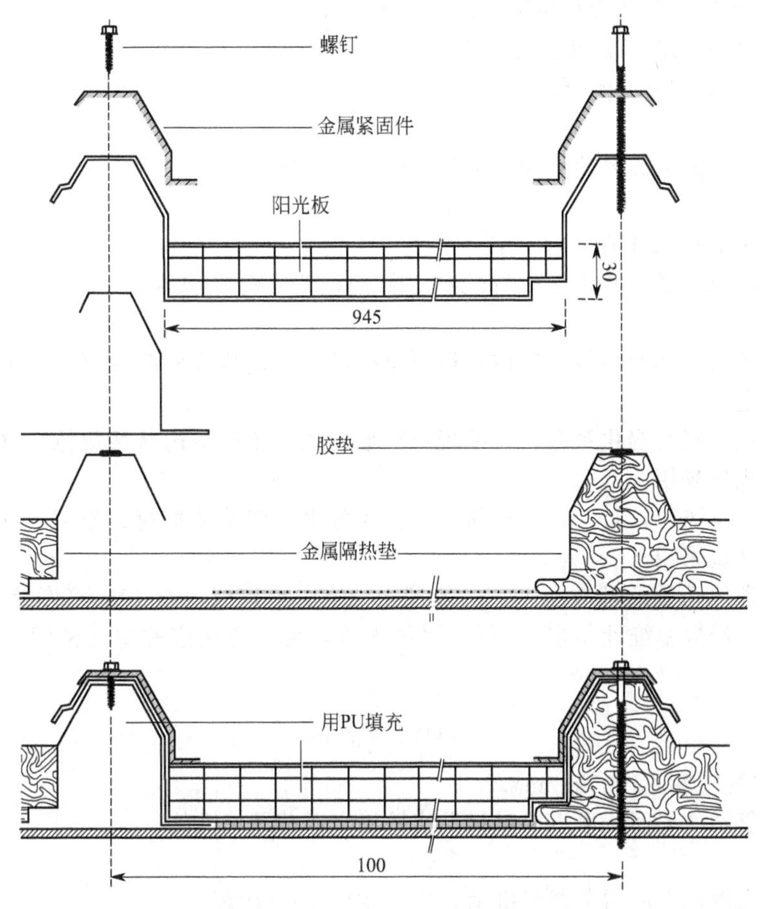

图 5-43　锁扣板安装原理图

第四节　聚碳酸酯板设计计算

参照屋面玻璃的定义，我们可以把与水平面夹角小于 75°的聚碳酸酯板帷幕定义为聚碳酸酯板屋面，与水平面平角大于 75°且小于 90°的 PC 板定义为斜聚碳酸酯板幕墙。两边支承的屋面聚碳酸酯板，应支承在板的长边。在永久荷载作用下，屋面聚碳酸酯板将产生挠度变形，变形后每块板的排水坡度不应小于 2%。

在设计屋面聚碳酸酯板时应计算以下荷载效应：永久荷载、风荷载、雪荷载和活荷载。屋面板的计算，通常不考虑地震作用，如果设计有特殊要求，则其值按照现行国家标准《建筑抗震设计规范》(GB 50011) 的规定采用。屋面聚碳酸酯板应按以下规定验算承载力。

承载力应符合式(5-6) 的要求：

$$\gamma_0 S \leqslant R \tag{5-6}$$

式中　S——荷载效应采用基本组合的设计值；

R——聚碳酸酯板的强度设计值；

γ_0——聚碳酸酯板重要性系数，应取不小于 1.0。

1. 永久荷载

屋面水平投影面上的玻璃板自重荷载标准值按式(5-7) 计算：

$$q_{Gk} = \gamma_g t \tag{5-7}$$

式中 q_{Gk}——聚碳酸酯板的重量标准值，N/mm^2；

γ_g——聚碳酸酯板的重力密度，N/m^3；

t——聚碳酸酯板的厚度，m。

2. 风荷载

屋面水平投影面上的风荷载标准值按式(5-8) 计算：

$$\omega_k=\beta_{gz}\mu_s\mu_z\omega_0 \tag{5-8}$$

式中 ω_k——风荷载标准值，kN/m^2；

β_{gz}——阵风系数，应按现行国家标准《建筑结构荷载规范》(GB 50009) 的规定采用；

μ_s——风荷载体型系数，应按现行国家标准《建筑结构荷载规范》(GB 50009) 的规定采用；

μ_z——风压高度变化系数，应按现行国家标准《建筑结构荷载规范》(GB 50009) 的规定采用；

ω_0——基本风压，kN/m^2，应按现行国家标准《建筑结构荷载规范》(GB 50009) 的规定采用。

基本风压即风荷载的基准压力，一般按当地空旷平坦地面上 10m 高度处 10min 的平均风速观测数据，经概率统计得出 50 年一遇最大值，再考虑相应的空气密度，按式(5-9) 确定的风压。

$$\omega_0=\frac{1}{2}\rho v_0^2 \tag{5-9}$$

式中 ρ——空气密度，$1.25kg/m^3$。

对于形状复杂的屋面，可以通过风洞实验确定风荷载标准值。

3. 雪荷载

屋面水平投影面上的雪荷载标准值，应按式(5-10) 计算：

$$S_K=\mu_r S_o \tag{5-10}$$

式中 S_K——雪荷载标准值，kN/m^2；

μ_r——屋面积雪分布系数；

S_o——基本雪压，kN/m^2。

基本雪压指雪荷载的基准压力，一般按当地空旷平坦地面上积雪自重的观测数据，经概率统计出 50 年一遇最大值确定。表 5-7 给出全国部分城市 50 年一遇的基本雪压，对于雪荷载敏感的结构，基本雪压适当提高，并应由有关的结构设计规范具体规定。

当城市或建设地点的基本雪压值在规范中没有给出时，基本雪压可根据当地年最大雪压或雪深资料，按基本雪压定义通过分析确定。当地没有雪压和雪深资料时，可根据附近地区规定的基本雪压或长期资料，通过气象和地形条件的对比分析确定。山区的雪荷载应通过实际调查后确定。当无实测资料时，可按当地邻近空旷平坦地面的雪荷载乘以系数 1.2 采用。

(1) 基本雪压　中国部分城市的基本雪压见表 5-6。

(2) 屋面积雪分布系数　屋面积雪分布系数应根据不同类别的屋面形式，按表 5-7 采用。

(3) 设计建筑结构及屋面的承重构件时，可按下列规定采用积雪的分布情况。

① 屋面板和檩条按积雪不均匀分布的最不利情况采用；

② 屋架和拱壳可分别按积雪全跨的均匀分布情况、不均匀分布情况和半跨的均匀分布情况采用；

③ 框架和柱可按积雪全跨的均匀分布情况采用。

表 5-6　中国部分城市的基本雪压

城　　市	基本雪压/(kN/m²)
北京	0.40
天津	0.40
上海	0.20
石家庄	0.30
张家口	0.25
承德	0.30
唐山	0.25
保定	0.35
沧州	0.35
	0.30
太原	0.35
大同	0.25
阳泉	0.35
临汾	0.25
运城	0.25
呼和浩特	0.40
满洲里	0.30
包头	0.25
赤峰	0.30
沈阳	0.50
锦州	0.40
鞍山	0.40
丹东	0.40
大连	0.40
长春	0.35
四平	0.35
吉林	0.45
通化	0.80
哈尔滨	0.45
齐齐哈尔	0.40
佳木斯	0.65
牡丹江	0.60
成都	0.10
昆明	0.30
贵州	0.20
乌鲁木齐	0.80
伊宁	1.00
喀什	0.45
郑州	0.40
许昌	0.40
开封	0.30
信阳	0.55
洛阳	0.35
济南	0.30
德州	0.35
烟台	0.40
威海	0.45
青岛	0.20
南京	0.50
徐州	0.35
镇江	0.35
南通	0.25
无锡	0.40
常州	0.35
杭州	0.45
宁波	0.30
温州	0.35
合肥	0.55
蚌埠	0.45
黄山	0.45
南昌	0.45
九江	0.40
西安	0.25
延安	0.25
兰州	0.15
酒泉	0.30
银川	0.20
西宁	0.20
长沙	0.45
岳阳	0.55
衡阳	0.35
武汉	0.50
宜昌	0.30

表 5-7　屋面积雪分布系数

项次	类　别	屋面形式及积雪分布系数 μ_r
1	单跨单坡屋面	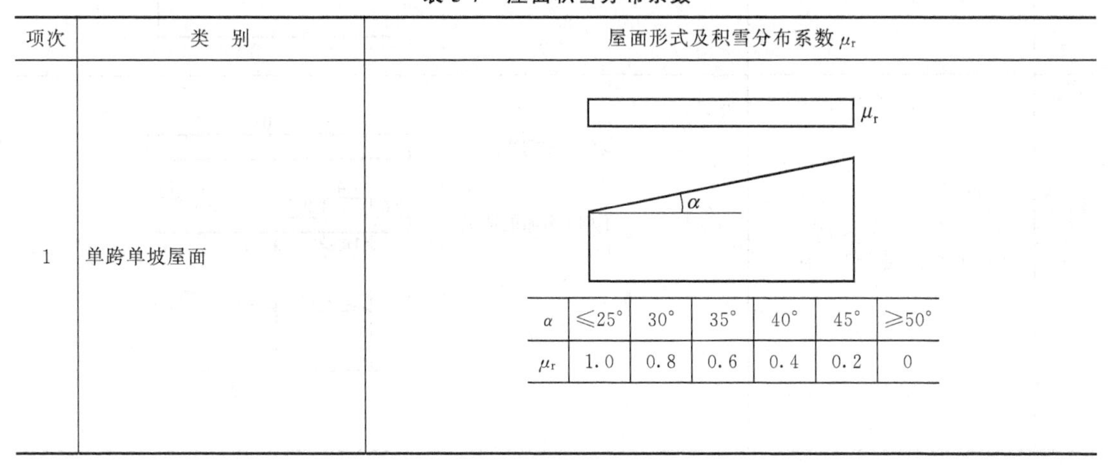

α	≤25°	30°	35°	40°	45°	≥50°
μ_r	1.0	0.8	0.6	0.4	0.2	0

续表

项次	类别	屋面形式及积雪分布系数 μ_r
2	单跨双坡屋面	均匀分布的情况 μ_r 不均匀分布的情况 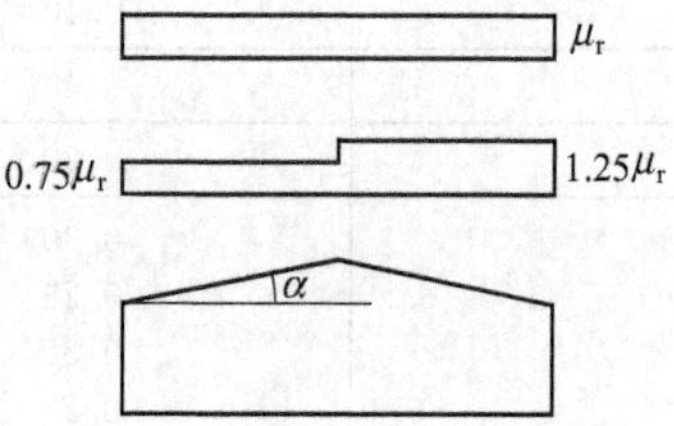 $0.75\mu_r$ $1.25\mu_r$ α μ_r 按第1项规定采用
3	拱形屋面	μ_r $\mu_r=\frac{l}{8f}$ $(0.4\leqslant\mu_r\leqslant1.0)$ 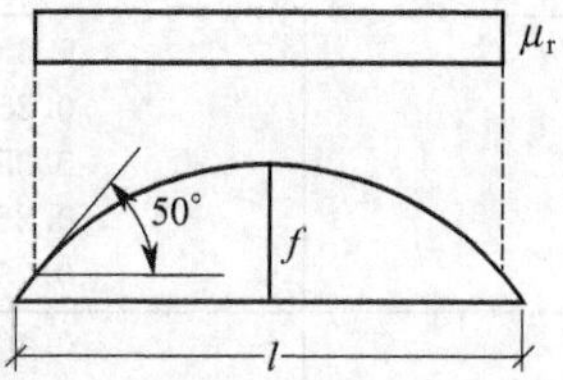 50°　f　l
4	带天窗的屋面	均匀分布的情况 1.0 不均匀分布的情况 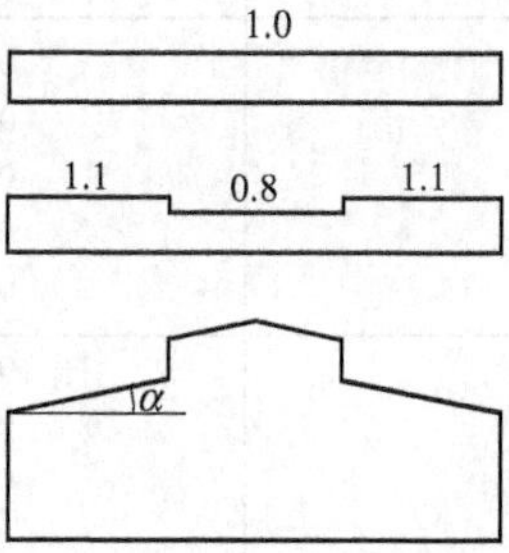 1.1　0.8　1.1 α
5	带天窗有挡风板的屋面	均匀分布的情况 1.0 不均匀分布的情况 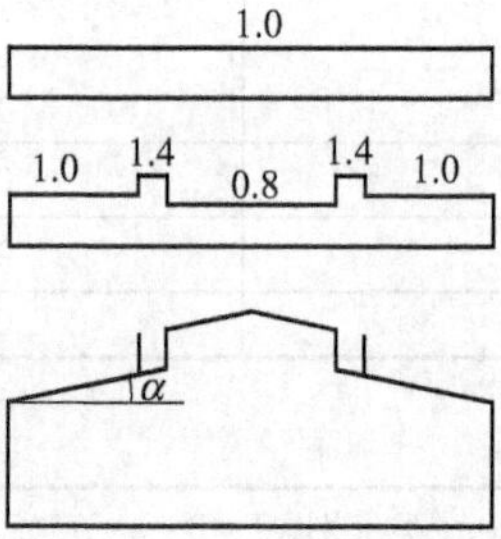 1.0　1.4　0.8　1.4　1.0 α
6	多跨单坡屋面(锯齿形屋面)	均匀分布的情况 1.0 不均匀分布的情况 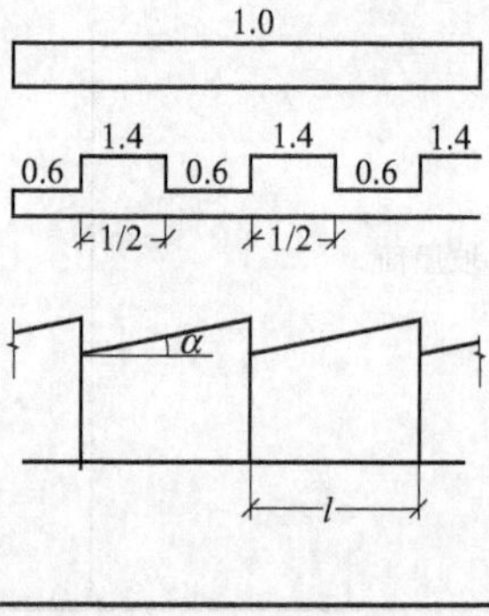 0.6　1.4　0.6　1.4　0.6　1.4 $l/2$　$l/2$ α l

续表

项次	类　别	屋面形式及积雪分布系数 μ_r
7	双坡双跨或拱形屋面	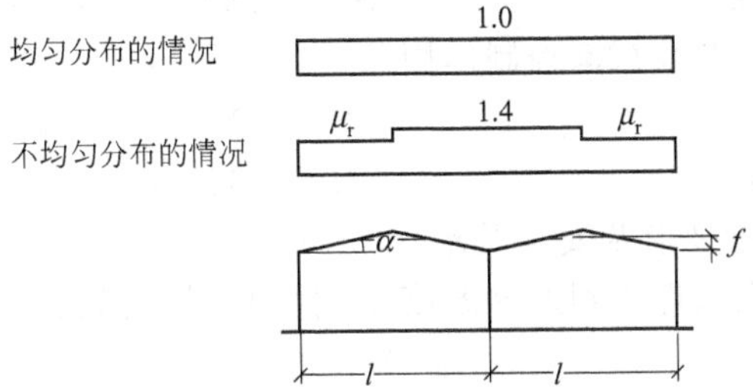 均匀分布的情况　1.0 不均匀分布的情况　μ_r　1.4　μ_r α　f　l　l μ_r 按第 1 或第 3 项规定采用
8	高低屋面	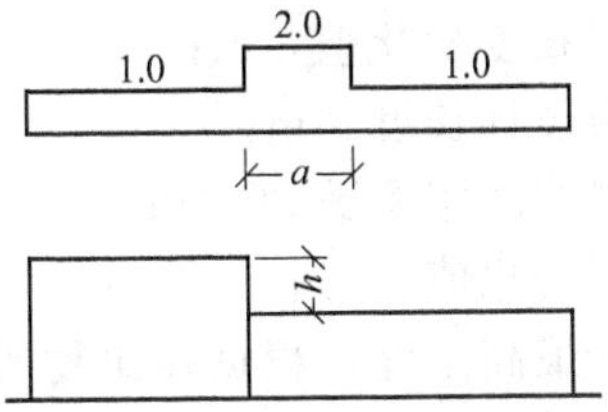 1.0　2.0　1.0 a h $a=2h$，但不小于 4m，不大于 8m

注：1. 第 2 项单跨双坡屋面仅当 $20° \leqslant \alpha \leqslant 30°$时，可采用不均匀分布情况。

2. 第 4、第 5 项只适用于坡度 $\alpha \leqslant 25°$的一般工业厂房屋面。

3. 第 7 项双坡双跨或拱形屋面，当 $\alpha \leqslant 25°$或 $f/l \leqslant 0.1$ 时，只采用均匀分布情况。

4. 多跨屋面的积雪分布系数，可参照第 7 项的规定采用。

4. 活荷载

对于上人屋面，应分别计算，取下列最不利情况：

① 聚碳酸酯板中心点直径为 150mm 的区域内，应能承受垂直于聚碳酸酯板为 1.8kN 的活荷载标准值；

② 居住建筑，应能承受 1.5kPa 的均布活荷载标准值；用于非居住建筑，应能承受 3kPa 的均布活荷载标准值。

对于不上人屋面的聚碳酸酯板，应分别计算，取下列最不利情况：

① 与水平面夹角小于 30°的屋面聚碳酸酯板，在聚碳酸酯板中心点直径为 150mm 的区域内，应能承受垂直于聚碳酸酯板为 1.1kN 的活荷载标准值；

② 与水平面夹角大于或等于 30°的屋顶聚碳酸酯板，在聚碳酸酯板中心点直径 150mm 的区域内，应能承受垂直于聚碳酸酯板为 0.5kN 的活荷载标准值。

屋面聚碳酸酯板在计算时一般考虑永久荷载、风荷载、活荷载和雪荷载及其组合，并取最不利的效应情况进行设计。当永久荷载起控制作用时，其分项系数取 1.35；可变荷载起控制作用，当永久荷载效应对结构有利时其分项系数取 1.0，当永久荷载效应对结构不利时其分项系数取 1.2。风荷载的分项系数取 1.4，组合系数取 0.6。屋面活荷载的分项系数取 1.4，组合系数取 0.7。雪荷载的分项系数取 1.4，组合系数取 0.7。按不同控制因素，共有以下 7 种情况。

(1) 风荷载起控制作用

工况一　$S=1.0S_{GK}+1.4S_{WK}$（负风压）　(5-11)

工况二　$S=1.2S_{GK}+1.4S_{WK}+0.7\times1.4S_{HK}$（$S_{HK}$为屋面活荷载效应标准值）　(5-12)

工况三　$S=1.2S_{GK}+1.4S_{WK}+0.7\times1.4S_{XK}$（$S_{XK}$为雪荷载效应标准值）　(5-13)

（2）屋面活荷载起控制作用

工况四 $$S=1.2S_{GK}+1.4S_{HK}+0.6\times1.4S_{WK}(\text{正风压}) \tag{5-14}$$

工况五 $$S=1.2S_{GK}+1.4S_{HK}(\text{负风压}) \tag{5-15}$$

（3）永久荷载起控制作用

工况六 $$S=1.35S_{GK}+0.7\times1.4S_{HK} \tag{5-16}$$

工况七 $$S=1.35S_{GK}+0.7\times1.4S_{XK} \tag{5-17}$$

5. 温度变形及安装误差

当屋面构件受到外界温度变化影响时，其长度将发生变化，这种变化可以按式(5-18)计算。

$$\Delta L=L\alpha\Delta T \tag{5-18}$$

$$\Delta T=t_{emax}-t_{emin} \tag{5-19}$$

式中 ΔL——材料长度变化值，m；

L——材料设计长度，m；

α——材料线膨胀系数，℃$^{-1}$；

ΔT——温度变化值，℃；

t_{emax}——设计最高温度，根据建筑物所在地区的历年最高温度取值；

t_{emin}——设计最低温度，根据建筑物所在地区的历年最低温度取值。

实际设计时，要考虑安装时的温度状态以及安装误差预留合理材料伸长量和收缩量。

【例 5-2】 某聚碳酸酯板屋面工程，所在地区建筑物表面最高温度取 $t_{emax}=40$℃，最低温度取 $t_{emin}=-10$℃，安装时环境温度为 $t_0=20$℃。已知聚碳酸酯板的最大长度为 $L=6$m，安装误差为 $\delta=4$mm，线膨胀系数为 7×10^{-5}℃$^{-1}$，计算聚碳酸酯板安装时需预留的板伸长间隙 ΔL_l 及收缩间隙 ΔL_s。

【解】 聚碳酸酯板伸长量：

$$\Delta L_l=L\alpha(t_{emax}-t_0)=6\times7\times10^{-5}\times(40-20)\times10^3=8.4\text{mm}$$

聚碳酸酯板的收缩量：

$$\Delta L_s=L\alpha(t_0-t_{emin})=6\times7\times10^{-5}\times(20+10)\times10^3=12.6\text{mm}$$

$$\Delta L_l+\delta=8.4+4=12.4\text{mm}$$

$$\Delta L_s+\delta=12.6+4=16.6\text{mm}$$

故安装时的预留伸长间隙应大于等于 12.4mm；预留收缩间隙应大于等于 16.6mm。

第五节 聚碳酸酯板屋面的施工工艺

一、施工准备

（1）聚碳酸酯屋面安装前应对建筑主体工程尺寸是否符合有关结构施工及验收规范的规定进行复核，屋面聚碳酸酯板工程分格轴线的测量应与主体结构测量相配合，其偏差应及时调整，不得累积，测量应在风力不大于 4 级时进行。

（2）凡在安装过程中会对聚碳酸酯板造成严重污染或可能导致板材损坏的分项工程，应安排在聚碳酸酯板安装前完成，否则应采取严格有效的保护措施。

（3）聚碳酸酯板屋面工程施工前应编制专项施工组织设计，并与总承包方的施工组织设计相衔接。

（4）聚碳酸酯板屋面的材料、零附件和结构构件等应符合设计要求，进场时应提交产品质量证书，安装前均应进行检验与校正，不合格品不得进行安装使用。进场的材料、零配件和构件应分类存放，聚碳酸酯板应在水平托架上专门存放，室外堆放时，应有保护措施。

(5) 应检查是否完全具备施工条件，包括施工图纸、技术交底等技术准备，材料供需计划、采购、供料等施工材料准备，施工用水、电、道路、场地等现场条件准备，确定现场管理机构、制定人员供需计划等施工队伍准备，确定施工方法、施工机具、施工设备的要求数量等施工设备准备等各方面，还应会同总承包单位检查现场情况，在符合施工条件的情况下可以进行屋面的安装工作。

(6) 聚碳酸酯板的标志和包装

① 在中空板明显部位应贴上或印上产品标志，其内容包括：制造厂名和商标，产品名称，产品规格及标准编号，抗紫外线表面标志，出厂日期或编号。

② 中空板的表面应有覆膜保护，并有适当的外包装。外包装应注明产品名称、制造厂名及“防晒、防雨、防撞击”等标志。

(7) 聚碳酸酯的运输和储存

① 运输聚碳酸酯板时要注意不要擦伤板面，损坏边缘，不得与腐蚀介质接触，聚碳酸酯的运输和存放要水平地放在一块尺寸不小于聚碳酸酯板面的坚固水平托盘上；在运输和工地加工时，板材必须牢固地固定在托盘上；可以堆叠板材，长板在下，短板在上，不能有悬空。

② 用叉车移动托盘时，一般使用长度等于或大于板材宽度的叉。叉短而托盘宽可能会对板材造成损坏。

③ 聚碳酸酯板在出厂时，板材两面都覆有保护膜，这个保护膜应该在实际安装前去除，板材应该保存在通风干燥的室内，平整堆放，避免太阳光直晒和雨淋。板材储存期间，严禁与腐蚀介质放在一起，并远离热源。

④ 即使板材有保护膜，也要避免将板材长期放在雨中，因为水会渗透到中空板材的孔格内；长时间曝晒在日光下会导致热量积聚，保护膜软化并熔融在板材表面，很难再揭掉。

⑤ 避免将板材无包装且端口不密封存放。

⑥ 不要把吸热或热导性好的材料和板材一起放置或放在板材之上（如金属型材或网管、钢板等），它会蓄积和传导过度的热量，对板材造成损坏。

⑦ 当必须在露天环境下储存板材时，应用白色不透明聚乙烯板、纸板或其他隔热防雨材料完全覆盖好。

二、安装

聚碳酸酯板屋面工程的安装工艺流程一般如下：测量放线→复检主体结构尺寸→偏差修正处理→安装支承件→安装主龙骨→安装次龙骨→安装聚碳酸酯板→安装排水系统→收边处理→清洗→自检→验收。

因具体工程的屋面构造不同，安装工艺也会有所区别，应按照专门针对此工程的施工组织设计，合理确定安装工艺过程，做好每个安装环节的交接工作。

(1) 材料、零配件和构件在搬运和吊装时不得碰撞、剐蹭，应有保护措施。

(2) 构件现场拼装和安装中对连接附件进行辅助加工时，其位置、尺寸应符合设计要求。

(3) 安装时，面积较大的屋面工程应划分安装单元区域，当安装完一个区域时应及时进行检查、校正和固定，调整构件位置偏差在允许范围内。

(4) 聚碳酸酯板的切割和钻孔工艺　聚碳酸酯板在安装时要将定制板材切割成所需的尺寸和形状，加工成屋面安装所需的构件，必然会涉及切割和钻孔等加工工艺。

① 聚碳酸酯板可以用标准的木材或金属加工设备进行切割，采用为塑料板特别设计的锯片会具有最佳效果。圆锯、带锯或曲线锯都可以使用，但在切割时要注意慢速进锯，手工钢锯也可以用于切割。

② 走锯时一定要固定好板材，用空气压缩机或真空泵随时清理切割时产生的碎屑和灰尘。

(5) 聚碳酸酯板材料在安装时需要进行下面的工作。

① 聚碳酸酯板应顺骨架方向安装，使水滴下滑，板顶边应用防渗、防尘铝箔带密封，板底边用特制有孔透水式铝箔带封底可使冷凝水外流。

② 板材带有 UV 保护层的一面朝向室外。

③ 必须为聚碳酸酯板材的热膨胀预留空间，并确保足够的槽深。

④ 密封系统分为干式系统（使用 EPDM 或其他相容性胶条）和湿式系统（使用认可的中性硅硐密封胶）两种，聚碳酸酯板不可以用 PVC 材料进行密封或者使用 PVC 垫圈，因为从 PVC 中析出的添加剂会使板材表面出现裂纹，甚至破裂。

⑤ 用剪刀或钻孔工具按所需尺寸剪裁后，再沿每边揭去大约 50mm 的保护膜，以使用专用胶带封口，其余的等到完工后再撕去，还要注意的是，所有敞开的边缘应封上适当的胶膜以免水、灰尘或其他杂质侵入。如果工厂采用临时胶带封口，应该先撕除后再贴专用胶带。

⑥ 沿板材长边揭起保护膜 80～100mm，以便板材边部固定在型材系统时不会压住保护膜。

⑦ 在实质性安装板材前再揭掉板材下面的保护膜，过早揭掉保护膜可能会导致加工过程中损坏板材。

⑧ 整个采光工程安装完毕立即揭掉板材外面的保护膜，或者只短暂保留，因为保护膜在阳光曝晒的情况下有可能熔化而粘连在板材表面，无法揭掉，导致板材质保承诺失效。

⑨ 确保根据具体应用情况使用适当的封口胶带。例如，在弯曲安装的情况下，因为板材两端开口均向下，所以两端都使用专用透气胶带封口。注意对端部封口胶带的保护，避免在安装型材时损坏，可以采用聚碳酸酯或铝合金型材进行保护。

⑩ 聚碳酸酯板弯曲不能小于其最小弯曲半径，中空板材只可以冷弯，不能热弯。6mm 以下厚度实心板材可以冷弯或热成形，8mm 以上厚度则需要热弯。

三、清洗和维护

屋面交付验收后，使用单位应定制维护保养计划，定期维护。按照正确地步骤和用适合的工具定期清洁，能延长聚碳酸酯板的使用寿命。

(1) 小范围的清洁　可以先用温水漂洗，然后用中性肥皂水或家庭用洗涤剂及温水、软布或海绵除去污垢，再用冷水冲洗，用软布拭干，防止水斑。

(2) 大范围的清洁　用水龙头或高压水枪冲洗表面，水中的附加物应与聚碳酸酯板的化学性相容。

(3) 溶剂　聚碳酸酯板可以用无水乙醇、石油醚、已烷、庚烷等溶剂清洗。一般在交货验收时，厂家会提供板材清洗推荐用溶剂。

(4) 注意事项　板材表面不要打磨或使用高碱洗涤剂。对于表面有抗紫外线涂层的板材，不能用丁基溶纤剂和异丙醇，需要加入清洁剂和溶剂的，需要先确认清洁剂和溶剂与板材及涂层的相容性，确保不会破坏涂层。不能用刷子、钢丝团和其他磨损性材料清洗。

四、聚碳酸酯板安装时的安全措施

① 不要站在檩条间或采光框架中间的板材上，如果需要，尽量站在有支承骨架的地方，因为集中荷载导致的变形可能会使板材从型材中抽出。

② 安装屋面聚碳酸酯板时，应在屋面上设置梯子或防滑踏板，不能直接站在聚碳酸酯板上。

③ 由于板材质量较小，在所有板材安装就位没固定前要考虑阵风的影响，防止板材被风掀掉，造成损失或人员伤害。

五、聚碳酸酯板屋面其他附件的安装

① 排水系统材料应可靠固定，板面按设计要求找出坡度，板材拼接处连接可靠，满足防水要求。

② 雨水槽出水口与落水管连接处应进行密封处理。

③ 封口处应按设计要求进行封闭处理。

④ 安装用的临时螺栓等，应在构件紧固后及时拆除。

⑤ 采用现场焊接或高强度螺栓紧固后应及时进行防锈处理。

⑥ 聚碳酸酯板不得与构件直接接触，应按设计要求加装一定数量的垫块。

⑦ 对于干式装配，胶条的接缝处应按照设计要求将胶条切割成合适的角度后拼接，保证接缝处的密封效果。

⑧ 对于湿式装配，密封胶的施工还应符合下列要求：聚碳酸酯板全部调整好后或一个单元区域调整好后，应进行平整度的检查，合格后方可打胶；密封胶不宜在夜晚、雨天打胶，打胶温度应符合设计要求和产品要求，打胶前应使打胶面清洁、干燥；密封胶应均匀挤压，施工完毕后应进行养护和保护。

对于没有国家标准的工程，可以参照现有的《屋面工程质量验收规范》及结构设计规范编制针对工程的工程质量验收标准，并经相关部门批准后备案，依照标准进行验收操作。

第六节 工程实例

一、上海铁路南站主站房聚碳酸酯板透光屋面系统

现以目前国内最大的圆形透光屋面系统，也是目前世界最大的单体圆形火车站站房——上海铁路南站主站房屋面系统为例，介绍一种新型的多层构造聚碳酸酯板屋面系统的构成、节点设计、计算及安装工艺。希望能为类似聚碳酸酯板屋面系统的设计提供参考。

上海铁路南站集铁路、轨道交通、高架、公交、人行等多种出行方式于一体，是上海西南大型交通枢纽。为充分体现“以人为本”的设计理念，其主站房设计为建筑直径约 270m 的圆形，使各方向的行人能以最短的距离到达主站房内的目的地，屋面面积约 58000m^2，外形宛如一把撑开的巨伞，为匆匆来往的行人遮风挡雨。屋面主体结构径向是沿中心轴线呈放射状均匀布置的十八榀异形梁（图 5-44）；环向由截面尺寸不一的上下弦管与 H 型钢焊接而成的环梁，通过法兰连接盘与径向异形梁连接；屋面中央部位为一直径约 26m 的承压环；用交错的拉杆体系来增强结构的整体稳定性。屋面呈放射状且微翘的线条，给人以全开放式的空间观感（图 5-45）。

图 5-44 主站房屋面形态

图 5-45 屋面主体钢结构形状

1. 屋面建筑设计

屋面系统由外向内依次采用百叶遮阳层、聚碳酸酯板防水层、穿孔板吊顶层三层设计。

屋面除挑檐部分外，其余均为火车站封闭大厅的屋顶。所以屋面要做到100%防水，对屋面保温也有较高的要求，此外还要有遮阳、防雷功能，要具备清洗维护体系。

屋面建筑设计要求达到晶莹剔透的效果，因此设计时，将屋面系统悬挂于主体结构上以减少支承，避免遮挡视线，达到最大的通透度，使人们透过屋顶望天空时，就像透过屋面天窗看天空一样清晰、明亮。

圆形屋顶最关键的材料采用的是GE塑料集团生产的Lexan聚碳酸酯板，这种先进板材的透光率超过75%，在天气晴好的白天，不开灯也能保证站内的亮度。表5-8为屋面设计基本参数。

表 5-8 屋面设计基本参数

温度变化	活荷载	屋面倾斜角度	正风压	基本雪压	负风压		支承间跨度
					中央部分	出挑部分	
±40℃	500Pa	13°	900Pa	200Pa	1600Pa	2500Pa	3.80m

2. 聚碳酸酯板防水系统

(1) 聚碳酸酯板　此项目屋面防水层采用中空LT-PXP30/3RV4.4-V型截面带90°飞翼的聚碳酸酯板（图5-46），水晶颜色，它具有高透光率、抗冲击性强、强度高、质量小的优点，能够拟合复杂的曲面形体。968mm的跨中挠度为40mm时，板仍然处于弹性范围内，板材外表面采用化学镀层处理方法加有高效抗UV涂层，使产品具有更佳的耐候性能，能有效地防止板材变黄及透光率下降。其防紫外线功能在实验室中用加速老化工艺核实，透光率为大于75%，10年后透光率的减少不会少于6%，表5-9为飞翼板产品技术参数。

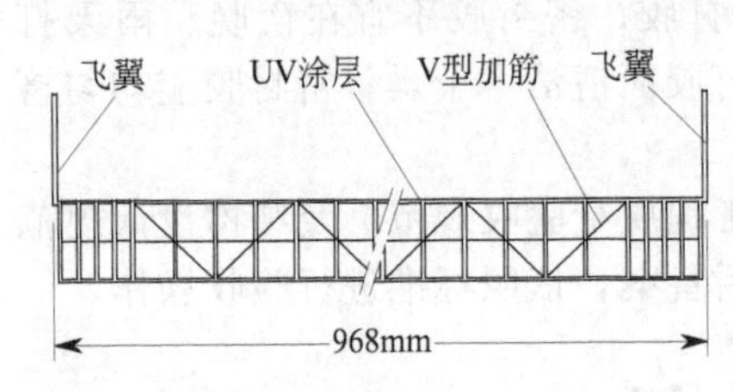

图 5-46　阳光板截面形式

此工程采用的聚碳酸酯板为挤压三层中空结构，在每块板的端头用带有微孔的专用防尘胶带封闭，避免灰尘污染中空部位，微孔可以让空气流通，防止在板内侧出现结露和局部霉斑，在防尘胶带的外侧还安装有铝合金型材，防止大量雨水流入。

表 5-9 飞翼板产品技术参数（LTPXP30/3RV4.4）

产品单位面积质量/(kg/m²)	板宽/mm	最小长度/mm	最大长度/mm	板材厚度/mm	飞翼长度/mm	飞翼厚度/mm	板材侧壁厚度/mm
4.40±0.010	964±2	6500^{+30}_{-0}	11800^{+30}_{-0}	30^{+1}_{-0}	30±2	$1.30^{+0.2}_{-0}$	$0.70^{+0.2}_{-0}$
板材顶层壁厚/mm	**板材中层壁厚/mm**	**板材底层壁厚/mm**	**竖筋厚度/mm**	**飞翼与板材面夹角/度**	**飞翼圆角半径/mm**	**板材底部与侧壁圆角半径/mm**	**板材UV保护涂层**
$1.05^{+0.2}_{-0}$	$1.05^{+0.2}_{-0}$	$1.05^{+0.2}_{-0}$	$0.70^{+0.2}_{-0}$	$90^{+5}_{-0.5}$	$R_2{}^{+3}_{-0}$	$R_1{}^{+2}_{-0}$	板材顶面

作为屋顶采光材料，中空板材经常要经受恶劣的气候如暴风雨、冰雹、风、雪和冰冻。在这种条件下，重要的是产品不破裂，且随后天气变晴时也不破不折。由于LTPXP30/3RV4.4型聚碳酸酯板的特殊截面形式为专门为此工程设计，除了GE通用公司采用国外的相关标准对相关属性做了测定之外，上海市建筑材料及构件质量监督检验站对其性能也进行了试验检验，此种截面中空板材的典型性能参数见表5-10。

(2) 防水构造　屋面采用经过证实的100%防漏水的连续连接法，做到100%结构防水。采用“以防为主，以排为辅，防排结合”的二次防水设计，并综合考虑主体钢结构的布置、屋面的功能要求、材料加工、安装工艺以及建筑效果等多方面因素。

屋面总圆形平面分为36等份，每个等份部分的圆周角为10°。聚碳酸酯板按总的斜撑方向形成对角线分布，一直铺设到挑檐部分，这样可以保证每块板材有足够的排水坡度。在两

表 5-10　飞翼板产品性能参数（LTPXP30/3RV4.4）

性　能	隔声/dB	可见光透射比/%	导热系数❶/[W/(m²·K)]	热膨胀系数/℃⁻¹	长期使用最高温度(建议)/℃	洛氏硬度
测试结果	21	82.81	2.3	7×10^{-5}	100	94
测试标准	DIN 52210	GB/T 2680	NEN 2444/TNO	VDE 0304/1	UL746B	GB/T 9342
性　能	拉伸屈服强度/MPa	弯曲强度/MPa	热变形温度/℃	透光率/%	模拟雹击/(m/s)	
测试结果	58	89	125	75	>21	
测试标准	JG/T 116	JG/T 116	JG/T 116	ASTM D 1003		

格檩条之间的对角线距离约为 4m。由于板的长度不能超过 12m，所以板长方向可以组合，但要保证连接节点的防水性能。

聚碳酸酯板屋面纵向和横向接缝处，通过铝型材、聚碳酸酯板纵向飞翼、密封胶条及密封胶进行防水（图 5-47、图 5-48）。表层的水沿聚碳酸酯板表面流向径向水沟与环向主水沟，再通过虹吸排水快速而有效地排出（图 5-49）。从聚碳酸酯板接缝中渗漏出少量的水，可以通过纵向型材及横向型材的排水空腔流到主梁侧边的水槽及径向水沟中，最终汇集到环向主水沟，通过虹吸排水快速而有效地排出（图 5-50）。

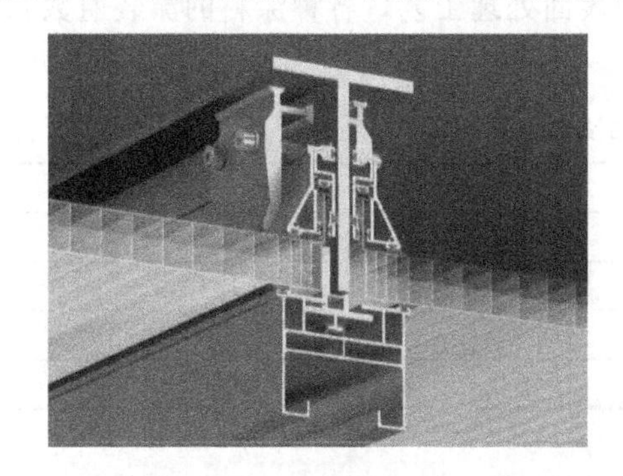

图 5-47　聚碳酸酯板纵向连接

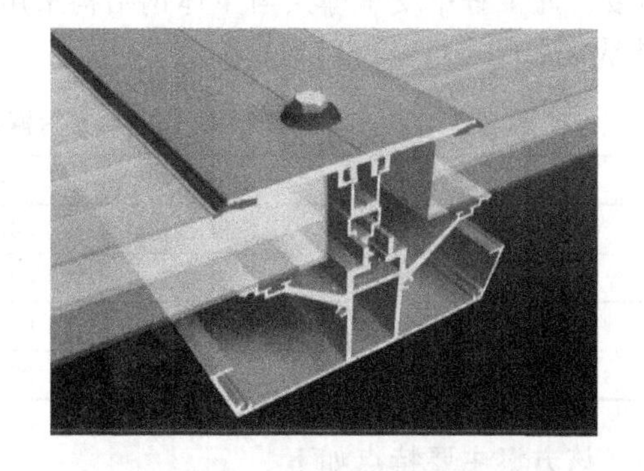

图 5-48　聚碳酸酯板横向连接

十八条放射状径向水沟和一条环向主水沟通过抱箍和连接板连接在主体钢结构上，聚碳酸酯板与水沟边缘搭接，板材边缘粘贴专用防尘胶带及用收边铝型材密封，即使在刮大风时也不会让雨水进入建筑物内部。板材与主梁侧边水槽也采用同样的搭接方式。

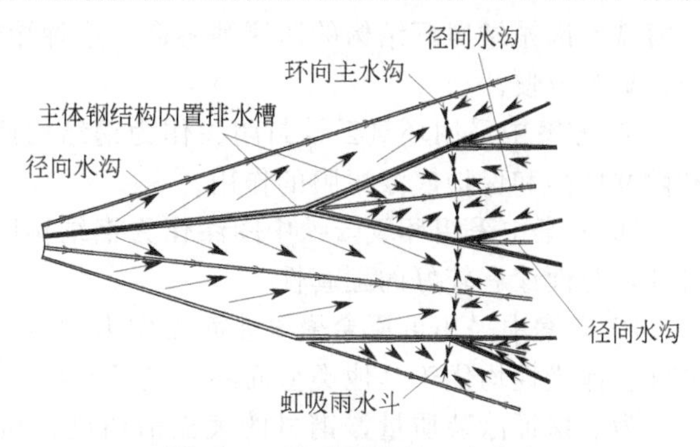

图 5-49　聚碳酸酯板一次防水

聚碳酸酯板防水层的支承檩条采用 T 型钢，纵向连接节点的铝合金托条通过连接型材与 T 型钢连接，连接型材与 T 型钢之间的尼龙垫块起隔热、防腐作用。为了保证防水体系的连续性，T 型钢接头采用对接焊接，保证在一个防水单元内部无断点；环向铝合金型材及铝合金托条在一个防水单元内也均为通长构件，中间无断点，尽量减少接头，避免渗漏的可能。

各导水槽的连接处是整个屋面防水的重点，通过设计合理的型材断面及切口形式进行搭

❶ 即“热导率”，为照顾行业习惯本书仍使用“导热系数”这一称谓。

接，使屋面的水能顺畅排出。

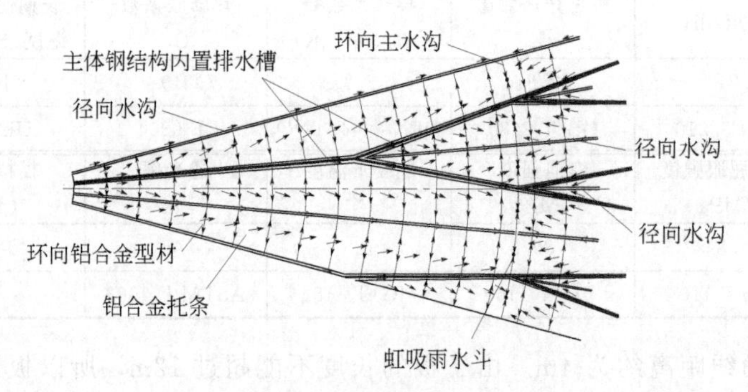

图 5-50　聚碳酸酯板二次防水

(3) 钢材表面防腐处理　屋面连接件的防腐性能，也是评定屋面防水性能的一个重要指标。上海铁路南站站房地处上海，为亚热带海洋性气候，年平均气温较高，空气湿润，光照强烈，腐蚀的发生较为活跃。主要自然腐蚀介质是氯离子、水汽和强烈的紫外线照射，同时此工程中由于主体钢结构及屋面支承檩条外露，因此钢结构及钢连接件的表面防腐处理尤为重要。此工程中支承檩条与主体钢结构采用相同的表面处理工艺，各种涂料的涂装遍数和涂层厚度见表 5-11。

表 5-11　支承檩条各种油漆涂层厚度值

油　漆　种　类	干膜厚度	理论涂布率/(g/m²)
LS-1 水性无机富锌漆	50μm×2	440.5
H53-42 环氧云铁封闭漆	40μm×1	120
842 环氧云铁中间漆	60μm×1	180
S43-31 可覆涂聚氨酯面漆	35μm×2	161

该方案主要特点如下。

① 方案中采用高科牌 LS-1 水性无机富锌漆作为钢结构防锈底漆，是从钢结构防腐蚀年限来考虑，LS-1 水性无机富锌漆耐盐雾试验 10000h，而老化试验 10000h，从根本上保证了上海铁路南站站房钢结构的防腐蚀寿命。这种涂料可带涂料焊接而不影响焊接质量，从而使施工更为方便。

② 方案中采用环氧云铁封闭漆作为钢结构防腐蚀涂层的封闭层，可以起到封闭底漆的孔隙并增强和保护底漆漆膜的作用。

③ 方案中采用环氧云铁中间漆作为钢结构防腐蚀的中间层，可以避免在涂面漆时出现针孔，与面漆有较好的配套性。

④ 方案中采用可覆涂聚氨酯面漆作为钢结构的保护面漆，是因为可覆涂聚氨酯面漆耐磨性、保光性均优于其他类型面漆，光泽度高，并且耐候性、耐湿热性优异。

为了保证涂装质量，钢材的表面清洁度、粗糙度应达到设计要求，膜厚应符合标准要求；不同性质涂料，对构件有拼装焊缝要求的，必须每一性质涂料留出 50mm 过渡区；不能在雨天、雾天、雪天的天气进行露天涂装作业，相对湿度大于 85%不宜施工；夏季太阳光直射，底材温度大于 60℃时不能施工，冬季气温低于 5℃时暂停涂装；施工前必须检查、核对涂料牌号、批号，禁止使用过期产品和未经同意的产品替代。

(4) T 型钢与主体钢结构的连接　为了对主体钢结构表面防腐蚀的保护，T 型钢与主体钢结构的连接采用抱箍的方式(图 5-51)，在抱箍与主体钢结构之间加绝缘三元乙丙橡胶垫。

节点设计时，按照不同的角度将不锈钢抱箍进行分类编号，按照编号位置进行安装。

T型钢采用U型螺栓抱箍悬挂在主体钢结构下弦管上，连接点处开长孔，以利于调节其与弦管间的角度，确保聚碳酸酯板能够安装到设计要求的位置。

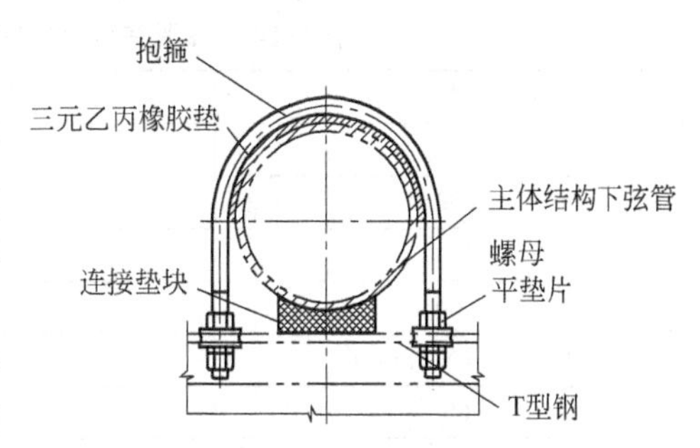

图 5-51　T型钢与主体钢结构的连接

(5) 聚碳酸酯板变形应力分析　板材料特性：弹性模量 2400MPa；泊松比 0.38。运用 ABAQUS FEM 软件对聚碳酸酯板进行非线性弹性有限元分析。板材宽度 964mm，板材长度取 8m，肋间距 16.11mm，肋厚度 0.7mm。

计算模型模拟图 5-52 板材的固定情况，根据安装节点设计，安装完成后聚碳酸酯板在 Z 方向的位移被约束，分别假设飞翼在 X 方向的最大位移为 2mm、3mm、6mm 时计算板的最大内应力及挠度。

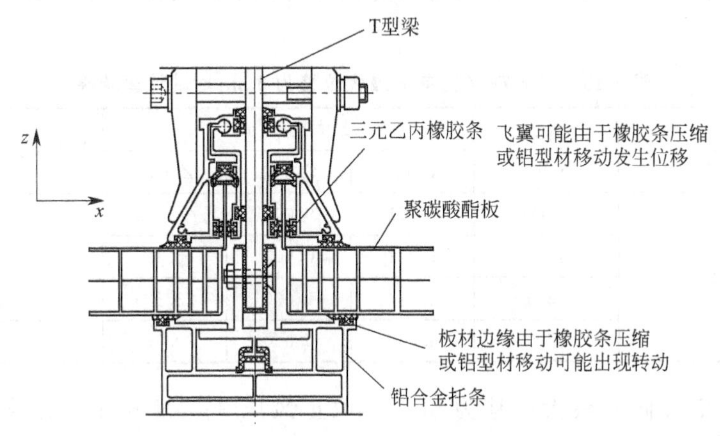

图 5-52　聚碳酸酯板固定情况

① 飞翼在 X 方向的最大位移为 2mm。取正风压 $3500N/mm^2$，计算得最大应力为 22.00MPa，最大挠度为 23.17mm。表 5-12 为板材最大位移为 2mm 时正风压下最大挠度及应力。

表 5-12　板材最大位移为 2mm 时正风压下最大挠度及应力

板类型	荷载/(N/mm^2)	最大挠度/mm			最大 Von Mises 主应力/MPa
		X方向	Y方向	Z方向	
LTPXP30/3RV4.4-V	3500	3.511	0.000	23.170	22.000

取负风压 $3500N/mm^2$，计算结果最大应力为 21.44MPa，最大挠度为 23.11mm。表 5-13 是板材最大位移为 2mm 时负风压下最大挠度及应力。

表 5-13　板材最大位移为 2mm 时负风压下最大挠度及应力

板类型	荷载/(N/mm^2)	最大挠度/mm			最大 Von Mises 主应力/MPa
		X方向	Y方向	Z方向	
LTPXP30/3RV4.4-V	3500	1.957	0.000	23.110	21.440

综上，考虑飞翼在 X 方向的最大位移为 2mm 时的计算结果见表 5-14。由表格可知，在正风压和负风压作用下聚碳酸酯板的挠度和应力大致相同。

表 5-14　飞翼在 X 方向的最大位移为 2mm 时的计算结果

正风压/(N/mm²)	挠度/mm	最大内应力/MPa
900	6.737	5.576
1600	11.643	10.016
2500	17.412	15.729
3500	23.170	22.000
负风压/(N/mm²)	挠度/mm	最大内应力/MPa
900	6.732	5.438
1600	11.629	9.772
2500	17.381	15.337
3500	23.110	21.440

② 飞翼在 X 方向的最大位移为 3mm。取正风压 3500N/mm²，计算得最大应力为 26.38MPa，最大挠度为 30.86mm。考虑飞翼在 X 方向的最大位移为 3mm 时的计算结果见表 5-15。

表 5-15　飞翼在 X 方向的最大位移为 3mm 时的计算结果

板　类　型	荷载/(N/mm²)	最大挠度/mm			最大 Von Mises 主应力/MPa
		X 方向	Y 方向	Z 方向	
LTPXP30/3RV4.4-V	900	0.771	0.000	9.514	6.660
	1600	1.372	0.000	16.122	10.939
	2500	2.143	0.000	23.589	17.436
	3500	3.000	0.000	30.860	26.380

③ 飞翼在 X 方向的最大位移为 6mm。取正风压 3500N/mm²，计算得最大应力为 44.04MPa，最大挠度为 47.42mm。考虑飞翼在 X 方向的最大位移为 6mm 时的计算结果见表 5-16。

表 5-16　飞翼在 X 方向的最大位移为 6mm 时的计算结果

板　类　型	荷载/(N/mm²)	最大挠度/mm			最大 Von Mises 主应力/MPa
		X 方向	Y 方向	Z 方向	
LTPXP30/3RV4.4-V	900	2.136	0.000	15.599	15.005
	1600	2.583	0.000	25.110	22.009
	2500	4.313	0.000	36.619	32.783
	3500	6.000	0.000	47.420	44.040

由计算结果可知，板材的挠度变形量和应力水平由板材夹紧区域和飞翼的移动自由度决定，由于正常的建筑产品公差以及其他在控制之外的安装因素影响，设想每一块板材在飞翼或者板材上具有相同的箍紧力是不现实的，为了预测板材在荷载下的表现，对板材进行计算机分析时，不仅要对飞翼板按照最理想的情况安装进行计算，也要考虑最坏的情形。符合实际的假定是飞翼板在实际受力时，其实际的挠度表现会介于最理想的情况（飞翼固定无移动）和最坏的情况之间（简支、飞翼有很大的位移）。例如，实际的测试显示，对于典型的标准 32mm 中空板材在固定和简支的边界条件下，其挠度值可以从 20mm 变化到 60mm。

在 3500N/mm² 的最极端风荷载下，飞翼板的挠度值变化范围为 23～47mm，应力水平会从 22MPa 变化到 44MPa。几乎在所有的情况下应力水平都低于 28MPa，甚至局部集中应力 44MPa 也大大低于 65MPa 的屈服点，在 3500N/mm² 的极端荷载下，可以维持一个足够的安全系数防止板材弹出和扣住效应，在实际情况下，应力水平应该低于 28MPa。

对于聚碳酸酯板的安装系统做了实际的测试，针对 900N/mm²、1600N/mm²、2500N/mm²、3500N/mm² 绘出相应的测试曲线，2500N/mm² 情况下的测试曲线见图 5-53。

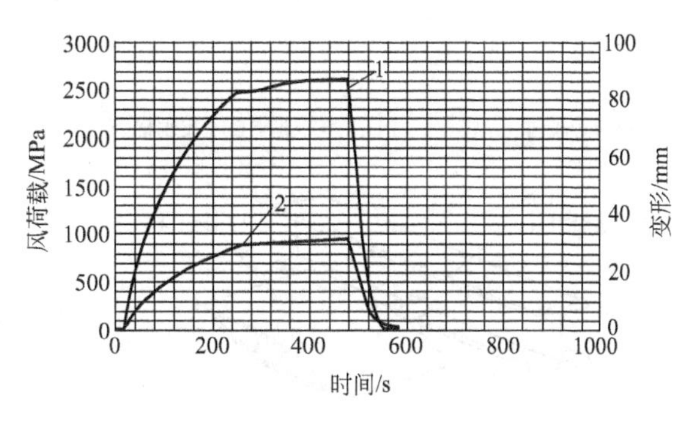

图 5-53　实际测试变形曲线

1—风荷载；2—变形

(6) 聚碳酸酯板热膨胀（冷收缩）长度计算　此工程聚碳酸酯板的热膨胀系数取 $\alpha=7\times10^{-5}℃^{-1}$。根据本工程安装时环境温度约为 20℃，夏天最高温度设计值为 60℃，冬天最低温度设计值为 −20℃，则最大温差设计值为 $\Delta T=40℃$。此工程所用聚碳酸酯板最大长度为 $L=11.8\text{m}$。所以，由于温度变化而引起的板的最大伸长（收缩）量 $\Delta L=L\alpha\Delta T=11.8\times7\times10^{-5}\times40=33\text{mm}$。在板材长度方向的连接构造设计时，要预留足够的伸缩间隙，以防止产生温度应力导致板材出现裂纹甚至破损。

聚碳酸酯板屋面的设计为一系统工程，除了要设计好聚碳酸酯板本身的连接形式外，还要根据工程的实际需要及建筑要求，综合考虑遮阳、吸声、防雷、清洗等设施，只有充分发挥材料的特性，利用其优点、弥补其不足，才能充分满足建筑节点、通风、美学、结构安全、舒适度等要求，也才能作为一个完善的建筑体系造福于民。

3. 遮阳百叶系统

遮阳百叶系统的功能即在一年中最热时（即在太阳光几乎是直射时）阻挡太阳光，防止屋面围护结构被太阳光直接照射和免受外来物质的直接冲击。

建筑设计要求：遮阳百叶可以阻挡垂直光线，斜射光线却可以最大量地通过，人们坐或站在圆形的房屋内，可以以 13°的视角看天空；百叶的截面尺寸约 300mm；遮阳层设置约 1m 宽的采光带隔断，花纹设置为自行车车轮的轮辐形式；结构框架与聚碳酸酯板的平面布置相一致；百叶标高在主体钢结构上弦管的下方，尽量靠近上弦管标高。

结构要求：百叶在最大跨度和强风压的情况下要连接牢固；尽可能减少节点数目，能方便地安装到屋面钢结构上。

百叶设计风荷载 150kg/m²，环境温度变化 30℃，材料表面变化 60℃。

根据以上要求，遮阳百叶层选用表面阳极氧化处理的梭形铝合金百叶，其支承檩条采用 100mm×100mm×8mm×6mm 热轧 H 型钢与主体钢结构连接，轴头选用外形尺寸 50mm×19mm 的空心方形截面（图 5-54），百叶与地面呈约 13°角，与支承檩条呈 25°角，这种特殊角度的巧妙设计，使人站在地面上透过百叶看天空，犹如百叶不存在一样通透（图 5-55）。轴头的方形截面设计可以有效地防止遮阳百叶与轴头之间的相对转动。风荷载作用在遮阳百叶上产生的力矩，通过轴头与 H 型钢之间连接的 2 个不锈钢螺栓作用于 H 型钢，再传递至主体钢结构上。受力合理，连接简单可靠。

热轧 H 型钢通过半圆形抱箍固定于主体钢结构上弦管上。

按照以上角度关系布置的遮阳百叶，经过计算导出一个日照系数。结果表明，12 月份，最大日照系数在早上 8 点时为 55%，最小日照系数在中午 12 点时为 12%；3 月份和 9 月份，最大日照系数在早上 7 点时为 50%，最小日照系数在中午 12 点时为 4%；6 月份，最大日照

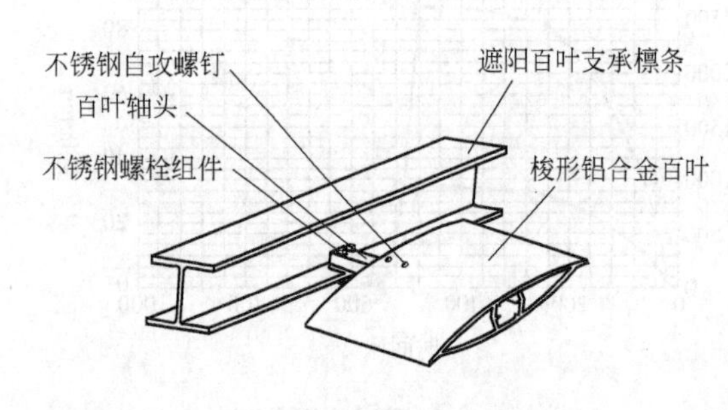

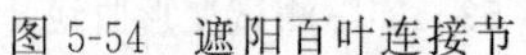
图 5-54　遮阳百叶连接节

图 5-55　透过百叶看天空

系数在早上 7 点和下午 5 点时为 22%，最小日照系数在中午 12 点时为 0%。保证在太阳光会提高室内温度时挡住光线，但在冬天或在早晨却让光线射入室内，保证遮蔽太阳光但不遮挡对天空的视线。

4. 吊顶板系统

吊顶板系统采用穿孔铝金属吊顶，用于降低日照（增加日照系数），同时起到吸声的作用，打断声波以降低混响。建筑设计要求板为半透明，穿过穿孔金属板必须能够看清楚结构和天空，穿孔板应能起到让视线穿过的作用，板的表面应清洁光滑，不能出现外露的支承肋、紧固件和连接构件。

为满足上述要求，穿孔板采用穿孔长带状金属铝板，铝合金托条既是聚碳酸酯板的龙骨也是穿孔吊顶板的龙骨。吊顶板采用穿孔率为 50%穿孔铝合金板，穿孔为半实半虚，孔径为 10mm，孔的布置为六角形，孔与孔中心直线距离为 12.5mm，吊顶板的四周折边不打孔，且焊接成框架，以增加穿孔板的刚度。穿孔吊顶带状板的布置与聚碳酸酯板的平面布置一致，这样吊顶板可以通过长边方向的折边直接悬挂于聚碳酸酯板的龙骨上。在遮阳百叶采光带下方，穿孔吊顶板也以 1m 宽带中断以形成同样的自行车轮辐花纹。

穿孔吊顶板采用三种折边形式，内折边铝板用于穿孔吊顶板与穿孔吊顶板支承的连接处；铝板直折边，适用于穿孔吊顶板长度方向的收边和采光带部位的收边处；铝板外折边，适用于穿孔吊顶板与主体钢结构径向钢梁和径向水沟部位的连接处。

5. 其他配套设施及连接系统

（1）防腐蚀性及减少噪声　除了钢结构及连接件表面涂装防腐蚀材料外，还有以下并行措施保证屋面的整体防腐蚀性能。

① 屋面支承檩条与主体钢结构采用不锈钢抱箍连接的方式，且在抱箍与主体钢结构之间加橡胶垫、尼龙垫等绝缘垫片。只有在加抱箍不容易实现的地方采用焊接的方式，且焊接完成后，对焊接部位需进行补漆处理，以利于对主体钢结构防腐蚀表面的保护。

② 标准连接件与紧固件采用不锈钢材质，以减少锈蚀。

③ 铝合金与钢材接触处，加设绝缘垫片隔离，防止产生电化学腐蚀。

④ 屋面支承檩条对接焊缝部位进行打磨和补漆处理。

此外，在金属构件连接处加设尼龙垫片，可以减少金属之间的摩擦噪声。

（2）防雷　按第二类防雷建筑物进行设计，百叶层 H 型钢按间距不大于 12m×8m 或 10m×10m 组成避雷网（带），与主体结构贯通；顶压环在顶环梁以内的铝板区域，设置高出铝板屋面的均压环与主体结构相导通。

（3）吸声　按照车站听音清晰度的要求，混响时间要求应在 2s 以下，但考虑到上海铁路南站站房大厅的空间体积高达 69m³，建筑平面又呈圆形，四周墙面均为玻璃墙面，屋面又采用透光采光屋面，给声学、吸声材料配置及混响时间控制带来很大困难，故选择了较长的混响时间指标（约3～5s），并希望通过扩声系统采用分散式布置方式、强指向等措施以提高听声清晰度，从而使语言传输指数控制在一般或良好范围内，改善大厅内声环境。大厅内应无回声、颤动回声及声聚焦等声缺陷。

通过建立实际车站大厅的数学模型，进行声场的计算机模拟，然后按照几何声学法则来模拟声波在厅堂内的传播规律。设置两种声源：一种是模拟自然声条件，声源布置在候车大厅中央及商业区；另一种模拟电声条件，声源布置在屋面的三个不同位置。声源为无指向性点声源，接收点共布置5个，2个接受点布置在候车大厅，另外3个接收点布置在商业区，接收点均离地面1.5m高。在基本上不影响计算结果的条件下，对观众厅体型进行适当简化，将曲面分割成小的平面处理。模拟结果表明，不管是模拟电声还是自然声，声源位于中间还是两侧，声能都会向中央汇聚。这主要是由于上海南站的建筑剖面为中间高、两边低，平面又是圆形所致。由于中间区域声能比较集中，也说明在中间区域布置吸声材料，吸声效率会比较高。表面材料的吸声性能见表5-17；经过估算的混响时间见表5-18与表5-19。

表5-17 表面材料的吸声性能

材料及布置位置	吸声系数					
	125Hz	250Hz	500Hz	1000Hz	2000Hz	4000Hz
地面(大理石)	0.01	0.01	0.01	0.01	0.02	0.02
墙面(玻璃)	0.20	0.15	0.10	0.08	0.06	0.04
顶面(聚碳酸酯板＋穿孔铝板)	0.30	0.20	0.15	0.10	0.08	0.06
顶面(吸声处理)	0.35	0.50	0.60	0.65	0.70	0.65

表5-18 屋面在原有建筑条件下不做吸声处理的混响时间

频率/Hz	125	250	500	1000	2000	4000
混响时间/s	7	10	12	13	8	4

表5-19 屋面在原有建筑条件下做吸声处理的混响时间

频率/Hz	125	250	500	1000	2000	4000
混响时间/s	6	5	5	5	4	3

经过综合比较分析可见，屋面经过吸声处理后中频混响时间从12s、13s降低到5s左右，如果在玻璃侧墙上再进行吸声处理，则混响时间会降得更多。另外经过吸声处理后，语言传输指数STI从0.36～0.39（语言清晰度较差）到0.49～0.59（语言清晰度一般）。这只是模拟扬声器在屋盖中央的情况。如果采用分散式布置、高指向性的扩声系统，则STI值会进一步改善，语言清晰度接近于良好。经过屋面吸声处理后经过屋面反射声能量也大幅度降低，从而减少这些反射声产生回声的可能性。

屋面具体采取的声学措施如下。

① 屋面中央不透光的圆形承压环部位，直径约30m，采取3mm厚的铝板＋100mm厚岩棉＋1.5mm厚穿孔铝板的方法，穿孔铝板穿孔率为25%，孔径5mm，孔呈六角形排列，孔中心直线距离10mm，穿孔铝板背面贴黑色无纺布（图5-56）。

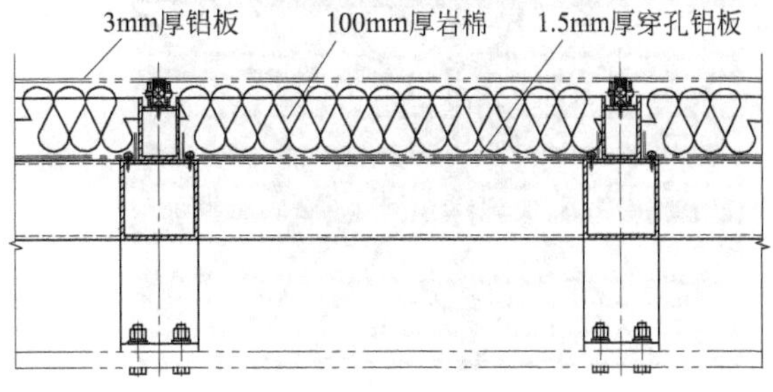

图5-56 圆形承压环部位吸声做法

② 透光屋面部分在阳光板径向铝合金龙骨及十八条放射状纵向不锈钢水沟的外边粘贴吸声海绵（图 5-57、图 5-58）。

这样，既能达到吸声的目的，也不会影响屋面及吊顶的预期建筑外观效果。

另外，候车大厅内各房间的墙体可以用吸声墙体进行处理，以提高整个火车站内部的声学性能。

(4) 清洗维护　为便于整个屋面的维护，屋面设有清洗用水系统和钢网板清洗通道，同时在屋面的东、西、南、北四个方向屋面的最低点布置上人孔，在承压环与阳光板屋面的交接处设有清洁梯。

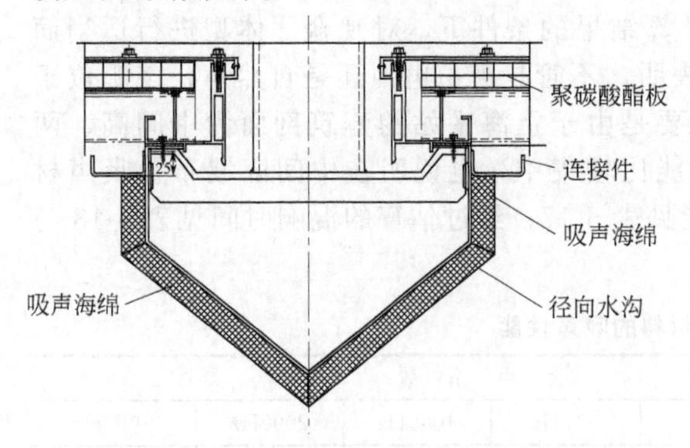

图 5-57　径向不锈钢水沟吸声海绵做法

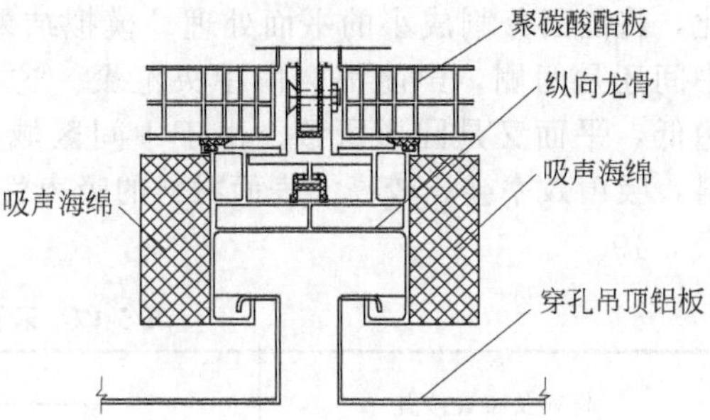

聚碳酸酯板
纵向龙骨
吸声海绵
吸声海绵
穿孔吊顶铝板

图 5-58　纵向龙骨吸声海绵做法

6. 安装

由于上海铁路南站站房屋面采用的是一种全新的技术，因此在大面积施工之前，先进行单元试装，以便发现问题，及时解决，以利全面施工顺利进行；由于材料用量大，应注意提高开裁率，降低成本；根据施工进度，合理组织物流。

(1) 遮阳百叶层的安装　现场三维放线后，安装时，需保证 H 型钢（遮阳百叶支承檩条）的角度及间距，将遮阳百叶切割成所需的长度并编号，将百叶端头封盖与百叶通过自攻螺钉连接，一端轴头与百叶通过自攻螺钉连接，另一端按照编号位置吊装至屋顶，与 H 型钢连接，按设计要求调整长度后再固定（图 5-59）。

(2) 防水层及吊顶层安装　现场三维放线后，安装 T 型钢（阳光板支承檩条），根据理论关键控制点，保证 T 型钢的间距。安装铝合金托条及环向铝合金型材，先安装标准四边形聚碳酸酯板及吊顶板，非标准四边形聚碳酸酯板及吊顶板尺寸需进行现场复测，按照复测尺寸下单加工后再安装，压紧铝合金压块，打密封胶（图 5-60）。

T 型钢间距的误差对于聚碳酸酯板能否顺利安装至关重要，因此，将 T 型钢的间距误差严格控制在±3mm 以内。

图 5-59　遮阳百叶支承檩条的安装

图 5-60　阳光板支承檩条的安装

（3）聚碳酸酯板运输、切割及安装注意事项　正如所有的装配材料一样，聚碳酸酯板也需要进行搬运和移动，在这个过程中必须注意保护板材表面不被划伤，板材的边缘不被碰坏。对于南站的飞翼板材，飞翼的完好无损对屋面的防水很重要，所以要特别注意保护板材飞翼，不能抓住板材飞翼进行搬运。

聚碳酸酯板可以用标准的加工设备轻易精确地进行切割和锯切，如圆盘锯、带锯、竖锯或钢锯等。但是，仍有一些重要的注意事项需要遵从。板材必须被牢牢固定以免因板材振动而出现粗糙边，甚至裂边；所有工具必须设定为切割塑料材料，使用细齿刀片；板材保护膜应该留在板材上以防止板材表面划伤或其他损伤；切割完成后，所有板材边应进行清洁，不应有毛刺和缺口；最后，用压缩空气将塑料屑和灰尘吹干净。

① 使用圆盘锯。使用圆盘锯的切割操作是最常见的，同时切割速度和进刀速度并不像其他热塑性塑料一样严格，推荐使用碳化钨合金刀片（图 5-61），可以选择刀片两侧有 45°坡角以增加切割力和减少侧边压力，始终使用低的进刀速度以得到整齐切割边，只有当切割刀片在达到全速时才能开始切割操作。

② 使用带锯。带锯可以使用传统的竖直的或者专为塑料板材设计的水平类型。在这两种切割操作下，板材都必须被充分支承和完全压紧。锯片的导向口应尽可能靠近板材以避免锯片扭曲和离开切割线。

③ 使用竖锯和钢锯。这种切割方式最重要的是支承和压紧，尤其是对于竖锯，理想的是使用 2～2.5mm 齿距的刀片，低的切割进刀速度。

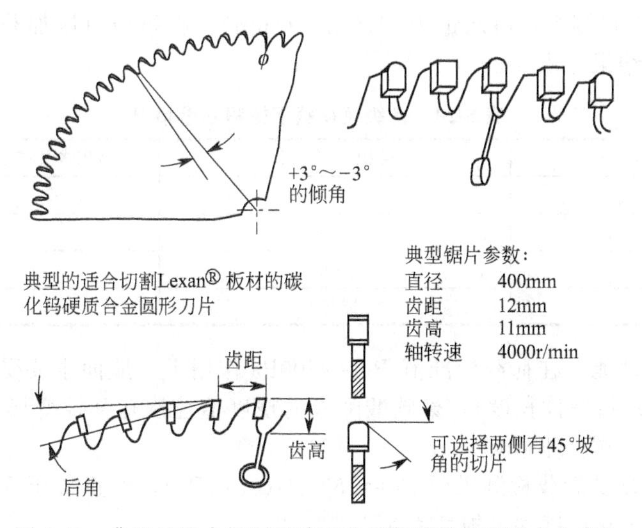

图 5-61　典型的适合切割聚碳酸酯板的碳化钨硬质合金刀片

聚碳酸酯板安装时应注意板材到货时的胶带只是在运输和存放中保护板材的，不是作安装时密封的胶带，该胶带应在板材安装前用密封专用胶带替换掉。在贴胶带前，大约 50mm 的保护膜应该从板材边部揭开，其余部分仍留在板材上，只有当板材安装完后才能去掉。在贴胶带前确保板材所有边平滑且无毛刺，板材空腔内的灰尘和细屑必须清除干净，安装完后，确保封口胶带应完全被安装型材包住，没有胶带暴露在外面，在最终安装前应替换掉所有损坏的胶带。

7. 屋面性能实验及检测

“多层构造聚碳酸酯板屋面体系”采用一种全新的节点体系，通过制作单元模型，对防水等性能进行初步检测，对节点连接形式进行不断改进，最终形成了一套比较完善的连接节点体系。并与广东省建设工程质量安全监督检测总站广东省建筑幕墙质量检测中心合作，制作了与工程实际状况相符合的检测设备——平卧式外喷式静压箱，并参照建筑幕墙《建筑幕墙空气渗透性能检测方法》(GB/T 15226—94)、《建筑幕墙雨水渗透性能检测方法》(GB/T 15228—94)、《建筑幕墙风压变形性能检测方法》(GB/T 15227—94)，对屋面性能进行系统的检测，结果满足规范及工程技术要求。

试验箱体使用60mm×60mm、壁厚5mm角钢制作骨架，采用12mm木板密封，以膨胀螺栓固定于混凝土地面上。箱体使用ϕ194mm×12.5mm钢管作为横梁，并在两端用200mm×200mm×12mm钢方管与混凝土地面连接加强，试验箱体见图5-62。

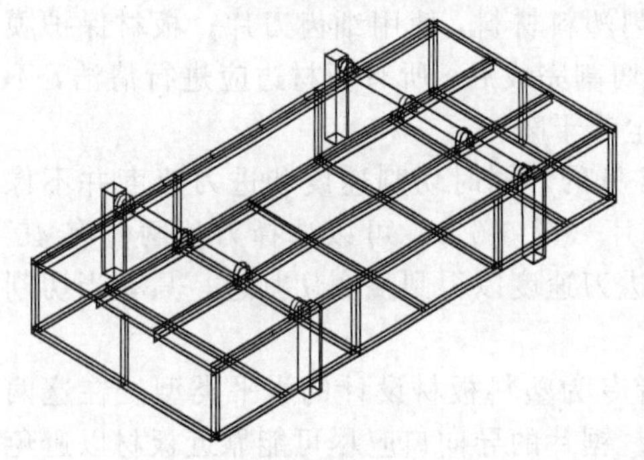

图5-62　试验箱体

试件通过主梁（T型钢）与箱体的ϕ194mm×12.5mm钢管固接，试件与箱体接缝处用密封胶密封。试件与水平方向倾角设为2°。

(1) 空气渗透性能（气密性）　空气渗透性能分级参照建筑幕墙物理性能分级达到Ⅲ级，即在10Pa的内外压力差下，固定部分的空气渗透量不应大于0.10m/(m·h)。

(2) 雨水渗透性能（水密性）　此工程采用二次防水设计，第一道防水允许有少量水渗漏，通过二次防水的积水槽将渗漏水排走，为了使二道防水能顺利排水，规定试件在最高检测风压1111Pa的条件下，积水槽里的积水量不大于淋水量的5%。在检测中，淋水量为3L/(m²·min)，在每级风压加载完成后，将收集的雨水称量并记录。结果见表5-20。

表5-20　各级风荷载下槽积水量情况

风荷载/Pa	槽积水量/mL	槽积水量占总淋水量的百分数/%
0	1500	0.2
500	10500	1.7
700	9300	1.5
1111	13300	2.1

(3) 风压变形性能　在荷载标准值P_3=2500Pa作用下，屋面主要受力杆件的相对挠度值不大于$L/150$（L指杆件长度），聚碳酸酯板的挠度值控制在弹性变形范围内。在3500Pa荷载设计值作用下，试件不破坏。

步骤一：取反复受荷载检测风压P_2=1875Pa(0.75P_3)，经正负压反复受检，试件的最大残余挠度为1.02mm，试件无损坏发生。

步骤二：取P_3=2500Pa，经正负压受检，试件无损坏发生。

步骤三：取3500Pa为安全检测风压，经正负压受检，试件无损坏发生。

实际试验结果与理论建模计算结果吻合，在荷载标准值及设计值作用下，系统均未发生任何损伤和破坏，荷载-变形曲线呈线性，板面最大位移23.52mm。

8. 保养与维修

屋面工程验收交工后，使用单位应制定保养、维修计划与制度，此工程屋面设计防水年限为十年，三元乙丙橡胶条的耐老化使用年限为十年，聚碳酸酯板提供十五年有限质保。

应确定清洗次数与周期，清洗宜采用水洗或高压水洗，水中添加清洁剂不得对板材产生腐蚀和污染现象，不得使用磨损性或高碱性清洗剂。清洗设备应操作灵活方便，确保装饰板的表面不被损伤，严禁用钝刷等工具清洗聚碳酸酯板。

检查与维修应按下列要求进行：发现螺栓松动应拧紧；发现连接件锈蚀应除锈补漆；发

现聚碳酸酯板有破损应及时修复或更换；发现密封胶和密封胶条脱落或损坏，应及时修补或更换；发现构件及连接件损坏，或连接件与主体钢结构的锚固松动或脱落，应及时更换或加固修复；定期检查排水系统，当发现堵塞，应及时疏通；五金件有脱落、损坏或功能障碍时，应进行修复和更换；遇台风、地震、火灾等自然灾害时，应对“体系”进行全面检查，并视损坏程度进行维修加固；应建立维修保养记录。

在进行保养与维修中，应符合下列安全规定：不得在 4 级以上风力及雨、雪天进行检查、保养与维修，严禁在炎热或高温情况下进行清洗作业；进行检查、清洗、保养、维修所采用的机具设备必须安放牢固、安全可靠、操作方便；在保养与维修工作中凡属高空作业，必须遵守国家现行标准《建筑施工高处作业安全技术规范》(JGJ 80) 的有关规定。

针对此工程，还编写了《质量控制和验收标准》以统一此工程质量控制与验收，并经过相关部门批准备案。此工程的成功建设，为实现高通透性的公共建筑屋面，提供了一种新的连接体系，开创了一种新的设计方法。

图 5-63、图 5-64 为上海铁路南站站房一角和屋面。

图 5-63　上海铁路南站站房一角

图 5-64　上海铁路南站站房屋面

二、呼和浩特白塔机场扩建工程（航站楼部分）屋面工程

呼和浩特机场为聚碳酸酯板应用于敞开式屋面的实例。呼和浩特机场航站楼部分主体为三层预应力框架结构，屋面为大跨度钢结构体系，建筑物标高 40m，建筑面积约 5 万平方米，可满足每年 300 万人（次）的旅客吞吐量需求。封闭屋顶采用亚光白色氟碳涂料喷涂铝锰镁合金板金属屋面防水，曲面的屋顶造型创意来源于当地穹形的蒙古包，另外设置保温层、吸声层、隔气层、室内装饰层，在屋顶设置通风开启窗，立面为框式玻璃幕墙，敞开式屋面雨篷部分采用透明中空聚碳酸酯板，封闭屋顶的金属质感与玻璃幕墙的透明轻盈相对比，再加上透明的聚碳酸酯雨篷使整个建筑像插上了一对轻盈的翅膀要腾空飞翔（图 5-65、图 5-66）。

由于整个雨篷悬挑宽度不超过聚碳酸酯板的最大运输长度 11.8m，故聚碳酸酯板面分格纵向采用通长单片板，横向根据板宽及连接形式确定分格尺寸为 1m，支承龙骨纵向布置，整个雨篷线条简洁流畅，这种沿排水方向纵向布置的板材，也利于雨水的排出，由于板材没有横向接缝，大大减少了漏水的可能性（图 5-67）。

图 5-65　白塔机场俯瞰图

聚碳酸酯板纵向采用板飞翼与胶条及铝合金压盖双重防水构造。长度方向檐口部位采用弧形铝合金收边型材，预留 30mm 的热膨胀空间，与天沟搭接部位采用收边铝槽封边。板长收边均粘贴收边专用防尘胶带，节点连接方式见图 5-68～图 5-70。

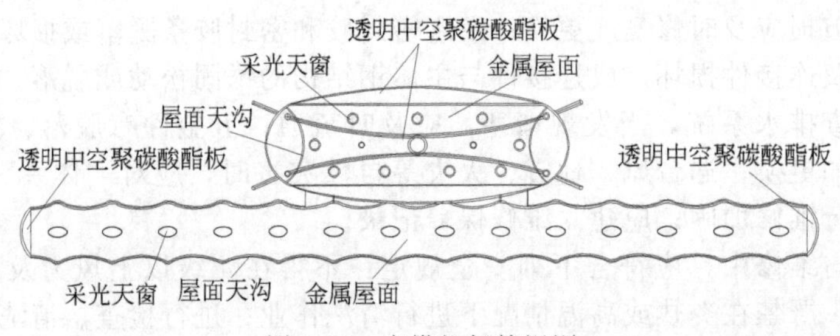

图 5-66 白塔机场俯视图

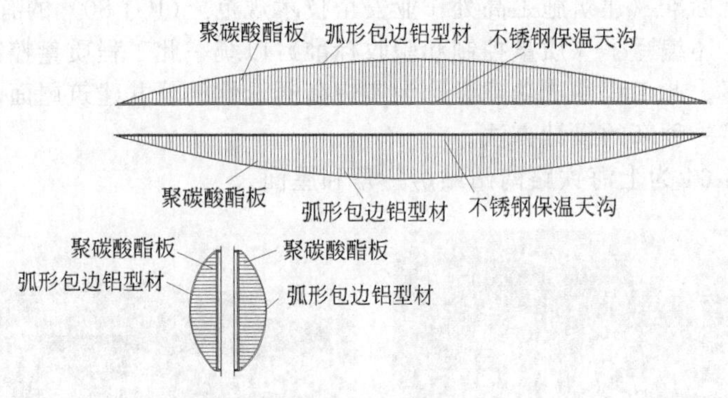

图 5-67 聚碳酸酯板分格形式示意图

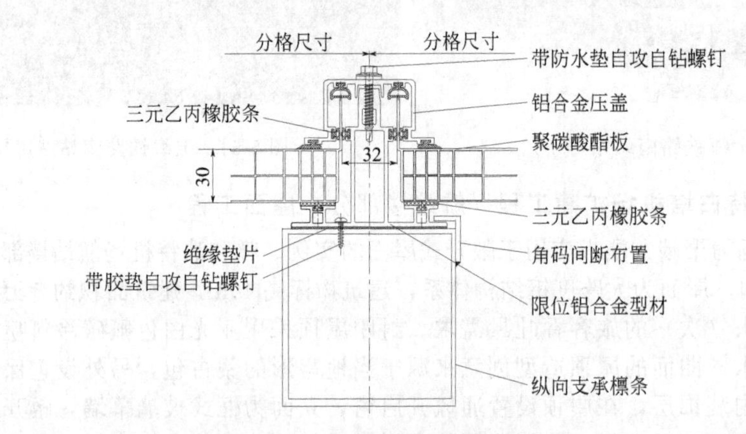

图 5-68 聚碳酸酯板纵向连接节点

三、天津奥林匹克中心体育场

天津奥林匹克中心体育场位于天津市区西南部，地处南开区，占地面积约 7 万平方米。天津奥体中心选择以生命之源“水”为设计主题，体育场建筑造型外表面为一个三维空间曲面，最终完成为一水滴造型。体育场四周被 8 万～10 万平方米的水面环绕，体育场屋面通过材料的巧妙搭配将阳光从顶棚引入体育场内，获得最佳的采光效果。屋面由上而下依次采用聚碳酸酯板屋面体系、装饰板金属屋面体系、玻璃幕屋面体系，通过这种不同体系的分层次交错施工形成“水滴”顶部透明、中间一圈封闭、下边一圈透明的变换视觉效果，以此来充分表现“水滴”的时尚动感之美，使这颗坐落在绿树和碧波之中的“水滴”优雅而大方，宏伟而精巧。

屋面最上部为聚碳酸酯板屋面体系，采用高透光率的实心聚碳酸酯板，面积约 1.3 万平方米。由于其良好的采光性能，屋面的安装工程也被称为“阳光顶棚”工程。图 5-71 和图 5-72 为天津奥林匹克中心体育场效果图，其“鳞片”状的屋面新颖别致，线条优美流畅，如水银泻地般直落水面。

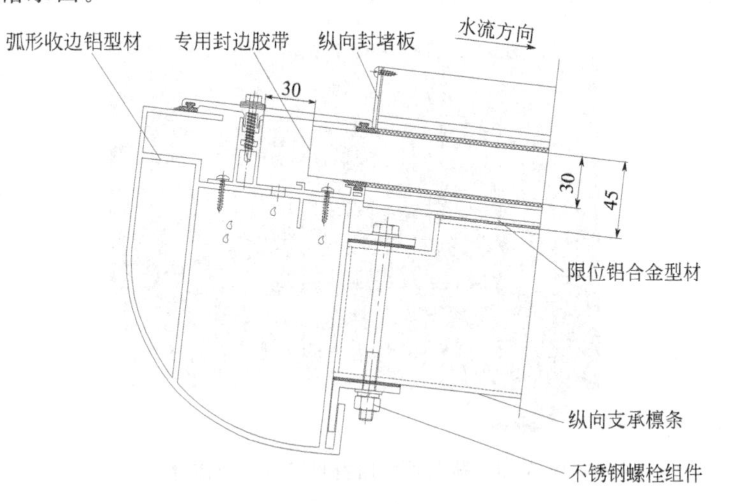

图 5-69 聚碳酸酯板檐口包边节点

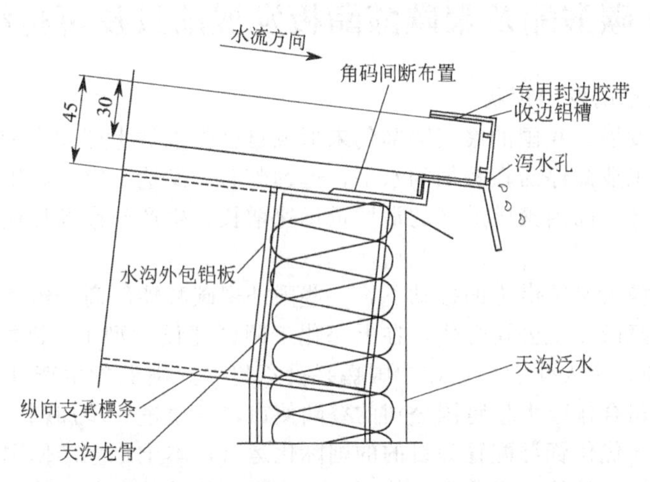

图 5-70 聚碳酸酯板与天沟搭接节点

图 5-71 天津奥林匹克中心体育场

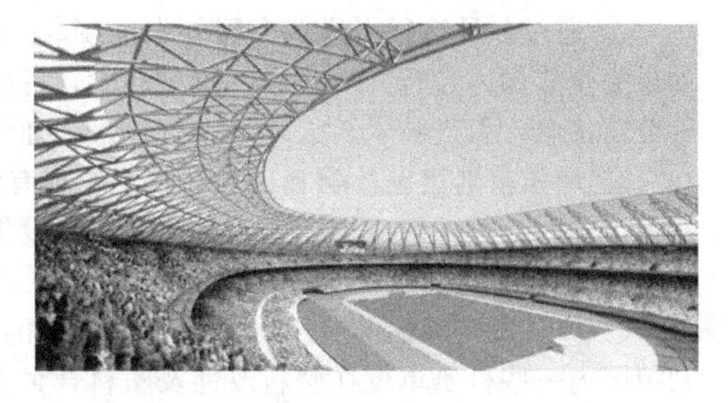

图 5-72 水滴形状的天津奥林匹克中心体育场顶棚具有良好的采光性能

四、荷兰阿姆斯特丹阿贾克斯体育场

图 5-73 为建于 1996 年的荷兰阿姆斯特丹阿贾克斯体育场，采用 GE 公司生产的 Lexan

N-结构中空板材，厚度16mm，采光面积6.3万平方米。

图5-73 荷兰阿姆斯特丹阿贾克斯体育场

第七节 聚碳酸酯及聚碳酸酯板发展前景及可持续发展方向

1. 我国聚碳酸酯的发展现状

经过几十年的发展，我国的聚碳酸酯仍未形成自己先进的生产技术和具有工业规模的生产装置，聚碳酸酯工业尚停滞在较低的水平，远远落后于发达国家。特别是近年来随着我国国民经济的高速发展，国内聚碳酸酯的消费量迅速增长，生产与市场形成了极不协调的供需矛盾。

在我国市场的极大发展潜力的推动下，一些国外聚碳酸酯厂商纷纷来华投资。如拜耳公司与上海华谊集团氯碱化工公司合作，在上海化工园区建设大型PC装置，最终将使PC的年产量扩至20万吨；帝人化学公司在中国嘉兴投资建立聚碳酸酯生产基地；美国通用电气公司与燕山石化公司合作。大量跨国公司的登陆使市场竞争进一步加剧，这些举措是跨国公司以降低生产成本、优化资源配置为目的的国际化运营，本土化生产使国外企业可以利用中国劳动力的低成本扩大其价格竞争力，使国内企业面临严峻的竞争形势。

大力发展我国聚碳酸酯工业是十分迫切和必要的，为使我国聚碳酸酯行业建康、快速发展，建议采取以下措施。

① 通过各种途径引进成套国外先进技术。国内目前技术水平与国外先进水平差距较大，如果完全靠国内自行开发技术，难度较大，可能会错过发展的有利时机，所以应进一步与国外公司接触，引进技术、人才，合资建厂，加快建设聚碳酸酯生产装置的步伐。

② 加强基础建设及配套工程。在加快现有装置改造的同时应加强配套原料双酚A装置建设，同时有关部门应给予聚碳酸酯装置建设优惠政策和资金支持，为聚碳酸酯工业在我国快速发展提供有力的保证。

③ 加强聚碳酸酯的应用研究。聚碳酸酯的应用要向高功能化、专用化方向发展，充分利用国内一些科研单位在塑料改性及塑料合金方面的技术成果，提高产品的档次及附加值，在产品的应用领域同国外的各种专用牌号聚碳酸酯竞争，力争占领国内市场。

④ 合作开发非光气法。由于非光气生产工艺是一种符合环境要求的绿色工艺，也是今后聚碳酸酯工艺的主要发展方向。因此我们充分利用并发挥国内聚碳酸酯技术潜力，与世界先进的大公司合作，开展非光气法聚碳酸酯的生产和应用开发工作，为我国聚碳酸酯的生产水平早日赶超国外先进水平奠定良好的基础。

2. 聚碳酸酯板的可持续发展方向

聚碳酸酯板以其良好的透光性和不易碎、抗冲击的特点，使得在城市建设快速发展的情况下，需求迅速增长，一些大型公共建筑项目、体育场馆纷纷采用聚碳酸酯板作为采光屋面及采光窗材料，虽然聚碳酸酯板有其自身的众多优点，但也有需要改良的性能。

① 由于聚碳酸酯分子链的结构使其具有较高的熔体黏度，因此加工困难，易开裂，耐溶剂性和耐磨损性较差，因此对聚碳酸酯的改性研究成为其应用研究最重要的课题，目前聚合物合金化成为聚碳酸酯改性的重要途径，国外已有大量性能优良的聚碳酸酯合金投入市场，国内开发研究起步较晚，今后重点是提高表面硬度和抗静电性，增强板材的耐磨划性。

② 聚碳酸酯板长期受外界紫外线的辐射，会产生一定程度的变黄及老化，透光率下降，虽然现在的工艺能够通过增加涂层、镀层等方法延长其使用寿命，但其在抗老化方面仍然不能与玻璃相媲美。若能通过改良材料本身的性能，进一步延长其使用寿命，增加抗老化年限，将大大增加其板材本身的魅力。

③ 由于目前所建大型项目所需高性能的聚碳酸酯板大多依靠进口，无形中增加了使用板材的成本，应大力发展和促进国内板材的生产，形成一系列较有影响力的本土化品牌，生产出高性能的系列板材产品，降低成本。

④ 关于聚碳酸酯板的物性及使用等，目前国内没有相应的国家标准，不同厂家生产的板材产品性能会有所差别，聚碳酸酯板屋面及其施工也没有相关的国家标准来约束，设计时很大程度上依赖设计和施工单位以及材料供应厂家的经验，有很大的灵活性，这样有利于工程的创新，但同时也给施工质量的验收带来一定的难度。亟待相关的标准出台，使聚碳酸酯板的应用更趋向于规范化。

聚碳酸酯板建筑上的应用，给建筑师开拓了更广阔创作空间，在市场经济快速发展的大力推动下，在技术创新层出不穷的新形势下，相信在不久的将来，我国聚碳酸酯塑料行业的发展将会呈现一片大好景象，技术会更加趋向于专业化、系列化、规范化，将会有更多更高质量的聚碳酸酯板应用的工程实例呈现在大家的面前。

第六章 石材幕墙

面板由石材组成的建筑幕墙叫石材幕墙，石材有天然石材及人造板石材。石材单元板块可拆装，便于维修。密封胶、结构胶要用防污染的石材专用胶，推荐使用石材表面保护液，降低吸水率及核辐射，保持石材表面清晰度。石材幕墙是建筑的外围护结构，应具有建筑艺术性、安全耐久性、稳定性、结构先进性、经济合理性。石材幕墙设计、施工、验收，要执行现行国家行业相关标准。

第一节 干挂陶板幕墙的应用

陶板自1969年在德国开始生产，该产品自洁性强、质量小、强度高、安装简便。干挂陶板幕墙已被世界级建筑大师所选择，在欧美建筑工程中广为应用，近年已进入中国市场，现按照中国的建筑工程及自然环境，对干挂陶板幕墙的应用进行探讨。

一、陶板材料的分析

(1) 陶板是用天然材料瓷土、陶土、石英砂根据德国DIN EN186-1A11a的标准，用独特的挤拉式多孔结构生产工艺成形，在1260℃高温下窑烧成材。

(2) 品种及规格 陶板品种丰富（有K1～K12型），有平面板和条纹板；色彩各异，有独特的质感和耐久性。规格有：400mm×200mm；500mm×250mm；500mm×280mm；600mm×280mm；厚度为15mm或20mm，根据工程需要规格可定做。

(3) 性能 具有低吸水率、强度高、耐腐蚀、耐污染、耐高温、耐低温、抗紫外线、不退色、抗冻性及最佳的隔热隔声性能，是非易燃材料。

(4) 自洁性 专门为陶土板研制的HYDROTECT透明自洁涂料，陶板表面涂上这种涂料，在紫外线照射时，会产生二氧化碳气体，可降低陶板表面水的表面张力，当下雨时降低水附着于陶板表面的机会，雨水的冲洗会带走陶板表面的灰尘和污垢，微生物也不易滋生，使陶板表面光亮如新，节省清洁费用。

二、干挂陶板幕墙的结构设计及施工

1. 结构设计

陶板属人造板，《人造板幕墙标准》正在编制中，现参照《金属与石材幕墙工程技术规范》（JGJ 133—2001）进行设计计算、结构设计及选材。

① 竖龙骨可选用6063T5铝合金管材或T型铝材，也可用型钢，通过连接角码与预埋件可靠连接。

② 横梁选择专用的具有弹性的开口铝型材，并根据设计定距切制成分段挂钩。有嵌板间铝横梁和嵌板上下端所用的铝横梁，根据陶板幕墙的分格将铝横梁固定在竖龙骨上。

③ K3型陶板在背面预制了沟槽，吊挂于横梁上，在横梁与陶板之间扣接减震弹簧片，由于正负风压作用，避免陶板与横梁之间碰撞发生噪声。

④ 也可利用陶板侧面的孔，利用专用配件采用插孔结构与龙骨连接。

⑤ K12型陶板在背面预制成T型槽，采用铝合金挂件与横梁连接结构，该结构承力状

态好，可做成大板面幕墙风格（长 1200mm）。

⑥ 陶板可做成开缝或闭缝式幕墙结构，在板块间缝可安装装饰嵌条。

2. 安装施工程序

① 首先按陶板幕墙分格图在建筑结构施工中定位设置预埋件。

② 通过连接角码将竖龙骨与预埋件可靠连接，按照幕墙风格图放线定位后将横梁与竖龙骨连接。

③ 安装不锈钢减震弹簧片。

④ 将陶板上部的沟槽挂在横梁上，在安装工具的帮助下压下板面，使陶板下部的沟槽锁定在横梁下边的挂钩上。

⑤ 在脚手架处的陶板可后装。

⑥ 此种结构陶板单元的板块可拆装便于维修。

三、干挂陶板幕墙性能分析

陶瓷板（简称陶板）由德国开始生产至今已有 30 余年，该产品强度高、质量小、色彩各异、自洁性强、安装简便，干挂陶板幕墙已被世界级建筑大师在欧美建筑工程中广泛应用。近年已在中国建筑工程中开始应用，现对挂陶板幕墙与天然石材幕墙性能对比分析如下。

1. 建筑艺术性

陶板品种丰富，规格可满足建筑工程的需要，有平板、条纹板等多种板面，有单色、组合色、石材色、风景及人物像等多种色彩，使建筑更具有艺术性，而天然花岗岩石材色彩局限和色差大。

2. 结构先进，安全耐久

干挂陶板幕墙结构先进，与建筑同寿命，确保建筑工程能长期安全使用。

（1）陶板材料分析　陶板是用天然材料瓷、陶土、石英砂等采用独特的挤拉式多孔结构生产工艺成形，在陶板的背面预制挂接用的沟槽，在 1260℃的高温下窑烧成材，15mm 厚即可满足工程需要，质量小、强度高。

（2）结构先进，安全耐久　陶板幕墙是柔性结构，采用陶板背面的沟槽吊在具有弹性的开口铝型材横梁上，在陶板背面与铝横梁之间设置减震弹簧片。在风荷载、地震、建筑沉降变形及温度效应作用时，有较大的随动位移空间，避免陶板挂接沟槽，安全耐久，更适宜做百叶幕墙。自然花岗岩石材幕墙是采用背栓或槽式（长槽或短槽）结构，按《金属、石材幕墙工程技术规范》（JGJ 133—2001）的规定，石板厚度不得小于 25mm，在石板上下边开槽宽度宜为 7mm，短槽长不应小于 100mm，有效槽沉不宜小于 15mm，铝合金挂件支承板厚不宜小于 4mm，插在石板槽内用石材专用胶粘接后挂在横龙骨上，位移量较小，只有 3mm。有的建筑工程在使用中，在石材板块连接处发生裂纹，安全耐久性较差。

（3）性能稳定　陶板幕墙具有强度高、耐腐蚀、耐高温、耐低温、无污染、易清洁、抗紫外线、不退色、抗冻性及最佳的隔热保温性、隔声性，是非易燃材料。而天然花岗岩石材是多孔易碎性材料，易污染及老化变色，性能较差。

（4）经济性　天然花岗岩石材体积密度为 2.56g/cm^3，厚度不得小于 25mm；而陶板体积密度为 2g/cm^3，厚度 15mm 即可满足工程的使用要求，陶板每平方米比石材轻 25kg，每 1 万平方米陶板幕墙可轻 280t，既可减少幕墙承载龙骨用料，又可减少工程基础用料，由于陶板表面会有保护液，可免洗，节省清洗费用，综合分析具有经济性，见图 6-1。

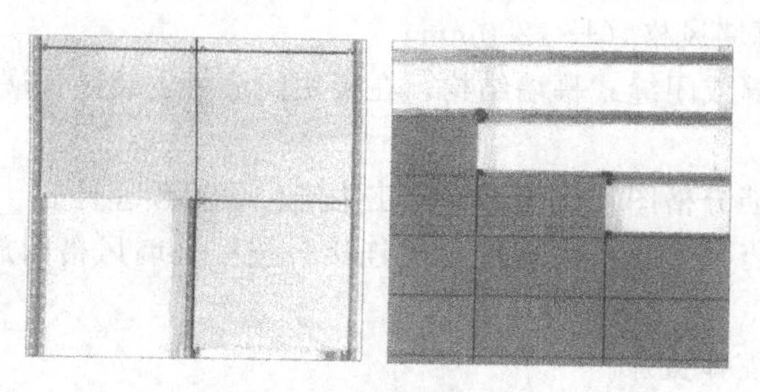

干挂陶板幕墙材料

20 50 50	嵌板间开口铝横梁长 3m
20 50 50	嵌板上下边所用铝横梁长 3m
100	连接片长 100mm
40	不锈钢弹簧片
15	不锈钢弹簧片
	特制拉钉
	陶板间装饰条

图 6-1　陶板幕墙

第二节　背栓式石材幕墙设计与施工

一、概述

1. 锚固原理

背栓式幕墙安装系统是首先采用和推广的先进的幕墙连接体系。它是基于成熟先进的结构锚固技术中利用机械锚固原理，在后切底钻孔技术基础上开发研究而成。锚固技术中普遍采用的三种锚固原理见图 6-2。

后扩底锚固技术有如下特点：①即使在开裂基材中也具有高而稳定的承载性能；②通过底部拓孔（凹凸结合）可以为设计者和使用者提供最大的安全保证；③采用无膨胀力安装，可达到最小的边距和间距承载影响效应；④可立即承受荷载，不需要时间等待；⑤在保证同等承载性能的基础上，锚固深度可有效降低，从而提高安装效率。

从 1973 年第一颗用于板材连接的锚栓诞生至今 30 多年中，背栓主要经历了如图 6-3 所示的四个阶段的发展。

背栓在实践中不断发展完善，最终定型为扩压环式背栓。由于扩压环这项核心技术的应用，使得第四代扩压环式背栓各项性能大大超越了第二代、第三代膨胀片式背栓。弹性扩压环是背栓的核心技术，拥有专利保护。通过有限元应力分析，膨胀片式背栓与扩压环式背栓在厚型及薄型材料中所达到的锚固结构的稳定性有明显差异。膨胀片式背栓容易在薄型基材内产生应力集中，导致破坏状态不明确，抗力因素难以确定。而扩压环式背栓可使背栓在外

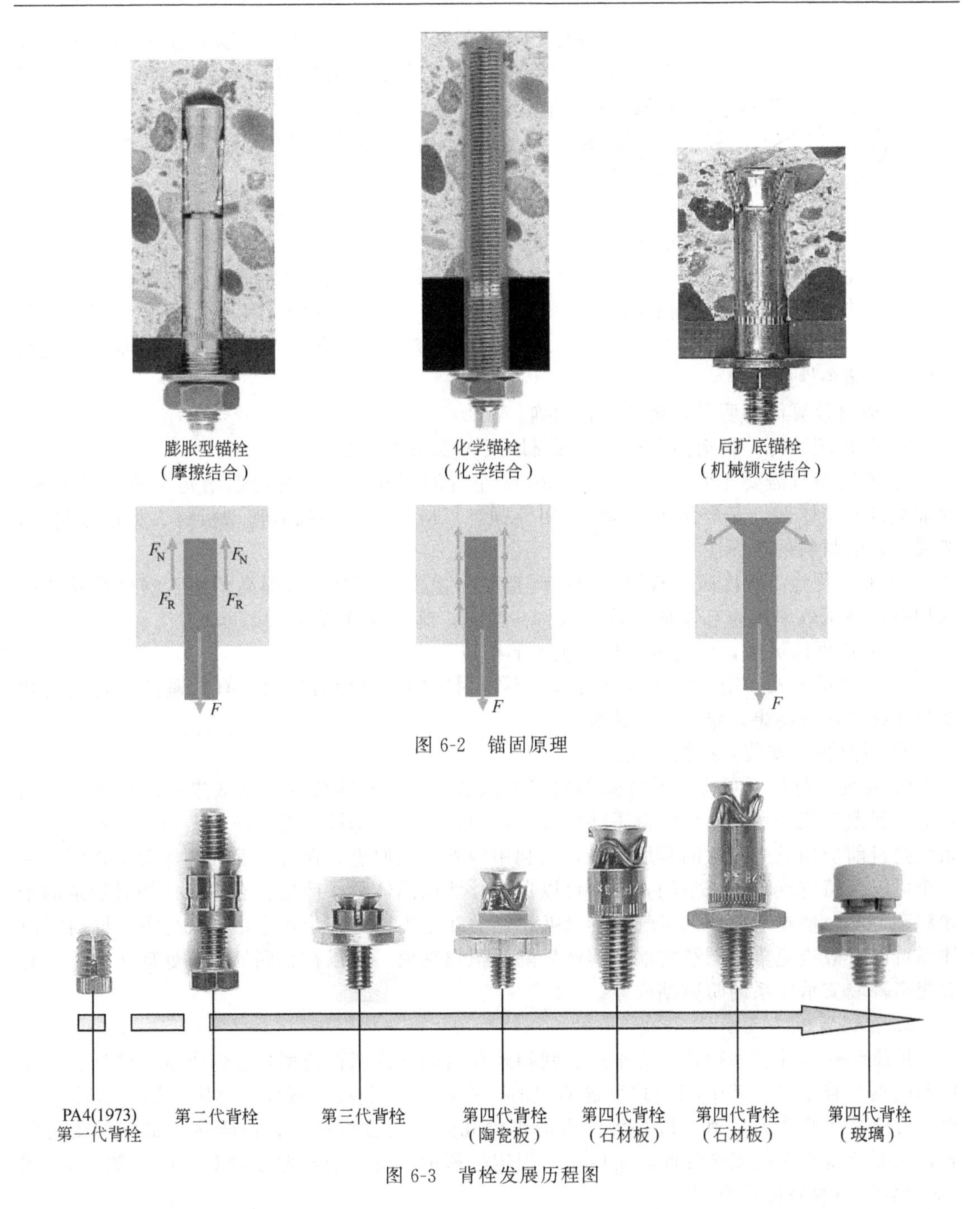

图 6-2　锚固原理

图 6-3　背栓发展历程图

荷载作用下，于板内形成均匀的闭合应力环（图 6-4），从而保证明确的破坏状态（锥型破坏），达到稳定的可确定的承载性能。

背栓式干挂体系不仅适用于天然石材、人造石材（如微晶玻璃、瓷板、陶板）、各类烧制板材、人造纤维板、高压层压板、玻化砖，还可用于单层、夹胶和中空玻璃及光电电池板的挂装。

与传统挂接体系相比背栓式干挂体系具有如下结构及安装优点。

① 整个体系传力简捷、明确。在正常使用状态下，充分利用板材抗弯强度，通过静力计算精确得到其承载能力，控制破坏状态。

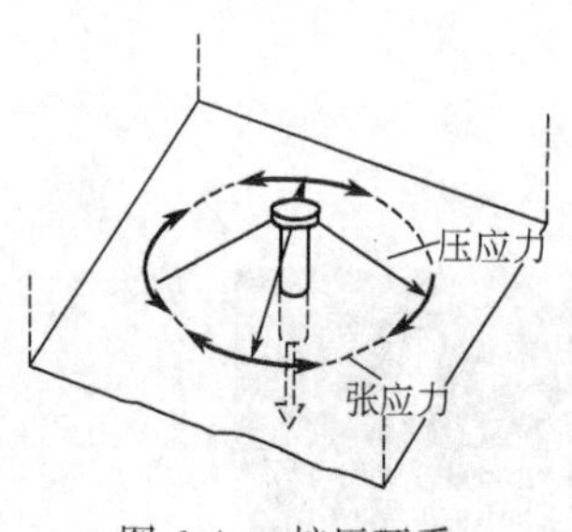

图 6-4　扩压环受力示意图

② 板材之间独立安装、独立受力，不会产生因相互连接而造成的不可确定性应力积累、应力集中致使板材变形或破坏，提高其长期荷载作用下的使用寿命。

③ 充分实现了柔性结构的设计意图，在主体结构产生大位移或温差较大的情况下不会在幕墙板材内部产生附加应力，故而特别适用于超高层建筑结构或具有抗震要求的结构上，耐候性能更强。

④ 通过对比性试验证明，背挂体系与传统销钉、销板体系相比，在同等受力状态下，板材规格尺寸相同，背挂体系承载能力高于后者 3～4 倍，相应位移量仅为后者一半，故而具有更高的安全及储备性能。

⑤ 板材计算简图明了，破坏状态明确。

⑥ 与传统销钉、销板体系相比，板材厚度可以减少 1/3。

⑦ 安装时只需要 4 个直径在 11～13mm 左右的圆孔，对板材内部结构无破坏性影响，保证板材的整体性，安全性强。基材适用性强，可应用在各种软质薄型板材、脆性板材中，拓展了幕墙材料的选择性。

⑧ 工厂化施工程度高，板材上墙后调整工作量少，从而大大提高了施工安全性及成品保护率，施工效率比原有体系可提高 30%～40%，施工强度降低 50%以上。

⑨ 节点做法灵活，可充分展现建筑细部构造。

⑩ 全机械方式锁定，深入基材内部，不需用任何有机胶合材料，有效避免了材料老化及化学材料污染隐患，结合更加持久。

⑪ 板材独立安装，拆换方便。

⑫ 背栓干挂体系可实现开放式幕墙安装系统，在不影响建筑立面效果的前提下，达到有效的保温节能功效，不但降低了建设成本，而且减少了幕墙长期维护的费用。开放式幕墙系统是目前应用较为广泛的幕墙体系，其利用内外等压原理，在外墙面板和保温层之间构造一个可以保持空气流通的空间，从而可以保证外墙保温体系在使用状态下保持相对稳定的干燥状态，同时使建筑内外保持气流的交换，避免在室内墙体部位产生结露或生霉。同时开放体系可以有效避免幕墙与结构墙体间产生潮湿积累现象，可以在相同的防腐处理条件下，有效提高幕墙支承体系的防腐期限。

2. 石材背栓

扩压环式背栓有间距式、齐平式、锁扣式和内螺纹式四种类型，它们由锥形螺杆、扩压环和间隔套管组成。其中间距式背栓固定时，还需要一个六角螺母，材质为铝合金或不锈钢。背栓被无膨胀力地植入底部为锥形的螺栓孔内，通过机械结合保障达到最佳的受力状态，从而获得更好的安全性能，可以用于固定较薄的石材（石材厚度≥20mm）。图 6-5～图 6-8 为各类石材背栓示意图。

3. 安装

石材幕墙用背栓中间距式和齐平式为最常用的两种背栓，它们的主要区别如下：①齐平式背栓的锚固深度是定值，不能消除石材加工厚度误差；使用齐平式锚栓时如果石材存在厚度误差，其支承龙骨体系需允许在水平方向有一定的调节量。②间距式背栓安装时调整钻孔机器使每块石材的保留厚度为定值，可消除一定石材的厚度误差，但最大为 4mm（图 6-9、图 6-10）。

背栓的安装大致分为如下几个步骤。

（1）钻孔　选用先进金刚石钻孔技术，采用柱锥式钻头，用压力冲水作为冷却系统，在背栓安装位置钻取与背栓型号相对应锥形孔。锥形孔深度以及底部拓孔由孔深挡块和底部拓

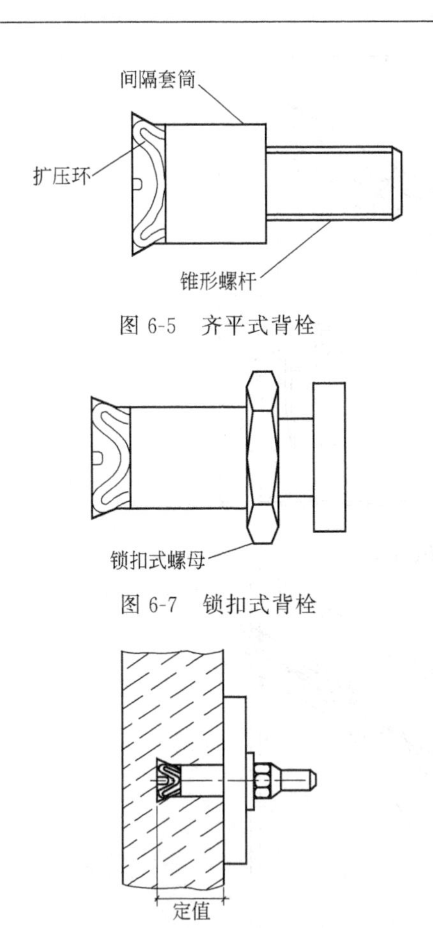

图 6-5　齐平式背栓

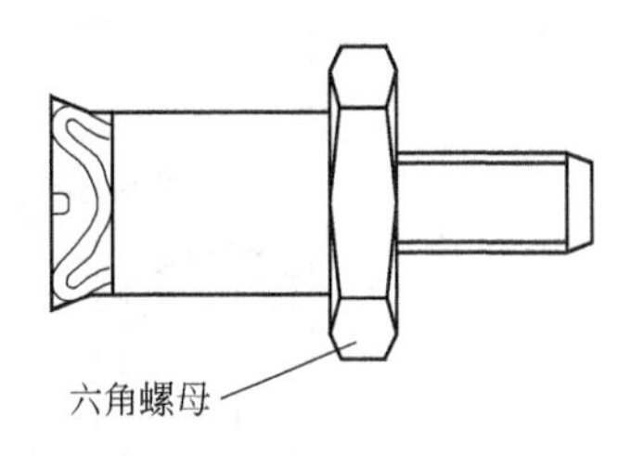

图 6-6　间距式背栓

图 6-7　锁扣式背栓

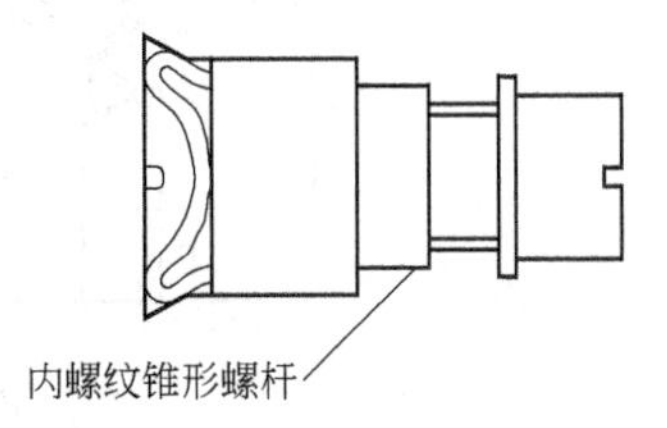

图 6-8　内螺纹式背栓

图 6-9　齐平式背栓安装图

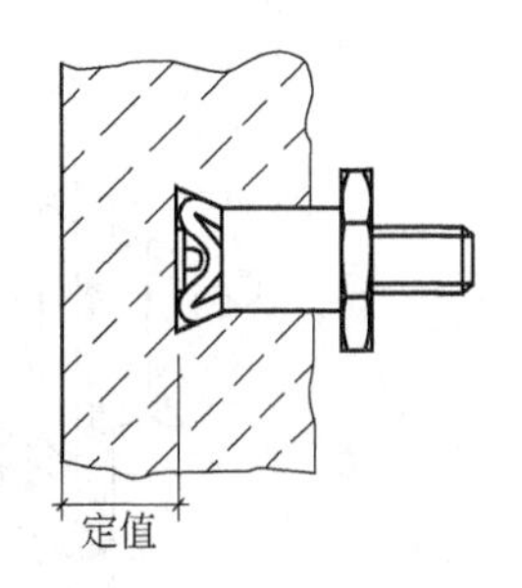

图 6-10　间距式背栓安装图

孔程序实现。

(2) 摘栓　齐平式背栓摘栓将背栓插入孔内，用专用敲击设备推进间隔套管。间隔式背栓摘栓采用专门的摘栓设备（摘栓机）在控制扭矩作用下，六角螺母将间隔套管推进。整个安装过程见图 6-11。

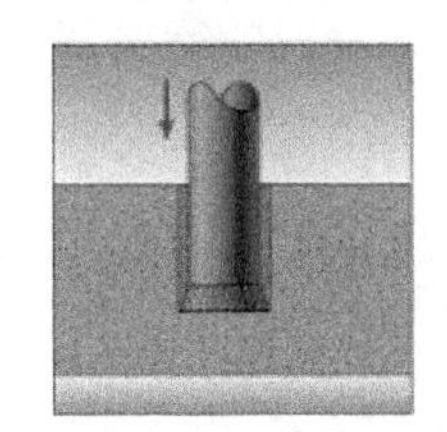
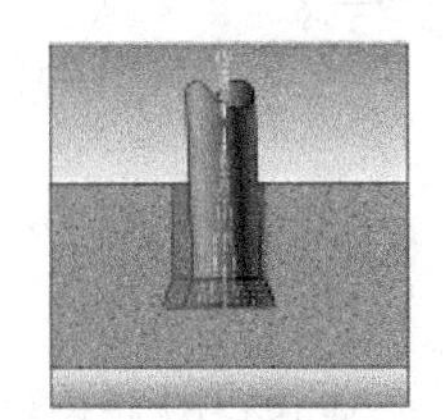

图 6-11　石材背栓安装示意图

二、工程实例

杭州市（6 度设防、设计基本地震加速度 0.04g）某建筑石材挂高 90m，石材风格尺寸为 1200mm×800mm；建筑层高为 3.6m。幕墙支承体系采用铝合金龙骨体系，横龙骨简支于竖向龙骨上，竖龙骨采用双跨梁式连接，两支座间距为 600mm，竖龙骨间距为 1200mm，石材厚度 30mm，经测试石材抗弯强度为 20MPa。铝合金幕墙支承体系可有多种连接方式，以满足不同建筑的外装需求，详见图 6-12～图 6-14。

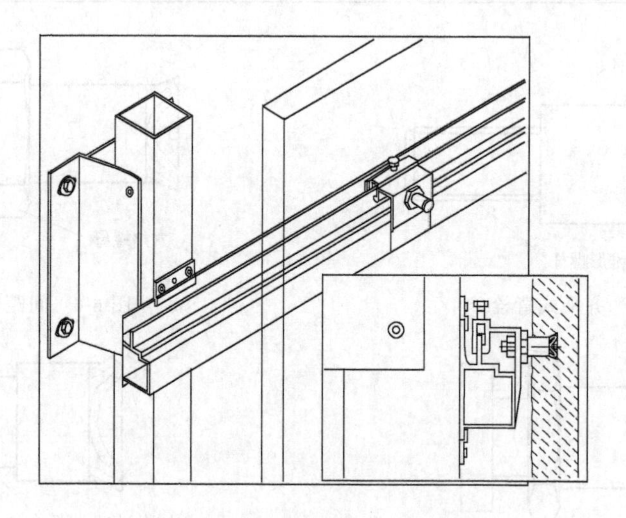

图 6-12　幕墙体系组装图

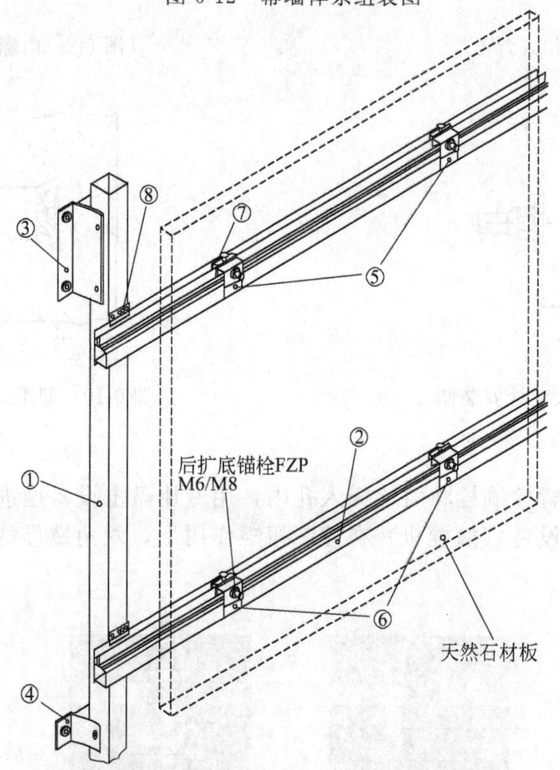

① 竖龙骨(标准长度5.80m)　　② 横龙骨(标准长度5.80m)

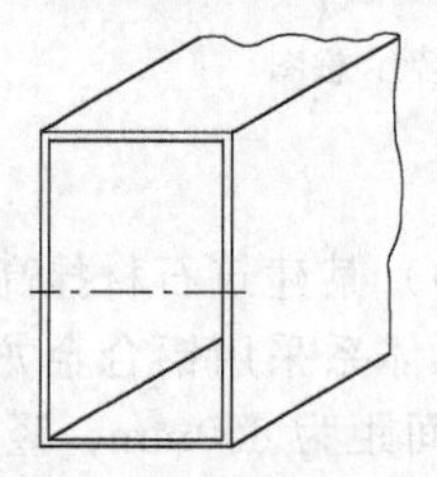

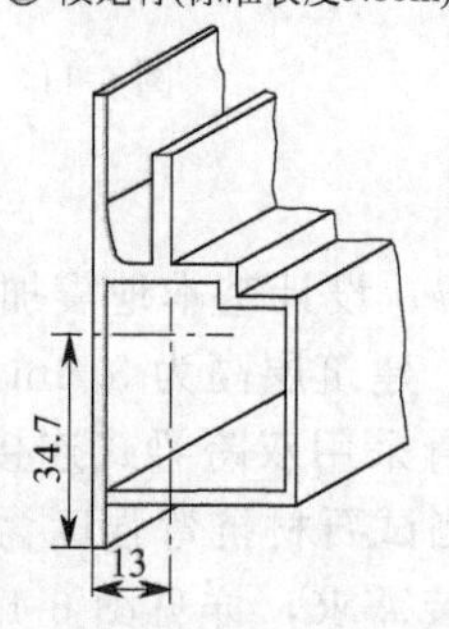

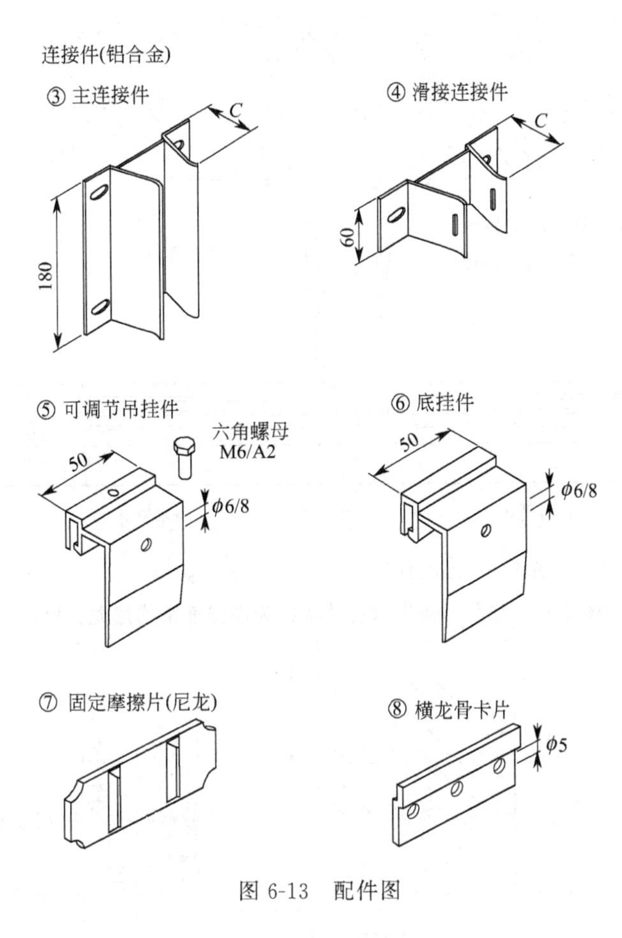

图 6-13　配件图

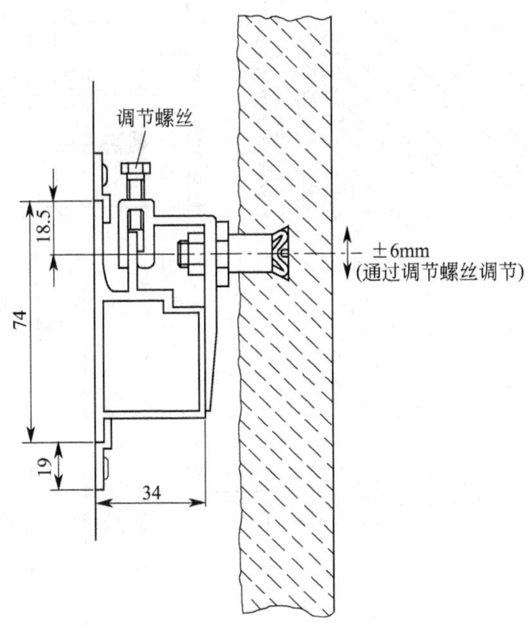

图 6-14　安装调节示意图

此项目石材幕墙支承体系节点见图 6-15～图 6-20。

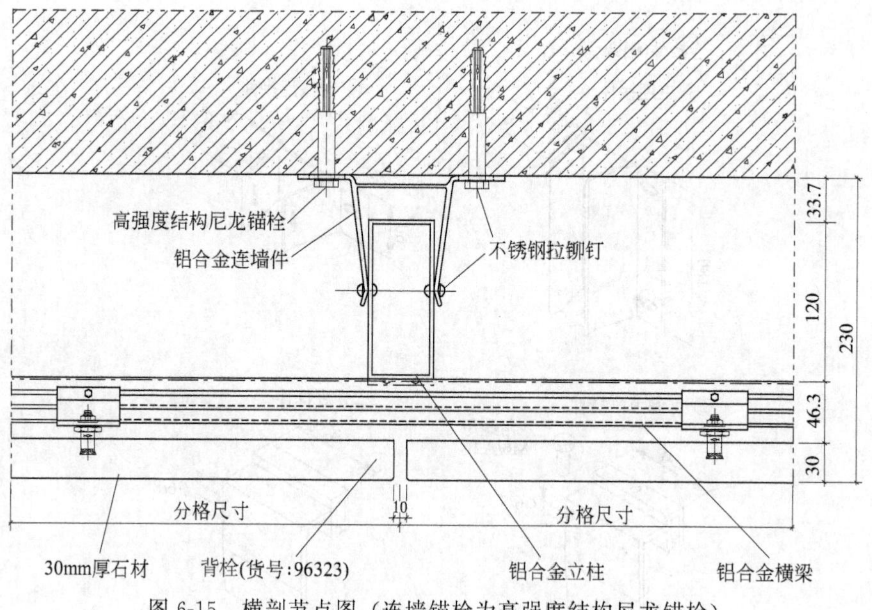

图 6-15 横剖节点图（连墙锚栓为高强度结构尼龙锚栓）

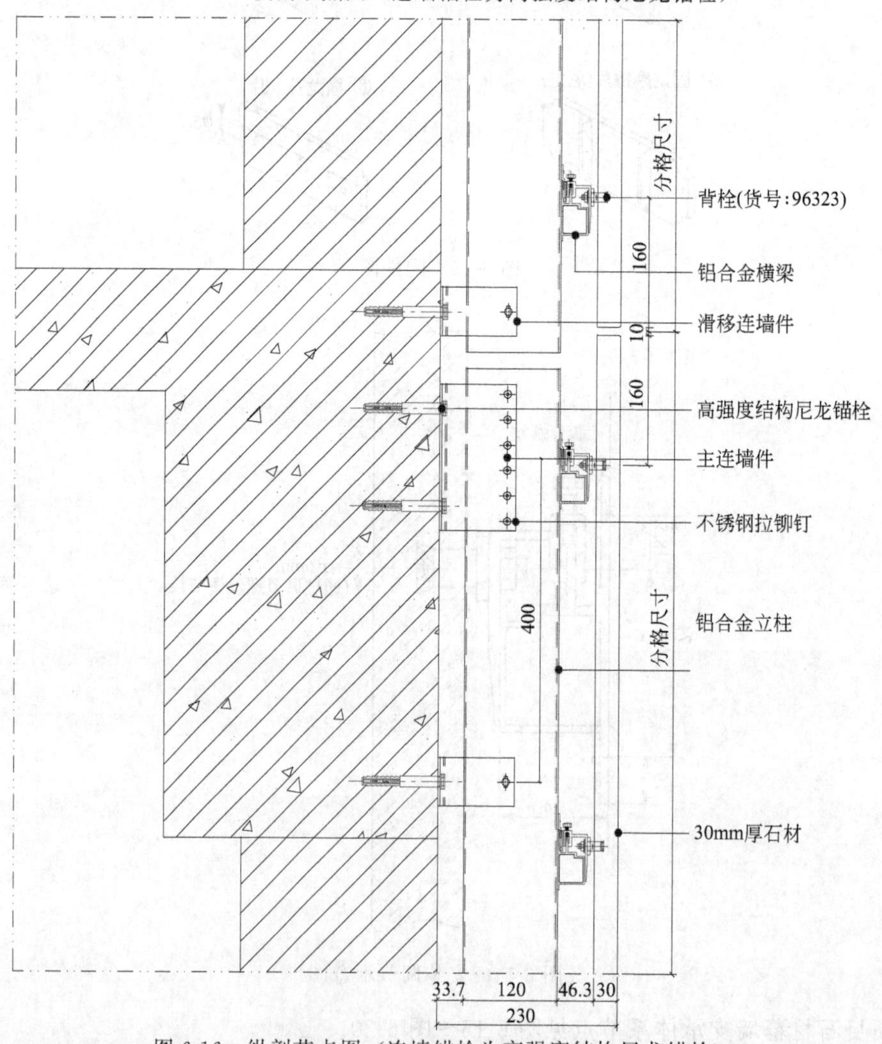

图 6-16 纵剖节点图（连墙锚栓为高强度结构尼龙锚栓）

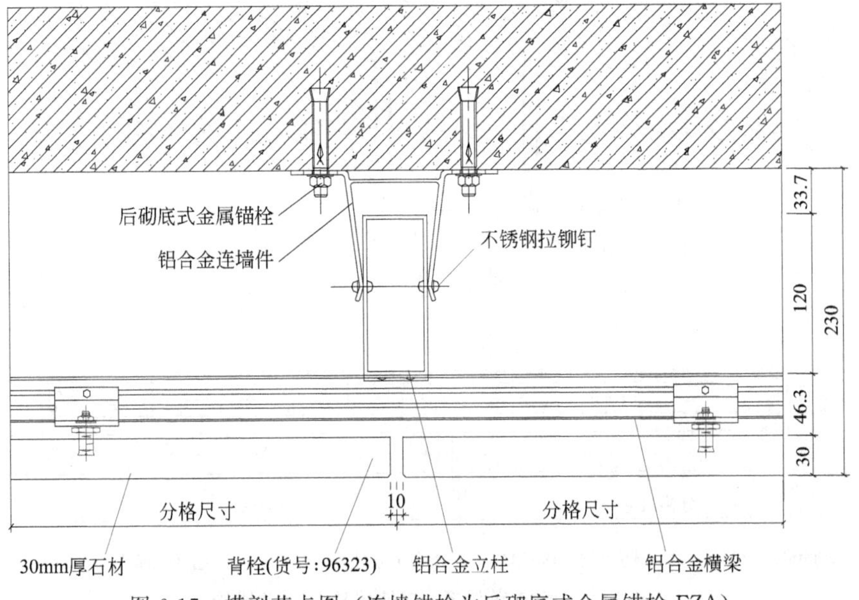

图 6-17　横剖节点图（连墙锚栓为后砌底式金属锚栓 FZA）

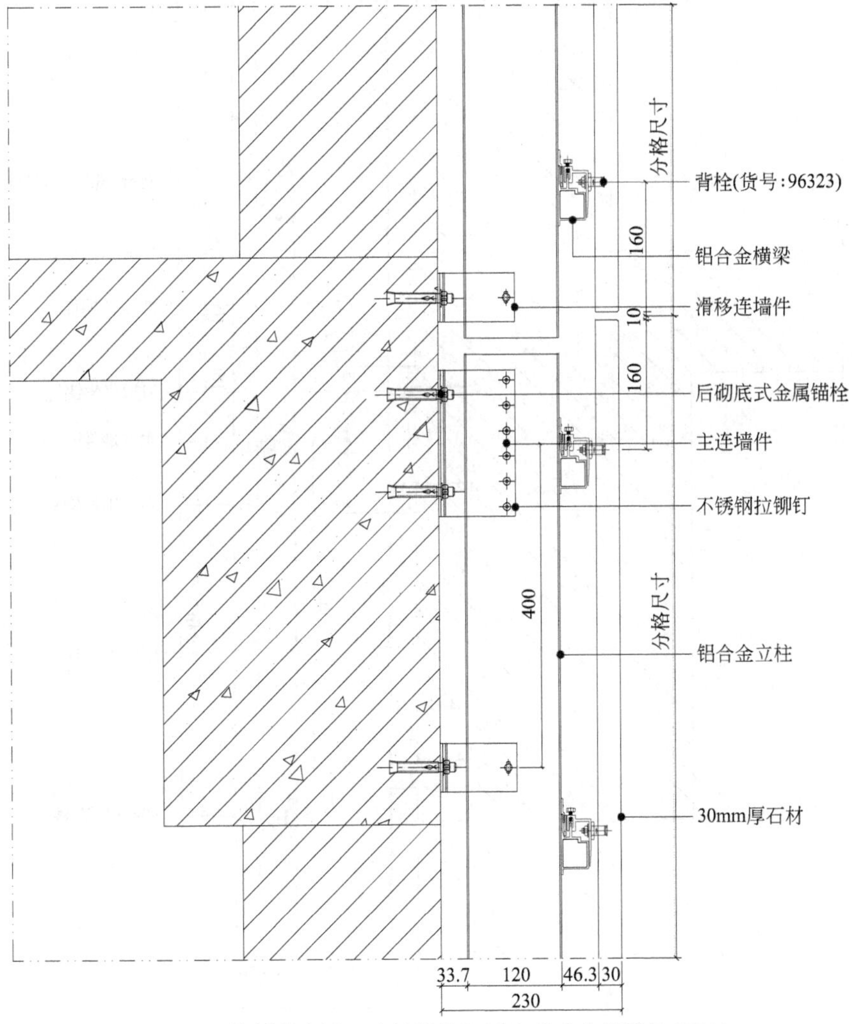

图 6-18　纵剖节点图（连墙锚栓为后砌底式金属锚栓 FZA）

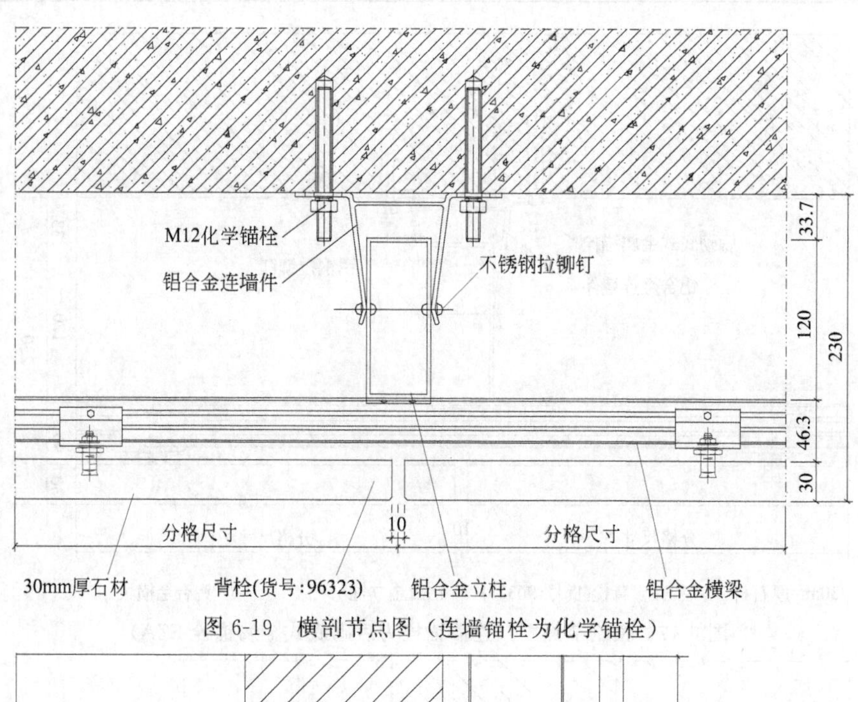

图 6-19　横剖节点图（连墙锚栓为化学锚栓）

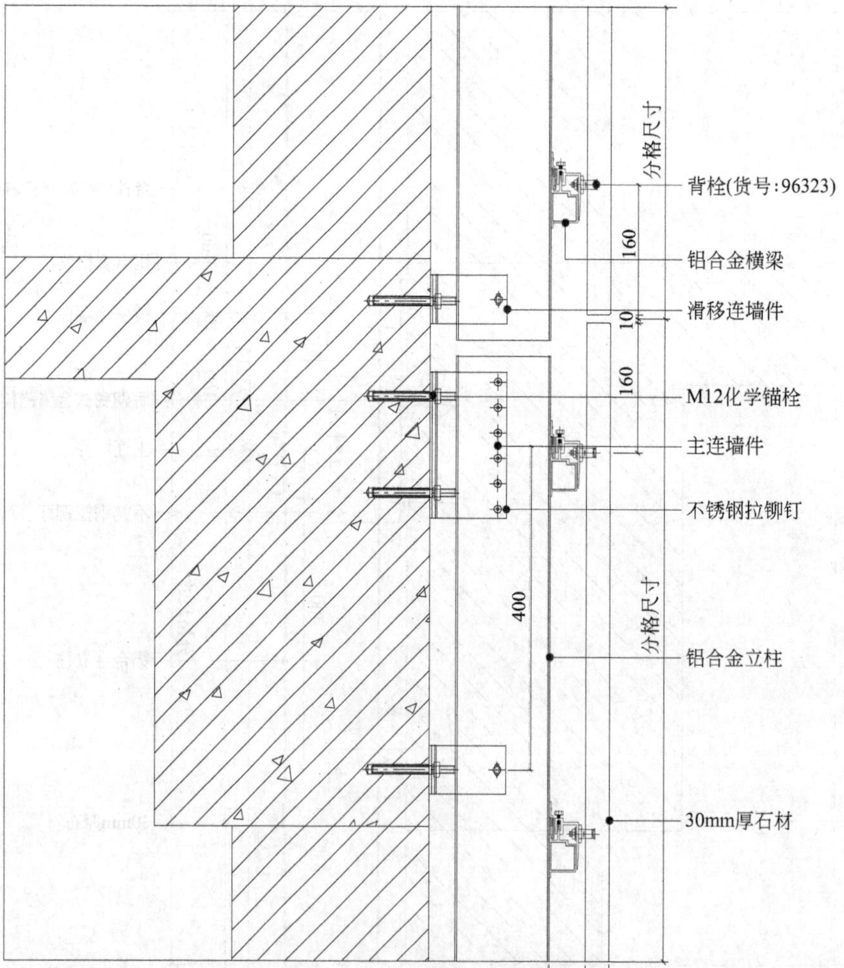

图 6-20　纵剖节点图（连墙锚栓为化学锚栓）

第三节　背栓式陶瓷板幕墙设计与施工

一、概述

1. 陶瓷板背栓

针对陶瓷板材料及安装特性，开发出了专门用于陶瓷幕墙干挂体系的陶瓷板背栓，它由锥形螺杆、扩环压、六角螺母和尼龙套管（由专用尼龙材料制成）组成，其中尼龙套管可消除陶瓷板后的肋引起的安装不平整（图 6-21、图 6-22）。

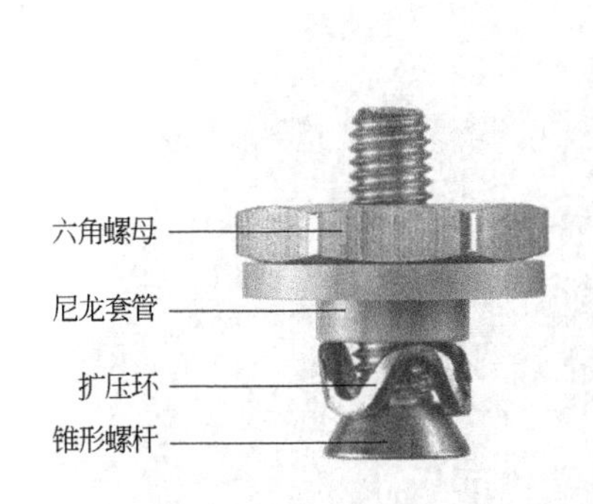

图 6-21　陶瓷板背栓示意图

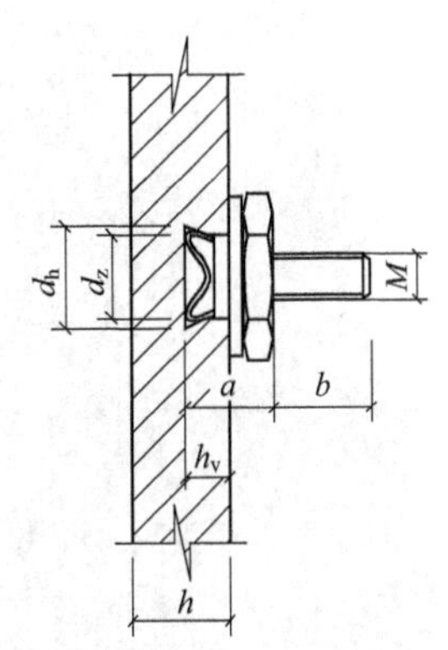

图 6-22　陶瓷板背栓安装图

（1）陶瓷板背栓参数　陶瓷板背栓参数见表 6-1。

表 6-1　陶瓷板背栓参数

锚栓类型	货号	钻孔直径 d_z/mm	锚固深度 h_v/mm	螺杆外露长度 b/mm	锚栓安装长度 a/mm	螺杆公称直径 M/mm	吊挂件最大壁厚 n/mm	扩孔直径 d_h/mm	最小板厚 h/mm
11×6M6K/3A4	60705	11	6	12.5	12.5	M6	3	13.5	10
11×7M6K/3A4	60706	11	7	11.5	13.5	M6	3	13.5	10
11×10M6K/5A4	96015	11	10	13.5	16.5	M6	3	13.5	14

（2）力学性能　锚栓的破坏强度由锚固基础的强度决定，由于生产陶瓷板各厂家产品性能各不相同，因此，针对不同项目应当进行相应的拉拔测试，确定拉力极限承载力。表 6-2 给出了几种典型的承载力值。

表 6-2　陶瓷板背栓拉拔测试数据

材　料	板材厚度/mm	锚固深度 h/mm	螺杆型号	平均拉力/kN
复合板	12	7	M6	2.0
陶瓷板	11	7	M6	1.7
陶土板	16	10	M6	2.2
	30	30	M6	3.9

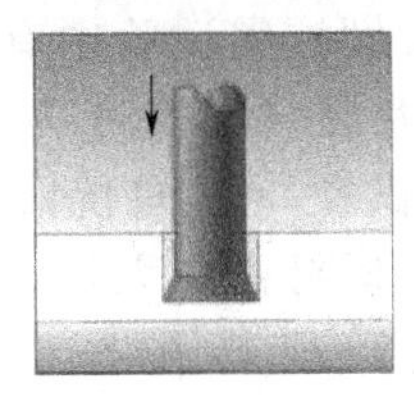
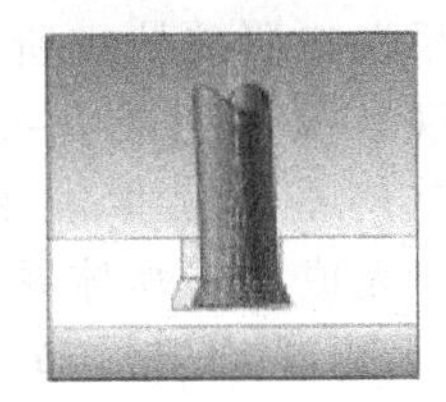

图 6-23　陶瓷板背栓安装示意图

2. 安装

陶瓷板背栓的安装过程与间距式石材背栓的安装过程类似，见图 6-23。

二、工程实例

项目名称：北京 NAGA 上院，见图 6-24。

图 6-24　北京 NAGA 上院立面效果图

图 6-25　抗震实验模型

项目地点：北京东直门。

幕墙总高度：44.100m。

设防烈度：8 度设防。

防雷分类：二类。

幕墙防火等级：耐火等级为一级。

选用产品：锁扣式幕墙支承连接体系，陶瓷板背栓，结构用高强度尼龙锚栓和铝合金用不锈钢自攻螺钉。

项目特点：采用全套幕墙龙骨及连接体系，用于支承 10mm 厚石粉板（全国用于外装最薄板材）。整套体系在建研院抗震所所做抗震试验中有非常优秀的表现，顺利完成九级大震（加速度为 0.62g）及全国首例幕墙模拟震中试验（三向抗震试验），抗震试验完成后支承体系及板材完好无损，且可顺利拆换，见图 6-25。节点和组装见图 6-26～图 6-28。

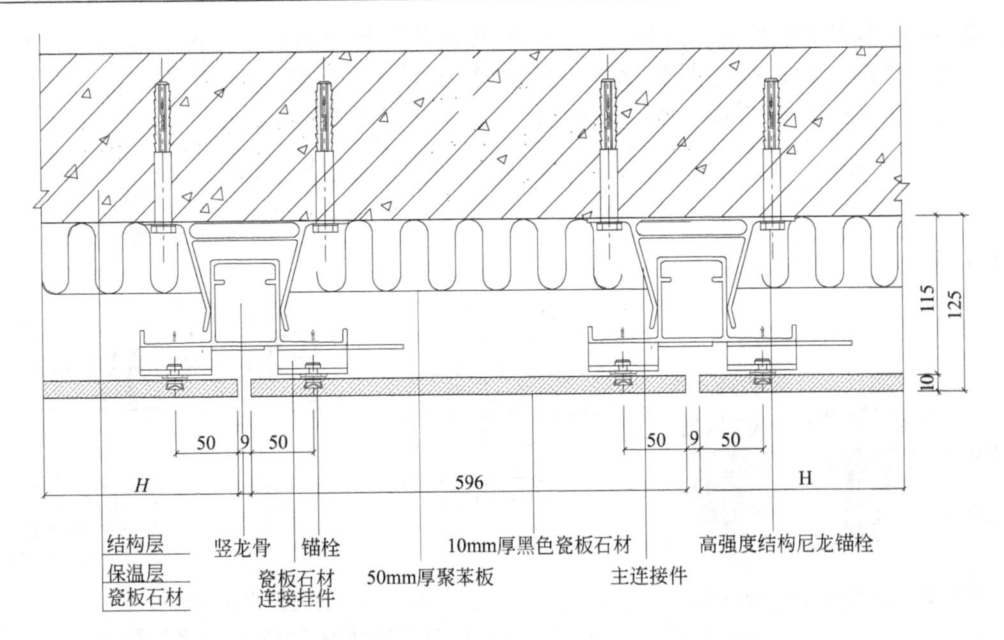

图 6-26　横剖节点图（连墙件为高强度结构尼龙锚栓）

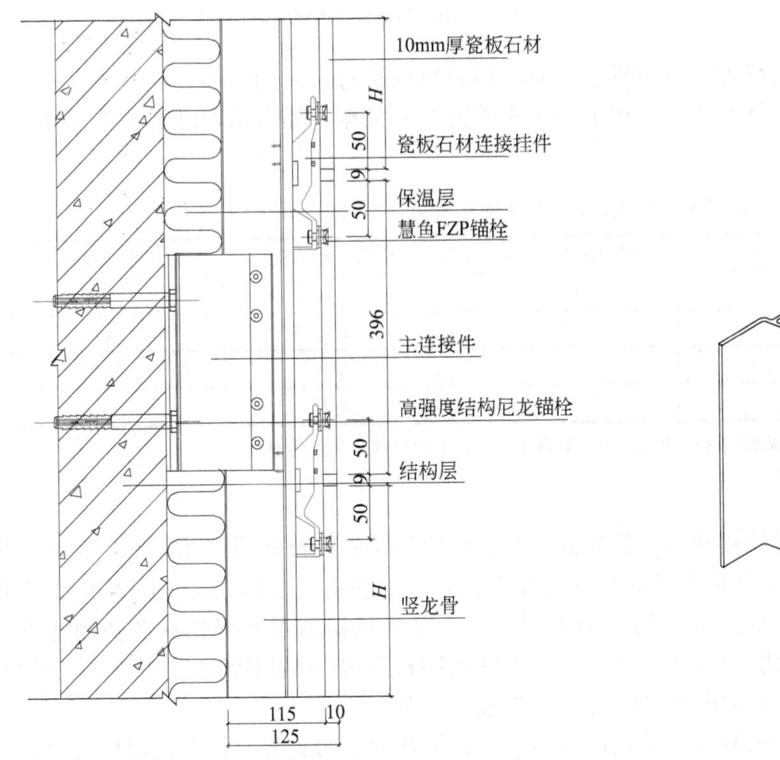

图 6-27　纵剖节点图（连墙件为高强度结构尼龙锚栓）

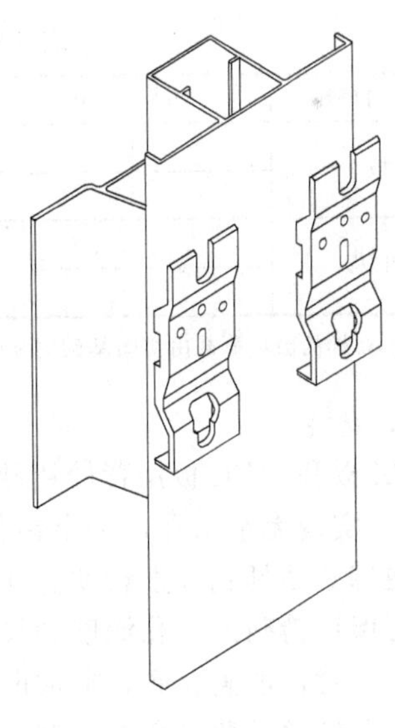

图 6-28　系统组装图

第四节　背栓式纤丝板及高压承压板幕墙设计与施工

1. 纤丝板背栓

纤丝（FZ）板由纤维、高强度水泥、聚合物和水混合而成，FZ 板的优点是阻燃、隔热、防腐和良好的弹性性能。陶瓷板（HPL）板由热固性树脂与木纤维混合而成，面层由电子束曲线作用加工而成。根据 FZ 板以及 HPL 板的材料及受力特性，慧鱼公司开发了一种专门用于 FZ 板及 HPL 板外墙干挂体系的背栓。背栓样式见图 6-29、图 6-30。

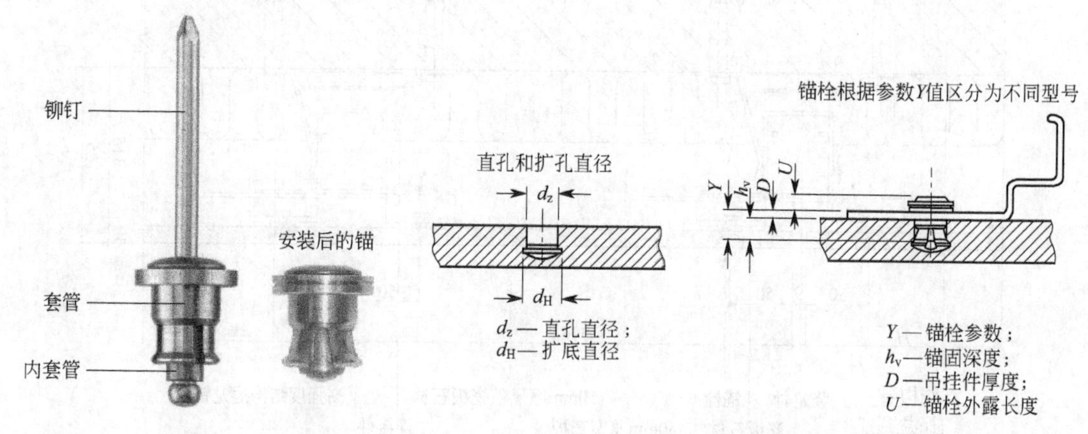

图 6-29　纤丝板背栓示意图

图 6-30　陶瓷板背栓安装图

（为了适应不同板材和不同吊挂件的要求，FZP-N 系统提供了不同型号的锚栓类型。所有型号的锚栓的钻孔直径为 9mm，扩孔直径为 11mm，锚栓类型根据不同的锚栓参数 Y 值确定）

为保证背栓承载性能静力计算得准确，对各种材料应进行必要的试验。表 6-3 为在不同厚度的高压层压板及水泥纤维板材料中的极限承载力试验数据。如果水泥纤维板处于潮湿状态，其承载性能将降低 25%。

表 6-3　平面上单个背栓的承载力（平均值）

板面材料	板厚 h/mm	锚固深度 h_v/mm	抗拉荷载/kN	抗剪荷载/kN
FZ 板	12	6.5	1.6	3.0
	15	10	2.2	5.0
HPL 板	8	4	2.3	5.0
	10	6.5	3.0	7.0

注：背栓的破坏荷载由锚固基础的强度决定，因而需具体测定，上列破坏荷载仅供参考。

2. 安装

FZ 板和 HPL 板用背栓用硬金属柱锥式钻头 B9/N 钻孔并进行底部拓孔（钻孔后将孔屑吸出）。实现无水钻孔，一个钻孔过程就可完成直孔和底部拓孔。专门的钻机，从施工现场用的便携式钻具到大批量快速生产的专用大型设备，这些机器通过孔深挡块和强制底部拓孔，可保证精确的钻孔深度和尺寸。然后，用蓄电式铆机 NSG 将背栓穿过被固定部件的孔并扩压。背栓填满孔底，形成凹凸型结合。安装过程见图 6-31。

由于纤丝板背栓孔的孔型以及钻孔过程不同于石材背栓、陶瓷板背栓及玻璃板背栓，因此，针对纤丝板有不同的要求，详见表 6-4、图 6-32。

表 6-4　纤丝板背栓孔钻孔尺寸要求

板材材质	板材厚度 a/mm	锚固深度 h_v/mm	保留板材厚度 RWD/mm
HPL	≥8	≥4.0	≥1.5
纤维板	≥12	≥6.5	≥2.5

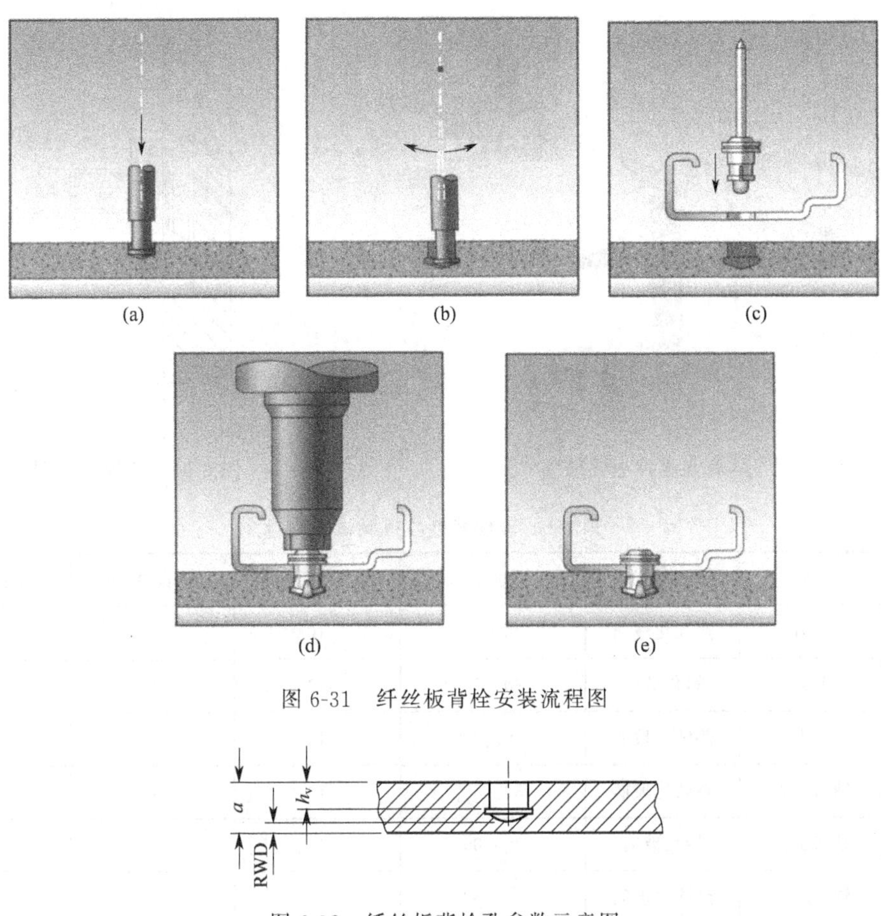

图 6-31　纤丝板背栓安装流程图

图 6-32　纤丝板背栓孔参数示意图

第五节　背栓式玻璃幕墙设计与施工

1. 玻璃背栓 FZP-G

玻璃背栓为新近研发的用于玻璃幕墙挂接的新型连接体系。它能实现不穿透玻璃板的点式挂装，可运用与点式玻璃挂装、内装修玻璃挂装和光电幕墙挂装。玻璃背栓可用于单片玻璃和夹胶玻璃的挂装，目前，用于中空玻璃的玻璃背栓正在申请欧洲权威机构认证。玻璃背栓具有如下使用特点：①钻孔不穿透玻璃板；②钻孔直径只有 20mm；③无密封问题；④无灰尘堆积问题；⑤降低热桥效应；⑥实现玻璃幕墙的最大通透率。玻璃背栓 FZP-G 见图 6-33～图 6-35。

表 6-5 为背栓在不同玻璃厚度上进行试验后所得力学性能参数（供参考）。

2. 安装

玻璃背栓的安装大致需要如下几个步骤。

(1) 钻孔并扩孔　CNC 控制的钻孔设备在浮法玻璃板上钻孔和扩孔。特殊的金刚石钻孔

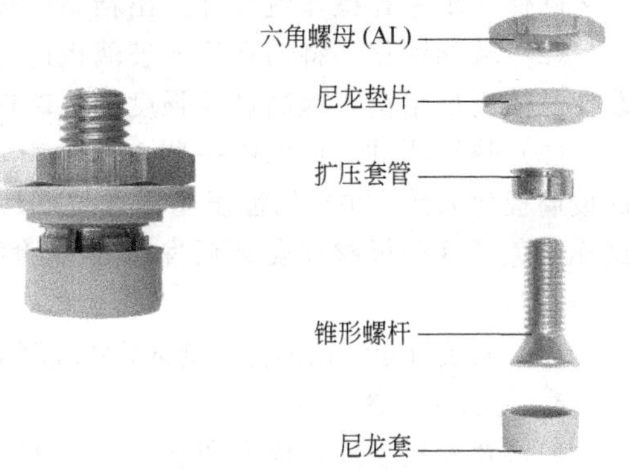

图 6-33　玻璃背栓示意图

图 6-34 玻璃背栓外观效果图

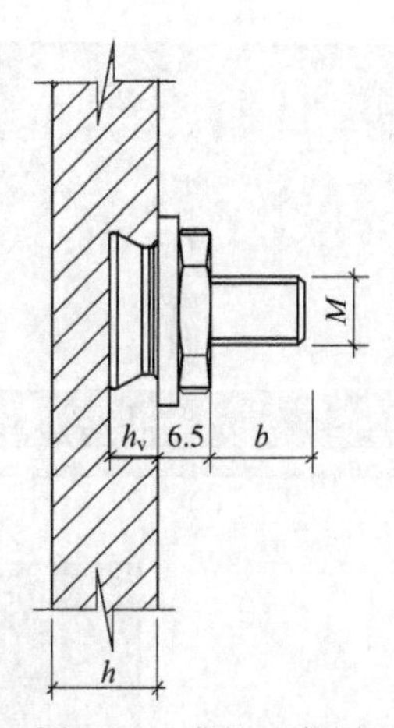

图 6-35 背栓安装图

表 6-5 玻璃背栓拉拔测试数据

序号	试验	玻璃种类	试件尺寸/cm×cm	玻璃厚度/mm	锚固深度/mm	极限承载力/kN
1	剪力	热硬化玻璃	30×30	10	6	5.7
2	剪力	钢化玻璃	30×30	10	6	7.3
3	剪力	热硬化玻璃	30×30	12	7	7.5
4	轴向压力	热硬化玻璃	30×30	10	6	12.3
5	轴向压力	钢化玻璃	30×30	10	6	13.0
6	轴向压力	热硬化玻璃	30×30	12	7	16.5
7	轴向压力	钢化玻璃	30×30	12	7	17.8
8	轴向拉力	热硬化玻璃	30×30	10	6	3.2
9	轴向拉力	钢化玻璃	30×30	10	6	4.2
10	轴向拉力	热硬化玻璃	30×30	12	7	3.7
11	轴向拉力	钢化玻璃	30×30	12	7	4.7

工艺确保一个钻孔操作就能加工出精确度较高的后扩底钻孔。

(2) 玻璃钢化　将钻孔后的玻璃板进行钢化处理（将加热到约 650℃的玻璃迅速冷却），改变晶体内部结构，提高玻璃强度。玻璃钢化后的强度可提高 5 倍。

(3) 热浸测试　玻璃中一些 NiS 的存在是玻璃自爆产生的原因。热浸测试为将钢化后的玻璃板放入约 290℃的恒温箱中放置一段时间，含有 NiS 成分的玻璃板会在测试中自爆，这样避免了这种板材在安装后发生自爆的危险。但是钢化玻璃的强度会在热浸测试后减少 7%～8%。

(4) 安装背栓　在钢化和测试后的玻璃上，用专门的安装工具和额定的安装扭矩安装背栓。

3. 支承连接体系

玻璃背栓星型连接体系见图 6-36。星型安装方法可实现：①玻璃板可在水平和竖直方向上调节；②可吸收热胀冷缩引起的变形；③可连接不同形状的龙骨。

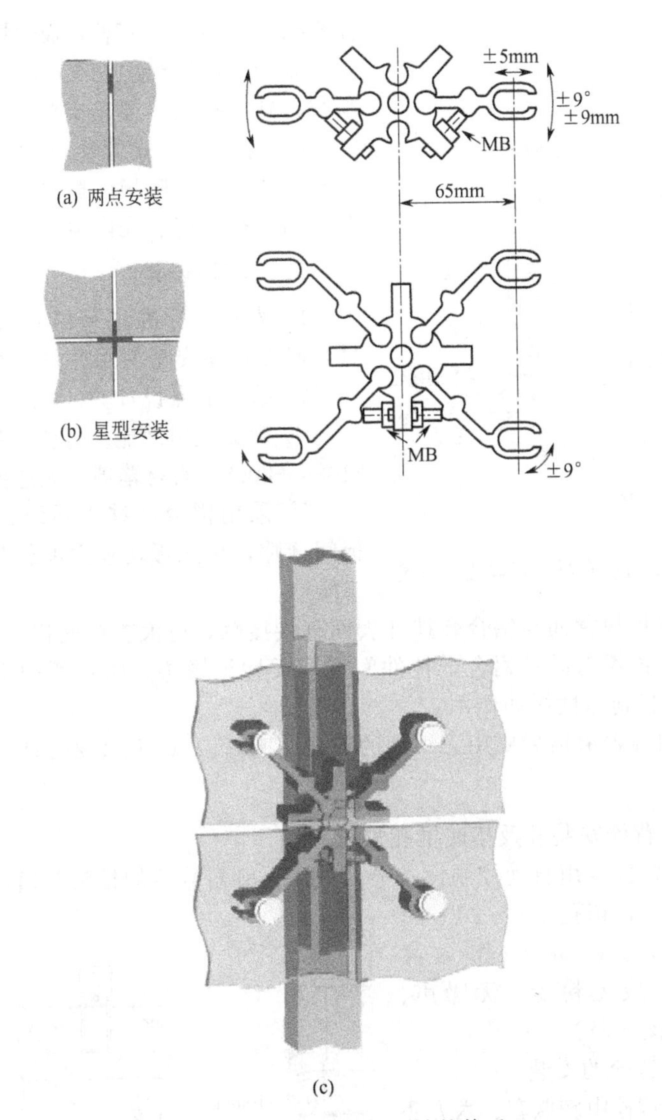

图 6-36　玻璃背栓星型连接体系

第六节　后切旋进式背栓石材幕墙设计与施工

一、概述

石材幕墙是建筑的外围护结构，在全国各地高、中、低层建筑工程中广泛使用，为确保长期安全使用，并又便于维修，其锚固系统十分重要。

不锈钢扩压环式背栓与石板安装锚固后，不可拆卸，只能一次性使用。由专业幕墙专家配合专业公司总结多项石材幕墙工程的使用和维修情况，学习国际先进技术，从 2003 年开始，研发“后切旋进式背栓”石材幕墙锚固系统（图 6-37），2005 年开始推广使用，深受国内外石材厂商和幕墙施工单位的青睐。

后切旋进式背栓的特点如下。

① 后切旋进式背栓结构简单，锚固后可拆装，便于维修更换，具有通用性及经济性。

② 石板是后切旋进式锚固的承载部件，在自重及组合荷载作用下可安全使用。锚固用直

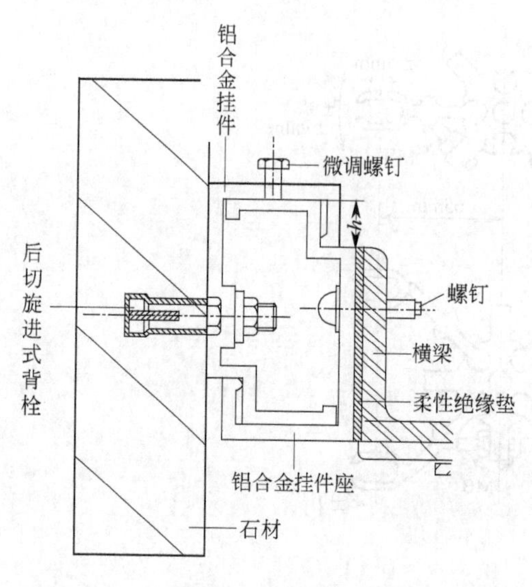

图 6-37　后切旋进式背栓石材、幕墙锚固系统

径 8mm 后切旋进式背栓，极限拉伸强度为 25.6kN。

③ 采用铝合金挂件，石板单元板块可独立承载、独立拆装，便于维修。

④ 后切旋进式背栓可用于天然石板、人造板材，如瓷板、陶板、微晶玻璃、纤维板、单层夹层和中空玻璃、光电电池板等。

二、结构设计

1. 按相关标准进行结构设计计算，合理选材，确保长期安全使用并具有经济性。

2. 结构节点设计

① 确保使用性能。符合《建筑幕墙》（GB/T 21086—2008）石材幕墙、人造板幕墙专项要求。

② 采用铝合金挂件系统，挂接量 h 小于石板间缝隙，单元板块独立承载并可独立拆装，便于维修。

③ 锚固后石材板块背面与铝合金挂件表面直接接触，增大支撑面积，提高抗扭剪应力。

④ 在支撑结构横梁与固定铝合金挂件间设置柔性绝缘垫，防止两种不同金属材料表面接触产生腐蚀，并起到弹性缓冲作用。

⑤ 石材板块间缝隙清洁后要用无污染的石材用密封胶（GB/T 23261—2009）密封。

三、安装施工

1. 石材板后切背栓安装孔及拓底锥孔加工

在后切旋进式背栓专用自动控制设备上，采用金刚石制造的钻头并通过纳米处理提高钻孔数量。一个钻头可钻拓孔 150～300 个，用自来水冷却水压应为 3～6kg/cm^2。在高压冷却水作用下形成无粉尘、无噪声、无损板材的切削（图 6-38）。

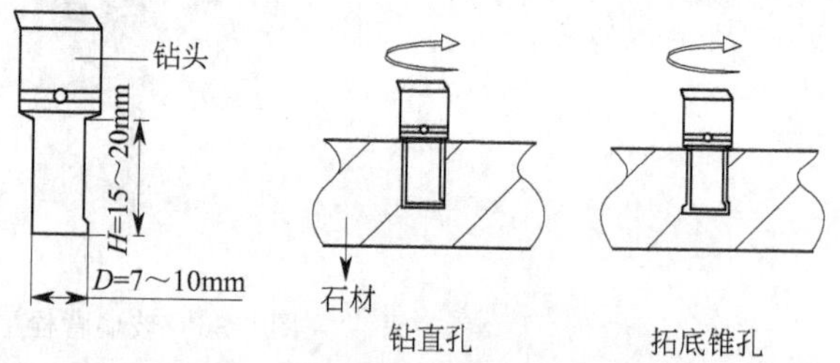

图 6-38　安装孔及拓底锥孔加工

2. 后切旋进式背栓的安装

① 后切旋进式背栓由膨胀套、六方头螺栓、止动弹簧垫圈、垫片组成（图 6-39）。

② 先将膨胀套插入已成形的石板孔内［图 6-40(a)］，再将铝合金挂件套在膨胀套端部的六方帽上［图 6-40(b)］，将螺栓拧入膨胀套内螺纹孔中直至膨胀套与石板孔膨紧［图 6-40(c)］。

③ 将铝合金挂件座加柔性绝缘垫后固定在支撑结构的横梁上，进行三坐标调整放线定位；将安装在石材板块上的铝合金挂件插在铝合金挂件座上；用调整螺钉进行微量调整，确

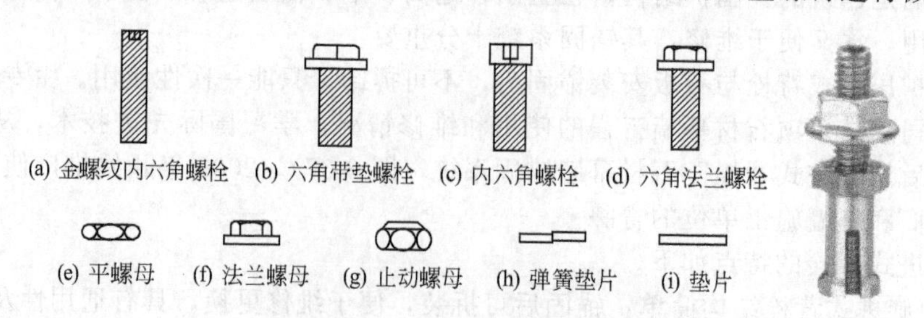

图 6-39　后切旋进式背栓构件

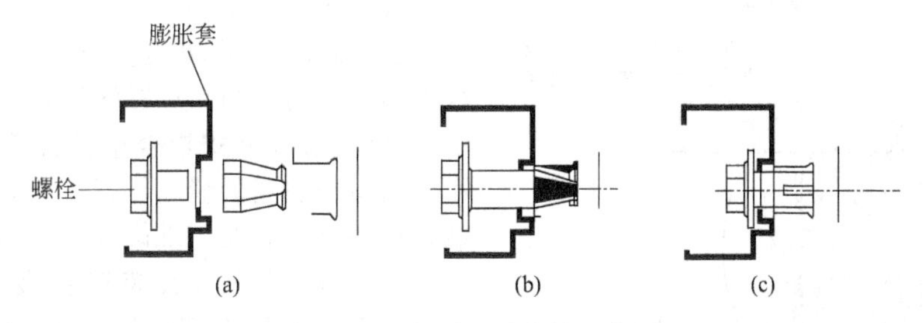

图 6-40　后切旋进式背栓安装图

保石材板块水平及垂直的位置，确保石材板块间缝隙宽度相同（图 6-41、图 6-42、图 6-43）。

④ 石材板块间缝隙清洁后涂石材用密封胶（要经过无污染检测合格后方可施工）。

图 6-41　后切旋进式背栓安装实例图

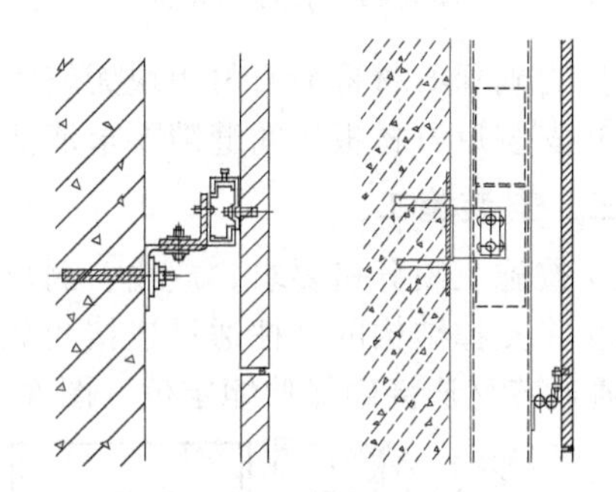

图 6-42　石材背栓安装图

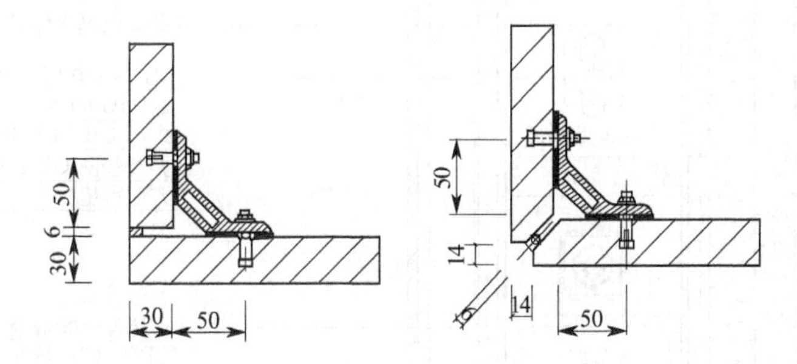

图 6-43　转角石材组装图

第七节　短槽式石材幕墙设计与施工

一、概述

石材幕墙是建筑的外围护结构，既要确保建筑工程有建筑艺术性，又要求安全耐久、技术先进、性能稳定、经济合理。

短槽式石材宜选用花岗石，厚度不小于 25mm，单元板不大于 1.5m^2，弯曲强度不小于 8.0MPa，在严寒和寒冷地区，石材板抗冻系数不应小于 0.8。石材面板单元板块应能独立承载，独立安装和拆卸，便于长期使用与维修，具有经济性（图 6-44）。

二、结构设计

1. 按《金属与石板幕墙工程技术规范》（JGJ133）、《建筑结构荷载规范》（GB 50009）等现行相关标准进行结构设计计算，合理选材，确保工程可长期安全使用并具有经济性。

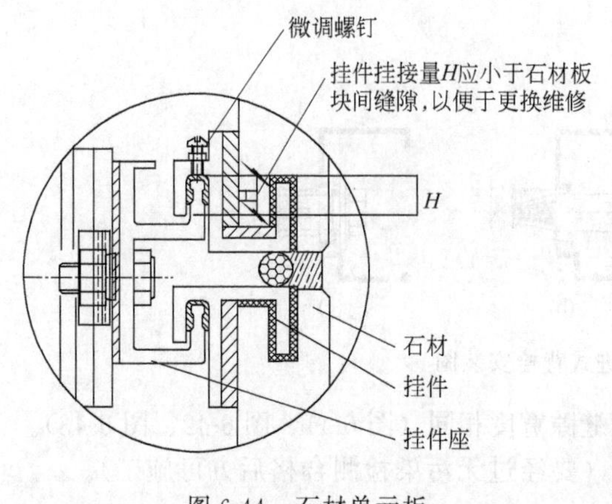

图 6-44 石材单元板

2. 结构节点设计

① 确保使用功能。符合《建筑幕墙》(GB/T 21086—2008) 石材幕墙专项要求。

② 采用短槽式铝合金控件系数，挂接量小于石材板块间的缝隙，石材单元板可独立承载，可独立拆装便于维修（图 6-44）。

③ 短槽式石材安装铝合金挂件槽口宽 7mm，铝合金挂件部位壁厚为 4mm，挂接件与石材组装后有 3mm 的间隙，采用杆挂石材幕墙用环氧胶黏剂（JG/T 887）粘接，固化后呈弹性连接，确保石材幕墙平面内的变形性能，避免石材槽口破裂。

④ 为确保石材幕墙石材板块无较大色差，对石材板块进行编号供安装时配色使用。

⑤ 安装后石材板块间缝隙要求清洁后涂无污染的石材用密封胶（GB/T 23261—2009）。

三、安装施工

① 按施工图分格要求，放线、测量、确定预埋件的位置，调整后符合石材幕墙分格。

② 将支撑结构的立柱通过连接角码与埋件可靠连接并调整定位，确保安全承载，两立柱间通过芯材连接确保伸缩定位（图 6-45）。

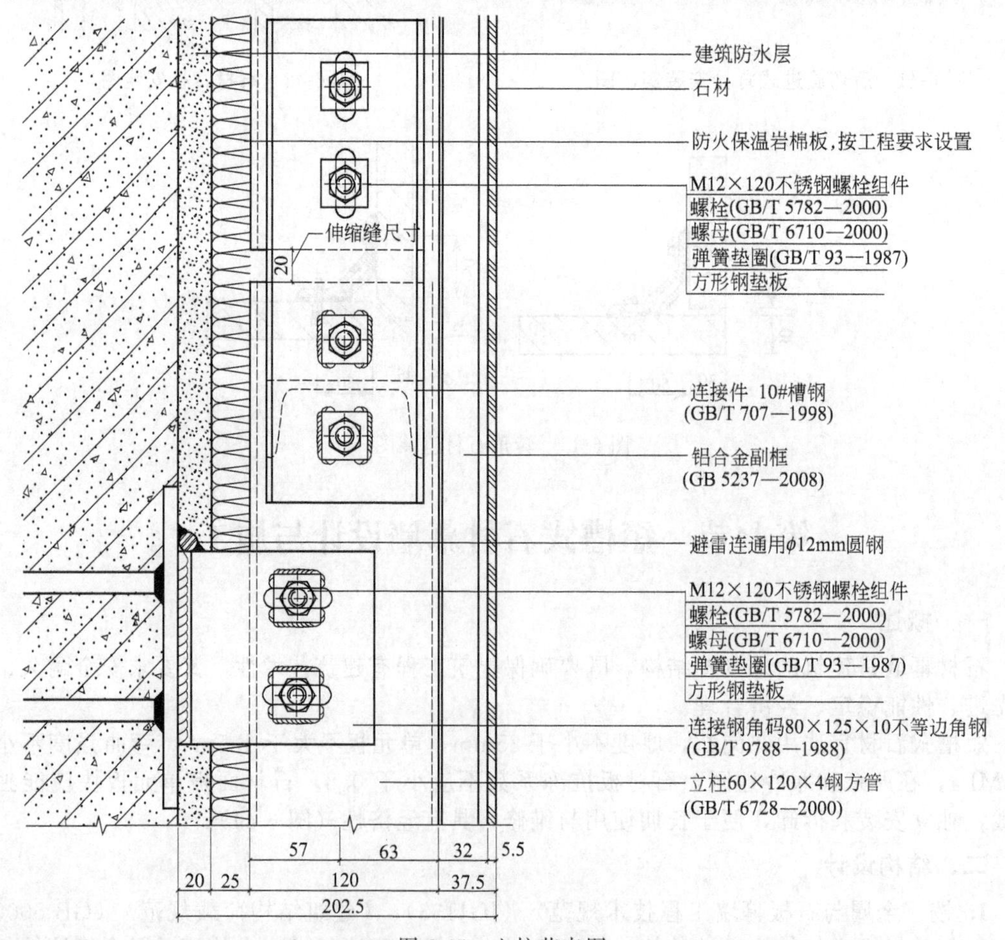

图 6-45 立柱节点图

③ 横梁与立柱连接、调整、定位。

④ 在横梁上安装铝合金挂件座调整定位。

⑤ 石材板在专用设备上开槽，确保铝合金挂件安装质量（图 6-46）。

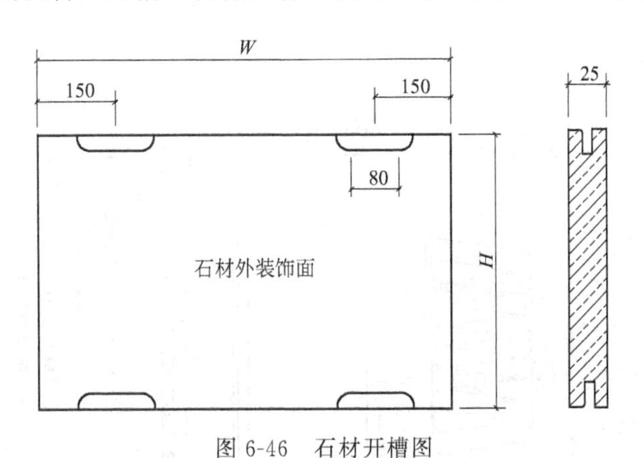

图 6-46　石材开槽图

⑥ 按石材单元板块编号进行石材调整配色，确保无明显色差。

⑦ 安装石材板块、调整、固定，确保挂接量 H 小于石材板块间缝隙，确保石材板块的独立拆装便于维修（图 6-44）。

⑧ 安装完的石材幕墙，将石材板块间缝隙认真清洁后，涂石材用密封胶（GB/T 23261—2009），确保密封性能。

第八节　陶瓷薄板幕墙设计与施工

一、概述

陶瓷薄板（PP 板）是国家“十一五”科技支撑重点项目、国家科学技术部“国家重点产品”，获得国家专利（第 480132 号）。PP 板原料的 50%是利用工业废渣，节约 60%以上原料资源，降低综合能耗 59%，板厚 5.5mm，降低建筑重量负荷，低碳生产，低碳应用，引领建材的低碳经济。陶瓷薄板有通用型、增强型，根据幕墙分格及承载能力的要求设置加强肋，人流密集环境或吊顶处，应采用丝网加强处理。

幕墙用陶瓷薄板符合国家标准《陶瓷板》（GB/T 23266—2009）的规定（性能指标）。陶瓷薄板由黏土和其他无机非金属材料压制成形，采用高温烧结等生产工艺制成板状陶瓷制品。

吸水率≤0.5%，厚度不大于 6mm，面积不小于 1.62m^2，陶瓷薄板出厂规格为 1800mm×900mm，使用规格按工程陶瓷薄板幕墙分格选定。

陶瓷薄板有单色、组合色，仿石材、木材纹理色彩，无色差，是天然花岗石的最佳替代产品。

二、结构设计

1. 按现行相关标准进行结构设计计算，合理选材，确保安全使用并具有经济性。

2. 结构节点设计

① 确保使用性能。符合《建筑幕墙》（GB/T 21086—2008）人造板幕墙专项要求。

② 应采用陶瓷薄板专用结构胶、密封胶，经国家认定单位进行相容性、剥离黏结性、无污染性检测合格后方可施工。

③ 可设计成隐框陶瓷薄板幕墙（图 6-47）。

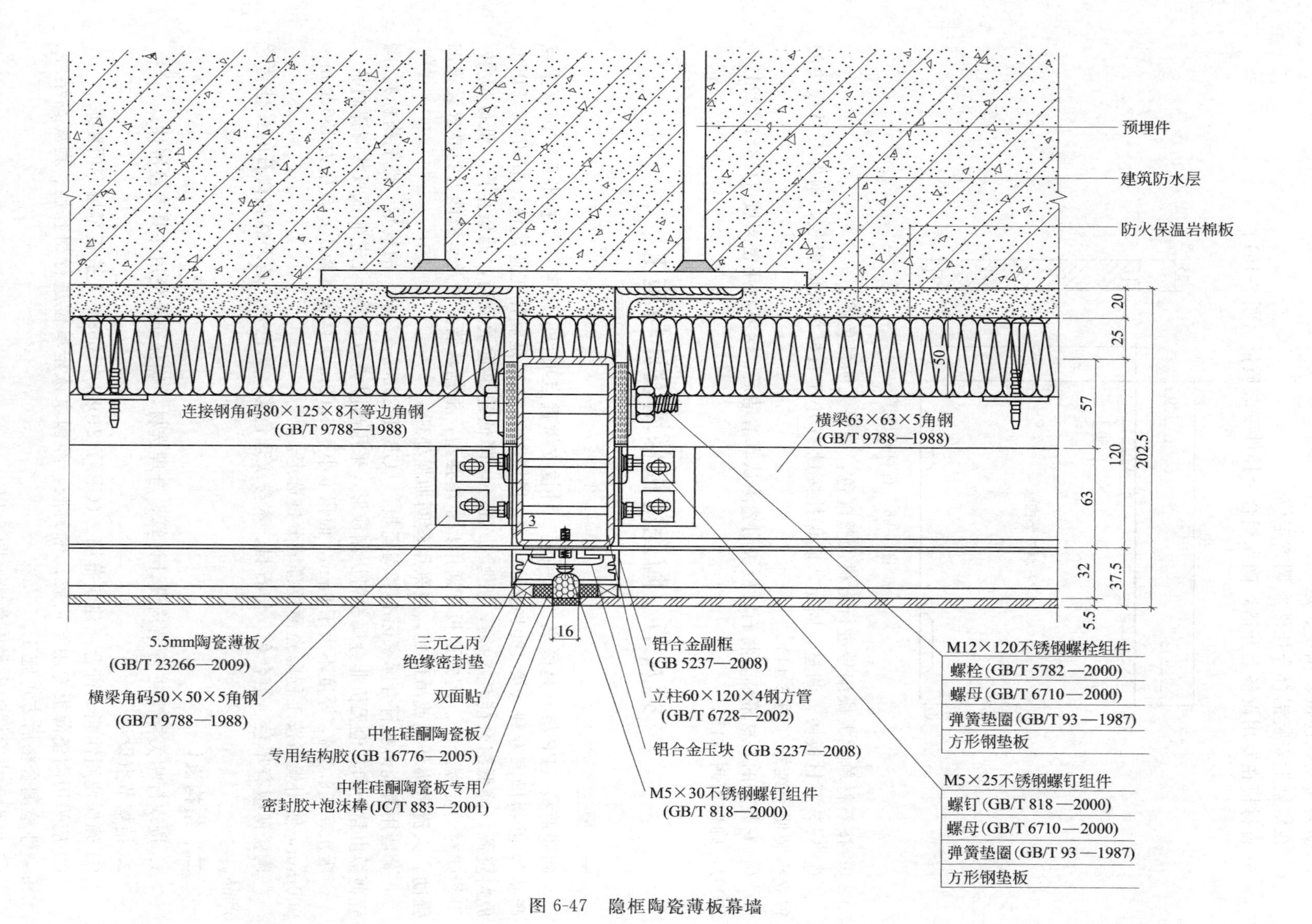

图 6-47 隐框陶瓷薄板幕墙

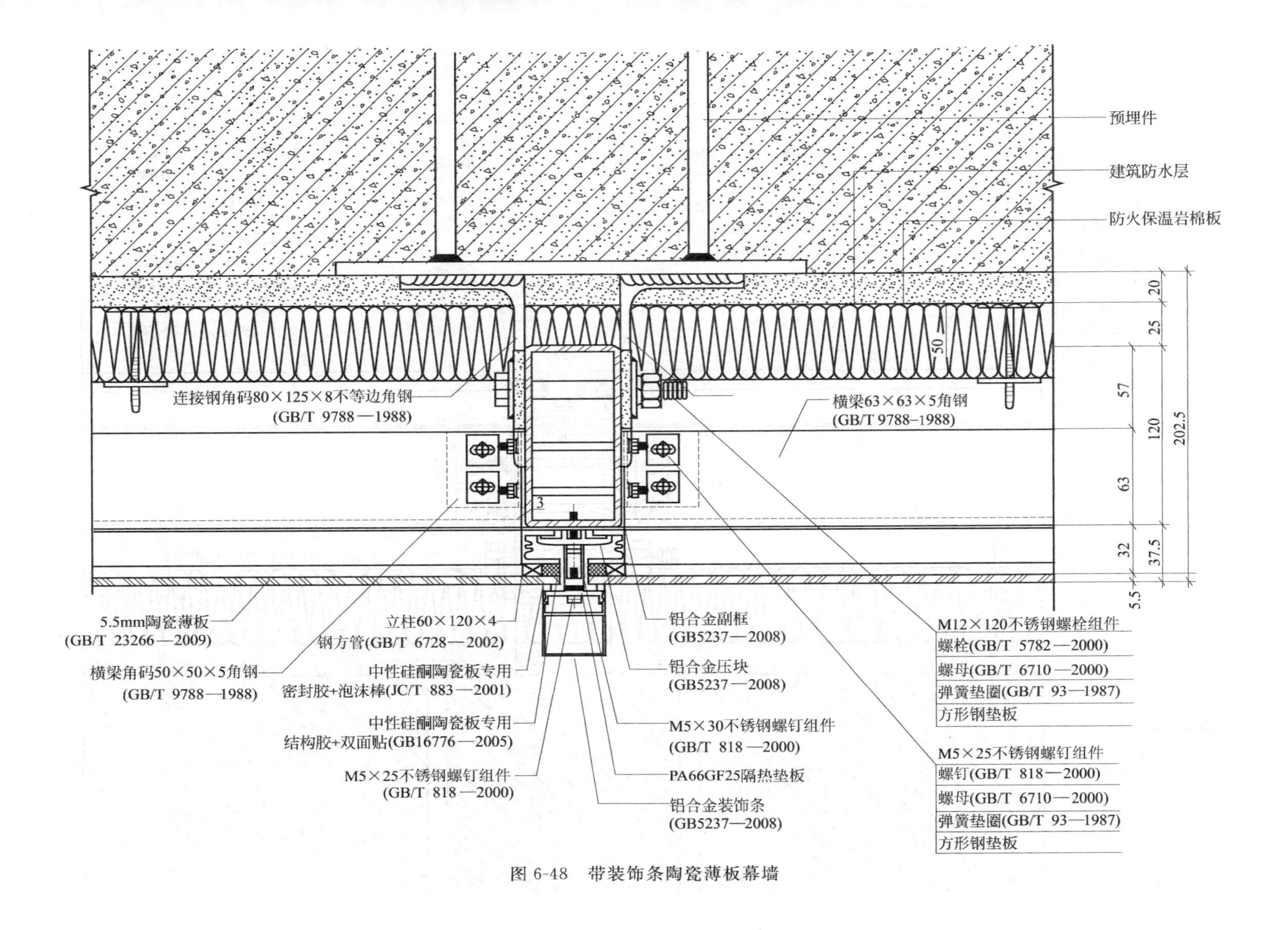

图 6-48　带装饰条陶瓷薄板幕墙

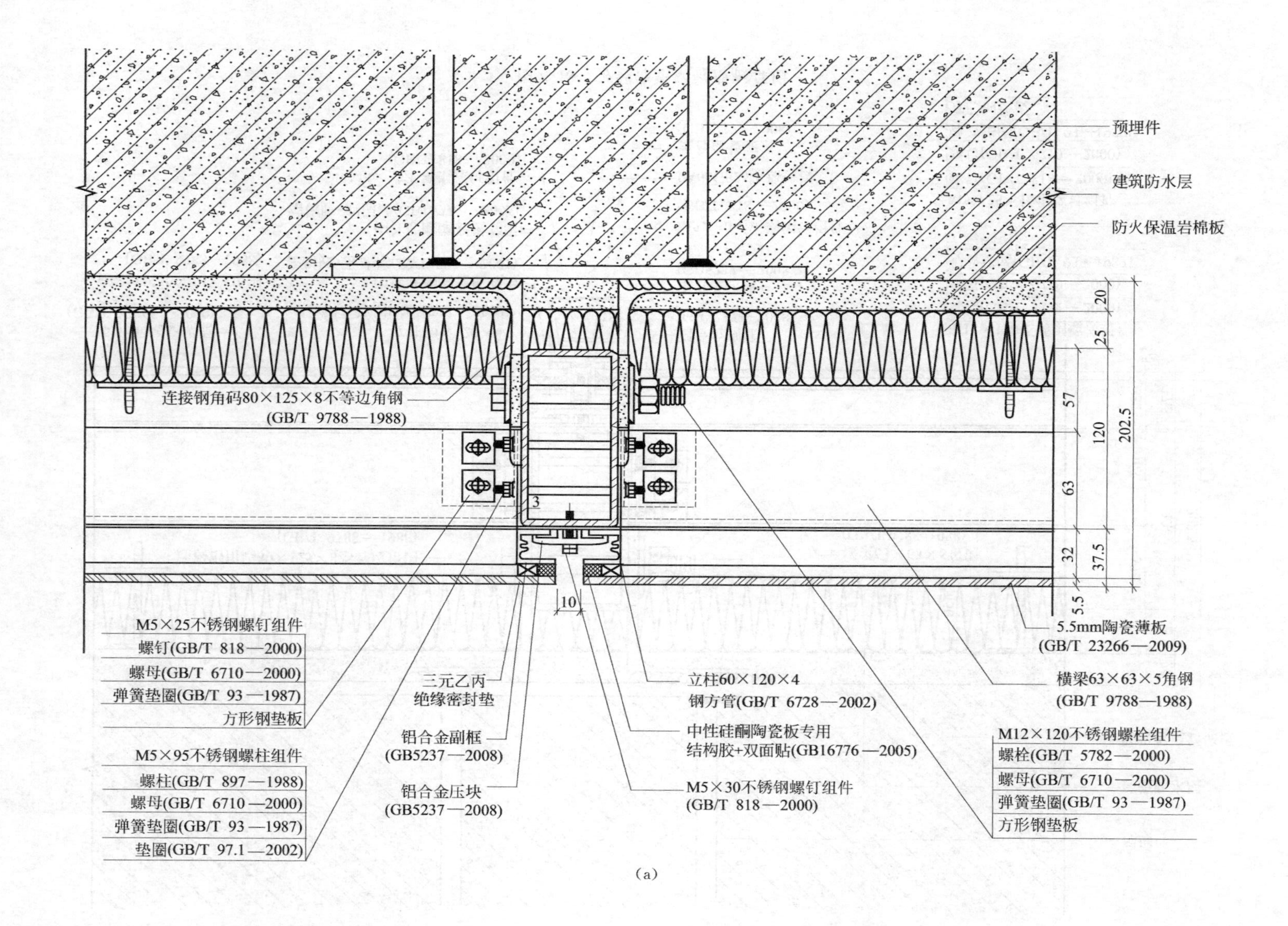

预埋件
建筑防水层
防火保温岩棉板
20
25
57
120
202.5
63
32
37.5
5.5
3
10
连接钢角码80×125×8不等边角钢
(GB/T 9788—1988)
5.5mm陶瓷薄板
(GB/T 23266—2009)
M5×25不锈钢螺钉组件
螺钉(GB/T 818—2000)
螺母(GB/T 6710—2000)
弹簧垫圈(GB/T 93—1987)
方形钢垫板
三元乙丙
绝缘密封垫
立柱60×120×4
钢方管(GB/T 6728—2002)
横梁63×63×5角钢
(GB/T 9788—1988)
铝合金副框
(GB5237—2008)
中性硅酮陶瓷板专用
结构胶+双面贴(GB16776—2005)
M12×120不锈钢螺栓组件
螺栓(GB/T 5782—2000)
螺母(GB/T 6710—2000)
弹簧垫圈(GB/T 93—1987)
方形钢垫板
M5×95不锈钢螺柱组件
螺柱(GB/T 897—1988)
螺母(GB/T 6710—2000)
弹簧垫圈(GB/T 93—1987)
垫圈(GB/T 97.1—2002)
铝合金压块
(GB5237—2008)
M5×30不锈钢螺钉组件
(GB/T 818—2000)

(a)

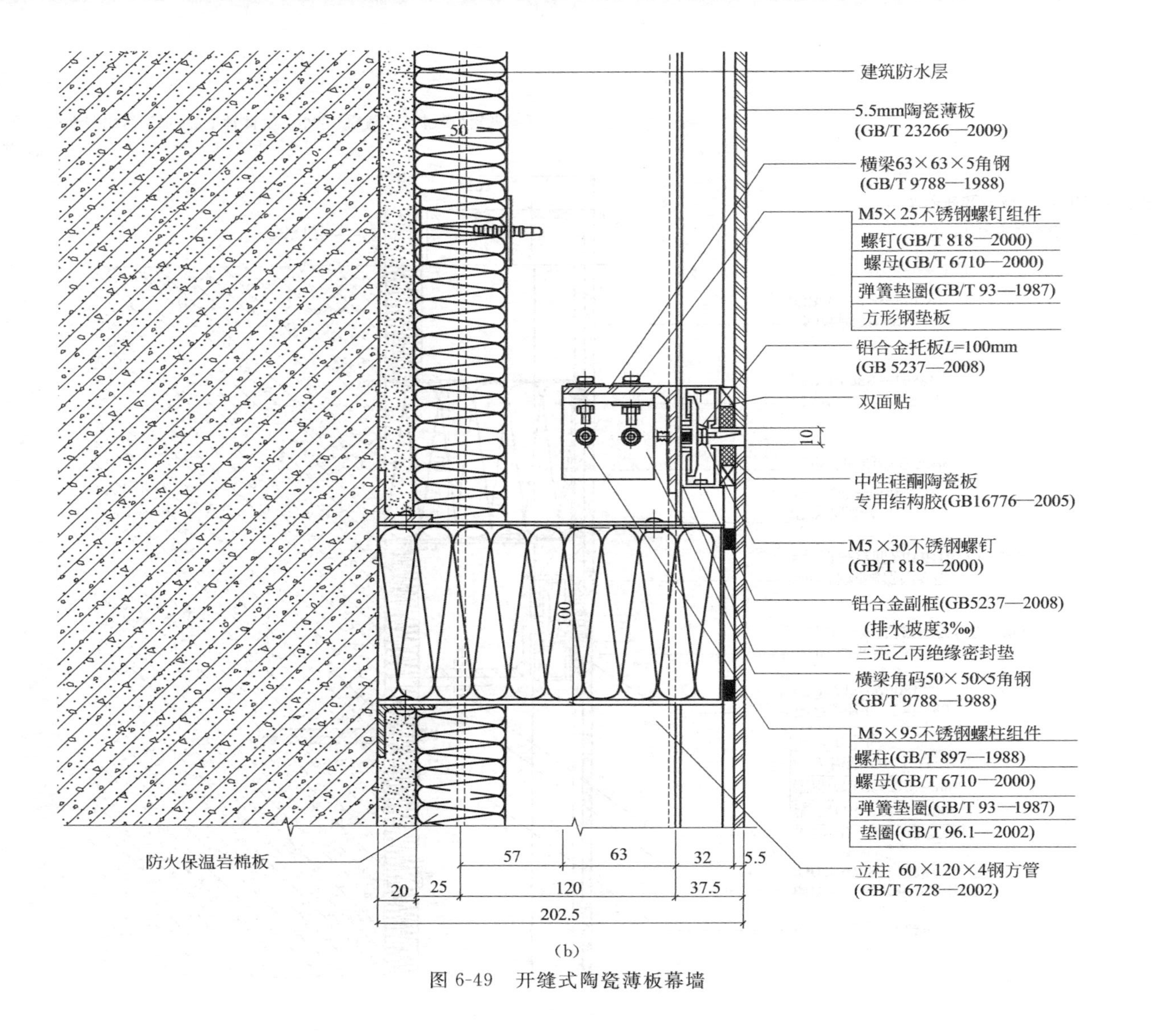

(b)

图 6-49　开缝式陶瓷薄板幕墙

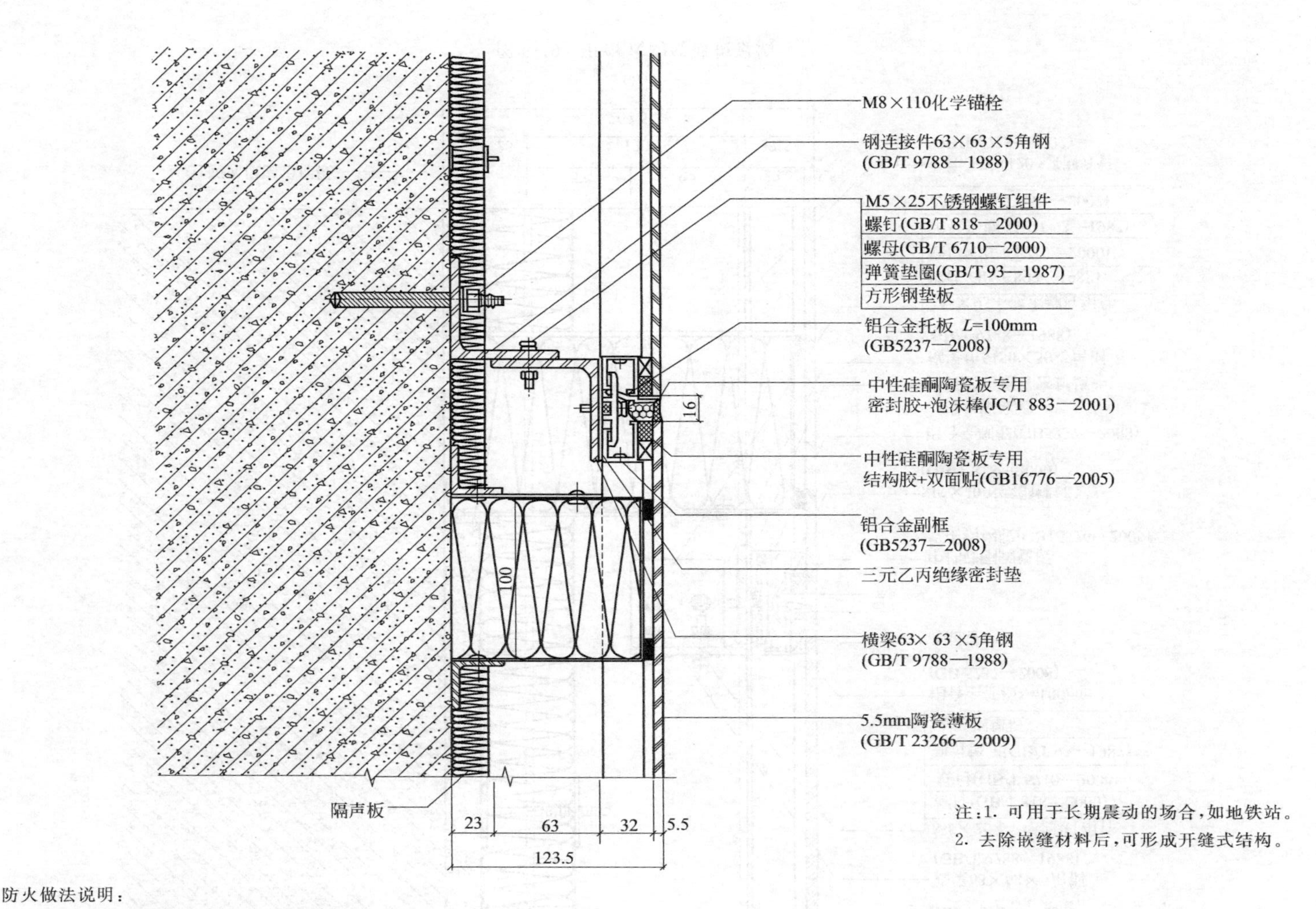

注：1．可用于长期震动的场合，如地铁站。

2．去除嵌缝材料后，可形成开缝式结构。

防火做法说明：

采用1.5mm厚镀锌钢板支撑，防火材料为100mm厚防火岩棉板，填充密实。

(a)

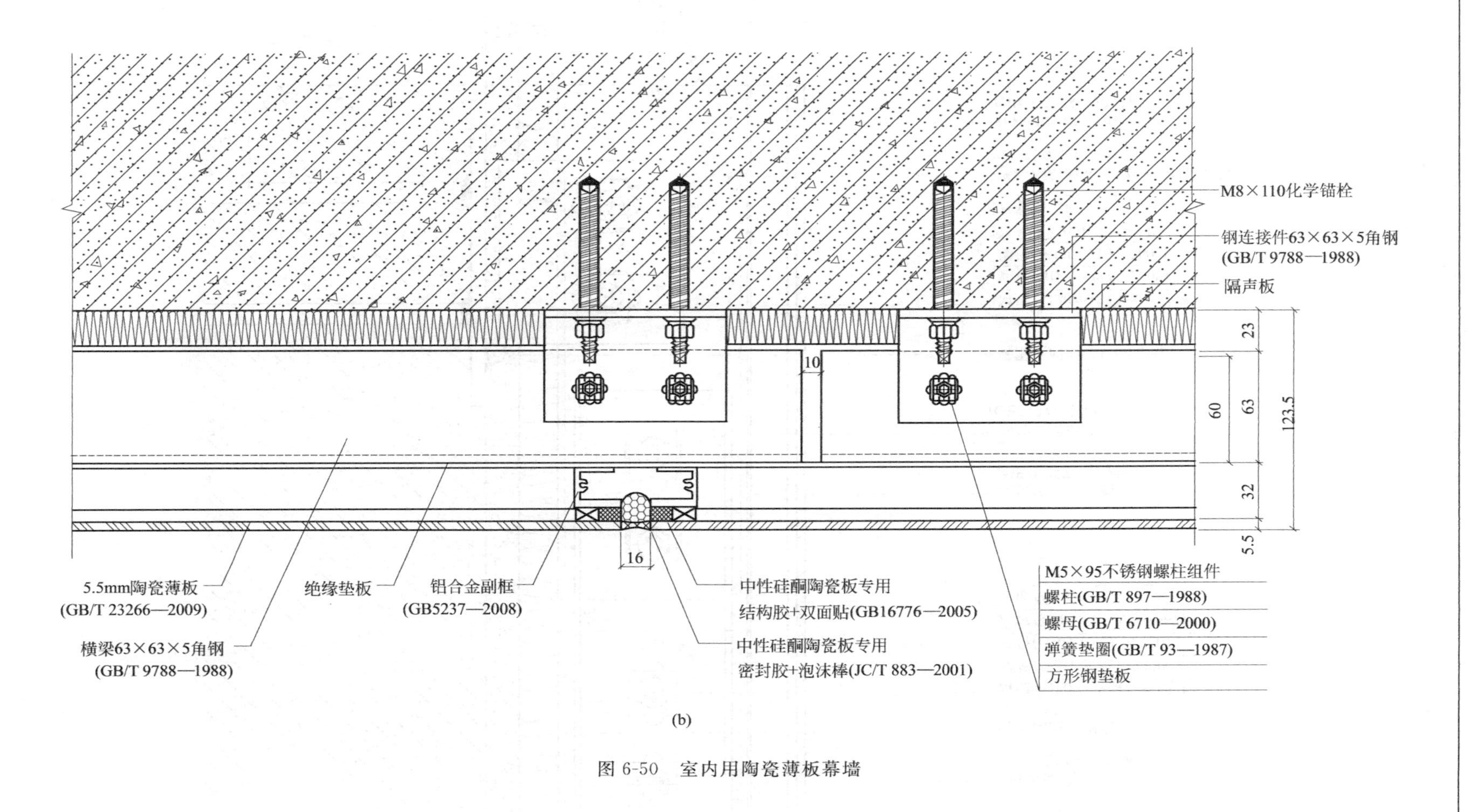

(b)

图 6-50　室内用陶瓷薄板幕墙

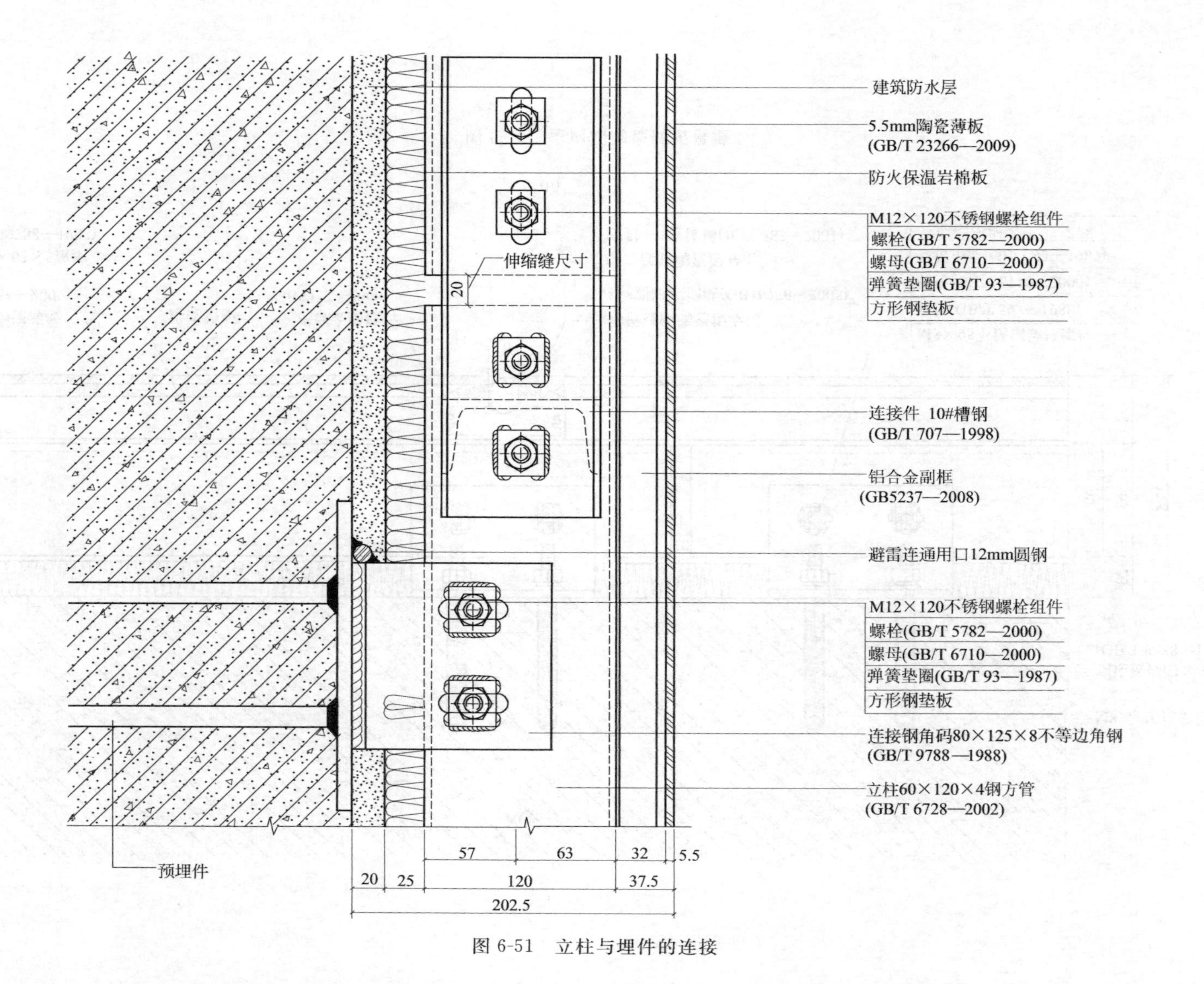

图 6-51 立柱与埋件的连接

④ 可设计成带装饰条陶瓷薄板幕墙（图 6-48）。

⑤ 可设计成开缝式陶瓷薄板幕墙（图 6-49）。

⑥ 可设计成室内用陶瓷薄板幕墙（图 6-50）。

三、安装施工

① 按施工图分格要求放线、测量，确定预埋件的位置，使调整后符合幕墙分格。

② 将支撑结构的立柱通过连接角码与埋件可靠连接并调整定位，确保安全承载，两立柱间通过芯材连接，有 20mm 间隙确保伸缩定位（图 6-51）。

③ 横梁与立柱连接、调整、定位。

④ 用专用打胶机将陶瓷薄板与铝合金副框黏结固化后方可施工安装。

⑤ 将陶瓷薄板安装在支撑龙骨上，将压板用螺钉机械固定，确保长期安全使用。

⑥ 表面认真清洁后，涂陶瓷薄板专用密封胶（要经过无污染检测合格后方可施工）。

陶瓷薄板性能指标见表 6-6。

表 6-6　陶瓷薄板性能指标

序号	项目		标准指标	检测方法
1	吸水率		E≤0.5%	GB/T 3810.3 真空检测法
2	破坏强度	厚度≥4.0mm	N≥800	GB/T 3810.4 规定测定
		厚度＜4.0mm	N≥400	GB/T 3810.4 规定测定
3	断裂模数/MPa		≥45	GB/T 3810.4 规定测定
4	表面质量		95%无明显缺陷	肉眼目视
5	尺寸偏差（长度、宽度）		±1mm	精度 0.5mm 量具测定
6	耐磨性	无釉面	磨损体积≤150m^3	GB/T 3810.6 测定
		有釉面	不低于 3 级	GB/T 3810.7 测定
7	抗热震性		无裂纹或剥落	GB/T 3810.9 测定
8	抗釉裂性		无裂纹或剥落	GB/T 3810.11 测定
9	抗冻性		无裂纹或剥落	GB/T 3810.12 测定
10	耐化学腐蚀性		无釉面不低于 UB 级	GB/T 3810.13 测定
			有釉面不低于 GB 级	GB/T 3810.13 测定
11	耐污染性		不低于 3 级	GB/T 3810.14 测定
12	反射性核素限量		GB 6566	按 GB 6566
13	燃烧性		A1 级	GB 6824—2006
14	耐冲击性		恢复系数≥0.7	GB/T 3810.5 测定

第七章　光电幕墙、光电屋顶

第一节　可再生能源与太阳能

一、可再生能源的基本含义

能源分为不可再生能源和可再生能源，不可再生能源一般指煤、石油、天然气等化石能源。可再生能源主要指水电、太阳能、风能、生物质能、地热能、海洋能等。

21世纪中叶前能源结构将发生根本性变革，能源变革及可再生能源替代化石燃料是人类发展的必然。

二、太阳能

太阳是一个炽热的气体球，内部不停地进行着由氢聚变成氦的热核反应，不停地向宇宙空间释放出巨大的能量。太阳能资源总量相当于现在人类所利用的能源的一万多倍。

地球上除了地热能和核能以外，所有能源都来源于太阳，因此可以说太阳是人类的“能源之母”。太阳能既是一次能源，又是可再生能源。它资源丰富，既可免费使用，又无需运输，对环境无任何污染，在可再生能源中，太阳能成为首选。据测算，太阳每秒钟释放出的能量，相当于燃烧1.28亿吨标准煤所放出的能量，每秒钟辐射到地球表面的能量约为17万亿千瓦，相当于目前全世界一年能源总消耗量的3.5万倍。我国太阳能每年理论总量为1万7千亿吨标准煤，太阳能资源十分丰富。太阳能资源的数量、分布的普遍性、清洁性和技术的可靠性，都优越于风能、水能、生物质能等其他可再生能源。因而太阳能光伏发电是发展最快的，也是各国竞相发展的重点。国际上普遍认为，在长期的能源战略中，太阳能光伏发电在许多可再生能源中具有更重要的地位。发达国家纷纷以巨大资金投入太阳能光伏发电研究，期望以此作为从永续、安全、洁净等诸方面一劳永逸解决能源问题的战略突破口，德国等国家已停止核电的发展，期望以太阳能光伏发电整体替代核电，最新的世界能源统计资料表明，太阳能发电产业在最近5年的年均增长速度超过30%。光伏发电已成为各国实施发展可再生能源的重要选择。

中国地处北半球，幅员广阔，大部分地区位于北纬45°以南，有着十分丰富的太阳能资源。和纬度相当的日本、美国的太阳能资源相比较，可以对我国的太阳能资源做如下的评价：除四川盆地和与其毗邻的地区外，我国绝大多数地区的太阳能资源相当丰富，和美国类似，比日本优越，特别是青藏高原中南部的太阳能资源尤为丰富，接近世界上最著名的撒哈拉大沙漠，我国具有得天独厚的开发利用太阳能的优越资源条件。

三、我国光电建筑的发展及预测

1. 中国中长期能源发展战略是“开源节能”

中国社科院数量经济研究所构建系统动力学和投入产出模型，采用分部门终端需求分析方法，进行长期能源需求预测，假设条件考虑了人口增长、经济增长和结构变化、技术进步、环境影响和能源安全等因素。从近年情况来看，今后的能源消费年均增长率将有所下降，如果按4%来推算，到2050年，一次能源需求将达105亿吨标准煤，为2008年全世界能源消费总量的75%，面对如此巨大的能源需求，中长期能源发展战略就是“开源节能”。

所谓“开源节能”是指一方面节约能耗，提高能源利用率；一方面开发利用可再生能源。这是确保我国中长期能源供需平衡的出路和条件，中国人口基数大，到21世纪中叶将超过15亿。无论是从国内资源还是世界资源的可获量考虑，21世纪中国解决能源问题的出路除了创造比目前发达国家更高的能源效率之外，只有开发比目前发达国家更广泛的可再生能源，加快可再生能源的替代速度。

中国能源可持续发展可再生能源的替代速度展望见表7-1。

表7-1　中国可再生能源的替代速度展望

年　份	2010	2020	2030	2040	2050	2080
可再生能源的替代速度	≥10%	>20%	>30%	>40%	>50%	>80%

中国要达到表7-1的可再生能源替代速度，只有创建比目前发达国家更大的光伏发电系统，才可能在有限的资源保证下，在全国生态环境不恶化甚至比现有稍好条件下，实现经济高速增长和达到中等发达国家人均水平，因此，在国家能源发展战略上要充分把新型和可再生能源的开发利用作为基本出发点。

《可再生能源发展“十二五”规划》提出的太阳能发电装机容量目标为到2015年达1000万千瓦，到2020年达5000万千瓦（50GW）。值得注意的是，到“十二五”末太阳能屋顶发电装机容量达300万千瓦，到2020年达2500万千瓦，装机目标将是当前规模的80多倍。

2050年中国可再生能源占总能源50%的情况下，若中国光伏发电占总能源的30%，按照1kW·h=3.5kg标准煤折算，2050年光伏发电年发电量为9000千瓦时。其中光伏并网发电将占80%，即7200千瓦时（图7-1），主要由光电建筑来完成。

2. 未来十年我国光伏发电发展十分迅速

我国现有大约400亿平方米的建筑面积，屋顶面积达40亿平方米，加上南立面大约40亿平方米的可利用面积，总共80亿平方米。如果这些建筑中有8亿平方米（10%）安装太阳电池，今后十五年还将新建300亿平方米的建筑面积，屋顶面积总达30亿平方米，加上南立面大约30亿平方米的可利用面积，如果这些建筑中有9亿平方米（15%）安装太阳电池，总共就有17亿平方米光电安装面积，以非晶硅太阳能电池板的光电转换效率6%和全国平均每平方米太阳能一年的总辐射能估算，考虑光电电池长期运行性能、灰尘引起光电板透明度的性能、光电电池升温导致功率下降、导电损耗、逆变器效率、光电模板朝向、日照时间等修正系数，每平方米光电建筑按20W估算，2020年光电建筑发电装机量可达34GW，为2020年太阳能发电装机的68%，达到光伏发电占电量比例的全球平均水平。光电建筑装机量比2008增长214倍。未来十年光伏发电发展十分迅速。

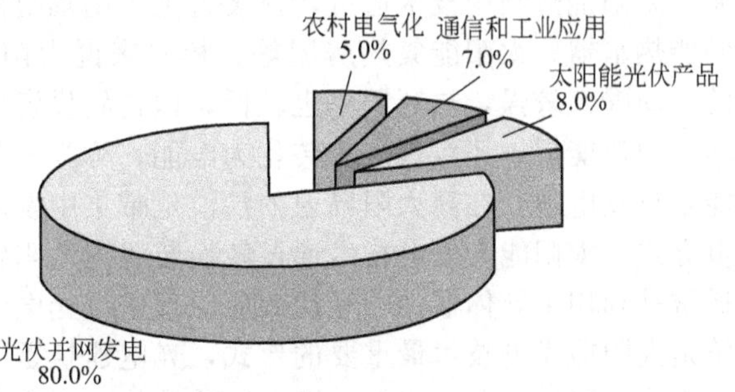

图7-1　2050年中国光伏发电市场份额

第二节　光伏发电主要形式——光电幕墙、光电屋顶

一、太阳能在建筑中的应用

太阳能在建筑中的应用根据能量转换形式可分为三种：太阳能光利用技术、太阳能热利用技术和太阳能光电技术（见图7-2）。

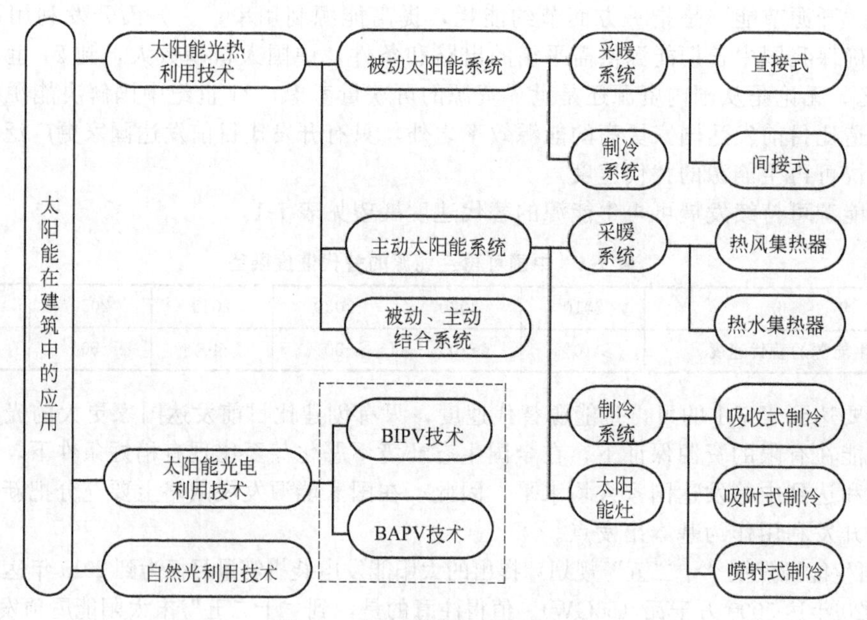

图 7-2　太阳能在建筑中的应用

太阳能光利用技术无需能量转换，直接用阳光作为照明光源。与传统利用太阳光照明不同的是，现代太阳光利用技术是用光纤将阳光导入室内，与电照明结合为室内提供稳定光源。太阳能热利用技术通过转换装置把太阳辐射能转换成热能利用。太阳能热利用形式如太阳能热水器、太阳能集热房屋等。相对来说太阳能热利用技术对太阳能的利用是较为初级的，局限性较强，热利用率也较低，但初始投资成本低，容易大面积推广。此外，将太阳能转化为热能后，还可进一步转化为电能，称为太阳能聚热发电，也属于这一技术领域。太阳能聚热发电适合在高太阳辐射的沙漠地带集中发电，也是一种有希望大规模供电的太阳能发电方式。太阳能光发电技术通过转换装置把太阳辐射能直接转换成电能利用。光电转换装置通常是利用半导体器件的光伏效应原理进行光电转换的，因此又称太阳能光伏技术。光电建筑是太阳能光电技术最重要的形式，光电建筑是"建筑物产生能源"新概念的建筑，是利用太阳能可再生能源的建筑，即通过建筑物，主要是屋顶（简称光电屋顶）和墙面（简称光电幕墙）与光伏发电集成起来，使建筑物自身利用绿色、环保的太阳能资源生产电力。光电屋顶和光电幕墙是将传统幕墙（屋顶）与光生伏打效应（光电原理）相结合的一种新型建筑幕墙（屋顶），主要是利用太阳能来发电的一种新型的绿色的能源技术，是光伏发电的主要形式。

二、光电建筑定义

光电建筑（building photovoltaic，BPV）是光伏系统与建筑物结合或集成，能够产生电能的建筑。包括了 BIPV、BAPV、BTPV 及其他形式。

光电建筑是"太阳能光伏建筑一体化"概念的扩大和延伸。"太阳能光伏建筑一体化"的概念，据查最早是世界能源组织于 1986 年提出的。我国翻译过来被称为"BIPV"（Building Integrated Photovoltaic），其通常的意义为集成到建筑物上的太阳能光伏发电系统。目前在我国，对"BIPV"具有广义和狭义两种理解。广义的理解，安装在所有建筑物上的太阳能光伏发电系统均称为"BIPV"。狭义的理解，与建筑物同时设计、同时施工、同时安装并与建筑物完美结合的太阳能光伏发电系统才能称之为"BIPV"。在通常情况下，两者常被混淆。为了区别两种光伏与建筑结合的方式，在某些文章书籍或会议报告中，将广义的方式称为 BAPV（Building Attached Photovoltaic），而将狭义的方式称为 BIPV 加以区分。在建筑系统中，并将 BAPV 称为“安装型”光电建筑，将 BIPV 称之为“构建型”和“建材型”光电建筑。

BPV 目前已设计建设了平屋顶光伏建筑、斜屋顶光伏建筑、光伏遮阳板、光伏天棚、光伏幕墙、公共交通车站光伏屋顶、加油站光伏屋顶、高速公路光伏音障等众多应用项目。

① 光电建筑（简称 BPV）技术即将太阳能发电（光伏）产品集成或结合到建筑上的技术。不但具有外围护结构的功能，同时又能产生电能供建筑使用。“建筑物产生能源”新概念的建筑，是利用太阳能可再生能源的建筑。

② 光电建筑≒太阳能光伏＋建筑。所谓光电建筑不是简单的“相加”，而是根据节能、环保、安全、美观和经济实用的总体要求，将太阳能光伏发电作为建筑的一种体系融入建筑领域，对于新建的光电建筑要纳入建设工程基本建设程序，同步设计、同步施工、同步验收，与建设工程同时投入使用，同步后期管理。

③ 新建光电建筑的核心是一体化设计、一体化制造、一体化安装，而且辅助技术则是包括了低能耗、低成本、优质、绿色的建筑材料的技术。光伏建筑一体化也是光伏建筑规范化、标准化。

三、光电建筑形式

1. BAPV

BAPV 为附着在建筑物上的太阳能光伏发电系统，也称为“安装型”太阳能光伏建筑（图 7-3）。它的主要功能是发电，与建筑物功能不发生冲突，不破坏或削弱原有建筑物的功能。光伏发电系统安装在建筑上，主要完成发电任务，在建筑屋顶或者立面墙表面固定安装金属支架，然后再将太阳能光伏组件固定安装在金属支架上，从而形成覆盖在已有建筑表面的太阳能光伏阵列。对于已有建筑通常采用这种方式是因为不会对已有建筑本身有太大的改动，因而初始建设成本相对较低，但是由于该方式是在已有建筑表面重新安装一整套的金属支架，太阳能光伏组件固定在金属支架上，这样就使得太阳能光伏组件以及光伏阵列部分的固定安装连接件都凸出在建筑本身的屋顶或者外墙之外，原有建筑的整体美观性会受到一定的影响。而且在安装金属支架的时候，有可能对原有建筑的屋顶或者外墙造成一定的破坏，比如损坏建筑屋顶的防水层等，所以在太阳能光伏发电系统的建筑安装上一定要考虑周全。

图 7-3　光伏发电系统安装在建筑屋顶表面（BAPV）

2. BIPV

BIPV 是与建筑物同时设计、同时施工和安装，并与建筑物形成完美结合的太阳能光伏发电系统，也称为“构建型”和“建材型”太阳能光伏建筑（图 7-4）。它作为建筑物外部结构的一部分，与建筑物同时设计、同时施工和安装，既具有发电功能，又具有建筑构件和建筑材料的功能，甚至还可以提升建筑物的美感，与建筑物形成完美的统一体。如果建筑还处于在建阶段或者还处于设计阶段，就考虑到该建筑要利用太阳能光伏发电，要将太阳能光伏发电系统结合到建筑中去，在这种情况下就可以考虑将太阳电池组件和一般的建筑材料（例如金属板等）组合在一起作为建筑的表面材料；或者将太阳电池组件本身作为屋顶材料或者幕墙材料覆盖建筑的表面，在这种方式中太阳能光伏组件真正成为建筑

图 7-4　光伏发电系统作为建筑屋面结构的一部分（BIPV）

的一部分，由于是在建筑在建或设计阶段就考虑到太阳能光伏的应用，能够对建筑设计和光伏发电系统设计进行最佳的整合，从而可以得到最佳的建筑与光伏发电系统结合的效果，既保持了建筑的美观，又能够最大限度地发挥太阳能系统的发电效能。

3. BTPV

BTPV，即光电光热建筑。光电建筑在实际运行中，如果直接将光伏电池铺设在建筑表面，将会使光伏电池在吸收太阳能的同时，工作温度迅速上升，导致发电效率明显下降。理论研究表明：标准条件下，单晶硅太阳电池在0℃时的最大理论转换效率可到30%。在光强一定的条件下，硅电池自身温度升高时，转换效率为12%～17%。照射到电池表面上的太阳能83%以上未能转换为有用能量，相当一部分能量转化为热能，从而使太阳能电池温度升高，若能将使电池温度升高的热量加以回收利用，使光电电池的温度维持在一个较低的水平，既不降低光电电池转换效率，又能得到额外的热收益，于是太阳能光伏光热一体化系统（PVT 系统）应运而生。在建筑的外维护结构外表面设置光伏光热组件或以光伏光热构件在提供电力的同时又能提供热水或实现室内采暖等功能，解决了光伏模块的冷却问题，改善了建筑外维护结构得热，甚至可以使建筑物室内空调负荷的减少达到50%以上，这种系统就是光电光热综合利用系统（Photovoltaic-thermal)，简称 PVT 系统。PVT 与建筑相结合就是光电光热双层幕墙及光电光热双层屋顶，简称 BTPV。与 BAPV 和 BIPV 相比，BTPV 是一种应用太阳能同时发电供热的更新概念。该系统在建筑维护结构外表面设置光伏光热组件或以光伏光热构件取代外围护结构，在提供电力的同时又能提供热水或实现室内采暖等功能，它较好地解决了光伏模块的冷却问题，且增加了光电建筑的多功能性。如果照到太阳能电池的能量是百分之百，10%会被反射走，还有90%的能量。假定太阳能光伏的转换效率是20%，则还有70%的太阳能变成了热量。如果能利用这其中30%的热能，总的能量利用效率就达到50%，光伏发电的成本也有望下降。作为与建筑外围护结构结合的光伏光热一体化系统的光电光热双层幕墙在保证电力输出的同时，降低了由于生活用热水增加的建筑能耗，另外由于墙体得热造成的室内空调负荷的减少达到50%以上，为建筑节能和推广光伏光热建筑提供了一种新的思路。把太阳能的光利用和太阳能的热利用集成起来，这是光电建筑应用一个很重要的方向，是一个很有潜力的应用范围，具有潜在发展空间和建筑市场。

光电光热建筑——BTPV 幕墙及 BTPV 屋顶一般都是双层结构，可以归属于光电双层幕墙和双层光电屋顶，有通风冷却方式和通水冷却方式两种形式。通风冷却方式又分不透明通风冷却方式、透明通风冷却方式和外层开放式（通风冷却方式）三种形式。

BPV 屋顶结构为双层屋顶（图 7-5），外层为光电屋顶，内外层屋顶留下一定量的空气层以供设备降温，同时冬天可以收集热空气采暖。光电设备下面通风，夏天可避免光电元件过热，冬天可用于建筑采暖。

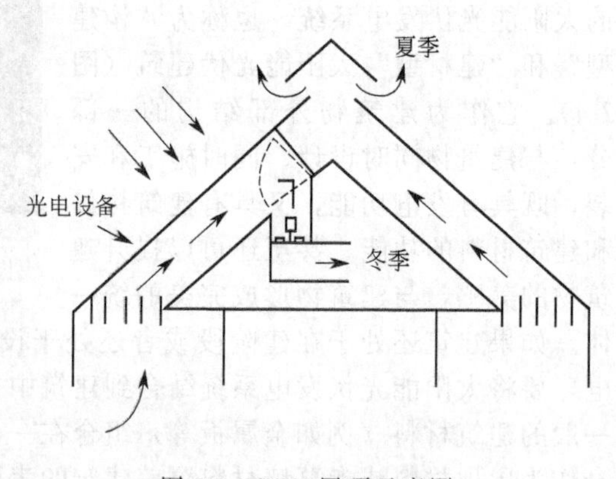

图 7-5　BPV 屋顶示意图

第三节　光电建筑系统分类及选择

一、系统分类

（1）按是否接入公共电网分类　光电建筑的光伏系统主要有三类：离网发电系统、并网发电系统和混合系统。离网发电系统完全脱离电网，独立为终端供电。因为太阳能供电强度不稳定且有时间性，因此需要蓄电池作为储存媒介，以长时间提供稳定电流。并网发电系统与电网相连，可向电网输电。并网发电系统是一种将集中电站分散到电网的节点上的一种方式，可再分为光电建筑光伏系统和光伏电站。光电建筑是将光伏系统安装在居民和公共建筑顶上，一可供建筑本身用电，二可将多余电力回售电网。光伏系统是目前太阳能电池应用最广泛的一种形式。

① 独立光伏系统。带有蓄电池的可以独立运行的PV系统是独立光伏系统。

② 并网光伏系统。并网光伏发电系统是与电网相连，并向电网馈送电力的光伏发电系统。

③ 并网和独立混合光伏系统。

（2）按是否具有储能装置分类

① 无逆送电功能太阳光电系统——带有储能装置系统。

② 无逆送电功能太阳光电系统——不带储能装置系统。

（3）按负荷形式分类　分为直流系统、交流系统、交直流混合系统。只有直流负荷的光伏系统为直流系统。在直流系统中，由太阳电池产生的电能直接提供给负荷或经充电控制器给蓄电池充电。交流系统是指负荷均为交流设备的光伏系统，在此系统中，由太阳电池产生的直流电需经功率调节器进行直/交流转换再提供给负荷。对于并网光伏系统功率调节器尚需具备并网保护功能。负荷中既有交流供电设备又有直流供电设备的光伏系统为交直流混合系统。

（4）按系统装机容量的大小分类。

① 小型系统，装机容量≤20kW。

② 中型系统，20kW＜装机容量≤100kW。

③ 大型系统，装机容量＞100kW。

装机容量（capacity of installation）指光伏系统中所采用的光伏组件的标称功率之和，也称标称容量、总容量、总功率等，计量单位是峰瓦（WP）。国际能源IEA规范和国家电网（2009）747文件对光伏系统的大、中、小型系统规模进行了界定，可为将来出台光伏管理规定提供规范依据。

（5）按是否允许通过上级变压器向主电网馈电分类　可分为逆流光伏系统、非逆流光伏系统。

（6）按其太阳电池组件的封装形式分类　可分为建筑材料型光伏系统、建筑构件型光伏系统、结合安装型光伏系统。

根据新建建筑或既有建筑的使用功能、电网条件、负荷性质和系统运行方式等因素，确定光伏系统为安装型、建材型或构件型。既有建筑一般采用安装型。

二、系统选择

① 并网光伏系统主要应用于当地已存在公共电网的区域，并网光伏系统为用户提供电能，不足部分由公共电网作为补充；独立光伏系统一般应用于远离公共电网覆盖的区域，如山区、岛屿等边远地区，独立光伏系统容量必须满足用户最大电力负荷的需求。

② 光伏系统所提供电能受外界环境变化的影响较大，如阴雨天气或夜间都会使系统所提供电能大大降低，不能满足用户的电力需求。因此，对于无公共电网作为补充的独立光伏系统用户，要满足稳定的电能供应就必须设置储能装置。储能装置一般用蓄电池，在阳光充足的时间产生的剩余电能储存在蓄电池内，阴雨天或夜间由蓄电池放电提供所需电能。对于供电连续性要求较高的用户的独立光伏系统，应设置储能装置，对于无供电连续性要求的用户可不设储能装置。并网光伏系统是否设置成蓄电型系统，可根据用电负荷性质和用户要求设置，如光伏系统负荷仅为一般负荷，且又有当地公共电网作为补充，在这种情况下可不设置储能装置；若光伏系统负荷为消防等重要设备，就应该根据重要负荷的容量设置储能装置，同时，在储能装置放电为重要设备供电时，需首先切断光伏系统的非重要负荷。

③ 在公共电网区域内的光伏系统往往是并网系统，原因是光伏系统输出功率受制于天气等外界环境变化的影响。为了使用户得到可靠的电能供应，有必要把光伏系统与当地公共电网并网，当光伏系统输出功率不能满足用户需求时，不足部分由当地公共电网补充。反之，当光伏系统输出电能超出用户本身的电能需求时，超出部分电能则向公共电网逆向流入，此种并网光伏系统称为逆流系统。非逆流并网光伏系统中，用户本身电能需求远大于光伏系统本身所产生的电能，在正常情况下，光伏系统产生的电能不可能向公共电网送入。逆流或非逆流并网光伏系统均须采取并网保护措施，各种光伏系统在并网前均需与当地电力公司协商取得一致后方能并入。

④ 集中并网光伏系统的特点是系统所产生的电能被直接输送到当地公共电网，由公共电网向区域内电力用户供电。此种光伏系统一般需要建设大型光伏电站，规模大，投资大，建设周期长。由于上述条件的限制，目前集中并网光伏系统的发展受到一定的限制。分散并网光伏系统由于具有规模小、占地面积小、建设周期短、投资相对少等特点而发展迅速。目前，国内电网工频电压为220V（380V），为此在我国低压并网系统一般是指光伏系统并入公共电网的电压等级为220V（380V）。高于这一并网电压的并网系统为高压并网系统。分散型的小规模光伏系统一般采用低压并网系统，大规模集中并网光伏系统可采用高压并网方式。

⑤ 并网发电系统的优点。与离网太阳能发电系统相比，并网发电系统具有以下优点。

a. 所发电能馈入电网，以电网为储能装置。当用电负荷较大时，太阳能电力不足就向市电购电。而负荷较小时，或用不完电力时，就可将多余的电力卖给市电。在背靠电网的前提下，该系统省掉了蓄电池，从而扩张了使用的范围和灵活性，提高系统的平均无故障时间和蓄电池的二次污染，并降低了造价。

b. 光伏电池组件与建筑物完美结合，既可发电，又能作为建筑材料和装饰材料，使物质资源充分利用，不但有利于降低建设费用，并且还使建筑物科技含量提高，增加“卖点”。

c. 分布式建设，就近就地分散发供电，进入和退出电网灵活，既有利于增强电力系统抵御战争和灾害的能力，又有利于改善电力系统的负荷平衡，并可降低线路损耗。

⑥ 太阳能并网对电网的影响。由于太阳能光伏发电属于能量密度低、稳定性差、调节能力差的能源，发电量受天气及地域的影响较大，并网发电后会对电网安全、稳定、经济运行以及电网的供电质量造成一定影响。

a. 对线路潮流的影响。未接入光伏并网发电系统的时候，配电网线路一般是单向流动的，并且随着距变电站距离的增加有功潮流单调减少。然而，当分散电源接入配电网后，从根本上改变了系统潮流的模式，且潮流变得无法预测。光伏发电系统并网后，当允许光伏发电系统向电网输出电能时，根据光伏发电系统和负荷的空间关系，线路沿线的潮流可能是增加的，也可能是减少的。当线路上的光伏发电系统输出电能大于当前的负荷时，线路的某些部分甚至是全部潮流可能是反向的。这种非常规的潮流模式会产生多方面的影响，如：潮流的改变使得电压调整很难维持；还会导致配电网的电压调整设备（如阶跃电压调整器、有载调压变压器、开关电容器组）出现异常响应；而且如果从光伏发电系统流向变电所的潮流足够大时，光伏发电系统附近的设备可能会过负荷或电压越超，从而影响系统供电的可靠性。同时，光伏发电系统，由于它们的输出受天气的影响很大，具有随机变化的特性，使得系统的潮流具有随机性。

b. 对系统保护的影响。当配电网接有多个分散电源以后，短路电流将会增大，这将会导致过流保护配合失误，而且过大的短路电流还会影响熔断器的正常工作。另外，未接入光伏发电系统之前的配电网一般是辐射状的网络，其保护不具有方向性，而接入光伏发电系统以后，整个配电网变成含有多电源的网络，网络潮流的流向具有不确定性，因此，必须要求装设具有方向性的保护装置，但传统的熔断器和自动重合闸装置并不具备方向性。传统的保护系统是以辐射状电网为设计基础的，随着分散发电在配电网中的深入应用，保护系统的设计基础也应该相应地发生变化。

c. 对电能质量的影响。分散电源接入电网会造成电压波动与闪变以及谐波。大型光伏发电系统启动或者光伏发电系统的输出突然变化都会引起电压的波动与闪变。由于光伏发电系统作为分散电源本身就是个谐波源，而且部分分散电源经过逆变器接入电网，于是产生谐波在所难免。

d. 对运行调度的影响。当系统接有分散电源以后，电力系统为了提高系统的可靠性和安全性，希望可以对光伏发电系统的输出功率进行远方调度。目前我国处于厂网分开的电力市场初级阶段，只有大型的电厂参与到区域级/省级的电力市场上进行竞价，而分散电源则由地区电网进行调度。整个配电网的供电量就由两部分组成：省电网供电和分散电源供电。面对电价不一且数量众多的分散电源，地区电网如何在满足各种安全约束的条件下最经济地对分散电源进行调度将成为一个值得关注的问题。

第四节　光电建筑应用方式

光电建筑应用主要有：屋顶应用——光电屋顶；墙面应用——光电幕墙；建筑构件应用——光电雨篷、遮阳板、阳台、天窗；光伏LED一体化——光电LED多媒体动态幕墙和天幕10种形式，如表7-2所示。

表7-2　光电建筑应用形式

形　式		光伏组件要求	建筑要求	类型
1	光电屋顶(天窗)	透明光伏组件	有采光要求	集成
2	光电屋顶	光伏屋面瓦	无采光要求	集成
3	光电幕墙(或窗)	透明光伏组件	透明幕墙	集成
4	光电幕墙	非透明光伏组件	非透明幕墙	集成
5	光电遮阳板	透明光伏组件	有采光要求	集成
6	光电遮阳板	非透明光伏组件	无采光要求	集成
7	屋顶光伏电站	普通光伏组件	无	结合
8	墙面光伏电站	普通光伏组件	无	结合
9	光电LED幕墙	LED光伏组件	有、无采光均可	结合或集成
10	光电LED天幕	LED光伏组件	有、无采光均可	结合或集成

一、光电屋顶

光电板可以和采光顶等各种支承结构相结合成光电屋顶，见图7-6。

图 7-6　桁架及索结构光电屋顶

由于常规太阳能电池只有做成黑色才能保证较高的转换效率，因此，在常规太阳能电池应用于建筑物的过程中往往会面临影响建筑物的外形美观或者影响光伏系统发电效率的两难困境。光电建筑必须考虑光伏组件与环境和建筑的协调性。

世博会采用多种色系的太阳能电池，其转换效率和传统黑色太阳能电池几乎没有区别。这使得太阳能发电系统与建筑和环境能够在更大程度上融为一体，在光伏建筑一体化的基础上进一步实现了光伏环境一体化。中国馆安装的高效率彩色太阳能发电系统，是高效率彩色太阳能发电系统在建筑物上的首次应用。

二、柔性光电薄膜曲面光电屋顶

上海世博会日本馆的建筑外面铺设了一层透光的淡紫色气枕式 ETFE 薄膜，有较好的

图 7-7　日本馆柔性 ETFE 光电气枕

透光性，膨胀后的气枕内部铺放有建筑用的紫色柔性光电薄膜，见图 7-7。

第五节　光 电 幕 墙

光电幕墙主要有明框光电幕墙、隐框光电幕墙、点式光电幕墙、装饰光电幕墙、双层光电幕墙五类。BPV 组件作为建筑物的一部分，它的安装要求比普通组件的安装要求高很多，将光伏组件做成可拆卸的单元式幕墙和小单元幕墙形式，方便安装并可提高安装精度。

光电板与建筑外墙结合成明框、隐框、点式、双层光电幕墙，见图 7-8～图 7-10。

图 7-8　多晶硅明框光电幕墙

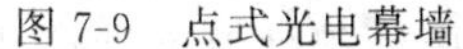

图 7-9　点式光电幕墙

图 7-10　装饰光电幕墙

把光伏组件用到墙体立面上，作为点缀装饰，铺成很多图案或者有规律地阵列，形成一种风格，与建筑相融，而不是整体铺满或者铺成方方正正的一大片，这不失为一个好的应用方案。图7-10中的BIPV的电池呈不对称造型安装在外墙上作为一种装饰，把建筑、技术和美学融为一体，太阳能设施成为建筑的一部分，相互间有机结合，取代了传统太阳能结构所造成的对建筑外观形象的影响，具有很好的实用性和装饰效果。

既有建筑可加装光电幕墙、建材型光电幕墙、太阳能光电窗，见图7-11。

图7-11　既有建筑加装光电幕墙

双层光电幕墙（BTPV）主要有以下几种形式。

(1) 通风冷却式BTPV　可使空气在夏季流溢出来以给光电设备及建筑降温，冬天可用热空气加热建筑。在保证电力输出的同时，对由于墙体得热造成的空调负荷的减少可达到20%以上。通过电动控制系统开启进出风口的百叶（图7-12），利用通道内烟囱效应产生的压力差使通道内的空气快速流通，带走光伏组件发电所产生的热量，形成一道阻止热量传入室内的屏蔽墙。

图7-12　通风冷却式光电双层幕墙出风示意图

(2) 外层开放式（通风冷却式）BTPV　外层为开放式光伏幕墙，光伏组件间空隙不打胶，保持空气流通，有利于控制电池片温度，提高组件发电效率。内层为铝板幕墙，可以很好地将雨水及热量阻挡在墙体之外。既避免了高温对光伏组件效率的降低，又有效地阻止了热量及雨水进入室内。

(3) 通水冷却式BTPV　太阳能光热利用技术与太阳能光伏发电技术有机结合，形成光伏光热（PVT）综合利用技术，提高了太阳能的综合利用效率，极大地降低了建筑能耗。光伏热水建筑一体化系统，将光伏电池、太阳能集热板和建筑围护结构有机结合，在光伏电池组件背面铺设流道，能同时提供电力和生活热水，日平均热效率达到40%以上，日平均发电效率达到10%以上。

PV-Trombe 墙系统将光伏玻璃与 Trombe 墙被动采暖技术相结合，在提供电力的同时，冬季向室内供暖，可以提高室内温度 8℃以上，夏季降低室内冷负荷。光伏太阳能热泵系统制成光伏蒸发器，运行时，蒸发器降低光伏电池的温度，系统 COP 最高可达 10.4，平均约为 6.3。世博会法国阿尔萨斯案例馆外景见图 7-13。

图 7-13　世博会法国阿尔萨斯案例馆外景

玻璃幕墙从外到内包括三个层面，外层为夹层玻璃光伏组件，中间层是个可开可闭的空气层，最后一层还是玻璃，上面有水流过，构成水幕玻璃。玻璃幕墙上的太阳能光伏发电板面积约为 72.2m^2，发电量 6600W。

“冬天模式”：太阳能电池依旧运作，供给空调用电，水幕停止流动，所有的玻璃窗全部关闭，中间层成为一个密闭空气舱。经过阳光照射太阳光在光电板上转换成电并发热，密闭舱里的空气被迅速加热并源源不断送往风机，就能持续地给室内各个楼面供暖。

夏天模式”：太阳能电池板产生的电能运行水泵，空气层玻璃向室外打开，让从上而下流动的水幕为房子带走热量；外层玻璃打开实现通风；同时经位于屋顶的水泵抽送，水幕以每小时 48m^3 的流速不断冲刷着内层玻璃，再加上太阳能板产生的阴影，三管齐下，使得中间空气层的温度有所降低，起到给建筑降温的作用。夏天模式见图 7-14、图 7-15。

图 7-14　夏天模式外景

图 7-15　夏天模式内照

把太阳能的光利用和太阳能的热利用集成起来，这是光电建筑应用一个很重要的方向，是一个很有潜力的应用范围，具有潜在发展空间和建筑市场。我国太阳能产业究竟该如何发展？光电还是光热？一直是行业和学术界争论的课题，光电是从光能转电能的角度解决能源问题，光热是从光能转热能的角度解决能源问题，两者目的是相同的，都是为了节约能源、保护环境。太阳能与建筑的结合，不仅需要光电，也需要光热，更需要光电光热相结合。

第六节　光电雨篷、遮阳板、光电动态幕墙和天幕

一、光电雨篷、遮阳板、阳台、天窗

PV 板和遮阳板的结合不仅可以为建筑在夏天提供遮阳（图 7-16），还可以使入射光线变得柔和，避免同眩光，改善室内的光环境，而且可以使窗户保持清洁，提供电力的同时可以为建筑增加美观。

图 7-16　光电遮阳板

智能光电百叶：驱动系统驱动活动的百叶随设计速度进行自由旋转，且根据阳光追踪使阳光长时间直射百叶，百叶面部安装太阳能发电组件，达到遮阳隔热、通风换气、发电功能。

二、LED 多媒体动态天幕和幕墙

LED 多媒体动态幕墙和天幕是将 LED 技术与 BPV 幕墙、BPV 屋面相结合的产物，根据建筑需要，可将 LED 彩色动态照明系统、LED 彩色显示系统与建筑幕墙、屋面系统有机地结合起来，在不影响建筑其他功能（如室内照明采光、建筑外观效果）的前提下，实现建筑功能的拓展与建筑夜视美化的目的。如 LED 彩色动态照明系统可通过 LED 幕墙、屋面系统的工作形成建筑流光溢彩的轮廓或图案；通过 LED 彩显系统的作用，在建筑外表形成清晰的文字或图像显示，形成了一种新的显示媒体。光伏 LED 一体化夹层将太阳能电池和 LED 半导体的透明基板放置在幕墙、屋

面边框内构成光电单元，可以模块化。常规交流供电系统作为LED供电电源，必须将电源转换成低压直流电才能使用，考虑到功率因素的影响和LED供电的特殊性，需要合理设计转换电路。太阳能光伏发电技术能与LED结合的关键在于两者同为直流电、电压低且能互相匹配。因此两者的结合不需要将太阳能电池产生的直流电转化为交流电，太阳能电池组直接将光能转化为直流电能，通过串、并联的方式任意组合，可得到LED实际需要的直流电，再匹配对应的蓄能电池便能实现LED照明的供电和控制。无需传统的复杂逆变装置进行供电转换，因而这种系统具有很高的能源利用效率、较高的安全性、可靠性和经济性。太阳能电池与半导体照明LED一体化是太阳能电池和LED技术产品的最佳匹配。天幕夜晚多媒体动态图像见图7-17。

图7-17　天幕夜晚多媒体动态图像

建筑外墙采用太阳能电池板和LED灯，白天的时候太阳能电池板将太阳能存储为电能，在每块玻璃板的后面加装LED灯，用于晚上外幕墙的灯光效果，所有LED灯所用的电能均来自于白天太阳能电池板产生的电能，大大节约了能源。LED灯光通过电脑控制，在外幕墙表现出各种图像，增加了建筑的艺术效果（图7-18）。

图7-18　白天的LED多媒体光电幕墙

第七节 光电电池基本原理及结构

光电幕墙（屋顶）的基本单元为光电板，而光电板是由若干个光电电池（又名太阳能电池）进行串、并联组合而成的电池阵列，把光电板安装在建筑幕墙（屋顶）相应的结构上就组成了光电幕墙（屋顶）。

一、太阳能电池的发电原理

1. 光电效应

1983年，法国物理学家A.E贝克威尔观察到，光照在浸入电解液的锌电板产生了电流，将锌板换成带铜的氧化物半导体，其效果更为明显。1954年美国的科学家发现从石英提取出来的硅板，在光的照射下能产生电流，并且硅越纯，作用越强，并利用此原理做了光电板，称为硅晶光电电池。

太阳能电池是利用半导体材料的光电效应，将太阳能转换成电能的装置。

2. 半导体的光电效应

所有的物质均由原子组成，原子由原子核和围绕原子核旋转的电子组成。半导体材料在正常状态下，原子核和电子紧密结合（处于非导体状态），但在某种外界因素的刺激下，原子核和电子的结合力降低，电子摆脱原子核的束缚成为自由电子（图7-19）。

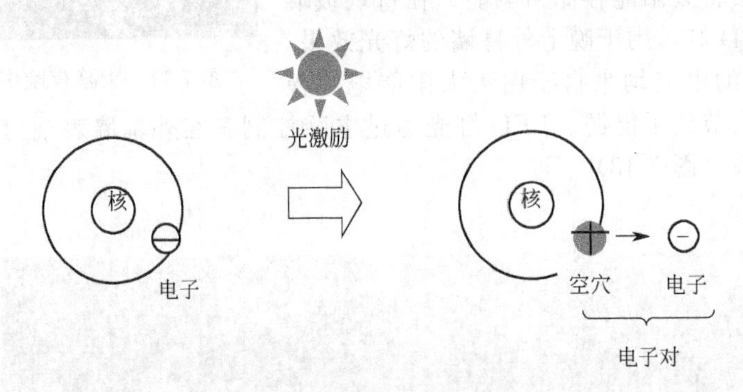

图7-19 PN结合型太阳能电池

太阳能电池由P型半导体和N型半导体结合而成，N型半导体中含有较多的空穴，而P型半导体中含有较多的电子，当P型和N型半导体结合时在结合处会形成电势。当芯片在受光过程中，带正电荷的空穴往P型区移动，带负电荷的电子往N型区移动，在接上连线和负载后，就形成电流。

二、硅晶光电电池分类

硅晶光电电池可分为单晶硅电池、多晶硅电池和非硅晶电池。

（1）单晶硅光电电池　表面规则稳定，通常呈黑色，效率14%～17%（图7-20）。

（2）多晶硅光电电池　结构通常清晰，呈蓝色，效率12%～14%（见图7-21）。

（3）非硅晶光电电池　不透明或透明，透过12%的光时，颜色为灰色，效率5%～7%（图7-22）。

三、硅晶光电电池原理

硅晶光电电池的原理是基于光照射到硅半导体PN结而产生的光伏效应（Photovoltraic Effect，PV），它的外形结构有圆形的和方形的两种，这是一种N^+/P型光电电池，它的基本材料为P型单晶硅，厚度在0.4mm以下，上表面是N型层，是受光层，它和基体在交界

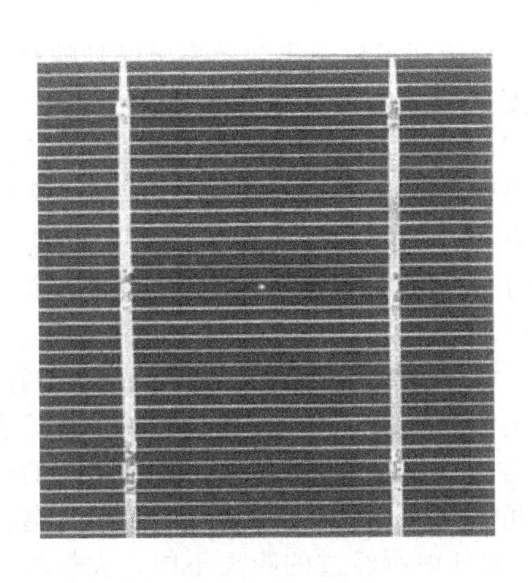

图 7-20　单晶硅光电电池

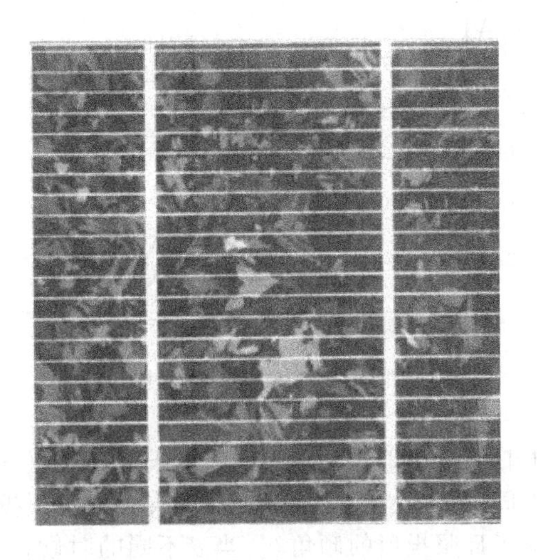

图 7-21　多晶硅光电电池

面处形成一个 PN 结，在 N 型层上面制作金属栅线，作为正面栅状电极（负极），在整个背面也制作金属膜，作为背面金属电极（正极），这样就形成晶体硅光电电池。为了减少光的反射损失，一般在整个表面上再覆盖一层减反射膜。

四、光电电池（太阳电池）的效率

太阳电池的效率是指太阳电池的输出功率 P_M 与投射到太阳电池面积上的功率 P_s 之比，其值取决于工作点。通常采用的最大值作为太阳电池的效率，即

$$\eta=\eta_{mpp}=\frac{P_M}{P_s}=\frac{V_M I_M}{P_s}$$

如果太阳电池不工作于最大功率点，则太阳电池的实际效率都低于按此定义的效率值。

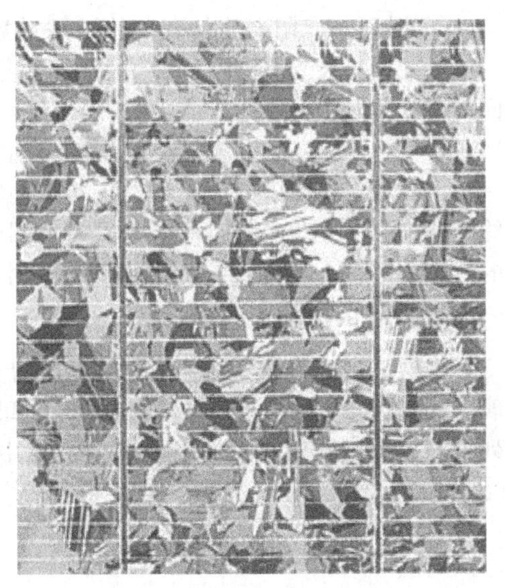

图 7-22　非硅晶光电电池

影响太阳电池效率的因素很多，如日照强度、光谱、温度等，只有当这些因素都确定时，太阳电池的效率才能被确定。下面分别讨论上述三种因素对太阳电池效率的影响。

① 日照强度 S。其单位是 W/m^2，在大气层之外其值最大，称为太阳常数。在大气层之外的日照强度为 $S\approx1.37kW/m^2$。在地球表面的 S 值通常在 $0\sim1kW/m^2$ 之间变化。图 7-23 绘出了一簇以多种不同 S 值为参数的特性曲线。由图可见，短路电流 I_{SC} 随着日照度 S 的变化而有较大改变，而空载电压 V_{OC} 仅是随着 S 的变化而略有变化。如果进行粗略的简化，可以表示为（I_M 为负载最佳工作点的电流）：

$$I_{SC}\sim I_M\sim S$$

以及

$$V_{OC}\sim V_M\sim \ln S$$

因此，太阳电池的效率也可以表示为：

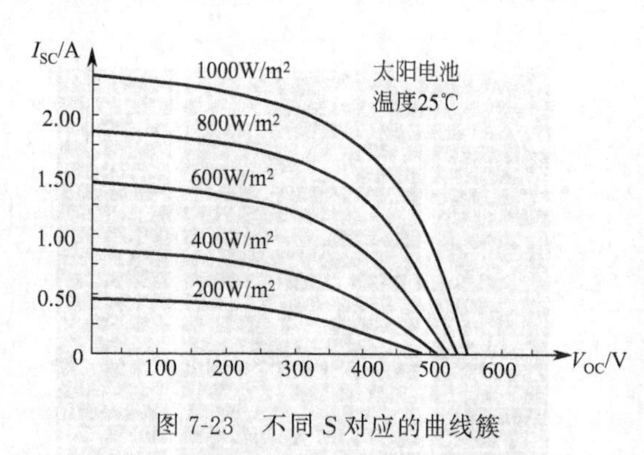

图 7-23　不同 S 对应的曲线簇

$$\eta=\eta_{\mathrm{mpp}}\approx\frac{S\cdot\ln S}{s}\approx\ln S$$

由上式可以看出，效率 η 仅是随着日照强度 S 的变化而微弱地变化，它们的关系是近似的对数关系。当太阳电池的最佳工作点始终保持在它的最大功率点上时，太阳电池具有相当好的“部分负荷特性”，即它带有部分负荷时的效率不见得会比它带有额定负荷时的效率小。

② 光谱特性。在非单色光的照射下，太阳电池的效率和光谱特性有关。地球表面上日照光谱取决于测量瞬间的天气条件（云、雾、空气、湿度等）。在每一天中对应的时间不同，太阳光线与地球表面的夹角即日照投射的倾角 θ 不同，因此地球表面的日照光谱又取决于日照投射的倾角 θ。当 θ 不同的时候，太阳光在大气中所经过的距离不同。大气质量不一样，太阳光谱曲线就不一样，因此，需要给定太阳电池在某一光谱下的效率时，应该在相应的大气质量下给定。

③ 温度。太阳电池具有负的温度系数，即太阳电池的效率随着温度的上升而下降。图 7-24 给出了日照强度为 $1\mathrm{kW/m^2}$，而温度变化范围为 20～70℃时效率变化的情形。可用下面的公式近似表示。

$$\eta=\eta_0[1-\alpha(T-T_0)]$$

上式中，$\eta_0=0.1$，$T_0=0℃$；$\alpha=0.0049/℃$。可以看出，温度每升高 10℃，其效率大约降低 5%。由上述我们可以看出，太阳电池的效率和很多因素有关。当我们定义太阳电池的效率的时候，必须确定它的工作环境才能够得出明确的效率值。

五、光电板基本结构

上层一般为 4mm 白色玻璃，中层为光伏电池组成的光伏电池阵列，下层为 4mm 的玻璃，其颜色可任意，上下两层和中层之间一般用铸膜树脂（EVA）热固而成，光伏电池阵列被夹在高度透明、经加固处理的玻璃中，在背面是接线盒和导线。模板尺寸为 500mm×500mm 至 2100mm×3500mm（图 7-25）。

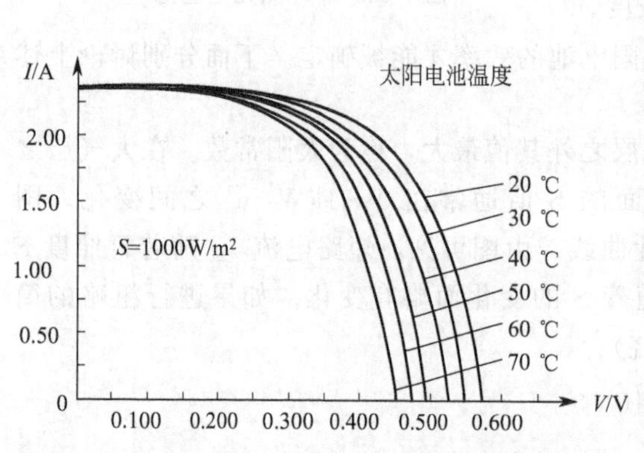

图 7-24　各种不同温度下太阳电池的特性曲线

图 7-25　光电板外形

第八节 光伏系统设计

一、一般规定

(1) 光电建筑光伏系统设计应有专项设计或作为建筑电气工程设计的一部分。广大工程技术人员，尤其是建筑工程设计人员，只有掌握了光伏系统的设计、安装、验收和运行维护等方面的工程技术要求，才能促进光伏系统在建筑中的应用，并达到与建筑结合，确保工程质量。

(2) 除了在新建、扩建、改建的建筑工程中设计安装光伏系统的项目不断增多，在既有建筑中安装光伏系统的项目也在增多。新建建筑安装光伏系统时，光伏系统设计应纳入建筑工程设计；如有可能，一般建筑设计应为将来安装光伏系统预留条件。在既有建筑上改造或安装光伏系统，容易影响房屋结构安全和电气系统的安全，同时可能造成对房屋其他使用功能的破坏。因此要求按照建筑工程审批程序进行专项工程的设计、施工和验收。

(3) 光电建筑应用技术涉及规划、建筑、结构、电气等专业，设计时执行的规范主要有《民用建筑太阳能光伏系统应用技术规范》《民用建筑设计通则》(GB 50352—2005)、《住宅建筑规范》(GB 50368—2005)、《通用用电设备配电设计规范》(GB 50055—93)、《供配电系统设计规范》(GB 50052—95)、《建筑电气装置》(GB 16895.6—2000)、《民用建筑电气设计规范》(JGJ/T 16—2008) 等。

(4) 光电建筑光伏系统应由专业人员进行设计，并应贯穿于工程建设的全过程，以提高光伏系统的投资效益。光伏系统设计应符合国家现行民用建筑电气设计规范的要求。光伏组件形式的选择以及安装数量、安装位置的确定需要与建筑师配合进行设计，在设备承载和安装固定以及电气、通风、排水等方面需要与设备专业配合，使光伏系统与建筑物本身和谐统一，实现光伏系统与建筑的良好结合。

(5) 光伏组件或方阵的选型和设计应与建筑结合，在综合考虑发电效率、发电量、电气和结构安全、适用美观的前提下，优先选用光伏构件，并与建筑幕墙及屋面分格相协调，满足安装、清洁、维护和局部更换的要求。

(6) 光伏系统输配电和控制用缆线应与其他管线统筹安排，安全、隐蔽、集中布置，满足安装维护的要求。光伏组件或方阵连接电缆及其输出总电缆应符合国家现行标准《光伏(PV) 组件安全鉴定第一部分：结构要求》(GB/T 20047.1) 的相关规定。

(7) 在人员有可能接触或接近光伏系统的位置，应设置防触电警示标识。人员有可能接触或接近的、高于直流 50V 或 240W 的系统属于应用等级 A，适用于应用等级 A 的设备应采用满足安全等级Ⅱ要求的设备，即Ⅱ类设备。当光伏系统从交流侧断开后，直流侧的设备仍有可能带电，因此，光伏系统直流侧应设置必要的触电警示和采取防止触电的安全措施。

(8) 并网光伏系统应具有相应的并网保护功能，并应安装必要的计量装置。对于并网光伏系统，只有具备并网保护功能，才能保障电网和光伏系统的正常运行，确保上述一方如发生异常情况不至于影响另一方的正常运行。同时并网保护也是电力检修人员人身安全的基本要求。另外，安装计量装置还便于用户对光伏系统的运行效果进行统计、评估。同时也考虑到随着国家相关政策的出台，国家对光伏系统用户进行补偿的可能。

(9) 光伏系统应满足国家关于电压偏差、闪变、频率偏差、相位、谐波、三相平衡度和功率因数等电能质量指标的要求。

光伏系统所产电能应满足国家电能质量的指标要求，主要包括以下内容。

① 10kV及以下并网光伏系统正常运行时，与公共电网接口处电压允许偏差如下：三相为额定电压的±7%，单相为额定电压的+7%、−10%。

② 并网光伏系统应与公共电网同步运行，频率允许偏差为±0.5Hz。

③ 并网光伏系统的输出应有较低的电压谐波畸变率和谐波电流含有率。总谐波电流含量应小于功率调节器输出电流的5%。

④ 光伏系统并网运行时，逆变器向公共电网馈送的直流分量不应超过其交流额定值的1%。

(10) 光电建筑幕墙（屋顶）结构的立柱和横梁要采用断热铝型材，除了要满足JGJ 102规范和GB 21086标准要求之外，硅基光电玻璃的刚度一般不得小于$L/250$，支承梁不得小于$L/1800$。要能够便于更换，宜采用小单元结构。

(11) 太阳能光伏夹层玻璃和建筑用太阳能光伏中空玻璃用于建筑幕墙要按IEC 61215、IEC 61646、JC/T 677、GB/T 15227—2007检测。要求在安全检测以后，光电性能未受影响。

(12) 中间胶的材料和厚度与不同结构类型的光伏夹层玻璃和光伏中空玻璃有关。类型不同，中间胶层厚度及粘接界面不同。在正风压作用下，光伏夹层玻璃内外两片玻璃都承受风荷载；在负风压作用下，光伏夹层玻璃的内外两片玻璃部分粘接，若结合面粘接强度合格，光伏夹层玻璃整体强度仍不易保证。若结合面粘接强度不合格，在负风压作用下，仅外片一片玻璃承受风荷载，外片玻璃将会分离而破碎。对光伏夹层玻璃宜进行结合面粘接强度设计验算，必要时也可进行结合面粘接强度试验。

二、系统设计

(1) 根据建筑物使用功能、电网条件、负荷性质和系统运行方式等因素，选择适宜的光伏系统类型及其电压等级和相数（表7-3）。

表7-3　光伏系统设计选用表

系统类型	电流类型	是否逆流	有无储能装置	适用范围
并网光伏系统	交流系统	是	有	发电量大于用电量，且当地电力供应不可靠
			无	发电量大于用电量，且当地电力供应比较可靠
		否	有	发电量小于用电量，且当地电力供应不可靠
			无	发电量小于用电量，且当地电力供应比较可靠
独立光伏系统	直流系统	否	有	偏远无电网地区，电力负荷为直流设备，且供电连续性要求较高
			无	偏远无电网地区，电力负荷为直流设备，且供电无连续性要求
	交流系统		有	偏远无电网地区，电力负荷为交流设备，且供电连续性要求较高
			无	偏远无电网地区，电力负荷为交流设备，且供电无连续性要求

(2) 光电建筑光伏系统各部件的技术性能包括电气性能、耐久性能、安全性能、可靠性能等几个方面。

① 电气性能强调了光伏系统各部件产品应满足国家标准中规定的电性能要求。如太阳电池的最大输出功率、开路电压、短路电流、最大输出工作电压、最大输出工作电流等，另外，还包括系统中各电气部件的电压等级、额定电压、额定电流、绝缘水平、外壳防护类别等。

② 耐久性能规定了系统中主要部件的正常使用寿命。如光伏组件寿命不少于20年，并

网逆变器正常使用寿命不少于8年。在正常使用寿命期间，允许有主要部件的局部更换以及易损件的更换。

③ 安全性能是光伏系统各项技术性能中最重要的一项，其中特别强调了并网光伏系统必须保证光伏系统本身及所并电力电网的安全。

④ 可靠性能强调了光伏系统应具有防御各种自然条件异常的能力，其中包括应有可靠的防结露、防过热、防雷、抗雹、抗风、抗震、除雪、除沙尘等技术措施。光电建筑设计中，应尽可能设计安排出以上防护措施。如采用电热技术除结露、除雪，预留给水、排水条件除沙尘，在太阳电池下面预留通风道防电池板过热，选用抗雹电池板，光伏系统防雷与建筑物防雷统一设计施工，在结构设计上选择合适的加固措施防风、防震等。

(3) 光电建筑并网光伏系统由光伏方阵、光伏接线箱、并网逆变器、蓄电池及其充电控制装置（限于带有储能装置系统）、电能表和显示电能相关参数的仪表组成；并网光伏系统的线路设计一般包括直流线路设计和交流线路设计。

(4) 光伏方阵的选择遵循以下原则。

① 根据建筑设计及其电力负荷确定光伏组件的类型、规格、数量、安装位置、安装方式和可安装场地面积。

② 根据光伏组件规格及安装面积确定光伏系统最大装机容量。

③ 根据并网逆变器的额定直流电压、最大功率跟踪控制范围、光伏组件的最大输出工作电压及其温度系数，确定光伏组件的串联数（称为光伏组件串）。

④ 根据总装机容量及光伏组件串的容量确定光伏组件串的并联数。

(5) 光伏接线箱设置遵循以下原则。

① 光伏接线箱内应设置汇流铜母排。

② 每一个光伏组件串应分别由线缆引至汇流母排，在母排前分别设置直流分开关，并设置直流主开关。

③ 光伏接线箱内应设置防雷保护装置。

④ 光伏接线箱的设置位置应便于操作和检修，宜选择室内干燥的场所。设置在室外的光伏接线箱应具有防水防腐措施，其防护等级应为IP65以上。

(6) 并网光伏系统逆变器的总额定容量应根据光伏系统装机容量确定；独立光伏系统逆变器的总额定容量应根据交流侧负荷最大功率及负荷性质选择。并网逆变器的数量应根据光伏系统装机容量及单台并网逆变器额定容量确定。

(7) 并网逆变器的选择遵循以下原则。

① 并网逆变器应具备自动运行和停止功能、最大功率跟踪控制功能和防止孤岛效应功能。

② 逆流型并网逆变器应具备自动电压调整功能。

③ 无隔离变压器的并网逆变器应具备直流接地检测功能。

④ 并网逆变器应具有并网保护装置，与电力系统具备相同的电压、相数、相位、频率及接线方式。

⑤ 并网逆变器的选择应满足高效、节能、环保的要求。

(8) 直流线路的选择遵循以下原则。

① 耐压等级应高于光伏方阵最大输出电压的1.25倍。

② 额定载流量应高于短路保护电器整定值，短路保护电器整定值应高于光伏方阵的标称短路电流的1.25倍。

③ 线路损耗应控制在2%以内。

(9) 光伏系统防雷和接地保护符合以下要求。

① 光伏组件应采取严格措施防直击雷和雷击电磁脉冲，防止建筑光伏系统和电气系统遭到破坏。光伏系统除应遵守《建筑物防雷设计规范》(GB 50057) 的相关规定外，还应根据《光伏 (PV) 发电系统过电压保护导则》(SJ/T 11127) 的相关规定，采取专项过电压保护措施。

② 支架、紧固件等不带电金属材料应采取等电位连接措施和防雷措施。安装在建筑屋面的光伏组件，采用金属固定构件时，每排（列）金属构件均应可靠连接，且与建筑物屋顶避雷装置有不少于两点可靠连接；采用非金属固定构件时，不在屋顶避雷装置保护范围之内的光伏组件，应单独加装避雷装置。

③ 若组件的外围为金属，可用作连接器。直击和感应雷都需要防范避雷针、避雷带。组件的设备外壳防雷、直流侧防雷、交流侧防雷、通信系统防雷、变电所的防雷、全场共地等电位联结。

三、系统接入

(1) 接入系统设计为并网型光伏电站时，应符合国网 747 号文件《光伏电站接入电网技术规定》。逆流光伏系统应先征得当地供电机构同意方可实施。

(2) 并网光伏系统应符合以下要求。

① 光伏系统并网后，一旦公共电网或光伏系统本身出现异常或检修后，两系统之间必须有可靠的脱离，以免相互影响，带来对电力系统或人身安全的影响或危害。

② 在中型或大型光伏系统中，功率调节器柜（箱）、仪表柜、配电柜较多，且系统又存留一定量的备品备件，因此，宜设置独立的光伏系统控制机房。

③ 在公共电网与光伏系统之间一定要有专用的连接装置。在异常情况下就可通过此醒目的连接装置及时人工切断两者之间的联系，以免发生危害。

(3) 光伏系统和公共电网异常或故障时，为保障人员和设备安全，应具有相应的并网保护功能和装置，并应满足光伏系统并网保护的基本技术要求。

① 光伏系统应具有电压自动检测及并网切断控制功能。

② 在公共电网接口处的电压超出表 7-4 规定的范围时，光伏系统应停止向公共电网送电。

表 7-4 公共电网接口处电压规定

电压(公共电网接口处)	最大分闸时间①	电压(公共电网接口处)	最大分闸时间①
$U<50\%U_{正常}$	0.1s	$110\%U_{正常}<U<135\%U_{正常}$	2.0s
$50\%U_{正常}\leqslant U<85\%U_{正常}$	2.0s	$135\%U$ 正常$\leqslant U$	0.05s
$85\%U_{正常}\leqslant U\leqslant 110\%U_{正常}$	继续运行		

① 最大分闸时间是指异常状态发生到逆变器停止向公共电网送电的时间。

注：$U_{正常}$为正常电压值（范围）。

③ 光伏系统在公共电网接口处频率偏差超出规定限值时，频率保护应在 0.2s 内动作，将光伏系统与公共电网断开。

④ 当公共电网失压时，防孤岛效应保护应在 2s 内完成，将光伏系统与公共电网断开。

⑤ 光伏系统对公共电网应设置短路保护。当公共电网短路时，逆变器的过电流应不大于额定电流的 1.5 倍，并应在 0.1s 内将光伏系统与公共电网断开。

⑥ 非逆流并网光伏系统应在公共电网供电变压器次级设置逆流检测装置。当检测到的逆电流超出逆变器额定输出的 5%时，逆向功率保护应在 0.5～2s 内将光伏系统与公共电网断开。

⑦ 在光伏系统与公共电网之间设置的隔离开关和断路器均应具有断零功能，目的是防止在并网光伏系统与公共电网脱离时，由于异常情况的出现而导致零线带电，容易发生检修人员的电击危险。

⑧ 当公用电网异常而导致光伏系统自动解列后，只有当公用电网恢复正常到规定时限后光伏系统方可并网。

(4) 光伏系统并入上级电网宜按照“无功就地平衡”的原则配置相应的无功补偿装置，对接入公共连接点的每个用户，其“功率因数”应符合现行的《供电营业规则》(中华人民共和国电力工业部 1996 年第 8 号令）的相关规定。光伏系统应以三相并入公共电网，其三相电压不平衡度不得超过《电能质量三相电压允许不平衡度》(GB/T 15543) 的相关规定。对接入公共连接点的每个用户，其电压不平衡度允许值不得超过 1.3%。光电建筑的光伏系统设计应包括通信与计量系统，以确保工程实施的可行性、安全性和可靠性。

(5) 应急电源的光伏系统应符合以下规定。

① 当光伏系统作为消防应急电源时，须先切断光伏系统的日常设备负荷，并与公用电网解列，以确保消防设备启动的可靠性。

② 光伏系统的标识应符合消防设施管理的基本要求。

③ 当光伏系统与公用电网分别作为消防设备的二路电源时，配电末端所设置的双电源自动切换开关宜选用自投不自复方式。因为电网是否真正恢复供电需判定，自动转换开关来回自投自复反而对设备和人身安全不利。

(6) 为避免光伏组件变形时会引起表面局部出现积灰现象，建材型光伏构件的刚度不得小于 $L/250$。

第九节 光电建筑光伏发电系统设计及安装、维护

一、光电建筑光伏发电产业链及光伏发电系统

以晶体硅原料为例，光伏发电系统见图 7-26。

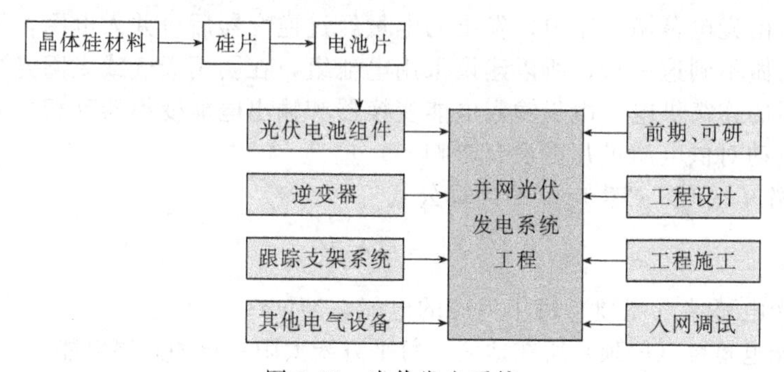

图 7-26 光伏发电系统

二、光电建筑光伏发电施工图设计

光电建筑光伏发电施工图设计包括以下几项。

① 光电建筑（光电幕墙、光电屋顶、光电遮阳板）施工图。建筑幕墙（屋顶）结构的立柱和横梁要采用断热铝型材，除了要满足 JGJ 102 规范和 GB 21086 标准要求之外，硅基光电玻璃的刚度一般不得小于 $L/250$，支承梁不得小于 $L/1800$。要便于更换，宜采用小单元结构。

② 设备接线图（设备间关系、线缆类型、长度、结点方式）。

③ 设备位置图（设备相对位置、体积、设备之间距离）。
④ 系统走线图（走线路径、线缆长度型号）。
⑤ 线缆选型（压降、容量、损耗率、类型）。
⑥ 设备细化选型（附加模块、连接端子、环境要求、通信方式等）。
⑦ 抗风压及抗震设计，结构及电器防水设计。
⑧ 防雷设计（防雷等级、避雷针、避雷带、引下线、电力与通信防雷保护器）。
⑨ 防火设计。
⑩ 配电设计（防逆流、三相平衡调节、峰值功率控制、保护功能）。
⑪ 基础设计（基础结构、基础稳定性、地基摩擦力与附着力）。
⑫ 支承结构及支架部件、装配详图（零件三维装配图、部件加工用详图）。
⑬ 系统效率计算（线损、设备损耗、环境损耗、其他损耗）。

三、光电幕墙（屋顶）光电面积设计计算

1. 光电幕墙（屋顶）一般电学结构

光学幕墙（屋顶）结构设计可按照玻璃工程技术规范（JGJ 102）、建筑玻璃应用技术规程（JGJ 113）等有关标准和规范进行，这里简介其电学设计。

光电幕墙（屋顶）电学结构一般采用单路——单蓄电池结构，其框图见图 7-27。

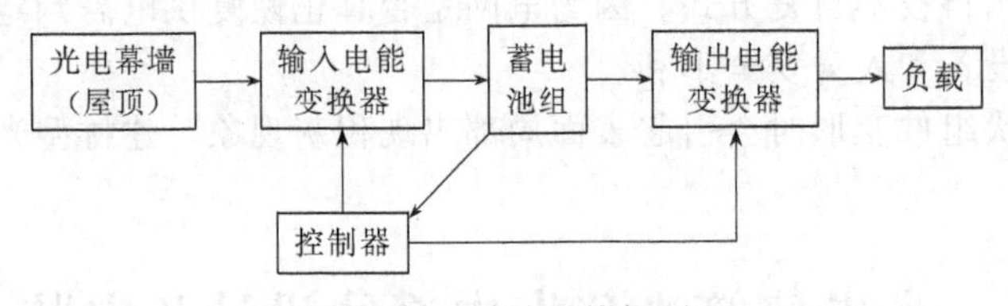

图 7-27 单路系统框图

光电幕墙（屋顶）所产生的电能，经过输入电能变换器转换成能蓄电池组要求的充电电压和充电电流向蓄电池充电，蓄电池容量按用户要求的无太阳天气连续供电天数进行设计；输出电能变换器将蓄电池组中的直流电能转换成负载要求的电压和电流及电能形式，向负载供电。有些国家由光电幕墙（屋顶）发出的电量经过逆变器后可并入电网，可以不设蓄电池组，中国目前还做不到这一点，所以建议采用电池组，在阴雨天气或太阳光少的情况下，也能保证一定时间的连续供电，由于输入电能变换器和输出电能变换器互相独立，其设计更为容易，光能的波动对供电质量几乎没有影响。

2. 光电幕墙（屋顶）产生电能的计算公式

$$P_S = HA\eta K \tag{7-1}$$

式中 P_S——光电幕墙（屋顶）每年生产的电能，MJ/a；
H——光电幕墙（屋顶）所在地区，每平方米太阳一年的总辐射能，MJ/(m^2·a)；
A——光电幕墙（屋顶）光电面积，m^2；
η——光电电池效率，建议单晶硅 $\eta=12\%$，多晶硅 $\eta=10\%$，非晶硅 $\eta=8\%$；
K——修正系数。

$$K = K_1K_2K_3K_4K_5K_6$$

式中 K_1——光电电池长期运行性能修正系数，$K_1=0.8$；
K_2——灰尘引起光电板透明度降低的修正系数，$K_2=0.9$；
K_3——光电电池升温导致功率下降修正系数，$K_3=0.9$；
K_4——导电损耗修正系数，$K_4=0.95$；

K_5——逆变器效率，$K_5=0.85$；

K_6——光电模板朝向修正系数，其数值可参考表 7-5 选取。

表 7-5　光电板朝向与倾角的修正系数 K_6

幕墙方向	光电阵列与地平面的倾角			
	0°	30°	60°	90°
东	93%	90%	78%	55%
南-东	93%	96%	88%	66%
南	93%	100%	91%	68%
南-西	93%	96%	88%	66%
西	93%	90%	78%	55%

3. 光电幕墙（屋顶）光电面积计算举例。

【例 7-1】 已知：

（1）室内用电负载：

① 设备一台，日均耗电 640W·h。

② 8W 日光灯 6 盏，平均每天照明 3h。

③ 标称功率 60W 彩电，平均每天收看 2h。

（2）幕墙所在地为北京。

（3）选用旭格集团或上海东连公司提供的单晶硅光电板。

（4）光电阵列与地平面倾角为 90°，幕墙方向为南。

求：光电幕墙的光电面积。

【解】（1）负载用量计算　根据室内负载用电要求，日均耗电量 P_d 为：

$$\begin{aligned}P_d &= 640\text{W}\cdot\text{h}+8\times6\times3\text{W}\cdot\text{h}+60\times2\text{W}\cdot\text{h}\\&=904\text{W}\cdot\text{h}\end{aligned}$$

以全年工作 280 天计算全年的耗电总量 P_d 为：

$$\begin{aligned}P_d &= 904\times280\times3600\text{W}\cdot\text{s/a}\\&=911\times10^6\text{W}\cdot\text{s/a}\\&=911\times10^6\text{J/a}\end{aligned}$$

（2）光电幕墙全年产生的电能与室内负载全年消耗的电能相等，则根据式(7-1) 得：

$$P_S=P_d=HA\eta K$$

$$K=\frac{P_d}{HA\eta K}$$

北京地区全年每平方米太阳总辐射能约为：

$$H=50\text{MJ/(m}^2\cdot\text{a)}=5000\times10^6\text{J/(m}^2\cdot\text{a)}$$

单晶硅光电板的效率 $\eta=12\%$

$$\begin{aligned}K &= K_1K_2K_3K_4K_5K_6\\&=0.8\times0.9\times0.9\times0.95\times0.85\times0.68\\&=0.355\end{aligned}$$

则：
$$A=\frac{911\times10^{6}\text{J/a}}{5000\times10^{6}\times0.12\times0.355\text{J/(m}^{2}\cdot\text{a)}}=4.3\text{m}^{2}$$

选用旭格集团或上海东连公司的光电板，规格为1003mm×760mm，共计8块。

则实际光电板的面积为1.03m×0.76m×8≈6.3m²，满足设计要求。

四、光电幕墙（屋顶）安装

(1) 安装地点要选择光照比较好、周围无高大的物体遮挡太阳光照的地方，当安装面积较大的光电板时，安装的地方要适当宽阔一些，避免碰损光电板。

(2) 通常光电板总是朝向赤道，在北半球其表面朝南，在南半球其表面朝北。

(3) 为了更好地利用太阳能，并使光电板全年接受太阳辐射的量比较均匀，一般将其倾斜放置，光电电池阵列表面与地平面的夹角称为阵列倾角。

当阵列倾角不同时，各个月份光电板表面接受到的太阳辐射量差别很大。有的资料认为，阵列倾角可以等于当地的纬度，但这样又往往会使夏季光电阵列发电过多而造成浪费，而冬天则由于光照不足而造成亏损。也有些资料认为，所取阵列倾角应使全年辐射量最弱的月份能得到最大的太阳辐射量，但这样又往往会使夏季削弱过多而导致全年得到的总辐射量偏小。在选择阵列倾角时，应综合考虑太阳辐射的连续性、均匀性和冬季极大性等因素。大体来说，在我国南方地区，阵列倾角可比当地纬度增加10°～15°；在北方地区，阵列倾角可比当地纬度增加5°～10°。

(4) 光电幕墙（屋顶）的导线布线要合理，防止因布线不合理而漏水、受潮、漏电，进而腐蚀光电电池，缩短其寿命；为了防止夏天温度较高影响光电电池的效率，提高光电板寿命，还应注意光电板的散热。

(5) 光电幕墙（屋顶）安装还应注意以下几点。

① 安装时最好用指南针确定方位，光电板前不能有高大建筑物或树木等遮蔽阳光。

② 仔细检查地脚螺钉是否结实可靠，所有螺钉、接线柱等均应拧紧，不能有松动。

③ 光电幕墙和光电屋顶都应有有效的防雷、防火装置和措施，必要时还要设置驱鸟装置。

④ 安装时不要同时接触光电板的正负两极，以免短路烧坏或电击，必要时可用不透明材料覆盖后接线、安装。安装光电板时，要轻拿轻放，严禁碰撞、敲击，以免损坏。注意组件、二极管、蓄电池、控制器等电器极性不要接反。

(6) 孤岛现象和防护　当电网的部分线路因故障或检修而停电时，停电线路由所连的并网发电装置继续供电，并连同周围的负载构成一个自给供电的孤岛。

五、光电玻璃幕墙的运行与维护

(1) 光电玻璃幕墙应定期由专业人员检查、清洗、保养和维护，若发现下列问题应立即调整或更换。

① 中空玻璃结露、进水、失效，影响光伏幕墙工程的视线和热性能。

② 玻璃炸裂，包括玻璃热炸裂和钢化玻璃自爆炸裂。

③ 镀膜玻璃脱膜，造成建筑美感丧失。

④ 玻璃松动、开裂、破损等。

(2) 光电玻璃幕墙排水系统必须保持畅通，应定期疏通。

(3) 光电玻璃幕墙的门、窗应启闭灵活，五金附件应无功能障碍或损坏，安装螺栓或螺钉不应有松动和失效等现象。

(4) 光电玻璃幕墙的密封胶应无脱胶、开裂、起泡等不良现象，密封胶条发生脱落或损坏时，应及时进行修补或更换，必要时应将所有使用的密封胶进行剥离试验、抗老化试验和相容性试验。

（5）对光电玻璃幕墙进行检查、清洗、保养、维修时所采用的机具设备（清洗机、吊篮等）必须牢固，操作灵活方便，安全可靠，并应有防止撞击和损伤光电玻璃幕墙的措施。

（6）在室内清洁光电玻璃幕墙时，禁止水流入防火隔断材料及组件或方阵的电气接口。

（7）隐框玻璃光电幕墙更换玻璃时，应使用固化期满的组件整体更换。

（8）遇到狂风、暴雨、冰雹、大风等天气应及时采取防护措施，并在事后进行检查，检查合格后再正常使用。

第十节　光伏建筑一体化应用管理

据了解中国已建成107项光伏建筑和光伏电站，大都能正常运行，但也有个别工程造价很高而在运行中却故障频繁，不能使用。光电屋面工程破坏实例照片见图7-28。

图7-28　光电屋面工程破坏实例照片

国内某火车站主站房光电屋顶采光带共铺设1800块铜铟镓硒中空玻璃太阳光伏组件，竣工后不久，产生了钢化玻璃自爆、光电板发花、脱落等故障。该建筑中央采光顶的两侧，每侧分布了3排中空玻璃光伏组件，光电板分布在采光顶的中空玻璃中，使用的是德国Wurth Solar公司1200mm×600mm（铜铟镓硒）太阳电池组件，中空玻璃光伏组件外层为8mm超白钢化玻璃＋光电池板芯片；中层为30mm空气层；内层为8LOW-E钢化玻璃＋1.52PVB＋8mm钢化玻璃，采用压块式的安装方式。支撑系统为钢结构，主龙骨为220mm×140mm×6mm钢通，次龙骨为120mm×80mm×4mm钢通。在龙骨上预制螺纹孔，用螺钉通过压板将组件的副框固定在龙骨上。在组件底部间隙填塞泡沫棒和打密封胶，密封胶的上面铺设导线，然后安装盖板（图7-29）。

上例虽是个别现象，但也提醒和警示：光伏建筑一体化应用中若对技术、施工及光伏产品的质量缺少有效的控制，工程经过短期使用后出现故障，不但造成国家资金的大量浪费，也打击了消费者对BIPV的信心，影响整个行业的健康发展。不利于光伏应用发展的根本原因就是示范工程监管和问责制度的缺失，使得国家的政策补贴成了唐僧肉，吃下去哪怕是不消化，也不去管它。可是光伏工程的每次失败、无效，都深深地打击了光伏产业的发展。那些为了短期效益不顾技术现实，想方设法混淆视听，谋取财政补贴，以及偷工减料建造虚假

图 7-29　该工程光电屋顶室内照片

光伏工程，为了推销产品收买外行专家代言蛊惑市场的行为，都应该有人去管才行。光伏应用是一门新兴的学科，还在发展之中。光伏应用技术涉及面广，实践性强，专业分工繁多，发展变化迅速，鉴于我国不少幕墙企业对 BIPV 比较生疏，目前也没有在这方面做更深层次的研究和必要的技术储备；而光伏组件及光伏系统的生产公司缺少 BIPV 设计方面的技术，对幕墙、屋顶等的安装要求知之甚少；太阳能光伏系统与建筑结合，即从技术、工艺、结构等方面实现完全意义上的一体化，还有许多研究工作要做，不是想象的那么简单。为了适应 BIPV 飞速发展的形势，保证 BIPV 健康发展，确保 BIPV 工程的质量，加强 BIPV 管理是当务之急。应尽快编写 BIPV 技术标准和工程技术规范，BIPV 施工企业尽快实行许可证或设计、施工资质制度，尽快建立中国 BIPV 光伏产品认证体系。目前国际电工委员会（IEC）和全球光伏认证组织正在进行合作，统一光伏产品标准。中国应该借助起点比较高的优势，迅速建立起同国际标准接轨的认证体系，并同国际认证机构多加沟通和协调，促进国际互认。在以上制度未实行之前，每项 BIPV 工程必须按照建标［2005］124 号文件进行“三新核准”，确保 BIPV 工程的质量和安全。

2010 年 3 月 29 日，中国住房及城乡建设部仇保光副部长在第六届国际绿色建筑与建筑节能大会上讲“我们还缺少太阳能建筑一体化设计规范，这些标准规范覆盖面也没有按照气候区划分，更没有按照城市、农村进行差别性划分。要抓紧时间，用两年时间完善标准规范”。

光伏建筑工程的失败教训，使得一些有意建造新的光伏工程的投资者，期望借竞争性谈判采购的方式，寻求理想的供应商，从而完成一项满意的光伏工程。然而，没有从技术层面上去深究以往工程的成败原因，而仅仅从商务的角度来考察得失是行不通的。因为光伏工程是一个复杂的、技术含量很高的技术项目。任何一项光伏工程的方案都具有科研的性质，既要量身定做，又必须应对变化。所以，光伏工程不像其他成熟的幕墙屋顶工程那样规范，也不存在一个成熟的有竞争性的光伏工程市场。随着节能事业被重视，光伏工程需求日益增多，参加光伏工程竞标的竞标者，大部分是一些随市场应运而生的太阳能公司，这些公司有的是采购太阳能电池组件和逆变器来做工程的集成公司；有的是单一生产电池或逆变器的厂家；还有很多是生产或经营太阳能热水器的公司；而招标者也少有专业人士。招标者和竞标者都对光伏工程技术缺乏起码了解，这种背离专业的盲目追赶市场的做法，必然会给工程留下很多隐患。

招标文件起草者不了解光伏技术的一些基本概念，一些起草标书的人在翻阅了几本专业书籍之后，自以为已经懂得了该领域的基本知识，其实并没有把光伏应用技术方面的相关知识了解清楚，导致不正确招标，致使工程失败，例如：某光伏工程招标文件中错误地把“峰瓦”当做电池板的输出功率了，“峰瓦”是指光电池在特定的光照条件下，在确定的温度时，发电能力为1W的单元。由于这是光电池在一般情况下最高的发电能力，所以称为峰（值）瓦，而平时的日照强度是远达不到这个值的。加上电池板的偏析，早晚、阴雨、空气透光度低及灰尘、阴影遮挡，甚至于自身的衰退和老化等因素，都会导致发电能力的大幅度降低。该工程实际需要单晶电池组件最低量远大于标书电池板要求的供应量，从而导致该工程失败。

光伏建筑应用技术是一项学科跨度大的科学技术，一项光伏幕墙屋顶工程不仅包含电池组件，还包含电工、建筑，对光伏照明工程来说还有照明配件等，所以不少招标文件不能完整、清楚地表达所求。建造光伏工程，不能简单地套用现成的招投标模式。应用工程的技术难度不是随便一家企业就可以胜任的。不少电池板生产厂家和热水器工程公司，与光伏工程的实际运用相差太远，普通光伏产品的生产厂家和一些研究逆变并网系统的研究部门，也未必有设计和安装光伏工程的能力。光伏工程立项之前，需要有专门的考察。有可能的话建议相关职能部门组织专家对重点光伏工程进行评估。

第十一节 光电建筑发展前景

一、现代光伏与建筑共同关注的一个新方向：建筑创能

我国建筑能耗巨大，其中建材生产和建筑工程的能耗约占全国总能耗的17%，而建筑使用过程中的能耗更占总能耗的20%左右，两者相加，约占全国总能耗的37%。建筑能耗已成为仅次于工业耗能的能源“消费大户”。建筑能耗居高不下的一大原因是我国现有建筑中的99%为高耗能建筑。建筑节能，从本质上说仍然只是把建筑物当成单纯耗能的单元。人们在思索能不能把建筑物视作特定的载体，采用适当的介质或工艺，使之成为创造能量的源泉？这就是现代光伏与建筑共同关注的一个新方向——建筑创能。

二、光伏界和建筑界形成合力，推动光电建筑健康发展

独立光伏电站和光电建筑两大市场的需求目标、技术指标和应用条件是有很大差别的：独立光伏电站的主要目标是追求高的发电效率，由此需要开发单轴、多轴跟踪技术以及聚光、超高压直流输送等技术；高发电效率应是其产品的主要指标，配套安装条件相对宽松；光电建筑主要追求组件与建筑（功能、外观和能源系统）的有机结合，由此它需要开发与建筑构件、材料、能源系统配套的光电建筑构件、建筑材料及与建筑材料、工程营造相关的工业化安装建筑构造技术。两个市场所需要产品的技术指标、产品的使用功能、安装条件完全不同，造就了两类产品的特色，它们应该属于两条差别比较大的产品线。遗憾的是，现在市场上的产品绝大多数是以不变应万变，电池组件生产厂家是以统一的、单一的产品去应对具有不同需求的市场，需要光伏界和建筑界形成合力，尽快解决与建筑结合的应用配套问题，开发相适应的产品，拉动光电建筑健康发展。

光电建筑是太阳能利用中最清洁、最有潜力的绿色技术。它的推广和普及，需要诸多专业技术提供支撑：从材料角度提高光伏电池的转化效率，从机械加工角度改进封装工艺，从电力角度决定并网或者独立供电，从管理角度制定产业政策。建筑物是光电技术的使用终

端，建筑师和工程师是各项技术的集成者和决策人。

光伏和光电建筑产业属于高新技术产业范畴，是集合了固体物理学、材料学、材料工艺、机电工程和仪器设备开发等多学科和综合性技术的系统工程（表 7-6）。目前，发达国家已建立了相对完善的技术研发机构，形成了比较完善的产业技术服务体系。我国光伏和光电建筑产业发展相对较晚，研发的基础相对较差，人才培养相对滞后，使得制约产业发展的核心技术、关键设备未能完全获得突破，仍未完全摆脱“低水平”特征。光伏和光电建筑核心技术研发单靠一个企业、一个研究所很难突破，必须将分散的力量整合起来。应该明确牵头部门，联合企业、科研机构、高等院校，构建国家重点实验室，联合开展光伏和光电建筑核心技术研发和产业化推进，制定光伏和光电建筑产业技术规范、产业技术标准，规范光伏和光电建筑产业市场，促进企业间的合理、有序竞争。

表 7-6　各专业分工合作

专业人员	设计前期	设计后期
建筑设计师	场地分析，设计建筑造型，确定光伏板布置的位置和方式，初选光伏材料的种类和色彩	细化建筑设计和光伏板的布置，选定适应建筑模数化的光伏构件，细化各光伏构件的建筑构造
结构工程师	初步确定光伏构件的支撑方式	考虑光伏构件的各种荷载，完成其结构设计
设备工程师	初步确定光伏系统布置方案，向建筑专业提出逆变器等设备的空间设计要求	完善光伏系统布置，与建筑专业协调解决光伏板布线等构造处理
造价师	光伏材料和设备的成本估算，政府财政补贴后的项目投资估算，光伏发电的收益估算	光伏材料和设备的成本概预算，政府财政补贴后的项目概预算，光伏发电的收益概预算

三、光电建筑对建筑学和建筑工程师的挑战

我国建筑师工程将面临前所未有的挑战，挑战本身也包含着变革和发展之机遇。

随着建筑学的变革，建筑工程师的定义也发生了变化，再教育培训成为当务之急。原来建筑师教材里面基本没有建筑节能的内容，更缺乏太阳能应用的知识，讲的都是结构、质量安全、舒适美观，很少涉及节能、环保。而新时代的建筑工程师将是建筑学家、能源工程师、结构专家、环境专家和生态专家的综合体，他们面临的不只是建筑的美观、安全和功能问题，能源环境科学、生态学的理论（尤其是如何最大限度地利用广义的太阳能）都将成为建筑工程师必要的知识结构组成部分。广大工程技术人员，尤其是建筑工程设计人员、建筑工程师，只有掌握了光伏系统的设计、安装、验收和运行维护等方面的工程技术要求，才能促进光伏系统在建筑中的应用，并达到与建筑结合。为了确保工程质量，紧迫性问题之一就是要对广大工程技术人员进行再培训、再教育。建筑教育体系要随之发生变革，否则就不可能产生足量合格的建筑工程设计人员、建筑工程师人才队伍，太阳能与建筑的大规模结合也就无从谈起。

四、光电建筑应用提高效率、降低成本是关键

目前，我国光伏发电成本仍高于普通火电的发电成本，政策实施补贴后，发电成本与传统火电成本更为接近，但仍有一些差距。随着技术进步和光伏建筑一体化应用的发展，光伏发电成本将会在未来可以预见的时间内大幅下降，而火电成本将会因加收资源税和环境税而上升，此消彼长，光电建筑应用发电成本会逐渐接近常规电力成本。中国光电建筑电价切切实实地低于常规火力电价已指日可待！光电建筑应用电价与常规电价趋势预测见图 7-28。

光电建筑将成为功效最佳、价格最低廉的替代新能源。光电建筑应用将不再是以政策为导向，民营和外资企业将在建筑一体化应用市场竞争中获得更多的机会。光电建筑应用成为设计师、开发商、业主的自然选择。

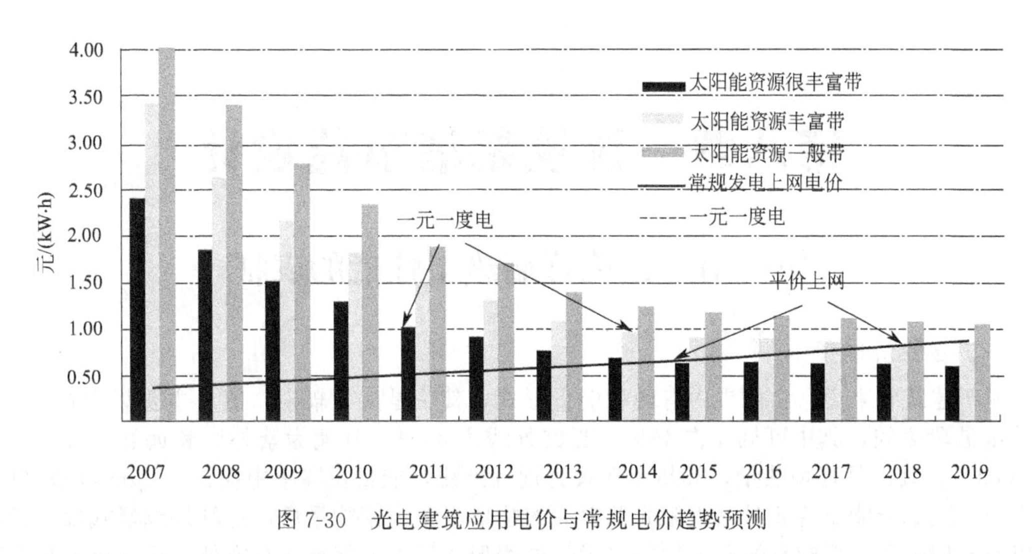

图 7-30　光电建筑应用电价与常规电价趋势预测

光电建筑是具有独立电源、自我循环的 21 世纪新型建筑，是建筑概念的拓宽和发展，是 21 世纪建筑及光伏技术市场的需求，是科学技术发展和人类社会进步的必然。光伏建筑将成为 21 世纪最重要的新兴产业之一，是房地产业未来发展的新天地。每一次新能源大规模进入人类生活，比如曾经的煤、石油、电等，都会给人类的生产方式和生活带来巨大变化，从而重塑整个社会形态和时代意识。太阳能的崛起也不例外。从这个层面讲，太阳能给整个世界带来的深刻变化将不逊于计算机和互联网的普及，而我们正在见证也必将亲历这个伟大的时代。谁掌握清洁能源和可再生能源，谁将主导 21 世纪；谁在新能源领域拔得头筹，谁将成为后石油经济时代的佼佼者。中国要想在新世纪的三十年或者更长的时间内成为佼佼者，就必须抓住新能源这一历史机遇。

中国建筑建设在应对未来能源危机和气候变化过程中，光电建筑的发展扮演了一个最重要的角色，为光电建筑健康发展所做的一切，无愧于现在，也必将无愧于后人。

第八章　建筑幕墙节能设计

第一节　建筑幕墙热工性能的表征

一、自然界能量

对于建筑物来说，自然界中有两种能量形式，其一是太阳辐射，能量主要集中在 0.3～2.5μm 波段之间，其中可见光占 46%，近红外线占 44%，其他为紫外线和远红外线，各占 7%和 3%；其二是环境热量，其热能形式为远红外线，能量主要集中在 5～50μm 波段之间，在室内，这部分能量主要是被太阳光照射后的物体吸收太阳能量后以远红外线形式发出的能量以及家用电器、采暖系统和人体等以远红外线形式发出的能量，在室外，这部分能量主要是被太阳光照射后的物体吸收太阳能量后以远红外线形式发出的能量。太阳辐射光谱曲线和热辐射光谱曲线见图 8-1。

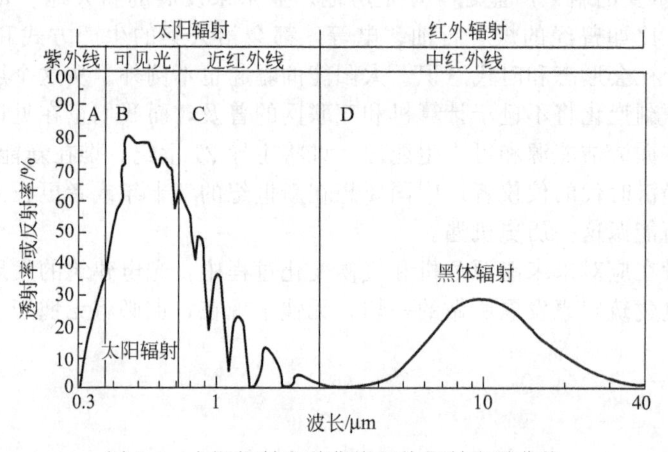

图 8-1　太阳辐射光谱曲线和热辐射光谱曲线

二、玻璃传热机理

普通浮法玻璃是透明材料，其透明的光谱范围是 0.3～4μm，即可见光和近红外线，刚好覆盖太阳光谱，因此普通浮法玻璃可透过太阳光能量的 80%左右。

对于环境热量，即 5～50μm 波段的远红外线，普通浮法玻璃是不透明的，其透过率为 0，其反射率也非常低，但其吸收率非常高，可达 83.7%。玻璃吸收远红外线后再以远红外线的形式向室内外二次辐射，由于玻璃的室外表面换热系数是室内表面换热系数的 3 倍左右，玻璃吸收的环境热量 75%左右传到室外，25%左右传到室内。在冬季，室内环境热量就是通过玻璃先吸收后辐射的形式，将室内的热量传到室外。普通浮法玻璃的光谱曲线见图 8-2。

三、透明幕墙

透明幕墙是玻璃幕墙，因此玻璃的性能决定了透明幕墙的性能。玻璃是透明围护材料，其与节能设计有关的性能用四个参数来表征。

其一是导热系数 U_g 值，它是用来表征当室内温度 T_i 与室外温度 T_o 不相等时，单位面积、单位温差和单位时间内玻璃传递的热量

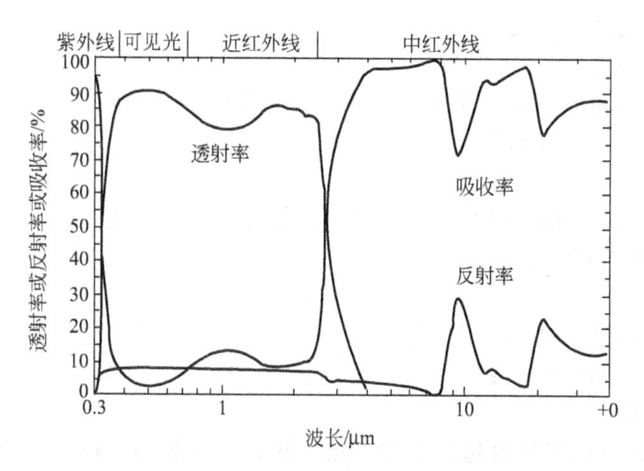

图 8-2　普通浮法玻璃的光谱曲线

$$U_g = \frac{q_1}{T_o - T_i} \tag{8-1}$$

式中　q_1——由室外传入室内的热量。

其二是遮阳系数 S_{cg}，它是用来表征当太阳辐射照度是 I，通过单位面积玻璃射入室内的总太阳能等于 q_2，玻璃的太阳能总透射比为

$$g_t = \frac{q_2}{I} \tag{8-2}$$

则玻璃的遮阳系数定义为

$$S_{cg} = \frac{g_t}{0.889} \tag{8-3}$$

式中　0.889——标准 3mm 透明玻璃的太阳能总透射比。

其三是可见光透射率 τ_g，它是用来表征当太阳光中可见光的辐射照度是 I_0，通过单位面积玻璃射入室内的可见光辐射照度等于 I，则玻璃的可见光透射率定义为

$$\tau_g = \frac{I}{I_0} \tag{8-4}$$

其四是气密性，建筑幕墙作为外围护结构不可能是完全密封的，既然建筑幕墙是由幕墙的支承体系和面板材料组成的，因此在面板与面板之间、面板与支承体系之间一定有缝隙，即便有密封胶密封，也无法保证没有缝隙，同时建筑门窗等可开启部位缝隙更是较大。有缝隙，就会有室内外空气的交换。因为室内外的空气温度可能不同，会造成室内外空气交换；室外的正负风压，也会造成室内空气的交换。不同温度的室内外空气交换将造成室内外热量的交换，即这是一个传质传热的过程。显然，建筑幕墙的缝隙越长，室内外交换的空气量越大，气密性越不好，因此建筑幕墙用单位缝长的空气渗透量来表征幕墙的气密性。

(一) 传热系数

1. 明框玻璃幕墙

由于边框的作用不可忽略，明框玻璃幕墙的传热系数按式(8-5) 计算：

$$U_w = \frac{A_g U_g + A_f U_f + l_g \Psi_g}{A_g + A_f} \tag{8-5}$$

式中　U_w——明框玻璃幕墙的传热系数；

U_g——玻璃板的传热系数；

A_g——玻璃板的面积；

U_f——框架的传热系数；

A_f——框架的面积；

Ψ_g——玻璃板和框架通过衬垫材料的线传热系数；

l_g——玻璃板的可视周长。

2. 全隐框玻璃幕墙

由于铝型材边框位于玻璃板的后面，不直接参与传热，因此全隐框玻璃幕墙的传热系数可用玻璃的传热系数表征，即

$$U_w = U_g \tag{8-6}$$

式中 U_w——全隐框玻璃幕墙的传热系数；

U_g——玻璃板的传热系数。

3. 半隐框玻璃幕墙

暴露于玻璃板之外的铝型材边框参与直接传热，不可忽略，位于玻璃板后面的铝型材边框不直接参与传热，因此半隐框玻璃幕墙的传热系数按式(8-7) 计算：

$$U_w = \frac{A_g U_g + A_f U_f + l_g \Psi_g}{A_g + A_f} \tag{8-7}$$

式中 U_w——半隐框玻璃幕墙的传热系数；

U_g——玻璃板的传热系数；

A_g——玻璃板的面积；

U_f——外露框架的传热系数；

A_f——外露框架的面积；

Ψ_g——玻璃板和外露框架通过衬垫材料的线传热系数；

l_g——玻璃板与外露框架形成的可视边长之和。

4. 全玻玻璃幕墙

全玻玻璃幕墙是由玻璃和结构密封胶组成，由于结构密封胶的导热系数比玻璃的导热系数小，并且在一个幕墙单元板块中，玻璃板的面积远大于结构密封胶缝的面积，所以全玻玻璃幕墙传热系数与玻璃板的相同，即

$$U_w = U_g \tag{8-8}$$

式中 U_w——全玻玻璃幕墙的传热系数；

U_g——玻璃板的传热系数。

5. 点支式玻璃幕墙

点支式玻璃幕墙是由玻璃、密封胶和金属爪件组成，由于密封胶的导热系数比玻璃的导热系数小，并且在一个幕墙单元板块中，玻璃板的面积远大于密封胶缝的面积，所以密封胶缝的传热可不考虑。但是金属爪件的传热应当考虑，因此点支式玻璃幕墙传热系数按式(8-9) 计算：

$$U_w = \frac{A_g U_g + A_z U_z}{A_g + A_z} \tag{8-9}$$

式中 U_w——点支式玻璃幕墙的传热系数；

U_g——玻璃板的传热系数；

A_g——玻璃板的面积；

U_z——爪件的传热系数；

A_z——爪件的面积。

由于 $A_g \gg A_z$，所以式(8-9) 简化为

$$U_w = U_g + \frac{A_z}{A_g} U_z \tag{8-10}$$

（二）遮阳系数

1. 明框玻璃幕墙

明框玻璃幕墙的太阳能总透射比为

$$g_w = \frac{g_g A_g + g_f A_f}{A_g + A_f} \tag{8-11}$$

式中　g_w——明框玻璃幕墙的太阳能总透射比；

A_g——玻璃面板的面积，m^2；

g_g——玻璃面板的太阳能总透射比；

A_f——框架的面积，m^2；

g_f——框架的太阳能总透射比。

明框玻璃幕墙的遮阳系数应为幕墙的太阳能总透射比与标准 3mm 透明玻璃的太阳能总透射比的比值，即

$$S_{wc} = \frac{g_t}{0.889} \tag{8-12}$$

式中　S_{wc}——明框玻璃幕墙的遮阳系数。

2. 全隐框玻璃幕墙

全隐框玻璃幕墙的边框是由玻璃、结构胶和铝型材组成，由于结构胶通常是黑色的，对太阳光能量的吸收率接近于 1，而铝型材的导热系数非常高，因此太阳光透过玻璃后，基本上被结构胶吸收，并通过铝型材传递到室内，因此全隐框玻璃幕墙边框部分的遮阳系数与玻璃的基本相同，即

$$S_{wc} = S_{gc} \tag{8-13}$$

式中　S_{wc}——全隐框玻璃幕墙的遮阳系数；

S_{gc}——玻璃的遮阳系数。

3. 半隐框玻璃幕墙

半隐框玻璃幕墙的太阳能总透射比为

$$g_w = \frac{g_g A_g + g_f A_f}{A_g + A_f} \tag{8-14}$$

式中　g_w——半隐框玻璃幕墙的太阳能总透射比；

A_g——玻璃面板的面积，m^2；

g_g——玻璃面板的太阳能总透射比；

A_f——外露框架的面积，m^2；

g_f——外露框架的太阳能总透射比。

半隐框玻璃幕墙的遮阳系数应为幕墙的太阳能总透射比与标准 3mm 透明玻璃的太阳能总透射比的比值，即

$$S_{wc} = \frac{g_t}{0.889} \tag{8-15}$$

式中　S_{wc}——半隐框玻璃幕墙的遮阳系数。

4. 全玻玻璃幕墙

全玻玻璃幕墙是由玻璃和结构密封胶组成，由于结构密封胶的太阳光吸收率非常高，而位于结构密封胶后面的是玻璃肋，并且在一个幕墙单元板块中，玻璃板的面积远大于结构密封胶缝的面积，所以全玻玻璃幕墙遮阳系数与玻璃板的相同，即

$$S_{wc} = S_{gc} \tag{8-16}$$

式中　S_{wc}——全玻玻璃幕墙的遮阳系数；

S_{gc}——玻璃的遮阳系数。

5. 点支式玻璃幕墙

点支式玻璃幕墙是由玻璃、密封胶和金属爪件组成，由于密封胶的导热系数比玻璃的导热系数小，吸收太阳光后向室内传递的热量非常小，并且在一个幕墙单元板块中，玻璃板的面积远大于密封胶缝的面积，所以密封胶缝的遮阳可不考虑。但是金属爪件的遮阳应当考虑，因此点支式玻璃幕墙的太阳能总透射比为

$$g_w = \frac{g_g A_g + g_z A_z}{A_g + A_z} \tag{8-17}$$

式中 g_w——点支式玻璃幕墙的太阳能总透射比；

A_g——玻璃面板的面积，m^2；

g_g——玻璃面板的太阳能总透射比；

A_z——爪件的面积，m^2；

g_z——爪件的太阳能总透射比。

由于 $A_g \gg A_z$，所以式(8-17) 简化为

$$g_w = g_g + \frac{A_z}{A_g} g_z \tag{8-18}$$

点支式玻璃幕墙的遮阳系数应为幕墙的太阳能总透射比与标准 3mm 透明玻璃的太阳能总透射比的比值，即

$$S_{wc} = \frac{g_t}{0.889} \tag{8-19}$$

式中 S_{wc}——点支式玻璃幕墙的遮阳系数。

（三）可见光透射率

1. 明框玻璃幕墙

明框玻璃幕墙的可见光透射率为

$$\tau_w = \frac{\tau_g A_g}{A_g + A_f} \tag{8-20}$$

式中 τ_w——明框玻璃幕墙的可见光透射率；

A_g——玻璃面板的面积，m^2；

τ_g——玻璃面板的可见光透射率；

A_f——明框的面积，m^2。

2. 全隐框玻璃幕墙

全隐框玻璃幕墙的边框是由玻璃、结构胶和铝型材组成，尽管玻璃位于幕墙表面，由于铝型材不透光，因此全隐框玻璃幕墙边框部分的可见光透射率为零，即

$$\tau_w = \frac{\tau_g A_g}{A_g + A_f} \tag{8-21}$$

式中 τ_w——全隐框玻璃幕墙的可见光透射率；

A_g——玻璃面板的面积，m^2；

τ_g——玻璃面板的可见光透射率；

A_f——隐框的面积，m^2。

3. 半隐框玻璃幕墙

半隐框玻璃幕墙介于明框玻璃幕墙和隐框玻璃幕墙之间，其可见光透射率为

$$\tau_w = \frac{\tau_g A_g}{A_g + A_f} \tag{8-22}$$

式中 τ_w——半隐框玻璃幕墙的可见光透射率；

A_g——玻璃面板的面积，m^2；

τ_g——玻璃面板的可见光透射率；

A_f——隐框的面积和明框的面积之和，m^2。

4. 全玻玻璃幕墙

全玻玻璃幕墙是由玻璃和结构密封胶组成，由于结构密封胶的可见光透过率非常高，而位于结构密封胶后面的是玻璃肋，并且在一个幕墙单元板块中，玻璃板的面积远大于结构密封胶缝的面积，所以全玻玻璃幕墙可见光透过率与玻璃板的相同，即

$$\tau_w = \tau_g \tag{8-23}$$

式中　τ_w——全玻玻璃幕墙的可见光透射率；

τ_g——玻璃的可见光透射率。

5. 点支式玻璃幕墙

点支式玻璃幕墙是由玻璃、密封胶和金属爪件组成，由于密封胶的可见光透过率非常小，并且在一个幕墙单元板块中，玻璃板的面积远大于密封胶缝的面积，所以密封胶缝的可见光透过可不考虑。但是金属爪件的可见光透过应当考虑，因此点支式玻璃幕墙的可见光透射率为

$$\tau_w = \frac{\tau_g A_g}{A_g + A_z} \tag{8-24}$$

式中　τ_w——点支式玻璃幕墙的可见光透射率；

A_g——玻璃面板的面积，m^2；

τ_w——玻璃面板的可见光透射率；

A_z——爪件的面积，m^2。

由于 $A_g \gg A_z$，所以式(8-24) 简化为

$$\begin{aligned}\tau_w &= \frac{\tau_g A_g}{A_g + A_z} \\ &= \tau_g A_g \times \frac{A_g - A_z}{(A_g + A_z) \times (A_g - A_z)} \\ &= \tau_g A_g \times \frac{A_g - A_z}{A_g^2 - A_z^2} \\ &\approx \tau_g A_g \times \frac{A_g - A_z}{A_g^2} \\ &= \tau_g \times \left(1 - \frac{A_z}{A_g}\right)\end{aligned} \tag{8-25}$$

（四）气密性

建筑幕墙的气密性用单位缝长的空气渗透量来表征，通常由试验测量，很难通过计算得到。它是面板与面板之间、面板与支承体系之间的界面行为，与面板本身无关，与幕墙的支承体系关系不大，与幕墙的类型关系不密切。建筑幕墙的气密性主要与安装材料有关，如采用密封胶安装，即湿法安装，则幕墙的气密性一般较好；如采用密封条安装，即干法安装，则幕墙的气密性一般较差。

四、非透明幕墙

非透明幕墙主要是指金属幕墙、石材幕墙和后面附有保温材料的玻璃幕墙，其中金属幕墙包括铝单板幕墙和铝塑复合板幕墙，石材幕墙包括天然石材幕墙和人造石材幕墙。非透明玻璃幕墙一般位于楼板位置或窗槛墙位置。金属幕墙和石材幕墙的共同特点是透过面板材料的背面连接部件与幕墙支承体系连接，面板与面板之间可以采用密封胶密封，也可以不密

封。因此，金属幕墙和石材幕墙分为封闭式和开放式两种。将幕墙面板与面板之间的缝隙采用密封胶密封的称为封闭式，不封闭的称为开放式。显然，开放式非透明幕墙作为建筑围护结构的一层对热工没有贡献，而封闭式非透明幕墙对热工有贡献，两者的计算方法不同。非透明幕墙采用传热系数，其定义与透明幕墙类似，这里不再赘述。

第二节　玻璃门窗热工性能计算方法

一、幕墙玻璃传热系数计算方法

U 值是幕墙玻璃传热系数，表示单位温差和单位时间内，通过单位面积的热量。U 值的单位是 W/(m^2·K)。

（一）基本公式

1. 一般原理

此方法是以下列公式为计算基础的：

$$\frac{1}{U}=\frac{1}{h_e}+\frac{1}{h_t}+\frac{1}{h_i} \tag{8-26}$$

式中　h_e——玻璃外表面换热系数；

h_i——玻璃内表面换热系数；

h_t——多层玻璃系统导热系数。

多层玻璃系统导热系数按下式计算：

$$\frac{1}{h_t}=\sum_{s=1}^{N}\frac{1}{h_s}+\sum_{m=1}^{M}d_m r_m \tag{8-27}$$

式中　h_s——气体空隙的热导率；

N——空气层的数量；

M——材料层的数量；

d_m——每一个材料层的厚度；

r_m——每一层材料的热阻。

气体空隙的热导率按下式计算：

$$h_s=h_r+h_g \tag{8-28}$$

式中　h_r——辐射导热系数；

h_g——气体的导热系数（包括传导和对流）。

2. 辐射导热系数 h_r

辐射导热系数由下式给出：

$$h_r=4\sigma\left(\frac{1}{\varepsilon_1}+\frac{1}{\varepsilon_2}-1\right)^{-1}\times T_m^3 \tag{8-29}$$

式中　σ——斯蒂芬-玻耳兹曼常数；

ε_1、ε_2——间隙层中玻璃界面在气体中平均热力学温度 T_m 下的校正发射率。

3. 气体导热系数 h_g

气体导热系数由下式给出：

$$h_g=Nu\frac{\lambda}{s} \tag{8-30}$$

式中　s——气体层的厚度，m；

λ——气体热导率，W/(m·K)；

Nu——努塞尔准数，由下式给出：

$$Nu=A(GrPr)^n \tag{8-31}$$

式中　A——一个常数；

Gr——格拉斯霍夫准数；

Pr——普朗特准数；

n——幂指数。

如果 $Nu<1$，则将 Nu 取为 1。

格拉斯霍夫准数由下式计算：

$$Gr=\frac{9.8s^3\Delta T^2\rho}{T_m\mu^2} \tag{8-32}$$

普朗特准数按下式计算：

$$Pr=\frac{\mu c}{\lambda} \tag{8-33}$$

式中　ΔT——玻璃两侧的温差，K；

ρ——气体密度，kg/m^3；

μ——气体的动态黏度，kg/(m·s)；

c——气体的比热容，J/(kg·K)；

T_m——玻璃平均温度，K。

对于垂直空间，$A=0.035$，$n=0.38$；水平情况，$A=0.16$，$n=0.28$；倾斜 45°，$A=0.10$，$n=0.31$。

（二）基本材料特性

1. 发射率

在计算辐射导热系数 h_r 时，必须用到作为密闭空间界面的表面校正发射率 ε。对于普通玻璃表面，校正发射率值选用 0.837。对镀膜玻璃表面，常规发射率 ε_n 由红外光谱仪测定，校正发射率由表 8-1 获得。

2. 气体特性

需要用到下列气体特性：①导热系数 λ[W/(m·K)]；②密度 ρ(kg/m^3)；③动态黏度 μ[kg/(m·s)]；④比热容 c[J/(kg·K)]。

对于混合气体，气体特性与各种气体的体积分数成正比。如果使用的混合气体中，气体 1 所占体积分数为 R_1，气体 2 所占体积分数为 R_2……

那么：

$$F=F_1R_1+F_2R_2+\cdots \tag{8-34}$$

这里的 F 代表相关的特性，如导热系数、密度、动态黏度或比热容。

（三）外表面和内表面换热系数

1. 外表面传热系数

外表面传热系数 h_e 是玻璃表面附近风速的函数，可用下式近似表达：

$$h_e=10.0+4.1V \tag{8-35}$$

式中　V——风速，m/s。

在比较 U 值时，可选用 h_e 等于 23W/(m^2·K)。

如果选用其他的 h_e 值以满足特殊的实验条件，则必须在检测报告中予以说明。

2. 内表面传热系数

内表面传热系数 h_i 可用下式表达：

$$h_i=h_r+h_c \tag{8-36}$$

式中　h_r——辐射传热系数；

h_c——对流传热系数。

普通玻璃表面的辐射传热系数是 4.4W/(m^2·K)。如果内表面校正发射率比较低，则辐射传热系数由下式给出：

$$h_r=\frac{4.4\varepsilon}{0.837} \tag{8-37}$$

这里 ε 是镀膜表面的校正发射率（0.837 是清洁的、未镀膜玻璃的校正发射率）。

对于自由对流而言，h_c 的值是 3.6W/(m^2·K)。

对于通常情况下的普通垂直玻璃表面和自由对流

$$h_i=4.4+3.6=8.0\text{W/(m}^2\cdot\text{K)} \tag{8-38}$$

用来比较幕墙玻璃 U 值时，这个值是标准的。

如果选用其他的 h_c 值以满足特殊的实验条件，则必须在检测报告中予以说明。

（四）标准态取值

基本的参考值如下：玻璃的热阻率 $r=1\text{m}\cdot\text{K/W}$；普通玻璃表面的校正发射率 $\varepsilon=0.837$；玻璃内外表面温差 $\Delta T=15\text{K}$；玻璃平均温度 $T_m=283\text{K}$；斯蒂芬-玻耳兹曼常数 $\sigma=5.67\times10^{-8}\text{W/(m}^2\cdot\text{K)}$；外表面传热系数 $h_e=23\text{W/(m}^2\cdot\text{K)}$；内表面传热系数 $h_i=8\text{W/(m}^2\cdot\text{K)}$；$U$ 值应按 W/(m^2·K) 表示，精确到小数点后一位即可。

（五）发射率和气体特性的确定

1. 标准发射率 ε_n 的确定

镀膜玻璃表面的标准发射率 ε_n 是在接近垂直入射状况下，利用红外光谱仪测出其谱线的反射曲线，按照下列步骤计算出来。

按照表 8-1 给出的 30 个波长值，测定相应的反射系数 $R_n(\lambda_i)$ 曲线，取其数学平均值，得到 283K 温度下的常规反射系数。

表 8-1　用于测定 283K 下标准反射率 R_n 的波长　　单位：μm

序号	波长	序号	波长
1	5.5	16	14.8
2	6.7	17	15.6
3	7.4	18	16.3
4	8.1	19	17.2
5	8.6	20	18.1
6	9.2	21	19.2
7	9.7	22	20.3
8	10.2	23	21.7
9	10.7	24	23.3
10	11.3	25	25.2
11	11.8	26	27.7
12	12.4	27	30.9
13	12.9	28	35.7
14	13.5	29	43.9
15	14.2	30	50.0①

① 选择 50μm 是因为这是普通商品化红外光谱仪的极限波长，这样的近似值给计算精度带来的影响几乎是可以忽略不计的。

注：如果 25μm 以上波长的反射谱数据无法得到，可以用更高的波长点代替。只有反射率响应曲线达到一理想稳定状态时，这样做才有效。采用这种做法时应在检测报告中注明。这些数据在本标准颁布后 5 年之内有效。

$$R_n = \frac{1}{30}\sum_{i=1}^{30} R_n(\lambda_i) \tag{8-39}$$

283K 的常规发射率由下式给出：

$$\varepsilon_n = 1 - R_n \tag{8-40}$$

2. 校正发射率的确定

用表 8-2 给出的系数乘以常规发射率 ε_n 即得出校正发射率 ε。

表 8-2　校正发射率与标准发射率之间的关系 ε_n

标准发射率 ε_n	系数 $\varepsilon/\varepsilon_n$	标准发射率 ε_n	系数 $\varepsilon/\varepsilon_n$
0.03	1.22	0.5	1.00
0.05	1.18	0.6	0.98
0.1	1.14	0.7	0.96
0.2	1.10	0.8	0.95
0.3	1.06	0.89	0.94
0.4	1.03		

注：其他值可以通过线性插值或外推获得。

3. 气体特性

中空多层玻璃的有关气体参数列于表 8-3。

表 8-3　气体参数

气体	温度 θ/℃	密度 ρ /(kg/m³)	动态黏度 μ /[×10⁻⁵kg/(m·s)]	导热系数 λ /[×10⁻²W/(m·K)]	比热容 c /[×10³J/(kg·K)]
空气	−10	1.326	1.661	2.336	1.008
	0	1.277	1.711	2.416	
	+10	1.232	1.761	2.496	
	+20	1.189	1.811	2.576	
氩气	−10	1.829	2.038	1.584	0.519
	0	1.762	2.101	1.634	
	+10	1.699	2.164	1.684	
	+20	1.640	2.228	1.734	
氟化硫	−10	6.844	1.383	1.119	0.614
	0	6.602	1.421	1.197	
	+10	6.360	1.459	1.275	
	+20	6.118	1.497	1.354	
氪气	−10	3.832	2.260	0.842	0.245
	0	3.690	2.330	0.870	
	+10	3.560	2.400	0.900	
	+20	3.430	2.470	0.926	

（六）计算示例

【例 8-1】 试求 12mm+12mm 空气+12mm 中空玻璃传热系数。

【解】 （1）有关参数　玻璃热阻 $r_1 = 1\text{m}\cdot\text{K/W}$；普通玻璃表面的校正辐射率 $\varepsilon_1 = 0.837$；外侧玻璃表面温差 $\Delta T = 15\text{K}$；玻璃的平均温度 $T_m = 283\text{K}$；Stefan-Boltzmann 常数 $\sigma = 5.67\times10^{-8}\text{W}/(\text{m}^2\cdot\text{K}^4)$；室外玻璃表面传热系数 $h_e = 23\text{W}/(\text{m}^2\cdot\text{K})$；室内玻璃表面传热系数 $h_i = 8\text{W}/(\text{m}^2\cdot\text{K})$；中空玻璃的气层厚度 $s = 0.012\text{m}$。

(2) 空气性能参数 ($T=283\text{K}$) 密度 $\rho=1.232\text{kg/m}^3$；动态黏度 $\mu=1.761\times10^{-5}\text{kg/(m}\cdot\text{s)}$；导热系数 $\lambda=2.496\times10^{-2}\text{W/(m}\cdot\text{K)}$；比热容 $c=1.008\times10^3\text{J/(kg}\cdot\text{K)}$。

(3) 计算过程

Prandtl 数

$$Pr=\frac{\mu c}{\lambda}=0.711$$

Grashof 数

$$Gr=\frac{9.81s^3\Delta T\rho^2}{T_\text{m}\mu^2}=4398$$

Nusselt 数

$$Nu=0.035(GrPr)^{0.38}=0.745\text{，取 }Nu=1$$

中空玻璃中气体传热系数

$$h_\text{g}=Nu\frac{\lambda}{s}=2.08\text{W/(m}^2\cdot\text{K)}$$

中空玻璃中气体辐射传热系数

$$h_\text{T}=4\sigma\left(\frac{1}{\varepsilon_1}+\frac{1}{\varepsilon_2}-1\right)^{-1}\times T_\text{m}^3=3.7\text{W/(m}^2\cdot\text{K)}$$

中空玻璃中气体的总传热系数

$$h_\text{s}=h_\text{g}+h_\text{T}=5.78\text{W/(m}^2\cdot\text{K)}$$

$$\frac{1}{h_\text{t}}=\frac{1}{h_\text{s}}+0.024\text{m}^2\cdot\text{K/W}=0.197\text{m}^2\cdot\text{K/W}$$

$$\frac{1}{U}=\frac{1}{h_\text{e}}+\frac{1}{h_\text{i}}+\frac{1}{h_\text{t}}=0.365\text{m}^2\cdot\text{K/W}$$

(4) 计算结果 中空玻璃幕墙的传热系数 U 值为 $2.7\text{W/(m}^2\cdot\text{K)}$。

【例 8-2】 试求 12mm+12mm 氩气+12mm Low-E 中空玻璃传热系数。

【解】 (1) 有关参数 玻璃热阻 $r_1=1\text{m}\cdot\text{K/W}$；普通玻璃表面的校正辐射率 $\varepsilon_1=0.837$；Low-E 玻璃表面的校正辐射率 $\varepsilon_2=0.1$；外侧玻璃表面温差 $\Delta T=15\text{K}$；玻璃的平均温度 $T_\text{m}=283\text{K}$；Stefan-Boltzmann 常数 $\sigma=5.67\times10^{-8}\text{W/(m}^2\cdot\text{K}^4)$；室外玻璃表面传热系数 $h_\text{e}=23\text{W/(m}^2\cdot\text{K)}$；室内玻璃表面传热系数 $h_\text{i}=8\text{W/(m}^2\cdot\text{K)}$；Low-E 中空玻璃的气层厚度 $s=0.012\text{m}$。

(2) 氩气性能参数 ($T=283\text{K}$) 密度 $\rho=1.699\text{kg/m}^3$；动态黏度 $\mu=2.164\times10^{-5}\text{kg/(m}\cdot\text{s)}$；导热系数 $\lambda=1.684\times10^{-2}\text{W/(m}\cdot\text{K)}$；比热容 $c=0.519\times10^3\text{J/(kg}\cdot\text{K)}$。

(3) 计算过程

Prandtl 数

$$Pr=\frac{\mu c}{\lambda}=0.6669$$

Grashof 数

$$Gr=\frac{9.81s^3\Delta T\rho^2}{T_\text{m}\mu^2}=5538$$

Nusselt 数

$$Nu=0.035(GrPr)^{0.38}=0.794\text{，取 }Nu=1$$

Low-E 中空玻璃中气体传热系数

$$h_\text{g}=Nu\frac{\lambda}{s}=1.40\text{W/(m}^2\cdot\text{K)}$$

Low-E 中空玻璃中气体辐射传热系数

$$h_T=4\sigma\left(\frac{1}{\varepsilon_1}+\frac{1}{\varepsilon_2}-1\right)^{-1}\times T_m^3=0.504\text{W}/(\text{m}^2\cdot\text{K})$$

Low-E 中空玻璃中气体的总传热系数

$$h_s=h_g+h_T=1.904\text{W}/(\text{m}^2\cdot\text{K})$$

$$\frac{1}{h_t}=\frac{1}{h_s}+0.024\text{m}^2\cdot\text{K/W}=0.549\text{m}^2\cdot\text{K/W}$$

$$\frac{1}{U}=\frac{1}{h_e}+\frac{1}{h_i}+\frac{1}{h_t}=0.717\text{m}^2\cdot\text{K/W}$$

(4) 计算结果 Low-E 中空玻璃的传热系数 U 值为 1.4W/(m^2·K)。

【例 8-3】 试求 10mm＋12mm 空气＋8mm Low-E 中空玻璃 45°倾斜放置传热系数。

【解】 (1) 有关参数 玻璃热阻 $r_1=1$m·K/W；普通玻璃表面的校正辐射率 $\varepsilon_1=0.837$；Low-E 玻璃表面的校正辐射率 $\varepsilon_2=0.1$；外侧玻璃表面温差 $\Delta T=15$K；玻璃的平均温度 $T_m=283$K；Stefan-Boltzmann 常数 $\sigma=5.67\times10^{-8}$W/(m^2·K^4)；室外玻璃表面传热系数 $h_e=23$W/(m^2·K)；室内玻璃表面传热系数 $h_i=8$W/(m^2·K)；中空玻璃的气层厚度 $s=0.012$m。

(2) 空气性能参数（$T=283$K） 密度 $\rho=1.232$kg/m^3；动态黏度 $\mu=1.761\times10^{-5}$kg/(m·s)；导热系数 $\lambda=2.496\times10^{-2}$W/(m·K)；比热容 $c=1.008\times10^3$J/(kg·K)。

(3) 计算过程

Prandtl 数

$$Pr=\frac{\mu c}{\lambda}=0.711$$

Grashof 数

$$Gr=\frac{9.81s^2\Delta T\rho^2}{T_m\mu^2}=4398$$

Nusselt 数

$$Nu=0.10(GrPr)^{0.31}=1.212$$

中空玻璃中气体传热系数

$$h_g=Nu\frac{\lambda}{s}=2.520\text{W}/(\text{m}^2\cdot\text{K})$$

中空玻璃中气体辐射传热系数

$$h_T=4\sigma\left(\frac{1}{\varepsilon_1}+\frac{1}{\varepsilon_2}-1\right)^{-1}\times T_m^3=0.504\text{W}/(\text{m}^2\cdot\text{K})$$

中空玻璃中气体的总传热系数

$$h_s=h_g+h_T=3.024\text{W}/(\text{m}^2\cdot\text{K})$$

$$\frac{1}{h_t}=\frac{1}{h_s}+0.018\text{m}^2\cdot\text{K/W}=0.349\text{m}^2\cdot\text{K/W}$$

$$\frac{1}{U}=\frac{1}{h_e}+\frac{1}{h_i}+\frac{1}{h_t}=0.517\text{m}^2\cdot\text{K/W}$$

(4) 计算结果 中空玻璃的传热系数 U 值为 1.9W/(m^2·K)。

【例 8-4】 试求 10mm＋12mm 空气＋8mm Low-E 中空玻璃水平放置传热系数。

【解】 (1) 有关参数 玻璃热阻 $r_1=1$m·K/W；普通玻璃表面的校正辐射率 $\varepsilon_1=0.837$；Low-E 玻璃表面的校正辐射率 $\varepsilon_2=0.1$；外侧玻璃表面温差 $\Delta T=15$K；玻璃的平均温度 $T_m=283$K；Stefan-Boltzmann 常数 $\sigma=5.67\times10^{-8}$W/（m^2·K^4）；室外玻璃表面传热系数 $h_e=23$W/(m^2·K)；室内玻璃表面传热系数 $h_i=8$W/(m^2·K)；中空玻璃的气层厚度 $s=0.012$m。

（2）空气性能参数（T＝283K） 密度 $\rho=1.232\text{kg/m}^3$；动态黏度 $\mu=1.761\times10^{-5}\text{kg/(m}\cdot\text{s)}$；导热系数 $\lambda=2.496\times10^{-2}\text{W/(m}\cdot\text{K)}$；比热容 $c=1.008\times10^3\text{J/(kg}\cdot\text{K)}$。

（3）计算过程

Prandtl 数

$$Pr=\frac{\mu c}{\lambda}=0.711$$

Grashof 数

$$Gr=\frac{9.81s^3\Delta T\rho^2}{T_m\mu^2}=4398$$

Nusselt 数

$$Nu=0.16(GrPr)^{0.28}=1.523$$

中空玻璃中气体传热系数

$$h_g=Nu\frac{\lambda}{s}=3.168\text{W/(m}^2\cdot\text{K)}$$

中空玻璃中气体辐射传热系数

$$h_T=4\sigma\left(\frac{1}{\varepsilon_1}+\frac{1}{\varepsilon_2}-1\right)^{-1}\times T_m^3=0.504\text{W/(m}^2\cdot\text{K)}$$

中空玻璃中气体的总传热系数

$$h_s=h_g+h_T=3.672\text{W/(m}^2\cdot\text{K)}$$

$$\frac{1}{h_t}=\frac{1}{h_s}+0.018\text{m}^2\cdot\text{K/W}=0.290\text{m}^2\cdot\text{K/W}$$

$$\frac{1}{U}=\frac{1}{h_e}+\frac{1}{h_i}+\frac{1}{h_t}=0.458\text{m}^2\cdot\text{K/W}$$

（4）计算结果 中空玻璃的传热系数 U 值为 $2.2\text{W/(m}^2\cdot\text{K)}$。

【例 8-5】 求 8mm 厚钢化玻璃幕墙的传热系数。

【解】

$$\frac{1}{h_t}=0.008\text{m}^2\cdot\text{K/W}$$

$$\frac{1}{U}=\frac{1}{h_e}+\frac{1}{h_t}+\frac{1}{h_i}=\frac{1}{23}+0.008+\frac{1}{8}=0.176\text{m}^2\cdot\text{K/W}$$

$$U=5.7\text{W/(m}^2\cdot\text{K)}$$

8mm 厚钢化玻璃幕墙的传热系数为 $5.7\text{W/(m}^2\cdot\text{K)}$。

【例 8-6】 试求（8mm＋0.72PVB＋8mm）Low 夹层玻璃幕墙的传热系数。

【解】 Low-E 膜位于室内侧，$\varepsilon=0.1$，则室内表面传热系数为

$$h_i=3.6+4.4\varepsilon/0.837=4.1$$

$$\frac{1}{h_t}=0.018(\text{m}^2\cdot\text{K})/\text{W}$$

$$\frac{1}{U}=\frac{1}{h_e}+\frac{1}{h_t}+\frac{1}{h_i}=\frac{1}{23}+0.016+\frac{1}{4.1}=0.303\text{m}^2\cdot\text{K/W}$$

$$U=3.3\text{W/(m}^2\cdot\text{K)}$$

Low 夹层玻璃幕墙的传热系数为 $3.3\text{W/(m}^2\cdot\text{K)}$。

【例 8-7】 玻璃幕墙种类：19mm 单玻＋1000mm 空气＋(8mm＋12mm 空气＋8mm）中空玻璃。求此种玻璃幕墙的传热系数。

【解】（1）有关参数 玻璃热阻 $r_1=1\text{m}\cdot\text{K/W}$；普通玻璃表面的校正辐射率 $\varepsilon_1=0.837$；外侧玻璃表面温差 $\Delta T-15\text{K}$；玻璃的平均温度 $T_m=283\text{K}$；Stefan-Boltzmann 常数 $\sigma=5.67\times10^{-8}\text{W/(m}^2\cdot\text{K}^4)$；室外玻璃表面传热系数 $h_e=23\text{W/(m}^2\cdot\text{K)}$；室内玻璃表面

传热系数 $h_i=8W/(m^2 \cdot K)$；中空玻璃的气层厚度 $s=0.012m$。

(2) 空气性能参数（$T=283K$） 密度 $\rho=1.232kg/m^3$；动态黏度 $\mu=1.761\times10^{-5}kg/(m \cdot s)$；导热系数 $\lambda=2.496\times10^{-2}W/(m \cdot K)$；比热容 $c=1.008\times10^3J/(kg \cdot K)$。

(3) 计算过程

Prandtl 数

$$Pr=\frac{\mu c}{\lambda}=0.711$$

Grashof 数

$$Gr=\frac{9.81s^3\Delta T\rho^2}{T_m\mu^2}=4398$$

Nusselt 数

$$Nu=0.035(GrPr)^{0.38}=0.745\text{，取 }Nu=1$$

中空玻璃中气体传热系数

$$h_g=Nu\frac{\lambda}{s}=2.10W/(m^2 \cdot K)$$

中空玻璃中气体辐射传热系数

$$h_T=4\sigma\left(\frac{1}{\varepsilon_1}+\frac{1}{\varepsilon_2}-1\right)^{-1}\times T_m^3=3.7W/(m^2 \cdot K)$$

中空玻璃中气体的总传热系数

$$h_s=h_g+h_T=5.80W/(m^2 \cdot K)$$

$$\frac{1}{h_t}=\frac{1}{h_s}+0.016=0.188m^2 \cdot K/W$$

中空玻璃的热阻

$$r_1=\frac{2}{h_i}+\frac{1}{h_t}=0.438m^2 \cdot K/W$$

单片玻璃的热阻

$$r_2=\frac{1}{h_e}+\frac{1}{h_i}+0.019=0.187m^2 \cdot K/W$$

1000mm 空气层热阻

$$R_3=0.18m^2 \cdot K/W$$

通道幕墙总热阻

$$R=R_1+R_2+R_3=0.805(m^2 \cdot K)/W$$

通道幕墙传热系数

$$U=\frac{1}{R}=1.2W/(m^2 \cdot K)$$

(4) 计算结果 通道幕墙传热系数 U 值为 $1.2W/(m^2 \cdot K)$。

【例 8-8】 试求 10mm Low-E+12mm 空气+10mm Low-E 双 Low-E 中空玻璃幕墙的传热系数。

【解】 (1) 有关参数 玻璃热阻 $r_1=1m \cdot K/W$；普通玻璃表面的校正辐射率 $\varepsilon_1=0.837$；Low-E 玻璃表面的校正辐射率 $\varepsilon_2=0.1$；外侧玻璃表面温差 $\Delta T=15K$；玻璃的平均温度 $T_m=283K$；Stefan-Boltzmann 常数 $\sigma=5.67\times10^{-8}W/(m^2 \cdot K^4)$；室外玻璃表面传热系数 $h_e=23W(m^2 \cdot K)$；室内玻璃表面传热系数 $h_i=8W/(m^2 \cdot K)$；中空玻璃的气层厚度 $s=0.012m$。

(2) 空气性能参数（$T=283K$） 密度 $\rho=1.232kg/m^3$；动态黏度 $\mu=1.761\times10^{-5}kg/(m \cdot s)$；导热系数 $\lambda=2.496\times10^{-2}W/(m \cdot K)$；比热容 $c=1.008\times10^3J/(kg \cdot K)$。

(3) 计算过程

Prandtl 数

$$Pr=\frac{\mu c}{\lambda}=0.711$$

Grashof 数

$$Gr=\frac{9.81s^3\Delta T\rho^2}{T_{\mathrm{m}}\mu^2}=4398$$

Nusselt 数

$$Nu=0.035(GrPr)^{0.38}=0.745，取 Nu=1$$

中空玻璃中气体传热系数

$$h_{\mathrm{g}}=Nu\frac{\lambda}{s}=2.08\mathrm{W/(m^2\cdot K)}$$

中空玻璃中气体辐射传热系数

$$h_{\mathrm{T}}=4\sigma\left(\frac{1}{\varepsilon_1}+\frac{1}{\varepsilon_2}-1\right)^{-1}\times T_{\mathrm{m}}^3=0.271\mathrm{W/(m^2\cdot K)}$$

中空玻璃中气体的总传热系数

$$h_{\mathrm{s}}=h_{\mathrm{g}}+h_{\mathrm{T}}=2.351\mathrm{W/(m^2\cdot K)}$$

$$\frac{1}{h_{\mathrm{t}}}=\frac{1}{h_{\mathrm{s}}}+0.018=0.445\mathrm{m^2\cdot K/W}$$

$$\frac{1}{U}=\frac{1}{h_{\mathrm{e}}}+\frac{1}{h_{\mathrm{i}}}+\frac{1}{h_{\mathrm{t}}}+0.613\mathrm{m^2\cdot K/W}$$

(4) 计算结果　中空玻璃的传热系数U值为1.6W/(m^2·K)。由计算结果可见，双 Low-E 中空玻璃与单层 Low-E 中空玻璃的传热系数差别不大，以使用单层 Low-E 中空玻璃为宜。

二、幕墙玻璃遮阳系数测量计算方法

按《建筑玻璃　可见光透射比、太阳光直接透射比、太阳能总透射比、紫外线透射比及有关窗玻璃参数的测定》(GB/T 2680)，实验测得玻璃的太阳直接透射比 τ_{e} 和太阳直接吸收比 α_{e}，则太阳能的总透射比为

$$g=\tau_{\mathrm{e}}+q_{\mathrm{i}} \tag{8-41}$$

式中　q_{i}——玻璃向室内侧的二次热传递系数。

对于单片玻璃

$$q_{\mathrm{i}}=\alpha_{\mathrm{e}}\times\frac{h_{\mathrm{i}}}{h_{\mathrm{i}}+h_{\mathrm{e}}} \tag{8-42}$$

式中　h_{i}、h_{e}——分别是玻璃室内表面和室外表面的传热系数。

对于双层玻璃

$$q_{\mathrm{i}}=\frac{\dfrac{\alpha_{\mathrm{e1}}+\alpha_{\mathrm{e2}}}{h_{\mathrm{e}}}+\dfrac{\alpha_{\mathrm{e2}}}{G}}{\dfrac{1}{h_{\mathrm{i}}}+\dfrac{1}{h_{\mathrm{e}}}+\dfrac{1}{G}} \tag{8-43}$$

式中　α_{e1}、α_{e2}——分别是室外侧玻璃和室内侧玻璃的太阳直接吸收比；

G——两片玻璃间的热导。

对于三层玻璃

$$q_{\mathrm{i}}=\frac{\dfrac{\alpha_{\mathrm{e3}}}{G_{23}}+\dfrac{\alpha_{\mathrm{e3}}+\alpha_{\mathrm{e2}}}{G_{12}}+\dfrac{\alpha_{\mathrm{e1}}+\alpha_{\mathrm{e2}}+\alpha_{\mathrm{e3}}}{h_{\mathrm{e}}}}{\dfrac{1}{h_{\mathrm{i}}}+\dfrac{1}{h_{\mathrm{e}}}+\dfrac{1}{G_{12}}+\dfrac{1}{G_{23}}} \tag{8-44}$$

式中　G_{12}、G_{23}——分别是一、二片玻璃和二、三片玻璃之间的热导。

玻璃的遮阳系数为

$$S_c = \frac{g}{\tau_s} \tag{8-45}$$

式中　S_c——玻璃的遮阳系数；

g——玻璃太阳能总透射比；

τ_s——3mm 厚普通透明平板玻璃的太阳能总透射比，其理论值取 0.889。

三、门窗传热系数计算方法

（一）门窗有关参数定义

1. 门窗玻璃板面积

门窗一般是由框架和玻璃板组成，门窗玻璃板面积定义为门窗两侧可视面积中较小的面积，用 A_g 表示，安装于框架内部的面积不计其内，见图 8-3。

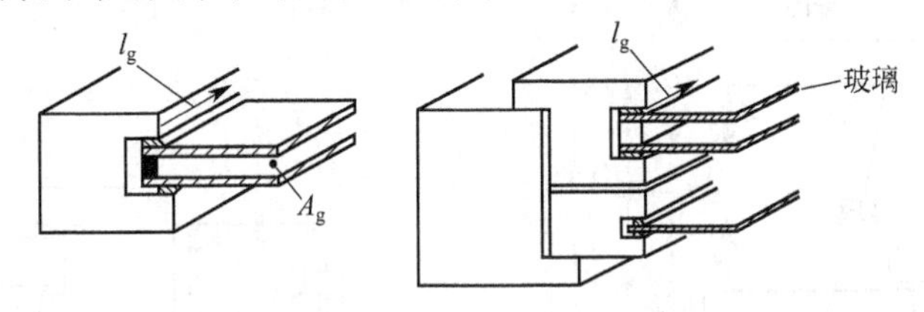

图 8-3　玻璃板面积和周长

2. 玻璃板可视周长

玻璃板可视周长定义为板两侧较长的周长，用 l_g 表示，见图 8-3。

3. 框架面积

框架分为框架内侧投影面积（用 $A_{f,i}$ 表示）、外侧投影面积（用 $A_{f,e}$ 表示）、内侧表面面积（用 $A_{d,i}$ 表示）和外侧表面面积（用 $A_{d,e}$ 表示），框架面积 A_f 定义为两投影面积中较大的面积，见图 8-4。

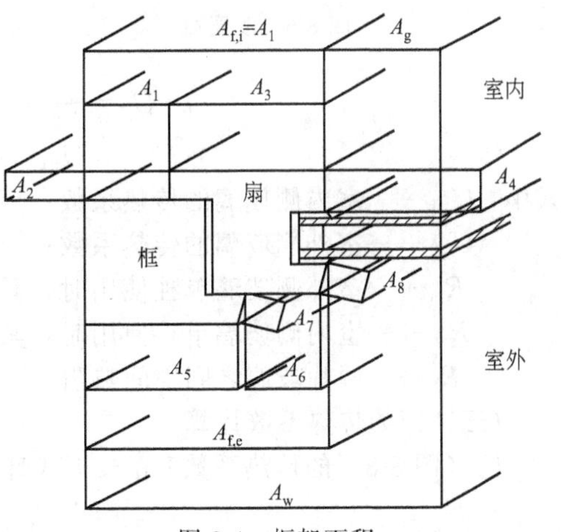

图 8-4　框架面积

$A_{d,i}=A_1+A_2+A_3+A_4$；$A_{d,e}=A_5+A_6+A_7+A_8$

4. 窗面积

窗面积 A_w 定义为框架面积和玻璃板面积之和，即 $A_w=A_f+A_g$。

（二）窗的传热系数计算

1. 单层窗的传热系数计算

单层窗（图 8-5）的传热系数 U_w 按下式计算：

$$U_w = \frac{A_g U_g + A_f U_f + l_g \Psi_g}{A_g + A_f} \tag{8-46}$$

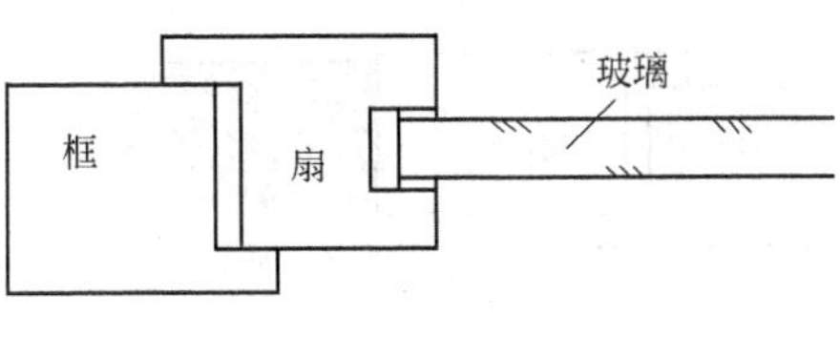

图 8-5　单层窗

式中　U_g——玻璃板的传热系数；

U_f——框架的传热系数；

Ψ_g——玻璃板和框架通过衬垫材料的线传热系数，对于单片玻璃，$\Psi_g=0$。

2. 双层窗的传热系数计算

双层窗（图 8-6）的传热系数 U_w 按下式计算：

$$U_w=\frac{1}{\frac{1}{U_{w1}}-R_{si}+R_s-R_{se}+\frac{1}{U_{w2}}} \tag{8-47}$$

式中 U_{w1}——室内侧窗的传热系数，按式(8-45) 计算；

U_{w2}——室外侧窗的传热系数，按式(8-45) 计算；

R_{si}——室外侧窗单独使用时，其内表面热阻；

R_{se}——室内侧窗单独使用时，其外表面热阻；

R_s——两窗玻璃之间空间热阻。

3. 单框双玻窗的传热系数计算

单框双玻窗（图 8-7）的传热系数按式(8-48) 计算：

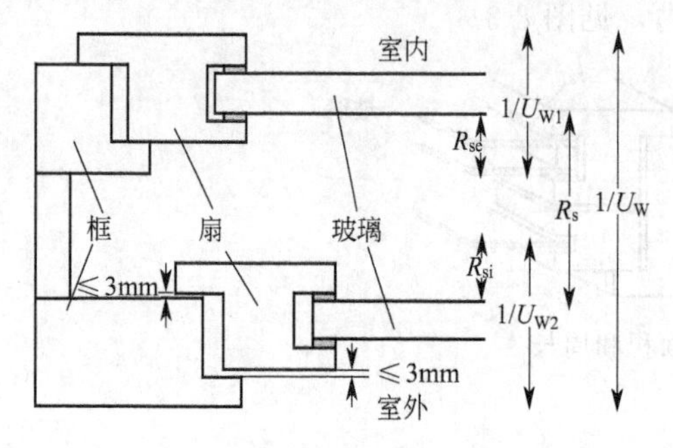

图 8-6　双层窗

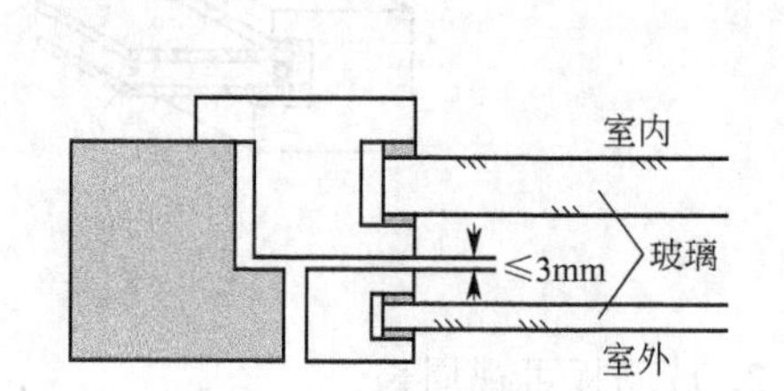

图 8-7　单框双玻窗

$$U_g=\frac{1}{\frac{1}{U_{g1}}-R_{si}+R_s-R_{se}+\frac{1}{U_{g2}}} \tag{8-48}$$

式中 U_{g1}——室内侧玻璃的传热系数；

U_{g2}——室外侧玻璃的传热系数；

R_{si}——室外侧玻璃单独使用时，其内表面热阻；

R_{se}——室内侧玻璃单独使用时，其外表面热阻；

R_s——两片玻璃之间空间热阻。

（三）门的传热系数计算

门（图 8-8）的传热系数 U_D 按下式计算：

$$U_D=\frac{A_gU_g+A_fU_f+l_g\Psi_g}{A_g+A_f} \tag{8-49}$$

式中 U_g——玻璃板的传热系数；

U_f——框架的传热系数；

Ψ_g——玻璃板和框架通过衬垫材料的线传热系数，对于单片玻璃，$\Psi_g=0$。

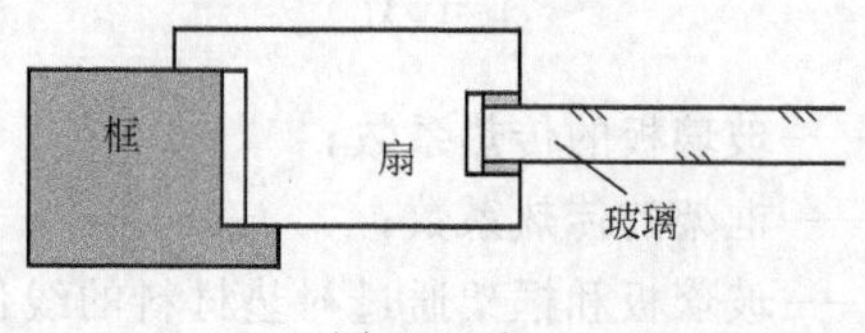

图 8-8　门

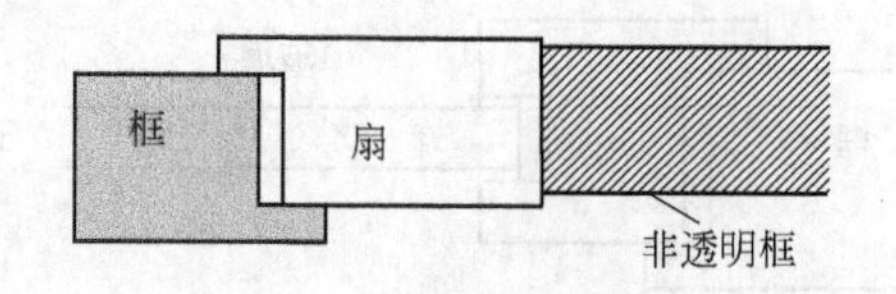

图 8-9　带有不透明板的门

如果门除由玻璃和框架组成外，还有不透明板（图 8-9），则门的传热系数 U_D 按下式计算：

$$U_D=\frac{A_gU_g+A_fU_f+l_g\Psi_g+A_pU_p+l_p\Psi_p}{A_g+A_f+A_p} \tag{8-50}$$

式中　A_p——不透明板的面积；

l_p——不透明板的周长；

U_p——不透明板的传热系数；

Ψ_p——不透明板和框架通过衬垫材料的线传热系数。

（四）有关参数的计算与取值

1. 玻璃的导热系数

玻璃的导热系数 $\lambda=1.0$W/(m·K)。

2. 玻璃的内外表面热阻

对于普通非镀膜玻璃，玻璃的内表面热阻 $r_{si}=0.13\text{m}^2\cdot\text{K/W}$，玻璃的外表面热阻 $r_{se}=0.04\text{m}^2\cdot\text{K/W}$。对于镀 Low-E 膜的玻璃，其表面热阻应按《建筑玻璃应用技术规程》（JGJ 113）计算。

3. 玻璃板的传热系数

玻璃板的传热系数应按《建筑玻璃应用技术规程》（JGJ 113）进行计算。单片玻璃的传热系数计算公式如下：

$$U_g=\frac{1}{r_{se}+\sum_j\frac{d_j}{\lambda_j}+r_{si}} \tag{8-51}$$

式中　r_{se}——玻璃外表面热阻；

r_{si}——玻璃内表面热阻；

λ_j——玻璃或其他材料层如 PVB 胶片的导热系数；

d_j——玻璃或其他材料层如 PVB 胶片的厚度。

中空玻璃的传热系数计算公式如下：

$$U_g=\frac{1}{r_{se}+\sum_j\frac{d_j}{\lambda_j}+\sum_j r_{s,j}+r_{si}} \tag{8-52}$$

式中　r_{se}——玻璃外表面热阻；

r_{si}——玻璃内表面热阻；

λ_j——玻璃或其他材料层如 PVB 胶片的导热系数；

d_j——玻璃或其他材料层如 PVB 胶片的厚度；

$r_{s,j}$——空气层热阻，按《建筑玻璃应用技术规程》（JGJ 113）进行计算。

（五）框架的传热系数

框架的传热系数 U_f 可按照 ISO 10077-2 采用有限元法或有限差分法计算，也可采用热箱法测量。下列图表是大量测量和计算的结果，可参照采用。

1. 塑钢框架

PVC 材质的导热系数较低，为 0.16W/(m·K)，仅为铝材的 1/1250，钢材的 1/360。PVC 塑钢门窗用塑料型材的结构为中空多腔室，内部被分隔成若干个充满空气的密闭小腔室，使传热系数相应降低。带有增强钢衬 PVC 塑钢框架的传热系数见表 8-4。

表 8-4　PVC 塑钢框架的传热系数 U_f

塑料型材类型	传热系数 U_f /[W/(m²·K)]	塑料型材类型	传热系数 U_f /[W/(m²·K)]
双空腔室 外部　内部	2.2	三空腔室 外部　内部	2.0

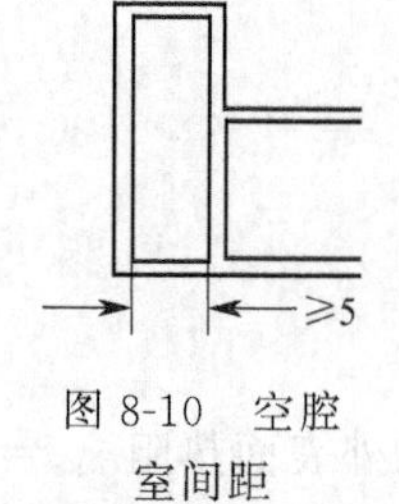

图 8-10　空腔室间距

空腔室的内表面之间的距离不得小于 5mm，见图 8-10。

2. 木框架

木框架按密度分为硬木和软木两种，硬木的密度为 700kg/m³，其导热系数 λ 为 0.18W/(m·K)；软木的密度为 500kg/m³，其导热系数 λ 为 0.13W/(m·K)。木材的含水量为 12%。木框架的厚度 d_f 定义见图 8-11。木框架的传热系数按其厚度由图 8-12 得到。

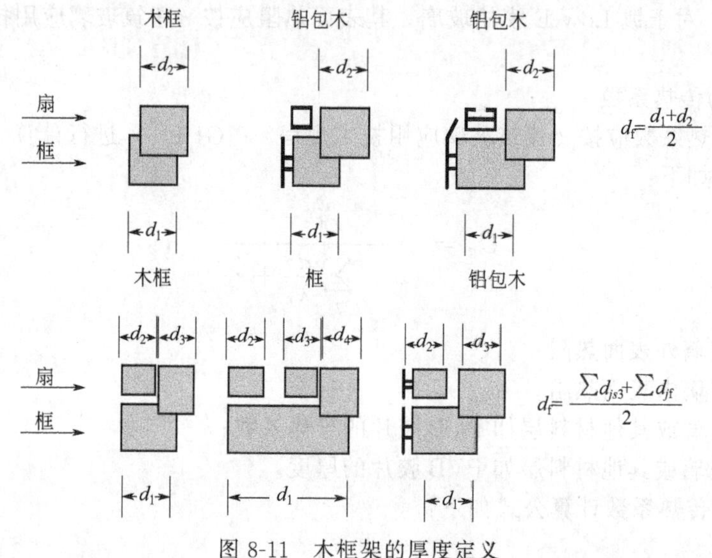

图 8-11　木框架的厚度定义

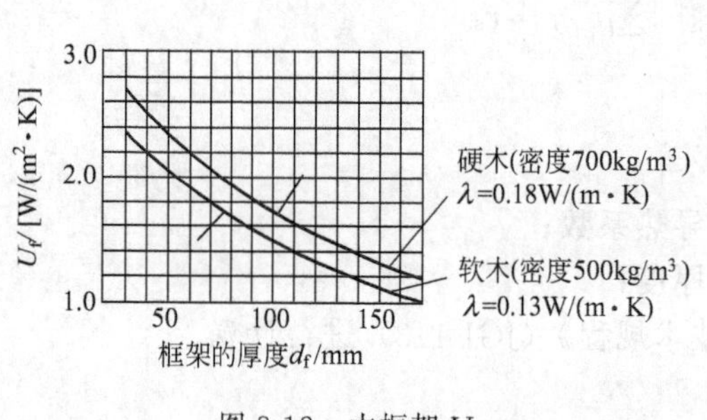

图 8-12　木框架 U_f

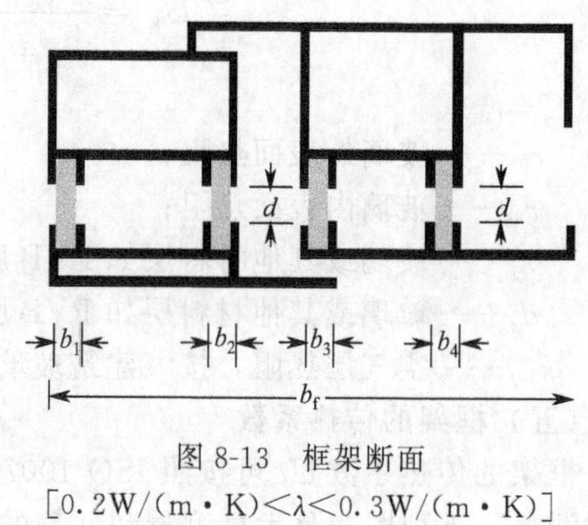

图 8-13　框架断面

[0.2W/(m·K)<λ<0.3W/(m·K)]

3. 金属框架

假设框架的表面积等于其投影面积，对应的框架的传热系数为 U_{fo}。如果金属框架无断热型材，U_{fo}=5.9W/(m²·K)。如果框架有断热型材，隔热材料的导热系数为 0.2W/(m·K)<λ<0.3W/(m·K)，其断面见图 8-13。

隔热材料的导热系数为 0.1W/(m·K)<λ<0.2W/(m·K)，其断面见图 8-14。图中，d 是断热型材的厚度，b_j 是断热型材的宽度，b_f 是框架的宽度。带断热型材框架的 U_{fo} 由图 8-15 中的实线获得。

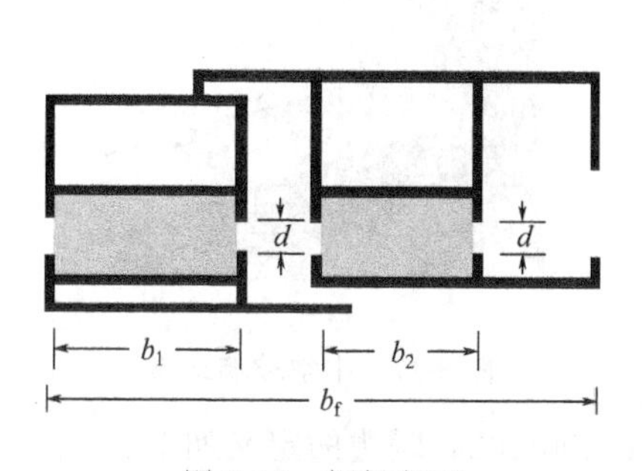

图 8-14　框架断面
[0.1W/(m·K)<λ<0.2W/(m·K)]

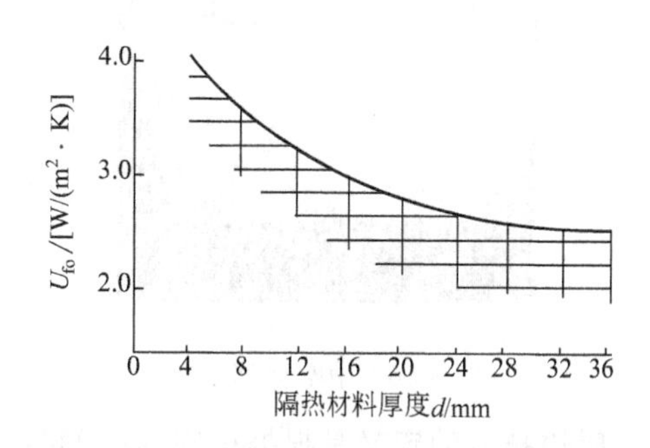

图 8-15　带断热型材框架的 U_{fo}

框架的热阻 r_f 按下式计算：

$$r_f=\frac{1}{U_{fo}}-0.17 \tag{8-53}$$

框架的传热系数 U_f 按下式计算：

$$U_f=\frac{1}{r_{si}\dfrac{A_{f,i}}{A_{d,i}}+r_f+r_{se}\dfrac{A_{f,e}}{A_{d,e}}} \tag{8-54}$$

（六）衬垫材料的线传热系数

衬垫材料的线传热系数见表 8-5。

表 8-5　衬垫材料的线传热系数 Ψ

框架材料	普通中空玻璃 Ψ/[W/(m·K)]	Low-E 中空玻璃 Ψ/[W/(m·K)]
木框和塑钢框	0.04	0.06
有断热型材的金属框	0.06	0.08
无断热型材的金属框	0	0.02

（七）暖边技术

玻璃板的传热系数 U_g 是指中空玻璃中央部分的热传导系数，并不包括中空玻璃边缘间隔条部分的影响，同时窗框的热传导系数 U_f 也不考虑玻璃因素的影响。而线传热系数 Ψ 描述的是由于窗框、玻璃和间隔条相互影响情况下的边缘热传导因素，线传热系数 Ψ 主要由间隔条材质决定。

由于线传热系数 Ψ 主要受间隔条材质影响，使用传统铝间隔条制成的中空玻璃通过边缘散失的热量就比较多，造成中空玻璃边缘部分温度降低，在室内湿度条件影响下就会造成中空玻璃边缘结露，影响美观，并且对中空玻璃密封系统造成危害，可能导致中空玻璃失效，见图 8-16。

针对线传热系数 Ψ 主要受间隔条材质的影响，采用低导热系数材料制成间隔条替代传统的铝质间隔条，能有效提高中空玻璃内部角部温度，避免中空玻璃边缘处的结露现象的发生，见图 8-17。

图 8-16　中空玻璃失效

图 8-17　中空玻璃结露

暖边技术的定义是根据德国标准 DIN V 4108-4：2008-02，暖边的定义如下：

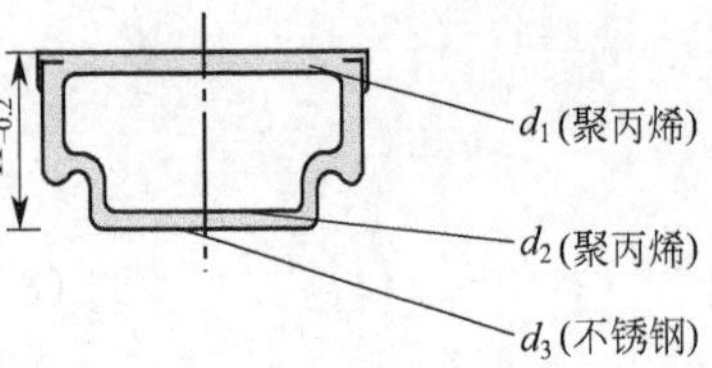

$$\sum(d\lambda)=d_1\lambda_1+d_2\lambda_2+\cdots+d_n\lambda_n\leqslant 0.007\text{W/K}$$

式中　d——间隔条所用材料的厚度；

λ——所用材料的导热系数。

对于铝，导热系数等于 160W/(m·K)，设铝间隔条壁厚 0.35mm，将以上数据带入公式，得出铝间隔条的计算结果是 0.112W/K，远远大于 0.007W/K，所以被定义为冷边间隔条。

$H^{+0}_{-0.2}$

d_1(聚丙烯)

d_2(聚丙烯)

d_3(不锈钢)

图 8-18　暖边间隔条

德国泰诺风中空玻璃隔热系统公司（TGI 公司）暖边间隔条见图 8-18。

TGI 暖边间隔条由高强度低导热材料聚丙烯与 0.1mm 不锈钢薄层复合而成，根据 EN 10077，材料的导热系数为：聚丙烯 0.22W/(m·K)，不锈钢 17W/(m·K)。将以上数据带入公式得出 TGI 的计算结果为 0.002W/K，小于 0.007W/K，所以符合暖边定义。

整窗的传热系数由下式计算：

$$U_{\mathrm{w}}=\frac{U_{\mathrm{g}}A_{\mathrm{g}}+U_{\mathrm{f}}A_{\mathrm{f}}+\Psi l}{A_{\mathrm{g}}+A_{\mathrm{f}}}$$

式中　U_{w}——整窗的传热系数；

U_{g}——玻璃中部的传热系数；

U_{f}——窗框的传热系数；

A_{g}——玻璃面积；

A_{f}——窗框面积；

Ψ——线传热系数，主要由中空玻璃间隔条决定；

l——玻璃可视线周长。

采用暖边间隔条可有效降低线传热系数，由上式可知，整窗的传热系数也将降低。根据检测结果分析，采用暖边间隔条将降低整窗传热系数 8%～12%，并可以有效防止中空玻璃边缘结露现象发生。

暖边技术在欧美建筑行业是一项相当普及的技术，例如，在美国暖边技术使用率达到 80%以上，在北欧大部分国家更是明确规定必须使用暖边技术，暖边技术使用率达 100%。随着国家建筑节能工作的逐步展开和人们对于节能认识的逐步提高，相信暖边技术会在不久的将来在国内门窗幕墙行业中得到广泛采用。

第三节　非透明幕墙热工性能计算方法

封闭金属幕墙、封闭石材幕墙和非透明玻璃幕墙作为建筑围护结构的一部分，其传热系数可采用《民用建筑热工设计规范》(GB 50176) 进行计算。非透明幕墙的传热系数 K 按下式计算：

$$\frac{1}{K}=r_e+r+r_i \tag{8-55}$$

式中　r_e——外表面热阻，冬季取值 0.04m²·K/W，夏季取值 0.05m²·K/W；

r_i——内表面热阻，冬季和夏季取值均为 0.11m²·K/W；

r——非透明幕墙热阻。

常用建筑材料导热系数见表 8-6。

不带铝箔、单面铝箔、双面铝箔封闭空气层的热阻见表 8-7。

表 8-6　常用建筑材料导热系数

序　号	材　料　名　称	干密度/(kg/m³)	导热系数/[W/(m·K)]
1	混凝土		
1.1	普通混凝土		
	钢筋混凝土	2500	1.74
	碎石、卵石混凝土	2300	1.51
		2100	1.28
1.2	轻骨料混凝土		
	膨胀矿渣珠混凝土	2000	0.77
		1800	0.63
		1600	0.53
	自然煤矸石、炉渣混凝土	1700	1.00
		1500	0.76
		1300	0.56
	粉煤灰陶粒混凝土	1700	0.95
		1500	0.70
		1300	0.50
		1100	0.44
	黏土陶粒混凝土	1600	0.84
		1400	0.70
		1200	0.53
	页岩渣、石灰、水泥混凝土	1300	0.52
		1500	0.77
	页岩陶粒混凝土	1300	0.63
		1100	0.50
	火山灰渣、沙、水泥混凝土	1700	0.57
	浮石混凝土	1500	0.67
		1300	0.53
		1100	0.42
1.3	轻混凝土		
	加气混凝土、泡沫混凝土	700	0.22
		500	0.19
2	砂浆和砌体		
2.1	砂浆		
	水泥砂浆	1800	0.93
	石灰水泥砂浆	1700	0.87
	石灰砂浆	1600	0.81
	石灰石膏砂浆	1500	0.76
	保温砂浆	800	0.29

续表

序　　号	材　料　名　称	干密度/(kg/m³)	导热系数/[W/(m·K)]
2.2	砌体		
	重砂浆砌筑黏土砖砌体	1800	0.81
	轻砂浆砌筑黏土砖砌体	1700	0.76
	灰砂砖砌体	1900	1.10
	硅酸盐砖砌体	1800	0.87
	炉渣砖砌体	1700	0.81
	重砂浆砌筑26孔、33孔及36孔黏土空心砖砌体	1400	0.58
3	热绝缘材料		
3.1	纤维材料		
	矿棉、岩棉、玻璃棉板	80以下	0.050
		80～200	0.045
	矿棉、岩棉、玻璃棉毡	70以下	0.050
		70～200	0.045
	矿棉、岩棉、玻璃棉松散料	70以下	0.050
		70～200	0.045
	麻刀	150	0.070
3.2	膨胀珍珠岩、蛭石制品		
	水泥膨胀珍珠岩	800	0.26
		600	0.21
		400	0.16
	沥青、乳化沥青膨胀珍珠岩	400	0.12
		300	0.093
	水泥膨胀蛭石	350	0.14
3.3	泡沫材料及多孔聚合物		
	聚乙烯泡沫塑料	100	0.047
	聚苯乙烯泡沫塑料	30	0.042
	聚氨酯硬泡沫塑料	30	0.033
	聚氯乙烯硬泡沫塑料	130	0.048
	钙塑	120	0.049
	泡沫玻璃	140	0.058
	泡沫石灰	300	0.116
	碳化泡沫石灰	400	0.14
	泡沫石膏	500	0.19
4	石材		
	花岗岩	2800	3.49
	大理石	2800	2.91
	石灰岩	2400	2.04
	石灰石	2000	1.16
5	金属		
	紫铜	8500	407
	青铜	8000	64.0
	钢材	7850	58.2
	铝	2700	203
6	玻璃	2500	0.76

表 8-7　空气层热阻值　　　　单位：$m^2 \cdot K/W$

位置、热流状况及材料特性	冬季状况							夏季状况						
	间层厚度/mm							间层厚度/mm						
	5	10	20	30	40	50	60 以上	5	10	20	30	40	50	60 以上
一般空气间层														
热流向下(水平、倾斜)	0.10	0.14	0.17	0.18	0.19	0.20	0.20	0.09	0.12	0.15	0.15	0.16	0.16	0.15
热流向上(水平、倾斜)	0.10	0.14	0.15	0.16	0.17	0.17	0.17	0.90	0.11	0.13	0.13	0.13	0.13	0.13
垂直空气间层	0.10	0.14	0.16	0.17	0.18	0.18	0.18	0.09	0.12	0.14	0.14	0.15	0.15	0.15
单面铝箔空气间层														
热流向下(水平、倾斜)	0.16	0.28	0.43	0.51	0.57	0.60	0.64	0.15	0.25	0.37	0.44	0.48	0.52	0.54
热流向上(水平、倾斜)	0.16	0.26	0.35	0.40	0.42	0.42	0.43	0.14	0.20	0.28	0.29	0.30	0.30	0.28
垂直空气间层	0.16	0.26	0.39	0.44	0.47	0.49	0.50	0.15	0.22	0.31	0.34	0.36	0.37	0.37
双面铝箔空气间层														
热流向下(水平、倾斜)	0.18	0.34	0.56	0.71	0.84	0.94	1.01	0.16	0.30	0.49	0.63	0.73	0.81	0.86
热流向上(水平、倾斜)	0.17	0.29	0.45	0.52	0.55	0.56	0.57	0.15	0.25	0.34	0.37	0.38	0.38	0.35
垂直空气间层	0.18	0.31	0.49	0.59	0.65	0.69	0.71	0.15	0.27	0.39	0.46	0.49	0.50	0.50

【例 8-9】 由厚度为 250mm 钢筋混凝土，10mm 钢化单片玻璃，在其后面加 90mm 保温棉，中间有 80mm 封闭空气层，形成非透明幕墙，试求其传热系数。

【解】 钢筋混凝土墙热阻　$r_{\text{墙}}=0.25/1.74=0.144m^2 \cdot K/W$；

钢化玻璃热阻　$r_{\text{玻}}=0.01/0.76=0.013m^2 \cdot K/W$；

保温棉热阻　$r_{\text{棉}}=0.09/0.045=2m^2 \cdot K/W$；

空气层热阻　$r_{\text{空}}=0.18m^2 \cdot K/W$

幕墙冬季热阻

$$r_0=r_e+r_{\text{玻}}+r_{\text{棉}}+r_{\text{空}}+r_{\text{墙}}+r_i=0.04+0.013+2+0.18+0.144+0.11=2.487m^2 \cdot K/W$$

幕墙冬季传热系数

$$K=1/r_0=1/2.487=0.40W/(m^2 \cdot K)$$

幕墙夏季热阻

$$r_0=r_e+r_{\text{玻璃}}+r_{\text{棉}}+r_{\text{空}}+r_{\text{墙}}+r_i=0.05+0.013+2+0.18+0.144+0.11=2.497(m^2 \cdot K)/W$$

幕墙夏季传热系数

$$K=1/r_0=1/2.497=0.40W/(m^2 \cdot K)$$

【例 8-10】 由厚度为 250mm 钢筋混凝土，3mm 厚单层铝板，在其后面加 90mm 保温棉，中间有 80mm 封闭空气层，形成非透明幕墙，试求其传热系数。

【解】 钢筋混凝土墙热阻　$r_{\text{墙}}=0.25/1.74=0.144m^2 \cdot K/W$；

铝单板热阻　$r_{\text{铝}}=0.003/203\approx 0m^2 \cdot K/W$；

保温棉热阻　$r_{\text{棉}}=0.09/0.045=2m^2 \cdot K/W$；

空气层热阻　$r_{\text{空}}=0.18m^2 \cdot K/W$

幕墙冬季热阻

$$r_0=r_e+r_{\text{铝}}+r_{\text{棉}}+r_{\text{空}}+r_{\text{墙}}+r_i=0.04+2+0.18+0.144+0.11=2.474m^2 \cdot K/W$$

幕墙冬季传热系数

$$K=1/r_0=1/2.474=0.40W/(m^2 \cdot K)$$

幕墙夏季热阻

$$r_0=r_e+r_{铝}+r_{棉}+r_{空}+r_{墙}+r_i=0.05+2+0.18+0.144+0.11$$
$$=2.484m^2\cdot K/W$$

幕墙夏季传热系数

$$K=1/r_0=1/2.278=0.4W/(m^2\cdot K)$$

【例 8-11】 由厚度为 250mm 钢筋混凝土，30mm 厚花岗石板，在其后面加 90mm 保温棉，中间有 80mm 封闭空气层，形成非透明幕墙，试求其传热系数。

【解】 钢筋混凝土墙热阻 $r_{墙}=0.25/1.74=0.144m^2\cdot K/W$；

石板热阻 $r_{石}=0.03/3.49=0.009m^2\cdot K/W$；

保温棉热阻 $r_{棉}=0.09/0.045=2m^2\cdot K/W$；

空气层热阻 $r_{空}=0.18m^2\cdot K/W$

幕墙冬季热阻

$$r_0=r_e+r_{石}+r_{棉}+r_{空}+r_{墙}+r_i=0.04+0.009+2+0.18+0.144+0.11$$
$$=2.483m^2\cdot K/W$$

幕墙冬季传热系数

$$K=1/r_0=1/2.483=0.40W/(m^2\cdot K)$$

幕墙夏季热阻

$$r_0=r_e+r_{石}+r_{棉}+r_{空}+r_{墙}+r_i=0.05+0.009+2+0.18+0.144+0.11$$
$$=2.493m^2\cdot K/W$$

幕墙夏季传热系数

$$K=1/r_0=1/2.493=0.4W/(m^2\cdot K)$$

开放式金属幕墙和开放式石材幕墙作为建筑围护结构的一部分，其传热系数可采用《民用建筑热工设计规范》(GB 50176) 进行计算。由于金属幕墙和石材幕墙后面空气层的温度与室外温度基本相同，因此幕墙面材和空气层的热阻不应计入围护结构总传热阻中。外表面传热系数也变为 $12W/(m^2\cdot K)$，即开放式非透明幕墙的传热系数 K 按下式计算：

$$\frac{1}{K}=r_e+r+r_i \tag{8-56}$$

式中 r_e——外表面热阻，取值为 $0.08m^2\cdot K/W$；

r_i——内表面热阻，取值为 $0.11m^2\cdot K/W$；

r——非透明幕墙热阻。

【例 8-12】 由厚度为 250mm 钢筋混凝土，3mm 厚单层铝板，在其后面加 90mm 保温棉，中间有 80mm 封闭空气层，形成开放式非透明幕墙，试求其传热系数。

【解】 钢筋混凝土墙热阻 $r_{墙}=0.25/1.74=0.144m^2\cdot K/W$；

保温棉热阻 $r_{棉}=0.09/0.045=2m^2\cdot K/W$；

幕墙热阻

$$r_0=r_e+r_{棉}+r_{墙}+r_i=0.08+2+0.144+0.11$$
$$=2.334m^2\cdot K/W$$

幕墙传热系数

$$K=1/r_0=1/2.334=0.43W/(m^2\cdot K)$$

【例 8-13】 由厚度为 250mm 钢筋混凝土，30mm 厚花岗石板，在其后面加 90mm 保温棉，中间有 80mm 封闭空气层，形成开放式非透明幕墙，试求其传热系数。

【解】 钢筋混凝土墙热阻 $r_{墙}=0.25/1.74=0.144m^2\cdot K/W$；

保温棉热阻 $r_{棉}=0.09/0.045=2m^2\cdot K/W$；

幕墙热阻

$$r_0 = r_e + r_{棉} + r_{墙} + r_i = 0.08 + 2 + 0.144 + 0.11 = 2.334 m^2 \cdot K/W$$

幕墙传热系数

$$K = 1/r_0 = 1/2.334 = 0.43 W/(m^2 \cdot K)$$

第四节　双层幕墙

双层幕墙是双层结构的新型幕墙，外层幕墙通常采用点支式玻璃幕墙、明框玻璃幕墙或隐框玻璃幕墙，内层幕墙通常采用明框玻璃幕墙、隐框玻璃幕墙或铝合金门窗，为增加幕墙的通透性，也有内外层幕墙都采用点支式玻璃幕墙结构的。在内外层幕墙之间，有一个宽度通常为几百毫米的通道，在通道的上下部位分别有出气口和进气口，空气可从下部的进气口进入通道，从上部的出气口排出通道，形成空气在通道内自下而上的流动，同时将通道内的热量带出通道，所以双层幕墙也称为热通道幕墙，见图 8-19。

图 8-19　双层幕墙

1918 年在美国圣弗朗西斯科（旧金山）出现第一个双层结构的幕墙，主要为了改善建筑的热学环境和声学环境，20 世纪 20 年代开始在德国采用双层幕墙。由于建筑成本成倍增加，加之此时的双层幕墙的功能尚不显著，因此在此后的一段时间，双层幕墙应用得比较少，技术进步也很缓慢。现代化双层幕墙技术的开发始于 20 世纪 80 年代，全球化能源危机，迫使人们希望玻璃幕墙不仅仅满足建筑学要求，同时也能降低建筑能耗，现代化双层幕墙刚好满足人们的这一要求，特别是在德国，将双层玻璃幕墙技术发展得极为完善。

我国是玻璃幕墙建筑大国，尽管在 20 世纪 80 年代才开始采用玻璃幕墙，但发展较快，可以说，各种玻璃幕墙在我国都有典型建筑，双层玻璃幕墙也不例外。20 世纪 90 年代末在上海诞生了第一个内循环双层幕墙，是由英国罗曼福斯特公司设计，澳大利亚的帕马斯迪利莎公司施工的。刚刚进入 21 世纪，在北京天亚花园应用德国技术，成功地建设了外循环双层幕墙。时至今日，双层幕墙技术已在国内多个建筑中采用，我国也从最初的单纯模仿变为自主创新，对双层玻璃幕墙由最初的肤浅认识，变为对其功能的深刻理解。

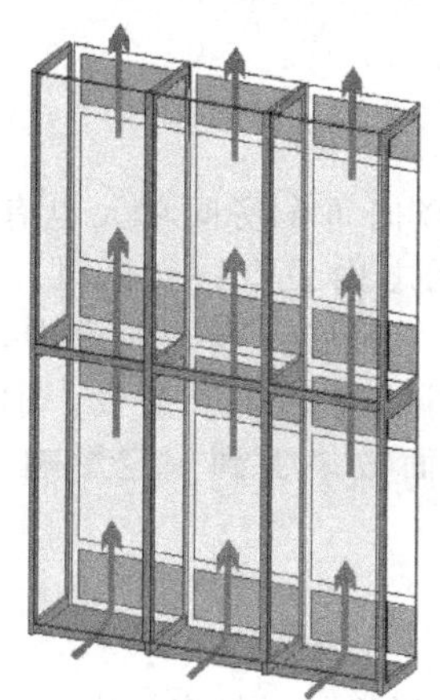

图 8-20　整体式外循环双层幕墙

一、分类

（一）外循环双层幕墙

外循环双层幕墙的特点是：幕墙的进气口和出气口都位于外层幕墙，通道内的气流与室外相通，构成循环，外层幕墙的玻璃面板通常是单层玻璃，内层幕墙的玻璃面板通常是中空玻璃。

1. 整体式

整体式外循环双层幕墙见图 8-20。

整体式外循环双层幕墙的特点是：内外层幕墙之间不设分隔，空气从幕墙的底部进入通道，从幕墙的顶部排出，气流自下而上贯通运行，因此其烟窗效应比较明显。整体式外循环双层幕墙结构简单，建筑立面效果好，当幕墙的进气口和出气口关闭时，幕墙具有优良的隔声性能，因为整体式外循环双层幕墙的内外层之间没有声桥。由于整体式外循环双层幕墙的烟窗效应比较明显，因此利用双层幕墙实现室内自然换风很困难，声波也会在整个通道内多次反射和传播，造成声音在层间和室间相互传播和干扰。显著的烟窗效应可将通道内的热量聚集在双层幕墙的顶部，造成建筑顶部房间室外热环境变坏。自下而上的贯通通道没有层间分隔，违反我国消防安全规程，必须另设一套额外的消防设施，因此，整体式外循环双层幕墙目前在我国不多见。

2. 廊道式外循环双层幕墙

廊道式外循环双层幕墙见图 8-21。

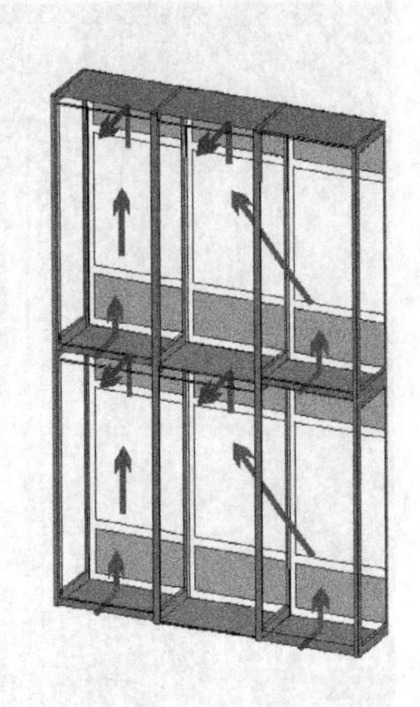

图 8-21　廊道式外循环双层幕墙

图 8-22　通道式外循环双层幕墙

廊道式外循环双层幕墙在内外幕墙的层间部位有分隔，空气自每层的层间底部进入通道，从该层的顶部排出，内外层幕墙之间不设上下贯通的通道，因此这种幕墙的烟窗效应不显著，空气在通道内流动缓慢，可实现房间自然换风，可设开启扇。廊道式外循环双层幕墙结构简单，建筑立面和谐，可实现层间防火，符合我国消防安全要求。由于内外层幕墙之间有廊道连接，即在内外层幕墙之间建立了声桥，因此，廊道式外循环双层幕墙在进气口和出气口处于封闭状态时的隔声性能与整体式外循环双层幕墙相比较有所下降，并且声音在每层的房间之间有干扰和传播。

3. 通道式外循环双层幕墙

通道式外循环双层幕墙见图 8-22。

通道式外循环双层幕墙结构复杂，内外层幕墙层间有分隔，竖向每个房间单元也有分隔，但竖向分隔之间都留有通气口相通，在整个双层幕墙单元之内设有一个或几个竖向上下贯通的通道。空气从每层的底部进气口进入双层幕墙内，都汇入竖向通道内，并在通道的顶部排出。竖向通道与开启扇合理安排，可实现房间的自然通风换气。通道式外循环双层幕墙设计方案复杂，造价高，不易实现，建筑立面效果受到一定影响，但其隔声性能较好。

4. 箱体式外循环双层幕墙

箱体式外循环双层幕墙见图 8-23。

幕墙每个单元具有独立的垂直和水平分隔，可实现房间的自然通风换气，烟窗效应不明显，但满足我国消防安全要求，隔声性能好，不存在层与层之间、室与室之间的窜声问题，建造成本较高。

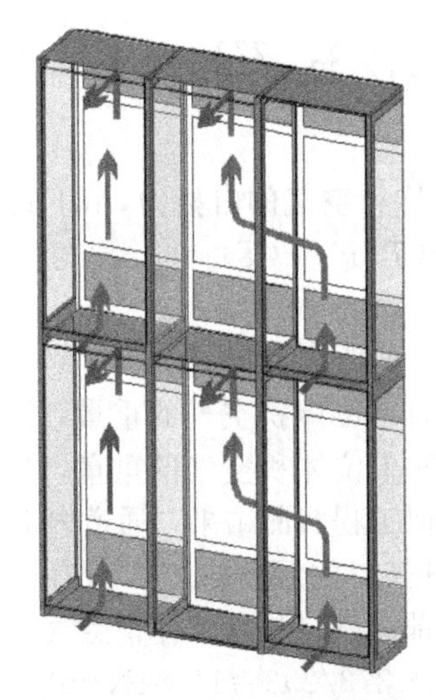

图 8-23　箱体式外循环双层幕墙

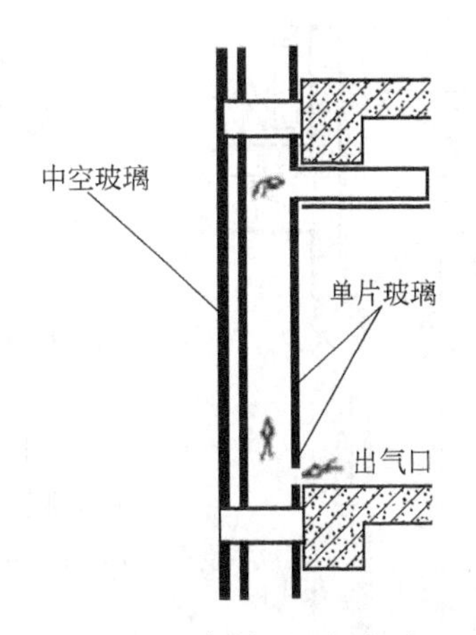

图 8-24　内循环双层幕墙

（二）内循环

内循环双层幕墙的特点是：幕墙的进气口和出气口都位于内层幕墙，通道内的气流与室内相通，构成循环，外层幕墙的玻璃面板通常是中空玻璃，内层幕墙的玻璃面板通常是单层玻璃，内循环双层幕墙见图 8-24。内循环双层幕墙热工性能、隔声性能都很优良，并且符合我国消防安全要求，目前在我国应用较多。

（三）开放式

开放式双层幕墙的特点是：外层幕墙永远处于开放状态，通道内永远与室外相通。开放式双层幕墙主要影响建筑的立面效果，改善室内自然通风换气状态，对幕墙的传热系数几乎没有影响，但对遮阳系数有贡献，对幕墙的隔声性能有部分贡献。外层幕墙通采用单片玻璃，内层幕墙通常采用中空玻璃，见图 8-25。

二、工作原理

（一）外循环

外循环双层幕墙分为两种工况：其一是静态，即幕墙的进气口和出气口全部关闭，幕墙通道内的气体处于静止状态，此时幕墙内气体并不循环；其二是动态，即幕墙的进气口和出气口全部开放，幕墙通道内的气体处于流动状态，此时幕墙内气体循环，外循环双层幕墙的工作原理就是指这种动态效应。

图 8-25　开放式双层幕墙

外循环双层幕墙的循环动力是双层幕墙在阳光照射下，通道内的空气将有温升。空气在通道内的时间越长，温升越大。因此，在通道内的空气将存在温度梯度，即 $\Delta T \neq 0$。上部温度高，下部温度低；上部空气相对密度小，下部空气相对密度大；上部空气压力小，下部空气压力大。在上下空气压差的作用下，通道内的空气将上升，这就是双层幕墙的烟窗效应，见图 8-26。

1. 单位体积空气的重量

单位体积空气的重量与其热力学温度成反比。0℃，1atm[1] 条件下，单位体积空气的重量是 12.67N/m^3，则 1atm，任意温度 T 条件下的单位体积空气重量为：

[1] 1atm＝101325Pa。

$$r(T)=12.67\times\frac{273}{T} \tag{8-57}$$

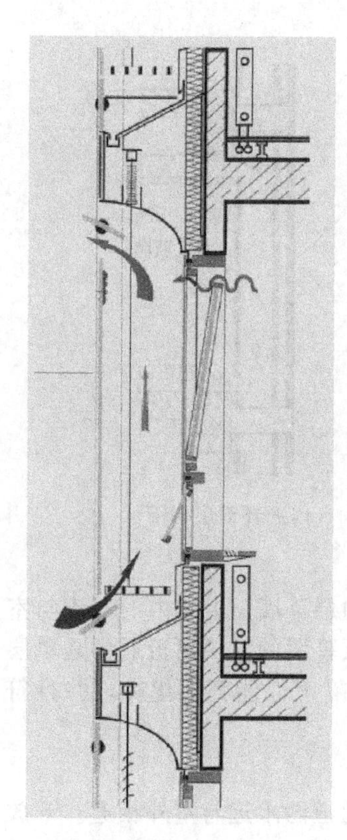

图 8-26 外循环

2. 烟窗效应的自拔力

通道内空气上下部压差称为空气的自拔力，由下式计算：

$$P=H[r(T)_{下}-r(T)_{上}] \tag{8-58}$$

式中 P——空气的自拔力，Pa；

H——幕墙上下通气口的距离，m；

$r(T)_{下}$——幕墙下通气口的单位体积空气的重量，N/m^3；

$r(T)_{上}$——幕墙上通气口的单位体积空气的重量，N/m^3。

例如，根据大连地区相似工程实测结果，通道内空气上下部温差超过5℃。如通道下部进气口的温度取20℃，通道上部出风口的温度将达25℃。通道下部进气口处单位体积空气的重量为

$$r_{下}(293)=12.67\times273/293=11.81N/m^3$$

通道上部出风口处单位体积空气的重量为

$$r_{上}(298)=12.67\times273/298=11.61N/m^3$$

双层幕墙的通道高度 H 取为20m，则自拔力 P 为

$$P=H(r_{下}-r_{上})=20\times(11.81-11.61)=4Pa$$

3. 双层幕墙出风口的风速

在仅考虑烟窗效应的情况下，出风口的风速为

$$V=\sqrt{\frac{2P}{\rho}} \tag{8-59}$$

式中 V——出风口风速，m/s；

ρ——出风口空气密度，kg/m^3。

上述例子的出风口风速为

$$V=\sqrt{\frac{2P}{\rho}}=\sqrt{\frac{2\times4}{1.181}}=2.6m/s$$

上述计算的风速是理想状态下的结果，应满足下列条件：①太阳光辐照强度不变；②稳态；③出风口面积与通道幕墙面积相比非常小；④通道幕墙内空气上升速度与出风口空气速度相比非常小；⑤无任何阻力；⑥进气口和出气口没有迎面风速的影响。

而事实上，通道内气流流速紊乱，出风口的风速比2.5m/s要小很多，烟窗效应对节能的贡献是肯定的，可将墙体内的热量带出体外，但只能定性，无法定量。

(二) 内循环

内循环双层幕墙分为两种工况：其一是静态，即幕墙的进气口和出气口全部关闭，幕墙通道内的气体处于静止状态，此时幕墙内气体并不循环；其二是动态，即幕墙的进气口和出气口全部开放，幕墙通道内的气体处于流动状态，此时幕墙内气体循环，内循环双层幕墙的工作原理就是指这种动态效应。内循环双层幕墙的动态效应分冬季和夏季。

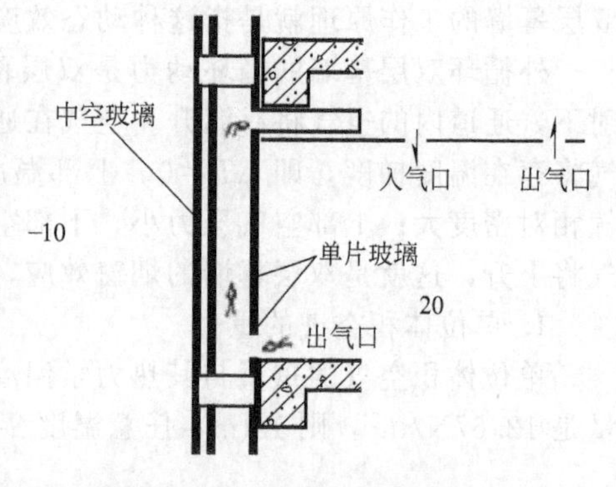

图 8-27 内循环双层幕墙冬季动态效应工作原理图

1. 冬季效应

内循环双层幕墙冬季动态效应工作原理见图8-27。

冬季设室外气温－10℃，室内气温为20℃。如

果双层幕墙之内的空气不流动，处于静止状态，幕墙内空气的温度应处于－10～20℃之间。室内空调系统进气口的温度应当高于20℃，出气口的温度为20℃。在这种工况条件下，空调系统需不断地将室外－10℃的空气加热到高于20℃，经进气口通入室内，室内的出气口不断地将20℃的空气排到室外，完成空气的循环。在这个过程中，排出室外20℃的空气携带大量热能，但没有做任何功就传到室外，造成巨大的浪费。如果将室内空调系统的出气口不设在天花板上，而改设在双层通道幕墙内侧底部，经通道顶部与空调系统相连（图8-27），则双层幕墙通道内空气的温度将有很大的提高，应当接近20℃，室外－10℃空气对室内的影响下降，室内热量向室外传递变小，节省了热能。

2. 夏季效应

内循环双层幕墙动态效应工作原理见图8-28。

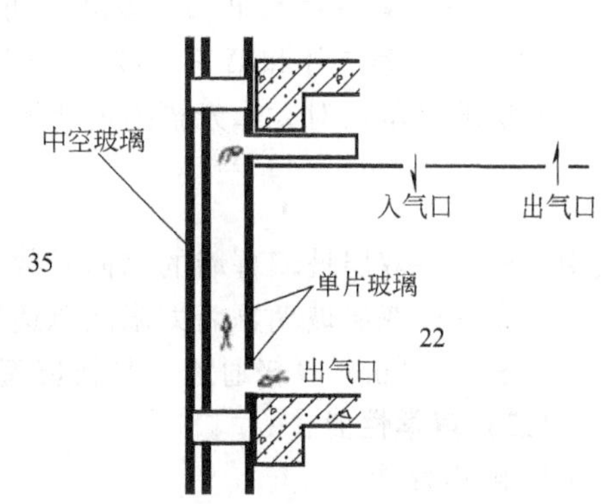

图8-28　内循环双层幕墙夏季动态效应工作原理图

夏季设室外气温35℃，室内气温为22℃。如果双层幕墙之内的空气不流动，处于静止状态，幕墙内空气的温度应处于22～35℃之间。室内空调系统进气口的温度应当低于22℃，出气口的温度为22℃。在这种工况条件下，空调系统需不断地将室外35℃的空气冷却到低于22℃，经进气口通入室内，室内的出气口不断地将22℃的空气排到室外，完成空气的循环。在这个过程中，排出室外22℃的空气是花费大量能量获得的，但没有做任何功就传到室外，造成巨大的浪费。如果将室内空调系统的出气口不设在天花板上，而改设在双层通道幕墙内侧底部，经通道顶部与空调系统相连（图8-28），则双层幕墙通道内空气的温度将有很大的下降，应当接近22℃，室外35℃空气对室内的影响下降，室外热量向室内传递变小，节省了制冷能量。

三、性能设计与计算

（一）热工性能

双层幕墙的热工性能分静态与动态两种，静态的热工性能可完全定量计算，是双层幕墙热工性能分析计算的基础。而动态的影响却无法完全定量分析，通常采取定性说明或计算机模拟分析，将动态影响作为静态分析结果上的优化。因此，一般来说，双层幕墙只计算静态的热工性能。双层玻璃幕墙属于透明幕墙，因此采用传热系数和遮阳系数两个参量表征其热工性能。

1. 传热系数

设双层幕墙外层幕墙的热阻为r_1，空气层热阻为r_2，内层幕墙的热阻为r_3，则双层幕墙的总热阻r为

$$r=r_1+r_2+r_3 \tag{8-60}$$

式中，玻璃幕墙热阻按透明幕墙热工计算方法进行计算，空气层热阻r_2取值为0.16m^2·K/W。

例如，外层19mm单层玻璃，空气层500mm，内层（8mm＋12mmA＋8mm）普通中空玻璃，组成双层幕墙后的传热系数为1.8W/(m^2·K)，而仅由内层普通中空玻璃组成的单层幕墙的传热系数为2.8W/(m^2·K)，由此可见，双层玻璃幕墙的热工性能极为优越。

2. 遮阳系数双层玻璃幕墙的太阳能总透射率为

$$g=\tau_e+q_i \tag{8-61}$$

式中　g——太阳能总透射比；

τ_e——太阳直接透射比，比单层玻璃幕墙的数值小，是光谱测量值；

q_i——玻璃向室内侧的二次热传递系数，比单层玻璃幕墙的数值小，由下式计算：

$$q_i=\frac{\frac{\alpha_{e3}}{G_{23}}+\frac{\alpha_{e3}+\alpha_{e2}}{G_{12}}+\frac{\alpha_{e1}+\alpha_{e2}+\alpha_{e3}}{h_e}}{\frac{1}{h_i}+\frac{1}{h_e}+\frac{1}{G_{12}}+\frac{1}{G_{23}}} \tag{8-62}$$

式中　α_{e1}——第一片玻璃的太阳直接吸收比，%；

α_{e2}——第二片玻璃的太阳直接吸收比，%；

α_{e3}——第三片玻璃的太阳直接吸收比，%；

G_{12}——第一片和第二片玻璃之间的传热系数，$W/(m^2 \cdot K)$；

G_{23}——第二片和第三片玻璃之间的传热系数，$W/(m^2 \cdot K)$。

双层玻璃幕墙对太阳光辐射的遮阳系数用式(8-63) 计算：

$$S_c=\frac{g}{\tau_s} \tag{8-63}$$

式中　S_c——双层玻璃幕墙的遮阳系数；

g——双层玻璃幕墙太阳能总透射率，%；

τ_s——3mm 厚普通透明平板玻璃的太阳能总透射比，其理论值取 0.889。

（二）声学性能

1. 隔声性能

对建筑物而言，隔声分两种：一种是楼板撞击声的隔声；另一种是空气声的隔声，建筑围护结构的隔声量一般指的是空气声的隔声量。按我国国家标准规定，建筑围护结构的空气隔声量用计权隔声量表征，计权隔声量是测量值，不能通过计算获得。而平均隔声量是可以计算的，因此在设计阶段可通过计算平均隔声量来获得双层幕墙隔声性能，必要时进行计权隔声量的测量。综上所述，幕墙的隔声性能可完全定量分析。双层幕墙的平均隔声量按下式计算：

$$\overline{R}=13.5\lg M+12+\Delta R_2 \tag{8-64}$$

式中　$\overline{R}$——幕墙的平均隔声量；

M——幕墙的面密度；

ΔR_2——空气层附加隔声量，对于空气层为 12mm 的中空玻璃，其值为 4dB，当空气层厚度超过 90mm，其值为 12dB。

对于由（8mm+12mmA+8mm）中空玻璃组成的单层幕墙，其平均隔声量为 38dB。对于由外层为 19mm 单层玻璃，空气层为 500mm，内层幕墙为（8mm+12mmA+8mm）中空玻璃组成的双层通道幕墙，其平均隔声量为 47dB，双层通道幕墙的隔声性能明显优于单层幕墙。双层通道幕墙隔声性能优异的原因有两个：其一是按质量定律，多一层幕墙玻璃将增加幕墙面密度，因此隔声量增加；其二是增加空气层的厚度将增加空气对声波振动的衰减作用，隔声量增加。

2. 双层幕墙的共振频率

上述计算的隔声量是在内外层幕墙各自独立地起隔声作用前提下的结果，两者之间在声波作用下没有任何作用。而事实上，如果内外层幕墙设计不好，两者之间发生了共振现象，则双层幕墙的隔声量将极大地降低。双层幕墙的共振频率由下式计算：

$$f_0=\frac{1}{2\pi}\sqrt{\left(\frac{1}{m_1}+\frac{1}{m_2}\right)\frac{\rho c^2}{d}} \tag{8-65}$$

式中　ρ——空气密度，等于 $1.18kg/m^3$；

c——声波在空气中的速度，等于 344m/s；

d——内外层幕墙之间的距离，m。

将空气密度和声速带入上式并化简得

$$f_0 = 60 \times \sqrt{\frac{m_1 + m_2}{m_1 m_2 d}} \tag{8-66}$$

内外层幕墙的共振频率一般位于30～50Hz之间，因此设计的双层幕墙的共振频率一定不要位于30～50Hz之间。例如，外层为19mm单层玻璃，空气层为500mm，内层幕墙为（8mm＋12mmA＋8mm）中空玻璃组成的双层幕墙，其共振频率是16Hz，因此内外层幕墙不会发生共振。

式(8-64)计算出的平均隔声量是在内外层幕墙之间没有声桥的条件下的计算结果，通道幕墙之间如有刚性连接，称为声桥，一层幕墙的部分声能通过声桥传至另一幕墙，造成空气层的附加隔声量下降，一般可达5～10dB。因此在设计双层幕墙时尽量避免内外层幕墙之间的刚性连接，以减少由于声桥的作用导致隔声量下降。

（三）光学性能

玻璃幕墙的光学性能采用可见光反射率和可见光透射率表征，双层玻璃幕墙通常是由一层单片玻璃和一层中空玻璃组成，具有特殊性，因此有可能将计算方法简化。

1. 可见光反射率

设双层幕墙一层是单片玻璃，另外一层是中空玻璃，则双层幕墙室外侧可见光反射率由下式计算：

$$\rho = \rho_1 + \frac{\tau_1^2 \rho_2 (1 - \rho_2' \rho_3) + \tau_1^2 \tau_2^2 \rho_3}{(1 - \rho_1' \rho_2)(1 - \rho_2' \rho_3) - \tau_2^2 \rho_1' \rho_3} \tag{8-67}$$

式中　ρ——双层幕墙室外侧可见光反射率；

ρ_1——室外侧玻璃室外侧可见光反射率；

ρ_1'——室外侧玻璃室内侧可见光反射率；

τ_1——室外侧玻璃可见光透射率；

ρ_2——中间层玻璃室外侧可见光反射率；

ρ_2'——中间层玻璃室内侧可见光反射率；

ρ_3——室内侧玻璃室外侧可见光反射率；

τ_2——中间层玻璃可见光透射率。

由上式可见，三层玻璃的可见光反射率计算极为复杂。但是如果将中空玻璃等效成单片玻璃，则计算将变得很简单，见下式：

$$\rho = \rho_1 + \frac{\tau_1^2 \rho_2}{1 - \rho_1' \rho_2} \tag{8-68}$$

式中　ρ——双层幕墙室外侧可见光反射率；

ρ_1——室外侧玻璃室外侧可见光反射率；

ρ_1'——室外侧玻璃室内侧可见光反射率；

τ_1——室外侧玻璃可见光透射率；

ρ_2——室内侧玻璃室外侧可见光反射率。

如果是内循环双层玻璃幕墙，上式中的室外侧玻璃为中空玻璃，室内侧玻璃为单片玻璃；如果是外循环双层玻璃幕墙，上式中的室外侧玻璃为单片玻璃，室内侧玻璃为中空玻璃。

2. 可见光透射率

设双层幕墙一层是单片玻璃，另外一层是中空玻璃，则双层幕墙室可见光透射率由下式计算：

$$\tau = \frac{\tau_1 \tau_2 \tau_3}{(1 - \rho_1' \rho_2)(1 - \rho_2' \rho_3) - \tau_2^2 \rho_1' \rho_3} \tag{8-69}$$

式中　τ——双层幕墙室外侧可见光反射率；

ρ_1'——室外侧玻璃室内侧可见光反射率；

τ_1——室外侧玻璃可见光透射率；

ρ_2——中间层玻璃室外侧可见光反射率；

ρ_2'——中间层玻璃室内侧可见光反射率；

ρ_3——室内侧玻璃室外侧可见光反射率；

τ_2——中间层玻璃可见光透射率；

τ_3——室内侧玻璃可见光透射率。

由上式可见，三层玻璃的可见光透射率计算较为复杂。但是如果将中空玻璃等效成单片玻璃，则计算将变得很简单，见下式：

$$\tau=\frac{\tau_1\tau_2}{1-\rho_1'\rho_2} \tag{8-70}$$

式中 τ——双层幕墙室可见光透射率；

ρ_1'——室外侧玻璃室内侧可见光反射率；

τ_1——室外侧玻璃可见光透射率；

ρ_2——室内侧玻璃室外侧可见光反射率；

τ_2——室内侧玻璃可见光透射率。

如果是内循环双层玻璃幕墙，上式中的室外侧玻璃为中空玻璃，室内侧玻璃为单片玻璃；如果是外循环双层玻璃幕墙，上式中的室外侧玻璃为单片玻璃，室内侧玻璃为中空玻璃。

(四) 抗风压性能

玻璃幕墙所受的主要荷载是风荷载，双层玻璃幕墙的内外层如何进行荷载分配是设计时必须解决的问题。双层幕墙通道内有空气，空气是风荷载的传递介质，双层幕墙传递风荷载的机理与中空玻璃相同，但结果如何，是否与中空玻璃一样按玻璃厚度进行等挠度荷载分配，下面进行分析讨论。

风荷载是瞬时荷载，作用时间极短，因此双层幕墙通道内空气在风荷载作用下的压缩过程可作为绝热过程处理。设双层幕墙在风荷载作用前通道内空气的压强为 P_0，体积为 V_0，其中 P_0 为 1atm。在正风压作用下，双层通道幕墙内的空气将发生压缩，压强升高为 P_1，体积缩小为 V_1。按气体绝热过程状态方程得

$$P_0V_0^{\gamma}=P_1V_1^{\gamma} \tag{8-71}$$

式中 γ——C_P/C_V；

C_P——空气的等压比热容；

C_V——空气的等容比热容。

由上式可推出

$$P_1=\left(\frac{V_0}{V_1}\right)^{\gamma}\times P_0 \tag{8-72}$$

设 $V_0=V_1+\Delta V$，则 $V_1=V_0-\Delta V$，ΔV 为被压缩的体积，式(8-72) 变为

$$P_1=\left(\frac{V_0}{V_0-\Delta V}\right)^{\gamma}\times P_0$$

$$=\left(\frac{1}{1-\frac{\Delta V}{V_0}}\right)^{\gamma}\times P_0 \tag{8-73}$$

设 $x=\frac{\Delta V}{V_0}$，显然，$x\ll 1$，式(8-73) 变为

$$P_1=\left(\frac{1}{1-x}\right)^{\gamma}\times P_0$$

$$=(1+\gamma x)P_0$$

$$=P_0+\gamma x P_0$$
$$=P_0+\Delta P \tag{8-74}$$

式中，$\Delta P=\gamma x P_0$。空气的主要成分是氮气、氧气和氢气，都属于双原子分子，$\gamma=1.6$，即 $\Delta P=1.6xP_0$。

如果风荷载作用得比较缓慢，上述的空气压缩过程可按等温压缩过程处理。按气体等温过程状态方程得

$$P_0V_0=P_1V_1 \tag{8-75}$$

由上式可推出

$$P_1=\left(\frac{V_0}{V_1}\right)\times P_0 \tag{8-76}$$

设 $V_0=V_1+\Delta V$，则 $V_1=V_0-\Delta V$，ΔV 为被压缩的体积，式(8-76) 变为

$$P_1=\left(\frac{V_0}{V_0-\Delta V}\right)\times P_0$$
$$=\left(\frac{1}{1-\frac{\Delta V}{V_0}}\right)\times P_0 \tag{8-77}$$

设 $x=\frac{\Delta V}{V_0}$，显然，$x\ll 1$，式(8-77) 变为

$$P_1=\left(\frac{1}{1-x}\right)\times P_0$$
$$=(1+x)P_0$$
$$=P_0+xP_0$$
$$=P_0+\Delta P \tag{8-78}$$

由式(8-78) 得，$\Delta P=xP_0$。

真实气体压缩过程应介于等温压缩和绝热压缩过程之间，即有

$$\Delta P=(1\sim 1.6)xP_0 \tag{8-79}$$

由式(8-79) 可知，ΔP 与 x 成正比，因此下面计算 x

$$x=\frac{\Delta V}{V}=\frac{dS}{DS}=\frac{d}{D} \tag{8-80}$$

式中　S——单元双层幕墙面积；

　　D——双层幕墙通道宽度。

在正风压作用下，双层幕墙通道体积一定会被压缩，双层幕墙的表面积由原来的平面变成曲面，被压缩体积的计算不易实现，但这个曲面是连续的。根据连续函数中值定理，一定存在这样的 d，使得

$$\Delta V=dS \tag{8-81}$$

式(8-80) 中的 d 就是这样的 d。

设同等条件下中空玻璃的空气腔内增加的压力为 $\Delta P_{中}$，双层幕墙通道内空气增加的压力为 $\Delta P_{双层}$，中空玻璃空气腔的厚度为 $D_{中}$，双层幕墙通道宽度为 $D_{双层}$，则有下式成立：

$$\Delta P_{双层}=\frac{D_{中}}{D_{双层}}\times\Delta P_{中} \tag{8-82}$$

式中　$D_{中}$——通常为 9～15mm；

　　$D_{双层}$——通常为 300～1000mm。

所以有

$$\Delta P_{双层}=\frac{D_{中}}{D_{双层}}\times\Delta P_{中}=\frac{1}{20\sim60}\Delta P_{中}=(0.01\sim0.05)\Delta P_{中} \tag{8-83}$$

通过上面与中空玻璃类比可知，双层幕墙在正风压作用下，通道内空气增加的压力仅为同等条件下中空玻璃的0.01～0.05倍，几乎不增加，全部风荷载由外层幕墙承载，内层幕墙按《建筑结构荷载规范》(GB 50009) 取0.2倍的风荷载值即可。

四、优点

(1) 优异的热工性能　建筑玻璃作为外围护材料，其透明性是其他材料不可替代的。但是由于其厚度很薄，其保温隔热性能很差，是建筑能耗的主要部位。双层幕墙是由两层组成的，其玻璃构造通常是一层采用中空玻璃，另外一层采用单片玻璃，加之通道内空气层热阻的作用，一般双层幕墙的传热系数可达1.0～1.2W/(m^2·K)，较之单层幕墙，其热工性能有极大的改善，节能效果明显。

(2) 良好的隔声性能　建筑围护材料的隔声性能主要服从质量定律，密度越大，厚度越厚的材料，其隔声性能越好，即面密度越大，隔声性能越好。双层幕墙由于比单层幕墙多一层玻璃，加之通道内空气层的附加声阻，双层幕墙的隔声性能非常良好。

(3) 建筑遮阳的有效利用　太阳能是地球上一切能量的源泉，对于建筑物来说，太阳光的第一个功能是天然采光，第二个功能则是太阳光对建筑的热效应。在严寒的冬季，太阳光透过玻璃射入室内，使人感到温暖和舒适。但是在炎热的夏季，特别是南方地区，射入室内的太阳光使人感到酷暑难耐，增加空调负荷，造成能源浪费，因此建筑遮阳是非常重要的。建筑遮阳一般分为内遮阳和外遮阳，内遮阳简单，成本低，不改变建筑外立面效果，但遮阳作用有限。内遮阳完成了吸收太阳光的作用，室内的人没有受到太阳光的直接作用，因此人没有在太阳光辐射下的灼热感觉，但是内遮阳吸收太阳光能量的主要部分都散发在室内，因此节能效果不好。外遮阳复杂，成本高，最重要的一点是改变建筑外立面效果，但外遮阳将太阳光挡在了室外，节能效果好。而双层玻璃幕墙可将遮阳系统置于通道内，节能效果好且不改变建筑外立面效果，成本也低。

(4) 自然通风

五、缺点

(1) 造价昂贵

(2) 与消防规范的冲突

(3) 占据室内建筑面积　双层幕墙特别是通道比较宽的双层幕墙，如通道宽度达1m左右，将占据较大的室内面积，这一点往往不易被业主接受。

第五节　公共建筑节能设计标准对幕墙热工性能的要求

我国的能源消耗非常大，而建筑耗能占全国总能耗的1/4～1/3，为实现国家节约能源和保护环境的战略，实施建筑节能势在必行。我国的公共建筑数量多，建筑规模大，耗能十分巨大，浪费也很严重。在公共建筑的全年能耗中，大约50%～60%消耗于空调制冷与采暖系统，而在这部分能耗中，大约20%～50%是由外围护结构传热所消耗，其中严寒地区约为50%，寒冷地区约为40%，夏热冬冷地区约为35%，夏热冬暖地区约为

20%。在整个围护结构中，通过玻璃传递的热量远高于其他围护结构。为此，在公共建筑节能设计标准中将幕墙分为透明幕墙和非透明幕墙，并针对两类幕墙各自特点提出不同的热工要求。

一、建筑设计的一般要求

标准要求建筑总平面的布置和设计，宜利用冬季日照并避开冬季主导风向，利用夏季自然通风；建筑的主朝向宜选择本地区最佳朝向或接近最佳朝向。

标准对严寒、寒冷地区建筑的体形系数有严格的规定，要求公共建筑的体形系数应小于或等于0.40，当不能满足规定时，必须用按标准的规定进行权衡判断。

夏热冬暖地区、夏热冬冷地区的建筑以及寒冷地区中制冷负荷大的建筑，外窗（包括透明幕墙）宜设置外部遮阳。

建筑中庭夏季应利用通风降温，必要时设置机械排风装置。

严寒地区建筑的外门应设门斗，寒冷地区建筑的外门宜设门斗或应采取其他减少冷风渗透的措施。其他地区建筑外门也应采取保温隔热节能措施。

标准要求，外墙与屋面的热桥部位的内表面温度不应低于室内空气露点温度。

二、权衡判断

所谓“权衡判断”是指当建筑设计不能完全满足规定的围护结构热工设计要求时，计算并比较所设计建筑和参照建筑的全年采暖和空气调节能耗，判定围护结构的总体热工性能是否符合节能设计要求。“参照建筑”是对围护结构热工性能进行权衡判断时，作为计算全年采暖和空气调节能耗用的假想建筑。

1. 参照建筑的构造

（1）参照建筑的形状、大小、朝向、内部的空间划分和使用功能应与所设计建筑完全一致。

（2）在严寒和寒冷地区，当所设计建筑的体形系数大于本标准的规定时，参照建筑的每面外墙（包括外窗）应按比例缩小，使参照建筑的体型系数符合本标准的规定。外墙的缩小可以采用绝对绝热和不透射太阳能的墙体代替减少部分的办法。

（3）当所设计建筑的窗墙面积比大于本标准的规定时，参照建筑的每个窗户（透明幕墙）均应按比例缩小，使参照建筑的窗墙面积比符合本标准的规定。

（4）当所设计建筑的屋顶透明部分的面积大于本标准的规定时，参照建筑的屋顶透明部分的面积应按比例缩小，使参照建筑的屋顶透明部分的面积符合标准的规定。

（5）参照建筑外围护结构的热工性能参数取值应完全符合标准的规定。

2. 权衡判断

首先计算参照建筑在规定条件下的全年采暖和空气调节能耗，然后计算所设计建筑在相同条件下的全年采暖和空气调节能耗。所设计建筑和参照建筑全年采暖和空气调节能耗的计算必须按照标准的规定进行。

当所设计建筑的采暖和空气调节能耗不大于参照建筑的采暖和空气调节能耗时，判定围护结构的总体热工性能符合节能要求。

当所设计建筑的采暖和空气调节能耗大于参照建筑的采暖和空气调节能耗时，应调整设计参数重新计算，直至所设计建筑的采暖和空气调节能耗不大于参照建筑的采暖和空气调节能耗。

三、热工性能分区

各城市的建筑气候按表8-8分区。

表 8-8　主要城市所处气候分区

气候分区	代表性城市
严寒地区 A 区	海伦、博克图、伊春、呼玛、海拉尔、满洲里、齐齐哈尔、富锦、哈尔滨、牡丹江、克拉玛依、佳木斯、安达
严寒地区 B 区	长春、乌鲁木齐、延吉、通辽、四平、呼和浩特、抚顺、大柴旦、沈阳、大同、本溪、阜新、哈密、鞍山、张家口、酒泉、伊宁、吐鲁番、西宁、银川、丹东
寒冷地区	兰州、太原、唐山、阿坝、喀什、北京、天津、大连、阳泉、平凉、石家庄、德州、晋城、天水、西安、拉萨、康定、济南、青岛、安阳、郑州、洛阳、宝鸡、徐州
夏热冬冷地区	南京、蚌埠、盐城、南通、合肥、安庆、九江、武汉、黄石、岳阳、汉中、安康、上海、杭州、宁波、宜昌、长沙、南昌、株洲、永州、赣州、韶关、桂林、重庆、达县、万州、涪陵、南充、宜宾、成都、贵阳、遵义、凯里、绵阳
夏热冬暖地区	福州、莆田、龙岩、梅州、兴宁、英德、河池、柳州、贺州、泉州、厦门、广州、深圳、湛江、汕头、海口、南宁、北海、梧州

四、透明幕墙

透明幕墙采用传热系数、遮阳系数、可见光透射率和气密性来表征其热工性能，并针对不同地区提出不同的技术指标，而这些指标都是强制性条文，必须严格执行。

1. 传热系数和遮阳系数

(1) 严寒地区　由于严寒地区冬季漫长寒冷，夏季凉爽短暂，为在冬季最大限度地利用太阳能为室内增加热量，降低采暖能耗，《公共建筑节能设计标准》(GB 50189) 中对透明幕墙仅提出传热系数的要求，而对遮阳系数不作规定。该标准还将严寒地区分为 A 区和 B 区，传热系数要求分别见表 8-9 和表 8-10。

表 8-9　严寒地区 A 区透明幕墙传热系数限值

透明幕墙	体形系数≤0.3 传热系数/[W/(m²·K)]	0.3<体形系数≤0.4 传热系数/[W/(m²·K)]
窗墙面积比≤0.2	≤3.0	≤2.7
0.2<窗墙面积比≤0.3	≤2.8	≤2.5
0.3<窗墙面积比≤0.4	≤2.5	≤2.2
0.4<窗墙面积比≤0.5	≤2.0	≤1.7
0.5<窗墙面积比≤0.7	≤1.7	≤1.5
屋顶透明部分	≤2.5	

表 8-10　严寒地区 B 区透明幕墙传热系数限值

透明幕墙	体形系数≤0.3 传热系数/[W/(m²·K)]	0.3<体形系数≤0.4 传热系数/[W/(m²·K)]
窗墙面积比≤0.2	≤3.2	≤2.8
0.2<窗墙面积比≤0.3	≤2.9	≤2.5
0.3<窗墙面积比≤0.4	≤2.6	≤2.2
0.4<窗墙面积比≤0.5	≤2.1	≤1.8
0.5<窗墙面积比≤0.7	≤1.8	≤1.6
屋顶透明部分	≤2.6	

(2) 寒冷地区　由于寒冷地区冬季寒冷，夏季炎热，为降低冬季采暖能耗和夏季制冷能耗，《公共建筑节能设计标准》(GB 50189) 中对透明幕墙不仅提出传热系数的要求，而且对遮阳系数也作出了规定。传热系数和遮阳系数要求见表 8-11。

表 8-11　寒冷地区透明幕墙传热系数和遮阳系数限值

透明幕墙	体形系数≤0.3		0.3<体形系数≤0.4	
	传热系数/[W/(m²·K)]	遮阳系数 S_c（东、南、西向）	传热系数/[W/(m²·K)]	遮阳系数 S_c（东、南、西向）
窗墙面积比≤0.2	≤3.5	—	≤3.0	—
0.2<窗墙面积比≤0.3	≤3.0	—	≤2.5	—
0.3<窗墙面积比≤0.4	≤2.7	≤0.7	≤2.3	≤0.7
0.4<窗墙面积比≤0.5	≤2.3	≤0.6	≤2.0	≤0.6
0.5<窗墙面积比≤0.7	≤2.0	≤0.5	≤1.8	≤0.5
屋顶透明部分	≤2.7	≤0.5	≤2.7	≤0.5

（3）夏热冬冷地区和夏热冬暖地区　夏热冬冷地区和夏热冬暖地区的共同特点是夏季炎热漫长、日照强烈，冬季略感寒冷或温暖，因此夏季遮阳是透明幕墙的主要矛盾，其传热系数和遮阳系数见表 8-12。

表 8-12　传热系数和遮阳系数限值

透明幕墙	夏热冬冷地区		夏热冬暖地区	
	传热系数/[W/(m²·K)]	遮阳系数 S_c（东、南、西/北向）	传热系数/[W/(m²·K)]	遮阳系数 S_c（东、南、西/北向）
窗墙面积比≤0.2	≤4.7	—	≤6.5	—
0.2<窗墙面积比≤0.3	≤3.5	≤0.55/—	≤4.7	≤0.50/0.60
0.3<窗墙面积比≤0.4	≤3.0	≤0.50/0.60	≤3.5	≤0.45/0.55
0.4<窗墙面积比≤0.5	≤2.8	≤0.45/0.55	≤3.0	≤0.40/0.50
0.5<窗墙面积比≤0.7	≤2.5	≤0.40/0.50	≤3.0	≤0.35/0.45
屋顶透明部分	≤3.0	≤0.40	≤3.5	≤0.35

2. 可见光透射比

《公共建筑节能设计标准》（GB 50189）对透明幕墙的可见光透射比的要求只有一条，无论任何地区，只要窗墙面积比小于 0.4，则玻璃的可见光透射比不应小于 0.4。

3. 气密性

《公共建筑节能设计标准》（GB 50189）对透明幕墙的气密性要求是不应低于《建筑幕墙物理性能分级》（GB/T 15225）规定的 3 级，对外窗的气密性要求是不应低于《建筑外窗气密性能分级及其检测方法》（GB 7107）规定的 4 级。外窗的可开启面积不应小于窗面积的 30%；透明幕墙应具有可开启部分或设有通风换气装置。

4. 窗墙面积比

建筑每个朝向的窗（包括透明幕墙）墙面积比均不应大于 0.70。当窗（包括透明幕墙）墙面积比小于 0.40 时，玻璃（或其他透明材料）的可见光透射比不应小于 0.4。当不能满足规定时，必须按标准的规定进行“权衡判断”。

屋顶透明部分的面积不应大于屋顶总面积的 20%，当不能满足规定时，必须按标准的规定进行“权衡判断”。

五、非透明幕墙

《公共建筑节能设计标准》（GB 50189）对非透明幕墙的热工性能要求仅用传热系数表征，不同地区非透明幕墙传热系数的要求见表 8-13。

表 8-13　非透明幕墙传热系数限值

非透明幕墙	严寒地区 A 区	严寒地区 B 区	寒冷地区	夏热冬冷地区	夏热冬暖地区
传热系数/[W/(m²·K)]	0.45	0.50	0.60	1.0	1.5

第六节　建筑幕墙节能设计方法

一、透明幕墙

1. 建筑玻璃选择

节能玻璃家族有着色玻璃、阳光控制镀膜玻璃、普通中空玻璃和 Low-E 玻璃等，一般来说，仅采用单片着色玻璃或单片阳光控制镀膜玻璃是不能满足节能要求的，通过着色玻璃、阳光控制镀膜玻璃、Low-E 玻璃和透明浮法玻璃不同单片组成中空玻璃可满足节能要求，即玻璃的传热系数和遮阳系数都符合要求。

2. 型材选择（断热型材和断热爪件）

隐框玻璃幕墙的铝框不直接参加传递室内外热量，因此可采用一般铝型材。明框玻璃幕墙的铝框直接参与室内外热量的传递，因此应采用断热铝型材，消除铝型材的冷桥效应。点支式玻璃幕墙的爪件应采用断热爪件。

3. 遮阳系统

对于夏热冬暖地区、夏热冬冷地区和寒冷地区，夏季阳光辐射强烈，是夏季制冷能耗主要根源，因此《公共建筑节能设计标准》(GB 50189) 中对透明幕墙的遮阳有明确要求。通常遮阳可分为两类：一类是面板自身遮阳，如阳光控制镀膜玻璃、着色玻璃、Low-E 玻璃、丝网印刷釉面玻璃等；另一类为遮阳系统。遮阳系统可分为外遮阳和内遮阳，外遮阳又可分为水平遮阳、垂直遮阳、综合遮阳和挡板遮阳；内遮阳可分为遮阳帘和遮阳百叶等。依据遮阳系统的控制方式可分为固定式、活动式、人工控制和智能化控制。

水平遮阳系统一般适用于南朝向、太阳高度角大的地区，其工程应用和示意图分别见图 8-29 和图 8-30。

图 8-29　水平遮阳

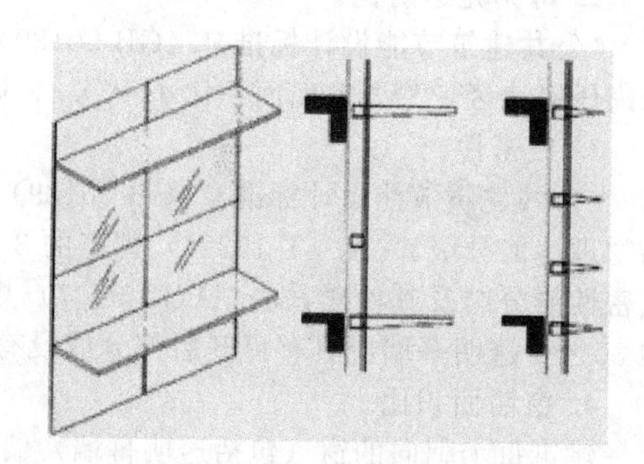

图 8-30　水平遮阳示意图

任意朝向水平遮阳挑出板挑出长度按下式计算：

$$L = H \times \cot h_s \times \cos\gamma_{s,w} \tag{8-84}$$

式中　L——水平板挑出长度，m；

H——两水平板间距，m；

h_s——太阳高度角；

$\gamma_{s,w}$——太阳方位角和墙方位角之差。

水平板两翼挑出长度按下式计算：

$$D = H \times \cot h_s \times \sin\gamma_{s,w} \tag{8-85}$$

式中　D——两翼挑出长度，m。

4. 简易权衡判断法

围护结构的外窗、透明幕墙和屋顶透明部分的热工性能一般用传热系数和遮阳系数表征，外墙、非透明幕墙和屋顶非透明部分的热工性能仅用传热系数表征。设建筑物某朝向的总面积为S，透明部分（包括外窗和透明幕墙）面积为S_1，透明部分的传热系数和遮阳系数分别为K_1和S_{C_1}，非透明部分（包括外墙和非透明幕墙）面积为S_2，非透明部分的传热系数为K_2（K_2满足标准要求即可，与讨论结果无关，不作特殊要求），$S=S_1+S_2$，室内外温差为ΔT，太阳辐射照度为I，则单位时间内通过该朝向由室外传入室内的热量Q_1为：

$$Q_1=0.889S_{C_1}S_1I+\Delta TK_1S_1+\Delta TK_2S_2 \tag{8-86}$$

在《公共建筑节能设计标准》（GB 50189）中，对于寒冷地区、夏热冬冷地区和夏热冬暖地区，当窗墙面积比$e_1=0.7$时（记为e_1^*），对于不同朝向，遮阳系数都有限值要求，令S_{C_1}取限值（记为$S_{C_1}^*$）。对于不同地区，当窗墙面积比$e_1=0.7$时，传热系数也有限值要求，令K_1取限值（记为K_1^*）。则在同等室内外温差和同等阳光辐射照度的条件下，单位时间内，该朝向由室外传入室内最大热量Q^*为

$$Q^*=0.889S_{C_1}^*S_1^*I+\Delta TK_1^*S_1^*+\Delta TK_2S_2 \tag{8-87}$$

即该朝向的窗墙面积比和透明部分的热工参数都取限值。现将透明部分的面积加大至S_3，透明部分的遮阳系数和传热系数分别调整为S_{C_2}和K_3，非透明部分的面积缩小至S_4，非透明部分的传热系数仍为K_2，$S=S_3+S_4$，室内外温差和太阳辐射照度不变，则单位时间内通过该朝向由室外传入室内的热量Q_2为：

$$Q_2=0.889S_{C_2}S_3I+\Delta TK_3S_3+\Delta TK_2S_4 \tag{8-88}$$

令

$$0.889S_{C_1}^*S_1^*I=0.889S_{C_2}S_3I \tag{8-89}$$

有

$$S_{C_1}^*S_1^*=S_{C_2}S_3 \tag{8-90}$$

用S除式(8-90)两边，得

$$\frac{S_{C_1}^*S_1^*}{S}=\frac{S_{C_2}S_3}{S} \tag{8-91}$$

则S_1^*/S和S_3/S分别为两种情况的窗墙面积比，分别记为e_1^*和e_2，由式(8-89)得

$$S_{C_2}=\frac{S_{C_1}^*e_1^*}{e_2} \tag{8-92}$$

由式(8-92)可见，当窗墙面积比$e_2>0.7$时，只要透明部分的遮阳系数限值按式(8-92)取值，则可保证太阳光通过透明部分射向室内的热量与窗墙面积比为0.7时遮阳系数取其对应限值的透明部分传递的太阳能严格相同，与太阳辐射照度无关，即在任何地区、任何季节、任何时候，两者都成立，即

$$\begin{aligned}0.889S_{C_2}S_3I&=\frac{0.889S_{C_1}^*S_3Ie_1^*}{e_2}\\&=0.889S_{C_1}^*S_3I\frac{S_1^*}{S}\times\frac{S}{S_3}\\&=0.889S_{C_1}^*S_1^*I\end{aligned}$$

同理，令

$$\Delta TK_1^*S_1^*=\Delta TK_3S_3 \tag{8-93}$$

有

$$K_1^*S_1^*=K_3S_3 \tag{8-94}$$

用S除式(8-94)两边，得

$$\frac{K_1^* S_1^*}{S}=\frac{K_3 S_3}{S} \tag{8-95}$$

则 S_1^*/S 和 S_3/S 分别为两种情况的窗墙面积比，分别记为 e_1^* 和 e_2，由式(8-95) 得

$$K_3=\frac{K_1^* e_1^*}{e_2} \tag{8-96}$$

由式(8-96) 可见，当窗墙面积比 $e_2>0.7$ 时，只要透明部分的传热系数限值按式(8-96) 取值，则可保证通过透明部分传递的环境热量与窗墙面积比为 0.7 时传热系数取其对应限值的透明部分传递的环境热量严格相同，与室内外温差无关，即在任何地区、任何季节、任何时候，两者都成立，即

$$\begin{aligned}\Delta TK_3 S_3&=\frac{\Delta TK_1^* S_3 e_1^*}{e_2}\\&=\Delta TK_1^* S_3\frac{S_1^*}{S}\times\frac{S}{S_3}\\&=\Delta TK_1^* S_1^*\end{aligned}$$

对于非透明部分，由于窗墙面积比大于 0.7 时的面积 S_4 小于窗墙面积比为 0.7 时的 S_2，所以有

$$\Delta TK_2 S_4<\Delta TK_2 S_2$$

所以

$$Q_2<Q^*$$

综上所述，当窗墙面积比大于 0.7 时，只要透明部分的遮阳系数限值和传热系数限值分别按式(8-92) 和式(8-96) 取值，非透明部分的传热系数保持不变，则可保证通过该朝向传递的室内外热量小于窗墙面积比等于 0.7 时透明部分的遮阳系数和传热系数分别取标准规定的对应限值时传递的室内外热量，从原理上已经满足《公共建筑节能设计标准》(GB 50189) 的要求，不必再进行整体的权衡计算。由于上述计算仅限于该朝向一个平面，而不是通常意义上的整体权衡计算，故称该方法为简易权衡判断设计法。该方法的特点是设计取值和权衡判断同时完成。

对于屋顶，当其透明部分大于屋顶总面积的 20%时，只要其遮阳系数限值和传热系数限值分别按式(8-92) 和式(8-96) 取值（注：$e^*=0.2$），从原理上已经满足《公共建筑节能设计标准》(GB 50189) 的要求，不必再进行整体的权衡计算。

如果一定要进行整体权衡判断，应用上述的简易权衡判断设计法也使得整体权衡判断变得非常简单。按《公共建筑节能设计标准》(GB 50189) 的规定，此时所设计建筑需要进行权衡判断的唯一原因是：某朝向（例如南向）窗墙面积比 e 超过 0.7，其他方面符合标准。其过程如下。

① 构建参照建筑。其他方面与设计建筑完全相同，南朝向窗墙面积比取 $e^*=0.7$，传热系数取限值 K^*，遮阳系数取限值 S_{C^*}（严寒地区对此参数无要求）。

② 调整设计建筑的参数。南朝向透明部分的传热系数按 $K=K^* e^*/e$ 取值；南朝向透明部分的遮阳系数按 $S_C=S_{C^*} e^*/e$ 取值，其他方面不动。

③ 计算参照建筑全年采暖和空调能耗 q_1；计算设计建筑全年采暖和空调能耗 q_2。

④ 比较 q_1 和 q_2，如果 q_2 不大于 q_1，权衡判断通过；如果 q_2 大于 q_1，权衡判断不通过，还需对设计建筑围护结构热工参数进行调整，直至 q_2 不大于 q_1 为止。由此可见，权衡判断并不需要一定计算出 q_1 和 q_2，只要能够证明 q_2 不大于 q_1 即可。

⑤ 设计建筑和参照建筑的内部构造完全相同，屋顶、地面、东朝向、北朝向和西朝向围护结构的热工参数完全相同，因此参照建筑和设计建筑在这些部位产生的能耗也完全相同；在南朝向透明部分相关的能耗也完全相同，两座建筑唯一产生能耗差异的部位是南朝向

的不透明部分，而这部分能耗一定与各自的面积成正比，而其他条件完全相同，如室内外温度、阳光辐射照度、室内使用条件、传热系数等，因此有下式成立：

$$q_2 - q_1 = A(S_4 - S_2) < 0$$

式中　A——大于 0 的正数；

S_4——窗墙面积比大于 0.7 时非透明部分的面积；

S_2——窗墙面积比等于 0.7 时非透明部分的面积。

显然 $S_4 < S_2$，所以上式成立，证明 q_2 小于 q_1，整体权衡判断完成。

由上述可见，应用简易权衡判断设计法，即使按照标准规定进行整体权衡判断，也使得判断过程变得极为简单。之所以有这样的结果，是因为采用简易权衡判断设计法设计的透明幕墙，该朝向透明部分加大造成该朝向热工性能的损失完全由提高透明部分自身热工性能来补偿，与非透明部分无关。尽管该朝向透明部分在几何尺寸上超过 0.7 限值，但在传递室内外热能方面完全等价于窗墙面积比等于 0.7 传热系数和遮阳系数分别取限值的效果，而它超出 0.7 窗墙面积比部分（$S_3 - S_2$）占据的几何空间在传递室内外热能方面等价于绝热部分，即这部分所对应的传热系数和遮阳系数为 0，见图 8-31，所以才会有尽管窗墙面积比超过 0.7，但如果按简易权衡判断设计法进行设计，该朝向的热工性能不但没有降低，反而有所提高。

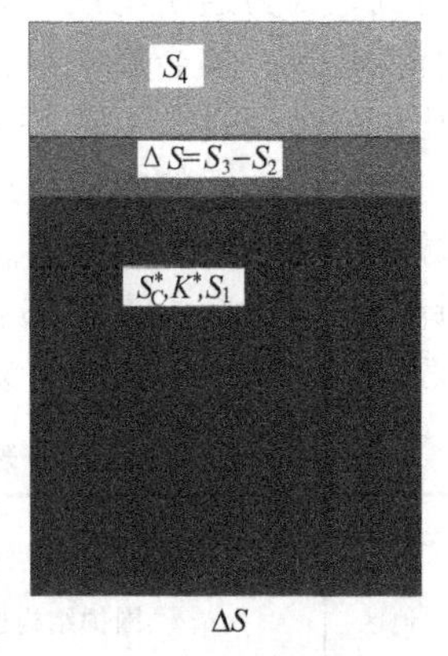

图 8-31　南朝向，图部分面积即对应于绝热部分

窗墙面积比 e 和传热系数限值 K^* 的乘积 eK^* 具有特殊的意义，它表征了单位面积朝向、单位室内外温差、单位时间内，《公共建筑节能设计标准》（GB 50189）规定不同窗墙面积比所允许透明部分传递的室内外热量，窗墙面积比 e 和遮阳系数限值 S_{C^*} 的乘积 eS_{C^*} 具有相似的意义，这里以 eK^* 为例，现将《公共建筑节能设计标准》（GB 50189）规定的数值和相关计算值列于表8-14中。

由表 8-14 可见，随着窗墙面积比的增加，eK^* 也随之增加。当窗墙面积比等于 0.7 时，eK^* 达到其最大值。采用简易权衡判断设计法，就是保证当窗墙面积比超过 0.7 时，eK^* 这一数值不变。将表 8-14 中的数值绘于图 8-32。

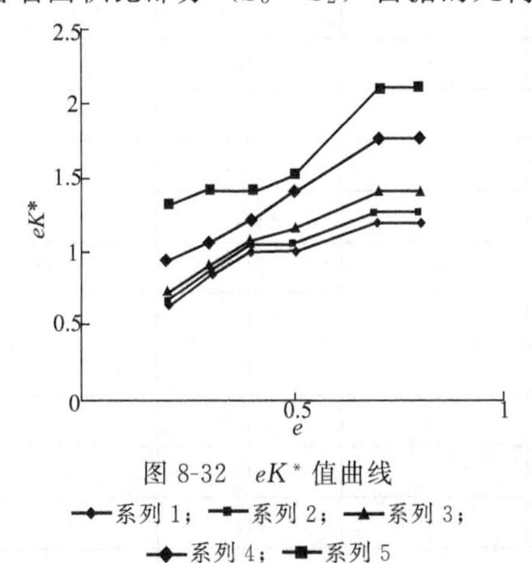

图 8-32　eK^* 值曲线

◆系列 1；■系列 2；▲系列 3；◆系列 4；■系列 5

（系列 1 对应严寒 A 类地区，系列 2 对应严寒 B 类地区，系列 3 对应寒冷地区，系列 4 对应夏热冬冷地区，系列 5 对应夏热冬暖地区）

表 8-14　eK^* 值

地　区	eK^*					
	e=0.2	e=0.3	e=0.4	e=0.5	e=0.7	e>0.7
严寒 A 地区	0.60	0.84	1.00	1.00	1.19	1.19
严寒 B 地区	0.64	0.87	1.04	1.05	1.26	1.26
寒冷地区	0.70	0.90	1.08	1.15	1.40	1.40
夏热冬冷地区	0.94	1.05	1.20	1.40	1.75	1.75
夏热冬暖地区	1.30	1.41	1.40	1.50	2.10	2.10

窗墙面积比的上限0.7一般是不易达到的，因为窗墙面积比要扣除该朝向的非透明部分，如楼板、窗槛墙、非透明幕墙等，屋顶透明部分占屋顶总面积比的上限0.2一般也不易达到，因为透明屋顶一般仅在建筑个别部位采用，如中庭、休息厅、餐厅等。但是对于某些特殊建筑，如会展中心、艺术中心、机场候机大厅、售楼处、售车处等某个朝向的窗墙面积比可能会超过0.7，个别采光顶为主的建筑，其屋顶透明部分占屋顶总面积比的上限0.2也可能突破，即使超过，这两个数不会超过很多，可按式(8-92）和式(8-96）分别选取遮阳系数限值和传热系数限值。为应用方便，按《公共建筑节能设计标准》（GB 50189）的要求，针对不同地区，表8-15给出部分窗墙面积比大于0.7条件下透明部分的传热系数和遮阳系数限值，满足上述的简易权衡判断。

表8-15 围护结构透明部分传热系数和遮阳系数限值

地区	围护结构透明部位		体形系数≤0.3		0.3<体形系数≤0.4	
			传热系数/[W/(m²·K)]	遮阳系数 S_C（东、南、西向/北向）	传热系数/[W/(m²·K)]	遮阳系数 S_C（东、南、西向/北向）
严寒地区A区	单一朝向外窗（包括透明幕墙）	0.5<窗墙面积比≤0.7	≤1.7	—	≤1.5	—
		窗墙面积比=0.74	≤1.6	—	≤1.4	—
		窗墙面积比=0.78	≤1.5	—	≤1.3	—
		窗墙面积比=0.82	≤1.4	—	≤1.2	—
	屋顶透明部分占总面积比例 e	e≤0.2	≤2.5	—	≤2.5	—
		e=0.25	≤2.0	—	≤2.0	—
		e=0.3	≤1.6	—	≤1.6	—
		e=0.35	≤1.4	—	≤1.4	—
严寒地区B区	单一朝向外窗（包括透明幕墙）	0.5<窗墙面积比≤0.7	≤1.8	—	≤1.6	—
		窗墙面积比=0.74	≤1.7	—	≤1.5	—
		窗墙面积比=0.78	≤1.6	—	≤1.4	—
		窗墙面积比=0.82	≤1.5	—	≤1.3	—
	屋顶透明部分占总面积比例 e	e≤0.2	≤2.6	—	≤2.6	—
		e=0.25	≤2.0	—	≤2.0	—
		e=0.3	≤1.7	—	≤1.7	—
		e=0.35	≤1.5	—	≤1.5	—
寒冷地区	单一朝向外窗（包括透明幕墙）	0.5<窗墙面积比≤0.7	≤2.0	≤0.50/—	≤1.8	≤0.50/—
		窗墙面积比=0.74	≤1.9	≤0.47/—	≤1.7	≤0.47/—
		窗墙面积比=0.78	≤1.8	≤0.44/—	≤1.6	≤0.44/—
		窗墙面积比=0.82	≤1.7	≤0.43/—	≤1.5	≤0.43/—
	屋顶透明部分占总面积比例 e	e≤0.2	≤2.7	≤0.50	≤2.7	≤0.50
		e=0.25	≤2.1	≤0.40	≤2.1	≤0.40
		e=0.3	≤1.8	≤0.33	≤1.8	≤0.33
		e=0.35	≤1.5	≤0.28	≤1.5	≤0.28
			传热系数/[W/(m²·K)]		遮阳系数 S_C（东、南、西向/北向）	

续表

<table>
<tr><th rowspan="2">地区</th><th rowspan="2" colspan="2">围护结构透明部位</th><th colspan="2">体形系数≤0.3</th><th colspan="2">0.3<体形系数≤0.4</th></tr>
<tr><th>传热系数/[W/(m²·K)]</th><th>遮阳系数 S_C（东、南、西向/北向）</th><th>传热系数/[W/(m²·K)]</th><th>遮阳系数 S_C（东、南、西向/北向）</th></tr>
<tr><td rowspan="8">夏热冬冷地区</td><td rowspan="4">单一朝向外窗（包括透明幕墙）</td><td>0.5<窗墙面积比≤0.7</td><td colspan="2">≤2.5</td><td colspan="2">≤0.40/0.50</td></tr>
<tr><td>窗墙面积比=0.74</td><td colspan="2">≤2.4</td><td colspan="2">≤0.38/0.47</td></tr>
<tr><td>窗墙面积比=0.78</td><td colspan="2">≤2.2</td><td colspan="2">≤0.36/0.44</td></tr>
<tr><td>窗墙面积比=0.82</td><td colspan="2">≤2.1</td><td colspan="2">≤0.34/0.43</td></tr>
<tr><td rowspan="4">屋顶透明部分占总面积比例 e</td><td>e≤0.2</td><td colspan="2">≤3.0</td><td colspan="2">≤0.40</td></tr>
<tr><td>e=0.25</td><td colspan="2">≤2.4</td><td colspan="2">≤0.32</td></tr>
<tr><td>e=0.3</td><td colspan="2">≤2.0</td><td colspan="2">≤0.26</td></tr>
<tr><td>e=0.35</td><td colspan="2">≤1.7</td><td colspan="2">≤0.22</td></tr>
<tr><td rowspan="8">夏热冬暖地区</td><td rowspan="4">单一朝向外窗（包括透明幕墙）</td><td>0.5<窗墙面积比≤0.7</td><td colspan="2">≤3.0</td><td colspan="2">≤0.35/0.45</td></tr>
<tr><td>窗墙面积比=0.74</td><td colspan="2">≤2.8</td><td colspan="2">≤0.33/0.42</td></tr>
<tr><td>窗墙面积比=0.78</td><td colspan="2">≤2.7</td><td colspan="2">≤0.31/0.40</td></tr>
<tr><td>窗墙面积比=0.82</td><td colspan="2">≤2.5</td><td colspan="2">≤0.30/0.38</td></tr>
<tr><td rowspan="4">屋顶透明部分占总面积比例 e</td><td>e≤0.2</td><td colspan="2">≤3.5</td><td colspan="2">≤0.35</td></tr>
<tr><td>e=0.25</td><td colspan="2">≤2.8</td><td colspan="2">≤0.28</td></tr>
<tr><td>e=0.3</td><td colspan="2">≤2.3</td><td colspan="2">≤0.23</td></tr>
<tr><td>e=0.35</td><td colspan="2">≤2.0</td><td colspan="2">≤0.20</td></tr>
</table>

由表8-15可见，随着窗墙面积比的增加，对玻璃的保温隔热性能的要求也在增加，在现代化玻璃技术飞速发展的今天，可选择的玻璃品种很多，完全能满足表8-15的要求，如Low-E中空玻璃、双银Low-E中空玻璃、Low-E双层中空玻璃、真空玻璃、阳光控制镀膜玻璃和室内外遮阳系统等。在满足节能设计的基础上，究竟采用何种玻璃和何种遮阳系统，可结合建筑学要求确定。

二、非透明幕墙

非透明幕墙是指石材幕墙或金属板幕墙，其热工性能由传热系数表征。非透明幕墙的后面一般都有实体墙，因此只要在非透明幕墙和实体墙之间作保温层即可。保温层一般采用保温棉或聚苯板，只要厚度达到要求即可实现良好的保温效果。

第九章　玻璃幕墙遮阳系统

第一节　建筑外遮阳

建筑外遮阳起到遮挡太阳太直射的重要作用。窗外的窗户侧壁、屋檐、阳台、各种遮阳板、花格、周围建筑物遮挡等，均可以起到遮阳的作用。遮阳的效果与太阳的位置及墙面的朝向有关，见图 9-1。

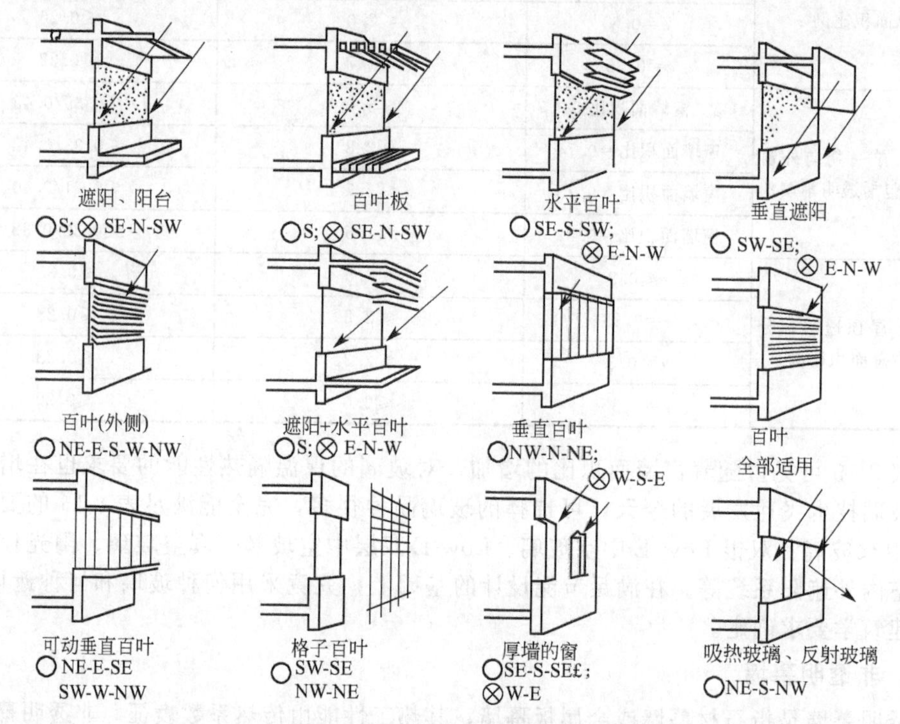

图 9-1　各朝向使用各种遮阳措施的适用性

○ 适用；⊗ 不适用

建筑的遮阳设施有连续的、不连续的和不规则的。遮阳设施在窗上形成的阴影可以采用下述的计算方法。

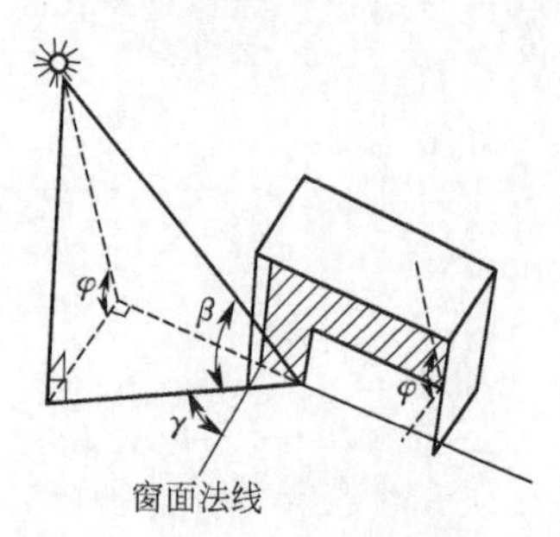

图 9-2　连续遮阳板

1. 连续遮阳板

连续的遮阳板包括窗侧壁、窗上檐、水平连续遮阳板、垂直连续遮阳板、连续建筑花格等。

水平和垂直的连续遮阳板遮阳的阴影见图 9-2。

水平遮阳板的阴影高度为

$$H = A\tan\varphi = A \times \frac{\tan\beta}{\cos\gamma}$$

垂直遮阳板的阴影宽度为

$$M = A\tan\gamma = A\tan(\alpha - \varepsilon)$$

式中　A——遮阳板的外挑宽度；

β——太阳的高度角；

α——太阳的方位角；

ε——墙面方位角。

2. 不连续遮阳板

不连续的遮阳板包括雨棚、阳台、局部遮阳板等。不连续的遮阳板的计算比较麻烦，一般可以用作图法计算，也可以编制计算机程序计算。

一些典型的不连续遮阳板的阴影图见图 9-3。

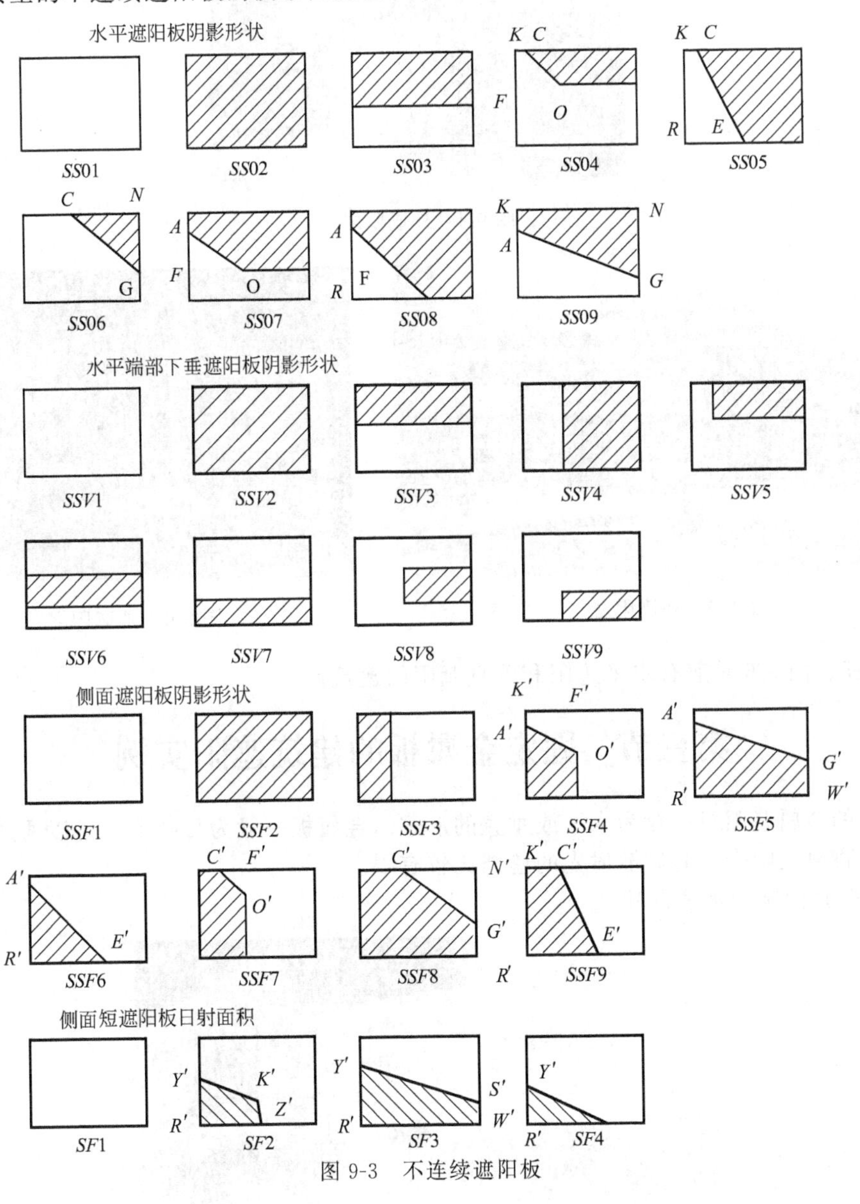

图 9-3　不连续遮阳板

第二节　建筑外遮阳实例

图 9-4 是一栋热带的建筑，其建筑遮阳的措施是非常周到的。东西墙壁用百叶遮阳，正门用雨棚、阳台加百叶遮阳，窗还应用了花格。

图 9-4　外遮阳之一

图 9-5　外遮阳之二

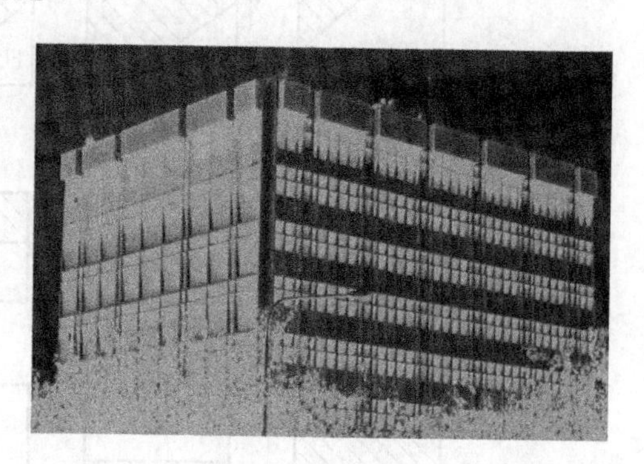

图 9-6　外遮阳之三

图 9-5、图 9-6 是兼有水平遮阳和垂直遮阳的建筑。

第三节　固定金属板的建筑遮阳实例

固定的金属遮阳板一般为水平或垂直的形式。金属板一般为百叶形，可以通风，遮挡某些方向的直射太阳光，而对散射光的遮挡比较有限。

图 9-7 是固定的水平百叶。

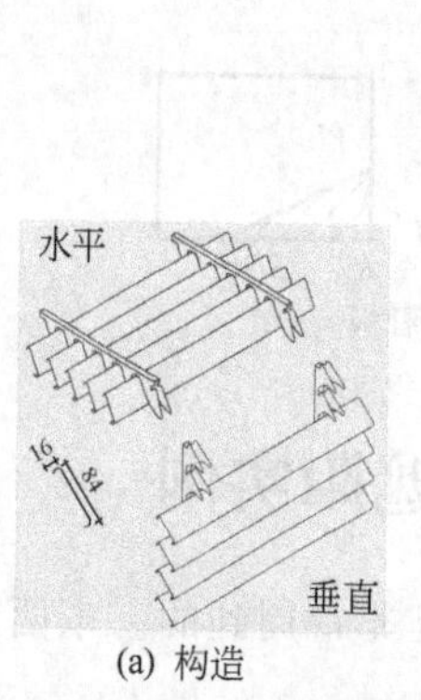

(a) 构造

(b) 实例

图 9-7　固定水平百叶之一

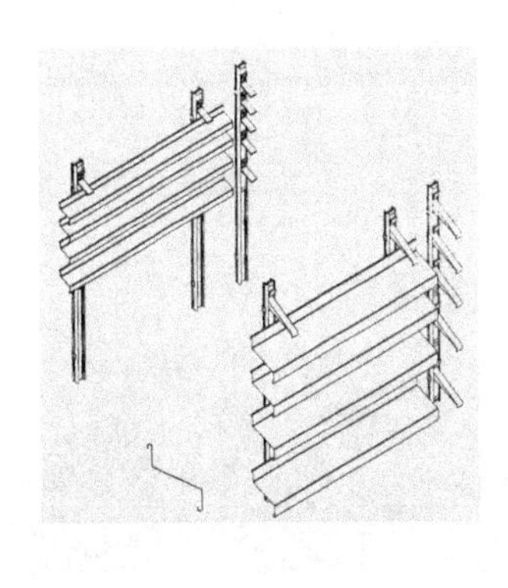

图 9-8　固定水平百叶之二

固定的金属百叶也可以用于大面积的外墙遮阳采光，见图 9-8。

固定遮阳设施的形式可以是多样化的，用得好，可以更加丰富建筑的立面，并给建筑带来强烈的现代感。当然，除金属板之外，也有采用玻璃钢等其他材料。以前的建筑还大量采用木或混凝土百叶、花格等。

第四节　内遮阳和外遮阳

外遮阳一般比内遮阳有着明显的优势，节能和降低负荷的效果均比较好，见图 9-9。

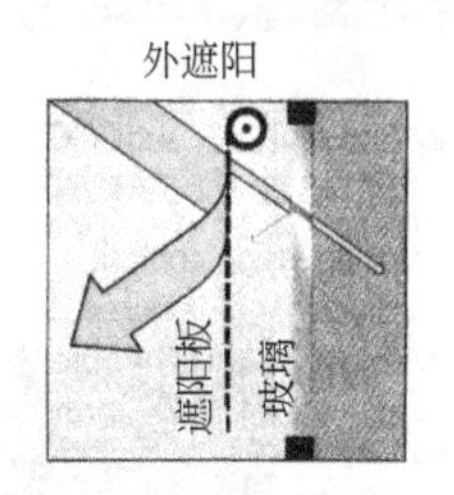

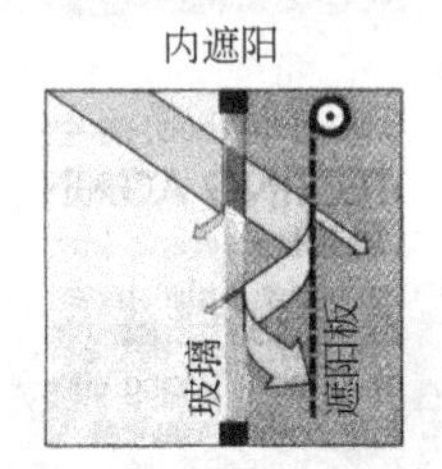

图 9-9　内外卷帘的区别

外侧用可调节的百叶，还可以达到既遮阳又调节采光的目的，见图 9-10。

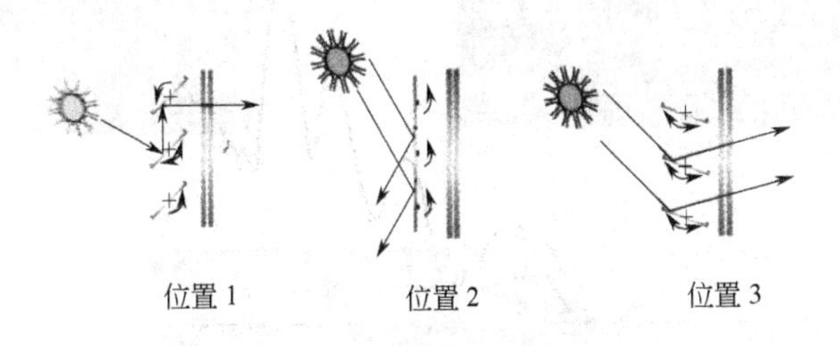

图 9-10　可调节的外百叶

在外遮阳不能满足要求的情况下，内遮阳也是不错的选择，有些玻璃幕墙还不得不采用内遮阳，见图 9-11、图 9-12。

幕墙也有许多采用卷帘遮阳，见图 9-13。

从上面的几幅图可以看到，遮阳帘应用得好可以达到很好的装饰效果。

应该说，在玻璃幕墙大量应用的情况下，内遮阳的应用是非常普遍的。遮阳帘、遮阳百

图 9-11　窗帘内遮阳

图 9-12　窗内百叶遮阳

(a)

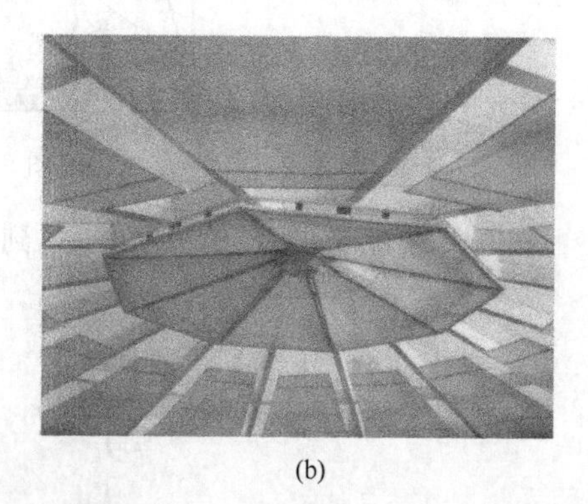

(b)

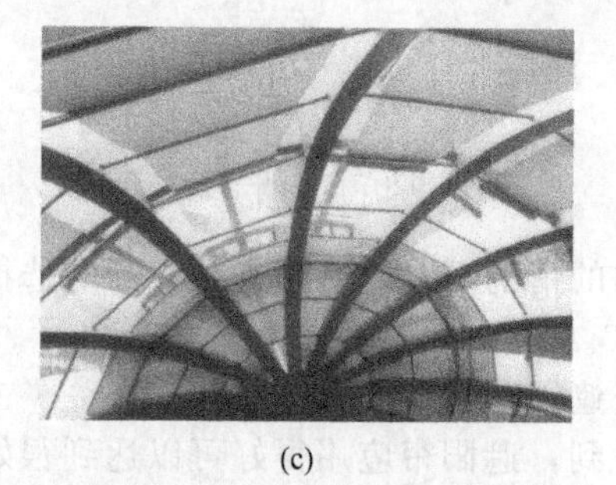

(c)

(d)　(e)

(f)　(g)

图 9-13　卷帘遮阳

(a)　(b)

图 9-14　内百叶遮阳

叶的应用等均是比较好的选择，见图 9-14。

第五节 窗自身的遮阳装置

窗的遮阳主要是采用遮阳玻璃，但也有不少窗自身的遮阳产品，这些产品主要是百叶、卷帘等。图 9-15 为几种遮阳型的铝合金窗产品。

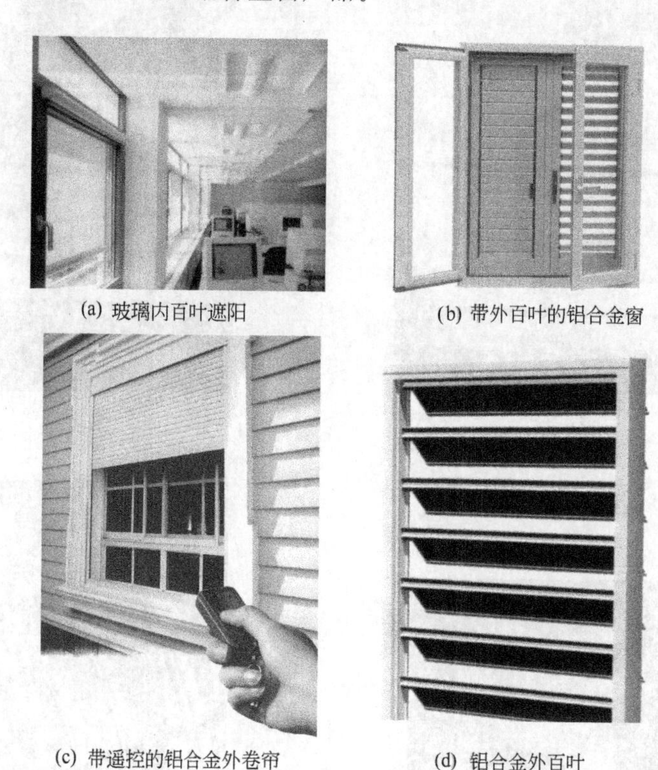

(a) 玻璃内百叶遮阳　(b) 带外百叶的铝合金窗

(c) 带遥控的铝合金外卷帘　(d) 铝合金外百叶

图 9-15 铝合金窗遮阳

第六节 双层幕墙的遮阳装置

双层幕墙在遮阳中的应用和在玻璃内部加百叶有类似的效果。不同的是，两层幕墙间的空气层比较大，而且可以利用开口通风来改变幕墙空间内的热状况。在夏季，双层幕墙可以利用外部上下的开口实现气流循环，从而带走幕墙空间内百叶和其他构件吸收的太阳能。

用于遮阳目的的双层幕墙一般是外层采用单层玻璃，内层采用中空玻璃。空间内采用活动的遮阳百叶，遮阳百叶可以收放。双层幕墙的一般原理见图 9-16。

图 9-16 中，幕墙空间中的物体（百叶、玻璃、型材等）被太阳晒热，幕墙空间中的气体被空间内的物体加热，然后热气上升形成气流，带动外部稍冷的空气进入，从而带走热量。

图 9-17 是一种典型的双层幕墙，在幕墙空间内有百叶，外层是通风的结构，内层是可以开启的。百叶的调节采用自动控制，有些简易的幕墙也采用手动控制。

采用通风幕墙进行遮阳，可以使得遮阳不受地域环境的限制，幕墙外侧的美观不受影响。

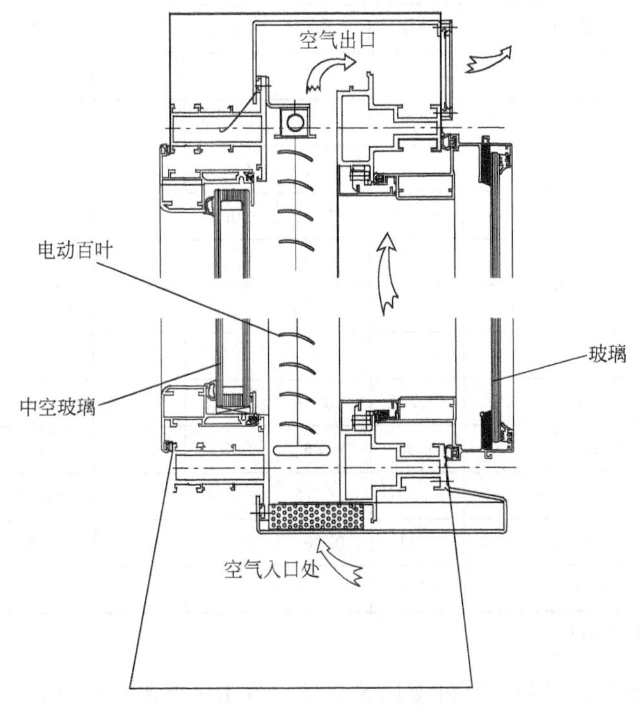

图 9-16　双层幕墙

图 9-17　双层幕墙遮阳百叶

第七节　建筑外遮阳系数计算方法

水平遮阳板的外遮阳系数和垂直遮阳板的外遮阳系数应按下列公式计算确定：

水平遮阳板 $SD_H=a_h PF^2+b_h PF+1$

垂直遮阳板 $SD_V=a_v PF^2+b_v PF+1$

遮阳板外挑系数 $PF=\frac{A}{B}$

式中　SD_H——水平遮阳板夏季外遮阳系数；

SD_V——垂直遮阳板夏季外遮阳系数；

a_h、b_h、a_v、b_v——计算系数，按表 9-1 取定；

PF——遮阳板外挑系数，当计算出的 PF>1 时，取 PF=1；

A——遮阳板外挑长度，见图 9-18；

B——遮阳板根部到窗对边距离，见图 9-18。

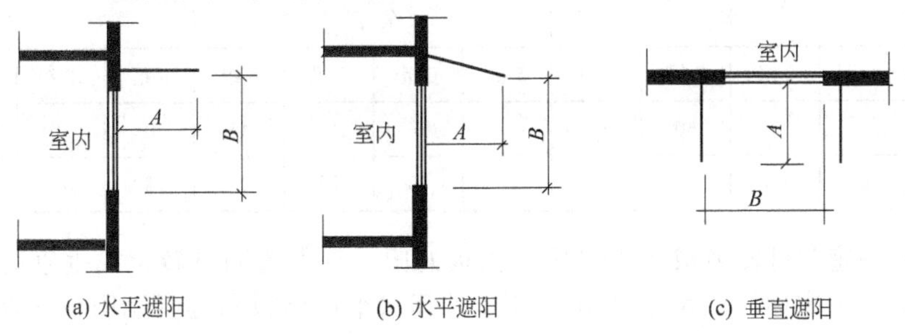

图 9-18　遮阳外挑系数（PF）计算示意图

表 9-1 水平和垂直外遮阳计算系数

气候区	遮阳装置	计算系数	东	东南	南	西南	西	西北	北	东北
寒冷地区	水平遮阳板	a_h	0.35	0.53	0.63	0.37	0.35	0.35	0.29	0.52
		b_h	−0.76	−0.95	−0.99	−0.68	−0.78	−0.66	−0.54	−0.92
	垂直遮阳板	a_v	0.32	0.39	0.43	0.44	0.31	0.42	0.47	0.41
		b_v	−0.63	−0.75	−0.78	−0.85	−0.61	−0.83	−0.89	−0.79
夏热冬冷地区	水平遮阳板	a_h	0.35	0.48	0.47	0.36	0.36	0.36	0.30	0.48
		b_h	−0.75	−0.83	−0.79	−0.68	−0.76	−0.68	−0.58	−0.83
	垂直遮阳板	a_v	0.32	0.42	0.42	0.42	0.33	0.41	0.44	0.43
		b_v	−0.65	−0.80	−0.80	−0.82	−0.66	−0.82	−0.84	−0.83
夏热冬暖地区	水平遮阳板	a_h	0.35	0.42	0.41	0.36	0.36	0.36	0.32	0.43
		b_h	−0.73	−0.75	−0.72	−0.67	−0.72	−0.69	−0.61	−0.78
	垂直遮阳板	a_v	0.34	0.42	0.41	0.41	0.36	0.40	0.32	0.43
		b_v	−0.68	−0.81	−0.72	−0.82	−0.72	−0.81	−0.61	−0.83

注：其他朝向的计算系数按上表中最接近的朝向选取。

水平遮阳板和垂直遮阳板组合成的综合遮阳，其外遮阳系数值应取水平遮阳板和垂直遮阳板的外遮阳系数的乘积。

窗口前方设置的与窗面平行的挡板（或花格等）遮阳的外遮阳系数应按下式计算确定：

$$SD=1-(1-\eta)(1-\eta^{*})$$

式中 η——挡板轮廓透光比，即窗洞口面积减去挡板轮廓由太阳光线投影在窗洞口上产生的阴影面积后的剩余面积与窗洞口的比值，挡板各朝向的轮廓透光比按该朝向上的4组典型太阳光线入射角，采用平行光投射方法分别计算或实验测定，其轮廓透光比取4个透光比的平均值，典型太阳光线入射角按表9-2选取；

η^{*}——挡板构造透射比，混凝土、金属类挡板取 $\eta^{*}=0.1$；厚帆布、玻璃钢类挡板取 $\eta^{*}=0.4$；深色玻璃、有机玻璃类挡板取 $\eta^{*}=0.6$；浅色玻璃、有机玻璃类挡板取 $\eta^{*}=0.8$；金属或其他非透明材料制作的花格、百叶类构造取 $\eta^{*}=0.15$。

表 9-2 典型的太阳光线入射角 单位：(°)

窗口朝向	南				东、西				北			
	1组	2组	3组	4组	5组	6组	7组	8组	9组	10组	11组	12组
太阳高度角	0	0	60	60	0	0	45	45	0	30	30	30
太阳方位角	0	45	0	45	75	90	75	90	180	180	135	−135

幕墙的水平遮阳可转换成水平遮阳加挡板遮阳，垂直遮阳可转化成垂直遮阳加挡板遮阳，见图9-19。图中标注的尺寸 A 和 B 用于计算水平遮阳板和垂直遮阳板的外挑系数 PF，C 为挡板的高度或宽度。挡板遮阳的轮廓透光比 η 可以近似取为1。

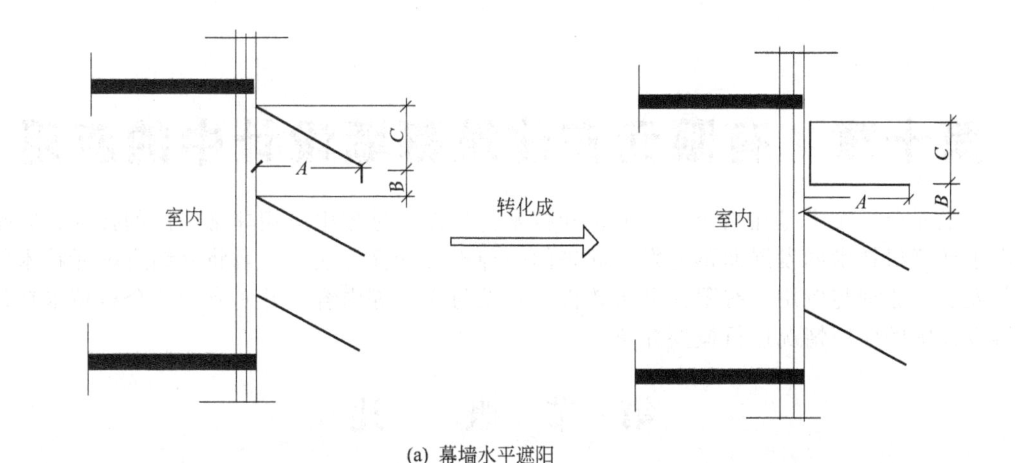

(a) 幕墙水平遮阳

(b) 幕墙垂直遮阳

图 9-19　幕墙遮阳计算示意图

第十章　有限元在建筑幕墙设计中的应用

有限元分析技术是在当今工程分析和技术科学发展过程中应用非常广泛的技术，它是随着电子计算机技术的发展而迅速发展起来的一种现代计算方法。本章将介绍有限元技术的起源与发展，原理与应用，有限元分析软件的开发与应用等内容，并对有限元分析技术在建筑幕墙设计中的应用情况进行概要介绍。

第一节　概　　述

有限元方法（finite element method）是解决工程和数学物理问题的数值方法，在当今工程分析和技术科学发展过程中获得了最广泛应用。可用有限元方法解决的有关工程和数学领域内的典型问题包括结构分析、热传导、流体流动、质量传输和电磁电位等。由于它的通用性和有效性，受到工程技术界的高度重视。它伴随着计算机科学和技术的快速发展，现已成为计算机辅助工程和数值仿真的重要组成部分。

在 20 世纪的 50 年代初期，在处理一些固体力学的问题中就出现了采用矩阵方法来推导问题的公式，这就是所谓的结构分析的矩阵方法。随着电子计算机科学和技术的发展和应用，使得采用矩阵来分析结构的这种方法得到日益迅速的发展，而矩阵和向量在形式上的简洁明了，更使得一个相当复杂的结构分析有一个简单明确的表达形式，而且这个形式又十分适宜电子计算机的运算。因此作为一种结构分析的方法获得了迅速发展和完善。

从物理意义上讲，有限元方法是基于把分析的对象分成许多单元，单元与单元之间由节点相联结。那么如果把单元节点的位移和作用于节点上的荷载之间的关系用代数方程组的形式表达出来，以节点位移或节点内力，或者是以节点位移和内力一起作为未知量，那么，对象的分析就成为求解这一个大型线性方程组，这就使得很多用解析方法无法获得解的问题得以解决。显然，这样获得的解是一个近似解，实践证明，这样的解足以满足实际要求。

通常情况下，涉及复杂几何形状、荷载和材料特性的问题通常不能得到解析形式的数学解答，因此我们需要依靠数值方法如有限元方法得出可以接受的解答。我们知道，用有限元方法求解一个问题是要求解联立代数方程组，而不是解微分方程。这些数值解能够给出连续体中多个离散点的未知量的近似值。因此整个物体的离散化是有限元方法的关键环节。所谓物体的离散化，就是模拟物体的过程，在这个过程中，将一个物体划分成由小的物体或单元（有限元）组成的等价系统，这些基本单元通常由两个或更多的单位（节点）相互连接，或与边界线或表面相互连接。在有限元方法中，对物体的求解不是一次性完成，而是通过建立每一个有限单元的方程，并组合这些方程得出整个物体的解答。

有限元方法在结构问题的求解中通常用于确定每个节点的位移和构成承载结构的每个单元内的应力。在非结构问题中，节点未知量可以是热流或流体流动产生的温度或流体压力等。

不论多么复杂的系统，利用有限元方法进行分析，它都是这么一个“标准”的过程。即首先将物体离散化，选择恰当的位移模式或应力模式，建立单元的刚度矩阵或柔度矩阵，然后装配成总刚度矩阵或总柔度矩阵，求解大型线性方程组，最后计算各单元的应力或位移。

总之，有限元分析技术是随着电子计算机的发展而迅速发展起来的一种现代计算方法，是进行工程计算的有效方法，自20世纪50年代起，在航空、水利、土木建筑、机械等多方面得到广泛的应用。随着计算机的普及和许多大型有限元通用程序的出现，有限元法逐渐成为广大工程技术人员进行结构分析的有力工具，并且已经成为了一种理论上相当成熟，应用面极为广泛的数值方法。

一、有限元的历史

20世纪40年代，由于航空事业的飞速发展，对飞机结构提出了愈来愈高的要求，即重量轻、强度高、刚度好，人们不得不进行精确的设计和计算，正是在这一背景下，逐渐在工程中产生了矩阵力学分析方法。

1941年，Hrenikoff使用“框架变形功方法”（frame work method）求解了一个弹性问题，1943年，Courant发表了一篇使用三角形区域的多项式函数来求解扭转问题的论文，这些工作开创了有限元分析的先河。

1956年波音公司的Turner、Clough、Martin和Topp在分析飞机结构时系统研究了离散杆、梁、三角形的单元刚度表达式，并求得了平面应力问题的正确解答，1960年Clough在处理平面弹性问题时，第一次提出并使用有限元方法（finite element method）的名称。随后大量的工程师开始使用这一离散方法来处理结构分析、流体问题、热传导等复杂问题。

1955年德国的Argyris出版了第一本关于结构分析中的能量原理和矩阵方法的书，为后续的有限元研究奠定了重要的基础，1967年Zienkiewicz和Cheung出版了第一本有关有限元分析的专著。

1970年以后，有限元方法开始应用于处理非线性和大变形问题，Oden于1972年出版了第一本关于处理非线性连续体的专著。这一时期的理论研究工作是比较超前的，但由于当时计算机的发展状态和计算能力的限制，还只能处理一些较简单的实际问题。

1975年，对一个300个单元的模型，在当时先进的计算机上进行2000万次计算大约需要30h的机时，花费约3万美元，如此高昂的计算成本严重限制了有限元方法的发展和普及。然而，许多工程师们都对有限元分析方法的发展前途非常清楚，因为它提供了一种处理复杂形状真实问题的有力工具。

在工程师研究应用有限元方法的同时，一些数学家也在研究有限元方法的数学基础。实际上1943年Courant的那一篇开创性的论文就是研究求解平衡问题的变分方法，1963年Besseling、Melosh和Jones等人研究了有限元方法的数学原理。钱伟长最先研究了拉格朗日乘子法与广义变分原理之间的关系，冯康研究了有限元分析的精度与收敛性问题。

有限元方法的基本思想和原理是“简单”而又“朴素”的，在有限元方法的发展初期，以至于许多学术权威对该方法的学术价值有所鄙视，国际著名刊物Journal of Applied Mechanics许多年来都拒绝刊登关于有限元方法的文章，其理由是没有新的科学实质。而现在则完全不同了，由于有限元方法在科学研究和工程分析中的作用和地位，关于有限元方法的研究已经成为数值计算的主流。

二、有限元的特点

人类认识客观世界的第一任务就是获取复杂对象的各类信息，这是人们从事科学研究、进行工程设计的基础。理论分析、科学试验、科学计算已被公认为并列的三大科学研究方法，甚至对于某些新的领域，由于科学理论和科学试验的局限，科学计算还不得不是唯一的研究手段。就工程领域而言，有限元分析（finite element analysis）是进行科学计算的极为重要的方法之一，利用有限元分析可以获得几乎任意复杂工程结构的各种力学性能信息，还可以直接就工程设计进行各种评判，可以就各种工程事故进行技术分析。

在实际工作中，人们发现，一方面许多力学问题无法求得解析解答，而另一方面许多工程问题也只需要给出数值解答，于是，数值解法便应运而生。

一般来说，力学中的数值解法有两大类型。其一是对微分方程边值问题直接进行近似数值计算，这一类型的代表是有限差分法；其二是在与微分方程边值问题等价的泛函变分形式上进行数值计算，这一类型的代表是有限元法。

有限差分法的前提条件是建立问题的基本微分方程，然后将微分方程化为差分方程（代数方程）求解，这是一种数学上的近似。该方法能处理一些物理机理相当复杂而形状比较规则的问题，但对于几何形状不规则或者材料不均匀情况以及复杂边界条件，应用有限差分法就显得非常困难，因而有限差分法有很大的局限性。

有限元法的基本思想是里兹法（Ritz）法加分片近似。将原结构划分为许多小块（单元），用这些离散单元的集合体代替原结构，用近似函数表示单元内的真实场变量，从而给出离散模型的数值解。由于分片近似，可采用较简单的函数作为近似函数，有较好的灵活性、适应性与通用性。有限单元法也有其局限性，如对于应力集中、裂缝体分析与无限域问题等的分析都存在缺陷。为此，人们又提出一些半解析，如有限条带法与边界元法等。

在结构分析中，从选择基本未知量的角度来看，有限元法可分为三类：位移法、力法与混合法。其中位移法易于实现计算自动化和程序化，因此是在有限元法中应用最广的。依据单元刚度矩阵的推导方法可将有限元法的推理途径分为直接法、变分法、加权残数法与能量平衡法等。

直接法直接进行物理推理，物理概念清楚，易于理解，但只能用于研究较简单单元的特性。

变分法是有限元法的主要理论基础之一，涉及泛函极值问题，既适用于形状简单的单元，也适用于形状复杂的单元，使有限元法的应用扩展到类型更为广泛的工程问题，当给定的问题存在经典变分叙述时，这是最方便的方法。当给定问题的经典变分原理不清楚时，需采用更为一般的方法，如加权残数法或能量平衡法来推导单元度矩阵。

加权残数法由问题的基本微分方程出发而不依赖于泛函。可处理已知基本微分方程却找不到泛函的问题，如流-固耦合问题，从而进一步扩大了有限元法的应用范围。

三、有限元的内容和作用

有限元分析的力学基础是弹性力学，而方程求解的原理是采用加权残值法或泛函极值原理，实现的方法是数值离散技术，最后的技术载体是有限元分析软件。在处理实际问题时需要基于计算机硬件平台来进行处理。因此有限元分析的主要内容包括：基本变量和力学方程，数学求解原理，离散结构和连续体的有限元分析实现，各种应用领域，分析中的建模技巧，分析实现的软件平台等。

虽然，有限元分析实现的最后载体是经技术集成后的有限元分析软件（FEA code），但能够使用和操作有限元分析软件，并不意味着掌握了有限元分析这一复杂的工具，因为，对同一问题，使用同一种有限元分析软件，不同的人会得到完全不同的计算结果，如何来评判计算结果的有效性和准确性，这是人们不得不面临的重要问题。

只有在掌握了有限元分析基本原理的基础上，才能真正理解有限元方法的本质，应用有限元方法及其软件系统来分析解决实际问题，以获得正确的计算结果。

因此，要真正掌握有限元方法，提高该方法的实际应用效果，除了要掌握有限元分析的基本原理外，还应该特别注重提高以下基本能力和素质：①复杂问题的建模简化与特征等效；②软件的操作技巧（单元、网格、算法参数控制）；③计算结果的评判能力；④二次开发能力；⑤工程问题的研究能力；⑥误差控制能力。

这些能力的培养与提高，需要读者掌握一定有限元方法的基本理论，并在大量应用实践中不断总结经验。

四、有限元的解题步骤

有限元法可以用于众多领域，解决问题的具体过程不可能完全相同，其中涉及的物理概念也各不相同。但分析和解决问题的步骤有共同点。其要领可概括为以下几点。

① 离散化是进行有限元分析的第一步。离散的内容主要包括：结构的离散，把整个结构看作是由若干个单元体组成；荷载的离散，把分布荷载离散到各个节点；边界条件的离散，把边界上连续的位移约束离散到只在某些节点上约束。

此外，还可以对温度、材料、几何特征进行离散。在用有限元法分析动力问题时，则需要对质量、阻尼和时间进行离散。

② 单元的力学分析是对整个结构进行有限元分析的基础，只有把单元的力学性质搞清楚了，才能建立起整个结构的平衡方程。

单元的力学性质决定于所假定的单元位移模式、材料属性、本构关系等。

单元分析的目的是建立单元节点位移和单元节点力之间的关系。单元节点位移和单元节点力之间是用单元刚度矩阵联系的，因此，单元分析的目的是建立单元刚度方程。在进行单元分析时，我们并不是对每一个单元进行逐个分析，而是把单元分成不同的类型，针对不同的类型，可导出不同的单元刚度矩阵计算公式。在动力问题中，单元分析的任务除建立单元刚度矩阵以外，还要建立单元阻尼矩阵和单元质量矩阵。

③ 单元集成法也称直接刚度法，是组成结构整体平衡方程的一个最基本的方法。由于这一方法便于计算机高效率的实现，因此，也常用于动力、稳定等问题中。

五、有限元在建筑幕墙设计中的应用现状

建筑幕墙（building curtain wall）是由支承结构体系与面板组成的、可相对主体结构有一定位移能力、不分担主体结构所受作用的建筑外围护结构或装饰性结构。它不同于建筑的填充墙，具有以下主要特点：①是由面板和支承结构组成的完整的结构系统；②在自身平面内可以承受较大的变形或者相对于主体结构可以有足够的位移能力；③是不分担主体结构所受的荷载和作用的围护结构。

建筑幕墙不仅仅是一个建筑产品，也是建筑艺术的重要组成部分，是现代建筑科技发展过程中所取得的重要成果。建筑幕墙技术之所以发展如此迅速，是因为它适应了时代发展的需求。有了建筑幕墙，建筑物从此披上了美丽的“霓裳”，使建筑更加生动，更富有表现力。所以从某种意义上说，建筑幕墙技术也是建筑设计师表达建筑个性、充分表现建筑艺术思想的重要手段。

在长期的幕墙结构设计实践中，工程师们积累了大量有益的经验，并主要体现在设计规范、设计手册和标准图集等方面。随着计算机技术和计算方法的发展，计算机及其结构计算程序在幕墙结构设计中得到大量的应用，为结构设计提供了快速、准确的设计计算工具。因此，基于有限元分析技术的大量专业软件也应运而生。

有限元分析技术的应用，关键还是计算软件的应用。目前在建筑幕墙设计中应用的有限元分析软件还主要是一些大型有限元通用软件，如德国的 ASKA、英国的 PAFEC、法国的 SYSTUS、美国的 ABQUS、ANSYS、ADINA、BERSAFE、BOSOR 和 SAP 等。这些软件的应用，使得有限元法逐渐成为广大工程技术人员进行复杂结构分析的首选方法。通用有限元软件以其强大的功能支持受到了用户的好评，然而该类软件针对性不强，用户学习周期长，对于 CAD 集成、工程建模及其后处理等缺乏必要支持，因而给工程分析带来了不少麻

烦，难以充分满足在建筑幕墙设计中由于行业竞争加剧而逐渐提倡的节约设计和制造成本、减少设计周期以及提高设计质量的要求。

目前国内专业针对建筑幕墙设计的有限元分析软件主要有 W-SCAS2006 和 3D3S 等。这类软件专业性强，效率高。由于系统建立了大量针对建筑幕墙典型结构的标准求解模式，并有开放的体系结构可供用户扩充，用户使用软件系统来进行幕墙设计，进行结构的分析计算就会容易得多。

有限元在建筑幕墙设计中的主要应用领域如下。

(1) 结构分析计算　个性化是现代建筑幕墙设计的显著特点之一。幕墙的结构越来越复杂，结构形式千差万别，如果不利用有限元分析技术，有些结构的分析计算是不可能完成的，因而很难满足结构设计的要求。在幕墙设计中较典型的结构分析计算问题如立柱、横梁的强度和刚度计算，板壳件（玻璃、金属板和石材等）的分析计算，拉杆结构和索结构等的分析计算，采用有限元法，都能满足设计的精度要求。

(2) 热工性能分析计算　如果采用有限元对幕墙的热工性能进行分析计算，在进行实验之前，就可以较为准确地分析出影响热工性能的相关因素，并找到改善其性能指标的相应措施。

(3) 动力问题分析　随着建筑幕墙设计技术的发展，人们对幕墙的设计提出了更全面和更高的要求。除了满足安全、经济和美观等基本要求以外，为了提高建筑幕墙设计的可靠性，还需要对建筑幕墙的动力特征进行分析。因为结构本身的弹性和惯性，在动力荷载的作用下，结构往往呈现出振动的运动形态。

总之，由于建筑幕墙结构的多样性、设计要素的复杂性以及有限元分析方法在工程结构分析、动力问题分析和热工分析等方面的有效性和可靠性，有限元分析技术将在建筑幕墙设计中发挥越来越大的作用。有限元分析方法的应用，计算机软件是关键。面对具体工程问题，选择合适的分析方法，必须基于对实际问题的准确把握，这就需要对相关知识和经验的培养与积累。因此，有限元分析本身，不仅要求对有限元软件充分熟悉，更要求广大设计人员拥有丰富的专业知识和实践经验。

第二节　有限元分析的力学基础

有限元的应用领域非常广泛，本节主要针对有限元分析技术在结构分析中的有关力学问题做一个简单概述。有限元分析的力学基础知识，是利用有限元分析技术解决实际工程问题的关键。

我们都知道，由固体材料组成的具有一定形状的物体在一定约束边界下（外力、温度、位移约束等）将产生变形，该物体中任意一个位置的材料都将处于复杂的受力状态之中。为了能够对实际物体进行准确的研究分析，抓住问题的实质，我们必须对实际的物体进行适当的物理简单化和抽象化，生成实际问题的物理模型，最后应用数学的方法建立数学模型，对其进行分析与计算。

在弹性力学中，提出了以下五个方面的基本假定。

① 物体内的物质连续性（continuity）假定，即认为物质中无空隙，因此可采用连续函数来描述对象。

② 物体内的物质均匀性（homogeneity）假定，即认为物体内各个位置的物质具有相同的特性，因此，各个位置材料的描述是相同的。

③ 物体内的物质（力学）特性各向同性（isotropy）假定，即认为物体内同一位置的物质在各个方向上具有相同特性，因此，同一位置材料在各个方向上的描述是相同的。

④ 线弹性（linear elasticity）假定，即物体变形与外力作用的关系是线性的，外力去除后，物体可恢复原状，因此，描述材料性质的方程是线性方程。

⑤ 小变形（small deformation）假定，即物体变形远小于物体的几何尺寸，因此在建立方程时，可以忽略高阶小量（二阶以上）。

以上基本假定和真实情况虽然有一定的差别，但从宏观尺度上来看，特别是对于工程问题，大多数情况下还是比较接近实际的，以上几个假定的最大作用就是可以对复杂的对象进行简化处理，以抓住问题的实质。

一、变形体的描述

在外力的作用下，若物体内任意两点之间发生相对移动，这样的物体叫做变形体(deformed body)，它与材料的物理性质密切相关，如果从几何形状的复杂程序来考虑，变形体又可分为简单形状变形体和任意形状变形体。简单变形体如杆、梁、柱等，材料力学和结构力学研究的主要对象就是简单变形体，而弹性力学则处理任意形状变形体。有限元方法所处理的对象为任意形状变形体，因而，弹性力学中有关变量和方程的描述是有限元方法的重要基础。

1. 基本变量

当一个变形体受到外界的作用（如外力或约束的作用）时，如何来描述它？首先，我们可以观察到物体在受力后产生了内部和外部位置的变化，因此，物体各点的位移应该是最直接的变量，它将受到物体的形状、组成物体的材质以及外力的影响，变形体的完整描述见图10-1。

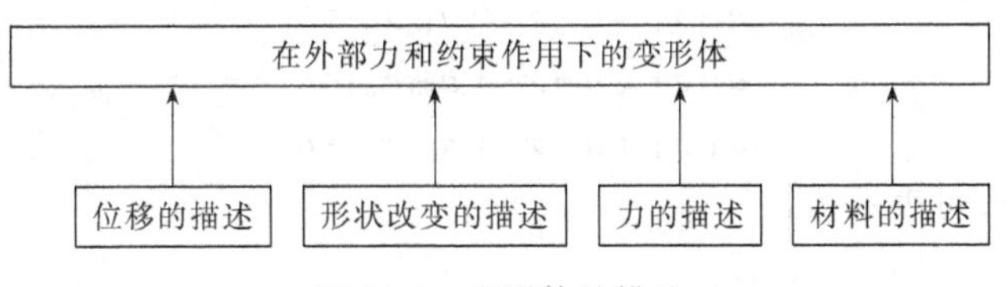

图 10-1　变形体的描述

描述位移是最直接的，因为可以直接观测，描述力和材料特性是间接的，需要我们去定义新的变量，见图 10-2，可以看出应该包括位移、变形程度、受力状态这三个方面的变量，当然，还应有材料参数来描述物体的材料特性。

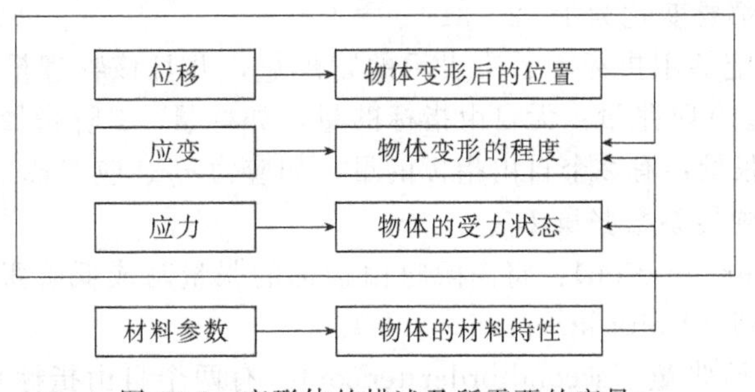

图 10-2　变形体的描述及所需要的变量

总之，在材料确定的情况下，基本的力学变量应该有：位移（displacement），描述物体变形后的位置；应变（strain），描述物体的变形程度；应力（stress），描述物体的受力状态。

对于任意形状的变形体，我们希望建立的方程具有普遍性和通用性，因此，采用微小体元 $dxdydz$ 的分析方法来定义位移、应变、应力这三类变量。

2. 基本方程

受外部作用的任意形状变形体，在其微小体元 $dxdydz$ 中，基于位移、应变、应力这三大类变量，可以建立以下三大类方程。

① 受力状况的描述：平衡方程。

② 变形程度的描述：几何方程。

③ 材料的描述：物理方程（应力应变关系或本构方程)。

3. 基本变量的分量表达

以物理量在坐标系中某一个面上的每一个方向的分量来具体表达该物理量，则称为分量表达方式。如：位移 u、v、w 这三个分量表示空间问题中物体内某一点沿 x 方向、y 方向和 z 方向的位移。

4. 基本变量的指标表达

指标记法的下标约定如下。

自由指标（free index)：即每项中只出现一次的下标，如 σ_{ij}，其中 i，j 为自由指标，它们可以自由变化。在三维问题中，自由指标变化的范围为 1、2、3，它表示直角坐标系中的三个坐标轴 x、y、z。

哑指标（dumb index)：在表达式的每一项中重复出现的下标，如 $a_{ij}x_j=b_i$，其中 j 为哑指标，在三维问题中其变化的范围为 1、2、3。

Einstein 求和约定（Einstein summation convention)：哑指标意味着求和。

下面以一个实例来说明指标记法的应用。若有一个方程组为

$$\left.\begin{aligned}a_{11}x_1+a_{12}x_2+a_{13}x_3=b_1\\a_{21}x_1+a_{22}x_2+a_{23}x_3=b_2\\a_{31}x_1+a_{32}x_2+a_{33}x_3=b_3\end{aligned}\right\}\tag{10-1}$$

按一般的写法，上式可表示为

$$\sum_{j=1}^{3}a_{ij}x_j=b_i\quad(i=1,2,3)\tag{10-2}$$

若用指标记法，则为

$$a_{ij}x_j=b_i\tag{10-3}$$

式(10-3) 与式(10-2) 是等价的，因为上式中的 i 为自由指标，j 为哑指标，意味着求和，并且这两个指标都要变化为 1、2、3。

张量（tensor)：能够用指标表示法表示的物理量，并且该物理量满足一定的坐标变换关系。各阶张量如下。0 阶张量：无自由指标的量，如标量。1 阶张量：有 1 个自由指标的量，如矢量 u_i。2 阶张量：有 2 个自由指标的量，如应力 σ_{ij}、应变 ϵ_{ij}。n 阶张量：有 n 个自由指标的量，如四阶弹性系数张量 D_{ijkl}。

Voigt 标记（Voigt notation)：将高阶自由指标的张量写成低阶张量（矩阵）形式的过程叫做 Voigt 移动规则（Voigt kinematics rule)。

例如应力 σ_{ij} 为二阶张量（second-order tensor)（有两个自由指标)，对于二维问题，具体写出该张量为

$$\sigma_{ij}=\begin{bmatrix}\sigma_{11} & \searrow & \sigma_{12}\\ & & \uparrow\\ \sigma_{21} & & \sigma_{22}\end{bmatrix}\tag{10-4}$$

为表达方便，可以将其排列为一个一维的列阵 σ，即

$$\sigma=\begin{bmatrix}\sigma_{11}\\\sigma_{22}\\\sigma_{12}\end{bmatrix}=\begin{bmatrix}\sigma_{xx}\\\sigma_{yy}\\\tau_{xy}\end{bmatrix} \tag{10-5}$$

由于应力 σ_{ij} 是对称的，有 $\sigma_{12}=\sigma_{21}$，因此，式(10-5) 中只写了 σ_{12}。

可以看出，将式(10-4) 变为式(10-5) 的 Voigt 移动规则为以下次序：

$$\sigma_{11}\rightarrow\sigma_{22}\rightarrow\sigma_{12} \tag{10-6}$$

如式(10-4) 中的箭头所示。

对于三维问题，二阶应力张量 σ_{ij} 为

$$\sigma_{ij}=\begin{bmatrix}\sigma_{11} & \sigma_{12} & \leftarrow\ \sigma_{13}\\ & \searrow & \uparrow\\ \sigma_{21} & \sigma_{22} & \sigma_{23}\\ & \searrow & \uparrow\\ \sigma_{31} & \sigma_{32} & \sigma_{33}\end{bmatrix} \tag{10-7}$$

可以将其表达为一个一维的列阵 σ

$$\sigma=\begin{bmatrix}\sigma_{11}\\\sigma_{22}\\\sigma_{33}\\\sigma_{23}\\\sigma_{13}\\\sigma_{12}\end{bmatrix}=\begin{bmatrix}\sigma_{xx}\\\sigma_{yy}\\\sigma_{zz}\\\tau_{yz}\\\tau_{xz}\\\tau_{xy}\end{bmatrix} \tag{10-8}$$

将式(10-7) 变为式(10-8) 的 Voigt 移动规则为

$$\sigma_{11}\rightarrow\sigma_{22}\rightarrow\sigma_{33}\rightarrow\sigma_{23}\rightarrow\sigma_{13}\rightarrow\sigma_{12} \tag{10-9}$$

可将以上移动规则列在表 10-1 和表 10-2 中。

表 10-1　二维问题 Voigt 移动规则的下标对应关系

σ_{ij}		σ_p
i	j	p
1	1	1
2	2	2
1	2	3

表 10-2　三维问题 Voigt 移动规则的下标对应关系

σ_{ij}		σ_p
i	j	p
1	1	1
2	2	2
3	3	3
2	3	4
1	3	5
1	2	6

有了以上的 Voigt 移动规则的下标对应关系，就可以按同一规则来处理更复杂的问题，下面以二维问题的物理（本构）方程为例来进行说明，材料的物理方程的张量表达式为

$$\sigma_{ij}=D_{ijkl}\varepsilon_{kl}\quad(i,j,k,l=1,2) \tag{10-10}$$

可以应用 Voigt 移动规则来变换以上方程中的下标，使其写成矩阵形式；具体地将下标 ij 变为 p，将下标 kl 变为 q，则有 $\sigma_{ij}\rightarrow\sigma_p$，$\varepsilon_{kl}\rightarrow\varepsilon_q$，则式(10-10) 可以写成

$$\sigma_p=D_{pq}\varepsilon_q \tag{10-11}$$

其中下标 p 和 q 都应满足表 10-1 中的对应关系，由此，可以推论出 D_{ijkl} 与 D_{pq} 的对应关系为

$$D_{pq}=\begin{bmatrix}D_{11} & D_{12} & D_{13}\\ D_{21} & D_{22} & D_{23}\\ D_{31} & D_{32} & D_{33}\end{bmatrix}=\begin{bmatrix}D_{1111} & D_{1122} & D_{1112}\\ D_{2211} & D_{2222} & D_{2212}\\ D_{1211} & D_{1222} & D_{1212}\end{bmatrix}=D_{ijkl} \tag{10-12}$$

Voigt 移动规则的主要作用是制定出统一的约定，按照该约定将高阶张量排列成低阶张量来表达，如将二阶应力张量 σ_{ij} 或应变张量 ε_{ij} 排列成一阶张量 σ 和 ε（都为列向量），将四阶张量 D_{ijkl}（弹性系数）排列成一个矩阵 D，这样可以将一些复杂的张量关系变为矩阵运算关系。

作为一种习惯，一般都将三维问题应力（或应变列阵）的分量次序记为

$$\sigma=[\sigma_{xx}\quad \sigma_{yy}\quad \sigma_{zz}\quad \tau_{xy}\quad \tau_{yz}\quad \tau_{zx}]^{\mathrm{T}}$$

二、平面问题的基本力学方程

对于一个待分析的对象，包括复杂的几何形状、给定的材料类型、指定的边界条件（受力和约束状况）。描述这样的对象需要三大类型变量、三大类方程和边界条件。

三大类方程为：力的平衡方程（变形体的内部）；几何变形方程（变形体的内部）；材料的物理方程（变形体的内部、边界）。

边界条件为：位移方面（变形体的边界）；外力方面（变形体的边界）。

下面就三大类方程和两类边界条件进行具体的讨论。

1. 力的平衡方程

平面问题（2D 问题）实际上是空间问题（3D 问题）的一种特殊情况，即物体在厚度方向（Z）上较薄，因此，认为在沿厚度方向上各种应力很小（或为零），可以忽略不计。

假设在变形体的任意一点 $a(x,y)$ 取一个微小体元 $\mathrm{d}x\mathrm{d}yt$（注意 t 为厚度）为研究对象，经过推导，可以归纳出平面问题的平衡方程如下：

$$\left.\begin{aligned}&\frac{\partial\sigma_{xx}}{\partial x}+\frac{\partial\tau_{xy}}{\partial y}+\bar{b}_x=0\\ &\frac{\partial\sigma_{yy}}{\partial y}+\frac{\partial\tau_{yx}}{\partial x}+\bar{b}_y=0\\ &\tau_{xy}=\tau_{yx}\end{aligned}\right\} \tag{10-13}$$

如果代换其中的第三式，则式(10-13) 可写为两个方程，即

$$\left.\begin{aligned}&\frac{\partial\sigma_{xx}}{\partial x}+\frac{\partial\tau_{xy}}{\partial y}+\bar{b}_x=0\\ &\frac{\partial\sigma_{yy}}{\partial y}+\frac{\partial\tau_{xy}}{\partial x}+\bar{b}_y=0\end{aligned}\right\} \tag{10-14}$$

或写成指标形式

$$\sigma_{ij,j}+\bar{b}_i=0\quad (i,j=1,2) \tag{10-15}$$

其中 $\sigma_{ij,j}$ 中的下标（ij，j）表示物理量 σ_{ij} 对 j 方向求偏导数。

2. 几何变形方程

平面问题的几何变形方程为

$$\left.\begin{aligned}&\varepsilon_{xx}=\frac{\partial u}{\partial x}\\ &\varepsilon_{yy}=\frac{\partial v}{\partial y}\\ &\gamma_{xy}=\frac{\partial u}{\partial y}+\frac{\partial v}{\partial x}\end{aligned}\right\} \tag{10-16}$$

写成指标形式

$$\varepsilon_{ij}=\frac{1}{2}(u_{i,j}+u_{j,i}) \tag{10-17}$$

$u_{i,j}$中的下标表示u_i对j方向求偏导数；$\varepsilon_{ij}=\frac{1}{2}\gamma_{ij}$（$i\neq j$）。

由几何变形方程可以看出，就平面问题，如果已知 2 个位移分量u和v，可以通过式(10-16）唯一求出 3 个应变分量ε_{xx}、ε_{yy}、γ_{xy}。但如果是一个反问题，即已知 3 个应变分量是ε_{xx}、ε_{yy}、γ_{xy}，就不一定能够唯一求出 2 个位移分量u和v，除非这 3 个应变分量满足一定的关系，这个关系就是变形协调条件，其物理意义是，材料在变形过程中应是整体连续的，不应出现“撕裂”和“重叠”现象。

基于几何变形方程，可以推导出变形协调条件为

$$\frac{\partial^2\varepsilon_{xx}}{\partial y^2}+\frac{\partial^2\varepsilon_{yy}}{\partial x^2}=\frac{\partial^3 u}{\partial y^2\partial x}+\frac{\partial^3 v}{\partial x^2\partial y}=\frac{\partial^2\gamma_{xy}}{\partial x\partial y} \tag{10-18}$$

即

$$\frac{\partial^2\varepsilon_{xx}}{\partial y^2}+\frac{\partial^2\varepsilon_{yy}}{\partial x^2}=\frac{\partial^2\gamma_{xy}}{\partial x\partial y} \tag{10-19}$$

只有满足了变形协调条件（10-19）的应变分量或应力分量，才能唯一确定变形体的连续位移场。

3. 材料的物理方程

材料的物理方程也叫做材料的应力应变关系或本构方程。根据广义 Hooke 定律，平面应力情况下的物理方程为

$$\left.\begin{aligned}\varepsilon_{xx}&=\frac{1}{E}(\sigma_{xx}-\mu\sigma_{yy})\\ \varepsilon_{yy}&=\frac{1}{E}(\sigma_{yy}-\mu\sigma_{xx})\\ \gamma_{xy}&=\frac{1}{G}\tau_{xy}\end{aligned}\right\} \tag{10-20}$$

或逆形式

$$\left.\begin{aligned}\sigma_{xx}&=\frac{E}{1-\mu^2}(\varepsilon_{xx}+\mu\varepsilon_{yy})\\ \sigma_{yy}&=\frac{E}{1-\mu^2}(\varepsilon_{yy}+\mu\varepsilon_{xx})\\ \tau_{xy}&=G\gamma_{xy}\end{aligned}\right\} \tag{10-21}$$

其中E为弹性模量（elastic modulus）或杨氏模量（Young's modulus），G为剪切模量(shear modulus)，μ为泊松比（Poisson's ratio），这些参数是材料物理属性指标，它们之间的关系是

$$G=\frac{E}{2(1+\mu)} \tag{10-22}$$

也可以将式(10-20）写成指标形式，有

$$\varepsilon_{ij}=D_{ijkl}^{-1}\sigma_{kl} \tag{10-23}$$

其中D_{ijkl}^{-1}为四阶张量，可以将它理解为一个常系数矩阵，完全可以根据 Voigt 移动规则写出对应关系，见表 10-3。

表 10-3　平面问题物理方程的 D_{ijkl}^{-1} 矩阵系数

ε_{ij}	D_{ijkl}^{-1}			σ_{kl}
ε_{11} $(i=1,j=1)$	$1/E$ $(i=1,j=1,k=1,l=1)$	$-\mu/E$ $(i=1,j=1,k=2,l=2)$	0 $(i=1,j=1,k=1,l=2)$	σ_{11} $(k=1,l=1)$
ε_{22} $(i=2,j=2)$	$-\mu/E$ $(i=2,j=2,k=1,l=1)$	$1/E$ $(i=2,j=2,k=2,l=2)$	0 $(i=2,j=2,k=1,l=1)$	σ_{22} $(k=2,l=2)$
$2\varepsilon_{12}$ $(i=1,j=2)$	0 $(i=1,j=2,k=1,l=1)$	0 $(i=1,j=2,k=2,l=2)$	$1/G$ $(i=1,j=2,k=1,l=2)$	σ_{12} $(k=2,l=2)$

也可以将式(10-23) 写成逆形式

$$\sigma_{ij}=D_{ijkl}\varepsilon_{kl} \tag{10-24}$$

其中 D_{ijkl} 为弹性矩阵（elastic matrix），D_{ijkl}^{-1} 为 D_{ijkl} 的逆矩阵。也可以根据 Voigt 移动规则写出对应关系，见表 10-4。

表 10-4　平面问题物理方程的 D_{ijkl} 矩阵系数

σ_{ij}	D_{ijkl}			ε_{kl}
σ_{11} $(i=1,j=1)$	$E/(1-\mu^2)$ $(i=1,j=1,k=1,l=1)$	$\mu E/(1-\mu^2)$ $(i=1,j=1,k=2,l=2)$	0 $(i=1,j=1,k=1,l=2)$	ε_{11} $(k=1,l=1)$
σ_{22} $(i=2,j=2)$	$\mu E/(1-\mu^2)$ $(i=2,j=2,k=1,l=1)$	$E/(1-\mu^2)$ $(i=2,j=2,k=2,l=2)$	0 $(i=2,j=2,k=1,l=2)$	ε_{22} $(k=2,l=2)$
σ_{12} $(i=1,j=2)$	0 $(i=1,j=2,k=1,l=1)$	0 $(i=1,j=2,k=2,l=2)$	G $(i=1,j=2,k=1,l=2)$	$2\varepsilon_{12}$ $(k=2,l=2)$

4. 边界条件

边界条件（boundary condition），简称 BC。一般包括位移方面和力平衡方面的边界条件，对于变形体的几何空间 Ω，其外表面将被位移边界和力边界完全不重叠地包围，即有关系 $\partial\Omega=S_u+S_p$，其中 S_u 为给定的位移边界，S_p 为给定的力边界。

(1) 位移边界条件　在平面问题中，有关于 x 方向和 y 方向的位移边界条件，即

$$\left.\begin{aligned}u&=\bar{u}\\ \upsilon&=\bar{\upsilon}\end{aligned}\right\}\ \text{在}\ S_u\ \text{上} \tag{10-25}$$

其中 $\bar{u}$ 和 $\bar{\upsilon}$ 为在 S_u 上指定的沿 x 方向和 y 方向的位移，S_u 为给定的位移边界。

(2) 力的边界条件　力的边界条件，$\bar{p}_x$ 和 $\bar{p}_y$ 分别为所作用的沿 x 方向和 y 方向的面力，在力的边界上取微小体元 $\mathrm{d}x\mathrm{d}yt$（平面问题）并考察它的平衡问题，将得到以下结论。

$$\left.\begin{aligned}\sigma_{xx}n_x+\tau_{xy}n_y&=\bar{p}_x\\ \sigma_{yy}n_y+\tau_{yx}n_x&=\bar{p}_y\\ \tau_{xy}&=\tau_{yx}\end{aligned}\right\}\ \text{在}\ S_p\ \text{上} \tag{10-26}$$

其中 S_p 为给定的力边界，由于 $\tau_{xy}=\tau_{yx}$，则重写上式，有

$$\left.\begin{aligned}\sigma_{xx}n_x+\tau_{xy}n_y=\bar{p}_x\\ \sigma_{yy}n_y+\tau_{xy}n_x=\bar{p}_y\end{aligned}\right\}\quad 在\ S_p\ 上 \tag{10-27}$$

综上所述，将位移边界条件记为BC(u)，将力的边界条件记为BC(p)。边界条件可写成指标形式如下

$$BC(u)\quad u_i=\bar{u}_i\qquad 在\ S_u\ 上 \tag{10-28}$$

$$BC(p)\quad \sigma_{ij}n_j=\bar{p}_i\qquad 在\ S_p\ 上 \tag{10-29}$$

其中 n_j 为边界一点上外法线的方向余弦。

三、空间问题的基本力学方程

空间问题变形体中任意一点的位移有沿 x 方向、y 方向、z 方向的位移分量，即位移分量为 $(u,\ v,\ \omega)$，而应力分量有 9 个，由剪应力互等，有 $\tau_{xy}=\tau_{yx}$，$\tau_{yz}=\tau_{zy}$，$\tau_{zx}=\tau_{xz}$，因此独立的应力分量为 6 个，应变分量的情况与应力相同，空间问题三大类变量汇总如下。

位移分量：$u\quad v\quad \omega$

应变分量：$\varepsilon_{xx}\quad \varepsilon_{yy}\quad \varepsilon_{zz}\quad \gamma_{xy}\quad \gamma_{yz}\quad \gamma_{zx}$

应力分量：$\sigma_{xx}\quad \sigma_{yy}\quad \sigma_{zz}\quad \tau_{xy}\quad \tau_{yz}\quad \tau_{zx}$

可以完全按平面问题的推导方法，或直接将 2D 情形下的方程进行扩展得到以下空间问题的基本力学方程。

1. 平衡方程

$$\left.\begin{aligned}\frac{\partial\sigma_{xx}}{\partial x}+\frac{\partial\tau_{xy}}{\partial y}+\frac{\partial\tau_{zx}}{\partial z}+\bar{b}_x=0\\ \frac{\partial\sigma_{xy}}{\partial x}+\frac{\partial\tau_{yy}}{\partial y}+\frac{\partial\tau_{yz}}{\partial z}+\bar{b}_y=0\\ \frac{\partial\sigma_{zx}}{\partial x}+\frac{\partial\tau_{yz}}{\partial y}+\frac{\partial\tau_{zz}}{\partial z}+\bar{b}_z=0\end{aligned}\right\} \tag{10-30}$$

2. 几何方程

$$\left.\begin{aligned}\varepsilon_{xx}=\frac{\partial u}{\partial x},\qquad \varepsilon_{yy}=\frac{\partial v}{\partial y},\qquad \varepsilon_{zz}=\frac{\partial w}{\partial z}\\ \gamma_{xy}=\frac{\partial v}{\partial x}+\frac{\partial u}{\partial y},\quad \gamma_{yz}=\frac{\partial w}{\partial y}+\frac{\partial v}{\partial z},\quad \gamma_{zx}=\frac{\partial w}{\partial x}+\frac{\partial u}{\partial z}\end{aligned}\right\} \tag{10-31}$$

3. 材料的物理方程（应力应变关系或本构方程）

$$\left.\begin{aligned}\varepsilon_{xx}=\frac{1}{E}[\sigma_{xx}-\mu(\sigma_{yy}+\sigma_{zz})]\\ \varepsilon_{yy}=\frac{1}{E}[\sigma_{yy}-\mu(\sigma_{xx}+\sigma_{zz})]\\ \varepsilon_{zz}=\frac{1}{E}[\sigma_{zz}-\mu(\sigma_{xx}+\sigma_{yy})]\\ \gamma_{xy}=\frac{1}{G}\tau_{xy},\gamma_{yz}=\frac{1}{G}\tau_{yz},\gamma_{zx}=\frac{1}{G}\tau_{zx}\end{aligned}\right\} \tag{10-32}$$

或写成另一种形式

$$
\left.\begin{aligned}
\sigma_{xx}&=\frac{E}{1-\mu^2}[\varepsilon_{xx}+\mu(\varepsilon_{yy}+\varepsilon_{zz})]\\
\sigma_{yy}&=\frac{E}{1-\mu^2}[\varepsilon_{yy}+\mu(\varepsilon_{xx}+\varepsilon_{zz})]\\
\sigma_{zz}&=\frac{E}{1-\mu^2}[\varepsilon_{zz}+\mu(\varepsilon_{xx}+\varepsilon_{yy})]\\
\tau_{xy}&=G\gamma_{xy},\tau_{yz}=G\gamma_{yz},\tau_{zx}=G\gamma_{zx}
\end{aligned}\right\}\tag{10-33}
$$

4. 边界条件

(1) 位移边界条件 BC(u)

$$
\left.\begin{aligned}
u&=\bar{u}\\
\upsilon&=\bar{\upsilon}\\
\omega&=\bar{\omega}
\end{aligned}\right\}\quad 在\ S_u\ 上\tag{10-34}
$$

(2) 力边界条件 BC(p)

$$
\left.\begin{aligned}
\sigma_{xx}n_x+\tau_{xy}n_y+\tau_{zx}n_z&=\bar{p}_x\\
\tau_{xy}n_x+\sigma_{xx}n_y+\tau_{yz}n_z&=\bar{p}_y\\
\tau_{zx}n_x+\tau_{yz}n_y+\sigma_{zz}n_z&=\bar{p}_z
\end{aligned}\right\}\quad 在\ S_p\ 上\tag{10-35}
$$

下面以指标形式写出空间问题的基本变量和基本方程。

基本变量为 u_i，ε_{ij}，σ_{ij}（注意：当 $i\neq j$ 时，$\varepsilon_{ij}=\frac{1}{2}\gamma_{ij}$），变量的指标形式与分量形式对应关系为

位移

$$
\begin{aligned}
u_i&=[u_1,\ u_2,\ u_3]^{\mathrm{T}}=[u\quad \upsilon\quad \omega]^{\mathrm{T}}\\
\varepsilon_{ij}&=[\varepsilon_{11}\quad \varepsilon_{22}\quad \varepsilon_{33}\quad \varepsilon_{12}\quad \varepsilon_{23}\quad \varepsilon_{31}]^{\mathrm{T}}\\
&=[\varepsilon_{xx}\quad \varepsilon_{yy}\quad \varepsilon_{zz}\quad \tfrac{1}{2}\gamma_{xy}\quad \tfrac{1}{2}\gamma_{yz}\quad \tfrac{1}{2}\gamma_{zx}]^{\mathrm{T}}\\
&=[\varepsilon_{x}\quad \varepsilon_{y}\quad \varepsilon_{z}\quad \tfrac{1}{2}\gamma_{xy}\quad \tfrac{1}{2}\gamma_{yz}\quad \tfrac{1}{2}\gamma_{zx}]^{\mathrm{T}}
\end{aligned}
$$

应力

$$
\begin{aligned}
\sigma_{ij}&=[\sigma_{11}\quad \sigma_{22}\quad \sigma_{33}\quad \sigma_{12}\quad \sigma_{23}\quad \sigma_{31}]^{\mathrm{T}}\\
&=[\sigma_{xx}\quad \sigma_{yy}\quad \sigma_{zz}\quad \tau_{xy}\quad \tau_{yz}\quad \tau_{zx}]^{\mathrm{T}}\\
&=[\sigma_{x}\quad \sigma_{y}\quad \sigma_{z}\quad \tau_{xy}\quad \tau_{yz}\quad \tau_{zx}]^{\mathrm{T}}
\end{aligned}
$$

空间问题三大类方程的形式与平面问题相似，注意自由指标 (i,j) 的变化应为 $(i,j=1,2,3)$，分别表示沿直角坐标的 x 轴、y 轴、z 轴。

3D 问题的独立变量的数目：3 个位置分量，6 个应力分量，6 个应变分量，共 15 个变量。

3D 问题的独立方程的数目：3 个平衡方程，6 个几何方程，6 个物理方程，共 15 个方程，外加两类边界条件。

以上变量和方程是针对从任意变形体中所取出来的 $dxdydz$ 微小体元来建立的，因此，无论所研究对象的几何形状和边界条件有何差异，基本变量和基本方程是完全相同的，不同之处在于变形体的几何形状 Ω 和边界条件 BC(u) 及 BC(p)，所以，针对一个给定对象进行问题求解的关键是如何处理变形体的几何形状和边界条件。

四、弹性问题的能量表示法

在研究弹性问题时，我们考察的自然能量包括两类：①施加外力在可能位移上所做的功；②变形体由于变形而存储的能量。从能量的角度研究变形体，主要有以下两个理论。

1. 虚功原理

考察一个变形体在外力作用下的静力平衡状态，需要引入“虚位移”和“虚功”的概念。若一个变形（或结构）在另一新的力系的作用下，产生了新的符合约束条件的变形及位移，称之为虚位移。所谓“虚”，是指该位移不是原来力系所产生的，它可以是任何无限小的位移，它在变形体内部必须是连续的，在变形体的边界上必须满足运动学边界条件，例如对于悬臂梁来说，在固定端处，虚位移及其斜率必须等于零。这样原来的外力及内力都要在虚位移上做功，称为“虚功”。虚位移以 u^*、v^*、w^* 表示，虚应变以 ε_x^*、ε_y^*、ε_z^*、γ_{xy}^*、γ_{yz}^*、γ_{zx}^* 等表示。根据作用在弹性体中任一微小体元 $dxdydz$ 上所有的力平衡时合力为零的条件，引出虚功总和为零的条件，经整理，弹性体的虚功原理可表示为

$$\int_\Omega(\bar{b}_x u^* + \bar{b}_y v^* + \bar{b}_z w^*)d\Omega + \int_{S_p}(\bar{p}_x u^* + \bar{p}_y v^* + \bar{p}_z w^*)dA$$
$$= \frac{1}{2}\int_\Omega(\sigma_{xx}\varepsilon_{xx}^* + \sigma_{yy}\varepsilon_{yy}^* + \sigma_{zz}\varepsilon_{zz}^* + \tau_{xy}\gamma_{xy}^* + \tau_{yz}\gamma_{yz}^* + \tau_{zx}\gamma_{zx}^*)d\Omega$$

上式左边第一项是在物体内部，由体积力 $\bar{b}_i$ 在对应虚位移上所做的外力虚功；第二项是在力边界条件上，由外力（面力）$\bar{p}_i$ 在对应虚位移上所做的功，表示弹性体表面力所做的外力虚功。上式右边，表示弹性体内部的内力虚功之和，也就是整体应变能。该式表明，如果物体在外力作用下处于平衡状态，则作用在弹性体上的外力虚功之和等于内力虚功之和。

2. 最小势能原理

定义变形体的应变能密度为

$$\frac{1}{2}(\sigma_{xx}\varepsilon_{xx} + \sigma_{yy}\varepsilon_{yy} + \sigma_{zz}\varepsilon_{zz} + \tau_{xy}\gamma_{xy} + \tau_{yz}\gamma_{yz} + \tau_{zx}\gamma_{zx})$$

则总应变能为

$$U = \frac{1}{2}\int_\Omega(\sigma_{xx}\varepsilon_{xx} + \sigma_{yy}\varepsilon_{yy} + \sigma_{zz}\varepsilon_{zz} + \tau_{xy}\gamma_{xy} + \tau_{yz}\gamma_{yz} + \tau_{zx}\gamma_{zx})d\Omega$$

变形体的总势能

$$\begin{aligned}\Pi &= U - W \\ &= \frac{1}{2}\int_\Omega(\sigma_{xx}\varepsilon_{xx} + \sigma_{yy}\varepsilon_{yy} + \sigma_{zz}\varepsilon_{zz} + \tau_{xy}\gamma_{xy} + \tau_{yz}\gamma_{yz} + \tau_{zx}\gamma_{zx})d\Omega \\ &\quad - \left[\int_\Omega(\bar{b}_x u + \bar{b}_y v + \bar{b}_z w)d\Omega + \int_{S_p}(\bar{p}_x u + \bar{p}_y v + \bar{p}_z w)dA\right] \\ &= \frac{1}{2}\int_\Omega \sigma_{ij}\varepsilon_{ij}\,d\Omega - \left[\int_\Omega \bar{b}_i u_i d\Omega + \int_{S_p}\bar{p}_i u_i dA\right]\end{aligned}$$

最小势能原理可以表述如下：物体在外力作用下产生位移和变形，在所有满足几何边界条件的可能位移之中使物体达到变形和平衡状态的真实位移，应使物体的总势能 Π 取得极小值，若把 Π 看作泛函，则 Π 取极小值，相当于 Π 的一阶变分为零，用公式表示即为

$$\delta\Pi = \delta U - \delta W = 0$$

上式中出现的变分运算，其运算法则类似于微分学中的微分运算，但两者在概念上完全不同，变分运算是对泛函来实现的，而微分运算的对象则是普通函数。

所谓泛函是一种以函数为自变量的函数，即函数的函数。求解泛函极值问题的各种准则称作变分原理，是有限元法最重要的数学基础。

第三节　有限元分析的数学求解原理

针对任意形状的变形体，基于物体内的微小体元 $dxdydz$，在定义了用于描述弹性体变形信息的所有基本力学变量（u_i，σ_{ij}，ε_{ij}）、基本方程（平衡方程、物理方程和几何方程）及边界条件之后，接下来就是研究对这些方程在具体的条件下进行求解，也就是说在已知的边界条件下，由基本方程求出相应的位移场、应力场和应变场。

一般来说，求解方程的途径有两大类。

① 直接针对原始方程进行求解，方法有解析法、半逆解法和有限差分法等。

② 间接针对原始方程进行求解，方法有加权残值法、虚功原理、最小势能原理和变分方法等。

各类具体问题无论是几何形状、受力方式，还是材料特性都是千差万别的，因此，一种求解方法是否具有优越性，其判定标准如下。

① 具有良好的规范性。不需要太多的经验和技巧。

② 具有良好的适应性。可处理任何复杂的工程问题。

③ 具有良好的可靠性。这是对求解方法的根本要求，要求计算结果收敛、稳定、满足一定的精度要求。

④ 具有良好的求解可行性。计算工作量能和当时的计算条件相匹配，因为针对不同的问题，不存在绝对优越的求解方法。

关于任意连续体问题的两种求解方法：解析法和数值法，见图 10-3。

解析法因为给出的解比较精确和具有闭合形式，常为人们所喜欢采用，但已逐渐为比较近似的数值法所代替。

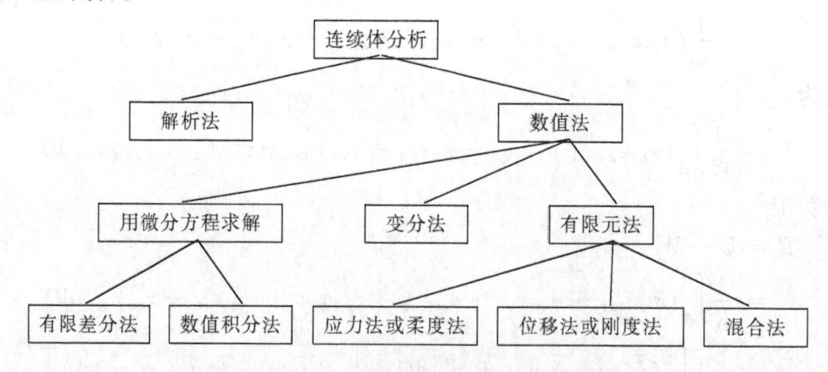

图 10-3　连续体分析中有关解析法及数值法之间的关系

解析法采用无穷小元素，但有限元采用的是有限尺寸的单元。和有限差分法相反，有限元法离散的是具体域而不是离散微分方程，有限差分法是将微分方程离散化，方程用有限个函数值来表示，而有限单元法是将整个结构离散成一个个单元，单元与单元之间由节点相联结。从数学上讲，有限单元法是将整个定义域 Ω 离散成各个子域。它和古典变分法不同，试图分片求“泛函”极小值，而不是在整个域内求极小值。有限单元法与古典的变分法，如雷利-李兹不同之处也反映在位移函数的选取上，雷利-里兹法要求在整个定义域上选取位移函数，而有限单元法中所选取的只是分片连续的函数，显然有限单元法较古典的变分法有更大的灵活性。

一个连续体，不论是一维、二维、三维的，只要不违背单元间控制函数及其导数的连续性，总是可以剖分成更小的子域（单元）。虽然实际上单元在其边界处是由线或面完全连接的，但在有限元法中假设彼此仅在离散点（节点）处连接。因此连续体的性能可由这些单元的性能所代表，求出在一组适当假设边界条件下各个单元的分片解来代替决定全域的解，单元内的解用节点处函数边值来构造，但节点处函数边值是未知量，然而在时间中，这些函数边值常常用变分原理决定，例如在弹性力学问题中，单元内的近似解是通过某些泛函（即势能、余应变能等）的极小化而获得。最后，根据相邻单元之间的平衡条件以及局部近似函数与其某阶导数的连续性（协调条件）算出节点处的函数值。因此，增加节点数在理论上使计算接近于全域的函数值。

一、简单问题的解析求解

对于一些特殊对象或者简单对象，可以利用对象的一些特性进行简化。当然，简化后也一定包括三大类力学变量（位移、应力、应变）、三大类方程（平衡、几何和物理方程）以及两大类边界条件。

下面将介绍一个简单问题（1D 拉压杆）的求解过程，并对相关问题进行必要的讨论与研究。

【例 10-1】 有一个左端固定的拉杆，其右端作用一外力 P。该拉杆的长度为 l，横截面积为 A，弹性模量为 E，见图 10-4。讨论其力学变量和基本方程的求解过程。

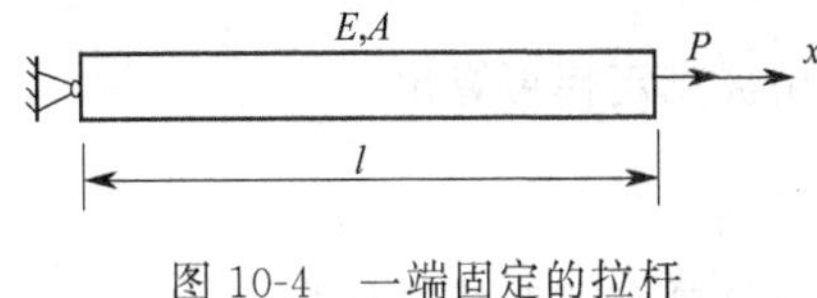

图 10-4　一端固定的拉杆

【解】（1）基本力学变量　由于该问题是一个沿 x 方向的一维问题，因此只有沿 x 方向的基本变量，即

位移：$u(x)$

应变：$\varepsilon_x(x)$

应力：$\sigma_x(x)$

（2）基本方程　该问题的三大类基本方程和边界条件如下。

平衡方程

$$\frac{\mathrm{d}\sigma_x}{\mathrm{d}x}=0 \tag{10-36}$$

几何方程

$$\varepsilon_x=\frac{\mathrm{d}u}{\mathrm{d}x} \tag{10-37}$$

物理方程

$$\varepsilon_x=\frac{\sigma_x}{E} \tag{10-38}$$

边界条件（BC）

位移 BC(u)　$$u(x)\big|_{x=0}=0 \tag{10-39}$$

力 BC(p)　$$\sigma_x(x)\big|_{x=l}=\frac{P}{A}=\bar{p}_x \tag{10-40}$$

力的边界条件为一种近似，因为在 $x=l$ 的端面，$\sigma_x(x)$ 不应是均匀分布的。由圣维南原理，在远离 $x=l$ 的截面，力的边界条件才较好地满足。

（3）求解　对式(10-36)～式(10-38)进行直接求解，可以得到以下结果：

$$\left.\begin{aligned}\sigma_x(x)&=c\\ \varepsilon_x(x)&=\frac{c}{E}\\ u(x)&=\frac{c}{E}x+c_1\end{aligned}\right\}\tag{10-41}$$

其中 c 和 c_1 为待定常数，由边界条件式(10-39) 和式(10-40) 可求出式 (10-41) 中的常数为 $c=P/A$，$c_1=0$。因此，得到

$$\left.\begin{aligned}\sigma_x(x)&=\frac{P}{A}\\ \varepsilon_x(x)&=\frac{P}{EA}\\ u(x)&=\frac{P}{EA}x\end{aligned}\right\}$$

(4) 讨论 1 若用经验方法求解 (如材料力学的方法)，则需要先作平面假设，即假设 σ_x 为均匀分布，则可以得到

$$\sigma_x=\frac{P}{A}$$

再由虎克定律可算出

$$\varepsilon_x=\frac{P}{EA}$$

最后计算右端的伸长量为

$$\Delta u=\varepsilon_x l=\frac{Pl}{EA}$$

由此可见，用经验方法求解该问题的结果与弹性力学的解析结果是完全一致的。可以看出，解析方法的求解过程严谨，可得到物体内各点力学变量的表达，是场变量。而经验方法的求解过程较简单，但需要事先进行假设，往往只得到一些特定位置的力学变量的表达，只能应用于一些简单情形。

(5) 讨论 2 该问题有关能量方面的物理量的求解结果如下：

应变能

由于 $U=\frac{1}{2}\int_{\Omega}(\sigma_{xx}\varepsilon_{xx}+\sigma_{yy}\varepsilon_{yy}+\sigma_{zz}\varepsilon_{zz}+\tau_{xy}\gamma_{xy}+\tau_{yz}\gamma_{yz}+\tau_{zx}\gamma_{zx})\mathrm{d}\Omega$

因此有 $$U=\frac{1}{2}\int_{\Omega}\sigma_x\varepsilon_x\mathrm{d}\Omega=\frac{1}{2}\int_0^l\sigma_x\varepsilon_x A\,\mathrm{d}x=\frac{P^2l}{2EA}$$

外力功

$$W=Pu(x)\big|_{x=l}=\frac{P^2l}{EA}$$

势能

$$\Pi=U-W=\frac{1}{2}\int_{\Omega}\sigma_x\varepsilon_x\mathrm{d}\Omega-Pu(x)\big|_{x=l}=-\frac{P^2l}{2EA}$$

二、各种求解方法的特点及比较

求解弹性问题有许多有效方法，微分形式主要有解析法、半解析法和差分法。积分形式 (试函数法) 主要有加权残值法和最小势能原理。

微分形式的求解和积分形式的求解方法有着本质上的区别，正是引入了“试函数”，使得求解难度大大降低。由于工程问题非常复杂，要求所采用的方法具有较好的规范性、较低的难度、较低的函数连续性要求、较明确的物理概念、较好的通用性。而基于最小势能原理

的求解方法具有较明显的综合优势，因此，可以在该原理的基础上发展出能广泛适用于工程中任意复杂问题的求解方法。利用最小势能原理，必须处理好以下几点技术难点：复杂物体的几何描述；试函数的确定与选取；全场试函数的表达。

因此，在具备大规模计算能力的前提下，将复杂的几何物体等效离散为一系列的标准形式的几何体，再在标准的几何体上研究规范化的试函数表达及全场试函数的构建，然后利用最小势能原理建立起力学问题的线性方程组，这是有限元方法的基本思路。

三、典型问题的分析及解答

【例 10-2】 用最小势能原理和加权残值法求解如图 10-5 所示受均布外载悬臂梁的挠度，设梁的抗弯刚度为 EI。

【解】 受均布外载荷的悬臂梁，其边界条件为

$$\text{BC(u)}:\quad \left.\begin{aligned} v|_{x=0}&=0\\ v'|_{x=0}&=0\end{aligned}\right\} \tag{10-42}$$

$$\text{BC(p)}:\quad \left.\begin{aligned} M=-EIv''|_{x=l}&=0\\ Q=-EIv'''|_{x=l}&=0\end{aligned}\right\} \tag{10-43}$$

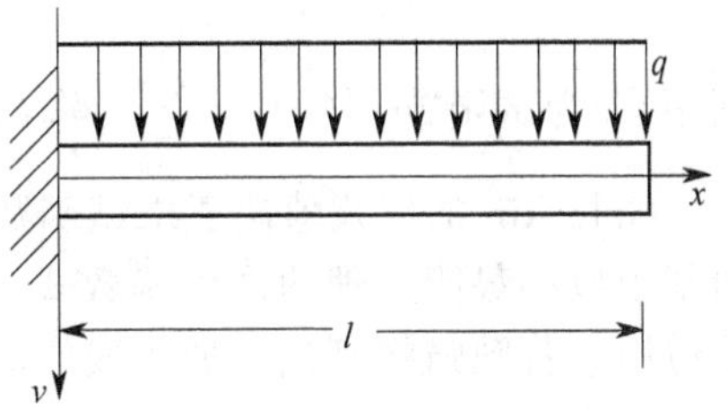

图 10-5　受均布外载悬臂梁

（1）基于最小势能原理的求解　取试函数为

$$\vec{v}(x)=c\left(1-\cos\frac{\pi x}{2l}\right) \tag{10-44}$$

$$\vec{v}'(x)=c\,\frac{\pi}{2l}\sin\frac{\pi x}{2l}$$

因

$$\left.\begin{aligned} v|_{x=0}&=c\left(1-\cos\frac{\pi x}{2l}\right)=c(1-\cos 0)=0\\ v'|_{x=0}&=c\,\frac{\pi}{2l}\sin 0=0\end{aligned}\right\}$$

其中 c 为待定系数，该函数满足该问题的位移边界条件 BC(u)，所以是许可位移函数，可以令为试函数，代入总势能表达式，有

$$\begin{aligned}\Pi&=\int_0^l\frac{1}{2}EI(\vec{v}'')^2\mathrm{d}x-\int_0^l q\,\vec{v}\,\mathrm{d}x\\ &=\frac{1}{2}c^2EI\left(\frac{\pi}{2l}\right)^4\left(\frac{l}{2}\right)-qcl\left(1-\frac{2}{\pi}\right)\end{aligned} \tag{10-45}$$

由最小势能原理，$\dfrac{\partial\Pi}{\partial c}=0$，可解得

$$c=\frac{32}{\pi^4}\left(1-\frac{2}{\pi}\right)\frac{ql^4}{EI} \tag{10-46}$$

代回式(10-44)，可求得经 $x=l$ 处的最大挠度为

$$\vec{v}|_{x=l}=c=\frac{32}{\pi^4}\left(1-\frac{2}{\pi}\right)\frac{ql^4}{EI}=0.11937\,\frac{ql^4}{EI} \tag{10-47}$$

和精确解 $v|_{x=l}=\dfrac{ql^4}{8EI}$相比小 4.5%，可以满足工程精度要求。但如果进一步计算应力，则偏低 41%。为了提高计算精度可取三角级数的前 N 项作为许可位移函数：

$$\vec{v}(x)=\sum_{n=1}^{N}c_n\left[1-\cos\frac{(2n-1)\pi x}{2l}\right] \tag{10-48}$$

当 $N=5$ 时，最大挠度误差仅为 0.03%，应力误差为 8.1%。

可见位移许可函数（试函数）的选择对计算的精度有非常重要的影响。

（2）基于 Galerkin 加权残值法的求解　当选挠度$\vec{v}$为自变函数的试函数时，相应的加权残值法 Galerkin 方程为

$$\int_0^l (EI\,\vec{v}^{(4)} - q)\phi_n \mathrm{d}x = 0 \qquad (n = 1,2,3,\cdots,N) \tag{10-49}$$

其中 ϕ_n 为试函数$\vec{v}(x) = \sum_{n=1}^{N} c_n \phi_n(x)$ 中的基底函数。

当选曲率$\vec{v}''$为自变函数的试函数时，则对应的加权残值法 Galerkin 方程为

$$\int_0^l (EI\,\vec{v}'' - M)\phi''_n \mathrm{d}x = 0 \qquad (n = 1,2,3,\cdots,N) \tag{10-50}$$

其中 ϕ''_n 为试函数$\vec{v}''(x) = \sum_{n=1}^{N} c_n \phi''_n(x)$ 中的基底函数。下面取 $N=1$ 作为一级近似进行求解。

Galerkin 加权残值法要求试函数同时满足力和位移边界条件，即 BC(p) 和 BC(u)。前面基于最小势能原理的许可函数式(10-44) 不能满足 $x=l$ 处弯矩和剪力为零的条件，所以不适用。若勉强将其代入加权残值法 Galerkin 的式(10-49) 中，将导出

$$\vec{v}\,|_{x=l} = -0.441\,\frac{ql^4}{EI} \tag{10-51}$$

显然，该结果是错误的，因为向下的荷载不会引起向上的挠度。

寻求 Galerkin 加权残值法的试函数时，从研究边界条件 BC(p) 入手更合适，设

$$\frac{\mathrm{d}^2\,\vec{v}}{\mathrm{d}x^2} = c\left(1 - \sin\frac{\pi x}{2l}\right) \tag{10-52}$$

该函数满足 $x=l$ 处弯矩和剪力为零的条件，即

$$\vec{v}''\,|_{x=l} = 0,\quad \vec{v}'''\,|_{x=l} = 0 \tag{10-53}$$

求式(10-52) 的积分，可得

$$\vec{v}(x) = c\left[\frac{x^2}{2} + \left(\frac{2l}{\pi}\right)^2 \sin\frac{\pi x}{2l} + Ax + B\right] \tag{10-54}$$

调整两个积分常数 A 和 B，使满足 $x=0$ 处的位移边界条件式(10-42)，有 $A = -\frac{2l}{\pi}$，$B=0$，则得到 Galerkin 加权残值法的试函数为

$$\vec{v}(x) = c\left[\frac{x^2}{2} - \frac{2l}{\pi}x + \left(\frac{2l}{\pi}\right)^2 \sin\frac{\pi x}{2l}\right] = c\phi(x) \tag{10-55}$$

代入式(10-49)，取 $N=1$，有

$$\int_0^l \left[EIc\left(\frac{\pi}{2l}\right)^2 \sin\frac{\pi x}{2l} - q\right]\left[\frac{x^2}{2} - \frac{2l}{\pi}x + \left(\frac{2l}{\pi}\right)^2 \sin\frac{\pi x}{2l}\right]\mathrm{d}x = 0 \tag{10-56}$$

可得

$$c = \frac{\dfrac{1}{6} + \dfrac{8}{\pi^3} - \dfrac{1}{\pi}}{\dfrac{3}{2} - \dfrac{4}{\pi}} \times \frac{ql^2}{EI} = 0.469\,\frac{ql^2}{EI} \tag{10-57}$$

代入式(10-55) 得 $x=l$ 处的最大挠度值

$$\vec{v}\,|_{x=l} = cl^2\left(\frac{1}{2} - \frac{2}{\pi} + \frac{4}{\pi^2}\right) = 0.126\,\frac{ql^4}{EI} \tag{10-58}$$

它比精确解大 0.8%，显然比最小势能原理的一级近似解式(10-47) 好。主要原因是这里所取的试函数性能较好，它满足了所有边界条件，而前面最小势能原理求解所用的试函数只满足了位移边界条件，但寻求要求高的试函数非常困难。

（3）讨论　如果在该问题基于最小势能原理的求解中，选择的试函数也是式(10-55)（即在基于 Galerkin 加权残值法的求解中所用试函数），其结果又如何？

取试函数为

$$\vec{v}(x)=c\left[\frac{x^2}{2}-\frac{2l}{\pi}x+\left(\frac{2l}{\pi}\right)^2\sin\frac{\pi x}{2l}\right] \tag{10-59}$$

$$\vec{v}''(x)=c\left(1-\sin\frac{\pi x}{2l}\right) \tag{10-60}$$

其中 c 为待定系数，由于该试函数$\vec{v}(x)$ 满足位移边界条件 BC(u)，所以是许可位移函数，代入总势能表达式，有

$$\begin{aligned}\Pi &= \int_0^l \frac{1}{2}EI(\vec{v}'')^2\mathrm{d}x-\int_0^l q\vec{v}\,\mathrm{d}x\\ &= \frac{1}{2}EIc^2\left(\frac{3l}{2}-\frac{4l}{\pi}\right)-qc\left(\frac{l^3}{6}-\frac{l^3}{\pi}+\frac{8l^3}{\pi^3}\right)\end{aligned}$$

由最小势能原理，$\frac{\partial \Pi}{\partial c}=0$，可解得

$$EIc\left(\frac{3l}{2}-\frac{4l}{\pi}\right)-q\left(\frac{l^3}{6}-\frac{l^3}{\pi}+\frac{8l^3}{\pi^3}\right)=0$$

$$c=\frac{\frac{1}{6}-\frac{1}{\pi}+\frac{8}{\pi^3}}{\frac{3}{2}-\frac{4}{\pi}}\times\frac{ql^2}{EI}=0.469\frac{ql^2}{EI}$$

代回式(10-59)，可求得 $x=l$ 处的最大挠度为

$$\vec{v}\,|_{x=l}=cl^2\left(\frac{1}{2}-\frac{2}{\pi}+\frac{4}{\pi^2}\right)=0.126\frac{ql^4}{EI} \tag{10-61}$$

可见计算结果式(10-61) 和式(10-58) 完全相同。也就是说，对本例而言，如果选择同一试函数$\vec{v}(x)=c\left[\frac{x^2}{2}-\frac{2l}{\pi}x+\left(\frac{2l}{\pi}\right)^2\sin\frac{\pi x}{2l}\right]$，用基于 Galerkin 加权残值法和基于最小势能原理得到的结果是相同的。这更进一步证明：①加权残值法、虚功原理、最小势能原理以及变分方法是相互关联的，在某种意义上，这几种方法是可以相互转换的；②位移许可函数（试函数）的选择对计算的精度有非常重要的影响。

第四节　有限元在建筑幕墙设计中的广泛应用

建筑幕墙是迄今为止最理想的建筑外墙产品和结构，也是最能展示建筑“风采”的高超艺术。它不仅可以通过充分利用结构的多样性来体现建筑师对建筑外形的艺术追求，还可以充分利用各类新颖亮丽的建筑饰面材料的物理特性（如光、色、保温、隔声等）来满足建筑的功能需求。

为了充分发挥建筑幕墙的优势，人们在长期的幕墙工程设计实践中，设计制作的幕墙结构逐渐向着新颖、结构多样化、复杂化方向发展，因此给建筑幕墙结构的力学分析增加了相当的难度。通过前面的分析和研究知道，对复杂结构进行分析计算，人们很难或根本得不到它的精确解，因而不得不借助于数值分析技术。有限元分析就是能够满足工程分析精度要求的有效数值方法。随着计算机技术和计算方法的发展，计算机及其结构计算程序在幕墙结构设计中得到了越来越多的应用，为结构设计提供了快速、准确、可靠的设计计算工具。有限元应用于建筑幕墙，不仅可用于幕墙的结构分析计算，还可以用于幕墙的热工分析和动力学特性的分析等诸多方面，下面以实例对有限元在建筑幕墙设计中的应用做一简单介绍。

一、杆系结构的有限元分析及实例

杆系结构是工程中应用较为广泛的结构体系，包括平面或空间形式的梁、桁架、拱等。其组成形式虽然复杂多样，但用计算机进行分析时却较为简单。杆系结构中的每一个杆件都是一个明显的单元，杆件的两个端点自然形成有限元法的节点，杆件与杆件之间用节点相连接。

建筑幕墙的杆系结构是幕墙结构中的基本结构形式，简单的杆系结构可以组成复杂的幕墙结构体系，我们可以通过对一些简易的平面和空间杆系结构的有限元分析，为更为复杂的结构形式的分析计算找到普遍适用的方法。

1. 平面桁架的有限元分析

在建筑幕墙支承结构体系特别是大跨度支承结构体系中，平面桁架的应用是非常广泛的。人们在设计大跨度的建筑玻璃采光顶时，平面桁架也是经常采用的支承结构体系之一。

平面桁架在计算上有以下几个特点，也就是说它遵循以下基本假设：杆件的每个节点仅有两个线位移；杆件之间的连接为理想铰，即在节点处各杆件可相对自由转动，且杆件轴线交于一点；外荷载均为作用于节点的集中力。由于以上特点，在理论上各杆件只产生轴向拉、压力，截面应力分布均匀，材料可得到充分利用，因此桁架结构往往用于大跨度结构。

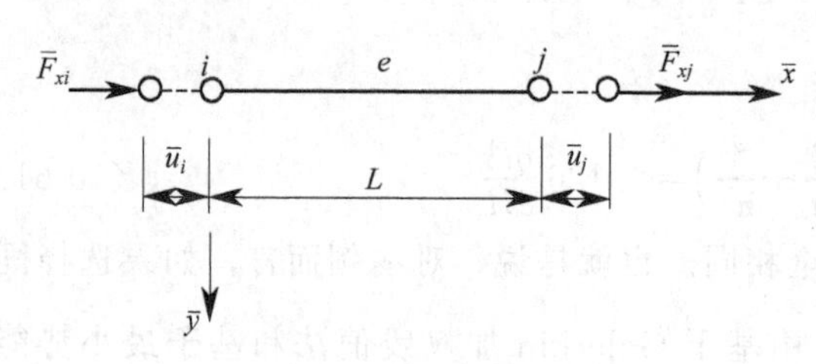

图 10-6　平面桁架单元

(1) 局部坐标系下的单元刚度矩阵　从平面桁架中任取一根杆件作为单元 e，称作桁架单元，单元长为 L，横截面面积为 A，见图 10-6。两端节点分别用 i 和 j 表示，规定从 i 到 j 的连线方向为局部坐标$\bar{x}$轴，垂直于$\bar{x}$的方向为$\bar{y}$轴。

由于桁架中各杆只产生轴向力和轴向变形，所以节点 i 和 j 只发生沿$\bar{x}$方向的位移，用$\bar{u}_i$ 和$\bar{u}_j$ 表示，相应的杆端轴力分别用$\bar{F}_{xi}$和$\bar{F}_{xj}$表示。由虎克定律可推得

$$\bar{F}_{xi}=\frac{EA}{L}(\bar{u}_i-\bar{u}_j)$$

$$\bar{F}_{xj}=\frac{EA}{L}(\bar{u}_j-\bar{u}_i)=-\frac{EA}{L}(\bar{u}_i-\bar{u}_j)$$

将这两个式子写成矩阵形式，就是

$$\begin{Bmatrix}\bar{F}_{xi}\\ \bar{F}_{xj}\end{Bmatrix}^e=\begin{bmatrix}\frac{EA}{L} & -\frac{EA}{L}\\ -\frac{EA}{L} & \frac{EA}{L}\end{bmatrix}\begin{Bmatrix}\bar{u}_i\\ \bar{u}_j\end{Bmatrix}^e \tag{10-62}$$

显然，在局部坐标系下，i，j 两节点沿$\bar{y}$ 轴方向的位移$\bar{v}_i=\bar{v}_j=0$，在$\bar{y}$轴方向的节点力$\bar{F}_{yi}$和$\bar{F}_{yi}=0$。因此，可以把式(10-62) 扩大为下面的四阶的形式

$$\begin{Bmatrix}\bar{F}_{xi}\\ \bar{F}_{yi}\\ \bar{F}_{xj}\\ \bar{F}_{yj}\end{Bmatrix}^e=\begin{bmatrix}\frac{EA}{L} & 0 & -\frac{EA}{L} & 0\\ 0 & 0 & 0 & 0\\ -\frac{EA}{L} & 0 & \frac{EA}{L} & 0\\ 0 & 0 & 0 & 0\end{bmatrix}\begin{Bmatrix}\bar{u}_i\\ \bar{v}_i\\ \bar{u}_j\\ \bar{v}_j\end{Bmatrix} \tag{10-63}$$

可以简写为

$$\{\bar{F}\}^e=[\bar{k}]^e\{\delta\}^e \tag{10-64}$$

其中

$$\{\bar{F}\}^e=[\bar{F}_{xi}\quad \bar{F}_{yi}\quad \bar{F}_{xj}\quad \bar{F}_{yj}]^{\mathrm{T}} \tag{10-65}$$

$\{\bar{F}\}^e$ 称作桁架单元的单元杆端力向量；

$$\{\bar{\delta}\}^e=[\bar{u}_i\quad \bar{v}\quad \bar{u}_j\quad \bar{v}_j]^{\mathrm{T}} \tag{10-66}$$

$\{\bar{\delta}\}^e$ 称作桁架单元的杆端位移向量；

$$[\bar{k}]^e=\begin{bmatrix} \frac{EA}{L} & 0 & -\frac{EA}{L} & 0 \\ 0 & 0 & 0 & 0 \\ -\frac{EA}{L} & 0 & \frac{EA}{L} & 0 \\ 0 & 0 & 0 & 0 \end{bmatrix}^{\mathrm{T}} \tag{10-67}$$

$[\bar{k}]^e$ 称作桁架的单元刚度矩阵。

式(10-63) 或式(10-64) 就是桁架的单元刚度方程，它反映了单元杆端力与杆端位移之间的关系。

(2) 整体坐标系下的单元刚度矩阵　在一个复杂的结构中，各个杆件的杆轴方向不尽相同，因而各自的局部坐标系也不尽相同。为了建立结构的整体平衡方程，必须选用一个统一的公共坐标系，称为整体坐标系，用 x、y 表示。

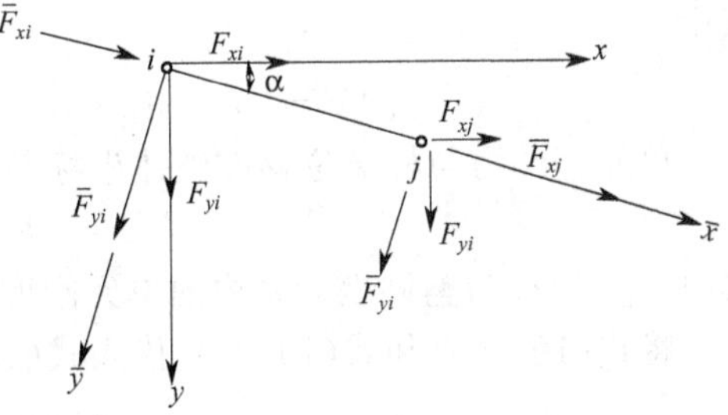

图 10-7　坐标变换关系图

首先分析单元杆端力在不同坐标系中的关系。如图 10-7 所示任一单元 e，其局部坐标系为$o\bar{x}\bar{y}$，整体坐标系为 oxy，由 x 轴到$\bar{x}$轴的夹角 α 以顺时针转向为正。局部坐标系中的杆端力用$\bar{F}_x^e$、$\bar{F}_y^e$ 表示，整体坐标系中的杆端力则用 F_x^e、F_y^e 表示（图 10-7)。显然，两者有下列关系

$$\left.\begin{aligned} \bar{F}_{xi}&=F_{xi}\cos\alpha+F_{yi}\sin\alpha \\ \bar{F}_{yi}&=-F_{xi}\sin\alpha+F_{yi}\cos\alpha \\ \bar{F}_{xj}&=F_{xj}\cos\alpha+F_{yi}\sin\alpha \\ \bar{F}_{yi}&=-F_{xj}\sin\alpha+F_{yj}\cos\alpha \end{aligned}\right\} \tag{10-68}$$

将式(10-68) 写成矩阵

$$\begin{Bmatrix} \bar{F}_{xi} \\ \bar{F}_{yi} \\ \bar{F}_{xj} \\ \bar{F}_{yj} \end{Bmatrix}=\begin{bmatrix} \cos\alpha & \sin\alpha & 0 & 0 \\ -\sin\alpha & \cos\alpha & 0 & 0 \\ 0 & 0 & \cos\alpha & \sin\alpha \\ 0 & 0 & -\sin\alpha & \cos\alpha \end{bmatrix}\begin{Bmatrix} F_{xi} \\ F_{yi} \\ F_{xj} \\ F_{yj} \end{Bmatrix}^e \tag{10-69}$$

上式可简写为

$$\{\bar{F}\}^e=[T]\{F\}^e \tag{10-70}$$

式中，$[T]$ 称为单元坐标转换矩阵

$$[T]=\begin{bmatrix}\cos\alpha & \sin\alpha & 0 & 0\\ -\sin\alpha & \cos\alpha & 0 & 0\\ 0 & 0 & \cos\alpha & \sin\alpha\\ 0 & 0 & -\sin\alpha & \cos\alpha\end{bmatrix} \tag{10-71}$$

容易证明，单元坐标转换矩阵 $[T]$ 是一个正交矩阵，因此有

$$[T]^{-1}=[T]^{\mathrm{T}} \tag{10-72}$$

或

$$[T][T]^{\mathrm{T}}=[T]^{-\mathrm{T}}[T]=[I] \tag{10-73}$$

式中，$[I]$ 是与 $[T]$ 同阶的单位矩阵。

结合式(10-73)，由式(10-70) 得

$$\{F\}^e=[T]^{\mathrm{T}}\{\overline{F}\}^e \tag{10-74}$$

同理，可以求出单元杆端位移在两种坐标系中的转换关系。设局部坐标系中单元杆端位移向量为 $\{\overline{\delta}\}^e$，整体坐标系中单元杆端位移向量为 $\{\delta\}^e$，则

$$\{\overline{\delta}\}^e=[T]\{\delta\}^e \tag{10-75}$$

$$\{\delta\}^e=[T]^{\mathrm{T}}\{\delta\}^e \tag{10-76}$$

式中

$$\{\overline{\delta}\}^e=[\overline{u}_i \quad \overline{v}_i \quad \overline{u}_j \quad \overline{v}_j]^{\mathrm{T}},\{\delta\}^e=[u_i \quad v_i \quad u_j \quad v_j]^{\mathrm{T}}$$

单元杆端力与杆端位移在整体坐标系中的关系式可写为

$$\{F\}^e=[k]^e\{\delta\}^e \tag{10-77}$$

式中，$[k]^e$ 称为整体坐标系中的单元刚度矩阵。

将式(10-70) 和式(10-75) 代入式(10-64)，得

$$[T]\{F\}^e=[\overline{k}]^e[T]\{\delta\}^e$$

将此式两边前各乘 $[T]^{\mathrm{T}}$，并利用式(10-73) 得

$$\{F\}^e=[T]^{\mathrm{T}}[\overline{k}]^e[T]\{\delta\}^e$$

再将上式与式(10-77) 比较，可知

$$\{k\}^e=[T]^{\mathrm{T}}\{k\}^e[T] \tag{10-78}$$

这就是单元刚度矩阵在两种坐标系中的转换关系。

(3) 整体平衡方程和单元杆端力的计算　整体平衡方程由单元集成法建立，引入约束条件后，求解该方程可得结构的节点位移向量 $\{\delta\}$，由式(10-75) 可求得单元在局部坐标系下的杆端位移 $\{\overline{\delta}\}$，再利用式(10-62) 或式(10-63) 就可求得单元在局部坐标系下的杆端力(轴力)。

2. 空间桁架的有限元分析

从物理概念和计算特点上讲，空间桁架与平面桁架同属一类结构，各节点均为理想铰，外荷载均为作用于节点的集中力，各杆件只产生轴向变形，因此，有关平面桁架的基本理论和概念完全适用于空间桁架，只是对于空间桁架单元，每个节点有三个自由度，因此，单元刚度矩阵由四阶方阵变为六阶方阵。

(1) 局部坐标系下的单元刚度矩阵　用 $\{\overline{F}\}^e$ 和 $\{\overline{\delta}\}^e$ 分别表示空间桁架在局部坐标系下的杆端力向量和杆端位移向量，即

$$\{\overline{F}\}^e=[\overline{F}_{xi} \quad \overline{F}_{yi} \quad \overline{F}_{zi} \quad \overline{F}_{xj} \quad \overline{F}_{yj} \quad \overline{F}_{zj}]^{\mathrm{T}}$$

$$\{\bar{\delta}\}^e=[\bar{\delta}_{xi} \quad \bar{\delta}_{yi} \quad \bar{\delta}_{zi} \quad \bar{\delta}_{xj} \quad \bar{\delta}_{yj} \quad \bar{\delta}_{zj}]^{\mathrm{T}}$$

按照与平面桁架单元同样的分析可得到两者之间的关系，即空间桁架单元的刚度方程

$$\begin{bmatrix}\bar{F}_{xi}\\ \bar{F}_{yi}\\ \bar{F}_{zi}\\ \bar{F}_{xj}\\ \bar{F}_{yj}\\ \bar{F}_{zj}\end{bmatrix}=\begin{bmatrix}\frac{EA}{L} & 0 & 0 & -\frac{EA}{L} & 0 & 0\\ 0 & 0 & 0 & 0 & 0 & 0\\ 0 & 0 & 0 & 0 & 0 & 0\\ -\frac{EA}{L} & 0 & 0 & \frac{EA}{L} & 0 & 0\\ 0 & 0 & 0 & 0 & 0 & 0\\ 0 & 0 & 0 & 0 & 0 & 0\end{bmatrix}\begin{Bmatrix}\bar{\delta}_{xi}\\ \bar{\delta}_{yi}\\ \bar{\delta}_{zi}\\ \bar{\delta}_{xj}\\ \bar{\delta}_{yj}\\ \bar{\delta}_{zj}\end{Bmatrix} \tag{10-79}$$

亦可简写为

$$\{\bar{F}\}^e=\{\bar{k}\}^e\{\bar{\delta}\}^e \tag{10-80}$$

(2) 整体坐标系下的单元刚度矩阵　按照平行桁架局部坐标节点力与整体坐标节点力的转换关系，空间桁架单元端点 i 的杆端力在局部坐标与整体坐标之间有如下的转换关系

$$\begin{Bmatrix}\bar{F}_{xi}\\ \bar{F}_{yi}\\ \bar{F}_{zi}\end{Bmatrix}^e=\begin{bmatrix}t_{\bar{x}x} & t_{\bar{x}y} & t_{\bar{x}z}\\ t_{\bar{y}x} & t_{\bar{y}y} & t_{\bar{y}z}\\ t_{\bar{z}x} & t_{\bar{z}y} & t_{\bar{z}z}\end{bmatrix}\begin{Bmatrix}F_{xi}\\ F_{yi}\\ F_{zi}\end{Bmatrix}^e \tag{10-81}$$

或简写为

$$\{\bar{F}_i\}^e=[t]\{F_i\}^e \tag{10-82}$$

式中

$$[t]=\begin{bmatrix}t_{\bar{x}x} & t_{\bar{x}y} & t_{\bar{x}z}\\ t_{\bar{y}x} & t_{\bar{y}y} & t_{\bar{y}z}\\ t_{\bar{z}x} & t_{\bar{z}y} & t_{\bar{z}z}\end{bmatrix} \tag{10-83}$$

其中，$t_{\bar{x}x}$表示局部坐标轴$\bar{x}$与整体坐标轴 x 夹角的余弦，以此类推。同样另一端点 j 的杆端力在两种坐标系之间的转换关系与式(10-82) 完全相同，即

$$\{\bar{F}_j\}^e=[t]\{F_j\}^e \tag{10-84}$$

式中

$$\{\bar{F}_j\}^e=[\bar{F}_{xj} \quad \bar{F}_{yj} \quad \bar{F}_{zj}]^{\mathrm{T}}$$
$$\{F_j\}^e=[F_{xj} \quad F_{yj} \quad F_{zj}]^{\mathrm{T}}$$

由式(10-82)、式(10-84) 得单元杆端力在两种坐标系之间的转换关系

$$\begin{Bmatrix}\bar{F}_i\\ \bar{F}_j\end{Bmatrix}^e=\begin{bmatrix}[t] & 0\\ 0 & [t]\end{bmatrix}\begin{Bmatrix}F_i\\ F_j\end{Bmatrix}^e \tag{10-85}$$

或简写为

$$\{\bar{F}\}^e=[T]\{F\}^e \tag{10-86}$$

式中

$$\{\bar{F}\}^e=[\bar{F}_i \quad \bar{F}_j]^{\mathrm{T}}=[\bar{F}_{xi} \quad \bar{F}_{yi} \quad \bar{F}_{zi} \quad \bar{F}_{xj} \quad \bar{F}_{yj} \quad \bar{F}_{zj}]^{\mathrm{T}}$$

$\{\bar{F}\}^e$ 是单元在局部坐标系下的杆端力向量

$$\{F\}^e=[F_i \quad F_j]^{\mathrm{T}}=[F_{xi} \quad F_{yi} \quad F_{zi} \quad F_{xj} \quad F_{yj} \quad F_{zj}]^{\mathrm{T}}$$

$\{F\}^e$ 是单元在整体坐标系下的杆端力向量

$$[T]=\begin{bmatrix}[t] & 0 \\ 0 & [t]\end{bmatrix} \tag{10-87}$$

$[T]$ 是坐标转换矩阵。容易验证，$[T]$ 是个正交矩阵。

由式(10-86) 得

$$\{F\}^e=[T]^{\mathrm{T}}\{\overline{F}\}^e \tag{10-88}$$

同样，还可以求出空间桁架的杆端位移在两种坐标系中的转换关系。如用 $\{\overline{\delta}\}^e$ 和 $\{\delta\}^e$ 分别表示局部坐标系和整体坐标系中单元杆端位移向量，则得到与式(10-75)、式(10-76) 相同的式子。

$$\{\overline{\delta}\}^e=[T]\{\delta\}^e \tag{10-89}$$

$$\{\delta\}^e=[T]^{\mathrm{T}}\{\overline{\delta}\}^e \tag{10-90}$$

式中

$$\{\overline{\delta}\}^e=[\overline{u}_i \quad \overline{v}_i \quad \overline{\omega}_i \quad \overline{u}_j \quad \overline{v}_j \quad \overline{\omega}_j]^{\mathrm{T}}$$

$$\{\delta\}^e=[u_i \quad v_i \quad \omega_i \quad u_j \quad v_j \quad \omega_j]^{\mathrm{T}}$$

仍然将整体坐标系中杆端力与杆端位移的关系写作

$$\{F\}^e=[k]^e\{\delta\}^e \tag{10-91}$$

按平面桁架单元同样的推导过程，得

$$[k]^e=[T]^{\mathrm{T}}\{\overline{k}\}^e[T] \tag{10-92}$$

可见，所有的转换关系式与平面桁架单元在形式上完全相同，只是阶数不同而已。

整体平衡方程的建立及杆端力的计算与平面桁架相同。

3. 幕墙立柱的有限元分析

建筑幕墙的立柱是幕墙结构体系的主体，它悬挂于主体结构之上，上、下立柱之间留有15mm以上的缝隙。在一般情况下，立柱所受荷载可以简化为呈线性分布的矩形荷载，其受力简图见图10-8。立柱为受均布荷载的简支梁，其荷载集度为 q，立柱的计算长度为 l。

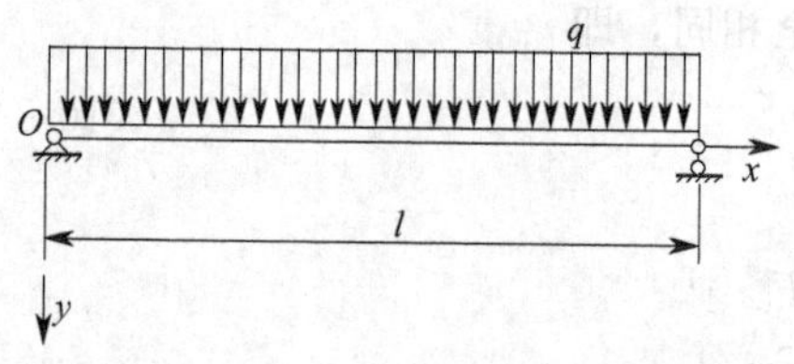

图 10-8　立柱为受均布荷载的简支梁

该问题可以认为是一个 oxy 平面内的问题。

(1) 基本方程　对幕墙立柱来说，我们认为：它是细长杆件，因此可以用 x 坐标来描述；主要变形为垂直于 x 轴的挠度，可以用挠度来描述位移场。所以可以进行如下假设：直法线假定；小变形与平面假设。因此，立柱计算过程中的三类基本变量如下。

① 位移：$v(x,\overline{y}=0)$ (指中性层的挠度)。

② 应力：σ (采用 σ_x，其他应力很小，可以忽略不考虑)，该应力对应于梁截面上的弯矩 M。

③ 应变：ε (采用 ε_x，满足直线假定)。

其理论推导过程如下。

① 平衡方程。取立柱一"微段单元" $\mathrm{d}x$ 为研究对象，应该有三个平衡方程，首先 x 方向的合力平衡，即$\sum X=0$，有

$$M=\int_A \sigma_x \overline{y}\,\mathrm{d}A \tag{10-93}$$

其中，$\vec{y}$ 是以梁的中性层为起点的 y 坐标，M 为截面上的弯矩。然后由 y 方向的合力平衡 $\sum Y=0$，有 $\mathrm{d}Q+q\mathrm{d}x=0$，即

$$\frac{\mathrm{d}Q}{\mathrm{d}x}+q=0 \tag{10-94}$$

其中，Q 为截面上的剪力，由弯矩平衡 $\sum M_o=0$，有 $\mathrm{d}M-Q\mathrm{d}x=0$，即

$$Q=\frac{\mathrm{d}M}{\mathrm{d}x} \tag{10-95}$$

② 几何方程。对立柱的研究，如果我们只考虑纯弯变形，见图 10-9。由变形后的几何关系，可以得到位于 $\vec{y}$ 处（指偏离中性层为 $\vec{y}$）的纤维层的应变为

$$\varepsilon_x(\vec{y})=\frac{(R-\vec{y})\mathrm{d}\theta-R\mathrm{d}\theta}{R\mathrm{d}\theta}=-\frac{\vec{y}}{R} \tag{10-96}$$

其中，R 为曲率半径，而曲率 κ 与曲率半径 R 的关系为

$$\kappa=\frac{\mathrm{d}\theta}{\mathrm{d}S}=\frac{\mathrm{d}\theta}{R\mathrm{d}\theta}=\frac{1}{R} \tag{10-97}$$

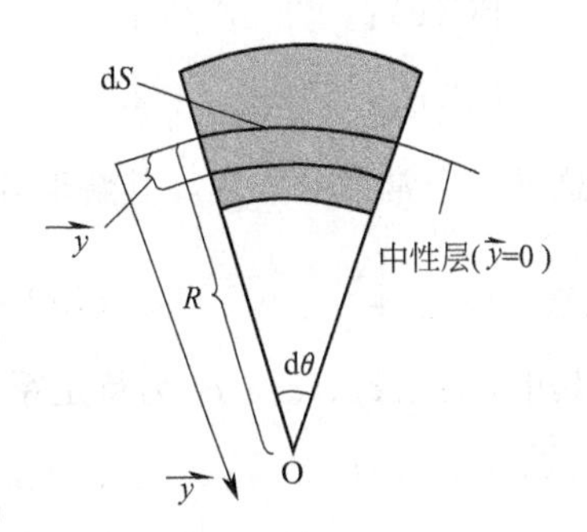

图 10-9 立柱的纯弯变形示意图

对于梁的挠度函数 $v(x,\vec{y}=0)$，它的曲率 κ 的计算公式为

$$\kappa=\pm\frac{v''(x)}{\sqrt{[1+v'(x)^2]^3}}\approx v''(x) \tag{10-98}$$

如图 10-9 所示的情形，应取

$$\kappa=\frac{\mathrm{d}^2v}{\mathrm{d}x^2} \tag{10-99}$$

将式(10-99) 和式(10-91) 代入式(10-90) 中，有

$$\varepsilon_x(x,\vec{y})=-\vec{y}\frac{\mathrm{d}^2v}{\mathrm{d}x^2} \tag{10-100}$$

③ 物理方程

由

$$\sigma_x=E\varepsilon_x$$

得

$$-EI\frac{\mathrm{d}^4v}{\mathrm{d}x^4}+q=0 \quad (y\text{ 方向的平衡})$$

$$\begin{aligned}M(x)&=\int_A\sigma_x\vec{y}\,\mathrm{d}A\\&=\int_A-\vec{y}^2Ev''\mathrm{d}A \quad (x\text{ 方向的平衡})\\&=-EI\frac{\mathrm{d}^2v}{\mathrm{d}x^2}\end{aligned} \tag{10-101}$$

$$\sigma_x(x)=-E\vec{y}\frac{\mathrm{d}^2v}{\mathrm{d}x^2} \quad (\text{物理方程}) \tag{10-102}$$

$$\varepsilon_x(x)=-\vec{y}\frac{\mathrm{d}^2v}{\mathrm{d}x^2} \quad (\text{几何方程}) \tag{10-103}$$

其中，$I=\int_A\vec{y}^2\mathrm{d}A$ 为立柱截面惯性矩。可见，将原始基本变量定为中性层的挠度 $v(x,\vec{y}=0)$ 是较理想的，其他力学参量都可以基于它来表达。

④ 边界条件。两端的位移边界：

BC(u)：
$$v|_{x=0}=0,\qquad v|_{x=l}=0 \tag{10-104}$$

两端的力（弯矩）边界：

BC(p)： $M|_{x=0}=0, \quad M|_{x=l}=0$ (10-105)

由式(10-101) 可知

BC(p)： $v''|_{x=0}=0, \quad v''|_{x=l}=0$ (10-106)

（2）方程的求解　若用基于 $dxdy$ 的微单元所建立的原始方程（即平面应力问题中的三大类方程）进行直接求解，不仅过于烦琐，而且不易求解。

因

$$-EI\frac{d^4v}{dx^4}+q=0 \tag{10-107}$$

且

BC(u)： $v|_{x=0}=0, \quad v|_{x=l}=0$ (10-108)

BC(p)： $v''|_{x=0}=0, \quad v''|_{x=l}=0$ (10-109)

这是一个常微分方程，其解形式为

$$v(x)=\frac{1}{EI}\left(\frac{q}{24}x^4+c_3x^3+c_2x^2+c_1x+c_0\right) \tag{10-110}$$

其中，c_0、c_1、c_2、c_3 为待定系数，可由边界条件求出，最后结果为

$$v(x)==\frac{q}{24EI}(x^4-2lx^3+l^3x) \tag{10-111}$$

$$v\left(x=\frac{l}{2}\right)=\frac{5ql^4}{384EI} \tag{10-112}$$

（3）用能量法求解时的有关物理量　因为应变能可以表示为

$$\begin{aligned}U &= \frac{1}{2}\int_{\Omega}\sigma_{ij}\varepsilon_{ij}\,d\Omega \approx \frac{1}{2}\int_{\Omega}\sigma_x\varepsilon_x\,d\Omega \\ &= \frac{1}{2}\int_{\Omega}\left(-E\vec{y}\ \frac{d^2v}{dx^2}\right)\left(-\vec{y}\ \frac{d^2v}{dx^2}\right)dA\,dx \\ &= \frac{1}{2}\int_{l}-EI\left(\frac{d^2v}{dx^2}\right)^2dx\end{aligned}$$

外力功

$$W=\int_{l}qv(x)\,dx$$

势能

$$\Pi=U-W=\frac{1}{2}\int_{l}EI\left(\frac{d^2v}{dx^2}\right)^2dx-\int_{l}qv(x)\,dx$$

二、平面应力及板壳问题的有限元分析及实例

建筑幕墙（building curtain wall）是支承结构体系与面板的结合体，板壳结构在建筑幕墙中得到了普遍应用。因此在建筑幕墙设计过程中，对板壳结构的分析同样具有十分重要的作用。

（1）薄板弯曲的基本假定　当薄板受到垂直于板面的外力时，横截面上将发生弯矩和扭

矩，引起弯应力和扭应力。薄板的中面将连弯带扭，成为一个所谓弹性曲面。这种问题称为薄板的弯扭的问题，但通常简称为薄板弯曲问题。

薄板的受弯分析与直梁的受弯分析相似，采用如下假定：

① 薄板的法线没有伸缩；

② 薄板的法线，在薄板弯扭以后，保持为薄板弹性曲面的法线；

③ 薄板中面内的各点，没有平行于中面的位移；

④ 挤压应力引起的应变可以不计。

(2) 应变与位移关系——几何方程　取薄板的中面为 xy 面，z 轴垂直于中面，见图 10-10。

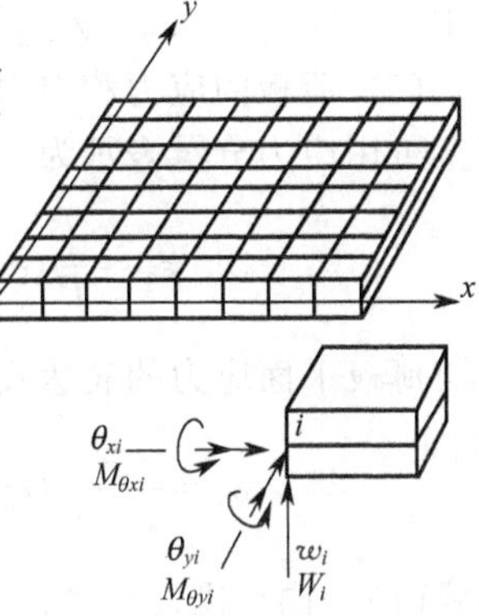

图 10-10　薄板弯曲的坐标系

由第①个假定可得，$\varepsilon_z=0$，从而由几何方程可见 $\frac{\partial\omega}{\partial z}=0$，所以有

$$\omega=\omega(x,y) \tag{10-113}$$

这就是说，中面第一法线上的所有各点具有相同的挠度 ω。

由第②个假定可得，$\gamma_{yz}=0$，$\gamma_{zx}=0$。于是，由几何方程有

$$\frac{\partial\upsilon}{\partial z}+\frac{\partial\omega}{\partial y}=0,\ \frac{\partial\omega}{\partial x}+\frac{\partial u}{\partial z}=0$$

从而有

$$\frac{\partial\upsilon}{\partial z}=-\frac{\partial\omega}{\partial y},\ \frac{\partial\omega}{\partial x}=-\frac{\partial u}{\partial z}$$

对 z 积分，并注意到式(10-113)，而且 $\frac{\partial\omega}{\partial y}$ 和 $\frac{\partial\omega}{\partial x}$ 均与 z 无关，得

$$\upsilon=-z\frac{\partial w}{\partial y}+f_1(x,y),\ u=-z\frac{\partial\omega}{\partial x}+f_2(x,y) \tag{10-114}$$

其中，f_1 和 f_2 为任意函数。

由第③个假定可得，$(u)_{z=0}=0$，$(\upsilon)_{z-0}=0$。由式(10-114) 可见，必有 $f_1=0$，$f_2=0$。于是式(10-114) 简化为

$$\upsilon=-z\frac{\partial\omega}{\partial y},\ u=-z\frac{\partial\omega}{\partial x}$$

应用几何方程，由上式得出薄板内各点不等于零的三个应变分量，用 ω 表示如下

$$\left.\begin{aligned}\varepsilon_x&=\frac{\partial u}{\partial x}=-z\frac{\partial^2\omega}{\partial x^2}\\ \varepsilon_y&=\frac{\partial\upsilon}{\partial y}=-z\frac{\partial^2\omega}{\partial y^2}\\ \gamma_{xy}&=\frac{\partial u}{\partial y}+\frac{\partial\upsilon}{\partial x}=-2x\frac{\partial^2\omega}{\partial x\partial y}\end{aligned}\right\} \tag{10-115}$$

在小应变情况下，$-\frac{\partial^2\omega}{\partial x^2}$ 和 $\frac{\partial^2\omega}{\partial y^2}$ 分别代表薄板弹性曲面在 x 方向和 y 方向的曲率，而 $-\frac{\partial^2\omega}{\partial x\partial y}$ 代表薄面板在 x 方向和 y 方向的扭率。这三个量称为薄板的应变，用矩阵表示为

$$\{\chi\}=\begin{Bmatrix}-\dfrac{\partial^2\omega}{\partial x^2}\\-\dfrac{\partial^2\omega}{\partial y^2}\\-2\dfrac{\partial^2\omega}{\partial x\partial y}\end{Bmatrix}\tag{10-116}$$

因此，式(10-115) 可以用矩阵表示为

$$\{\varepsilon\}=z\{\chi\}\tag{10-117}$$

其中，$\{\varepsilon\}=[\varepsilon_x \quad \varepsilon_y \quad \gamma_{xy}]^T$，为薄板的应变向量。

（3）薄板的应力和内力　由第④个假定，可以不计 σ_z 引起的应变，于是薄板内各点的应变可用应力分量表示为

$$\varepsilon_x=\frac{1}{E}(\sigma_x-\mu\sigma_y),\ \varepsilon_y=\frac{1}{E}(-\mu\sigma_x+\sigma_y),\ \gamma_{xy}=\frac{2(1+\mu)}{E}\tau_{xy}$$

这与薄板平面应力的表达式相同。从中解出应力分量，则得到

$$\sigma_x=\frac{E}{1-\mu^2}(\varepsilon_x+\mu\varepsilon_y),\quad \sigma_y=\frac{E}{1-\mu^2}(\mu\varepsilon_x+\varepsilon_y),\quad \tau_{xy}=\frac{E}{2(1+\mu)}\gamma_{xy}$$

将式(10-115) 代入上式，得

$$\begin{aligned}\sigma_x&=-\frac{E}{1-\mu^2}\times z\left(\frac{\partial^2 w}{\partial x^2}+\mu\frac{\partial^2 w}{\partial y^2}\right)\\\sigma_y&=-\frac{E}{1-\mu^2}\times z\left(\mu\frac{\partial^2 w}{\partial x^2}+\frac{\partial^2 w}{\partial y^2}\right)\\\tau_{xy}&=-\frac{E}{(1+\mu)}\times z\frac{\partial^2 w}{\partial x\partial y}\end{aligned}\tag{10-118}$$

用矩阵表示

$$\{\sigma\}=[\sigma_x \quad \sigma_y \quad \tau_{xy}]^T=[D]\{\varepsilon\}=z[D]\{\chi\}\tag{10-119}$$

式中

$$[D]=\frac{E}{1-\mu^2}\begin{bmatrix}1&\mu&0\\\mu&1&0\\0&0&\dfrac{1-\mu}{2}\end{bmatrix}\tag{10-120}$$

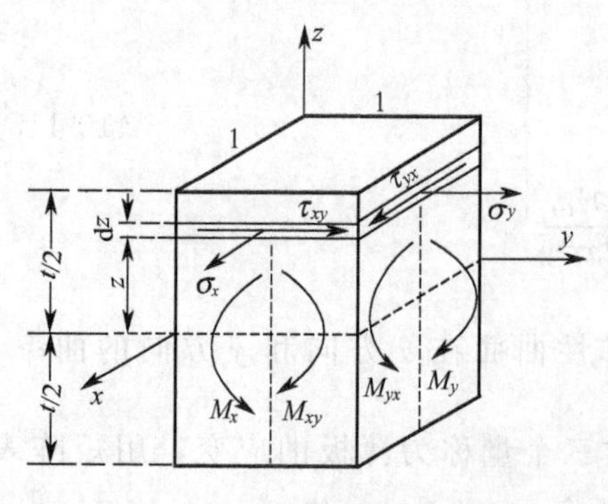

图 10-11　薄板截面上的内力

考察薄板截面内的应力合成。从薄板中截取微小六面体，它在 x 方向和 y 方向的宽度都是一个单位，见图 10-11。在垂直于 x 轴的横截面上，正应力是 σ_x，由式(10-118) 可见它与 z 成正比。与梁的情况相似，它可以合成一个力偶，这个力偶的矩，就是这个横截面上的弯矩，把这个弯矩记为 M_x，则有

$$M_x=\int_{-\frac{t}{2}}^{\frac{t}{2}} z\sigma_x \mathrm{d}z$$

将式(10-118) 中 σ_x 的表达式代入上式，对 z 积分，

得到

$$M_x=-\frac{Et^3}{12(1-\mu^2)}\left(\frac{\partial^2 w}{\partial x^2}+\mu\frac{\partial^2 w}{\partial y^2}\right) \tag{10-121}$$

与此相似，该横截面上的剪切应力可将其合成为扭矩

$$M_{xy}=\int_{-\frac{t}{2}}^{\frac{t}{2}} z\tau_{xy}\,\mathrm{d}z=-\frac{Et^3}{12(1+\mu)}\times\frac{\partial^2\omega}{\partial x\partial y} \tag{10-122}$$

而在垂直 y 轴的横截面上，σ_y 与 τ_{yx} 分别合成弯矩与扭矩，即

$$\left.\begin{aligned}M_y&=\int_{-\frac{t}{2}}^{\frac{t}{2}} z\sigma_y\,\mathrm{d}z=-\frac{Et^3}{12(1-\mu^2)}\times\left(\mu\frac{\partial^2 w}{\partial x^2}+\frac{\partial^2 w}{\partial y^2}\right)\\M_{yx}&=\int_{-\frac{t}{2}}^{\frac{t}{2}} z\tau_{yx}\,\mathrm{d}z=\int_{-\frac{t}{2}}^{\frac{t}{2}} z\tau_{xy}\,\mathrm{d}z=M_{xy}\end{aligned}\right\} \tag{10-123}$$

由此可见，由剪切应力 τ_{yx} 和 τ_{xy} 的互等关系，得到扭矩 M_{yx} 和 M_{xy} 的互等关系。利用式(10-121)～式(10-123) 三式，并且将式(10-118) 中的 ω 消去，得

$$\sigma_x=\frac{12M_x}{t^3}z,\ \sigma_y=\frac{12M_y}{t^3}z,\ \tau_{xy}=\frac{12M_{xy}}{t^3}z \tag{10-124}$$

令

$$\{M\}=\begin{Bmatrix}M_x\\M_y\\M_{xy}\end{Bmatrix} \tag{10-125}$$

则式(10-124) 可简写为

$$\{\sigma\}=\frac{12}{\tau^3}z\{M\} \tag{10-126}$$

它表示薄板内应力与内力之间的关系。

将式(10-121)～式(10-123) 三式写成矩阵形式，并采用式(10-125) 的记号，则

$$\{M\}=\frac{Et^3}{12(1-\mu^2)}\begin{Bmatrix}-\frac{\partial^2\omega}{\partial x^2}-\mu\frac{\partial^2\omega}{\partial y^2}\\-\mu\frac{\partial^2\omega}{\partial x^2}-\frac{\partial^2\omega}{\partial y^2}\\-(1-\mu)\frac{\partial^2\omega}{\partial x\partial y}\end{Bmatrix}=\frac{Et^3}{12(1-\mu^2)}\begin{bmatrix}1&\mu&0\\\mu&1&0\\0&0&\frac{1-\mu}{2}\end{bmatrix}\begin{Bmatrix}-\frac{\partial^2\omega}{\partial x^2}\\-\frac{\partial^2\omega}{\partial y^2}\\-2\frac{\partial^2\omega}{\partial x\partial y}\end{Bmatrix}$$

利用式(10-117)，上式可简写为

$$\{M\}=[D_{\mathrm{f}}]\{\chi\} \tag{10-127}$$

式中，$[D_{\mathrm{f}}]$ 被称作薄板弯曲问题的弹性矩阵

$$[D_{\mathrm{f}}]=\frac{Et^3}{12(1-\mu^2)}\begin{bmatrix}1&\mu&0\\\mu&1&0\\0&0&\frac{1-\mu}{2}\end{bmatrix}=\frac{\tau^3}{12}[D] \tag{10-128}$$

总之，在幕墙结构分析中，板壳问题是普遍存在的。如玻璃幕墙的玻璃板在各种工作状态下的结构分析计算，石材幕墙、金属板幕墙的板材的结构分析与计算等，都是一些较为典型板壳问题。对这类问题的处理，有限元分析方法无疑能够发挥重要作用。

三、材料非线性问题的有限元法

能够利用有限元分析的变形体系包括两种类型：线性变形体系和非线性变形体系。所谓线性变形体系是指位移与荷载呈线性关系的体系，当载荷全部拆除后，体系将完全恢复原始状态。这种体系也称线性弹性体，它主要满足以下条件：

① 材料的应力与应变关系满足虎克定律；

② 位移是微小的；

③ 所有的约束均为理想约束。

在分析线性弹性体系时，可以按照体系变形前的几何位置和形状建立平衡方程，并且可以应用叠加原理。根据这种理论建立起来的方程是线性的，对于小应变和小位移的情形这种分析是适用的。

实际结构的位移与荷载可以不呈线性关系，这样的体系称为非线性变形体系。如果体系的非线性是由于材料应力与应变关系的非线性引起的，则称为材料非线性；如果结构的变位使体系的受力发生了显著的变化，以至于不能采用线性体系的分析方法时称为几何非线性，如结构的大变形、大挠度的问题等。还有一类非线性问题是边界条件非线性或状态非线性，如各种接触问题等。本书只对材料非线性问题的有限元解法进行讨论，别的非线性问题的有限元解法，可以参考其他资料。

材料非线性问题的处理相对较简单，通常不用修改整个问题的表达式，而只需将应力与应变关系线性化，求解一系列的线性问题，并通过某种校正方法，最终将材料特性调整到满足给定的本构关系，从而获得问题的解。

为了达到建筑幕墙通透的目标，点支承玻璃幕墙技术在工程实践中的应用越来越普遍，而对这类幕墙支承体系结构的分析计算是幕墙设计的难点之一。对其中的索网结构、索杆结构的分析与计算就是较为典型的非线性问题。

四、点支承玻璃幕墙设计中有限元分析及实例

点支承玻璃幕墙具有视线通透，简洁明快，能够将建筑内外空间与装饰功能有机地融为一体的特点，受到了建筑设计师的青睐，在工程实践中得到了大量应用。点支承玻璃幕墙的结构与普通框支承幕墙结构相比，其支承结构体系要复杂得多，结构类型也多种多样。对于复杂结构体系，利用传统的计算方法很难得到精确解，而利用有限元分析技术来进行分析计算，证明是可靠和有效的，精度足以满足要求。

有限元分析技术的关键之一就是有限元分析软件。目前有很多通用有限元分析软件，以其强大功能支持，受到了用户的好评，然而该类软件针对性不强，用户学习周期长，对与CAD集成、工程建模及其后处理等缺乏必要的系统支持，因而给工程分析带来了不少麻烦，难以满足由于行业竞争加剧而逐渐提倡的节约设计和制造成本、减少设计周期以及提高设计质量的要求。而针对建筑幕墙的有限元分析系统，可以 实现与CAD系统的无缝集成，提供诸如模型设计、模型计算、模型校核、结果出图以及计算书生成等一整套工程应用解决方案，解决了通用有限元软件的专用性不强、设计效率低、操作不方便、计算模型难以统一等问题。

下面是用有限元分析软件对点支承玻璃幕墙的典型结构进行分析的简单过程。

【例 10-3】 广州花都新白云机场建成后将成为亚洲最大的机场之一，与北京、上海机场一道，成为我国的枢纽机场。主楼结构钢柱为V形，在竖向，每隔9m布置一道钢管桁架作主要支承，在水平方向，每1.5m布置一片张拉自平衡体系索杆桁架，拉索的预应力由本身中央压杆受压平衡，不会给主要支承结构产生附加拉力。这样就构成了整个13.618m高的点支承幕墙。玻璃分格为1500mm×2000mm。

张拉自平衡拱高为 0.787m，形式采用圆（弧）形式。主梁单元为圆管，规格为 ϕ150mm×10mm，材料为 Q235 钢；索杆单元为拉索，规格为 ϕ18mm，预应力为 50kN，材料为 1Cr18Ni9；腹杆单元为圆管，规格为 ϕ50mm×4mm，材料为 Q235 钢。设根据工况，张拉自平衡约束形式为上端约束 x、z 线位移，y 方向角位移；下端约束 x、y、z 线位移。

下面给出用建筑幕墙专业有限元分析软件对该问题进行分析求解的简单过程。

（1）建立工程　工程名称：根据工程实际情况输入，如为“张拉自平衡”。

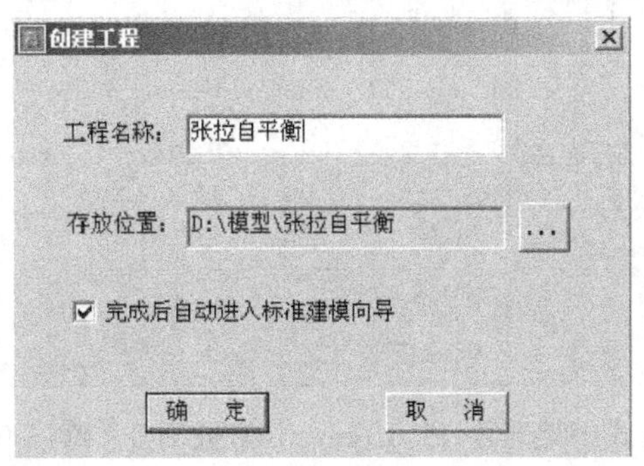

（2）建模向导，选择结构类型　根据要求选择“索杆”→“张拉自平衡”。在用有限元分析软件对具体问题进行计算分析时，“建模”过程是保证分析结果的正确性和计算效率的关键环节。这个过程的目的实际上就是要将具体问题的“实物模型”抽象简化为一个理想的“物理模型”，然后再将“物理模型”转化成“数学模型”进行分析求解。

点支承玻璃幕墙的支承结构体系是多种多样的，针对此例，应选择“张拉自平衡索杆”结构类型。

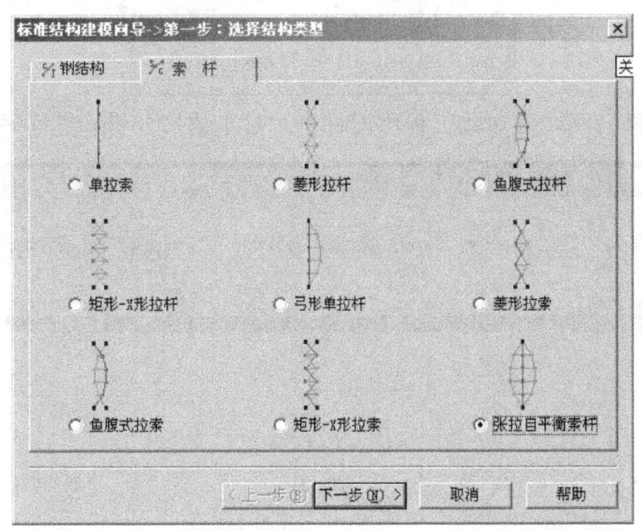

（3）建模向导，设置模型几何参数和两端约束　软件系统会给出标准化结构类型的建模过程的向导，用户可以按照软件提示的要求，建立一套完整的结构模型。通用的有限元分析软件系统可以通过不断完善其模型数据库而使其建模功能不断得到加强，以满足用户的实际需要，同时也会提供给用户以开放的数据接口，以满足不断变化的建模需求。

专业化的有限元分析软件，在根据专业的特点不断完善其模型数据库的同时，还会提供与通用有限元软件的接口，所以其功能会变得更加强大。

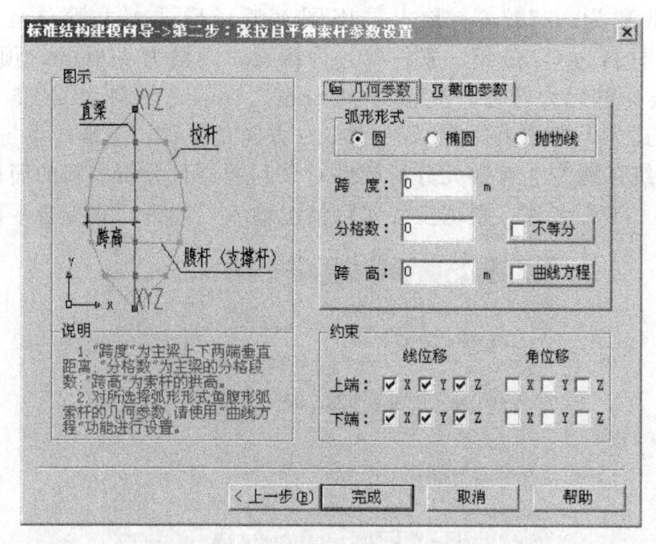

按此例要求，设置鱼腹式桁架跨度 13.618m，分格数为 9，跨高 0.787m，使用“不等分”功能设置每段分格。设置模型上端约束 x、z 线位移，y 方向角位移，下端约束 x、y、z 线位移。

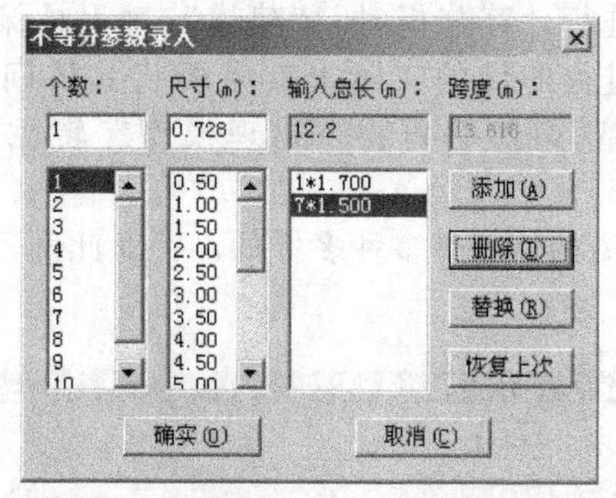

（4）打开工程材料库，添加此工程所用材料　对于结构分析计算问题，软件系统都会提

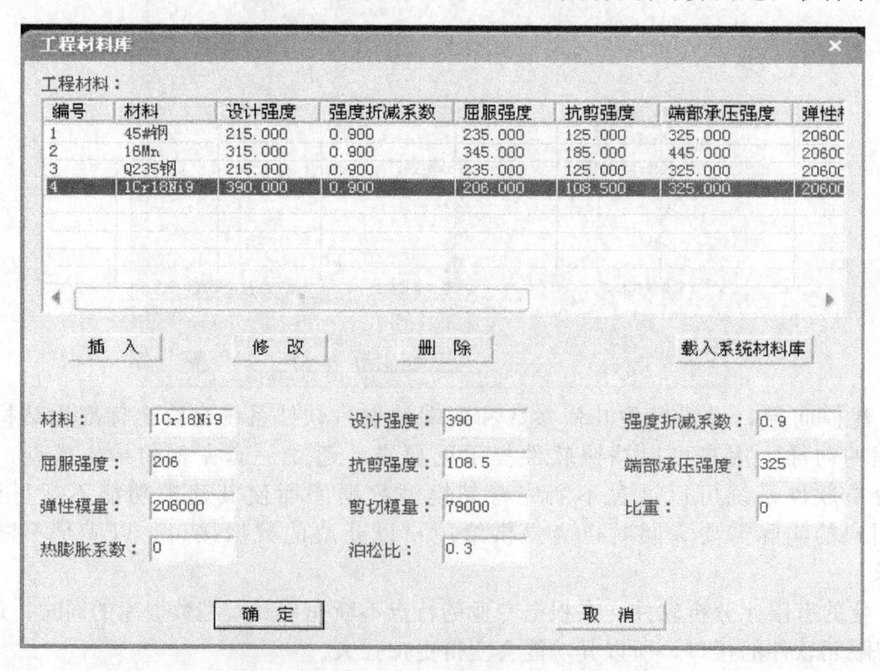

编号	材料	设计强度	强度折减系数	屈服强度	抗剪强度	端部承压强度	弹性模
1	45#钢	215.000	0.900	235.000	125.000	325.000	20600
2	16Mn	315.000	0.900	345.000	185.000	445.000	20600
3	Q235钢	215.000	0.900	235.000	125.000	325.000	20600
4	1Cr18Ni9	390.000	0.900	206.000	108.500	325.000	20600

供较为完善的材料数据库供用户选用，如杆、板材、索等。由于有了完备的材料数据库，用户在使用软件进行结构分析计算时，只需打开相应数据库选择即可。当然软件系统也会提供材料数据库的增加、删除和修改等功能。

（5）设置模型截面参数　分别设置直梁、拉索、腹杆的截面规格和形状。我们知道，针对不同的具体问题，使用有限元分析软件进行分析求解的过程是不一样的。

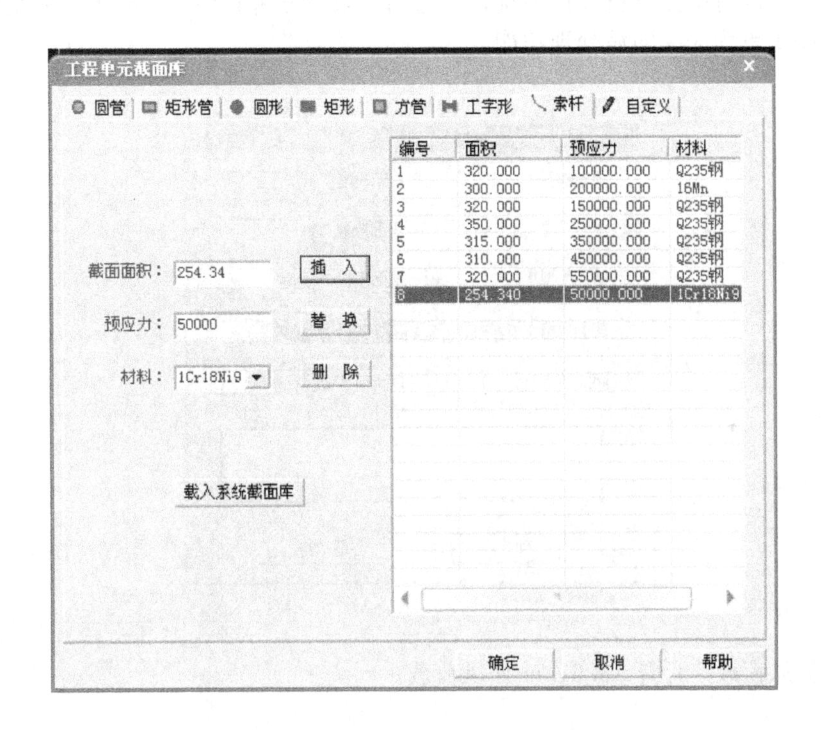

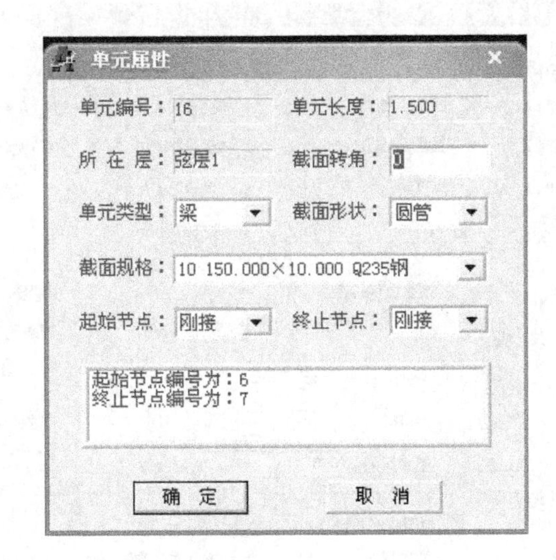

① 前处理。是保证问题求解质量的基础。对于不同的问题，前处理工作内容也是不相同的。利用有限元软件来分析求解一类问题时，需要操作人员具有相关的知识和经验。特别是像“建模”这类工作，更是如此。

② 求解。一般专业有限元软件都走两种路线，一是自主研发求解器，二是提供接口，调用或集成通用成熟有限元软件的求解器。

③ 后处理。通用有限元软件系统都提供完备的后处理程序，如 ANSYS 后处理就分为通用后处理模块（POST1）和时间历程后处理模块（POST26）两部分。后处理结果可能包括位移、温度、应力、应变、速度以及热流等，输出形式可以有图形显示和数据列表两种。而针对建筑幕墙的有限元分析软件系统，在通用有限元分析软件的基础上，完全可以根据专业的特点，提供更为完善的后处理功能。

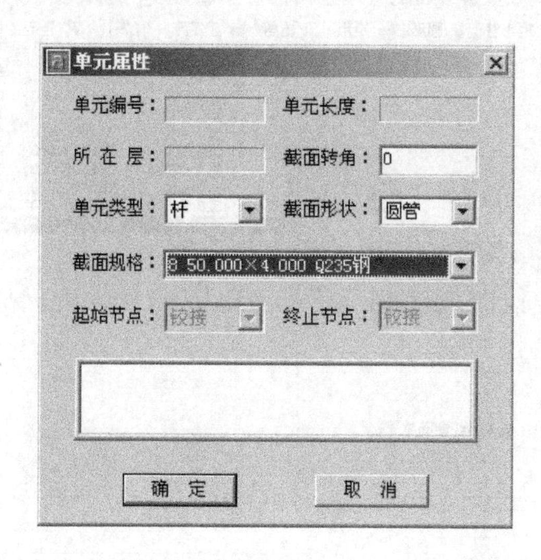

（6）计算风荷载　计算 13.618m 处风荷载。

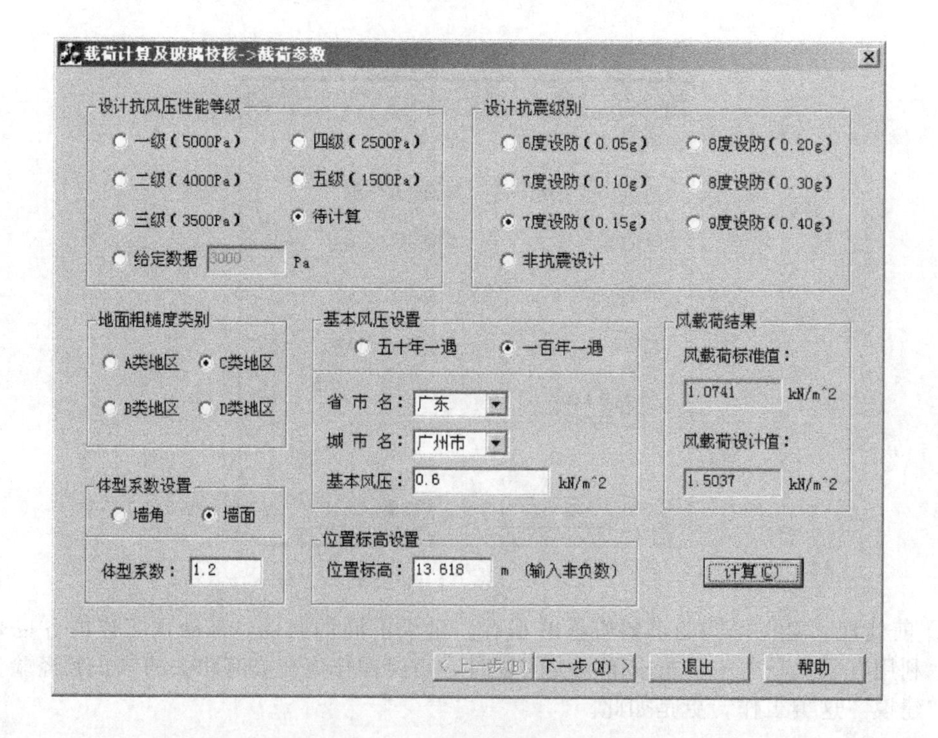

则计算强度时每一个节点处施加的风荷载值为：1.5037×1.5×2kN=4.51kN。

计算刚度时每一个节点处施加的风荷载值为：1.0741×1.5×2kN=3.22kN。

(7) 添加荷载　选择模型承载节点，添加 x 向 4.51kN 的线性荷载。向模型添加荷载是一个需要相关知识与经验的工作，包括荷载的分解、简化等。

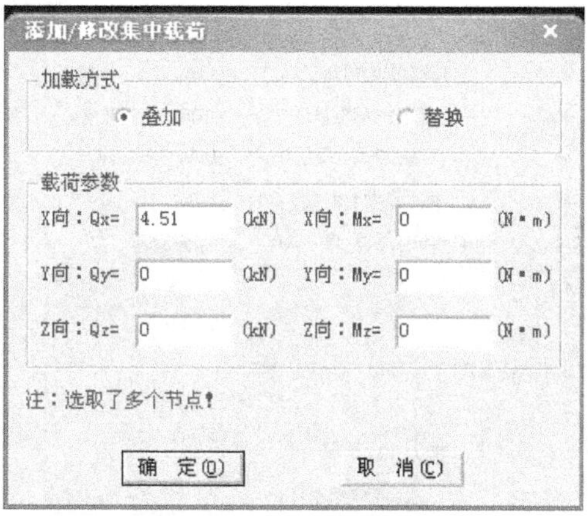

(8) 模型计算　前面谈到，一般专业有限元软件都走两种路线，一是自主研发求解器，二是提供接口，调用或集成通用成熟有限元软件的求解器。此例所用软件系统就是二者的结合。

由于索杆结构有非常成熟的通用有限元分析软件，如 ANSYS、SAP 等。该系统调用 ANSYS 的求解器进行计算。用户只需正确安装 ANSYS 系统并设置好其安装路径，该系统将自行调用 ANSYS 进行模型计算。

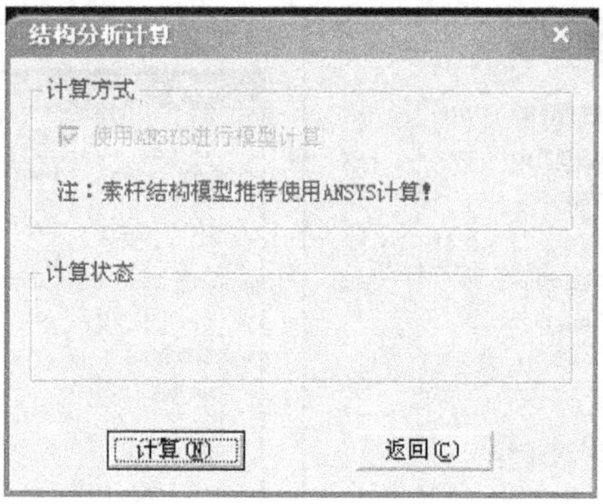

(9) 选择校核　此例所提供的软件可以对幕墙产品的构配件进行较为全面的计算校核，如其中的板材、杆件等。根据需要，可以选定部分模型进行校核，如其中的杆件校核。

下面是进行杆件校核的简单操作过程。

在对话框中，可以自行设置一部分校核参数，如长细比、结构参数、材料特性参数等。系统同时给出了模型的一些信息。单击校验，在右边对话框得出了校核结果。

同理可每一节点施加 x 向 3.22kN，可进行杆件的刚度校核。

选择校验->梁

长细比校核参数

支承点间距离(L)：13618 mm　截面惯性距(I)：10830640. mm^4

毛截面面积(A)：4398.23 mm^2　长细比λ：274.426 ≤ 150

λ= L / sqrt(I / A)

强度校核参数

轴力(N)：89084.74 N　净截面面积(An)：4398.23 mm^2

绕Y轴的弯矩(My)：0 N·mm　绕Z轴的弯矩(Mz)：4526122.9 N·mm

对Y轴净截面模量(Wny)：144408.54 mm^3　对Z轴净截面模量(Wnz)：144408.54 mm^3

截面塑性发展系数(ry)：1.05　截面塑性发展系数(rz)：1.05

材料截面设计最大正应力值δ：50.105 ≤ 材料设计强度(f)：215 N/mm^2

δ= N / An + My / (ry * Wny) + Mz / (rz * Wnz)

刚度校核参数

最大挠度(df)：38.332 ≤ 支承点间距离(L)：13618 / 250

抗剪校核参数

剪力(Vy)：1172.474 N　剪力(Vz)：0 N

毛截面面积矩(Sy)：98166.667 mm^3　毛截面面积矩(Sz)：98166.667 mm^3

毛截面惯性矩(Iy)：10830640. mm^4　毛截面惯性矩(Iz)：10830640. mm^4

垂直于Y轴截面宽度(ty)：150 mm　垂直于Z轴截面宽度(tz)：150 mm

材料截面设计最大剪应力τy：0.071

材料截面设计最大剪应力τz：0　≤ 材料抗剪强度设计值(fv)：125 N/mm^2

τy= (Vy * Sz) / (Iz * tz)　τz= (Vz * Sy) / (Iy * ty)

校核对象信息

梁单元

校核结果

长细比校核：没通过！

强度校核：通过！

刚度校核：通过！

抗剪校核-τy：通过！

抗剪校核-τz：通过！

校验(V)　返回(C)

选择校验->杆

长细比校核参数

长细比λ：150　支承点间距离(L)：774 mm

截面惯性距(I)：154051.13 mm^4　毛截面面积(A)：578.053 mm^2

校核公式：L / sqrt(I / A) ≤ λ　计算结果：47.412

强度校核参数

轴力(N)：4572.354 N　净截面面积(An)：578.053 mm^2

材料设计强度(f)：215 N/mm^2　计算结果(σ)：7.91

校核公式：σ = N / An ≤ f

校核对象信息

杆单元

校核结果

长细比校核：通过！

强度校核：通过！

校验(V)　返回(C)

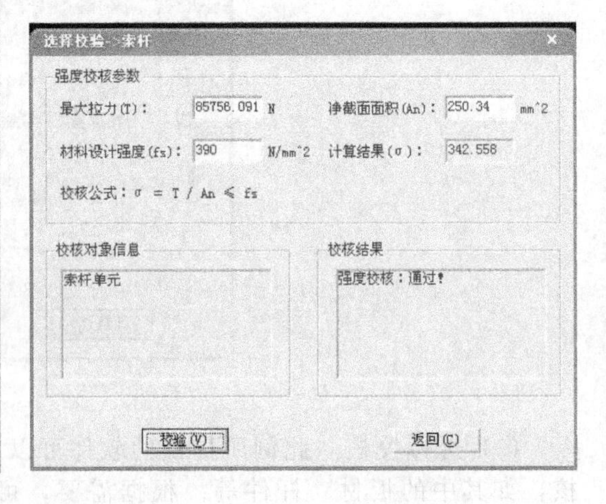

（10）后处理，出图纸、查结果　在计算之后，即能使用“图纸/计算书”菜单下的“单元变形图/弯矩图/剪力图/轴力图”功能进行单元结果出图。这里选择查看主梁变形图：点击菜单命令→选择待查看单元→点击鼠标右键或回车，会弹出下面对话框。

单击“应用”，即可生成所选单元位移变形图。可以将单元变形图另存为一个 *

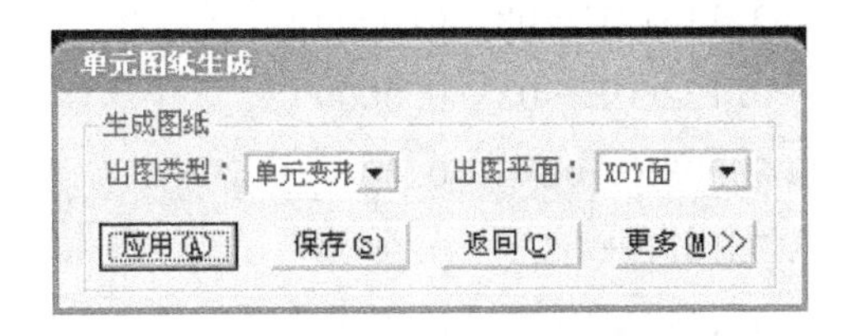

.dwg 文件，以备日后查看，也可以利用“工具箱”→“快照”功能保存单元变形图到剪贴板。

还可以利用“显示/设置”菜单下的“显示选项”来显示所需要的结果信息。

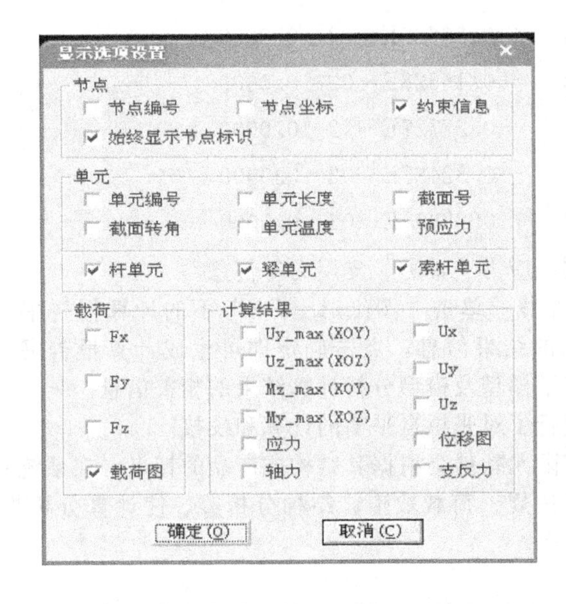

位移变形图：

NODE	UX	UY	UZ	ROTX	ROTY	ROTZ
1	0.0000	0.0000	0.0000	0.0000	0.0000	−0.85791E−02
2	0.14272E−01	−0.22689E−03	0.0000	0.0000	0.0000	−0.80296E−02
3	0.25342E−01	−0.41508E−03	0.0000	0.0000	0.0000	−0.65688E−02
4	0.33552E−01	−0.58491E−03	0.0000	0.0000	0.0000	−0.42597E−02
5	0.37845E−01	−0.73850E−03	0.0000	0.0000	0.0000	−0.14018E−02
6	0.37657E−01	−0.88600E−03	0.0000	0.0000	0.0000	0.16552E−02
7	0.32963E−01	−0.10408E−02	0.0000	0.0000	0.0000	0.45465E−02
8	0.24274E−01	−0.12133E−02	0.0000	0.0000	0.0000	0.69288E−02
9	0.12577E−01	−0.14063E−02	0.0000	0.0000	0.0000	0.85154E−02
10	0.0000	−0.16013E−02	0.0000	0.0000	0.0000	0.90477E−02
11	0.14254E−01	−0.16738E−02	0.0000			
12	0.25317E−01	−0.22555E−02	0.0000			
13	0.33523E−01	−0.20051E−02	0.0000			

14	0.37815E－01	－0.11617E－02	0.0000
15	0.37627E－01	－0.12260E－03	0.0000
16	0.32934E－01	0.65903E－03	0.0000
17	0.24249E－01	0.78187E－03	0.0000
18	0.12562E－01	－0.40215E－05	0.0000
19	0.14288E－01	0.12542E－02	0.0000
20	0.25367E－01	0.14647E－02	0.0000
21	0.33581E－01	0.86410E－03	0.0000
22	0.37876E－01	－0.30620E－03	0.0000
23	0.37688E－01	－0.16628E－02	0.0000
24	0.32992E－01	－0.27727E－02	0.0000
25	0.24299E－01	－0.32487E－02	0.0000
26	0.12592E－01	－0.28395E－02	0.0000

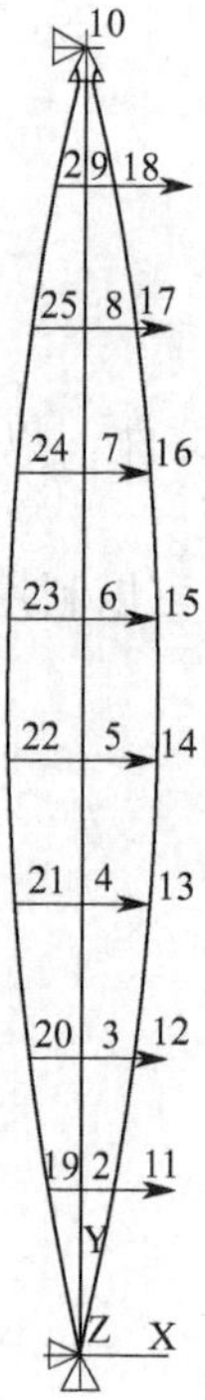

包括单元最大位移、应力、轴力、支反力等信息。

(11) 生成计算报告书　单击“图纸/计算书”下的计算报告书，根据需要，选择要输出的结果信息，点击确定即可生成计算报告书。计算报告书中详细记载了模型及模型分析计算结果的相关信息。

到此，已完整地进行了对张拉自平衡的计算和校核。

专业的建筑幕墙有限元软件会根据其结构或产品的特点，在系统中固化建筑幕墙相关信息，如相关标准、技术法规、荷载取值、结构分析等，使计算分析报告图文并茂，内容丰富，以满足特殊需求。

第五节　建筑幕墙有限元软件

有限元方法经过近半个世纪的发展，目前已成为各种工程问题特别是结构分析问题的标准方法，而有限元软件已成为现代结构设计不可缺少的工具。有限元软件是由有限元理论通向实际工程应用的桥梁，有限元软件的开发与应用，是有限元方法得以飞速发展的重要原因。将有限元方法应用于建筑幕墙领域，并从有限元理论转化为建筑幕墙有限元分析软件，这是一次重要的技术升华，既要有坚实高深的理论基础，又要具备广博的计算机知识。

随着建筑幕墙行业的发展，各种复杂结构形态的幕墙结构相继出现，使得传统计算方法已难以适应工程分析的需要，出现了计算精度差、计算效率低下、难以分析计算等问题。有限元分析技术是随着电子计算机的发展而迅速发展起来的一种现代计算方法，是进行工程计算的有效方法，自20世纪50年代起，在航空、水利、土木建筑、机械等多方面得到广泛的应用。

目前建筑幕墙行业专用有限元软件并不多见，国内开发的3D3S、W-SCAS2006等都是用于建筑幕墙设计的专用有限元分析软件产品。

下面介绍的是门窗幕墙结构有限元分析系统（W-SCAS2006）的研发情况，供读者参考。

该系统是以AutoCAD作为图形处理及运行支持平台，基于自行研制的有限元分析计算软件和 ANSYS 通用有限元分析软件开发的一套适合幕墙结构的专业有限元分析系统。该系统支持与 AutoCAD 的无缝集成，提供了诸如模型设计、模型计算、模型校核、结果出图以及计算书生成等一整套工程应用解决方案，解决了通用有限元软件的专用性不强、设计效率低、操作不方便、计算模型难以统一等问题。

1. 系统体系结构

我们知道，专业有限元分析软件的构建有大体有两种思路可循：一是开发具有自主知识产权的有限元分析软件；二是基于现有成熟的有限元分析软件进行二次开发。该系统采用两种思路相结合的方法：一方面，自主研发的有限元分析软件有利于降低系统对其他软件的依赖性以及软件生命周期中存在的各种风险，同时便于软件的升级与维护；另一方面，对成熟有限元分析软件的兼容与集成，有利于运用其强大的计算功能弥补系统理论研究与应用上的不足。

系统采用面向对象程序设计方法，基于 AutoCAD 提供的 ObjectARX 开发支持环境、图形处理与运行平台，完成了有限元分析的前后处理功能，使以前棘手的前后处理工作变得快捷方便。基于分层设计的思想，系统可分为接口层、事务处理层以及支持层三层，其体系结构见图 10-12。

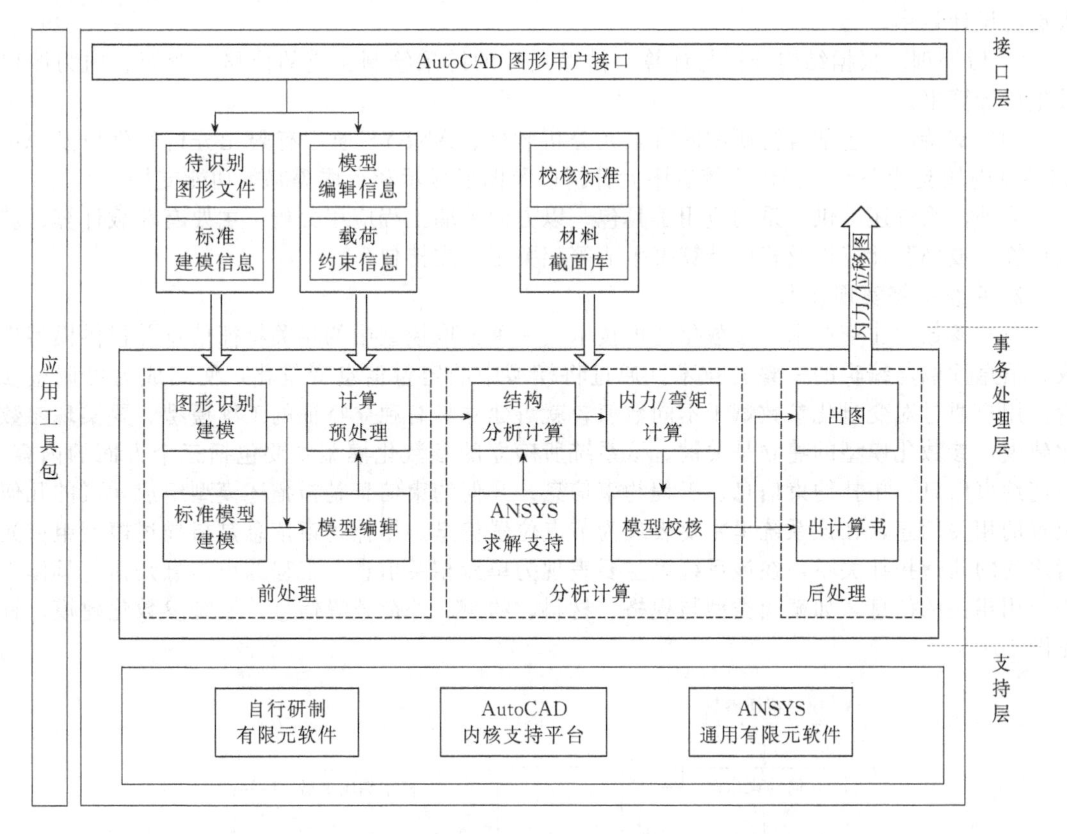

图 10-12　门窗幕墙结构有限元分析系统体系结构

(1) 接口层　以 AutoCAD 图形用户界面为基础，以菜单和命令行方式提供用户系统功能访问接口，实现用户与系统之间的可视化信息交互。接收并结构化用户界面输入信息，为事务处理层准备建模、模型修改、约束、荷载、材料、截面以及校核标准等相关信息。

(2) 事务处理层　响应接口层命令调用，并根据接口层提供的结构化数据完成建模、模型编辑、模型分析计算、模型校核、计算结果出图与计算书生成等功能。系统事务处理层主要包括前处理、模型分析计算、后处理三大部分。

① 前处理。为模型分析计算提供基本数据准备与支持。所定义的模型主要包括两个方面的内容：一是与模型组成元素几何位置形状以及几何拓扑关系等相关的信息；二是与模型组成元素的性质（如所选择材料、截面形状与规格）、模型所受荷载约束等相关的模型工程信息。因而模型的前处理也主要是对这两大类信息进行构建与编辑。前处理主要包括标准模型的参数化建模、非标准模型的图形识别建模、模型元素属性编辑、荷载及约束添加与编辑、模型计算数据准备等。

② 模型分析计算。提供模型的有限元分析、单元内力、弯矩及挠度计算以及模型校核等功能。该系统提供的有限元分析功能是基于自主研发的有限元分析软件和ANSYS通用有限元分析软件构建起来的，具有较强的通用性与实用性，能够适合各种复杂结构的线性杆（梁）体系和非线性索（杆）体系的有限元分析计算。

采用有限元法进行结构分析，工程人员一般只能得到单元节点处的位移及单元内力，难以直接得到单元的整体位移变形（挠度）及单元内力。该系统在充分利用传统力学理论的基础之上，提供了一整套关于单元内力、弯矩及挠度计算与出图的相关功能，有利于提高工程人员的设计效率。

③ 后处理。根据结构分析与计算、模型校核的结果绘制相应的位移、弯矩、内力图以及生成计算书。

(3) 支持层　包括自行研制的有限元分析软件、ANSYS通用有限元分析软件以及AutoCAD内核支持平台，提供系统有限元分析以及图形显示和存取等基本功能支持。

另外，系统还提供一系列应用工具包，以方便幕墙工程应用分析。主要有荷载计算、玻璃计算、玻璃肋计算以及相应计算书生成等相关工具支持包。

2. 系统关键实现技术

(1) 参数化建模技术　参数化建模技术是一种抽取模型中的相关特征信息并提供模型生成、信息读取与编辑的一整套技术。通过将模型中的定量信息变量化，使之成为可调整参数。用户通过对变量化参数赋予不同数值，就可建立具有独立特征的工程模型。要实现参数化建模，参数化模型的建立是关键。该系统所确立的参数化模型主要包括三个方面的内容：几何约束信息、拓扑约束信息、工程约束信息。几何约束信息是指描述模型组成元素的几何位置的相关信息，在该系统里主要表现为节点位置信息。拓扑约束信息是指描述模型组成元素之间的几何拓扑关系，在该系统里主要表现为单元相关信息。工程约束信息是指与具体工程应用相关的信息，如截面类型与规格、材料、约束、外荷载等信息。系统参数化建模过程见图10-13。

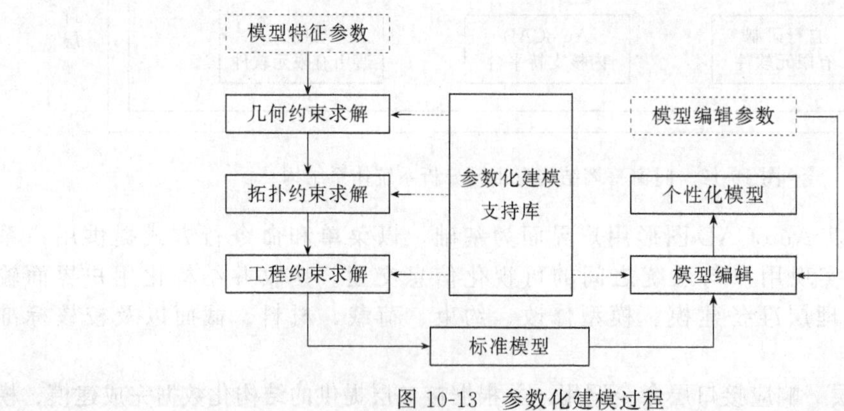

图10-13　参数化建模过程

参数化建模过程主要包含两个阶段：一是系统所支持的标准模型生成阶段；二是满足特定工程应用的个性化模型生成阶段。基于系统所提供的参数化建模支持库，设计者只需在集成的软件环境下，录入建模及模型编辑相关特征信息，系统即可自动生成与维护模型信息。图 10-14 为鱼腹形平面翼架参数化建模实例。

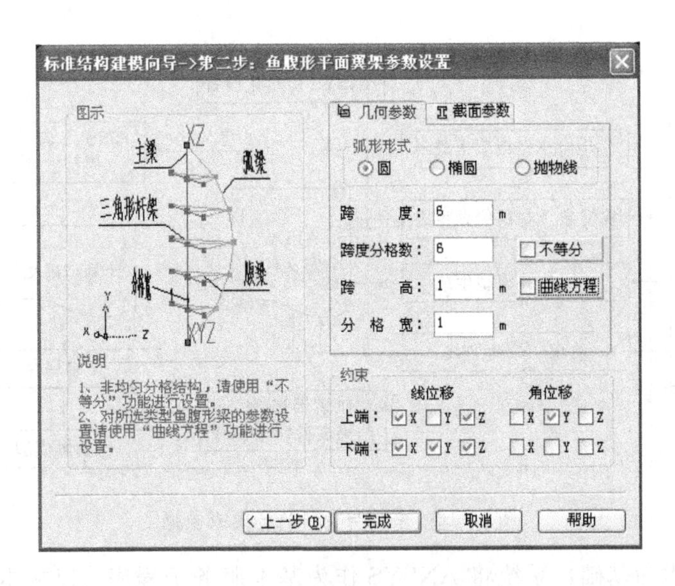

图 10-14　典型模型参数化建模实例

（2）有限元分析技术　有限元分析技术是随着计算机技术的发展而逐渐兴起的一种数值分析方法。一般来说，任何复杂结构的模型有限元求解都有如下几个步骤：①结构体系离散化；②选择恰当的位移模式或应力模式，建立单元的刚度矩阵或柔度矩阵；③装配总刚度矩阵或柔度矩阵；④求解大型线性方程组；⑤计算各单元的应力和位移；⑥结果保存。线性结构有限元分析求解模型见图 10-15。

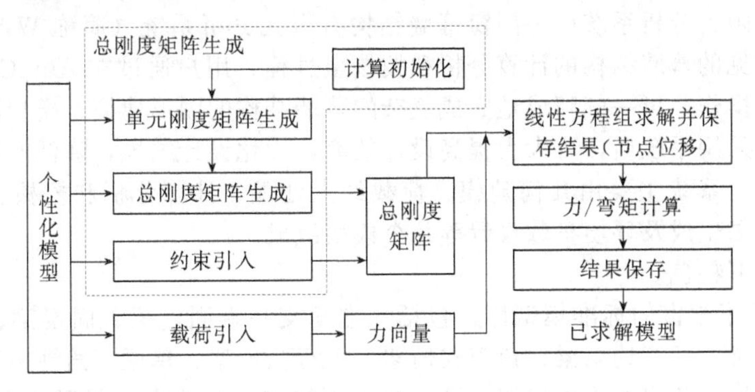

图 10-15　线性结构有限元分析求解模型

采用有限元分析技术进行线性结构分析，最终必然归结为求解一系数矩阵为对称正定矩阵的线性方程组。因而线性方程组求解的效率和精度是线性结构有限元分析软件成功与否的关键因素。线性方程组的求解一般可以考虑以下几个关键问题：①总刚度矩阵的存储空间效率以及读取时间效率；②总刚度矩阵算法选择以及对总刚度矩阵的计算预处理；③计算模型的完整性检验。

（3）ANSYS 二次开发技术　ANSYS 二次开发技术主要包括 UPFs、UIDL 与 APDL。

三者具体侧重点各不相同：UIDL 主要用于控制 GUI 界面；UPFs 向用户提供丰富的开发子程序和函数，基于此用户可以进行较为复杂的二次开发；APDL 是一种参数化解释语言，可以用于实现参数化的有限元分析、分析批处理、专用分析系统的二次开发以及设计优化等。该系统采用 APDL 技术，实现了系统与 ANSYS 的有效集成。系统与 ANSYS 的集成模型见图 10-16。

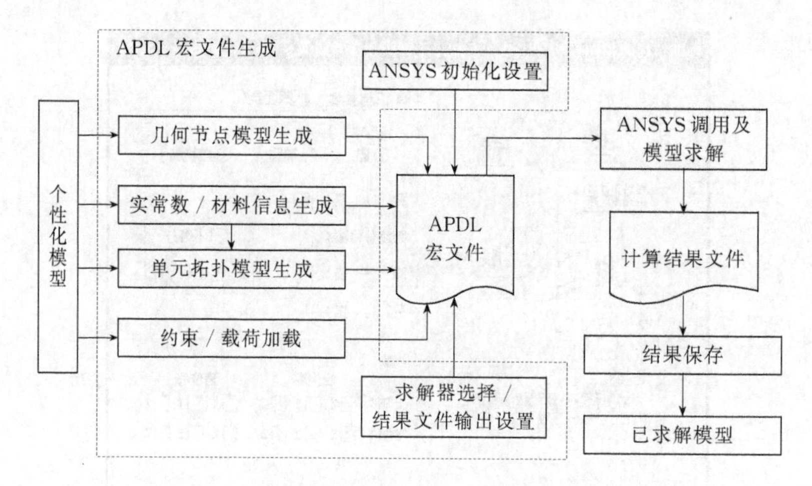

图 10-16　系统与 ANSYS 集成模型

以 APDL 技术为基础，系统将 ANSYS 作为基本服务子程序，以文本文件为数据集成载体，实现了系统与 ANSYS 的松散耦合与集成。ANSYS 集成调用过程主要有四个步骤：①基于参数化建模技术提供的模型信息读取功能读取个性化模型信息；②根据模型信息生成 APDL 宏文件；③根据生成的宏命令文件提交给 ANSYS 进行批处理操作；④读取结果文件并保存。

3. 系统实现

基于对上述关键技术的研究，在 AutoCAD 的基础上开发了一套实用的针对幕墙结构分析领域的专业有限元分析系统——门窗幕墙结构有限元分析系统（简称 W-SCAS2006）。该系统能够完成常见的幕墙结构的计算分析和校核全过程，用户通过在 AutoCAD 中简单直观的图形界面交互操作，可一气呵成地完成复杂的幕墙结构的图形建模、模型修改、计算分析和校核等工作。采用系统后，可大大提高设计效率，优化设计结果，降低产品成本，提高产品质量和可靠性。系统主要由几何建模、荷载约束处理、计算分析和校核、荷载及玻璃计算、图形与计算书生成及环境参数设置等几个模块组成。

系统具有以下特色。

① 系统提供了丰富的标准模型库，包括一端简支一端固定梁、固定梁、悬臂梁、等跨度梁、不等跨度梁、任意约束梁、鱼腹式桁架、平行弦桁架、单梁三角性桁架、单梁平面翼架、单梁立体翼架、鱼腹形平面翼架、平行弦平面翼架、单拉索、菱形拉索、鱼腹式拉索、弓形单拉索、张拉自平衡索杆等，对常见幕墙支承结构均能通过参数化方式快速建模，可大大提高用户的设计效率。

② W-SCAS2006 基于目前最为流行的图形辅助设计软件 AutoCAD 开发，具有与 AutoCAD 风格完全一致的用户界面和操作方法，操作方便，容易掌握。

③ 对于系统未提供的模型，比如雨棚、门架等，可采用系统的识别图形建模功能进行建模，然后进行计算分析，系统全面兼容 AutoCAD 的文件格式，能够与其他多种同类型 CAD 系统进行数据交互，系统适用面广。

④ 采用基于 ObjectARX 的 AutoCAD 二次开发技术，系统扩展升级方便。

该系统提出了幕墙结构有限元分析系统的体系结构。在针对参数化建模技术、有限元分析技术以及 ANSYS 二次开发技术等关键实现技术的研究基础之上，开发了一套针对幕墙结构的专业有限元分析系统，对提高建筑幕墙设计人员工作效率、缩短设计周期、降低设计成本以及提高设计质量具有一定的现实意义。

第十一章　建筑门窗、玻璃幕墙热工计算

第一节　整窗热工性能计算

一、一般规定

① 整樘窗（或门，下同）的传热系数、遮阳系数、可见光透射比的计算应采用各部分的数据按面积进行加权平均计算。

② 窗玻璃（或者其他镶嵌板）边缘与窗框的组合传热效应所产生的附加传热以附加线传热系数 Ψ 表达。

③ 窗框的传热系数、太阳能总透射比的计算应按照本章第五节进行。

④ 窗玻璃中央区域的传热系数、太阳能总透射比、可见光透射比的计算应按照本章第四节进行。

二、整窗的几何描述

（1）整樘窗应根据框截面的不同对窗框进行分段，计算不同的框截面的框传热系数、线传热系数。两条框相交处的传热系数可用邻近框中较高的传热系数代替。框与墙面相接的边界作为绝热边界处理。

（2）窗在进行热工计算时应进行如下面积划分，见图 11-1。

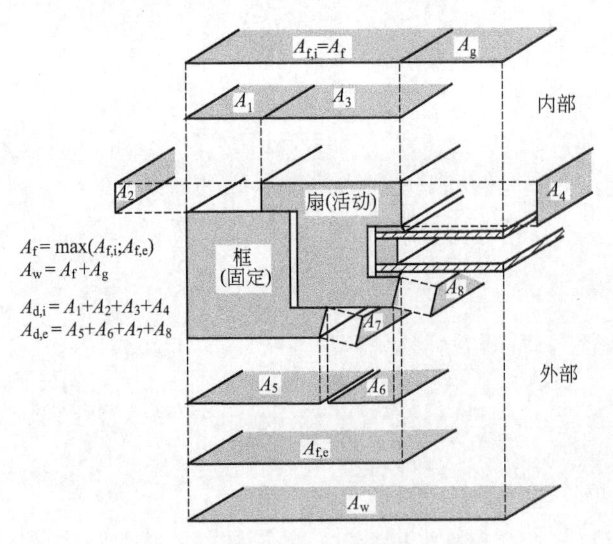

图 11-1　窗各部件面积划分示意图

① 窗框面积 A_f。从室内、外两侧分别投影，得到的可视框投影面积中的较大者。

② 玻璃面积 A_g（或其他镶嵌板的面积 A_p）。从室内、外侧可见玻璃（或其他镶嵌板）边缘围合面积的较小者。

③ 整樘窗总面积 A_t。窗框面积 A_f 与窗玻璃面积 A_g（或其他镶嵌板的面积 A_p）之和。

（3）玻璃区域的周长 l_ψ（或其他镶嵌板的周长）是窗玻璃（或其他镶嵌板）室内、外两侧的全部可视周长之和中的较大值，见图 11-2。

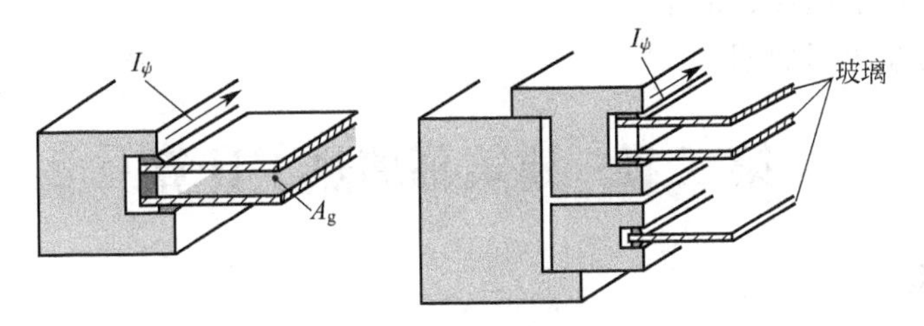

图 11-2　窗玻璃区域周长示意图

三、整窗的传热系数计算

整窗的传热系数 U_t 应采用如下公式计算：

$$U_t=\frac{\sum A_g U_g+\sum A_f U_f+\sum l_\psi \Psi}{A_t} \tag{11-1}$$

式中　U_t——整窗的传热系数，W/(m^2·K)；

A_g——窗玻璃面积，m^2；

A_f——窗框的投射面积，m^2；

l_ψ——玻璃区域的周长，m；

U_g——窗玻璃（或者其他镶嵌板）中央区域的传热系数，W/(m^2·K)；

U_f——窗框的面传热系数，W/(m^2·K)；

Ψ——窗框和窗玻璃（或者其他镶嵌板）之间的线传热系数，W/(m·K)。

四、整窗遮阳系数计算

（1）整窗的太阳能总透射比 g_t 应采用下式计算：

$$g_t=\frac{\sum g_g A_g+\sum g_f A_f}{A_t} \tag{11-2}$$

式中　g_t——整窗的太阳能总透射比；

A_g——窗玻璃面积，m^2；

A_f——窗框的投射面积，m^2；

g_g——窗玻璃区域（或者其他镶嵌板）太阳能总透射比；

g_f——窗框太阳能总透射比，对给定窗的不同部分应分别计算求和；

A_t——整窗的总投影面积，m^2。

（2）整窗的遮阳系数 S_C 应为窗的太阳能总透射比与标准 3mm 透明玻璃的太阳能总透射比之比：

$$S_C=\frac{g_t}{0.87} \tag{11-3}$$

式中　S_C——整窗的遮阳系数；

g_t——整窗的太阳能总透射比。

五、可见光透射比计算

整窗的可见光透射比应采用下式计算：

$$\tau_t=\frac{\sum \tau_v A_g}{A_t} \tag{11-4}$$

式中　τ_t——整窗的可见光透射比；

τ_v——窗玻璃的可见光透射比；

A_g——窗玻璃的面积，m^2；

A_t——窗的总投影面积，m^2。

第二节 建筑幕墙热工计算

一、一般规定

(1) 玻璃幕墙整体的传热系数、遮阳系数、可见光透射比的计算应采用各部件各自的性能值按分配面积加权平均的计算方法进行计算。

(2) 幕墙面板边缘与框的组合传热效应所产生的附加传热以附加线传热系数表达。

(3) 幕墙框的传热系数、遮阳系数的计算应按照本章第五节进行。

(4) 可视（透明）面板中心的传热系数、遮阳系数、可见光透射比的计算应按照本章第四节进行。

(5) 非可视（透明）面板中心传热系数的计算应按照各个材料层热阻相加的方法进行计算。

(6) 幕墙水平和垂直角部位的传热，可按照二维传热计算，并将其简化为框。

二、幕墙的几何描述

(1) 应根据框截面的不同将幕墙框进行分段，不同的框截面均应计算其传热系数以及对应框和玻璃接缝的线传热系数。

(2) 玻璃幕墙在进行热工计算时应进行如下面积划分，见图 11-3。

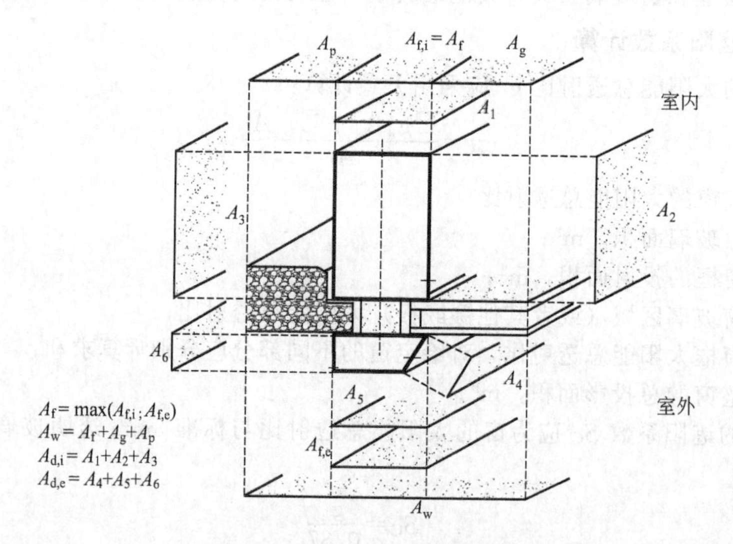

图 11-3 各部件面积划分示意图

① 框面积 A_f。从室内、外两侧分别投影，得到的可视框投影面积中的较大者。

② 玻璃面积 A_g（或其他面板的面积 A_p）。从室内、外侧可见玻璃（或其他面板）边缘围合面积的较小者。

③ 幕墙面板和框结合附加传热系数对应的线长度应为框与面板室内、外接缝长度的较大者。

④ 幕墙总面积 A_t。框面积 A_f 与玻璃面积 A_g（或其他面板面积 A_p）之和。

(3) 非透明面板的以下两种形式应采用不同的方法处理。

① 保温层的金属面板（或其他导热系数大的面板）不跨越幕墙框的断热区域，

不形成热桥。

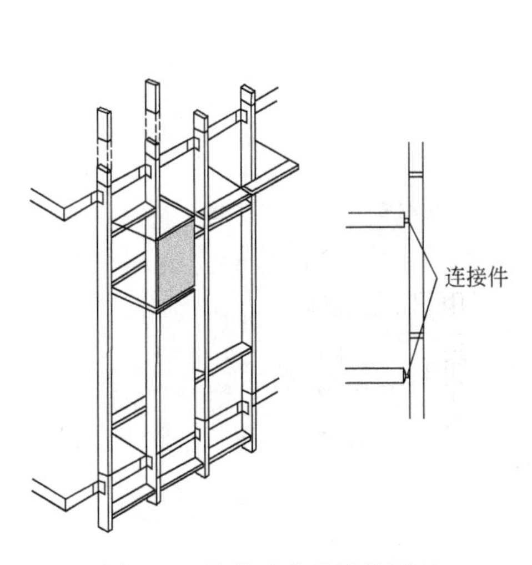

图 11-4　构件式幕墙结构原理

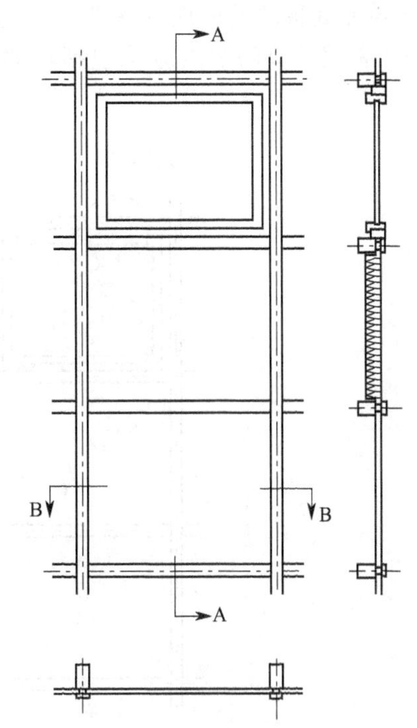

图 11-5　构件式幕墙的计算单元划分示意图

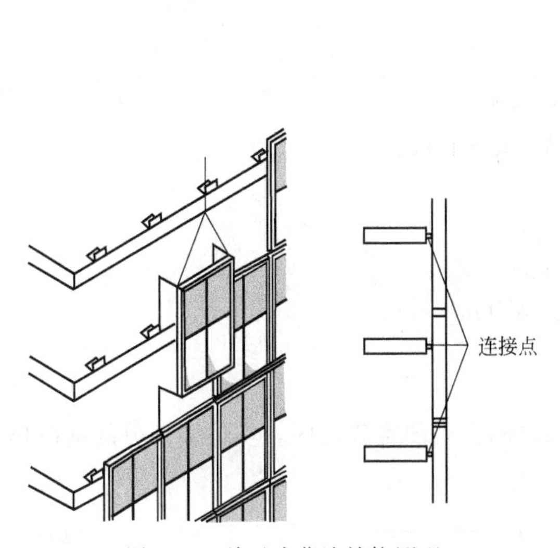

图 11-6　单元式幕墙结构原理

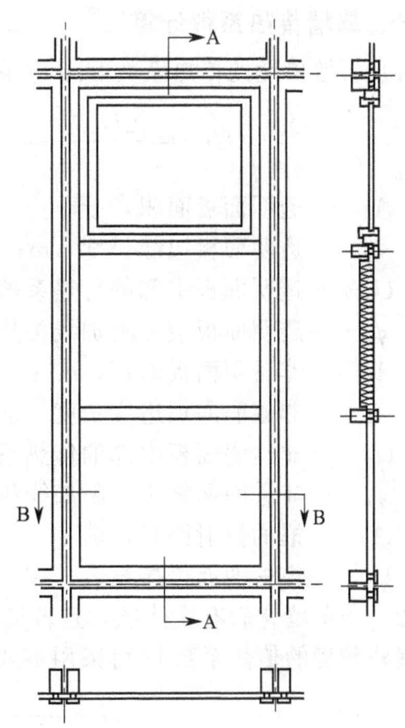

图 11-7　单元式幕墙的计算单元划分示意图

② 保温层的金属面板（或其他导热系数大的面板）跨越幕墙框的断热区域而形成了热桥。

(4) 幕墙计算的边界和单元的划分应根据幕墙形式的不同而采用不同的方式。

① 构件式幕墙的原理见图 11-4，其计算单元可按照图 11-5 进行划分。

② 单元式幕墙的原理见图 11-6，其计算单元可按照图 11-7 进行划分。

(5) 幕墙计算的节点应该包括幕墙所有典型的节点，对于复杂的节点应拆分计算（图 11-8）。

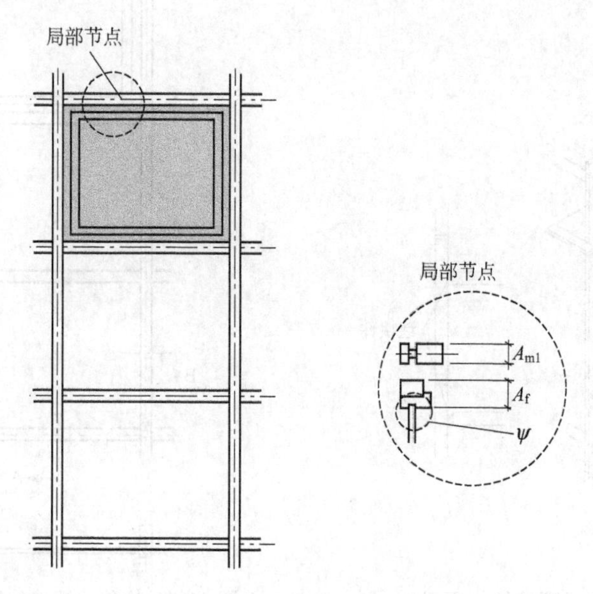

图 11-8 幕墙计算节点的选择

三、幕墙传热系数计算

(1) 幕墙单元的传热系数 U_{CW} 应采用下式计算：

$$U_{CW}=\frac{\sum U_g A_g+\sum U_p A_p+\sum U_f A_f+\sum \psi_g l_g+\sum \psi_p l_p}{\sum A_g+\sum A_p+\sum A_f} \tag{11-5}$$

式中 A_g——透明面板面积，m^2；

l_g——透明面板边缘长度，m；

U_g——透明面板中部的传热系数，$W/(m^2 \cdot K)$；

ψ_g——透明面板边缘附加线传热系数，$W/(m \cdot K)$；

A_p——非透明面板面积，m^2；

l_p——非透明面板边缘长度，m；

U_p——非透明面板中部的传热系数，$W/(m^2 \cdot K)$；

ψ_p——非透明面板边缘附加线传热系数，$W/(m \cdot K)$；

A_f——框的投射面积，m^2；

U_f——窗框的面传热系数，$W/(m^2 \cdot K)$。

(2) 当幕墙背后有实体墙，且幕墙与实体墙之间为封闭空气层时，实体墙部分的室内环境到室外环境的传热系数 U 可采用下式计算：

$$U=\frac{1}{\frac{1}{U_{CW}}-\frac{1}{h_{in}}+\frac{1}{U_{Wall}}-\frac{1}{h_{out}}+R_{air}} \tag{11-6}$$

式中 U_{CW}——实体墙部分面积范围内外层幕墙的传热系数，$W/(m^2 \cdot K)$；

R_{air}——幕墙与墙体间空气层的热阻，一般可取 $0.17m^2 \cdot K/W$；

U_{Wall}——实体墙部分面积范围内实体墙的传热系数，$W/(m^2 \cdot K)$。

单层墙体的传热系数U_{Wall}可采用下式计算：

$$U_{Wall}=\frac{1}{\frac{1}{h_{out}}+\frac{d}{\lambda}+\frac{1}{h_{in}}} \tag{11-7}$$

式中　d——单层材料的厚度，m；

λ——单层材料的导热系数，W/(m·K)。

多层实体墙的传热系数U_{Wall}可采用下式计算：

$$U_{Wall}=\frac{1}{\frac{1}{h_{out}}+\sum_{i}\frac{d_i}{\lambda_i}+\frac{1}{h_{in}}} \tag{11-8}$$

式中　d_i——各层单层材料的厚度，m；

λ_i——各层单层材料的导热系数，W/(m·K)。

(3) 若幕墙与实体墙之间存在冷桥（热桥），当冷桥的面积不大于实体墙面积1%时，冷桥的影响可以忽略；当冷桥的面积大于实体墙面积1%时，应计算冷桥的影响。

计算冷桥的影响，可采用当量热阻R_{eff}代替式(11-6) 中的空气间层热阻。当量热阻R_{eff}可采用下式计算：

$$R_{eff}=\frac{A}{\frac{A-A_b}{R_{air}}+\frac{A_b\lambda_b}{d}} \tag{11-9}$$

式中　A_b——冷桥元件的面积；

A——幕墙单元内空气间层的总面积；

λ_b——冷桥材料导热系数，W/(m·K)；

R_{air}——空气间层的热阻，m^2·K/W。

四、幕墙遮阳系数计算

(1) 幕墙单元的太阳能总透射比g_g应采用下式计算：

$$g_t=\frac{\sum g_g A_g+\sum g_p A_p+\sum g_f A_f}{A_t} \tag{11-10}$$

式中　A_g——透明面板的面积，m^2；

g_g——透明面板的太阳能总透射比；

A_p——非透明面板的面积，m^2；

g_p——非透明面板的太阳能总透射比；

A_f——框的面积，m^2；

g_f——框的太阳能总透射比。

(2) 幕墙的遮阳系数S_C应为幕墙的太阳能总透射比与标准3mm透明玻璃的太阳能总透射比的比值：

$$S_C=\frac{g_t}{0.87} \tag{11-11}$$

式中　S_C——幕墙的遮阳系数；

g_t——幕墙的太阳能总透射比。

五、可见光透射比的计算

幕墙单元的可见光透射比τ_t应采用下式计算：

$$\tau_t=\frac{\sum \tau_v A_g}{A_t} \tag{11-12}$$

式中　τ_t——幕墙单元的可见光透射比；

τ_v——透光面板的可见光透射比；

A_t——幕墙单元的总面积，m^2；

A_g——透光面板的面积，m^2。

第三节　抗结露计算

一、一般规定

① 计算实际工程的建筑门窗、玻璃幕墙的结露时，所采用的计算条件应符合相应的建筑设计标准，并满足工程设计要求。计算门窗、玻璃幕墙产品的抗结露性能时应采用标准条件，并应在给出计算结果时注明计算条件。

② 室外和室内的对流换热系数应根据所选定的计算条件。

③ 本章的计算结果未考虑空气渗透以及其他热源的影响，实际应用时应根据工程实际情况予以考虑。

④ 门窗、玻璃幕墙所有典型节点均需要进行结露计算。

⑤ 计算典型节点的温度场应采用二维传热计算程序进行计算。

⑥ 对于每一个二维断面，室内表面的展开边界应该细分为许多小段，且尺寸不大于计算软件程序中使用的网格尺寸，这些分段用来计算截面各个分段长度的温度。同时应该计算每个二维断面的室内总长度。

二、露点温度计算

(1) 水（冰）表面的饱和水蒸气压可采用下式计算：

$$E_s = E_0 \times 10^{\frac{at}{b+t}} \tag{11-13}$$

式中　E_0——空气温度为0℃时的饱和水蒸气压，取 $E_0=6.11$hPa；

t——空气温度，℃；

a、b——参数，对于水面（$t>0$℃），$a=7.5$，$b=237.3$；对于冰面（$t\leqslant0$℃），$a=9.5$，$b=265.5$。

(2) 在空气相对湿度 f 下，空气的水蒸气压可按下式计算：

$$e = fE_s \tag{11-14}$$

式中　e——空气的水蒸气压，hPa；

f——空气的相对湿度，%；

E_s——空气的饱和水蒸气压，hPa。

(3) 空气的露点温度可采用下式计算：

$$T_d = \frac{b}{\dfrac{a}{\lg\left(\dfrac{e}{6.11}\right)} - 1} \tag{11-15}$$

式中　T_d——空气的露点温度，℃；

e——空气的水蒸气压，hPa；

a、b——参数，对于水面（$t>0$℃），$a=7.5$，$b=237.3$；对于冰面（$t\leqslant0$℃），$a=9.5$，$b=265.5$。

三、结露的计算与评价

(1) 门窗或幕墙各个框、面板各自的抗结露性能评价指标 T_{10} 应按照以下方法确定。

① 采用二维稳态传热计算程序，计算门窗或幕墙框和玻璃部件各个截面每个细分段的温度。

② 对某个部件的截面内表面分段的温度进行排队。

③ 由内表面最低温度开始，按照内表面分段所代表的长度进行累加，直至统计长度达到该截面所占内表面面积的 10%。

④ 将所统计的最高温度定为该部件截面的 T_{10} 值。

(2) 评价指标计算时，计算节点应包括所有的框、面板边缘以及面板中部。

(3) 工程设计或评价时，以门窗、幕墙各个截面部分的评价指标 T_{10} 均不低于露点温度为满足要求。

(4) 进行产品性能分级或评价时，可按各个部分最低的评价指标 $T_{10,min}$ 进行分级或评价。

(5) 在产品的抗结露性能确定后，门窗、幕墙在实际工程中是否结露，可以按照下式计算内表面最低温度，内表面最低温度不低于露点温度为满足要求。

$$(T_{10,\min}-T_{\text{out,std}})\times\frac{T_{\text{in}}-T_{\text{out}}}{T_{\text{in,std}}-T_{\text{out,std}}}+T_{\text{out}}\geqslant T_{\text{d}} \tag{11-16}$$

式中　$T_{10,min}$——产品的抗结露性能指标，℃；

T_{in}——实际工程对应的室内温度，℃；

T_{out}——实际工程对应的室外温度，℃；

$T_{in,std}$——结露计算对应的室内标准计算温度，℃；

$T_{out,std}$——结露计算对应的室外标准计算温度，℃；

T_d——室内计算湿度对应的露点温度，℃。

第四节　玻璃光学热工性能计算

一、单层玻璃的光学热工性能计算

(1) 单层玻璃（包括其他透明材料，下同）的光学、热工性能应根据单片玻璃的测定光谱数据进行计算。

单片玻璃的光谱数据应包括透射率、前反射率和后反射率，并至少包括 300～2500nm 波长范围，不同波长段的间隔应满足如下间隔要求：

① 波长 300～400nm，间隔不宜超过 5nm；

② 波长 400～1000nm，间隔不宜超过 10nm；

③ 波长 1000～2500nm，间隔不宜超过 50nm。

(2) 单片玻璃的可见光透射比 τ_V 应按下式计算：

$$\tau_V=\frac{\int_{380}^{780}D_\lambda\tau(\lambda)V(\lambda)\mathrm{d}\lambda}{\int_{380}^{780}D_\lambda V(\lambda)\mathrm{d}\lambda}\approx\frac{\sum_{\lambda=380}^{780}D_\lambda\tau(\lambda)V(\lambda)\Delta\lambda}{\sum_{\lambda=380}^{780}D_\lambda V(\lambda)\Delta\lambda} \tag{11-17}$$

式中　D_λ——光源 D65 的相对光谱功率分布；

$\tau(\lambda)$——玻璃的光谱透射比；

$V(\lambda)$——人眼的视见函数。

(3) 单片玻璃的可见光反射比 ρ_V 应按下式计算：

$$\rho_V=\frac{\int_{380}^{780}D_\lambda\rho(\lambda)V(\lambda)\mathrm{d}\lambda}{\int_{380}^{780}D_\lambda V(\lambda)\mathrm{d}\lambda}\approx\frac{\sum_{\lambda=380}^{780}D_\lambda\rho(\lambda)V(\lambda)\Delta\lambda}{\sum_{\lambda=380}^{780}D_\lambda V(\lambda)\Delta\lambda} \tag{11-18}$$

式中　$\rho(\lambda)$——玻璃的光谱反射比。

（4）单片玻璃的太阳能直接透射比 τ_S 应按下式计算：

$$\tau_S=\frac{\int_{300}^{2500}\tau(\lambda)S(\lambda)\mathrm{d}\lambda}{\int_{300}^{2500}S(\lambda)\mathrm{d}\lambda}\approx\frac{\sum_{\lambda=300}^{2500}\tau(\lambda)S(\lambda)\Delta\lambda}{\sum_{\lambda=300}^{2500}S(\lambda)\Delta\lambda} \tag{11-19}$$

式中　$\tau(\lambda)$——玻璃的光谱透射比；

$S(\lambda)$——太阳光谱。

（5）单片玻璃的太阳能直接反射比 ρ_S 应按下式计算：

$$\rho_S=\frac{\int_{300}^{2500}\rho(\lambda)S(\lambda)\mathrm{d}\lambda}{\int_{300}^{2500}S(\lambda)\mathrm{d}\lambda}\approx\frac{\sum_{\lambda=300}^{2500}\rho(\lambda)S(\lambda)\Delta\lambda}{\sum_{\lambda=300}^{2500}S(\lambda)\Delta\lambda} \tag{11-20}$$

式中　$\rho(\lambda)$——玻璃的光谱反射比。

（6）单片玻璃的太阳能总透射比，按照下式计算：

$$g=\tau_S+\frac{A_S h_{in}}{h_{in}+h_{out}} \tag{11-21}$$

式中　h_{in}——玻璃内表面换热系数；

h_{out}——玻璃外表面换热系数；

A_S——单片玻璃的太阳辐射吸收系数。

单片玻璃的太阳辐射吸收系数 A_S 应采用下式计算：

$$A_S=1-\tau_S-\rho_S \tag{11-22}$$

式中　τ_S——单片玻璃的太阳能直接透射比；

ρ_S——单片玻璃的太阳能直接反射比。

（7）单片玻璃的遮阳系数 SC_{cg} 应按下式计算：

$$SC_{cg}=\frac{g}{0.87} \tag{11-23}$$

式中　g——太阳能总透射比。

二、多层玻璃的光学热工性能计算

（1）多层玻璃太阳光学计算可采用如图 11-9 所示模型。

图中表示一个具有 n 层玻璃的系统，系统分为 $n+1$ 个气体间层，最外面为室外环境 $i=1$，内层为室内环境 $i=n+1$。对波长 λ，系统的光学分析应考虑在第 $i-1$ 层和第 i 层玻璃之间辐射能量 $I_i^+(\lambda)$ 和 $I_i^-(\lambda)$，角标“+”和“−”分别表示辐射流向室外和向室内（图 11-10）。

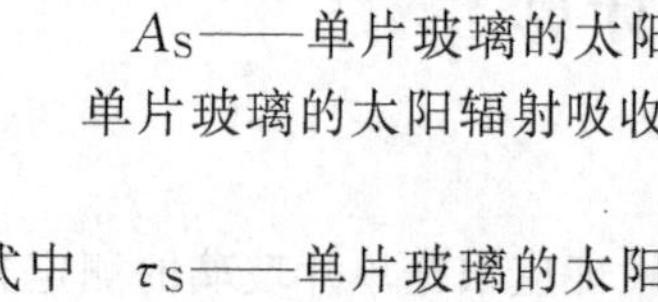

图 11-9　玻璃层的吸收率和太阳能透射比

可设定室外只有太阳辐射，室外和室内环境的反射率为零，即：

$$\rho_{f,n+1}(\lambda)=0 \tag{11-24}$$

$$I_i^-(\lambda)=I_S(\lambda) \tag{11-25}$$

当 $i=1$ 时：

$$I_1^+(\lambda)=\tau_1(\lambda)I_2^+(\lambda)+\rho_{f,1}(\lambda)I_S(\lambda) \tag{11-26}$$

当 $i=n+1$ 时：

$$I_{n+1}^-(\lambda)=\tau_n(\lambda)I_n^-(\lambda) \tag{11-27}$$

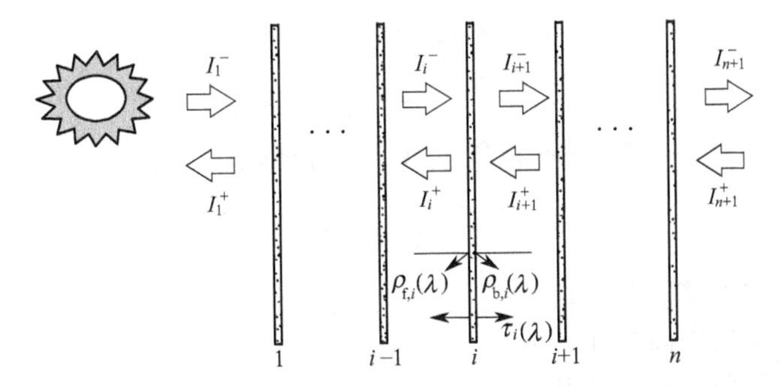

图 11-10　多层玻璃体系中太阳辐射热的分析

当 $i=2\sim n$ 时：

$$I_i^+(\lambda)=\tau_i(\lambda)I_{i+1}^+(\lambda)+\rho_{f,i}(\lambda)I_i^-(\lambda)\qquad i=1\sim n \tag{11-28}$$

$$I_i^-(\lambda)=\tau_{i-1}(\lambda)I_{i-1}^-(\lambda)+\rho_{b,i-1}(\lambda)I_i^+(\lambda)\qquad i=2\sim n \tag{11-29}$$

应利用解线性方程组的方法计算所有各个气体层的 $I_i^-(\lambda)$ 和 $I_i^+(\lambda)$ 值，传向室内的直接透射比应由下式计算：

$$\tau(\lambda)I_S(\lambda)=I_{n+1}^-(\lambda) \tag{11-30}$$

反射到室外的直接反射比应由下式计算：

$$\rho(\lambda)I_S(\lambda)=I_1^+(\lambda) \tag{11-31}$$

应确定太阳辐射被每层玻璃吸收的部分，这一量值以在第 i 层的吸收率 $A_i(\lambda)$ 表示，采用下式计算：

$$A_i(\lambda)=\frac{I_i^-(\lambda)-I_i^+(\lambda)+I_{i+1}^+(\lambda)-I_{i+1}^-(\lambda)}{I_S(\lambda)} \tag{11-32}$$

（2）对整个太阳光谱进行数值积分，得到第 i 层玻璃吸收的太阳辐射热流密度 S_i。

$$S_i=A_iI_S \tag{11-33}$$

$$A_i=\frac{\int_{300}^{2500}A_i(\lambda)S(\lambda)\mathrm{d}\lambda}{\int_{300}^{2500}S(\lambda)\mathrm{d}\lambda}\approx\frac{\sum\limits_{\lambda=300}^{2500}A_i(\lambda)S(\lambda)\Delta\lambda}{\sum\limits_{\lambda=300}^{2500}S(\lambda)\Delta\lambda} \tag{11-34}$$

式中　A_i——照射到玻璃系统的太阳辐射被第 i 层玻璃所吸收的部分。

（3）多层玻璃的可见光透射比采用式(11-17）计算；可见光反射比采用式(11-18）计算。

（4）多层玻璃的太阳能直接透射比采用式(11-19）计算；太阳能直接反射比采用式(11-20）计算。

三、玻璃气体间层的热传递

（1）玻璃气体层间的能量平衡（图 11-11）可用基本的关系式表达如下：

$$q_i=h_{c,i}(T_{f,i}-T_{b,i-1})+J_{f,i}-J_{b,i-1} \tag{11-35}$$

式中　$T_{f,i}$——第 i 层玻璃前表面温度，K；

$T_{b,i-1}$——第 $i-1$ 层玻璃后表面温度，K；

$J_{f,i}$——第 i 层玻璃前表面辐射热，W/m²；

$J_{b,i-1}$——第 $i-1$ 层玻璃后表面辐射热，W/m²。

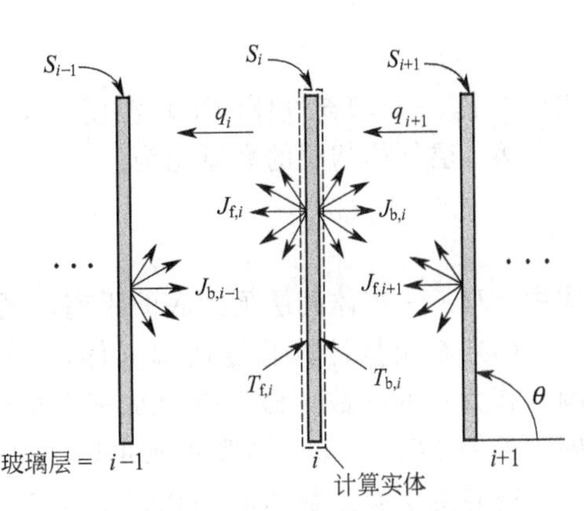

图 11-11　第 i 层玻璃的能量平衡

在每一层气体间层中，应该应用以下方程：

$$q_i=S_i+q_{i+1} \tag{11-36}$$

$$J_{f,i}=\varepsilon_{f,i}\sigma T_{f,i}^4+\tau_i J_{f,i+1}+\rho_{f,i}J_{b,i-1} \tag{11-37}$$

$$J_{b,i}=\varepsilon_{b,i}\sigma T_{b,i}^4+\tau_i J_{b,i-1}+\rho_{b,i}J_{f,i+1} \tag{11-38}$$

$$T_{b,i}-T_{f,i}=\frac{t_{g,i}}{2\lambda_{g,i}}(2q_{i+1}+S_i) \tag{11-39}$$

式中 $t_{g,i}$——第 i 层玻璃的厚度；

$\varepsilon_{b,i}$——第 i 层后表面半球发射率；

$\varepsilon_{f,i}$——第 i 层前表面半球发射率；

$\lambda_{g,i}$——第 i 层玻璃的导热系数，W/(m·K)。

在计算传热系数时，可令太阳辐射 $I_S=0$，在每层材料均为玻璃的系统中可以采用如下热平衡方程计算气体间层的传热：

$$q_i=h_{c,i}(T_{f,i}-T_{b,i-1})+h_{r,i}(T_{f,i}-T_{b,i-1}) \tag{11-40}$$

式中 $h_{r,i}$——第 i 层气体层的辐射传热系数。

(2) 玻璃层间气体间层的对流传热系数可由无量纲的努塞尔数 Nu_i 确定：

$$h_{c,i}=Nu_i\left(\frac{\lambda_{g,i}}{d_{g,i}}\right) \tag{11-41}$$

式中 $d_{g,i}$——玻璃层间气体间层 i 的厚度；

$\lambda_{g,i}$——所充气体的导热系数；

Nu_i——通过倾斜气体间层传热的实验结果所计算的值，Nu_i 为瑞利数、气体间层高厚比和空腔倾角 θ 的函数。

在计算高厚比大的空腔时应考虑玻璃会发生弯曲现象对厚度的增加和减少，发生弯曲的原因包括空腔平均温度、空气湿度的变化，干燥剂对氮气的吸收，充氮气过程中由于海拔高度和天气变化造成的压力改变等因素。

(3) 玻璃层间气体间层的瑞利数（Rayleigh）可表示为：

$$Ra=\frac{\rho^2 d^3 g\beta c_p \Delta T}{\mu\lambda} \tag{11-42}$$

可将填充气体作理想气体处理，气体热膨胀系数 β 为：

$$\beta=\frac{1}{T_m} \tag{11-43}$$

式中 T_m——填充气体的平均温度，K。

第 i 层气体间层的高厚比为：

$$A_{g,i}=\frac{H}{d_{g,i}} \tag{11-44}$$

式中 H——气体间层顶到底的距离，通常应和窗的透光区高度相同。

(4) 在定量计算通过玻璃气体间层的对流热传递时，应对应于特定的倾角 θ 值或范围。作为 θ 的函数，假设空腔从室内加热（即 $T_{f,i}>T_{b,i}-1$）；若实际上室外温度高于室内（$T_{f,i}<T_{b,i}-1$），则要将倾角以 $180°-\theta$ 代替 θ。

空腔的努塞尔数 Nu_i 应由以下计算公式确定。

① 气体间层倾角 $0\leqslant\theta<60°$

$$Nu_i=1+1.44\left[1-\frac{1708}{Ra\cos\theta}\right]^{\cdot}\left[1-\frac{1708\sin^{1.6}(1.8\theta)}{Ra\cos\theta}\right]+\left[\left(\frac{Ra\cos\theta}{5830}\right)-1\right]^{\cdot} \tag{11-45}$$

$Ra<10^5$ 且 $A_{g,i}>20$

式中　$[x]^{\cdot}=(x+|x|)/2$。

② 气体间层倾角 $\theta=60°$

$$Nu=[Nu_1,Nu_2]_{max} \tag{11-46}$$

式中　$Nu_1=\left[1+\left(\frac{0.0936Ra^{0.314}}{1+G}\right)^7\right]^{\frac{1}{7}}$

$Nu_2=\left(0.104+\frac{0.175}{A_{g,i}}\right)Ra^{0.283}$

$G=\frac{0.5}{\left[1+\left(\frac{Ra}{3160}\right)^{20.6}\right]^{0.1}}$

③ 气体间层倾角 $60°<\theta<90°$　对于倾角在 60°～90°之间的气体间层，对式(11-46) 和式(11-47) 的结果之间作线性插值。这些公式在以下范围内是有效的：

$10^2<Ra<2\times10^7$ 且 $5<A_{g,i}<100$

④ 垂直气体间层

$$Nu=[Nu_1,Nu_2]_{\max} \tag{11-47}$$

$Nu_1=0.0673838Ra^{\frac{1}{2}}$　　$5\times10^4<Ra$

$Nu_1=0.028154Ra^{0.4134}$　　$10^4<Ra\leqslant5\times10^4$

$Nu_1=1+1.7596678\times10^{-10}Ra^{2.2984755}$　　$Ra\leqslant10^4$

$Nu_2=0.242\left(\frac{Ra}{A_{g,i}}\right)^{0.272}$

⑤ 气体间层倾角 $90°<\theta<180°$　面向下的气体间层应用下式计算：

$$Nu=1+[Nu_v-1]\sin\theta \tag{11-48}$$

式中　Nu_v——由式(11-47) 给出的垂直气体间层的努塞尔数。

(5) 填充气体的密度应用理想气体定律计算：

$$\rho=\frac{P\hat{M}}{RT_m} \tag{11-49}$$

式中　P——气体压力，标准状态下 $P=101300$Pa；

ρ——气体密度，kg/m³；

T_m——气体的温度，标准状态下 $T_m=293$K；

R——气体常数，J/(kmol·K)。

定压比热容 c_p、运动黏度 μ、导热系数 λ 是温度的线性函数。

(6) 混合气体的密度、导热系数、黏度和比热容是各成分相应性质的函数：

① 摩尔质量

$$\hat{M}_{mix}=\sum_{i=1}^{v}x_i\hat{M}_i \tag{11-50}$$

式中　x_i——混合气体中某一气体成分的摩尔分数。

② 密度

$$\rho=\frac{P\hat{M}_{mix}}{RT_m} \tag{11-51}$$

③ 比热容

$$c_{p\,\text{mix}}=\frac{\hat{c}_{p\,\text{mix}}}{\hat{M}_{\text{mix}}} \tag{11-52}$$

式中 $\hat{c}_{p\,\text{mix}}=\sum_{i=1}^{v}x_i\hat{c}_{p,i}$

$\hat{c}_{p,i}=c_{p,i}\hat{M}_i$

④ 黏度

$$\mu_{\text{mix}}=\sum_{i=1}^{v}\frac{\mu_i}{\left(1+\sum_{\substack{j=1\\j\neq i}}^{v}\phi_{i,j}^{\mu}\frac{x_j}{x_i}\right)} \tag{11-53}$$

式中 $\phi_{i,j}^{\mu}=\dfrac{\left[1+\left(\dfrac{\mu_i}{\mu_j}\right)^{\frac{1}{2}}\left(\dfrac{\hat{M}_j}{\hat{M}_i}\right)^{\frac{1}{4}}\right]^2}{2\sqrt{2}\left[1+\left(\dfrac{\hat{M}_i}{\hat{M}_j}\right)\right]^{\frac{1}{2}}}$

⑤ 导热系数

$$\lambda_{\text{mix}}=\lambda'_{\text{mix}}+\lambda''_{\text{mix}} \tag{11-54}$$

式中 λ'——单原子气体的导热系数；

λ''——多原子气体由于内能的散发所产生的附加能量运动。

$$\lambda'_{\text{mix}}=\sum_{i=1}^{v}\frac{\lambda'_i}{\left(1+\sum_{\substack{j=1\\j\neq i}}^{v}\Psi_{i,j}\frac{x_j}{x_i}\right)}$$

$$\Psi_{i,j}=\frac{\left[1+\left(\dfrac{\lambda'_i}{\lambda'_j}\right)^{\frac{1}{2}}\left(\dfrac{\hat{M}_i}{\hat{M}_j}\right)^{\frac{1}{4}}\right]^2}{2\sqrt{2}\left[1+\left(\dfrac{\hat{M}_i}{\hat{M}_j}\right)\right]^{\frac{1}{2}}}\times\left[1+2.41\frac{(\hat{M}_i-\hat{M}_j)(\hat{M}_i-0.142\hat{M}_j)}{(\hat{M}_i+\hat{M}_j)^2}\right]$$

$$\lambda''_{\text{mix}}=\sum_{i=1}^{v}\frac{\lambda''_i}{\left(1+\sum_{\substack{j=1\\j\neq i}}^{v}\phi_{i,j}^{\lambda}\frac{x_j}{x_i}\right)}$$

$$\phi_{i,j}^{\lambda}=\frac{\left[1+\left(\dfrac{\lambda'_i}{\lambda'_j}\right)^{\frac{1}{2}}\left(\dfrac{\hat{M}_i}{\hat{M}_j}\right)^{\frac{1}{4}}\right]^2}{2\sqrt{2}\left[1+\left(\dfrac{\hat{M}_i}{\hat{M}_j}\right)\right]^{\frac{1}{2}}}$$

应按以下步骤求取 λ_{mix}。

a. 计算 λ'_i：

$$\lambda'_i=\frac{15}{4}\times\frac{R}{\hat{M}_i}\mu_i$$

b. 计算 λ''_i：

$$\lambda''_i=\lambda_i-\lambda'_i$$

式中 λ_i——第 i 层填充气体的导热系数。

c. 用 λ'_i计算 λ'_{mix}。

d. 用 λ''_i计算 λ''_{mix}。

e. $\lambda_{\text{mix}}=\lambda'_{\text{mix}}+\lambda''_{\text{mix}}$。

（7）远红外辐射透射比为“0”的玻璃（或其他板材），气体间层两侧玻璃的辐射传热系数 h_r 可采用下式计算：

$$h_r=4\sigma\left(\frac{1}{\varepsilon_1}+\frac{1}{\varepsilon_2}-1\right)^{-1}\times T_m^3 \tag{11-55}$$

式中　σ——斯蒂芬-玻耳兹曼常数；

ε_1、ε_2——气体间层中的两个玻璃表面在平均热力学温度 T_m 下的半球发射率；

T_m——气体间层中两个玻璃表面的平均热力学温度，K。

四、玻璃系统的热工参数计算

（1）计算玻璃系统的传热系数时，可采用简单的模拟环境条件：仅包括室内外温差，没有太阳辐射。

$$U_g=\frac{1}{R_t} \tag{11-56}$$

计算传热系数时应设定没有太阳辐射：

$$U_g=\frac{q_{in}(I_s=0)}{T_{ni}-T_{ne}} \tag{11-57}$$

式中　$q_{in}(I_s=0)$——没有计算太阳辐射热作用，通过门窗传向室内的净热流，W/m^2；

T_{ne}——室外环境温度；

T_{ni}——室内环境温度。

玻璃的总传热阻 R_t 应为各层玻璃、空腔、内外表面热阻之和：

$$R_t=\frac{1}{h_{out}}+\sum_{i=2}^{n}R_i+\sum_{i=1}^{n}R_{g,i}+\frac{1}{h_{in}} \tag{11-58}$$

式中　$R_{g,i}$——第 i 层玻璃的固体热阻，由下式计算：

$$R_{g,i}=\frac{t_{g,i}}{\lambda_{g,i}} \tag{11-59}$$

第一层空腔为室外，最后一层空腔（$n+1$）为室内，第 i 层空腔的热阻为：

$$R_i=\frac{T_{f,i}-T_{b,i-1}}{q_i} \tag{11-60}$$

式中　$T_{f,i}$、$T_{b,i-1}$——第 i 层空腔的外表面和内表面温度；

q_i——第 i 层空腔的热流密度。

环境温度应是周围空气温度 T_{air} 和平均辐射温度 T_{rm} 的加权平均值。环境温度 T_n 为：

$$T_n=\frac{h_c T_{air}+h_r T_{rm}}{h_c+h_r} \tag{11-61}$$

（2）玻璃系统的遮阳系数　各层玻璃室外侧方向的热阻用下式计算：

$$R_{out,i}=\frac{1}{h_{in}}+\sum_{k=2}^{i}R_k+\sum_{k=1}^{i-1}R_{g,k}+\frac{1}{2}R_{g,i} \tag{11-62}$$

式中　$R_{g,i}$——第 i 层玻璃的固体热阻；

$R_{g,k}$——第 k 层玻璃的固体热阻；

R_k——第 k 层空腔的热阻。

各层玻璃向室内的二次传热用下式计算：

$$q_{in,i}=\frac{A_{i,S}R_{out,i}}{R_t} \tag{11-63}$$

玻璃系统的太阳能总透射比应按下式计算：

$$g=\tau_S+\sum_{i=1}^{n}q_{in,i} \tag{11-64}$$

玻璃系统的遮阳系数按式(11-23) 计算。

第五节 框的传热计算

一、框的传热系数及框与面板接缝的线传热系数

(1) 应采用稳态二维热传导计算软件工具进行框的传热计算 软件中的计算程序应包括复杂灰色体漫反射模型和玻璃气体间层内、框空腔内的对流传热计算模型。

(2) 框的传热系数 U_f 的计算 框的传热系数 U_f 应是在计算窗或幕墙的某一截面部分的二维热传导的基础上获得的。

如图 11-12 所示的框截面中，用一块导热系数 $\lambda=0.03\text{W}/(\text{m}\cdot\text{K})$ 的板材替代实际的玻璃（或其他镶嵌板）。框部分的形状、尺寸、构造和材料都应与实际情况完全一致。板材的厚度等于玻璃系统（或其他镶嵌板）的厚度，嵌入框的深度按照实际尺寸，可见板宽应超过 200mm。

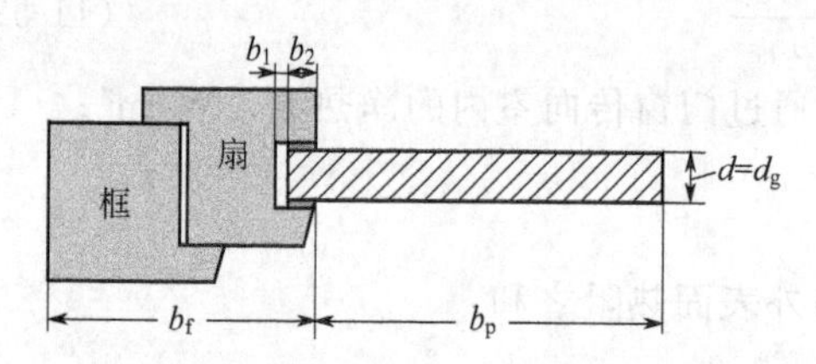

图 11-12 框传热系数计算模型示意图

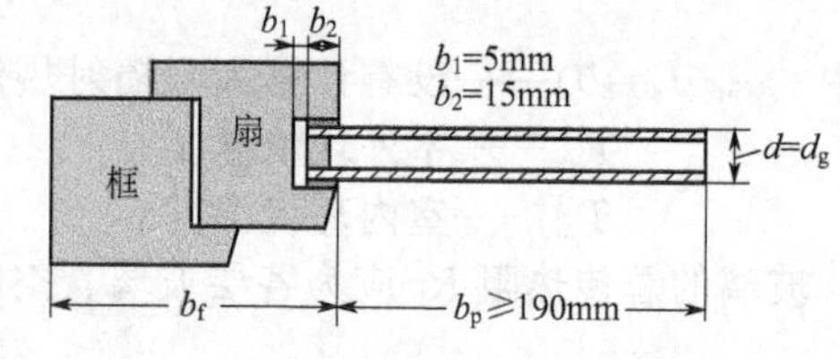

图 11-13 框与面板接缝传热系数计算模型示意图

用二维热传导计算软件计算在室内外标准条件下流过图示截面的热流 q_w，q_w 应按下列方程整理：

$$q_w=\frac{(U_f b_f+U_p b_p)(T_{n,in}-T_{n,out})}{b_f+b_p} \tag{11-65}$$

截面的传热系数：

$$L_f^{2D}=\frac{q_w(b_f+b_p)}{T_{n,in}-T_{n,out}} \tag{11-66}$$

框的传热系数：

$$U_f=\frac{L_f^{2D}-U_p b_p}{b_f} \tag{11-67}$$

式中 U_f——框的传热系数，W/(m² · K)；

L_f^{2D}——截面的线传热系数，W/(m · K)；

U_p——板的传热系数，W/(m² · K)；

b_f——框的投影宽度，m；

b_p——镶嵌板可见部分的宽度，m。

(3) 框与玻璃系统（或其他镶嵌板）接缝的线传热系数 Ψ 的计算 在如图 11-12 所示的计算模型中，用实际的玻璃系统（或其他镶嵌板）替代导热系数 $\lambda=0.03\ \text{W}/(\text{m}\cdot\text{K})$ 的板材。所得到的计算模型如图 11-13 所示。

用二维热传导计算程序，计算在室内外标准条件下流过图示截面的热流 q_Ψ，q_Ψ 应按下列方程整理：

$$q_\Psi=\frac{(U_f b_f+U_g b_g+\Psi)(T_{n,in}-T_{n,out})}{b_f+b_g} \tag{11-68}$$

截面的传热系数为：

$$L_{\Psi}^{2D}=\frac{q_{\Psi}(b_f+b_g)}{T_{n,in}-T_{n,out}} \tag{11-69}$$

框与面板接缝的线传热系数：

$$\Psi=L_{\Psi}^{2D}-U_f b_f-U_g b_g \tag{11-70}$$

式中　Ψ——框与玻璃接缝的线传热系数，W/(m·K)；

L_{Ψ}^{2D}——截面的线传热系数，W/(m·K)；

U_f——窗框的传热系数，W/(m²·K)；

U_g——玻璃中心部分的传热系数，W/(m²·K)；

b_f——窗框的投影宽度，m；

b_g——玻璃可见部分的宽度，m。

二、传热控制方程

（1）框（包括固体材料、空腔和缝隙）的计算　所采用的稳态二维热传导计算程序应依据如下热传递的基本方程：

$$\frac{\partial^2 T}{\partial x^2}+\frac{\partial^2 T}{\partial y^2}=0 \tag{11-71}$$

窗框内部任意两种材料相接表面的热流密度 q 应用下式计算：

$$q=-\lambda\left(\frac{\partial T}{\partial x}e_x+\frac{\partial T}{\partial y}e_y\right) \tag{11-72}$$

式中　λ——材料的导热系数；

e_x、e_y——两种材料交界面单位法向量在 x 和 y 方向的分量。

在窗框的外表面，热流密度 q 等于：

$$q=q_c+q_r \tag{11-73}$$

式中　q_c——热流密度的对流换热部分；

q_r——热流密度的辐射换热部分。

（2）计算网格的划分　用二维稳态热传导方程求解框截面的温度和热流分布，在截面上划分网格应遵循以下原则：

① 任何一个小格内部只能含有一种材料。

② 网格的疏密程度应根据温度分布变化的剧烈程度而定，应根据经验判断，温度变化剧烈的地方网格应密些，温度变化平缓的地方网格可以粗些。

③ 网格越密计算结果越可靠。当进一步细分网格，流经窗框横截面边界的热流不再发生明显的变化时，该网格的疏密程度可以认为是适当的。

④ 允许用若干段折线来近似代替实际的曲线。

（3）固体材料的导热系数可以选用国家标准的数据，也可以直接利用测定的结果。在求解二维稳态传热方程时，假定所有材料导热系数均不随其温度变化。固体材料的表面发射率值可以按照国家标准选用。

（4）当有热桥存在时，应计算热桥部位（例如螺栓、螺钉等）固体的当量导热系数。

$$\lambda_{eff}=F_b\lambda_b+(1-F_b)\lambda_n \tag{11-74}$$

$$F_b=\frac{S}{A_d}$$

式中　S——热桥元件的面积（例如螺栓的面积）；

A_d——热桥元件的间距范围内材料的总面积；

λ_b——热桥材料导热系数；

λ_n——无热桥材料时材料的导热系数。

可利用下面的原则判断是否需要考虑热桥影响。

① 若 $F_b \leqslant 1\%$，忽略热桥影响。

② 若 $1\% < F_b \leqslant 5\%$，且 $\lambda_b > 10\lambda_n$，使用上述计算方法。

③ 若 $F_b > 5\%$，必须使用上述计算方法。

三、玻璃空气间层的传热

计算框与玻璃系统（或其他镶嵌板）接缝的线传热系数 Ψ 时，应计算玻璃空气间层的传热。玻璃空气间层的传热应采用当量导热系数的方法来处理。可将玻璃的空气间层的当作一种不透明的固体材料，第 i 个空气间层的当量导热系数应用下式确定：

$$\lambda_{\mathrm{eff},i} = q_i \left(\frac{d_{\mathrm{g},i}}{T_{\mathrm{f},i} - T_{\mathrm{b},i-1}} \right) \tag{11-75}$$

四、封闭空腔的传热

（1）处理框内部封闭空腔的传热应采用当量导热系数的方法。将封闭空腔当作一种不透明的固体材料，其当量导热系数应考虑空腔内的辐射和对流传热，由下式确定：

$$\lambda_{\mathrm{eff}} = (h_c + h_r) d \tag{11-76}$$

式中 λ_{eff}——封闭空腔的当量导热系数；

h_c——封闭空腔内空气的对流传热系数；

h_r——封闭空腔的辐射传热系数；

d——封闭空腔在热流方向的厚度或宽度。

对流换热系数 h_c 应根据努塞尔数来计算。应依据热流方向是朝上、朝下或水平分别考虑三种不同情况的努塞尔数。

$$h_c = Nu \frac{\lambda_{\mathrm{air}}}{d} \tag{11-77}$$

式中 Nu——努塞尔数；

λ_{air}——空气的导热系数。

（2）热流朝下的空腔努塞尔数　热流朝下的矩形封闭空腔见图 11-14(a)，其努塞尔数为：

$$Nu = 1.0 \tag{11-78}$$

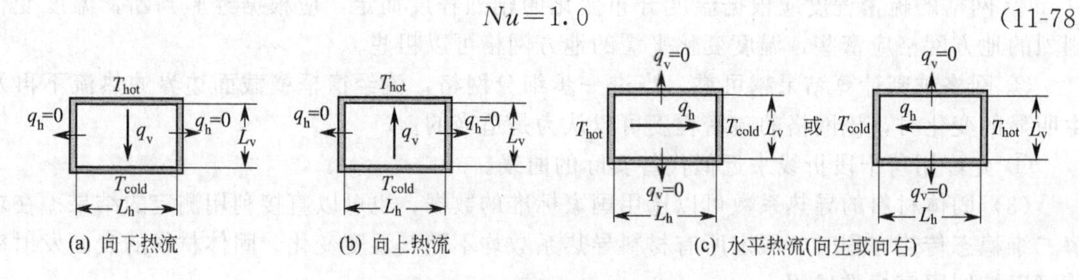

图 11-14　空腔热流示意图

（3）热流朝上的空腔努塞尔数　热流朝上的矩形封闭空腔见图 11-14(b)。这种情况具有内在的不稳定性，产生的努塞尔数依赖于空腔的宽高比 L_v/L_h，其中 L_h 和 L_v 为空腔垂直和水平方向的尺寸。

① 对于 $L_v/L_h < 1$ 的情况：

$$Nu = 1.0 \tag{11-79}$$

② 对于 $1 < L_v/L_h < 5$ 的情况，努塞尔数按下式计算：

$$Nu=1+\left[1-\frac{Ra_{\text{crit}}}{Ra}\right]^{\cdot}\left[k_1+2(k_2)^{1-\ln k_2}\right]+\left[\left(\frac{Ra}{5380}\right)^{\frac{1}{3}}-1\right]^{\cdot}\left\{1-e^{-0.95\left[\left(\frac{Ra_{\text{crit}}}{Ra}\right)^{\frac{1}{3}}-1\right]^{\cdot}}\right\} \tag{11-80}$$

式中　$k_1=1.40$

$$k_2=\frac{Ra^{\frac{1}{3}}}{450.5}$$

$$[x]^{\cdot}=\frac{x+|x|}{2}$$

Ra_{crit}为一临界瑞利数，由下式计算：

$$Ra_{\text{crit}}=e^{\left(0.721\frac{L_h}{L_v}\right)+7.46}$$

Ra 为空腔的瑞利数，由下式计算：

$$Ra=\frac{\rho_{\text{air}}^2 L_v^3 g\beta c_{p,\text{air}}(T_{\text{hot}}-T_{\text{cold}})}{\mu_{\text{air}}\lambda_{\text{air}}}$$

③ 对于 $L_v/L_h>5$ 的情况，努塞尔数应按下式计算：

$$Nu=1+1.44\left[1-\frac{1708}{Ra}\right]^{\cdot}+\left[\left(\frac{Ra}{5830}\right)^{\frac{1}{3}}-1\right]^{\cdot} \tag{11-81}$$

（4）水平热流的空腔努塞尔数　水平热流的矩形封闭空腔见图 11-14(c)。

① 对于 $L_v/L_h\leqslant0.5$ 的情况，努塞尔数按下式计算：

$$Nu=1+\left\{\left[2.756\times10^{-6}Ra^2\left(\frac{L_v}{L_h}\right)^8\right]^{-0.386}+\left[0.623Ra^{\frac{1}{5}}\left(\frac{L_h}{L_v}\right)^{\frac{2}{5}}\right]^{-0.386}\right\}^{-2.59} \tag{11-82}$$

式中　Ra——空腔的瑞利数，由下式计算：

$$Ra=\frac{\rho_{\text{air}}^2 L_h^3 g\beta c_{p,\text{air}}(T_{\text{hot}}-T_{\text{cold}})}{\mu_{\text{air}}\lambda_{\text{air}}}$$

② 对于 $L_v/L_h\geqslant5$ 的情况，其努塞尔数取下列三式计算出的最大值：

$$Nu_{\text{ct}}=\left\{1+\left[\frac{0.104Ra^{0.293}}{1+\left(\frac{6310}{Ra}\right)^{1.36}}\right]^3\right\}^{\frac{1}{3}} \tag{11-83}$$

$$Nu_i=0.242\left(Ra\frac{L_h}{L_v}\right)^{0.273} \tag{11-84}$$

$$Nu=0.0605Ra^{\frac{1}{3}} \tag{11-85}$$

③ 对于 $0.5<L_v/L_h<5$ 的情况，先取 $L_v/L_h=0.5$ 按①计算出一个努塞尔数，然后取 $L_v/L_h=5$ 按②再计算出一个努塞尔数，最后以这两个努塞尔数为端点，内插出与实际 L_v/L_h 对应的努塞尔数。

（5）当框的空腔是垂直方向时，可假定其热流为水平方向，而且高宽比 L_v/L_h 总是大于 5，利用第（4）条中的②确定努塞尔数。

（6）开始计算努塞尔数时温度 T_{hot} 和 T_{cold} 是未知的，应预先估算。可以从采用 $T_{\text{hot}}=10℃$，$T_{\text{cold}}=0℃$开始。在进行完一次计算之后，根据已得温度分布对其进行修正，再进行第二次计算。这样的步骤应重复进行，直到两次连续计算得到的差值在 1℃以内。

每完成一次计算都应检查一下计算初始时假定的热流方向，如果热流方向与计算初始时假定的热流方向不同，则需要在下一次计算中予以纠正。

（7）对于框内形状不规则的封闭空腔，应将其转换为相当的矩形空腔来处理。转换应参照图 11-15 中的方法来进行。在转换过程中，应使用下列方法来确定实际空腔的表面应转换成相应矩形空腔的垂直表面还是水平表面（图 11-16）：内法线在 315°和 45°之间的任何表面应转换为左垂直表面；内法线在 45°和 135°之间的任何表面应转换为底部水平表面；内法线在 135°和 225°之间的任何表面应转换为右垂直表面；内法线在 225°和 315°之间的任何表面应转换为顶部水平表面。

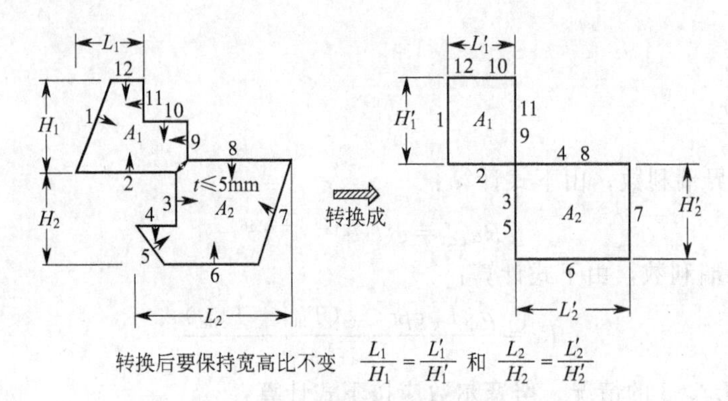

图 11-15　转换为矩形空腔（一）

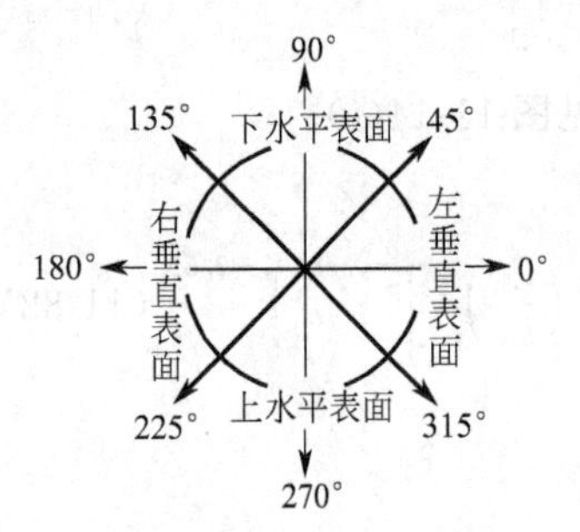

图 11-16　转换为矩形空腔（二）

如果在两个相对立的表面的最短距离小于 5mm，则框内空腔应在此“喉”区被分开。

转换后空腔的垂直和水平表面的温度应取该表面的平均温度。热流方向应由空腔的垂直和水平表面之间温差来确定，应利用下列规则。

① 如果空腔垂直表面之间的温差的绝对值大于水平表面之间的温差的绝对值，则热流是水平的。

② 如果空腔水平表面之间的温差的绝对值大于垂直表面之间的温差的绝对值，并且下水平表面温度高于上水平表面温度，则热流是垂直向上的。

③ 如果空腔水平表面之间的温差的绝对值大于垂直表面之间的温差的绝对值，并且上水平表面温度高于下水平表面温度，则热流是垂直向下的。

（8）空腔的辐射热流　封闭空腔的辐射传热系数 h_r 应由下式计算：

$$h_r=\frac{4\sigma T_{ave}^3}{\frac{1}{\varepsilon_{cold}}+\frac{1}{\varepsilon_{hot}}-2+\frac{1}{\frac{1}{2}\left\{\left[1+\left(\frac{L_h}{L_v}\right)^2\right]^{\frac{1}{2}}-\frac{L_h}{L_v}+1\right\}}} \tag{11-86}$$

式中　T_{ave}——冷、热两个表面的平均温度，$T_{ave}=\frac{T_{cold}+T_{hot}}{2}$；

ε_{cold}、ε_{hot}——冷、热两个表面的辐射率。

上式是在假定辐射热流是水平方向的条件下，如果辐射热流是垂直方向的，则应将式中的宽高比 L_h/L_v 改为高宽比 L_v/L_h。

五、敞口的空腔、槽的传热

（1）轻微通风的小断面敞口空腔和沟槽　小断面的沟槽或由一条宽度大于 2mm 且小于 10mm 的缝隙连通到室外或室内环境的空腔可作为轻微通风的空腔来处理（图 11-17）。轻微通风的空腔的当量导热系数取相同截面封闭空腔的等效导热系数的两倍。

如果轻微通风的空腔的开口宽度小于或等于 2mm，则可作为封闭空腔来处理。

（2）通风良好的敞口空腔和沟槽　大断面的沟槽或连通到室外或室内环境的缝隙宽度大于 10mm 的空腔可作为通风良好的空腔来处理（图 11-18）。通风良好的空腔应认为其整个表面都暴露于外界环境中。

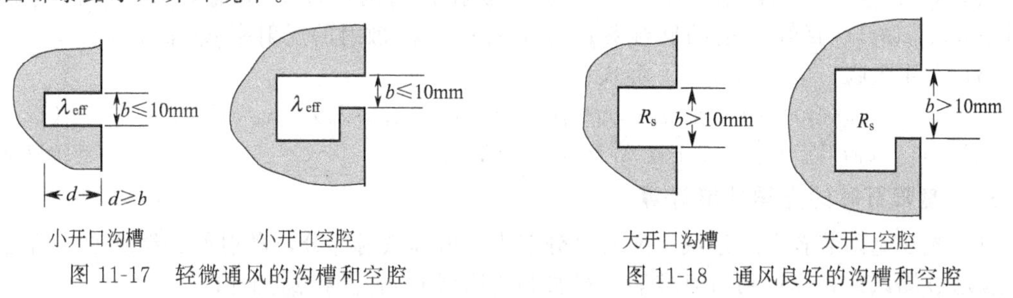

小开口沟槽　　小开口空腔

图 11-17　轻微通风的沟槽和空腔

大开口沟槽　　大开口空腔

图 11-18　通风良好的沟槽和空腔

六、框的太阳能总透射比计算

框的太阳能总透射比可按下式计算：

$$g_f=\alpha_f\times\frac{U_f}{\frac{A_{surf}}{A_f}\times h_{out}} \tag{11-87}$$

式中　$h_{out}=h_{c,out}+h_{r,out}$；

α_f——框表面太阳辐射吸收系数；

U_f——框的传热系数；

A_{surf}——框的外表面面积；

A_f——框面积。

第六节　遮阳系统计算

一、一般规定

（1）本节的遮阳计算仅适用于平行或近似平行于玻璃面的平板型遮阳装置。

（2）遮阳可分为三种基本形式计算。

① 内遮阳：平行于玻璃面，位于玻璃系统的室内侧，与窗玻璃有紧密的热光接触，如幕帘、软百叶帘等。

② 外遮阳：平行于玻璃面，位于玻璃系统的室外侧，与窗玻璃有紧密的热光接触。

③ 中间遮阳：平行于玻璃面，位于玻璃系统的内部或两层门窗、幕墙之间。中间遮阳的热光交互作用与玻璃和薄膜相似，可按照两层空气间层中的一个夹层。这个夹层的传热计算既应考虑与其他部件及环境以对流、传导以及热辐射方式进行热交换，同时也应考虑吸收、反射和传递太阳辐射。

（3）遮阳装置在计算处理时，可将二维或三维的特性简化为一维模型，计算时应确定遮阳装置的光学性能、传热系数，并应依据遮阳装置材料的光学性能、几何形状和部位进行计算。

（4）在计算门窗、幕墙的热工性能时，应该考虑门窗和幕墙系统加入遮阳装置后导致的门窗和幕墙系统的传热系数、遮阳系数、可见光透射比计算公式的改变。

二、光学性能

（1）在评价光学性能时，可考虑下列近似。被遮阳装置反射的或通过遮阳装置传入室内的太阳辐射分为两部分：

① 未受干扰部分（镜面透过和反射）；

② 散射部分。散射部分可近似于各向漫射。

（2）应该确定遮阳装置在光线不同入射角时的下列光辐射传递性能：直射-直射的透过率 $\tau_{dir,dir}(\lambda_j)$；直射-散射的透过率 $\tau_{dir,dif}(\lambda_j)$；散射-散射的透过率 $\tau_{dif,dif}(\lambda_j)$；直射-直射的反射率 $\rho_{dir,dir}(\lambda_j)$；直射-散射的反射率 $\rho_{dir,dif}(\lambda_j)$；散射-散射的反射率 $\rho_{dif,dif}(\lambda_j)$。

（3）对于吸收，应表示成如下形式：

$$\alpha_{dir}(\lambda_j)=[1-\tau_{dir,dir}(\lambda_j)-\rho_{dir,dir}(\lambda_j)-\tau_{dir,dif}(\lambda_j)-\rho_{dir,dif}(\lambda_j)] \tag{11-88}$$

$$\alpha_{dif}(\lambda_j)=[1-\tau_{dif,dif}(\lambda_j)-\rho_{dif,dif}(\lambda_j)] \tag{11-89}$$

三、遮阳百叶的光学性能计算

（1）光在遮阳装置上透过或反射时可分解为直射和散射部分，散射部分继续通过门窗系统，应通过测试或计算得到所有玻璃、薄膜和遮阳层的 $\tau_{dif,dir}$ 和 $\rho_{dif,dif}$ 值。

（2）计算由平行板条构成的百叶遮阳装置的光学性能时应考虑板条的光学性能、几何形状和位置等因素（图 11-19）。百叶遮阳的空气流动特性也应作为板条的几何形状和位置的函数。

（3）计算百叶遮阳光学性能时可采用以下模型和假设：

① 板条为非镜面反射，并可以忽略窗户边缘的作用；

② 模型考虑两个邻近的板条，每条分为 5 个相等部分（图 11-20）；

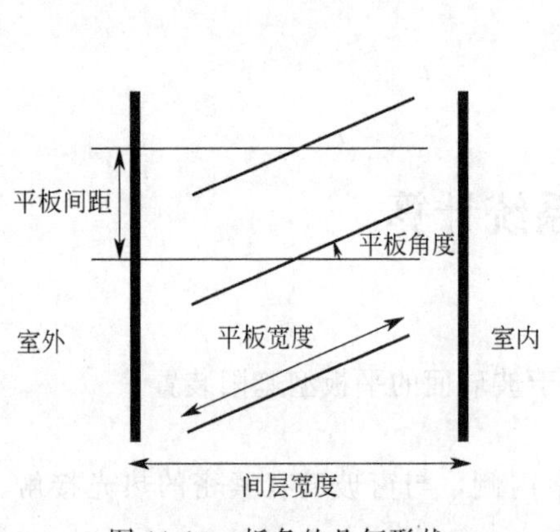

图 11-19　板条的几何形状

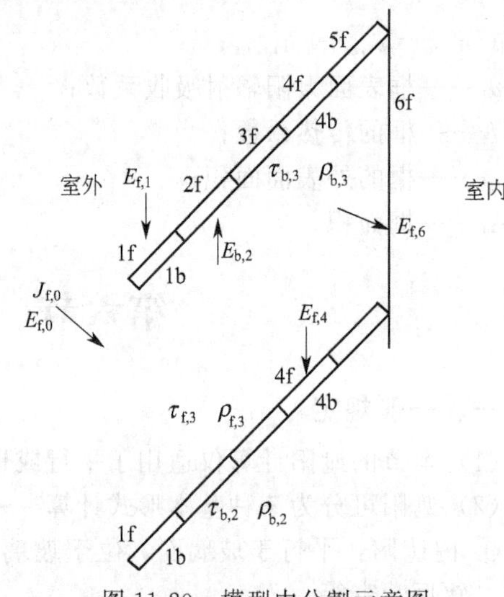

图 11-20　模型中分割示意图

③ 可以忽略板条的轻微挠曲。

（4）各层构件数目确定后，可采用下列公式进行计算。对于每层 f，i 和 b，i，i 由 0～n（这里 n=6），对每一光谱间隔 $\lambda_j(\lambda\rightarrow\lambda+\Delta\lambda)$：

$$E_{f,i}=\sum_k[(\rho_{f,k}+\tau_{b,k})E_{f,k}F_{f,k\rightarrow f,i}+(\rho_{b,k}+\tau_{f,k})E_{b,k}F_{b,k\rightarrow f,i}] \tag{11-90}$$

$$E_{b,i}=\sum_k[(\rho_{b,k}+\tau_{f,k})E_{b,k}F_{b,k\rightarrow b,i}+(\rho_{f,k}+\tau_{b,k})E_{f,k}F_{f,k\rightarrow b,i}] \tag{11-91}$$

式中　$F_{p\rightarrow q}$——由表面 p 到表面 q 的角系数；

k——百叶板被划分的块序号；

$E_{f,0}$——入射到百叶遮阳系统的太阳辐射；

$E_{b,0}$——从百叶遮阳系统反射出来的太阳辐射；

$E_{f,i}$——百叶板第 i 段上表面接收到的太阳辐射；

$E_{b,i}$——百叶板第 i 段下表面接收到的太阳辐射；

$E_{f,k}$——通过百叶遮阳系统的太阳辐射；

$\rho_{f,i}$、$\rho_{b,i}$——百叶板第 i 段上、下表面的反射率，与百叶板材料特性有关；

$\tau_{f,i}$、$\tau_{b,i}$——百叶板第 i 段上、下表面的透过率，与百叶板材料特性有关。

$$E_{f,0}=J_0(\lambda_j) \tag{11-92}$$

$$E_{b,n}=J_n(\lambda_j)=0 \tag{11-93}$$

式中 J_0——外部环境来的光辐射；

J_n——室内环境来的反射。

(5) 散射-散射透过率应为：

$$\tau_{dif,dif}(\lambda_j)=\frac{E_{f,n}(\lambda_j)}{J_0(\lambda_j)} \tag{11-94}$$

散射-散射反射率应为：

$$\rho_{dif,dif}(\lambda_j)=\frac{E_{b,0}(\lambda_j)}{J_0(\lambda_j)} \tag{11-95}$$

(6) 直射-直射的透过率和反射率应依据百叶的角度和高厚比，按投射的几何方法计算（图 11-21），可计算给定入射角 θ 时穿过百叶未被遮挡光束的照度。

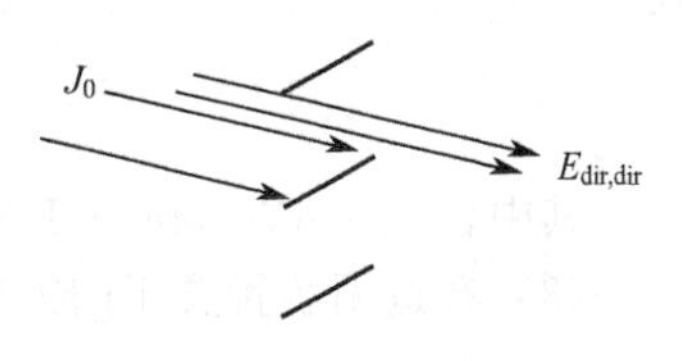

图 11-21 直射-直射透过率

对于任何波长 λ_j，倾角 ϕ 的直射-直射的透过率：

$$\tau_{dir,dir}(\phi)=\frac{E_{dir,dir}(\lambda_j\phi)}{J_0(\lambda_j,\phi)} \tag{11-96}$$

遮阳百叶透空的部分没有反射：

$$\rho_{dir,dir}(\phi)=0 \tag{11-97}$$

(7) 直射-散射的透过率和反射率 对给定入射角 ϕ，计算遮阳装置中直接为 $J_{f,0}$ 所辐射的部分 k（图 11-22）。

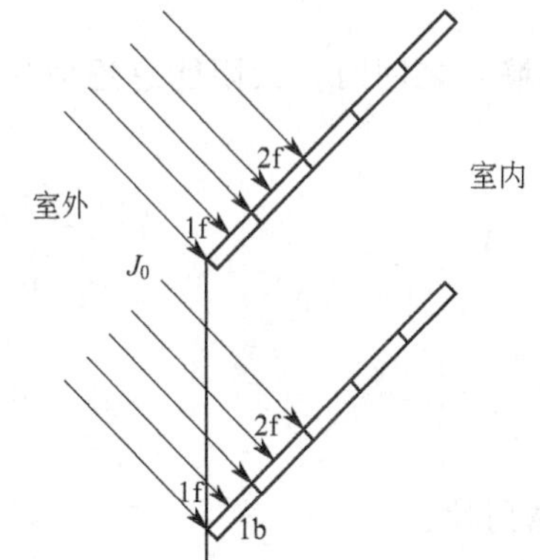

图 11-22 遮阳装置中受到直接辐射的部分

在入射辐射 J_0 和直接受到辐射部分 k 之间的角系数为：

$$F_{f,0\to f,k}=1 \text{ 和 } F_{f,0\to b,k}=1$$

内、外环境之间视角系数为 0：

$$F_{f,0\to b,n}=0 \text{ 和 } F_{b,0\to f,n}=0$$

解下列公式可得到直射-散射的透过率和反射率：

$$\tau_{dir,dif}(\lambda_j,\phi)=\frac{E_{f,n}(\lambda_j,\phi)}{J_0(\lambda_j,\phi)} \tag{11-98}$$

$$p_{dir,dif}(\lambda_j,\phi)=\frac{E_{b,n}(\lambda_j,\phi)}{J_0(\lambda_j,\phi)} \tag{11-99}$$

(8) 吸收率 辐射中没有被透过和反射的部分被吸收到遮阳板件中，对每个波长段：

$$\alpha_{dir}(\lambda_j)=[1-\tau_{dir,dir}(\lambda_j)-\rho_{dir,dir}(\lambda_j)-\rho_{dir,dif}(\lambda_j)-\tau_{dir,dif}(\lambda_j)] \tag{11-100}$$

$$\alpha_{dif}(\lambda_j)=[1-\tau_{dif,dif}(\lambda_j)-\rho_{dif,dif}(\lambda_j)] \tag{11-101}$$

(9) 在精确计算传热系数时应详细计算远红外反射率。计算给定条件下遮阳装置的透过率和反射率应与计算散射-散射透过率和反射率的模型相同，可将遮阳板的光学性能转换为远红外辐射特性来进行计算。

遮阳百叶表面的标准发射率应由测量确定。

四、遮阳帘与门窗或幕墙系统组合的简化计算

(1) 计算遮阳帘一类的遮阳装置按类型可分为均质遮阳帘和百叶遮阳帘，可统一用太阳辐射透射比和反射比以及可见光透射比和反射比表示。这些值应采用适当的方法在垂直入射

辐射下计算或测定。

遮阳帘的光学性能可用下列参数表示：

① 遮阳帘太阳辐射透射比 $\tau_{e,B}$：直射-直射透射＋直射-散射透射；

② 遮阳帘室外侧太阳能反射比 $\rho_{e,B}$：直射-散射反射；

③ 遮阳帘室内侧太阳能反射比 $\rho'_{e,B}$：散射-散射反射；

④ 遮阳帘可见光透射比 $\tau_{v,B}$：直射-直射透射＋直射-散射透射；

⑤ 遮阳帘室外侧可见光反射比 $\rho_{v,B}$：直射-散射反射；

⑥ 遮阳帘室内侧可见光反射比 $\rho'_{v,B}$：散射-散射反射。

(2) 在遮阳装置置于门窗或幕墙室外侧的情况下，太阳能总透射比 g_{total} 应采用下式计算：

$$g_{total}=\tau_{e,B}g+\alpha_{e,B}\frac{\Lambda}{\Lambda_2}+\tau_{e,B}(1-g)\frac{\Lambda}{\Lambda_1} \tag{11-102}$$

式中

$$\alpha_{e,B}=1-\tau_{e,B}-\rho_{e,B}$$

$$\Lambda=\frac{1}{1/U+1/\Lambda_1+1/\Lambda_2}$$

其中，$\Lambda_1=6\text{W}/(\text{m}^2\cdot\text{K})$；$\Lambda_2=18\text{W}/(\text{m}^2\cdot\text{K})$。

(3) 在遮阳装置置于门窗或幕墙室内侧的情况下，太阳能总透射比 g_{total} 应采用下式计算：

$$g_{total}=g\left(1-g\rho_{e,B}-\alpha_{e,B}\frac{\Lambda}{\Lambda_2}\right) \tag{11-103}$$

式中

$$\alpha_{e,B}=1-\tau_{e,B}-\rho_{e,B}$$

$$\Lambda=\frac{1}{1/U+1/\Lambda_2}$$

其中，$\Lambda_2=18\text{W}/(\text{m}^2\cdot\text{K})$。

(4) 当遮阳帘置于两玻璃板之间、封闭的两层窗（或幕墙）之间时，太阳能总透射比 g_{total} 应采用下式计算：

$$g_{total}=g\tau_{e,B}+g[\alpha_{e,B}+(1-g)\rho_{e,B}]\times\frac{\Lambda}{\Lambda_3} \tag{11-104}$$

式中

$$\alpha_{e,B}=1-\tau_{e,B}-\rho_{e,B}$$

$$\Lambda=\frac{1}{1/U+1/\Lambda_3}$$

其中，$\Lambda_3=3\text{W}/(\text{m}^2\cdot\text{K})$。

(5) 对内遮阳和外遮阳帘，可用下列公式确定可见光总透射比：

$$\tau_{v,total}=\frac{\tau_v\tau_{v,B}}{1-\rho_v\rho_{v,B}} \tag{11-105}$$

式中 τ_v——玻璃可见光透射比；

ρ_v——玻璃面向遮阳侧可见光反射比；

$\tau_{v,B}$——遮阳帘可见光透射比；

$\rho_{v,B}$——遮阳帘面向玻璃侧可见光反射比。

(6) 对内遮阳和外遮阳帘，可用下式确定总太阳能直接透射比：

$$\tau_{e,total}=\frac{\tau_e\tau_{e,B}}{1-\rho_e\rho_{e,B}} \tag{11-106}$$

式中 τ_e——玻璃太阳能透射比；

ρ_e——玻璃面向遮阳侧太阳能反射比；

$\tau_{e,B}$——遮阳帘太阳能透射比；

$\rho_{e,B}$——遮阳帘面向玻璃侧太阳能反射比。

第七节　通风空气间层的传热计算

一、热平衡方程

(1) 空气间层可以按照其是否通风分为封闭空气间层和通风空气间层。

(2) 封闭空气间层应采用如下热平衡方程式。从间层 i 面到 $i+1$ 面（层面可以为玻璃、薄膜，也可以是遮阳装置）的对流换热（图 11-23）：

$$q_{c,f,i+1}=2h_{c,i}(T_{f,i+1}-T_{gap,i})=q_{c,b,i}=2h_{c,i}(T_{gap,i}-T_{b,i}) \tag{11-107}$$

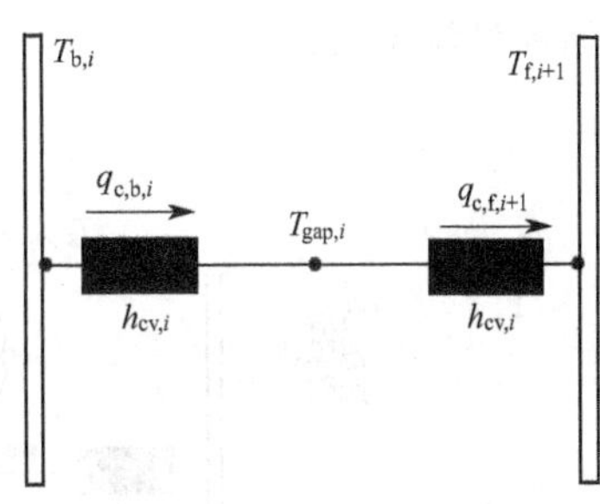

图 11-23　封闭空气层对流换热模型

式中　$q_{c,f,i+1}$——从间层空气到 $i+1$ 表面的对流换热热流量，W/m^2；

$q_{c,b,i}$——从 i 表面到间层空气的对流换热热流量，W/m^2；

$h_{c,i}$——不通风空气间层表面到表面的对流换热系数；

$T_{gap,i}$——间层 i 中空气当量平均温度，℃；

$T_{f,i+1}$——层面 $i+1$（玻璃、薄膜或遮阳）面向间层的温度，℃；

$T_{b,i}$——层面 i（玻璃、薄膜或遮阳）面向间层的温度，℃。

(3) 通风空气间层的热平衡计算应采用如下热平衡方程。由于空气的流动而产生的对流换热为：

$$q_{c,f,i+1}=h_{cv,i}(T_{gap,i}-T_{f,i+1})$$

$$q_{c,b,i}=h_{cv,i}(T_{b,i}-T_{gap,i}) \tag{11-108}$$

$$h_{cv,i}=2h_{c,i}+4V_i \tag{11-109}$$

式中　$q_{c,f,i+1}$——从间层空气到 $i+1$ 表面的对流换热热流量，W/m^2；

$q_{c,b,i}$——从 i 表面到间层空气的对流换热热流量，W/m^2；

$h_{cv,i}$——通风空气间层对流产生的表面到间层空气的换热系数；

$h_{c,i}$——不通风间层表面到表面的对流换热系数；

V_i——间层的平均气流速度，m/s；

$T_{gap,i}$——间层 i 中空气当量平均温度，℃；

$T_{f,i+1}$——层面 $i+1$（玻璃、薄膜或遮阳）面向间层的温度，℃；

$T_{b,i}$——层面 i（玻璃、薄膜或遮阳）面向间层的温度，℃。

(4) 通风产生的通风热流密度：

$$q_{v,i}=\frac{\rho_i c_p \varphi_{v,i}(T_{gap,i,in}-T_{gap,i,out})}{H_i L_i} \tag{11-110}$$

式(11-110) 应满足下列能量平衡公式：

$$q_{v,i}=q_{cv,b,i}-q_{cv,f,i+1} \tag{11-111}$$

式中　$q_{v,i}$——通风传到间层的热流密度，W/m^2；

ρ_i——在温度为 $T_{gap,i}$ 的条件下通风间层的空气密度，kg/m^3；

c_p——空气的等压比热容，J/(kg·K)；

$\varphi_{v,i}$——通风间层的空气流量，m^3/s；

$T_{gap,i,out}$——通风间层出口处温度，℃

$T_{gap,i,in}$——通风间层入口处温度，℃。

L_i——通风间层 i 的长度，m，见图 11-24；

H_i——通风间层 i 的高度，m，见图 11-24。

（5）通风间层可以按照气流流动的方向分为若干个计算子单元，前一个通风间层的出口温度可以是后一个通风间层的入口温度。进口处空气温度 $T_{gap,i,in}$ 按照空气来源取值（室内、室外或是与间层 i 交换空气的间层 k 的出口温度 $T_{gap,k,out}$）。

（6）通风间层与室内环境的热传递可按照以下模型计算。

按照多层玻璃模型的设定，$i=n$ 为室内环境，对于所有间层 k，随空气流进室内环境 n 的通风热流密度：

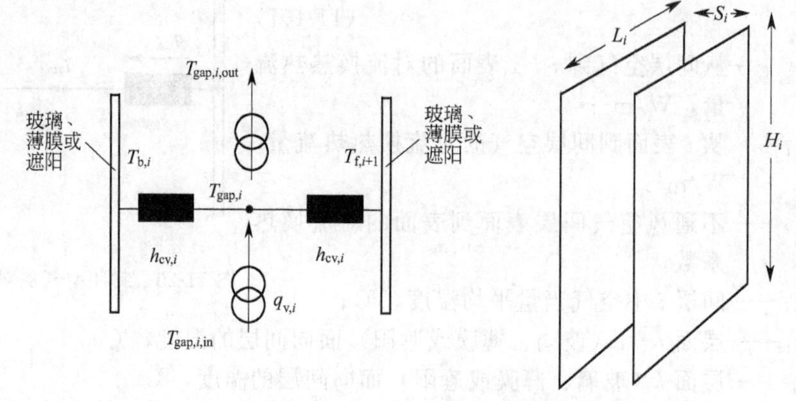

图 11-24　平均空气和出口温度和主要尺寸模型

$$q_{v,n}=\frac{\sum_i \rho_i c_p \varphi_{v,i}(T_{gap,i,out}-T_{air,n})}{H_i L_i} \tag{11-112}$$

式中　ρ_i——温度为 $T_{gap,j}$ 的条件下间层的空气密度，kg/m^3；

c_p——空气的等压比热容，J/(kg·K)；

$\varphi_{v,i}$——间层的空气流量，m^3/s；

$T_{gap,i,out}$——间层出口处的空气温度，℃，通向室内的空气源；

$T_{air,n}$——室内空气温度，℃；

L_i——间层 i 的长度，m；

H_i——间层 i 的高度，m。

二、通风空气间层的温度分布

（1）在已知间层空气的平均气流速度时，可由简易模型计算温度分布和热流密度。

（2）空气流通过间层（图 11-25），温度面分布依据间层内的空气流速和两层面的换热系数，在间层 i 中的温度分布应按照下式计算：

$$T_{gap,i}(h)=T_{av,i}-(T_{av,i}-T_{gap,i,in})e^{\frac{-h}{H_{0,i}}} \tag{11-113}$$

式中　$T_{gap,i}(h)$——间层 i 高度 h 处的空气温度，℃；

$H_{0,i}$——特征高度（间层平均温度对应的高度），m；

$T_{gap,i,in}$——进入间层 i 的空气温度，℃；

$T_{av,i}$——表面 i 和 $i+1$ 的平均温度，℃。

$$T_{av,i}(h)=\frac{1}{2}(T_{b,i}+T_{f,i+1}) \tag{11-114}$$

式中　$T_{b,i}$——层面 i（玻璃、薄膜或遮阳装置）面向间层 i 表面的温度，℃；

$T_{f,i+1}$——层面 $i+1$（玻璃、薄膜或遮阳装置）面向间层 i 表面的温度，℃。

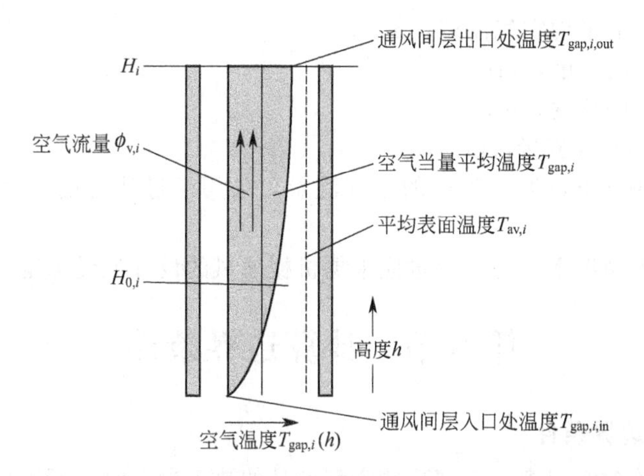

图 11-25　窗户间层的空气流

空间温度特征高度应为：

$$H_{0,i}=\frac{\rho_i c_p s_i}{2h_{cv,i}}\times V_i$$

式中　$H_{0,i}$——特征高度（间层平均温度对应的高度），m；

ρ_i——温度为 $T_{gap,i}$ 的空气密度，kg/m³；

c_p——空气的等压比热容，J/(kg・K)；

s_i——间层 i 的宽度，m；

V_i——间层 i 的平均气流速度，m/s；

$h_{cv,i}$——通风间层 i 的传热系数，W/(m²・K)。

离开间层的空气温度为：

$$T_{gap,i,out}=T_{av,i}-(T_{av,i}-T_{gap,i,in})e^{\frac{-H_i}{H_{0,i}}} \tag{11-115}$$

式中　$T_{gap,i,out}$——离开间层 i 的空气温度，℃；

$T_{av,i}$——表面 i 和 $i-1$ 的平均温度，℃；

$T_{gap,i,in}$——进入间层 i 的空气温度，℃；

$H_{0,i}$——特性高度（间层平均温度对应的高度），m；

H_i——间层 i 的高度，m。

间层 i 空气的当量平均温度定义为：

$$T_{gap,i}=\frac{1}{H_i}\int_0^H T_{gap,i}(h)\mathrm{d}h=T_{av,i}-\frac{H_{0,i}}{H_i}(T_{gap,i,out}-T_{gap,i,in}) \tag{11-116}$$

式中　$T_{gap,i}$——间层空气的当量平均温度，℃；

$T_{gap,i,out}$——间层出口处空气温度，℃；

$T_{gap,i,in}$——间层进口处空气温度，℃；

$T_{av,i}$——第 i 和 $i+1$ 层表面平均温度，℃；

$H_{0,i}$——特性高度（间层平均温度对应的高度），m；

H_i——间层 i 的高度，m。

三、通风空气间层的气流速度

(1) 在已知空气流量时，通风空气间层的气流速度应为：

$$V_i=\frac{\varphi_{v,i}}{s_i L_i} \tag{11-117}$$

式中 V_i——间层 i 的平均空气流速，m/s；

s_i——间层 i 的宽度，m；

L_i——间层 i 的长度，m；

$\varphi_{v,i}$——间层的空气流量，m^3/s。

(2) 自然通风条件下，通风间层的空气流量可采用经过认可的计算流体力学计算软件(CFD) 模拟计算。

(3) 机械通风的情况下，空气流量应根据机械通风的设计流量确定。

第八节 计算边界条件

一、计算环境边界条件

(1) 设计或评价建筑门窗、玻璃幕墙定型产品的热工参数时，所采用的环境边界条件应统一采用本标准规定的计算条件。

(2) 在进行实际工程设计时，建筑门窗和玻璃幕墙热工性能计算所采用的边界条件应符合相应的建筑设计或节能设计标准。

(3) 计算建筑门窗以及玻璃幕墙的光学热工性能时应选用下列光谱数据：S (λ)，标准太阳辐射光谱函数 (ISO 9845-1)；D (λ)，标准光源光谱函数 (CIE D65，ISO 10526)；R (λ)，视见函数 (ISO/CIE 10527)。

(4) 冬季计算标准条件 $T_{in}=20℃$；$T_{out}=0℃$；$h_{c,in}=3.6W/(m^2\cdot K)$；$h_{c,out}=20W/(m^2\cdot K)$；$T_{rm}=T_{out}$；$I_s=300W/m^2$。

(5) 夏季计算标准条件 $T_{in}=25℃$；$T_{out}=30℃$；$h_{c,in}=2.5W/(m^2\cdot K)$；$h_{c,out}=16W/(m^2\cdot K)$；$T_{rm}=T_{out}$；$I_s=500W/m^2$。

(6) 计算传热系数应采用冬季计算标准条件，并取 $I_s=0$。

(7) 计算遮阳系数、太阳能总透射比应采用夏季计算标准条件，并取 $T_{out}=25℃$。

(8) 结露判别和验算的标准边界条件 室内环境温度 20℃；室外环境温度 0℃、－10℃、－20℃；室外风速 4m/s。

(9) 计算框的太阳能总透射比 g_f 应使用下列边界条件：

$$q_{in}=\alpha I_s \tag{11-118}$$

式中 α——框表面太阳辐射吸收系数；

I_s——太阳辐射照度；

q_{in}——框吸收的太阳辐射热。

二、对流传热计算

(1) 当室内气流速度足够小 (小于 0.3m/s) 时，内表面的对流传热应按自然对流传热计算；当气流速度大于 0.3m/s 时，应按强迫对流和混合对流计算。

设计或评价建筑门窗、玻璃幕墙定型产品的热工参数时，门窗或幕墙室内表面对流传热系数应符合本节一的规定。

(2) 内表面的对流传热按自然对流计算时，自然对流传热系数 $h_{c,in}$ 应根据努塞尔数 (Nusselt number) Nu 的值确定，并按下式计算：

$$h_{c,in}=Nu\left(\frac{\lambda}{H}\right) \tag{11-119}$$

式中 λ——空气导热系数；

H——自然对流特征高度，也可近似为窗高。

努塞尔数 Nu 是基于窗高 H 的瑞利数 Ra_H 的函数，瑞利数 Ra_H 由下式表示：

$$Ra_H=\frac{\rho^2 H^3 g c_p |T_{b,n}-T_{in}|}{T_{m,f}\mu\lambda} \tag{11-120}$$

式中　$T_{m,f}$——平均气流温度，用下式表示：

$$T_{m,f}=T_{in}+\frac{1}{4}(T_{b,n}-T_{in}) \tag{11-121}$$

努塞尔数 Nu 的值应是表面倾斜角度 θ 的函数，当室内温度高于门窗内表面温度（即 $T_{in}>T_{b,n}$）时，努塞尔数 Nu 的值可采用以下各式计算。

① 倾斜角度 θ 由 0°～15°（0°≤θ<15°）：

$$Nu_{in}=0.13Ra_H^{\frac{1}{3}} \tag{11-122}$$

② 倾斜角度 θ 由 15°～90°（15°≤θ≤90°）：

$$Nu_{in}=0.56(Ra_H\sin\theta)^{\frac{1}{4}}\quad Ra_H\leqslant Ra_c \tag{11-123}$$

$$Nu_{in}=0.13(Ra_H^{\frac{1}{3}}-Ra_c^{\frac{1}{3}})+0.56(Ra_c\sin\theta)^{\frac{1}{4}}\quad Ra_H>Ra_c \tag{11-124}$$

$$Ra_c=2.5\times10^5\left(\frac{e^{0.72\theta}}{\sin\theta}\right)^{\frac{1}{5}} \tag{11-125}$$

③ 倾斜角度 θ 由 90°～179°（90°<θ≤179°）

$$Nu_{in}=0.56(Ra_H\sin\theta)^{\frac{1}{4}}\qquad 10^5\leqslant Ra_H\sin\theta<10^{11} \tag{11-126}$$

④ 倾斜角度 θ 由 179°～180°（179°<θ≤180°）：

$$Nu_{in}=0.58Ra_H^{\frac{1}{5}}\quad Ra_H\leqslant10^{11} \tag{11-127}$$

当室内温度低于门窗内表面温度（$T_{in}<T_{b,n}$）时，倾斜角度 θ 应以 180°$-\theta$ 代替 θ 进行计算。

(3) 在实际工程中，当内表面有较高速度气流时，室内对流传热按强制对流计算。门窗内侧强制对流用下列关系式计算：

$$h_{c,in}=4+4V_s \tag{11-128}$$

式中　V_s——门窗壁面附近的气流速度，m/s。

(4) 外表面对流换热应按强制对流换热计算。设计或评价建筑门窗、玻璃幕墙定型产品的热工参数时，门窗或幕墙室外表面的对流换热系数应符合本节一的规定。

(5) 当进行工程设计或评价实际工程用产品性能计算时，外表面对流传热系数应用下列关系式计算：

$$h_{c,out}=4+4V_s \tag{11-129}$$

式中　V_s——门窗壁面附近的气流速度，m/s。

(6) 当进行建筑的全年能耗计算时，门窗或幕墙构件外表面对流传热系数应用下列关系式计算：

$$h_{c,out}=4.7+7.6V_s \tag{11-130}$$

门窗、幕墙附近的风速应按照门窗、幕墙的朝向和吹向建筑的风向和风速确定。

① 如果门窗所在的建筑表面是迎风的，V_s 应按下式计算：

$$V_s=0.25V;\ V>2\text{m/s} \tag{11-131}$$

$$V_s=0.5V;\ V\leqslant2\text{m/s} \tag{11-132}$$

式中　V——在开阔地上测出的风速。

② 如果门窗所在的建筑表面为背风时，V_s 应按下式计算：

$$V_s = 0.3 + 0.05V \tag{11-133}$$

③ 为了确定表面是迎风的还是背风的，要计算相对于墙面的风向 γ（图 11-26）：

$$\gamma = \varepsilon + 180° - \theta \tag{11-134}$$

如果 $|\gamma| > 180°$，则 $\gamma = 360° - |\gamma|$；如果 $-45° \leqslant |\gamma| \leqslant 45°$，表面为迎风向，否则表面为背风向。

式中　θ——风向（由北朝顺时针测量的角度，见图 11-26）；

ε——墙的方位（由南向西为正，反之为负，见图 11-26）。

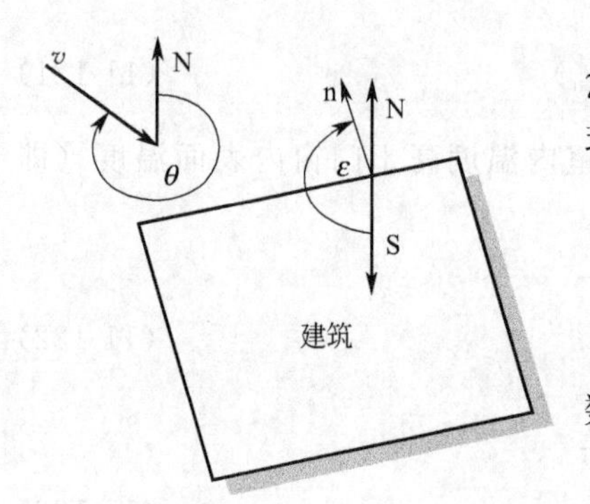

图 11-26　确定风向和墙的方位示意图

n—墙的法线方向；N—北向；S—南向

(7) 当外表面风速较低时，外表面自然对流传热系数 $h_{c,out}$ 用努塞尔数 Nu 来确定。

$$h_{c,out} = Nu\left(\frac{\lambda}{H}\right) \tag{11-135}$$

式中　λ——空气的导热系数；

H——空腔高度。

努塞尔数 Nu 是瑞利数 Ra_H 和空腔高度 H 的函数，瑞利数 Ra_H 应由下式确定：

$$Ra_H = \frac{\rho^2 H^3 g c_p |T_{s,out} - T_{out}|}{T_{m,f} \mu \lambda} \tag{11-136}$$

依据平均气流温度，评价各种流体性质。

$$T_{m,f} = T_{out} + \frac{1}{4}(T_{s,out} - T_{out}) \tag{11-137}$$

式中　T_{out}——室外空气温度；

$T_{s,out}$——幕墙门窗外表面温度。

外表面对流换热系数的计算与本节二（2）内表面计算相同，倾角 θ 应由补角（$180° - \theta$）代替。

三、长波辐射换热

(1) 室外平均辐射温度的取值应分为两种应用条件：实际工程条件和用于建筑门窗、玻璃幕墙定型产品性能设计或评价。

(2) 对于实际工程计算条件，应由室外平均辐射温度 $T_{rm,out}$ 求得室外辐射照度：

$$G_{out} = \sigma T_{rm,out}^4 \tag{11-138}$$

室外平均辐射温度定义为：

$$T_{rm,out} = \left\{\frac{[F_{grd} + (1 - f_{clr})F_{sky}]\sigma T_{out}^4 + f_{clr} F_{sky} J_{sky}}{\sigma}\right\}^{\frac{1}{4}} \tag{11-139}$$

式中　F_{grd}、F_{sky}——门窗系统相对地面（即水平线以下区域）和天空的角系数；

f_{clr}——晴空的比例系数。

门窗系统相对地面和天空的角系数、晴空的比例系数由以下公式计算：

$$F_{grd} = 1 - F_{sky} \tag{11-140}$$

$$F_{sky} = \frac{1 + \cos\theta}{2} \tag{11-141}$$

式中　θ——门窗系统对地面的倾斜角度。

当已知晴空辐射照度（J_{sky}）时，应直接按下列公式计算：

$$J_{sky}=\varepsilon_{sky}\sigma T_{out}^4 \tag{11-142}$$

$$\varepsilon_{sky}=\frac{R_{sky}}{\sigma T_{out}^4} \tag{11-143}$$

$$R_{sky}=5.31\times10^{-13}T^6 \tag{11-144}$$

（3）室内辐射照度应为：

$$G_{in}=\sigma T_{rm,in}^4 \tag{11-145}$$

门窗内表面可认为仅受到室内表面的辐射，墙壁和楼板可作为在室内温度条件下的大平面。室内辐射照度为：

$$G_{in}=\sigma T_{in}^4 \tag{11-146}$$

（4）内表面计算时，可用下列公式简化计算玻璃部分和框部分表面辐射热传递：

$$q_{r,in}=h_{r,in}(T_{s,in}-T_{rm,in}) \tag{11-147}$$

$$h_{r,in}=\frac{\varepsilon_{s,in}\sigma(T_{s,in}^4-T_{rm,in}^4)}{T_{s,in}-T_{rm,in}} \tag{11-148}$$

式中　$T_{rm,in}$——室内辐射温度；

$T_{s,in}$——室内玻璃面或框表面温度；

$\varepsilon_{s,in}$——玻璃面或框材料室内表面半球发射率。

计算建筑门窗、幕墙定型产品的热工参数时，门窗或幕墙室内表面的辐射传热系数可采用下式计算：

$$h_{r,in}=\frac{4.4\varepsilon_{s,in}}{0.837} \tag{11-149}$$

（5）进行外表面计算时，可用下面的公式简化玻璃面上和框表面上的辐射传热计算。

$$q_{r,out}=h_{r,out}(T_{s,out}-T_{rm,out}) \tag{11-150}$$

$$h_{r,out}=\frac{\varepsilon_{s,out}\sigma(T_{s,out}^4-T_{rm,out}^4)}{T_{s,out}-T_{rm,out}} \tag{11-151}$$

式中　$T_{rm,out}$——室外辐射温度；

$T_{s,out}$——室外玻璃面或框表面温度；

$\varepsilon_{s,out}$——玻璃面或框材料室外表面半球发射率。

计算建筑门窗、幕墙定型产品的热工参数时，门窗或幕墙室外表面的辐射换热系数可采用下式计算：

$$h_{r,out}=\frac{3.9\varepsilon_{s,out}}{0.837} \tag{11-152}$$

四、综合对流和辐射换热

（1）外表面或内表面的换热：

$$q=h(T_s-T_n) \tag{11-153}$$

$$h = h_r + h_c \tag{11-154}$$

式中　T_s——表面温度；

T_n——环境温度，应按照下式计算：

$$T_n = \frac{T_{air} h_c + T_{rm} h_r}{h_c + h_r} \tag{11-155}$$

（2）表面传热系数应根据面积用下式修正：

$$h_{adjusted} = \frac{A_{real} h}{A_{approximated}} \tag{11-156}$$

第十二章　建筑幕墙性能检测

幕墙是建筑物的皮肤，是体现建筑师设计理念的重要手段。建筑幕墙的性能直接影响到建筑物的美观、安全、节能、环保等诸多方面。建筑幕墙的性能主要分为两大类，一是幕墙的力学性能，涉及幕墙使用的安全与可靠性，与抗风、抗震紧密联系，主要包括幕墙的抗风压性能（风压变形性能）、平面内变形性能和耐撞击性能、防弹防爆性能等。二是幕墙的物理性能，涉及幕墙及整个建筑的正常使用与节能环保，与建筑物理相联系，具体包括水密性能（雨水渗透性能）、气密性能（空气渗透性能）、保温性能、隔声性能和光学性能等。

谈到幕墙的性能，就要了解幕墙性能的检测，它是将幕墙性能进行测定并量化的过程，从而科学准确地对幕墙性能作出评价，下文将对幕墙的不同性能及检测方法逐一介绍。

第一节　建筑幕墙抗风压性能检测

一、建筑幕墙上的风荷载

1. 风对幕墙的作用

风荷载是结构的重要设计荷载，是建筑玻璃幕墙体系的主要侧向荷载之一。通常的建筑幕墙作为建筑外围护结构，不承担建筑物的重力荷载。当风以一定的速度向前运动遇到幕墙结构阻碍时，幕墙结构就承受了风压。在顺风向，风压常分成平均风压和脉动风压，前者使幕墙体系受到一个基本上比较稳定的风压力，后者则使结构产生风致振动。因此，风对于幕墙的作用具有静力、动力双重性。风的静力作用大多是顺风向的，但是动力作用却不一定。结构在风作用下不仅会产生顺风向振动，而且往往还伴随有横风向振动和扭转振动。此外，当涡流不对称时，横风向振动会引发涡流激振现象。因此，幕墙结构的风压和风振的分析和计算，是幕墙设计的重要环节。

风的作用在建筑物表面上的分布是很不均匀的，它取决于建筑物的表面形状、立面体型和高宽比，通常在迎风面上产生风压力，在侧风面和背风面产生风吸力。迎风面的风压力在建筑的中部最大，侧风面和背风面的风吸力在建筑物的角区最大。同时由于建筑物内部结构的不同，在内部也可能产生正风压、负风压，导致在同一时间幕墙受到正、负风压复合作用。风压的作用结果可使幕墙及杆件变形，拼接缝隙变大，降低气密、水密性能；当风荷载产生的压力超过其承受能力时，可产生永久变形、玻璃破碎、五金件损坏等，甚至发生开启扇脱落等安全事故。为了维持正常的使用功能，不发生损坏，幕墙必须具有承受风荷载作用的能力，我们用抗风压性能来表示。

2. 风荷载的标准值计算

对于主要承重结构，风荷载的标准值的表达常采用平均风压乘以风振系数的形式，即采用风振系数 β_z，它综合考虑了结构在风荷载作用下的动力响应，其中包括风速随时间、空间的变异性和结构的阻尼特性等因素。

对于围护结构，由于其刚性一般较大，在结构效应中可不必考虑其共振分量，此时可仅在平均风压的基础上，近似考虑脉动风瞬间的增大因素，通过阵风系数 β_{gz}来计算其风荷载。

依据《建筑结构荷载规范》(GB 50009—2001)，当计算主要承重构件时，w_k 可按下式计算：

$$w_k=\beta_z\mu_s\mu_z w_0 \qquad (12\text{-}1)$$

式中 w_k——风荷载标准值；

β_z——高度 z 处的风振系数；

μ_s——风荷载体型系数；

μ_z——风压高度变化系数；

w_0——基本风压。

当计算维护结构时，风荷载的标准值 w_k 可按下式计算：

$$w_k=\beta_{gz}\mu_s\mu_z w_0 \tag{12-2}$$

式中 w_k——风荷载标准值；

β_{gz}——阵风系数；

μ_s——风荷载体型系数；

μ_z——风压高度变化系数；

w_0——基本风压。

幕墙的面板及横梁和立柱，一般跨度较小，刚度较大，自振周期短，阵风的影响比较大。故依照玻璃幕墙工程技术规范（JGJ 102）采用式(12-2）计算。而对于跨度较大的支承结构，其承载面积较大，阵风的瞬时作用相对较小，但由于跨度大、刚度小、自振周期相对较长，风致振动为主要影响因素，可通过风振系数 β_z 加以考虑，采用式(12-1)。

(1) 基本风压 w_0　基本风压为当地比较空旷平坦的地面上，离地 10m 高处统计所得的 50 年一遇 10min 年平均最大风速 v_0（m/s）为标准确定的风压值。由流体力学中的贝努利方程可知，风速为 v_0 的自由气流产生的单位面积上的风压力为：

$$w_0=\frac{1}{2}\rho v_0^2 \tag{12-3}$$

式中 ρ——空气密度，我国规范统一取为 1.25kg/m^3。

得基本风压计算公式：

$$w_0=\frac{1}{1600}v_0^2 \tag{12-4}$$

对于基本风压的大小可参照现行国家标准《建筑结构荷载规范》（GB 50009—2001）的规定采用。需要说明的是，对于属于维护结构的玻璃幕墙一般采用 50 年的重现期。

(2) 风压高度变化系数 μ_z　在大气边界层内，风速随离地面高度而变化，平均风速沿高度的变化规律，称为平均风速梯度，也常称为风剖面，它是风的重要特性之一。由于受地表摩擦的影响，使接近地表的风速随着离地面高度的减小而降低。只有离地 300～500m 以上的地方，风才不受地表的影响，能够在气压梯度作用下自由流动，从而达到所谓梯度速度，出现这种速度的高度叫梯度风高度。梯度风高度以下的近地面层也称为摩擦层。地表粗糙度不同，近地面层风速变化的快慢也不相同，因此即使同一高度，不同地表的风速值也不相同。

因为风压与风速的平方成正比，因而风压沿高度的变化规律是风速的平方。设任意高度处的风压与 10m 高度处的风压之比为风压高度变化系数，对于任意地貌，前者用 w_a 来表示，后者用 w_{0a} 来表示，见式(12-5)；对于空旷平坦地区的地貌，w_a 改用 w，w_{0a} 改用 w_0 表示，见式(12-6)。

$$\mu_{za}(z)=\frac{w_a}{w_{0a}} \tag{12-5}$$

$$\mu_{za}(z)=\frac{w}{w_0} \tag{12-6}$$

风压沿高度的变化规律由风压高度变化系数 μ_z（表 12-2）确定，它由地面粗糙度（表

12-1）和离地面高度确定。

表 12-1 地面粗糙度类别的规定

地面粗糙度类别	所在地区
A	近海海面、海岛、海岸、湖岸及沙漠地区
B	田野、乡村、丛林、丘陵以及房屋比较稀疏的乡镇和城市郊区
C	密集建筑群的城市市区
D	有密集建筑群且房屋较高的城市市区

表 12-2 风压高度变化系数 μ_z

离地面或海平面高度/m	地面粗糙度类别			
	A	B	C	D
5	1.17	1.00	0.74	0.62
10	1.38	1.00	0.74	0.62
15	1.52	1.14	0.74	0.62
20	1.63	1.25	0.84	0.62
30	1.80	1.42	1.00	0.62
40	1.92	1.56	1.13	0.73
50	2.03	1.67	1.25	0.84
60	2.12	1.77	1.35	0.93
70	2.20	1.86	1.45	1.02
80	2.27	1.95	1.54	1.11
90	2.34	2.02	1.62	1.19
100	2.40	2.09	1.70	1.27
150	2.64	2.38	2.03	1.61
200	2.83	2.61	2.30	1.92
250	2.99	2.80	2.54	2.19
300	3.12	2.97	2.75	2.45
350	3.12	3.12	2.94	2.68
400	3.12	3.12	3.12	2.91
≥450	3.12	3.12	3.12	3.12

（3）风荷载体型系数 μ_s　风荷载体型系数（μ_s）是指风作用在建筑物表面上所引起的实际压力（或吸力）与来流风的速度压的比值，它描述的是建筑物表面在稳定风压作用下的静态压力的分布规律，主要与建筑物的体型和尺度有关，而与空气的动力作用无关。依据国内外的试验资料和规范建议，我国《建筑结构荷载规范》（GB 50009—2001）列出了 38 项不同类型的建筑物和各类结构体型及其体型系数，但是这种体型系数主要是用于结构整体设计和分析的，对于幕墙结构分析常常采用局部风压体型系数。因此，在进行主体结构整体内力与位移计算时，对迎风面与背风面取一个平均体型系数；当验算幕墙一类维护结构的承载能力和刚度时，应按最大的体型系数来考虑。

幕墙规范 JGJ 102—96 认为竖直幕墙外表面体型系数可按±1.5 取用，现行幕墙规范 JGJ 102—2003 则要求按国家标准《建筑结构荷载规范》（GB 50009—2001）采用，这与以前的规范有一定的区别。按照《建筑结构荷载规范》（GB 50009—2001）计算维护结构的规定，幕墙的抗风分析应采用局部风压体型系数。

① 外表面

a. 正压区，与一般建筑物相同，竖直幕墙外表面可取 0.8。

b. 负压区，由于风荷载在建筑物表面分布是不均匀的，在檐口附近、边角部位较大，根据风洞试验和国外的有关资料，在上述区域风吸力系数可取－1.8，其余墙面可考虑－1.0。

② 内表面。对封闭式建筑物，按外表面风压的正、负情况，取－0.2或0.2。

对幕墙而言，由于建筑物实际存在的个别孔口和缝隙，以及通风的要求，室内可能存在正、负不同的气压，规范取为±0.2。因此，幕墙的风荷载体型系数可分别按－2.0和－1.2采用。

(4) 风振系数 β_z　参考国内外规范及我国抗风工程设计理论研究的实践情况，当结构基本自振周期 $T \geqslant 0.25$s时，以及高度 $H>30$m且高宽比 $H/B>1.5$ 的高柔房屋，由风引起的振动比较明显，因而随着结构自振周期的增长，风振也随着增强，因此在设计中应考虑风振的影响。

对于房屋结构，仅考虑第一振型，采用风振系数 β_z 来计量风振的影响，建筑结构在 z 高度处的风振系数 β_z 可按下式计算：

$$\beta_z = 1 + \frac{\xi \upsilon \varphi_z}{\mu_z} \tag{12-7}$$

式中　ξ——脉动增大系数；

υ——脉动影响系数；

φ_z——振型系数；

μ_z——风压高度变化系数。

(5) 阵风系数 β_{gz}　阵风系数是瞬时风压峰值与10min平均风压（基本风压 w_0）的比值，取决于场地粗糙度类别和建筑物高度。计算维护结构的风荷载，考虑瞬间风压的阵风风压作用，依据《建筑结构荷载规范》(GB 50009—2001)，β_{gz} 由离地面高度 z 和地面粗糙度类别决定（表12-3），这与以前规范、资料（JGJ 102—96）中取2.25有很大的差别。

表12-3　阵风系数 β_{gz}

离地面高度/m	地面粗糙度类别			
	A	B	C	D
5	1.69	1.88	2.30	3.21
10	1.63	1.78	2.10	2.76
15	1.60	1.72	1.99	2.54
20	1.58	1.69	1.92	2.39
30	1.54	1.64	1.83	2.21
40	1.52	1.60	1.77	2.09
50	1.51	1.58	1.73	2.01
60	1.49	1.56	1.69	1.94
70	1.48	1.54	1.66	1.89
80	1.47	1.53	1.64	1.85
90	1.47	1.52	1.62	1.81
100	1.46	1.51	1.60	1.78
150	1.43	1.47	1.54	1.67
200	1.42	1.44	1.50	1.60
250	1.40	1.42	1.46	1.55
300	1.39	1.41	1.44	1.51

二、建筑幕墙的抗风压性能及分级

抗风压性能是指可开启部分处于关闭状态时，幕墙在风压（风荷载标准值）作用下，变形不超过允许值且不发生结构损坏（如裂缝、面板破损、局部屈服、五金件松动、开启功能障碍、粘接失效等）的能力。和幕墙抗风压有关的气候参数主要为风速值和相应的风压值。对于幕墙这种薄壁外围护构件，既需考虑长期使用过程中，保证其在平均风荷载作用下正常功能不受影响，又要注意到在阵风袭击下不受损坏，保证安全。

1. 面法线挠度与分级指标

在建筑幕墙的抗风压试验中，试件受力构件或面板表面上任意一点沿面法线方向的线位移量，称为面法线位移（frontal displacement）。试件受力构件或面板表面上某一点沿面法线方向的线位移量的最大差值，称为面法线挠度。试验中，面法线挠度和两端测点间距离 l 的比值，就称为相对面法线挠度，主要构件在正常使用极限状态时的相对面法线挠度的限值称为允许挠度（符号为 f_0）。新修订的建筑幕墙试验方法标准是按照试验通过 $f_0/2.5$ 所对应的风荷载来确定 P_1 值，然后换算到 $P_3=2.5P_1$ 来进行幕墙抗风压性能分级（在 1994 版的检测方法标准中是按照二分之一允许挠度来计算 P_1 值）。不同支承形式的幕墙的允许挠度见表 12-4。

表 12-4　建筑幕墙标准风荷载作用下最大允许相对面法线挠度 f_0

幕墙类型	材料	最大挠度发生部位	允许挠度
有框玻璃幕墙	杆件	跨中	铝合金型材 1/180，钢型材 1/250
	玻璃	短边边长中点	1/60
全玻玻璃幕墙	支承结构	钢架钢梁的跨中	1/250
	玻璃面板	玻璃面板中心	1/60
	玻璃肋	玻璃肋跨中	1/200
点支式玻璃幕墙	支承结构	钢管、桁架及空腹桁架跨中	1/250
		张拉索杆体系跨中	1/200
	玻璃面板	点支承跨中	1/60

在线形结构假设的前提下，结构的挠度和荷载就存在着一一对应的关系，建筑幕墙的抗风压试验正是利用挠度所对应的荷载来进行幕墙抗风压性能的分级的。但是必须注意到，工程检测和定级检测所采用的最大风压值是不一样的。在定级检测中，P_3 对应着幕墙结构变形的允许挠度 f_0，这个 P_3 也同样对应着幕墙抗风压性能的分级指标；而在工程检测时，则采用风荷载标准值 w_k 作为衡量标准，要求“在风荷载标准值作用下对应的相对面法线挠度小于或等于允许挠度 f_0”。由此可见以下几点。

① 工程检测的 P_3 必定满足 $P_3 \geqslant w_k$，w_k 为风荷载标准值。

② 安全检测的挠度 f 必须满足 $f_0 \geqslant f$，才认为幕墙产品符合安全检测的要求。

③ 定级检测的 P_3 对应于 f_0，f_0 是由幕墙的形式、材料来决定的，而由于不同幕墙支承结构设计的差异，通过检测 $f_0/2.5$ 来推算 P_3 所得到的值又会产生差异，因此 P_3 的值对于不同工程采用的幕墙都是不一样的；而安全检测采用的 P_3'（区别于前面的 P_3）就是风荷载标准值 w_k，是与幕墙的材料及形式无关的，仅由幕墙所在建筑的地域、地貌及幕墙在建筑上的相对位置而定。

④ 对于定级试验中定级指标的确定，通常有以下两种方法。

a. 试验通过 $f_0/2.5$ 所对应的风荷载来确定 P_1 值，然后换算到 $P_3=2.5P_1$ 来进行幕墙抗风压性能分级，这种做法的前提是结构线性的假设，这也是规范规定的方法。

b. 通过试验使幕墙构件的挠度达到 f_0，直接测定 P_3 的值。

对于柔性支承点支式玻璃幕墙，建议采用 b. 的方法，否则由于结构非线性性能的影响，通过 a. 的方法得到的定级结果将高于幕墙的实际抗风压性能。

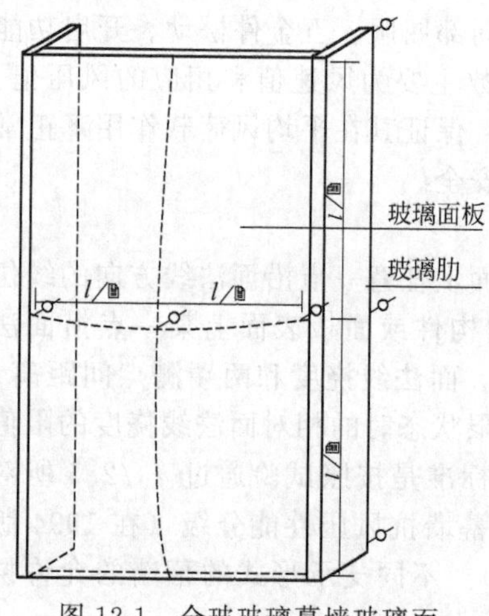

图 12-1　全玻玻璃幕墙玻璃面板位移计布置示意图

试验中，幕墙面法线挠度测量时，典型框架式幕墙的主要受力构件比较容易判断，对于其他如带玻璃肋的全玻玻璃幕墙、采用钢桁架或索支承体系的点支式玻璃幕墙等位移计布置见图 12-1～图 12-3。自平衡索杆结构加载及测点分布见图 12-4。

2. 抗风压性能分级

幕墙抗风压性能分级值规定见表 12-5。

三、建筑幕墙抗风压性能检测方法

建筑幕墙抗风压性能的检测按照 GB/T 15227—2007 的规定执行。

1. 检测项目

幕墙试件的抗风压性能，检测变形不超过允许值，且不发生结构损坏所对应的最大压力差值。包括：变形检测、反复加压检测、安全检测。

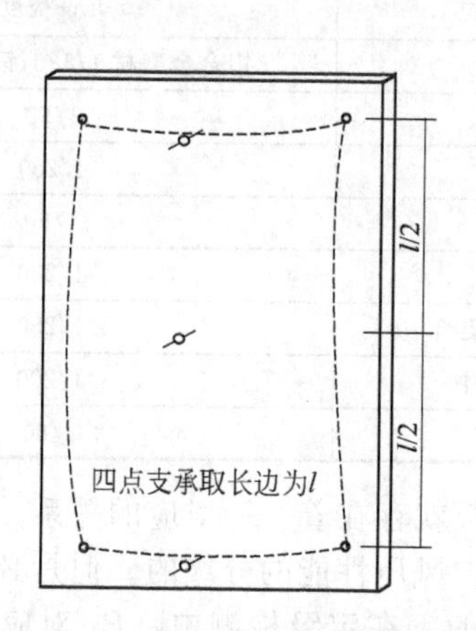

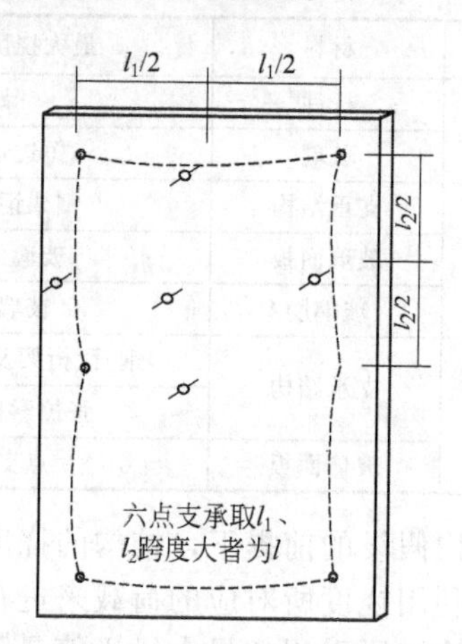

图 12-2　点支式幕墙玻璃面板位移计布置示意图

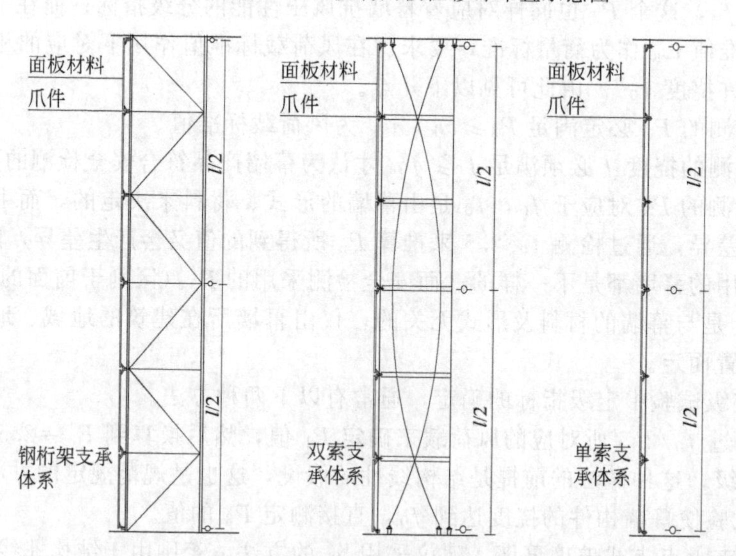

图 12-3　点支式幕墙支承体系位移计布置示意图

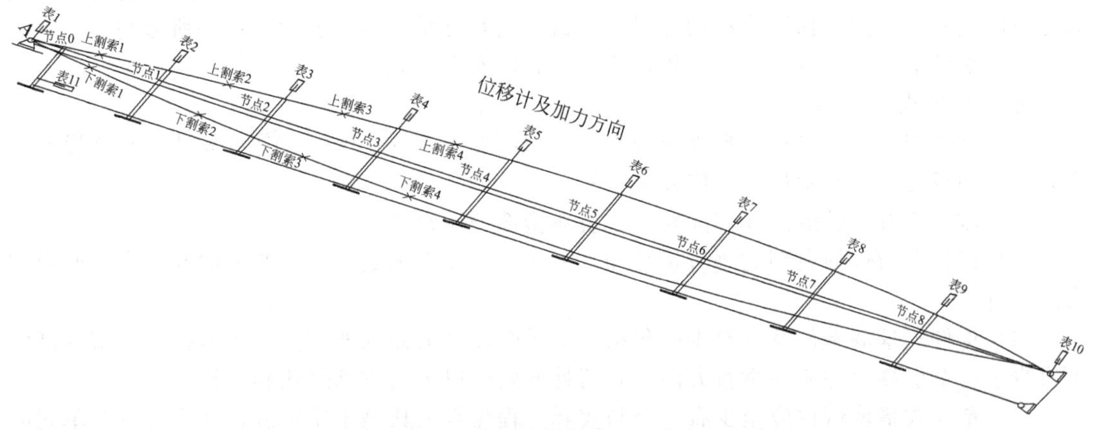

图 12-4　自平衡索杆结构加载及测点布置示意图

表 12-5　幕墙抗风压性能分级值　　单位：kPa

性能	分级指标	分级				
		Ⅰ	Ⅱ	Ⅲ	Ⅳ	Ⅴ
抗风压性能	P_3	$P_3 \geqslant 5$	$4 \leqslant P_3 < 5$	$3 \leqslant P_3 < 4$	$2 < P_3 \leqslant 3$	$1 \leqslant P_3 < 2$

注：表中分级值 P_3 与安全检测压力值相对应，表示在此风压作用下，幕墙受力构件的相对挠度值应在 $L/180$ 以下，其绝对值在 20mm 以内，如绝对挠度值超过 20mm 时，以 20mm 所对应的压力值为分级值。

2. 检测装置

(1) 检测装置由压力箱、供压系统、测量系统及试件安装系统组成，检测装置的构成见图 12-5。

(2) 压力箱的开口尺寸应能满足试件安装的要求，箱体应能承受检测过程中可能出现的压力差。

(3) 试件安装系统用于固定幕墙试件并将试件与压力箱开口部位密封，支承幕墙的试件安装系统宜与工程实际相符，并具有满足试验要求的面外变形刚度和强度。

(4) 构件式幕墙、单元式幕墙应通过连接件固定在安装横架上，在幕墙自重的作用下，横架的面内变形不应超过 5mm；安装横架在最大试验风荷载作用下面外变形应小于其跨度的 1/1000。

(5) 点支式幕墙和全玻玻璃幕墙宜有独立的安装框架，在最大检测压力差的作用下，安装框架的变形不得影响幕墙的性能。吊挂处在幕墙重力作用下的面内变形不应大于 5mm；采用张拉索杆体系的点支式幕墙在最大预拉力作用下，安装框架的受力部位在预拉力方向的最大变形应小于 3mm。

(6) 供风设备应能施加正负双向的压力，并能达到检测所需要的最大压力差；压力控制装置应能调节出稳定的气流，并应能在规定的时间达到检测风压。

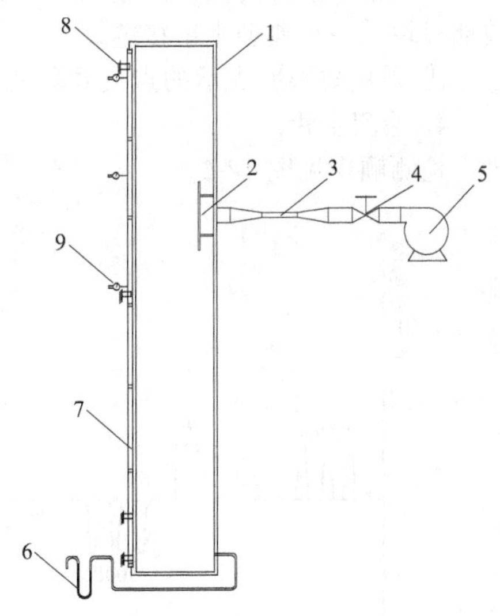

图 12-5　抗风压检测装置示意图

1—压力箱；2—进气口挡板；3—风速仪；4—压力控制装置；5—供风设备；6—差压计；7—试件；8—安装横架；9—位移计

(7) 差压计的两个探测点应在试件两侧就近布置，精度应达到示值的 1%，响应速度应满足波动风压测量的要求。差压计的输出信号应由图表记录仪或可显示压力变化的设备记录。

（8）位移计的精度应达到满量程的0.25%；位移测量仪表的安装支架在测试过程中应有足够的紧固性，并应保证位移的测量不受试件及其支承设施的变形、移动所影响。

（9）试件的外侧应设置安全防护网或采取其他安全措施。

3. 试件要求

（1）试件规格、型号和材料等应与生产厂家所提供图样一致，试件的安装应符合设计要求，不得加设任何特殊附件或采取其他措施。

（2）试件应有足够的尺寸和配置，代表典型部分的性能。

（3）试件必须包括典型的垂直接缝和水平接缝。试件的组装、安装方向和受力状况应和实际相符。

（4）构件式幕墙试件宽度至少应包括一个承受设计荷载的典型垂直承力构件。试件高度不宜少于一个层高，并应在垂直方向上有两处或两处以上与支承结构相连接。

（5）单元式幕墙试件应至少有一个与实际工程相符的典型十字接缝，并应有一个单元的四边形成与实际工程相同的接缝。

（6）全玻玻璃幕墙试件应有一个完整跨距高度，宽度应至少有两个完整的玻璃宽度或三个玻璃肋。

（7）点支式幕墙试件应满足以下要求。

① 至少应有四个与实际工程相符的玻璃板块或一个完整的十字接缝，支承结构至少应有一个典型承力单元。

② 张拉索杆体系支承结构应按照实际支承跨度进行测试，预张力应与设计相符，张拉索杆体系宜检测拉索的预张力。

③ 当支承跨度大于8m时，可用玻璃及其支承装置的性能测试和支承结构的结构静力试验模拟幕墙系统的测试。玻璃及其支承装置的性能测试至少应检测四块与实际工程相符的玻璃板块及一个典型十字接缝。

④ 采用玻璃肋支承的点支式幕墙同时应满足全玻玻璃幕墙的规定。

4. 检测步骤

检测顺序见图12-6。

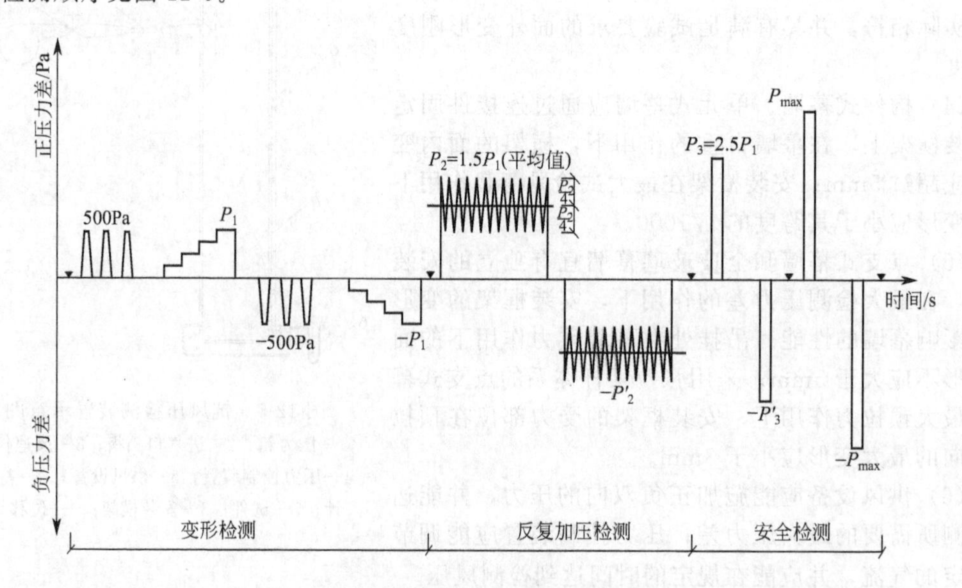

图12-6 检测加压顺序示意图

［当工程有要求时，可进行P_{max}的检测（$P_{max}>P_3$）］

（1）试件安装　试件安装完毕，应经检查，符合设计图样要求后才可进行检测。检测前应将试件可开启部分开关不少于 5 次，最后关紧。

（2）位移计安装　安装位移测量仪器，位移计宜安装在构件的支承处和较大位移处，测点布置要求如下。

① 采用简支梁型式的构件式幕墙测点布置见图 12-7，两端的位移计应靠近支承点。

② 单元式幕墙采用拼接式受力杆件且单元高度为一个层高时，宜同时检测相邻板块的杆件变形，取变形大者为检测结果；当单元板块较大时其内部的受力杆件也应布置测点。

③ 全玻玻璃幕墙玻璃板块应按照支承于玻璃肋的单向简支板检测跨中变形；玻璃肋按照简支梁检测变形。

④ 点支式幕墙应检测面板的变形，测点应布置在支点跨距较长方向玻璃上。

⑤ 点支式幕墙支承结构应分别测试结构支承点和挠度最大节点的位移，多于一个承受荷载的受力杆件时可分别检测变形，取大者为检测结果；支承结构采用双向受力体系时应分别检测两个方向上的变形。

⑥ 其他类型幕墙的受力支承构件根据有关标准规范的技术要求或设计要求确定。

⑦ 点支式玻璃幕墙支承结构的结构静力试验应取一个跨度的支承单元，支承单元的结构应与实际工程相同，张拉索杆体系的预张力应与设计相符；在玻璃支承装置位置同步施加与风荷载方向一致且大小相同的荷载，测试各个玻璃支承点的变形。

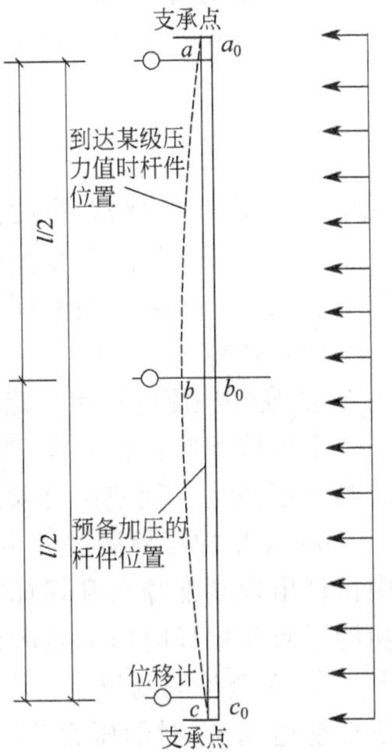

图 12-7　简支梁型式的构件式幕墙测点布置示意图

（3）预备加压　在正负压检测前分别施加三个压力脉冲。压力差绝对值为 500Pa，加压速度为 100Pa/s，持续时间为 3s，待压力回零后开始进行检测。

（4）变形检测

① 定级检测时检测压力分级升降。每级升、降压力不超过 250Pa，加压级数不少于 4 级，每级压力持续时间不少于 10s。压力的升、降直到任一受力构件的相对面法线挠度值达到 $f_0/2.5$ 或最大检测压力达到 2000Pa 时停止检测，记录每级压力差作用下各个测点的面法线位移量，并计算面法线挠度值 f_{max}。采用线性方法推算出面法线挠度对应于 $f_0/2.5$ 时的压力值 $\pm P_1$。以正负压检测中较小的绝对值作为 P_1 值。

② 工程检测时检测压力分级升降。每级升、降压力不超过风荷载标准值的 10%，每级压力作用时间不少于 10s。压力的升、降达到幕墙风荷载标准值的 40%时停止检测，记录每级压力差作用下各个测点的面法线位移量。

（5）反复加压检测　以检测压力 P_2（$P_2=1.5P_1$）为平均值，以平均值的 1/4 为波幅，进行波动检测，先后进行正负压检测。波动压力周期为 5～7s，波动次数不少于 10 次。记录反复检测压力值 $\pm P_2$，并记录出现的功能障碍或损坏的状况和部位。

（6）安全检测

① 当反复加压检测未出现功能障碍或损坏时，应进行安全检测。安全检测过程中加正、负压后将各试件可开关部分开关不少于 3 次，最后关紧。升、降压速度为 300～500Pa/s，压力持续时间不少于 3s。

② 定级检测。使检测压力升至 P_3（$P_3=2.5P_1$），随后降至零，再降到 $-P_3$，然后升至零。记录面法线位移量、功能障碍或损坏的状况和部位。

③ 工程检测。P_3 对应于设计要求的风荷载标准值。检测压力升至 P_3，随后降至零，再降到 $-P_3$，然后升至零。记录面法线位移量、功能障碍或损坏的状况和部位。当有特殊要求时，可进行压力为 P_{max} 的检测，并记录在该压力作用下试件的功能状态。

5. 检测结果的评定

（1）计算　变形检测中求取受力构件的面法线挠度的方法，按式(12-8）计算：

$$f_{max}=(b-b_0)-\frac{(a-a_0)+(c-c_0)}{2} \tag{12-8}$$

式中　f_{max}——面法线挠度值，mm；

a_0、b_0、c_0——各测点在预备加压后的稳定初始读数值，mm；

a、b、c——某级检测压力作用过程中各测点的面法线位移，mm。

（2）评定

① 变形检测的评定　定级检测时，注明相对面法线挠度达到 $f_0/2.5$ 时的压力差值 $\pm P_1$。

工程检测时，在40%风荷载标准值作用下，相对面法线挠度应小于或等于 $f_0/2.5$，否则应判为不满足工程使用要求。

② 反复加压检测的评定　经检测，试件未出现功能障碍和损坏时，注明 $\pm P_2$ 值；检测中试件出现功能障碍和损坏时，应注明出现的功能障碍、损坏情况以及发生部位，并以发生功能障碍和损坏时压力差的前一级检测压力值作为安全检测压力 $\pm P_3$ 值进行评定。

③ 安全检测的评定　定级检测时，经检测试件未出现功能障碍和损坏，注明相对面法线挠度达到 f_0 时的压力差值 $\pm P_3$，并按 $\pm P_3$ 的较小绝对值作为幕墙抗风压性能的定级值；检测中试件出现功能障碍和损坏时，应注明出现功能障碍或损坏的情况及其发生部位，并应以试件出现功能障碍或损坏所对应的压力差值的前一级压力差值作为定级值。

工程检测时，在风荷载标准值作用下对应的相对面法线挠度小于或等于允许挠度 f_0，且检测时未出现功能障碍和损坏，应判为满足工程使用要求；在风荷载标准值作用下对应的相对面法线挠度大于允许挠度 f_0 或试件出现功能障碍和损坏，应注明出现功能障碍或损坏的情况及其发生部位，并应判为不满足工程使用要求。

6. 检测报告

检测报告至少应包括下列内容。

① 试件的名称、系列、型号、主要尺寸及图样（包括试件立面、剖面和主要节点，型材和密封条的截面，排水构造及排水孔的位置，试件的支承体系，主要受力构件的尺寸以及可开启部分的开启方式，五金件的种类、数量及位置)。

② 面板的品种、厚度、最大尺寸和安装方法。

③ 密封材料的材质和牌号。

④ 附件的名称、材质和配置。

⑤ 试件可开启部分与试件总面积的比例。

⑥ 点支式玻璃幕墙的拉索预拉力设计值。

⑦ 水密检测的加压方法，出现渗漏时的状态及部位。定级检测时应注明所属级别，工程检测时应注明检测结论。

⑧ 检测用的主要仪器设备。

⑨ 检测室的温度和气压。

⑩ 试件单位面积和单位开启缝长的空气渗透量正负压计算结果及所属级别。

⑪ 主要受力构件在变形检测、反复受荷载检测、安全检测时的挠度和状况。

⑫ 对试件所作的任何修改应注明。

⑬ 检测日期和检测人员。

⑭ 检测报告可以参照表 12-6、表 12-7 格式编写。

表 12-6　建筑幕墙产品质量检测报告（1）

报告编号：　　　　　　　　　　　　　　　　　　共　页　第　页

委托单位				
地址			电话	
送样/抽样日期				
抽样地点				
工程名称				
生产单位				
样品	名称		状态	
	商标		规格型号	
检测	项目		数量	
	地点		日期	
	依据			
	设备			
检测结论				
抗风压性能：属国标 GB×××××.4 第　级 满足工程使用要求（当工程检测时注明） （检测报告专用章）				

批准：　　　审核：　　　主检：　　　报告日期：

表 12-7　建筑幕墙产品质量检测报告（2）

报告编号：　　　　　　　　　　　　　　　　　　共　页　第　页

缝长/m	可开启部分：			
面积/m^2	可开启部分：		固定部分：	
面板品种			安装方式	
面板材料			框扇密封材料	
检测室温度/℃			检测室气压/kPa	
面板最大尺寸/mm	宽：	长：	厚：	

检测结果

抗风压性能：变形检测结果为：正压________kPa

负压________kPa

反复加压检测结果为：正压________kPa

负压________kPa

安全检测结果为：正压________kPa

（3s 阵风风压）　负压________kPa

工程检验结果为：正压________kPa

负压________kPa

备注：

第二节　建筑幕墙气密性能检测

一、建筑幕墙气密性能及分级

幕墙气密性能系指在风压作用下，幕墙可开启部分在关闭状态时，可开启部分以及幕墙整体阻止空气渗透的能力。和幕墙空气渗透性能有关的气候参数主要为室外风速和温度，影响幕墙气密性检测的气候因素主要是检测室气压和温度。

从幕墙缝隙渗入室内的空气量对建筑节能与隔声都有较大的影响。据统计，由缝隙渗入室内的冷空气的耗热量达到全部采暖耗热量的20%～40%，不可等闲视之。按照《采暖通风与空气调节设计规范》（GBJ 19—87）的附录七所列加热由幕墙缝隙渗入室内的冷空气的耗热量的计算公式：

$$Q=\alpha c_p L l (t_n - t_{wn})\rho_{wn} m \tag{12-9}$$

式中　Q——由幕墙缝隙渗入室内的冷空气的耗热量，W；

c_p——空气的定压比热容，kJ/(kg·℃)；

α——单位换算系数，对于法定计量单位，$\alpha=0.28$，对于非法定单位，$\alpha=1$；

L——在基准高度（10m）风压的单独作用下，通过每米幕墙缝隙进入室内的空气量，$m^3/(m \cdot h)$；

l——幕墙缝隙的计算长度，m，应分别按各朝向可开启的幕墙全部缝隙长度计算；

t_n——采暖室内计算温度，℃；

t_{wn}——采暖室外计算温度，℃；

ρ_{wn}——采暖室外计算温度下的空气密度，kg/m^3。

在《建筑幕墙空气渗透性能检测方法》（GB/T 15226—94）中，则均以标准状态下单位缝长的空气渗透量作为幕墙固定部分和开启部分气密性能的分级指标，并与GB/T 15225—94的空气渗透性能分级的可开启部分和固定部分相对应，见表12-8。在新编制的"幕墙气密、水密、抗风压性能检测方法"中，则采用q_A［10Pa作用压力差下试件单位面积空气渗透量值，$m^3/(m^2 \cdot h)$］、q_l［10Pa作用压力差下单位开启缝长空气渗透量值，$m^3/(m \cdot h)$］作为分级指标，故此，幕墙的气密性要求，以10Pa压力差下可开启部分的单位缝长空气渗透量和整体幕墙试件（含可开启部分）单位面积空气渗透量作为分级指标。

表12-8　气密性能分级值　　单位：$m^3/(m \cdot h)$

分级指标		分级				
		Ⅰ	Ⅱ	Ⅲ	Ⅳ	Ⅴ
q	可开部分	≤0.5	＞0.5 ≤1.5	＞1.5 ≤2.5	＞2.50 ≤4.0	＞4.0 ≤6.0
	固定部分	≤0.01	＞0.01 ≤0.05	＞0.05 ≤0.10	＞0.10 ≤0.20	＞0.20 ≤5.00

《玻璃幕墙工程技术规范》（JGJ 102—2003）4.2.4条规定，有采暖、通风、空气调节要求时，玻璃幕墙的气密性能分级不应低于3级。

为了更好地了解幕墙的气密性能试验和分级标准，必须注意以下几点。

（1）区分试验状态和标准状态。试验状态是幕墙检测试验时，试件所处的环境，包括一定的温度、气压、空气密度等。标准状态则是指温度为293K（20℃）、压力为101.3kPa（760mmHg）、空气密度为1.202kg/m³的试验条件。每一次试验所测定的空气渗透量都要转化为标准状态下的空气渗透量。转换公式如下：

$$q_1=\frac{293}{101.3}\times\frac{q_t P}{T}$$

$$q_2=\frac{293}{101.3}\times\frac{q_k P}{T} \qquad (12\text{-}10)$$

式中　q_1——标准状态下通过试件空气渗透量值，m^3/h；

q_2——标准状态下通过试件可开启部分空气渗透量值，m^3/h；

P——试验室气压值，kPa；

T——试验室空气温度值，K；

q_t——整体幕墙试件（含可开启部分）的空气渗透量，m^3/h；

q_k——试件可开启部分空气渗透量值，m^3/h。

(2) 注意无论试验状态或标准状态，所取的大气压力都是100Pa，而定级标准则是10Pa，两者之间要进行一次转化。

(3) 在《建筑幕墙空气渗透性能检测方法》(GB/T 15226—94) 中，幕墙气密性能的评定，固定部分和可开启部分是分开评价的，而不是采用总面积综合评定。在新编制的《建筑幕墙气密、水密、抗风压性能检测方法》(GB/T 15227—2007) 中则以针对总面积的单位面积空气渗透量值和针对固定部分的单位开启缝长空气渗透量值，作为分级标准。

(4) 注意以下几个定义

① 总空气渗透量：在标准状态下，每小时通过整个幕墙试件的空气流量。

② 附加空气渗透量：除试件本身的空气渗透量以外，通过设备和试件与测试箱连接部分的空气渗透量。

③ 单位开启缝长空气渗透量：在标准状态下，单位时间通过单位开启缝长的空气量。

④ 单位面积空气渗透量：在标准状态下，单位时间通过试件单位面积的空气量。

准确把握上述定义，有助于对检测标准及其分级的理解。

二、建筑幕墙气密性能检测方法

建筑幕墙气密性能的检测按照GB/T 15227—2007的规定执行。

1. 检测项目

幕墙试件的气密性能，检测100Pa压力差下可开启部分的单位缝长空气渗透量和整体幕墙试件（含可开启部分）单位面积空气渗透量。

2. 检测装置

① 检测装置由压力箱、供压系统、测量系统及试件安装系统组成。检测装置的构成见图12-8。

② 压力箱的开口尺寸应能满足试件安装的要求，箱体应能承受检测过程中可能出现的压力差。

③ 支承幕墙的安装横架应有足够的刚度，并固定在有足够刚度的支承结构上。

④ 供风设备应能施加正负双向的压力差，并能达到检测所需要的最大压力差；压力控制装置应能调节出稳定的气流。

⑤ 差压计的两个探测点应在试件两侧就近布置，差压计的精度应达到示值的2%。

⑥ 空气流量测量装置的测量误差不应大于示值的5%。

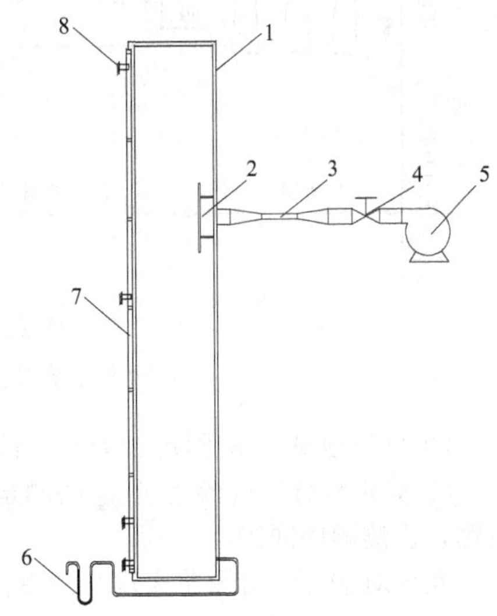

图12-8　气密性检测装置示意图

1—压力箱；2—进气口挡板；3—空气流量计；4—压力控制装置；5—供风设备；6—差压计；7—试件；8—安装横架

3. 试件要求

① 试件规格、型号和材料等应与生产厂家所提供图样一致，试件的安装应符合设计要求，不得加设任何特殊附件或采取其他措施，试件应干燥。

② 试件宽度至少应包括一个承受设计荷载的垂直构件。试件高度至少应包括一个层高，并在垂直方向上应有两处或两处以上和承重结构相连接，试件组装和安装的受力状况应和实际情况相符。

③ 单元式幕墙应至少包括一个与实际工程相符的典型十字缝，并有一个单元的四边形成与实际工程相同的接缝。

④ 试件应包括典型的垂直接缝、水平接缝和可开启部分，并使试件上可开启部分占试件总面积的比例与实际工程接近。

4. 检测步骤

试件安装完毕后需经检查，符合设计要求后才可进行检测。检测前，应将试件可开启部分开关不少于5次，最后关紧。

检测程序见图12-9。

（1）预备加压　在正负压检测前分别施加三个压力脉冲。压力差绝对值为500Pa，持续时间为3s，加压速度宜为100Pa/s。然后待压力回零后开始进行检测。

（2）渗透量的检测

① 附加渗透量 q_f 的测定。充分密封试件上的可开启缝隙和镶嵌缝隙，或用不透气的材料将箱体开口部分密封，然后按照图12-9逐级加压，每级压力作用时间大于10s，先逐级加正压，后逐级加负压，记录各级的检测值。箱体的附加空气渗透量应不高于试件总渗透量的20%，否则应进行处理后重新进行检测。

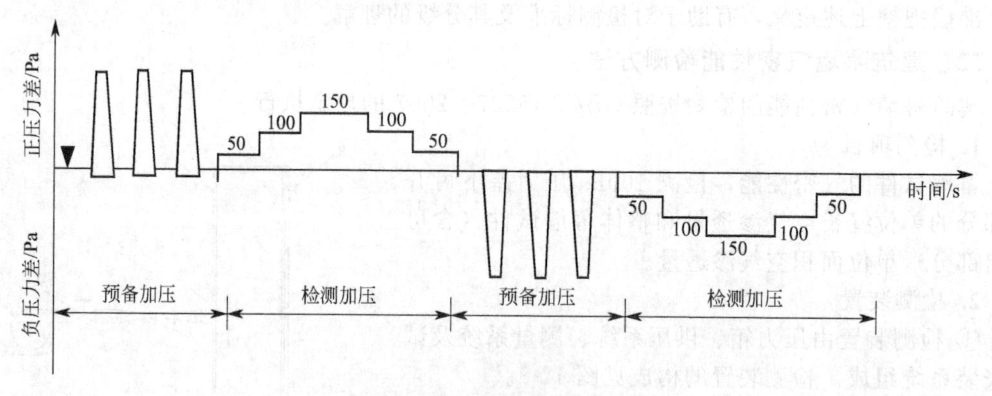

图12-9　检测加压顺序示意图

（图中符号▼表示将试件的可开启部分开关不少于5次）

② 总渗透量 q_z 的测定。去除试件上所加密封措施后进行检测，检测顺序同①。

③ 固定部分空气渗透量 q_g 的测定。将试件上的可开启部分的开启缝隙密封起来后进行检测，检测顺序同①。

允许对②、③检测顺序进行调整。

5. 检测值的处理

（1）计算　分别计算出正压检测升压和降压过程中在100Pa压力差下的两次附加渗透量检测值的平均值$\overline{q_f}$、两个总渗透量检测值的平均值$\overline{q_z}$，两个固定部分空气渗透量检测值的平均值$\overline{q_g}$，则100Pa压力差下整体幕墙试件（含可开启部分）的空气渗透量 q_t 和可开启部

分空气渗透量 q_k 即可按式(12-11) 计算：

$$q_t = \overline{q_z} - \overline{q_f}$$
$$q_k = q_t - \overline{q_g} \tag{12-11}$$

式中　q_t——试件空气渗透量值，m^3/h；

$\overline{q_z}$——两次总渗透量检测值的平均值；

$\overline{q_f}$——两个附加渗透量检测值的平均值；

$\overline{q_g}$——两个固定部分渗透量检测值的平均值；

q_k——试件可开启部分空气渗透量值，m^3/h。

然后，再利用式(12-12) 将 q_t 和 q_k 分别换算成标准状态的渗透量 q_1 值和 q_2 值。

$$q_1 = \frac{293}{101.3} \times \frac{q_t P}{T}$$
$$q_2 = \frac{293}{101.3} \times \frac{q_k P}{T} \tag{12-12}$$

式中　q_1——标准状态下通过试件空气渗透量值，m^3/h；

q_2——标准状态下通过试件可开启部分空气渗透量值，m^3/h；

P——试验室气压值，kPa；

T——试验室空气温度值，K。

将 q_1 值除以试件总面积 A，即可得出在 100Pa 下，单位面积的空气渗透量 q_1' [$m^3/(m^2 \cdot h)$] 值，即式(12-13)：

$$q_1' = \frac{q_1}{A} \tag{12-13}$$

式中　q_1'——在 100Pa 下，单位面积的空气渗透量，$m^3/(m^2 \cdot h)$；

A——试件总面积，m^2。

将 q_2 值除以试件可开启部分开启缝长 l，即可得出在 100Pa 下，可开启部分单位开启缝长的空气渗透量 q_2' [$m^3/(m \cdot h)$] 值，即式(12-14)：

$$q_2' = \frac{q_2}{l} \tag{12-14}$$

式中　q_2'——在 100Pa 下，可开启部分单位缝长的空气渗透量，$m^3/(m \cdot h)$；

l——试件可开启部分开启缝长，m。

负压检测时的结果，也采用同样的方法，分别按式(12-11)～式(12-14) 进行计算。

(2) 分级指标值的确定　采用由 100Pa 检测压力差下的计算值 $\pm q_1'$ 值或 $\pm q_2'$ 值，按式(12-15) 或式(12-16) 换算为 10Pa 压力差下的相应值 $\pm q_A$ 或 $\pm q_l$。以试件的 $\pm q_A$ 和 $\pm q_l$ 值确定按面积和按缝长各自所属的级别，取最不利的级别定级。

$$\pm q_A = \frac{\pm q_1'}{4.65} \tag{12-15}$$

$$\pm q_l = \frac{\pm q_2'}{4.65} \tag{12-16}$$

式中　q_1'——100Pa 作用压力差下试件单位面积空气渗透量值，$m^3/(m^2 \cdot h)$；

q_A——10Pa 作用压力差下试件单位面积空气渗透量值，$m^3/(m^2 \cdot h)$；

q_2'——100Pa 作用压力差下单位开启缝长空气渗透量值，$m^3/(m \cdot h)$；

q_l——10Pa 作用压力差下单位开启缝长空气渗透量值，$m^3/(m \cdot h)$。

(3) 检测报告可以参照表 12-9、表 12-10 格式编写。

表 12-9 建筑幕墙产品质量检测报告（3）

报告编号： 共 页 第 页

委托单位				
地址			电话	
送样/抽样日期				
抽样地点				
工程名称				
生产单位				
样品	名称		状态	
	商标		规格型号	
检测	项目		数量	
	地点		日期	
	依据			
	设备			
检测结论				
气密性能：可开启部分单位缝长属国标 GB/T×××××.2 第　　级 幕墙整体单位面积属国标 GB/T×××××.2 第　　级 （检测报告专用章）				

批准：　审核：　主检：　报告日期：

表 12-10 建筑幕墙产品质量检测报告（4）

报告编号： 共 页 第 页

可开启部分缝长/m			
面积/m²	整体：	其中可开启部分：	
面板品种		安装方式	
面板镶嵌材料		框扇密封材料	
检测室温度/℃		检测室气压/kPa	
面板最大尺寸/mm	宽：	长：	厚：
检测结果			
气密性能：可开启部分单位缝长每小时渗透量为　　$m^3/(h \cdot m)$ 幕墙整体单位面积每小时渗透量为　　$m^3/(h \cdot m^2)$ 备注：			

第三节 建筑幕墙水密性能检测

幕墙水密性能系指在风雨同时作用下，幕墙透过雨水的能力。和幕墙水密性能有关的气候因素主要指暴风雨时的风速和降雨强度。水密性能一直是建筑幕墙设计的重要问题。经不完全的统计，在实验室中有 90％幕墙样品需经修复才能通过试验。在实际工程应用中，也存在同样的问题。

自然界中，风雨交加的天气状况时有所见，尤其在我国沿海城市，台风更是常见的天气状况，雨水通过幕墙的孔缝渗入室内，会浸染房间内部装修和室内陈设物件，不仅影响室内正常活动并且使居民在心理上形成不能满足建筑基本要求的不舒适和不安全感。雨水流入窗框型材中，如不能及时排除，在冬季有将型材冻裂的可能。长期滞留在型材腔内的积水还会腐蚀金属材料、五金件，影响正常开关，缩短幕墙的寿命，因此幕墙水密性能是十分重要的。近年来，各国高层建筑采用大面积幕墙作为外维护体系的日益增多，对水密性能要求不断提高，例如，日本在 1966 年的 JIS 标准中规定建筑外窗的防止雨水渗漏分级最高的为 25mm（H_2O），而在 1976 年的修订本中提高到 50mm（H_2O）。

一、雨水渗漏的机理

1. 雨水渗漏的主要原因

幕墙发生雨水渗漏不外乎有三个要素：一是要存在缝隙或孔洞；二是存在雨水；三是在幕墙缝隙或孔洞的两侧存在压力差。我们要防止雨水渗漏便必须使上述三个要素不同时存在。所以幕墙缝隙的几何形状、尺寸和暴露状况，雨量的大小，幕墙内外压力差都直接影响水密性能的好坏。

2. 雨幕原理

雨幕原理是建筑防水设计的一个原理，它假定墙体外表面为一层“幕”，研究如何阻止雨水或雪融水透过这层幕的机理的一门学问。它的研究范围包括缝隙或孔洞影响、重力作用、毛细作用、表面张力的影响、风运动能的影响、压力差的作用等。经过多年的研究完善，开发出合理的解决方案，达到成功阻止水渗漏的目的。表 12-11 是雨水渗漏的原因及其对策。

表 12-11　雨水渗漏的原因及其对策

原因	图示	对策	图示
重力：雨水下落的过程中遇到倾斜的缝隙直接流入室内	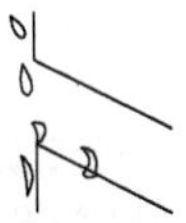	对策：采用向上倾斜的缝隙或增加挡水台阶	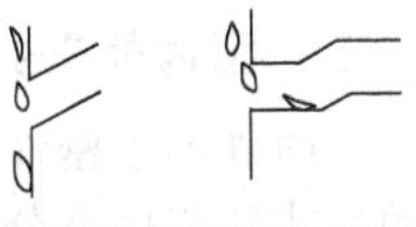
张力：雨水下落的过程中流经材料表面的张力	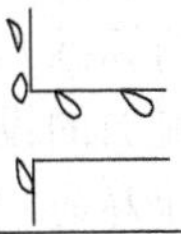	对策：在缝隙上部采用滴水檐口	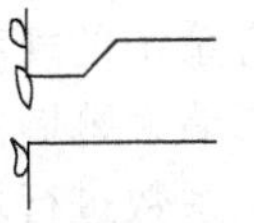
毛细现象：缝隙较小时会产生毛细现象	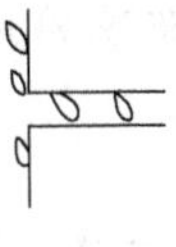	对策：加大缝隙宽度或局部空腔雨水流入室内	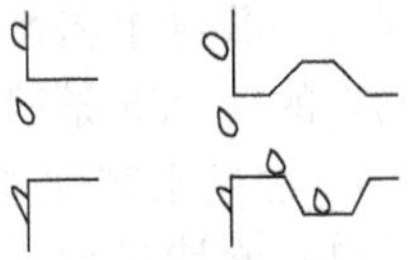
运动：雨水下落的过程中因风速带动雨水进入缝隙	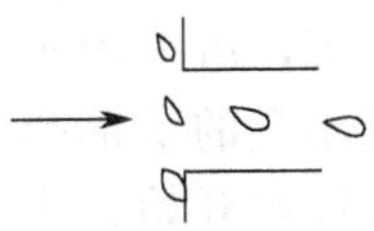	对策：在缝隙中设置迷宫式结构消耗水滴	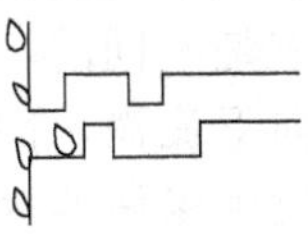
压差：雨水下落的过程中因风力引起的室内外压力差	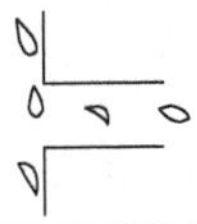	对策：利用等压原理消除压力差	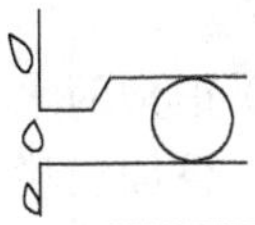

3. 等压原理及其应用

因压力差引起的雨水渗漏，在以上五种渗漏中是最严重的，当室外压力 P_1 大于室内压力 P_2 时，室内侧水面上升，上升的高度 H 与压力差一致，当 ΔP 采用毫米水柱压力单位时，其压力值就是水面上升的高度 H（mm），见图 12-10。当 H 大于型材挡水高度时就会发生渗漏，解决的办法是减小室内外压力差，通常设计等压腔或导压孔来解决，幕墙采用的等压结构见图12-11。

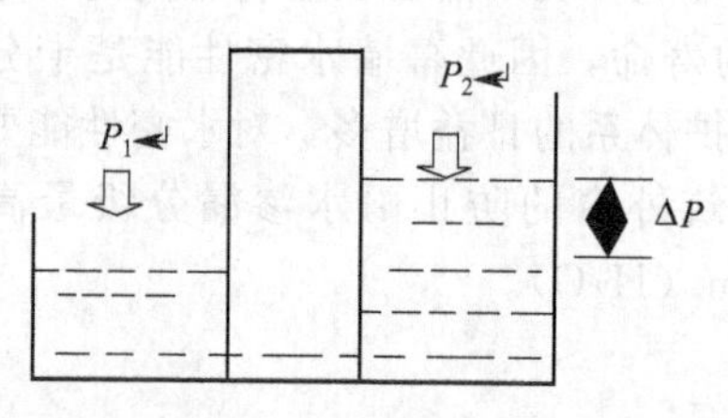

图 12-10　压力差导致水面变化

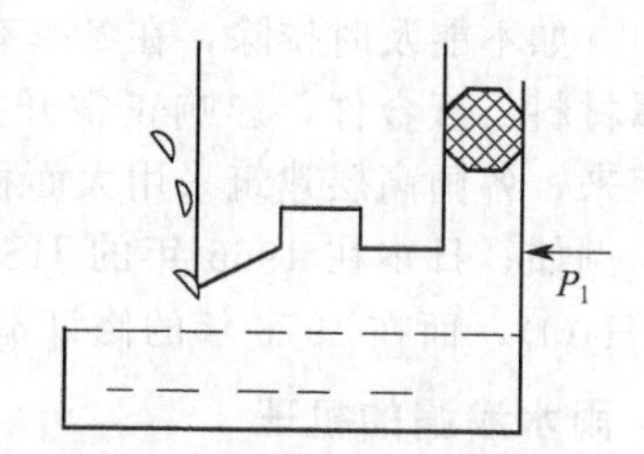

图 12-11　常用的等压结构

二、幕墙水密性能分级

幕墙在风雨同时作用下应保持不渗漏。以雨水不进入幕墙内表面的临界压力差 P 为水密性能的分级值，见表 12-12。幕墙雨水渗漏试验的淋水量为 4L/(min·m²)。

表 12-12　雨水渗透性能分级值

单位：Pa

分级指标		分级				
		Ⅰ	Ⅱ	Ⅲ	Ⅳ	Ⅴ
P	可开部分	≥500	<500	<350	<250	<150
			≥350	250	≥150	≥100
	固定部分	≥2500	<2500	<1600	<1000	<700
			≥1600	≥1000	≥700	≥500

三、国内外有关幕墙水密性能试验的概况

国内外的水密性能试验，从试验的场所来看主要分为试验室试验和现场试验两种；从加压的形式和程序来分主要有稳定加压和循环加压两种。目前我国关于幕墙现场水密性能试验还没有系统的规程，多采用国外的（主要是美国及欧洲标准）规范进行试验。典型的美国规范对幕墙、幕墙的设计和测试都是只考虑一个一次性施加的设计风荷载，该荷载用一个适当的安全系数进行增大。这个设计风荷载是基于结构设计寿命中实际平均重现率为一次的风速得到的。我国水密性能试验的设计风荷载一般按《玻璃幕墙工程技术规范》（JGJ 102—2003）的 4.2.5 条确定。

1. 常见水密性能试验种类

（1）水膜试验　自然界中，风雨交加的状态时有所见，对中、高层建筑物来说，产生的影响是不同的，相比之下，高层建筑的影响更大，由于雨水落到建筑外壁后，会沿着外壁向下流淌，因此同样的风压和降雨量，高层建筑的下部会比上部承受更多水量，更容易发生渗漏。为了模拟自然界的这种条件，在日本开始了水膜试验，具体的淋水的方法如下。

① 正常的水平方向的喷淋。

② 叠加线喷淋，在幕墙试件的上部，以 10L/(m·min) 的水平管道连续对试件进行喷淋，在幕墙试件的表面形成较厚的水膜，观察幕墙试件的渗漏状况。

水膜试验没有标准可依，一般根据建筑师的要求进行，甚至淋水量也由建筑师指定。

（2）现场淋水试验　在国外，由于大量采用单元式幕墙技术，而且，多半自下而上进行安装，为了确保幕墙的安装质量，每安装几个层高即进行喷水试验，发现漏水，及时采取措

施进行修补，直到确认无任何渗漏，再继续进行下一步安装，因此，单元式幕墙一旦安装完毕，水密性能基本可以得到保证。

(3) 局部暴风试验 在欧洲和日本，均有局部暴风试验，用来测试幕墙试件在较高风速（较大风压）条件下的渗漏状况。

(4) 动态水密性能试验 以美国 AAMA 501 标准为测试依据，利用飞机的螺旋桨、轮船的推进器或较大功率的轴流风机作为供风设备，有时为了满足指定测试挠度的需要，还可以利用普通风机作为辅助设备，采用外喷淋的方法，模拟自然界风雨交加的条件，测试幕墙系统的防水能力，见图 12-12。

图 12-12 动态水密性能试验装置

测试数据统计表明，与静压箱方法实现的波动加压水密性能试验相比，动态水密性能试验容易通过，但对于单元式幕墙，动态水密性能试验可能会测试失败，原因是由于风的流动可能会将水逼进等压腔，由于排水系统设计容量的限制，不能及时将水排除，造成幕墙水密失效。

2. 常见幕墙水密性能检测标准的介绍

(1) 我国玻璃幕墙水密性能设计取值，依照《玻璃幕墙工程技术规范》(JGJ 102—2003) 4.2.5 条规定如下。

① 受热带风暴和台风袭击的地区，水密性能设计取值可按下式计算，且固定部分取值不宜小于 1000Pa。

$$P=1000\mu_z\mu_s w_0 \tag{12-17}$$

式中 P——水密性能设计取值，Pa；

w_0——基本风压，kN/m^2；

μ_z——风压高度变化系数；

μ_s——体型系数，可取 1.2（只有正风压才会发生雨水渗漏，大面 1.0，再加上室内压 0.2）。

② 其他地区，水密性能可按①计算值的 75% 进行设计，且固定部分取值不宜低于 700Pa。

③ 可开启部分水密性能等级宜与固定部分相同。

因此，水密性能的工程检测一般就取式(12-16) 的值作为最大值。

(2) 我国玻璃幕墙水密性能的试验方法依照“建筑幕墙气密、水密、抗风压性能检测方法”进行。该标准适用于各种材料的幕墙形式，如玻璃幕墙、石材幕墙、铝材幕墙等。检测可分别采用稳定加压法或波动加压法。工程所在地为热带风暴和台风地区的工程检测，应采用波动加压法；定级检测和工程所在地为非热带风暴和台风地区的工程检测，可采用稳定加压法。已进行波动加压法检测的可不再进行稳定加压法检测。热带风暴和台风地区的划分按照 GB 50178 的规定执行。

稳定加压的最大压力差可达到 2000Pa，淋水量为 $3L/(m^2 \cdot min)$。

波动加压的最大压力差可达到 2500Pa，淋水量为 $4L/(m^2 \cdot min)$。

水密性能最大检测压力峰值应不大于抗风压安全检测压力值 P_3。

(3) 国外标准的一般介绍 常用的国外幕墙水密性能试验标准见表 12-13。

表 12-13 常用的国外幕墙水密性能试验标准

序号	检测项目	领域代码	检测标准名称及编号
1	标准静态压力差下雨水渗漏	327	标准静态压力差下外窗、天窗、门及幕墙雨水渗漏的标准测试方法 ASTM E 331—2000
2	循环静态压力差下雨水渗漏	327	循环静压力差下外窗、天窗、门及幕墙雨水渗漏的标准测试方法 ASTM E 547—2000
3	在均匀或周期性静空气压力差作用下水密性能的现场测定方法	327	关于已安装的外窗、天窗、门和幕墙，在均匀或周期性静空气压力差作用下水密性的现场测定方法 ASTM E 1105—2000
4	水密性能现场试验方法	327	外窗幕墙试验方法 AAMA 501—94

① 标准静态压力差下外窗、天窗、门及幕墙雨水渗漏的标准测试方法（ASTM E 331—2000)，该测试标准包括当喷水于外窗、幕墙天窗和门的室外侧表面和外露边缘，同时施加外侧高于室内侧的标准静态压力差时其抵抗水渗漏性能的确定方法。

试验中，标准静态压力差为 137Pa，15s 内施加压力差并保持此压力差，同时保持喷淋的速度 3.4L/(m^2 · min)，进行 15min。

② 循环静态压力差下外窗、天窗、门及幕墙雨水渗漏的标准测试方法（ASTM E 547—2000)，该测试标准包括当喷水于外窗、幕墙天窗和门的室外侧表面和外露边缘，同时施加外侧高于室内侧的循环静态压力差时其抵抗水渗漏性能的确定方法。

试验中，循环静态压力差的峰值为 137Pa，15s 内施加压力差并保持此压力差，同时保持喷淋的速度 3.4L/(m^2 · min)，进行时间的长短由规范或指定者规定，然后保持喷水，在不少于 1min 的时间内将压力减小到零。

以上过程为一个周期，周期的测试持续时间不能少于 5min。任何情况下，循环静态压力试验都不能少于两个测试周期，总的试验时间不能少于 15min。

③ 关于已安装的外窗、天窗、门和幕墙，在均匀或周期性静空气压力差作用下的水密性能的现场测定方法（ASTM E 1105—2000)，该测定方法包括已确定安装的外窗、幕墙、天窗和门对水渗透的阻力。当用在外表面和暴露边缝的同时，又有静空气压力作用在外表面上，其值高于作用于内表面的压力。

这是一种现场试验方法，试验的程序分为两个步骤：第一步的加压与淋水过程与标准静态压力差下外窗、天窗、门及幕墙雨水渗漏的标准测试方法（ASTM E 331—2000）相同；第二步的加压与淋水过程与循环静态压力差下外窗、天窗、门及幕墙雨水渗漏的标准测试方法（ASTM E 547—2000）相同。

④ 外窗幕墙试验方法 AAMA 501—94，是一种用于外幕墙、幕墙的动态水密性能的试验方法，试验采用的测试压力要求在试件上产生的变形达到幕墙框架和构件所需要的平均挠度。

喷淋的速度 3.4L/(m^2 · min)，进行 15min。

对于试验采用的压力，文献 AAMA 501—94（外墙试验方法）认为，有待试验测定(见 AAMA 501—94，4.3.1 条)，是否根据挠度变形来定，有待进一步的查证。

值得参考的是，在 AAMA 501—94（外墙试验方法）的 4.2 条，指定了标准静态压力差下的水密性能试验的加压标准：试验采用的压力差为试件风荷载设计值的 0.2 倍，但不低于 299Pa，也不高于 575Pa。

总之，AAMA 501—94 对动态水密性能试验的加载风压似乎缺少详细的介绍。因此，不妨参照欧洲标准 EN 13050 的方法：试验中，通过鼓风机在试件表面产生的最大测试压力为最大设计风压的0.375倍，最小测试压力为设计风压的0.125倍；风管外20mm处，中心风速30m/s，75%以上的测量区域的最小风速不小于20m/s，在所有测量区域任何一点的最小风速不小于8m/s。风管末端距离试验的距离为（650±50)mm。

四、建筑幕墙水密性能检测方法

建筑幕墙水密性能的检测按照GB/T 15227—2007的规定执行。

1. 检测项目

幕墙试件的水密性能，检测幕墙试件发生严重渗漏时的最大压力差值。

2. 检测装置

① 检测装置由压力箱、供压系统、测量系统、淋水装置及试件安装系统组成。检测装置的构成见图12-13。

② 压力箱的开口尺寸应能满足试件安装的要求；箱体应具有好的水密性能，以不影响观察试件的水密性能为最低要求；箱体应能承受检测过程中可能出现的压力差。

③ 支承幕墙的安装横架应有足够的刚度和强度，并固定在有足够刚度和强度的支承结构上。

④ 供风设备应能施加正负双向的压力差，并能达到检测所需要的最大压力差；压力控制装置应能调节出稳定的气流，并能稳定地提供3～5s周期的波动风压，波动风压的波峰值、波谷值应满足检测要求。

⑤ 差压计的两个探测点应在试件两侧就近布置，精度应达到示值的2%，供风系统的响应速度应满足波动风压测量的要求。差压计的输出信号应由图表记录仪或可显示压力变化的设备记录。

⑥ 喷淋装置应能以不小于4L/(m^2·min) 的淋水量均匀地喷淋到试件的室外表面上，喷嘴应布置均匀，各喷嘴与试件的距离宜相等；装置的喷水量应能调节，并有措施保证喷水量的均匀性。

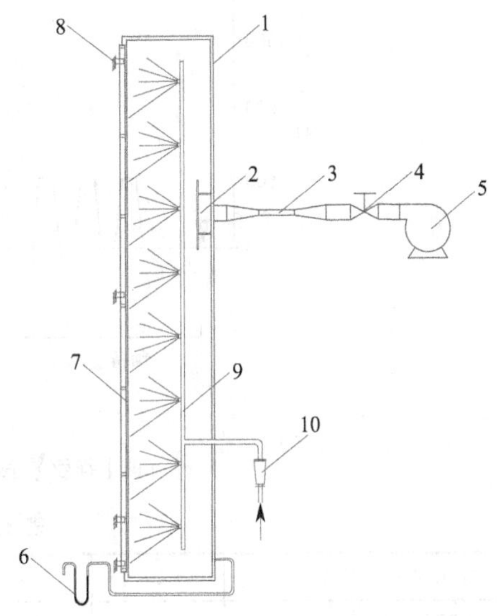

图12-13　水密性能检测装置示意图
1—压力箱；2—进气口挡板；3—空气流量计；4—压力控制装置；5—供风设备；6—差压计；7—试件；8—安装横架；9—淋水装置；10—水流量计

3. 试件要求

① 试件规格、型号和材料等应与生产厂家所提供图样一致，试件的安装应符合设计要求，不得加设任何特殊附件或采取其他措施，试件应干燥。

② 试件宽度至少应包括一个承受设计荷载的垂直承力构件。试件高度至少应包括一个层高，并在垂直方向上要有两处或两处以上和承重结构相连接。试件的组装和安装时的受力状况应和实际使用情况相符。

③ 单元式幕墙至少应包括一个与实际工程相符的典型十字缝，并有一个单元的四边形成与实际工程相同的接缝。

④ 试件应包括典型的垂直接缝、水平接缝和可开启部分，并且使试件上可开启部分占试件总面积的比例与实际工程接近。

4. 检测步骤

试件安装完毕后需经检查，符合设计要求后才可进行检测。检查前，应将试件可开启部分开关不少于 5 次，最后关紧。

检测可分别采用稳定加压法或波动加压法。工程所在地为热带风暴和台风地区的工程检测，应采用波动加压法；定级检测和工程所在地为非热带风暴和台风地区的工程检测，可采用稳定加压法。已进行波动加压法检测的可不再进行稳定加压法检测。热带风暴和台风地区的划分按照 GB 50178 的规定执行。

水密性能最大检测压力峰值应不大于抗风压安全检测压力值。

(1) 稳定加压法　按照图 12-14、表 12-14 顺序加压。

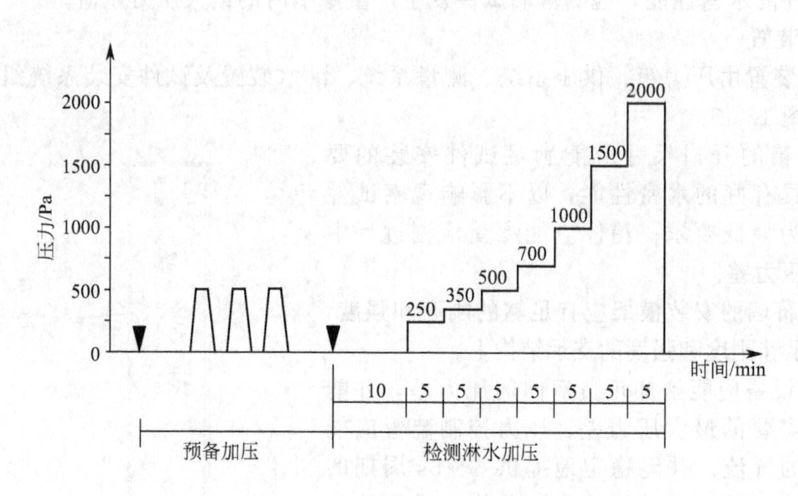

图 12-14　稳定加压顺序示意图

（图中符号▼表示将试件的可开启部分开关 5 次）

表 12-14　稳定加压顺序

加压顺序	1	2	3	4	5	6	7	8
检测压力/Pa	0	250	350	500	700	1000	1500	2000
持续时间/min	10	5	5	5	5	5	5	5

注：水密设计指标值超过 2000Pa 时，按照水密设计压力值加压。

① 预备加压。施加三个压力脉冲。压力差值为 500Pa，加压速度约为 100Pa/s，压力持续作用时间为 3s，泄压时间不少于 1s。待压力回零后，将试件所有可开启部分开关不少于 5 次，最后关紧。

② 淋水。对整个幕墙试件均匀地淋水，淋水量为 3L/(m^2·min)。

③ 加压。在淋水的同时施加稳定压力。定级检测时，逐级加压至幕墙固定部位出现严重渗漏为止。工程检测时，首先加压至可开启部分水密性能指标值，压力稳定作用时间为 15min 或幕墙可开启部分产生严重渗漏为止，然后加压至幕墙固定部位水密性能指标值，压力稳定作用时间为 15min 或产生幕墙固定部位严重渗漏为止；无开启结构的幕墙试件压力稳定作用时间为 30min 或产生严重渗漏为止。

④ 观察记录。在逐级升压及持续作用过程中，观察并参照表 12-15 记录渗漏状态及部位。

(2) 波动加压法　按照图 12-15、表 12-15 顺序加压。

① 预备加压。施加三个压力脉冲，压力差值为 500Pa。加载速度为 100Pa/s，压力稳定作用时间为 3s，泄压时间不少于 1s。待压力回零后，将试件所有可开启部分开关不少于 5 次，最后关紧。

② 淋水。对整个幕墙试件均匀地淋水，淋水量为 4L/(m² · min)。

③ 加压。在稳定淋水的同时施加波动压力。定级检测时，逐级加压至幕墙固定部位出现严重渗漏。工程检测时，首先加压至可开启部分水密性能指标值，波动压力作用时间为15min或幕墙可开启部分产生严重渗漏为止，然后加压至幕墙固定部位水密性能指标值，波动压力作用时间为15min或幕墙固定部位产生严重渗漏为止；无开启结构的幕墙试件压力作用时间为30min或产生严重渗漏为止。

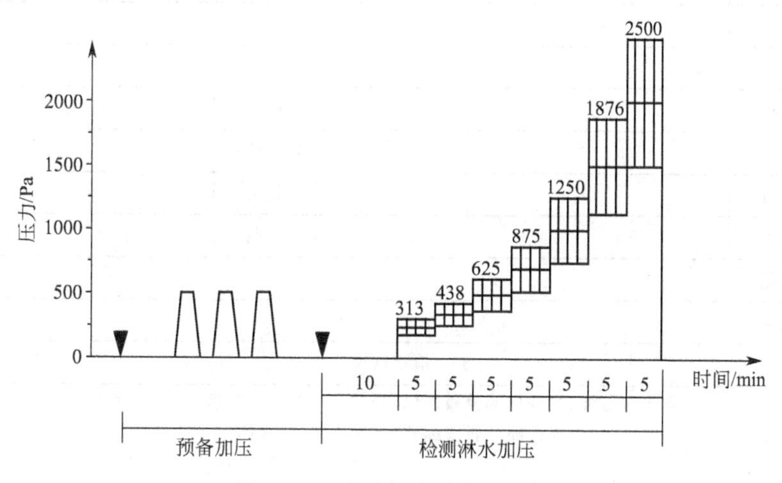

图 12-15　波动加压顺序示意图

（图中▼符号表示将试件的可开启部分开关 5 次）

表 12-15　波动加压顺序

加压顺序		1	2	3	4	5	6	7	8
波动压力值	上限值/Pa	—	313	438	625	875	1250	1875	2500
	平均值/Pa	0	250	350	500	700	1000	1500	2000
	下限值/Pa	—	187	262	375	525	750	1125	1500
波动周期/s		—	3～5						
每级加压时间/min		10	5						

注：水密设计指标值超过 2000Pa 时，以该压力为平均值、波幅为实际压力的 1/4。

④ 观察记录。在逐级升压及持续作用过程中，观察并参照表 12-16 记录渗漏状态及部位。

表 12-16　渗漏状态符号

渗　漏　状　态	符号	渗　漏　状　态	符号
试件内侧出现水滴	○	持续喷溅出试件界面	▲
水珠连成线，但未渗出试件界面	□	持续流出试件界面	●
局部少量喷溅	△		

注：1. 后两项为严重渗漏。

2. 稳定加压和波动加压检测结果均采用此表。

5. 分级指标值的确定

以未发生严重渗漏时的最高压力差值进行评定。

检测报告可以参照表 12-17、表 12-18 格式编写。

表 12-17　建筑幕墙产品质量检测报告（5）

报告编号：　　　　　　　　　　　　　　　　　　　　　　　　　　共　页　第　页

委托单位					
地址				电话	
送样/抽样日期					
抽样地点					
工程名称					
生产单位					
样品	名称		状态		
	商标		规格型号		
检测	项目		数量		
	地点		日期		
	依据				
	设备				

检测结论

雨水渗漏性：可开启部分属国标 GB×××××.× 第　　级

固定部分属国标 GB×××××.×第　　级

（检测报告专用章）

批准：　审核：　主检：　报告日期：

表 12-18　建筑幕墙产品质量检测报告（6）

报告编号：　　　　　　　　　　　　　　　　　　　　　　　　　　共　页　第　页

缝长/m	可开启部分：		固定部分：	
面积/m^2	可开启部分：		固定部分：	
面板品种		安装方式		
玻璃镶嵌材料		框扇密封材料		
气温/℃		气压/kPa		
面板最大尺寸/mm	宽：	长：	厚：	

检测结果

稳定加压法：固定部分保持未发生渗漏的最高压力为＿＿＿＿Pa

可开启部分保持未发生渗漏的最高压力为＿＿＿＿Pa

波动加压法：固定部分保持未发生渗漏的最高压力为＿＿＿＿Pa

可开启部分保持未发生渗漏的最高压力为＿＿＿＿Pa

备注：

第四节　建筑幕墙热工性能检测

玻璃幕墙等透光建筑构件是建筑外围护结构中热工性能最薄弱的环节，通过透光建筑构件的能耗，在整个建筑物能耗中占有相当可观的比例。

统计表明，进入 21 世纪以来，我国历年建筑幕墙年用量为世界其他国家年用量的总和。

随着经济的进一步发展，作为外围护结构的幕墙，越来越多地采用了玻璃幕墙，使建筑物的采暖空调能耗剧增。幕墙保温性能不好，既浪费能源，又可能产生结露，结露将造成室内热环境不佳；幕墙隔热性能差，不但大幅度提高空调能耗，还会影响室内热舒适。幕墙的热工性能达不到建筑热工设计的要求，势必导致 CO_2 排放量增加，造成城市空气污染，建筑用能浪费严重，也不符合国家的节能政策。

建筑节能标准中确定的建筑节能目标是在确保室内热环境的前提下，降低采暖与空调的能耗。这需从两个方面入手，一方面要提高建筑维护结构的热工性能，另一方面适用高效率的空调采暖设备和系统。我国地域广阔，南北方气候差异极大，北方以采暖为主，中部地区采暖、空调都是需要的，南方则以空调为主。因此，对于维护结构的幕墙、幕墙的热工性能要求也不一样。对于北方严寒及寒冷地区及夏热冬冷地区以保温为主，主要衡量指标为传热系数；对于南部夏热冬暖地区，幕墙的隔热则十分重要，主要衡量指标为遮阳系数。因此，传热系数和遮阳系数是衡量幕墙热工性能最重要的两个指标。图12-16～图 12-18 为严寒地区保温失效的例子。

图 12-16　开启部位严重结露图片

图 12-17　玻璃结露结冰照片

图 12-18　五金件部位结霜照片

一、建筑幕墙热工性能的要求

1. 热工性能相关的术语定义

(1) 热导率（导热系数，λ）　在稳态条件下，两侧表面温差为 1℃，单位时间（1h）里流过单位面积（$1m^2$）、单位厚度（1m）的垂直于均质单一材料表面的热流。假设材料是均质的，导热系数不受材料厚度以及尺寸（此尺寸为建筑结构中的常用值）的影响。计算公式如下：

$$\lambda=\frac{q}{A(t_1-t_2)L}$$

(2) 导温系数（C）　在稳态条件下，在两侧表面温差为 10℃时，单位时间里流过物体单位表面积的热量。计算公式如下：

$$C=\frac{q}{A(t_1-t_2)}$$

(3) 表面换热系数（h）　用来描述在稳态条件下，由于围护结构表面和周围空气之间的温差，在两者之间的热量交换情况。其定义如下：当围护结构和周围空气之间温差为

10℃时，由于辐射、传热、对流的作用，单位时间内流过围护结构单位表面的热量。下标Ⅰ和Ⅱ分别表示室内、室外表面换热系数。计算公式如下：

室内表面换热系数 $$h_{\mathrm{I}}=\frac{q}{A(t_1-t_{\mathrm{I}})}$$

室外表面换热系数 $$h_{\mathrm{II}}=\frac{q}{A(t_2-t_{\mathrm{II}})}$$

(4) 传热系数（K） 在稳态条件下，当围护结构两侧的空气温差为1℃时，单位时间里流过围护结构单位表面的热量。计算公式如下：

$$K=\frac{q}{A(t_{\mathrm{I}}-t_{\mathrm{II}})}$$

K 指总的传热系数，它利用导热系数和表面换热系数计算如下：

$$\frac{1}{K}=\frac{1}{h_{\mathrm{I}}}+\frac{1}{C}+\frac{1}{h_{\mathrm{II}}}$$

(5) 传热阻 表征维护结构（包括两侧表面空气边界层）阻抗传热能力的物理量，为传热系数的倒数。

(6) 抗结露系数（CRF） 由加权的窗框温度（FT）或者玻璃的平均温度（GT）分别按照一定的公式与冷室的空气温度（t_{II}）和热室的空气温度（t_{I}）进行计算，所得的两个数值中最低的一个就是 CRF 的值。其中窗框温度的加权值（FT）由14个规定位置的热电偶读数的平均值（FT_{p}）和4个窗框温度最低处（这个位置是非确定的）的热电偶读数的平均值（FT_{r}）计算得到。加权因子 W 表明了 FT_{p} 和 FT_{r} 之间的比例关系，其计算公式为：

$$W=\frac{FT_{\mathrm{p}}-FT_{\mathrm{r}}}{FT_{\mathrm{p}}-(t_{\mathrm{II}}+10)}\times 0.40$$

式中 t_{II}——冷室一侧的空气温度；

10——温度的修正系数；

0.40——加权因子。

窗框温度的加权值 FT 的计算如下：

$$FT=FT_{\mathrm{p}}(1-W)+W\times FT_{\mathrm{r}}$$

利用玻璃的6个规定位置的热电偶的读数的平均值（GT）和窗框温度加权值FT这两个数值，按照如下的公式计算玻璃和窗框的CFR值：

$$CRF_{\mathrm{G}}=\frac{\mathrm{GT}-t_{\mathrm{II}}}{t_{\mathrm{I}}-t_{\mathrm{II}}}\times 100$$

$$CRF_{\mathrm{F}}=\frac{\mathrm{GT}-t_{\mathrm{II}}}{t_{\mathrm{I}}-t_{\mathrm{II}}}\times 100$$

式中 100——使CRF为整数所乘的倍数。

CRF 就是一个依据四舍五入原则得到的整数，一个时间的 CRF 值取 CRF_{G} 和 CRF_{F} 两个值中最小的一个。而另一个数值 CRF_{F} 或 CRF_{G}，可以依据试件生产者的意愿，在检测结果对它的含义加以描述，其值越大越好。

(7) 遮阳系数 遮蔽系数［符号 SC，国外称为太阳辐射得热系数（符号 $SHGC$）］：以在一定条件下透过3mm普通透明玻璃的太阳辐射总量为基础，将在相同条件下透过其他玻璃的太阳辐射总量与这个基础相比，得到的比值就称为这种玻璃的遮蔽系数。遮蔽系数乘以透明部分占幕墙总面积的百分比称为该幕墙的遮阳系数。

综合遮阳系数（符号 SW）是考虑窗本身和窗口的建筑外遮阳装置综合遮阳效果的一个系数，其值为窗本身的遮阳系数与窗口的建筑外遮阳系数的乘积（见《夏热冬暖地区居住建筑节能设计标准》，JGJ 75—2003）。这一概念，可以完全扩展到建筑幕墙中，作为衡量幕墙热工性能的指标。

在我国广大的南方地区及大部分地区的夏季，通过窗户的太阳辐射得热是影响室内热环境和空调能耗的主要因素，窗户的综合遮阳系数也就自然成了建筑设计和节能研究中不可或缺的参数，同时也是评价窗户和幕墙热工性能的重要指标。

需要强调的是，导热系数和传热系数是两个完全不同的概念。首先，导热系数是指材料两边存在温差，通过材料本身传热性能来传导热量，是材料本身的特性，与材料的大小、形状无关。而传热系数实质是总传热系数，它是指围护结构两侧空气存在温差，从高温一侧空气向低温一侧空气传热的性能。它包括高温一侧空气边界层向幕墙表面传热，这种传热过程很复杂，包括传导、对流、辐射等方式，再通过幕墙传导至另一表面，再由此表面向另一侧空气边界层传热（包括辐射、传导、对流等方式）。其次，导热系数是 1m 厚物体，每 $1m^2$ 在温差 1℃下的传热能力，而传热系数是指物体实际厚度每 $1m^2$ 在温差 1℃下的传热能力，两者不可混淆。

2. 我国建筑节能标准对门窗幕墙热工性能的要求

（1）《公共建筑节能设计标准》对围护结构的节能要求　随着我国建筑节能标准的制定，对建筑围护结构节能的要求更加明确。2005 年发布的国家标准《公共建筑节能设计标准》对围护结构有着明确的要求。在此标准中，根据建筑所处城市的建筑气候分区，围护结构的热工性能应分别符合不同的规定。

严寒地区门窗传热系数限值为 1.5～3.2W/(m^2·K)；寒冷地区门窗传热系数和遮阳系数限值分别为 2.0～3.5W/(m^2·K) 和 0.5～0.9；夏热冬冷地区围护结构传热系数和遮阳系数限值分别为 2.5～4.7W/(m^2·K) 和 0.4～0.9；夏热冬暖地区围护结构传热系数和遮阳系数限值分别为 3.0～6.5W/(m^2·K) 和 0.35～0.8。具体的取值与门窗、幕墙在建筑中所占的外表面面积有直接关系（窗墙比）。

（2）有关节能标准对门窗保温的要求　在建筑保温节能标准方面，现在已经发布的标准有：《民用建筑节能设计标准（采暖居住建筑部分）》（JGJ 26—95）；《夏热冬冷地区居住建筑节能设计标准》（JGJ 134—2001）；《旅游旅馆建筑热工与空气调节节能设计标准》（GB 50189—93）；《民用建筑热工设计规范》（GB 50176—93）。

在《民用建筑节能设计标准（采暖居住建筑部分）》（JGJ 26—95）中，窗的传热系数的要求为 2.0～4.0W/(m^2·K)。

在《夏热冬冷地区居住建筑节能设计标准》（JGJ 134—2001）中规定，夏热冬冷地区窗的传热系数为 2.5～4.7W/(m^2·K)。

《旅游旅馆建筑热工与空气调节节能设计标准》（GB 50189—93）中规定，主体建筑标准层窗的保温性能不应低于Ⅱ级（≤3.0），寒冷地区外窗保温性能不应低于Ⅲ级（≤4.0），其他地区外窗保温性能不应低于Ⅳ级（≤5.0）。

（3）有关节能标准对遮阳的要求　在《夏热冬冷地区居住建筑节能设计标准》（JGJ 134—2001）中规定，外窗（包括阳台门透明部分）的面积不应过大，外窗宜设置活动外遮阳。

《旅游旅馆建筑热工与空气调节节能设计标准》（GB 50189—93）中规定，主体建筑标准层窗墙面积比不宜大于 0.45，非严寒地区外窗遮阳系数应小于 0.60，或采取外遮阳措施。

《民用建筑热工设计规范》（GB 50176—93）中规定，空调建筑的向阳面，特别是东、西向窗户，应采取热反射玻璃、反射阳光涂膜、各种固定式和活动式遮阳等有效的遮阳措施。《采暖通风与空气调节设计规范》（GBJ 19—87）中规定，空调房间应尽量减少外窗的面积，并应采取遮阳措施。

（4）门窗幕墙的节能指标　根据建筑节能设计标准的要求，幕墙的节能指标中最为重要的是传热系数和遮阳系数，另外还有气密性能、可见光透射比。在北方寒冷地区，幕墙经常容易结露，《民用建筑热工设计规范》和《公共建筑节能设计规范》均对结露提出了明确要求。

我国的测试标准中已经包含了外窗的传热系数检测方法，气密性能也有检测标准。但我国还没有外窗遮阳系数的检测方法，国际上也没有可以直接参考的遮阳系数检测方法。外窗的可见光透射比、抗结露性能也没有很好的测试方法。所以建立幕墙节能指标的计算理论方法体系是非常有必要的。即使可以进行传热系数的测试，用测试方法得到所有幕墙的传热系数，这样做的成本也太高，而且完全没有必要。

3. 幕墙热工性能指标的分级

保温性能系指在幕墙两侧存在空气温差的条件下，幕墙阻抗从高温一侧向低温一侧传热的能力。不包括从缝隙中渗透空气的传热和太阳辐射传热。幕墙保温性能用传热系数 K 表示，也可用传热阻 R_0 表示，见表 12-19、表 12-20。

二、幕墙热工性能检测方法

目前，幕墙热工性能的检测仍采用门窗的标准，即《建筑外门窗保温性能分级及检测方法》(GB/T 8484—2008)。

1. 检测范围

在检测标准中规定了建筑外窗保温性能分级及检测方法。明确说明该方法适用于建筑外门、窗（包括天窗）传热系数和抗结露因子的分级及检测。由于建筑幕墙的规模通常比较大，按照建筑外窗的检测方法选取的试件可能不能满足一个建筑层高的要求，所以目前采用的折中方法是选取典型面板及典型连接构造（通常是十字缝）的杆件分别测试，然后采用加权平均的方法计算得到建筑幕墙的综合传热系数。

2. 分级

建筑外门窗保温性能按外窗传热系数 K 值分为十级，见表 12-21。

表 12-19　传热系数衡量保温性能分级值　　单位：W/(m² · K)

分级指标	分　级			
	Ⅰ	Ⅱ	Ⅲ	Ⅳ
K	$K\leqslant0.70$	$0.70<K\leqslant1.25$	$1.25<K\leqslant2.0$	$2.0<K\leqslant3.3$

表 12-20　传热阻衡量保温性能分级值　　单位：m² · K/W

分级指标	分　级			
	Ⅰ	Ⅱ	Ⅲ	Ⅳ
R_0	$R_0\geqslant1.43$	$0.80<R_0\leqslant1.43$	$0.80<R_0\leqslant0.50$	$0.50<R_0\leqslant0.30$

表 12-21　外窗保温性能分级

分级	1	2	3	4	5
分级指标值	$K\geqslant5.0$	$5.0>K\geqslant4.0$	$4.0>K\geqslant3.5$	$3.5>K\geqslant3.0$	$3.0>K\geqslant2.5$
分级	6	7	8	9	10
分级指标值	$2.5>K\geqslant2.0$	$2.0>K\geqslant1.6$	$1.6>K\geqslant1.3$	$1.3>K\geqslant1.1$	$K<1.1$

3. 检测原理

(1) 传热系数检测原理　此标准基于稳定传热原理，采用标定热箱法检测建筑门、窗传热系数。试件一侧为热箱，模拟采暖建筑冬季室内气候条件，另一侧为冷箱，模拟冬季室外气候条件。在对试件缝隙进行密封处理，在试件两侧各自保持稳定的空气温度、气流速度和热辐射条件下，测量热箱中加热器的发热量，减去通过热箱外壁和试件框的热损失，除以试件面积与两侧空气温差的乘积，即可计算出试件的传热系数 K 值。

（2）抗结露因子检测原理　基于稳定传热传质原理，采用标定热箱法检测建筑门、窗抗结露因子。试件一侧为热箱，模拟采暖建筑冬季室内气候条件，同时控制相对湿度不大于20%；另一侧为冷箱，模拟冬季室外气候条件。在稳定传热状态下，测量冷热箱空气平均温度和试件热侧表面温度，计算试件的抗结露因子。抗结露因子是由试件框表面温度的加权值或玻璃的平均温度与冷箱空气温度（t_c）的差值除以热箱空气温度（t_h）与冷箱空气温度（t_c）的差值计算得到，再乘以100后，取所得的两个数值中较低的一个值。

4. 检测装置

检测装置主要由热箱、冷箱、试件框、控温系统和环境空间四部分组成，见图12-19。

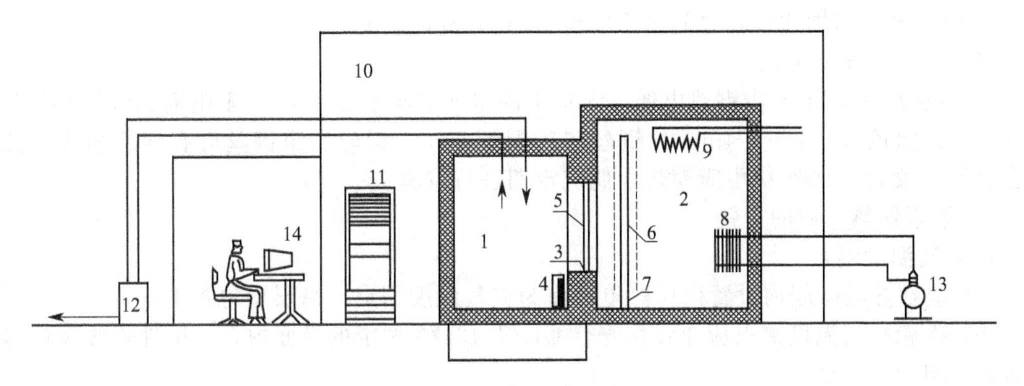

图12-19　检测装置构成

1—热箱；2—冷箱；3—试件框；4—电加热器；5—试件；6—隔风板；7—风机；8—蒸发器；9—加热器；10—环境空间；11—空调器；12—控湿装置；13—冷冻机；14—温度控制与数据采集系统

设备各部分的要求如下。

（1）热箱

① 热箱开口尺寸不宜小于2100mm×2400mm（宽×高），进深不宜小于2000mm。

② 热箱外壁构造应是热均匀体，其热阻值不得小于3.5m^2·K/W。

③ 热箱内表面总的半球发射率ε值应大于0.85。

（2）冷箱

① 冷箱开口尺寸应与试件框外边缘尺寸相同，进深以能容纳制冷、加热及气流组织设备为宜。

② 冷箱外壁应采用不透气的保温材料，其热阻值不得小于3.5m^2·K/W，内表面应采用不吸水、耐腐蚀的材料。

③ 冷箱通过安装在冷箱内的蒸发器或引入冷空气进行降温。

④ 利用隔风板和风机进行强迫对流，形成沿试件表面自上而下的均匀气流，隔风板与试件框冷侧表面距离宜能调节。

⑤ 隔风板宜采用热阻不小于1.0m^2·K/W的挤塑聚苯板，隔风板面向试件的表面，其总的半球发射率ε值应大于0.85。隔风板的宽度与冷箱内净宽度相同。

⑥ 蒸发器下部应设置排水孔或盛水盘。

（3）试件框

① 试件框外缘尺寸应不小于热箱开口部位的内缘尺寸。

② 试件框应采用不吸湿、均匀的保温材料，热阻值不得小于7.0m^2·K/W，其容重应在20～40kg/m^3。

③ 安装外窗试件的洞口尺寸不应小于1500mm×1500mm。洞口下部应留有高度不小于600mm、宽度不小于300mm的平台。平台及洞口周边应采用不吸水、传热系数小于

0.25W/(m^2·K) 的材料。

④ 安装外门试件的洞口不宜小于 1800mm×2100mm。洞口周边的面板应采用不吸水、热导率小于 0.25W/(m·K) 的材料。

(4) 环境空间

① 检测装置应放在装有空调器的试验室内，保证热箱外壁内、外表面面积加权平均温差小于 1.0K。试验室空气温度波动不应大于 0.5K。

② 试验室围护结构应有良好的保温性能和热稳定性。应避免太阳光通过窗户进入室内，试验室内墙体及顶棚应进行绝热处理。

③ 热箱外壁与周边壁面之间至少应留有 500mm 的空间。

(5) 感温元件及布置

① 感温元件采用铜-康铜热电偶，测量不确定度应小于 0.25K。铜-康铜热电偶必须使用同批生产、丝径为 0.2～0.4mm 的铜丝和康铜丝制作。铜丝和康铜丝应有绝缘包皮，热电偶感应头应做绝缘处理。铜-康铜热电偶应定期进行校验。

② 铜-康铜热电偶的布置

a. 空气温度测点

(a) 应在热箱空间内设置两层热电偶作为空气温度测点，每层均匀布 4 点；

(b) 冷箱空气温度测点应布置在符合 GB/T 13475 规定的平面内，与试件安装洞口对应的面积上均匀布 9 点；

(c) 测量空气温度的热电偶感应头，均应进行热辐射屏蔽；

(d) 测量热、冷箱空气温度的热电偶可分别并联。

b. 表面温度测点

(a) 热箱每个外壁的内、外表面分别对应布 6 个温度测点；

(b) 试件框热侧表面温度测点不宜少于 20 个，试件框冷侧表面温度测点不宜少于 14 个；

(c) 热箱外壁及试件框每个表面温度测点的热电偶可分别并联；

(d) 测量表面温度的热电偶感应头应连同至少 100mm 长的铜-康铜引线一起，紧贴在被测表面上。粘贴材料的总的半球发射率 ε 值应与被测表面的 ε 值相近。

凡是并联的热电偶，各热电偶引线电偶必须相等。各点所代表被测面积应相同。

(6) 热箱加热装置

① 热箱采用交流稳压电源供电暖气加热。检测外窗时，窗洞口平台板至少应高于加热器顶部 50mm。

② 计量加热功率 Q 的功率表的准确度等级不得低于 0.5 级，且应根据被测值大小转换量程，使仪表示值达到满量程的 70%以上。

(7) 控温装置　采用除湿系统控制热箱空气湿度。保证在整个测试过程中，热箱内相对湿度小于 20%。设置一个湿度计测量热箱内空气相对湿度，湿度计的测量精度不应低于 3%。

(8) 风速　冷箱风速可用热球风速仪测量，测点位置与冷箱空气温度测点位置相同。不必每次试验都测定冷箱风速。当风机型号、安装位置、数量及隔风板位置发生变化时，应重新进行测量。

试件安装时应注意以下问题。

① 被检试件为一件。试件的尺寸及规格应符合产品设计和组装要求，不得附加任何多余配件或特殊组装工艺。

② 试件安装位置。外表面应位于距试件框冷侧表面 50mm 处。

③ 试件与试件洞口周边之间的缝隙宜用聚苯乙烯泡沫塑料条填塞，并密封。

④ 试件开启缝应采用塑料胶带双面密封。

⑤ 当试件面积小于试件洞口面积时，应用与试件厚度相近、已知热导率 Λ 值的聚苯乙烯泡沫塑料板填堵。在聚苯乙烯泡沫塑料板两侧表面粘贴适量的铜-康铜热电偶，测量两表面的平均温差，计算通过该板的热损失。

⑥ 当进行传热系数检测时，宜在试件热侧表面适当部位布置热电偶，作为参考温度点。

⑦ 当进行抗结露因子检测时，应在试件窗框和玻璃热侧表面共布置20个热电偶供计算使用。

5. 检测条件

(1) 传热系数检测

① 热箱空气平均温度设定范围为19～21℃，温度波动幅度不应大于0.2K。

② 热箱内空气为自然对流。

③ 冷箱空气平均温度设定范围为－21～－19℃，温度波动幅度不应大于0.3K。

④ 与试件冷侧表面距离符合GB/T 13475规定平面内的平均风速为3.0m/s±0.2m/s。

注：气流速度系指在设定值附近的某一稳定值。

(2) 抗结露因子检测

① 热箱空气平均温度设定为20℃±0.5℃，温度波动幅度不应大于±0.3K。

② 热箱空气为自然对流，其相对湿度不大于20%。

③ 冷箱空气平均温度设定范围为－20℃±0.5℃，温度波动幅度不应大于±0.3K。

④ 与试件冷侧表面距离符合GB/T 13475规定平面内的平均风速为3.0m/s±0.2m/s。

⑤ 试件冷侧总压力与热侧静压力之差在0Pa±10Pa范围内。

6. 检测程序

(1) 传热系数检测

① 检查热电偶是否完好。

② 启动检测装置，设定冷、热箱和环境空气温度。

③ 当冷、热箱和环境空气温度达到设定值后，监控各控温点温度，使冷、热箱和环境空气温度维持稳定。达到稳定状态后，如果逐时测量得到热箱和冷箱的空气平均温度 t_h 和 t_c 每小时变化的绝对值分别不大于0.1℃和0.3℃；温差 $\Delta\theta_1$ 和 $\Delta\theta_2$ 每小时变化的绝对值分别不大于0.1K和0.3K，且上述温度和温差的变化不是单向变化，则表示传热过程已达到稳定过程。

④ 传热过程稳定之后，每隔30min测量一次参数 t_h、t_c、$\Delta\theta_1$、$\Delta\theta_2$、$\Delta\theta_3$、Q，共测六次。

⑤ 测量结束之后，记录热箱内空气相对湿度 φ，试件热侧表面及玻璃夹层结露或结霜状况。

(2) 抗结露因子检测

① 检查热电偶是否完好。

② 启动检测设备和冷、热箱的温度自控系统，设定冷、热箱和环境空气温度。

③ 调节压力控制装置，使热箱静压力和冷箱总压力之间的净压差在0Pa±10Pa范围内。

④ 当冷、热箱空气温度达到设定值后，每隔30min测量各控温点温度，检查是否稳定。如果逐时测量得到热箱和冷箱的空气平均温度 t_h 和 t_c 每小时变化的绝对值与标准条件相比不超过±0.3℃，总热量输入变化不超过±2%，则表示抗结露因子检测已经处于稳定状态。

⑤ 当冷、热箱空气温度达到稳定后，启动热箱控湿装置，保证热箱内的空气相对湿度 φ 不大于20%。

⑥ 热箱内的空气相对湿度 φ 满足要求后，每隔5min测量一次参数 t_h、t_c、t_1、t_2、…、t_{20}、φ，共测六次。

⑦ 测量结束之后，记录试件热表面结露或结霜状况。

7. 数据处理

(1) 传热系数

① 各参数取六次测量的平均值。

② 试件传热系数 K 值［$W/(m^2 \cdot K)$］按式(12-18) 计算：

$$K=\frac{Q-M_1\Delta\theta_1-M_2\Delta\theta_2-S\Lambda\Delta\theta_3}{A(t_h-t_c)} \tag{12-18}$$

式中 Q——加热器加热功率，W；

M_1——由标定试验确定的热箱外壁热流系数，W/K；

M_2——由标定试验确定的试件框热流系数，W/K；

$\Delta\theta_1$——热箱外壁内、外表面面积加权平均温度之差，K；

$\Delta\theta_2$——试件框热侧、冷侧表面面积加权平均温度之差，K；

S——填充板的面积，m^2；

Λ——填充板的热导率，$W/(m^2 \cdot K)$；

$\Delta\theta_3$——填充板热侧表面与冷侧表面的平均温差，K；

A——试件面积，m^2，按试件外缘尺寸计算，如试件为采光罩，其面积按采光罩水平投影面积计算；

t_h——热箱空气平均温度，℃；

t_c——冷箱空气平均温度，℃。

如果试件面积小于试件洞口面积时，式(12-18) 中分子 $S\Lambda\Delta\theta_3$ 项为聚苯乙烯泡沫塑料填充板的热损失。

③ 试件传热系数 K 值取两位有效数字。

(2) 抗结露因子

① 各参数取六次测量的平均值。

② 试件抗结露因子 CRF 值按式(12-19)、式(12-20) 计算：

$$CRF_g=\frac{t_g-t_c}{t_h-t_c}\times 100 \tag{12-19}$$

$$CRF_f=\frac{t_f-t_c}{t_h-t_c}\times 100 \tag{12-20}$$

式中 CRF_g——试件玻璃的抗结露因子；

CRF_f——试件框的抗结露因子；

t_h——热箱空气平均温度，℃；

t_c——冷箱空气平均温度，℃；

t_g——试件玻璃热侧表面平均温度，℃；

t_f——试件框热侧表面平均温度的加权值，℃。

试件抗结露因子 CRF 值取 CRF_g 与 CRF_f 中较低值。试件抗结露因子 CRF 值取 2 位有效数字。

③ 试件框热侧表面平均温度的加权值 t_f 由 14 个规定位置的内表面温度平均值（t_{fp}）和 4 个位置非确定的、相对较低的框温度平均值（t_{fr}）计算得到。

t_f 可通过式(12-21) 计算得到：

$$t_f=t_{fp}(1-W)+Wt_{fr} \tag{12-21}$$

式中 W——加权系数，由 t_{fp} 和 t_{fr} 之间的比例关系确定，用式(12-22) 计算：

$$W=\frac{t_{fp}-t_{fr}}{t_{fp}-(t_c+10)}\times 0.4 \tag{12-22}$$

式中，t_c 为冷箱空气平均温度；10 为温度的修正系数；0.4 为温度修正系数取 10 时的加权因子。

8. 检测报告

检测报告应包括以下内容。

① 委托和生产单位。

② 试件名称、编号、规格，玻璃品种，玻璃及两层玻璃间空气层厚度，窗框面积与窗面积之比。

③ 检测依据、检测设备、检测项目、检测类别、检测时间以及报告日期。

④ 检测条件：热箱空气平均温度 t_h 和空气相对湿度 φ、冷箱空气平均温度 t_c 和气流速度。

⑤ 检测结果如下。

a. 传热系数：试件传热系数 K 值和保温性能等级。

b. 抗结露因子：试件的 CRF 值（CRF_g 与 CRF_f 中较低值）和等级；试件玻璃表面（或框表面）的抗结露因子 CRF 值（CRF_g 和 CRF_f 中的另外一个数值），以及 t_f、t_{fp}、t_{fr}、W、t_g 的值；试件热侧玻璃表面和框表面的温度、结露情况；

⑥ 测试人、审核人及负责人签名。

⑦ 检测单位。

第五节　建筑幕墙隔声性能检测

隔声性能是指通过空气传到幕墙外表面的噪声，经幕墙反射、吸收及其他能量转化后的减少量。

一、术语定义

(1) 声透射系数　透过试件的透射声功率与入射到试件上的入射声功率之比值，用式(12-23)表示：

$$\tau=\frac{W_\tau}{W_i} \tag{12-23}$$

式中　W_τ——透过试件的透射声功率，W；

W_i——入射到试件上的入射声功率，W。

(2) 隔声量　入射到试件上的声功率与透过试件的透射声功率之比值，取以 10 为底的对数乘以 10，单位为分贝 (dB)。

隔声量 R 与声透射系数 τ 有下列关系式：

$$R=10\lg\frac{1}{\tau} \tag{12-24}$$

或

$$\tau=10^{-R/10} \tag{12-25}$$

(3) 计权隔声量　将测得的构件空气声隔声频率特性曲线与《建筑隔声评价标准》(GB/T 50121—2005) 规定的空气声隔声参考曲线按照规定的方法相比较而得出的单值评价量，用 R_w 表示，单位为 dB。

(4) 粉红噪声频谱修正量　将计权隔声量值转换为试件隔绝粉红噪声时试件两侧空间的 A 计权声压级差所需的修正值，用 C 表示，单位为分贝 (dB)。

注：根据 GB/T 50121，用评价量 R_w+C 表征试件对类似粉红噪声频谱的噪声（中高频噪声）的隔声性能。

(5) 交通噪声频谱修正量

将计权隔声量值转换为试件隔绝交通噪声时试件两侧空间的 A 计权声压级差所需的修正值，用 C_{tr} 表示，单位为分贝 (dB)。

注：根据 GB/T 50121，用评价量 R_w+C_{tr} 表征试件对类似交通噪声频谱的噪声（中低频噪声）的隔声性能。

二、隔声性能分级

外门、外窗以“计权隔声量和交通噪声频谱修正量之和（R_w+C_{tr}）”作为分级指标；内门、内窗以“计权隔声量和粉红噪声频谱修正量之和（R_w+C）”作为分级指标。

建筑门窗的空气声隔声性能分级见表 12-22。

表 12-22 建筑门窗的空气声隔声性能分级 单位：dB

分级	外门、外窗的分级指标值	内门、门窗的分级指标值	分级	外门、外窗的分级指标值	内门、门窗的分级指标值
1	$20\leqslant R_w+C_{tr}\leqslant 25$	$20\leqslant R_w+C<25$	4	$35\leqslant R_w+C_{tr}<40$	$35\leqslant R_w+C<40$
2	$25\leqslant R_w+C_{tr}<30$	$25\leqslant R_w+C<30$	5	$40\leqslant R_w+C_{tr}<45$	$40\leqslant R_w+C<45$
3	$30\leqslant R_w+C_{tr}<35$	$30\leqslant R_w+C<35$	6	$R_w+C_{tr}\geqslant 45$	$R_w+C\geqslant 45$

注：用于对建筑内机器、设备噪声源隔声的建筑内门窗，对中低频噪声宜用外门窗的指标值进行分级，对中高频噪声仍可采用内门窗的指标值进行分级。

三、建筑幕墙隔声性能检测方法

目前，幕墙隔声性能的检测仍采用建筑门窗的标准，即《建筑门窗空气声隔声性能分级及检测方法》（GB/T 8485—2008）。

1. 检测项目

检测试件在下列中心频率：100Hz、125Hz、160Hz、200Hz、250Hz、315Hz、400Hz、500Hz、630Hz、800Hz、1000Hz、1250Hz、1600Hz、2000Hz、2500Hz、3150Hz、4000Hz、5000Hz 1/3 倍频程的隔声量。

2. 检测装置

检测装置由实验室和测试仪器两部分组成，见图 12-20。

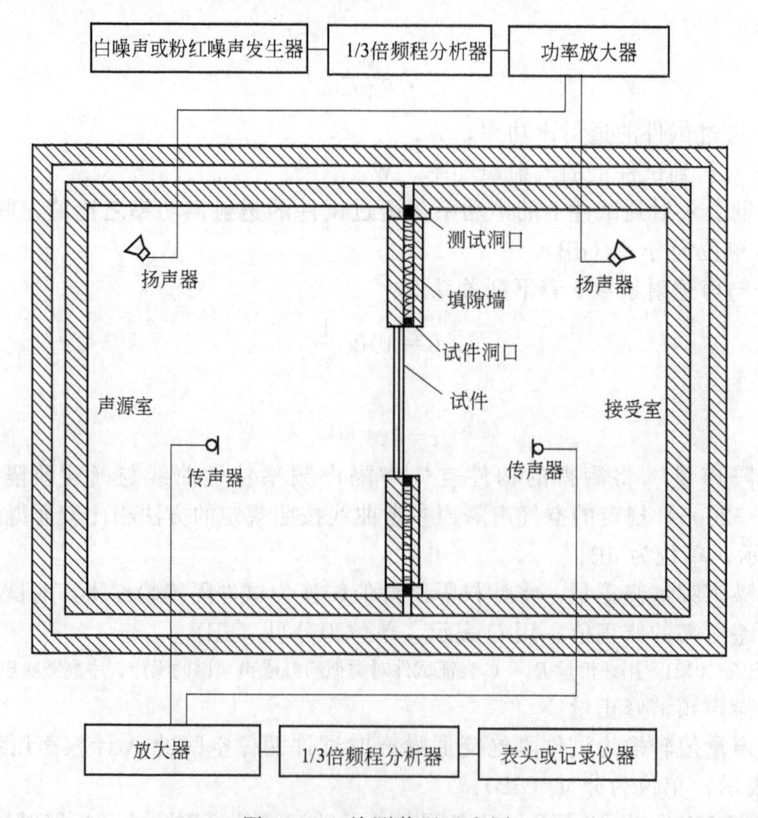

图 12-20 检测装置示意图

(1) 实验室　实验室由两间相邻的混响室（声源室和接收室）组成，两室之间为测试洞口。实验室应符合 GB/T 19889.1 规定的技术要求。

(2) 测量设备　测量设备包括声源系统和接收系统。声源系统由白噪声或粉红噪声发生器、1/3 倍频程滤波器、功率放大器和扬声器组成；接收系统由传声器、放大器、1/3 倍频程分析器和记录仪器等组成。

测量设备应符合 GB/T 19889.3—2005 中第 4 章、第 6 章的规定。

(3) 试件及安装

① 试件取样　同一型号规格的试件取三樘。试件应和图纸一致，不可附加任何多余的零配件或采用特殊的组装工艺和改善措施。

② 试件检查与处理　当存放试件的环境温度为 5℃以下时，安装前应将门窗移至室内，在不低于 15℃的环境下放置 24h。

在试件安装前应预先检验试件的重量、总面积、活动扇面积、门窗扇的结构和厚度，核对密封材料的材质，检查密封材料状况。

③ 填隙墙　当试件尺寸小于实验室测试洞口尺寸时，应在测试洞口内构筑填隙墙，以适合试件的安装和检验。填隙墙应符合下列要求。

a. 填隙墙应采用砖、混凝土等重质材料建造。推荐采用两层重墙，并在两墙体之间的空腔内填充岩棉（或玻璃棉），空腔与试件洞口交接处用声反射性的弹性材料加以密封。

b. 填隙墙应具有足够高的隔声能力，并使通过填隙墙的间接传声与通过试件的直接传声相比可忽略不计。应按 GB/T 19889.3—2005 附录 B 规定的方法对填隙墙间接传声的影响进行检验及修正。

c. 填隙墙在试件洞口处的厚度不宜大于 500mm。

④ 试件洞口　试件洞口应符合下列要求。

a. 洞口宽度应比试件宽度大 20～30mm；洞口高度应比试件高度大 20～30mm。门洞口的底面宜与地面相平；窗洞口的底面宜离地面 900mm 左右。

b. 洞口内壁（顶面、侧面和底面）的表面材料在测试频段内的吸声系数应小于 0.1。当试件洞口是由砖或混凝土砌块构筑时，洞口内壁可用砂浆抹灰找平。

⑤ 试件安装　试件安装和操作应符合下列要求。

a. 试件应嵌入洞口安装，试件位置宜使两混响室内的洞口深度比值接近 2∶1。

b. 应调整试件的垂直度、水平度，使试件外框与洞口之间的缝隙均匀。不得因安装而造成试件变形。

c. 对试件外框与洞口之间缝隙的密封处理，可按下列方法之一：

用砂浆填堵，洞口内壁宜抹 25mm 厚砂浆（覆盖试件框约 10mm）；

用吸声材料（如岩棉）填堵，两面再用密封剂密封；

按实际施工要求作相应的密封处理。

d. 试件框与洞口间缝隙的密封处理，不应影响门窗活动扇的开启，也不应盖住试件的排水孔。

e. 砂浆或密封剂固化后方可开始测试。

f. 在开始测试前，应将试件上所有活动扇正常启闭 10 次。在此过程中，如有密封件损坏或脱落，均不得采取任何补救措施。

g. 使用试件上的启闭装置关闭活动扇。

(4) 隔声量检测

① 测量设备的校准　检测前应采用符合 GB/T 15173—1994 规定的 1 级精度要求的声校准器对测量设备进行校准。

② 平均声压级和混响时间的测量　按 GB/T 19889.3—2005 第 6 章的规定，分别测量声源室内平均声压级 L_1、接收室内平均声压级 L_2 和接收室的混响时间 T。测量的频率范围应符合上文的规定。

③ 背景噪声的修正　接收室内任一频带的信号声压级和背景噪声叠加后的总声压级宜比背景噪声级高 15dB 以上，且不应低于 6dB。当总声压级与背景噪声级的差值大于或等于 15dB 时，不需要对背景噪声进行修正；当差值大于或等于 6dB 但小于 15dB 时，应按式(12-26) 计算接收室的信息声压级：

$$L=10\lg(10^{L_{sb}/10}-10^{L_b/10}) \tag{12-26}$$

式中　L——修正后的信号声压级，dB；

L_{sb}——信号和背景噪声叠加后的总声压级，dB；

L_b——背景噪声声压级，dB。

④ 隔声量的计算　试件在各 1/3 倍频带的隔声量 R 按式(12-27) 计算：

$$R=L_1-L_2+10\lg\frac{S}{A} \tag{12-27}$$

式中　L_1——声源室内平均声压级，dB；

L_2——接收室内平均声压级，dB；

S——试件洞口的面积，m^2；

A——接收室内吸声量，m^2。

式(12-27) 中接收室的吸声量 A 由式(12-28) 确定：

$$A=\frac{0.16V}{T} \tag{12-28}$$

式中　V——接收室的容积，m^3；

T——接收室的混响时间，s。

注：如果在任一频带，通过填隙墙的间接传声与透过试件的直接传声相比不可忽略，还应对试件在该频带的隔声量测试结果进行填隙墙传声影响的修正［见 5.3.3(b)］。

(5) 计权隔声量、频谱修正量和隔声性能等级的确定

① 单樘试件计权隔声量和频谱修正量的确定　按 GB/T 50121 规定的方法，用所测试件各频带的隔声量确定该樘试件的计权隔声量、粉红噪声频谱修正量和交通噪声频谱修正量。

② 三樘试件平均隔声量的计算　各 1/3 倍频带，三樘试件的平均隔声量 $\overline{R_j}$（$j=1,2\cdots18$，与标准 GB/T 8485—2008 5.1 规定的检测频带对应）按式(12-29) 计算：

$$\overline{R_j}=10\lg\frac{3}{\sum_{i=1}^{3}10^{-R_{ij}/10}}\quad \text{dB} \tag{12-29}$$

式中　R_{ij}——第 i 樘试件在第 j 个 1/3 倍频带的隔声量，$i=1,2,3$。

③ 三樘试件的平均计权隔声量和频谱修正量的确定　按 GB/T 50121 规定的方法，用三樘试件各频带的平均隔声量 $\overline{R_j}$（见 5.5.2）确定本组试件的平均计权隔声量 R_w、粉红噪声频谱修正量 C 和交通噪声谱修正量 C_{tr}。

④ 隔声性能等级的确定　根据标准 GB/T 8485—2008 5.5.3 确定的三樘试件的平均计权隔声量 R_w、粉红噪声频谱修正量 C 和交通噪声谱修正量 C_{tr}，计算 R_w+C 和 R_w+C_{tr}，并以此作为本型号试件隔声性能的分级指标值。

对照表 12-22 确定本型号试件的隔声性能等级。

当试件不足三樘时，检测结果不得作为该型号试件的分级指标值。

四、检测报告

检测报告应包括下列内容。

① 委托单位的名称和地址。

② 试件的生产厂名、品种、型号、规格及有关的图示（试件的立面和剖面等）。

③ 试件的单位面积重量、总面积、可开启面积、密封条状况、密封材料的材质，五金件中锁点、锁座的数量和安装位置，门窗玻璃或镶板的种类、结构、厚度、装配或镶嵌方式。

④ 试件安装情况、试件周边的密封处理和试件洞口的说明。

⑤ 检测依据和仪器设备。

⑥ 接收室温度和相对湿度、声源室和接收室的容积；

⑦ 用表格和曲线图的形式给出每一樘试件隔声量与频率的关系，以及该组试件平均隔声量与频率的关系。曲线图的横坐标（对数刻度）表示频率，纵坐标表示隔声量（保留一位小数），并宜采用以下尺度：5mm 表示一个 1/3 倍频程；20mm 表示 10dB（表格和曲线图的示例见标准附录 B）。

⑧ 对高隔声量（隔声等级 6 级）的特殊试件，如果个别频带隔声量测量受间接传声或背景噪声的影响只能测出低限值时，测量结果按 R' 不小于若干分贝（dB）的形式给出。

⑨ 每樘试件的计权隔声量、频谱修正量及该组试件的平均计权隔声量 R_w、频谱修正量 C 和 C_{tr}。

⑩ 试件的隔声性能等级（试件不足三樘时，无此项）。

⑪ 检测单位的名称和地址、检测报告编号、检测日期、主检和审核人员签名及检测单位盖章。

第六节　建筑幕墙光学性能检测

视觉是人获取外界信息的最重要的手段之一，视觉又依赖于光而存在。光是人们日常工作、学习、生活和文化娱乐活动不可缺少的条件。而且，光特别是天然光，对于人的生理和心理健康还有着重要的影响。随着社会和技术的发展，人们对光环境质量的要求也越来越高，因此，如何创造良好的室内外光环境并满足和协调其他方面的要求，是建筑幕墙光学性能设计中需要考虑的重要内容。

建筑的室内光环境评价指标包括数量和质量两个方面的要求。数量是指照明的水平，包括采光系数、照度、亮度等指标；而质量则包括了均匀度、显色性、眩光等指标。不同的视觉作业，需要提供不同的照明水平和良好的照明质量。特别是对于采用了大面积透明围护结构的建筑而言，必须对其幕墙的光学性能指标进行详细的规定，并进行精心的设计，以满足室内采光，对直射太阳光和眩光进行良好的控制，保证室内的视觉舒适以及避免光线对物体的损害等。

近年来，高层建筑上大量采用具有强烈的定向反射特性的幕墙材料，如镜面玻璃，当直射日光和天空光照射其上时，便产生了反射光，反射光导致的眩光会造成道路安全的隐患；沿街两侧的高层建筑同时采用玻璃幕墙时，由于大面积玻璃出现多次镜面反射，从多方面射出，造成光的混乱和干扰，对行人和车辆行驶都有害；当玻璃幕墙采用热反射玻璃时，幕墙玻璃的反射热还会对周围环境造成热污染，干扰附近建筑中居民的正常生活，造成植被枯萎。

因此，在建筑幕墙特别是玻璃幕墙设计过程中，要关注幕墙的光学性能，一方面，保证建筑采光的数量和质量的要求，营造舒适的室内光环境；另一方面，控制有害的反射光，避免对周围环境造成光污染。

一、建筑幕墙光学性能要求

1. 光学性能的术语及定义

（1）光学辐射　波长位于向 X 射线过渡区（≈1nm）与向无线电波过渡区（≈1mm）

之间的电磁辐射，简称光辐射。根据波长范围的不同，光辐射可分为可见辐射、红外辐射和紫外辐射。可直接引起视感觉的光学辐射称为可见辐射。波长比可见辐射长的光学辐射称为红外辐射。波长比可见辐射短的光学辐射称为紫外辐射。在建筑应用中，可见辐射、红外辐射和紫外辐射的光谱范围通常分别限定在380～780nm、780nm～25μm和300～380nm。幕墙材料光学性能的检测包括光度测量和色度测量。

（2）光度测量　光度测量的参数包括：可见光反射比、可见光透射比、透光折减系数、太阳能直接反射比、太阳能直接透射比、太阳能直接吸收比、太阳能总透射比、遮蔽系数、紫外线反射比、紫外线透射比、辐射率。

① 可见光

a.（光）反射比：被物体表面反射的光通量$\Phi_{\rho,v}$与入射到物体表面的光通量$\Phi_{i,v}$之比，用符号ρ_v表示。用计算公式可表示为$\rho_v=\Phi_{\rho,v}/\Phi_{i,v}$。

b.（光）透射比：从物体透射出的光通量$\Phi_{\tau,v}$与入射到物体的光通量$\Phi_{i,v}$之比，用符号τ_v表示。用计算公式可表示为$\tau_v=\Phi_{\tau,v}/\Phi_{i,v}$。

② 太阳光。太阳光是指近紫外线、可见光和近红外线组成的辐射光，波长范围为300～2500nm。太阳辐射光照射到幕墙上，入射部分分成三部分：透射部分τ_e、反射部分ρ_e、吸收部分α_e。且满足$\rho_e+\tau_e+\alpha_e=1$。

a. 太阳能直接反射比：被物体表面直接反射的太阳光辐射$\Phi_{\rho,e}$与入射到物体表面的太阳光辐射$\Phi_{i,e}$之比，用符号ρ_e表示。用计算公式可表示为$\rho_e=\Phi_{\rho,e}/\Phi_{i,e}$。

b. 太阳能直接透射比：从物体直接透射出的太阳光辐射$\Phi_{\tau,e}$与入射到物体表面的太阳光辐射$\Phi_{i,e}$之比，用符号τ_e表示。用计算公式可表示为$\tau_e=\Phi_{\tau,e}/\Phi_{i,e}$。

c. 太阳能直接吸收比：被物体表面直接吸收的太阳光辐射$\Phi_{\alpha,e}$与入射到物体表面的太阳光辐射$\Phi_{i,e}$之比，用符号α_e表示。用计算公式可表示为$\alpha_e=\Phi_{\alpha,e}/\Phi_{i,e}$。

d. 太阳能总透射比：材料吸收太阳光能量后，会继续以热对流的方式向室外和室内传递能量。太阳能直接透射比τ_e与向室内二次传递的热量q_i之和，称为太阳能总透射比，用符号g表示。用计算公式可表示为$g=\tau_e+q_i$。

e. 遮蔽系数：材料的太阳能总透射比与3mm厚的普通透明平板玻璃的太阳能总透射比（其理论值取88.9%或87%），用符号SC表示。

③ 紫外辐射。透过玻璃的太阳辐射的紫外部分波长分布为300～380nm。

a. 紫外线透射比：从物体透射出的紫外辐射能量$\Phi_{\tau,UV}$与入射到物体的紫外辐射能量$\Phi_{i,UV}$之比，用符号τ_{UV}表示。用计算公式可表示为$\tau_{UV}=\Phi_{\tau,UV}/\Phi_{i,UV}$。

b. 紫外线反射比：被物体表面反射的紫外辐射能量$\Phi_{\rho,UV}$与入射到物体表面的紫外辐射能量$\Phi_{i,UV}$之比，用符号ρ_{UV}表示。用计算公式可表示为$\rho_{UV}=\Phi_{\rho,UV}/\Phi_{i,UV}$。

④ 远红外辐射

a. 垂直辐射率：对于垂直入射的热辐射（波长范围为4.5～25μm），其热辐射吸收率α_h定义为垂直辐射率。

b. 半球辐射率：半球辐射率等于垂直辐射率乘以相应的材料表面的系数。

（3）色度测量　色度测量的参数包括色品、色差、颜色透视指数。

① 色品：用CIE1931标准色度系统所表示的颜色性质。由色品坐标定义的色刺激性质。

② 色差（ΔE）：以定量表示的色知觉差异。

③ 颜色透视指数：光源（D_{65}）透过玻璃后的一般显色指数，用R_a表示。

（4）光气候　由直射日光、天空（漫射）光和地面反射光形成的天然光平均状况。

（5）昼光　总日辐射的可见部分。

（6）光环境　从生理和心理效果来评价的照明环境。

(7) 采光性能　建筑外窗在漫射光照射下透过光的能力。

(8) 透光折减系数　光通过窗框和采光材料与窗相组合的挡光部件后减弱的系数，用符号 T_r 表示。

(9) 玻璃幕墙的有害光反射　对人引起视觉累积损害或干扰的玻璃幕墙光反射，包括失能眩光或不舒适眩光。

(10) 光污染　广义指干扰光或过量的光辐射（含可见光、紫外辐射和红外辐射）对人体健康和人类生存环境造成的负面影响的总称；狭义指干扰光对人和环境的负面影响。

(11) 失能眩光　降低视觉对象的可见度，但并不一定产生不舒适感觉的眩光。

(12) 不舒适眩光　产生不舒适感觉，但不一定降低视觉对象可见度的眩光。

(13) 可视　当头和眼睛不动时，人眼能察觉到的空间角度范围。

(14) 畸变　物体经成像后发生扭曲的现象。

2. 我国国家标准对幕墙光学性能的要求

玻璃幕墙的设置应符合城市规划的要求，应满足采光、保温、隔热的要求，还应符合有关光学性能的要求。

我国的国家标准《玻璃幕墙光学性能》(GB/T 18091—2000) 对玻璃幕墙的光学性能作出了如下规定：

① 一般幕墙玻璃产品应提供可见光透射比、可见光反射比、太阳能反射比、太阳能总透射比、遮蔽系数、色差。对有特殊要求的博物馆、展览馆、图书馆、商厦的幕墙玻璃产品还应提供紫外线透射比、颜色透视指数。幕墙玻璃的光学性能参数应符合此标准附录 A、附录 B 和附录 C 的规定。

② 为限制玻璃幕墙的有害光反射，玻璃幕墙应采用反射比不大于 0.30 的幕墙玻璃。

③ 幕墙玻璃的颜色的均匀性用“CIELAB 系统”色差 ΔE 表示，同一玻璃产品的色差 ΔE 应不大于 3CIELAB 色差单位，此标准规定的色差为反射色差。

④ 为减少玻璃幕墙的影像畸变，玻璃幕墙的组装与安装应符合 JG 3035 规定的平直度要求，所选用的玻璃应符合相应现行国家行业标准的要求。

⑤ 对有采光功能要求的玻璃幕墙其透光折减系数一般不低于 0.20。

为了限制玻璃幕墙有害光反射，玻璃幕墙的设计与设置应符合以下规定：

① 在城市主干道、立交桥、高架路两侧的建筑物 20m 以下，其余路段 10m 以下不宜设置玻璃幕墙的部位如使用玻璃幕墙，应采用反射比不大于 0.16 的低反射玻璃。若反射比高于此值应控制玻璃幕墙的面积或采用其他材料对建筑立面加以分隔。

② 居住区内应限制设置玻璃幕墙。

③ 历史文化名城中划定的历史街区、风景名胜区应慎用玻璃幕墙。

④ 在 T 形路口正对直线路段处不应设置玻璃幕墙。在十字路口或多路交叉路口不宜设置玻璃幕墙。

⑤ 道路两侧玻璃幕墙设计成凹形弧面时，应避免反射光进入行人与驾驶员的视场内，凹形弧面玻璃幕墙的设计与设置应控制反射光聚焦点的位置，其幕墙弧面的曲率半径 R_ρ，一般应大于幕墙至对面建筑物立面的最大距离 R_s，即 $R_\rho \geqslant R_s$。

⑥ 南北向玻璃幕墙做成向后倾斜某一角度时，应避免太阳反射光进入行人与驾驶员的视场内，其向后与垂直面的倾角 θ 应大于 $h/2$。当幕墙离地高度大于 36m 时可不受此限制。h 为当地夏至正午时的太阳高度角。

《公共建筑节能设计标准》中规定（强制性条文）：当窗（包括透明幕墙）墙面积比小于 0.4 时，玻璃（或其他透明材料）的可见光透射比不应小于 0.4。

3. 性能分级

对于有采光要求的透明幕墙，应保证其采光性能。采用窗的透光折减系数 T_r 作为采光性能的分级指标，窗或幕墙的采光性能分级指标值及分级应按照表 12-23 的规定。窗或幕墙的颜色透视指数分级指标值及分级应按照表 12-24 的规定。

表 12-23 窗的采光性能分级

分级	透光折减系数 T_r	分级	透光折减系数 T_r	分级	透光折减系数 T_r
1	$0.20 \leqslant T_r < 0.30$	3	$0.40 \leqslant T_r < 0.50$	5	$T_r \geqslant 0.60$①
2	$0.30 \leqslant T_r < 0.40$	4	$0.50 \leqslant T_r < 0.60$		

① T_r 值大于 0.60 时，应给出具体数值。

表 12-24 颜色透视指数分级

分级	透视指数(R_a)	评判	分级	透视指数(R_a)	评判
Ⅰ	$R_a \geqslant 80$	好	Ⅲ	$40 \leqslant R_a < 60$	一般
Ⅱ	$60 \leqslant R_a < 80$	较好	Ⅳ	$R_a < 40$	较差

二、建筑幕墙光学性能检测方法

幕墙材料光学性能的检测按照 GB/T 18091、GB/T 2680《建筑玻璃 可见光透射比、太阳光直接透射比、太阳能总透射比、紫外线透射比及有关窗玻璃参数的测定》、GB 11942《彩色建筑材料色度测量方法》及 GB 5699 的规定执行。

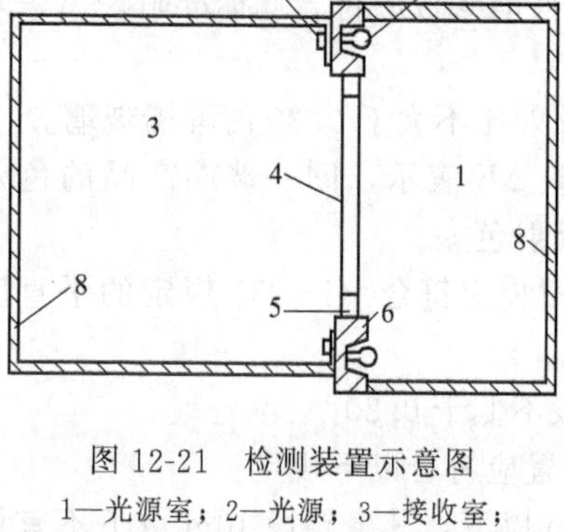

1. 建筑外窗及幕墙采光性能

建筑外窗及幕墙采光性能的检测按照 GB 11976 的规定执行。

(1) 检测项目　建筑外窗采光性能，适用于各种材料的建筑外窗，包括天窗和阳台门上部的透光部分。检测对象包括窗试件本身及与窗组合的挡光部件。对于尺寸大小不超过检测装置尺寸限制的幕墙单元，也可用该方法进行检测。

(2) 检测装置　检测装置由光源室、光源、接收室、试件框和测试仪表五部分组成（图 12-21）。

图 12-21　检测装置示意图

1—光源室；2—光源；3—接收室；4—试件洞口；5—试件框；6—灯槽；7—接收器；8—漫反射层

① 光源室要求

a. 内表面应采用漫反射、光谱选择性小的涂料，其反射比应大于等于 0.8。

b. 试件表面上的照度宜大于等于 1000lx，各点的照度差不应超过 1%。

c. 光源室应采用球体或正方体，以及满足 a. 和 b. 要求的其他形状，其最大开口面积应小于室内表面积的 10%。

② 光源要求

a. 光源应采用具有连续光谱的电光源，且应对称布置，并应有控光装置。

b. 光源应由稳压装置供电，其电压波动应小于等于 0.5%。

c. 光源应按 JJG 247 附录 1 所述方法进行稳定性检查。

d. 光源安装位置应保证不得有直射光落到试件表面。

③ 接收室要求

a. 接收室应为球体或正方体，其开口面积同光源室。

b. 对接收室内表面的要求应与光源室相同。

④ 试件框要求

a. 试件框厚度应等于实际墙厚度。

b. 试件框与两室开口相连接部分不应漏光。

⑤ 光接收器要求

a. 光接收器应具有 $V(\lambda)$ 修正，其光谱响应应与国际照明委员会的明视觉光谱光视效率一致。

b. 光接收器应具有余弦修正器，光接收器应符合 JJG 245 规定的一级照度计要求。

c. 光接收器的设置。在接收室开口周边内应均匀设置不少于 4 个光接收器，且应对各光接收器的示值进行统一校准。

⑥ 检测仪表要求。应采用一级以上的照度计，其测量有效位数不得少于 3 位。

(3) 试件要求

① 试件数量一般可为一件。

② 试件必须和产品设计、加工和实际使用要求完全一致，不得有多余附件或采用特殊加工方法。

③ 试件必须装修完好、无缺损、无污染。

④ 试件应备有相应的安装外框，外框应有足够的刚度，在检测中不应发生变形。

⑤ 窗试件应安装在框厚中线位置，安装后的试件要求垂直、平行、无扭曲或弯曲现象。

⑥ 试件与试件框连接处不应有漏光缝隙。

(4) 检测方法

① 检测程序

a. 试件安装应按试件要求执行。

b. 关闭接收室，开启检测仪表，待光源点燃 15min 后，采集各光接收器数据 E_{wi}。采集次数不得少于 3 次。

c. 打开接收室，卸下窗试件，保留堵塞缝隙材料，合上接收室，采集各光接收器数据 E_{oi}。采集次数应与 E_{wi} 采集次数相同。

② 数据处理。每次采集的数据可按下式计算出 T_r 值，

$$T_r = \frac{\sum_{i=1}^{n} \frac{E_{wi}}{n}}{\sum_{i=1}^{n} \frac{E_{oi}}{n}}$$

式中 E_{wi}——安装窗试件后，第 i 个光接收器的漫射光照度；

E_{oi}——窗试件卸下后，第 i 个光接收器的漫射光照度；

n——光接收器的数量。

将各次计算的 T_r 值取平均，作为该窗试件的 T_r 值。

(5) 检测报告 检测报告应包括以下内容。

① 试件类型、尺寸和构造简图。

② 采光材料特性，如玻璃的种类、厚度和颜色。

③ 窗框材料及颜色。

④ 检测条件：光源类型，漫射光照射试件。

⑤ 检测结果：窗的透光折减系数 T_r、所属级别。

⑥ 检测人和审核人签名。

⑦ 检测单位名称，检测日期。

检测报告格式可参照表 12-25 格式编写。

表 12-25　建筑外窗及幕墙采光性能检测报告

报告编号：　　　　　　　　　　　　　　　　　　　　　　　　　　　　共　　页第　　页

<table>
<tr><td colspan="2">委托单位</td><td colspan="3"></td></tr>
<tr><td colspan="2">通信地址</td><td></td><td>电话</td><td></td></tr>
<tr><td rowspan="2">样品</td><td>名称</td><td></td><td>状态</td><td></td></tr>
<tr><td>规格型号</td><td></td><td>商标</td><td></td></tr>
<tr><td colspan="2">样品生产单位</td><td colspan="3"></td></tr>
<tr><td colspan="2">送样日期</td><td></td><td>地点</td><td></td></tr>
<tr><td colspan="2">工程名称</td><td colspan="3">—</td></tr>
<tr><td rowspan="4">检验</td><td>项目</td><td></td><td>数量</td><td></td></tr>
<tr><td>地点</td><td></td><td>日期</td><td></td></tr>
<tr><td>依据</td><td colspan="3">参照 GB/T 11976—2002《建筑外窗采光性能分级及其检测方法》</td></tr>
<tr><td>设备</td><td colspan="3">采光性能检验装置</td></tr>
<tr><td colspan="5">检验结论</td></tr>
<tr><td colspan="5">透光折减系数 T_r：
采光性能分级：

（以下空白）</td></tr>
<tr><td colspan="5">签字

批准　　　　　　审核　　　　　　主检
报告日期：</td></tr>
</table>

2. 幕墙材料的光学特性

幕墙材料的可见光反射比、可见光透射比、太阳能直接反射比、太阳能直接透射比、太阳能直接吸收比、太阳能总透射比、遮蔽系数、紫外反射比、紫外透射比、辐射率应按 GB/T 2680 的规定执行。

（1）检测项目　包括可见光反射比、可见光透射比、太阳能直接反射比、太阳能直接透射比、太阳能直接吸收比、太阳能总透射比、遮蔽系数、紫外线反射比、紫外线透射比、颜色透视指数。

（2）检测装置　包括分光光度计、参比白板、积分球。仪器的各项要求见表 12-26。

表 12-26　仪器的各项要求

区域	波长范围	波长准确度	光度测量准确度	谱带半宽带	波长间隔
紫外区	300～380nm	±1nm 以内	1%以内 重复性 0.5%	10nm 以下	5nm
可见区	380～780nm	±1nm 以内	1%以内 重复性 0.5%	10nm 以下	10nm
太阳光区	300～2500nm	±5nm 以内	2%以内 重复性 1%	50nm 以下	50nm
远红外区	4.5～25μm	±0.2μm 以内	2%以内 重复性 1%	0.1μm 以下	0.5μm

（3）试件要求

① 试件表面应保持清洁，无污染。

② 试件必须和产品设计、加工和实际使用要求完全一致，不得有多余附件或采用特殊加工方法。

③ 一般建筑玻璃和单层窗玻璃构件的试样，均采用同材质玻璃的切片。

④ 多层玻璃构件的试样，采用同材质单片玻璃切片的组合体。

(4) 检测方法

光谱特性参数的测定是在准平行、几乎垂直入射的条件下进行的。在测试中，照明光束的光轴与试样表面法线的夹角不超过10°，照明光束中任一光线与光轴的夹角不超过5°。

a. 在光谱透射比测定中，采用与试样同样厚度的空气层作为参比标准。

b. 在光谱反射比测定中，采用仪器配置的参比白板作为参比标准。

c. 对于多层玻璃的构件，应对每层玻璃的光谱参数分别进行测试后，计算得到多层玻璃的光学性能。

详细的测试细节和操作可参照 CIE No. 130：1998 Practical methods for the measurement of reflectance and transmittance。

(5) 检测报告　检测报告中需要注明以下内容。

① 材料的类型和特性，如规格、型号、厚度和颜色。

② 各项检测的结果。

③ 材料的光谱特性曲线。

④ 一般颜色透视指数 R_a 的结果应给出两位有效数字，其余参数结果保留两位小数。

⑤ 检测人和审核人签名。

⑥ 检测单位名称，检测日期。

检测报告格式可参照表12-27格式编写。

表12-27　幕墙材料光学特性检测报告

报告编号：　　　　　　　　　　　　　　　　　　　　　　　　　　　　共　　页 第　　页

委托单位				
地址			电话	
样品	名称		状态	
	规格型号		商标	
生产单位				
送样/抽样日期			地点	
工程名称				
检验	项目		数量	
	地点		日期	
	依据			
	设备			
检验结论				

检验项目

紫外线透射比：

紫外线反射比：

可见光透射比：

可见光反射比：

太阳能直接透射比：

太阳能直接反射比：

太阳能总透射比：

遮蔽系数：

(以下空白)

签字

批准　　　　　　审核　　　　　　主检

报告日期：

3. 幕墙材料的其他光学性能

其他现场检测项目包括透光系数、色差、影像畸变。

颜色透射指数应按 GB/T 2680 和 GB/T 5702 的规定执行。色差检验应按 GB/T 11942 和 JC 693 的规定执行。

(1) 透光系数的测量

① 测量用的照度计宜采用二级以上的照度计（指针式或数字式）。

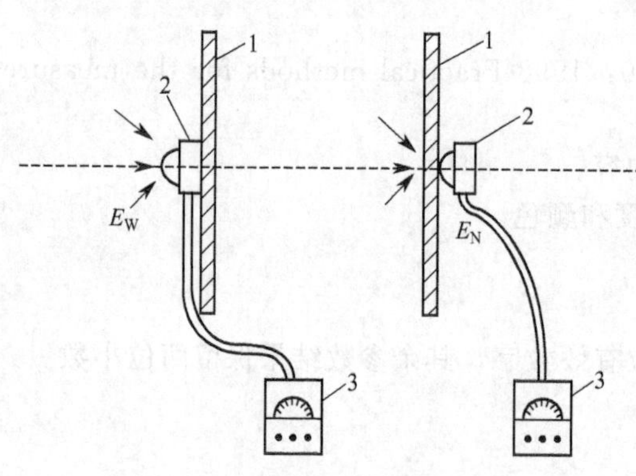

图 12-22　透光系数测量示意图

1—被测透光材料；2—接收器；3—照度计

② 用照度计测量透光材料的透光系数应在天空扩散光的情况下进行。将照度计的接收器分别贴在被测窗或透明幕墙的内、外表面，两测点应在同一轴心上。分别读取内、外两测点的照度值，见图 12-22。

③ 按下式求出透光系数 τ：

$$\tau=\frac{E_N}{E_W}\times 100\%$$

式中　E_N——内测点的照度，lx；

E_W——外测点的照度，lx。

④ 测量透光系数时，可选取具有代表性位置的透光材料 3～5 块作为试件。

⑤ 每块透光材料可选一个测点或多个测点，取各测点的透光系数的算术平均值作为采光材料的透光系数。

(2) 色差的现场检测　分为目视和仪器检验。

① 目视。对色差进行目测时，以一面墙作为一个目测单元，并对各面墙逐个进行。当目测判定色差有问题或有争议时，应采用仪器进行检验。

② 仪器检验。在有色差问题的幕墙部位选取检验点。以 2 片幕墙作为一个色差检验组，每组内选取 5 个检测点，每片至少包含一个检验点。色差分组检验，有色差问题的幕墙部位都应包含在检验组内。检验方法应按 GB/T 11942 和 JG 693 的规定进行。

(3) 影像畸变检验　幕墙出现影像畸变时应进行影像畸变检验。影像畸变的现场检验用目测的方法进行。对影像畸变进行目测时，以一面墙作为一个目测单元，并对各面墙逐个进行。当对目测评定影像畸变有争议时，应按 JG 3035 规定的方法对玻璃幕墙的组装允许偏差进行检验。

第七节　建筑幕墙抗风携碎物冲击性能检测

一、国家标准《建筑幕墙和门窗抗风携碎物冲击性能分级及检测方法》概述

建筑幕墙抗风携碎物冲击性能，指建筑幕墙在风携碎物冲击及循环风压作用下，不发生超过规定破损的能力。该检测标准和方法，可对我国沿海台风地区的建筑幕墙抗风携碎物冲击性能进行界定，对不同级别台风的风速所要求的建筑幕墙的性能进行清楚的描述，对沿海一带以及其他一些经常受台风影响的地区建筑如何设计建筑幕墙具有重要意义。

国际上，美国材料试验协会发布了标准 ASTM E1886 和 ASTM E1996。《外窗、幕墙、门和防风雨百叶装置在发射物冲击以及周期性压差下性能的标准测定方法》（ASTM E1886—05）主要给出了外窗、幕墙、门和防风雨百叶装置在发射物冲击以及周期性压差下性能的标准测定方法，如发射物的质量、发射速度、循环压差及循环次数等；《外窗、

幕墙、门和防风雨百叶装置在飓风中被风携碎物撞击时的性能标准规范》（ASTM E1996—08）对 ASTM E1886—05 中的发射物质量进行了修改，对试件的冲击位置做了详细规定，对冲击性能进行分级并给出了判定方法。因此，这两个标准也是国内标准编制时的主要参考标准。

在标准编制过程中，主参编单位结合《防台风玻璃》产品标准制定时的相关工作，研发了该标准所用的检测设备，研发的检测设备主要包括以下四个部分：钢球发射装置（空气炮方式）、木块发射装置（空气炮）、速度测量装置、循环静压检测装置。

《建筑幕墙和门窗抗风携碎物冲击性能分级及检测方法》标准的制定，对我国沿海一带及其他少数经常受到风暴威胁的地区具有重要意义。

二、性能与分级

1. 术语与定义

① 风携碎物：在风暴中由风所携带的物体。

② 抗风携碎物冲击性能：建筑幕墙门窗在风携碎物冲击及循环风压作用下，不发生超过规定破损的能力。

③ 风暴：指基础风速大于 32.7m/s 的气流。

④ 发射物：用以冲击试件的钢球或木块。

⑤ 防风暴装置：安装、附着或固定于幕墙门窗系统，以防止或减弱其在风暴中遭受风携碎物破坏的装置。

⑥ 防风暴百叶装置：百叶总开敞面积超过投影面积百分之十的防风暴装置。

2. 分级指标值

建筑幕墙抗风携碎物冲击性能，以发射物的质量 m 和冲击的速度 v 作为分级的指标。分级指标按 m、v 分为 5 级，见表 12-28。

表 12-28 建筑幕墙抗风携碎物冲击性能分级

分级	A	B	C	D	E
发射物	钢球	木块	木块	木块	木块
质量 m	2g±0.1g	0.9kg±0.1kg	2.1kg±0.1kg	4.1kg±0.1kg	4.1kg±0.1kg
速度 v	39.6m/s	15.3m/s	12.2m/s	15.3m/s	24.38m/s

3. 发射物选取

发射物应根据风区、建筑物防护级别和试件的安装高度来选取。

（1）风区的划分　根据基本风速，风区可划分如下：风区 1，32.7m/s≤基本风速<50.0m/s；风区 2，50.0m/s≤基本风速<55.0m/s；风区 3，55.0m/s≤基本风速<60.0m/s；风区 4，60.0m/s≤基本风速<65.0m/s；风区 5，65.0m/s≤基本风速<70.0m/s。

（2）建筑物防护级别划分　建筑物防护级别可划分如下：

1 级保护，受风暴携带的碎物威胁较小的建筑物具有的保护级别；2 级保护，受风暴携带的碎物威胁，需要进行通常保护的建筑物具有的保护级别；3 级保护，受风暴携带的碎物威胁，需要进行增强保护的建筑物具有的保护级别；4 级保护，受风暴携带的碎物威胁，需要进行强制增强保护的建筑物具有的保护级别。

（3）试件的安装高度类型　试件的安装高度可分为两类：安装高度≤10m；安装高度>10m。

（4）各级建筑幕墙的使用范围见表12-29。

表12-29　各级建筑幕墙的使用范围表

建筑物保护类型	1级保护		2级保护		3级保护		4级保护	
安装高度	>10m	≤10m	>10m	≤10m	>10m	≤10m	>10m	≤10m
风区1	N	N	N	A	A	B	B	C
风区2	N	N	A	B	C	C	C	D
风区3	N	N	A	B	C	C	C	D
风区4	A	B	A	C	C	D	D	E
风区5	A	B	B	D	C	D	D	E

三、建筑幕墙抗风携碎物冲击性能检测方法

1. 检测装置

检测装置主要包括发射物、发射装置、测速装置和循环静压箱。

（1）发射物　发射物分为钢球和木块。

① 钢球。钢球的质量为2g±0.1g，直径为8mm。

② 木块。木块为松木或软木，断面尺寸为38mm×89mm，长度质量为1.61～1.79kg/m，长度为0.525m±0.1m ～2.4m±0.1m。木块冲击试件的一端称为冲击端，另一端称为末端；在距冲击端300mm范围内应无木节、开裂、细裂缝或缺损等缺陷，末端应设置质量不超过200g的圆形底板，木块的质量和长度应包含底板。

（2）发射装置　发射装置包括钢球发射装置、木块发射装置。发射装置具备可按照规定的发射速度和方向向规定的位置发射钢球和木块发射物的能力。

钢球发射装置包括空气压缩装置和压力发射装置。空气压缩装置可采用空气压缩机，为钢球发射提供动力；压力发射装置应能同时发射10个钢球，并可按规定方向冲击到试件的规定位置。

木块发射装置包括空气压缩装置和压力发射装置。空气压缩装置可采用空气压缩机，为木块发射提供动力；压力发射装置宜采用压缩空气炮，可按规定方向将木块冲击到试件的规定位置。

发射物的速度应该在如下相应误差允许的范围内：当规定的速度≤23m/s时，误差应该在±2%以内；当规定的速度>23m/s时，误差应该在±1%以内。发射物要垂直撞击试件。

（3）测速装置　发射装置应带有一个测速装置，速度的测量应该在发射物离开发射管后进行。速度测量装置宜采用光电感应测速器或高速摄像机。

① 光电感应测速器。使用同一型号两个光电感应器，通过电子计时器记录发射物通过两个感应器的时间。电子记时器响应频率不少于10kHz，反应时间不超过0.15ms。发射物的速度为两个光电感应器间的距离除以电子记时器所计时间的计算值。

② 高速摄像机。将摄像机置于适当的位置，在发射物上设置一参考线，在背景处设置清晰的长度标记，记录连续相邻两帧静态画面中参考线移动的距离，除以两帧的时间间隔可以计算出发射物的速度。如果采用每秒500帧的高速摄像机，并且所记录的位置变化为27mm，则发射物的速度为500×0.027=13.5m/s。

发射速度校准应在每次冲击检测前进行，包括钢球发射速度校准和木块发射速度校准。校准方法如下：将试件用一块预先准备好的木板或其他材质板（以不被穿透为准）替代，设

定并调整发射时的压力值进行预发射，当连续 3 次测得的冲击速度符合相应要求时，即可按校准后的压力值进行冲击检测。

（4）循环静压箱　建筑幕墙循环静压检测设备应满足 GB/T 15227 中 4.3.2 的相应要求。

2. 试件及安装要求

建筑幕墙试件应满足 GB/T 15227 的要求，所有抗风携碎物冲击的装置及配件应完整，所取试件应包含面板、立柱、横梁等典型构件。

建筑幕墙试件进行抗冲击检测时，宜安装在压力箱洞口，但受冲击面应朝向压力箱外。

3. 检测实施

建筑幕墙试件进行抗风携碎物冲击性能检测时，可参考标准中幕墙检测的相关内容。

（1）检测程序

① 试件应在 15～35℃温度条件下保存至少 4h。

② 设立适当的警示设施以阻止检测人员或其他人员进入检测区域。

③ 根据试件及性能要求选取合适的分级值（发射物及对应的发射速度），参见标准 GB/T 15227 附录 B。

④ 发射前 15min 称量每一发射物，并对发射速度进行校准，校准方法见标准 GB/T 15227 附录 A.4。

⑤ 发射物距试件的距离最小为发射物长度的 1.5 倍，且不应小于 1.80m；测速设备应该放置在距离冲击点 1.5m 以内。

⑥ 按要求进行抗冲击检测。

⑦ 冲击检测完毕，对未产生损坏或者破碎但没有穿透性开孔的试件按要求进行循环静压检测。

（2）钢球冲击检测

① 冲击位置。应将试件固定在安装框架上，安装框架支撑边的最大变形不能超过 $L/360$，L 指最长的安装框的长度。应固定安装框架，以保证当试件被冲击时安装框不移动。仅冲击幕墙门窗试件中的最大玻璃面板。以 10 个钢球为一组冲击每个试件 3 个不同位置，如图 12-23 所示，10 个钢球应同时冲击在相应范围内。冲击点 1、2、5、6 分别位于试件的对角线上，距试件两边 275mm 的位置；点 3 和 4 位于距 L_1 边 $L_2/2$、距 L_2 边 275mm 处。点 7 和 9 位于距离 L_1 边 275mm、距 L_2 边 $L_1/2$ 处。点 8 为试件的中心。

② 发射角度。发射点与冲击点的连线和发射点与试件的水平连线的夹角应在 5°以内。

③ 步骤

a. 将钢球放置于发射管中。

b. 使发射管末端对准试件冲击位置。

c. 校准发射速度。

d. 打开控制阀门，发射钢球。

e. 重复上述步骤，完成所有部位的检测。

f. 记录试件冲击后的状况。

（3）木块冲击检测

① 应选取相应级别的木块和发射速度进行检测，其中选取级别为 D、E 时应对试件的型材按下面②（b）或（c）检测，并考虑（d）的情况。

② 冲击位置

a. 试件为幕墙门窗中的最大面板。门窗需取三个相同试件分别进行检测，三个试件的冲击位置如图 12-23 所示。幕墙可取一个试件，如图 12-24 所示，对该试件的点 1、2、3 位置进行检测。

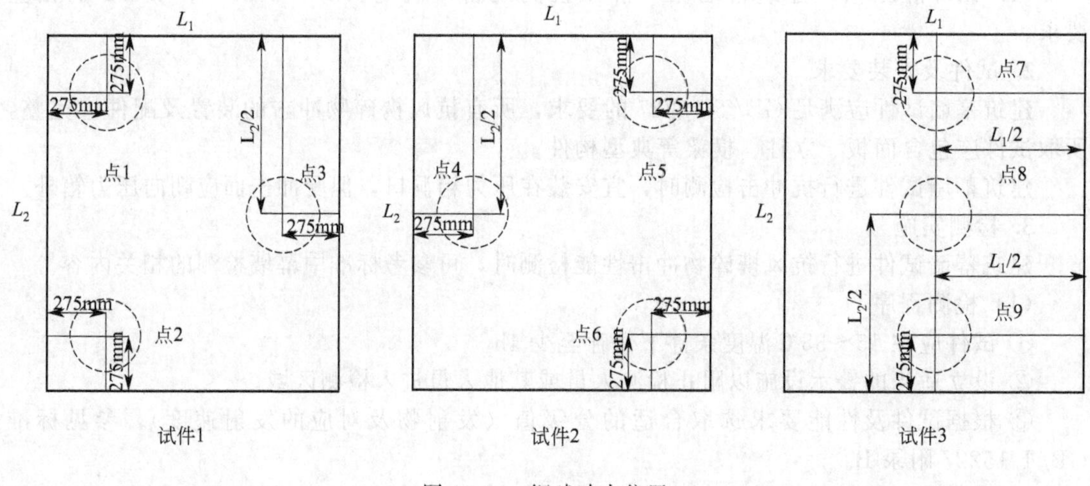

图 12-23　钢球冲击位置

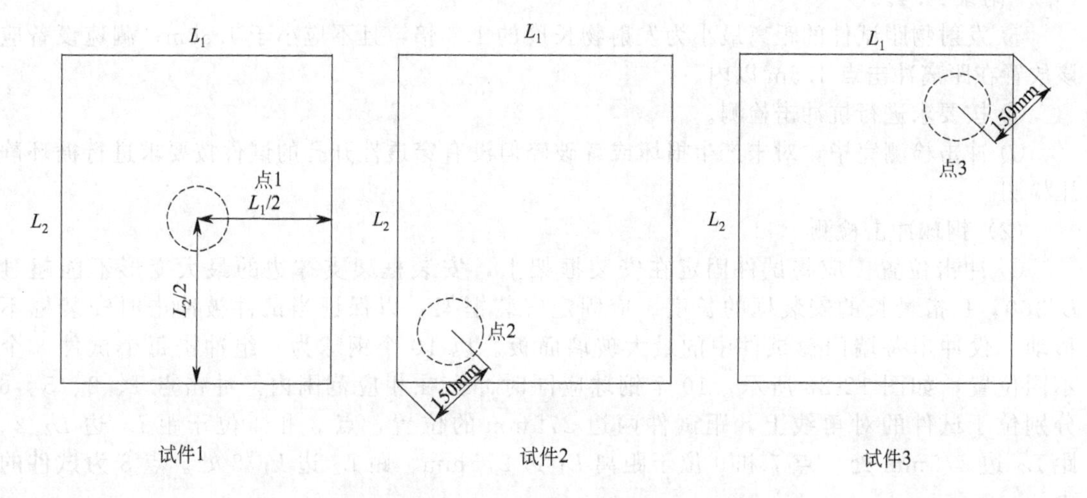

图 12-24　木块冲击位置

(a) 试件 1 的冲击位置是以冲击点 1 为圆心、半径为 65mm 的圆内。冲击点 1 位于试件的中心点。

(b) 试件 2 的冲击位置是以冲击点 2 为圆心、半径为 65mm 的圆内。冲击点 2 位于试件的左下角对角线上，距离左下角 150mm 处。

(c) 试件 3 的冲击位置是以冲击点 3 为圆心、半径为 65mm 的圆内。冲击点 3 位于试件的右上角对角线上，距离右上角 150mm 处。

b. 门窗试件的型材冲击位置见图 12-25。

c. 幕墙试件的型材冲击位置见图 12-26。

d. 特殊情况。试件包含多重独立面板或防风暴装置时，应选取最靠近室内者进行冲击检测，且应冲击其室外侧表面。试件包含相同材料的固定和活动面板时，应选取活动面板进行冲击检测，且冲击的角部位置应靠近锁点，另一角部冲击点取其相对位置。试件检测部位带有支撑物时，应选取附近的无支撑部分检测。防风暴装置具有可折叠部分时，则应选取摺间凹槽处检测。防风暴装置具有多个轨道或多种安装方式时，则每一层防风暴装置应分别冲击三次，冲击位置见图 12-27。

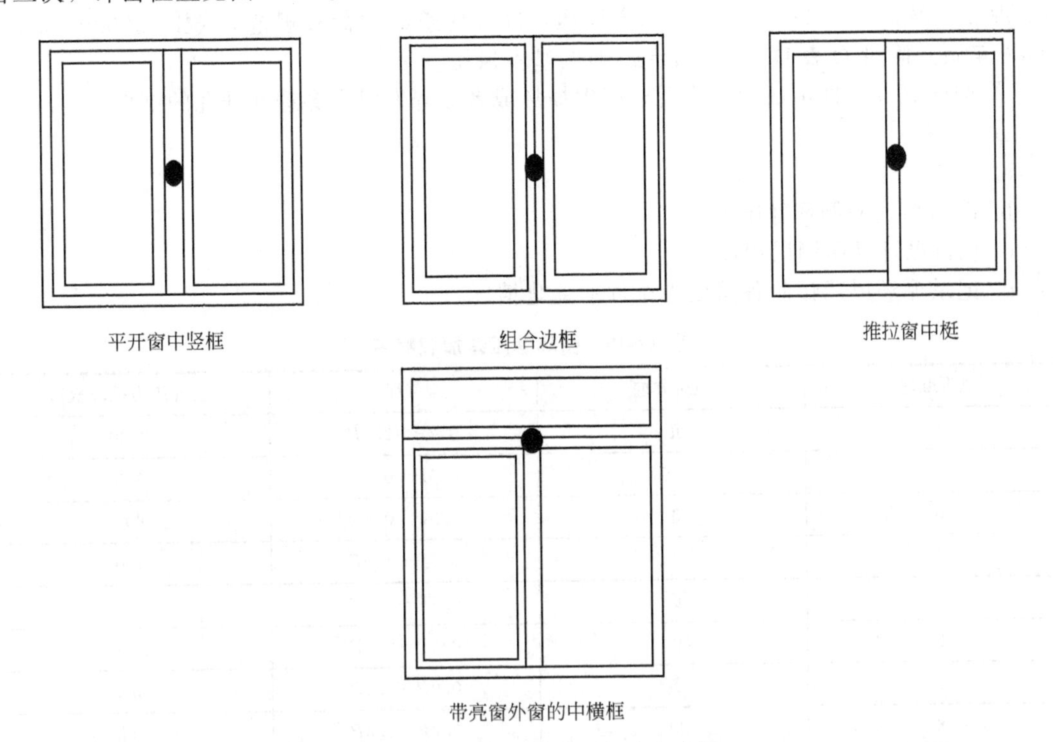

图 12-25　门窗试件的型材冲击位置

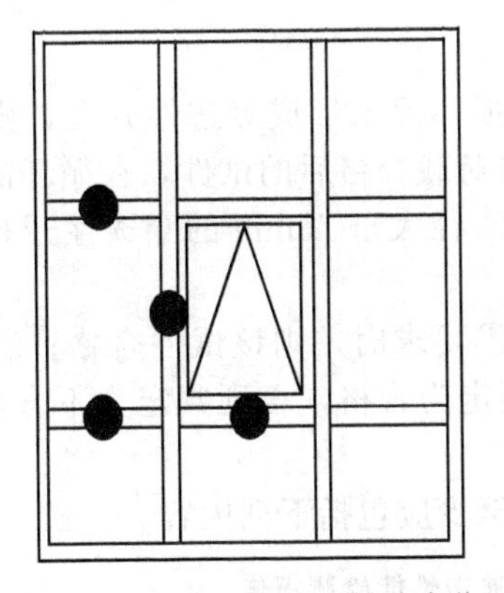

图 12-26　幕墙试件的型材冲击位置

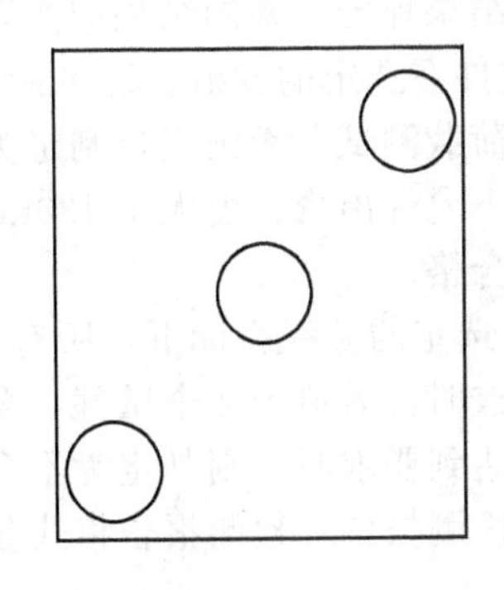

图 12-27　多轨道或组合安装的防风暴装置的冲击位置

③ 发射角度。发射点与冲击点的连线和发射点与试件的水平连线所成夹角应在 5°以内。

④ 步骤

a. 调整发射管的发射端，使其与试件最短距离为发射物长度的 1.5 倍，不小于 1.8m。

b. 将木块发射物装入发射管。

c. 调整发射管使发射物可以冲击到试件的规定位置。

d. 校准发射速度。

e. 进行木块冲击检测。

f. 记录试件冲击后的状况。

(4) 循环静压检测

① 循环静压检测荷载。循环静压差加载顺序见表12-30，其中P为工程所在地的风荷载值，取$2.25W_0$。W_0为50年一遇基本风压，即《建筑结构荷载规范》(GB 50009—2001)(2006年版) 附录D表D.4中，$n=50$时的基本风压。

② 测试试件。冲击试验完毕后未产生损坏或者破碎但没有穿透性开孔的试件。

③ 步骤

a. 安装试件。

b. 设定系统的循环静压差。

c. 执行循环静压测试程序。

d. 记录循环风压试验各阶段中试件的变化情况。

表12-30 循环静压差加载顺序

施压顺序	施压方向	空气压差	空气压力循环次数
1	正	$0.2P \sim 0.5P$	3500
2	正	$0.0P \sim 0.6P$	300
3	正	$0.5P \sim 0.8P$	600
4	正	$0.3P \sim 1.0P$	100
5	负	$0.3P \sim 1.0P$	50
6	负	$0.5P \sim 0.8P$	1050
7	负	$0.0P \sim 0.6P$	50
8	负	$0.2P \sim 0.5P$	3350
周期	每个空气压力循环过程在1～5s之间，间隔小于1s		

(5) 结果评定　检测结果应按以下方法评定。

① 试件在选定的发射物冲击荷载下未产生损坏或损坏但未形成穿透性开孔，则可进行循环静压荷载测试，否则直接判定为不合格；经受冲击荷载合格后的试件，在循环静压荷载作用后，不允许出现长度大于130mm的裂缝，或出现直径大于76mm的穿透性开孔，否则判定为不合格。

② 在选定的分级指标下，所有3个试件全部达到①要求时，则该试件合格；若2个试件达到要求时，需追加2个试件，全部符合要求时则判定为合格，否则判定为不合格；若2个试件未达到要求时，则判定为不合格。

(6) 检测报告　检测报告格式参见表12-31，报告至少应包括下列内容。

表12-31 建筑幕墙和门窗抗风携碎物冲击性能检测报告

报告编号：　　　　　　　　　　　　　　　　　　　　共1页　第1页

委托单位				
地址			电话	
送样/抽样日期				
抽样地点				
工程名称				
生产单位				
试件	名称		状态	
	商标		规格型号	

续表

检测	项目		数量	
	地点		日期	
	依据			
	设备			
检测结论				
抗风携碎物冲击性能：属国标 GB/T××××××第　　级 满足工程使用要求（当工程检测时注明） （检测报告专用章）				
批准：　　　　审核：　　　　主检： 报告日期：				

① 委托和生产单位。

② 试件名称、编号、规格、数量；玻璃的品种、结构及空气层厚度；型材的断面尺寸、框的位置、面板布置、窗扇或门扇尺寸和布置、锚件的安装和间距、五金件的安装位置、密封条及密封方法。

③ 检测项目、检测依据、检测设备、检测类别、检测时间和报告时间。

④ 发射物的尺寸与重量、发射物的速度及打击部位、检测用静压力值、静压力加载顺序。

⑤ 每次检测结果、检测结论。

⑥ 检测人、审核人及负责人签名。

⑦ 检测单位。

第八节　建筑幕墙热循环检测

气候变化对建筑幕墙质量的影响主要体现在节能、舒适性、使用功能、安全卫生等方面。

(1) 节能、舒适性　保温隔热性能较差的建筑幕墙，在夏季高温和冬季低温气候条件下，难以保证室内居住的舒适度，为了维持舒适的居住环境，会消耗大量的能源。

(2) 使用功能　幕墙是一个系统工程，组成材料包括金属型材、玻璃、胶、石材等，材料的热膨胀系数不一致，建筑幕墙的各部分组件产生不同的伸缩变化，导致建筑幕墙气密、水密性能变差。

(3) 安全卫生　夏季，由于室外气温较高和辐射的影响，建筑幕墙外表面温度较高，存在微小缺陷的钢化玻璃会由于内部热应力而爆炸，造成安全隐患；冬季，室外气温较低时，建筑幕墙内侧表面温度较低，往往在室内侧表面结露，情况严重时会使玻璃模糊不清，影响视线，产生的积水会使玻璃发霉。

我国现行建筑幕墙标准体系中，专门针对各类极限气候对建筑幕墙影响的测试标准也属首次制定。建筑工业行业标准《建筑幕墙热循环试验方法》就是模拟气候变化对建筑幕墙作用的一种检测方法，它必将为我国建筑幕墙行业的健康发展做出应有的贡献。

一、术语与定义

室内环境：模拟设计确定的室内空气温度、湿度。

室外环境：模拟建筑物室外气候全年变化，空气温度为设计确定的夏季和冬季室外极端设计温度，其中夏季室外空气极端设计温度还包括由太阳辐射引起的外侧表面温度，湿度没有要求。

热循环：模拟建筑物室内外一年以上自然气候条件周期变化的过程，模拟的自然气候条件包括空气温度、空气湿度、太阳辐射强度。

最高空气温度：室外侧空气温度的最大值 T_{max}，即设计确定的夏季室外最高温度。

最低空气温度：室外侧空气温度的最低值 T_{min}，即设计确定的冬季室外最低温度。

最大辐射强度：室外侧辐射强度的最大值 I_{max}，即设计确定的夏季室外最大太阳辐射强度。

二、检测原理和检测条件

1. 检测原理

建筑幕墙热循环性能检测，即通过模拟室内温度湿度环境以及室外侧高低温交变环境和太阳辐射，在短时间内实现实际使用过程中天气冷热变化及辐射条件对建筑幕墙的影响，检测幕墙有无因热胀冷缩而产生形变、部件损坏、结露等情况。热循环试验完成后，还要进行后续的气密、水密等性能试验，将热循环前后的试验结果进行比对，判断热循环检测作用后，幕墙的性能有无降低。

2. 检测条件

热循环检测可采用测试条件一或测试条件二进行。

(1) 测试条件一　热循环实验前将室内侧和室外侧空气温度都稳定在 (24±3)℃至少 1h。

室外温度和辐射条件变化的一个循环周期如图 12-28 所示，室内温度和湿度条件变化的一个循环周期如图 12-29 所示。循环的次数由设计确定，最少循环次数不应少于 3 次。

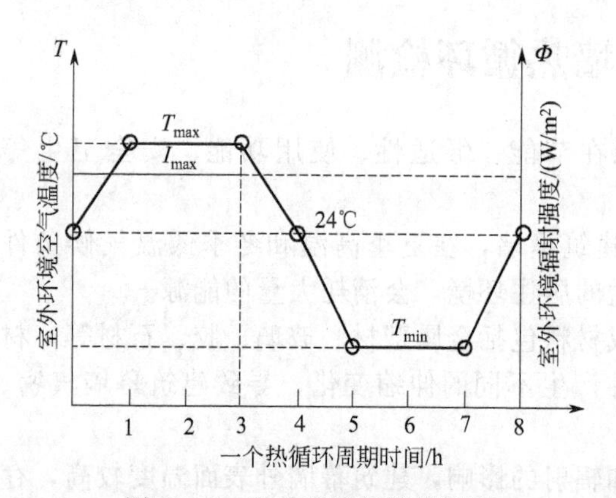

图 12-28　室外环境气候模拟图

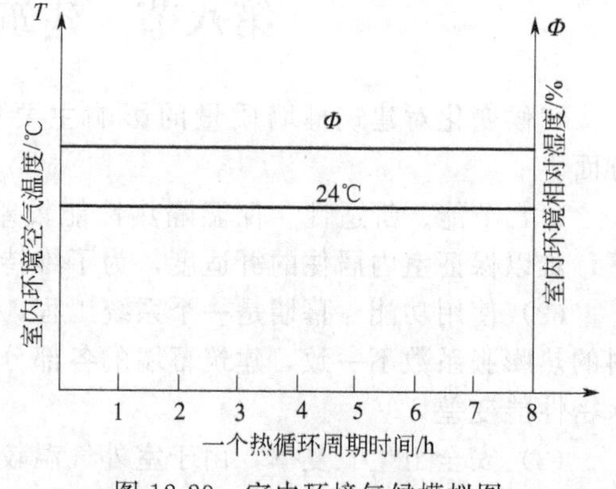

图 12-29　室内环境气候模拟图

T_{min} 为室外空气温度的最低值，单位为℃；T_{max} 为室外空气温度的最大值，单位为℃；I_{max} 为室外主要面板日照辐射强度最大值，单位为 W/m²；室内空气温度单位为℃；室内空气相对湿度 Φ 单位为%

室内侧、室外侧空气温度及室外侧辐射条件可根据幕墙使用地的气候条件确定，如没有特别约定，室外空气温度为 45℃，辐射强度为 700W/m²；室内空气温度为 24℃，室内空气的相对湿度为 50%。

室内与室外空气温度在实验过程中应控制在设定温度的±3℃以内；室内空气相对湿度应控制在设定湿度±10%以内。

(2) 测试条件二　热循环实验前将室内侧和室外侧空气温度都稳定在 (24±3)℃至少 1h。

室外温度条件变化的一个循环周期如图 12-30 所示，室内温度和湿度条件变化的一个循环周期如图 12-31 所示。循环的次数由设计确定，最少循环次数不应少于 3 次。

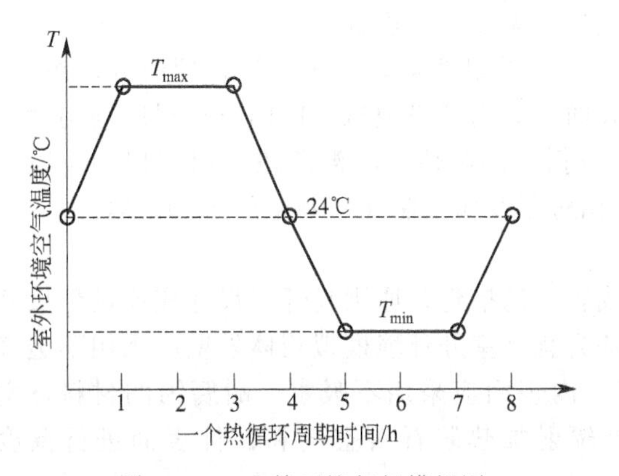

图 12-30　室外环境气候模拟图

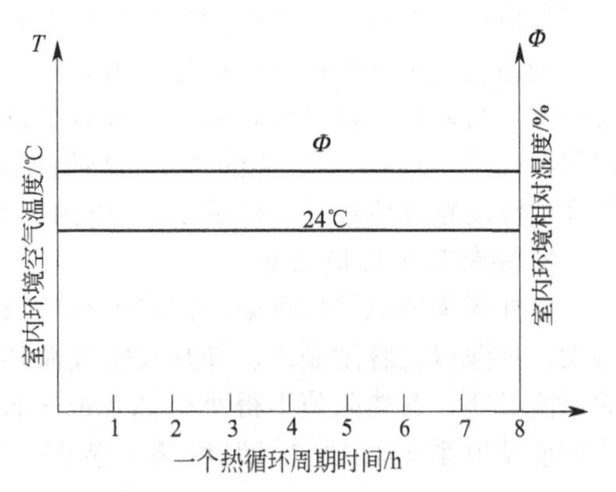

图 12-31　室内环境气候模拟图

T_{min}为室外空气温度的最低值，单位为℃；T_{max}为室外空气温度的最大值，单位为℃；室内空气温度单位为℃；室内空气相对湿度 Φ 单位为%

室内侧、室外侧空气温度及室外侧辐射条件可根据幕墙使用地的气候条件确定，如没有特别约定，室外空气温度为 82℃，室内空气温度为 24℃，室内空气的相对湿度为 50%。

室内与室外空气温度在实验过程中应控制在设定温度的±3℃以内；室内空气相对湿度应控制在设定湿度±10%以内。

三、检测装置

检测装置主要由室外环境模拟系统、室内环境模拟系统、试件安装支撑系统及测量系统组成。检测装置的构成见图 12-32。

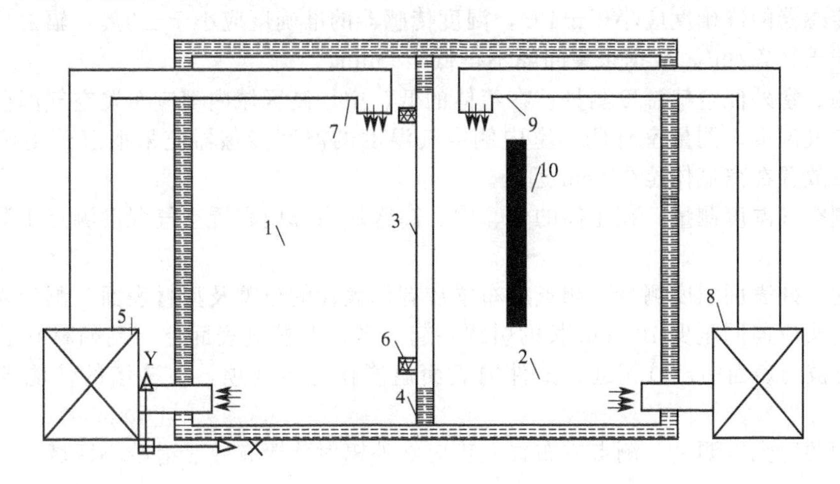

图 12-32　检测装置示意图

1—室内环境模拟箱体；2—室外环境模拟箱体；3—试件；4—试件边缘封板；5—空气温湿度调节装置；6—试件安装支撑系统；7—室内侧空气循环系统；8—空气温度调节装置；9—室外侧空气循环系统；10—红外辐射加热装置

1. 室内环境模拟系统

室内环境模拟箱体可采用固定大小的箱体或者现场搭建，原则是开口尺寸应比试件尺寸略大，进深以能容纳制冷、加热及空气循环设备为宜。室内环境模拟箱体外壁应采用不透气的保温材料，其热阻值不得小于 $3.5m^2 \cdot K/W$，内表面应采用不吸水、耐腐蚀的材料。室内环境模拟系统通过空气温湿度调节装置对空气进行温度、湿度处理。

利用空气循环系统进行强迫对流，保证室内空气温湿度均匀，应设计合理的气流组织，气流方向与试件表面平行，避免空气直吹试件表面。室内环境模拟箱体内空气温度均匀度应控制在±3℃以内，在试验的各个循环周期内（包括升温阶段、降温阶段、温度保持阶段），温度的波动幅度应在设定值的±3℃以内，空气相对湿度应控制在控制点的±10%以内。

2. 室外环境模拟系统

室外环境模拟箱体可采用固定大小的箱体或者现场搭建，原则是开口尺寸应比试件尺寸略大，进深以能容纳制冷、加热及空气循环设备为宜。室外环境模拟箱体外壁应采用不透气的保温材料，其热阻值不得小于 $3.5m^2 \cdot K/W$，内表面应采用不吸水、耐腐蚀的材料。室外环境模拟系统通过空气温度调节装置、红外辐射加热装置对空气和试件表面进行温度调节。

利用空气循环系统进行强迫对流，保证室外空气温度均匀，应设计合理的气流组织，气流方向与试件表面平行，避免空气直吹试件表面。室外环境模拟箱体内空气温度均匀度应控制在±3℃以内；在试验的各个循环周期内（包括升温阶段、降温阶段、温度保持阶段），温度的波动幅度应在控制点的±3℃以内；在热循环试验的加热阶段和高温保持阶段，辐射强度的波动幅度应在（$I_{max}\pm50$）W/m^2 以内。

3. 试件安装支撑系统

支撑幕墙的试件安装支撑系统应有足够的刚度和强度，并固定在有足够刚度和强度的支撑结构上。

4. 测量装置及测点布置

室内侧、室外侧的空气温度，试件外表面温度应采用校准过的温度传感器来测量。温度测点的布置应确定为对箱体而言有代表性的位置上。

温度传感器的准确度应小于±1℃，湿度传感器的准确度应小于±3%，辐射传感器的准确度应小于±10W/m^2，数据采集间隔不得低于 2min。

室内侧、室外侧空气温度测量：在箱体的低、中、高区域内都应布置空气温度测点来测试箱体的空气温度。测量室外侧、室内侧空气温度的温度传感器应采取遮蔽措施来防止辐射，同时被放置在离试体至少 8cm 远处。

室内侧空气湿度测量：在箱体的低、中、高区域内都应布置空气湿度测点来测试箱体的空气湿度。

试件内、外表面温度测量：测点应布置在有代表性的玻璃及型材表面，测量表面温度的热电偶感应头应连同至少 100mm 长的引线一起，紧贴在被测表面上。粘贴材料总的半球发射率 ε 应与被测表面的 ε 值相近。试件内表面温度作为可选项，在幕墙的性能评估中可能有用。

室外侧辐射强度测量：测点应布置在正对红外辐射装置有效照射中心区域。

四、试件及安装要求

试件规格、型号和材料等应与生产厂家所提供图样一致，试件的安装应符合设计要求，不得加设任何特殊附件或采取其他措施，试件应干燥。

试件尺寸应能充分反映系统典型节点的性能，如有转角，应包括转角。试件宽度至少应包括一个承受设计荷载的垂直承力构件，试件的高度不应低于两个层高，并在垂直方向上要有两处或两处以上和承重结构相连接，如装配的范围低于两个层高，整个高度范围都应被测试。试件组装和安装时的受力状况应和实际使用情况相符。

单元式幕墙至少应包括一个与实际工程相符的典型十字接缝，并有一个完整单元的四边形成与实际工程相同的接缝。

试件应包括典型的垂直接缝、水平接缝和可开启部分，并且使试件上可开启部分占试件总面积的比例与实际工程接近。

五、检测程序

热循环检测是在幕墙气密性能、水密性能等性能检测之后进行的，热循环检测之后还要重复进行气密性能、水密性能等性能检测，如图 12-33 所示。

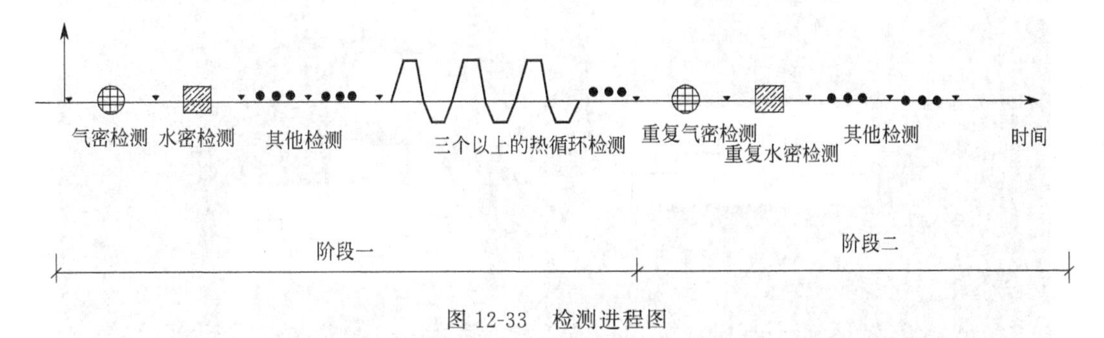

图 12-33　检测进程图

检查试件状态并记录，开关移动件（包含开启窗）5 次，最后关闭和锁住移动件；检查并使仪器设备处于正常状态；启动检测装置，设定温度使室内温度和室外温度一致，都达到环境温度；设定室内温度、相对湿度，设定室外最高温度、最低温度、辐射强度和升温降温时间及循环试验周期；试验过程中和试验结束后，观察试件的变化并描述（包括因为热胀冷缩产生的应力形变、连接件的扭曲、密封件的损坏、幕墙结露、玻璃的破裂等其他的有害结果）；至少 6h 以后才能开始重复幕墙的气密性能、水密性能等性能检测。

六、检测报告

检测报告应包括但不限于以下内容：

① 委托和生产单位，实验室的名称和地址。

② 检测依据、检测设备、检测项目。

③ 检测地点、检测完成的日期和报告的发布日期。

④ 试件描述：型材尺寸、材质等描述；玻璃种类及构造描述；遮蔽物框架尺寸和材料等描述；锁定和可运转的机械装置描述；密封系统的类型、材料和位置等描述；被用来降低窗框、通风设备、面板和主要框架传热系数的材料类型、尺寸、形状和位置等描述。

⑤ 温度传感器和湿度传感器的布置图。

⑥ 检测过程记录，包括室内外空气温度，室内空气湿度，室外侧试件表面温度，室外侧辐射；部件损坏情况；试件表面结露和结霜情况。

⑦ 检测结果：部件损坏情况、试件表面结露和结霜情况。

⑧ 检测人、审核人及负责人签名。

⑨ 检测单位。

热循环检测现场见图 12-34。

图 12-34 热循环检测现场

第九节 建筑幕墙抗爆炸冲击波性能检测

建筑幕墙抗爆炸冲击波性能是指建筑幕墙在正常使用状态下（开启扇关闭）遭受爆炸空气冲击波作用时，保护室内人或物的能力。

世界各地恐怖袭击事件接连发生，爆炸冲击波对建筑物及其内部人员安全的威协受到人们的广泛关注。玻璃幕墙在受到冲击波袭击时如果没有足够的抗爆炸冲击波强度，则容易发生破坏且危及建筑内部人员和物品的安全。因此，对于有防爆要求的建筑，重视和提高其玻璃幕墙和门窗的抗爆炸冲击波性能显得尤为重要。

欧盟、美国及国际标准化组织先后编制并发布了相关标准，目前主要有以下几项。

①《门窗和百叶窗—抗爆炸—分级要求—第 1 部分：激波管》(EN 13123-1：2001)。

②《门窗和百叶窗—抗爆破—试验方法—第 1 部分：激波管》(EN 13124-1：2001)。

③《门窗和百叶窗—抗爆炸—分级要求—第 2 部分：距离试验》(EN 13123-2：2004)。

④《门窗和百叶窗—抗爆炸—试验方法—第 2 部分：距离试验》(EN 13124-2：2004)。

⑤《玻璃和玻璃系统承受爆炸冲击波作用试验方法》[ASTM F 1642-04 (2010)]。

⑥《建筑玻璃—抗爆炸安全玻璃窗—空气冲击波作用分级及检测方法》(ISO 16933—2007)。

⑦《建筑玻璃—抗爆炸安全玻璃窗—激波管作用分级及检测方法》(ISO 16934—2007)。

我国于 2006 年启动了建筑幕墙和门窗的抗空气冲击波的试验研究，先后对激波管法和距离试验法进行了模拟试验。2006 年 9 月，国家建筑工程质量监督检验中心成功采用距离试验法进行了我国首个玻璃幕墙的抗爆炸冲击波性能试验。

当玻璃幕墙具备下列条件之一时，相关各方应进行论证是否需要进行抗爆炸冲击波试验：工程所在地发生过爆炸袭击或存在爆炸袭击的可能；建筑物本身的重要性、建筑功能要求，建筑物的设计、使用相关各方有试验要求；工程所在地易于实施爆炸袭击；工程附近存在易受爆炸攻击的目标。

试验要求一般由设计单位或建设单位提出，并对分级指标提出具体要求。

一、试验原理

1. 爆炸冲击波

当能量在空气中突然被释放时（如引爆炸药），强烈压缩周围的空气，当传播速度达到超声速时，即可产生冲击波。在这个过程中，空气分子并不是像正常得到能量那样反应，而是受到激振形成冲击波。空气中任何一点的冲击波可以描述为压力瞬间上升，并紧跟着一段时间的衰减，这个阶段称为正压阶段，见图 12-35。

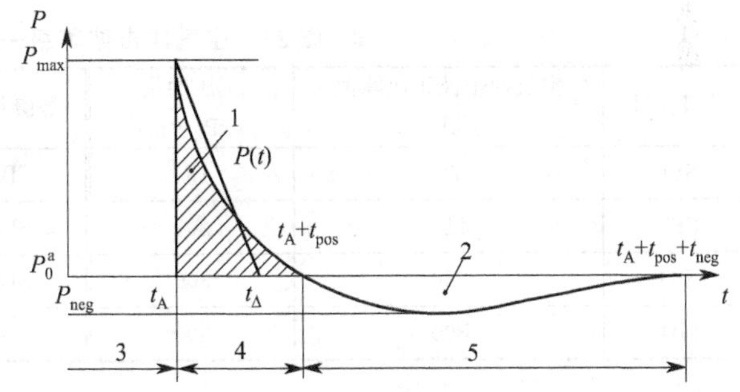

图 12-35　空气冲击波的理想压力-时间变化曲线

t—爆炸后的时间；P—压力；1—正压冲量，

$$I_{pos}=\int_{t_A}^{t_A+t_{pos}}[P(t)-P_0]\mathrm{d}t\ ;$$

2—负压冲量，$I_{neg}=\int_{t_A}^{t_A+t_{pos}}[P(t)-P_0]\mathrm{d}t$；

3—空气冲击波正压峰值到达时间，t_A；

4—正压阶段持续时间，t_{pos}；

5—负压阶段持续时间，t_{neg}；a—环境；P_0—大气压力

爆炸在自由场发生时，产生的冲击波以超声速传播。空气冲击波碰到试件表面时，将产生反射，反射处的冲击波强度增加。试件最初承受的空气冲击波反射正压峰值用 P_{max} 表示，指高于环境压力的超压值。随着自由场中膨胀空气能量的逐渐消散，动量也随之下降，气体开始转为收缩，受空气冲击波的影响产生一个稀疏波，并以负压阶段的形式表现出来。在负压阶段，试样玻璃面板受到负压作用产生塑性回弹，可能导致玻璃破碎并向爆炸源方向脱落。

2. 爆炸冲击波对建筑幕墙的破坏机理

爆炸冲击波以超声速向周围扩散，瞬间便可在附近的建筑幕墙上发生正反射或斜反射。

建筑幕墙在受到空气冲击波的作用后，受到强大的冲击波作用力，并在极短的时间内发生变形。单元面板或整体面板在力的作用下开始向冲击波的初始方向退后，并把冲击波压力传递到幕墙的横梁与立柱。当冲击波作用在玻璃面板上时，由于玻璃为脆性材料，更易发生破坏。当冲击波压力到达玻璃的承受极限时，玻璃即可能发生破碎，冲击波甚至导致玻璃碎片飞溅现象；如果幕墙横梁与立柱受到的作用力超过其承受荷载时，幕墙的结构即可能发生破坏，即发生系统破坏。

幕墙的破坏程度与空气冲击波作用在幕墙上的超压大小及作用的时间长短有密切的关系。因此，在对幕墙的抗爆炸冲击波试验中，超压值及其作用时间是我们应该控制的两个参数。

二、抗爆炸冲击波性能分级

1. 分级指标

分级指标包括空气冲击波等级和危险等级。

2. 空气冲击波等级

空气冲击波等级以空气冲击波正压峰值 P_{max} 和正压冲量 I_{pos} 表示，包括汽车炸弹级和手持炸药包级。汽车炸弹级以 EXV 表示，分为七个等级，见表 12-32；手持炸药包级以 SB 表示，分为七个等级，见表 12-33。

表 12-32　空气冲击波等级——汽车炸弹级

等级代号	空气冲击波正压峰值 P_{max} /kPa	正压冲量 I_{pos} /kPa·ms	等级代号	空气冲击波正压峰值 P_{max} /kPa	正压冲量 I_{pos} /kPa·ms
EXV1	30	180	EXV5	250	850
EXV2	50	250	EXV6	450	1200
EXV3	80	380	EXV7	800	1600
EXV4	140	600			

表 12-33　空气冲击波等级——手持炸药包级

等级代号	空气冲击波正压峰值 /kPa	正压冲量 /kPa·ms	等级代号	空气冲击波正压峰值 /kPa	正压冲量 /kPa·ms
SB1	70	150	SB5	700	700
SB2	110	200	SB6	1600	1000
SB3	250	300	SB7	2800	1500
SB4	800	500			

3. 危险等级

危险等级分为 6 级，根据试验后玻璃的破坏情况、幕墙或门窗构件破坏情况评定。危险等级划分见表 12-34。

表 12-34　危险等级

危险等级代号	危险程度	说明	
		玻璃破坏情况	构件破坏情况
A	无损坏	玻璃未发生破碎	构件无明显破坏，开启扇、五金件可正常启闭
B	无危险	玻璃发生破碎，室内表面玻璃仍完整保留在试样框架上，试样内表面没有裂口和材料碎片脱落。室外侧玻璃可能破碎后凸出或掉落	构件保持完整，开启扇、五金件未发生脱落，可启闭

续表

危险等级代号	危险程度	说　明	
		玻璃破坏情况	构件破坏情况
C	最小危险	见证板上的有效穿孔或凹痕数量不应大于3个；距离玻璃内表面1～3m之间地面上碎片总体尺寸的和不应大于250mm。 玻璃发生破碎，室外侧玻璃可能破碎后掉落或凸出。室内表面玻璃应完整保留在试样框架上，玻璃裂缝长度与玻璃从框架上脱出的边缘长度之和小于可见玻璃周长的50%。 如果由于设计意图，玻璃从框架上脱出的边缘长度超出玻璃可见周长的50%，但玻璃仍被特制夹具固定住，如果碎片满足本危险等级要求，也可以被评定为C级，但应在检测报告中说明玻璃破坏情况和夹具固定情况	构件保持完整，开启扇未脱落，开启扇经简单维修后能进行启闭。密封胶条和五金件可有脱落现象，但不对系统的完整性造成影响
D	低危险	玻璃发生破碎，试验箱体内脱落的玻璃主要位于距离玻璃内表面1m内的地面上，距离玻璃内表面1～3m之间地面上的碎片总体尺寸之和不超过250mm。见证板上不应有三个以上有效穿孔或凹痕	构件基本完整，开启扇未脱落。部分五金件可发生脱落，掉落位置位于后侧玻璃初始位置1m范围之内
E	中等危险	玻璃发生破碎，玻璃碎片或者整块玻璃飞落在距离试件内表面1～3m的地面上以及见证板0.5m以下的区域。 同时，见证板0.5m以上区域的有效穿孔数量不应大于10个，且有效穿孔深度不应大于12mm	开启扇连接部件脱落，五金件飞落在距离试件内表面1～3m的地面上和竖直见证板不超过0.5m的区域，试件发生系统性破坏
F	高危险	玻璃发生破碎，见证板0.5m以上区域的有效穿孔数量大于10个；或者见证板0.5m以上区域有一个以上深度大于12mm的有效穿孔	开启扇整体发生脱落，但试件骨架不得脱落

4. 分级方法

① 按试件承受空气冲击波作用后评定的危险等级进行分级，其分级代号由空气冲击波等级代号和危险等级代号组成。

② 抗汽车炸弹级性能分级见表12-35。

表12-35　抗汽车炸弹级性能分级

汽车炸弹级等级代号	危险等级代号					
	A	B	C	D	E	F
EXV1	EXV1(A)	EXV1(B)	EXV1(C)	EXV1(D)	EXV1(E)	EXV1(F)
EXV2	EXV2(A)	EXV2(B)	EXV2(C)	EXV2(D)	EXV2(E)	EXV2(F)
EXV3	EXV3(A)	EXV3(B)	EXV3(C)	EXV3(D)	EXV3(E)	EXV3(F)
EXV4	EXV4(A)	EXV4(B)	EXV4(C)	EXV4(D)	EXV4(E)	EXV4(F)
EXV5	EXV5(A)	EXV5(B)	EXV5(C)	EXV5(D)	EXV5(E)	EXV5(F)
EXV6	EXV6(A)	EXV6(B)	EXV6(C)	EXV6(D)	EXV6(E)	EXV6(F)
EXV7	EXV7(A)	EXV7(B)	EXV7(C)	EXV7(D)	EXV7(E)	EXV7(F)

③ 抗手持炸药包级性能分级见表12-36。

表12-36　抗手持炸药包级性能分级

手持炸药包级等级代号	危险等级代号					
	A	B	C	D	E	F
SB1	SB1(A)	SB1(B)	SB1(C)	SB1(D)	SB1(E)	SB1(F)
SB2	SB2(A)	SB2(B)	SB2(C)	SB2(D)	SB2(E)	SB2(F)

续表

手持炸药包级等级代号	危险等级代号					
	A	B	C	D	E	F
SB3	SB3(A)	SB3(B)	SB3(C)	SB3(D)	SB3(E)	SB3(F)
SB4	SB4(A)	SB4(B)	SB4(C)	SB4(D)	SB4(E)	SB4(F)
SB5	SB5(A)	SB5(B)	SB5(C)	SB5(D)	SB5(E)	SB5(F)
SB6	SB6(A)	SB6(B)	SB6(C)	SB6(D)	SB6(E)	SB6(F)
SB7	SB7(A)	SB7(B)	SB7(C)	SB7(D)	SB7(E)	SB7(F)

三、抗爆炸冲击波检测场地和仪器设备

1. 检测场地

检测场地应平整、开阔，并应满足安全引爆检测用炸药量的要求。

2. 炸药

选用的 TNT（三硝基甲苯）炸药应符合 GJB338A 的要求，采用密度为 1.56g/cm^3 的 TNT 集中药包，形状宜为球形或半球形。

3. 爆炸垫

可采用厚度不小于 10mm，长度和宽度不小于 1000mm，材质为 Q235 的钢板作为爆炸垫。

4. 检测箱体

检测箱体、试件、传感器及见证板安装位置示意见图 12-36。

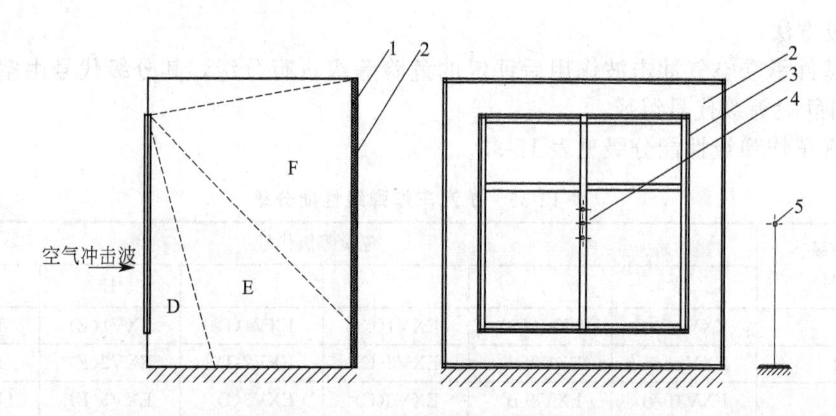

图 12-36　爆炸检测箱体安装示意图

1—见证板；2—检测箱体；3—试件；4—冲击波压力传感器（三个）；5—自由场压力传感器；
D—低危险时碎片掉落区域；E—中等危险时碎片掉落区域；F—高危险时碎片掉落区域

检测箱体应有一定的强度和刚度，应牢固地固定在地面上，在承受空气冲击波的作用后没有明显移动和翻转。检测箱体的洞口尺寸应满足试件的安装要求。试件安装后与检测箱体一起形成一个密封的空间。试件安装洞口下沿距离地面应为 500～1000mm，洞口侧边沿和上边沿距离箱体边部不宜小于 500mm。抗爆炸冲击波试验箱体及试件见图 12-37。

5. 测量及记录器具

(1) 尺寸测量器具　采用钢卷尺、钢直尺、深度尺等仪器测量试件、碎片、孔洞及凹痕等的尺寸。

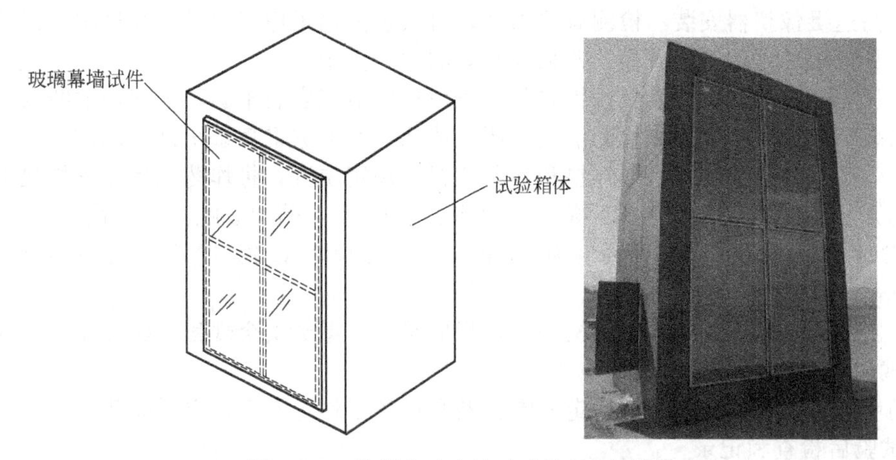

图 12-37　抗爆炸冲击波试验箱体及试件

（2）压力传感器　压力传感器的量程及灵敏度应满足检测要求，并可线性测量空气冲击波压力历程。压力传感器的响应频率不应小于 40kHz，上升时间不应大于 10μs，测量精确度不应大于测量值的 5%。试件上安装的压力传感器不应少于三个，宜对称安装在试件中心位置，压力传感器应安装在试件外表面平面内。压力传感器无法在试件上安装时，也可以安装在一个和试件尺寸相同、相对于炸药的位置也相同的传感器板上。自由场压力传感器不应少于 1 个，安装位置与箱体之间的距离不小于 5m 且大于箱体宽度，传感器高度和试件中心高度相同，与炸药水平距离和试件中心到炸药的水平距离相同。

（3）数据采集系统　数据采集系统应有足够的数据采集通道，采样频率应大于 10^6 次/s。

（4）影像记录设备　应采取照相及摄像仪器对检测前后及检测过程进行记录，当采用高速摄像仪对检测过程进行记录时，图像采集速度不宜低于 1000 帧/s。

（5）温度测量仪器　温度测量仪应能检测环境温度和试件玻璃的表面温度，测量精度不低于±1℃。

6. 见证板

采用单层或双层聚苯板或聚氨酯板，密度为 (30±5)kg/m³，截面总厚度不应小于 35mm。当安装高速摄像仪时，可在见证板的顶部或底部预留一个尺寸不大于 150mm×150mm 的洞口。见证板应竖直安装在检测箱体内表面上，距离试件内表面中心的距离为 (3±0.15)m。见证板宽度不应小于试验的宽度，高度为检测箱体的高度。

四、抗爆炸冲击波检测方法

建筑幕墙抗爆炸冲击波的检测，按照国家标准《玻璃幕墙和门窗抗爆炸冲击波性能分级及检测方法》的规定执行。

1. 检测条件

检测环境温度为 5～35℃，环境温度的测量应在检测前 30min 内进行。

2. 检测前准备

（1）炸药当量及爆炸距离　根据设定的抗爆炸冲击波性能分级，参照标准选取 TNT 炸药的质量及爆炸距离。

（2）箱体检查　检查箱体是否牢固地固定在地面上，见证板在箱体内的安装应牢固。

（3）试件检查及安装　检查试件的型号、规格尺寸及组成材料是否符合设计要求。试件安装应符合设计要求，并以实际安装方式固定在试验框架上，试件应尽可能垂直于爆炸源到试件中心的连线。检测前宜对试件进行影像记录，包括照片和录像。

（4）高速摄像仪器安装　检测有要求时，可安装高速摄像仪记录试验过程。高速摄像仪应安装在见证板的预留洞口后面，并采取有效的保护措施。

（5）压力传感器及数据采集系统安装　压力传感器应安装牢固，数据传输线及数据采集系统应采取有效的保护措施，检测前应对压力传感器及数据采集系统进行调试。

（6）炸药安装　按要求将爆炸垫和炸药放置在规定位置，将炸药放置在爆炸垫上方，炸药中心离开地面的距离应符合以下规定：100kg 的 TNT 炸药中心距离地面高度为 1200mm；3kg 的 TNT 炸药中心距离地面高度为 500mm；12kg 和 20kg 的 TNT 炸药中心距离地面高度为 800mm。

（7）安全要求　抗爆炸冲击波检测全过程应符合《爆破安全规程》（GB 6722）的要求。

3. 试验

启动所有记录仪器和设备，确定所有仪器和设备工作正常后，引爆炸药。

4. 试验后检查和记录

只有解除警戒后，检测人员才能进入检测场地，检查并记录试件以下项目。

① 外观：检查试件外观，并进行影像记录。

② 玻璃：测量并记录玻璃所有裂口和脱落的玻璃碎片位置及尺寸。

③ 五金件：记录五金件及密封条的破坏和脱落状况。

④ 试件整体：对试件受力杆件的变形情况、开启扇状况及其他破坏情况进行检查和记录。

⑤ 见证板：检查见证板上形成的穿孔和凹痕并记录尺寸（长、宽、深）不小于 3mm 的穿孔和凹痕及其在见证板上的位置。

⑥ 仪器状态：对仪器设备试验后的状态进行检查和记录。

5. 冲击波数据读取

对每个压力传感器记录的 $P\text{-}t$ 曲线进行滤波处理，按照《玻璃幕墙和门窗抗爆炸冲击波性能分级及检测方法》附录 A 的规定读取并记录每个压力传感器的正压峰值 $P'_{\max,i}$ 和正压冲量 I'_i。

6. 数据处理

按公式(12-30) 计算平均正压峰值$\overline{P'_{\max}}$。

$$\overline{P'_{\max}} = \frac{1}{n}\sum_{i=1}^{n} P'_{\max,i} \tag{12-30}$$

式中 $\overline{P'_{\max}}$——平均正压峰值；

n——传感器数量；

$P'_{\max,i}$——第 i 个传感器测量到的正压峰值；

按公式(12-31) 计算平均正压冲量$\overline{I'}$；

$$\overline{I'} = \frac{1}{n}\sum_{i=1}^{n} I'_i \tag{12-31}$$

式中 $\overline{I'}$——平均正压冲量；

n——传感器数量；

I'_i——第 i 个传感器测量到的正压冲量。

按公式(12-32) 计算平均正压峰值偏差量：

$$\Delta\overline{P'_{\max}} = \frac{\overline{P'_{\max}} - P_{\max}}{P_{\max}} \times 100\% \tag{12-32}$$

式中 $\Delta\overline{P'_{\max}}$——平均正压峰值偏差量，%；

$P_{\max}$——设计正压峰值。

按公式(12-33)计算平均正压冲量与设计正压冲量偏差：

$$\Delta \overline{I'}=\frac{\overline{I'}-I}{I}\times 100\% \tag{12-33}$$

式中　$\Delta \overline{I'}$——平均正压冲量偏差，%；

I——设计正压冲量。

按公式(12-34)计算平均正压峰值偏差和平均正压冲量偏差的总平均值 Ave；

$$Ave=(\Delta \overline{P'_{max}}+\Delta \overline{I'})/2 \tag{12-34}$$

7. 结果判定

(1) 试验有效性判定　对于汽车炸弹级爆炸空气冲击波，当冲击波测量值符合下面的要求时，认为试验有效：$\Delta \overline{P'_{max}}$和$\Delta \overline{I'}$均不应小于$-15\%$；$Ave$ 不应为负值。

对于手持炸药包级爆炸空气冲击波，当冲击波测量值符合下面的要求时，认为试验有效：$\Delta \overline{P'_{max}}$和$\Delta \overline{I'}$均不应小于$-10\%$；$Ave$ 不应为负值。

(2) 危险等级的判定　试验完成后，将试件的检测和检查结果对照标准进行危险等级判定，以玻璃破坏情况和系统性破坏情况较严重的等级为试验危险等级。

(3) 分级判定　根据检测结果，按照表 12-34 和表 12-35 的分级标准对试件的抗爆炸冲击波性能进行分级。

五、抗爆炸冲击波检测报告

检测报告应包括以下信息。

(1) 检测机构的信息　包括试验室名称和地址。

(2) 试件信息　试件制造商名称或商标；试件名称和类型；试件描述，包括相关尺寸、结构和材料；试件接收时的情况描述。

(3) 检测情况　试件数量；炸药的类型和质量；炸药包形状；爆炸距离；试件相对于炸药中心和试件中心连线的方向；全部的空中爆炸冲击波传感器的数量和位置；压力传感器安装的位置和数量；检测前测量的空气温度；检测前测量的玻璃外表面温度。

(4) 检测结果　每个压力传感器测量的冲击波正压峰值及其平均值；每个试件中心的冲击波正压峰值和正压冲量；和试件距离炸药相同距离的自由场冲击波正压阶段压力、冲量和持续时间；每个压力传感器的空气压力记录；检测结束后试件全部部件的情况和位置，包括检测过程中发生的任何开口的长度和位置；收集到的碎片数据和用于确定碎片尺寸的计算；冲击波导致的见证板破坏，包括所有穿孔或凹痕的位置；从这些数据得出的危险等级；经过规定的冲击波检测后，试件的分级代号。

(5) 检测报告应包含图片记录，必要时，可包括录像记录。

建筑幕墙抗爆炸冲击性能检测报告见表 12-37。

表 12-37　建筑幕墙抗爆炸冲击波性能检测报告

报告编号　：　　　　　　　　　　　　　　　　　　　　共　　页第　　页

<table>
<tr><td colspan="2">委托单位</td><td colspan="3"></td></tr>
<tr><td colspan="2">地址</td><td></td><td>电话</td><td></td></tr>
<tr><td colspan="2">送样/抽样日期</td><td colspan="3"></td></tr>
<tr><td colspan="2">抽样地点</td><td colspan="3"></td></tr>
<tr><td colspan="2">工程名称</td><td colspan="3"></td></tr>
<tr><td colspan="2">生产单位</td><td colspan="3"></td></tr>
<tr><td rowspan="2">样品</td><td>名称</td><td></td><td>状态</td><td></td></tr>
<tr><td>商标</td><td></td><td>规格型号</td><td></td></tr>
</table>

续表

<table>
<tr><td rowspan="4">检测</td><td>项目</td><td></td><td>数量</td><td></td></tr>
<tr><td>地点</td><td></td><td>日期</td><td></td></tr>
<tr><td>依据</td><td colspan="3"></td></tr>
<tr><td>设备</td><td colspan="3"></td></tr>
<tr><td colspan="5">检测结论</td></tr>
<tr><td colspan="5">抗爆炸冲击波性能：
幕墙抗汽车炸弹级(抗手持炸药包级)性能分级为国标×××××.×规定的XX级。

(检测报告专用章)</td></tr>
<tr><td colspan="5">批准：　　审核：　　主检：　　报告日期：</td></tr>
</table>

第十节　幕墙检测工程实例

一、玻璃幕墙检测实例

【工程实例】 北京某大厦，采用铝合金中空玻璃幕墙（全隐框），试验采用一樘 4050mm×7400mm 规格幕墙，在国家建筑工程质量监督检验中心幕墙门窗检测部进行动风压三性性能及平面内变形性能检验。试验样品的主要参数见表 12-38，试件的安装及检测过程参照图 12-38～图 12-42。经检验人员检查核实，试件满足以下要求。

表 12-38　玻璃幕墙试验样品特征

缝长/m	开启部分:10.18		固定部分:187.98
面积/m²	开启面积:1.76		固定部分:—
楼层高度/m	3.6	主受力杆长度/mm	2930
玻璃品种	钢化 Low-E 中空玻璃 (6＋12A＋6mm)	镶嵌方式	干法＋湿法
玻璃镶嵌材料	结构胶 SS622 密封胶 SS881	框扇密封材料	胶条
气温/℃	15.0	气压/kPa	100.4
最大玻璃尺寸/mm	宽:1960	长:1220	厚:6＋12A＋6

① 试件规格尺寸与图纸相符。

② 试件的角码结构、数量、相互位置关系、连接形式与图纸相符。

③ 单元板块的规格尺寸、结构及相互位置关系与图纸相符。

④ 开启窗数量、结构、尺寸、五金件、密封胶条与图纸相符。

⑤ 试件玻璃的规格尺寸与图纸相符。

⑥ 试件外装饰百叶及玻璃的规格尺寸、位置关系与图纸相符。

⑦ 密封材料与图纸相符。

⑧ 安装过程中各节点与图纸相符。

1. 检测依据

（1）气密性能　《建筑幕墙空气渗透性能检测方法》（GB/T 15226—94）。

（2）水密性能（动态及静态）《建筑幕墙雨水渗漏性能检测方法》（GB/T 15228—94）。

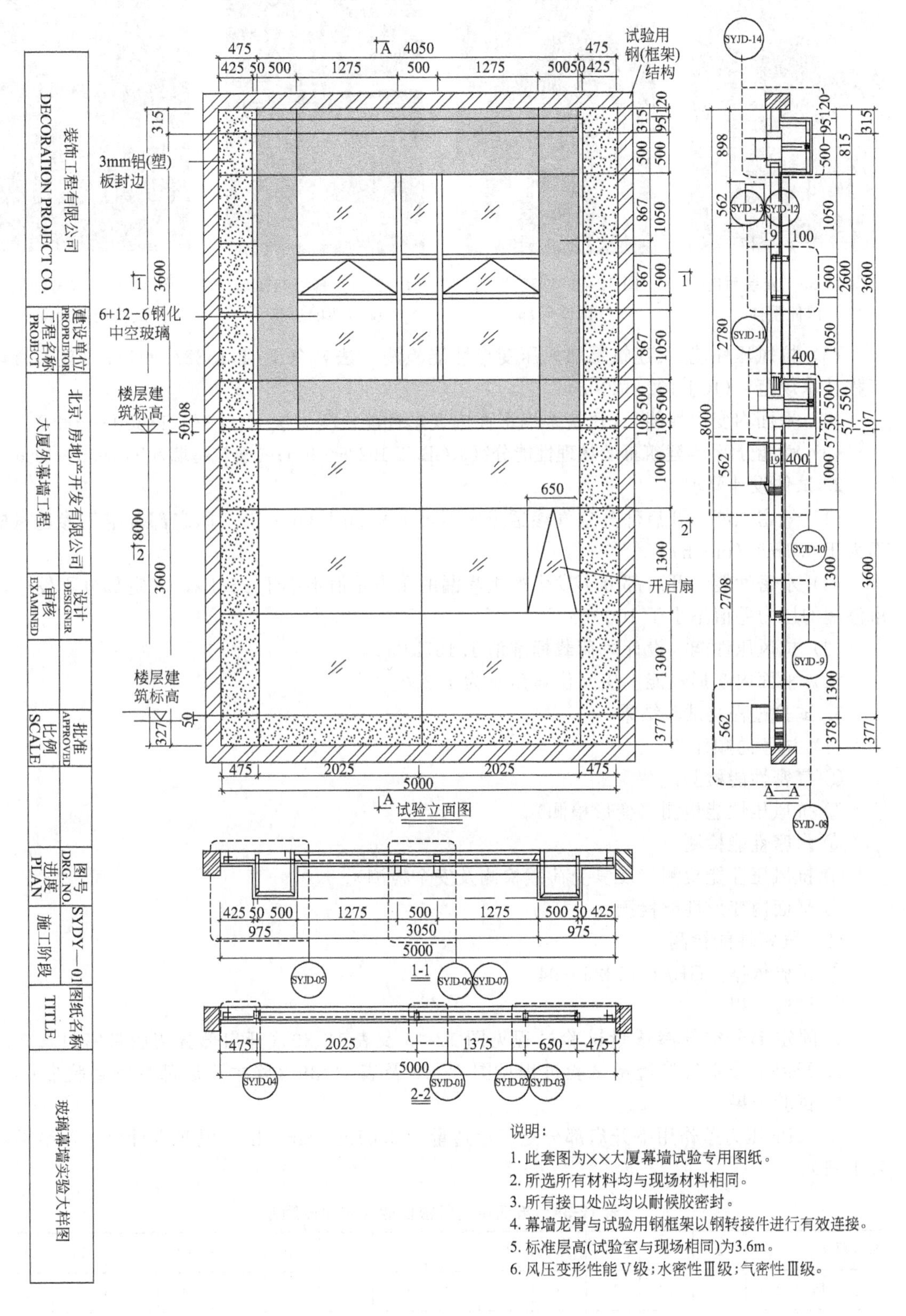

图 12-38 幕墙试验图纸

图 12-39 安装后的试件整体

图 12-40 安装后的试件局部

图 12-41 幕墙与试验反力架的连接

图 12-42 水密性能试验局部渗漏

(3) 抗风压性能 《建筑幕墙风压变形性能检测方法》(GB/T 15227—94);《玻璃幕墙工程技术规范》(JGJ 102—2003)

(4) 平面内变形性能 《建筑幕墙平面内变形性能检测方法》(GB/T 18250—2000)。

(5) 性能分级 《建筑幕墙物理性能分级》(GB/T 15225—94);《建筑幕墙》(JG 3035—1996)。

2. 试件设计要求

(1) 气密性能 开启部分空气渗透量应不大于 2.5$m^3/(m \cdot h)$。固定部分空气渗透量应不大于 0.1$m^3/(m \cdot h)$。

(2) 水密性能 开启部分不发生严重渗漏的压力差值不小于 250Pa,固定部分不发生严重渗漏的压力差值不小于 1000Pa。

(3) 抗风压性能 设计风荷载标准值 1.157kPa。

(4) 平面内变形性能 层间位移角 γ 为 1/300。

3. 试验过程及试验结果

(1) 试验总顺序

① 气密性能检测。

② 抗风压性能检测(变形检测)。

③ 水密性能检测。

④ 抗风压性能检测(反复受荷载检测及安全检测)。

⑤ 平面内变形性能检测。

(2) 气密性能检测

① 试验依据。GB/T 15226—94。

② 试验过程

a. 固定部分空气渗透量试验过程见图 12-43 及表 12-39(开启部分用胶带密封)。

b. 开启部分空气渗透量试验过程见图 12-43 及表 12-39(除去开启部分密封胶带)。

③ 试验结果

a. 10Pa 压力差作用下开启部分空气渗透量为 0.01$m^3/(m \cdot h)$,满足设计要求,结果见表 12-40。

表 12-39 玻璃幕墙气密性能检测加压顺序

加压顺序	1	2	3	4	5	6	7	8	9	10	11	12	13	14	15
压力差/Pa	250	0	10	20	30	50	70	100	150	100	70	50	30	20	10
时间/s	300	>10	>10	>10	>10	>10	>10	>10	>10	>10	>10	>10	>10	>10	>10

表 12-40　玻璃幕墙气密性能检测主要试验数据

压力差/Pa	渗透量 q_f /(m^3/h)	风速 V_1 /(m/s)	渗透量 q /[m^3/(m·h)]（固定部分）	风速 V /(m/s)	渗透量（固定+开启）q /(m^3/h)	渗透量（开启部分）q_2 /[m^3/(m·h)]
10	16.10	0.82	0.039	1.02	29.080	0.560
10	16.25	0.81	0.036	1.06	30.220	0.700

b. 10Pa 压力差作用下固定部分空气渗透量为 0.14m^3/(m·h)，满足设计要求，结果见表 12-40。

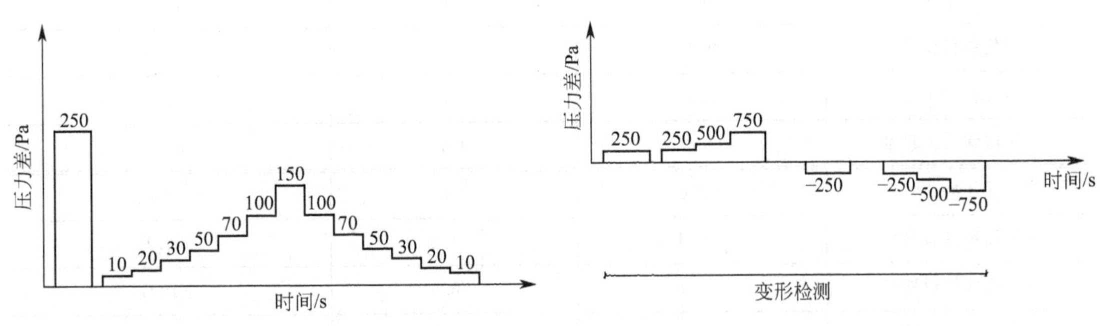

图 12-43　玻璃幕墙气密性能检测加压顺序

图 12-44　玻璃幕墙抗风压性能检测（变形检测）加压顺序

(3) 抗风压性能检测（变形检测）

① 试验依据。GB/T 15227—94。

② 试验过程。加压顺序见图 12-44 和表 12-41，测点布置见图 12-45。

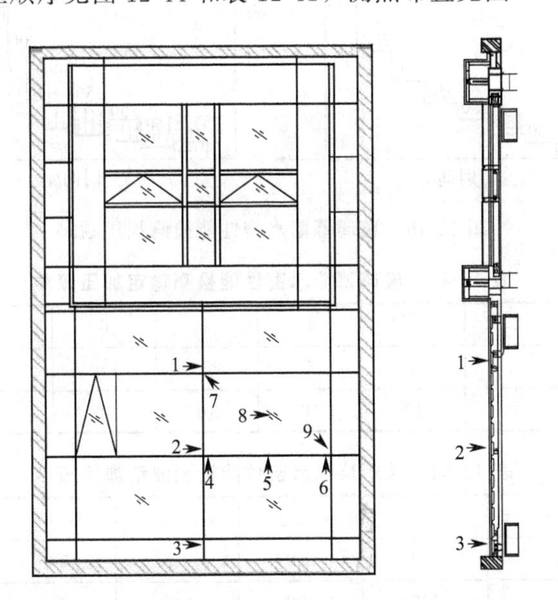

图 12-45　玻璃幕墙抗风压性能（变形检测）测点布置

③ 主受力杆件位移值见表 12-42。

(4) 水密性能检测

① 试验依据。GB/T 15228—94。

② 试验过程。加压顺序见图 12-46 和表 12-43、表 12-44。

表 12-41 玻璃幕墙抗风压性能检测（变形检测）加压顺序

加压顺序	1	2	3	4	5
压力差/Pa	250	0	250	500	750
时间/s	300	>10	>10	>10	>10
加压顺序	6	7	8	9	10
压力差/Pa	－250	0	－250	－500	－750
时间/s	300	>10	>10	>10	>10

表 12-42 玻璃幕墙主受力杆件位移值 单位：mm

压力差/Pa	250	500	750
1 号位移计位移量	0.8	1.5	2.2
2 号位移计位移量	3.2	6.3	9.4
3 号位移计位移量	0.2	0.4	0.7
压力差/Pa	－250	－500	－750
1 号位移计位移量	－0.6	－1.3	－2.1
2 号位移计位移量	－3.1	－6.5	－10.1
3 号位移计位移量	－0.2	－0.3	－0.8

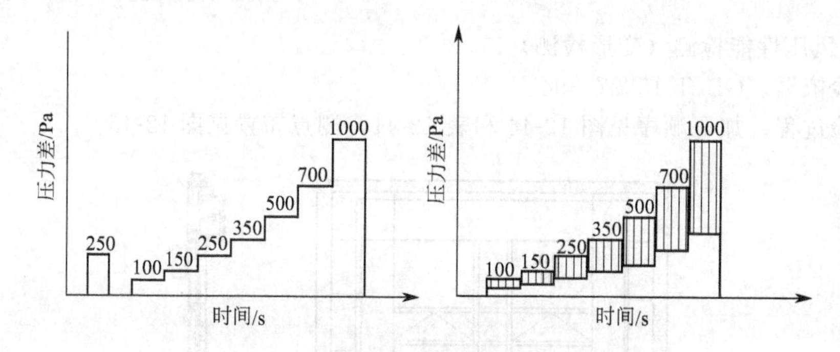

图 12-46 玻璃幕墙水密性能检测加压顺序

表 12-43 玻璃幕墙水密性能检测稳定加压顺序

加压顺序	1	2	3	4	5	6	7	8	9
压力差/Pa	250	0	100	150	250	350	500	700	1000
时间/min	5	1	10	10	10	10	10	10	10

表 12-44 玻璃幕墙水密性能检测波动加压顺序

加压顺序	1	2	3	4	5	6	7
压力上限值/Pa	100	150	250	350	500	700	1000
压力平均值/Pa	70	110	180	250	350	500	700
压力下限值/Pa	40	70	110	150	200	300	400
时间/min	10	10	10	10	10	10	10

③ 试验条件。淋水量为 4L/(m^2 · min)，检测部位见图 12-47。

④ 试验结果见表 12-45。

表 12-45 玻璃幕墙水密性能检测过程记录

试验步骤	压力差/Pa	时间/min	试件状态
稳定加压	100	10	试件无渗漏
波动加压	40～100	10	试件无渗漏
稳定加压	150	10	试件无渗漏
波动加压	70～150	10	试件无渗漏
稳定加压	250	10	试件无渗漏
波动加压	110～250	10	试件无渗漏
稳定加压	350	10	试件无渗漏
波动加压	150～350	10	试件无渗漏
稳定加压	500	10	试件无渗漏
波动加压	200～500	10	试件无渗漏
稳定加压	700	10	试件无渗漏
波动加压	300～700	10	试件无渗漏
稳定加压	1000	10	固定部分轻微渗漏
波动加压	400～1000	10	固定部分轻微渗漏

a. 开启部分在压力差为500Pa时未发生严重渗漏，满足设计要求。

b. 固定部分在压力差为1000Pa时未发生严重渗漏，满足设计要求。

(5) 抗风压性能检测（反复受荷载检测及安全检测）

① 试验依据。GB/T 15227—94。

② 试验过程。加压过程见图12-48和表12-46，检测过程记录见表12-47。

③ 安全检测

a. 正压力差安全检测：压力差值为1200Pa，持续时间3s。

b. 负压力差安全检测：压力差值为－1200Pa，持续时间3s。

c. 安全检测结果

(a) 正压力差安全检测 P_3 为1.2kPa，试件无损坏，满足设计要求。

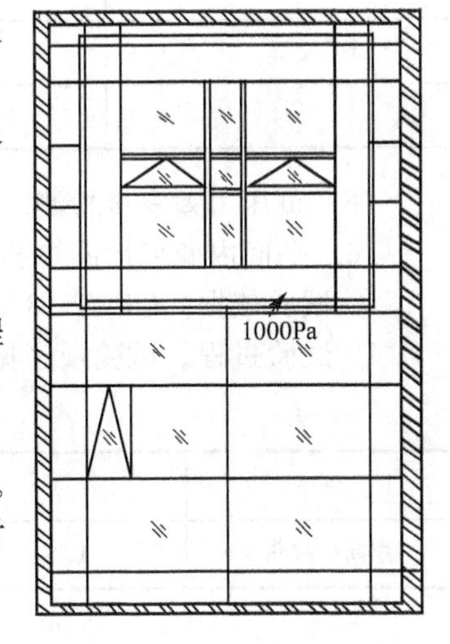

图 12-47 玻璃幕墙水密性能检测渗漏部位

表 12-46 玻璃幕墙反复受荷载检测加压顺序

加压顺序	1	2	3	4
压力上限值/Pa	250	500	750	900
压力中心值/Pa	188	375	563	675
压力下限值/Pa	125	250	375	450
时间/s	60	60	60	60
加压顺序	5	6	7	8
压力上限值/Pa	－250	－500	－750	－900
压力中心值/Pa	－188	－375	－563	－675
压力下限值/Pa	－125	－250	－375	－450
时间/s	60	60	60	60

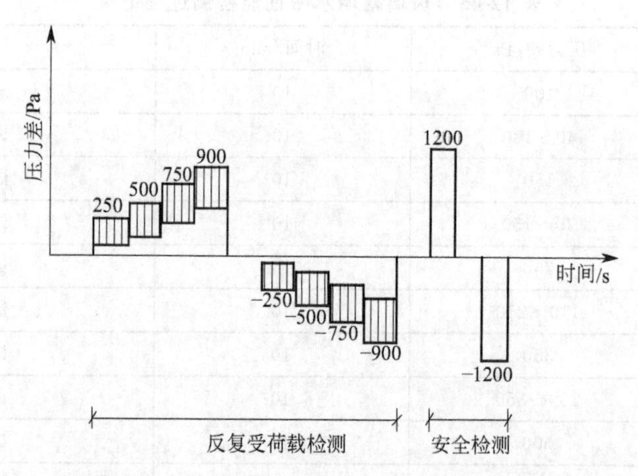

图 12-48 玻璃幕墙抗风压性能检测（反复受荷载及安全检测）加压顺序

表 12-47 玻璃幕墙反复受荷载检测过程记录（该表加压顺序与表 12-34 相同）

加压顺序	试验过程记录	加压顺序	试验过程记录
1	试件无损坏	5	试件无损坏
2	试件无损坏	6	试件无损坏
3	试件无损坏	7	试件无损坏
4	试件无损坏	8	试件无损坏

(b) 负压力差安全检测 $-P_3$ 为 -1.2kPa，试件无损坏，满足设计要求。

(6) 平面内变形性能检测

① 试验依据。GB/T 18250—2000。

② 试验过程。试验顺序见表 12-48，测试原理见图 12-49。

表 12-48 层间位移角

顺序	1	2	3	4
层间位移角 γ	1/400	1/300	1/200	1/150

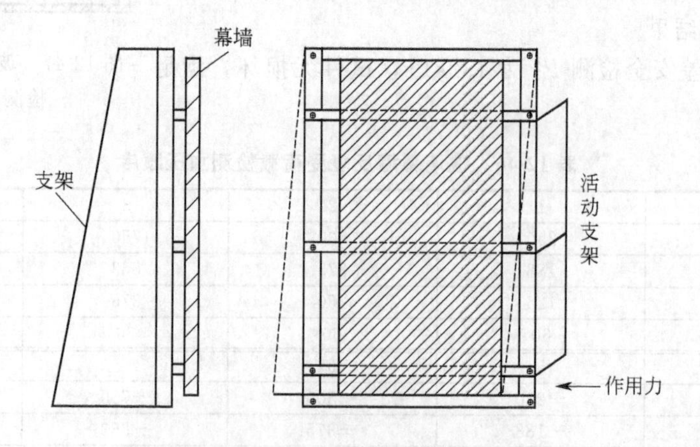

图 12-49 玻璃幕墙平面内变形性能检测原理

③ 试验结果（试验过程记录）

a. 层间位移角 γ 为 1/400 时，试件无损坏。

b. 层间位移角 γ 为 1/300 时，试件无损坏。

c. 层间位移角 γ 为 1/200 时，试件无损坏。

d. 层间位移角 γ 为 1/150 时，试件无损坏，满足设计要求。

4. 检测结果及最终结论实例

（1）检测结果

① 气密性能。固定部分，单位缝长，每小时渗透量为 0.01m^3/(m·h)；开启部分，单位缝长，每小时渗透量为 0.14m^3/(m·h)。

② 水密性能。固定部分保持未发生渗漏的最高压力为 1000Pa；开启部分保持未发生渗漏的最高压力为 500Pa。

③ 抗风压性能。变形检验结果为正压 0.8kPa，负压－0.7kPa；安全检测结果为正压 1.2kPa，负压－1.2kPa。

④ 平面内变形性能：试件在层间位移角 γ 为 1/150 时，未发生损坏。

（2）检测结论

① 气密性能。开启部分属国标 GB/T 15225—94 第Ⅰ级，固定部分属国标 GB/T 15225—94 第Ⅰ级。

② 水密性能。开启部分属国标 GB/T 15225—94 第Ⅰ级，固定部分属国标 GB/T 15225—94 第Ⅲ级。

③ 抗风压性能。属国标 GB/T 15225—94 第Ⅴ级。

④ 平面内变形性能。属国标 GB/T 18250—2000 第Ⅱ级。

二、金属及石材幕墙检测实例

【工程实例】 北京某大学环境能源楼，采用单元体铝板幕墙，试验采用一樘 6500mm×8000mm 规格幕墙，在国家建筑工程质量监督检验中心幕墙门窗检测部进行动风压三性性能及平面内变形性能检验。试验样品的主要参数见表 12-49，试件的安装及检测过程参照图 12-50～图 12-54。经检验人员检查核实，试件满足以下要求。

① 试件规格尺寸与图纸相符。

② 试件的角码结构、数量、相互位置关系、连接形式与图纸相符。

图 12-50　检测过程之一

图 12-51　检测过程之二

图 12-52 检测过程之三

图 12-53 检测过程之四

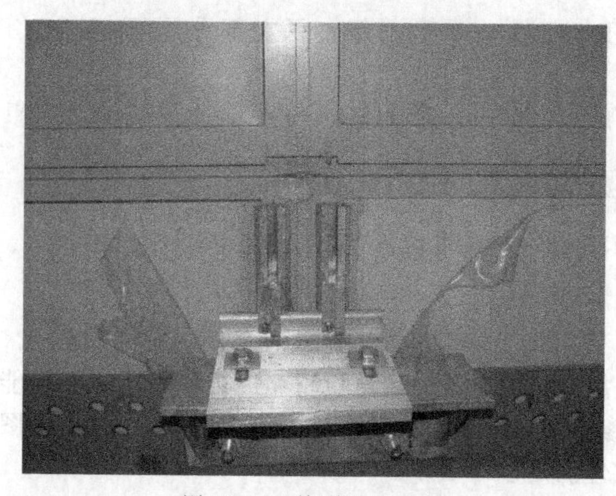

图 12-54 检测过程之五

③ 单元板块的规格尺寸、结构及相互位置关系与图纸相符。

④ 开启窗数量、结构、尺寸、五金件、密封胶条与图纸相符。

⑤ 试件玻璃的规格尺寸与图纸相符。

⑥ 试件外装饰百叶及玻璃的规格尺寸、位置关系与图纸相符。

⑦ 密封材料与图纸相符。

⑧ 安装过程中各节点与图纸相符。

1. 检测依据

(1) 气密性能 《建筑幕墙空气渗透性能检测方法》(GB/T 15226—94)。

表 12-49 金属与石材幕墙试验样品特征

缝长/m	开启部分:22.10		固定部分:204.98
面积/m^2	开启面积:7.55		固定部分:—
楼层高度/m	3.8	主受力杆长度/mm	3000
玻璃品种	钢化 Low-E 中空玻璃(8+20A+6mm)	镶嵌方式	干法+湿法
玻璃镶嵌材料	结构胶道康宁 993 密封胶道康宁 791	框扇密封材料	胶条
气温/℃	4.0	气压/kPa	102.5
最大玻璃尺寸/mm	宽:1240	长:1690	厚:8+20A+6

(2) 水密性能(动态及静态)《建筑幕墙雨水渗漏性能检测方法》(GB/T 15228—94)。

(3) 抗风压性能 《建筑幕墙风压变形性能检测方法》(GB/T 15227—94);《金属与石材幕墙工程技术规范》(JGJ 113—2001)。

(4) 平面内变形性能 《建筑幕墙平面内变形性能检测方法》(GB/T 18250—2000)。

（5）性能分级　《建筑幕墙物理性能分级》（GB/T 15225—94）；《建筑幕墙》（JG 3035—1996）。

2. 试件设计要求

（1）气密性能　固定部分空气渗透量应不大于 $0.1m^3/(m \cdot h)$，开启部分空气渗透量应不大于 $2.5m^3/(m \cdot h)$。

（2）水密性能　固定部分不发生严重渗漏的压力差值不小于 1000Pa，开启部分不发生严重渗漏的压力差值不小于 250Pa。

（3）抗风压性能　设计风荷载标准值 2.0kPa。

（4）平面内变形性能　层间位移角 γ 为 1/100。

3. 试验过程及试验结果

（1）试验总顺序

① 气密性能检测。

② 水密性能检测。

③ 抗风压性能检测。

④ 平面内变形性能检测。

（2）气密性能检测

① 试验依据。GB/T 15226—94。

② 试验过程

a. 固定部分空气渗透量试验过程见图 12-55 及表 12-50（开启部分用胶带密封）。

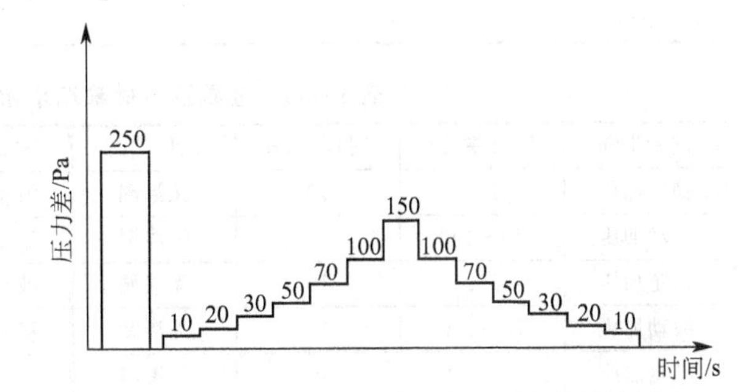

图 12-55　金属及石材幕墙气密性能加压顺序

b. 开启部分空气渗透量试验过程见图 12-55 及表 12-50（除去开启部分密封胶带）。

表 12-50　金属及石材幕墙气密性能试验加压顺序

加压顺序	1	2	3	4	5	6	7	8	9	10	11	12	13	14	15
压力差/Pa	250	0	10	20	30	50	70	100	150	100	70	50	30	20	10
时间/s	300	>10	>10	>10	>10	>10	>10	>10	>10	>10	>10	>10	>10	>10	>10

（3）水密性能检测

① 试验依据。GB/T 15228—94。

② 试验过程。加压顺序见图 12-56、表 12-51 和表 12-52，过程记录见表 12-53。

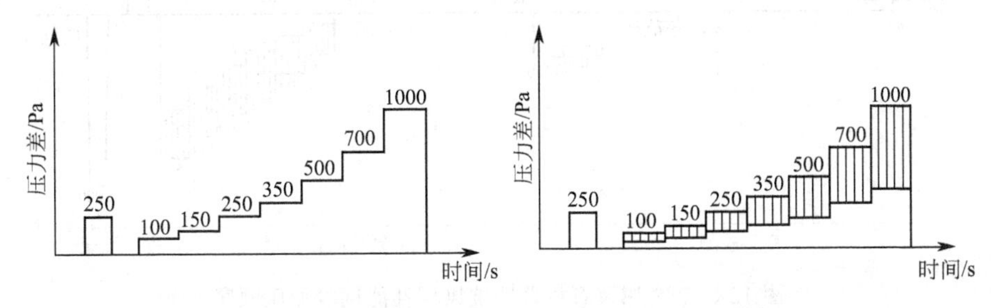

图 12-56　金属及石材幕墙水密性能试验加压顺序

③ 试验条件。淋水量为 $4L/(m^2 \cdot min)$。

④ 试验结果。

a. 开启部分保持未发生渗漏的最高压力为 500Pa，满足设计要求。

b. 固定部分保持未发生渗漏的最高压力为 1000Pa，满足设计要求。

表 12-51 金属及石材幕墙水密性能试验稳定加压顺序

加压顺序	1	2	3	4	5	6	7	8	9
压力差/Pa	250	0	100	150	250	350	500	700	1000
时间/min	5	10	10	10	10	10	10	10	10

表 12-52 金属及石材幕墙水密性能试验波动加压顺序

加压顺序	1	2	3	4	5	6	7
压力上限值/Pa	100	150	250	350	500	700	1000
压力平均值/Pa	70	110	180	250	350	500	700
压力下限值/Pa	40	70	110	150	200	300	400
时间/min	10	10	10	10	10	10	10

表 12-53 金属及石材幕墙水密性能试验的过程记录

试验步骤	压力差/Pa	时间/min	试件状态	试验步骤	压力差/Pa	时间/min	试件状态
稳定加压	100	10	无渗漏	波动加压	150～350	10	无渗漏
波动加压	40～100	10	无渗漏	稳定加压	500	10	无渗漏
稳定加压	150	10	无渗漏	波动加压	200～500	10	无渗漏
波动加压	70～150	10	无渗漏	稳定加压	700	10	无渗漏
稳定加压	250	10	无渗漏	波动加压	300～700	10	无渗漏
波动加压	110～250	10	无渗漏	稳定加压	1000	10	无渗漏
稳定加压	350	10	无渗漏	波动加压	400～1000	10	无渗漏

(4) 抗风压性能检测

① 试验依据。GB/T 15227—94。

② 试验过程。变形检测加压过程见图 12-57、表 12-54。主受力杆件位移值见表 12-55。金属及石材幕墙抗风压性能测点布置见图 12-58。

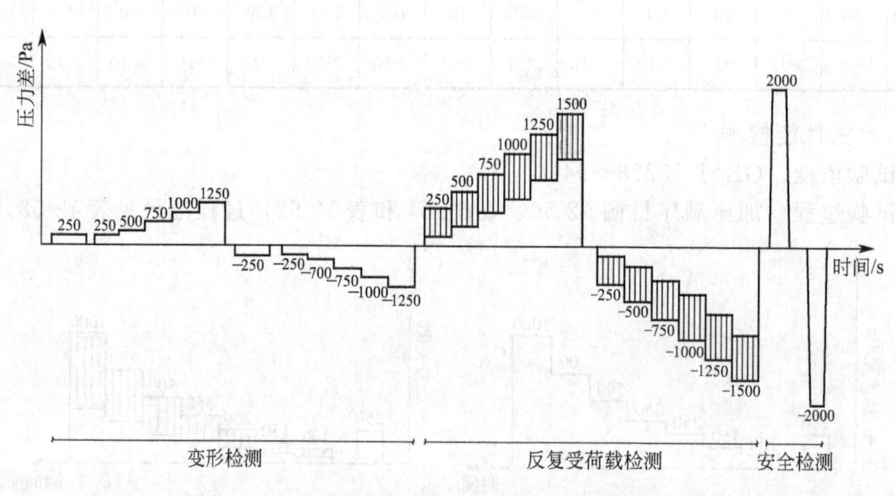

图 12-57 金属及石材幕墙抗风压性能试验加压顺序

表 12-54 金属及石材幕墙变形检测加压顺序

加压顺序	1	2	3	4	5	6	7
压力差/Pa	250	0	250	500	750	1000	1250
时间/s	300	0	>10	>10	>10	>10	>10

续表

加压顺序	8	9	10	11	12	13	14
压力差/Pa	−250	0	−250	−500	−750	−1000	−1250
时间/s	300	0	>10	>10	>10	>10	>10

表 12-55　金属及石材幕墙主受力杆件位移值　　单位：mm

压力差/Pa	250	500	750	1000	1250
1 号位移计位移量	0.4	1	1.4	2.2	2.8
2 号位移计位移量	1.1	2.5	4	5.5	7.1
3 号位移计位移量	0.2	0.5	0.9	1.4	1.8
压力差/Pa	−250	−500	−750	−1000	−1250
1 号位移计位移量	−0.3	−1	−1.7	−2.3	−2.9
2 号位移计位移量	−1	−2.5	−4.2	−5.9	−7.5
3 号位移计位移量	−0.1	−0.3	−0.7	−1.1	−1.4

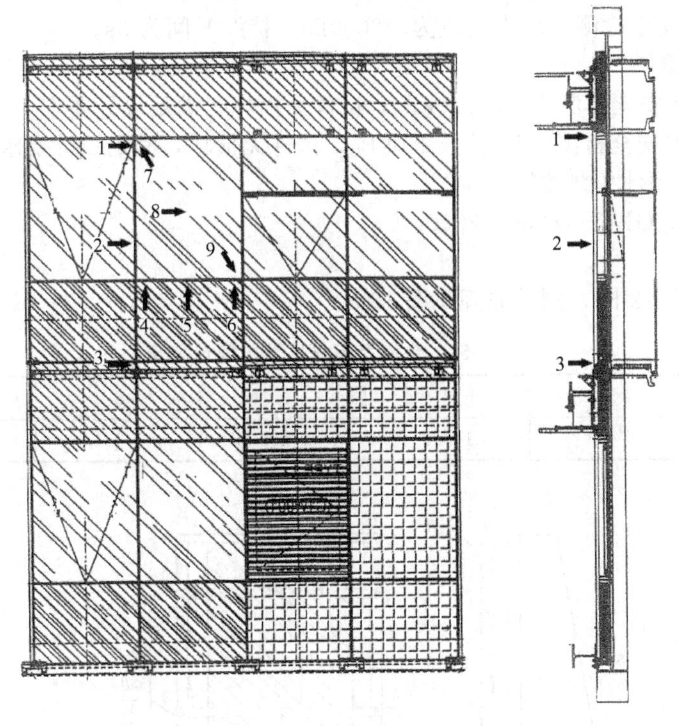

图 12-58　金属及石材幕墙抗风压性能测点布置

③ 反复受荷载检测。反复受荷载检测加压顺序见表 12-56，检测试验过程记录见表 12-57。

表 12-56　金属及石材幕墙反复受荷载检测加压顺序

加压顺序	1	2	3	4	5	6
压力上限值/Pa	250	500	750	1000	1250	1500
压力中心值/Pa	188	375	563	750	938	1125
压力下限值/Pa	125	250	375	500	625	750
时间/s	60	60	60	60	60	60

续表

加压顺序	7	8	9	10	11	12
压力上限值/Pa	−250	−500	−750	−1000	−1250	−1500
压力中心值/Pa	−188	−375	−563	−750	−938	−1125
压力下限值/Pa	−125	−250	−375	−500	−625	−750
时间/s	60	60	60	60	60	60

表 12-57 金属及石材幕墙反复受荷载检测试验过程记录（该表加压顺序与表 12-58 相同）

加压顺序	1	2	3	4	5	6
试验过程记录	试件无损坏	试件无损坏	试件无损坏	试件无损坏	试件无损坏	试件无损坏
加压顺序	7	8	9	10	11	12
试验过程记录	试件无损坏	试件无损坏	试件无损坏	试件无损坏	试件无损坏	试件无损坏

④ 安全检测

a. 正压力差安全检测：压力差值为 2000Pa，持续时间为 3s。

b. 负压力差安全检测：压力差值为−2000Pa，持续时间为 3s。

c. 安全检测结果

(a) 正压力差安全检测 P_3 为 2.0kPa，试件无损坏，满足设计要求。

(b) 负压力差安全检测 $-P_3$ 为−2.0kPa，试件无损坏，满足设计要求。

(5) 平面内变形性能检测

① 试验依据。GB/T 18250—2000。

② 试验过程

测试顺序见表 12-58，测试原理见图 12-59。

表 12-58 金属及石材幕墙层间位移角

顺序	1	2	3	4	5
层间位移角 γ	1/400	1/300	1/250	1/150	1/100

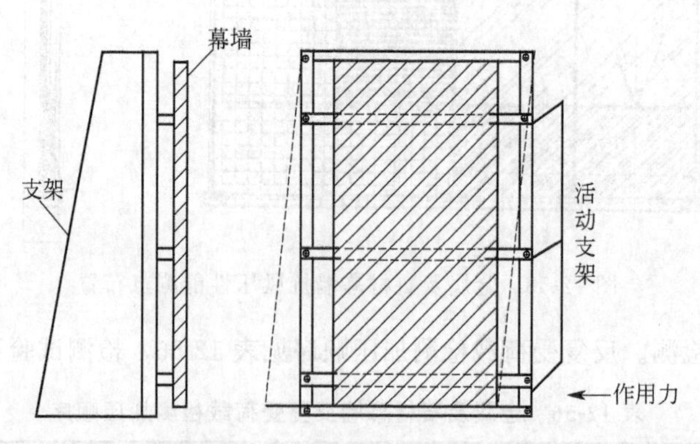

图 12-59 金属及石材幕墙平面内变形性能检测原理图

③ 试验结果

a. 层间位移角 γ 为 1/400 时，试件无损坏。

b. 层间位移角 γ 为 1/300 时，试件无损坏。

c. 层间位移角 γ 为 1/250 时，试件无损坏。

d. 层间位移角 γ 为 1/150 时，试件无损坏。

e. 层间位移角 γ 为 1/100 时，试件无损坏，满足设计要求。

4. 检测结果及最终结论

（1）检测结果

① 气密性能。固定部分，单位缝长，每小时渗透量为 0.05m^3/(m·h)；开启部分，单位缝长，每小时渗透量为 0.03m^3/(m·h)。

② 水密性能。固定部分保持未发生渗漏的最高压力为 1000Pa；开启部分保持未发生渗漏的最高压力为 500Pa。

③ 抗风压性能。变形检验结果为正压 2.1kPa，负压−1.9kPa；安全检测结果为正压 2.0kPa，负压−2.0kPa。

④ 平面内变形性能。试件在层间位移角 γ 为 1/100 时，未发生损坏。

（2）检测结论

① 气密性能。开启部分属国标 GB/T 15225—94 第Ⅰ级，固定部分属国标 GB/T 15225—94 第Ⅱ级。

② 水密性能。开启部分属国标 GB/T 15225—94 第Ⅰ级，固定部分属国标 GB/T 15225—94 第Ⅲ级。

③ 抗风压性能。属国标 GB/T 15225—94 第Ⅳ级。

④ 平面内变形性能。属国标 GB/T 18250—2000 第Ⅰ级。

第十三章　建筑门窗设计与安装

建筑门窗对于人们的基本生活条件、居室的舒适性、良好的办公环境起着重要作用。建筑门窗可以控制自然光、太阳光、新鲜空气进入建筑物内部，人们可以透过窗户欣赏室外的美景；建筑门窗的设计风格可以直接影响建筑物的美学价值和内在的使用功能，因此建筑门窗作为建筑物的重要组成部分，按用途不同，有下列各方面的使用功能：采光，通风，防风雨，换气，排烟，隔声，隔热，保温，防尘，防虫，防火，观景，出入，装饰等。

此外，为了保持门窗的正常使用状态和使用功能要求，建筑门窗还必须有以下等各方面的良好性能：耐久性（使用寿命长），抗震性，安全性，耐腐蚀性。上述的这些使用功能是由建筑物的功能要求和门窗的用途决定的。

铝合金门窗在工作状态下，受风压、温度、湿度、粉尘、雨水、声音、大气污染及各种化学物质的作用和侵蚀，受自然条件变化的影响和各种人为因素的作用，工作环境的物理状态较为复杂。根据建筑门窗的使用性能要求和外部条件，人们确定了一系列表示建筑门窗的物理概念和性能参数，构成了建筑铝合金门窗的物理性能。

目前，世界各国对铝合金门窗物理性能的研究主要有以下十个方面：①抗风压性能（强度）；②气密性能；③防水性能（水密性）；④隔声性能；⑤保温隔热性能；⑥采光性能；⑦防火性能；⑧耐腐蚀性能；⑨耐久性能（使用寿命）；⑩操作性能。

现在，我国已将这十个方面的性能编入了有关标准。

第一节　门窗体系的综合评价

对建筑门窗的研究设计开发，应考虑以下主要因素：材料，结构，制造安装和使用。

一、材料

影响门窗各方面性能的环境因素如下。

1. 水

来源：①雨水；②存在于材料中的水分；③存在于周围空气中的水分。

可能产生的问题：①吸湿材料的尺寸变化；②机械荷载；③材料热传导性能的变化；④微生物的生存、生长；⑤腐蚀；⑥胶黏剂失效导致构件脱离；⑦表面冷凝（结露）作用；⑧内部结露；⑨物件变形；⑩影响美观。

2. 温度

来源：①外部（太阳辐射热、周围空气建筑物的辐射热等）；②内部（室内空气、热源等）；③加工过程。

可能产生的问题：①尺寸的变化；②内应力（机械荷载）；③外形变化；④影响美观。

3. 机械荷载

来源：①风；②碰撞；③重力荷载；④压力差；⑤局部应力。

可能产生的问题：①应力；②材料弯曲、变形；③尺寸变化；④断裂。

4. 生物因素

来源：①昆虫；②细菌；③真菌；④动物。

可能产生的问题：①材料发霉；②材料腐烂；③结构老化；④影响美观。

5. 化学因素

来源：①大气污染；②材料之间的不同电极电位（不相容）；③氧化；④用于维护保养的物质（如洗涤剂）。

可能产生的问题：①腐蚀；②材料老化；③影响美观。

6. 辐射

来源：阳光（紫外线10%，可见光50%，红外线40%）

可能产生的问题：①有机材料的老化；②灰化；③颜色；④温度升高。

因此，组成建筑门窗的材料主要考虑下面五个方面的性能：①理化性能；②力学性能；③保温性能；④加工性能；⑤耐久性。

二、结构

主要包括断面结构、外形尺寸、角部连接方式、玻璃的装配、密封结构、门窗与整体建筑的关系、五金配件的安装。

三、制造、运输、安装

需满足以下要求：大规模工业化生产（标准化作业），便于运输，安装简便。

四、使用

需满足以下性能要求：操作简便，采光性能好，隔声，隔热保温，通风，防雨，防蚊、蝇，便于清洁、维护、维修。

第二节　铝合金门窗的设计

近年来，随着科学技术的进步、材料科学的发展以及能源的日趋紧张和对环境保护的高度重视，使人们对建筑门窗性能的要求逐渐提高，以期在合理的投资成本条件下得到高性能的节能窗。高性能的要求不仅是对于窗户本身，而且关系到建筑物良好的空间环境，因此，对建筑门窗各项性能在开始设计时就要充分考虑。

一、普通要求

（1）根据建筑物的功能及装饰等要求，以及建筑物所在地的气候、环境，合理确定铝合金门窗的抗风压性能、气密性能、水密性能、保温性能、遮阳性能、隔声性能、采光性能等有关性能指标，并进行相应的铝合金门窗工程设计。

（2）铝合金门窗的性能等级应符合修编整合原国家标准《铝合金门》（GB 8478—2003）和《铝合金窗》（GB 8479—2003）后的现行国家标准《铝合金门窗》（GB 8478—2008）的技术要求和规定。

现行国家标准《铝合金门窗》（GB 8478—2008）适用于手动启闭操作的建筑外墙、室内隔墙用窗和人行门以及垂直屋顶窗。非手动启闭操作的墙体用门、窗以及垂直天窗可参照使用。

现行国家标准《铝合金门窗》（GB 8478—2008）不适用于天窗、非垂直屋顶窗、卷帘门窗和转门，以及防火门窗、逃生门窗、排烟窗、防射线屏蔽门窗等特种门窗。

（3）铝合金门窗的开启形式应方便使用、安全和易于维修、清洁。

（4）采用外开窗时，应采取可靠的加强牢固窗扇的措施。

（5）开向公共走道的窗扇，其距底面高度不应低于2m。

（6）推拉门窗应有防脱落设施。

（7）双面开启的弹簧门应在可视高度部分装透明安全玻璃。因双面开启的弹簧门来回开启，如果不在可视高度部位安装透明安全玻璃，容易发生弹簧门在启闭过程中碰撞伤人的安全事故。

(8) 开向疏散走道及楼梯间的门扇开足时，不应影响走道及楼梯平台的疏散宽度。

(9) 铝合金门的开启不应跨越变形缝。

(10) 铝合金门窗的热工性能要求，应根据国家标准《民用建筑热工设计规范》(GB50176)、《公共建筑节能设计标准》(GB50189—2005) 规定的五个建筑热工设计分区保温和隔热的不同要求确定，并应符合相应地区建筑节能设计标准的有关规定。

(11) 铝合金门窗应具有足够的刚度、承载能力和一定的变位能力，应能抵抗风荷载、重力荷载和温度作用。

(12) 铝合金门窗构件应根据受荷载情况和支承条件采用结构力学方法进行设计计算。

(13) 铝合金门窗的各项性能，最少要满足 20 年设计使用年限的正常使用要求。《住宅性能评定技术标准》(GB/T 50362—2005) 自 2006 年 3 月 1 日起实施。本标准规定的门窗设计使用年限为无需大修的年限，该年限为 20～30 年。门窗上的易损可更换部件不受该设计使用年限限制。

(14) 铝合金门窗的安全性能，应满足 50 年设计基准期的要求，能承受 50 年重现期可变荷载及作用的最大值。

(15) 铝合金门窗承受荷载作用时，构件应验算其挠度和承载力。

(16) 铝合金门窗玻璃的设计计算按行业标准《建筑玻璃应用技术规程》(JGJ113) 的规定执行。

(17) 铝合金门窗温度变化 ΔT 应按实际情况确定，当不能取得实际数据时，可取 80℃。

二、铝合金门窗的立面设计

(1) 铝合金门窗立面构造尺寸，应根据天然采光设计确定的各类建筑用房的有效采光面积和建筑节能要求的窗墙面积比等综合因素合理确定。

(2) 铝合金门窗的立面分格尺寸，应根据玻璃抗风压设计计算最大许用面积、开启扇允许最大高、宽尺寸，并考虑玻璃原片的成材率等综合确定。

(3) 铝合金门窗的立面开启构造形式（如平开、推拉、上悬、内平开下悬等）和开启面积比例，应根据各类用房的使用特点，满足房间自然通风导引风向的要求，保证启闭、清洁、维修的方便性和安全性。《民用建筑设计通则》(GB 50352) 规定，窗扇的开启形式应方便使用、安全和易于维修、清洁；《建筑采光设计标准》(GB/T 50033) 要求，在建筑设计中应为擦窗和维修创造便利条件；我国居住建筑和公共建筑节能设计标准中对外窗的可开启面积占窗总面积的比例有相关规定。

(4) 铝合金门窗的立面造型、质感、色彩等应与建筑外立面及周围环境和室内环境相协调，满足建筑装饰效果要求。

(5) 公共建筑每个朝向的窗墙面积比均不应大于 0.70。当窗墙面积比小于 0.4 时，玻璃（或其他透明材料）的可见光透射比不应小于 0.4。每个朝向的窗墙面积比是指每个朝向的外墙面上窗、阳台门的总面积与所在朝向建筑外墙面的总面积（包括该朝向上的窗、阳台门的总面积）之比。

窗墙面积比的确定要综合考虑多方面的因素，其中最主要的是不同地区冬、夏季日照情况（日照时间长短、太阳总辐射强度、阳光入射角大小）、季风影响、室外空气温度、室内采光设计标准以及外窗开窗面积与建筑能耗等因素。

外窗可开启面积不应小于窗面积的 30%。公共建筑一般室内人员密度比较大，建筑室内空气流动，特别是自然、新鲜空气的流动，是保证建筑室内空气质量符合国家有关标准的关键。无论在北方地区还是在南方地区，在春、秋季和冬、夏季的某些时段普遍有开窗加强房间通风的习惯，这也是节能和提高室内热舒适性的重要手段。外窗的可开启面积过小会严重影响建筑室内的自然通风效果，外窗可开启面积不应小于窗面积的30%，也是为了使室内人员在较好的室外气象条件下，可以通过开启外窗通风来获得热舒适性和良好的室内空气品质。

（6）严寒和寒冷地区居住建筑的每个房间不宜在不同的墙面上设置两个或更多的外窗。窗墙面积比应符合表13-1的规定，如果窗墙面积比不满足下表的规定，则必须按照相关标准要求进行围护结构热工性能的权衡判断。

表13-1　严寒和寒冷地区居住建筑的窗墙面积比限值

朝　　向	窗墙面积比	
	严寒地区	寒冷地区
北	≤0.25	≤0.30
东、西	≤0.30	≤0.35
南	≤0.45	≤0.50

注：1. 敞开式阳台的阳台门上部透明部分计入窗户面积，下部不透明部分不计入窗户面积。

2. 表中的窗墙面积比按开间计算。表中的“北”代表从北偏东小于60°至北偏西小于60°的范围；“东、西”代表从东或西偏北小于等于30°至偏南小于60°的范围；“南”代表从南偏东小于等于30°至偏西小于等于30°的范围。

严寒地区冬季室内外温差大，凸窗容易发生结露现象；寒冷地区北向的房间冬季凸窗也容易发生结露现象，因此，严寒和寒冷地区的居住建筑不宜设置凸窗。设置凸窗时，凸窗凸出（从外墙面至凸窗外表面）不应大于400mm。

（7）夏热冬冷地区居住建筑不同朝向外窗（包括阳台门的透明部分）的窗墙面积比不应大于表13-2规定的限值。外窗可开启面积（含阳台门面积）不应小于外窗所在房间地面面积的5%。多层住宅外窗宜采用平开窗。

表13-2　夏热冬冷地区居住建筑不同朝向外窗的窗墙面积比限值

朝向	窗墙面积比	朝向	窗墙面积比
北	0.4	南	0.45
东、西	0.35	每套房间允许一个房间(不分朝向)	0.6

（8）夏热冬暖地区居住建筑的外窗面积不应过大，各朝向外窗的窗墙面积比，北向不应大于0.45，东、西向不应大于0.30，南向不应大于0.50。外窗（包括阳台门）的可开启面积不应小于外窗所在房间地面面积的8%或外窗面积的45%。

（9）《住宅建筑规范》（GB 50368—2005）规定卧室、起居室（厅）、厨房应设置外窗，窗地面积比不应小于1/7。

（10）《住宅设计规范》（GB 50096—1999）（2003年版）规定用于住宅的铝合金门最小洞口尺寸应符合表13-3规定。

表13-3　铝合金门最小洞口尺寸

类　　别	洞口宽度/m	洞口高度/m	类　　别	洞口宽度/m	洞口高度/m
公用外门	1.20	2.00	厨房门	0.80	2.00
起居室(厅)门	0.90	2.00	卫生间门	0.70	2.00
卧室门	0.90	2.00	阳台(单扇)门	0.70	2.00

（11）《宿舍建筑设计规范》（JGJ 36—2005）规定用于宿舍建筑的铝合金门窗要符合下列规定。

① 宿舍居室外窗不宜采用玻璃幕墙。

② 居室和辅助房间的门洞口宽度不应小于0.90m，阳台门洞口宽度不应小于0.80m，居室内设卫生间的门洞口宽度不应小于0.70m，设亮窗的门洞口高度不应小于2.40m，不设亮窗的门洞口高度不应小于2.10m。

③ 居室的门宜有安全防范措施，严寒地区和寒冷地区居室的门宜有保温性能。

(12)《老年人建筑设计规范》(JGJ 122—99) 规定用于老年人建筑的铝合金门窗要符合下列要求。

① 公用外门净宽不得小于1.10m。

② 内门（含厨房门、卫生间门、阳台门）通行净宽度不得小于0.80m。

③ 起居室、卧室、疗养室、病房等应采用可观察的门。

④ 窗扇宜镶用无色透明玻璃，开启窗口应设防蚊蝇纱窗。

(13)《托儿所、幼儿园建筑设计规范》(JGJ 39—87) 规定用于托儿所、幼儿园的铝合金门窗要符合下列要求。

① 活动室、音体活动室的窗台距地面高度不宜大于0.6m。距地面1.3m内不应设平开窗。楼层无室外阳台时，应设防护栏。

② 所有外窗均应加设纱窗。活动室、寝室、音体活动室及隔离室的窗应有遮光设施。

③ 严寒地区和寒冷地区主体建筑的主要出入口应设挡风门斗，其双层门的中心距离不应小于1.6m。幼儿经常出入的门，在距地面0.60～1.20m高度内，不应装易碎玻璃；在距地面0.70m处，宜加设幼儿专用拉手；门的双面均宜平滑、无棱角；不应设置门槛和弹簧门；外门宜设纱门。

④ 活动室、寝室、音体活动室应设双扇平开门，其宽度不应小于1.2m。疏散通道中不应使用转门、弹簧门和推拉门。

(14)《中小学校建筑设计规范》(GBJ 99—86) 规定用于中小学校建筑的铝合金门窗应符合下列要求。

① 教室、实验室的窗台高度不宜低于0.80m，并不宜高于1.0m。

② 教室、实验室靠外廊、单内廊一侧应设窗。但距地面2.0m范围内，窗开启后不应影响教室使用、走廊宽度和通行安全。

③ 教室、实验室的窗间墙宽度不应大于1.2m。

④ 风沙较大地区的语言教室、计算机教室、实验室、仪器室、标本室、药品室等，宜设防风沙窗。

⑤ 二层以上的教学楼向外开启的窗，应考虑擦玻璃方便与安全措施。

⑥ 炎热地区的教室、实验室的窗下宜设置可开启的百叶窗。

⑦ 教室、实验室靠后墙的门宜设观察孔。

⑧ 有通风要求的房间的门，均应设可开启的上亮。

⑨ 盲人学校、弱智学校的各种学生学习、生活、活动用房宜采用自动门、平开门、推拉门，严禁设置门槛。

⑩ 盲人学校房间名称标牌除应统一设置在门的开启一侧墙壁上部外，还应在门扇的中部设置，其高度宜为距地面1.20～1.40m，名称标牌应有中文和盲文。

(15) 用于特殊教育学校建筑的铝合金门窗应符合《特殊教育学校建筑设计规范》(JGJ 76—2003)。

① 教室、实验室的窗台高度不宜低于0.80m，并不宜高于1.0m。

② 教室、实验室靠外廊、单内廊一侧应设窗。但距地面2.0m范围内，窗开启后不应影响教室使用、走廊宽度和通行安全。

③ 教室、实验室的窗间墙宽度不应大于 1.2m。

④ 风沙较大地区的语言教室、计算机教室、普通教室及专用教室等，宜设防风沙窗。

⑤ 二层以上的教学楼向外开启的窗，应考虑擦洗玻璃方便与安全，并应设置下腰窗。

⑥ 夏热冬暖地区的教室、实验室的窗下部宜设置可开启的百叶窗。

⑦ 教室、实验室靠后墙的门宜设观察孔。

⑧ 有通风要求的房间的门，均应设可开启的上亮。

(16)《综合医院建筑设计规范》(JGJ 49—99) 规定用于综合医院手术室的铝合金门应符合下列要求。

① 通向清洁走道的门净宽不应小于 1.10m。

② 通向洗手室的门净宽不应大于 0.80m，应设弹簧门。当洗手室和手术室不贴邻时，则手术室通向清洁走道的门必需设弹簧门或自动门。

③ 手术室可采用天然光源或人工照明。当采用天然光源时，窗洞口面积与地板面积之比不得大于 1/7，并应采取有效的遮光措施。

(17)《住宅建筑规范》(GB 50368—2005) 规定住宅建筑入口及入口平台铝合金门的无障碍设计应符合下列要求。

① 供轮椅通行的门净宽不应小于 0.80m。

② 供轮椅通行的门扇，应安装视线观察玻璃、横执手和关门拉手，在门扇的下方应安装高 0.35m 的护门板。

③ 门槛高度及门内外地面高差不应大于 15mm，并应以斜坡过渡。

三、抗风压设计、构造设计

建筑门窗的抗风压性能是关闭着的外门窗在风压作用下不发生损坏（如裂缝、面板破损、局部屈服、五金件松动、开启功能障碍、黏结失效等）和功能障碍的能力。

风是建筑门窗设计中的主要气候因素之一，当风向建筑物刮过来的时候，如果风向基本上与建筑的某一立面垂直，风力将受到阻碍而减缓速度，因此，风对该立面产生正压力，其压力 W 与风速 v 的关系见贝努力公式

$$W=1/2\rho v^2$$

同时，受阻的风从建筑物的两侧和顶部通过时，背对风向的建筑物立面，由于空气的流动而产生负压，所以，建筑物的大小和形状影响风速的增减和由此产生的建筑物表面的正、负风压的大小；而当风从相邻的建筑物中间穿过时，也会在相对的两个立面之间形成负压区。

由于风可以来自任何方向，如沿海地区的强风多来自海上，而山谷里的风向往往与山谷走向相同，所以，建筑物受风压影响的因素中，与建筑物所在地的地形、地貌有关。

风是门窗产生变形、损坏、冷风渗透、雨水渗漏以及风沙进入建筑物内等现象的原动力。因此，在建筑门窗性能中有抗风压性能、气密性能和水密性能等主要性能要求。

建筑门窗，因建筑物的地理位置、高度等不同因素及门窗安装位置不同可能受到正风压、负风压或正负风压的交替作用，当受到过大风压作用时，就可能造成门窗变形严重、玻璃破碎、五金零件损坏、窗扇掉下等现象，造成安全事故。特别是台风地区，高层建筑更应注意建筑外窗因风荷载损坏的问题。

在建筑门窗的工程设计之初，就要按照《建筑结构荷载规范》(GB 50009) 考虑计算建筑外门窗的风荷载标准值。

建筑外门窗的抗风压性能指标值 P_3 应按不低于门窗所受的风荷载标准值 W_k 确定，且不应小于 1.0kN/m^2。

作用于建筑外门窗上的风荷载标准值，应按现行国家标准《建筑结构荷载规范》(GB

50009）规定的公式计算：

$$W_k = \beta_{gz}\mu_s\mu_z W_0$$

式中 W_k——门窗风荷载标准值，kN/m^2；

β_{gz}——高度 z 处的阵风系数，按《建筑结构荷载规范》（GB 50009）的规定采用；

μ_s——风荷载体型系数，按《建筑结构荷载规范》（GB 50009）第7.3.3条围护构件局部风压体型系数的规定采用。当建筑物进行了风洞试验时，可根据风洞试验结果确定；

μ_z——风压高度变化系数，按《建筑结构荷载规范》（GB 50009）的规定采用。

W_0——基本风压，kN/m^2，按《建筑结构荷载规范》（GB 50009）的规定采用。

《建筑结构荷载规范》（GB 50009—2001）条文说明第7.1.1条指出："对于围护结构，其重要性与主体结构相比要低些，仍可取50年一遇的基本风压。"

GB 50009规定的基本风压是根据全国气象台站历年来的最大风速纪录，按基本风速的标准要求，将不同风速仪高度和时距的年最大风速，统一换算为离地10m高、自记10min平均年最大风速（m/s）。根据该风速数据（选取最大风速数据，一般应有25年以上的资料；当无法满足时，至少不少于10年的风速资料）经统计分析确定重现期为50年的最大风速，作为当地的基本风速 v_0。再按伯努力公式：$W_0=1/2\rho v_0^2$ 确定基本风速。

$\rho=\gamma/g$，γ 为空气重力密度，g 为重力加速度，以 $\rho=\gamma/g$ 代入上式，则 $W_0=\gamma/(2g)\times v_0^2$。以往国内的风速记录大多数根据风压板的观测结果，刻度所反映的风速，实际上是统一根据标准的空气密度 $\rho=1.25kg/m^3$ 按上述公式反算而得，因此在按该风速确定风压时，可统一按 $W_0=v_0^2/1600(kN/m^2)$ 计算。

基本风压应按GB 50009规范附录D4附表D.4给出的50年一遇的风压或全国基本风压分布图（见GB 50009附图D5.3）采用，但不得低于0.3kN/m²。

在大气边界层内，风速随离地面高度变化而增大。当气压场随高度不变时，速度随高度增大的规律主要取决于地面粗糙度和温度垂直梯度。通常认为在离地面高度为300～500m时风速不再受地面粗糙度的影响，也即达到所谓"梯度风速"，该高度称之梯度风高度。地面粗糙度等级低的地区，其梯度风高度比等级高的地区为低。风压高度变化系数见表13-4。

表13-4 风压高度变化系数 μ_z

离地面或海平面高度/m	地面粗糙度类别			
	A	B	C	D
5	1.17	1.00	0.74	0.62
10	1.38	1.00	0.74	0.62
15	1.52	1.14	0.74	0.62
20	1.63	1.25	0.84	0.62
30	1.80	1.42	1.00	0.62
40	1.92	1.56	1.13	0.73
50	2.03	1.67	1.25	0.84
60	2.12	1.77	1.35	0.93
70	2.20	1.86	1.45	1.02
80	2.27	1.95	1.54	1.11
90	2.34	2.02	1.62	1.19
100	2.40	2.09	1.70	1.27
150	2.64	2.38	2.03	1.61
200	2.83	2.61	2.30	1.92
250	2.99	2.80	2.54	2.19
300	3.12	2.97	2.75	2.45
350	3.12	3.12	2.94	2.68
400	3.12	3.12	3.12	2.91
≥450	3.12	3.12	3.12	3.12

风荷载体型系数是指风作用在建筑物表面上所引起的实际压力（或吸力）与来流风的速度压的比值，它描述的是建筑物表面在稳定风压的作用下静压力的分布规律，主要与建筑物的体型和尺度有关，也与周围环境和地面粗糙度有关。由于涉及的是固体和流体相互作用的流体力学问题，对于不规则形状的固体，问题尤为复杂，无法得出理论上的结果。一般均应由试验确定，鉴于真型的实测方法对结构设计的不现实性，目前只能采用相似原理，在边界层风洞内对拟建的建筑物模型进行测试。GB 50009 表 7.3.1 列出 38 项不同类型的建筑物和各类结构体型及其体型系数，这些都是根据国内外的试验资料和外国规范中的建议性规定整理而成。当建筑物与表中列出的体型相同时，可按该表的规定采用；当建筑物与表中的体型不同时，可参考有关资料采用；当建筑物与表中的体型不同且无有关资料可以借鉴时，宜由风洞试验确定；对于重要且体型复杂的建筑物应由风洞试验确定。

阵风系数 β_{gz} 取值见表 13-5。

表 13-5　阵风系数

离地面高度/m	地面粗糙度类别			
	A	B	C	D
5	1.69	1.88	2.30	3.21
10	1.63	1.78	2.10	2.76
15	1.60	1.72	1.99	2.54
20	1.58	1.69	1.92	2.39
30	1.54	1.64	1.83	2.21
40	1.52	1.60	1.77	2.09
50	1.51	1.58	1.73	2.01
60	1.49	1.56	1.69	1.94
70	1.48	1.54	1.66	1.89
80	1.47	1.53	1.64	1.85
90	1.47	1.52	1.62	1.81
100	1.46	1.51	1.60	1.78
150	1.43	1.47	1.54	167
200	1.42	1.44	1.50	1.60
250	1.40	1.42	1.46	1.55
300	1.39	1.41	1.44	1.51

建筑门窗的抗风压性能采用定级检测压力差值 P_3 为分级指标。分级指标值 P_3 列于表 13-6。

表 13-6　建筑外门窗抗风压性能分级表　　单位：kPa

分级代号	1	2	3	4	5	6	7	8	9
分级指标值 P_3	$1.0 \leqslant P_3 < 1.5$	$1.5 \leqslant P_3 < 2.0$	$2.0 \leqslant P_3 < 2.5$	$2.5 \leqslant P_3 < 3.0$	$3.0 \leqslant P_3 < 3.5$	$3.5 \leqslant P_3 < 4.0$	$4.0 \leqslant P_3 < 4.5$	$4.5 \leqslant P_3 < 5.0$	$P_3 \geqslant 5.0$

注：第 9 级应在分级后注明≥5.0kPa 的具体值。

建筑门窗的抗风压性能 P_3 值与工程的风荷载标准值 W_k 相比，应大于或等于 W_k。工程的风荷载标准值 W_k 的确定方法见《建筑结构荷载设计规范》(GB 50009—2001)（2006 版）。

建筑门窗的抗风压性能检测项目有变形检测、反复加压检测、定级检测或工程检测。

① 变形检测。检测试件在逐步递增的风压作用下，测试杆件相对面法线挠度的变化，得出检测压力差 P_1。

② 反复加压检测。检测试件在压力差 P_2（定级检测时）或 P_2'（工程检测时）的反复作用下，是否发生损坏和功能障碍。

③ 定级检测或工程检测。检测试件在瞬时风压作用下抵抗损坏和功能障碍的能力。

定级检测是确定产品的抗风压性能分级的检测，检测压力差为 P_3。工程检测是考核实际工程的外窗能否满足工程设计要求的检测，检测压力差为 P_3'。

实际工程中，因工程造价、成本、铝门窗型材设计选用、五金件的设计选用、玻璃的设计选用、铝门窗的安装设计、安装工人的技术水平、铝门窗安装的墙体设计、材质等原因，出现了以下一些问题。

① 铝合金门窗的抗风压设计值偏小。

② 铝合金门窗型材的惯性矩小、强度低、刚度差，在风压作用下型材挠度过大达不到设计风压值。

③ 五金件的设计、选用错误。

④ 五金件质量低劣。

⑤ 玻璃设计、选用强度值较低。

⑥ 铝合金门窗框安装的锚固点少，锚固点位置和锚固方法错误。

⑦ 连接件设计、选用错误，容易产生化学、电化学腐蚀的材料没做防腐处理，连接强度偏低。

⑧ 门窗洞口墙体材质差，与门窗框锚固连接强度低。

因此，建筑门窗要根据强度和刚度要求，确定设计其最大的允许风压值，才能保证其使用的安全可靠性。抗风压性能是保证门窗安全使用的重要指标，也是确定门窗框、扇型材合理的截面尺寸和玻璃厚度、尺寸、种类以及门窗五金件种类强度的技术前提，它决定了门窗设计是否安全、适用、经济，合理、科学地设计铝合金门窗的抗风压性能是门窗设计和加工中的重要目标之一，特别是在高风压地区和高层建筑上更有特殊意义。因此，在工程上还要注意以下问题。

① 当承受荷载的构件采用焊接连接时，应进行焊缝的承载力验算。

② 铝合金门窗与主体结构应可靠连接，连接件与主体结构的锚固承载力应大于连接件本身的承载力设计值。

③ 铝合金门窗五金配件与框、扇应可靠连接，并通过计算或试验确定其承载能力。

④ 铝合金门窗构件应通过角码或接插件等连接件连接，连接件应能承受构件的剪力。

⑤ 连接件与铝合金门窗、扇为不同金属材料并易发生金属间电化学腐蚀时，应采取有效措施防止电化学腐蚀。

⑥ 与铝型材相连接的螺栓、螺钉其材质宜采用奥氏体不锈钢，有螺钉连接部位铝合金型材截面的厚度需进行连接强度验算。

⑦ 连接螺栓、螺钉的直径、数量及螺栓的中心距、边距，均应满足构件承载能力的需要，并可靠连接。

四、水密性能设计

建筑门窗的防水性能也叫门窗的水密性，是建筑外门窗的基本性能之一，它是考核建筑门窗在风雨交加、暴风骤雨的气候条件下保持建筑门窗不向建筑物内渗水的性能。下雨时，雨水若通过建筑外窗进入室内，会浸染房间内部装饰和室内陈设物品及生活设施，不仅影响室内居民的正常生活，还将使居民在心理上形成建筑门窗不能满足基本功能要求的不安全感。雨水流入窗型材中，如不能及时排除，在冬季有将窗户冻住甚至型材冻裂（PVC 窗、木窗）的可能。长期积存在型材腔内的积水还会腐蚀金属材料、门窗五金件及连接螺丝，影响门窗的正常开关，缩短门窗的使用寿命，严重时还有发生重力或风荷载作用下门窗扇脱落的事故。因此，尤其是在沿海和降雨量较大地区，设计好建筑门窗的防水性能意义非常重大。

在进行建筑门窗的水密性能设计时，首先应根据建筑物所在地的气象观测数据和建筑物雨水渗漏设防需要，确定建筑物所需设防的降雨强度时的风力等级，再按风力等级与风速的对应关系确定水密性能设计用风速 v_0（10min 平均风速），最后将 v_0 代入公式，计算得到水密性能设计所需的风压力差值 ΔP，最后再将此值与国家标准建筑外窗水密性能分级值相对应，确定门窗的水密性能等级。公式的推导如下。

根据风速与风压的关系式 $P=1/2\rho v^2$，水密性能风压力差值计算的定义式为：

$$\Delta P=\mu_s\mu_z 1/2\rho(1.5v_0)^2$$

式中　ΔP——任意高度 z 处的水密性能压力差值，Pa；

μ_s——水密性能风压体型系数，降雨时建筑迎风外表面正压系数最大为 1.0，而内表面压力系数取 -0.2，则 μ_s 的取值为 0.8；

μ_Z——风压高度变化系数，按现行国家标准《建筑结构荷载规范》(GB 50009) 采用；

ρ——空气密度，t/m^3，可按国家标准《建筑结构荷载规范》(GB 50009) 附录 D 的规定进行计算；

v_0——水密性能设计风速，m/s；

1.5——瞬时风速与 10min 平均风速之比值（$1.5v_0$ 是考虑降雨时的瞬时最大风速，即阵风风速）。

将以上各参数代入公式中并将系数取整，则得到水密性能风压力差值的计算公式：

$$\Delta P=0.9\rho\mu_z v_0^2$$

《建筑外门窗气密、水密、抗风压性能分级及检测方法》(GB/T 7106—2008) 和《铝合金门窗》(GB/T 8478—2008) 规定铝合金门窗的水密性能分级指标值 ΔP 列于表 13-7。

表 13-7　建筑外门窗水密性能分级表　　单位：Pa

分　级	1	2	3	4	5	6
分级指标 ΔP	$100\leqslant\Delta P<150$	$150\leqslant\Delta P<250$	$250\leqslant\Delta P<350$	$350\leqslant\Delta P<500$	$500\leqslant\Delta P<700$	$\Delta P\geqslant700$

注：第 6 级应在分级后注明≥700Pa 的具体值。

工程中，铝合金门窗水密性能不良，渗水的主要原因有以下几个方面：

① 铝合金门窗的抗风压性能差，刮风下雨时门窗变形严重，导致门窗进水。

② 门窗水密性能设计值偏低。

③ 五金件设计选用不合理，五金件质量不合格，门窗关闭后变形量大，框扇不能有效配合，密封性能达不到要求。

④ 铝合金门窗的型材结构设计不合理。

⑤ 密封胶条设计、选用不合理。

⑥ 密封材料材质不能满足工程需要。

⑦ 铝合金门窗型材构件连接装配没有密封处理。

⑧ 铝合金门窗无排水结构或排水结构不合理。

⑨ 铝合金门窗加工、制作、安装施工质量差。

⑩ 铝合金门窗框与墙体间密封设计、施工不合理。

铝合金门窗水密性能差，发生雨水渗漏，主要有以下三个要素：

① 存在雨水流通的缝隙或孔洞（雨水进入室内的通道）。

② 存在雨水（水源）。

③ 在铝合金门窗缝隙或孔洞的室内外两侧存在压力差（雨水进入室内的动力）。

引起雨水渗入室内的主要作用力是风压，其次有雨水自身的重力、表面张力（毛细现象），当雨水和风压同时作用在门窗表面时，雨水通过孔洞或缝隙由压力高处向压力低处流动进入室内，或顺着窗面流至下部，积在下框沟槽中，这个积水层的高度所形成的压力和室外侧的风压之和若大于室内侧风压，水便由下框沟槽溢入到室内。因此，铝合金门窗水密性能指标表示为风压力差值 ΔP。

合理设计铝合金门窗结构，应根据等压原理采取有效的结构防水措施，保证水密性能设计要求。

合理设计铝合金门窗断面形状与几何尺寸，提高门窗防渗漏能力。同时宜采取下列门窗防水构造措施：

① 在铝合金门窗水平缝隙上方设置一定宽度的披水板。

② 铝合金门窗下框室内侧翼缘应具有足够的挡水高度。

③ 合理设置铝合金门窗排水孔，保证排水系统的通畅和足够的排水能力。

④ 铝合金门窗与洞口墙体之间宜设置止水板或披水板，并采取有效的密封防水措施。

⑤ 铝合金门窗型材构件连接、附件装配缝隙和连接螺栓、螺钉处均应采取相应的密封防水措施。

⑥ 应采用耐候性、相容性、黏结性和弹性模量满足设计要求的密封胶进行玻璃镶嵌密封，或耐候性好、具有良好弹性且密封结构合理的密封胶条进行玻璃镶嵌密封。

⑦ 应采用耐候性好、具有良好弹性且密封结构合理的密封胶条进行框扇之间的密封。

⑧ 推拉门窗宜采用中间加胶片的密封毛条或自润滑式胶条进行密封。

⑨ 密封胶条和密封毛条应根据密封性能设计，安装在门窗框扇型材上，形成合理的密封结构。

⑩ 铝合金门窗洞口墙体外表面应有排水措施，外墙窗楣应做滴水线或滴水槽，窗台面应做流水坡度，滴水槽的宽度和深度均不应小于 10mm。建筑外窗宜与外墙外表面有一定距离。

⑪ 对于有较高水密性能要求的开启门窗，宜采取提高铝门窗构件刚度、多层有效密封和采用门窗五金多点锁紧装置等措施，有效提高铝合金门窗的水密性能。

五、气密性能设计

建筑门窗是建筑外围护结构中具有多种功能的构件，通风换气是其主要功能之一，因此就有开启扇，并且门窗构件是由各种构件拼装而成，有较多的拼装缝隙。而门窗在自然环境下使用时，当门窗内外两侧存在空气压力差时，空气在压力差作用下，由压力高处通过门窗缝隙向压力低处流动，这个过程就是门窗的气体渗透，空气渗透量的多少就表示门窗气密性的高低。因此门窗的气密性能取决于门窗两侧空气压力差的大小和门窗缝隙密封性能的好坏。

门窗内外的空气压力差是由两种原因产生的：一是建筑物内外风速不同引起的风压；二是室内外温度不同、空气密度不同引起的“热压”。门窗外部压力高于室内压力时称为“正压”，反之称为“负压”。

因空气渗透，加速了门窗两侧的热能传递，降低了门窗的保温性能。在建筑外围护结构中，门窗是能量流失的主要构件，在冬季，增加了建筑物的采暖能耗，在夏季，增加了建筑物空调制冷的电能消耗。

而实际使用中，因建筑门窗气密性能不良造成能源的大量浪费，可以从以下分析中看出：

$$q=C\rho V$$

式中　q——建筑外窗单位面积缝隙热损失，W/(m^2·K)。

C——空气比热容，kJ/(kg·K)；

ρ——空气密度，kg/m^3；

V——空气渗透量，m^3/(m^2·s)

工程上常用 $C\rho$ 值取 1.2kJ/(m^3·K)。

按照国家标准《建筑外门窗气密、水密、抗风压性能分级及检测方法》(GB/T 7106—2008)，建筑外窗气密性能为 6 级时，即在室内外 10Pa 压差下其空气渗透量为≤4.5m^3/(m^2·h)且>3 m^3/(m^2·h)，则建筑外窗缝隙的热量损失最大为 $q=1.2\times10^3\times4.5/3600=1.5$W/(m^2·K)，这就意味着在实际使用时（室内外 10Pa 压差条件下）整个建筑外窗实际传热系数 K 值将增加 1.5W/(m^2·K)。若原整窗采用良好的节能材料制作，传热系数 K 值是 2.5W/(m^2·K)，6 级气密性能的建筑外窗在实际使用时，室内外 10Pa 压差下的真实量最大为 2.5+1.5=4W/(m^2·K)。

因此，建筑门窗因气密性能不好，直接影响了建筑物室内热工条件和卫生条件。

另外，建筑门窗的气密性能（透气性能）还直接影响建筑门窗的隔声性能。建筑门窗的缝隙是产生透风、漏水、透声、灰尘进入室内的主要根源。虽然微量的门窗缝隙透气，可以调节室内的空气质量，但建筑物的换气功能不应靠门窗的缝隙来满足，而应依靠可控制的建筑构造和门窗的换气结构来实现。因此，提高建筑门窗的气密性能对改善建筑物的室内生活、工作环境、节约能源都有非常重要的意义。

《公共建筑节能设计标准》(GB 50189—2005）规定，建筑外窗的气密性能不应低于《建筑外窗气密性能分级及检测方法》(GB 7107）规定的 4 级。

《民用建筑设计通则》(GB 50325—2005）规定，建筑物的外门窗应减少其缝隙长度并采取密封措施，宜选用节能型外门窗。

《严寒和寒冷地区居住建筑节能设计标准》(JGJ 26—2010）规定，严寒和寒冷地区居住建筑的外窗及敞开式阳台门应具有良好的密闭性能。严寒地区外窗及敞开式阳台门的气密性等级不应低于国家标准《建筑外门窗气密、水密、抗风压性能分级及其检测方法》(GB7106—2008）中规定的 6 级。寒冷地区 1～6 层的外窗及敞开式阳台门的气密性等级不应低于国家标准《建筑外门窗气密、水密、抗风压性能分级及其检测方法》(GB7106—2008）中规定的 4 级，7 层及 7 层以上不应低于 6 级。

《夏热冬冷地区居住建筑节能设计标准》(JGJ 134—2010）规定，夏热冬冷地区居住建筑 1～6 层的外窗及敞开式阳台门的气密性能等级，不应低于国家标准《建筑外门窗气密、水密、抗风压性能分级及检测方法》(GB 7106—2008）中规定的 4 级；7 层及 7 层以上的外窗及敞开式阳台门的气密性等级，不应低于该标准规定的 6 级。

《夏热冬暖地区居住建筑节能设计标准》(JGJ 75—2003）规定，夏热冬暖地区居住建筑 1～9 层外窗的气密性，在 10Pa 压差下，每小时每米缝隙的空气渗透量不应大于 2.5m^3，且每小时每平方米面积的空气渗透量不应大于 7.5m^3；10 层及 10 层以上外窗的气密性，在 10Pa 压差下，每小时每米缝隙的空气渗透量不应大于 1.5m^3，且每小时每平方米面积的空气渗透量不应大于 4.5m^3。

《建筑外门窗气密、水密、抗风压性能分级及其检测方法》(GB 7106—2008）规定，建筑门窗的气密性能是采用压力差为 10Pa 时的单位缝长空气渗透量 q_1 和单位面积空气渗透量 q_2 作为分级指标。

建筑门窗的气密性能分级指标绝对值 q_1、q_2 列于表 13-8。

表 13-8 建筑外门窗气密性能分级表

分 级	1	2	3	4	5	6	7	8
单位缝长 分级指标值 q_1[m³/(m·h)]	$4.0 \geqslant q_1 > 3.5$	$3.5 \geqslant q_1 > 3.0$	$3.0 \geqslant q_1 > 2.5$	$2.5 \geqslant q_1 > 2.0$	$2.0 \geqslant q_1 > 1.5$	$1.5 \geqslant q_1 > 1.0$	$1.0 \geqslant q_1 > 0.5$	$q_1 \leqslant 0.5$
单位面积 分级指标值 q_2/[m³/(m²·h)]	$12 \geqslant q_2 > 10.5$	$10.5 \geqslant q_2 > 9.0$	$9.0 \geqslant q_2 > 7.5$	$7.5 \geqslant q_2 > 6.0$	$6.0 \geqslant q_2 > 4.5$	$4.5 \geqslant q_2 > 3.0$	$3.0 \geqslant q_2 > 1.5$	$q_2 \leqslant 1.5$

建筑门窗的气密性能设计要注意以下几个方面：

① 铝合金门窗气密性能设计指标尚应符合建筑物所在地区建筑热工与建筑节能设计标准的具体规定。

② 在满足自然通风要求的前提下，按照相关标准适当控制铝合金门窗可开启部分面积。

③ 合理设计铝合金门窗断面尺寸与几何形状，提高门窗缝隙空气渗透阻力。

④ 应采用耐候性、相容性、黏结性和弹性模量满足设计要求的密封胶进行玻璃镶嵌密封，或耐候性好、具有良好弹性且密封结构合理的密封胶条进行玻璃镶嵌密封。

⑤ 应采用耐候性好、具有良好弹性且密封结构合理的密封胶条进行框扇之间的密封。

⑥ 推拉门窗宜采用中间加胶片的硅化密封毛条或自润滑式胶条进行密封。

⑦ 密封胶条和密封毛条应根据密封性能设计，安装在门窗框扇型材上，形成合理的密封结构。

⑧ 铝合金门窗构件连接部位和五金配件装配部位，应采用密封材料进行妥善的密封处理。

⑨ 平开门窗采用多点锁闭五金系统，减少门窗框扇之间的风压变形，提高门窗气密性能。

六、隔声性能设计

随着人们生活水平的提高，人们对建筑门窗的隔声性能提出了要求。声音的产生是物质在介质中振动时，使邻近的介质产生振动，并以波的形式向四周传播，这种波称为声波。人耳最终听到的声音，一般是在空气中传播的空气声。当声波遇到障碍物时，声波疏密相间的压力将推动障碍物发生相应的振动，其振动又会引起另一侧的传声介质随之振动，这种声言透过障碍物的现象称为声波的透射。透射声能与入射声能之比称为透射系数。

在国家标准《建筑门窗空气声隔声性能分级及检测方法》（GB/T8485—2008）中规定：声透射系数 τ 是透过试件的透射声功率与入射到试件上的入射声功率之比值。隔声量 R 与声透射系数 τ 有下列关系式：

$$R = 10\lg \frac{1}{\tau}$$

隔声量 R 是入射到试件上的声功率与透过试件的透射声功率之比值，取以 10 为底的对数乘以 10，单位为分贝（dB）。建筑门窗的隔声指的隔离人们不需要的声音，即噪声。噪声的危害如下。

(1) 噪声对人听觉器官的损害　噪声对听力的影响取决于噪声的强度和接触时间。在极高强度的噪声环境中，人们的听力会受到永久性的伤害。当人进入到较强的噪声环境中时，会感觉到噪声刺耳。

(2) 噪声能引发多种疾病　在噪声的环境中，能诱发人类多种疾病。研究表明，高强度的噪声对人的身心健康也有直接损害，如导致人体神经系统疾病，甚至引发心脏病。

(3) 噪声影响人们的正常工作和生活　噪声妨碍人们的睡眠，影响人们的生活，干扰人们的谈话交流（表 13-9），使人情绪烦躁影响工作。

表 13-9 噪声对谈话的干扰程度

噪声级/dB(A)	交谈的距离/m		电话
	普通声	大声	
45	7	14	满意
50	4	8	
55	2.2	4.5	稍困难
60	1.3	2.5	
65	0.7	1.4	困难
75	0.22	0.45	
85	0.07	0.14	不能

(4) 噪声降低劳动效率 在嘈杂的噪声中，人们的心情烦躁，精神容易疲劳，反应迟钝。噪声分散人们的注意力，易于引起工伤事故。

(5) 极强的噪声声波甚至能破坏建筑物 《城市区域环境噪声标准》(GB 3096—1993) 将城市区域分为五类，分类方法及环境噪声控制标准值见表 13-10。

表 13-10 环境噪声控制标准值 单位：dB

类别（适用区域）	昼间(5:00～22:00)	夜间(22:00～5:00)
0（安静居民区）	50	40
1（居民文教区）	55	45
2（居民商业工业混和区）	60	50
3（工业集中区）	65	55
4（交通干线道路两侧）	70	60

注：夜间突发噪声的最大值不准超过标准值 15dB。

关于室内环境噪声标准，《城市区域环境噪声测量方法》规定，室内噪声限值应低于所在区域标准值 10dB。随着城市化进程的加快和城市交通建设的发展，汽车流量加大，噪声源也越来越多，因此，建筑隔声的要求也越来越高。而建筑门窗是薄壁轻质构件，是建筑隔声的薄弱环节，所以，提高建筑门窗的隔声性能，才能给人们提供良好的生活环境。

《民用建筑设计通则》(GB 50352—2005) 第 7.5.1 规定，民用建筑各类主要用房的室内允许噪声级应符合表 13-11 的规定。

表 13-11 室内允许噪声级（昼间）

建筑类别	房间名称	允许噪声级/dB(A)			
		特级	一级	二级	三级
住宅	卧室、书房	—	≤40	≤45	≤50
	起居室	—	≤45	≤50	≤50
学校	有特殊安静要求的房间	—	≤40	—	—
	一般教室	—	—	≤50	—
	无特殊安静要求的房间	—	—	—	≤55
医院	病房、医务人员休息室	—	≤40	≤50	≤55
	门诊室	—	≤55	≤55	≤60
	手术室	—	≤45	≤45	≤50
	听力测听室	—	≤25	≤25	≤30

续表

建筑类别	房间名称	允许噪声级/dB(A)			
		特级	一级	二级	三级
旅馆	客房	≤35	≤40	≤45	≤55
	会议室	≤40	≤45	≤50	≤50
	多用途大厅	≤40	≤45	≤50	—
	办公室	≤45	≤50	≤55	≤55
	餐厅、宴会厅	≤50	≤55	≤60	—

注：夜间室内允许噪声级的数值比昼间小10dB(A)。

《住宅建筑规范》(GB 50368—2005)规定，住宅应在平面布置和建筑构造上采取防噪声措施。卧室、起居室在关窗状态下的白天允许噪声级为50dB，夜间允许噪声级为40dB。空气声计权隔声量，外窗不小于30dB。应采取构造措施提高外窗的空气声隔声性能。

《铝合金门窗工程技术规范》规定，建筑外门窗空气声隔声性能指标计权隔声量(R_w+C_{tr})值应符合下列规定：

① 临街的外窗、阳台门和住宅建筑外窗及阳台门不应低于30dB。

② 其他门窗不应低于25dB。

《铝合金门窗》(GB/T 8478—2008)、《建筑门窗空气声隔声性能分级及检测方法》(GB/T 8485—2008)规定，外门、外窗以“计权隔声量和交通噪声频谱修正量之和(R_w+C_{tr})”作为分级指标；内门、内窗以“计权隔声量和粉红噪声频谱修正量之和(R_w+C)”作为分级指标。

建筑门窗的空气声隔声性能分级见表13-12。

表13-12　建筑门窗的空气声隔声性能分级　　单位：dB

分　级	外门、外窗的分级指标值	内门、内窗的分级指标值
1	$20\leqslant R_w+C_{tr}<25$	$20\leqslant R_w+C<25$
2	$25\leqslant R_w+C_{tr}<30$	$25\leqslant R_w+C<30$
3	$30\leqslant R_w+C_{tr}<35$	$30\leqslant R_w+C<35$
4	$35\leqslant R_w+C_{tr}<40$	$35\leqslant R_w+C<40$
5	$40\leqslant R_w+C_{tr}<45$	$40\leqslant R_w+C<45$
6	$R_w+C_{tr}\geqslant 45$	$R_w+C\geqslant 45$

注：用于对建筑内机器、设备噪声源隔声的建筑内门窗，对中低频噪声宜用外门窗的指标值进行分级；对中高频噪声仍可采用内门窗的指标值进行分级。

计权隔声量R_w为将测得的试件空气声隔声量频率特性曲线与GB/T 50121规定的空气声隔声基准曲线按照规定的方法相比较而得出的单值评价量，单位为分贝(dB)。粉红噪声频谱修正量C为将计权隔声量值转换为试件隔绝粉红噪声(频谱见GB/T 50121中C_1)时试件两侧空间的A计权声压级差所需的修正值，单位为分贝(dB)。根据GB/T 50121，用评价量R_w+C表征试件对类似粉红噪声频谱的噪声(中高频噪声)的隔声性能。交通噪声频谱修正量C_{tr}为将计权隔声量值转换为试件隔绝交通噪声(频谱见GB/T 50121中C_2)时试件两侧空间的A计权声压级差所需的修正值，单位为分贝(dB)。根据《建筑隔声评价标准》(GB/T 50121—2005)，用评价量R_w+C_{tr}表征试件对类似交通噪声频谱的噪声(中低频噪声)的隔声性能。

从声音的传播方式可以看出，声音通过铝合金门窗传入到室内，有两个途径，一是铝合金门窗框扇之间缝隙的空气振动传播，二是室外的声音传递到铝合金门窗框扇型材和玻璃上并引起振动，使室内的空气随之振动。因此，铝合金门窗为提高隔声性能，宜采取下列构造设计。

① 采用隔声性能良好的中空玻璃或夹层玻璃。

② 采用密封性能良好的门窗形式。

③ 中空玻璃内外玻璃采用不同厚度的玻璃。

④ 门窗玻璃镶嵌缝隙及与扇开启缝隙，应采用不易老化的密封材料妥善密封。

⑤ 采用双层窗或多层窗构造。双层窗的间距最好在 200mm 以上，一侧玻璃倾斜安装，避免因共振降低隔声效果。

部分玻璃产品的隔声指标见表 13-13。

表 13-13　部分玻璃产品的隔声指标

玻璃产品名称	结构	实测隔声量 R_w/dB	计算隔声量 R_w/dB
单片玻璃	6mm	26	31
单片玻璃	10mm	29	34
中空玻璃	6mm+6A+6mm	31	31
中空玻璃	6mm+9A+6mm	33	—
中空玻璃	6mm+12A+6mm	34	—
夹层玻璃	6mm+1.4PVB+6mm	35	39
夹层玻璃	8mm+1.4PVB+8mm	36	40
单夹层中空玻璃	6mm+1.52PVB+6mm	37	40
双夹层中空玻璃	(6+0.76+6)+12A+(5+0.76+5)	—	41
双夹层中空玻璃	(8+1.52+8)+12A+(6+1.52+6)	—	43

注：实测值由中国科学院声学计量测试站依据 ISO 140—1、GBJ 75—84 标准测得；计算值由 Grozier Technical Systems and Pugh-Lilleen Associates 编制的 Stccalc 软件得出。

七、采光性能

采光是建筑外窗的主要功能。将太阳光中的可见光通过窗户引进室内，并通过窗户使人们观赏室外景物，是人们追求美好生活、身心舒适的重要条件。由于人类长期生活在自然环境中，人眼对天然光最适应，在天然光下人眼有更高的功效，会感到更舒适，更有利用人们的生理和心理健康。天然光是最洁净的绿色光源，充分利用天然采光，可以节约照明用电，节约能源，减少用化石能源发电对环境产生的污染，有利于可持续发展。

在建筑的外立面上设计安装外窗是建筑获取天然光最常用的采光形式，其特点是：布置位置灵活方便，构造简单，不受建筑层数限制，开启方便，有利于通风换气，光线有方向性。建筑外窗附近的采光系数和相应的照度随窗离地面高度的增加而减少，远离窗的地方照度随窗离地面高度的增加而增加，并具有良好的采光均匀度，所以，建筑外窗的上框应尽量高。另外，建筑外窗的种类、规格、形式，窗间墙的面积，室内外的遮挡情况和反光状况等因素都对建筑的采光产生影响。

实验表明，就采光量（室内各点照度总和）而言，如果建筑外窗的材质、规格、种类、面积相同，且窗台高度相同，则正方形的外窗采光量最高，其次为竖长方形，横长方形最少。从照度的均匀性来看，竖长方形外窗在沿采光口的房间进深方向采光均匀性好，横长方形外窗在沿房间采光口的横向方向采光均匀性好。所以，窗口的形式要考虑房间的形状。沿房间进深方向的采光均匀性，还主要受窗户位置高低的影响，窗户位置较高，则房间内的照度均匀性也随之提高。房间横向的采光均匀性主要受窗户宽度影响，减少窗间墙宽度，增加窗户宽度，有利于提高房间横向的采光均匀性。

设计、制作时要尽可能提高其采光效率，设计合理的窗墙比和采光面积，并采用透光性能好的材料，同时要兼顾建筑节能的要求。

在进行建筑外窗采光设计时，应执行《建筑采光设计标准》(GB/T 50033—2001)。《建筑采光设计标准》(GB/T 50033—2001) 第 3.1.6 条规定在采光设计中应选择采光性能好的窗作为建筑采光外窗，其透光折减系数 T_r 应大于 0.45。建筑采光外窗采光性能的检测可按现行国家标准《建筑外窗采光性能分级及其检测方法》执行。

《建筑外窗采光性能分级及检测方法》(GB/T 11976—2002) 规定，建筑外窗的采光性能是建筑外窗在漫射光照射下透过光的能力。漫射光照度 (E_o) 指安装窗试件前在接收室内表面上测得的透过窗洞口的光照度。透射漫射光照度 (E_w) 指安装窗试件后在接收室内表面上测得的透过窗试件的光照度。透光折减系数 (T_r) 指透射漫射光照度 (E_w) 与漫射光照度 (E_o) 之比。采用窗的透光折减系数 (T_r) 作为采光性能的分级指标。建筑外窗的采光性能分级指标值及分级应按照见表 13-14 的规定。

表 13-14　建筑外窗的采光性能分级

分级	采光性能分级指标值	分级	采光性能分级指标值
1	$0.20 \leqslant T_r < 0.30$	4	$0.50 \leqslant T_r < 0.60$
2	$0.30 \leqslant T_r < 0.40$	5	$T_r \geqslant 0.60$
3	$0.40 \leqslant T_r < 0.50$		

注：T_r 值大于 0.60 时，应给出具体数值。

《住宅建筑规范》(GB/T 50368—2005) 中第 7.2.2 条规定，卧室、起居室（厅）、厨房应设置外窗，窗地面积比不应小于 1/7。《住宅设计规范》(GB/T 50096—1999) 中第 5.1.3 条规定，住宅采光标准应符合表 13-15 采光系数最低值的规定，其窗地面积比可按表 13-15 的规定取值。

表 13-15　住宅室内采光标准

房间名称	侧面采光	
	采光系数最低值/%	窗地面积比(A_c/A_d)
卧室、起居室(厅)、厨房	1	1/7
楼梯间	0.5	1/12

注：1. 窗地面积比值为直接天然采光房间的侧窗洞口面积 A_c 与该房间地面面积 A_d 之比。

2. 本表系按Ⅲ类光气候区单层玻璃钢窗计算，当用于其他光气候区时或采用其他类型的窗时，应按现行国家标准《建筑采光设计标准》的有关规定进行调整。

3. 离地面高度低于 0.50m 的窗洞口面积不计入采光面积内，窗洞口上沿距地面高度不低于 2m。

《民用建筑设计通则》(GB 50352—2005) 中第 7.1.1 条说明，本标准采用采光系数作为采光标准值 [见《建筑采光设计标准》(GB/T 50033—2001)]。在建筑采光设计时应进行采光计算，窗地面积比只能用于在建筑方案设计时对采光进行估算。窗地面积比 A_c/A_d 见表 13-16。

表 13-16　窗地面积比 A_c/A_d

采光等级	侧面采光	顶部采光	采光等级	侧面采光	顶部采光
	侧窗	平天窗		侧窗	平天窗
Ⅰ	1/2.5	1/6	Ⅳ	1/7	1/18
Ⅱ	1/3.5	1/8.5	Ⅴ	1/12	1/27
Ⅲ	1/5	1/11			

注：1. 计算条件：①Ⅲ类光气候区；②普通玻璃单层铝窗；③Ⅰ～Ⅳ级为清洁房间，Ⅴ级为一般污染房间。
2. 其他条件下的窗地面积比应乘以相应的系数。

《民用建筑设计通则》第 7.1.2 条规定，有效采光面积计算应符合下列规定。

① 侧窗采光口离地面高度在 0.80m 以下的部分不应计入有效采光面积。

② 侧窗采光口上部有效宽度超过 1m 以上的外廊、阳台等外挑遮挡物，其有效采光面积可按采光口面积的 70%计算。

③ 平天窗采光时，其有效采光面积可按侧面采光口面积的 2.50 倍计算。

八、保温隔热设计

节约能源是我国的基本国策，建筑节能是我国节能工作的重点。目前，我国建筑用能已超过全国能源消费总量的 1/4，并将随着人民生活水平的提高逐步增加到 1/3 以上。积极推进建筑节能，减少温室气体排放，减少对大气环境的污染，保护环境，有利于改善人民生活和工作环境，贯彻可持续发展战略，保证国民经济持续稳定健康地发展。

我国地域广阔，冬季南北温差极大，与世界同纬度地区的平均气温相比，北方地区一月份平均温度偏低 10～18℃，而七月份平均温度偏高 1.3～2.5℃。按照我国国家标准《建筑气候区划标准》(GB 50178—93)，我国建筑气候的区划系统分为 5 个区，分别为严寒地区、寒冷地区、夏热冬冷地区、夏热冬暖地区和温和地区。有关建筑门窗节能设计指标参见国家现行标准。我国主要城市所处气候分区见表 13-17。

表 13-17　我国主要城市所处气候分区

气候分区		代表性城市
严寒地区	A 区	海伦、博克图、伊春、呼玛、海拉尔、满洲里、齐齐哈尔、富锦、哈尔滨、牡丹江、克拉玛依、佳木斯、安达
	B 区	长春、乌鲁木齐、延吉、通辽、通化、四平、呼和浩特、抚顺、大柴旦、沈阳、大同、本溪、阜新、哈密、鞍山、张家口、酒泉、伊宁、吐鲁番、西宁、银川、丹东
寒冷地区		兰州、太原、唐山、阿坝、喀什、北京、天津、大连、阳泉、平凉、石家庄、德州、晋城、天水、西安、拉萨、康定、济南、青岛、安阳、郑州、洛阳、宝鸡、徐州
夏热冬冷地区		南京、蚌埠、盐城、南通、合肥、安庆、九江、武汉、黄石、汉中、安康、上海、杭州、宁波、宜昌、长沙、南昌、株洲、永州、赣州、韶关、桂林、重庆、达县、万州、南充、宜宾、成都、贵阳、遵义、凯里、绵阳
夏热冬暖地区		福州、莆田、龙岩、梅州、兴宁、河池、柳州、贺州、泉州、厦门、广州、深圳、湛江、汕头、海口、南宁、北海、梧州

《公共建筑节能设计标准》(GB 50189—2005) 对严寒地区 A 区围护结构传热系数限值的规定见表 13-18。

表 13-18　严寒地区 A 区围护结构传热系数限值　　单位：W/(m^2·K)

围护结构部位	体形系数≤0.3	0.3<体形系数≤0.4
屋面	≤0.35	≤0.30
外墙(包括非透明幕墙)	≤0.45	≤0.40

续表

围护结构部位		体形系数≤0.3	0.3<体形系数≤0.4
底面接触室外空气的架空或外挑楼板		≤0.45	≤0.40
非采暖空调房间与采暖空调房间的隔墙或楼板		≤0.6	≤0.6
单一朝向外窗（包括透明幕墙）	窗墙面积比≤0.2	≤3.0	≤2.7
	0.2<窗墙面积比≤0.3	≤2.8	≤2.5
	0.3<窗墙面积比≤0.4	≤2.5	≤2.2
	0.4<窗墙面积比≤0.5	≤2.0	≤1.7
	0.5<窗墙面积比≤0.7	≤1.7	≤1.5
屋顶透明部分		≤2.5	

《公共建筑节能设计标准》（GB 50189—2005）对严寒地区 B 区围护结构传热系数限值的规定见表 13-19。

表 13-19　严寒地区 B 区围护结构传热系数限值　单位：W/(m^2·K)

围护结构部位		体形系数≤0.3	0.3<体形系数≤0.4
屋面		≤0.45	≤0.35
外墙(包括非透明幕墙)		≤0.50	≤0.45
底面接触室外空气的架空或外挑楼板		≤0.50	≤0.45
非采暖空调房间与采暖空调房间的隔墙或楼板		≤0.8	≤0.8
单一朝向外窗（包括透明幕墙）	窗墙面积比≤0.2	≤3.2	≤2.8
	0.2<窗墙面积比≤0.3	≤2.9	≤2.5
	0.3<窗墙面积比≤0.4	≤2.6	≤2.2
	0.4<窗墙面积比≤0.5	≤2.1	≤1.8
	0.5<窗墙面积比≤0.7	≤1.8	≤1.6
屋顶透明部分		≤2.6	

《公共建筑节能设计标准》（GB 50189 —2005）对寒冷地区围护结构传热系数和遮阳系数限值的规定见表 13-20。

表 13-20　寒冷地区围护结构传热系数和遮阳系数　单位：W/(m^2·K)

围护结构部位		体形系数≤0.3 传热系数 K		0.3<体形系数≤0.4 传热系数 K	
屋面		≤0.55		≤0.45	
外墙(包括非透明幕墙)		≤0.60		≤0.50	
底面接触室外空气的架空或外挑楼板		≤0.60		≤0.50	
非采暖空调房间与采暖空调房间的隔墙或楼板		≤1.5		≤1.5	
外窗(包括透明幕墙)		传热系数 K	遮阳系数 SC	传热系数 K	遮阳系数 SC
单一朝向外窗	窗墙面积比≤0.2	≤3.5	—	≤3.0	—
	0.2<窗墙面积比≤0.3	≤3.0	—	≤2.5	—
	0.3<窗墙面积比≤0.4	≤2.7	≤0.70/—	≤2.3	≤0.70/—
	0.4<窗墙面积比≤0.5	≤2.3	≤0.60/—	≤2.0	≤0.60/—
	0.5<窗墙面积比≤0.7	≤2.0	≤0.50/—	≤1.8	≤0.50/—
屋顶透明部分		≤2.7	≤0.50	≤2.7	≤0.50

注：有外遮阳时，遮阳系数=玻璃的遮阳系数×外遮阳的遮阳系数；无外遮阳时，遮阳系数=玻璃的遮阳系数。

《公共建筑节能设计标准》(GB 50189 —2005）对夏热冬冷地区公共建筑围护结构传热系数和遮阳系数限值的规定见表 13-21。

表 13-21　夏热冬冷地区公共建筑围护结构传热系数和遮阳系数限值

围护结构部位		传热系数 K/[W/(m^2・K)]	
屋面		≤0.70	
外墙（包括非透明幕墙）		≤1.0	
底面接触室外空气的架空或外挑楼板		≤1.0	
外窗（包括透明幕墙）		传热系数 K	遮阳系数(东南西/北)
单一朝向外窗（包括透明幕墙）	窗墙面积比≤0.2	≤4.7	—
	0.2<窗墙面积比≤0.3	≤3.5	≤0.55/—
	0.3<窗墙面积比≤0.4	≤3.0	≤0.50/0.60
	0.4<窗墙面积比≤0.5	≤2.8	≤0.45/0.55
	0.5<窗墙面积比≤0.7	≤2.5	≤0.40/0.50
屋顶透明部分		≤3.0	≤0.40

注：有外遮阳时，遮阳系数＝玻璃的遮阳系数×外遮阳的遮阳系数；无外遮阳时，遮阳系数＝玻璃的遮阳系数。

《公共建筑节能设计标准》(GB 50189—2005）对夏热冬暖地区公共建筑围护结构传热系数和遮阳系数限值的规定见表 13-22。

表 13-22　夏热冬暖地区公共建筑围护结构传热系数和遮阳系数限值

围护结构部位		传热系数 K/[W/(m^2・K)]	
屋面		≤0.90	
外墙（包括非透明幕墙）		≤1.5	
底面接触室外空气的架空或外挑楼板		≤1.5	
外窗(包括透明幕墙)		传热系数 K	遮阳系数(东南西/北)
单一朝向外窗（包括透明幕墙）	窗墙面积比≤0.2	≤6.5	—
	0.2<窗墙面积比≤0.3	≤4.7	≤0.50/0.6
	0.3<窗墙面积比≤0.4	≤3.5	≤0.45/0.55
	0.4<窗墙面积比≤0.5	≤3.0	≤0.40/0.50
	0.5<窗墙面积比≤0.7	≤3.0	≤0.35/0.45
屋顶透明部分		≤3.5	≤0.35

注：有外遮阳时，遮阳系数＝玻璃的遮阳系数×外遮阳的遮阳系数；无外遮阳时，遮阳系数＝玻璃的遮阳系数。

《公共建筑节能设计标准》(GB 50189—2005）第 4.2.4 条规定，建筑每个朝向的窗(包括透明幕墙）墙面积比均不应大于 0.70。当窗（包括透明幕墙）墙面积比小于 0.40 时，玻璃（或其他透明材料）的可见光透射比不应小于 0.4。当不能满足本条文的规定时，必须按本标准第 4.3 节的规定进行权衡判断。

每个朝向窗墙面积比是指每个朝向外墙面上的窗、阳台门及幕墙透明部分的总面积与所在朝向建筑的外墙面总面积（包括该朝向上的窗、阳台门及幕墙透明部分的总面积）之比。

窗墙面积比的确定要综合考虑多方面的因素，其中最主要的是不同地区冬、夏季日照情况（日照时间长短、太阳总辐射强度、阳光入射角大小)、季风影响、室外空气温度、室内采光设计标准、外窗开窗面积与建筑能耗等。一般普通窗户（包括阳台门的透明部分）的保温隔热性能比外墙差很多，窗墙面积比越大，采暖和空调能耗也越大。因此，从降低建筑能耗的角度出发，必须限制窗墙面积比。

由于我国幅员辽阔，南北方、东西部地区气候差异很大。窗、透明幕墙对建筑能耗高低的影响主要有两个方面，一是窗和透明幕墙的热工性能影响到冬季采暖、夏季空调室内外温差传热；另外就是窗和幕墙的透明材料（如玻璃）受太阳辐射影响而造成的建筑室内的得热。冬季，通过窗口和透明幕墙进入室内的太阳辐射有利于建筑的节能，因此，减小窗和透明幕墙的传热系数，抑制温差传热是降低窗口和透明幕墙热损失的主要途径之一；夏季，通过窗口透明幕墙进入室内的太阳辐射成为空调降温的负荷，因此，减少进入室内的太阳辐射以及减小窗或透明幕墙的温差传热都是降低空调能耗的途径。由于不同纬度、不同朝向的墙面太阳辐射的变化很复杂，墙面日辐射强度和峰值出现的时间是不同的，因此，不同纬度地区窗墙面积比也应有所差别。

在严寒和寒冷地区，采暖期室内外温差传热的热量损失占主导地位。因此，对窗和幕墙的传热系数的要求高于南方地区。反之，在夏热冬暖和夏热冬冷地区，空调期太阳辐射得热所引起的负荷可能成了主要矛盾，因此，对窗和幕墙的玻璃（或其他透明材料）的遮阳系数的要求高于北方地区。

近年来公共建筑的窗墙面积比有越来越大的趋势，这是由于人们希望公共建筑更加通透明亮，建筑立面更加美观，建筑形态更为丰富。《公共建筑节能设计标准》（GB 50189—2005）把窗墙面积比的上限定为0.7已经是充分考虑了这种趋势。某个立面即使是采用全玻璃幕墙，扣除掉各层楼板以及楼板下面梁的面积（楼板和梁与幕墙之间的间隙必须放置保温隔热材料），窗墙比一般不会再超过0.7。

《公共建筑节能设计标准》（GB 50189—2005）第4.2.5条规定，夏热冬暖地区、夏热冬冷地区的建筑以及寒冷地区中制冷负荷大的建筑，外窗（包括透明幕墙）宜设置外部遮阳，外部遮阳的遮阳系数按本标准附录A确定。

《公共建筑节能设计标准》（GB 50189—2005）第4.2.8条规定，外窗的可开启面积不应小于窗面积的30%；透明幕墙应具有可开启部分或设有通风换气装置。

近来有些建筑为了追求外窗的视觉效果和建筑立面的设计风格，外窗的可开启率有逐渐下降的趋势，有的甚至使外窗完全封闭，导致房间自然通风不足，不利于室内空气流通和散热，不利于节能。例如在我国南方地区通过实测调查与计算机模拟：当室外干球温度不高于28℃，相对湿度80%以下，室外风速在1.5m/s左右时，如果外窗的可开启面积不小于所在房间地面面积的8%，室内大部分区域基本能达到热舒适性水平；而当室内通风不畅或关闭外窗，室内干球温度26℃，相对湿度80%左右时，室内人员仍然感到有些闷热。人们曾对夏热冬暖地区典型城市的气象数据进行分析，从5月到10月，室外平均温度不高于28℃的天数占每月总天数，有的地区高达60%～70%，最热月也能达到10%左右，对应时间段的室外风速大多能达到1.5m/s左右。所以做好自然通风气流组织设计，保证一定的外窗可开启面积，可以减少房间空调设备的运行时间，节约能源，提高舒适性。为了保证室内有良好的自然通风，明确规定外窗的可开启面积不应小于窗面积的30%是必要的。

《公共建筑节能设计标准》（GB 50189—2005）第4.2.10条规定，外窗的气密性不应低于《建筑外窗气密性能分级及其检测方法》（GB 7107）规定的4级。

公共建筑一般室内热环境条件比较好，为了保证建筑的节能，要求外窗具有良好的气密性能，以抵御夏季和冬季室外空气过多地向室内渗漏，因此对外窗的气密性能要有较高的要求。

行业标准《严寒和寒冷地区居住建筑节能设计标准》(JGJ 26—2010) 第4.1.4条规定，严寒和寒冷地区居住建筑的窗墙面积比不应大于表13-23规定的限值。当窗墙面积比大于表13-23规定的限值时，必须按照本标准第4.3节的要求进行围护结构热工性能的权衡判断，并且在进行权衡判断时，各朝向的窗墙面积比最大也只能比表中的对应值大0.1。

表13-23　严寒和寒冷地区居住建筑的窗墙面积比限值

朝　　向	窗墙面积比	
	严寒地区	寒冷地区
北	≤0.25	≤0.30
东、西	≤0.30	≤0.35
南	≤0.45	≤0.50

注：1. 敞开式阳台的阳台门上部透明部分计入窗户面积，下部不透明部分不计入窗户面积。

2. 表中的窗墙面积比按开间计算。表中的“北”代表从北偏东小于60°至北偏西小于60°的范围；“东、西”代表从东或西偏北小于等于30°至偏南小于60°的范围；“南”代表从南偏东小于等于30°至偏西小于等于30°的范围。

根据建筑物所处城市的气候分区区属不同，建筑围护结构的传热系数不应大于表13-24～表13-29中规定的限值。周边地面和地下室外墙的保温材料层热阻不应小于表中规定的限值，寒冷(B)区外窗综合遮阳系数不应大于表中规定的限值。当建筑围护结构的热工性能参数不满足上述规定时，必须按照标准JGJ 26—2010第4.3节的规定进行围护结构热工性能的权衡判断。

表13-24　严寒(A)区围护结构热工性能参数限值

围护结构部位		传热系数 K/[W/(m^2·K)]		
		≤3层建筑	4～8层的建筑	≥9层的建筑
屋面		0.20	0.25	0.25
外墙		0.25	0.40	0.50
架空或外挑楼板		0.30	0.40	0.40
非采暖地下室顶板		0.35	0.45	0.45
分隔采暖与非采暖空间的隔墙		1.2	1.2	1.2
分隔采暖与非采暖空间的户门		1.5	1.5	1.5
阳台门下部门芯板		1.2	1.2	1.2
外窗	窗墙面积比≤0.2	2.0	2.5	2.5
	0.2<窗墙面积比≤0.3	1.8	2.0	2.2
	0.3<窗墙面积比≤0.4	1.6	1.8	2.0
	0.4<窗墙面积比≤0.5	1.5	1.6	1.8
围护结构部位		保温材料层热阻 R/[(m^2·K)/W]		
周边地面		1.70	1.40	1.10
地下室外墙(与土壤接触的外墙)		1.80	1.50	1.20

表13-25　严寒(B)区围护结构热工性能参数限值

围护结构部位	传热系数 K/[W/(m^2·K)]		
	≤3层建筑	4～8层的建筑	≥9层建筑
屋面	0.25	0.30	0.3
外墙	0.30	0.45	0.55
架空或外挑楼板	0.30	0.45	0.45
非采暖地下室顶板	0.35	0.50	0.50

续表

围护结构部位		传热系数 K/[W/(m²·K)]		
		≤3 层建筑	4～8 层的建筑	≥9 层建筑
分隔采暖与非采暖空间的隔墙		1.2	1.2	1.2
分隔采暖与非采暖空间的户门		1.5	1.5	1.5
阳台门下部门芯板		1.2	1.2	1.2
外窗	窗墙面积比≤0.2	2.0	2.5	2.5
	0.2＜窗墙面积比≤0.3	1.8	2.2	2.2
	0.3＜窗墙面积比≤0.4	1.6	1.9	2.0
	0.4＜窗墙面积比≤0.45	1.5	1.7	1.8
围护结构部位		保温材料层热阻 R/[(m²·K)/W]		
周边地面		1.40	1.10	0.83
地下室外墙(与土壤接触的外墙)		1.50	1.20	0.91

表 13-26　严寒（C）区围护结构热工性能参数限值

围护结构部位		传热系数 K/[W/(m²·K)]		
		≤3 层建筑	4～8 层的建筑	≥9 层建筑
屋面		0.30	0.40	0.40
外墙		0.35	0.50	0.60
架空或外挑楼板		0.35	0.50	0.50
非采暖地下室顶板		0.50	0.60	0.60
分隔采暖与非采暖空间的隔墙		1.5	1.5	1.5
分隔采暖与非采暖空间的户门		1.5	1.5	1.5
阳台门下部门芯板		1.2	1.2	1.2
外窗	窗墙面积比≤0.2	2.0	2.5	2.5
	0.2＜窗墙面积比≤0.3	1.8	2.2	2.2
	0.3＜窗墙面积比≤0.4	1.6	2.0	2.0
	0.4＜窗墙面积比≤0.45	1.5	1.8	1.8
围护结构部位		保温材料层热阻 R/[(m²·K)/W]		
周边地面		1.10	0.83	0.56
地下室外墙(与土壤接触的外墙)		1.20	0.91	0.61

表 13-27　寒冷（A）区围护结构热工性能参数限值

围护结构部位		传热系数 K/[W/(m²·K)]		
		≤3 层建筑	4～8 层的建筑	≥9 层建筑
屋面		0.35	0.45	0.45
外墙		0.45	0.60	0.70
架空或外挑楼板		0.45	0.60	0.60
非采暖地下室顶板		0.50	0.65	0.65
分隔采暖与非采暖空间的隔墙		1.5	1.5	1.5
分隔采暖与非采暖空间的户门		2.0	2.0	2.0
阳台门下部门芯板		1.7	1.7	1.7
外窗	窗墙面积比≤0.2	2.8	3.1	3.1
	0.2＜窗墙面积比≤0.3	2.5	2.8	2.8
	0.3＜窗墙面积比≤0.4	2.0	2.5	2.5
	0.4＜窗墙面积比≤0.45	1.8	2.0	2.3
围护结构部位		保温材料层热阻 R/[(m²·K)/W]		
周边地面		0.83	0.56	—
地下室外墙(与土壤接触的外墙)		0.91	0.61	—

表 13-28　寒冷（B）区围护结构热工性能参数限值

围护结构部位		传热系数 K/[W/(m²·K)]		
		≤3 层建筑	4～8 层的建筑	≥9 层建筑
屋面		0.35	0.45	0.45
外墙		0.45	0.60	0.70
架空或外挑楼板		0.45	0.60	0.60
非采暖地下室顶板		0.50	0.65	0.65
分隔采暖与非采暖空间的隔墙		1.5	1.5	1.5
分隔采暖与非采暖空间的户门		2.0	2.0	2.0
阳台门下部门芯板		1.7	1.7	1.7
外窗	窗墙面积比≤0.2	2.8	3.1	3.1
	0.2<窗墙面积比≤0.3	2.5	2.8	2.8
	0.3<窗墙面积比≤0.4	2.0	2.5	2.5
	0.4<窗墙面积比≤0.45	1.8	2.0	2.3
围护结构部位		保温材料层热阻 R/[(m²·K)/W]		
周边地面		0.83	0.56	—
地下室外墙(与土壤接触的外墙)		0.91	0.61	—

注：周边地面和地下室外墙的保温材料层不包括土壤和混凝土地面。

表 13-29　寒冷（B）区外窗综合遮阳系数限值

围护结构部位		遮阳系数 SC（东、西 向 / 南、北向）		
		≤3 层建筑	4～8 层的建筑	≥9 层建筑
外窗	窗墙面积比≤0.2	—/—	—/—	—/—
	0.2<窗墙面积比≤0.3	—/—	—/—	—/—
	0.3<窗墙面积比≤0.4	0.45/—	0.45/—	0.45/—
	0.4<窗墙面积比≤0.5	0.35/—	0.35/—	0.35/—

居住建筑不宜设置凸窗，严寒地区除南向外不应设置凸窗，寒冷地区北向的卧室、起居室不得设置凸窗。当设置凸窗时，凸窗凸出（从外墙面至凸窗外表面）不应大于 400mm；凸窗的传热系数限值应比普通平窗降低 15%，其不透明的顶部、底部、侧面的传热系数应小于或等于外墙的传热系数。当计算窗墙面积比时，凸窗的窗面积和凸窗所占的墙面积应按窗洞口面积计算。

封闭式阳台的保温应符合下列规定。

① 阳台和直接连通的房间之间应设置隔墙和门、窗。

② 阳台和直接连通的房间之间不设置隔墙和门、窗时，应将阳台作为所连通房间的一部分。阳台与室外空气接触的墙板、顶板、地板的传热系数必须符合 JGJ 26—2010 第 4.2.2 条的要求，阳台的窗墙面积比必须符合 JGJ 26—2010 第 4.1.4 条的要求。

③ 如阳台和直连连通的房间之间设置了隔墙和门、窗，且所设隔墙、门、窗的传热系数不大于标准 JGJ 26—2010 第 4.2.2 条表中所列限值，窗墙面积比不超过限值时，可不对阳台外表面作特殊热工要求。

④ 当阳台和直接连通的房间之间设置了隔墙和门、窗，且所设隔墙、门、窗的传热系数大于 JGJ 26—2010 第 4.2.2 条表中所列限值时，阳台与室外空气接触的墙板、顶板、地板的传热系数不应大于第 4.2.2 条表中所列限值的 120%，严寒地区阳台窗的传热系数不应大于 2.5W/(m²·K)，寒冷地区阳台窗的传热系数不应大于 3.1 W/(m²·K)，阳台外表面的窗墙面积比不应大于 60%，阳台和直接连通房间隔墙的窗墙面积比不应超过标

准限值。当阳台的面宽小于直接连通房间的开间宽度时，则可按房间的开间计算隔墙的窗墙面积比。

行业标准《夏热冬冷地区居住建筑节能设计标准》(JGJ 134—2010) 第 4.0.5 条规定，不同朝向外窗（包括阳台门的透明部分）的窗墙面积比不应大于表 13-30 规定的限值。不同朝向、不同窗墙面积比的外窗传热系数不应大于表 13-31 规定的限值；综合遮阳系数应符合表 13-31 的规定。当外窗为凸窗时，凸窗的传热系数限值应比表 13-31 规定的限值小 10%；计算窗墙面积比时，凸窗的面积应按洞口面积计算。对凸窗不透明的上顶板、下底板和侧板，应进行保温处理，且板的传热系数不应低于外墙的传热系数限值。当设计建筑的窗墙面积比或传热系数、遮阳系数不符合表 13-30 和表 13-31 的规定时，必须按照标准 JGJ 134—2010 第 5 章的规定进行建筑围护结构热工性能的综合判断。

表 13-30　不同朝向外窗的窗墙面积比限值

朝　　向	窗墙面积比	朝　　向	窗墙面积比
北	0.4	南	0.45
东、西	0.35	每套房间允许一个房间(不分朝向)	0.6

表 13-31　不同朝向、不同窗墙面积比的外窗传热系数和综合遮阳系数限值

建筑	窗墙面积比	传热系数 K /[W/(m² · K)]	外窗综合遮阳系数 SC_w (东、西向/南向)
体形系数≤0.40	窗墙面积比≤0.2	4.7	—/—
	0.2＜窗墙面积比≤0.3	4.0	—/—
	0.3＜窗墙面积比≤0.4	3.2	夏季≤0.4/夏季≤0.45
	0.4＜窗墙面积比≤0.45	2.8	夏季≤0.35/夏季≤0.40
	0.45＜窗墙面积比≤0.6	2.5	东、西、南向设置外遮阳 夏季≤0.25,冬季≥0.60
体形系数＞0.4	窗墙面积比≤0.2	4.0	—/—
	0.2＜窗墙面积比≤0.3	3.2	—/—
	0.3＜窗墙面积比≤0.4	2.8	夏季≤0.4/夏季≤0.45
	0.4＜窗墙面积比≤0.45	2.5	夏季≤0.4/夏季≤0.45
	0.45＜窗墙面积比≤0.6	2.3	东、西、南向设置外遮阳 夏季≤0.25,冬季≥0.60

注：1. 表中的“东、西”代表从东或西偏北 30°（含 30°）至偏南 60°（含 60°）的范围；南”代表从南偏东 30°至偏西 30°的范围。

2. 楼梯间、外走廊的窗不按本表规定执行。

行业标准《夏热冬暖地区居住建筑节能设计标准》(JGJ 75—2003) 第 4.0.4 条规定，居住建筑的外窗面积不应过大，各朝向的窗墙面积比，北向不应大于 0.45，东、西向不应大于 0.30，南向不应大于 0.50。当设计建筑的外窗不符合上述规定时，其空调采暖年能耗电指数（或耗电量）不应超过参照建筑的空调采暖年能耗电指数（或耗电量）。第 4.0.7 条规定居住建筑采用不同平均窗墙面积比时，其外窗的传热系数和综合遮阳系数应符合表 13-32 和表 13-33 的规定。当设计建筑的外窗不符合表 13-32 和表 13-33 的规定时，其空调采暖年能耗电指数（或耗电量）不应超过参照建筑的空调采暖年能耗电指数（或耗电量）。

表 13-32　北区居住建筑外窗的传热系数和综合遮阳系数限值

外墙	外窗的综合遮阳系数 S_w	外窗的传热系数 K/[W/(m²·K)]				
		平均窗墙面积比 $C_M≤0.25$	平均窗墙面积比 $0.25<C_M≤0.3$	平均窗墙面积比 $0.3<C_M≤0.35$	平均窗墙面积比 $0.35<C_M≤0.4$	平均窗墙面积比 $0.4<C_M≤0.45$
K≤2.0 D≥3.0	0.9	≤2.0	—	—	—	—
	0.8	≤2.5	—	—	—	—
	0.7	≤3.0	≤2.0	≤2.0	—	—
	0.6	≤3.0	≤2.5	≤2.5	≤2.0	—
	0.5	≤3.5	≤2.5	≤2.5	≤2.0	≤2.0
	0.4	≤3.5	≤3.0	≤3.0	≤2.5	≤2.5
	0.3	≤4.0	≤3.0	≤3.0	≤2.5	≤2.5
	0.2	≤4.0	≤3.5	≤3.0	≤3.0	≤3.0
K≤1.5 D≥3.0	0.9	≤5.0	≤3.5	≤2.5	—	—
	0.8	≤5.5	≤4.0	≤3.0	≤2.0	—
	0.7	≤6.0	≤4.5	≤3.5	≤2.5	≤2.0
	0.6	≤6.5	≤5.0	≤4.0	≤3.0	≤3.0
	0.5	≤6.5	≤5.0	≤4.5	≤3.5	≤3.5
	0.4	≤6.5	≤5.5	≤5.0	≤4.0	≤3.5
	0.3	≤6.5	≤5.5	≤5.0	≤4.0	≤4.0
	0.2	≤6.5	≤6.0	≤5.0	≤4.0	≤4.0
K≤1.0 D≥2.5 或 K≤0.7	0.9	≤6.5	≤6.5	≤4.0	≤2.5	—
	0.8	≤6.5	≤6.5	≤5.0	≤3.5	≤2.5
	0.7	≤6.5	≤6.5	≤5.5	≤4.5	≤3.5
	0.6	≤6.5	≤6.5	≤6.5	≤5.0	≤4.0
	0.5	≤6.5	≤6.5	≤6.5	≤5.0	≤4.5
	0.4	≤6.5	≤6.5	≤6.5	≤5.5	≤5.0
	0.3	≤6.5	≤6.5	≤6.5	≤5.5	≤5.0
	0.2	≤6.5	≤6.5	≤6.5	≤6.0	≤5.5

表 13-33　南区居住建筑外窗的传热系数和综合遮阳系数限值

外墙（ρ≤0.8）	外窗的综合遮阳系数 S_w				
	平均窗墙面积比 $C_M≤0.25$	平均窗墙面积比 $0.25<C_M≤0.3$	平均窗墙面积比 $0.3<C_M≤0.35$	平均窗墙面积比 $0.35<C_M≤0.4$	平均窗墙面积比 $0.4<C_M≤0.45$
K≤2.0 D≥3.0	≤0.6	≤0.5	≤0.4	≤0.4	≤0.3
K≤1.5 D≥3.0	≤0.8	≤0.7	≤0.6	≤0.5	≤0.4
K≤1.0 D≥2.5 或 K≤0.7	≤0.9	≤0.8	≤0.7	≤0.6	≤0.5

注：1. 本条文所指的外窗包括阳台门的透明部分。

2. 南区居住建筑的节能设计对外窗的传热系数不作规定。

3. ρ是外墙外表面的太阳辐射吸收系数。

在建筑节能中，建筑门窗的节能占有重要的比重。提高建筑门窗节能的途径有以下几个方面。

(1) 建筑的整体设计　建筑群的总体布置、建筑的平面、立面设计和建筑门窗的朝向，窗强面积比的合理设计，对建筑节能和在建筑内工作、生活都有非常重要的影响。在严寒和寒冷地区，建筑物的朝向和建筑门窗在冬季要尽量利用太阳辐射得热，减少采暖能耗，同时，避开当地的主导风向，减少建筑门窗的空气散热损失，如果建筑物设计一个房间有两面外墙且每面外墙都有外窗，则会大大增加冷空气的渗透，增加采暖能耗；在夏季，夏热冬冷和夏热冬暖地区建筑门窗要尽量避免因太阳辐射得热而增加空调电耗，并充分利用当地的主导风向对建筑物进行通风散热。

(2) 门窗框与墙体的连接密封、隔热设计和施工　门窗框与墙体的连接密封、隔热设计和施工，是建筑节能、保温的重要环节。在严寒和寒露地区，门窗框与墙体如果用水泥砂浆填缝，尽管门窗框的热阻很大、传热系数较小，但因门窗框的厚度远小于墙体厚度，这道水泥砂浆填缝很容易形成热桥，不仅大大抵消了门窗的良好保温性能，而且容易引起室内侧门窗框周边结露，严重时，结霜、结冰，墙体发霉长毛，不利于工作和居住生活，并造成采暖能耗的增加。

所以，门窗框与墙体的连接密封，宜采用干法安装施工，采用高效保温材料填堵门窗框与墙体之间的缝隙，最后，做好防水密封。

(3) 提高中空玻璃的保温隔热效果　中空玻璃比普通平板玻璃多了气体间隔层，现在常用的气体间隔层多采用干燥的空气或惰性气体，由于空气的热导率 [0.04W/(m·K)] 比玻璃的热导率 [0.8W/(m·K)] 低很多，使中空玻璃的热阻大大高于普通平板玻璃，所以，中空玻璃的保温隔热效果优于普通平板玻璃。通常，气体间隔层的厚度在 6～20mm 之间，随着气体间隔层厚度增加，中空玻璃的保温效果也随之增加。当气体间隔层的厚度超过 20mm 后，中空玻璃的保温效果增加不大。中空玻璃的气体间隔层层数增加，中空玻璃的保温效果也随之增加。中空玻璃的气体间隔层采用惰性气体时，由于惰性气体的热导率比空气的热导率低，也能提高中空玻璃的保温效果。

镀膜玻璃是在玻璃表面镀上一层或多层金属或金属氧化物，具有突出的光、热效果，其品种主要有低辐射 Low-E 玻璃和热反射玻璃（又称太阳能控制膜玻璃）。热反射玻璃的主要性能是可以反射大部分太阳辐射热，可见光透过率在 8%～40%之间，是一种很好的热反射材料，但可见光透过率太低，影响室内采光，增加了室内照明能耗。低辐射 Low-E 玻璃有较高的可见光透过率和良好的热阻隔性能，可让可见光的大部分透射到室内，得到良好的采光效果，并能反射远红外热辐射，有效降低玻璃的传热系数，得到较好的保温效果；同时反射太阳的热辐射，使玻璃有较好的遮阳效果。几种常用玻璃的主要光热参数见表 13-34。

表 13-34　几种常用玻璃的主要光热参数

玻璃名称	玻璃种类、结构	透光率/%	遮阳系数 S_C	传热系数 U/[W/(m²·K)]
单片透明玻璃	6C	89	0.99	5.58
单片绿着色玻璃	6F-Green	73	0.65	5.57
单片灰着色玻璃	6Grey	43	0.69	5.58
彩釉玻璃(100%覆盖)	6mm 白色	—	0.32	5.76
透明中空玻璃	6C+12A+6C	81	0.87	2.72
绿着色中空玻璃	6F-Green+12A+6C	66	0.52	2.71
单片热反射镀膜	6CTS140	40	0.55	5.06
热反射镀膜中空玻璃	6CTS140+12A+6C	37	0.44	2.54
Low-E 中空玻璃	6CEF11+12A+6C	35	0.31	1.66

注：6C 表示 6mm 透明玻璃，CTS140 是热反射镀膜玻璃型号，CEF11 是 Low-E 玻璃型号。U 值是按 ISO10292 标准测得的，S_C 是按 ISO15099 标准测得的。

（4）降低门窗框扇型材的传热系数　普通铝合金门窗框扇型材由于是金属材料，并且主要成分是铝，是热的良导体，同时，由于铝合金的强度较高和经济原因，普通铝合金门窗框扇型材都是单腔结构，腔体内的空气流动又加速了普通铝合金门窗室内外热量的交换，因此，普通铝合金门窗的保温性能很差；采用热阻高、热导率低、热膨胀系数和铝合金相近，具有较高的力学性能和耐久性能，较好的耐高低温性能的材料将铝合金门窗框扇型材分为室内和室外两部分，组成隔热断桥铝合金门窗框扇型材，可有效降低铝合金门窗框扇型材的传热系数，提高铝合金门窗的隔热保温效果。

国家标准《铝合金建筑型材　第6部分：隔热型材》（GB 5237.6—2004）定义隔热材料为用以连接铝合金型材的低热导率的非金属材料。隔热断桥铝合金型材有两种。一种是穿条式，一种是浇注式。穿条式隔热断桥铝合金型材是对铝合金型材通过开齿、穿条、滚压工序，将条形隔热材料穿入铝合金型材穿条槽内，并使之被铝合金型材牢固咬合的复合方式的

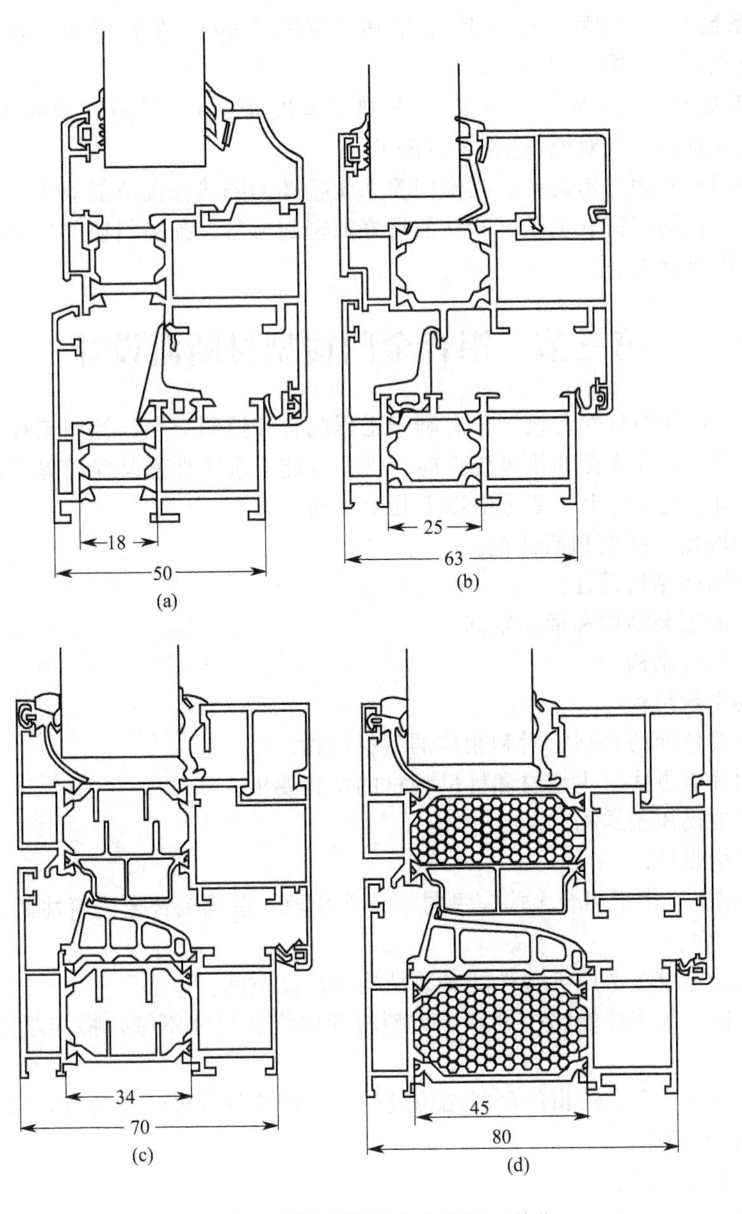

图13-1　穿条式隔热断桥铝合金型材（单位：mm）

隔热断桥铝合金型材。浇注式隔热断桥铝合金型材是把液态隔热材料注入铝合金型材浇注槽内并固化，切除铝合金型材浇注槽内的临时连接桥使之断开金属连接，通过隔热材料将铝合金型材断开的两部分结合在一起的复合方式的铝合金型材。

通过以上介绍，可以看出条形隔热材料和液态隔热材料浇注槽的形状、尺寸的改变，就会改变隔热断桥铝合金型材的传热系数。隔热材料的性能要符合《铝合金建筑型材 第6部分：隔热型材》(GB 5237.6—2004) 的要求。

图 13-1 是穿条式隔热断桥铝合金型材几个不同断面结构及不同的传热系数。

① 传热系数 $U_f \leqslant 3.5W/(m^2 \cdot K)$，隔热条宽度 18mm，I 形隔热条，简易密封，冷暖腔空气对流 [图 13-1(a)]。

② 传热系数 $U_f \leqslant 2.8W/(m^2 \cdot K)$，隔热条宽度 25mm，C 形和 T 形隔热条，连接隔热条密封，冷暖腔独立 [图 13-1(b)]。

③ 传热系数 $U_f \leqslant 2.0W/(m^2 \cdot K)$，隔热条宽度 34mm，带挡臂和空腔的隔热条，空腔密封，减少空气对流 [图 13-1(c)]。

④ 传热系数 $U_f \leqslant 1.6W/(m^2 \cdot K)$，隔热条宽度 45mm，带空腔的隔热条，空腔密封，使用泡沫材料，解决空气对流 [图 13-1(d)]。

(5) 改进门窗断面结构设计，提高门窗系统整体的隔热保温节能效果。

(6) 选用优良的门窗五金系统和性能良好的密封材料，提高门窗的气密性能，减少因空气渗透造成的能量损失。

第三节 铝合金门窗型材断面设计

门窗五金配件和型材配合设计，有利于工程配合和控制成本，控制工程质量。

铝合金门窗要达到优良的抗风压性能、气密性能、水密性能及保温隔热性能，在铝合金门窗型材的断面结构设计上，要考虑以下几个方面。

① 型材的刚度、强度和惯性矩。

② 型材的断热结构设计。

③ 五金件的安装结构和活动空间。

④ 玻璃的安装结构。

⑤ 合理的密封结构。

⑥ 门窗与墙体间的合理密封和相应的型材结构。

⑦ 门窗的开启方式对主型材和辅助型材的结构要求。

⑧ 合理的玻璃压条结构。

⑨ 排水结构设计。

在实际工程中，由于铝合金门窗型材设计不合理，造成铝合金门窗性能下降，常见的错误有以下几个方面。

① 型材设计上没有考虑五金件的安装结构和活动空间。

② 在水密性、气密性能结构设计上，型材断面配合尺寸不好，搭接量不合理，导致窗扇漏水。

③ 在隔热断桥铝合金门窗的型材结构设计上，断热位置设计不合理，造成五金安装后，隔热断桥铝型材不断热。

④ 玻璃压条设计错误。

⑤ 排水结构设计。

第四节　门窗组装、安装存在的问题

一、铝合金门窗框或附框安装不合理

（1）现象　安装钢附框的锚固件的材质、规格、间距、位置及固定方法不能满足抗风压设计和规范要求，如有的钢附框固定连接件采用没有经过防腐处理的铁基材料，日后发生锈蚀；有的锚固点间距过大，影响铝合金门窗的抗风压性能；有的在砖墙洞口上用射钉枪射钉固定锚固板，日后出现松动。

（2）产生原因

① 采用未经过防腐处理的铁基材料连接固定件，日后铝合金框与连接固定件若用金属连接件直接相连，发生电化学腐蚀。

② 在砖墙或加气混凝土墙上用射钉的方法锚固，造成射钉周围的墙体碎裂，锚固连接力降低，钢附框或门窗框出现松动。

③ 安装人员素质低，随意设置锚固点。

（3）解决办法

① 铝合金门窗的固定及连接件，除不锈钢外，均应做防腐处理。

② 在铝合金与钢铁连接件之间用专用工程塑料件隔开。

③ 锚固板应固定牢靠，不得有松动现象。边部锚固板距框角部应小于150mm，锚固板间距不大于500mm，并要满足铝门窗抗风压设计要求。

④ 在砖墙上锚固时，应用冲击钻在砖体上钻孔，根据抗风压设计选用金属胀管、螺栓或塑料胀管螺钉进行固定连接。

二、铝合金门窗框与洞口间的施工（湿法施工）

（1）现象　铝合金门窗框固定好后，在铝合金门窗框与洞口墙体间的缝隙里用水泥砂浆填塞，更错误的是用海砂制作水泥砂浆，不做防水密封施工。

（2）产生原因

① 铝合金与水泥砂浆的膨胀系数不一样；温度升高时，铝合金门窗框膨胀，门窗框变形，门窗扇开启困难；温度降低时，铝合金门窗框收缩，在框与洞口墙体间出现缝隙；下雨时，雨水沿缝隙进入室内。

② 铝合金门窗框直接与水泥砂浆接触，水泥对铝合金门窗框产生腐蚀，降低了铝门窗的使用寿命。

③ 因铝合金门窗框断面小，门窗框连接的洞口墙体的热阻降低，在冬季，室内铝合金门窗框四周墙壁温度低于室温，严重时产生结露、结霜现象。

（3）解决方法　铝合金门窗框与洞口间的缝隙，采用保温、防潮的软体材料堵塞密实，然后用与铝合金门窗框和墙体都能相容、相粘的耐候防水密封材料按合理的施工工艺密封。

三、铝合金门窗玻璃裂纹

（1）现象　铝合金门窗玻璃安装不久后，从玻璃边缘开始出现裂纹，随后裂纹逐渐延伸，直至玻璃破裂。

（2）产生原因

① 玻璃质量差。

② 边部热应力。

③ 玻璃边部裁割不齐，玻璃没有磨边。

④ 安装玻璃时，没使用合格的玻璃垫块，玻璃受阳光照射受热膨胀时，边部与铝型材接触等原因产生边部集中应力，出现裂纹。

⑤ 玻璃安装位置有异物，使玻璃边部产生应力，出现裂纹。

(3) 解决方法

① 使用质量合格的玻璃。

② 玻璃下料尺寸准确，边部整齐，并按工艺磨边。

③ 使用性能合格的玻璃垫块。

④ 清除玻璃安装位置处的异物。

四、平开门窗扇、内平开下悬窗扇掉角

(1) 现象　平开门窗扇执手边下垂，严重时平开门窗开启、关闭费力甚至不能打开、关闭。

(2) 产生原因

① 平开门窗扇过宽。

② 铝合金型材质量不能满足所用铝合金门窗的需要。

③ 门窗扇组角方法错误、组角质量差。

④ 玻璃垫块安装位置错误。

⑤ 五金件选用不当或五金件质量不合格。

⑥ 五金件调整不当。

⑦ 五金件安装错误。

(3) 解决方法

① 合理设计平开门窗的宽度和高度。

② 选择断面、性能满足工程需要的型材。

③ 制定正确的组角工艺，选用质量合格的角码。

④ 正确安装玻璃支承垫块和定位垫块。

⑤ 选用质量优良、承重级和承载力矩满足设计要求的五金件。

⑥ 正确安装、调整五金件。

五、建筑内装修、设计、施工问题

(1) 现象　铝合金门窗开启不到位，失去部分开启功能，因内装修施工问题导致门窗操作性能下降，五金件损坏。

(2) 产生原因

① 内装修设计不了解铝合金门窗开启所需活动空间。

② 内装修管理差，工人素质低。

(3) 解决办法

① 与内装修设计人员提前联系，留出铝合金门窗五金件活动空间。

② 加强安装现场管理。

第五节　铝合金门窗五金件的选用

随着科学技术的进步以及人们生活水平的提高，对门窗功能的要求也在逐步提高，如要求门窗五金件满足门窗的抗风压性能、气密性能、水密性能等，还要具备以下性能。

① 操作简便、单点控制、门窗开启方式多样化。

② 良好的外观装饰效果，主要五金件多隐藏在铝合金门窗型材结构之间。

③ 承重力强，可做成较大、较重的开启扇。

④ 具有良好的防盗性能。

⑤ 防误操作功能，防止由于错误操作损坏门窗和五金件。

⑥ 标准化、系列化、配套完善。

⑦ 可靠性好，寿命长。

一、常用铝合金内平开窗、内平开下悬窗和平开门型材与五金件配合槽口设计要求

(1) 标准五金件与型材槽口配合结构的名词术语　为了便于门窗、型材、配套件企业配合、沟通，对常用的与五金件结构相关的构造尺寸的名词术语统一如图 13-2 所示。

(2) 内平开窗典型配合结构（行业内通常称之为 C 型槽口，见图 13-2）标准五金件与型材槽口配合结构尺寸为：A4.5mm；B3mm，偏差采用铝型材标准高精级；C5mm；D3mm；E11.5mm；F22mm；$G20^{+0.3}_{-0.1}$mm；H(15±0.2)mm；I（14±0.2）mm；$J18^{+0.3}_{-0.1}$mm；K4mm；L4～5mm；M≤7.5mm。

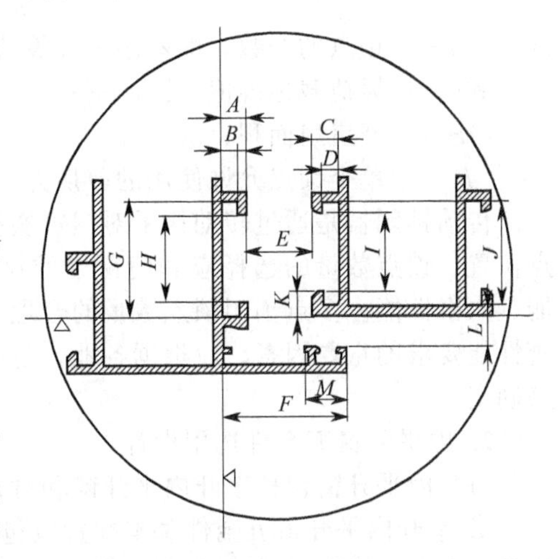

图 13-2　五金件结构

A—扇槽高；B—扇槽深；C—框槽高；D—框槽深；E—框扇槽口间距；F—扇边高控制尺寸；G—扇槽底宽；H—扇槽口宽；I—框槽口宽；J—框槽底宽；K—框槽口边距；L—合页间距；M—执手安装构造尺寸

二、门窗五金件选择设计

1. 一般规定

(1) 门窗五金件的选用设计应满足门窗的物理性能要求。门窗物理性能要求有抗风压性、气密性、水密性、保温、隔声性等。而门窗五金件是负责将门窗的框与扇紧密连接的部件，当门窗锁闭后，锁点、锁座应紧扣在一起，与合页（铰链）或滑撑配合，共同产生适合的密封压紧力，使密封条弹性变形，从而提高了门窗的各项物理性能。因此，门窗五金件的选择和设计必须保证门窗的物理性能要求。

(2) 门窗五金件中承重部件的强度直接影响门窗的安全使用性能和使用寿命，因此，承重件强度的选择和设计，应满足门窗的承载质量要求及五金件与门窗连接强度的要求。门窗在开启状态时，门窗扇的重量主要由五金件承担。此类五金件不仅要承受扇重力的作用，同时还要承受由扇重力所产生的力矩作用。在五金件产品实际设计、生产时，也是按照门窗不同重量级别、通常行业惯用的扇宽高比，同时考虑力与力矩的关系来进行设计、校核、验证，因此实际使用时，允许使用的重量和力矩必须在此范围内，均应小于设计值，才能保证使用安全。

(3) 门窗五金件选用设计应满足五金件与型材的配合结构要求。门窗五金件的安装结构或安装空间与型材密切相关，五金件只有最终与型材实现合理、有效的配合，才能满足门窗的功能和性能要求。门窗五金件同其他产品一样都有它的适用范围，所以在选择和设计门窗五金件时，要根据业主的要求和窗的基本功能，同时要考虑型材的结构特点，本着尽量不破坏型材结构并少打孔的原则去合理选用五金件。

(4) 门窗五金件选用的产品应满足现行的相关标准和法规。相关的五金件产品标准主要有：《建筑门窗五金件　通用要求》(JG/T 212—2007)；《建筑门窗五金件　传动机构用执手》(JG/T 124—2007)；《建筑门窗五金件　合页（铰链）》(JG/T 125—2007)；《建筑门窗五金件　传动锁闭器》(JG/T 126—2007)；《建筑门窗五金件　滑撑》(JG/T 127—

2007)；《建筑门窗五金件　撑挡》(JG/T 128—2007)；《建筑门窗五金件　滑轮》(JG/T 129—2007)；《建筑门窗五金件　单点锁闭器》(JG/T 130—2007)；《建筑门窗五金件　旋压执手》(JG/T 213—2007)；《建筑门窗五金件　插销》(JG/T 214—2007)；《建筑门窗五金件　多点锁闭器》(JG/T 215—2007)；《内平开下悬窗用五金系统》(GB 24601—2009)。

(5) 传动锁闭器锁点数量和安装位置的选择应根据门窗所需的抗风压性能、气密性能、水密性能确定，锁点数的确定应根据开启扇尺寸及锁点、锁座受力能力确定，按公式计算。

$$n \geqslant W_k S / f_a$$

式中　n——锁点的个数，取不小于计算值的自然数；

W_k——风荷载标准值，kN/m^2；

S——开启扇面积，m^2；

f_a——单个锁点允许使用的剪切力，取 0.80kN 计算。

传动锁闭器是通过转动执手对门窗实施多点锁闭功能的一种装置。传动锁闭器长度、锁点位置、锁点数量的选择应和门窗扇的尺寸合理配合，以保证门窗的抗风压性能、气密性能、水密性能。多点锁闭锁点数量的合理选择，是保障门窗满足抗风压性能、气密性能、水密性能要求的重要因素。应根据各地、各建筑物风荷载标准值、开启扇面积、锁点受力能力来确定。

2. 内平开窗五金件选用设计

(1) 内平开窗包括单开内平开窗和对开内平开窗。

① 单开内平开窗五金件基本配置应包括合页（铰链）、撑挡、传动锁闭器、传动机构用执手或合页（铰链）、撑挡、旋压执手。采用合页（铰链）、撑挡、旋压执手的配置时，开启扇对角线尺寸不应超过 0.70m。

② 对开内平开窗五金件基本配置应包括合页（铰链）、撑挡、插销、传动锁闭器、传动机构用执手。

内平开窗分单开和对开，所配置的五金件都需要有传动机构用执手、传动锁闭器、合页（铰链）、撑挡。其中单开内平开窗（对角线不大于 0.70m 的尺寸较小的扇）还可采用单点锁闭配置，即采用旋压执手、合页（铰链）、撑挡。对开内平开窗增加插销，以保证有效锁闭。在内平开窗中，因合页（铰链）不能对窗扇的开启角度进行定位，因此在配置中需要加装撑挡对窗扇的开启进行定位。

(2) 内平开窗五金件选用设计应考虑窗关闭时应具有的抗风压性能、气密性、水密性的要求以及开启时的安全性和连接牢固性。

内平开窗五金件的配置和质量直接影响窗关闭后的抗风压性、气密性、水密性等物理性能。其中传动锁闭器的锁点数量、位置排布会直接影响整窗的抗风压性能、气密性能，间接影响水密性能。应根据窗扇的重量、窗扇的宽高比选择适宜的合页（铰链）；合页（铰链）的承载能力以及与窗框、扇挺的连接强度还决定窗的安全性能和使用寿命。

(3) 传动锁闭器按结构形式分为连杆驱动式传动锁闭器（与拨叉式执手配合）、齿轮驱动式传动锁闭器（与方轴式执手配合）。选用原则如下。

① 由于型材结构不同，选择齿轮驱动式传动锁闭器的中心距也不一样，因此应使型材与传动锁闭器中心距相匹配。

② 锁座形状、尺寸与型材结构尺寸相匹配。

③ 传动锁闭器长度的选择应根据窗扇高度尺寸确定。

④ 锁点和锁座要保持合理的配合尺寸。

传动锁闭器的尺寸，应和内平开窗扇的高度尺寸合理配合。传动锁闭器锁点数量的合理选择和安装位置及安装配合精度，是保障内平开窗抗风压性能、气密性能、水密性能满足要求的重要因素。应根据所设计的内平开窗开启扇规格及锁点受力能力来确定。

(4) 内平开窗五金件中合页（铰链）是承重部件，其性能直接影响门窗的安全、使用性能和使用寿命。窗扇开启状态时，合页（铰链）不仅要承受扇重量（扇的重量＝玻璃的重量＋型材的重量）的作用，同时还要承受由扇重力所产生的力矩作用。所以，内平开窗五金件中的合页（铰链）应根据窗扇的质量和尺寸选择相应的承载级别和数量；当依据窗扇质量所选用的合页（铰链）达到其标定承载级别时，扇重不大于130kg时，窗扇的宽、高比应不大于1.080；扇重大于130kg时，应不大于1.10。合页在设计时，其性能指标按最大允许使用的承载质量进行考核，选用时窗扇重量不能超过其最大承载质量和宽高比。

合页按功能分类，分可调型和不可调型。可调型有一维可调、二维可调、三维可调。根据使用场合、环境和对窗的性能要求选择合页。合页的结构要便于更换和调整，窗合页宜采用卡槽式连接。

(5) 执手选配　执手按结构、功能形式分为旋压执手、传动机构用执手（插入式执手）。旋压执手不需要经过传动器锁点，通过扳动执手带动压头运动可以实现窗扇锁闭。传动机构用执手通过扳动执手，方轴或拨叉带动传动锁闭器锁点，可以实现窗扇锁闭。传动执手又分拨叉式执手、方轴式执手。选用原则如下。

① 选用时应注意执手的材质、表面的质量、与型材的配合间隙、外观、执手颜色协调等。

② 传动机构用执手的选用。根据窗型、型材断面结构特点选用执手。注意执手方轴（拨叉）位置、长度，安装螺钉的长度等，保证执手与传动锁闭器的有效配合。

③ 采用合页（铰链）、撑挡、旋压执手的配置时，开启扇对角线尺寸不应超过0.7m。另外，还应依据框扇型材的平面落差确定执手的有效工作高度。

(6) 当需要将开启的窗扇固定在某一位置时，应选择撑挡并保证适宜的连接强度。选配撑挡时应考虑到合页的种类，在满足合页和撑挡各自的使用要求时安装位置是否会互相干涉，同时为了实现此功能，撑挡与窗框、扇梃的连接强度也必须满足使用要求。

(7) 内平开窗合页（铰链）的使用寿命应满足反复启闭次数不小于25000次，撑挡使用寿命应满足反复启闭次数不小于10000次，传动锁闭器使用寿命应满足反复启闭次数不小于25000次，传动机构用执手的使用寿命应满足反复启闭次数不小于25000次，旋压执手使用寿命应满足反复启闭次数不小于15000次，插销使用寿命应满足反复启闭次数不小于5000次。

3. 外平开窗五金件选用设计

(1) 外平开窗包括单开外平开窗和对开外平开窗

① 单开外平开窗五金件基本配置应包括滑撑、传动锁闭器、传动机构用执手或滑撑、旋压执手。采用滑撑、旋压执手配置时，开启扇对角线尺寸不应超过0.7m。

② 对开外平开窗五金件基本配置应包括滑撑、插销、传动锁闭器、传动机构用执手。

外平开窗分单开和对开，所配置的五金件都需要有传动机构用执手、传动锁闭器、滑撑。其中单开外平开窗（对角线为不大于0.7m的扇）还可配单点锁闭，即采用旋压执手、滑撑。对开外平开窗增加插销。

(2) 外平开窗五金件选用设计应考虑窗关闭时具有的抗风压性能、气密性、水密性的要求，并应考虑开启时的开启角度、安全性、连接牢固性。

外平开窗五金件的配置和质量直接影响窗关闭后的抗风压性、气密性、水密性等物理性能。其中传动锁闭器的锁点数量、位置排布会直接影响整窗的抗风压性能、气密性能，间接影响水密性能。应根据所需的开启角度、窗扇的重量选择适宜的滑撑，滑撑的开启角度、安装位置决定了扇的开启角度，滑撑的承载能力以及与窗框、扇梃的连接强度还决定窗的安全性能和使用寿命。窗扇的开启角度越大，滑撑所受的荷载越大，选用应更加谨慎。

(3) 传动锁闭器按结构形式分为连杆驱动式传动锁闭器（与拨叉式执手配合）、齿轮驱动式传动锁闭器（与方轴式执手配合）。选用原则如下。

① 由于型材结构不同，选择齿轮驱动式传动锁闭器的中心距也不一样，因此应使型材与传动锁闭器中心距相匹配。

② 锁座形状、尺寸与型材结构尺寸相匹配。

③ 传动锁闭器长度的选择应根据窗扇高度尺寸确定。

④ 锁点和锁座要保持合理的配合尺寸。

传动锁闭器的尺寸，应和外平开窗扇的高度尺寸合理配合。传动锁闭器锁点数量的合理选择和安装位置及安装配合精度，是保障外平开窗气密性、抗风压性能满足要求的重要因素。应根据所设计的外平开窗开启扇规格及锁点受力能力来确定。

(4) 滑撑规格的选择应与扇宽相适宜（扇宽度应小于750mm），并根据扇的质量进行选用。滑撑是支承外平开窗扇实现启闭、定位的一种装置，外平开窗用滑撑是在型材满足五金件安装尺寸要求的基础上，根据窗的宽度、扇的重量来选择。依据人体结构，考虑启闭时操作者的安全性和操作的便利性，限定窗扇的宽度尺寸应不大于750mm。

(5) 外平开窗执手的选配　执手按结构、功能形式分为旋压执手、传动机构用执手（插入式执手）。旋压执手不需要经过传动器锁点，通过扳动执手带动压头运动可以实现窗扇锁闭。

传动机构用执手通过扳动执手，方轴或拨叉带动传动锁闭器锁点，可以实现窗扇锁闭。传动执手又分拨叉式执手、方轴式执手。选用原则如下。

① 选用时应注意执手的材质、表面的质量、与型材的配合间隙、外观、执手颜色协调等。

② 传动机构用执手的选用。根据窗型、型材断面结构特点选用执手。注意执手方轴（拨叉）位置、长度，安装螺钉的长度等，保证执手与传动锁闭器的有效配合。

③ 采用合页（铰链）、撑挡、旋压执手的配置时，开启扇对角线尺寸不应超过0.7m。另外还应依据框扇型材的平面落差确定执手的有效工作高度。

④ 外平开窗执手因受型材截面的限制，宽度一般较小或拨舌偏向一边，不能与内平开窗执手混用。

(6) 滑撑的使用寿命应满足反复启闭次数不小于25000次，传动锁闭器使用寿命应满足反复启闭次数不小于25000次，传动机构用执手的使用寿命应满足反复启闭次数不小于25000次，旋压执手使用寿命应满足反复启闭次数不小于15000次，插销使用寿命应满足反复启闭次数不小于5000次。

4. 内开上悬窗和内开下悬窗五金件选用设计

(1) 内开上悬窗和内开下悬窗五金件基本配置应包括合页（铰链）、撑挡、传动锁闭器、传动机构用执手或合页（铰链）、撑挡、旋压执手。采用合页（铰链）、撑挡、旋压执手的配置时，开启扇对角线尺寸不应超过0.7m。

在内开上悬窗和内开下悬窗中，因合页（铰链）不能对窗扇的开启角度进行定位，因此在配置中需要加装撑挡对窗扇的开启进行定位。

(2) 内开上悬窗和内开下悬窗五金件选用设计应考虑窗关闭时应具有的抗风压性能、气密性、水密性的要求，以及开启时的安全性和连接牢固性。

内开上悬窗和内开下悬窗五金件的配置和质量直接影响窗关闭后的抗风压性、气密性、水密性等物理性能。其中传动锁闭器的锁点数量、位置排布会直接影响整窗的抗风压性能、气密性能，间接影响水密性能。应根据窗扇的重量，选择适宜的合页（铰链）；合页（铰链）的承载能力，与窗框、扇梃的连接强度还决定窗的安全性能和使用寿命。合页（铰链）用于内开上悬窗时，其承载能力要小于用于内平开窗时标定的标准承载能力。

（3）合页（铰链）是内开上悬窗和内开下悬窗五金件中的承重部件，其性能直接影响窗的安全、使用性能和使用寿命。选用的合页与型材的连接应具有足够的强度。根据使用场合、环境和对窗的性能要求选择合页。合页的结构要便于更换和调整，内开下悬窗合页宜采用卡槽式连接。

（4）传动锁闭器按结构形式分为连杆驱动式传动锁闭器（与拨叉式执手配合）、齿轮驱动式传动锁闭器（与方轴式执手配合）。选用原则如下。

① 由于型材结构不同，选择齿轮驱动式传动锁闭器的中心距也不一样，因此应使型材与传动锁闭器中心距相匹配。

② 锁座形状、尺寸与型材结构尺寸相匹配。

③ 传动锁闭器长度的选择应根据窗扇高度尺寸确定。

④ 锁点和锁座要保持合理的配合尺寸。

（5）执手选配　执手按结构、功能形式分为旋压执手、传动机构用执手（插入式执手）。旋压执手不需要经过传动器锁点，通过扳动执手带动压头运动可以实现窗扇锁闭。传动机构用执手通过扳动执手，方轴或拨叉带动传动锁闭器锁点，可以实现窗扇锁闭。传动执手又分拨叉式执手、方轴式执手。选用原则如下。

① 选用时应注意执手的材质、表面的质量、与型材的配合间隙、外观、执手颜色协调等。

② 传动机构用执手的选用。根据窗型、型材断面结构特点选用执手。注意执手方轴（拨叉）位置、长度，安装螺钉的长度等，保证执手与传动锁闭器的有效配合。

③ 采用合页（铰链）、撑挡、旋压执手的配置时，开启扇对角线尺寸不应超过 0.7m。另外，还应依据框扇型材的平面落差确定执手的有效工作高度。

（6）当需要将开启的窗扇固定在某一位置时，应选择撑挡并保证适宜的连接强度。同时为了实现此功能，撑挡与窗框、扇梃的连接强度也必须满足使用要求。

（7）内开上悬窗和内开下悬窗合页（铰链）的使用寿命应满足反复启闭次数不小于25000 次，撑挡使用寿命应满足反复启闭次数不小于 10000 次，传动锁闭器使用寿命应满足反复启闭次数不小于 25000 次，传动机构用执手的使用寿命应满足反复启闭次数不小于25000 次，旋压执手使用寿命应满足反复启闭次数不小于 15000 次。

5. 外开上悬窗五金件选用设计

（1）外开上悬窗五金件基本配置应包括滑撑、撑挡、传动锁闭器、传动机构用执手或滑撑、撑挡、旋压执手。当采用滑撑、撑挡、旋压执手配置时，开启扇对角线尺寸不能超过 0.7m。

外开上悬窗五金件的配置首先应保证窗的使用功能，开启时通过撑挡限位，锁闭时通过操作传动机构执手，将传动锁闭器上各锁点移到锁座位置。此窗型（对角线不大于 0.7m 的尺寸较小的扇）还可配单点锁闭，即采用旋压执手、滑撑、撑挡。

（2）外开上悬窗五金件选用设计应考虑窗关闭时应具有的抗风压性能、气密性、水密性的要求，以及开启时的安全性、连接牢固性。型材构造应满足滑撑、撑挡所需的安装空间。

外开上悬窗五金件的配置和质量直接影响窗关闭后的抗风压性、气密性、水密性等物理性能。其中传动锁闭器的锁点数量、位置排布会直接影响整窗的抗风压性能、气密性能，间接影响水密性能。应根据所需的开启角度、窗扇的重量选择适宜的滑撑；滑撑的开启角度、安装位置决定了扇的开启角度，滑撑的承载能力，与窗框、扇梃的连接强度还决定窗的安全性能和使用寿命。窗扇的开启角度越大，滑撑所受的荷载越大，选用应更加谨慎。

(3) 执手选配　执手按结构、功能形式分为旋压执手、传动机构用执手（插入式执手）。旋压执手不需要经过传动器锁点，通过扳动执手带动压头运动，可以实现窗扇锁闭的执手。

传动机构用执手通过扳动执手，方轴或拨叉带动传动锁闭器锁点，可以实现窗扇锁闭。传动执手又分拨叉式执手、方轴式执手。选用原则如下。

① 选用时应注意执手的材质、表面的质量、与型材的配合间隙、外观、执手颜色协调等。

② 传动机构用执手的选用。根据窗型、型材断面结构特点选用执手。注意执手方轴（拨叉）位置、长度，安装螺钉的长度等，保证执手与传动锁闭器的有效配合。

③ 采用合页（铰链）、撑挡、旋压执手的配置时，开启扇对角线尺寸不应超过 0.7m。另外，还应依据框扇型材的平面落差确定执手的有效工作高度。

(4) 传动锁闭器按结构形式分为连杆驱动式传动锁闭器（与拨叉式执手配合）、齿轮驱动式传动锁闭器（与方轴式执手配合）。选用原则如下。

① 由于型材结构不同，选择齿轮驱动式传动锁闭器的中心距也不一样，因此应选择型材与传动锁闭器中心距相匹配的种类。

② 锁座形状、尺寸与型材结构尺寸相匹配。

③ 传动锁闭器长度的选择应根据窗扇高度尺寸确定。

④ 锁点和锁座要保持合理的配合尺寸。

传动锁闭器的尺寸，应和外开上悬窗扇的高度尺寸合理配合。传动锁闭器锁点数量的合理选择和安装位置及安装配合精度，是保障外开上悬窗气密性、抗风压性能满足要求的重要因素。应根据所设计的外开上悬窗开启扇规格及锁点受力能力来确定。

(5) 滑撑选用时应根据窗扇高度和扇的质量进行选择。开启最大极限距离应不大于 300mm，且扇高度的确定应同时满足相关门窗标准中对上悬窗启闭力的要求。

外开上悬窗用滑撑是在型材满足五金件安装尺寸要求的基础上，根据窗的高度、扇的重量来选择的。依据人体结构，考虑启闭时操作者的安全性和操作的便利性、满足窗启闭力的要求。当窗扇高度不大于 1200mm 时，限定窗扇的开启最大极限距离应不大于 300mm；当窗扇高度大于 1200mm 时，相应减少窗扇的开启最大极限距离，以使外开上悬窗的启闭力不大于 50N。

(6) 滑撑的使用寿命应满足反复启闭次数不小于 25000 次，撑挡使用寿命应满足反复启闭次数不小于 15000 次，传动锁闭器使用寿命应满足反复启闭次数不小于 25000 次，传动机构用执手的使用寿命应满足反复启闭次数不小于 25000 次，旋压执手使用寿命应满足反复启闭次数不小于 15000 次。

6. 推拉窗五金件选用设计

(1) 推拉窗五金件的基本配置包括滑轮、多点锁闭器、传动机构用执手或滑轮、单点锁闭器。推拉窗是应用比较普遍的一种窗型，目前广泛应用于建筑门窗中。

(2) 推拉窗五金件选用设计应考虑窗关闭时应具有的抗风压性能、气密性的要求和开启时的安全性。推拉窗五金件的配置和质量直接影响窗的抗风压性能、气密性能等物理性能，还影响窗的安全性能和使用寿命。

(3) 多点锁闭器按结构形式分为连杆驱动式多点锁闭器（与拨叉式执手配合）、齿轮驱动式多点锁闭器（与方轴式执手配合）。选用原则如下。

① 由于型材结构不同，选择多点锁闭器的中心距也不一样，因此应选择型材与多点锁闭器中心距相匹配的种类。

② 锁座形状、尺寸与型材结构尺寸相匹配。

③ 多点锁闭器长度的选择应根据窗扇高度尺寸确定。

④ 锁点和锁座要保持合理的配合尺寸。

(4) 多点锁闭器锁点数的选择　多点锁闭器的尺寸，应和推拉窗扇的高度尺寸合理配合。由于锁点起着减少扇型材挠度变化的作用，多点锁闭器锁点数量的合理选择和安装位置及安装配合精度，是保障推拉窗锁闭安全性能、抗风压性能满足要求的重要因素。应根据所设计的推拉窗开启扇规格及锁点受力能力来确定。

(5) 传动机构用执手选配　通过扳动传动机构执手，方轴或拨叉带动多点锁闭器锁点，可以实现窗扇锁闭。传动执手又分拨叉式执手、方轴式执手。选用原则如下。

① 选用时应注意执手的材质、表面的质量、与型材的配合间隙、外观、执手颜色协调等。

② 传动机构用执手的选用。根据窗型、型材断面结构特点选用执手。注意执手方轴（拨叉）位置、长度，安装螺钉的长度等，保证执手与多点锁闭器的有效配合。

(6) 单点锁闭器有月牙锁、自动锁、钩锁等结构形式，依据型材结构尺寸和设计要求选用。

(7) 滑轮的选用　应根据扇的质量选用相应承载级别的滑轮。滑轮由于材料和结构设计的不同，有多种承重级别。应根据型材系列、尺寸、结构、扇的重量进行选择。

(8) 滑轮的使用寿命应满足反复启闭次数不小于 25000 次。多点锁闭器使用寿命应满足反复启闭次数不小于 25000 次，传动机构用执手的使用寿命应满足反复启闭次数不小于 25000 次，单点锁闭器使用寿命应满足反复启闭次数不小于 15000 次。

7. 内平开下悬窗五金系统选择设计要求

(1) 内平开下悬窗用五金系统基本配置应包括传动机构用执手、上（下）合页（铰链），斜拉杆、转角器、传动锁闭器、防误操作器、旋转支撑、助升部件、锁座、锁块、中间锁、撑挡等。

① 当窗扇宽度≥1300mm 时，应加第二斜拉杆。

② 当窗扇高度≥1200mm 时，应加中间锁。

(2) 内平开下悬窗用五金系统的选用设计应考虑窗关闭时应具有的抗风压性能、气密性、水密性的要求。选用设计应考虑开启时的安全性和连接牢固性。

(3) 内平开下悬窗用五金系统应根据窗扇的质量和尺寸选择相应的承载级别；当依据窗扇质量所选用的五金系统达到其标定承载级别时，当质量不大于 130kg 时，窗扇的宽、高比应不大于 1.080；当质量大于 130kg 时，应不大于 1.10。

(4) 锁点数量应根据内平开下悬窗所需抗风压性能、气密性能、水密性能确定。由于锁点起着减少扇型材挠度变化的作用，锁点数量的合理选择和安装位置及安装配合精度，是保障内平开下悬窗满足抗风压性能、气密性能、水密性能要求的重要因素。

(5) 内平开下悬窗用五金系统反复启闭性能应达到平开（下悬）—锁闭—下悬（平开）—锁闭共 15000 个操作循环和 90 度内平开 5000 次的要求。

8. 平开门五金件选用设计

(1) 平开门包括单开平开门和对开平开门。

① 单开平开门五金件基本配置应包括合页（铰链）、传动锁闭器、传动机构用执手（或

双面执手）或合页（铰链）、门锁。

② 对开平开门五金件基本配置应包括合页（铰链）、插销、传动锁闭器、传动机构用执手（或双面执手）或合页（铰链）、插销、门锁。

平开门是转动轴位于门侧边，门扇向门框平面外旋转开启的门。分为单开和对开，所配置的五金件需要有传动机构用执手（双面执手）、传动锁闭器、合页（铰链）或门锁、合页（铰链）。对开平开门增加插销。

配置合页（铰链）能完成支撑、承载门扇重量的作用；配置传动机构用执手或双面执手是为了满足驱动门扇转动的需要；需配置传动锁闭器能实现多点锁闭；为了使门扇能够实现上锁，则需要配备门锁，而插销是能够实现对开门一扇门固定、另一扇门开启功能的五金件。

平开门五金件的选配应考虑五金件与型材安装配合的美观性并保证其使用性能。传动锁闭器或门锁需根据型材腔室大小选择适合的中心距规格，目的在于：

① 保证传动锁闭器或门锁能完全装于型材主腔室内，避免进一步破坏型材，影响玻璃性能。

② 实现执手安装位置尽量居于型材面中心，并保证外平开门启闭时执手不与型材相碰。

门执手方钢或拨舌外露长度应依据平开门扇型材规格选配，保证执手与传动锁闭器的有效配合。

(2) 平开门五金件选用设计应考虑平开门关闭时应具有的抗风压性能、气密性、水密性的要求。平开门五金件选择设计应考虑开启时的安全性和连接牢固性。平开门锁闭后，其密封（气密、水密）性能及抗风压性能，与执手（传动机构用执手、双面执手）、传动锁闭器的结构，锁点的分布及锁闭状态有关，要根据需要合理选配。平开门开启时，扇属悬臂梁结构，合页（铰链）承载、受力，选择设计应考虑合页（铰链）承载的安全性和五金件与型材连接牢固性。

(3) 平开门用执手有双面执手和传动机构用执手，一般情况多采用双面执手。双面执手是分别装在门的两侧，可实现驱动锁闭装置的一套组合部件。传动机构用执手通过扳动执手，方轴或拨叉带动传动锁闭器锁点，可以实现窗扇锁闭。传动执手又分拨叉式执手、方轴式执手。选用原则如下。

① 选用时应注意执手的材质、表面的质量、与型材的配合间隙、外观、执手颜色协调等。

② 双面执手有带回位装置和无回位装置两种，根据型材断面结构、尺寸特点选用。注意执手方轴的规格、位置、长度，安装螺钉的长度等，保证双面执手与传动锁闭器的有效配合。

③ 传动机构用执手的选用。根据门型、型材断面结构特点选用执手。注意执手方轴（拨叉）的位置、长度，安装螺钉的长度等，保证执手与传动锁闭器的有效配合。

(4) 传动锁闭器按结构形式分为连杆驱动式传动锁闭器（与拨叉式执手配合）、齿轮驱动式传动锁闭器（与方轴式执手配合）。选用原则如下。

① 由于型材结构、规格不同，选择齿轮驱动式传动锁闭器的中心距也不一样，因此应选择型材与传动锁闭器中心距相匹配的种类，特别注意传动锁闭器与型材安装空腔结构相匹配。

② 锁座形状、尺寸与型材结构尺寸相匹配。

③ 传动锁闭器长度的选择应根据窗扇高度尺寸确定。

④ 锁点和锁座要保持合理的配合尺寸。

传动锁闭器的尺寸，应和平开门扇的高度尺寸合理配合。传动锁闭器锁点数量的合理选择和安装位置及安装配合精度，是保障平开门气密性、抗风压性能满足要求的重要因素。应根据所设计的平开门开启扇规格及锁点受力能力来确定。

(5) 平开门五金件中合页（铰链）应根据门扇的质量和门扇尺寸选择相应的承载级别和数量；当依据门扇质量所选用的合页（铰链）达到其标定承载级别时，门扇的宽、高比宜不大于0.39。

合页（铰链）是平开门五金件中的承重部件，其性能直接影响门窗的安全、使用性能和使用寿命。门扇开启状态时，合页（铰链）不仅要承受扇的重量（扇的重量＝玻璃的重量＋型材的重量），同时还要承受由扇重力所产生的力矩作用。我国及欧洲相关标准中合页（铰链）产品设计以及使用范围承诺是根据行业常用的门扇宽、高比（宽为900mm，高为2300mm），并考虑一定的安全系数来进行设计、试验验证。合页按功能分为可调型和不可调型。可调型有一维可调、二维可调、三维可调。根据铝合金门型材断面结构和尺寸，选择与其匹配的合页。根据门扇的高度、宽度和重量，选择相应承重级的成组合页（并按承载力矩设计选用合页）。选用的合页与型材的连接应具有足够的强度。合页的结构要便于更换和调整。

(6) 合页（铰链）使用寿命应满足反复启闭次数不小于100000次，传动锁闭器使用寿命应满足反复启闭次数不小于25000次，传动机构用执手的使用寿命应满足反复启闭次数不小于25000次，插销使用寿命应满足反复启闭次数不小于5000次。

9. 推拉门五金件选用设计

(1) 推拉门分室外用推拉门和室内用推拉门。

① 室外用推拉门五金件的基本配置包括滑轮、多点锁闭器、传动机构用执手。

② 室内用推拉门五金件的基本配置包括滑轮、多点锁闭器、传动机构用执手或滑轮、单点锁闭器。

推拉门分为室内用推拉门和室外用推拉门。室内用推拉门一般对密封性能要求不高，基本配置要求可适当降低；当室内用推拉门需要较高性能时可与室外用推拉门配置一致。配置中有传动机构用执手或单点锁闭器的月牙锁等有碰撞可能的五金件时，建议选配防撞块等保护措施，以防止执手等外露件损坏。

(2) 室外用推拉门五金件选用设计应考虑门扇关闭时具有的抗风压性能、气密性的要求和开启时的安全性。室内用推拉门应考虑开启时的安全性。推拉门五金件的配置和质量直接影响门的抗风压性、气密性等物理性能，还影响门的安全性能和使用寿命。其中多点锁闭器的锁点数量、位置排布会影响门的抗风压性能、气密性能。滑轮的承载能力影响门的安全性能和使用寿命。

(3) 多点锁闭器按结构形式分为连杆驱动式多点锁闭器（与拨叉式执手配合）、齿轮驱动式多点锁闭器（与方轴式执手配合）。选用原则如下。

① 由于型材结构不同，选择多点锁闭器的中心距也不一样，因此应选择型材与多点锁闭器中心距相匹配的种类。

② 锁座形状、尺寸与型材结构尺寸相匹配。

③ 多点锁闭器长度的选择应根据窗扇高度尺寸确定。

④ 锁点和锁座要保持合理的配合尺寸。

(4) 多点锁闭器锁点数的选择　多点锁闭器的尺寸，应和推拉门扇的高度尺寸合理配合。由于锁点起着减少扇型材挠度变化的作用，多点锁闭器锁点数量的合理选择和安装位置及安装配合精度，是保障推拉门锁闭安全性能、抗风压性能满足要求的重要因素。应根据所设计的推拉门开启扇规格及锁点受力能力来确定。

(5) 传动机构用执手选配　通过扳动传动机构用执手，方轴或拨叉带动多点锁闭器锁点，可以实现门扇锁闭。传动机构用执手又分拨叉式执手、方轴式执手。选用原则如下。

① 选用时应注意执手的材质、表面的质量、与型材的配合间隙、外观、执手颜色协调等。

② 传动机构用执手的选用。根据窗型、型材断面结构特点选用执手。注意执手方轴（拨叉）位置、长度，安装螺钉的长度等，保证执手与多点锁闭器的有效配合。

（6）单点锁闭器有月牙锁、自动锁、钩锁等结构形式，依据型材结构尺寸和设计要求选用。

（7）滑轮的选用　应根据扇的质量选用相应承载级别的滑轮。滑轮是支撑门重量并将重力传递到框材上，通过自身的滚动使门扇在框材轨道移动的装置。应根据型材尺寸、结构、扇的重量选择。

（8）滑轮的使用寿命应满足反复启闭次数不小于 100000 次。多点锁闭器使用寿命应满足反复启闭次数不小于 25000 次，传动机构用执手的使用寿命应满足反复启闭次数不小于 25000 次，单点锁闭器使用寿命应满足反复启闭次数不小于 15000 次。

10. 提升推拉门五金系统选择设计要求

（1）提升推拉门五金件的基本配置包括滑轮组合机构、传动锁闭器、提升传动机构、传动机构用执手、连接杆等。

提升推拉门延续了推拉门在开启时不占用室内空间的实用性，又由于有提升传动机构，使提升推拉门在开启时，门扇向上升起一定的高度，与门框下滑轨和上滑槽有一间隙。在关闭时，门扇落回到门框下滑轨上，因此，在提升推拉门框扇型材的密封结构上，可以设计用胶条密封，使提升推拉门在开启时，提升推拉门框扇型材的密封结构可互相脱开，不增加提升推拉门的开启力，在提升推拉门关闭时，提升推拉门框扇型材的密封结构又有效地压合密封在一起。所以，提升推拉门有效地解决了推拉门的密封、防尘、隔声等问题，开启时占据的空间小，开启扇的几何尺寸大。提升推拉门应用广泛，适用于阳台门、阳光房间、隔断门等。

（2）提升推拉门五金件选用设计应考虑门关闭时应具有的抗风压性能、气密性、水密性要求以及开启时的安全性和操作力。提升推拉门开启扇的几何尺寸大，五金件应能实现开启扇运动灵活、开启力小、开启后轻松推拉的使用功能。

（3）滑轮组合机构的选用应根据扇的质量选用相应承载质量级别的滑轮。

提升推拉门开启扇的几何尺寸范围较大，质量也就大，对于不同尺寸范围的开启扇应依据开启扇宽度的尺寸、质量配置滑轮的数量，滑轮之间以连接杆连接。

第六节　铝合金门窗五金件安装要求

一、一般规定

① 五金件安装过程中应注意产品表面的保护，防止磕碰、与腐蚀性介质接触。

为了使五金件在安装后能满足其使用功能和使用寿命的需求，安装、交付前均应采取保护措施，防止磕碰造成变形，避免出现表面划伤、损坏、污染腐蚀，否则易造成五金件无法安装、安装后活动不顺畅或过早的腐蚀、降低使用寿命。

② 五金件安装应符合设计要求，保证安装牢固。当采用螺纹紧固件时，承受连接力、在型材上加工的底孔应满足紧固连接的要求。

门窗五金件是保证门窗使用功能及物理性能的关键部件，必须牢固地安装在型材上，不能松脱，因此安装时的连接强度一定要有可靠保证。当采用螺纹紧固连接时，为保证与型材连接牢固，通常底孔的开孔尺寸应以螺纹的小径为准。

③ 所有相接触的金属面均不应发生双金属腐蚀，否则应采取防护措施。对于易产生腐

蚀的、有接触的双金属材料，应进行有效的处理（对于没有相对运动的两金属面可表面镀、涂不发生双金属腐蚀的材料）或采取隔绝措施。现阶段为了减少双金属接触面可能出现的腐蚀，所有的紧固件及连接件建议选用不锈钢材料。

④ 凡是在锁闭后直接暴露在外立面的部件必须有防腐措施。五金件安装、锁闭后，部分部件外表面会完全暴露在室外受到气候环境、有害介质的侵蚀，为了使五金件能在使用寿命周期内具有使用功能，必须对五金件进行必要的防护。

二、传动机构用执手的安装

① 传动机构用执手与型材固定应用螺钉紧固连接，不得有松动。传动机构用执手是启闭门窗的主要操作部件，连接不牢固会造成传动机构用执手转动不顺畅、脱落，不能有效驱动其他五金件实现功能，因此安装的牢固性对实现其功能至关重要。

② 按照设计要求加工的拨叉执手运行孔应保证满足执手拨叉的运行要求。为了保证拨叉插入式传动机构用执手安装后运行顺畅、实现使用功能，在铝合金型材上加工的执手拨叉的运行孔的开孔质量必须满足执手的运动要求，执手拨叉的运行没有卡阻。

③ 型材上用于安装执手的螺丝孔位，应与传动机构用执手的孔位相一致。型材上用于安装执手的螺丝孔位如果与传动机构用执手的孔位不一致，会造成螺丝无法安装、无法拧紧、螺丝孔内螺纹损坏等情况，使得执手无法工作。故安装执手的螺丝孔位应与传动机构用执手的孔位相一致。

④ 方轴插入式传动机构用执手在进行初始安装时，执手应在平开位置进行安装，并与齿轮驱动式传动锁闭器配合良好（提升推拉门除外）。由于齿轮式传动锁闭器、齿轮式多点锁闭器设计安装的初始位置是平开位置，为了有效地配合，方轴插入式传动机构用执手的安装应将执手柄从平开位置（一般情况下，为执手柄与执手底座垂直状态）开始进行，将执手的方轴插入事先开好的安装孔并与齿轮式传动锁闭器、齿轮式多点锁闭器配合进行安装。

⑤ 传动机构用执手安装的位置应保证正常、便利的使用要求。非特殊场合执手的安装位置应能满足普通正常人的使用要求，不应安装在过高、过偏、不方便使用的位置。

⑥ 传动机构用执手安装到门窗后，其方轴（拨叉）应能有效带动传动机构，不得有卡阻现象。执手与传动机构配合后应保证驱动有效、顺畅。执手安装后要在扇开启状态下空转（有防误操作器时，须解除防误操作器的防误操作），通过手柄转动，检查转动是否灵活，有无卡阻、影响运行通畅的现象。

⑦ 凡带有装饰盖的传动机构用执手安装后，应保证装饰盖安装到位，不得脱落。装饰盖是执手外观的一部分，起着美观、装饰的效果，没有装饰盖会影响美观。

三、合页（铰链）的安装

① 合页（铰链）与型材固定应采用可靠的紧固连接方式，不得有松动；必须保证与型材有足够的连接强度。

合页（铰链）是平开门窗的主要承载部件，安装不牢固会出现门窗扇掉角、下垂、脱落，甚至出现安全隐患，直接影响门窗的安全性和使用寿命。因此安装的牢固、可靠性对实现其功能和保障安全性至关重要。合页（铰链）是承载部件，夹持式合页（铰链）安装时应选用有足够摩擦力的夹持片以及足够啮合力的螺钉；采用螺钉与型材直接连接的合页（铰链）安装时，当型材的强度达不到承载或连接强度的要求时，应与增强型钢、金属加强板（件）连接。

② 合页（铰链）安装位置应准确，当需要在型材上打孔安装时，宜采用靠模打孔、安装。

合页（铰链）是平开门窗的主要承载部件，安装位置不准确会出现门窗扇变形等情况，不能实现有效的承载和转动。需要打孔安装的合页（铰链），如果开孔位置、尺寸不准确同样会出现问题，为了保证安装位置准确、提高安装工效，打孔安装的合页（铰链）使用靠模打孔安装。夹持式合页安装需注意夹持片的形式，如为预埋式则需在组框前置于型材中。

③ 采用紧定螺丝固定合页（铰链）轴时，合页（铰链）安装后紧定螺丝必须紧定到位。

采用紧定螺丝固定合页（铰链）轴的合页（铰链），为了防止合页（铰链）轴向下窜动、脱落，安装后需将紧定螺钉紧定到位。

④ 可调合页（铰链）安装前，应将上、下合页轴调整至同一旋转中心线上再安装。

可调合页（铰链）如果调整不到位会影响使用，因此一组可调合页应调整到以同一旋转中心线旋转的最佳状态安装，保证门窗合理的搭接量，以保证门窗启闭顺畅、旋转灵活。

⑤ 合页的旋转轴要平行门窗平面并垂直地平面，并且每组合页的旋转轴一定要在一条轴线上。

⑥ 每组合页的间距要尽量大（合理），所有合页都要承重，且下部合页分担的重量应较多。

⑦ 采用三个合页为一组时，较好的安装位置是上部安装两个合页、下部安装一个合页。

⑧ 合页紧固件宜采用不锈钢材质，螺钉啮合长度应大于所用螺钉两个螺距的长度。

⑨ 合页的连接件如采用其他金属材料，应做表面防腐处理，防止与铝合金型材接触面产生电化学腐蚀。

⑩ 合页的安装固定，不宜采用自攻螺丝和铝制拉铆钉。

四、传动锁闭器的安装

① 传动锁闭器应安装牢固、运行灵活。

传动锁闭器是门窗五金件中的传动锁闭部件，安装牢固性和运行灵活性，对执手操作力、锁点与锁座的良好配合以及使用寿命都有直接影响。

② 传动锁闭器锁点的分布应遵循受力均匀的原则，宜按所选择的锁点数量进行均匀排布，并达到最合理的密封效果。

传动锁闭器中锁点、锁座的配置和质量直接影响门窗的物理性能。在风荷载作用下，为了使每组锁点、锁座在关闭状态下受力相近，避免因受力差异过大造成锁点和锁座作用状态不同步，宜将锁点、锁座按选用设计确定的数量和门窗扇的规格尺寸有效地合理排布，才能使门窗的性能达到最佳。

③ 安装传动锁闭器时，应依据型材结构、传动机构用执手所需安装位置、锁点与锁座相对位置确定传动锁闭器在型材上的开孔和安装位置。

根据已有执手孔位确定对应的传动锁闭器的安装位置，确认是否需要开孔；再根据已确定的位置安装锁点、锁座。

④ 无传动锁闭器安装槽口的型材安装传动锁闭器时，由于型材上没有安装传动锁闭器的定位基准，应在型材上划线确定五金件的安装位置，特别是锁点、锁座的安装位置。为了实现有效锁闭，锁点需要与锁座牢牢锁在一起，故在锁点两侧要用固定块实现锁点的固定和限定不同组锁点运动轨迹一致，保证传动锁闭器的传动灵活。

⑤ 传动锁闭器采用铝连杆连接时，铝连杆上的连接孔中心应在铝连杆的中心线上并应满足相应连接件的安装要求。

在有安装槽口的型材上安装传动锁闭器，当传动部分需要用铝连杆进行连接时，铝连杆连接孔位如果偏斜会增加摩擦力，造成传动阻力过大、运行不顺畅。

⑥ 传动锁闭器上的偏心锁点应调节为每个锁点与锁座的配合压紧度一致，保证门、窗扇的密封性要求。

传动锁闭器的每个锁点在锁闭时都应能与锁块真正配合，才能起到锁闭、密封作用，这要求每个偏心锁点应调节到每个锁点与锁座的配合压紧力相近，保证门窗扇四边的密封性和锁点与锁座的使用寿命。

⑦ 齿轮驱动式传动锁闭器的安装。首先，在门窗扇适当高度开孔（一般情况下取扇的中心），在正面相对的位置开执手轴孔及两个执手定螺钉孔（根据不同厂家提供的尺寸）。组角前铣传动锁闭器齿轮槽，应划线加工以能够放进去为易。传动锁闭器用ST4×25（根据不同型材）沉头自攻螺丝固定在扇上，执手用螺钉固定在传动锁闭器上，锁块固定在窗上（锁块位置为锁闭状态时与锁点重叠的位置）。然后旋转执手，检测传动锁闭器是否灵活，并能自由开启和锁闭。

⑧ 连杆驱动式传动锁闭器的安装。首先，在门窗扇开执手安装孔；将连接杆等挂好，插入欧式槽内，将执手拨叉从开好的安装孔穿入转换器内用螺钉将执手固定在扇上，然后旋转执手，检测传动锁闭器是否灵活，并能自由开启和锁闭，调整各偏心锁点，使传动锁闭器在锁紧状态均匀受力。

五、滑撑的安装

① 外平开窗用滑撑和外开上悬窗用滑撑因受力方向和启闭运行轨迹不同，产品结构设计不同，不能混用。

② 滑撑安装后与型材应连接牢固。安装用紧固件宜采用不锈钢材质，不应使用铝及铝合金抽芯铆钉。安装紧固件应与滑撑上预留的安装结构相匹配，不阻碍扇启闭运行过程的顺畅。

滑撑是外平开窗、外开上悬窗的主要承重部件。为了保证连接牢固，安装后与框扇之间不能产生相对位移；考虑滑撑与框扇的连接件受剪切力，而铝及铝合金抽芯铆钉抗剪切强度不够，不应使用；为减少双金属腐蚀宜选用不锈钢紧固件。滑撑是多连杆运行的部件，应根据不妨碍杆件运行的原则选择不同形状的紧固件。

③ 滑撑的安装位置应根据型材结构合理确定。滑撑在实际安装中，要根据型材结构不同选择适宜的位置安装，为了保证连接强度和不破坏隔热结构应避免安装在隔热条上。同时由于安装位置与窗的开启角度有关，所以一定要确定好合适的安装位置，以满足整窗的正常使用功能。

④ 滑撑安装时，滑撑与型材之间的连接力应不小于所选用的滑撑标称承载级别。应分别校核螺钉与窗框型材、窗扇型材之间的连接力。

⑤ 每对滑撑安装要保证在同一平面内，安装相对位置偏差不得超过1mm。

滑撑安装若不在同一平面内，会造成滑撑损伤、窗扇关闭不严、启闭不顺畅，致使窗气密性下降。

六、撑挡的安装

① 撑挡在门窗密封方向的安装位置，应根据型材结构合理确定。为了保证连接强度和不破坏隔热结构，撑挡安装应避免安装在隔热条上。

② 平开窗用撑挡在扇宽度方向安装的位置，应保证扇开启角度控制在90°以内。

撑挡的作用是防止窗扇在风荷载作用下撞击到洞口。当扇开启到大于90°时，易与洞口相碰。撑挡的安装位置与窗所需的开启角度有关，所以要确定好安装位置，避免撞击洞口、出现安全隐患。

③ 外开上悬窗用撑挡在扇高度方向安装位置的确定，应保证安装后窗扇开启最大极限

距离不大于 300mm。

外开上悬窗用撑挡安装位置的确定要依据人体结构，考虑启闭时操作者的安全性和操作的便利性，满足门窗启闭力的要求。当窗扇高度不大于 1200mm 时，限定窗扇的开启最大极限距离应不大于 300mm；当窗扇高度大于 1200mm 时，应相应减少窗扇的开启最大极限距离。

④ 撑挡不应使用铝及铝合金抽芯铆钉作为安装紧固件。撑挡安装后与框扇之间不能产生相对位移，撑挡与框扇的连接件主要受剪切力，铝及铝合金抽芯铆钉抗剪切强度不够，宜选用不锈钢紧固件。

⑤ 外开上悬窗每对撑挡安装要保证在同一平面内，安装相对位置偏差不得超过 1mm。

撑挡在外开上悬窗上是成对使用的，每对撑挡安装要保证在同一平面内，安装相对位置偏差过大时，撑挡易损伤，影响使用功能。

七、滑轮的安装

① 滑轮的安装位置应满足型材结构的要求。根据型材结构及门窗组装特点，对于需要同时作为角部连接件或有调整功能的滑轮，安装位置应兼顾连接功能并保证调整的可操作性；对不可调滑轮或不具有角部连接功能的滑轮，依据玻璃重量是通过玻璃垫块传递到型材、滑轮上，将滑轮安装在玻璃垫块下方相对来说是一种合理的配合结构。

② 选用的滑轮外形结构宜与滑轨外形结构相匹配。为了使滑轮的运动顺畅，避免掉轨、脱落，减少滑轮的磨损，实现有效承重，所以滑轮外形结构宜与滑轨外形结构相匹配。

③ 一组滑轮安装后，运动轨迹应在同一条直线上且与滑轨平行。一组滑轮的运动轨迹只有在一条直线上且与滑轨平行时，门窗才能运动顺畅。否则扇会出现运动不畅，甚至会出现脱离轨道的情况。

八、单点锁闭器的安装

① 单点锁闭器安装后，推拉门窗开启关闭应顺畅，不得有阻碍。单点锁闭器关闭锁紧时，锁钩要滑入到锁座槽内，安装位置正确时方能轻松锁紧，启闭顺畅。否则无法实现功能。

② 锁钩的形状和安装位置不应影响推拉门窗另一扇正常启闭。在实际工程中推拉门窗单点锁闭器常出现锁钩的形状不合适或安装位置不正确，与另一推拉扇发生干涉，影响了另一扇的正常推拉、启闭。

③ 单点锁闭器与型材应紧固连接，不得有松动。单点锁闭器是启闭门窗的主要操作部件，连接不牢固会造成操作不顺畅、脱落，不能有效实现与锁钩配合锁闭的功能，因此安装的牢固性对实现其功能至关重要。

④ 安装单点锁闭器的保护配件。安装单点锁闭器特别是月牙锁的推拉门窗，当门或窗扇推动到边时，月牙锁容易与框型材碰撞，月牙锁容易受到损坏，所以应该安装防撞块或其他限位配件，防止月牙锁碰撞型材，保护五金件。

九、旋压执手的安装

① 旋压执手安装后，旋压执手工作面与型材接触面的间隙应在 0.5mm 内。

旋压执手的工作是通过手柄的转动压住型材实现锁闭功能。安装后，旋压执手工作面与型材接触面间隙过大时，会影响扇的气密性，因此要有所限制。

② 旋压执手安装应用螺钉连接，其连接力应大于 350N。

产品标准中对旋压执手极限抗拉力要求为 700N，旋压执手与型材所需的最大连接力按实际使用状态可视为与许用力一致。参照机械零件极限力和许用力之间的关系，结合实际使用过程中的情况，确定安全系数为 2，故要求连接力为 350N。

十、插销的安装

① 插销安装到门窗后，不得有卡阻现象。

插销安装到门窗后，插销与插销座或插销孔应对齐，有卡阻现象时易产生变形和磨损，影响正常使用。

② 插销锁闭后，允许有一定的晃动，其晃动量应控制在1mm范围内。

由于插销与插销座按设计要求应有一定的间隙方能工作。实际工程中有时门没有下插销座只能在地板上打孔，为了保证功能有效实现，应限定孔与插销的配合间隙。

③ 对开门窗型材结构应满足插销安装结构的要求，保证插销的安装和使用空间。

插销应用于假中梃对开门窗时，中梃扇上会同时装有插销和先开扇锁闭的锁座，安装时，应考虑到锁座与插销的安装位置是否有干涉、插销的安装位置是否与先开扇锁点的运动空间有干涉，当有干涉时应进行适当的调整。

十一、多点锁闭器的安装

① 多点锁闭器安装后，启闭应顺畅，不得有阻碍。多点锁闭器是推拉门窗五金件中的传动锁闭部件，安装牢固性和运行灵活性，对执手操作力、锁点与锁座的良好配合以及使用寿命都有直接影响。

② 多点锁闭器的锁点宜在锁闭侧均匀排布。多点锁闭器中锁点、锁座的配置和质量直接影响推拉门窗的物理性能。为了使每组锁点、锁座在关闭状态下受力相近，避免因受力差异过大造成锁点和锁座作用状态不同步，发生损坏，宜将锁点、锁座按选用设计确定的数量和门窗扇的规格尺寸尽量均匀排布在锁闭侧，才能使门窗的性能达到最佳。

③ 多点锁闭器的锁座安装位置应呈直线排列，多点锁闭器上的偏心锁点应调节为对应状态，确保每个锁点、锁座配合到位。

推拉门多点锁闭器锁闭的功能是靠锁点进入锁座，锁点扣住锁座使门扇不能自由移动而实现推拉门锁闭和抗风压性能的，执手带动锁闭器要达到顺畅的效果就必须要求锁点能够顺畅进入锁座，所以须保证锁点偏心调节为对应状态并与锁座呈一直线排列。另锁点与锁座配合面间隙不能大于1mm，以保证锁点能顺畅进入锁座及门扇在滑动方向不会有较大的自由移动量。

④ 安装多点锁闭器的保护配件。安装多点锁闭器时另需安装执手，当门或窗扇推动到边时，执手容易与框型材碰撞，执手容易受到损坏，所以应该安装防撞块或其他限位配件，防止执手碰撞型材，保护执手。

十二、内平开下悬窗五金系统的安装

① 安装前的准备

a. 按照五金生产厂家安装使用说明将执手处开制执手安装孔。

b. 五金件和执手均处于平开位置待安装。

② 安装顺序。按照五金生产厂家安装使用说明书的要求进行安装。

③ 调整与润滑。按照五金生产厂家安装使用说明书的要求进行。

十三、提升推拉门五金系统的安装

根据配置图（图13-3）将配件组合，门用型材下料完成后按提供的执手位置图画执手孔并钻铣（要注意该门的室内室外区别，不能将孔位弄错）。按图在门扇底钻螺钉孔，安装主动轮、从动轮及配合滑轮，将门扇装入门框中，安装胶条、玻璃。安装执手、锁点，转动执手，门升降自如，推拉灵活，定位牢固，安装门盖板、防撞块，完成安装。

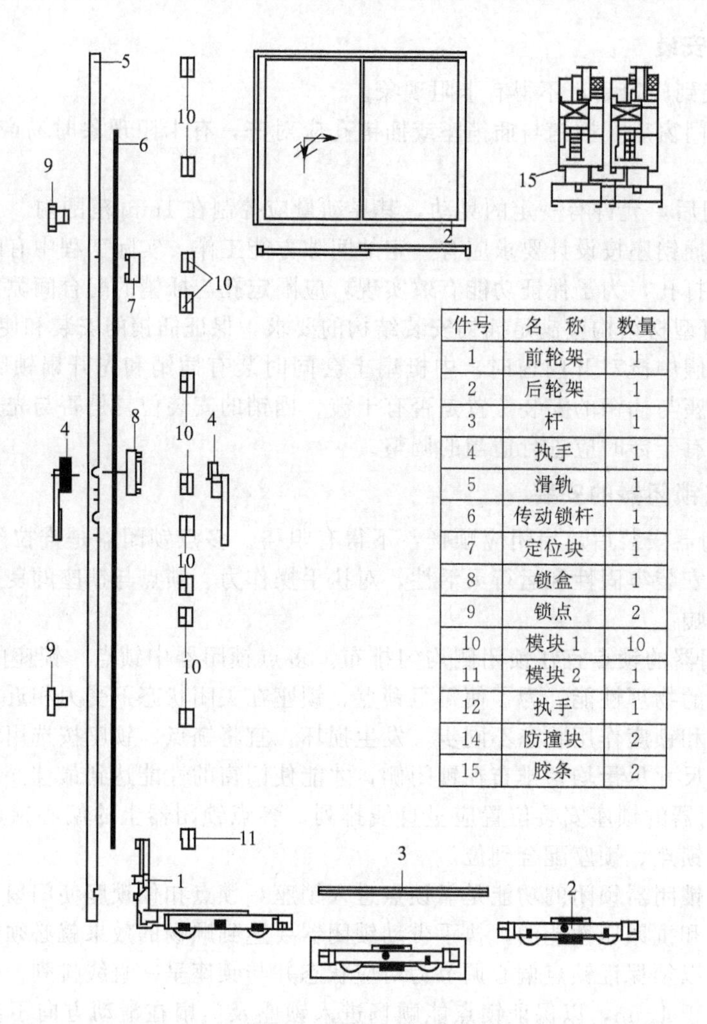

件号	名　称	数量
1	前轮架	1
2	后轮架	1
3	杆	1
4	执手	1
5	滑轨	1
6	传动锁杆	1
7	定位块	1
8	锁盒	1
9	锁点	2
10	模块 1	10
11	模块 2	1
12	执手	1
14	防撞块	2
15	胶条	2

图 13-3　推拉门配置图

为提高铝合金门窗的整体各项性能，应从铝合金门窗的抗风压性能、气密性能、水密性能、保温隔热性能、操作性能和耐久性能设计着手，选用适合、配套的铝合金门窗型材、五金件、玻璃、密封材料和相关的配套材料，并制定合理的加工、组装、安装工艺，严格加工现场和安装现场管理，保证铝合金门窗整体的施工质量。

第十四章　建筑幕墙密封及结构粘接装配

建筑是多种材料、构件和部件组合联结的构筑体，各种荷载作用产生的应力和变位可在结构联结部位呈现，联结接缝也可能成为液体、气体、粉尘、声波和热量在建筑物内外流动和交换的通道。为保证建筑的功能质量，接缝位置及构造的设定必须考虑接缝的密封，接缝的密封必须考虑接缝的构造、力学条件和环境。最佳接缝设计是接缝可靠密封的基础，保证耐久可靠的密封是建筑设计、结构施工、材料供应、质量监理和业主各方的责任，特别在建筑结构密封粘接装配体系中，各方都是构成密封链的一个环节，任何一个环节失误都会导致粘接密封失效。

建筑渗漏一直是影响建筑质量的顽症，曾有人戏称“十缝九漏"，可能是构成建筑密封链的一个或多个环节出了问题，其中一个环节表现在建筑接缝密封技术规范的缺失。目前涉及接缝密封的设计规范、工程技术和质量验收规范中，对接缝密封设置大多规定“在接缝中嵌填弹塑性密封材料，保证接缝密封无渗漏”，似乎接缝中只要有了密封材料就一定能密封，而对密封接缝位置的设定，如何选择密封材料的材质、位移能力级别，怎样进行密封嵌填、保证密封形状和尺寸，如何进行接缝密封维护和质量控制等技术细节、技术要求缺乏相应的规定，对有关计算、施工和质量控制技术等缺乏规范指导。我国历来将沥青油毡、卷材、片材及涂料等表面密封材料和施工技术作为建筑防渗漏主体，将接缝密封作为辅助而被忽视。实际上，接缝密封本身就是建筑体系杜绝渗漏的一道独立防线，其作用和功能难以为其他材料所替代。在玻璃、金属板等不渗透材料构建的屋面及外墙围护结构中，结构的粘接密封不仅是设防主体，而且是结构联结的重要构成，建筑接缝密封和结构粘接密封装配技术在建筑幕墙、采光顶和门窗的设计、制造和安装中备受关注。

基于对密封材料和密封应用技术的认识和理解，综合分析国内外相关技术资料、标准和规范，本章对建筑结构接缝密封的相关技术进行较为系统的介绍，主要内容包括：接缝的构成和特征；接缝密封材料的功能、技术要求和试验方法；建筑接缝的密封设计、施工和质量控制；建筑结构密封粘接装配的力学分析、粘接节点设计、施工和质量控制；中空玻璃密封粘接装配的构成、密封选材和质量控制等。

第一节　建筑接缝基本特征

一、接缝的构成和功能

建筑接缝包括接缝和裂缝。其中接缝大多是由设计设置的连接不同材料、构件或分割同一构件的规则缝隙；裂缝一般是意外发生的、走向和形状不规则的有害缝隙。在建筑成形和使用寿命期间，由于地震、建筑沉降或倾斜、环境温度及湿度变化、附加荷载或局部应力的传递等因素作用，建筑材料或构件发生膨胀或收缩、拉伸或压缩、剪切或挠曲等形式运动，构件体积或形状产生变化并集中在端部或边缘，呈现明显的尺寸位移。这种运动无法加以限制，不论出于什么原因约束这种形变位移，必将产生应力，当结构难以承受该应力时，构件只能开裂、局部破坏甚至产生结构性挠曲以求应力释放，产生难以控制的裂缝或更大的危害。预防裂缝的发生必须正确设置接缝的位置和接缝的尺寸，保证构件在低应力水平或零应力下不受约束地自由运动，为此，对不同约束条件下构件的长度必须给予限定，例如，建筑规范规定混凝土及钢筋混凝土墙体接缝的最大间隔距离分别为 20m 和 30m，接缝宽度不小于 20mm，结构设计必须满足这一必要条件，该条件对保证接缝密封必要但不充分，因为必须考虑密封胶对接缝位移的承受能力，一旦接缝的位移量超出所选用密封胶的位移能力，这样的结构设计就不合理了，必须修改设计，缩小接缝间隔距离或扩大接缝宽度，减小接缝的相对位移量，以及选择适用的密封胶。

二、接缝类型和特点

1. 收缩（控制）缝和诱发缝

收缩缝又称为控制缝，属于变形缝的一种。一般是在面积较大而厚度较薄的构件上设置成规则分布的分割缝，将构件分成尺寸较小的板块。

混凝土结构件的收缩将集中在接缝处变形，以防止裂缝的发生并控制裂缝的位置，避免构件产生裂缝。这种缝可用以分割如路面、地坪、渠道内衬、挡土墙及其他墙。可在混凝土浇灌时放入金属隔板、塑料或木质隔条，混凝土初凝后取出隔条，形成收缩缝，也可在刚刚凝固的混凝土上锯切。收缩缝可以是断开贯通的分割缝，也可以是横截面局部减小的分割缝，当构件收缩时，收缩缝扩展并使构件完全断裂形成敞开缝，将原来的混凝土构件分割成多个构件单元。为保持缝的自由开合运动又要求连续性，可使用插筋，也可成形为台阶状或榫接形。为保证缝隙不渗漏并保证构件的伸缩位移，收缩缝应用具有足够位移能力的密封胶进行密封。

诱发缝是收缩缝的一种形式，又称为假缝。特点是上部有缝，下部连续（有的也可完全断开），可利用截面上部的缺损，使干燥收缩所引起的拉应力集中，在诱发缝处引发开裂，减少其他部位出现裂缝造成危害。

2. 膨胀（隔离）缝

结构受热膨胀或在荷载及不均匀沉降时产生应力导致对接结构单元受压破坏或扭曲（包括位移、起拱和翘曲），为防止这类现象发生必须设置膨胀缝。常用于墙体-屋面或墙体-地面的隔离、柱体与地面或墙面隔离、路面板及平台板同桥台或桥墩的隔离，还用于其他一些不希望发生的对次生应力约束或传递的情况中。膨胀缝的设置一般在墙体方向发生变化处(在 L 形、T 形和 U 形结构中）或墙体截面发生变化处。膨胀缝常用于隔开性状不同的结构单元，也被称为隔离缝，属于变形缝的一种。

膨胀缝的做法是在对接结构单元之间的整个截面上形成一个间隙，现浇混凝土结构可安置一个具有规定厚度的填料片，预制构件安装时预先留置一个缝隙。为限制不希望发生的侧向位移或为维持连续性起见，可设置穿通两边的插筋、阶梯或榫槽。接缝密封处理后应保证不渗漏，保证构件位移不产生有害的应力。

3. 施工缝和后浇缝

在浇灌作业中断的表面或在预制构件安装过程中设置。混凝土施工过程中有时出现预想不到的中断，也需要作施工缝。依据浇灌顺序，施工缝可有水平施工缝和垂直施工缝两大类。根据结构设计要求，有些施工缝在以后可用作膨胀缝或收缩缝，也应密封处理。

后浇缝是在现浇整体式钢筋混凝土结构施工期间预留的临时性温度收缩变形缝，该接缝保留一定时间后将再进行填充封闭，浇成连续整体的无伸缩缝结构，是临时性伸缩缝，目的是减少永久性伸缩缝。

4. 特种功能接缝

(1) 铰接缝　允许构件发生旋转起铰接作用的缝。常用于路面的纵向接缝上，克服轮压或路基下沉所引起的翘曲。当然，还有其他一些结构也使用这种铰接缝。这种接缝中不能存在插筋等，接缝必须密封处理。

(2) 滑动缝　使构件能沿着另一构件滑动的缝。如某些水库的墙体允许发生同地面或屋面板相对独立的位移，就需设滑动缝。这种缝的做法是使用阻碍构件之间粘接的材料，如沥青复合物、沥青纸或其他有助于滑动的片材。

（3）装饰缝　在外墙上设置接缝作为处理建筑立面的一种表现手法，以及其他部位专为装饰设置的接缝。装饰嵌缝用密封胶更应注意颜色和外观效果。

5. 建筑结构密封粘接装配接缝

结构密封粘接装配系统（以下简称为SSG）的接缝，不仅具有阻止空气和水通过建筑外墙的密封功能，而且具有结构粘接功能，为结构提供稳定可靠的弹性联结和固定，承受荷载和传递应力，能承受较大位移。

第二节　接缝密封材料

接缝密封材料包括定型材料和不定型材料两大类。密封胶是以不定型状态嵌填接缝实现密封的材料，如液态及半液态流体、团块状塑性体、热熔固体和粉末状等形态的密封材料。主要包括嵌缝膏（caulk）和密封胶（sealant）。嵌缝膏一般为团块状塑性体、半流体、热熔固体，粘接强度不高、无弹性或仅有很小弹性；密封胶一般为液态及半液态流体，粘接强度较高，呈现明显弹性。结构装配中以承受结构荷载为主要功能的弹性密封胶，又称为结构密封胶。

一、主题词“Sealant”及术语标准对密封胶的定义

1. 主题词“Sealant”

我国《标准文献主题词表》对主题词“Sealant”的定义为“密封胶或密封剂”。化工、机械、航空、轻工及建筑等产业已经普遍采用该主题词。

2. 术语标准对“Sealant”及密封胶的定义

（1）国际标准ISO 6927《建筑结构·接缝产品·密封胶·术语》定义术语“Sealant”为“以非定型状态填充接缝并与接缝对应表面粘接在一起实现接缝密封的材料”。

（2）国家标准GB/T 14682《建筑密封材料术语》基本采用ISO 6927对“Sealant”定义为“以非定型状态填充接缝并与接缝对应表面粘接在一起实现接缝密封的材料”。

（3）国家标准GB/T 2943《胶黏剂术语》定义“Sealant”为“具有密封功能的胶黏剂”。

3. 对密封胶的理解

在国家标准GB/T 2943《胶黏剂术语》对“Sealant”的定义更突出了密封胶以粘接为基本特征，将其同胶黏剂归为同类，而突出功能是密封，即嵌填接缝实现封堵和密封。但应该看到胶黏剂和密封胶的渊源有区别，最早的胶黏剂是树胶、糨糊等，而密封胶源于桐油灰、沥青等。

此外，粘接接头的应力-应变特征有区别。胶黏剂以实现界面粘接、承受荷载的强度为特征，一般在应力作用下明显呈现刚性，接头直至断裂（胶层内聚破坏或被粘材料破坏）基本不发生显著位移，即不做功——具有类似刚性材料的特征；密封剂粘接界面并形成密封体，一般在应力作用下呈现弹性或弹塑性，接头密封体能在一定范围内伸缩运动、发生位移且不发生破坏（不论内聚破坏或被粘材料破坏），即可以做功——更接近橡胶弹性材料，位移能力高达±25%甚至可以更高。

近代由于密封胶应用范围越来越广泛，品种和产销量都在不断增长，所以行业内一般将两种材料并称为“Adhesives and Sealants”，也可以说密封胶已经成为平行于胶黏剂的独立一类材料。

二、密封胶分类

密封胶包括嵌缝膏“Caulk”、密封胶“Sealant”和结构密封胶“Construction Sealant”。

采用国际标准 ISO 11600－1992（2000）《建筑结构·密封胶·分级和要求》，我国及大多数国家基本按产品用途、适用功能（位移能力及模量）及相应的耐久性技术指标要求对建筑结构密封胶进行分类和分级；产品也可按组分数、固化机理、适用季节、流动性等划分产品类别，标明产品代号以便工程选用；产品还可以按材料基础聚合物类型、产品特征功能等进行分类。

密封胶可以有不同的基础聚合物，类型可以有硅酮（SR）、聚硫（PS）、聚氨酯（PU）、丙烯酸（AC）、丁基（BR）、沥青、油性树脂及各种新发展的改性聚合物，但这种分类并不表征材料在工程应用中的优劣，不能笼统地说硅酮密封胶优于聚氨酯密封胶，也不能说聚硫类产品一定都比丙烯酸类的更优。实际上每一类聚合物都有优于其他聚合物的特点，所以密封选材依据应是按使用功能要求进行的技术测试评价。我国按产品的功能用途已建立一些建筑密封胶标准，如幕墙玻璃接缝密封胶、结构密封胶、中空玻璃密封胶、窗用密封胶、混凝土接缝密封胶、防霉密封胶、石材接缝密封胶等，也可能会建立钢结构阻蚀密封胶、防火密封胶、绝缘密封胶、道路接缝密封胶等，分别规定其专用的技术要求，但产品的基本特性和技术规格仍遵守 ISO 11600 标准。

ISO 11600—1992（2000）《建筑结构·密封胶·分级和要求》对产品进行分级、分型，并按产品用途提出具体技术要求。选用密封胶必须注意产品的性能级别，例如，符合玻璃接缝密封胶标准的“玻璃密封胶”，可以有高模量和低模量之分，又有 12.5 级、15 级、20 级、25 级甚至更高级别的位移能力，它们的价格、使用中的行为和耐久性有明显差别，必须依据具体接缝设计要求选用。如果在建筑接缝设计中仅笼统标注“接缝用密封胶填缝密封”、“接缝密封用符合 GB 14683 的密封胶”等，往往会导致级别较低的密封胶的采购，造成无效密封或密封过早失效。选材必须明确选用产品的级别，将密封胶产品标准规定的标记标注在图纸上，如：“玻璃接缝密封胶 1 25 LM JC/T 882—2001”，或者规定为“玻璃接缝密封胶符合 JC/T 882—2000 标准 LM25 级”。采购密封胶的验收，首先检查外包装上产品标记的符合性。

1. 基本分类

（1）用途　适用于玻璃，代号 G 类（仅限于 25 级和 20 级）；其他用途，代号 F 类（包括 25 级、20 级、12.5 级和 7.5 级）。

（2）级别　按表 14-1 规定的位移能力划分。

表 14-1　建筑密封胶级别

级别	热压-冷拉循环幅度/%	位移能力/%	级别	热压-冷拉循环幅度/%	位移能力/%
25	±25	25	12.5	±12.5	12.5
20	±20	20	7.5	±7.5	7.5

（3）模量　对符合 25 级和 20 级的弹性密封胶划分模量级别：低模量，代号 LM；高模量，代号 HM。

判定密封胶的模量级别主要依据表 14-2 规定的试验温度下拉伸模量测试值。

表 14-2　模量级别技术指标

模量级别		LM	HM
拉伸 100%时的模量/MPa	23℃时	≤0.4	>0.4
	－20℃时	和≤0.6	或>0.6

（4）弹性　对 12.5 级以下的密封胶按弹性恢复率划分为：弹性体（代号 12.5E），弹性

恢复率大于40%；塑性体（代号12.5P），弹性恢复率小于40%；塑性嵌缝膏（代号7.5P），7.5级密封胶。

建筑结构接缝密封胶的分级见图14-1。

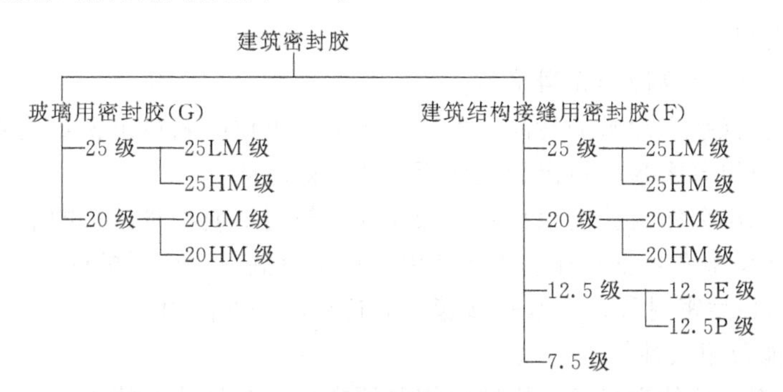

图14-1　建筑结构接缝密封胶的分级

2. 型别划分原则

型别有多种划分原则，产品外包装的标记含义和标记方法也不尽相同，例如：

① 按流动性划分为非下垂型（N）、自流平型（L）；

② 按组分数分为单组分型、双组分型或多组分型；

③ 按适用季节分为夏季型（S）、冬季型（W）、全年型（A）；

④ 按固化机理分为湿气固化型（K）、化学固化型（Z）、溶胶型（Y）、乳液干燥固化型（E）。

3. 功能类别

目前已经明确且具有相应标准的功能产品有：幕墙玻璃接缝密封胶、结构密封胶、中空玻璃密封胶、窗用密封胶、混凝土接缝密封胶、防霉密封胶、石材接缝密封胶、彩色涂漆钢板用密封胶等，今后还会随用途的特定技术要求进一步扩展，如可能有钢结构用阻蚀密封胶、防火密封胶、绝缘密封胶、道路接缝密封胶等。这些产品必须具备特殊的功能性，如防霉性、对石材污染性、低透气率和低发雾性、对涂漆钢板的粘接性和更高的位移能力等，尽管它们已经具备建筑密封胶的基本性能（施工工艺性、弹性级别、粘接性和力学性能等），也可用于其他密封用途，但必须具备特定的功能性。这样分类有利于产品质量控制，也利于工程选材。在这一分类中没有“耐候密封胶”，因为所有建筑密封胶都具有耐受环境气候的能力，难以对具体的“耐候性”指标进行量化核定，所以“耐候密封胶”只能是商业上的俗称。

三、密封胶基本性能及主要表征

1. 基本性能要求

① 现场嵌填施工性良好，能挤注涂饰、固化，储存稳定，无毒或低毒害；

② 对流体介质不溶解，无过度溶胀、过度收缩，低渗透性；

③ 能承受接缝位移并随伸缩运动而变形；

④ 在接缝中经受反复变形后，保证充分恢复其性能和形状；

⑤ 有适度的模量，承受施加的应力并适应结构的变形；

⑥ 与接缝基面稳定粘接，不发生剥离和脱胶；

⑦ 高温下不过度软化，低温下不脆裂；

⑧ 耐气候，不过度软化、不粉化龟裂，有足够寿命；

⑨ 特定场合使用时具有相应的特定性能，如彩色、耐磨、抗穿刺、耐腐蚀、抗碾压、不燃、不污染、绝缘或导电等。

2. 密封胶主要性能表征

（1）施工操作性

① 外观。操作时容易做到光滑平整。

② 挤出性。保证挤出涂施的性能，即规定压力下单位时间挤出密封胶的量值。

③ 表干期。单组分密封胶挤出后表面固化的最短时间。

④ 适用期。双组分密封胶能保持施工操作性（易刮平或可挤出）的最长时间。

⑤ 下垂度。（N型密封胶）在垂直接缝中保证不流淌、不变形的能力。

⑥ 流平性。（L型密封胶）在水平接缝中能自动流平的能力。

（2）力学性能及耐久性

① 弹性恢复率。拉伸变形后，嵌缝膏恢复原来形状和尺寸的能力。

② 粘接拉伸性能。在接缝中受拉破坏的最大强度和最大伸长率。

③ 弹性模量。以拉伸变形至规定伸长时的应力表征。

④ 位移能力。经受规定幅度反复冷拉伸-热压缩的性能。

⑤ 低温柔性。在低温下弯折不发生脆断、保持柔软的性能。

⑥ 热水-光照耐久性。以试验后的粘接拉伸性能表征。

⑦ 热空气-水浸耐久性。以试验后的粘接拉伸性能表征。

⑧ 耐化学侵蚀稳定性。在酸、碱、盐溶液及油、有机溶剂等化学介质中保持稳定的性能。

（3）储存稳定性　从制造之日起保证使用性能的最长时间（应大于6个月）。

四、建筑嵌缝膏技术要求

嵌缝膏（Caulk）是由天然或合成的油脂、液体树脂、低熔点沥青、焦油或这些材料的复合共混物，加入改性胶同纤维、矿物填料共混制成的黏稠膏状物。基础材料一般有干性油、橡胶沥青、橡胶焦油、煤焦油、聚丁烯、聚异丁烯、聚氯乙烯及其复合物。嵌缝膏为塑性或弹塑性体，嵌缝后由于氧化、低分子物挥发或冷却，表面形成皮膜或随时间延长而硬化，但通常不发生化学固化。可承受接缝位移±3%以下，优质产品可达±5%或±7.5%。产品一般易粘灰，易受烃类油软化，易随使用时间而失去塑性及弹性，使用寿命较短。产品价格便宜、施工方便，20世纪70年代以前广泛用于建筑接缝密封处理，至今仍有一定市场。其中以聚丁烯、聚异丁烯为基础的产品成本较高，耐久性优，可制成自粘性条带用于嵌填接缝，也用于中空玻璃一道密封。已知相关产品的标准技术要求如下。

1. 油性嵌缝膏

（1）定义　产品是由天然或合成的油脂为基础，掺和碳酸钙、滑石粉等矿物，形成高黏度的塑性膏状物。一般在氧化后表面成膜并随时间延续氧化深入内部逐渐硬化。

（2）品种　产品按含水率、下垂度及附着力高低分为两类。

（3）外观和用途　团块膏状物，具有明显塑性，可用手或刮刀嵌填腻缝。成本低，施工方便，主要用于建筑防水接缝填充和钢、木门窗玻璃镶装中接缝位移不明显、耐候要求不高、对油脂渗透污染装饰面无要求的场合。

（4）物理性能　产品性能包括保油性、下垂性、操作性、龟裂等，以窗用油灰为例，GB/T 7109规定要求见表14-3。

表 14-3 窗用油灰物理性能

测试项目	指标	
	1类	2类
含水率/%	0.6	1.0
附着力/(g/cm²)	2.84×10^4	1.96×10^4
针入度/mm	15	15
下垂度(60℃)/mm	1	3
结膜时间/h	3～7	3～7
龟裂试验(80℃)	不龟裂、无裂纹、不脱框	不龟裂、无裂纹、不脱框
耐寒性(-30℃)	不开裂、不脱框	
操作性	不明显粘手，操作时容易做到光滑平整	

2. 玛碲脂

(1) 定义 以石油沥青为基料，同溶剂、复合填料改性制成的冷胶接密封料。

(2) 外观和用途 黑色团块状，加热可倾流，不燃、易施工、运输方便。

(3) 物理性能 见表 14-4。

表 14-4 玛碲脂物理性能

项目		指标
耐热度/℃	1∶1 斜坡，2h 无滑动、无流淌	80
低温柔性/℃	ϕ20mm 棒，2h，弯曲不脆断	-5
粘接力	揭开后检查，粘接面积/总面积	≤1/3

3. 建筑防水沥青嵌缝油膏（简称油膏）

(1) 定义 建筑防水沥青嵌缝油膏是以石油沥青为基料，加入橡胶（含废橡胶）、SBS 树脂等改性材料，热熔共混制成。

(2) 外观和用途 黑色黏稠膏状材料。可冷用嵌填，用于建筑接缝、孔洞、管口等部位防水防渗。

(3) 品种 产品按照耐热度、低温柔性分成六个标号：701、702、703、801、802、803。

(4) 物理性能 按 JC/T 207 标准，其物理性能指标见表 14-5。

表 14-5 建筑防水沥青嵌缝油膏物理性能

项目		标号					
		701	702	703	801	802	803
耐热度	温度/℃	70			80		
	下垂度/mm	≤4					
粘接性/mm		≥15					
保油性	渗油幅度/mm	≤5					
	渗油张数	≤4					
挥发率/%		≤2.8					
针入度/mm		≥22					
低温柔性	温度/℃	-10	-20	-30	-10	-20	-30
	粘接状况	合格					
操作性		不明显粘手，操作时容易做到光滑平整					

4. 聚氯乙烯防水接缝嵌缝膏

（1）定义　产品以聚氯乙烯（含PVC废料）和焦油为基础同增塑剂、稳定剂、填充剂等共混经塑化或热熔制成。

（2）外观和用途　黑色黏稠膏状或块状。施工方便，价格低廉，用于建筑接缝、孔洞、管口等部位防水防渗，此外还用于屋面涂膜防水。

（3）品种　分热塑型和热熔型，具有两个标号：703和803。

（4）物理性能　见表14-6。

表14-6　聚氯乙烯防水接缝嵌缝膏物理性能

项目		标号	
		703	803
耐热度	温度/℃	70	80
	下垂度/mm	≤4	≤4
低温柔性	温度/℃	−20	−30
	柔性	合格	合格
粘接延伸率/%		≥250	
浸水后粘接延伸率/%		≥200	
挥发率/%		≥3	
回弹率/%		≥80	

5. 丁基及聚异丁烯嵌缝膏

（1）定义　产品以丁基、氯化丁基橡胶或聚异丁烯为基础同软化剂、填充剂等混炼制成。

（2）外观和用途　塑性团块状膏状物，也可制成腻子条带。用于嵌填接缝，耐老化、粘接稳定、透气率低，用于接缝、空洞密封。其中聚异丁烯为基础的产品可热挤注，用于中空玻璃一道密封。

（3）物理性能　见表14-7、表14-8。

表14-7　丁基嵌缝膏技术性能（典型）

项目	指标	项目	指标
可塑性(23℃)/s	3～20	剪切强度/MPa	≥0.02
耐热性(130℃,2h)	不结皮、保持棱角	耐水粘接性	不脱落
低温−40℃,2h弯曲180°	不脆断	耐水增重/%	≤6

表14-8　中空玻璃用聚异丁烯密封膏技术性能

项目	指标	项目	指标
固含量/%	100	低温柔性/℃	−40
相对密度	1.15～1.25	水蒸气渗透率/[g/(d·m²)]	10
粘接性	与玻璃、铝材兼容	耐紫外-热水(GB/T 7020)	合格
耐热性/℃	130		

五、密封胶的技术性能要求

产品以弹性（弹塑性）聚合物或其溶液、乳液为基础，添加改性剂、固化剂、补强剂、填充剂、颜料等均化混合制成，在接缝中可依靠化学固化或空气的水分交联固化或依靠溶剂、水蒸发固化，成为接缝粘接密封用弹性体或弹塑性体。产品按聚合物分类，有硅酮、聚氨酯、聚硫、丙烯酸等类型，近几年采用共聚、接枝、嵌段、共混等方法，发展了改性硅酮、环氧改性聚氨酯、聚硫改性聚氨酯、环氧改性聚硫、硅化丙烯酸等改性型密封胶，技术性能超出原有类型密封胶，使分类多样化。

20 世纪 70 年代后密封胶开始大量用于建筑，逐渐成为建筑结构接缝密封的主体材料。该类材料可按功能和基础聚合物两种方法分类，重要的是根据用途及密封功能对产品分类，已经编制标准的有玻璃幕墙接缝密封胶、混凝土接缝密封胶、石材密封胶、防霉密封胶、金属彩板密封胶、窗用密封胶等，随着需要可能还有防火密封胶、绝缘密封胶、阻蚀密封胶等，其物理性能除按 ISO 11600 标准分级外，分别规定出功能特有的技术要求。对设计选材、产品研究和工程应用来讲，按基础聚合物类型分类已显得不重要，关键是各该产品满足用途和特定的功能要求。本节列出两种分类的密封胶和相关技术要求。

1. 幕墙玻璃接缝密封胶

（1）定义　用于粘接密封幕墙玻璃接缝的密封胶，目前基本是硅酮型密封胶。

（2）外观和用途　单组分可挤注的黏稠流体，挤注在接缝中不变形下垂，颜色以黑色为主。用于长期承受日光、雨雪和风压等环境条件的交变作用、承受较大接缝位移的幕墙玻璃-玻璃接缝的粘接密封，也可用于建筑玻璃的其他接缝密封。

（3）品种和分级　主要是单组分硅酮型，按位移能力及模量分为 4 个级别。

（4）物理性能　按 JC/T 882—2001 标准规定要求具备的物理性能见表 14-9。

表 14-9　幕墙玻璃接缝密封胶物理性能

序号	项目		产品级别			
			25LM	25HM	20LM	20HM
1	下垂度/mm	垂直	≤3			
		水平	不变形			
2	挤出性/(mL/min)		≥80			
3	表干时间/h		≤3			
4	弹性恢复率/%		≥80			
5	拉伸 100%时模量/MPa	23℃ -20℃	≤0.4 和 ≤0.6	>0.4 或 >0.6	≤0.4 和 ≤0.6	>04 或 >0.6
6	定伸(100%)粘接性		无破坏			
7	浸水光照后定伸(100%)粘接性		无破坏			
8	循环热压缩(70℃)-冷拉伸(-20℃)后的粘接性		拉压幅度±20%		拉压幅度±25%	
			无破坏			
9	质量损失/%		≤10			

2. 建筑窗用密封胶

（1）定义　用于窗洞、窗框及窗玻璃密封镶装的密封胶。

（2）外观　单组分黏稠流体，非下垂型。颜色有透明、半透明、茶色、白色、黑色等。

（3）分级和用途　按模量及位移能力大小分为 3 个级别。由于有窗框及受力结构件，该类密封胶主要用于接缝密封，不承受结构应力。适应要求的密封胶可以是硅酮、改性硅酮、聚氨酯、聚硫型等，洞口-窗框可以是硅化丙烯酸型或丙烯酸型。

（4）物理性能　该密封胶模量低、弹性好，能适应结构变形而稳定密封。《建筑窗用密封胶》[JC/T 485—1992 (1997)] 标准规定的 3 个级别，实际相当于 ISO 11600—2000 分级中 20-LM、12.5E 及 12.5P 级，技术要求见表 14-10。

表 14-10 建筑窗用密封胶技术要求

项 目	1级品	2级品	3级品
挤出性/(mL/min)	≥50	≥50	≥50
适用期/h	≥3	≥3	≥3
表干时间/h	≥24	≥48	≤72
下垂度/mm	≤2	≤2	≤2
粘接拉伸弹性模量/MPa	≤0.4(100%)	≤0.5(60%)	≤0.6(25%)
热-水循环后定伸性能/%	≥100	≥60	≥25
水-紫外线试验后弹性恢复率/%	≥100	≥60	≥25
热水循环后弹性恢复率/%	≥60	≥30	≥5
低温柔性/℃	≤-30	≤-20	≤-10
黏附破坏/%	≤25	≤25	≤25
低温储存稳定性①		无凝胶、离析	
初期耐水性①		不产生浑浊	

① 仅对乳胶型密封剂要求。

3. 混凝土建筑接缝密封胶

（1）定义 用于混凝土建筑屋面、墙体变形缝密封的密封胶。

（2）外观 单组分黏稠流体。

（3）分级和用途 由于构件材质、尺寸、使用温度、结构变形、基础沉降影响等使用条件范围宽，对密封胶接缝位移能力及耐久性要求差别较大，产品包括25级至7.5级的所有级别。按流动性分为N型（非下垂型），用于垂直接缝；S型（自流平型），用于水平接缝。主要包括聚氨酯、聚硫橡胶型、中性硅酮和改性硅酮密封胶，还包括丙烯酸、硅化丙烯酸、丁基型密封胶、改性沥青嵌缝膏等，后三种主要用于建筑内部接缝密封。

（4）物理性能 根据JC/T 881—2001标准对产品的具体技术要求见表14-11。

表 14-11 混凝土建筑接缝密封胶技术要求

<table>
<tr><th rowspan="2">序号</th><th colspan="3" rowspan="2">项 目</th><th colspan="7">产 品 级 别</th></tr>
<tr><th>25LM</th><th>25HM</th><th>20LM</th><th>20HM</th><th>12.5E</th><th>12.5P</th><th>7.5P</th></tr>
<tr><td rowspan="3">1</td><td colspan="2" rowspan="2">下垂度(N型)/mm</td><td>垂直</td><td colspan="7">≤3</td></tr>
<tr><td>水平</td><td colspan="7">≤3</td></tr>
<tr><td colspan="3">流平性(S型)</td><td colspan="7">光滑平整</td></tr>
<tr><td>2</td><td colspan="3">挤出性/(mL/min)</td><td colspan="7">≥80</td></tr>
<tr><td>3</td><td colspan="3">弹性恢复率/%</td><td colspan="2">≥80</td><td colspan="2">≥60</td><td>≥40</td><td>≥40</td><td>≥40</td></tr>
<tr><td rowspan="2">4</td><td rowspan="2">拉伸粘接性</td><td>拉伸模量/MPa</td><td>23℃
-20℃</td><td>≤0.4
和
≤0.6
(100%)</td><td>>0.4
或
>0.6</td><td>≤0.4
和
≤0.6
(60%)</td><td>>0.4
或
>0.6</td><td>—</td><td colspan="2">—</td></tr>
<tr><td colspan="2">断裂伸长率/%</td><td colspan="5">—</td><td>≥100</td><td>≥20</td></tr>
<tr><td rowspan="2">5</td><td colspan="2" rowspan="2">定伸粘接性</td><td>标准条件</td><td colspan="2">伸长率100%</td><td colspan="3">伸长率60%</td><td rowspan="2">—</td><td rowspan="2">—</td></tr>
<tr><td>浸水后</td><td colspan="2">无破坏</td><td colspan="3">无破坏</td></tr>
<tr><td>6</td><td colspan="3">热压-冷拉后粘接性(反复拉压幅度)/%</td><td>±25</td><td>±25</td><td>±20</td><td>±20</td><td>±12.5</td><td>—</td><td>—</td></tr>
<tr><td>7</td><td colspan="3">拉压循环后粘接性(循环拉压幅度)/%</td><td colspan="5">—</td><td>±12.5</td><td>±7.5</td></tr>
<tr><td>8</td><td colspan="3">浸水后断裂伸长率/%</td><td colspan="5">—</td><td>≥100</td><td>≥20</td></tr>
<tr><td>9</td><td colspan="3">质量损失/%</td><td colspan="4">≤10</td><td>≤25</td><td colspan="2">≤25</td></tr>
<tr><td>10</td><td colspan="3">体积收缩率①/%</td><td colspan="4">≤25</td><td>≤25</td><td colspan="2">≤25</td></tr>
</table>

① 仅溶剂型、乳胶型密封胶测定体积收缩率。

4. 建筑用防霉密封胶

（1）定义　自身不长霉菌或能抑制霉菌生长的密封胶。

（2）外观　单组分，黏稠流体。

（3）分级和用途　按防霉性分为0级及1级，并按模量及位移能力分为20LM级、20HM级、12.5E级3个级别。主要用于厨房、厕浴间、整体盥洗间、无菌操作间、手术室及微生物实验室及卫生洁具等建筑接缝密封。

（4）物理性能　按JC/T 885—2001标准具体性能要求见表14-12。

表14-12　建筑用防霉密封胶技术要求

序号	项目	技术指标		
		20LM级	20HM级	12.5E级
1	密度/(g/cm^3)	规定值±0.1		
2	表干时间/h	≤3		
3	挤出性/s	≤10		
4	下垂度/mm	≤3		
5	弹性恢复率/%	≥60		
6	拉伸60%弹性模量/MPa (23±2)℃ ∫ (−20±2)℃	≤0.4 ∫ ≤0.6	>0.4 ∫ >0.6	— ∫ —
7	热压缩-冷拉伸后粘接性	±20%不破坏	±20%不破坏	±12.5%不破坏
8	定伸160%粘接性	不破坏	不破坏	不破坏
9	定伸160%浸水粘接性	不破坏	不破坏	不破坏

5. 石材用建筑密封胶

（1）定义　建筑天然石材接缝用密封胶。

（2）外观　单组分，黏稠流体。

（3）分级和用途　按位移能力及模量该类密封胶分为5个级别。用于花岗岩、大理石等天然石材接缝结构防水、耐候密封及装饰。适用的密封胶可以包括中性硅酮密封胶、聚氨酯、聚硫型，还包括丙烯酸型密封胶。

（4）物理性能　该类密封胶不渗油、不粘灰、不污染石材，并能承受水浸、日光及温度交变作用。根据JC/T 883—2001标准技术性能要求见表14-13。

表14-13　石材用建筑密封胶技术要求

序号	项目		产品级别				
			25LM	25HM	20LM	20HM	12.5E
1	下垂度/mm	垂直	3				
		水平	1				
2	挤出性/(mL/min)		≥80				
3	弹性恢复率/%		≥60(拉伸100%后)		≥60(拉伸60%后)		
4	拉伸模量/MPa	 23℃ −20℃	100%伸长率 ≤0.4 ≤0.6	100%伸长率 >0.4 >0.6	60%伸长率 ≤0.4 ≤0.6	60%伸长率 >0.4 >0.6	—
5	定伸粘接性		定伸100%,无破坏		定伸60%,无破坏		
6	浸水后定伸粘接性		定伸100%,无破坏		定伸60%,无破坏		
7	压缩加热-拉伸冷却循环后的粘接性		±25%	±25%	±20%	±20%	±12.5%
			无破坏				

续表

序号	项目		产品级别				
			25LM	25HM	20LM	20HM	12.5E
8	污染性	污染深度/mm	≤1.0				
		污染宽度/mm	≤1.0				
9	紫外线老化后性能		表面无粉化、龟裂，-20℃无裂纹				

6. 彩色涂层钢板用建筑密封胶

（1）定义　轻钢结构建筑彩色涂层钢板接缝密封用密封胶。

（2）外观　单组分、可挤注的黏稠流体。具有与钢板接近的各种彩色颜色。

（3）分级和用途　该类密封胶有7个级别。能满足要求的产品主要是中性硅酮密封胶、聚氨酯、聚硫型弹性密封胶。主要用于轻钢结构建筑彩色涂层钢板屋面或墙体接缝防水、防腐蚀和耐候密封。

（4）物理性能　由于钢材温度膨胀系数较大，产品最大位移能力要求可达±50%；密封胶的稳定粘接同彩色涂层材质有关，要求产品有良好的粘接剥离强度。按JC/T 884—2001标准具体技术要求见表14-14。

表14-14　彩色涂层钢板用建筑密封胶技术要求

序号	项目		产品级别				
			25LM	25HM	20LM	20HM	12.5E
1	下垂度/mm	垂直	3				
		水平	无变形				
2	表干时间/h		≤3				
3	挤出性/(mL/min)		≥80				
4	弹性恢复率/%		80		60		40
5	拉伸模量/MPa		伸长率100%	伸长率100%	伸长率60%	伸长率60%	—
		23℃	≤0.4	>0.4	≤0.4	>0.4	
		-20℃	≤0.6	>0.6	≤0.6	>0.6	
6	定伸粘接性/%		无破坏				
7	浸水定伸粘接性/%		无破坏				
8	热压缩-冷拉伸循环后粘接性		±25%	±25%	±20%	±20%	±12.5%
			无破坏				
9	剥离粘接性	强度/(N/mm)	≥1.0				
		粘接破坏面积/%	≤25				
10	紫外线老化后性能		表面无粉化、龟裂，-25℃无裂纹				

六、结构密封胶技术性能要求

结构密封胶是与建筑接缝基材粘接且能承受结构强度的弹性密封胶，目前主要有硅酮结构密封胶（SR），用于中空玻璃结构粘接的密封胶也可纳入该范畴。这些密封胶可以是硅酮、聚氨酯及聚硫型，近几年新型聚合物发展的硅酮改性聚氨酯（SPUR）、聚硫改性聚氨酯和环氧改性聚氨酯等高功能密封胶，以高模量、高强度、高伸长率、高抗渗透性和耐久性用于结构粘接，显示出一定的技术经济优势。

1. 建筑用硅酮结构密封胶

(1) 定义　用于玻璃结构装配系统（SSG）的密封胶。

(2) 外观　单组分产品为可挤注的黏稠流体，双组分为适于挤胶机挤注施工的桶装。

(3) 分类、分级和用途　产品有酸性和中性密封胶（包括脱醇型和脱酮肟型）。酸性密封胶不用于同混凝土及金属接触的玻璃结构粘接，如有翼玻璃幕墙；中性结构胶可用于隐框和有框玻璃幕墙的玻璃粘接密封。

(4) 物理性能　幕墙玻璃结构粘接及密封用结构胶为高模量硅酮密封胶，粘接稳定、有弹性、耐水、耐湿热及耐候老化，主要技术要求在强制性国家标准 GB 16776—2005 中已有规定(表 14-15)。不同的幕墙设计和具体结构部位要求的不同，结构应力和变形位移不尽相同，不同模量的结构胶在玻璃幕墙结构设计、选材中都会有需求。供方必须测定并报告产品模量值。

2. 中空玻璃弹性密封胶

(1) 定义　中空玻璃单元件结构装配二道密封粘接的密封胶。

(2) 外观　一般为双组分黏稠非下垂性流体，适于自动挤胶机挤注施工。

(3) 分类、分级和用途　用于中空玻璃单元件结构装配二道密封粘接成形。主要有聚硫类（含聚氨酯类）和硅酮类。产品按模量和位移能力分为 5 级。

表 14-15　建筑用硅酮结构密封胶技术要求

<table>
<tr><th>序号</th><th colspan="3">项　目</th><th>技术指标</th></tr>
<tr><td rowspan="2">1</td><td colspan="2" rowspan="2">下垂度/mm</td><td>垂直放置</td><td>≤3</td></tr>
<tr><td>水平放置</td><td>不变形</td></tr>
<tr><td>2</td><td colspan="3">挤出性①/s</td><td>≤10</td></tr>
<tr><td>3</td><td colspan="3">适用期②/min</td><td>≥20</td></tr>
<tr><td>4</td><td colspan="3">表干时间/h</td><td>≤3</td></tr>
<tr><td>5</td><td colspan="3">硬度(Shore A)</td><td>20～60</td></tr>
<tr><td rowspan="7">6</td><td rowspan="7">拉伸粘接性</td><td rowspan="5">拉伸粘接强度/MPa</td><td>23℃</td><td>≥0.60</td></tr>
<tr><td>90℃</td><td>≥0.45</td></tr>
<tr><td>−30℃</td><td>≥0.45</td></tr>
<tr><td>浸水后</td><td>≥0.45</td></tr>
<tr><td>水-紫外线光照后</td><td>≥0.45</td></tr>
<tr><td colspan="2">粘接破坏面积/%</td><td>≤5</td></tr>
<tr><td colspan="2">23℃时最大拉伸强度时伸长率/%</td><td>≥100</td></tr>
<tr><td rowspan="3">7</td><td rowspan="3">热老化</td><td colspan="2">热失重/%</td><td>≤10</td></tr>
<tr><td colspan="2">龟裂</td><td>无</td></tr>
<tr><td colspan="2">粉化</td><td>无</td></tr>
</table>

① 仅适用于单组分产品。

② 仅适用于双组分产品。

(4) 物理性能　该产品标准《中空玻璃弹性密封胶》(JC/T 486)，要求高粘接性、抗湿气渗透、耐湿热、长期紫外线辐照下在中空玻璃内不发雾，组分比例和黏度应满足机械混胶和注胶施工。目前能满足要求的产品主要是抗湿气渗透的双组分聚硫型和聚氨酯型密封胶。对用于玻璃幕墙的中空玻璃，特别强调玻璃结构粘接的安全和耐久性，JC/T 486 标准 2000 年修订时，增加了 SR 类，降低了对硅酮密封胶透湿性要求，用作中空玻璃结构的二道密封，但不允许单道使用。产品分类、分级和技术要求见表 14-16。

表 14-16 中空玻璃弹性密封胶技术要求

序号	项目		技术指标				
			PS类		SR类		
			20HM级	12.5E级	25HM级	20HM级	12.5E级
1	密度/(g/cm³)		规定值×(1±10%)				
2	黏度/Pa·s		规定值×(1±10%)				
3	挤出性(单组分)/s		≤10				
4	适用期/min		≥30				
5	表干时间/h		≤2				
6	下垂度/mm	垂直放置	≤3				
		水平放置	不变形				
7	弹性恢复率/%		≥60%				
8	拉伸弹性模量/MPa (23±2)℃ (−20±2)℃		 >0.4 >0.6		 >0.4 >0.6		
9	循环热压缩-冷拉伸粘接性	位移/%	±20	±12.5	±25	±20	±12.5
		破坏性质	无破坏	无破坏	无破坏	无破坏	无破坏
10	热空气-水循环后定伸粘接性	伸长/%	60	10	100	60	60
		破坏性质	无破坏	无破坏	无破坏	无破坏	无破坏
11	紫外线辐照-水浸后定伸粘接性	伸长/%	60	10	100	60	60
		破坏性质	无破坏	无破坏	无破坏	无破坏	无破坏
12	水蒸气渗透率/[g/(m²·d)]		≤15		—		
13	紫外线辐照发雾性(仅单道密封时)		无		—		

第三节 密封胶技术性能试验

1. 一般规定

密封胶的工艺性能及物理性能对环境温度及湿度敏感，粘接性对基础材料表面状态有选择性，为保证密封胶性能试验具有重复性和可比性，试验必须具备规定的标准试验条件，采用标准基材。

(1) 试验室标准试验条件 温度 (23±2)℃，相对湿度 45%～55%。

(2) 标准试验基材

① 水泥砂浆基材。水泥质量符合 GB 175 的规定，强度等级 425。砂子质量符合 GB/T 14684 细砂的规定。

当试验需用粗糙表面水泥砂浆基材时，应在成形 20h 后用金属丝刷沿长度方向反复用力刷基材表面，直至砂粒暴露，然后按上述方法养护。具有粗糙表面的水泥砂浆基材不允许有任何孔洞。

② 玻璃基材。厚度 (6.0±0.1)mm，玻璃板质量应符合 GB 11614 的规定。

③ 铝合金基材。化学成分应符合 GB 3190 规定的 6060# 或 6063#。阳极氧化膜厚度应符合 GB 8013 规定的 AA 15 或 AA 20 级。氧化膜封闭质量为吸附损失率不大于 2。

2. 密度测定

密封胶密度是确定施工用胶量的依据，对控制产品质量有重要意义。试验原理是测定规定体积密封胶的质量。试验将密封胶填满已定容积的黄铜或不锈钢环内，测定金属环内等容积密封胶的质量，求得密封胶密度。试验方法见 GB/T 13477。

3. 挤出性测定

按 GB/T 13477 方法是用规定的气动注胶枪，测定规定压力下密封胶由规定枪嘴单位时间挤出的体积（mL/min）；按 GB 16776 或 ASTM C 1183—1997 方法，测定规定压力下单位时间密封胶挤出规定体积所用的时间（s）。

4. 适用期测定

测定密封胶达到规定挤出性的时间，用于测定双组分混合后密封胶适于挤注施工的最长期限（h），方法见 GB/T 13477。

5. 表干时间测定

在矩形模框内均匀刮涂 3mm 厚密封胶，晾置一定时间后将聚乙烯薄膜放在表面上，然后加放 19mm×38mm 的金属板（40g），移去板并从垂直方向匀速揭下薄膜，测定密封胶表面不粘的时间。或者，用手指轻触密封胶，测定不粘手的时间。详见 GB/T 13477。

6. 流动性测定

流动性包括 N 型密封胶下垂度和 S 型密封胶流平性。在下垂度试验器 150mm×20mm×15mm 金属槽内刮涂密封胶，然后垂直悬挂或水平放置试验器，测定密封胶向下垂流的最大距离（mm）为下垂度；将 100g 密封胶注入流平性模具，测定密封胶表面是否光滑平整，报告其流平性。详见 GB/T 13477。

7. 低温柔性测定

将密封胶（3mm 厚）涂在 0.3mm 厚的铝片上，完全固化后在规定的低温下处理后，在直径 6mm 或 25mm 的圆棒上弯曲，检查密封胶是否开裂、剥离或粘接破坏。详见 GB/T 13477。

8. 拉伸粘接性测定（含应力-应变曲线及密封胶的模量）

以 5～6mm/min 的速度拉伸粘接试件直至破坏，测定最大拉伸强度（MPa）和断裂伸长率（%），并记录密封胶粘接破坏的面积。拉伸粘接性试验具体步骤见 GB/T 13477。

9. 定伸粘接性测定

将粘接拉伸试样拉伸（25%、60%或 100%）并插入垫块固定该伸长，在试验温度（−20℃、23℃）保持 24h，然后拆去垫块，检查并报告密封胶粘接或内聚破坏情况、破坏深度和部位。试验步骤见 GB/T 13477。

10. 拉压循环粘接性测定

此方法仅适用于具有明显塑性的嵌缝膏和 12.5P、7.5 级密封胶。试验是将粘接拉伸试样以 1mm/min 的速度拉压 100 次，拉压幅度为 12.5%或 7.5%，检查并报告密封胶内聚破坏的深度。试验步骤见 GB/T 13477。

11. 热压-冷拉后粘接性测定

此试验方法适用于弹性密封胶。试验是在低温−20℃下将粘接拉伸试样拉伸（12.5%、20%或 25%），保持 21h，然后在 70℃下以同样幅度压缩并保持 21h，拉压两次后在不受力状态下保持 2 天为一个周期，共进行 2 个周期，检查并报告密封胶内聚破坏的深度。试验步骤见 GB/T 13477。

12. 弹性恢复率测定

将粘接拉伸试样拉伸（25%、60%或 100%）后插入定位垫块，使各该伸长率保持 24h，然后拆去垫块，在涂有滑石粉的玻璃板上静置 1h，检查试件两端弹性恢复后的百分比。试验步骤同上。

13. 粘接剥离强度测定

将密封胶（2mm 厚）涂在试验基材上，沿 180°方向剥离，测定密封胶剥离强度（N/mm）和粘接-内聚破坏情况。试验步骤见 GB/T 13477。

14. 污染性测定

此方法适用于弹性密封胶对多孔材料（如石材、混凝土）污染性的测定。用密封胶粘接多孔性基材制成试件，按试验密封胶的位移能力等级（如 12.5%、20%、25%）压缩试件，分别在常温、70℃及紫外线辐照处理后 14d 和 28d 取出，检查并报告试验基材表面变色、污染宽度（mm）和污染深度。试验步骤见 GB/T 13477。

15. 渗出性测定

此方法适用于溶剂型密封胶渗出、扩散程度。将密封胶填入金属环内，然后放在 10 张叠放的滤纸上，在环上施加 300g 砝码，放置 72h 检查并报告渗出的宽度和渗透滤纸的张数，试验步骤见 GB/T 13477。

16. 水浸-紫外线辐照后粘接拉伸性

此方法用于测定密封胶经受紫外线-热水综合作用后的拉伸粘接性。将拉伸粘接试件的玻璃基材面向上，浸入 50℃热水并透过玻璃进行紫外线照射，经 300h 或 600h 后测定密封胶粘接拉伸强度和破坏情况。试验步骤见 GB 16776。

17. 嵌缝膏耐热度测定

将嵌缝膏嵌入长 100mm、深 25mm、宽 10mm 的钢槽内，放在坡度为 1∶1 的支架上，在规定温度下测定下垂值（mm）。试验步骤见 JC/T 207。

第四节　建筑接缝的粘接密封

20 世纪 50 年代以前，建筑基本上是砖石砌体厚墙，能吸收雨水，采用泛水、排水孔排水，木窗窗洞及窗玻璃不大，为防风尘和挡雨水密封，广泛用油性密封膏嵌缝已能满足要求，定型密封材料使用不多。60 年代以后，随着建筑发展和材料的多样化，墙体厚度逐渐减薄，金属门窗及塑钢门窗普遍应用，洞口及玻璃尺寸加大，特别是 80 年代以后，建筑高度、跨度明显加大，墙体、楼板大量采用预制构件，大板幕墙、大玻璃窗、金属板件普遍应用，内墙用薄板隔断、配管增多，装饰装修和卫生洁具档次要求提高，结构接缝的处理和密封要求更加突出。接缝处理失当引起裂缝、渗漏频发，甚至导致结构过早失效，如广场、公路、机场局部过早出现拱起、塌陷、裂缝甚至基础下沉；地下室及建筑墙体裂缝、渗漏等，大多同接缝处理不当有关。据报道，建筑墙体 40%存在接缝渗漏。影响建筑采光顶质量的问题之一也是玻璃接缝漏水。

由于我国尚未建立建筑工程接缝密封设计和施工相关的技术规范和验收标准，缺乏对建筑接缝应力、变形位移及其他因素分析和计算的指导性文件，以致有些建筑规范涉及接缝密封时，往往只简单地规定“嵌填弹塑性密封胶”，似乎不管建筑结构接缝工作环境和尺寸大小，不管密封胶具备多大弹性和强度，即使填入最廉价的塑性沥青也能保证密封。实际上，这种简单化的处理方法往往是导致渗漏的重要根源，有效地密封必须依据接缝具体情况进行认真处理，应综合各种因素的影响进行必要的分析和验算，合理设定密封接缝宽度、深度和间隔距离，正确选定密封胶的类型、级别和次级别，实现最佳接缝密封设计，这就要求在对密封胶产品的功能特点基本认知的基础上，对接缝位移和有关因素的影响和计算有基本的了解，这是密封设计的基础。

一、接缝密封设计程序

为取得功能优、外观美、耐久性好的密封接缝，必须有一个正确的设计方法和程序，接缝密封设计的程序可分三个大的阶段，即研究方案、调查分析和出设计图阶段，见图 14-2。

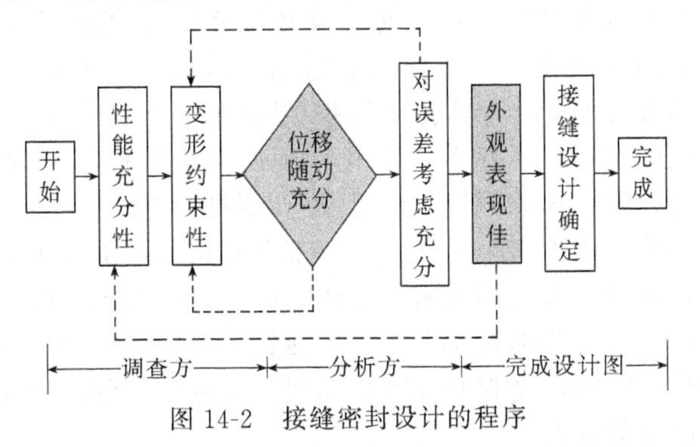

图 14-2 接缝密封设计的程序

第一阶段主要研究结构对接缝变形的约束及对防水性、耐火性、隔声性和耐久性的要求，提出设计方案；第二阶段，要对移动的跟踪性和误差的吸收性进行调查分析；最后，对视觉上是否能满足美观要求加以研讨，最终完成接缝设计图。随着工程技术水平的提高和密封材料品种功能的完善，有条件实现成功的接缝设计。值得注意的是在考虑接缝时一些必要的因素可能被忽略，在实际工程中容易出现意外和误差，这时经验和判断在接缝设计中起着重要的作用。建议设计人员应在这方面多进行调查分析，总结和积累经验，做出最佳的接缝设计。

接缝密封设计首先确定接缝的构造、位置和接缝宽度，计算出接缝的位移量，然后根据接缝密封材料具有的位移能力进行修正，设计出安全的接缝宽度。如果设定的接缝位移量超出现有密封材料的位移能力，接缝宽度不能满足移位量要求，就必须重新安排整个结构的接缝的布置，以减小各个接缝的位移量。现在接缝构造设计可适应的位移量为 38cm，适应更大位移量的设计还在研究之中。

二、接缝位移量的确定

1. 影响接缝位移的因素

确定接缝位移量，设计必须首先给定构件的长度（或体积），确定在接缝部位可能发生的位移变化，即接缝的位移量。造成接缝移动的原因有较多因素，除材料自身收缩而产生的固有变形外，还有温度、湿度（长期位移）和风荷载、地震（短期位移）等。引起接缝移动的原因和特点，不论长期的还是短期的，都必须给予充分考虑，由此提出计算位移量的原则和值得重视的注意事项，如果考虑不充分，将可能导致接缝设计失当。必须考虑的因素包括以下几个。

（1）热位移 大气温度变化、太阳光照射及雨水浸入或蒸发等，会引起建筑物构件的温度变化，引起构件长度方向的尺寸伸缩变化，表现为构件接缝的扩张-闭合产生热位移作用。热位移是引起材料尺寸变化的主要影响因素。限制或约束构件尺寸的这种变化是危险的，必然产生极大的热应力甚至导致材料断裂，所以，必须正确估计建筑使用期的不同阶段温度变化导致的热位移，预留尺寸足够的接缝以保证构件的自由伸缩。为保证构件的自由伸缩，避免接缝被异物填塞或避免接缝成为渗漏通道，粘接密封接缝的弹性密封胶必须能承受构件伸缩时产生的拉-压位移。

建筑物温度变化应考虑的过程包括：施工中的温度变化；未使用和未装配时的温度变化；使用和装配后的温度变化。在这些过程中，不同的建筑有不同的环境条件，应根据不同的建筑材料和建筑体系，考虑这些过程中产生热位移的最大值。根据建筑过程和材料及构件系统种类，确定所要求的接缝位置和接缝尺寸。

（2）潮湿溶胀 有些材料的性能会随着内部水分或水蒸气含量的多少发生变化，有的材料吸水后尺寸会增长，干燥后尺寸又会缩短。有些伸缩变化可能是可逆的，有些可能是不可逆的。由这些材料组成的构件必然湿涨-干缩，导致接缝扩张-闭合运动。

(3) 荷载运动　包括活动荷载和固定荷载运动、风荷载运动和地震运动产生的动荷载等，均会引起建筑构件变形运动，导致接缝扩张-闭合变化产生位移。

(4) 密封胶固化期间的运动　密封胶固化期间所发生的位移运动可能改变密封胶的性能，包括密封胶的拉伸强度、压缩强度、模量及与基材的粘接性，也包括外观的变化，如密封胶表面或内部产生裂缝、内部产生的气泡等，都会对密封胶最终承受位移的能力产生不利影响。接缝计算和设计是建立在已固化密封胶的基础上。如果施工时不能避免密封胶固化期间发生位移，那么应该进行适当的补偿工作，包括施工时施加保护措施，使密封胶尽可能在不发生位移的期间固化，或测试密封胶在固化期间发生位移导致的性能变化，在接缝设计中采取必要的措施进行必要的补偿。

(5) 框架弹性形变　多层混凝土结构和钢结构承受荷载后，会发生不同程度的弹性变形，产生层间变位并导致接缝尺寸变化。

(6) 蠕变　材料在施加荷载后随着时间的延长而发生形变。

(7) 收缩　建筑结构或构件浇筑成形后几个月内会产生不同程度的收缩。

(8) 建筑公差　包括各种构件各自的公差以及制造、装配时形成的累积公差。工地现场施工和车间制作的构件、组合件及子系统的结合体，多是复杂排列下的组合。现行的建筑标准给出的公差范围有些很宽，有些不适用于接缝密封设计，应给予仔细斟酌。对某些材料或系统来说，可能还没有认可的公差，或者其公差不适合直接应用于接缝密封设计，密封接缝专业设计应依据接缝施工及条件建立适用的公差范围。如果密封接缝设计时忽视建筑公差的影响，经常会造成接缝粘接密封失败，或者由于接缝过于狭窄导致相邻材料或系统之间接触不良、粘接失败。此外，不同的建筑公差要求不同的施工精度，直接影响到接缝施工的价位，所以设计应具体标明待密封的接缝的尺寸公差。

2. 接缝位移量的评估

(1) 影响接缝位移量主要因素的分析

① 端部位移量取决于构件有效长度，即该构件在相继方向上自由移动长度。

② 除设计中设有足够的锚固者外，必须假定结构接缝要承担两单元的全部位移量，这样考虑较为安全。

③ 计算接缝温差位移量必须用构件实际温度，不能简单采用环境气温计算。

④ 当被连接的两个构件使用不同类型材料时，计算它们对接缝位移量的影响应分别使用不同材料相应的计算系数。此外，按照接缝的形状不同还应考虑不同材料发生的位移量差异可能引起接缝构造的次生变形。

⑤ 参照类似结构中类似接缝实际位移量资料。

⑥ 确定尺寸公差必须考虑间隙构成及浇灌或安装构件所产生的实际误差。

⑦ 在对接缝中密封材料主要考虑适应垂直于接缝面的位移量的能力，即伸缩位移能力。

(2) 接缝密封胶变形位移基本类型　当接缝发生相对错动产生相对位移时，接缝密封胶的变形位移类型基本有四种：压缩（C），拉伸（E），竖向切变（E_L）和水平切变（E_T）。

① 在拉伸或压缩应力作用下接缝两面发生相对位移时，密封胶被拉伸或压缩承受拉伸-压缩位移（图 14-3）。

② 接缝两个面发生竖向或水平切变时，密封胶承受剪切位移（图 14-4）。

③ 接缝拉伸-压缩的同时产生水平切变时，密封胶产生如图 14-5 所示的交叉变形组合位移。

④ 接缝拉伸-压缩的同时产生竖向切变时，密封胶产生如图 14-6 所示的交叉变形组合位移。

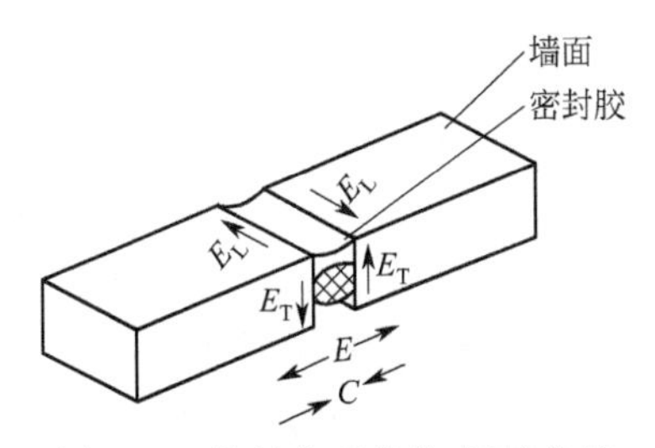

图 14-3 接缝典型拉伸-压缩位移

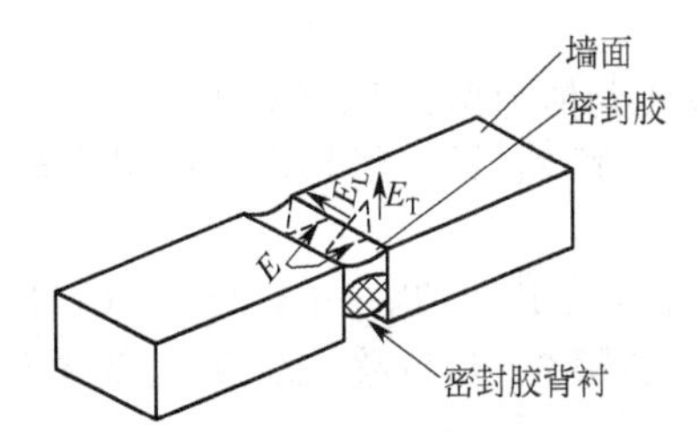

图 14-4 切变在接缝表面的位移

密封胶在接缝中要适应上述位移或其中几种组合位移，包括拉伸-压缩位移，拉伸-压缩同竖向切变组合位移，或者拉伸-压缩同水平切变的组合位移。设计的接缝应对密封胶可能遇到的各种类型位移进行充分的分析评估，考虑这些位移对接缝密封胶的作用，保证选用密封胶的位移能力能够充分适应这些位移。

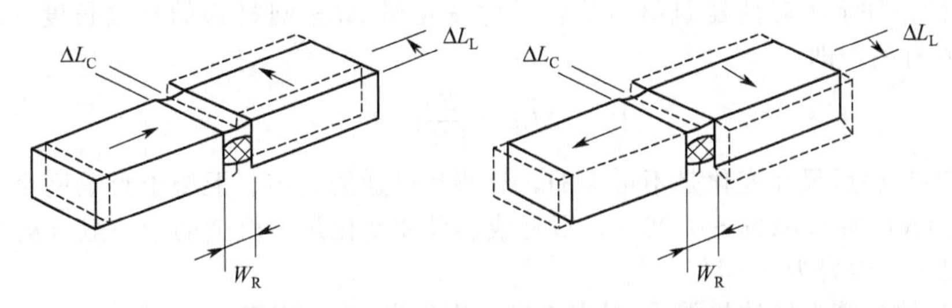

图 14-5 拉伸-压缩与水平切变组合在接缝表面交叉产生位移

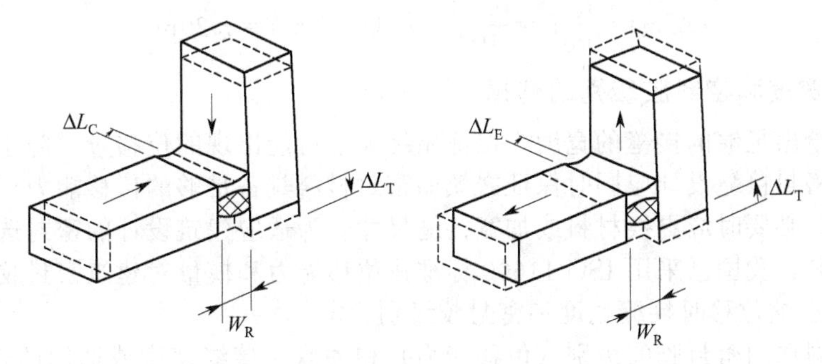

图 14-6 拉伸-压缩与竖向切变组合在接缝表面交叉产生位移

3. 热位移量计算及示例

(1) 基础参数

① 当地冬季/夏季环境大气温度极限值 T_W 和 T_A。如：$T_W=-18℃$，$T_A=32℃$。

② 建筑材料日光吸收系数 A。如：无色透明玻璃，6mm，$A=0.15$；热反射玻璃，$A=0.36$；着色玻璃，6mm，$A=0.48\sim0.53$；吸热玻璃，6mm，$A=0.6\sim0.83$；大理石，白色，$A=0.58$；铝材，银白色 $A=0.75$；铝材，古铜色 $A=0.85$。

③ 储热系数。如：红砖、混凝土等储热系数 H 为 42～56，钢、铝等储热系数 H 为56～72。

④ 建筑材料线热膨胀系数 α。玻璃为 $(0.80\sim1.00)\times10^5℃^{-1}$；铝合金为 $2.35\times10^5℃^{-1}$；钢材为 $1.20\times10^5℃^{-1}$；不锈钢为 $1.80\times10^5℃^{-1}$；混凝土为 $1.00\times10^5℃^{-1}$；砖砌体为 $0.65\times10^5℃^{-1}$。

(2) 热位移量计算

① 步骤 1：计算夏季材料的最高表面温度 T_S。

$$T_S = T_A + AH \tag{14-1}$$

以砖砌体为例：$T_S = 32 + 0.85 \times 42 = 68$℃

② 步骤 2：计算材料表面的最大温差 ΔT_M。

$$\Delta T_M = T_S - T_W \tag{14-2}$$

示例：$\Delta T_M = T_S - T_W = 68 - (-18) = 86$℃

③ 步骤 3：热位移（ΔL）的简单计算。

$$\Delta L = \alpha L \Delta T \tag{14-3}$$

【示例】 设接缝的间隔距离 $L = 7.32$m，则：

$$\Delta L = 0.0000065 \times 7.32 \times 1000 \times 86 = 4.09\text{mm}$$

若考虑该砖墙砌筑时温度（如 4℃），$\Delta T_{Max} = 68 - 4 = 64$℃，则：

$$\Delta L = 0.0000065 \times 7.32 \times 1000 \times 64 = 3.05\text{mm}$$

4. 湿胀-干缩位移量计算

干湿交变条件下吸湿性建筑材料线性尺寸变化量 ΔL_R 同材料的有效长度（L）及吸湿变化率（R）有关，即：

$$\Delta L_R = \frac{R}{100} L \tag{14-4}$$

有些材料吸湿后尺寸变化是不可逆的，有些是可逆的。砖、混凝土吸湿尺寸变化是可逆的，变化率（R）为 0.02%～0.06%；石材线性尺寸变化是不可逆的，一般石灰石的变化率（R）为 0.01%，砂岩为 0.07%。

以前例砖墙计算，墙体接缝干-湿交变尺寸变化量 ΔL_R 计算：

$$\Delta L_R = \frac{R}{100} L = \frac{0.03}{100} \times 7.32 \times 1000 = 2.20\text{mm}$$

三、接缝宽度和密封胶级别的选择

设计必须给出足够的接缝的宽度，保证始终大于可能出现的位移量，防止构件端部发生结构性破坏；密封接缝设计应同时保证嵌填的密封材料具备足够的位移能力，防止密封材料破坏导致渗漏，必要时应更换材料或加宽接缝尺寸。为适应建筑设计的密封选材和进行密封接缝尺寸的验算，我国已采用 ISO 11600 标准按位移能力和模量对建筑密封胶进行分级。

1. 拉伸和压缩位移时接缝宽度和密封胶级别设定

接缝宽度同选用密封胶的级别（位移能力）相关联。接缝宽度或选用的密封胶（级别）可按下式验算：

$$W_R = \frac{\Delta L_{X1} + \Delta L_{X2} + \Delta L_{XN} + \cdots}{S} \tag{14-5}$$

$$S = \frac{\Delta L_{X1} + \Delta L_{X2} + \Delta L_{XN} + \cdots}{W_R} \tag{14-6}$$

式中 ΔL——温差位移、干湿交变位移、变动荷载及地震引起结构框架变位等因素在接缝产生的线性位移量的加和，mm；

S——密封胶的位移能力，%。

【示例】 以接缝间距为 7.32m 的砖墙为例，若仅考虑温差和干湿交变引起的位移量，密封胶选材和接缝尺寸设计可按式（14-5）、式(14-6) 验算。

当选用 50 级密封胶时的接缝宽度尺寸可采用大于 11mm：

$$W_R = \frac{\Delta L_{X1} + \Delta L_{X2} + \Delta L_{XN} + \cdots}{S} = \frac{3.05 + 2.2}{0.5} = 10.48\text{mm}$$

若采用接缝宽度为 20mm 时，密封胶的级别应为 25 级：

$$S=\frac{\Delta L_{X1}+\Delta L_{X2}+\Delta L_{XN}+\cdots}{W_R}=\frac{3.05+2.20}{21}=0.25\ （即选用 25 级）$$

2. 竖向或水平位移时接缝宽度和密封胶级别设定

接缝剪切变形引起接缝对角线尺寸伸长（图 14-7），W_R 为设计拟采用的接缝宽度，S 为所选密封胶的位移能力，ΔL_X 为竖向或水平切变在该方向引起的位移，则接缝密封胶沿对角线变形后的相应长度（W_R+SW_R）至少符合下式：

$$W_R^2+\Delta L_X^2=(W_R+SW_R)^2 \tag{14-7}$$

接缝宽度 W_R 和密封胶的位移能力 S 的最低值，分别按下式计算：

$$W_R=\sqrt{\frac{\Delta L_X^2}{(1+S)^2-1}} \tag{14-8}$$

$$S=\sqrt{\frac{\Delta L_X^2}{(1+W_R)^2-1}} \tag{14-9}$$

3. 组合位移时接缝宽度和密封级别设定

当建筑墙体不同材料或系统之间的密封接缝是独立的或是交叉墙面的过渡，密封胶经受某一方向的拉伸、压缩位移，同时有竖向或水平方向的位移，组合位移所需的最小接缝宽度 W_R 及密封胶的最低位移能力 S，可按以下公式进行验算。其中，ΔL 代表位移时引起的尺寸变化，注脚代表位移发生的方向，即 E 表示拉伸、C 表示压缩、T 表示水平切变、L 表示竖向切变。

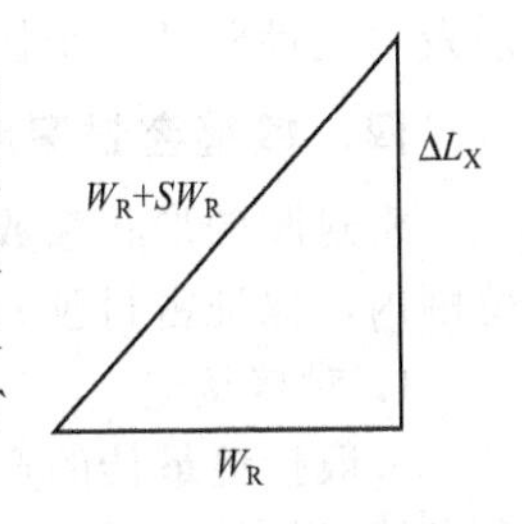

图 14-7　密封胶接缝对角线延伸位移示意图

① 当拉伸位移和水平切变位移组合时，接缝宽度 W_R 和密封胶的位移能力 S 的最低值，分别按下式计算：

$$W_R=\frac{-(-2\Delta L_E)+\sqrt{(-2\Delta L_E)^2-4(S^2+2S)[-(\Delta L_E^2+\Delta L_T^2)]}}{2(S^2+2S)} \tag{14-10}$$

$$S=\frac{-(-2\Delta L_E)+\sqrt{(-2\Delta L_E)^2-4(W_R^2+2W_R)[-(\Delta L_E^2+\Delta L_T^2)]}}{2(W_R^2+2W_R)} \tag{14-11}$$

② 拉伸位移和竖向切变位移组合时，接缝宽度 W_R 和密封胶的位移能力 S 的最低值，分别按下式计算：

$$W_R=\frac{-(-2\Delta L_E)+\sqrt{(-2\Delta L_E)^2-4(S^2+2S)[-(\Delta L_E^2+\Delta L_L^2)]}}{2(S^2+2S)} \tag{14-12}$$

$$S=\frac{-(-2\Delta L_E)+\sqrt{(-2\Delta L_E)^2-4(W_R^2+2W_R)[-(\Delta L_E^2+\Delta L_L^2)]}}{2(W_R^2+2W_R)} \tag{14-13}$$

③ 压缩位移和水平切变位移组合时，接缝宽度 W_R 和密封胶的位移能力 S 的最低值，分别按下式计算：

$$W_R=\frac{-(-2\Delta L_C)+\sqrt{(-2\Delta L_C)^2-4(S^2+2S)[-(\Delta L_C^2+\Delta L_T^2)]}}{2(S^2+2S)} \tag{14-14}$$

$$S=\frac{-(-2\Delta L_C)+\sqrt{(-2\Delta L_E)^2-4(W_R^2+2W_R)[-(\Delta L_C^2+\Delta L_T^2)]}}{2(W_R^2+2W_R)} \tag{14-15}$$

④ 压缩位移和竖向位移组合时，接缝宽度 W_R 和密封胶的位移能力 S 的最低值，分别按下式计算：

$$W_R=\frac{-(-2\Delta L_C)+\sqrt{(-2\Delta L_C)^2-4(S^2+2S)[-(\Delta L_C^2+\Delta L_L^2)]}}{2(S^2+2S)} \tag{14-16}$$

$$S=\frac{-(-2\Delta L_C)+\sqrt{(-2\Delta L_E)^2-4(W_R^2+2W_R)[-(\Delta L_C^2+\Delta L_L^2)]}}{2(W_R^2+2W_R)} \tag{14-17}$$

【示例】垂直相交的两片宽度均为 2000mm 的玻璃，用密封胶在现场密封时的气温为 20℃，夏季玻璃最高温度为 80℃，冬季最低气温为 −20℃，按式(14-3) 计算水平切变位移和拉伸位移：

$$\Delta L_T=\Delta L=\alpha L(\Delta T)=0.00001\times2000\times(80-20)=1.2\text{mm}$$

$$\Delta L_E=60\times0.00001\times2000=1.2\text{mm}$$

若采用密封胶为 20 级产品（$S=0.20$），则接缝最小宽度计算结果：

$$W_R=\frac{-(-2\Delta L_E)+\sqrt{(-2\Delta L_E)^2-4(S^2+2S)[-(\Delta L_E^2+\Delta L_T^2)]}}{2(S^2+2S)}=10.6\text{mm}$$

若采用价格低廉的密封胶（15 级），则接缝宽度的计算值为 14.4mm，即将密封胶的品质及耐久性降低一个档次，将导致密封胶用量增加 40%。

四、接缝密封深度尺寸设定

密封胶的形状系数在密封接缝设计中也很重要，即接缝宽度和深度的比例应限定在一定范围内，保证密封胶处于合适的受力状态，否则将会减弱密封胶适应位移的能力。

1. 对接接缝

一般接缝最佳的宽深比为 2∶1。在有足够密封性基础上考虑经济性，实际应用中往往参考接缝的特征需要，如具体接缝的宽度范围。6～12mm 时深度一般不超过 6mm；宽度 12～18mm 时，密封深度一般取宽度的 1/2；宽度为 18～50mm 的情况下，最大深度可取为 9mm。当接缝宽度超过 50mm 时，应征求密封胶生产商的意见。施工后密封接缝，接缝中部密封胶的厚度应不小于 3mm，以保证密封的安全性。

2. 斜接、搭接和其他形式接缝

基材表面密封胶粘接尺寸通常应不少于 6mm。对于多样化或粗糙的粘接表面，或施工时不宜接近的情况，要达到设计的接缝密封，就需要更大的密封面积。密封胶在基材表面或粘接胶条表面的粘接密封深度（厚度）应为 6mm，根据密封胶种类和施工水平不同，至少密封胶层的最小厚度应该达到 3mm。

五、接缝尺寸公差和密封接缝尺寸的计算

1. 制造及施工装配公差的影响

对所有的密封胶接缝设计来说，不能忽视接缝尺寸的负公差，必须将该值加入密封胶位移能力选择和接缝宽度尺寸设定计算中。负公差引起接缝缩小，设计时要重点考虑，否则接缝尺寸过于狭窄，密封胶的位移能力将不能满足预计的位移；正公差则引起接缝开口变大，较宽的接缝对密封胶的性能没有什么影响，但会影响美观。所以，在确定密封接缝宽度值并完成设计验算之后，应归纳比较数据，选择一个工程中可实际应用的值作为最终设计的接缝宽度，并以“±”值表示正负公差。

2. 对接接缝公差的确定和表示

建筑接缝中最为多见的是对接缝（图 14-8），如砖石墙面上的竖缝、横缝。为保证密封胶粘接密封接缝的可靠性和耐久性，接缝宽度尺寸必须限定合理的公差，接缝的最终设计宽度应由密封胶位移能力和接缝位移量计算确定，同时增加建筑施工的负公差（C_X），即：

$$W=W_R+C_X \tag{14-18}$$

【示例】如前例砖墙位移量为 5.25mm 的接缝，用 50 级密封胶密封，计算接缝宽度为 10.48mm，若接缝宽度施工误差为 4mm，则最终设计宽度应表示为 $W=(15\pm3)$mm。如果施工精度较高，能保证 2.0mm 的公差水平，则接缝最终宽度应为 (13 ± 2)mm。

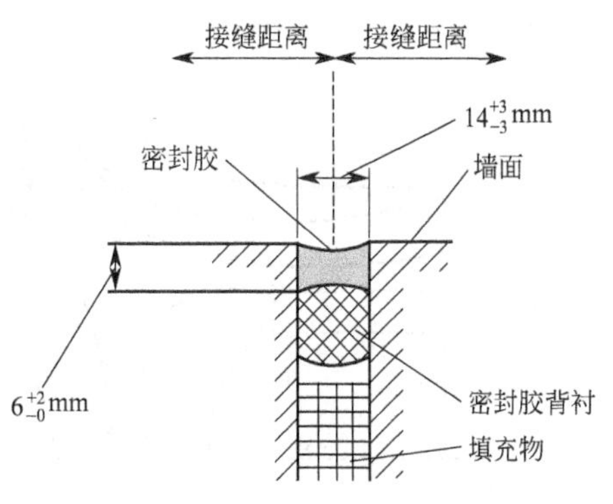

图 14-8　典型对接缝密封

六、玻璃采光顶密封选材及接缝设定的探讨

1. 接缝位移量

采光顶接缝主要位于玻璃面板之间，由于面板厚度尺寸不大，接缝宽度较小，而面板相对尺寸较大，温度变化、自重挠度和局部集中荷载作用下，接缝可能产生较大的拉伸-压缩位移。例如，采光顶用厚度 18mm 的安全玻璃，面层为热反射玻璃（热吸收系数 0.83，热容常数为 56），环境温度变化范围为－16～33℃条件下，长边长度为 2000mm，短边长度为 1500mm，在面板的边无约束的条件下，玻璃间接缝的最大温差位移量（ΔL）可按下式计算：

$$\Delta L = L\Delta T_{\max}\alpha$$
$$=2000\text{mm}\times96℃\times0.000009℃^{-1}=1.73\text{mm}$$

式中　L——长边尺寸，mm；

α——玻璃热膨胀系数，0.000009℃$^{-1}$；

$\Delta T_{\max}$——最大温差，96℃（夏季日照下玻璃最高温度为 33＋56×0.83＝80℃，冬季玻璃最低温度为－16℃）。

考虑风荷载变化、雪荷载、地震、自重挠度（按 1/60 计），接缝位移量为 1.20mm，同温差位移叠加，位移量为 2.93mm，考虑误差等其他因素设定安全系数为 1.1 或更高值，可取接缝位移量为 3.22mm。

2. 玻璃接缝密封胶的变形

接缝位移必然导致粘接密封胶变形，密封胶变形只改变形状，不改变体积（截面积），典型状态见图 14-9。值得注意的是密封胶形变应力可能会局部集中，图 14-10 示出的量值随具体产品的硬度而改变，硬度增加边角应力越集中，极易首先出现剥离。

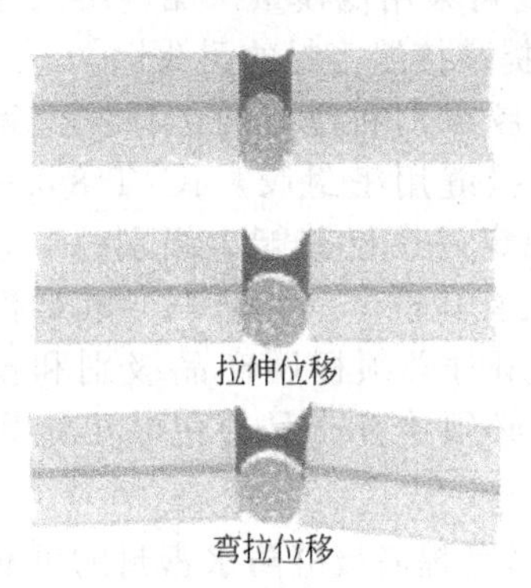

图 14-9　接缝变形状态

3. 接缝设定和密封选材

（1）接缝宽度设定　接缝宽度不应小于 6mm，必须保证工地密封施工的可挤注操作性。接缝宽度设定的基础是接缝位移量和可供选择密封胶的位移能力。假设按前例计算位移量 3.22mm 考虑，设定接缝宽度 6mm，则接缝位移幅度为±27％，对照标准目前规定的硅酮密封胶难以适应，其位移能力仅有±20％或±25％，所以必须加大接缝宽度，如 8mm（位移幅度±20.2％），或宽度加大到 9mm（±18％），这样设定才可分别选用 25 级或 20 级密封胶。但是，考虑接缝形状和变形产生的应力集中，以及材料随使用年限的增加而劣化的可能，建议更设定安全的接缝，将接缝宽度进一步加大（如 10mm 或 12mm）。

（2）接缝密封深度设定　由于采光顶玻璃面板较薄（厚度一般在 16mm 左右），接缝深度远低于混凝土结构接缝，如果按常规方法在缝内先行填塞背衬防粘泡沫塑料条，接缝密封胶的胶层变得更薄。例如，接缝宽度为 10mm，胶层深度最多为 6mm，一旦涂胶施工稍有

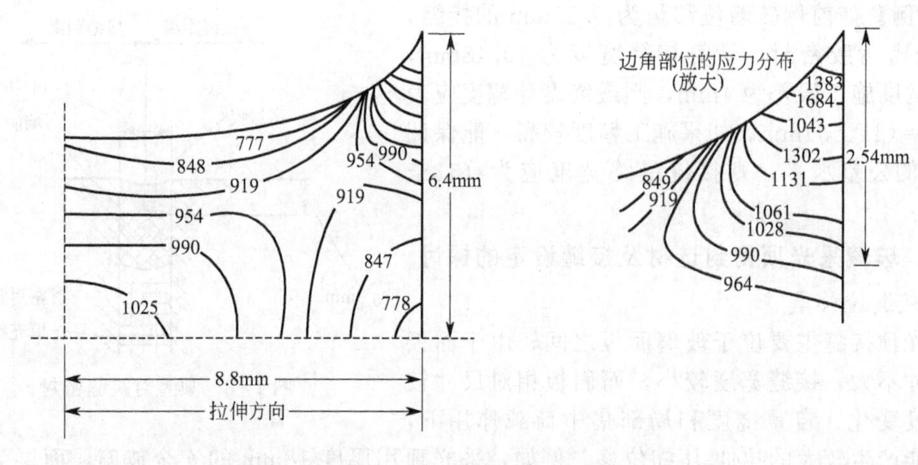

图 14-10 接缝拉伸时密封胶的应力分布（单位：kPa）

缺陷，或者个别点遭受意外损伤，将可能成为潜在的渗漏源。为有利于耐久密封，建议接缝密封深度最好与接缝宽度相等，必要时可改换背衬的形式。

(3) 接缝形状的探讨 采光顶玻璃接缝密封涂胶大多修整为凹面，可能造成积尘和水滞流。考虑接缝密封胶的应力分布和变形特征，接缝上表面形状宜修整为平缝或圆凸缝应更为有利，凸出的密封胶在采光顶特殊条件下一般不会被踩踏磨蚀。此外，在工地现场进行接缝涂胶施工，受环境温度、清洁度和工作条件限制，个别部位难免潜在瑕疵、气泡或夹杂隐患，为提高密封的可靠性，宜在常规密封的玻璃接缝上再涂覆第二道密封，形成类似图 14-10 的两道防水密封。最后一道密封胶的形状可适当加宽，流线搭接在玻璃表面上，这样可扩大粘接宽度和密封面积，有利于减缓局部应力，同时对第一道密封的缺陷进行补偿，消除可能存在的渗漏隐患。对一次涂胶密封深度大的接缝，由于深层密封胶固化时间长，分两次密封也可改善深层密封胶的固化质量，减少固化过程中遭受意外损伤或破坏的概率。

尽管采光顶允许倾斜角度不小于 7°，但考虑采光顶凹面密封的玻璃接缝在水淋时难免密封缝存水，增加水对密封缝的侵蚀作用。此外，凹陷缝容易沉积粉尘，可能会遭到某些鸟的啄食，可否采用如图 14-11 所示的两道密封形式，第一道密封可采用低模量产品，第二道用高模量产品，有利于提高接缝密封的耐久性。

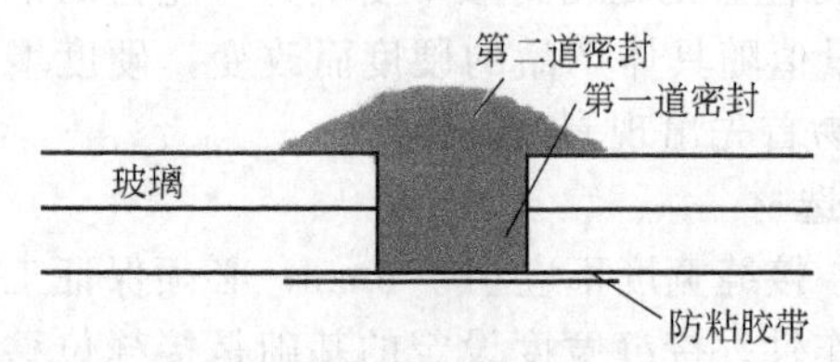

图 14-11 玻璃接缝防水两道密封成形

(4) 玻璃接缝密封胶级别和模量的选择 值得强调的是按《幕墙玻璃接缝用密封胶》JC/T 882—2001 选材，该标准仅规定两个位移能力级别——20 级和 25 级，同一级别又有高模量（标记 H）和低模量（标记 L）产品，选用时必须标明产品级别和模量，产品进场验收时，必须检查产品外包装上级别和模量标记的符合性，不能用无标记的产品。

当然，如果按企业标准选用新型高强度高模量的产品，可显著提高接缝防水密封的可靠性和耐久性，目前已经出现 H100/50 级和 L100/50 级别的新产品，可选用验证。

七、接缝密封施工

经设计分析计算确定了接缝尺寸和选定密封材料之后，成功和可靠的密封完全依赖接缝施工和密封作业质量。密封作业不仅需要正确熟练的操作技巧，而且必须认真负责，有耐心，从而避免缺陷隐患。大量事实表明，接缝施工缺陷和密封施工不慎是造成渗透的重要原因。建筑接缝一旦发生渗漏，漏源的检查和确认十分费力，恢复密封有时需要剥离装饰层、破坏邻近的附加结构，费时、费工，增加可观的费用。我国建筑工程实行保修制度，在保修期内为维护业主合法权益，施工方将负担检漏和修理工程，并可能引起连带损失的赔偿。所以建立并运行有效的施工程序质量控制和管理，精心施工，认真检验并完成质量记录，是实现最佳接缝密封的重要保证。

1. 密封施工准备

(1) 施工条件保证　施工前应首先检查所采购的密封胶是否符合设计要求的类型和级别，熟悉供方提供的储存、混合、使用条件和使用方法及安全注意事项。施工时的气温以接近年平均气温为最佳，一般不应超出4～32℃的范围，并随时注意环境温度及湿度对施工质量的影响，必要时应予人为调节。

(2) 建筑接缝检查

检查制作或安装接缝的形状和尺寸是否符合设计要求，检查“预定接缝”外表面裂缝和缺陷，必要时应及时处理。主要缺陷如下。

① 对接或锯切接缝时，深度、宽度和位置不符合设计。

② 接缝与连缝未对齐，妨碍了构件的自由运动。

③ 锯切预制接缝的时机不妥，锯切时间过早造成接缝边缘缺损、干裂，锯切过迟因混凝土收缩使构件早期产生裂缝。

④ 接缝处金属嵌件、附件错位或偏移。

(3) 涂施密封胶之前接缝的表面处理　接缝表面必须干净，没有影响粘接的尘沙、污物和夹杂。玻璃及金属等无孔材料表面，可用溶胶去污，混凝土则用经过滤的压缩空气吹净或用真空吸尘器吸附。根据要求涂施底胶或表面处理剂。接缝应保持干燥，即使是用乳胶型密封胶及湿气固化型密封胶，仍是以干燥表面的密封效果最佳。

(4) 预填防粘衬垫材料　预填的防粘泡沫棒形状、深度和防粘带的位置应符合设计要求，保证密封胶嵌填尺寸系数，防止三面粘接。

2. 密封胶混合和涂覆施工

(1) 密封胶的混合和装填　装填在适于挤注枪使用的密闭管中的单组分密封胶无须混合。双组分密封胶必须在使用前混合，使用专用的注胶机械或另行装填入枪管内注胶。混合方式根据工程大小可采用刮刀拌和、手持电动搅拌叶片混合或双组合气动压注静态紊流混合等。组分的均匀混合和避免空气过多混入十分重要，以免直接影响施工和密封质量。

(2) 充分注意密封胶工艺性能和施工的关系

① 挤出性。直接影响密封施工的速度。挤出性差将造成操作费力、费时，难以充满接缝全部空间并渗透粘接表面。施工温度过低，也会造成挤出性下降。

② 适用期。双组分密封胶的挤注、涂覆、整形必须在适用期内完成。该期限受施工气温影响，温度高，适用期缩短，温度低，适用期将延长，过低温度下密封胶可能难以固化。在特别需要时，也可将混合的胶装入枪管放入－4℃以下冷冻，现场熔化后使用，以获得更长的适用期。

③ 表干时间。表干时间以前嵌填的密封胶表面，易黏着尘沙，触摸会破坏密封形状。

④ 下垂度。下垂度不合格难以保证密封胶在垂直缝、顶缝上的涂覆形状。但施工温度过高或一次堆胶量过厚也会下垂。

⑤ 流平度。流平度合格可保证密封胶在水平缝中自流平并充满接缝，但施工温度过低也难以流平和充满。

(3) 密封施工操作　建筑密封胶主要采用挤胶枪挤注嵌填，很少用刮刀腻缝密封。挤注枪有手动型和气动型，注胶口的大小可由剪口长度确定。挤胶操作应平稳，枪嘴应对准接缝底部，倾角大约45°，移动枪嘴应均匀，使挤出的密封胶始终处于由枪嘴推动状态，保证挤出的密封胶对缝内有挤压力，使接缝内空间充实，胶缝表面连续、光滑。尺寸较宽的接缝可分别涂两道或多道密封胶，但每次挤注都应形成密实的密封层。

为保证密封胶充满并渗透接缝表面，在嵌填后应进行整形，即用适宜的工具压实、修饰密封胶，排除混入的气泡和空隙，形成光滑、流线的表面。

控制施工过程是保证密封质量的关键。最终检查只能监视外观质量：要求密封胶嵌填深度一致、表面平整无缺陷、表面无多余胶溢出和污染等。为获得规整的密封缝，一般在接缝两侧粘贴遮蔽胶带，挤注、整形操作后揭除。

3. 技术安全

应注意供应方关于安全使用的说明，使用溶剂型密封胶应注意防火、防蒸气中毒；对铅、锰、铬酐、有机锡等有毒物质含量超标的密封胶，应避免与皮肤过量接触，更不能入口、溅入眼睛，必要时应戴防护用具，施工后应注意及时清洗。

八、检查维护和修理

沉降、倾斜、裂缝和渗漏是建筑工程质量中的四大病害，危害大，影响坏，业主的抱怨和投诉最为强烈，其中裂缝及接缝渗漏涉及的案例最为常见，直接影响建筑物使用功能，使业主居住和生活质量劣化。建筑渗漏同其他病害相关联，应定期检查接缝密封情况，检查计划应和建筑物清洗或维护计划同步，提出检查的部位和检查要求并作好记录，对渗漏点和发现的密封缺陷，应分析渗漏及密封失效原因，拟定修理计划，修补缺陷，更换失效接缝密封胶。

1. 建筑物常见的渗漏

（1）屋面接缝渗漏，主要是自然降水。

（2）外墙接缝、门窗周边、框架梁底、窗台和玻璃接缝渗漏，有降水或冷凝水。

（3）地下室地面和墙面接缝渗水，主要是地下水。

（4）层间楼板缝，尤其是盥洗间、阳台。

（5）排水设施、卫生洁具渗漏。

2. 主要原因

（1）设计失误。

（2）施工不当。

（3）密封材料品质低劣（设计选材失当或采购及检验程序出了问题）。

（4）建筑环境变化。

（5）使用不当，维护不及时。

3. 环境侵蚀和意外伤害

（1）防水密封缝经常遭水淋或浸泡。尽管规定采光顶允许的倾斜角度不能小于7°，避免出现个别凹陷的密封缝积水，但水对密封缝的侵蚀作用经常存在。

（2）太阳光紫外线长期照射、高温和温度交变环境，可能导致密封胶质量和体积变化，改变力学性能。

（3）密封缝经受大气酸雨、盐雾及化学清洁剂等液体产生的侵蚀。

（4）可能的意外损伤。施工或维护人员踩踏屋面时，密封缝经受短时间的集中荷载，可能有意外刺伤，凹陷缝积尘和杂物及意外遭某些鸟类啄食。

4. 密封修理及接缝修理形式

接缝密封失效的原因一般是由于选用密封胶的位移能力过于低下，不能适应实际存在的接缝位移，修理原则无非两条，可以优选位移能力级别更高的密封胶，也可以改变接缝形式，设法扩大接缝宽度。典型的形式如下。

（1）楔口接缝 一种常用的修理方法，如图14-12所示将过于狭窄的接缝B'扩大为B，并按有关公式验算密封胶的位移能力的符合性。

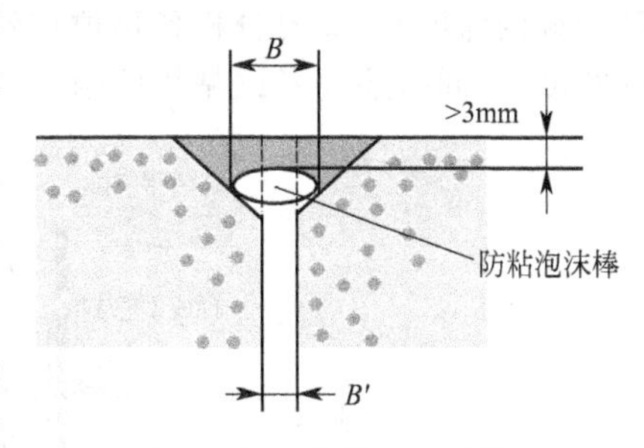

图14-12 典型楔口接缝

（2）斜接接缝 除新建筑外，该型接缝常用作密封补偿（图14-13），用于包括施工错误、接缝设计的密封胶失效、由于材料老化更换密封胶或接缝太狭窄不适合对接接缝形式时。斜接密封胶接缝中密封胶截面形状多为三角形或其他形状，接缝宽度即为密封胶与基材接触边的粘接宽度，可用下式计算：

$$B=\frac{\Delta L}{S} \tag{14-19}$$

式中 S——密封胶的位移能力，%；

ΔL——防粘背衬尺寸决定的允许位移量，mm。

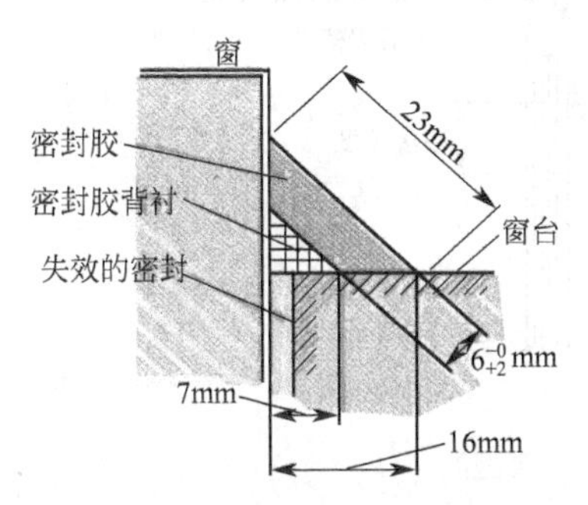

图14-13 典型的斜接密封胶接缝

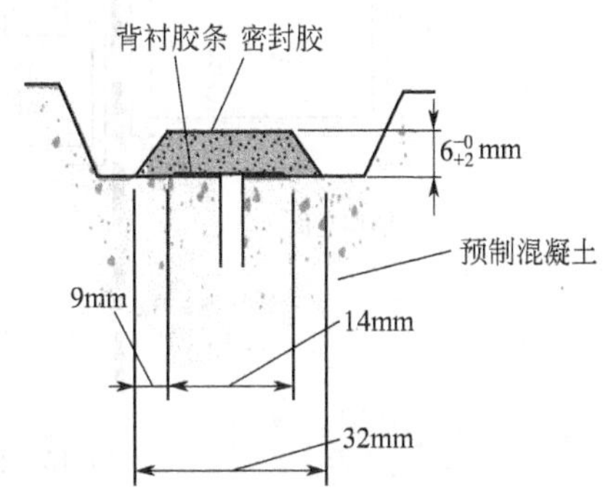

图14-14 典型的搭接密封胶接缝

由于窗框与窗洞接缝宽度过小（如缝宽2mm，位移量1mm，相对位移50%），造成密封失效渗漏。在接缝表面上补涂密封胶容易形成三面粘接留下后患，推荐的修补方法是在接缝上附加垂直边长7mm的三角形防粘背衬，然后沿斜边（23mm）涂覆6mm厚的密封胶，将接缝宽度扩大为7mm（即背衬水平投影尺寸），对于该接缝宽度的位移量为1/7=0.14，即14%，采用的修补密封胶的级别可为15级的产品。

（3）搭接接缝 该类接缝有时称作“补丁”缝（图14-14），常用作难以密封的接缝的补偿密封，例如，由于经济或技术的原因，不可能为了修补密封失效而扩大接缝尺寸，可在缝上表面搭接宽度为B防粘胶条，即将接缝宽度扩大为B，如果已知位移量（mm），也可用式(14-19)计算得出密封胶可修补的接缝宽度。

如图14-14所示的水泥预制件接缝宽度为5mm，接缝位移量3mm（60%），原用15级密封胶在使用中破坏造成渗漏，现用防粘胶条将接缝宽度扩大为20mm，则修补后的接缝密封胶承受的位移量为3/20=15%；若拟采用20级密封胶修补，按式(14-19)计算承受3mm位移量，被修补的接缝宽度应为$B=3/0.20=15$mm。

第五节 建筑结构密封粘接装配

结构粘接装配系统（structural sealant glazing systems，SSG）应用的结构密封胶，不仅是阻止空气和水通过建筑外墙的隔断层，更主要是结构承载和固定的节点，用于幕墙及其他结构系统附件或其他零组件的粘接密封装配（图14-15）。所以结构密封胶粘接接缝的设定和选材考虑更多的因素，要分析荷载性质及分布，合理计算并设定粘接宽度（相当于密封胶接缝的深度），又要分析各种位移的作用，合理计算接缝的粘接厚度（相对于密封胶接缝的宽度），同时还要考虑粘接的耐久性和安全性等。

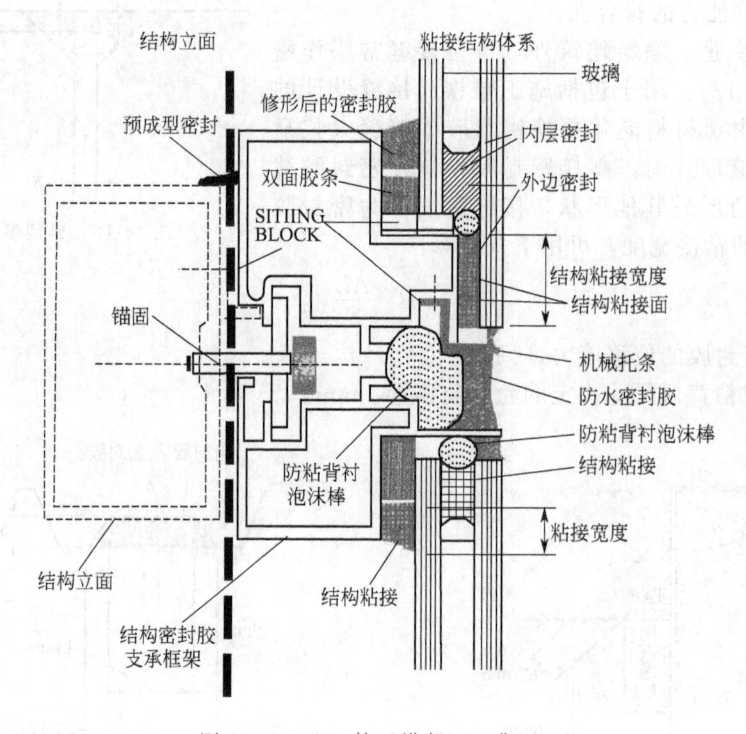

图 14-15 SSG 体系横断面（典型）

一、粘接密封装配特点

1. 粘接装配不同于通常的建筑装配

结构密封粘接装配改变了结构荷载分布和位移特性，具有传统建筑不具备的特点。SSG 系统具有更多的设计自由度，减少了玻璃破碎的潜在倾向，减少或消除了金属外露形成的热桥，自然形成热隔断并减少或阻止空气和水渗漏，减少风荷载、地震以及静荷载引起的破坏，能在车间或工地两种形式进行装配，减少工期，降低费用等。这是建筑采用 SSG 结构体系用作外墙、屋顶或其中一部分，在我国得到迅速发展的重要动力。但是必须看到，SSG 系统技术的发展历史不久，长期耐久性尚待确定，涉及相接触材料的相容性、对金属表面及玻璃镀膜的粘接性、结构胶和底涂材料的储存稳定性等问题，同时还存在密封胶施工的质量控制、结构胶粘接缝损坏的维修、修复等问题，结构胶粘接是 SSG 体系中最薄弱的环节，必须正确建立并给予充分保证，这也是粘接接缝设计和选材中采用较高设计系数的原因。

2. 粘接节点应力-应变特征

SSG 体系中结构密封胶的主要功能是结构粘接，同时嵌填接缝，将被粘物表面连接成一体结构并实现密封。高强度的树脂型胶黏剂也可有以上功能，但其粘接接头呈现明显的刚性，承载至胶层破坏或被粘材料破坏，胶层基本不发生或不显著发生位移（不做功），而结构密封胶固化后为橡胶体，接头呈现明显的弹性，承受荷载时可明显改变形状并产生相应的位移运动（做功），具有吸收振动、冲击荷载及较高的位移能力，应力分布更均匀。硅酮结构密封胶粘接装配结构节点有以下主要特点。

（1）不同于螺栓机械连接　结构胶连续无间断地粘接，无须穿孔和紧固，承受和传递荷载时应力分布均匀（图 14-16）。

(2) 不同于胶黏剂粘接 粘接形成高弹性接缝，具有吸收振动、冲击荷载及较高的位移能力（图 14-16）。

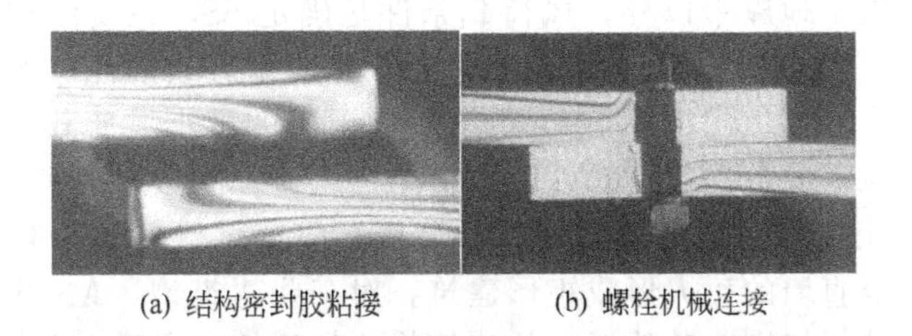

(a) 结构密封胶粘接 (b) 螺栓机械连接

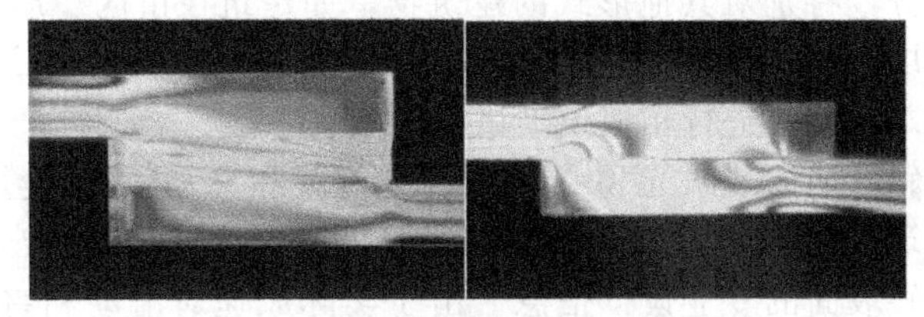

(c) 胶黏剂粘接（左—厚胶层；右—薄胶层）

图 14-16 结构连接节点典型应力分布

(3) 不同于焊接 无须高温熔融，可实现玻璃、金属等不同性质材料的连接。

(4) 不同于传统密封垫、密封条 结构密封胶嵌填粘接连续，不苛求接缝几何形状和表面平整度，无须预压密封力，即使扩张产生拉伸力时仍保证密封。

二、相关规范和产品质量认证

GB/T 3035、JGJ 102 等标准和规范为粘接体系设计和结构装配提供了基本准则，考虑到具体建筑、系统及结构设计的多样性，材料的多种组合，不同材料的表面处理，结构胶的多品种等，最佳设计的实现要依靠更多的实践和研究。借鉴国外规范、标准和研究成果是有益的，其中包括《结构密封胶粘接装配的标准指南》（ASTM C 1401）、欧洲技术认证指南《结构密封胶装配体系（SSGS）认证指南》（ETAG 002）等，重点是结构粘接接缝设计、选材和质量控制。遵照我国《产品质量法》及认证认可管理条例，产品认证机构对结构胶产品认证的基本依据是国家标准 GB 16776—2005，但该标准的规定仅是产品满足 SSGS 体系最基本要求，由于各个企业采用的原料、配方、工艺和技术路线不同，不同的产品在结构上会呈现出差别，参照欧洲技术认证指南，以下要求应在产品认证中予以考虑。

(1) 模量 要求通过粘接试件测定并复验。

(2) 气泡 当在玻璃/铝材结构密封界面上结构密封胶呈现出气泡时，将影响结构密封胶的性能。

(3) 弹性恢复 密封胶弹性松弛行为和长期荷载作用下的松弛行为的评定。

(4) 收缩 为限制 SSG 节点的初始应力，应评价结构胶的收缩程度。

(5) 抗撕裂 建立切向应力作用下结构密封胶破坏传播的模型。

(6) 机械疲劳 目的是检验疲劳应力对粘接密封的影响。

(7) 持久剪切和循环拉伸下的蠕变 评定持久剪切和循环拉伸荷载作用下的蠕变系数。

(8) 热失重曲线 评价热条件下成分迁移或挥发诱发结构胶耐用性衰变。

三、结构粘接装配系统的考虑

1. 荷载因素的考虑

(1) 永久荷载 SSG 系统需由结构密封胶连接并承受恒定的永久荷载。通常玻璃板或面板可有机械支承，也可是无支承的悬挂结构，设计允许的永久荷载施加的应力大小，取决于结构密封胶的模量及结构密封胶接缝的尺寸规格。对于那些允许承受永久荷载结构密封胶，一般密封胶生产厂要求永久荷载施加的应力极限不大于7kPa。

（2）风荷载　除处于地震带以外，风荷载条件是确定SSG系统结构密封胶粘接接缝尺寸和形状的首要因素，当然结构设计必须考虑次要的其他荷载条件，如永久荷载和热位移等。根据建筑规范确定幕墙、门窗和SSG系统所能承受的最小风荷载要求。一般建筑规范由于使用过于简单的风荷载数据表，对外墙围护结构风荷载的考虑因素远远不足。ASCE标准中ANSI/ASCE引用典型建筑规范数据，对幕墙、门窗承受的风荷载提供了详细分析和说明，适用于典型的竖直墙的正方形或矩形建筑，对某些建筑物，ANSI/ASCE规范及分析过程的使用可能不充分，特别对其他形式的建筑物，如建筑在市区、形状特殊、周围建筑物密集、场地特殊或难以预料的风效重叠干扰背景条件等，由于这些因素和其他理由，可能必须在临界层风洞（BLWT）中进行相似模型试验。

（3）雪荷载　对斜坡墙面或采光顶必须考虑雪荷载和滑动效应重叠因素对SSG系统的影响，设计可参考建筑规范和ANSI/ASCE确认的数值。AAMA标准天窗和斜坡面装配玻璃提供雪荷载和控制斜坡面的专业设计信息。由于实际风速对滑动和雪荷载有很大的影响，很有必要利用实物模型测试设备来进行测试。雪和冰荷载通常对结构胶接缝产生持久的压应力，成为SSG系统设计中必须考虑的另一个次荷载条件。通常不考虑垂直墙面的雪荷载，但是垂直墙面和其他表面的硬冰雪块所产生的附加荷载必须考虑。

（4）居住荷载（维护）　维护平台对窗户或幕墙结构构件直接转移的荷载，对SSG系统结构粘接接缝无显著影响，然而连续使用的维护保养设备、间歇的锚固基座、插扣和其他设备等，可能影响SSG系统设计的实际应用。

（5）地震效应　地震效应主要以概率和经济状况为基础设计。地震效应荷载的大小和频率难以准确估计，不同于其他建筑荷载一样精确，荷载等级可能被两个或多个经济要素改变。因此，从经济上考虑，一般可接受的抗震设计原则是控制地震对主体结构的较大破坏，允许一些较小的次结构损伤。实践证明，在中小型地震中结构密封胶对玻璃板或面板与支承构架的弹性粘接，能有效控制破坏，甚至消除破坏。因为玻璃板或面板不是锁定在金属装配槽中，不同金属支承框架直接接触，不可能发生冲击，这是玻璃破碎减少的主要原因。当然，玻璃板或面板毗连的边缘能否彼此接触并引起破损或其他结果，取决于系统设计。若胶接接缝保持足够完整性，即使玻璃自身破裂，由于玻璃边缘被粘接仍能使SSG体系维持，不会造成大量的玻璃碎片。事实证明，对如同飓风那样的强烈自然破坏，玻璃面板的弹性粘接具有显著的保护作用。

SSG系统对地震的表现形式取决于系统粘接设计特点。在地震中，建筑框架的变形运动将引起玻璃板或面板的平面位移，典型情况是产生的剪应力作用于结构接缝密封胶。即使地震中表现良好的规范SSG系统，设计仍应将玻璃面板同可产生变形的框架分离开。一种方式是在构造上将玻璃板或面板粘接到内框上，然后用机械紧固件将内框连接到幕墙或窗口主体结构。地震之后SSG系统应当保持稳定，根据地震等级的大小玻璃可能破裂也可能不破碎，但为恢复SSG系统的功能性，如气密性、防水性及恢复建筑功能等，必须进行维修，设计者必须考虑SSG系统的设计和费用。

（6）抛物冲击　暴风时抛起各种沙尘异物是引起玻璃破损的主要原因。SSG系统设计者可能不得不在系统设计中考虑抵御大小抛物撞击的措施。建筑较低层面可能遇到大实物的撞击，如附近坍塌建筑的构件和门窗部件、较低建筑屋顶镇压用的卵石以及破损的玻璃等向建筑外墙围护冲击。在暴风中即使建筑围护保持完整，强风引起建筑物内部压力和诱导的负压增加，逆风墙面以及屋面向外吸力增大，从而增大结构破坏或表面部件坍塌的可能。另外，外墙围护的破坏将可能给建筑内部以及居住者造成伤害。标准E1886和规范E1996中的测试方法可用于测定幕墙、门窗承受类似风暴抛物和循环压差冲击的性能，特别对沿海一带的 SSG 系统，设计人员应研究以前抛物对 SSG 系统冲击效应的详细设计。

2. 位移因素的考虑

（1）建筑物位移　风压和其他施加的外力对高层建筑物产生影响，如地震扭矩产生的横向摇晃或扭曲等。这些位移幅度值的大小应通过相似模型试验来决定。这些位移通常由层间的偏移角度（层偏差）表示。位移产生的剪切力与其他次应力是结构胶粘接设计和其他胶接接缝设计所必须考虑的因素。

（2）热位移　SSG 系统设计必须始终考虑热位移的影响，如果不采取预防措施，那么漏气、渗水以及潜在的结构问题都可能发生。由于玻璃、面板和支承框架之间存在不同的热运动，应研究它对粘接接缝产生的影响，应同结构胶经受的应力一样加以分析和研究。

（3）动荷载位移　SSG 系统设计中应考虑建筑物或居住加载引起的翘曲挠度对密封胶接缝的影响，如对多层建筑每一层面的伸缩缝。结构工程师可以提供用于设计 SSG 系统的动荷载翘曲挠度标准，实际上有效动荷载具有较大的可变性，一个多层建筑对各楼层采用相同的设计动荷载作为真实动荷载，其实真实动荷载的量值低于规范规定，在各个楼层和同一楼层的不同场地的量值也各有不同，很少见到各处动荷载相同的情况。具有动荷载的部位结构都会产生翘曲挠度，多层 SSG 系统伸缩缝的宽度设计，必须考虑楼层之间不同的动荷载和翘曲挠度。

（4）静荷载位移　SSG 系统伸缩缝设计必须考虑由结构或楼层静荷载引起的翘曲挠度。建筑结构工程师应提供 SSG 系统伸缩缝设计的静荷载翘曲挠度标准值。

（5）框架的变形位移　多层建筑混凝土结构和钢结构会随荷载的施压产生弹性变形，结构工程师应判定框架受压缩短的程度。框架变形压缩 SSG 系统伸缩缝是不可逆的，典型情况发生在多层结构的每一层上。通常通过把底层建得稍高出一些来弥补框架的受压缩短。受压缩短的负面影响大都在 SSG 系统安装之前，建筑的下层的压缩变形大于上层，对某一个混凝土支柱来说，压缩变形量的大小取决于钢筋的数量和层间静、动荷载的大小和加载的时间。到目前为止，接缝设计中框架收缩的量值都是非正式的，因此这些数值可以保守一些。

（6）蠕变位移　材料变形与荷载施加的时间有关，在设计 SSG 系统伸缩缝中应考虑混凝土结构的变形速度可能随时间延长而递减。在多层和其他建筑物上这种变形能引起伸缩缝的宽度越来越窄。不同于框架的弹性压缩，蠕变发生过程的时间周期很长。建筑结构工程师应提供 SSG 系统设计伸缩缝蠕变的标准。

（7）收缩位移　长达数月的时间内混凝土结构都处于收缩状态，收缩的速度依赖于混凝土初始混合的数量、水加入量、环境温度、风速、环境空气相对湿度、混凝土断面形式和尺寸大小、混凝土混合集料数量和类型等。结构工程师应依据收缩值的标准，在 SSG 系统层间伸缩缝设计中考虑或通过建筑模板补偿。在多层建筑 SSG 系统伸缩缝的设计中应考虑收缩的影响，混凝土结构框架收缩引起的偏差发生在外墙挂板安装之前，可以确定 SSG 系统伸缩缝尺寸大小。

（8）地震位移　抗震时建筑层间产生不同位移，SSG 系统必须保持玻璃或其他组件没有破损所必需的性能水平。在中低度地震时，SSG 系统结构密封胶粘接呈现良好的稳定性，结构密封胶接缝容许玻璃板或面板与框架相互独立的移动，保持密封性并防止 SSG 系统金属结构构件或相互之间边缘的接触。增加结构密封胶接缝厚度能增强抗震性能，衰减 SSG 系统变形时产生在结构密封胶接缝的剪应力，然而可能增加玻璃板或面板互相接触的可能性，应根据结构密封胶的模量和胶接缝厚度考虑外加水平荷载增大时发生碰撞的可能，在十分大的拉力下评估玻璃板或面板脱离定位托条的可能性。提高抗震性能的另一技术是由工厂装配，把玻璃板或面板密封粘接固定在构造内框上，然后将内框机械固定悬挂到金属结构系统或建筑框架上，这样一来，无论是水平方向还是垂直方向，内框与结构框架或者建筑墙之间都可允许有不同的位移。内框的机械固定设计就是用来提供预期的抗震性。

3. 粘接结构耐久性分析

（1）粘接结构的耐久寿命　业内外关心建筑粘接结构的寿命和建筑设计寿命后粘接结构耐久性的评估。考察耐久性和其他性能应该回顾历史上已有的 SSG 系统建筑：1965 年美国 PPG TVS 系统首次采用全玻璃粘接装配的大厅，支架竖框半隐框式结构，是世界上最早的 SSG 系统；1970 年开始发展铝框结构 SSG 系统，最早是半隐框单层玻璃；1971 年建成的美国底特律 SHG 股份公司总部大楼，是最早的 SSG 全隐框单层玻璃结构幕墙系统；中空玻璃用于半隐框结构体系始于 1976 年，1978 年才用于全隐框结构体系。不同时间阶段发展了技术水平不同的结构形式，尽管最早 SSG 系统的建筑距今已有 40 年，但更新的技术体系和材料应用不足 30 年，更先进的技术和结构仍在不断发展，难以从已有建筑的历史评估未来的时间点。所以，SSG 系统同传统装配系统相比具有更大风险性。目前还没有准确预测 SSG 系统耐久极限寿命的有效方法，环境试验和实验室短周期的试验，已证实结构密封胶在性质和性能上没有发生有害的变化，但是难以预测可能丧失功能、出现早期老化的期限。为保证建筑的耐久性，目前唯一的方法是参照以前的成功业绩，采用已经证明质量的材料和高可靠性技术，在制造和安装时中运行有效的质量保证体系。

（2）耐气候性　外墙的功能是使建筑内部有条件地同外部隔开并对其进行调节，因此外墙必须符合运行特性，包括空气渗透、水渗透、热工性能和声学性能。

（3）容许误差　设计必须考虑误差对结构胶接缝尺寸的直接影响。

（4）防火性　在燃烧热应力下玻璃会首先爆裂，结构支架丧失强度将导致结构构件变形，随后是结构密封胶破坏，所以在一个时段内粘接系统仍潜在具有可粘住玻璃碎片的功能，防止碎玻璃向人行区坠落，所以 SSG 更为安全。

4. 结构密封胶评估

（1）结构胶质量标准符合性　结构胶必须符合标准要求，但符合标准的不见得都能适用于具体的项目设计，选用结构胶应依据该产品的模量特性和品质稳定性，依据荷载作用的应力分析和位移量计算结果，进行综合验算后确认。

（2）相容性　相容性从来不依靠假定推测，必须由试验测定。密封胶同其他材料不一定都相容，作为结构粘接和耐候密封的密封胶，应在它们之间以及同它们接触的材料及涂层之间，进行相容性试验。材料和涂层随着时间和在太阳光紫外线暴露照射下，会散发和释放一些增塑剂和其他物质进入密封胶内，引起密封胶变色或失去粘接性。另外，在这些辅助材料生产过程中，表面残留物和污染物也会迁移到密封胶内。密封胶颜色改变就是潜在有害化学反应的迹象，尽管最初也许不会丧失粘接性，但颜色的改变可预示着粘接性的损失。结构胶的其他性能，诸如与附件的相容性、密封胶的固化和它的外观质量，直接影响材料的强度。

（3）粘接性　维持结构密封胶的长期粘接性是成功安装的首要因素。密封胶生产商必须考虑如何获得足够的粘接性，是否需要底涂或做表面处理。在一些玻璃、金属或其他粘接基材都可能有涂层或难以去除的污染物等，需要特殊的清洗技术或底涂剂。由于这些表面的多样性，应将实际粘接基材进行样品测试。为控制表面的变化，在材料生产或系统的制造和安装过程中，从开始到完工都应定期性地对基材的粘接性进行检查监控。应尽可能在不使用底涂剂的情况下保证密封胶获得足够的粘接性。

（4）结构密封胶的设计系数　工程技术知识愈少，设计风险愈大，一般应加大设计安全系数。SSG 系统结构密封胶安全系数的确定，在很大程度上取决于 SSG 系统执行标准和对其他因素的考虑，如业主和行人的风险、随着系统老化和风化其粘接性和强度的损失、其他应力的估计、技术革新程度、工程中未预见和未控制的因素等。ASTM C 1184 规定结构胶拉伸强度标准值为 345kPa，推荐的设计许用应力为 139kPa，设计安全系数至少为 2.5。GB 16776 标准规定结构胶拉伸强度标准值为 450kPa，推荐的设计许用应力仍为 139kPa，设计系数提高了 28%，达到 3.2。目前企业的标准值均高于国家标准，有的已将结构胶拉伸强度标准值提高到 600kPa，值得探讨的是是否可以保持 3.2 的设计系数，将设计许用应力提高为 190kPa。

四、荷载分析及粘接宽度计算

荷载由玻璃面板经接缝粘接到金属框架支承系统，通过结构胶的压缩、拉伸、剪切或综合的形式传递荷载。典型的主荷载传递形式通常包括 SSG 系统表面的正、负风压，玻璃或面板边部结构密封胶的一面同玻璃面板粘接，另一面同金属框架粘接，玻璃面板受到风荷载的正、负压力通过密封胶转移到金属框架系统，对结构密封胶产生拉应力或压应力，应力的大小取决于密封胶的模量。为保证荷载作用下结构胶承受的应力不超过设计许用应力，结构胶接缝必须具有足够的粘接宽度（粘接面积）。

确定结构密封胶接缝尺寸大小，必须确定荷载作用于粘接接缝的应力，分析方法有梯形法、刚性板法、有限元法、组合荷载法等。这些方法的选择，取决于 SSG 系统的特定设计和具体荷载条件。

（1）梯形法　假设一块有弹性的矩形平板玻璃在侧向风压下产生弯曲变形［图 14-17(a)］，模型测试发现玻璃产生朝外/内变形大致呈梯形结构（可通过玻璃反射来判断）。由于受力线形状的不同，传递到粘接接缝上的应力是变化的。对弹性薄板复杂弯曲的近似分析，可以假设在玻璃中部短边达到最大值，这是计算结构密封胶接缝粘接宽度的理论基础。

（2）刚性板法（模型）　该方法假设玻璃板坚硬无弹性，在主荷载作用下整个面板一起运动［图 14-17(b)］，而不是局部变形。假设荷载的作用被整体性地传递到面板周边，再传递到结构密封胶，粘接接缝的尺寸仅根据面板的总荷载、周边长度和密封胶的设计允许应力值就可以确定。

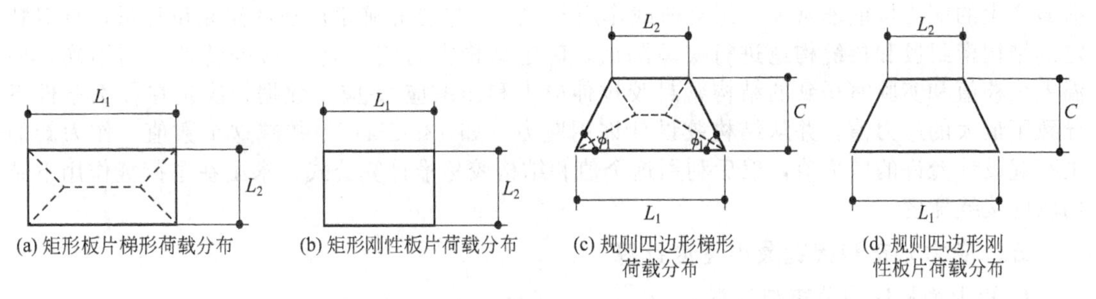

(a) 矩形板片梯形荷载分布　(b) 矩形刚性板片荷载分布　(c) 规则四边形梯形荷载分布　(d) 规则四边形刚性板片荷载分布

图 14-17　典型规则四边形板片应力分布

（3）有限元法（模型）　该方法利用计算机数学分析技术更加精确地分析主、副荷载对结构密封胶接缝的应力作用。该方法显示主荷载产生作用于结构胶接缝的最大拉力值，发生在玻璃或者是中空玻璃长边 1/4 位置。尽管有限元法与梯形法对作用在面板边部的最大应力位置不一致，但是推导出的最大应力很接近的。因此，有限元法很适合于非四方形玻璃面板。随着更好的应力-变形模型的开发，可以更加精确地分析在承受荷载直至接缝破坏过程中结构胶接缝的设计。

（4）复合荷载下应力分析　通常应将风荷载引起的主荷载与各种副荷载（如热运动、玻璃面板的静荷载等）相结合，综合考虑对密封胶接缝的影响。在考虑副荷载时，应认识到副荷载可以独立存在并起重要作用。多数情况下副荷载都不同程度地与主荷载同时起作用，如果忽略这种组合荷载的作用，至少应在主荷载不超出结构密封胶允许拉伸强度或者副荷载不超出结构密封胶允许的剪切强度的条件下，才可单独考虑副荷载或者主荷载。

由于温度变化玻璃会产生相对于框架的位移，在接缝内产生剪切应力，最大剪切应力通常作用于面板的四个边角。如果密封胶接缝的粘接宽度依据主荷载设计，同时应考虑粘接厚度，以减小温差位移或其他副荷载所产生的剪切应力，面板尺寸越大，面板与框架之间结构胶厚度尺寸也要大，以将剪切应力控制在可接受范围内。

在设计接缝厚度时，必须考虑负风压作用下面板向外移动，防止面板离开托条的支承。SSG系统设计师可以同密封胶生产技术代表合作，通过变化胶的特性将副荷载引起的应力控制在21～35kPa范围内，也可以设法限制拉伸应力和剪切应力的总量不超过结构胶设计许用应力，由此可见，设计许用应力值越低，需要结构胶的粘接宽度越大。所以系统设计师用139kPa减去副荷载应力值作为主荷载的设计允许值并根据该设计允许应力值和标准结构计算公式，确定粘接接缝的粘接宽度。此外，在考虑组合荷载作用时，剪切应力也可被看成拉伸应力，复合拉伸和剪切作用的最大应力值，可用椭圆形方程来描述，组合荷载的作用可用式(14-20) 表达。

$$f_v^2/F_v^2+f_t^2/F_t^2=1 \tag{14-20}$$

式中 F_t——结构密封胶拉伸荷载允许应力，kPa；

F_v——结构密封胶剪切荷载允许应力，kPa；

f_t——计算的拉伸应力，kPa；

f_v——计算的剪切应力，kPa。

当玻璃板的边部端面粘接时，组合应力通常是负风压产生的剪切应力和副荷载产生的拉伸应力或压缩应力。由于不同的结构胶模量特性不同，热运动所产生的拉伸应力和压缩应力也不一样，特别对于尺寸较大的玻璃，产生的压缩应力一般大于拉伸应力值。但玻璃面板的粘接宽度受玻璃厚度的限制，所以结构密封胶厚度尺寸必须足够大，才能满足主荷载负风压引起面板的向外移动，减少由于热运动产生的应力。增加密封胶厚度，采用模量较低的密封胶，都可降低副荷载影响。如果在一些特殊设计中，接缝尺寸较小或者接缝厚度很薄时，副荷载产生的应力可能非常大。组合荷载作用条件下，应首先确定面板的温差位移量，针对特定的结构密封胶和接缝构造进行实验测试，确定结构密封胶的应力-应变特性，利用确认的温差位移值和实验室得到的结构密封胶拉伸应力和压缩应力-应变数据，决定在什么条件下导致了最大的应力值，并从结构胶设计许用应力（如139kPa）中扣减这个数值，作为新的主荷载设计允许的应力值，然后利用这个值和结构胶标准计算公式，求出在主荷载作用下结构胶的接缝宽度。

五、应力分布和接缝最小宽度计算

1. 矩形面板应力分布与计算

（1）梯形法计算 假设沿被粘接板边三角区应力均匀分布，可利用面板二等分线或者面板的90°角等分线来建立应力分布模型，确定结构胶粘接宽度。简单的平面直角三角形计算，用应力乘以面板短边的1/2，再除以结构胶设计许用应力即可确定满足荷载条件的有效粘接宽度：

$$B=\frac{\frac{L_2}{2}P_w}{F_t} \tag{14-21}$$

【示例】幕墙侧向荷载由面板周边接缝结构胶承受，面板长边 L_1 为 2500mm，短边 L_2 为1300mm，厚度为 6mm，风荷载 P_w 为 1.92kPa，结构密封胶拉伸允许应力值 F_t 为 138kPa。根据梯形法计算式，代入数据计算密封胶粘接宽度（B）：

$$B=\frac{\frac{1300}{2}(1.92)}{138}=9.04\text{mm}$$

（2）刚性板法计算 此方法适用于发生的形变微小到可以忽略不计的刚硬面板。例如，一些尺寸非常小而且相对厚度较大的单层玻璃板、蜂窝夹芯结构金属复合板、石板或陶瓷板。这种情况下，可以假设作用在面板上的荷载沿面板的周边粘接接缝均匀分布，通过简单的几何分析确定结构胶满足荷载条件的粘接宽度，即用荷载乘以面板的面积（面板的长边乘以短边），然后除以结构密封胶许用应力与面板周长的乘积。上一示例的粘接宽度若按刚性理论计算（结果为5.49mm），将比梯形理论计算结果要小得多。可见梯形分布理论比刚性面板荷载分布理论保守。

【示例】金属蜂窝结构幕墙面板由其四周接缝密封胶承受外加水平荷载，面板长边（L_1）是1500mm，短边（L_2）是1300mm，厚度为50mm，风荷载（P_w）为1.92kPa，结构密封胶的许用应力（F_t）为138kPa。根据刚性面板荷载分布法，可以确定密封胶接缝粘接宽度：

$$B=\frac{L_1L_2P_w}{2F_t(L_1+L_2)} \tag{14-22}$$

代入数据：

$$B=\frac{1300\times1500\times1.92}{2\times138\times(1300+1500)}=4.84\text{mm}$$

2. 非矩形应力分布及计算

在幕墙、斜体装配和大堂SSG系统中运用非矩形面板很普通，常有不规则四边形、圆形或三角形面板，这些形状中密封胶粘接宽度也可利用基本几何原理确定（图14-18）。

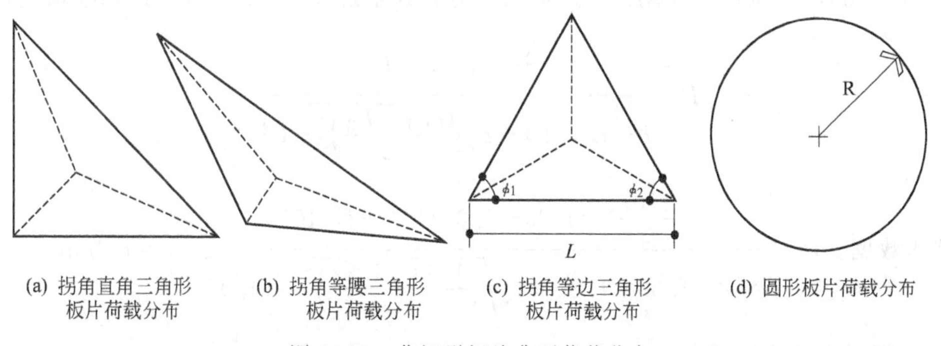

(a) 拐角直角三角形板片荷载分布 (b) 拐角等腰三角形板片荷载分布 (c) 拐角等边三角形板片荷载分布 (d) 圆形板片荷载分布

图14-18 非矩形板片典型荷载分布

（1）圆形应力分布及计算 圆形面板的对称性使周边胶接缝承受的荷载均匀一致，结构胶的接缝粘接宽度，可按式(14-23)计算确定。

【示例】建筑物门厅上一个圆形面板半径为610mm，水平风荷载（P_w）为1.92kPa，结构胶设计许用应力（F_t）为138kPa，结构胶接缝粘接宽度（B）按下式计算：

$$B=\frac{0.5P_wR}{F_t} \tag{14-23}$$

代入数据：

$$B=\frac{0.5\times1.92\times610}{138}=4.24\text{mm}$$

（2）三角形应力分布 非规则建筑物幕墙系统会出现三角形的面板。针对刚性三角形面板，结构胶接缝满足荷载条件的最小宽度，可按式(14-24)计算求出。

$$B=\frac{\dfrac{L(P_w)}{F_t}}{\dfrac{1}{\tan\frac{1}{2}\phi_1}+\dfrac{1}{\tan\frac{1}{2}\phi_2}} \tag{14-24}$$

【示例】幕墙有一玫瑰花形窗户，由等边三角形面板装配而成，三角形的边长L为

1.52m，等边三角形的角度 ϕ_1、ϕ_2 各为 60°，外加荷载（P_w）为 1.92kPa，结构胶许用应力（F_t）为 138kPa，确定三角形面板的最小粘接宽度（B）。

代入数据：$$B=\frac{\frac{1.52\times1.92}{138}}{\frac{1}{\tan\left(\frac{1}{2}\times60°\right)}+\frac{1}{\tan\left(\frac{1}{2}\times60°\right)}}=6.11\text{mm}$$

3. 规则四边形应力分布及粘接宽度计算

规则四边形面板两条边平行，两平行边的距离比两非平行边的距离小，同边的角度相等。若是刚性面板且形变微小可以忽略不计［图 14-17(d)］，则结构胶粘接宽度可用面板的宽度乘以外加荷载（P_w），除以面板的周长和结构胶设计许用应力（F_t）。若面板是薄而柔性［图 14-17(c)］，则可按式(14-21) 来计算结构胶的粘接宽度 B，用两平行边的距离 C 代替短边距离得式(14-25)。

$$B=\frac{\frac{C}{2}P_w}{F_t} \tag{14-25}$$

【示例】一个锥形大堂的幕墙系统部分由规则四边形面板组成，长边 L_1 为 1.83m，短边 L_2 为 1.22m，两平行边的垂直距离 C 为 1.07m，外加荷载 P_w 为 1.92kPa，密封胶许用应力 F_t 为 138kPa，按照普通刚性四边形面板荷载分布公式(14-26) 计算结构胶粘接宽度：

$$B=\frac{\frac{C}{2}(L_1+L_2)P_w}{F_t\left[L_1+L_2+2\sqrt{\left(\frac{L_1-L_2}{2}\right)^2+C^2}\right]} \tag{14-26}$$

代入数据：$$B=\frac{\frac{1.07}{2}\times(1.83+1.22)\times1.92\times1000}{138\times\left[1.83+1.22+2\sqrt{\left(\frac{1.83-1.22}{2}\right)^2+(1.07)^2}\right]}=4.3\text{mm}$$

4. 面板材料的位移量

承受负风压时玻璃面板由于密封胶被外拉应力作用而产生位移，可能导致玻璃面板离开定位托条的支承，若是中空玻璃单元件则会导致二道密封胶粘接接缝失效。因此，在风荷载下结构胶承受拉应力时，玻璃面板产生的位移尺寸不应超过玻璃厚度的一半（对中空玻璃而言应为外层玻璃的厚度尺寸的一半）。一般定位托条承载宽度不超过玻璃板厚度（如 6mm）的一半，这个尺寸也适用于其他面板，也就是说可提供耐候密封胶和定位托条支承的宽度大约 3mm。粘接接缝设计考虑面板向外位移，不仅应保证能承受这些荷载，还应保证在该荷载条件下面板外移不超出定位极限，不脱离定位托条的支承。面板在应力下产生的位移量可从结构胶拉伸应力-应变模量曲线查到，这是由选用的结构密封胶特性决定，只要查到该结构胶许用应力值（f_t）对应的应变量，即是面板在该应力下的位移量。结构粘接接缝宽度的计算必须满足荷载和位移两个标准。

六、副荷载及各种因素的位移同粘接尺寸的关系

SSG 系统副荷载可以包括：面板的自重、同框架体系相关的温差位移、地震位移、疲劳、构造感应荷载、建筑物不均匀沉降等。在设计结构胶接缝尺寸、模量性质以及对框架的作用时，副荷载应同主荷载及结构密封胶的模量特性综合考虑。主荷载直接涉及结构胶粘接宽度的设定，而副荷载直接涉及结构胶接缝粘接厚度的设定，同时还影响着结构胶粘接宽度

的设定。

1. 静荷载

（1）正确设计的结构粘接装配系统中面板可被结构性地粘接装配固定，面板自重不需要使用托条衬垫支承，这样的设计就需要结构密封胶的粘接接缝能长期有效地充分支承自重。静荷载是持久蠕变和疲劳破坏的诱导因素。此外，当一块面板叠在另一块面板上装配时，必须防止上一块面板的自重传递到下一块面板上，否则可能会导致荷载超过接缝结构胶的设计许用应力。一般情况下单层玻璃和偶尔经特殊分析的 IG 单元均可按这种方法考虑。不止一家密封胶的制造厂通过测试研究了静荷载和疲劳因素对结构胶接缝造成的长期影响，结果表明，将结构胶所能承受的静荷载限制在 7kPa 是可靠的。为了更安全，有些生产商把荷载限制在 3.5kPa。对结构密封胶支承面板静荷载的设计，必须得到结构密封胶制造商的认可，以确认其正确性。

（2）对于中空玻璃（IG）的安装应特别慎重，由于 IG 单元件自身较重，一般应采用尺寸相对较小的 IG 单元件，单元件尺寸越大，要求结构胶接缝粘接面积也越大，以保证静荷载极限不超过许用应力。此外，这种安装形式下，IG 单元件的二道密封胶要保证其结构的稳定性和气密性，又要支承单元件外层玻璃的自重荷载，所以这种安装必须由 IG 生产商参与结构的设计和分析，并认可这类 IG 单元件的使用形式。

（3）计算方法 自重应力限制值是结构密封胶的许用应力（如 7kPa），结构胶满足自重荷载要求的最小粘接面积的计算方法，应是将玻璃面板的静荷载除以面板周长，得单位长度的静荷载值，然后除以结构胶静荷载许用应力值，求得必需的最小粘接面积值。该方法是假定玻璃静荷载垂直作用于金属框架系统组件，同时不考虑主荷载与其他副载荷的相互作用以及密封胶接缝厚度的影响。接缝结构胶的厚度尺寸同静荷载结构胶的蠕变量有关，厚度越小，结构密封胶在静荷载下的蠕变就越小，蠕变的大小同结构胶的模量特性有关，结构胶的粘接厚度尺寸不可过小，因为还有其他因素必须考虑（如热拉移），必须采用比静荷载要求的接缝厚度更大的尺寸。

【示例】 在无托条支承的条件下，用结构密封胶粘接支承幕墙玻璃面板的自重荷载，玻璃板的长边（L_1）为 1524mm，短边（L_2）为 1219mm，玻璃厚度为 6mm。结构胶的许用静荷载（F_d）若为 3.45kPa，玻璃单位面积重量（W）为 15.87kg/m^2，计算支承面板自重荷载需要结构胶的粘接宽度（B）：

$$B=\frac{L_1L_2W}{2F_d(L_1+L_2)}$$

代入数据：$B=\frac{1524\times1219\times15.87}{2\times3.45\times(1524+1219)\times100}=15.58\text{mm}$

2. 温差位移产生的热应力

结构粘接装配系统的最大设计风压通常是 50 年或 100 年一遇，风荷载传递到结构胶接缝时通常是瞬间行为，每次作用往往是阵风吹过的几秒钟。但结构密封胶接缝承受热位移引起的应力每天都要发生，而且一年内会有几次达到最大值。热位移产生的应力可能一次作用会长达几个小时，如果 SSG 接缝在低温下粘接装配（如 4℃），则在炎热夏季里接缝将长期处于受拉伸状态，并长期承受温差位移的应力。当环境温度变化时，随玻璃或面板吸热能力和吸热量的不同，玻璃面板会按预期计算的尺寸变化。对面板间的耐候接缝，面板热位移对密封胶产生拉伸应力或压缩应力，取决于接缝是扩张或收缩。耐候密封胶接缝的热位移决定了对密封胶的位移能力的选择和对其他因素的考虑，通过计算可确定密封胶的接缝宽度。若结构密封胶接缝要承受热位移，则应该确认热位移作用于结构密封胶的应力，不超出结构胶设计许用应力。

(1) 板边粘接的结构胶接缝　当结构胶接缝处于板边时［图 14-19(a)］，接缝热位移作用于结构胶产生拉伸应力，热位移量越大，结构胶的拉伸应力越大，相应关系可由结构胶的拉伸应力-应变曲线定量查得。接缝热位移也会使密封胶处于压缩状态，压缩应力-应变模量图可确定压缩应力和位移的对应关系，但实际应用较少。不同的结构胶产品有着不同的应力-应变特征。目前的规范限定结构胶的许用应力（F_t）不大于 138kPa，也就是限定接缝宽度方向上预计的热位移对结构胶产生的应力不能超过 138kPa，所以特定的应力-应变曲线（由选定的结构胶决定）上对应 F_t 值的应变量（%），就是接缝宽度方向允许的最大热位移（%），结构胶粘接宽度必须满足这样条件的设计才能适用。

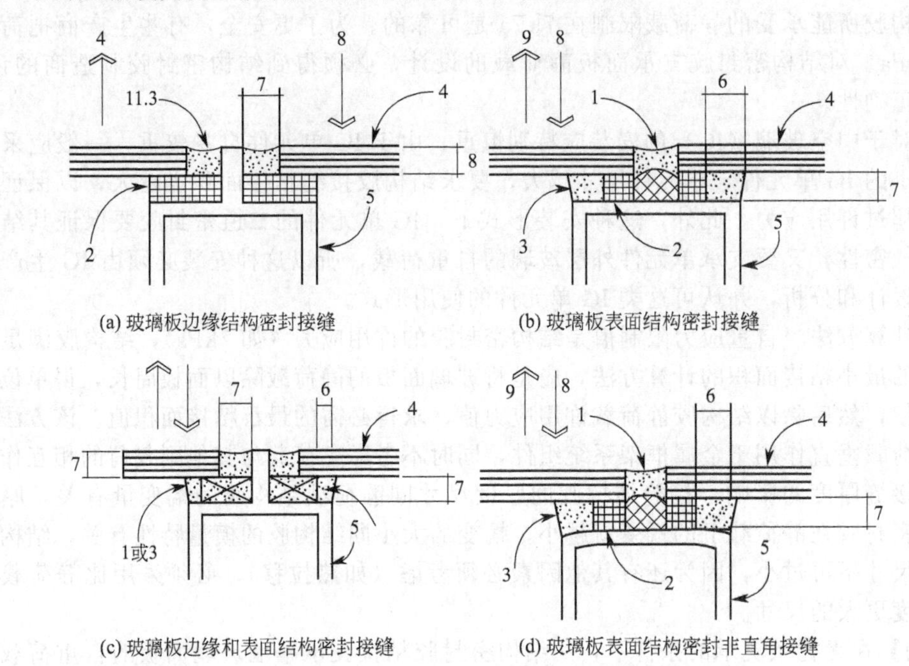

图 14-19　典型的结构密封胶接缝构造

1—接缝密封胶；2—衬垫胶条；3—结构胶；4—玻璃板；5—金属结构系统；6—粘接宽度（B）；7—接缝宽度（结构胶层厚度）；8—正风压；9—侧向负风压荷载

(2) 板面粘接的结构胶接缝　当结构胶粘接接缝处于板面时［图 14-19(b)］，热位移对密封胶产生的应力是剪切应力。板面与金属框架之间结构胶随面板热胀冷缩而产生剪切应力，该剪切应力不同程度地传递到金属框架上。粘接接缝的剪切应力可由切向热位移量计算确定。如果面板和框架表面的距离作为直角三角形的一个垂直边，剪切位移是直角三角形的另一个垂直边，则直角三角形的斜边就是由热位移引起密封胶的拉伸长度，见图 14-20(b)、(c)。拉伸长度减去胶接缝厚度并以百分率表示，为接缝厚度的相对百分位移量，由此可依据剪切应力-应变曲线来验证密封胶的剪切应力，也可按拉伸模量曲线估计剪切应力值。不同热位移对密封胶产生的应力不应超过结构密封胶的设计许用应力（如 138kPa），依据所用的结构胶的应力-应变曲线，确定热位移量的限定值。如果剪切应力值过大（如大于 138kPa），则应增加接缝结构胶厚度或使用较低模量的结构胶，以降低产生的剪切应力，当然这些位移至少应综合负风压产生的位移一起考虑。

(3) 板边面粘接的结构胶接缝　根据接缝构造方式，一部分结构密封胶接缝会承受两个方向的位移，在确定结构密封胶接缝尺寸时，需要评估这些位移的影响，无论是单独影响还是同承受的应力一起考虑。同时还应特别注意预防密封胶撕裂，预防撕裂一旦发生时接缝产生位移导致撕裂的扩展，特别是在面板内面的交叉角部位。

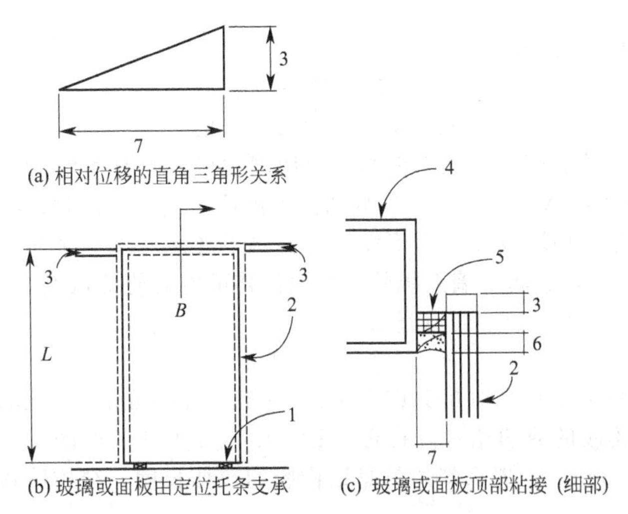

图 14-20　面板和框架的热位移

1—定位托条；2—玻璃板或面板；3—热位移（ΔL）；4—金属框架系统；5—隔离片；6—结构胶粘接宽度（B）；7—结构胶胶层厚度

（4）垂直角度结构胶接缝　这种接缝在板的内表面之间会发生热位移（图 14-21）。接缝在面板收缩时扩张，结构胶将承受拉伸位移和剪切位移；接缝在面板膨胀时收缩，结构胶将承受压缩位移和剪切位移。位移量的大小取决于面板的尺寸。应单独分析承受的应力和温差位移的作用，也可综合评估复合后的影响，同时依据结构胶的模量判断应力条件，确定接缝的尺寸。

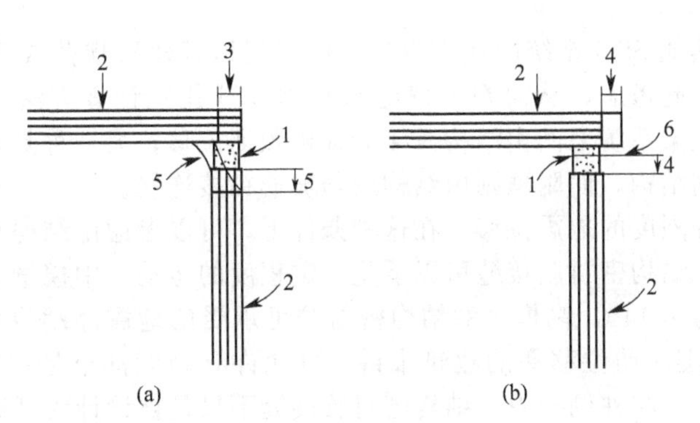

图 14-21　垂直拐角部位结构密封胶典型热位移效应

1—结构密封胶；2—玻璃板或面板；3—温度降低引起的位移；4—温度升高引起的位移；5—结构胶拉伸；6—结构胶压缩

板面粘接接缝的剪切位移量的确定方法如下。面板的热位移量为直角三角形的一个直角边，密封胶的厚度为另一个直角边，由勾股定理可确定三角形的斜边，斜边的长度为结构胶拉伸长度（图 14-20），将该值减去接缝厚度，再除以接缝厚度，乘以 100，就得到剪切相对位移量（%）。

【示例】一幢建筑幕墙系统中的镀膜玻璃厚度为 6.0mm，有托条支承，垂直方向的温差位移（ΔL）呈现在面板顶部，面板长（L）2.60m，线膨胀系数为 0.0000088℃$^{-1}$，面板用结构密封胶粘接在金属框架上，接缝粘接厚度为 6.35mm。夏日环境温度（T_a）为 33℃，冬天环境温度（T_w）为－16℃，该反射玻璃的热能吸收系数（A）是 0.83，面板的热吸收能力的热容常数（H）为 56。根据这些数据按以下公式和步骤计算，确认结构密封胶的剪切相对位移量（%）。

① 面板最高表面温度确定。

$$T_s = T_a + HA$$

代入数据：

$$T_s = 33 + 56 \times 0.83 = 80℃$$

② 温差位移量计算。假设玻璃面板在车间切割成形，此时温度为15℃，当受热温度升至T_s时，预期温升变化$\Delta T_s = 65℃$，当从切割温度冷至温度T_w时，温差$\Delta T_w = 31℃$，所以ΔT_s值代表了最差的环境条件。为了安全，此例不考虑玻璃与金属框架之间的相对温差热位移（若要考虑的话，金属幕墙系统的温差热位移可能会使确认的ΔT_s和ΔT_w值减小）。利用ΔT_s和式(14-27)确认温差位移量ΔL。

$$\Delta L = L \Delta T_s \alpha \tag{14-27}$$

代入数据：

$$\Delta L = 2.60 \times 1000 \times 65 \times 0.0000088 = 1.50\text{mm}(2.2\text{mm})$$

③ 粘接接缝结构胶的剪切相对位移量　设ΔL为直角三角形的直角边，T值为直角三角形的另一直角边（6mm），那么斜边就是结构胶的拉伸长度，结构胶接缝的剪切相对位移量（%）：

$$相对位移量 = \left(\frac{\sqrt{(\Delta L)^2 + T^2} - T}{T}\right) \times 100 \tag{14-28}$$

代入数据：$相对位移量 = \left(\frac{\sqrt{1.5^2 + 6^2} - 6}{6}\right) \times 100 = 3.1\%(6.5\%)$

④ 利用计算确定的剪切相对位移量（%），查所选用结构胶的应力-应变曲线，确认该应变值相对的应力值不大于138kPa，若超出限定值，则应适当加宽粘接接缝尺寸，以减小结构胶粘接接缝的相对位移量。

3. 地震位移

门窗、幕墙和其他SSG系统的地震效应，应根据地区建筑规范或系统的地震效应的性能要求或综合两者一起考虑，从而判定特定SSG系统应用的计算方法。一般计算方法有两种：一种是面板和框架系统之间由结构胶接缝提供预期位移；另一种是附框与金属框架或建筑物骨架用柔性锚固结构，而附框则由结构胶与玻璃粘接连接。

（1）轻度到中等烈度的地震位移　在这种条件下，可以考虑由结构密封胶承担接缝的变形位移。测试表明，结构密封胶接缝可以承受一定程度的运动，中模量的结构密封胶可承受的地震浮动位移率为1/140，高模量的结构密封胶可承受的地震浮动位移率为1/175。对一幢能够承受1/50地震浮动位移率的建筑来讲，可允许有轻度甚至是中等强度的地震位移，但剧烈的地震除外。在此种例子中，结构密封胶接缝不只是被设计为抵御地震位移，而且必须承受（不必是同时）风压荷载，或者是特定结构装配系统规范中所要求的其他的副荷载或者位移。

（2）强烈地震位移　对弹性连接的附框系统，通过测试发现，弹性固定是有效抵御强烈地震引发的位移的重要因素。车间装配的附框弹性连接到金属框架系统或建筑物框架上，可以同时承受附框系统垂直和水平方向的地震位移。测试资料表明，结构粘接装配系统中结构密封胶能够在60mm的位移范围内循环25次，保持结构装配系统不被应力破坏，但是，当位移量达到107mm时，结构胶就被破坏了。

4. 疲劳

结构密封胶的疲劳是重复或长期暴露引起材料性能的劣变现象。建筑外墙面上变化的风压产生重复拉伸应力，可导致结构密封胶的疲劳效应。每天温度变化引起重复的张力，也会引起疲劳。无支承的粘接装配面板是可引起疲劳的恒量持久负荷。在日光雨雪和风化效果的重复暴露下，一些材料的性能逐渐衰变，这也是疲劳的一种形式，造成窗体的疲劳。

同一厂商或者不同厂商的不同结构密封胶，具有不完全相同的耐疲劳性，设计应了解具体项目所选择应用的结构胶的耐疲劳性。例如，某一结构胶的拉伸强度为689kPa。若以517kPa加载1000次，它可能发生破坏；如果在345kPa应力下反复加载5000次，它也可能产生破坏；如果在276kPa应力下反复加载100000次，它也可能不能承受，那么什么程度该是这一结构密封胶的真实强度？是689kPa、517kPa、345kPa，或者是276kPa？答案不能简单地考虑加载应力值和加载次数。确定结构胶的疲劳敏感强度，必须知道该结构胶的具体应用特性、将要经受的压力及拉力类型和将要发生的频度。例如，某一结构胶接缝平均每天有一次15%的位移，产生的应力相应为172kPa，若期望30年的使用寿命，可预期超过10000次循环位移，要求选用的结构胶能承受172kPa应力的反复加载并循环10000次。

结构胶的耐疲劳性能十分重要，但具体分析相对较为复杂，设计可采用GB 16776规定的试验方法测得的粘接强度数据，采用2.5或更高的设计系数确定结构胶的设计强度。如果作用于结构胶的疲劳应力是静负荷，传统的使用方法是静负荷引起的应力不应超过7kPa。疲劳性的表达较复杂，实验室很难模拟具体应用，也就难以确立可比较的疲劳属性，从安全考虑，循环作用的应力应保持在微小的数值内，典型取值可以是结构胶设计许用应力的5%。此外，研究表明，湿气或浸水对结构胶抵抗疲劳的承受能力有显著影响，所以避免与水接触是粘接接缝设计应遵循的一个原则。

5. 影响位移的其他因素

由于结构粘接装配系统的类型和构造的不同，有些因素将对接缝位移有显著影响，但又难以取值进行计算。它们的影响不容忽视，必须在粘接接缝设计中给予考虑。

（1）制造引发的因素　系统组件装配时会对结构胶粘接接缝诱发应力，如热处理/刚化过程中产生卷曲、弯曲、扭曲或起波的玻璃面板，特别一些大尺寸玻璃板在制造过程中可能产生弓形或卷曲，这样的玻璃板车间装配时一般是水平状态，面板在自重下平展、定位、注胶粘接装配直至固化和搬运单元件。在单元件竖立后这样装配的玻璃板面板将卸载自重，会试图恢复装配前的原始形状，必将在结构胶粘接接缝内产生应力，尽管这种应力难以评估或者计算，但在设计中应考虑这些影响。

（2）建筑物的局部位移　建筑物建成之后，随着时间的推移，建筑物的结构框架、幕墙、门窗或其他SSG系统之间会发生程度不同的相对位移。如果对这些结构没有设计预防措施和提供足够的设备，这些位移及其影响必须给予考虑。

七、结构密封胶的选择

1. 工程选用结构密封胶必须进行评估

结构密封胶为非定型材料，必须现场挤注、嵌填、固化成形，双组分产品必须在使用前混合。目前建筑幕墙采用的硅酮结构密封胶基础成分是遇水可交联固化的液态硅橡胶，交联时脱出低分子有机酸的为酸性产品（仅可用于全玻璃结构），脱醇或脱酮肟型为中性结构胶。由于各个企业原料、配方、工艺和技术路线不同，尽管结构胶产品可能都符合标准，但性能和品质有明显差别，幕墙工程选用时必须进行评估，依据具体工程结构和荷载情况进行状态验算，保证结构在风荷载、水平地震和温度交变等条件作用下应力、位移安全和密封可靠性。

2. 结构密封胶的技术性能状况

我国建筑幕墙市场汇集着世界众多品牌的硅酮结构密封胶，其中有些早期通过国家认定并在工程中使用多年，有新企业的产品，也有具备研发能力的企业发展的新产品。为探明产品技术性能状况，在2003年修订国家标准GB 16776的过程中，编制组对主要企业的13个产品进行了性能测试。其中粘接拉伸强度试验结果表明（表14-17），产品在标准条件下强度最高的产品为1.18MPa，最低为0.80MPa，相差30%；伸长率最大的产品为169%，最低为58%，相差1.9倍；高温、紫外线辐照等条件下的产品性能，有的企业产品（如9#、99#）稳定保持高强度、高伸长率，有的产品（如8#、1#）强度高而伸长率极低，有的产品（如2#）始终处于低强度、低伸长率水平，而且不同试验条件下的性能大幅度波动；此外，从产品的应力-应变曲线可见，不同企业产品的弹性模量特性差异较大（图14-22），当结构胶的拉伸应力为强度设计值时产品对应的应变值差异甚大，有的产品（8#）对应的应变值仅2.8%，有的产品（4#、9#、99#）可达到或接近8%，为前者的2.9倍。这些差别直接对粘接接缝尺寸和形状产生影响。

表14-17 粘接拉伸强度（σ_b）及最大强度时伸长率（ε）试验结果

企业产品编号		标准条件		低温		高温		紫外线辐照后		浸水后	
		ε/%	σ_b/MPa	ε/%	σ_b/MPa	ε/%	σ_b/MPa	ε/%	σ_b/MPa	ε/%	σ_b/MPa
标准要求		≥100	≥0.45	—	≥0.45	—	≥0.45	—	≥0.45	—	≥0.45
单组分	1	78	1.18	80	1.30	48	0.90	68	1.05	—	—
	2	79	0.81	143	1.10	43	0.58	52	0.74	69	0.58
	3	83	1.06	96	1.32	60	0.90	74	0.87	70	0.94
	4	133	0.80	152	1.07	72	0.68	177	0.69	170	0.76
	5	136	1.02	155	1.28	89	0.80	119	0.89	90	0.69
	6	58	0.93	85	1.17	52	0.77	73	0.77	65	0.73
	7	135	1.09	167	1.44	67	0.81	173	0.97	149	0.93
	8	80	1.09	113	1.40	50	0.87	87	0.86	70	0.93
	9	169	1.01	266	1.46	160	1.09	162	0.90	182	0.91
双组分	11	134	0.97	191	1.45	58	0.66	283	0.87	260	0.93
	44	136	0.82	176	1.18	72	0.72	171	0.72	146	0.74
	77	111	1.13	182	1.45	75	0.73	209	0.80	172	0.91
	99	150	1.05	195	1.42	97	0.78	456	1.07	272	1.07

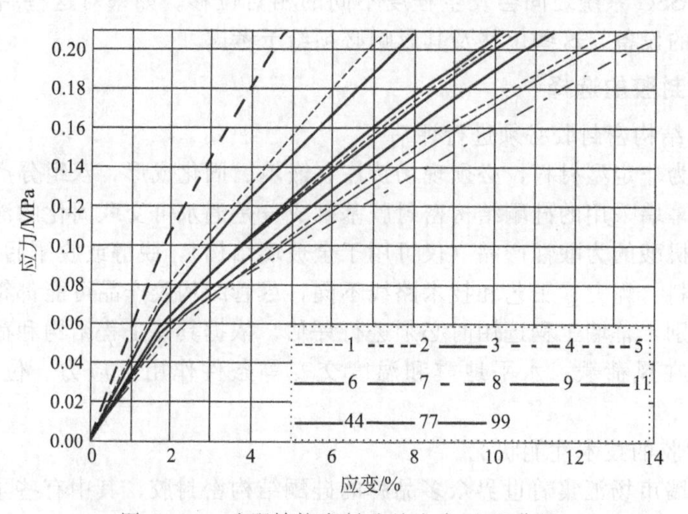

图14-22 硅酮结构密封胶的应力-应变曲线

国家标准GB 16776—2005将结构胶常温拉伸粘接强度从0.45MPa提高到0.60MPa，增加了产品最大拉伸强度时的伸长率要求（不低于100%），增加产品模量的测定和报告。该标准的技术要求仅是产品满足幕墙需要而规定的最低要求，符合标准的各种产品之间存在品质、价格差别。此外，该标准并不限制企业发展性能更优的产品，特别是一些企业以较大的物质技术投入，进行高承载、高弹性的新产品开发，进行专题的应用研究，包括拉伸剪切强度和撕裂性能评价、持久拉伸变形和持久荷载作用后性能评价、拉伸-压缩循环及反复变形后产品性能评价、长期耐水性能和老化性能评价等，为更高要求的幕墙工程提供选材和应用基础。关注产品的性能差别，分析产品在多种受力和变形条件下性能变化，综合工艺性、经济性要求，为幕墙结构优选出最为适用的结构胶产品，实现最佳接缝设计。

3. 结构密封胶工艺性能评估和控制

国家标准提出了结构胶工艺性能要求，这些要求直接涉及现场施工和成形质量，理解其物理意义和量化指标有助于对产品的评估和选择。

(1) 外观　要求“产品应为细腻、均匀膏状物，无气泡、结块、凝胶、结皮，无不易分散的析出物。”一旦发现外观质量不合格，即可判定该批产品不合格，无须检验其他项目。

(2) 挤出性　要求规定压力下从170mL管中挤出的时间不大于10s。低于该值将无法保证结构胶的挤注和嵌填质量。

(3) 下垂度　出厂检验项目。要求“水平放置不变形，垂直流淌不大于3mm。”该项目不合格将不能保证密封胶在接缝中的形状。

(4) 表干时间　表征单组分产品涂饰后表面固化速度，要求最长时间不大于3h。

(5) 适用期　表征双组分产品混合后的固化速度，要求不少于20min，以保证产品具有适宜挤注施工的时间。

以上要求均为出厂检验项目，出厂合格产品均能符合标准，但由于配方、原材料和制造工艺条件控制水平的不同，不同企业的批次产品的质量波动水平不尽相同，特别是经历不同条件的运输、保管或储存，产品性能会发生不同程度的变化，如黏度下降或稠度增大，固化速度下降或固化过快。曾经发生合格产品在储存期内用于结构粘接装配后长时间不固化，有的在现场难以挤注施工，施工单位有过抱怨和多次投诉。所以必须强调产品进入施工现场前必须复查检验，加强对结构胶工艺性质量控制，免遭更大损失或造成隐患，使用中一旦发现异常，立即停止使用并通知供应方协助解决。

4. 结构密封胶粘接性和相容性的评估和控制

结构胶是通过化学键结合和物理吸附实现基材表面的粘接，被粘材料性质和表面状态直接影响粘接和粘接稳定性。标准规定产品的粘接性是相对于彻底清洁的标准基材，幕墙工程实际用基材可能有多种表面处理的金属型材、各种类型镀层或涂层的玻璃、各种材质的板片，包括那些可能受到污染的表面。幕墙系统中多种材质的衬垫及其他辅助材料可能接触结构胶，这些材料的选用必须取得相容性试验报告，证明这些材料不会引起结构胶粘接性变化或变色，如果附件导致结构胶变色或者粘接性的变化，在实际应用中也会出现类似情况，必须另行选材。

为保证结构粘接装配质量，GB 16776—2005规定了结构装配系统用附件同密封胶相容性试验方法和实际工程用基材同密封胶粘接性试验方法。

5. 硅酮结构密封胶的模量

符合标准的硅酮结构胶由于产地、牌号和批次不同，产品的模量也不尽相同，在粘接装配工程中应用必须依据设计荷载和结构接缝位移的性质，选择模量适宜的产品。GB 16776—2005资料性附录C阐明了模量的物理意义及其同应用的关系如下。

（1）概述

① 此附录目的是阐明一定应用范围的硅酮结构胶应具备的模量。硅酮结构胶应按具体用途设定强度和弹性两项指标；这就意味着该密封胶的模量应介于某一应用所要求的最高值和最低值之间。

② 材料的模量表征着材料伸长变形同应力的相关关系，也就是材料柔性、刚性或硬度的度量。在此附录中采用术语“模量”是指密封胶的正切弹性模量。尽管模量和应力具有相同的单位（kPa），但表达的技术概念不同。由于密封胶的模量不是常数，所以密封胶行业通常习惯用测量出的模量和应变两个值来表达（如：应变 12.5%，模量为 99kPa）。

③ 在结构系统中硅酮结构胶将玻璃及其他材料同金属框架粘接在一起，向装配体系结构传递玻璃材料所受的荷载，并适应玻璃材料和支持框架之间预计发生的位移。在规定的应用条件下选材时，设计人员选择的硅酮结构胶应具有承受施加荷载所必需的强度和适应各种位移所必需的柔性。

④ 现在生产的硅酮结构胶，能在广泛的范围内使用。如果用于指定用途时，它也应具备该用途可以接受的模量。

⑤ 密封胶的模量随温度而规律变化（基本为线性关系），在预期使用温度范围内检验（验证）该模量，应在最低值和最高值之间变化。

⑥ 为充分评价选用的密封胶，将 23℃ 测试的拉伸粘接性的应力-变形曲线或伸长率 10%、20%和 40%时的拉伸模量应用于特定的设计规范时，应注意条件的改变（如：密封胶接缝形状或周围条件的作用）与特定规范指定或预测的工况有关。应用应力-变形曲线或伸长率 10%、20%和 40%时的拉伸模量测定值，应同所应用的设计准则结合，评价并确定推荐的密封胶是否适于这种应用。

（2）最低模量　硅酮结构胶允许的最低模量（最软和最大允许柔性）基于这样一个前提，即该密封胶具有的刚度应足以支承面板不产生过度的位移。其极限状态是当该密封胶厚度方向被负风压产生的应力向外拉，或者施加其他侧向荷载的应力直至达到其设计荷载且均等施加应力时，其最大延伸不超出设计几何形状的实用极限（如面板定位块的支承范围）。

（3）最高模量　最高容许模量（最大刚硬性或允许的最小柔性）是要求该硅酮结构胶的接缝必须具有足够的柔度，以适应面板和该支承构架之间的风压变形或温度变化引起的位移，保证切变应力不超过设计值。

验证试验发现，特定的结构胶产品在规定的条件下具有特定的应力-应变曲线，且具有较好的重复性和再现性，也可以说特定的结构胶产品具有特定的模量，只要该产品的配方、关键原料、工艺和试验方法不发生重大变化，批次产品的模量不应该出现显著差异。从这个角度看，模量也可同其他性能指标一样，表征结构胶的力学特性，对于这一点材料生产和幕墙工程企业应给予关注。在结构设计和实际选材运用中，可依据粘接接缝计算位移量和结构胶产品的模量验算结构胶粘接厚度，或者用于确定选用的密封胶的适用性。

6. 粘接接缝尺寸设定及结构胶选用原则

传统机械装配连接件的材质、规格、数量及分布，是通过结构特征、荷载性质、应力分布和位移变形分析计算确定，同样的道理，粘接装配的粘接宽度、粘接厚度、位置及组合方式也必须依据工程的具体结构分析受力情况，验算承载力极限和荷载状态，然后在符合标准的产品中选择模量适宜的结构胶，一旦出现矛盾就必须修改设计或另行选择结构胶。粘接接缝尺寸的设定和结构胶产品的选择密切相关。

（1）结构胶粘接宽度设定及结构胶产品的选用

① 设定的接缝必须有足够的粘接宽度，保证所选用的结构胶产品在粘接接缝中承受的

应力始终不大于设计许用应力。

② 如果已设定粘接宽度，但验算后证明结构胶承受的应力超过强度设计值，就必须另行选择结构胶（如标准强度更高的产品）。

③ 如果已确定了结构胶的产品牌号，但验算结果表明设计荷载下的应力大于强度设计值，为保证安全承载就必须增大粘接宽度尺寸。

（2）结构胶粘接厚度设定及结构胶产品的选用

① 结构胶厚度（e）是玻璃或面板与结构框架之间的实际间隙尺寸。为保证施工挤注的结构胶密实并充满接缝，在车间或工厂装配条件下该尺寸不能少于5mm；在工地挤注装配，接缝间隙尺寸不能少于6mm。

② 粘接厚度（e）同粘接宽度（B）有关，粘接宽度越宽，胶层厚度也应相应加厚。设定接缝尺寸必须保证结构胶有足够的厚度，保证发生位移时作用于粘接接缝的应力不大于结构胶强度设计值，同时保证全隐框粘接的玻璃板在负风压下外移时不脱离托条的支承。

③ 依据各种效应引起接缝变位对应的位移计算结果（如风压荷载位移、热位移、层间位移、地震等附加荷载引起的位移），可以确定粘接接缝的位移量，然后依据供应方提供的密封胶产品的模量（应力-应变曲线）设定粘接接缝厚度尺寸；如果已设定接缝的粘接厚度，则应依据产品模量曲线选择适应的结构胶。用户材料进场时必须在复验结构胶拉伸粘接强度的同时验证产品的模量。应注意，有些进口产品的粘接强度试验采用的试验方法不同，拉伸速度比GB 16776规定的5mm/min高出一倍，由此测得的模量值不具有可比性。

【示例】假设某幕墙工程已设定粘接接缝厚度为10mm，计算的风压位移、层间位移、地震位移和温差位移的综合位移量为0.6mm，即相对位移量为6%，对照结构胶应力-应变曲线可以发现，目前近半数的产品由于应力超过强度设计值（140kPa）将被淘汰。若确定选用3#或6#产品（应变4.5%模量为140kPa），则粘接接缝的宽度必须增大到13.3mm（=0.6mm/0.045）；若一定要选用8#产品（应变2.8%模量为140kPa），则粘接厚度必须增大到21.4mm（=0.6mm/0.028）。

八、结构粘接密封装配质量控制

1. 材料质量验证

（1）结构胶进场质量查验　产品进场验货和入库复验结果应纳入工程企业的质量记录存档。依据企业的条件，至少应做以下验证项目。

① 依据购货合同查验符合性。产品包装是否完整、产品名称、生产企业、批号及出厂日期（保质期）、数量等。

② 随货文件的符合性。该批次产品的检验报告、质量保证书和使用说明书、相容性试验报告、工程用玻璃及铝材粘接性试验报告。

③ 按标准复验产品质量符合性后入库。

a. 工艺性。外观、表干时间（单组分）或适用期（双组分）、流动性。

b. 力学性能。标准条件下的粘接拉伸强度、伸长率和模量。

④ 库存条件检查（温度不高于27℃）。

（2）清洁用材料质量

① 擦布。应用烧毛处理的干净白棉布或专用擦拭纸，不用化学处理的布或纸。

② 清洗溶剂。符合密封胶生产商指定的品种和规格。

③ 底涂处理剂颜色。应符合密封胶制造厂规定的颜色及色差范围，通常有粉红、红色、黄色等或澄清无色。颜色不符合要求的底涂应更换，绝不使用对颜色有疑问的底涂处理剂。

④ 底涂处理剂透明度。不应含有颗粒或沉积物，应不浑浊。透明度有问题的不能使用。

2. 粘接装配质量控制

建立组件粘接装配质量控制程序文件，形成文字记录和其他形式的审核记录。程序中应至少包括材料质量验证测试、制造和安装关键过程和定期核查及复核记录。例如，工厂装配中，把标签贴到金属框架上，经过不同的工序后，只要核查正确的标签即可。成功的质量控制程序可确认和防止由于材料批号和工艺班次不同而产生不良差异。若条件允许也应定期对已装配的面板进行应力测试。质量控制程序文件和记录应保存，一旦工程交付后发生问题这些记录对问题的解决具有无可替代的价值。当然，遵照国家的认证制度还可委托独立的认证机构对产品质量进行核查、监控、测试并获得产品质量认证证书和认证标识。

(1) 环境　车间装配应有最佳的工作进度和提供良好的目视检查过程。只有在车间装配环境中进行基材的清洗、底涂和施胶以及其他组件的制造，才可得到较好的质量控制。多数全隐框系统的玻璃或面板没有辅助机械或其他方式提供支承，完全依靠结构密封胶的粘接，为保证有效的粘接性，这些系统应在可控环境条件下进行粘接密封装配。工地现场装配全隐框系统，只用于破碎玻璃的修补及维护工作。由于车间装配所有组件都是在可控环境条件下制造，所以除获得较好的质量控制外，还可以降低成本，获得较好的经济性。由于使用这种装配方法，工地密封装配可能只限于耐候密封胶。实际上，有些单元装配系统已发展到门窗、幕墙的外墙围护结构，不需要在现场涂施密封胶，因此，当建筑单元框架定位安装后，立即就起到耐候密封作用，这样就有利于内部施工工作的尽早展开。设计合理的全隐框系统，比工地现场装配更容易、更经济。

(2) 粘接表面准备

① 基材清洗。基材粘接表面用两块抹布清洁法擦洗，应把溶剂从容器中倒在干净的抹布上，而不是将抹布浸入容器的溶剂中，防止干净的溶剂被抹布浸入而污染。用湿布擦洗基材表面后立即用干擦布擦干。第一块擦布用于润湿表面使杂质同表面分离，第二块擦布清除溶剂及残留的污物，重复操作直到第二块擦布不变色或者确信没有任何污迹。清洗干净的表面应保持干净，禁止触摸。

② 底涂处理。底涂的操作必须按密封胶生产厂提供的说明。多数底涂是在粘接表面涂一薄而均匀的涂层，完全覆盖材料粘接面，喷洒或者不连续的刷涂会导致密封胶的粘接失败。禁止用敞开的杯或碗盛装底涂料，底涂料在空气中久置会反应失效，底涂料应从密闭的容器（如锥颈型洗液瓶）中挤到擦布或刷子上，不能将刷子或擦布浸入容器，否则会污染底涂料。根据基材的不同，有的需要用刷子，有些底涂需擦涂，即用一块擦布涂施，再用另一块抹布擦干。底涂后的表面必须保护不再受污染。完成底涂处理至密封胶施胶的时间间隔不宜过久，间隔时间由密封胶生产厂提供。

③ 玻璃覆盖层的清除。玻璃生产厂附加在玻璃周边的不透明塑料薄膜或底漆层保护层，当与密封胶粘接时应清除，保证密封胶同玻璃表面粘接而不是和附加层粘接。镀膜玻璃的镀层必须通过粘接性试验，证明能与结构胶实现稳定粘接，否则也应沿周边粘接区局部清除，保证结构胶直接同硅酸盐玻璃表面粘接。

3. 结构密封胶固化和粘接性测试

在制造及安装过程中，开始使用不同批号的结构胶之前，应进行固化和粘接性测试。工地装配应在工地进行现场测试，工厂装配则在车间测试。单组分结构密封胶有两种现场测试方法（参见 GB 16776—2005 附录 D. 1 方法 A 和方法 B），用来验证密封胶是否在有效储存期内和储存温度是否适宜。根据制作和安装过程的环境条件不同，用一个或多个测试方法验证密封胶的粘接性（参见 GB 16776—2005 附录 D. 2 方法和 D. 3 方法）。在每次施胶作业前，双组分密封胶混合设备应重复进行混合比例和混合均匀度的测试（参见 GB 16776—2005 附录 D. 4 方法和 D. 5 方法），用来检查多组分密封胶的固化速度，特别在每次使用新的基胶和固化剂或较长时间关机后（诸如休息或者午餐）重新开机前应进行测试。没有按照正确比例或没有充分混合的密封胶，可能会引起性能变化，这些变化会影响密封胶的固化性能、粘接性能和耐久可靠性。单组分密封胶可根据制造和安装条件，采用 GB 16776 附录 D 所描述的施工装配中结构密封胶的试验方法进行测试。

（1） 密封胶粘接性测试

① 手拉试验（成品破坏法）

a. 范围。此方法对接缝受检部分的密封胶是破坏性的，适用于装配现场测试结构密封胶粘接性，用于发现工地应用中的问题，如基材不清洁、使用不合适的底涂、底涂用法不当、不正确的接缝装配、胶接缝设计不合理以及其他影响粘接性的问题。此方法在装配工作现场的结构密封胶完全固化后进行，完全固化通常需要 7～21d。

b. 器材

（a） 刀片：长度适当的锋利刀片。

（b） 密封胶：相同于被检测的密封胶。

（c） 勺状刮铲：适于修整密封胶的工具。

c. 试验步骤

（a） 沿接缝一边的宽度方向水平切割密封胶，直至接缝的基材面。

（b） 在水平切口处沿胶与基材粘接接缝的两边垂直各切割约 75mm 长度。

（c） 紧捏住密封胶 75mm 长的一端，以成 90°角拉扯剥离密封胶（图 14-23）。

d. 结果判定。如果基材的粘接力合格，密封胶应在拉扯过程中断裂或在剥离之前密封胶拉长到预定值。

如果基材的粘接力合格，可用新密封胶修补已被拉断的密封接缝。为获得好的粘接性，修补被测试部位应采用同原来相同的密封胶和相同的施胶方法。应确保原胶面的清洁，修补的新胶应充分填满并与原胶接面紧密贴合。

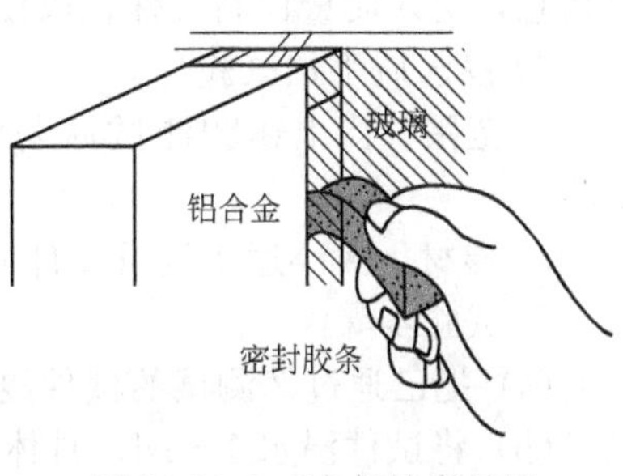

图 14-23　90°角拉扯密封胶

e. 记录。测试数量、日期、测试用胶批号、测试结果（内聚破坏还是粘接破坏）及其他有关信息，记录整理归档为质量控制文件，以便将来查询。

② 手拉试验（非成品破坏法）

a. 范围。此方法是非破坏性测试。适用于在平面基材上进行的简单测试，可解决①很难测试或不可能测试的结构胶接缝。在工程实际应用的一块基材上进行粘接性测试，表面处理相同于工程实际状态。

b. 器材

（a） 基材：与工程用型材完全一致，通常采用装配过程中的边角料。

（b） 底涂：如果需要，使用接缝施工时使用的底涂。

（c） 防粘带：聚乙烯（PE）或聚四氟乙烯自粘性胶带。

（d） 密封胶：与工程装配密封接缝用同一结构密封胶。

（e） 勺状刮铲：适于修整密封胶的工具。

（f） 刀片：长度适当的锋利刀片。

c. 试验步骤

（a） 按工程要求清洗粘接表面，如果需要可按规定步骤施底涂。

(b) 基材表面的一端粘贴防粘胶带。

(c) 涂施适量的密封胶，约长 100mm，宽 50mm，厚 3mm，其中应至少 50mm 长密封胶覆盖在防粘带上。

(d) 修整密封胶，确保密封胶与粘接表面完全贴合。

(e) 在完全固化后（7～21d），从防粘带处揭起密封胶，以 180°角用力拉扯密封胶。

d. 结果判定。如果密封胶与基材剥离［图 14-24(a)］之前就内聚破坏［图 14-24(b)］，则基材的粘接力合格。

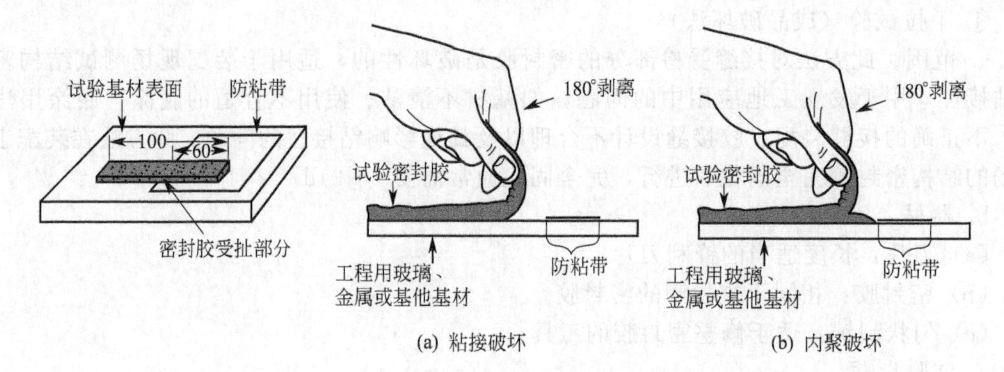

图 14-24　非破坏手拉剥离试验

e. 记录。测试编号、日期、测试用胶批号、测试结果（粘接或内聚破坏）以及其他有关信息，纳入质量控制文件，以便将来查询。

③ 浸水后手拉试验

a. 范围。当上述②测试后若没有粘接破坏，可再使用此方法增加浸水步骤进行手拉试验。

b. 器材。大小适于浸没试件的容器。

c. 试验步骤

(a) 把已通过②测试的试件浸入室温水中。

(b) 将试件浸水 1～7d，具体时间由指定的专业人员决定。

(c) 浸水至规定时间后，取出试件擦干，揭起密封胶的一端并以 180°角用力拉扯密封胶。

d. 结果判定。密封胶在与基材剥离前就已产生内聚破坏，表明基材粘接力合格。

e. 记录。记录测试编号、日期、测试用胶的批号、测试结果以及其他有关信息，纳入质量控制记录，以便将来查询。

(2) 表干时间的现场测定

① 范围。此方法适用于检验工程中密封胶的表干时间。表干时间的任何较大变化（如时间过长）都可能表示密封胶超过储存期或储存条件不当。

② 器材

a. 密封胶：从混胶注胶设备中挤出的材料。

b. 勺状刮铲：适于修整密封胶的工具。

c. 塑料片：聚乙烯或其他材料，用于剔除已固化的密封胶。

d. 工具：适于接触密封胶表面的工具。

③ 试验步骤。在塑料片上涂施 2mm 厚的密封胶。每隔几分钟，用工具轻轻地接触密封胶表面。

④ 结果判定

a. 当密封胶表面不再粘工具时，表明密封胶已经表干，记录开始时至表干发生时的时间。

b. 如果密封胶在生产商规定时间内没有表干，该批密封胶不能使用，应同生产商联系。

⑤ 记录。记录测试编号、日期、测试用胶批号、测试结果以及其他有关信息，纳入质量控制记录，以便将来查询。

(3) 单组分密封胶回弹特征的测试

① 范围。此方法适用于检验密封胶的固化和回弹性。测试表干时间正常的密封胶按此方法测试。

② 器材

a. 密封胶：从挤胶枪中挤出的材料。

b. 勺状刮铲：适于修整密封胶的工具。

c. 塑料片：聚乙烯或其他材料，用于剔除已固化的密封胶。

③ 试验步骤

a. 在塑料片上涂施 2mm 厚的密封胶，放置固化 24h。

b. 从塑料薄片上剥离密封胶。

c. 慢慢地拉伸密封胶，判断密封胶是否已固化并具有弹性橡胶体特征。在被拉伸到断裂点之前撤销拉伸外力时，弹性橡胶的回弹应能基本上恢复到它原来的长度。

④ 结果判定。如果密封胶能拉长且回弹，说明已发生固化；如果不能拉长或者拉伸断裂无回弹，表明该密封胶不能使用，应同密封胶生产商联系。

⑤ 记录。记录测试编号、日期、测试用胶批号、测试结果以及其他有关信息，纳入质量控制记录，以便将来查询。

(4) 双组分密封胶混合均匀性测定方法（蝴蝶试验）

① 范围。此方法用于测定双组分密封胶的混合均匀性。

② 器材

a. 纸：白色厚纸，尺寸为 216mm×280mm。

b. 密封胶：从混胶机中取样测试。

③ 试验步骤。沿长边将纸对折后展开，沿对折处挤注长约 200mm 的密封胶 [图 14-25(a)]，然后把纸叠合起来 [图 14-25(b)]，挤压纸面使密封胶分散成半圆形薄层，然后把纸打开观察密封胶 [图 14-25(c)、(d)]。

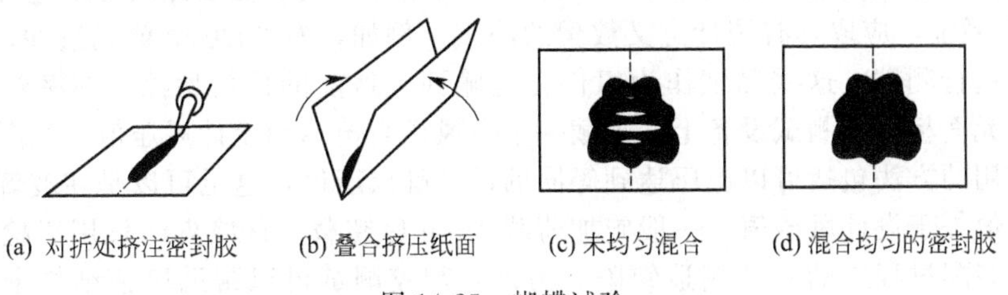

(a) 对折处挤注密封胶　(b) 叠合挤压纸面　(c) 未均匀混合　(d) 混合均匀的密封胶

图 14-25　蝴蝶试验

④ 结果判定

a. 如果密封胶颜色均匀，则密封胶混合较好，可用于生产使用；如果密封胶颜色不均匀或有不同颜色的条纹，说明密封胶混合不均匀，不能使用。

b. 如果密封胶混合均匀程度不够，重新取样，重复步骤③，若还有不同颜色条纹或颜色不均匀，则可能需要进行设备维修，对混合器、注胶管、注胶枪进行清洗，检查组分比例调节阀门，或向设备生产商咨询有关的维修工作。

⑤ 记录。保存并标记测试的样品，记录测试用胶批号、测试日期以及其他有关信息，

纳入质量控制记录，以便将来查询。

(5) 双组分密封胶拉断时间的测试

① 范围。此方法用于测试密封胶混合后的固化速度是否符合密封胶生产商的技术说明。

② 器材

a. 纸杯：容量约180mL。

b. 工具：如调油漆用的木棍。

c. 密封胶：从混胶机中取样。

③ 试验步骤

从混胶机挤取约2/3～3/4纸杯密封胶，将木棒插入纸杯中心［图14-26(a)］，定期从纸杯中提起木棒。

(a) 混合的密封胶

(b) 提拉密封胶至固化

(c) 密封胶被拉断

图 14-26　拉断时间试验

④ 结果判定

a. 从纸杯中提起木棍并抽拉密封胶时，如果提起的密封胶呈线状［图14-26(b)］，不发生断裂，表明密封胶未达到拉断时间，应继续测试直到密封胶被拉扯断［图14-26(c)］。记录纸杯注入密封胶到拉断的时间，即为密封胶的拉断时间。

b. 如果密封胶的拉断时间低于规定范围（适用期），应检查混胶设备，确认超出范围的原因，确定密封胶是否过期，确定是否需要调整或维修设备，必要时应同密封胶生产商联系。

⑤ 记录。将试验编号、拉断时间、日期、密封胶批号以及其他有关信息，纳入质量控制记录，以便将来查询。

4. 粘接装配单元组件测试

作为生产制造过程质量控制程序的一部分，典型的测试是在设计风压下进行。对于一个特定的SSG系统，应取具有统计意义数量的测试，例如，有3000个单元组件，可从每100个中取1个进行测试，这些测试作为组件在运输到工地前的最后检测。在密封胶完全固化后，将一单元面板放于测试设备上，加载一个负风压直至达到设计风压值，试图将把玻璃吹离框架。使用的方法包括可以施压达到等同的设计静风压值，这也可以是在玻璃板上施加重量直到重量值等于设计风压值，一般施加荷载1min后卸载。这些方法仅用于检证有关结构密封胶粘接装配过程中的主要制造缺陷。另外，割胶测试可以帮助验证结构密封胶使用情况，包括清洗、底涂、双组分密封胶的混合、接缝密封胶的填充情况等，在割胶分解单元件时，可进行结构密封胶对框架表面的粘接性测试。

5. 安装后的测试

根据SSG系统特点，作为质量控制程序的一部分，应对安装过程中密封胶的粘接性进行定期监测，以便发现可能发生的有害变化，可应用GB 16776的检验方法。另外一个验证粘接性的技术是在SSG系统内表面或外表面装上一个压力箱，分别模拟风荷载进行抽空或加压，产生的应力向外拉玻璃面板，将加载于密封胶上的应力变形到预定值，评估结构密封胶成形后的粘接性能。也可用相关仪器在幕墙的外表面来模拟风荷载的效应，然后根据粘接失效的概率、结构密封胶接缝的有限参数，对取得的数据进行统计分析。同样，如果考虑空气和水的渗透，对空气渗透和水的渗透可用标准方法进行测试。

九、粘接装配结构的维修和失效

1. SSG 检查和维修程序纳入系统设计

（1）基于对潜在安全的担心，考虑业主的要求及业主对 SSG 系统维护和应用监督的能力，为加强系统的可靠性和耐久性，系统设计必须包括安装后 SSG 系统的检查和维修程序，按照具体情况现实地建立和执行窗的清洁、维修和系统的测试，确保在多层建筑使用中不会给 SSG 系统带来不良影响。

应考虑将来可能发生的面板破损、钢化玻璃自爆、中空玻璃单元件密封失效以及面板材料寿命期终止的替换等，而不是在事后才加以考虑，错过了更好的或者更为经济的选择。适当的工具也很重要，特别当结构密封胶接缝不得不在现场替换修补时。系统的维护和监控需要事前计划好的程序，这可能会涉及 SSG 系统的设计。

（2）SSG 系统的检查和维修程序　粘接装配 SSG 系统的设计，必须考虑由于损坏、修补或者当密封胶不能达到所需要的性能要求时，而要进行更换的情况。对于 SSG 系统来讲，典型情况是结构的破损、中空玻璃失效、面板材料周边结构或者耐候密封胶间断的或者完全丧失粘接性，或者由于自然因素，结构密封胶的强度可能衰变，性能也可能降至不符合特定的性能要求，即使没有明显证据证明结构密封胶丧失了粘接性和内聚力。当前，还没有一个标准化的测试程序，检验结构密封胶的强度是否已发生了下降，目前所能做的是定期从 SSG 系统中抽取一些自然老化的结构密封胶样品，把它送至密封胶的制造商那里进行评估。密封胶的取样只需在系统的日常维护中附带进行即可，例如，当有破损的玻璃需要替换时，或者是作为例行的定期监测程序的一部分。通过取样比较已经老化的样品与未老化的同一密封胶的性能指标，就可以判断样品的性能变化程度。这些数据是密封胶使用期评估程序的一部分，可作为结构密封胶部分的档案记录。这些潜在的可维护性都应事先计划，当需要时就会使修补或者更换工作更容易进行。

2. 日常维护、维修和更新

（1）清洁　十分必要对 SSG 系统外墙面例行清洁。环境污染物堆积在 SSG 系统上可对玻璃或其他材料表面造成永久性的外观损害，耐候胶表面杂质沉积改变耐候胶的颜色，导致其他材料污染的可能，例行清洁工作将清除这些污物。玻璃的清洗应注意不损坏玻璃、不破坏密封胶和金属框架构件，同时应对 SSG 相连接的其他系统进行检查和维护，确保它们不会降低粘接结构的性能，如产生水渗透等。

（2）玻璃的检查　玻璃面板破碎及夹层复合钢化玻璃自爆在可视区通常比较容易发现，但在拱形玻璃或隐蔽区却难以发现。在日常维护或 SSG 系统外表面清洗过程中，应培训施工人员认识和了解玻璃失效的区域并向建筑维护负责人报告，作好记录并且存档。任何失效的玻璃都应立即更换。为便于更换，系统设计应考虑让业主储存一定数量同材质的备用玻璃，因为谁也无法保证同类型的玻璃在将来的某个时候是否还在市场上存在，否则会引起颜色的差异、反辐射性能不匹配及隔热性问题，特别对于具有反辐射或者低反辐射膜层的玻璃就更为重要。中空玻璃碎裂容易发现，玻璃内表面出现油污或水凝结也可以观察到，严重时甚至可见积水、露点上升等。

（3）失效密封胶的检查　在可见部分的密封胶发生内聚破坏（经常是开裂），通常比粘接失效更容易发现，当然，如果不是达到最大程度，密封胶的内聚失效或粘接力下降，一般也不易为人发现。应对例行的清洁工作操作人员提出要求，对密封胶进行表面目测检查，也是最经济的检查方式，将可见的耐候和结构密封接缝失效的部位记录并报告，由建筑维护部门存档并及时安排维修。任何发生粘接失效的密封胶，无论是结构胶或耐候胶都应及时进行替换。应认识到随着时间的变化，不能保证密封胶的强度和位移能力仍能满足设计的要求，也就是说将来的某个时刻，密封胶的性能会低于初始性能要求，显然应在发生安全事故之前就对这些结构密封胶接缝进行更新或者加固。

(4) 修补和更新　从应用和性能角度看，SSG 系统主要目标是实现产品及安装的“零缺陷”，但系统安装完成后总有一天要对 SSG 面板材料进行更换。实践表明，全隐框和半隐框系统更换玻璃、面板或密封胶较为容易。很少见不需要进行修补工作的建筑，SSG 系统安装的玻璃可能破损，铝材涂层可能被破坏，需要替换密封失效的中空玻璃等，应该有维修工作计划，系统设计应包括这部分内容，以确保系统的性能达到预期要求，特别是日常维修时或发生险情之后，必须及时更换补救。

为防止类似的失效现象再次发生，应由密封胶及玻璃制造商参与，共同分析判断失效的原因以及相应的修补方法，只有在确认失效的原因并取得一致意见后，才可进行面板材料的再装配。装配工程的修补工作开始之前，通常至少要考虑以下几方面：修补用的结构密封胶与原有结构密封胶的相容性；更新的双面胶条、压条、垫块与修补用结构密封胶的相容性；结构密封胶接缝尺寸是否满足承受应力或其他荷载的要求；清洁方式、清洁溶剂，必要时还包括底涂；临时支承件的使用和使用位置以及支架拆除之前密封胶固化的时间等。

玻璃面板材料的替换应得到玻璃及密封胶制造商的建议，至少应明确玻璃的支承、玻璃的清洗及接缝的大小等。在玻璃的替换过程中，金属和玻璃上旧的结构密封胶必须去除，但不能破坏基材表面。在重新装配前，应联系密封胶生产商，由他们提出适用的清洗剂和底涂材料。对结构粘接密封装配的 SSG 系统，现场维修时可能原来用的结构胶已经找不到，需要用另一单组分结构密封胶，但应验证维修用的结构密封胶的强度、位移能力以及其他性能，且与最初使用的密封胶相容，应符合最初设定的规范要求。在现场进行更换时，密封胶完全固化前需要临时的固定支承，这些临时的支承应是 SSG 系统设计的一部分，如果没有这些临时固定支承物，为将紧固件固定于框架上而不加控制地钻孔，则可能会损害系统水渗透性能。同时，应注意在割除旧胶时可能会引起邻近玻璃边的破坏，可能会引起中空玻璃单元件边部二道密封破坏，还可能会破坏玻璃涂层或金属框架表面。有些 SSG 系统设计带有突出金属翼的单元，可使相邻结构装配的面板分隔开，从而避免这些情况的发生。

对车间/工厂装配单元式幕墙，根据设计粘接装配的单元件应按要求送工厂/车间重新密封装配，系统设计应要求业主备足一定数量的备用材料，以便用于紧急更换。

十、既有幕墙定期监控的建议

1. 建立定期监控程序

为确保粘接装配的 SSG 系统安装后耐久和可靠，有必要建立相应的监控程序。

(1) SSG 系统使用期内的定期检查　建议合理的检查周期为 6 个月或一年，在前五年中每年进行一次，根据检查情况可调整以后的检查期限，建立合理的检查时间间隔。若建筑管理部门有正式的检查规范，必须按这些规范定期完成。通常检查应提交一个书面报告或呈交检查证明，检查的记录应整理归档保存。在工程交付验收后应考虑制定书面的硅酮结构密封胶监控程序，考虑到系统类型和复杂性，拟定规范和其他系统参数，若在统计学基础上建立这个程序，将是非常有益的。该程序应标示每一个测试间隔中被检测的区域和这些区域所检测的内容。

(2) 检查机构　检查机构应由对 SSG 系统设计、建筑、材料和检查比较熟悉的人员组成，负责相应的检查和检验（可参考 ASTM C 1394 指南的描述）。如果在 SSG 系统设计和施工中有检查或认证机构，该机构应考虑继续担任检查工作。

（3）检查项目　检查不仅是看 SSG 系统的外表面，一般至少应包括结构密封胶或耐候密封胶的粘接性测试，检查通风口处的性能，观察拱肩和其他部位面板材料使用情况，金属表面有机涂层的变化，检查粘接缝的功能，有无因位移或其他因素而导致的粘接失败。对特殊 SSG 系统的其他项目进行检查，发现任何潮湿地方应仔细检查，因为源头都可能是被刺破的密封胶或者是失效的耐候胶，所以应定期检测上述区域，标示有问题的区域，确保构件功能随着时间延续仍保持长期稳定。

（4）测试　在可视表面检查达不到要求时，测试是唯一验证和确定必要修补和更换系统缺陷的手段。SSG 系统在许多方面要进行测定，例如透气及透水性、结构胶接缝的性能等。目前，可得到的结构胶接缝现场粘接性测试方法都具有破坏性。如果在设计时已有准备，可将工厂粘接装配的单元件从建筑物表面取下来，进行应力测试，当然，也可在现场对其进行非破坏性测试。也可采用如图 14-27 所示的装置，对玻璃装配外部表面局部加载测定的偏移尺寸，进行结构胶局部失效的非破坏性试验评估。

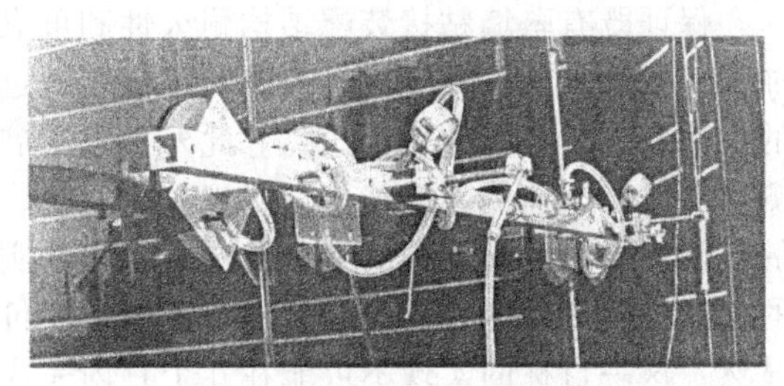

图 14-27　玻璃装配外部表面局部加载非破坏性检测结构胶局部失效试验

2. 对质量控制程序的建议

在 SSG 系统安装交付使用的寿命周期内，建议依照正式质量管理程序对系统进行定期维护和监控。这个程序最好由负责 SSG 系统设计、制造、安装的专业人士完成。交付给业主使用的 SSG 系统，应提供一个有针对性的、特定的 SSG 系统手册，至少应说明以下内容。

① 使用的不同构件及材料的具体证明。

② 对材料、组件和装配件进行测试的结果。

③ 对该系统的所有承诺和图纸的复印件。

④ 制造商对自己的产品、材料、构件的维护及更换工作的建议。例如，若粘接装配的玻璃或者面板材料需要更换，应遵照质量控制程序及相关建议，包括临时窗的开启和封闭、玻璃和面板材料的拆除、基材的清洁、新玻璃或者面板材料的运输和安装、结构密封胶的涂施、结构密封胶固化及耐候密封胶施工之前临时支承物的使用等事项。

⑤ 应有一个大概的时间计划表，说明应该检测什么、检测的时间间隔、检测进程。

还应为上述要求和测试流程确立正确的方法和足够的安全措施，确保质量监督的效果。质量控制程序对 SSG 系统的制造和安装显得很重要，更为重要的是日后较差环境和工作条件下对 SSG 系统进行的维护或者修补工作。

3. 关于粘接装配结构失效寿命研究的建议

人们期望粘接装配的幕墙结构具有与建筑同等的使用寿命，但目前还没有准确预报 SSG 系统耐久极限的有效方法，因此不可能预知结构胶可能丧失功能、出现劣变老化和需要补救工作的未来时间点。尽管最早的建筑幕墙已使用了几十年，期间经历了多种灾害的考验并仍在安全使用，表明这种结构具有传统建筑结构所不具有的特性，但目前由于预知结构胶丧失功能的不确定性，SSG 系统同传统建筑装配系统相比具有更大风险。目前，为保证耐久性，最好的方法就是采用产品质量认证的材料和高质量的技术，尽量参照以前成功的实例，在制造和安装中建立并有效运行质量保证体系，依据标准提请认证机构进行建筑产品认证。

对既有的SSG系统，尽管目前已经通过某些环境试验和实验室周期试验，证实结构密封胶在性质和性能上没有发生有害的变化，尽管许多建筑的SSG系统已有十几年甚至几十年安全可靠使用的历史，但是人们仍然无法预测该系统在某一建筑上继续安全使用的寿命期限。众所周知，硅酮结构胶的基础聚合物是聚硅氧烷，对多种材料特别是硅酸盐玻璃具有可靠的粘接性，在SSG使用环境和条件下呈现化学稳定，为幕墙工程结构粘接装配广泛应用，但由于不同厂家的产品配方不同，技术性能（包括耐久性）已经表现出差异。既有建筑幕墙由于设计的差别和使用环境及条件的不同，结构胶可能有不同的表现，目前已发现一些不符合GB 16776标准的伪劣硅酮结构胶在工程上表现早期失效，但尚未见符合标准的产品在建筑幕墙出现粘接开裂或脱粘造成玻璃坠落的报道。然而，这些产品在建筑使用中的行为也不可能完全相同，因为标准仅规定了满足幕墙工程的基本要求，并未涉及失效寿命。

保证既有幕墙粘接装配结构耐久性和可靠性，重要的是建立并有效运行质量监控程序，加强日常维护，周期检查、检测和维修，通过大量事件的积累和统计，探求频发事故或缺陷的规律并进行系统分析和研究。此外，建议展开结构胶在既有幕墙使用中技术特性衰变的监测，同时定期监测表面粉化、微裂纹的发生、发展及微观形貌特征尺寸的变化，监测结构胶的化学组成、化学结构的变化并进行相应的实验室加速老化验证试验，通过各种物理量变化的连续监测和性能衰变的量化统计，探求评价失效的先兆表征，提出失效寿命的评估方法。显然，这一目标的实现不可能在几个月内完成，而是一个漫长的过程，需要从事建筑工程和材料科学的技术人员进行长期的艰苦工作。

第六节　中空玻璃结构粘接密封及安装

中空玻璃是粘接密封的玻璃单元件，广泛用于建筑门窗、幕墙及采光顶，产品的耐久适用性取决于隔热性、透光性的保持能力，取决于产品粘接密封形式和材料组成、粘接密封制造质量、单元件安装形式、安装质量控制和产品使用环境条件。

一、中空玻璃的结构组成

1. 单元件结构形式

最早的中空玻璃是玻璃熔封结构，第二代是用无机物或用锡焊接密封产品结构周边，20世纪40年代出现用有机密封胶粘接密封，并在周边的边外用金属框复合保护，为第三代的典型产品。尽管这些产品具有良好的密封性及适用功能，但生产效率和制造成本及经济因素制约着建筑的大量应用。随着密封材料的发展和密封制造技术进步，20世纪70年代开始机械化、自动化和规模化生产中空玻璃，主要是采用耐湿气渗透的密封胶，采用简化制造工艺的典型双道密封结构中空玻璃（图14-28），形成第四代产品并为现代建筑广泛应用。

20世纪80年代我国开始对外开放，建筑规模和技术要求迅速提升，开始引进中空玻璃自动化生产线，产品结构和制造技术水平属第四代先进产品，目前我国投产的相应生产线已达200余条。近二十年来产品技术进步主要围绕封边材料和封边技术为主题，不断推出新型间隔框和封边密封胶，推动产品密封耐久性、制造工艺性及其他性能的提高和改善。

① 新形式间隔条的开发。吸湿性丁基橡胶型密封胶复合铝波纹带的间隔条（图14-29）、吸湿性硅橡胶复合铝塑膜的间隔条（图14-30）、吸湿性热熔胶现场复合成形的U型间隔条（图14-31）等。

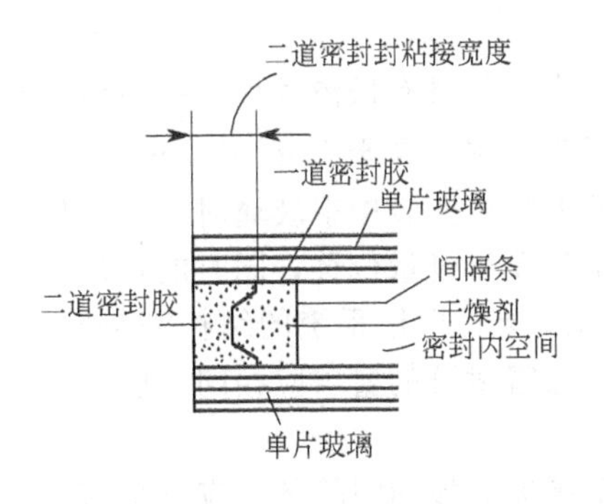

图 14-28　中空玻璃基本结构形式

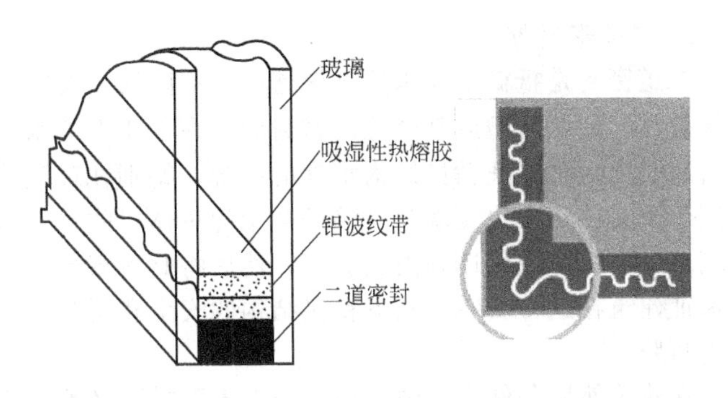

图 14-29　复合铝不稳定间隔条及组合形式

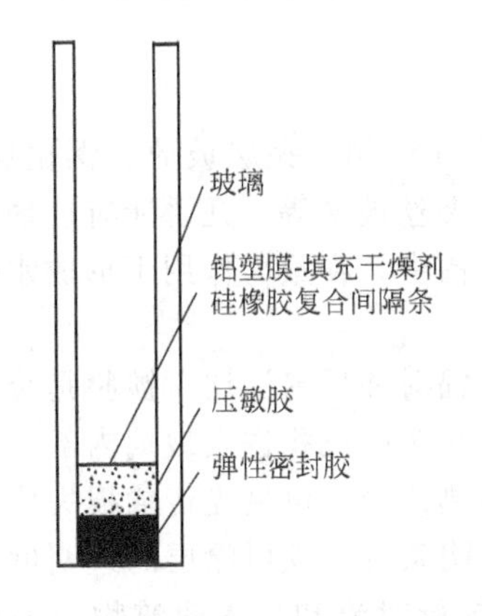

图 14-30　吸湿性硅橡胶复合铝塑膜的间隔条

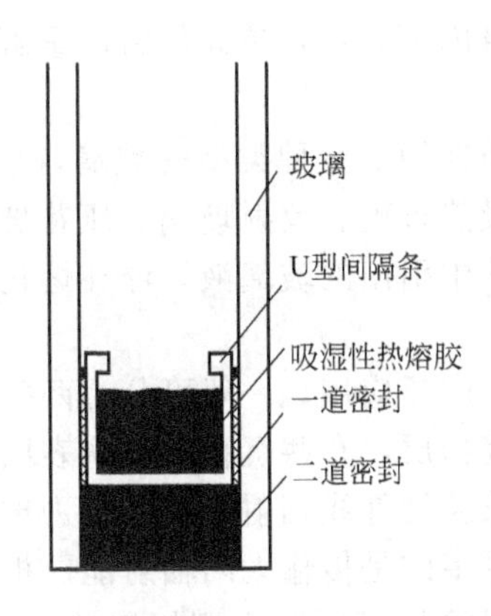

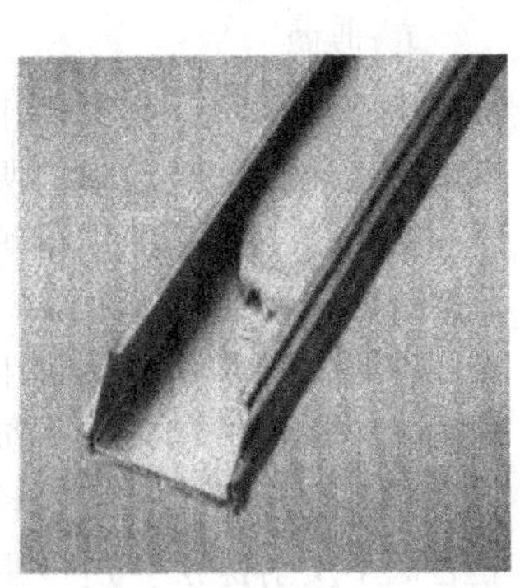

图 14-31　U 型间隔条及组装形式

② 二道密封的发展。由聚硫橡胶型密封胶为主发展了中空玻璃用聚氨酯密封胶、聚氨酯-聚硫改性密封胶、聚氨酯-改性硅酮密封胶及硅酮密封胶等。

这些改进和发展尚处于建筑业的接受认可过程中，目前由于生产技术、经济性因素，建筑大量应用的建筑中空玻璃仍以典型双道密封结构形式的工业化产品为主体。

2. 一道密封胶

一道密封是抵御水蒸气渗透的一道防线，采用渗透性极低的塑性密封胶。当单元件的密封空间内使用惰性气体（例如氩气）时，该密封胶能阻挡气体渗透逸失。一道密封胶首先对间隔条和玻璃进行定位粘接，同二道密封胶一起构成稳定的粘接结构，构成优异的抗湿气密封体系。单元件边部体系的粘接拉伸试验表明（图 14-32），结构的粘接牢度和传递横向荷载功能是由二道密封胶承担，一道密封的贡献极小，仅是应力-应变曲线图中阴影的面积。结构在拉伸应力下一道密封胶在极低的应力水平已经破坏，所以在二道密封胶受力结构产生位移时（如10%），一道密封的关键是必须具有足够的抗位移能力，保证间隔条和玻璃板差动位移时不过早破坏，同时能在更低位移水平承受反复多次的拉伸-压缩变形，保持完整的密封性。

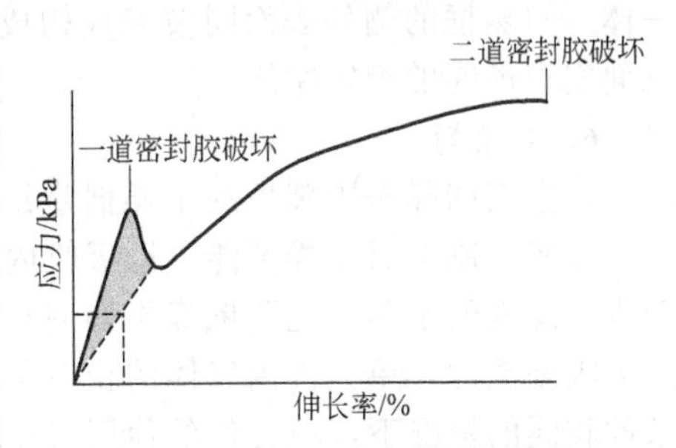

图 14-32　中空玻璃边部密封粘接典型应力-应变曲线

目前一道密封主要采用聚异丁烯密封胶或以丁基橡胶配合聚异丁烯组成的热塑性密封胶，适用于流水线机械涂胶装配使用，胶层能永久保持黏性和黏着性。

3. 二道密封胶

二道密封是抵御水及水蒸气渗透的关键防线，要求二道密封胶具有低渗透性，一般应采用聚硫型、聚氨酯型或其改性的密封胶，在常压下的水蒸气渗透率不高于15g/(d·m^2)；二道密封胶同时是保证粘接结构牢度的关键，特别在玻璃幕墙中隐框安装中空玻璃时，它不仅作用于单元件将两块玻璃和间隔条粘接为一体，防止一道密封发生过量位移，同时能将外层玻璃上的横向荷载传递到内层玻璃，然后将此荷载传递给粘接金属框架系统的结构密封胶。为保证建筑在这种安装形式下粘接结构的安全和耐久，对二道密封胶的要求应相同于硅酮结构密封胶。

在建筑使用条件下，中空玻璃的二道密封胶必须稳定粘接玻璃板和间隔条，应有足够的强度和柔度以及其他性能，其性能或功能的不足将会导致一道密封位移过量造成渗漏，一旦二道密封胶发生脱粘或自身内聚破坏，单元件将严重解体。

4. 玻璃

中空玻璃单元件制造中使用了各种类型的玻璃，包括原片玻璃、夹层玻璃、钢化玻璃、热钢化玻璃、颜色玻璃、吸热玻璃、反射玻璃、压花玻璃和夹丝玻璃等，几乎所有玻璃都采用浮法玻璃工艺，即由熔炉中引出的玻璃液，浮在熔化的锡槽中，在重力作用下形成水平的平整表面。

镀膜玻璃在中空玻璃中广泛应用，一般可分为两类：低辐射和反射涂层。镀膜是金属和金属氧化物在玻璃表面上沉积层，有些沉积在玻璃表面，有些热解沉积进入玻璃内部。低辐射涂层目视透明，仅反射长波红外线辐射，因而改进玻璃的热传导，可见光传输损失作用通常远低于反射涂层，所以更多的是传输太阳辐射能。根据照明条件，反射涂层的透明度通常比低辐射涂层小得多。反射涂层可吸收太阳辐射能，减少热量对流和进入建筑物内的可见光。在幕墙上有时使用不透明的玻璃，一般是在玻璃表面涂瓷釉、有机硅涂层、聚乙烯和聚酯压敏胶贴膜。

5. 间隔条

间隔条主要是用金属轧制的空腹型材，依据用途不同可有多种型面。通常使用的金属是铝（精轧和阳极化处理）、镀锌钢和不锈钢，以铝材居多。间隔条内空间装填干燥剂，其宽度决定着中空玻璃内空间的厚度。间隔条由接插角连接组成各种形式的间隔框，矩形间隔框也可直接弯角成形。间隔框的上下表面涂覆第一道密封胶，然后同两玻璃合片并加压初粘为一体。间隔框的侧外表面同玻璃板构成第二道密封胶嵌填空间，由它在间隔框-两片玻璃的三面实现最终的稳定粘接。

6. 干燥剂

在空腹间隔条中装填的干燥剂是结晶型吸湿材料，常用3A分子筛或同硅胶的混合物。单元件密封制造后干燥剂能立即吸收内空间残存的水蒸气和溶剂蒸气。在中空玻璃使用寿命期内，渗入的水蒸气主要依靠干燥剂吸收，保证密封空间保持极低的相对湿度，干燥剂一旦失去吸湿能力，单元件内气体的相对湿度将上升（露点升高），产品会结露并丧失功能。在条件相同的情况下，单元件的使用寿命取决于干燥剂的饱和吸湿能力及填充量。

7. 填充的气体

中空玻璃单元件密封空间填充的气体可有空气、氩气、氪气或六氟化硫等。如果只要求一般热阻性能，通常使用空气；氩气和氪气可用于提高中空玻璃单元件的热阻；在需要提高隔声性的应用中应填充六氟化硫。当使用非空气的气体时，在全部寿命期内，中空玻璃单封边密封系统必须能够保持该气体的百分含量要求，否则隔热或隔声功能将下降到不可接受的水平。

8. 呼吸管和毛细管

(1) 呼吸管　呼吸管是穿过中空玻璃单元件间隔条的微细管或通孔，用以平衡密封空间同安装地点的大气压力，当中空玻璃单元件进行安装时应封闭呼吸管。密封空间填充特殊气体的中空玻璃单元件，不能设置呼吸管。

(2) 毛细管　毛细管是穿过中空玻璃单元件间隔条放置的特定长度和内径极小的微细管，具有与呼吸管相同的功能，安装后可保持敞开，以持续保证中空玻璃单元件密封空间气压与环境波动的空气压力平衡。密封空间填充特殊气体的中空玻璃单元件不能用毛细管。

二、二道密封胶的选择

通过对中空玻璃结构和组成的分析可见，二道密封是决定产品结构性和耐久性的关键，为满足中空玻璃粘接装配基本要求，保证二道密封有效和耐久，选用的二道密封胶必须符合《中空玻璃弹性密封胶》(JC/T 486) 标准。但对于隐框幕墙粘接安装的中空玻璃，为保证结构的安全性和系统的耐久性，中空玻璃二道密封应采用符合 GB 16776 的硅酮结构密封胶，并应依据幕墙系统要求进行设计。

1. 标准的分析

(1) 中空玻璃产品标准 (GB/T 14493) 规定其二道密封胶必须符合 JC/T 486 标准，只有符合该标准规定性能检验合格的密封胶才能用于中空玻璃。JC/T 486 规定的技术性能包括工艺性能、力学性能、耐介质性能、水蒸气渗透性和渗油污染性等，不可能用 GB/T 14493 规定的中空玻璃检验项目表征，无法全面评定密封胶的技术性能，特别是密封胶的密封性和耐久性。

(2) 依据中空玻璃的使用条件和环境要求，JC/T 486 规定二道密封用弹性密封胶应具备的最低技术指标，密封胶的生产企业可按照中空玻璃的实际需要和技术发展，研究增加更多检验控制项目和拟定更高技术指标的企业标准的必要性和可能性，进行有效地质量控制和管理，取得产品认证以求得用户的信任。必须明确密封胶的合格评定，不能以中空玻璃样品通过 GB/T 14493 的实验室检验证明，不能超出标准的适用范围。

(3) JC/T 486 规定了中空玻璃二道密封胶的最低技术要求，无论其材质是聚硫型、聚氨酯型或是硅酮密封胶。但 JC/T 486 标准第 1 章规定"其中硅酮类仅用于硅酮结构密封胶粘接装配的玻璃结构系统 (如隐框玻璃幕墙)"，主要考虑隐框玻璃幕墙安装的中空玻璃的二道密封胶实际具备的是结构密封胶的功能，必须突出粘接的耐久性和安全性，所以放弃了对水蒸气渗透性的检验和要求。硅酮密封胶的基础是聚硅氧烷，具有其他聚合物不具备的特殊螺旋状分子结构和大自由空间，气体透过性高于通用聚合物几十倍甚至几百倍，水蒸气渗透性极佳，这也是聚硅氧烷用于气体和水蒸气的分离膜的基础，此外，聚硅氧烷透水性较大，含水率会随着相对湿度的提高而线性增大，甚至由透明变成不透明。所以，标准放弃对硅酮密封胶的水蒸气渗透性要求，以免会造成可能的限制。

(4) 众所周知，基础聚合物对密封胶的特性具有决定性影响，聚合物的水蒸气渗透率一般排序是：硅橡胶≫聚硫橡胶＞聚氨酯橡胶＞聚异丁烯橡胶，但这并不表明某一类型密封胶的所有产品在耐湿气渗透性能方面一定优于其他类型的产品。具体的密封胶产品的密封性取决于产品配方的特殊设计，硅酮密封胶通过填料和各种添加剂的选择和配方的精心设计，已经出现耐水蒸气渗透性优良的密封胶产品。值得注意的问题是，目前密封胶市场存在一味追求低成本的倾向，在产品中大量充斥填料和增塑剂，减少聚合物有效成分的含量，在这种情况下即使耐湿气渗透性优良的聚合物制备的密封胶，产品耐湿气渗透性也会变差，甚至在使用中脱粘、开裂、透水，造成产品密封功能早期失效。所以密封胶的选择必须进行检验和认证评估，进行综合对比和验证。

2. 结构性分析

考虑幕墙玻璃粘接装配框架系统的特殊性，隐框安装的中空玻璃单元件二道密封接缝实际承受并传递风荷载（图 14-32），应首先考虑安全性和耐久性，依据要求按结构粘接密封设计，采用符合 GB 16776—2005 标准要求的结构胶，设计人员必须考虑下列参数：容许拉伸粘接强度，模量性能，设计系数，二道密封胶剪切模量，拉伸应力和组合应力的设定。

（1）密封胶粘接强度标准值　密封胶标准粘接强度设计应力（F_u）（或粘接拉伸强度）即生产企业提供的标准指标值。数据通常包含在密封胶厂家提供的密封胶性能报告中。例如某一密封胶厂家双组分高模量密封胶报告 $F_u=896\text{kPa}$。

（2）SSG 系统结构密封胶许用拉伸应力（F_t）　该值的确定是以适当的设计系数（D）除粘接强度标准值：

$$F_t=\frac{F_u}{D}$$

如用密封胶强度为 559kP，设计系数为 4.0，则：

$$F_t=\frac{559}{4.0}=138\text{kPa}$$

（3）单元件结构粘接宽度的确定　确定单元件结构粘接宽度（图 14-33）时除考虑风荷载的作用以外，还应综合其他因素，包括附加应力（如热位移产生的应力）、密封胶横截面尺寸（中空玻璃间隔尺寸）、荷载作用下玻璃的非线性挠曲、固化收缩引起密封胶的内应力、不同建筑构件位移引起密封胶的预应力、使用中密封胶的物理性能变化等。如果考虑这些因素的作用，目前规范限制单元件结构粘接的许用拉伸应力 F_t 值不大于 138kPa 较为稳妥。在二道密封胶粘接宽度的设计中，中空玻璃厂家可采用较高的 F_t 值，例如，采用 207kPa 代替比较保守的 138kPa。其依据是密封胶制造厂家的企业标准和质量保证，产品具有相当高水平的品质，且经认证机构认证二道密封胶的质量均匀一致，能可靠地保证较高的许用应力（F_t）值。此外，目前设计采用的风荷载是 50 年或 100 年一遇的最大值，因此二道密封胶的实际经受的拉伸应力值一般较低，某些地区的实际应力甚至是设计值的百分之几，但采用大于 138kPa 的 F_t 值设计，应认真验算和评价。

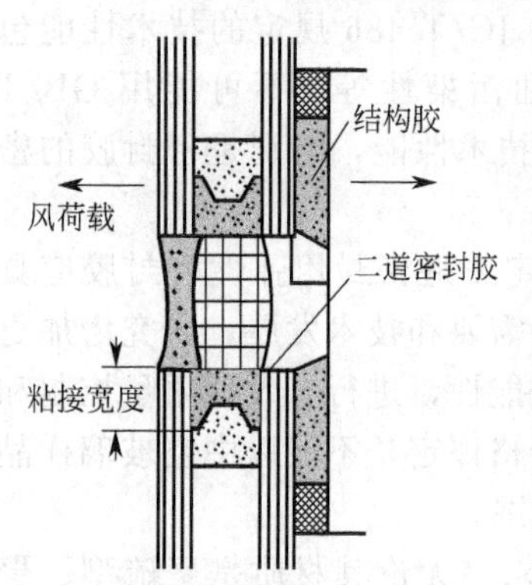

图 14-33　单元件二道密封胶传递荷载

（4）设计系数　最早粘接密封结构设计系数的范围为 4～12，综合考虑了很多变量和未知数，如精确地确定施加的荷载和荷载的分布、较差的撕裂荷载（三面粘接）、确定密封胶实际应力的难度等。在不确定性因素和未知数较多的情况下，传统工程设计也常用设计系数（有时叫安全系数）来缓解。应当明确，密封胶实现稳定粘接并长期维持的概率，不会因采用较高强度的密封胶而改善，所以采用较低的设计强度值可缓解对粘接及粘接性变化的忧虑。在粘接装配玻璃结构的每一面，人们最为关注的都是粘接问题，有必要采用较低的设计强度，即采用较高的设计系数。

三、二道密封胶模量的确定

为保证横向荷载不造成中空玻璃单元件周边向外过量位移，结构密封设计必须考虑接缝的形状和密封胶模量的关系。对于厚度 6mm 的平板玻璃而言，向外位移不应大于 1.6mm，即按 GB 16776 测定的应力-应变关系确定结构密封胶拉伸至 138kPa 时的伸长应变小于 1.6mm。1.6mm 的位移值同密封胶的延伸率与垫块安装位置及单元件外层玻璃板的托条支承有关，通常支承由外表面向里缩进尺寸应为玻璃厚度的 1/2，若外层玻璃向外位移过量，中空玻璃单元件外玻璃将脱离支承，可能导致单元件二道密封胶破坏。

此外，显然在横向荷载影响下还存在单元件外玻璃板相对内玻璃板的外向位移，以及某些情况下的向下位移，对此也必须给予限制。二道密封体形状的有害位移或变化可能引起一道密封胶的破坏，导致中空玻璃内空间渗透湿气结雾。有必要认真评定二道密封胶的模量以及密封形状和尺寸。

四、剪切应力下二道密封胶最小粘接宽度的计算

不推荐无支承安装中空玻璃单元件，这种条件下中空玻璃单元件的自重将由结构密封胶支承，产生一个固定自重的剪切应力，中空玻璃单元件在重力作用下可能出现向下的位移趋向。如果一定要这样安装，密封胶厂家、玻璃厂家及专业设计人员必须对设计细节进行评定，应按规范限定系统结构密封胶剪切应力不大于7kPa，也可以采用更小值（如3.4kPa）。必须关注中空玻璃单元件二道密封胶承受外层玻璃板自重产生的剪切应力，使两块玻璃板相互发生错动（图14-34、图14-35），产生位移并导致一道密封胶破坏，造成中空密封内空间结露。

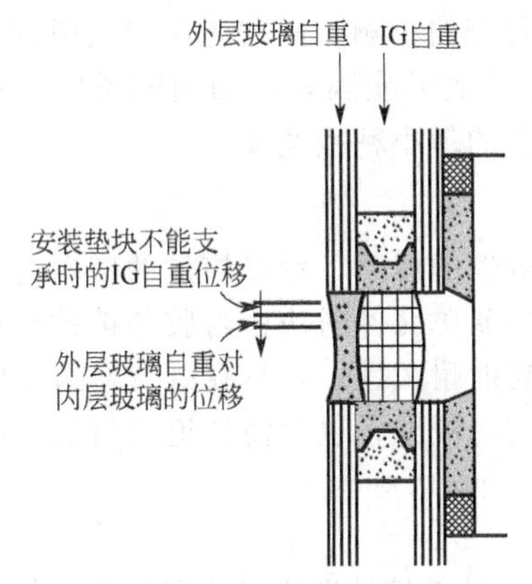

图14-34　IG单元件的自重位移

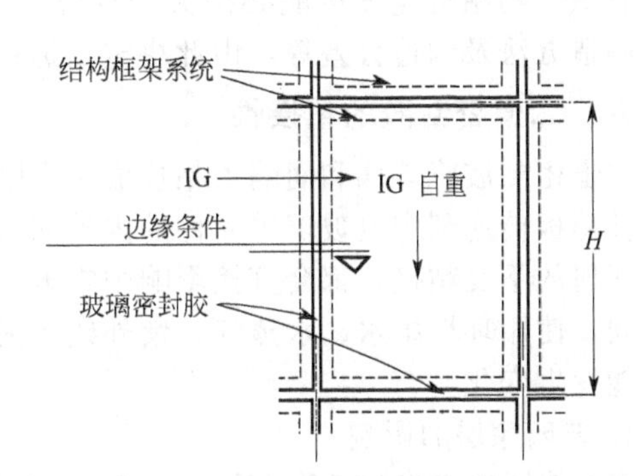

图14-35　隐框玻璃幕墙结构粘接安装的中空玻璃（正视图）

不考虑一道密封胶的贡献，对应于外层玻璃自重的剪切应力作用，可按下式计算二道密封胶的应采用的最小粘接宽度C_s：

$$C_s=\frac{MA}{bF_s}$$

式中　M——中空玻璃单位面积的重量，N/m^2；

A——玻璃面积，m^2；

b——密封胶粘接厚度，mm；

F_s——剪切应力，kPa。

【示例】玻璃宽度1.2m，高度2.0m，中空玻璃单位面积重量$300N/m^2$，密封胶粘接厚度6mm，$F_s=7kPa$，作用于二道密封胶的剪切应力只有外层玻璃重量，即为中空玻璃单元件的一半重量，按上式计算二道密封胶粘接接缝的最小宽度：

$$C_s=\frac{1.2\times2\times300/2}{6\times7}=8.57mm$$

五、拉伸应力下密封胶的最小粘接宽度的计算

二道密封胶最小粘接宽度（C_t）应安全承受横向荷载产生的应力。若不考虑对一道密封的作用，可按梯形荷载分布原理，确定最小粘接宽度的计算公式。对其他荷载的分布，应参照中空玻璃单元件的形状和尺寸等因素，如：两块玻璃板的厚度相同，则分布在两块玻璃板的横向荷载（P）几乎相等；如果厚度不相等，则每块玻璃板分配的荷载将依厚度不同而不同。

$$C_t=\frac{PW/2}{F_t}$$

式中 P——设计风荷载，Pa；

W——玻璃短边尺寸。

【示例】玻璃宽度 1.2m，高 2m，$P=1436$Pa，$F_t=138$kPa，两块板厚度相同，二道密封体承受大约一半的荷载，按上式计算二道密封胶最小粘接宽度：

$$C_t=\frac{(1436/2)\times(1.2/2)}{138}=3.12\text{mm}$$

应注意以下几点。

① 如果两片玻璃板的厚度不相等，则不能使用相等的荷载分配，而应使用更高的荷载值。

② 在允许中空玻璃单元件无支承安装的特定情况下，要分别计算自重荷载和风荷载的作用，采用计算后的最大粘接宽度尺寸。

③ 依据荷载条件（如拉伸和剪切荷载）、中空玻璃单元件形状和尺寸、二道密封胶性能、二道密封的形状和尺寸，应考虑复合应力对二道密封胶的影响。同时还应当认识到二道密封胶最终的粘接宽度可能必须大于计算值。必须考虑其他可能因素，如间隔条的几何尺寸、制造方法及制造公差等，由此决定二道密封胶可接受的最小粘接宽度。

六、二道密封胶的粘接性

二道密封胶将玻璃和间隔条粘接成一个刚性但仍有柔性的体系，承受施加的横向荷载并由外玻璃板传递到中空玻璃单元件的内玻璃板上。中空玻璃单元件封边密封胶与被粘接材料出现任何的不良粘接，都会直接影响中空玻璃密封性和功能耐久性。当然在既有建筑上的使用时间，使用环境中水、水蒸气、紫外线辐射及化学介质的侵蚀，也会使二道密封的粘接性和功能发生变化。

1. 玻璃涂层的影响

现在使用的建筑玻璃多是涂层玻璃，密封胶对这些涂层的粘接性取决于涂层类型（如二氧化钛或二氧化硅等类型）以及涂层的复合技术（裂解法或磁溅射法），甚至由于固结的涂层和涂加方法、过程、条件的不同，也可能发生变化。因此，不可能对使用的各种建筑涂层的粘接性作出统一结论。密封胶对玻璃涂层的粘接性，必须由密封胶厂家就每一具体工程，用实际制备的试件进行检验。密封胶对某些涂层的粘接性可能随时间延长而降低，这就要求去除这些涂层。

去除涂层常用的方法是磨蚀轮磨除，或者用高温火焰烧掉涂层。去除涂层的所有方法都将导致玻璃表面化学和物理性质不同于通常的玻璃表面，有代表性的试样应当提交给密封胶厂家检验粘接性。关于涂层的耐久性及涂层与玻璃表面的粘接性，只能由玻璃厂家或涂层加工企业提供结论。

2. 间隔条的影响

二道密封胶粘接间隔条的目的是预防间隔条“行走”或位移，防止二道密封胶进入中空玻璃单元件的可见区，防止封边密封可能的破坏和结雾。二道密封采用的各种类型密封胶对现有的各种间隔条材料的粘接性水平不等，例如，对阳极化处理的间隔条，某些密封胶可能具有优异的长期粘接性，而其他密封胶则不能。密封胶厂家可推荐不同的标准试验方法，进行不同的试验，对长期粘接性进行鉴定。

3. 清洁处理

同所有密封胶一样，基层的粘接是保证二道密封胶与中空玻璃单元件封边密封胶长期粘接的关键。清洁处理技术和清洁用溶液必须对基层无害，而且能完全除去表面的污物，不能残留对密封胶粘接性有害的物质。可接受的清洁处理方法和材料以及不同粘接性表面准备，应由玻璃（包括涂层）、间隔条和密封胶厂家提供。

4. 使用条件的影响

建筑安装的中空玻璃单元件及其封边密封胶将在不同的使用条件下长期暴露。中空玻璃单元件二道密封胶的粘接性可能会随时间的延长而降低，形成不利或不可接受的状态。已经证明水及水蒸气、高温和太阳光紫外线辐射的结合，对密封胶粘接性的有害影响最大。渗透的或冷凝的水可能在中空玻璃安装缝内聚集，加速中空玻璃单元件封边密封胶的过早破坏。建筑玻璃粘接装配应设定排水通道以消除积水。不同使用条件的影响还取决于玻璃类型（有涂层的、着色的或透明的）和玻璃的安装方向（垂直或斜向）。在不同组合条件下暴露，采用使用条件或加速老化条件对二道密封胶的拉伸粘接性进行测定，一旦发现中空玻璃单元件内空间凝露就应及时更换玻璃，因为二道密封胶可能已经劣化或丧失粘接性。

七、相容性

1. 系统材料同二道密封胶的相容性

与中空玻璃单元件二道密封胶接触或非常贴近的材料必须相容，不相容往往导致粘接强度下降或二道密封胶粘接性丧失。时间、高温及其他环境因素（如紫外线辐射）可能影响相容性。不希望发生不相容，因为密封胶的粘接破坏可能导致中空玻璃单元件结雾，或外玻璃板与建筑物脱离。GB 16776 规定的试验方法可用来确定另一材料是否与二道密封胶相容。金属组成、密封胶或中空玻璃单元件组装中所用材料的组合，安装垫块、间隔条、其他橡胶和塑料附件等的相容性，可能影响封边密封胶以及系统组成，也应通过适当试验确认与二道密封胶的相容性。

2. 二道密封胶同一道密封胶的相容性

二道密封胶同一道密封胶不相容的现象，近年来在硅酮密封胶用于中空玻璃二道密封以后多有发生。安装前的中空玻璃单元件在可见区域出现多起内部渗油事故，由于二道密封采用的硅酮密封胶充斥矿物油离析，造成丁基密封胶含油量饱和、过盈、渗出，不得不拆解同批次生产的所有中空玻璃，更换密封胶，重新粘接装配，造成的经济损失是可观的。更严重的事故是发生在建筑幕墙安装完工以后一年或稍长的时间，安装的中空玻璃内可见区域发现彩虹状油渍、油流，甚至出现丁基密封胶被油溶溃，出现溶溃的胶粒、胶块在可见区随同油流一起流动（图 14-36、图 14-37）。这种现象随着时间的延长不断在整栋建筑的幕墙上蔓延，扩散面积越来越大，遭到开发商和业主的强烈抱怨和投诉。显然，这样事故排除的工程花费是巨大的，可能超过原有制造和建造费用的总和。

图 14-36　中空玻璃内油污流

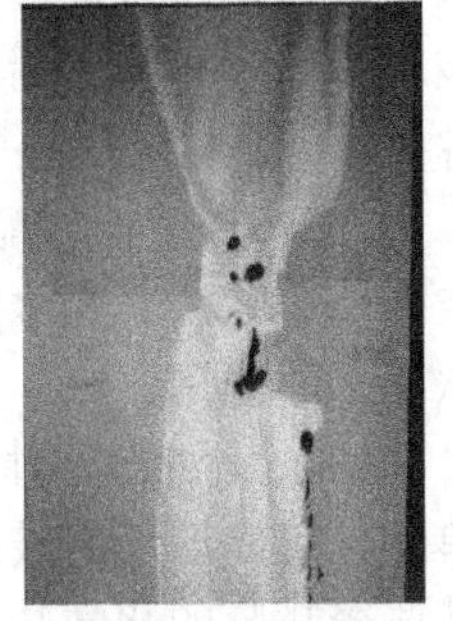

图 14-37　密封胶溶溃随油流滑移（局部油溶溃烂的胶块）

相容性试验能早期发现二道密封胶与第一道密封材料不相容，避免不相容材料用于中空玻璃制造。上述不相容现象主要是由于所采用的二道密封胶富含矿物油。目前一些企业为降低成本，在硅酮密封胶中大量填充矿物油，以便于加入更多的廉价矿物粉料，物理性填充的矿物油在使用中必将不断析出，造成石材污染、铝材粘积灰尘、丁基橡胶溶解，同时硅酮胶自身也会逐渐硬化、收缩、开裂。此外，丁基橡胶及聚异丁烯为油溶性，一般丁基密封胶的操作油多是矿物油，以便矿物填料的均匀混合，当然，为降低成本也会提高矿物油的用量。硅酮密封胶析出矿物油的黏度低，渗透性强，能使丁基密封胶软化点大幅度降低，失去粘接强度，在受热和变动压力条件下丁基密封胶也会析油、溶解、流淌，导致中空玻璃可视性丧失而失效。

所以在中空玻璃密封选材时，必须对互相接触的各种材料（包括密封胶）进行相容性评估并得到批准。

3. 其他材料同二道密封胶的相容性

要求 SSG 系统用耐候密封胶、密封胶防粘背衬、半隐框安装中使用的玻璃密封条和密封胶应与二道密封胶相容。经验表明，氯丁橡胶和某些 EPDM 聚合物橡胶材料，在化学上可能与中空玻璃单元件二道密封胶不相容。

八、耐久性

中空玻璃单元件的耐久性和功能，在很大程度上取决于封边密封胶质量，特别是二道密封体的耐久性和功能。幕墙系统设计估计幕墙寿命一般经验应为建筑物寿命或约为 50 年。通常中空玻璃单元件制造厂为双道密封中空玻璃单元件提供 10 年保证期，如果特定封边材料质量有保证，以正确工艺制造中空玻璃单元件，并正确粘接密封装配在建筑物上，从理论上说，可接受的使用寿命应当超过厂家通常的保证期。影响中空玻璃单元件耐久性的因素还包括不同的环境条件。

1. 环境因素

（1）温度　在中等温度下典型的中空玻璃二道密封胶是柔软的，有足够的位移能力，足以承受施加的荷载及其他条件。中空玻璃安装后将环境暴露在极端温度和温度变化条件下，封边密封胶的表面温度范围在某些情况下可高达 71℃，低至－40℃。除环境影响以外，温度范围与中空玻璃单元件玻璃类型（透明的、着色的或带涂层的）和玻璃粘接装配方法（中空玻璃单元件边缘暴露或凹槽镶嵌）有关。

在极端温度和温度变化时封边密封胶必须具有足够的柔性，保证与玻璃和间隔条的稳定粘接。如果在极端温度下二道密封体的模量发生有害变化，密封胶就可能断裂或粘接破坏，导致中空玻璃单元件严重破坏。

（2）水　由于排水缓慢或玻璃安装体系排水超载以及窗户或幕墙设计欠佳，造成中空玻璃单元件浸水或潮湿环境。其中包括排水系统不良或随使用时间延长而丧失排水作用。中空玻璃单元件封边密封胶经常暴露于水或浸水，可能发生封边密封胶破坏并导致中空玻璃单元件解体。

在 SSG 粘接装配系统中，应保证水能自由迅速地排走，但最好的设计中也难以避免中空玻璃边缘密封遇水的可能，因此，中空玻璃单元件二道密封体必须能够经受住高湿度或间歇浸水的作用。

（3）紫外线辐射　在使用寿命期内，二道密封将暴露于太阳光紫外线辐射下，中空玻璃单元件用涂层反射玻璃或夹层玻璃不能完全保护中空玻璃二道密封胶，紫外线辐射可能催化某些密封胶的化学转变，引起密封胶模量（硬度）增加，密封胶对玻璃的粘接性降低，二道密封胶脆化、位移能力下降。由于隐框幕墙安装中单元件的外层玻璃板依靠二道密封胶结构固定，它应能承受紫外线的长期辐射。

（4）荷载施加的应力　在 SSG 系统中单元件承受不同的荷载，包括风荷载、地震荷载、雪荷载、自重以及其他因素产生的应力，还包括各种热位移、建筑物框架位移或沉降位移导致的应力。在整个寿命期内，中空玻璃单元件二道密封体必须保持足够的弹性，以适应任何荷载产生的应力。如果密封胶质量差，二道密封胶不能承受相应的应力而开裂，或使用期间模量增大，呈现脆性，将诱发应力增大，导致封边密封胶过早破坏。二道密封胶柔性下降是产生过高应力、导致粘接破坏的主要原因，因此密封胶的选择显得十分重要。

2. 中空玻璃单元件的重新粘接装配

由于下列原因之一有时某些中空玻璃单元件可能会过早破坏：

① 封边密封组合选择不当；

② 封边密封胶制作质量差；

③ 运输和安装期间玻璃破裂；

④ 材料与密封胶相互不相容；

⑤ 中空玻璃封边密封连续浸水；

⑥ 幕墙系统设计欠佳以及其他因素。

当中空玻璃单元件破坏时，必须重新粘接装配。重新粘接装配在材料、工时和设备方面的花费是昂贵的，而且在现场重新粘接装配结构用中空玻璃有时难以实施，应当尽量加大重新装配的容易性，减少重新粘接装配的可能性。

为尽力防止由于制造原因造成的单元件过早破坏，应采用优质材料、高质量技艺、可靠的粘接组装中空玻璃，对密封粘接过程实施有效的质量控制。

九、中空玻璃质量管理

中空玻璃质量和功能同封边密封质量和工艺密切相关，必须建立有关正确的质量保证程序，重点是中空玻璃单元件二道密封胶的工厂试验，保持完整的记录，包括二道密封胶的交货日期、批号和试验结果等项目。

1. 二道密封胶

中空玻璃单元件的功能主要取决于二道密封胶的选择及其耐久性，制造者应同密封胶供应厂家紧密合作，制定并进行必要的制造和工业性鉴定试验，关键是遵守密封胶厂家对密封胶施工设备和施工程序的规定。中空玻璃二道密封正在用的密封胶及每批新胶，应定期进行质量检验。

(1) 批号　单元件制造厂应检查密封胶批号，保证密封胶处于有效储存期内。在质量控制文件中应记录并保存生产密封胶的批号及每批密封胶的试验报告。

(2) 多组分密封胶的混合试验　每次启动生产线的多组分密封胶混合机时或至少每天起始启动工作时，先启动压注段，分别核定密封胶基料和固化剂的比例，将材料通过分散混合段挤出，密封胶挤出的颜色应一致，不再是白色、灰白色或条纹状，颜色一致即表明密封胶两组分混合适当。推荐用 GB 16776 附录给出的混合均匀性试验（“蝴蝶试验”）来判定密封胶组分混合是否适当，每次试验结果应记录并保存。

(3) 单组分密封胶表干时间试验　每一工作日开始时应对单组分密封胶进行表干时间测定，目的是确认密封胶的表干时间。表干时间不符合密封胶厂家规定，过短或太长都表明密封胶超过了储存期。表干时间试验结果应同密封胶的批次一并记录。

(4) 多组分密封胶固化速度试验　应测定多组分密封胶混合后的固化速度，确认密封胶的适用期和深截面固化时间，判定组分的混合比是否适宜。固化时间不符合密封胶厂家的规定，可能表明密封胶组分混合比不正确或一个及多个组分超出了储存期。固化速度试验结果应同密封胶的批次一并记录。

(5) 下垂（流动）性试验　下垂（或流动）性试验采用 JC/T 486 规定的试验方法，或直接检查制造后中空玻璃单元件。密封胶下垂或流淌不仅招致涂胶后的重新修整，费工费时，同时也可能表明密封胶超过储存期，造成二道密封体固化不良，不足以保证中空玻璃的功能。密封胶流动性试验结果或判定，也应纳入密封胶的批次检验记录。

（6）粘接剥离试验　定期检查并确认二道密封胶与特定玻璃或镀膜玻璃表面的粘接性，在清理中空玻璃产品作业的同时进行，可参照适当的检查方法。不合格的密封胶主要是粘接性有问题，应与密封胶供货商联系帮助查找原因。粘接性试验结果应记录在对应密封胶的批次文件中。

（7）二道密封胶对间隔条的粘接性　检查方法：间隔条的清理，采用与生产过程同样的清洁方法，然后将密封胶挤涂在间隔条表面并进行修整，经规定的固化时间后，用手拉扯固化的密封胶条，若能从间隔条表面撤离开，表明密封胶粘接失效，应与密封胶供货商联系帮助查找原因。粘接性结果应记录。

2. 中空玻璃单元件的封边密封质量控制

中空玻璃的功能和耐久性依靠单元件的正确组装，依靠正确使用封边体系的每一组成。这些组成及相互间的相容性应在生产前确认。

（1）二道密封胶　必须连续挤注二道密封胶，涂施在接缝中的胶条尺寸应一致并完全填满。多组分密封胶应按规定的混合比例使用并充分混合，应避免出现气泡、漏涂、空洞等密封不连续点，以免在荷载施加时成为应力集中区，引起中空玻璃单元件过早破坏。对不连续点的最大尺寸和数量的控制，应由中空玻璃制造企业确定。

（2）一道密封胶　一道密封胶涂施必须连续、不间断且尺寸正确，没有漏涂胶或空穴。漏涂胶和空穴将成为单元件密封空间渗透蒸汽的通道，降低中空玻璃的耐久性。

（3）间隔条　正确准备和清理间隔条，保证没有灰尘、油脂及其他对二道密封胶粘接性有害的杂质。应控制间隔条组框的尺寸，正确定位间隔条在玻璃面上的位置，防止二道密封胶的粘接宽度不足或由于错位造成局部密封厚度不足，降低单元件的密封耐久性。相应尺寸公差和控制方法应由企业确定。

（4）接插角销件　接插角的销件必须对湿气和气体具有低渗透性。接插角销件必须干净、干燥，插进间隔条内空腔时应保证紧密配合。推荐用丁基密封胶注入或塞入接插角部位，减少在拐角处出现空隙或缺陷，避免这些空隙和缺陷成为水蒸气向中空玻璃单元件密封空间迁移的可能通道。

间隔条用四个接插角组成的间隔框，拐角安装和边部的连接是关键部位（包括弯管成形的间隔框），安装和连接质量缺陷可能是导致密封失败的最重要原因。必须注意，四边插角间隔条的拐角安装和弯管间隔条的拐角，可能会导致玻璃与玻璃之间的宽度有所增加。因为：

① 插角的尺寸公差与间隔条的公差不一致；

② 间隔条切割时发生扭曲变形；

③ 连续弯管隔条在弯管操作时发生变形。

焊接、拐角或弯角的间隔条的角部为全金属，不渗透水蒸气，可最大限度地减少水蒸气渗入中空玻璃密封空间的通道。粘接装配 SSG 系统的中空玻璃应推荐这种构造类型的间隔条，目的是提高封边密封潜在的耐久性，以免除更换中空玻璃单元件昂贵的费用支出。

（5）干燥剂　干燥剂必须储存和处理得当，装填量必须充足。间隔条必须保证在装填时干燥，对装进间隔条以前的干燥剂，供货商应提供验证没有吸附水蒸气的装置。玻璃合片前干燥剂与空气的接触时间不能超过 1h，含干燥剂的丁基橡胶或硅橡胶间隔条与空气接触时间不能超过 4h。可用热吸附法检测干燥剂的水分含量，如果测出的干燥剂水分含量超出允许值，则自上次测出满意值之后生产出的中空玻璃都被认为不合格。检测其他种类的干燥剂水分含量，可采用厂家建议的方法。检测频度为每次换班开始或间隔 8h，或正常生产每间隔 4h，或每当新打开干燥剂或内含干燥剂的丁基胶橡间隔条的容器时，都需要检验。检验结果应记录并保存。

参 考 文 献

[1] 张芹主编．建筑幕墙与采光顶设计施工手册．北京：中国建筑工业出版社，2002.
[2] 刘锡良编著．现代空间结构．天津：天津大学出版社，2003.
[3] 陆赐麟，尹思明，刘锡良著．现代预应力钢结构．北京：人民交通出版社，2003.
[4] 班广生．玻璃采光顶的漏水及防水分析．工程文摘，2006.
[5] 贾乃文编著．非线性空间结构力学．北京：科学出版社，2002.
[6] 李政等著．工程数学．南京：东南大学出版社，2005.
[7] 朱伯芳编者．有限单元法原理与应用．第二版．北京：中国水利水电出版社，2000.
[8] 李选民等著．工程数学基础．西安：西北工业大学出版社，2004.
[9] 王勖成编著．有限单元法．北京：清华大学出版社，2005.
[10] Daryl L Logan 编著．有限元方法基础教程．第三版．伍义生等译．北京：电子工业出版社，2003.
[11] 董石麟等著．空间网格结构分析理论与计算方法．北京：中国建筑工业出版社，2000.
[12] 曾攀编著．有限元分析及应用．北京：清华大学出版社，2004.
[13] 侯新录编著．结构分析中的有限元法与程序设计——用 Visual C＋＋实现．北京：中国建材工业出版社，2004.
[14] 中国标准出版社第二编辑室．建筑门窗标准汇编．北京：中国标准出版社，2002.
[15] 金属与石材幕墙工程技术规范 JGJ 113—2001.
[16] 建筑结构荷载规范 GB 50009—2001.
[17] 建筑幕墙气密、水密、抗风压性能检测方法 GB/T 15227—2007.
[18] GB/T 15225—94 建筑幕墙物理性能分级．
[19] GB 50176—93 民用建筑热工设计规范．
[20] JGJ 26—95 民用建筑节能设计标准．
[21] GB/T 50033—2001 建筑采光设计标准．
[22] GB 50034—2004 建筑照明设计标准．
[23] GB/T 8484—2008 建筑外门窗保温性能分级及检验方法．
[24] GB/T 8485—2008 建筑门窗空气声隔声性能分级及检测方法．
[25] GB/T 18091—2000 玻璃幕墙光学性能．
[26] JG 3035—1996 建筑幕墙．
[27] JGJ 102—2003 玻璃幕墙工程技术规范.
[28] 刘荣主编．自然能源供电技术．北京：科学出版社，1999.
[29] 雷永泉主编．新能源材料．天津：天津大学出版社，2000.
[30] 翟秀静．新能源技术．第 2 版．北京：化学工业出版社，2010.
[31] 赵西安．高楼大厦为什么需要建筑幕墙．建设科技，2005，20：32.
[32] 中国建筑防水材料工业协会．建筑防水手册．北京：中国建筑工业出版社，2001.
[33] 幸松民等．有机硅合成工艺及产品应用．北京：化学工业出版社，2000，345.
[34] 建筑材料标准汇编—建筑防水材料．北京：中国标准出版社，2003.
[35] GB 16776—2005 建筑用硅酮结构密封胶．
[36] JGJ 133—2001 金属与石材幕墙工程技术规范．
[37] GB 50009—2001 建筑结构荷载规范．
[38] GB/T 18601—2001 天然花岗岩建筑板材．
[39] GB 16776—2005 建筑用硅酮结构密封胶．
[40] GB/T 16483—2003 硅酮建筑密封胶．
[41] GB 50189—2005 公共建筑节能设计标准．
[42] ASTM C 1135—00（2005）确定结构密封胶拉伸粘接性标准试验方法．
[43] ASTM C 1392—00 结构密封胶粘接装配玻璃失效评估标准指南．
[44] ASTM C 1249—93 结构密封粘接装配玻璃用中空玻璃二道密封标准指南．

[45] ASTM C 1265—94（2005）结构粘接密封装配用中空玻璃边缘密封体拉伸粘接性试验方法．
[46] ASTM C 1299—99 建筑工程用密封胶选择指南．
[47] 陈泽民主编．近代物理与高技术物理基础．北京：清华大学出版社，2001.
[48] 罗忆等．建筑门窗．北京：化学工业出版社，2009.